余淦申　郭茂新　黄进勇　等编著

工业废水处理及再生利用

GONGYE FEISHUI CHULI JI ZAISHENG LIYONG

化学工业出版社

·北京·

本书介绍不同门类工业废水处理及再生利用技术、提标排放技术和工程实例。全书共分 12 章。第 1 章介绍我国工业废水污染源及污染控制途径。第 2 章介绍工业废水处理及再生利用处理基本方法。第 3 章至第 9 章分别介绍制浆造纸、纺织印染、钢铁、化工、制药、重金属、食品等重点污染工业废水处理及再生利用和工程实例。第 10 章介绍其他工业（有色金属、炼油、煤炭、制革、涂装）废水处理及再生利用和工程实例。第 11 章介绍工业园区废水处理及再生利用和工程实例。第 12 章介绍工程实施和运行管理。此外，附录介绍工业废水处理及再生利用新设备。

本书适合从事废水处理及再生利用技术研发、设计、环保管理、工程管理与运行人员使用，也可以供环境工程、给水排水工程等有关专业师生、科研人员参考。

图书在版编目（CIP）数据

工业废水处理及再生利用/佘淦申，郭茂新，黄进勇等编著. 北京：化学工业出版社，2012.9（2024.8 重印）
ISBN 978-7-122-15030-1

Ⅰ.①工… Ⅱ.①佘…②郭…③黄… Ⅲ.①工业废水-废水处理②工业废水-废水综合利用 Ⅳ.①X703

中国版本图书馆 CIP 数据核字（2012）第 176534 号

责任编辑：徐 娟　　文字编辑：汲永臻
责任校对：宋 玮　　装帧设计：史利平

出版发行：化学工业出版社（北京市东城区青年湖南街 13 号　邮政编码 100011）
印　　装：北京盛通数码印刷有限公司
787mm×1092mm　1/16　印张 28¾　字数 895 千字　2024 年 8 月北京第 1 版第 17 次印刷

购书咨询：010-64518888　　售后服务：010-64518899
网　　址：http://www.cip.com.cn
凡购买本书，如有缺损质量问题，本社销售中心负责调换。

定　　价：98.00 元

前言 FOREWORD

我国正处在社会经济快速增长期，工业生产是经济增长的强大引擎。长期以来，由于我国产业结构和布局不尽合理，以及大量中小型企业以粗放型经营为主，经济发展与资源环境矛盾突出，工业废水是我国水环境的主要污染源之一。2010 年 2 月 6 日由环境保护部、国家统计局、农业部联合发布的《第一次全国污染源普查公报》表明，在普查的标准时间点为 2007 年 12 月 31 日，时期为 2007 年度的情况下，我国工业水污染物排放量（厂外排放口）分别为：化学需氧量（COD）715.5 万吨，氨氮 30.4 万吨，石油类 6.64 万吨，挥发酚 0.75 万吨，重金属（镉、铬、砷、汞、铅）0.21 万吨。工业污染的主要污染物化学需氧量、氨氮和石油类的排放量，分别占全国各类污染源（工业污染源、农业污染源、生活污染源和集中式污染治理设施）相应主要污染物排放量的 23.6%、17.85%和 8.4%。工业污染源的重金属经过工业废水集中处理后，进入环境水体的排放量 0.09 万吨，实际上相当于各类污染源重金属的排放总量。由此可见，控制和削减工业废水污染是改善我国水环境质量的重要内容和保障。

“十二五”期间，我国发展仍处于重要战略机遇期。随着工业化、城镇化进程加快和消费结构持续升级，我国的资源能源保障和环境容量制约日趋强化。我国政府提出，2015 年全国废水化学需氧量和氨氮排放总量同 2010 年相比，要求分别下降 8% 和 10%。由于这是在“十一五”经济基数上的削减，因此同“十一五”期间相比，“十二五”全国废水化学需氧量和氨氮绝对削减量的任务更加艰巨，而控制好工业废水污染可为实现节能减排目标奠定基础。

为了适应节能减排，保护环境，防治污染，促进工业生产工艺和污染治理技术进步，促进区域经济与环境协调发展，推动经济结构和经济增长方式的转变，引导污染治理技术的发展方向，自 2008 年以来国家颁布了一系列工业水污染物新的排放标准，提升了排放要求。因此，我国工业废水处理面临提标排放的需要。

我国是一个水资源短缺的国家。据统计，全国多年平均水资源总量为 2.84 万亿立方米，人均水资源拥有量为 2000m^3 以下，约为世界平均水平的 1/4。我国工业用水量大，用水方式粗放，效率低下。2008 年，我国万元 GDP 用水量约为 240m^3，万元工业增加值用水量约为 130m^3，均高于世界平均水平。根据国家规划要求，到 2020 年，万元 GDP 用水量降低到 120m^3，万元工业增加值用水量降低到 64m^3；到 2030 年，万元 GDP 用水量降低到 70m^3，万元工业增加值用水量降低到 40m^3，达到世界先进水平。因此，我国工业生产配置水量形势严峻，必须大力推进工业节水。工业废水处理要改变单纯处理排放的传统思维，应将工业废水作为一种非传统水资源加以利用，提高用水效率，减少工业生产配置水量，同时减少工业废水污染物排放量。

本书按工业循环经济的理念，将实施清洁生产、工业废水处理和再生利用作为一个系统工程进行编写。这在某种意义上是将传统的废水处理工艺技术转变为废水再生利用生产工艺技术的一种尝试，其目的是提升工业废水处理再生利用的水准，在技术上推动工业废水处理再生利用的进展。

本书以作者 30 余年来从事工业废水处理技术研发、设计、工程实施与运行管理经验为基础，以大量工程实绩为素材，针对我国工业废水处理及再生利用的需求进行编写。重点介绍废水处理及再生利用技术、处理工艺流程、工艺设计与参数、设备配置、工程实例与分析讨论、污泥处理处置等，理论联系实际，具有科学性和实用性。工业废水处理效果和效益同工程实施与管理密切相关，为此本书请具有环境工程背景和丰富实践经验的台湾水美工程企业股份有限公司黄进勇总经理，介绍我国台湾和东南亚地区废水处理工程实施和运行管理，以供借鉴和参考。

本书还以作者近 10 年来从事工业废水处理再生利用技术研发成果和工程实践为基础，提出了实行清洁生产在生产工艺过程中节水和回用、清浊分流生产回用、废水处理分质回用、废水深度处理生产回用的工业废水处理再生利用技术路线，介绍了工业废水再生利用技术新进展。这些思路和技术在工业废水处理再生利用领域中具有一定的前瞻性。

本书在编著过程中得到了浙江水美环保工程有限公司、浙江工商大学、台湾水美工程企业股份有限公司的领导和同事的大力支持与帮助。引用了浙江水美环保工程有限公司等相关公司（企业）、院校（所）的工业废水处理及再生利用研发成果和工程实绩。傅文尧、张镇寰、潘厚德、陈长顺、陈伟民、徐仁达、项贤富、韦彦斐、陈杭飞、史惠祥、吴大天等提供了部分工程实例。浙江水美环保工程有限公司的杨卡佳等承担了全书文稿整理和打印，为书稿如期完成提供了支持。在此向上述相关单位和个人表示衷心感谢。

本书还引用了公开出版发行的国内外文献、书刊中发表的有关研究技术成果；引用了全国排水委员会编辑的历年年会论文集、全国污水再生利用研究会论文集等有关内容，在此谨向有关单位和作者一并表示深深的感谢。

本书由余淦申设定内容、拟定编写大纲、统稿和定稿。黄进勇校核了书稿全文。本书主要写作人员如下。第1章余淦申；第2章郭茂新、余淦申；第3章、第4章余淦申；第5章黄进勇；第6章、第7章、第8章郭茂新；第9章余淦申；第10章10.1余淦申，10.2郭茂新，10.3余淦申、陈旭良，10.4郭茂新，10.5黄进勇，10.6余淦申、陈旭良、郭茂新、黄进勇；第11章余淦申；第12章黄进勇。附录由王金标、余淦申编写。

希望本书能对我国工业废水处理及再生利用提供一些帮助和参考。由于本书涉及的工业门类多，而作者的水平有限，编著时间比较仓促，书中定有不足之处，敬请读者不吝指正。

编著者

2012年3月30日

目录 CONTENTS

目录 CONTENTS

目录 CONTENTS

目录 CONTENTS

目录 CONTENTS

第1章 我国工业废水污染源及污染控制途径

1.1 我国工业废水污染现状

1.1.1 我国水污染现状

1.1.1.1 我国的水污染源

水污染源是指向水体排放或释放水污染物的来源或场所。我国的水污染源一般是指工业废水污染源（或简称“工业源”）、农业废水污染源（或简称“农业源”），生活污（废）水污染源（或简称“生活源”）以及其他污（废）水污染源。

（1）工业废水污染源　工业废水污染源是指工业生产过程中产生的废水和废液。工业废水中含有随水流失的某些生产原料、中间产物、副产品以及在生产过程中的污染物。工业废水中的污染物成分复杂、种类多，有机污染物浓度较高，含有氨氮、石油类、挥发酚和重金属等有害和有毒物质。

（2）农业废水污染源　农业废水污染源是指农作物栽培、种植、畜禽饲养、水产养殖、农产品加工等过程中排出的废水。一般包括农田排水、饲养场排水、水产养殖排水、农产品加工排水等。在我国农业生产中，化肥和农药使用普遍过量，我国农业化肥使用强度居世界之首，特别是氮肥用量更多，农业废水污染源中总氮排放（流失）量高。

（3）生活污（废）水污染源　生活污（废）水污染源是指城镇居民、机关、学校、公共建筑、住宿业、洗染业、洗涤业等在日常生活或经营活动中产生的污（废）水，包括厕所粪尿、洗澡、洗衣、洗菜、绿化、道路冲洒，以及商业、医院和娱乐休闲场所等排出的污（废）水。一般生活污（废）水中含有无毒的无机物质（如氯化物、硫酸盐、磷酸盐，以及钾、钠、钙、镁等）、有机物质（如糖类、脂肪、蛋白质和尿素等），还有动植物油、洗涤剂和微量金属等。一般生物污（废）水中有机污染物为60%左右。

（4）其他污染源　其他污染源是指集中式污水处理厂、垃圾处理厂（场）、危险废物处理厂和医疗废弃物处理厂在运行期间排出的污（废）水或渗滤液，以及交通运输和船舶排出的污（废）水。这类污（废）水的主要污染物为化学需氧量（COD）、氨氮、总磷、石油类和重金属等有害和有毒物质。

1.1.1.2 我国的水污染现状

我国有七大水系，即长江、黄河、珠江、松花江、淮河、海河和辽河。2002年至2010年期间的水质监测数据基本上反映了我国各大流域的污染状况，如表1-1所示。

表 1-1 我国七大水系监测断面水质概况

年份	断面类型	监测断面数	Ⅰ～Ⅲ类水质断面比例/%	Ⅳ～Ⅴ类水质断面比例/%	劣Ⅴ类水质断面比例/%	七大水系污染状况
2002	重点监测断面 国控断面	741 199	29.1 46.3	30.0 26.1	40.9 27.6	海河、辽河、黄河、淮河、松花江、珠江、长江(由重到轻)
2003	重点监测断面 国控断面	407 188	38.1 53.4	32.2 37.3	29.7 9.3	海河、辽河、黄河、淮河、松花江、长江、珠江(由重到轻)
2004	监测断面 省界断面	412 121	41.8 36.6	30.3 33.9	27.9 29.8	珠江、长江水质较好,辽河、淮河、黄河、松花江水质较差,海河水质差
2005	国家环境监测网(简称国控网)国控 省界断面	411 100	41 36	32 40	27 24	珠江、长江水质较好,辽河、淮河、黄河、松花江水质较差,海河污染严重
2006	监测断面 国控断面	745(河流断面593,湖库点位152) 408(197条河)	40 46	32 28	28 26	珠江、长江水质良好,松花江、黄河、淮河为中度污染,辽河、海河为重度污染
2007	国控断面	407(197条河)	49.9	26.5	23.6	珠江、长江总体水质良好,松花江为轻度污染,黄河、淮河为中度污染,辽河、海河为重度污染
2008	国控断面	409(200条河)	55	24.2	20.8	珠江、长江总体水质良好,松花江为轻度污染,黄河、淮河、辽河为中度污染,海河为重度污染
2010	国控断面	409(204条河)	59.9	23.7	16.4	珠江、长江总体水质良好,松花江、淮河为轻度污染,黄河、辽河为中度污染,海河为重度污染

注：根据各年全国水环境质量状况数据编制。

据2010年全国环境质量状况数据显示，2010年全国地表水204条河流409个国控断面中，地表水的高锰酸盐指数（COD_{Mn}）平均浓度好于国家地表水环境质量Ⅲ类水质标准；地表水氨氮平均浓度超过Ⅲ类水质标准，成为影响水环境质量的重要因素；西南诸河、海河、长江、黄河等水系共有40个断面出现铅、汞等重金属超标现象。

重点湖泊（水库）中，太湖湖体为重度污染，属轻度富营养；滇池湖体为重度污染，属重度富营养；巢湖湖体为中度污染，属轻度富营养；洪泽湖湖体为中度污染，属轻度富营养；洞庭湖湖体为重度污染，属轻度富营养；鄱阳湖湖体为轻度污染，属轻度富营养。丹江口水库水质良好，属中营养。

近海海域水质有所下降，全国近海海域为轻度污染。一、二类海水比例为62.7%，三类海水比例为14.1，四类和劣四类海水为23.2%。主要污染指标为无机氮和可溶性磷酸盐。

四大海区中，黄海和南海近海岸海域水质良好，渤海近海岸海域为中度污染，东海近海岸海域为重度污染。9个重要海湾中，黄河口和北部湾水质为优，胶州湾为轻度污染，辽东湾为中度污染，渤海湾、长江口、杭州湾、闽江口和珠江口为重度污染。

1.1.2 我国工业废水污染现状

1.1.2.1 工业废水的性质和特点

一般工业废水具有如下性质和特点。

(1) 工业废水类型复杂　由于生产的不同，生产原料及生产工艺也不相同，产生的污（废）水差异很大，类型复杂。一般工业废水按废水中主要污染物的性质，可分为以无机物为主的废水、以有机污染物为主的废水和同时具有无机与有机污染物的废水。例如，电镀、电子和矿物加工废水等是以无机废水为主；食品加工、饲料制造、制革、石油加工废水等是以有机废水为主；造纸及纸制品加工、纺织业、化学原料及化工产品制造废水等是同时具有无机和有机污染物的废水。

按工业企业加工生产产品的不同，可分为钢铁工业废水、制浆造纸废水、纺织印染废水、化工废水、制药废水、食品加工废水、电镀电子废水、有色冶金废水、制革废水、煤炭开采和洗煤废水等。按工业废水中主要污染物的类型，可分为酸性废水、碱性废水、重金属废水、含油废水、含酚废水、含有机磷和放射性废水等。此外，按废水中污染物的危害性，可分为冷却水排水（该部分排水可回收利用）、无明显毒性废水、有毒性废水等。按废水的可生化性，可分为易生物降解废水、一般可生物降解废水和难生物降解废水等。

(2) 工业废水处理难度大　工业废水含有的污染物质具有种类多、成分复杂、浓度高、可生化性差、有毒性等特征。一般工业废水固体悬浮物（SS）含量大，化学需氧量（COD）和生化需氧量（BOD）浓度高，酸碱度变化大，有的还含有多种有害成分，如油、酚、农药、染料、多环芳烃、重金属等。据统计，目前工业生产涉及的有机物达400万种，人工合成有机物10万种以上，且每年以2000余种的速度递增，它们以各种途径进入水体，导致水质下降，污染环境。因此，工业废水已成为水体中各种污染物的主要来源。

(3) 工业废水排放一般属于点源污染　工业废水通常就近纳污排放，对水环境的点污染严重。而集中于工业园区的企业将在一定区域内形成大量废水，对排放口附近的水环境造成高负荷冲击。

(4) 工业废水危害性大，效应持久　工业废水中含有很多人工合成的有机污染物，而这些污染物很难在自然界转化和降解为无害物质，如众所周知的农药DDT等。这些人工合成的有机物可在环境中富集，其通过食物链等作用，对人体的危害不容忽视。此外，工业废水进入地下水后，会对土壤或地下水资源造成严重污染。由于地下水埋藏于地底，与地表水处于半隔绝状态，其更新周期长，一旦受到污染很难恢复。

(5) 工业废水是重金属污染的主要来源　重金属是人体健康不可缺少的金属元素，但人体中重金属含量甚微，如果过量则会影响人体健康。水体中的重金属污染几乎都来自工业废水。例如，来自矿山坑道排水、废矿石场淋滤水、选矿场尾矿排水；有色金属冶炼厂除尘废水、有色金属加工酸洗废水；电镀厂镀件洗涤水；钢铁厂酸洗排水；以及电解、电子、蓄电池、农药、医药、涂料、染料等各种工业废水。重金属在人体内与蛋白质及各种酶发生相互作用，可使它们失去活性，给人体造成危害。重金属还对植物产生危害，而动物食用了受重金属污染的植物会随着食物链的富集，最终影响人体健康。

1.1.2.2　工业废水是我国水污染的重要污染源

2010年2月6日由环境保护部、国家统计局、农业部联合发布的《第一次全国污染源普查公报》表明，在普查的标准时点为2007年12月31日，时限为2007年度的情况下，各类污染源（工业污染源、农业污染源、生活污染源和集中式污染治理设施）废水排放总量为2092.81亿吨。主要污染物排放量为化学需氧量3028.96万吨，氨氮172.91万吨，石油类78.21万吨，重金属（镉、铬、砷、汞、铅，下同）0.09万吨，总磷42.32万吨，总氮472.89万吨。

工业污染源的废水产生量738.33亿吨，排放量236.73亿吨。主要水污染产生量分别为：化学需氧量3145.35万吨，氨氮201.67万吨，石油类54.15万吨，挥发酚12.38万吨，重金属2.43万吨。主要污染物排放量（厂区排放口）分别为：化学需氧量715.1万吨，氨氮30.4万吨，石油类6.64万吨，挥发酚0.75万吨，重金属0.21万吨。

工业污染源的废水排放量约占全国各类污染源废水排放总量的11.31%，主要污染物化学需氧量、氨氮和石油类的排放量分别占全国各类污染源的相应污染物排放量的23.6%、17.5%和8.49%。工业污染源的主要污染物重金属为0.21万吨，经过工业废水集中处理后，削减量0.12万吨，实际排入环境水体0.09万吨。

又据2008年全国环境统计公报表明，2008年全国废水排放总量571.7亿吨。其中，工业废水排放量241.7亿吨，占废水排放总量的42.3%；城镇生活污水排放量330.0亿吨，占废水排放总量的57.7%。废水中化学需氧量排放量1320.7万吨。其中，工业废水中化学需氧量排放量457.6万吨，占化学需氧量排放总量的34.6%；城镇生活污水中化学需氧量排放量863.1万吨，占化学需氧量排放总量的65.4%。废水中氨氮排放量127.0万吨。其中，工业氨氮排放量29.7万吨，占氨氮排放量的23.4%；生活氨氮排放量97.3万吨，占氨氮排放量的76.6%。

我国七大水系沿岸、重点湖泊流域和近海岸汇集了全国约80%的大、中城市及乡镇，有大量工业废水排入。近几年来，我国由于工业废水污染引起的环境污染事件屡有发生。例如，重金属工业废水对水环境和水源地的污染，以及由此引发的群体性事件；含砷、酚等有毒工业废水的污染，有毒化工原料（三甲基氯硅烷、六甲基二硅氮烷等）对松花江水源的污染等。2007年5月，太湖蓝藻暴发是我国主要湖泊富营养化污染典型事件。2005年，太湖流域废（污）水总排放量为33.13亿立方米，其中工业废水为21.55亿立方米，占65%；生活污水为11.58亿立方米，占35%。流域内各主要污染物排放总量分别为化学需氧量850321t，氨氮91788t，总磷10350t，总氮141587t。其中，工业主要污染物排放量和占流域污染物排放总量的比例为：化学需氧量264726t，占31.1%；氨氮31248t，占34%；总磷508t，占4.9%；总氮41506t，占29.3%。由此可见，工业废水是太湖流域的重要污染源。由于大量工业污染物和营养物质排入太湖水域，为蓝藻水华大规模繁殖提供了有利条件，在适宜的水温和气象条件下，形成蓝藻暴发，水源地水质污染，严重影响人民群众的正常生活。

"十二五"期间，我国仍处于重要战略机遇发展期。随着工业化、城镇化进程加快和消费结构持续升级，我国能源需求刚性增长，受国内资源保障能力和环境容量制约，以及全球性能源安全和应对气候变化影响，致使我国环境资源制约日趋强化。减少工业废水污染，大力推进节能减排，加快形成资源节约、环境友好的生产方式，增强可持续发展能力，是我国废水污染控制的重要内容。

1.1.3 我国工业废水污染重点行业

1.1.3.1 我国工业行业分类

按我国国民经济行业分类，工业门类有采矿业，制造业，电力、燃气及水的生产和供应业以及建筑业。工业行业分类如表1-2所示。

1.1.3.2 工业废水重点污染行业

根据《第一次全国污染源普查公报》（2010年2月6日）公布的主要数据，我国工业污染源主要行业的主要水污染物排放情况如下。

化学需氧量排放量居前7位的行业是：造纸及纸制品业、纺织业、农副食品加工业、化学原料及化学制品制造业、饮料制造业、食品制造业、医药制造业。这7个行业化学需氧量排放量如表1-3所示，合计排放量为580.26万吨，占工业废水厂区排放口化学需氧量排放量的81.1%。

氨氮排放量居前8位的行业是：化学原料及化学制品制造业、有色金属冶炼及压延加工业、石油加工炼焦及核燃料加工业、农副食品加工业、纺织业、皮革毛皮羽毛（绒）及其制品业、饮料制造业、食品制造业。这8个行业氨氮排放量如表1-4所示，合计排放量为26.10万吨，占工业废水厂区排放口氨氮排放量的85.9%。

石油类排放量居前7位的行业是：通风设备制造业、黑色金属冶炼及压延加工业、交通运输设备制造业、化学原料及化学制品制造业、金属制品业、石油加工炼焦及核燃料加工业、煤炭开采和洗选业。这7个行业石油类排放量如表1-5所示，合计排放量为5.23万吨，占工业废水厂区排放口石油类排放量的78.8%。

表 1-2　我国工业行业分类

门类	序号	名称	门类	序号	名称
采矿业	1	煤炭开采和洗选业	制造业	23	橡胶制品业
	2	石油和天然气开采业		24	塑料制品业
	3	黑色金属矿采选业		25	非金属矿物制品业
	4	有色金属矿采选业		26	黑色金属冶炼及压延加工业
	5	非金属矿采选业		27	有色金属冶炼及压延加工业
	6	其他采矿业		28	金属制品业
制造业	7	农副食品加工业		29	通用设备制造业
	8	食品制造业		30	专用设备制造业
	9	饮料制造业		31	交通运输设备制造业
	10	烟草制造业		32	电气、机械及器材制造业
	11	纺织业		33	通信设备、计算机及其他电子设备制造业
	12	纺织服装、鞋、帽制造业		34	仪器仪表及文化、办公机械制造业
	13	皮革、皮毛、羽毛(绒)及其制品业		35	工艺品及其他制造业
	14	木材加工及木、竹、藤、棕、草制品业		36	废弃资源和废旧材料回收加工业
	15	家具制造业	电力、燃气及水的生产和供应业	37	电力、热力的生产和供应业
	16	造纸及纸制品业		38	燃气生产和供应业
	17	印刷业和记录媒介的复制业			
	18	文教体育用品制造业		39	水的生产和供应业
	19	石油加工、炼焦及核燃料加工业	建筑业	40	房屋和土木工程建筑业
	20	化学原料及化学制品制造业		41	建筑安装业
	21	医药制造业		42	建筑装饰业
	22	化学纤维制造业		43	其他建筑业

表 1-3　化学需氧量排放量居前 7 位的工业行业

排位	工业行业	化学需氧量排放量/万吨	排位	工业行业	化学需氧量排放量/万吨
1	造纸及纸制品业	176.91	5	饮料制造业	51.65
2	纺织业	129.60	6	食品制造业	22.54
3	农副食品加工业	117.42	7	医药制造业	21.93
4	化学原料及化学制品制造业	60.21			
		合计			580.26

表 1-4　氨氮排放量居前 8 位的工业行业

排位	工业行业	氨氮排放量/万吨	排位	工业行业	氨氮排放量/万吨
1	化学原料及化学制品制造业	13.16	5	纺织业	1.60
2	有色金属冶炼及压延加工业	3.13	6	皮革毛皮羽毛(绒)及其制品业	1.49
3	石油加工炼焦及核燃料加工业	2.57	7	饮料制造业	1.24
4	农副食品加工业	1.79	8	食品制造业	1.12
		合计			26.10

表 1-5 石油类排放量居前 7 位的工业行业

排位	工业行业	石油类排放量/万吨	排位	工业行业	石油类排放量/万吨
1	通风设备制造业	1.25	5	金属制品业	0.64
2	黑色金属冶炼及压延加工业	0.90	6	石油加工炼焦及核燃料加工业	0.57
3	交通运输设备制造业	0.75	7	煤炭开采和洗选业	0.46
4	化学原料及化学制品制造业	0.66			
合计					5.23

挥发酚排放量居前 5 位的行业是：石油加工炼焦及核燃料加工业、化学原料及化学制品制造业、黑色金属冶炼及压延加工业、造纸及纸制品业、电力燃气及水的生产和供应业。这 5 个行业挥发酚排放量如表 1-6 所示，合计排放量为 7230.67t，占工业废水厂区排放口挥发酚排放量的 96.15%。

表 1-6 挥发酚排放量居前 5 位的工业行业

排位	工业行业	挥发酚排放量/t	排位	工业行业	挥发酚排放量/t
1	石油加工炼焦及核燃料加工业	5110.68	4	造纸及纸制品业	346.04
2	化学原料及化学制品制造业	861.82	5	电力燃气及水的生产和供应业	194.41
3	黑色金属冶炼及压延加工业	717.72			
合计					7230.67

按全国污染源普查报告结果和国家“十二五”节能减排要求，以及国家《重金属污染防治“十二五”规划》等，我国重点工业废水污染行业有造纸及纸制品业、纺织业、化学原料及化学制品制造业、医药制造业、黑色金属冶炼及压延加工业、有色金属冶炼及压延加工业、石油加工业、农副食品加工业、金属制品业、电子用品制造业等。为此，本书重点介绍制浆造纸工业、纺织印染工业、钢铁工业、有色冶金工业、化学工业、制药工业、重金属、食品加工工业废水处理及再生利用，同时对炼油工业、采煤洗煤工业、制革工业、涂装工业等废水处理及再生利用做一般介绍。

1.2 工业废水污染控制途径

1.2.1 我国工业废水污染控制现状

“十一五”期间，我国工业废水污染控制以节能减排为突破口，取得了显著成效。全国单位国内生产总值能耗降低 19.1%，二氧化硫、化学需氧量排放量分别下降 14.2%和 12.45%，基本实现“十一五”规划纲要确定的约束性目标，扭转了“十五”后期单位国内生产总值能耗和主要污染物排放总量大幅上升的趋势。其中，我国工业废水污染控制为全国节能减排目标的实现提供了有力支撑。

但是，随着我国工业化和城市化进程的加快，在人们生产和生活活动中排出的废水种类和排放量不断增加的情况下，我国水环境的压力仍然十分巨大，并威胁生态安全和人体健康。如上所述，工业废水污染源量多面广，是我国水污染的重要污染源。同城市污水处理相比较，一定程度上，工业废水污染控制更为复杂。目前，我国工业废水污染控制还存在着一些问题和难点，制约着经济社会的发展。

首先，某些工业废水污染控制在技术上还存在着难度，如制药、造纸、农药化工、煤化工和味精废水等。这类工业废水的显著特点是污染物浓度高，难以化学降解或生物降解，具有毒性等。此外，由于种种原因，以往对矿山开采、金属冶炼、电镀、电解、电子和蓄电池等工业企业排出的重金属废水处理不够重视，以致对局部环境和人体健康产生了不良影响，甚至造成环境污染事件。因此，重金属废水处理亦是“十二五”期间工业废水污染控制的重点和难点之一。

其次，工业废水污染控制还面临提标排放和废水再生利用问题。自2008年以来，国家陆续颁布了制浆造纸、电镀、制药等一系列工业水污染物新的排放标准，随着这些排放标准的实施，我国工业废水处理面临深度处理提标排放的需求。为此需要针对各种不同的工业废水处理对象和排放要求研发新工艺、新技术和新设备，以适应提标排放的要求。目前，我国工业废水处理再生利用一般以冲洗地面、绿化、水力冲渣、景观用水等为多，因此需要进一步拓宽工业废水处理再生利用的范围。工业废水经深度处理后出水水质符合生产工艺用水水质要求进行生产回用，是高层次的工业废水处理再生利用。为了实现工业废水处理再生利用的相应深度处理技术、新设备和新装备等还需要进一步开拓和研发。

再次，同市政污水处理相比较，一般工业废水处理规模小，处理成本高，某些工业企业出于降低生产成本的目的，对自身生产过程中产生的废水没有投入足够的资金、物力和人力进行充分处理，致使未达到排放标准的废水排入公共水体，将工业废水的处理成本转嫁给社会。

最后，我国工业废水污染控制的市场化机制尚未健全与完善，工业废水污染控制的投资主体多元化、运营主体企业化、运行管理市场化的方向仍不够明确，环境服务业处于初始阶段，有待拓展和规范。

1.2.2　工业废水污染控制基本途径

工业废水污染控制应遵循源头控制、循环经济、节能减排、科技支撑、加强监管、市场化机制的原则。根据我国社会经济发展规划与目标、环境保护要求、我国工业废水污染现状，本节主要介绍总量控制，加强监管；调整产业结构，合理规划布局；推进清洁生产，强化源头控制；贯彻节能减排，强化重金属污染控制；深度处理，提标排放；废水回用，实行节水；技术开发，推广应用；发展环境服务，强化运行管理等基本途径。

1.2.2.1　总量控制，加强监管

污染物总量是工业废水污染的决定因素，在区域环境污染防治规划的前提下，根据工业水污染物许可排放总量，实施污染物排放总量控制是我国工业废水污染控制的有效方法。严格环境影响评价制度，将污染物排放总量指标作为环评审批的前置条件。严格排污许可证管理办法和实施体系，严格控制工业点污染源，加强排放总量控制监管和核查，建立和完善工业废水处理设施的运行管理监控平台和污染物排放自动监控系统，将水污染物排放总量控制落实到每个工业行业、部门、地区和企业。加强工业废水污染排放执法监督，严肃查处违法违规行为，以切实达到工业废水污染控制的目的。

1.2.2.2　调整产业结构，合理规划布局

经济发展与资源、环境的矛盾突出，是我国水环境污染的主要原因，工业废水是我国水环境的重要污染源。目前我国工业化已发展到较高水平，但是，产业结构不甚合理，其中，高能耗、高排污、落后产能的传统产业占有很大比重，第三产业发展相对滞后。因此，必须十分重视产业结构调整。抑制高能耗、高排污行业过快增长，加快淘汰落后产能，大幅度降低高污染行业企业比重。加快运用高新技术和先进适用技术提升改造纺织印染、造纸、轻工、建材等优势传统企业，促进信息化和工业化深度融合。优先发展高新技术产业，重点发展装备制造业、信息产业等现代工业，提高服务业和战略性新兴产业在国民经济中的比重，大力促进一、二、三产业健康协调发展。逐步形成以高新技术产业为先导，以基础产业和制造业为支撑，服务业和战略性新兴产业全面发展的产业结构。

在转变经济增长方式，推进产业升级的同时，着力优化产业布局。将产品市场前景好、布局分散的中小型企业引导进入工业园区。延长产业链，发展工业集群优势，提高资源综合利用率，促进生态工业园区的建立和发展。

1.2.2.3　推进清洁生产，强化源头控制

清洁生产是关于产品和产品生产过程的一种新的、持续的、创造性的思维，是对产品和生产

过程持续运行整体预防的环境保护策略。

清洁生产是指不断采取改进设计，使用清洁的能源和原料，采用先进的工艺与设备，改善管理，综合利用等措施，从源头削减污染，提高资源利用效率，减少或者消除对人类健康和环境的危害。

清洁生产强调从源头抓起，将污染预防应用于生产全过程，提高资源能源利用率和原材料转化率，减少对资源的消耗和浪费，在造纸、纺织印染、化工、制药、冶金、食品、煤炭、电镀、制革等工业废水污染行业中推行清洁生产技术与设备，实施清洁生产审核可以减少污染物产生量和排放量，改善水环境质量。

1.2.2.4 贯彻节能减排，强化重金属污染控制

2006年，我国在《“十一五”规划纲要》中第一次将节能减排列为约束性指标。将主要污染物总量减排作为调整经济结构、转变经济发展方式、推动科学发展的抓手和突破口。

“十二五”期间，主要污染物减排目标是：2015年全国化学需氧量和二氧化硫排放量比2010年分别下降8%；全国氨氮和氮氧化物排放总量比2010年分别下降10%。应当指出，“十二五”期间化学需氧量和二氧化硫排放量减排8%的目标，是在消化“十一五”期间经济社会发展带来的污染物新增排放量的基础上而提出的。因此考虑消化新增量后，实际上“十二五”期间主要污染物减排任务仍然相当艰巨。据有关报道，我国制浆造纸和纺织印染工业行业的化学需氧量排放量约占工业排放量的40%。因此，制浆造纸和纺织印染工业行业的水污染物减排是工业减排的重点，应特别重视造纸和印染行业的水污染物总量控制。

重金属污染是我国“十一五”期间凸显的重大环境问题，是“十二五”工业废水污染控制的重点内容。根据国家《重金属污染综合防治“十二五”规划》要求，2015年我国重点区域铅、汞、铬、镉和类金属砷等重金属污染排放量比2007年减少15%，非重点区域的重金属污染排放量不超过2007年的水平。

为了实现“十二五”规划要求，国家确定了重金属污染控制5大重点防控行业（采矿、冶炼、铅蓄电池、皮革及其制品、化学原料及其制品）和4452家重点防控企业，加强重点区域、重点行业和重点企业的重金属污染防治。从污染控制项目的环境影响评价和“三同时”验收、污染治理设施的运行管理、废水达标排放、环境安全隐患等方面实行有效监控与管理，强化重金属污染控制。

1.2.2.5 末端治理，提标排放

末端治理是指工业企业在生产过程的末端，针对产生的污染物开发并实施有效的处理技术。末端治理可以缓解或消除生产活动对环境的影响。

末端治理的必要性有其理论与实践依据。理论上，工业生产通过各种手段将自然的或人工的原料加工成产品，由于原材料与产品的巨大差异，产生废弃物是必然的，而废弃物由于其有用组分少，再利用经济性差。工业废弃物同自然生态环境是不相容的，在工业废弃物进入环境之前，必须建立人工系统对其进行末端治理。实践上，工业生产通常不可能达到污染物的完全零排放，所以末端治理仍然是工业废水污染控制的重要手段。

末端治理有别于“先污染，后治理”。先污染后治理是关于环境保护与经济发展项目关系的一种观点，认为在经济发展的初级阶段，不得不忍受环境污染，只有当环境经济发展到一定水平，才可能对环境污染实施有效治理，即先污染后治理具有客观规律性。末端治理是针对工业生产所产生的污染物，在治理设施上实行“三同时”的原则，即污染物治理设施同工业生产项目同时设计、同时施工、同时投产，以实现在经济发展的全部阶段均对污染物进行有效的治理，与先污染后治理有着本质的区别。

加大工业企业排放废水的末端治理力度，是工业废水污染控制的重要内容和基本途径之一。经处理后的工业废水水质应符合相应的污染物排放标准或污染物总量控制要求。当工业企业位于水环境容量较小、生态环境脆弱、容易发生水环境污染而需要采取特别保护的地区时，工业废水排放应执行排放标准中的特别限值的规定，重点控制工业废水的COD、NH_3-N、TN、TP和重

金属等。在国家已颁布或即将颁布的化工、造纸、纺织染整、电镀、制药、制革等工业水污染物排放新标准中，都拟订了严于原标准的水污染物排放值和特别排放限值。根据不同的情况，工业废水处理排放水质应符合提标排放要求。

1.2.2.6　废水回用，实行节水

节约用水、废水回用可以减少工业废水排放，有利于减轻末端治理的压力和纳污水体的污染。实施节约用水、废水回用首先要纠正在认识上的误区，即认为“我国工业废水处理再利用主要是针对西部、北部等缺少水资源的地区，而在沿海地区和河流湖泊水网地带为时过早”。事实上，由于社会经济的快速发展，我国水资源不足、水质不良的状况日益凸显。2007 年 5 月底，太湖蓝藻暴发而引起的无锡市供水危机是湖泊流域水质性缺水的典型事件。在国家《“十二五”节能减排综合性工作方案》中提出，到 2015 年，要实现单位工业增加值用水量下降 30%。节约工业用水，提高用水效率，进行工业废水处理再利用，开辟工业废水作为第二水源，减少工业用水取水量是具有普遍性的。

按照《中国节水技术政策大纲》要求，工业企业中应采用“推广、限制、淘汰、禁止”等措施，促进工业节水技术发展，重点推进火力发电、石化、钢铁、纺织、化工、建材、造纸、食品等用水大户的节水技术改造。建立健全用水定额体系，推行工业行业用水限额和限排相结合的定额管理制度，鼓励工业企业循环用水和重复用水。推进再生水、矿井水等非传统水资源利用。

在造纸、纺织印染、钢铁、化工、制药、电镀、煤炭、制革等工业行业中，根据企业的实际情况采用生产废水清浊分流生产回用，废水处理分质回用或废水深度处理生产回用的工业废水再生利用，既可减少生产用水取水量，节约水资源，又可减少水污染物排放量，促进污染物排放总量控制，减轻工业废水污染。

1.2.2.7　技术开发，推广应用

针对工业废水污染特点，特别是针对造纸、纺织印染、化工、制药、冶金、食品、炼油、制革等重点污染工业废水综合治理的难度，必须提供技术支撑。对源头污染削减与控制的清洁生产技术、高效的末端处理技术、深度处理及废水回用技术进行研究，为重点污染工业行业废水综合治理和回用提供技术支撑。对重金属废水的源头污染削减、重金属回收利用和废水处理技术进行研究，为重金属污染防治提供技术支撑。对重点污染工业废水提标排放的突出问题，如高浓度难降解工业废水的深度处理技术、高浓度氮磷工业废水处理技术、高浓度有毒有害工业废水处理技术等进行研究、综合集成与示范，为工业废水提标排放提供技术支撑。对工业废水处理再生利用技术，如膜生物反应器、膜处理集成技术和装备、工业废水生产回用技术等进行研究，为工业废水处理再生利用提供技术支撑。对重点污染工业废水和重金属废水排放的事前预警监控体系、事后应急技术进行研究，为有效预防和处置工业废水排放的环境突发事件提供技术支撑。针对工业废水污泥的特点，进行污泥处理处置实用新工艺、新技术、新设备进行研究，为工业废水污泥出路提供技术支撑。

针对工业废水处理存在的突出技术问题，选择已有的技术成熟、治理效率高、技术经济性能好的应用技术，作为工业废水污染控制的重点技术推广应用。例如，高浓度有机工业废水的厌氧处理技术，工业废水的高级氧化深度处理技术，工业废水清浊分流生产回用技术，重金属废水膜分离回收和处理技术，新型板框压滤污泥脱水技术等。

1.2.2.8　发展环境服务，强化运行管理

根据我国工业废水控制现状、运行管理水平以及存在的困扰，宜在工业废水处理领域逐步推广和发展环境服务。环境服务包括环境技术服务、环境咨询服务、环境监测服务、污染治理设施运营管理、废旧资源回收处理、环境贸易和金融服务等。环境服务业的比重是反映环保产业走向成熟程度的标志。在我国实行工业废水处理设施运营资质准入制度，规范市场行为，创造公平竞争的市场机制，推行工业废水处理设施的专业化、社会化运营服务，可以提高工业废水污染控制设施的运行效率，降低运行成本，强化运行管理，保持运行状况最优化。

第2章 工业废水处理及再生利用基本方法

2.1 概述

工业废水处理及再生利用是采用各种方法将废水中所含的污染物质分离出来，或将其转化为无害的物质，其基本目的是保证废水达标排放，进而实现水资源再生利用。污泥处理处置是工业废水处理系统的重要组成部分，其目标是在安全、环保和经济的前提下，实现污泥减量化、稳定化、无害化和资源化。

2.1.1 工业废水排放标准

污水排放标准是水污染物的允许排放量或限值。污水排放标准可以分为国家排放标准、行业排放标准和地方排放标准。

2.1.1.1 国家排放标准

国家排放标准是国家环保行政主管部门制定并在全国范围特定区域内适用的标准，如《地面水环境质量标准》（GB 3838—2002）和《污水综合排放标准》（GB 8978—2002）适用于全国范围。

（1）地面水环境质量标准　依据水域使用目的和保护目标，《地面水环境质量标准》（GB 3838—2002）将地面水划分为五类。

Ⅰ类：主要适用于源头水、国家自然保护区。

Ⅱ类：主要适用于集中式生活饮用水水源地一级保护区、珍贵鱼类保护区、鱼虾产卵场等。

Ⅲ类：主要适用于集中式生活饮用水水源地二级保护区、一般鱼类保护区及游泳区。

Ⅳ类：主要适用于一般工业用水区及人体非直接接触的娱乐用水区。

Ⅴ类：主要适用于农业用水区及一般景观要求水域。

同一水域兼有多种功能的，依最高功能划分类型。

（2）污水综合排放标准　根据污染物的毒性及其对人体、动植物和水环境的影响，《污水综合排放标准》（GB 8978—2002），将工矿企业和事业单位排放的污染物分为两类。

Ⅰ类污染物指能在环境或动植物体内蓄积，对人体健康产生长远不良影响者。对此类污染物，不分其排放的方式和方向，也不分受纳水体的功能级别，一律执行严格的标准值。

Ⅱ类污染物系指其长远影响小于Ⅰ类的污染物质，按其排放水域的使用功能以及企业性质（如新建、扩建、改建企业或现有企业）分为一级标准值、二级标准值和三级标准值。

《污水综合排放标准》还对矿山、钢铁、焦化、石油化工、农药、造纸等26个行业规定了排放标准，包括最高允许排水定额和相关的污染物最高允许排放浓度。

2.1.1.2 行业排放标准

目前我国允许制浆造纸工业、纺织整染工业、肉类加工工业、电镀业、合成氨工业、磷肥工业、聚氯乙烯工业、制药工业、合成革与人造革工业、制糖工业、羽绒工业等工业门类，执行相应的行业排放标准。

(1) 制浆造纸工业水污染物排放标准　1983 年，我国制定了第一个《制浆造纸工业水污染物排放标准》(GB 3544—83)，经过多次修订，2008 年国家环保部颁布了《制浆造纸工业水污染物排放标准》(GB 3544—2008)，设置了色度、氨氮、总氮、总磷，可吸收有机卤化物 (AOX) 等控制排放的污染物项目；对采用含氯漂白工艺企业提出了二噁英监控指标；将 AOX 指标列为强制执行项目。

(2) 纺织染整工业水污染物排放标准　1984 年，原国家城乡建设环境保护部颁布了第一个《纺织染整工业水污染物排放标准》(GB 4287—84)，1992 年对 GB 4287—84 进行修订，按照纺织染整企业的废水排放去向，《纺织染整工业水污染物排放标准》(GB 4287—92) 分年限规定了纺织染整工业水污染物最高允许排放浓度及排水量。按照废水排放受纳水体，将排放标准分为三级；按照纺织染整工业建设项目的立项时间，将排放标准分为三类。

根据落实国家环境保护规划、环境保护管理和环保执法工作的需要，国家正在制定新的《纺织染整工业水污染物排放标准》，以代替 GB 4287—92，2008 年 4 月环境保护部发布了征求意见稿。国家将调整和增加控制排放的污染物项目，提高污染物排放控制要求。

(3) 电镀污染物排放标准　2008 年，国家环保部制定首个《电镀污染物排放标准》(GB 21900—2008)，规定了电镀企业水污染物和大气污染物排放限制、监测和监控要求。环保部 2008 年第 30 号文件规定，在环境容量较小、生态环境脆弱等地区执行特别排放限值。

(4) 制药工业水污染物排放标准　2008 年，国家环保部颁布了《发酵类制药工业水污染物排放标准》(GB 21903—2008)，《化学合成类制药工业水污染物排放标准》(GB 21904—2008)，《提取类制药工业水污染物排放标准》(GB 21905—2008)、《中药类制药工业水污染物排放标准》(GB 21906—2008)、《生物工程类制药工业水污染物排放标准》(GB 21907—2008)，规定了制药工业水污染物排放限制、监测和监控要求。环保部 2008 年第 30 号文件规定，在环境容量较小、生态环境脆弱等地区执行特别排放限值。

2.1.1.3　地方排放标准

地方排放标准是由省、自治区、直辖市人民政府批准，地方环保行政主管部门发布的，在特定行政区适用的污染物排放标准。如《上海市污水综合排放标准》(DB 31/199—1997)，适用于上海市范围，《浙江省造纸工业 (废纸类) 水污染物排放标准》(浙 DHJ B1—2001)、《江苏省纺织染整工业水污染物排放标准》(DB 32/670—2004) 分别适用于浙江省、江苏省。

2.1.1.4　各类标准的关系

《中华人民共和国环境保护法》第 10 条规定："省、自治区、直辖市人民政府对国家污染物排放标准中没作规定的项目，可以制定地方污染物排放标准，对国家污染物排放标准已作规定的项目，可以制定严于国家污染物排放标准的地方污染物排放标准。"两种标准并存的情况下，执行地方排放标准。在国家污水排放标准与国家行业排放标准并存的情况下，执行行业排放标准。

根据经济发展和环境保护要求，排放标准会适时地进行修订，要注意采用的废水排放标准必须是更新后的现行排放标准。

2.1.2　再生回用水水质标准

在废水再生利用时，不同的利用目的对水质的要求有所不同。

2.1.2.1　城市污水再生利用水质标准

我国已经颁布的城市污水再生利用水质标准有《城市污水再生利用分类》(GB/T 18919—2002)、《城市污水再生利用　城市杂用水水质》(GB/T 18920—2002)、《城市污水再生利用　景观环境用水水质》(GB/T 18921—2002)、《城市污水再生利用　地下水回灌水质》(GB/T 19772—2005)、《城市污水再生利用　工业用水水质》(BG/T 19923—2005)、《城市污水再生利用　农田灌溉用水水质》(GB 20922—2007) 等。

2.1.2.2 工业废水再生利用水质标准

在实施工业废水再生利用时，根据不同的利用目的，必须符合相应的再生利用水水质标准的要求。工业废水再生利用为城市杂质水、景观环境用水或农田灌溉用水时，可参照城市污水再生利用的相应用水水质要求。目前，我国尚未建立工业废水生产回用水质系列标准，一般工业废水生产回用时，再生回用水水质参照相应的生产工艺用水水质要求，经技术经济比较后确定。

2.1.3 工业废水处理及再生利用处理系统

按照不同的废水特性和处理要求，工业废水处理有多种不同的方法。一般按照过程机理，可分为物理法、化学法、物理化学法和生物法等各种处理方法。由于工业废水种类繁多，性质不同，浓度差异很大，工业废水处理工艺相对复杂，一般需要多种处理方法有机组合来完成。

工业废水处理系统通常包含废水的预处理、主处理、深度处理、再生利用处理，以及污泥处理处置。

2.1.3.1 预处理系统

工业废水预处理的主要功能是分离去除废水中的漂浮物、粗大颗粒和悬浮物，同时均衡废水水量和水质。对于难以生物降解废水或对微生物有毒性的有机废水，往往采用分质收集预处理方法，改善废水的可生化性。使用的主要技术有格栅、初次沉淀和气浮等，处理过程中会产生栅渣、初沉污泥和浮渣等。

2.1.3.2 主处理系统

主处理系统的主要功能是去除废水中呈胶体和溶解状态的主要污染物。对工业废水中的有机污染物采用生物处理方法。生物处理可分为好氧生物处理和厌氧生物处理。低浓度有机废水一般采用好氧生物处理；高浓度有机废水一般采用厌氧生物处理后再进行好氧处理。对重金属等无机污染物，采用化学或物理化学方法处理。

2.1.3.3 深度处理及再生利用处理系统

深度处理的主要功能是在主处理的基础上，进一步去除微量溶解性难降解有机物、胶体、氨氮、磷酸盐、无机盐、色度成分、大肠杆菌以及影响再生利用的溶解性矿物质等，以确保处理水达标排放或实现回用。深度处理及再生利用处理经常采用混凝、过滤、化学氧化、超滤、反渗透、活性炭吸附、离子交换、消毒等技术。

2.1.3.4 污泥处理处置系统

污泥处理处置系统的主要功能是在安全、环保和经济的前提下，实现污泥减量化、稳定化、无害化和资源化。污泥处理是在污泥浓缩、调理和脱水的基础上，根据污泥处置要求进一步处理，包括污泥稳定、污泥热干化和污泥焚烧等。污泥处置是处理后污泥的消纳过程，包括土地利用、填埋、建筑材料综合利用等。

2.2 物理化学处理法

2.2.1 格栅

格栅是一种物理处理方法。由一组（或多组）相平行的金属栅条与框架组成，倾斜安装在格栅井内，设在集水井或调节池的进口处，用来去除可能堵塞水泵机组及管道阀门的较粗大的悬浮物及杂物，以保证后续处理设施的正常运行。

工业废水处理一般先经粗格栅后再经细格栅。粗格栅的栅条间距一般采用 10～25mm，细格栅的栅条间距一般采用 6～8mm。小规模废水处理可采用人工清理的格栅，较大规模或粗大悬浮物及杂物含量较多的废水处理可采用机械格栅。

人工格栅是用直钢条制成的，一般与水平面成 45°～60°倾角安放。倾角小时，清理时较省力，但占地面积较大。机械格栅的倾角一般为 60°～70°。格栅栅条的断面形状有圆形、矩形及方形，目前多采用断面形式为矩形的栅条。为了防止栅条间隙堵塞，废水通过栅条间距的流速一般采用0.6～1.0m/s。

有时为了进一步截留或回收废水中较大的悬浮颗粒，可在粗格栅后设置隔网。

2.2.2 调节

在工业废水处理中，由于废水水质水量的不均匀性，一般均设置调节池，进行水量和水质均衡调节，以改善废水处理系统的进水条件。

调节池的停留时间应满足调节废水水量和水质的要求。废水在调节池中的停留时间越长，均衡程度越高，但容积大，经济上不尽合理。通常根据废水排放量、排放规律和变化程度等因素，设计采用不同的调节时间，其范围可在4～24h取值，一般工业废水调节池的水力停留时间为8h左右。

在调节池中为了保证水质均匀，避免固体颗粒在池底部沉积，通常需要对废水进行混合。常用的混合方法有空气搅拌、机械搅拌、水泵强制循环、差流水力混合等方式。

空气搅拌混合是通过所设穿孔管与鼓风机相连，用鼓风机将空气通入穿孔管进行搅拌，其曝气强度一般可取$2m^3/(m^2 \cdot h)$左右。

采用机械搅拌混合时，为保持混合液呈悬浮状态所需动力为$5 \sim 8W/m^3$水。机械搅拌设备有多种形式，如桨式、推进式、涡流式等。

水泵强制循环混合方式是在调节池底设穿孔管，穿孔管与水泵压水管相连，用压力水进行搅拌，简单易行，混合也比较完全，但动力消耗较多。

差流水力混合常采用穿孔导流槽布水进行均化，虽然无需能耗，但均化效果不够稳定，而且构筑物结构复杂，池底容易沉泥，目前还缺乏效果良好的构造形式。

空气搅拌的效果良好，能够防止水中悬浮物的沉积，且兼有预曝气及脱硫的效能，是工业废水处理中常用的混合方式。但是，这种混合方式的管路常年浸没于水中，易遭腐蚀，且有致使挥发性污染物质逸散到空气中的不良后果，另外运行费用也较高。在下列情况下一般不宜选用：①废水中含有有害的挥发物或溶解气体时；②废水中的还原性污染物有可能被氧化成有害物质时；③空气中的二氧化碳能使废水中的污染物转化为沉淀物或有毒挥发物时。

2.2.3 中和

中和属于化学处理方法。在工业废水中，酸性废水和碱性废水来源广泛，当废水酸碱度较大时，需考虑中和处理。通常可在调节池进行中和处理，或者单独设置中和反应池。

2.2.3.1 酸性废水的药剂中和法

酸性废水的中和处理采用碱性中和剂，主要有石灰、石灰石、白云石、苏打、苛性钠等。通过中和反应式可以计算出中和一定量的酸所需的碱性中和剂投加量。表2-1列出了中和不同种类的酸所需的各种碱性中和剂投加量。

表2-1　碱性中和剂的理论单位消耗量

酸的名称	中和1g酸所需的碱量/g				
	CaO	$Ca(OH)_2$	$CaCO_3$	$CaCO_3 \cdot MgCO_3$	$MgCO_3$
H_2SO_4	0.571	0.755	1.020	0.940	0.860
HCl	0.770	1.010	1.370	1.290	1.150
HNO_3	0.445	0.590	0.795	0.732	0.668

采用石灰为中和剂时，一般采用机械方法进行消解，搅拌机转速可设为20～40r/min。如采用空气搅拌，强度可采用$8 \sim 10L/(m^2 \cdot s)$。消解槽内配制40%～50%的乳浊液。投配槽的石灰乳浓度为5%～10%（有效氧化钙）。

用石灰中和酸性废水时，中和反应时间一般采用2～5min。当考虑去除重金属或其他毒物，采用其他中和剂时，应延长混合反应时间，一般采用15～20min。中和池设搅拌装置，可采用水力搅拌、压缩空气或机械搅拌。

2.2.3.2 碱性废水的药剂中和法

碱性废水的中和处理采用酸性中和剂，主要有盐酸、硫酸和硝酸。有时烟道气也可用于中和碱性废水。表2-2列出了酸性中和剂中和碱性废水的理论单位消耗量。

表2-2 酸性中和剂的理论单位消耗量

碱的名称	中和1g碱所需的酸量/g							
	H_2SO_4		HCl		HNO_3		CO_2	SO_2
	100%	98%	100%	36%	100%	65%		
NaOH	1.22	1.24	0.91	2.53	1.37	2.42	0.55	0.80
KOH	0.88	0.90	0.65	1.80	1.13	1.74	0.39	0.57
$Ca(OH)_2$	1.32	1.34	0.99	2.74	1.70	2.62	0.59	0.86
NH_3	2.88	2.93	2.12	5.90	3.71	5.70	1.29	1.88

2.2.4 混凝

混凝是在混凝剂的作用下，胶体和悬浮物脱稳并黏结的过程。工业废水中含有胶体和细微悬浮物的粒径分别为1～100nm和100～10000nm。由于布朗运动和水合作用，尤其是微粒间的静电斥力，胶体和细微悬浮物能在水中长期保持悬浮状态。投加混凝剂可破坏胶体和悬浮物的稳定性，使其相互聚集为数百微米以致数毫米的絮凝体，以便采用沉降、过滤或气浮等方法去除。混凝技术在工业废水处理中应用极为普遍。

2.2.4.1 混凝机理

化学混凝的机理至今仍未完全清楚。因为它涉及的因素很多，如水中的杂质成分和浓度、水温、pH值、碱度、水力条件以及混凝剂种类等。但归结起来，可以认为化学混凝主要是压缩双电层作用、吸附架桥作用和网捕作用。

(1) 压缩双电层作用　根据胶体化学原理，要使胶粒碰撞结合，必须消除或降低微粒间的排斥能。双电层的构造和电位分布如图2-1所示。当ξ电位降至胶粒间的排斥能且小于胶粒布朗运动的动能时，胶粒便开始聚结，该ξ电位称为临界电位。在水中投加电解质（混凝剂），可降低或消除胶粒的ξ电位。这种通过投加电解质压缩扩散层，使微粒间产生相互聚结的作用，称为压缩双电层作用。胶粒因ξ电位降低或消除而失去稳定性的过程，称为胶粒脱稳。脱稳胶粒相互聚结的过程，称为凝聚。

(2) 吸附架桥作用　在水中，高分子混凝剂可被胶体微粒强烈吸附，在胶粒之间起“架桥”作用，即一端被某一胶粒吸附，另一端被另一胶粒吸附。通过高分子吸附架桥，胶体颗粒逐渐变大，最终形成肉眼可见的粗大絮凝体（俗称矾花）。这种由高分子物质吸附架桥而使微粒相互黏结的过程，也称为絮凝。

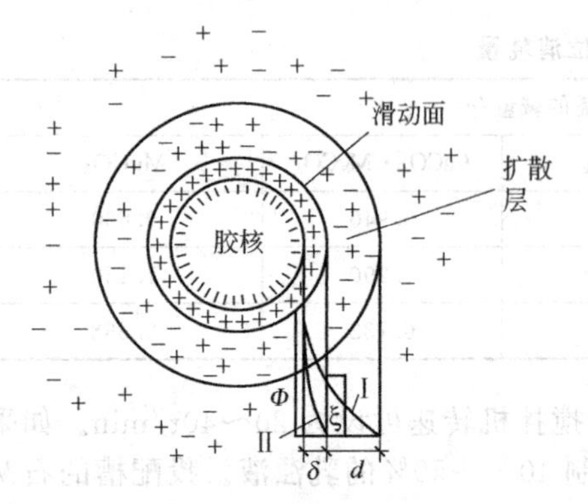

图2-1 双电层的构造和电位分布

混凝剂投加过量时，胶粒对高分子物质产生强烈吸附，胶粒会被高聚物包卷而丧失表面吸附活性（胶粒吸附面被高聚物所掩蔽）。若混凝剂为正电荷离子，并且不以等电量交换吸附层中的负离子，则可导致进入吸附层的正离子过量，造成胶体电性改变。

(3) 网捕作用　三价铝盐或铁盐等水解而生成沉淀物，在自身沉降过程中，能集卷、网捕水中的胶体等微粒，使胶体黏结。

上述三种作用产生的微粒凝结现象——凝聚和絮凝总称为混凝。

混凝过程完成以后需要与泥水分离过程相结合组成一个完整的处理工艺，在废水处理中，常用沉淀或气浮。

2.2.4.2 混凝剂

在混凝处理中，以压缩双电层及中和电荷为机理的药剂，称为凝聚剂。以吸附架桥为机理的药剂，称为絮凝剂。兼有上述两种功能的药剂，称为混凝剂。单用一种混凝剂收效不佳时，可投加辅助药剂，这种辅助药剂称为助凝剂。

(1) 混凝剂 用于废水处理的混凝剂种类较多，主要有无机盐类混凝剂和高分子混凝剂两大类。若再根据分子量、官能团以及所带电荷，则可以进一步分为高分子、低分子、阳离子型、阴离子型和非离子型混凝剂等。表2-3为常见混凝剂的分类。工业废水性质差异较大，采用何种混凝剂需要通过实验确定。

表2-3 常见混凝剂的分类

分类			混凝剂
无机类	低分子	无机盐类	硫酸铝、硫酸铁、硫酸亚铁、氯化铁、碱式氯化铝
		碱类	碳酸钠、氢氧化钠、氧化钙
		金属电解产物	氢氧化铝、氢氧化铁
	高分子	阳离子型	聚合氯化铝、聚合硫酸铝
		阴离子型	活性硅酸
有机类	表面活性剂	阴离子型	月桂酸钠、硬脂酸钠、油酸钠、松香酸钠、十二烷基苯磺酸钠
		阳离子型	十二烷胺乙酸、十八烷胺乙酸、松香胺乙酸、烷基三甲基氯化铵
	低聚合度高分子	阴离子型	藻朊酸钠、羰甲基纤维素钠盐
		阳离子型	水溶性苯胺树脂盐酸盐、聚乙烯亚胺
		非离子型	淀粉、水溶性脲醛树脂
		两性型	动物胶、蛋白质
	高聚合度高分子	阴离子型	聚甲酸钠、水解聚丙烯酰胺、磺化聚丙烯酰胺
		阳离子型	聚乙烯吡啶盐、乙烯吡啶共聚物
		非离子型	聚丙烯酰胺、氯化聚乙烯

铝盐和铁盐是常用的无机混凝剂。铝盐混凝剂主要有硫酸铝 [$Al_2(SO_4)_3 \cdot 18H_2O$] 及聚合氯化铝 [$Al_2(OH)_nCl_{6-n}]_m$。铁盐混凝剂主要有硫酸亚铁 ($FeSO_4$) 及三氯化铁 ($FeCl_3 \cdot 6H_2O$)。聚合氯化铝是工业废水处理应用最普遍的无机高分子混凝剂。

(2) 助凝剂 助凝剂主要有以下三类。

① pH调整剂。在原水pH值不符合处理工艺要求，或在投加混凝剂后pH值发生较大变化时，需要投加酸性或碱性物质予以调整。常用的pH调整剂有 H_2SO_4、CO_2 和 $Ca(OH)_2$、$NaOH$、Na_2CO_3 等。

② 絮凝结构改良剂。其功能是加大絮体的粒径、密度和机械强度，改善沉降性能和污泥脱水性能。聚丙烯酰胺是工业废水处理常用的有机高分子助凝剂。

③ 氧化剂。当原水中有机物含量较高时，容易形成泡沫，不仅感官性状差，而且絮凝体不易沉降。投加 Cl_2、$Ca(ClO)_2$ 和 $NaClO$ 等氧化剂可破坏有机物。用 $FeSO_4$ 作絮凝剂时，常用 O_3 和 Cl_2 将 Fe^{2+} 氧化为 Fe^{3+}，以提高混凝效果。

2.2.4.3 混凝设备

混凝设备包括混凝剂的配制和投加设备、混合设备和反应设备。

工业废水处理常用的混合设备是管道混合和机械混合。处理水量较小时，可采用管道混合。机械搅拌混合的桨板外缘线速度一般在2m/s左右。

反应设备可分为水力搅拌设备和机械搅拌设备。水力搅拌设备主要有隔板反应池、旋流反应池、涡流反应池等；机械搅拌设备主要是机械搅拌反应池。反应时间一般在15～30min。

2.2.5 沉淀

2.2.5.1 沉淀池的类型与特点

沉淀是利用水中悬浮颗粒的可沉降性能，在重力作用下产生下沉，以实现固液分离的过程，是废水处理中应用最广泛的物理方法。沉淀池常按水流方向区分为平流沉淀池、竖流沉淀池、辐流沉淀池及斜板（斜管）沉淀池四种类型。不同类型沉淀池的特点及适用条件如表 2-4 所示。

表 2-4 各种沉淀池的特点及适用条件

池型	优点	缺点	适用条件
竖流式	①排泥方便,管理简单 ②占地面积较小	①池子深度大,施工困难 ②抗冲击负荷能力较差 ③池径不大于 8m	适用于小型废水处理
辐流式	①采用机械排泥,运行较好,管理亦较简单 ②排泥设备已有定型产品	①池水水流速度不稳定 ②机械排泥设备较复杂,对施工质量要求较高	①适用于地下水位较高的地区 ②适用于大中型废水处理
平流式	①对冲击负荷和温度变化的适应能力较强 ②施工简单,造价低	采用多斗排泥时,排泥操作工作量大,采用机械排泥时,排泥机械维修较麻烦	①适用地下水位较高及地质较差的地区 ②适用于大、中、小型废水处理
斜板(管)	①去除率高 ②停留时间短,占地面积较小	①造价较高 ②抗冲击负荷性能不佳	①占地面积受限制时 ②不宜采用为生物处理后的二次沉淀池

2.2.5.2 沉淀池工艺设计

沉淀池是废水处理工艺中使用最广泛的一种处理构筑物，可以应用到废水处理流程中的多个部位。如初次沉淀池、混凝沉淀池、化学沉淀池、二次沉淀池、污泥浓缩池等。沉淀池工艺设计的内容包括确定沉淀池的数量、沉淀池的类型、沉淀区尺寸、污泥区尺寸、进出水方式和排泥方式等。

设计沉淀池时应根据其在处理流程中的位置和需要达到的污染物去除率，合理确定沉淀池的表面负荷率（或过流率）、废水在池内的平均流速以及沉淀时间等。特别要注意的是，随着废水排放标准的不断提高，沉淀池表面负荷率的取值应相应优化调整。

将剩余活性污泥投加到入流废水中，利用剩余污泥的活性对入流废水中的污染物质产生吸附与絮凝作用，这一过程称为生物絮凝，这一方法已在工业废水处理中得到较为广泛的应用。采用生物絮凝，可以使沉淀效率提高 10%～15%，活性污泥的投加量一般在 100～400mg/L。

2.2.6 气浮

2.2.6.1 气浮原理

气浮是一种有效的固 - 液和液 - 液分离方法，常用于颗粒密度接近或小于水的密度的细小颗粒的分离。废水的气浮法处理技术是将空气溶入水中，减压释放后产生微小气泡，与水中悬浮的颗粒黏附，形成水-气-颗粒三相混合体系。颗粒黏附上气泡后，由于密度小于水的密度即浮上水面，从水中分离出来，形成浮渣层。溶解空气气浮法即加压溶气气浮法，是目前工业废水处理中最常用的一种气浮方法。

2.2.6.2 气浮池的类型与特点

加压溶气气浮法系统主要由三个部分组成：加压溶气系统、空气释放系统和气浮分离设备（气浮池）。加压溶气方式有水泵-空压机-溶气罐溶气方式、水泵-射流器溶气方式、水泵-吸水管吸气溶气方式等。加压溶气系统包括加压水泵、压力溶气罐、空气供给设备（空压机或射流器）及其他附属设备。空气释放系统由溶气释放装置和溶气水管路组成，常用的溶气释放装置有减压阀、溶气释放喷嘴、释放器等。气浮池有平流式、竖流式和浅层气浮池等三种类型。各种气浮池的主要特点及适用条件如表 2-5 所示。

表 2-5　各种气浮池的主要特点和适用条件

类型	优点	缺点	适用条件
平流式	①池身较浅、构造简单； ②造价低； ③施工、运行方便	①容积利用率较低； ②单格宽度一般不超过 10m，长度不超过 15m	适用于中小型废水处理
竖流式	①水力条件较好，排泥方便； ②占地面积较小	①与反应池较难衔接； ②容积利用率较低； ③池径不宜过大	适用于小型废水处理
浅层	①去除率高； ②停留时间短； ③占地面积较小	①造价较高； ②排泥机械维修较麻烦； ③抗冲击负荷性能不佳	①适用于大中型废水处理； ②适用于占地面积受到限制的情况

2.2.7　吹脱与汽提

2.2.7.1　基本原理

吹脱过程是将空气通入废水中，使空气与废水充分接触，废水中的溶解气体或挥发性溶质穿过气液界面，向气相转移，从而达到脱除污染物的目的。而汽提过程则是将废水与水蒸气直接接触，使废水中的挥发性物质扩散到气相中，实现从废水中分离污染物的目的。吹脱与汽提过程常用来脱除废水中的溶解性气体和挥发性有机物，如挥发酚、甲醛、苯胺、硫化氢、氨等。

吹脱过程的基本原理是气液相平衡和传质速率理论。在气液两相系统中，溶质气体在气相中的分压与该气体在液相中的浓度成正比。当该组分的气相分压低于其溶液中该组分浓度对应的气相平衡分压时，就会发生溶质组分从液相向气相的传质。传质速度取决于组分平衡分压和气相分压的差值。气液相平衡关系和传质速度随物系、温度和两相接触状况而异。对给定的物系，通过提高水温，使用新鲜空气或负压操作，增大气液接触面积和时间，减少传质阻力，可以达到降低水中溶质浓度、增大传质速度的目的。吹脱过程既可以脱除原来存在于废水中的溶解气体，也可以脱除化学转化而形成的溶解气体。例如，废水中的硫化钠和氰化钠是固体盐在水中的溶解物，在酸性条件下，由于它们离解生成的 S^{2-} 和 CN^- 能和 H^+ 反应生成 H_2S 和 HCN，经过曝气吹脱，就可以将它们以气体形式脱除。这种吹脱过程称为转化吹脱过程。

汽提过程的原理与吹脱过程基本相同，根据挥发性污染物性质的不同，汽提分离污染物的原理一般可以分为简单蒸馏和蒸汽蒸馏两种。

(1) 简单蒸馏　对于与水互溶的挥发性物质，利用其在气液平衡条件下，在气相中的浓度大于在液相中的浓度这个特性，通过蒸汽直接加热，使其在共沸点（水与挥发性物质两沸点之间的某一温度）下按一定的比例富集于气相。

(2) 蒸汽蒸馏　对于与水不互溶或几乎不溶的挥发性污染物，利用混合液的沸点低于任一组分沸点的特性，可以把高沸点挥发物在较低温度下挥发溢出，从而得以分离除去。例如，废水中的酚、硝基苯、苯胺等物质，在低于 100℃的条件下，应用蒸汽蒸馏过程可有效地脱除。

汽提过程与吹脱过程的比较如表 2-6 所示。

表 2-6　汽提过程与吹脱过程的比较

过程	脱除对象	手段	操作条件
汽提	挥发性污染物	蒸汽蒸馏或蒸汽直接加热	在较高温度下的密闭塔内进行
吹脱	溶解性气体与易挥发性物质	空气吹脱	在常温下的吹脱池或吹脱塔内进行

2.2.7.2 吹脱

吹脱设备一般包括吹脱池和吹脱塔（填料塔或筛板塔）。前者占地面积较大，而且易污染大气。为提高吹脱效率，回收有用气体，防止有毒气体的二次污染，常采用塔式设备。

填料塔的主要特征是在塔内装置一定高度的填料层，废水从塔顶喷下，沿填料表面呈薄膜状向下流动。空气由鼓风机从塔底送入，呈连续相由下而上与废水逆流接触。废水吹脱后从塔底经水封管排出。自塔顶排出的气体可进行回收或进一步处理。填料塔的缺点是塔体大，传质效率不如筛板塔高，当废水中悬浮物高时，易发生堵塞现象。

板式塔的主要特征是在塔内装置一定数量的塔板，废水水平流过塔板，经降液管流入下一层塔板。空气以鼓泡或喷射方式穿过板上水层，相互接触进行传质。塔内气相和液相组成沿塔高呈阶梯变化。

从废水中吹脱出来的气体，可以经过吸收或吸附回收利用。例如，用 NaOH 溶液吸收吹脱的 HCN，生成 NaCN；用 NaOH 溶液吸收 H_2S，生成 Na_2S，然后将饱和溶液蒸发结晶；用活性炭吸附 H_2S，饱和后用亚氨基硫化物的溶液浸洗，进行解吸，反复浸洗几次后，往活性炭中通入水蒸气清洗，饱和溶液经蒸发可回收硫。

2.2.7.3 汽提

汽提操作一般是在封闭的塔内进行，采用的汽提塔可以分为填料塔和板式塔两大类。

填料塔是在塔内装有填料，废水从塔顶喷淋而下，流经填料后由塔底部的集水槽收集后排出。蒸汽从塔底部送入，从塔顶排出，由下而上与废水逆流接触进行传质。填料可以采用瓷环、木栅、金属螺丝圈、塑料板、蚌壳等。由于通入蒸汽，塔内温度高，所以在选择塔体材料和填料时，除了考虑经济、技术等一般原则外，还应该特别注意耐腐蚀的问题。与板式塔相比，填料塔的构造较简单，便于采用耐腐蚀材料，动力损失小。但是传质效率低，且塔体积庞大。

板式塔是一种传质效率较高的设备。这种塔的关键部件是塔板。按照塔板结构的不同，可以分为泡罩塔、浮阀塔和筛板塔等。

2.2.8 化学沉淀

化学沉淀法是向废水中投加某种化学物质，使它与其中某些溶解性物质发生置换反应，生成难溶盐沉淀，从而降低水中溶解性污染物的方法。一般用以处理含金属离子、有毒物如氰化物等的工业废水。化学沉淀有氢氧化物沉淀、硫化物沉淀和钡盐沉淀等多种方法。

根据溶度积原理，在一定的温度下，对所有难溶盐 $M_m N_n$ 的饱和溶液，都存在溶度积常数 $L_{M_m N_n}$。如果要去除金属阳离子，则可通过投加阴离子，从而形成沉淀，达到去除金属阳离子的目的。

溶度积原理不仅适用于一种盐的溶液，而且适用于几种盐的混合溶液。在废水中常常同时溶有几种盐，如果它们具有相同的离子，则其中难溶盐的溶解度将比其单独存在时有所下降，这称为同离子效应。当溶液中有多种离子可与同一种离子生成多种难溶盐时，难溶盐将按先后顺序生成沉淀，这种现象称为分级沉淀。如果这些难溶盐的溶度积相差很大，则哪种离子形成的难溶盐离子积大于溶度积，则该难溶盐便先产生沉淀。

在采用化学沉淀法去除废水中的金属离子时，pH 是一个十分重要的控制条件，受多种因素的影响，沉淀剂的实际投加量通常要比理论投加量高，实际控制条件一般宜通过试验来确定。

2.2.9 氧化还原

2.2.9.1 化学氧化

向废水中投加氧化剂，氧化废水中的有毒有害物质，使其转变为无毒无害的或毒性小的新物质的方法称为氧化法。根据所用氧化剂的不同，氧化法分为空气氧化法、氯氧化法、臭氧氧化法等。

各种氧化剂的氧化电位数值如表 2-7 所示。羟基自由基（·OH）是一种极强的化学氧化剂，它的氧化电位要比普通氧化剂（臭氧、氯气和过氧化氢等）高得多。

表2-7 各种氧化剂的氧化电位数值

氧化剂	半反应	氧化电位/V	氧化剂	半反应	氧化电位/V
·OH	$\cdot OH+H^{+}+e^{-} \longrightarrow H_2O$	3.06	HClO	$2HClO+2H^{+}+2e^{-} \longrightarrow 2Cl^{-}+2H_2O$	1.63
O_3	$O_3+2H^{+}+2e^{-} \longrightarrow O_2+H_2O$	2.07	Cl_2	$Cl_2+2e^{-} \longrightarrow 2Cl^{-}$	1.36
H_2O_2	$H_2O_2+2H^{+}+2e^{-} \longrightarrow 2H_2O$	1.77			

(1) 氯氧化 氯的标准氧化还原电位较高，为1.359V。次氯酸根的标准氧化还原电位也较高，为1.2V，因此氯有很强的氧化能力。氯可氧化废水中的氰、硫、醇、酚、醛、氨氮及去除某些染料而脱色等。同时也可杀菌、防腐。氯作为氧化剂可以有如下形态：氯气、液氯、漂白粉、漂粉精、次氯酸钠和二氧化氯等。氯气是一种具有刺激性气味的黄绿色有毒气体。液氯是压缩氯气后变成的琥珀色的透明液体，可用氯瓶贮存远距离输送；漂粉精可加工成片剂，称为氯片；次氯酸钠可利用电解食盐水的方法，在现场由次氯酸钠发生器制备。

(2) 臭氧氧化 臭氧是由三个氧原子组成的氧的同素异构体，一般呈淡蓝色气体，高压下可变成深褐色液体。臭氧具有特殊的刺激性气味，但在空气中浓度极低时有新鲜气味，使人感到格外清新，有益健康。当空气中臭氧浓度大于0.01mg/L时，可嗅到刺激性臭味，长期接触高浓度臭氧会影响肺功能，工作场所规定的臭氧最大允许浓度为0.1mg/L。

臭氧在水中的溶解度约比氧大10倍，但臭氧氧化气中臭氧的分压很低，所以要使臭氧溶解于水仍需有良好的水气接触设备，以提高臭氧向水中的传递效果。在废水处理中常用的水和臭氧的接触方式有微孔扩散、填料塔等。

臭氧接触后的尾气含有一定的剩余臭氧，为防止大气污染，应进行必要的处理。处理方法有燃烧分解、活性炭吸附、催化分解和化学处理等。

臭氧对不同污染物的氧化速率相差很大，当水中同时存在多种污染物时臭氧会优先与反应速率快的污染物进行反应，从而表现出臭氧对污染物去除的选择性，并使反应速率低的污染物质不能被去除。

2.2.9.2 还原

向废水中投加还原剂，使废水中的有毒物质转变为无毒的或毒性小的新物质的方法称为还原法。

还原法常用的还原剂有硫酸亚铁、亚硫酸钠、亚硫酸氢钠、硫代硫酸钠、水合肼、二氧化硫、铁屑等。含六价铬废水还原法处理的基本原理是在酸性条件下，利用化学还原剂将六价铬还原成三价铬，然后用碱使三价铬成为氢氧化铬沉淀而去除。

2.2.9.3 电化学处理

电化学处理是废水在电流作用下发生电化学反应的过程。电解槽的阴阳极能失去和接受电子，相当于还原剂和氧化剂，可氧化和还原水中的污染物，这是电化学直接氧化还原过程。也可通过某些阳极反应产物如Cl_2、ClO^{-}、O_2、H_2O_2等间接氧化破坏水中的污染物。通过阴极反应生成的H_2间接还原污染物，这是电化学间接氧化还原过程。如果以铝或铁作阳极时，产生电化学腐蚀，Al和Fe以离子态溶入溶液中，并发生水解反应，形成羟基化合物，可作为混凝剂对废水中的悬浮物和胶体起混凝作用，称为电凝聚，通常称为电解。

2.2.9.4 铁碳微电解

铁碳微电解（亚铁还原氧化法）处理工艺原理是：铸铁屑和焦炭微粒在电解质溶液中（酸性废水），构成无数个微小原电池，形成一种内部电解反应，铁为阳极，碳为阴极，发生如下电极反应。

阳极：$Fe-2e \longrightarrow Fe^{2+}$

阴极：$2H^{+}+2e \longrightarrow H_2 \uparrow$

在偏酸性溶液中，阴极反应产生的新生态 H_2 具有很高的化学活性，能与废水中的很多组分发生氧化还原反应，破坏发色物质的官能团，废水中的硝基苯类化合物在其作用下首先被还原成苯胺类化合物，硝基苯类还原率可达到80%以上。阳极产生的新生态 Fe^{2+} 是良好的絮凝剂，通过通入空气将 Fe^{2+} 氧化成 Fe^{3+}，氧化剂 Fe^{3+} 可进一步将苯胺类有机物氧化成溶解度很小的醌式结构化合物，在后续中和沉降过程中被 $Fe(OH)_3$ 絮体吸附而去除。

铁碳微电解通常用于难生物降解废水的预处理，一般进水 pH 宜控制在 2～3，将铁碳出水 pH 调节至 9～10，中和沉淀。经过铁碳微电解还原氧化预处理后，废水的 BOD 和 COD 的比值有较大提高，有利于后续生物处理。

2.2.10 高级氧化

由表 2-7 可见，羟基自由基（·OH）对各种污染物的反应速率常数相差不大，可实现多种污染物的同步去除。随着水污染的日益加剧和对处理水质要求的提高，对于那些难以生物降解或对生物有毒害作用物质的处理，高级氧化技术显示出了它独特的优势。在高级氧化工艺中，采用两种或多种氧化剂联用，或者氧化剂与催化剂联用，可提高·OH 的生成量和生成速度，加速反应过程，提高处理效率和出水水质。

2.2.10.1 湿式空气氧化

湿式空气氧化（wet air oxidation，WAO）是在高温（150～350℃）高压（5～20MPa）操作条件下，利用氧化剂将废水中的有机物氧化成二氧化碳和水，从而达到去除污染物的目的。与常规方法相比，具有适用范围广、处理效率高、极少有二次污染、氧化速率快、可回收能量及有用物料等特点。

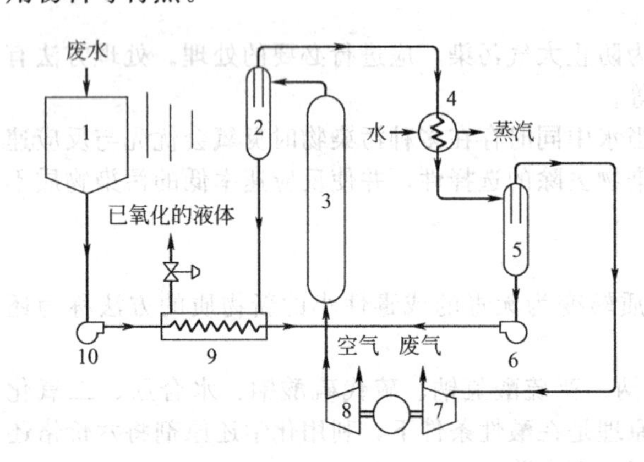

图 2-2 湿式氧化系统工艺流程

1—贮存罐；2，5—分离器；3—反应器；4—再沸器；6—循环泵；7—鼓风机；8—空压机；9—热交换器；10—高压泵

湿式氧化系统的工艺流程如图 2-2 所示。废水通过贮存罐由高压泵打入热交换器，与反应后的高温氧化液体换热，使温度上升到接近于反应温度后进入反应器，由空压机输送反应所需的氧。在反应器内，废水中的有机物与氧发生放热反应，在较高温度下将废水中的有机物氧化成二氧化碳和水或低级有机酸等中间产物。反应后气液混合物经分离器分离，液相经热交换器预热进料，回收热能。高温高压的尾气首先通过再沸器（如废热锅炉）产生蒸汽或经热交换器预热锅炉进水，其冷凝水由第二分离器分离后通过循环泵再打入反应器，分离后的高压尾气送入透平机产生机械能或电能。因此，这一典型的工业化湿式氧化系统不但处理了废水，而且对能量逐级利用，减少了有效能量的损失，维持并补充湿式氧化系统本身所需的能量。

在湿式氧化反应过程中，废水中的硫氧化成 SO_4^{2-}，氮氧化成 NO_3^-，不形成 SO_x 和 NO_x，几乎不产生二次污染。采用湿式氧化法处理各种废水，不仅有效地处理了废水中的各种污染物，同时也几乎不对大气造成污染。和燃烧相比，湿式氧化法是一种清洁的废水处理工艺。

但湿式氧化法在实际推广应用方面仍存在着一定的局限性：①湿式氧化一般要求在高温高压的条件下进行，故对设备材料的要求较高，需耐高温、高压、耐腐蚀，因此设备费用大，系统的一次性投资大；②湿式氧化法仅适用于小流量高浓度的废水处理，对于低浓度大流量的废水则很不经济；③即使在很高的温度下，对某些有机物如多氯联苯、小分子羧酸的去除效果也不理想，难以做到完全氧化；④湿式氧化过程中可能会产生某些具有毒性的中间产物。

2.2.10.2 催化湿式氧化

催化湿式氧化是在传统的湿式氧化处理工艺中加入适宜的催化剂加快反应速度。根据所用催化剂的状态，可将催化剂分为均相催化剂和非均相催化剂两类，催化湿式氧化也相应分为均相催化湿式氧化和非均相催化湿式氧化。均相催化的反应温度更温和，反应性能专一，有特定的选择性。均相催化的活性和选择性，可以通过配体的选择、溶剂的变换及促进剂的增添等因素，进行调配和设计。非均相催化剂以固态存在，这样催化剂与废水的分离比较简便，可使处理流程简化。采用贵金属作为催化剂的催化湿式氧化技术已经实用化。

(1) 铜催化湿式氧化 当前最受重视的均相催化剂都是可溶性的过渡金属的盐类，它们以溶解离子的形式混合在废水中，其中以铜盐效果较为理想。铜离子的加入主要是通过形成中间络合产物，脱氢以引发氧化反应自由基链。

(2) 芬顿（Fenton）试剂 Fenton试剂法是目前应用较多的一种均相催化湿式氧化法。利用Fe^{2+}对H_2O_2的催化分解，产生·OH从而达到氧化水中有机物的目的，是一种很有效的废水处理方法。在精细化工、医药化工、制药等工业废水的处理中得到广泛的应用。其主要原理是利用亚铁离子作为过氧化氢的催化剂，反应过程中产生·OH，可氧化大部分的有机物。Fenton试剂氧化在pH 3.5时，其·OH生成速率最大。

Fenton试剂作为一种强氧化剂用于去除废水中的有机污染物，具有明显的优点。对于毒性大、一般氧化剂难氧化或生物难降解的有机废水的处理是一种较好的方法。Fenton试剂在废水处理中通常与混凝沉淀法等联用。

2.2.10.3 光化学氧化

(1) UV/H_2O_2 一般认为UV/H_2O_2的反应机理是：1分子的H_2O_2在紫外光的照射下产生2分子的·OH，反应的速率与pH有关，酸性越强，反应速率就越快。UV/H_2O_2系统的缺点主要是某些无机化合物，如钙和铁盐可能在过程中沉淀下来，阻塞光管，降低UV光的穿透率。控制pH对于防止氧化过程的金属盐沉淀及避免沉淀物所造成的效率下降是很必要的。通常，pH小于6时可以避免金属氧化物沉淀，碱性溶液对于反应速率有不利影响。UV/H_2O_2系统不适用于高浓度污染废水，可作为其他工艺处理之后的深度处理使用。

(2) UV/O_3 UV/O_3是将臭氧与紫外光辐射相结合的一种高级氧化过程，是目前应用最多的高级氧化技术。一个基本的UV/O_3系统是用UV去照射被臭氧饱和的水体，它的降解效率比单独使用UV和O_3都要高，即UV/O_3的协同效应。从光化学的角度来看，臭氧的吸收光谱在254nm时，提供了比H_2O_2更高的吸收横截面。UV/O_3中的氧化反应为自由基型，即液相臭氧在紫外光辐射下会分解产生·OH，由·OH与水中的溶解物进行反应。臭氧在水中低的溶解度及相应的传质限制是UV/O_3过程的关键技术问题。

(3) $UV/O_3/H_2O_2$ $UV/O_3/H_2O_2$是采用UV辐照，H_2O_2和O_3联合的高级氧化技术。$UV/O_3/H_2O_2$处理技术中，·OH被认为是引发有机物氧化降解的最重要的中间产物。与UV/O_3过程相比，H_2O_2的加入对·OH的产生有协同作用，从而表现出了对有机污染物更高的反应速率。

但当UV/H_2O_2系统已经达到氧化目的时，用H_2O_2比O_3更为经济。由于O_3是一种微溶且不稳定的气体，需要现场生成和贮存，还需要考虑O_3进入水相的质量传递的影响，这便增加了设备和操作费用。而H_2O_2完全溶于水，且不需要特别的贮存设备。

2.2.11 过滤

过滤是通过具有孔隙的粒状滤料层（如石英砂、陶粒滤料等）截留废水中的悬浮物和胶体而使水获得澄清的工艺过程。过滤在工业废水处理中主要用于深度处理，在废水回用处理中几乎是必需的工艺过程。

过滤池按作用水头分，有重力式滤池和压力式滤池两类。虹吸滤池、无阀滤池为自动冲洗滤池。各种滤池的工作机理都基本相似，主要有阻力截留或筛滤作用、重力沉降作用和接触絮凝作用。在实际过滤过程中，上述三种机理往往同时起作用，只是随条件不同而有主次之分。对粒径较大的悬浮颗粒，以阻力截留为主，因这一过程主要发生在滤料表层，通常称为表面过滤。对于细微悬浮物以发生在滤料深层的重力沉降和接触絮凝为主，称为深层过滤。

过滤池由池体、滤料层、承托层、配水系统、冲洗排水槽等组成。在工业废水处理中单层滤料（石英砂）滤池的滤速选用，应充分考虑滤料和废水的特性，滤池滤速一般以4～6m/h为宜。单座滤池面积不宜太大，最好小于36m^2，长宽比为1∶1，即边长不超过6m，以便于均匀布水。

滤池冲洗时，冲洗水的流向与过滤完全相反，称为反冲洗。可采用水反冲洗和气水反冲洗两种方式。滤池冲洗废水由反冲洗排水槽和废水渠排出。应根据不同的滤料滤池和反冲洗方式，确定合适的冲洗时间和冲洗强度。

压力过滤器是一种密封承压过滤器，其过滤装置内部结构与快速滤池相同。压力过滤器具有结构紧凑、体积较小、过滤能力强、设备定型、灵活性大等优点。

2.2.12 吸附

吸附是一种物质附着在另一种物质表面上的过程。在废水处理领域，吸附则是液-固两相之间的转移过程，是利用多孔性固体吸附剂的表面吸附废水中的一种或多种污染物，达到废水净化的过程。

吸附过程可作为工业废水生化处理后的深度处理手段，以去除溶解性难降解有机物等，以确保出水达标排放或再生利用。

2.2.12.1 吸附机制

吸附过程是一种界面现象，其作用在两个相的界面上进行。吸附可分为化学吸附和物理吸附。化学吸附是吸附剂和吸附质之间发生的化学作用，由化学键力作用所致。物理吸附是吸附剂和吸附质之间发生的物理作用，由范德华力作用所致。

吸附过程是吸附质从水溶液中被吸附到吸附剂表面上或进而进行化学结合的过程。已被吸附在吸附剂表面的吸附质又会离开吸附剂表面而返回到水溶液中去，这就是解吸过程。当吸附速度与解吸速度相等时，溶液中被吸附物质的浓度和单位重量吸附剂的吸附量不再发生变化，吸附与解吸达到动态平衡。

在一定的温度条件下，吸附容量与溶液浓度之间的关系，称为等温吸附关系。常用的表达等温吸附关系的数学方程有弗罗因德利希经验方程和朗格缪尔理论方程。实用中，基于试验得到的弗罗因德利希经验方程应用更广，如式(2-1)所示。

$$q=kC^{1/n} \tag{2-1}$$

式中 q——单位质量吸附剂的吸附量，g/g；

C——吸附平衡浓度，g/L；

k，n——经验常数。

2.2.12.2 吸附剂

吸附剂的种类很多，在工业废水处理中应用广泛的是活性炭。活性炭的比表面积可达800～2000m^2/g，有很高的吸附能力。活性炭一般加工成粉末状或颗粒状。粉末状的活性炭吸附能力强，制备容易，价格较低，但再生困难，一般不能重复使用。颗粒状的活性炭价格较贵，但可再生后重复使用，并且使用时的劳动条件较好，操作管理方便。因此在水处理中较多采用颗粒状活性炭。

颗粒状活性炭在使用一段时间后，吸附了大量吸附质，逐步趋向饱和并丧失吸附能力，此时应进行更换或再生。再生是在吸附剂本身的结构基本不发生变化的情况下，用某种方法将吸附质从吸附剂微孔中除去，恢复它的吸附能力。活性炭的再生方法主要有以下几种。

(1) 加热再生法　在高温条件下，提高吸附质分子的能量，使其易于从活性炭的活性点脱离。而吸附的有机物则在高温下氧化和分解，成为气态逸出或断链成低分子。活性炭的再生一般用多段式再生炉。炉内供应微量氧气，使进行氧化反应而又不致使炭燃烧损失。

（2）化学再生法 通过化学反应，使吸附质转化为易溶于水的物质而解吸下来。例如，吸附了苯酚的活性炭，可用氢氧化钠溶液浸泡，使形成酚钠盐而解吸。

目前国内活性炭的供应货源和再生设备较少，再生费用较贵，限制了活性炭吸附的广泛使用。

2.2.12.3 吸附设备

吸附操作可分为静态操作和动态操作。常用的吸附设备有固定床吸附装置。

根据处理水量、原水水质及处理要求，固定床可分为单床和多床系统，一般单床仅在处理规模较小时采用。多床又有并联和串联两种，前者适用于大规模处理，出水要求较低，后者适用于处理流量较小，出水要求较高的场合。

在动态吸附中，当吸附剂再生时，吸附柱上下层的吸附剂不应全部达到吸附饱和状态。所以，在吸附操作时，单位吸附剂的吸附量总是小于吸附剂的平衡吸附量，一般活性炭为80%～85%，而硅胶则为60%～70%。

通常有机物在水中的溶解度随着链长的增长而减小，而活性炭的吸附容量却随着有机物在水中溶解度的减少而增加，即吸附量随有机物分子量的增大而增加。如活性炭对有机酸的吸附量按甲酸＜乙酸＜丙酸＜丁酸的次序而增加。

活性炭处理废水时，对芳香族化合物的吸附效果较脂肪族化合物好，不饱和链有机物较饱和链有机物好，非极性或极性小的吸附质较极性强的吸附质好。应当指出，实际体系的吸附质往往不是单一的，它们之间可以互相促进、干扰或互不相干。由于吸附是放热过程，也就是说，低温有利于吸附，升温有利于解吸。活性炭一般在酸性溶液中比在碱性溶液中有较高的吸附率。有条件时宜通过试验确定最佳接触时间，一般为0.5～1.0h。

2.2.13 离子交换

2.2.13.1 离子交换工艺过程

离子交换是借助于离子交换剂上的离子，同水中的离子进行交换反应而除去水中有害离子的过程。离子交换过程是一种特殊吸附过程，在许多方面都与吸附过程相类似。但与吸附相比较，离子交换过程是吸附水中的离子，并与水中的离子进行等量交换。离子交换过程用于水处理工程上特别是水的软化与除盐已较为普遍，近年来在工业废水处理中也得到了广泛的应用，主要用于回收废水中的重金属、贵金属和稀有金属，也用于废水的脱盐处理。

离子交换整个工艺过程包括交换、反洗、再生和清洗四个阶段。四个阶段依次进行，形成不断循环的工作周期。

再生时存在一个再生剂最佳浓度值。如用NaCl再生Na型树脂时，最佳盐浓度范围在10%左右。一般顺流再生时，再生剂酸液以3%～4%为宜，碱液以2%～3%为宜。

清洗的目的是洗涤残留的再生液和再生时可能出现的反应产物。清洗的水流速度应先小后大。清洗过程后期应特别注意掌握清洗终点的pH（尤其是弱性树脂转型之后的清洗），避免重新消耗树脂的交换容量。

2.2.13.2 离子交换剂

凡是能够与溶液中的阳离子或阴离子具有交换能力的物质都称为离子交换剂。离子交换剂的种类很多，目前常用合成的离子交换树脂，其结构通常分为两部分。一部分为骨架，在交换过程中骨架不参与交换反应；另一部分为连接在骨架上的活性基团，活性基团所带的可交换离子能与水中的离子进行交换。根据树脂骨架的结构特征，离子交换树脂可分为凝胶型和大孔型。两者的区别在于结构中孔隙的大小。凝胶型树脂不具有物理孔隙，只有在浸入水中时才显示其分子链间的网状孔隙，而大孔树脂无论在干态或湿态，用电子显微镜都能看到孔隙，其孔径为10～1000nm。而凝胶型孔径为2～4nm。因此，大孔树脂吸附能力大，交换速度快，溶胀性小。

（1）强酸性离子交换树脂 一般以磺酸基—SO_3H作为活性基团，在整个pH范围内都可高度电离，所以使用时对pH一般没有限制。

(2) 弱酸性离子交换树脂　一般以羧基（—COOH）、酚羟基（—OH）等作为活性基团，该树脂的电离程度小，其交换能力随溶液pH增加而提高，在酸性条件下，这类树脂几乎不能发生交换反应。对于羧基树脂，溶液的pH应大于7，而对于酚羟基树脂，溶液的pH则应大于9。

弱酸性钠型树脂RCOONa很易水解，水解后呈碱性，故钠型树脂用水洗不到中性，一般只能洗到pH为9～10。弱酸性树脂与氢离子结合能力很强，较易再生成氢型。

此外，以膦酸基［$—PO(OH)_2$］和次膦酸基［—POH(OH)］作为活性基团的树脂具有中等强度的酸性。

(3) 强碱性阴离子交换树脂　季氨基Ⅰ型［$—N(CH_3)_2$］强碱性阴离子交换树脂的碱性比Ⅱ型强，但再生较困难，Ⅱ型的稳定性较差。和强酸性树脂一样，强碱性阴离子交换树脂在整个pH范围内也可高度电离，使用时对pH没有限制。

(4) 弱碱性阴离子交换树脂　和弱酸性树脂一样，弱碱性阴离子交换树脂的交换能力随pH变化而变化，pH越低，其交换能力越大。弱碱性氯型树脂（例如RNH_3OHCl）很易水解，和OH^-结合能力较强，较易再生成氢氧型。

2.2.14 膜分离

膜分离是利用物质透过一层特殊膜的速度差而进行分离、浓缩或脱盐的一种分离过程。这一层特殊的膜可以是固体，亦可以是固定化的液体或溶胀的凝胶，它具有特殊的结构和性能。这些特殊的结构和性能使其具有对物质的选择透过性，因此在过程进行时，不同于其他物理化学过程。在膜分离过程中不伴随相变，不用加热，可节约能源，投资省，且设备结构紧凑，效能高，占地面积小，操作稳定，适宜连续化生产，有利于实现自动控制。

根据膜的种类、功能和过程推动力的不同，工业化应用的膜分离过程有电渗析（ED）、反渗透（Reverse Osmosis，RO）、微滤（MF）、超滤（UF）、纳滤（NF）等。近年来，膜分离技术发展很快，逐步应用于废水处理领域。

2.2.14.1 膜分离的性能参数

(1) 通量　所谓通量就是单位时间内通过单位面积上的流体量，也称为透过速率。其单位有$m^3/(m^2 \cdot s)$和$L/(m^2 \cdot h)$。影响膜工艺中膜组件过滤通量的因素有膜阻、单位膜面积的操作驱动力、膜与液体界面处的水力条件等。在膜未被进水成分阻塞时其膜阻力是固定的，而界面阻力是进水成分和渗透通量的函数。对于传统的压力驱动系统，在某种程度下依据通量的变化，膜分离物在界面处积累，然后通过一系列的物化作用对膜产生污染。因此膜处理工艺的运行效率在某种程度上由阻力或驱动力中起主导作用的因素来决定。

(2) 驱动力　膜处理工艺的驱动力常为压力差。在大部分压力驱动的膜分离工艺中，人们最希望得到的透过液是水，这样截留物质就得到了浓缩。所以，通量和驱动力有内在联系，在设计中通常是固定通量，来确定合适的过膜压力。膜分离工艺中的驱动力如表2-8所示。

表2-8　膜分离工艺中的驱动力

膜分离工艺	传质驱动力	膜类型(孔径)	去除污染物的尺寸	所得分离物(主透过液)
微滤(MF)	净水压力差 20～200kPa	对称或非对称 (0.1～2μm)	0.2～100μm	从悬浮物中分离水(在MBR中截留微生物)
超滤(UF)	净水压力差 50～1000kPa	非对称 (2～5nm)	5～500nm	从大分子溶解性固体或胶体中分离水
反渗透(RO)	净水压力差 600～10^4kPa	复合膜 均质超薄膜	0.2～10nm	从低分子质量溶解性固体或离子中分离水
渗析(DL)	浓度差	均质膜	50～5000nm	从水中分离离子
电渗析(ED)	电位差	离子交换膜	0.1～0.5nm	

影响驱动力的因素有：①截留液的浓度（如RO和UF）以及界面处透过离子的浓度（如电

渗析)；②膜面附近离子的去除（如ED)；③膜面处大分子颗粒的沉积（凝胶层的形成)；④截留固体在膜表面的积累（如MF)；⑤在膜表面或其内部污染物的积累。其中每项因素对膜工艺的设计和运行都有很大影响。

(3) 浓差极化　浓差极化（CP）是用来描述在浓度边界层或液膜内部固/液界面处溶质的积累趋势。边界层包括膜附近的静止液体，因此在膜表面处液体的流速为零，表明该层传质模型只能是扩散传质，这与主体区的对流传质相比要慢得多。截留物在质膜附近积累，最终使浓度高于主体浓度值。对于布朗扩散来说，这种浓度积累的趋势与通量的增加成指数关系。另外，边界层的厚度由系统流体动力学条件而决定。通过提高湍流程度或控制低通量运行可抑制浓差极化现象。

2.2.14.2　电渗析

电渗析法的工作原理主要是膜室之间的离子迁移，也有电极反应。电渗析的关键部件是离子交换膜，它的性能对电渗析效果影响很大。废水成分复杂，所含的酸、碱、氧化物等物质对膜有损害作用，离子交换膜应具有抵抗这种损害的性能。

电渗析装置一般采用单膜（阳膜或阴膜）的两室布置，或双膜（阳、阴膜、双阳膜或双阴膜）的三室布置，电渗析原理如图2-3所示。

电渗析法适用于废水的脱盐处理，但不适用于非电离分子（特别是有机物）去除。单级电渗析器出水的含盐量一般高于300mg/L。要得到较好的出水水质，需采用电渗析器串联系统。电渗析多用于废水深度处理。

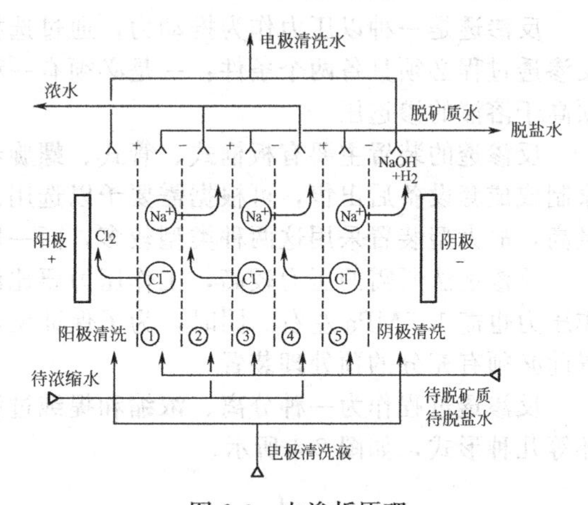

图2-3　电渗析原理

2.2.14.3　超滤

超滤（UF）是一种以膜两侧压差为推动力，以机械筛分原理为基础理论的溶液分离过程。超滤过程在本质上是一种筛滤过程。首先，超滤膜的选择透过性主要是因为膜上具有一定大小和形状的孔，其孔隙大小是主要的控制因素，溶质能否被膜孔截留取决于溶质粒子的大小、形状、柔韧性以及操作条件等其次，膜表面的化学性质也是影响超滤分离的重要因素。超滤膜的微孔孔径在2～5nm，超滤法所需的传质驱动力（净水压力差）为50～1000kPa。在废水处理中，超滤法主要用于分离溶解性有机物。

超滤的工艺流程可以分为间歇操作、连续操作和重过滤三种形式。其中，间歇操作具有最大的透过速率，效率高，但是处理量小。连续操作过程通常在部分循环下进行，回路中循环量常常比料液量大得多，主要用于大规模处理厂。重过滤常用于小分子和大分子的分离。

超滤在工业废水处理中应用广泛，如用于电泳涂漆废水、含油废水、含聚乙烯醇废水、纸浆废水、颜料和染色废水、放射性废水等的处理，在食品工业废水中回收蛋白质、淀粉等也十分有效。

超滤膜是非对称膜，其活性表面层有孔径为1～20nm的微孔，截留相对分子质量范围为500～500000。它能从水中分离相对分子质量大于数千的大分子、胶体物质、蛋白质、微粒等。超滤膜的透过速率范围通常为0.5～5$m^3/(m^2 \cdot d)$，使用的压力通常为0.1～0.6MPa。另外，要求超滤膜能耐高温，pH的适用范围大，对有机溶剂具有化学稳定性，并且具有足够的机械强度。

大多数超滤膜都是聚合物或共聚物的合成膜，主要有乙酸纤维素膜、聚酰胺膜、聚砜膜等，它们适用的pH范围依次为4～7.5、4～10和1～12。另外，聚丙烯腈也是一种很好的超滤膜材料。

2.2.14.4　纳滤

纳滤膜比反渗透膜的孔大，因而操作压力低，脱盐率也低。纳滤是为了适应多种工业的需要，降低反渗透工作压力而出现的一种介于反渗透和超滤之间的膜。

纳滤膜对水中离子的截留有较高的选择性，不同于反渗透膜对水中所有离子都有很高的截留率。具体来说，就是一价离子容易透过纳滤膜，多价离子容易被截留，阴离子透过纳滤膜的规律是 NO_3^-＞Cl^-＞OH^-＞SO^{2-}＞CO_3^{2-}；阳离子透过纳滤膜的规律是 H^+＞Na^+＞K^+＞Ca^{2+}＞Mg^{2+}＞Cu^{2+}。

纳滤膜在致密的脱盐表层下有一个多孔支撑层，起脱盐作用的是表层。支撑层与表层可以是同一种材料（如 CA 膜），也可以是不同材料（即复合膜），目前使用的绝大多数都是复合膜，复合膜的多孔支撑层多为聚砜，在支撑层上通过界面聚合制备薄层复合膜，再进行荷电，就可以得到高性能复合纳滤膜。复合纳滤膜脱盐的表层物质按材料可分为芳香聚酰胺类、聚哌嗪酰胺类、磺化聚砜类及混合类（如表层由聚哌嗪酰胺和聚乙烯醇组成，或聚哌嗪酰胺和磺化聚砜组成）等。

由于纳滤膜相对反渗透膜比较疏松、孔大，所以纳滤膜水通量比反渗透膜大数倍，水中一价离子脱盐率为 40%～80%，远远低于反渗透膜，对水中二价离子脱盐率可达 95%，略低于反渗透膜，纳滤膜一般截留分子量为 200～1000。

2.2.14.5 反渗透

反渗透是一种以压力作为推动力，通过选择性膜，将溶液中的溶剂和溶质分离的技术。实现反渗透过程必须具备两个条件：一是必须有一种高选择性和高透水性的半透膜；二是操作压力必须高于溶液的渗透压。

反渗透的装置主要有板框式、管式、螺旋卷式和中空纤维式。反渗透装置一般都由专门的厂家制成成套设备后出售，可根据需要予以选用。由于螺旋卷式及中空纤维式装置的单位体积处理量高，故大型装置采用这两种类型较多，而一般小型装置采用板框式或管式。

反渗透法所需的压力较高，工作压力要比渗透压力大几十倍。即使是改进的复合膜，正常工作压力也需 1.5MPa 左右。同时，为了保证反渗透装置的正常运行和延长膜的寿命，在反渗透装置前必须有充分的预处理装置。

反渗透过程作为一种分离、浓缩和提纯过程，常见的工艺流程有一级、一级多段、多级、循环等几种形式，如图 2-4 所示。

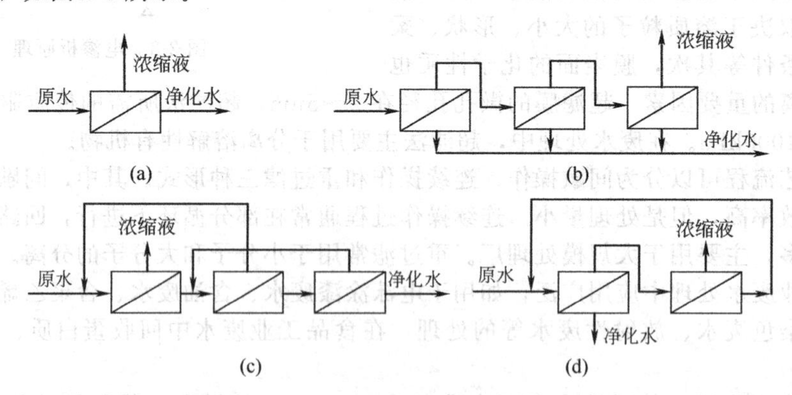

图 2-4 反渗透的工艺流程

(a) 一级；(b) 一级三段；(c) 三级浓循环；(d) 二级淡循环

反渗透膜是一类具有不带电荷的亲水性基团的膜，按成膜材料可分为有机膜和无机高聚膜。目前研究得比较多和应用比较广的是乙酸纤维素膜（CA 膜）和芳香族聚酰胺膜两种。按膜形状可分为平板状、管状、中空纤维状膜。按膜结构可分为多孔性和致密性膜，或对称性（均匀性）和不对称性（各向异性）结构膜。

受污染膜的清洗方法包括物理过程和化学过程。

(1) 物理清洗过程 这是用淡水冲洗膜面的方法，也可以用预处理后的原水代替淡水，或者用空气与淡水混合液来冲洗。对管式膜组件，可用直径稍大于管径的聚氨酯海绵球冲刷膜面，能有效去除沉积在膜面上的柔软的有机性污垢。

（2）化学清洗过程 化学清洗过程是采用一定的化学清洗剂，如硝酸、磷酸、柠檬酸、柠檬酸铵加盐酸、氢氧化钠、酶洗涤剂等，在一定的压力下一次冲洗或循环冲洗膜面。化学清洗剂的酸度、碱度和冲洗温度不可太高，防止对膜的损害。当清洗剂浓度较高时，冲洗时间短；浓度较低时，相应冲洗时间延长。据报道，用1%～2%的柠檬酸溶液，在4.2MPa的压力下，冲洗13min能有效去除氢氧化铁垢层。采用1.5%的无臭稀释剂（Thinner）和0.45%的表面活性剂氨基氰-OT-B（85%的二辛基硫代丁二酸钠和15%的苯甲酸钠）组成的水溶液，冲洗0.5～1h，对除去油和氧化铁污垢非常有效。用含酶洗涤剂对去除有机质污染，特别是蛋白质、多糖类、油脂等通常是有效的。

2.3 活性污泥法

活性污泥法是使用最广泛的废水处理方法。它能从废水中去除溶解的和胶体的可生物降解有机物，以及能被活性污泥吸附的悬浮固体和其他一些物质。无机盐类（磷和氮的化合物）也能部分地被去除。活性污泥法经过近百年的发展，已经发展为多种处理工艺。

2.3.1 活性污泥法的基本流程和控制指标

2.3.1.1 活性污泥法的基本流程

活性污泥法由曝气池、沉淀池、污泥回流和剩余污泥排除系统所组成，其基本流程如图2-5所示。

废水和回流活性污泥一起进入曝气池形成混合液。曝气池是一个生物反应器，曝气设备不仅传递氧气进入混合液，而且通过曝气使混合液得到足够的搅拌呈悬浮状态，使废水中的有机物、氧气同微生物能充分接触和反应。随后混合液流入沉淀池，混合液中的悬浮固体在沉淀池中沉降同水分离，沉淀池出水则是净化水。沉淀池中的污泥大部分回流，称为回流污泥。回流污泥的目的是使曝气池内保持一定的悬浮固体浓度，也就是保持一定的微生物浓度。曝气池中的生化反应产生了微生物的增殖。增殖的微生物通常作为剩余污泥从沉淀池中排除，以维持活性污泥系统的平衡与稳定。剩余污泥中含有大量的微生物，应进行污泥处理与处置，防止污染环境。

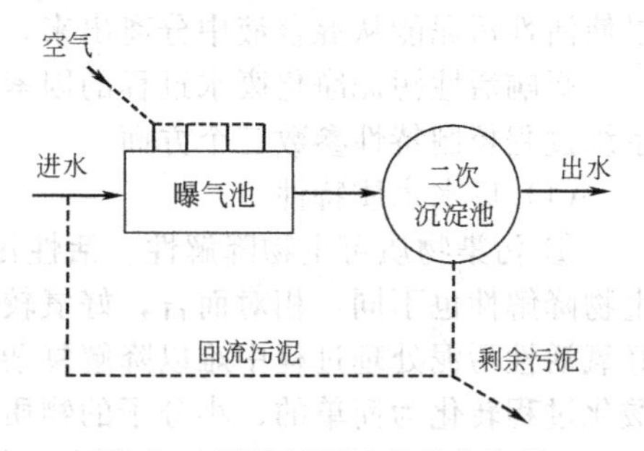

图2-5 活性污泥法的基本流程

2.3.1.2 活性污泥净化废水的过程

在活性污泥处理系统中，污染底物从废水中的去除过程实质上就是活性污泥内微生物将污染底物作为营养物质进行吸收、代谢与利用的过程，也就是“活性污泥反应”的过程。这一过程的结果是微生物获得能量合成新细胞，活性污泥得以增殖，废水得到净化。好氧活性污泥对有机底物的去除如图2-6所示。

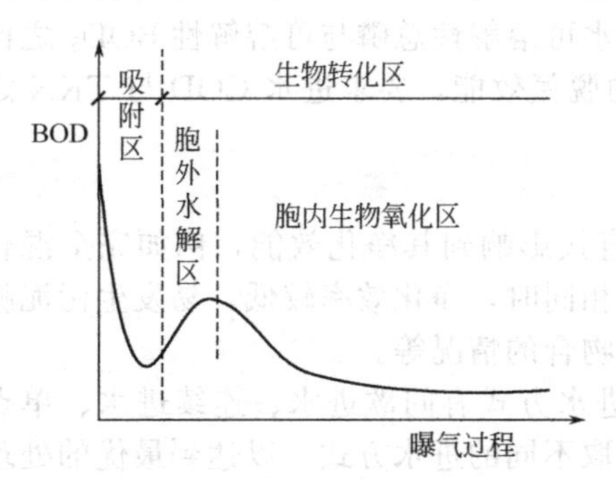

图2-6 好氧活性污泥对有机底物的去除

从图2-6可以看出，活性污泥对底物的去除分为两个阶段，即吸附和代谢阶段。

（1）初期吸附 当废水进入活性污泥反应池后，与活性污泥接触、混合，由于活性污泥絮体物理吸附和生物吸附综合作用的结果，混合液中有机底物迅速减少，BOD迅速降低，如图2-6中的吸附区曲线所示。这种初期吸附过程进行较快，一般在30min内即能完成，初期吸附去除率可达 60%。

活性污泥对污染物质的吸附去除，是微生物摄取底物的第一步。只有这些污染底物在胞外酶的作用下，进入微生物细胞内部之后，才能在胞内酶的作用下进行代谢、转化，被微生物所利用。因此，废水中污染底物在进入活性污泥反应器初期的大部分去除，并不能说明它们全被微生物所代谢、利用，这一吸附过程只能为下一步的生物化学转化做准备。

(2) 代谢过程　被吸附在活性污泥微生物细胞表面上的污染底物，在透膜酶的作用下，通过细胞壁而进入微生物细胞内。小分子底物可直接进入微生物细胞内，而大分子有机物如淀粉、蛋白质等则必须在细胞外酶即水解酶的作用下，被水解为溶解性的小分子后再进入细胞内，此时部分溶解性简单有机物释放于混合液中，会造成混合液内 BOD 的升高，如图 2-6 中的胞外水解区曲线所示。

进入细胞内的污染底物，在各种胞内酶（如脱氢酶、氧化酶等）的催化作用下，微生物对其进行分解与合成代谢。对污染底物进行氧化分解，首先生成中间产物，接着有些中间产物合成为细胞物质，另一些中间产物氧化为无机的终点产物，如 CO_2 和 H_2O 等，并从中获得合成新细胞物质所需要的能量，这个过程就是物质的代谢过程，也称为稳定过程。此过程中，溶解性的简单有机物逐步被转化为无机物质，混合液中 BOD 逐步降低，如图 2-6 中的胞内生物氧化区曲线所示。

在活性污泥法处理废水的过程中，活性污泥对污染底物的吸附和稳定并存且不可分割。

2.3.1.3　活性污泥系统过程控制

在活性污泥反应池混合液内保持一定数量的活性污泥微生物，是保证活性污泥处理系统正常运行的必要条件。活性污泥除了有氧化和分解有机物的能力外，还要有良好的凝聚和沉淀性能，以使活性污泥能从混合液中分离出来，得到澄清的出水。

影响活性污泥净化废水过程的因素有废水水质特性、活性污泥系统过程控制模式、活性污泥系统过程控制特性参数三个方面。

(1) 废水水质特性

① 污染物质可生物降解性。活性污泥系统过程去除污染物效能不同，所要求污染物质的可生物降解性也不同，相对而言，好氧较厌氧处理过程对污染物质的可生物降解性要求更高，一般好氧活性污泥处理过程中难以降解复杂的、大分子的污染物，对此类污染物往往先通过厌氧水解酸化过程转化为简单的、小分子的物质，从而提高废水的可生化性。

② 碱度。碱度的限制主要是针对存在消耗或释放碱度的处理过程而言的。在传统生物脱氮过程中，由于硝化过程所消耗的碱度多于反硝化过程所产生的碱度，即氧化 1g NH_4^+-N 约消耗碱度 7.14g（以 $CaCO_3$ 计），而还原 1g NO_3^--N 产生碱度为 3.57g（以 $CaCO_3$ 计），因此，废水中碱度不足时，需要人为补充，以免影响处理效能。

③ 营养元素。一般好氧微生物对 C、N、P 营养元素的需求是 C∶N∶P＝100∶5∶1。当废水所含 C、N、P 不能满足微生物营养需求时，需人为调整，以保证处理效能的稳定。此外，除污染效能不同的微生物对 C、N、P 的营养需求也有所不同，如聚磷菌在厌氧释磷时只能利用可快速降解的简单有机物，为保证一定的除磷效能，要求进水可溶解性总磷与可溶解性 BOD_5 之比小于 0.06。由于缺氧反硝化对碳源的消耗，为保证良好的脱氮效能，要求进水 COD 与 TKN 之比大于 8。

(2) 活性污泥系统过程控制模式

① 活性污泥反应池的类型。活性污泥反应池的类型直接影响到其净化效能，例如完全混合反应池较推流式反应池混合效果好，耐冲击负荷，但容积相同时，净化效率较低，易发生污泥膨胀。而推流式反应池易出现沿池长耗氧速率和供氧速率不吻合的情况等。

② 活性污泥反应池的进水方式。活性污泥反应池的进水方式有间歇进水、连续进水、单点连续进水、分段连续进水等，对于不同废水的特性，需采取不同的进水方式，以达到最优的处理效果。如废水水质或水量波动较大时，可考虑间歇进水或分段连续进水以缓解负荷变化的冲击。

③ 活性污泥反应池的曝气方式。活性污泥反应池的曝气方式有机械曝气、鼓风曝气、沿池长均匀曝气、渐减曝气等。每种曝气方式的特性不尽相同，机械曝气供氧效率较低，但混合效能好。鼓风曝气供氧能力较强，但混合效能较弱。均匀曝气易造成供氧和需氧不匹配，而渐减曝气则供氧和需氧更为均衡。在活性污泥反应池运行过程中，需要根据实际情况，确定适合的曝气方式。

(3) 活性污泥系统过程控制特性参数

① 水温 T。研究表明，活性污泥处理过程在水温低于 10℃时，微生物活性急剧减弱，净化效能大幅下降。对于不同类型的微生物菌群，其最适宜的水温也不尽相同，如硝化菌的最适宜温度为 30～35℃，反硝化菌的最适宜温度为 20～38℃等。

② 溶解氧 DO。在活性污泥处理过程中，活性污泥微生物对有机污染物的氧化分解和其本身在内源代谢期的自身氧化都是耗氧过程。但不同的好氧净化过程对溶解氧 DO 的要求也不同。如好氧去除 BOD 过程较好氧硝化过程的 DO 要求低，当然 DO 的具体数值也与污泥浓度 X、底物污泥负荷 N_S 等相关，一般工业废水处理中好氧活性污泥要求最低 DO 为 2.0mg/L。

③ 水力停留时间 HRT。活性污泥系统的净化效能不同时，所需要的水力停留时间也不同。为保证良好的 COD 去除和好氧硝化效能，需要根据除污染效能确定适合的水力停留时间。

④ 污泥浓度 X。污泥浓度 X 是指活性污泥反应池内单位容积活性污泥的干重。分为悬浮固体浓度（MLSS）和挥发性悬浮固体浓度（MLVSS)。挥发性悬浮固体浓度是反应池活性污泥中有机性固体物质部分的浓度，不包括吸附的无机悬浮固体。污泥浓度的单位为 mg/L 或 g/L。该指标与废水水质、水量、底物污泥负荷 N_S 等直接相关。在工业废水处理工程中，往往是先按污泥浓度 X 为 3000～4000mg/L 进行设计，而后在工程实际运行中根据进出水水质情况，对污泥浓度进行调控。

⑤ 污泥负荷 N_S。污泥负荷是指单位质量活性污泥在单位时间内所承受的底物量，污泥负荷的单位为 kg BOD/(kgMLSS·d)。污泥负荷 N_S 的大小直接决定活性污泥反应池内微生物菌群的营养和生长状况，当 N_S 较大时，微生物处于对数增长期，活性高但沉降性能差，易发生丝状菌污泥膨胀。当 N_S 较小时，微生物处于内源呼吸期，沉降性能好但活性差，易发生污泥解体。在实际工程中，应选取适当的 N_S，以保证活性污泥良好的活性和沉降性能。

污泥负荷是活性污泥处理系统最重要的设计参数之一。采用高污泥负荷，将加快有机污染物的降解速度与活性污泥增长速度，可减小曝气池的容积，但污染物去除率较低。反之，采用低污泥负荷，将降低有机污染物的降解速度和活性污泥的增长速度，加大曝气池的容积，但处理效率提高。选定适宜的污泥负荷具有一定的技术和经济意义。

⑥ 污泥龄 θ_c　污泥龄 θ_c 即反应池内活性污泥总量（VX）与每日排放剩余污泥量（ΔX）之比，其物理意义是活性污泥在曝气池内的平均停留时间（d)。污泥龄 θ_c 取决于微生物菌群世代时间的长短。活性污泥系统过程净化效能不同，活性污泥内的优势菌群也不同，θ_c 也有差异。如硝化菌世代时间较长，硝化污泥系统的 θ_c 也较长，一般为 25d 左右。而聚磷菌世代时间较短，除磷污泥系统的 θ_c 也较短，一般为 5～8d。因此，需要通过污泥龄 θ_c 的取值控制活性污泥系统内优势菌群的组成，以达到预期的净化效能。

污泥龄不仅是活性污泥处理系统重要的设计参数之一，而且在理论上也有重要意义。它说明世代时间长于污泥龄的微生物在反应池内不可能繁衍成优势菌种属，如硝化菌在 20℃时，其世代时间为 3d，当 $\theta_c < 3d$ 时，硝化菌就不可能在曝气池内大量增殖，就不能在曝气池内产生硝化反应。

⑦ 污泥回流比 R。污泥回流比 R 是指活性污泥反应池回流污泥流量占进水流量的百分比。R 的取值直接影响到反应池内的污泥浓度，一般 R 取 50%～100%。

⑧ 剩余污泥排放量 ΔX。曝气池内活性污泥微生物的增殖是微生物合成反应和内源代谢两项生理活动的综合结果。也就是说剩余污泥排放量 ΔX，即活性污泥的净增殖量，是这两项生理活动结果的差值，即

$$\Delta X = aS_a - bX \tag{2-2}$$

式中，ΔX 为剩余污泥排放量 ΔX，即活性污泥微生物的净增殖量，kg/d；S_a 为在活性污泥微生物作用下，废水中被降解、去除的有机污染物（BOD）量，kg/d；a 为微生物合成代谢产生的降解有机污染物的污泥转换率，即污泥产率；b 为微生物内源代谢反应的自身氧化率，即衰减系数；X 为曝气池内混合液含有的活性污泥量，kg。

工业废水种类繁多，成分复杂，其污泥转换率及自身氧化率宜通过试验确定。作为参考，某些工业废水的 a 值与 b 值如表 2-9 所示。

表 2-9 某些工业废水的污泥转换率及自身氧化率

废水种类	污泥转换率 a	自身氧化率 b	废水种类	污泥转换率 a	自身氧化率 b
炼油废水	0.49～0.62	0.10～0.16	制药废水	0.72～0.77	—
石油化工废水	0.31～0.72	0.05～0.18	酿造废水	0.56	0.10

剩余污泥排放量 ΔX 是指每日从系统中所排放的污泥量。为了保证活性污泥反应池的污泥浓度 X 稳定，剩余污泥排放量 ΔX 应与活性污泥反应池内的污泥增长量相一致。当然，在不同效能的活性污泥系统中，其微生物菌群的增长速率也不同，ΔX 亦因具体情况而异。

2.3.2 缺氧-好氧生物脱氮工艺（A/O）

2.3.2.1 工艺组成及基本原理

缺氧-好氧（Anoxic Oxic，A/O）活性污泥脱氮工艺流程如图 2-7 所示。该工艺由缺氧池、好氧池、沉淀池组成，废水首先进入缺氧池，利用氨化菌将废水中的有机氮转化为 NH_3-N，再进入好氧池，在好氧池中除对含碳有机物进行氧化外，在适宜的条件下，利用亚硝化菌及硝化菌将废水中的 NH_3-N 硝化生成硝酸盐氮。为达到废水脱氮目的，好氧池中硝化混合液通过内循环回流到缺氧池，利用原废水中的有机碳作为电子供体进行反硝化，将硝酸盐氮还原成 N_2。沉淀池的污泥回流到缺氧池，维持系统的污泥平衡。A/O 脱氮工艺在国内外应用广泛，被认为是废水生物脱氮的有效工艺。

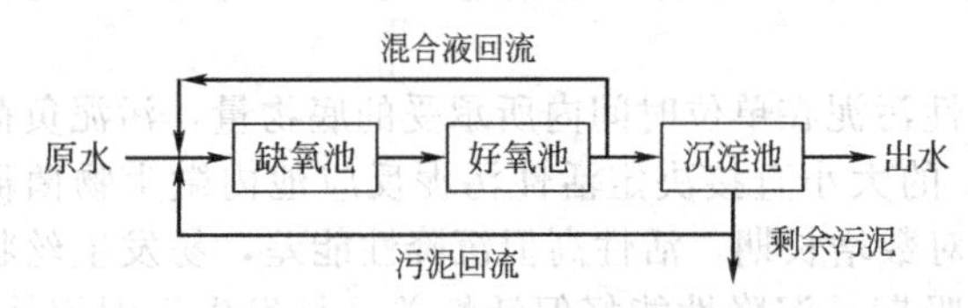

图 2-7 缺氧-好氧活性污泥脱氮工艺流程

2.3.2.2 基本原理

废水在好氧条件下使含氮有机物被细菌分解为氨，然后在好氧自养型亚硝化细菌的作用下进一步转化为亚硝酸盐，再经好氧自养型硝化细菌作用转化为硝酸盐，完成硝化反应。在缺氧条件下，兼性异养细菌利用废水中的有机碳源为电子供体，以硝酸盐替代分子氧作电子受体，进行无氧呼吸，分解有机物，同时将硝酸盐中的氮还原成气态氮，完成反硝化反应。由于缺氧池反硝化过程中，还原 1mg 硝酸盐氮可产生 3.75mg 的碱度，而在硝化反应过程中，将 1mg 的氨氮氧化为硝酸盐氮，要消耗 7.14mg 的碱度，因此，在缺氧-好氧系统中，反硝化产生的碱度可补偿硝化反应消耗碱度的 50%左右。对含氮浓度不高的工业废水，可不必另行投加碱度以调节 pH。

A/O 系统分别设有污泥回流系统和混合液回流系统，使好氧异养菌、反硝化菌和硝化菌都处于缺氧-好氧交替的环境中。这样构成的一种混合菌群系统，可使不同菌属在不同的条件下充分发挥它们的优势。A/O 工艺不仅能取得满意的脱氮效果，同时可取得较高的 COD 和 BOD 的去除率。

2.3.2.3 A/O 工艺特点

(1) A/O 工艺分别设有污泥回流系统和混合液回流系统，可同时去除有机物和氮。

(2) 视废水水质，反硝化缺氧池无需外加或酌量补充有机碳源，可降低脱氮运行成本。

(3) 在缺氧池中废水的部分有机物被反硝化菌所利用，减轻了好氧池的有机负荷。

(4) 缺氧池中反硝化出水的碱度可补充好氧池硝化需要的碱度。

(5) 脱氮效率高，一般氮的去除率为 60%～85%。

2.3.2.4　影响因素

(1) 硝化段污泥负荷 N_s　在 A/O 工艺中，污泥浓度与传统活性污泥过程相近，一般 MLSS 为 3000～4000mg/L。为了防止氮的污泥负荷过高对硝化菌产生抑制，一般要求 TKN/MLSS < 0.05kgTKN/(kgMLSS · d)。

(2) 污泥回流比 R 和混合液回流比 R_N　污泥回流主要是维持系统的污泥浓度，由于混合液回流在一定程度上弥补了系统的污泥浓度，则 A/O 工艺的污泥回流比较传统活性污泥系统过程低，污泥回流比一般为 30%～60%。混合液回流是为了将硝化池的硝态氮回流至反硝化池完成脱氮过程，为了保证反硝化效果，又防止带入缺氧池过多的 DO，混合液回流比 R_N 一般控制在 200%～400%。

(3) 水力停留时间 HRT　在 A/O 工艺中，以优势菌群对底物的降解速率为依据，确定各段水力停留时间。一般 A 段同 O 段的 HRT 比值为 1∶(3～4)。

(4) 污泥龄 θ_c　在 A/O 工艺中，由于存在硝化过程，而污泥回流系统又是单一的，故污泥龄以硝化污泥的污泥龄为准，工业废水处理的污泥龄一般大于 30d。

(5) 反硝化段有机底物含量　为保证反硝化脱氮过程中碳源的供应（理论 BOD_5 消耗量为 1.72gBOD_5/gNO_x-N)，一般要求反硝化段 BOD_5/TN > 4。

(6) pH　由于硝化和反硝化过程分别消耗和产生碱度，会影响过程中 pH 的变化。高硝化速率出现在 pH 为 7.8～8.4，而反硝化 pH 应为 6.5～7.5。

(7) 水温　硝化菌的最适宜温度为 30～35℃，当水温低于 10℃时，硝化速率和有机底物好氧降解速率将明显下降。反硝化菌的最适温度为 20～38℃，当温度小于 15℃时，反硝化菌的生长速率下降。在工程设计中，应根据实际温度条件以及硝化菌和反硝化菌的适宜温度范围，考虑不同温度对处理效果的影响。

2.3.2.5　设计参数

当无试验资料时，一般设计参数可采用经验数据或参考表 2-10。

表 2-10　缺氧/好氧法（A/O 法）生物脱氮的主要设计参数

项　目	参数值	项　目	参数值
BOD 污泥负荷 N_s/[kgBOD_5/(kgMLSS · d)]	约 0.05	需氧量/(kgO_2/kgBOD_5)	2.0～2.5
总氮负荷率/[kgTN/(kgMLSS · d)]	≤0.05	水力停留时间 HRT/h	缺氧段 1.5～3.0
污泥浓度(MLSS)X_a/(g/L)	3～4	污泥回流比 R/%	30～60
污泥龄 θ_c/d	约 30	混合液回流比 R_N/%	200～400
污泥产率 Y/(kgVSS/kgBOD_5)	0.3～0.5	总处理效率/%	90～95(BOD_5) 60～85(TN)

2.3.3　厌氧-缺氧-好氧生物脱氮除磷工艺（A^2/O）

2.3.3.1　基本原理

厌氧-缺氧-好氧工艺（Anaerobic-anoxic-oxic，A/A/O 或 A^2/O)，由厌氧池、缺氧池、好氧池串联而成，工艺流程如图 2-8 所示。该工艺在厌氧-好氧除磷工艺中加入缺氧池，将好氧池流出的一部分混合液流至缺氧池的前端，以达到反硝化脱氮的目的。

在首段厌氧池主要是进行磷的释放，使污水中的磷的浓度升高，溶解性的有机物被细胞吸收而使污水中的 BOD 浓度下降。另外一部分的 NH_3-N 因细胞的合成而去除，使污水中的 NH_3-N 浓度下降。

在缺氧池中，反硝化细菌利用污水中的有机物作碳源，将回流混合液中带入的大量 NO_3^--N

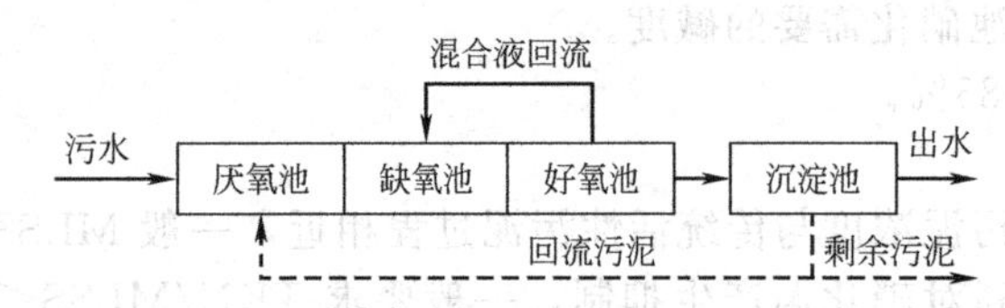

图 2-8 厌氧-缺氧-好氧生物脱氮除磷工艺流程

和 NO_2^--N 还原为 N_2 释放到空气中，因而 BOD 浓度继续下降，NO_3^--N 浓度大幅度下降，而磷的浓度没什么变化。

在好氧池中，有机物继续被微生物生化氧化，浓度进一步下降。含氮有机物先被氨化继而被硝化，使 NH_3-N 浓度显著下降，但随着硝化过程使 NO_3^--N 浓度增加，而磷随着聚磷菌的过量摄取，也以较快的速率下降。

A^2/O 工艺可以同时完成有机物的去除、反硝化脱氮、除磷的功能，脱氮的前提是 NH_3-N 在好氧池中完全被硝化，而在缺氧池则完成脱氮的功能，厌氧池和好氧池联合完成除磷功能。

2.3.3.2 工艺特点

(1) 厌氧、缺氧、好氧三种不同的环境条件和不同种类的微生物菌群的有机配合，能同时具有去除有机物、脱氮除磷的功能。

(2) 工艺简单，水力停留时间较短。

(3) 一般 SVI 小于 100，不会发生污泥膨胀。

(4) 污泥中磷含量高，一般为 2.5%以上。

(5) 脱氮效果受混合液回流比大小的影响，除磷效果则受回流污泥中挟带溶解氧 DO 和硝酸态氧的影响。为避免回流污泥将硝态氮带入厌氧池太多而干扰厌氧释磷过程，污泥回流比 R 宜限制为 25%～100%。

2.3.3.3 设计参数

当无试验资料时，A^2/O 生物脱氮除磷的主要设计参数，一般可采用经验数据或参考表 2-11。

表 2-11 A^2/O 法生物脱氮除磷的主要设计参数

项　目	参数值	项　目	参数值
BOD 污泥负荷 N_s/[$kgBOD_5$/(kgMLSS·d)]	0.1～0.2	水力停留时间 HRT/h	厌氧段 1～2 缺氧段 0.5～3
污泥浓度(MLSS) X_a/(g/L)	2.5～4.0	污泥回流比 R/%	25～100
污泥龄 θ_c/d	10～20	混合液回流比 R_N/%	≥200
污泥产率 Y/(kgVSS/$kgBOD_5$)	0.3～0.5	总处理效率/%	85～95(BOD_5) 50～75(TP) 55～80(TN)
需氧量 O_2/(kgO_2/$kgBOD_5$)	2.0～2.5		

2.3.4 新型生物脱氮工艺

2.3.4.1 短程硝化-反硝化

短程硝化-反硝化（Sharon）工艺是一种新型废水生物脱氮工艺。它在理念和技术上突破了传统硝化-反硝化工艺的框架。由于该工艺把硝化作用控制在亚硝酸盐阶段，如反应式（2-3）所示，比传统硝化-反硝化工艺缩短了一段流程，因此称为短程硝化-反硝化工艺。

$$NH_4^+ + \boxed{1.5O_2} \xrightarrow{\text{短程硝化作用}} NO_2^- + H_2O + 2H^+ \tag{2-3}$$

$$NH_4^+ + \boxed{2.0O_2} \xrightarrow{\text{硝化作用}} NO_3^- + H_2O + 2H^+ \tag{2-4}$$

供氧量节省 25%

$$6NO_2^- + \boxed{5CH_3OH} + CO_2 \xrightarrow{\text{短程反硝化作用}} 3N_2 + 6HCO_3^- + 3H_2O \tag{2-5}$$

$$6NO_3^- + \boxed{5CH_3OH} + CO_2 \xrightarrow{\text{反硝化作用}} 3N_2 + 6HCO_3^- + 3H_2O \tag{2-6}$$

甲醇消耗量节省 40%

比较式(2-3) 和式(2-4) 可知，由于Sharon工艺只有氨氧化反应，没有亚硝酸盐氧化反应，耗氧量可比传统硝化工艺降低25%，供氧设备也可相应压缩。比较式(2-5) 和式(2-6) 可知，由于Sharon工艺的还原反应起始于亚硝酸盐而不是硝酸盐，甲醇消耗量可比传统反硝化工艺节省40%，运输工具、贮存容器和投加设备也可相应减少。

将硝化反应控制在亚硝化阶段是实现短程硝化-反硝化技术的关键，主要影响因素有温度、pH、SRT、DO和游离氨等。研究表明，控制较高温度（30～35℃）、较高pH（7.4～8.3）、较低DO（1.0～1.5mg/L）和较短的SRT（1～2.5d）等，可抑制硝酸菌生长而使反应器中以亚硝酸菌占绝对优势。

2.3.4.2 厌氧氨氧化

厌氧氨氧化（Anammox）工艺是荷兰Delft工业大学于20世纪末开始研究，并于21世纪初成功开发的一种新型废水生物脱氮工艺。

短程硝化和厌氧氨氧化是开发Anammox工艺的基础。因为厌氧氨氧化以氨为电子供体，所以在短程硝化过程中，只需将一半氨氧化成亚硝酸盐。比较式(2-7) 和式(2-8) 可知，这样的短程硝化可比全程硝化节省62.5%的供氧量和50%的耗碱量。比较式(2-9) 和式(2-10) 可知，厌氧氨氧化可比全程反硝化节省大量甲醇。

$$NH_4^+ + 0.75O_2 \longrightarrow 0.5NO_2^- + 0.5H_2O + H^+ + 0.5NH_4^+ \tag{2-7}$$

$$NH_4^+ + 2.0O_2 \xrightarrow{\text{全程硝化}} NO_3^- + H_2O + 2H^+ \tag{2-8}$$

供氧量节省62.5%　　耗碱量节省50%

$$6NO_2^- + 6NH_4^+ \longrightarrow 6N_2 + 12H_2O \tag{2-9}$$

$$6NO_3^- + 5CH_3OH + CO_2 \xrightarrow{\text{全程反硝化}} 3N_2 + 6HCO_3^- + 7H_2O \tag{2-10}$$

甲醇消耗量节省100%

另外，由图2-9(a) 和图2-9(b) 可以看出，由于厌氧氨氧化菌的细胞产率远远低于反硝化细菌，短程硝化-厌氧氨氧化过程的污泥产量只有传统生物脱氮过程的15%。处理和处置剩余污泥所需的人力、设备和费用都可减轻。

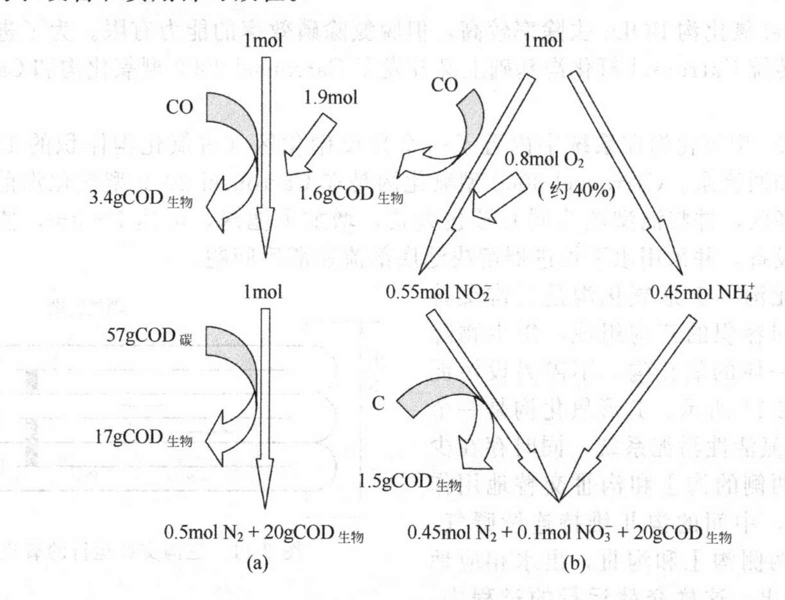

图2-9 全程硝化-反硝化过程与短程硝化-厌氧氨氧化过程的比较
(a) 全程硝化-反硝化过程；(b) 短程硝化-厌氧氨氧化过程

2.3.5 氧化沟

氧化沟是传统活性污泥过程的一种改型，它把连续环式反应池作为生化反应器，混合液在其中连续循环流动。氧化沟一般建成环状沟渠，平面形状多为椭圆形或圆形，氧化沟使用带方向控制的曝气和搅动装置，向反应器中的混合液传递水平速度，从而使混合液在氧化沟闭合渠道内循环流动。因此氧化沟又称为“循环曝气池”。

氧化沟的水流混合特性既有完全混合式反应池的特点也有推流式反应池的特点。由于废水一进入氧化沟就被高倍率的循环混合液所稀释，因此氧化沟是一个完全混合反应器，其设计可以遵循完全混合生化反应动力学。如果以氧化沟的一段为对象，以较短的时间间隔为观察基础，从沟内 DO 变化来看，就会发现沿沟长存在着溶解氧浓度的变化，曝气器下游 DO 高，但随着与曝气器距离的增加，DO 逐步降低，呈现出好氧区-缺氧区-好氧区-缺氧区的交替变化，使氧化沟表现出推流式反应池的特征。氧化沟的这种特征，可使沟渠内相继进行硝化、反硝化及除磷过程，达到脱氮除磷效果。

2.3.5.1 氧化沟的工艺类型

(1) Carrousel 氧化沟 Carrousel 氧化沟是常用的曝气区与沉淀区分建的氧化沟，如图 2-10 所示。Carrousel 氧化沟是由多沟组成的串联系统，进水与回流污泥混合后，沿水流方向在沟内做无终端的循环流动，沟内水深一般为 3.5～4.5m，沟中水流速度为 0.3m/s 左右。在沟的一端设置低速表曝机，每组沟安装一台，表曝机不仅起到曝气供氧作用，而且有搅拌混合作用，并向混合液传递水平循环动力。曝气机的定位布置形成了在装置下游混合液的溶解氧浓度较高，随着水流沿沟长的流动，溶解氧浓度逐渐下降的变化。利用这种浓度变化而形成好氧区、缺氧区的特征。Carrousel 氧化沟除了能获得较高的 BOD 去除率，同时还能在同一池中实现硝化和反硝化的生物脱氮效果。

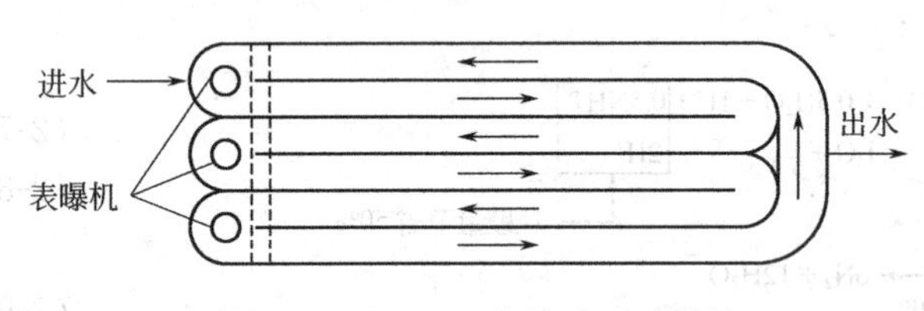

图 2-10 Carrousel 氧化沟平面结构

传统 Carrousel 氧化沟 BOD_5 去除率较高，但脱氮除磷效率的能力有限。为了进一步提高脱氮除磷效果，在传统 Carrousel 氧化沟基础上又开发了 Carrousel 2000 型氧化沟和 Carrousel 3000 型氧化沟。

Carrousel 2000 型氧化沟在系统中内置了一个预反硝化区（占氧化沟体积的 15%～25%），不需要增加管道和回流泵。Carrousel 3000 型氧化沟是在 Carrousel 2000 型氧化沟前再加上一个厌氧区和生物选择区，并将池型改为同心圆包裹式，增加了池深，可达 7～8m，使用了先进的曝气设备和控制设备，并采用水下推进器解决池底部流速滞后问题。

(2) T 形氧化沟 T 形氧化沟是三沟交替的氧化沟，由相同容积的三沟组成，集生物降解和污泥沉淀于一体的氧化沟，不需另设污泥回流设施，如图 2-11 所示。T 形氧化沟是一个缺氧/好氧生物脱氮活性污泥系统，同时存在少量的除磷过程。两侧的沟Ⅰ和沟Ⅲ交替地用作曝气池和沉淀池，中间的沟Ⅱ维持连续曝气。进水交替地进入两侧沟Ⅰ和沟Ⅲ，出水相应地从沟Ⅲ和沟Ⅰ流出。这样交替运行的过程中，曝气转刷的利用率可提高到 55%～60%。通过适当运行，在去除 BOD 的同时，能进行硝化和反硝化过程，可取得良好的脱氮效果。

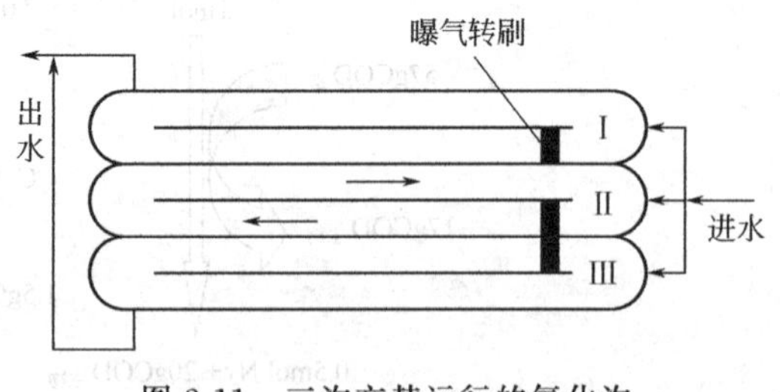

图 2-11 三沟交替运行的氧化沟

交替工作型氧化沟必须安装自动控制系统，以控制进出水的方向、溢流堰的启闭以及曝气转刷的开启和停止。

2.3.5.2　氧化沟工艺设计要点

(1) 氧化沟好氧区容积计算　氧化沟好氧区容积可按照污泥龄和有机底物负荷进行计算。

氧化沟有机底物污泥负荷 N_s 一般为0.05～0.15kgBOD_5/(kgVSS·d)，要求脱氮时的污泥负荷率一般为0.03～0.08kgBOD_5/(kgMLSS·d)。

(2) 氧化沟的水力计算　氧化沟的水力计算主要包括两方面，即水头损失的计算、曝气机水头及其功率的计算，具体计算方法可参考相关文献，此处从略。

2.3.6　序批式活性污泥法（SBR）

序批式活性污泥法是在序批式反应器（Sequencing Batch Reactor，SBR）中完成进水、反应、沉淀、滗水和闲置等工序。与其他活性污泥法相比，SBR法不设二次沉淀池，处理构筑物少，在时间和空间上的特点形成了其运行操作上的灵活性。近年来相继开发了间歇循环延时曝气法（ICEAS）、改进型序批式活性污泥法（MSBR）、循环活性污泥法（CAST/CASS）、需氧池-间歇曝气池工艺（DAT-IAT）、交替式生物处理工艺（UNITANK）等新型工艺。

2.3.6.1　SBR工艺

(1) SBR过程的控制操作　典型的SBR过程分为五个阶段：进水期、反应期、沉降期、排水期和闲置期。五个工序都在一个设有曝气和搅拌装置的活性污泥反应池内依次进行。在处理过程中，周而复始地循环这种操作周期，以实现废水的处理目的。SBR的典型运行过程如图2-12所示。

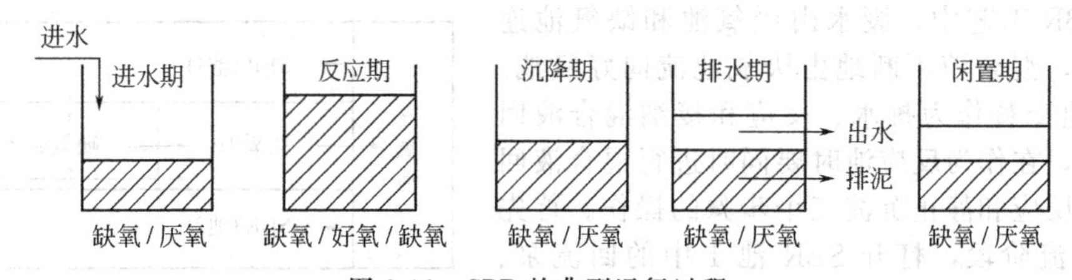

图2-12　SBR的典型运行过程

(2) SBR过程的特点

① 工艺流程简单。不需要设置二沉池和污泥回流设备，减少了构筑物数量，节约了基建费用，节省了占地。

② 适应水质、水量变化，抗冲击能力强。

③ SBR系统中，虽然底物浓度在反应器中空间变化是完全混合型的，但在时间序列上却是理想的推流状态，故SBR反应器兼备完全混合反应器和推流式反应器的优点。

④ SBR反应器中存在的微生物种类多并呈现出复杂的生物相，在过程周期内，对氧要求不同的微生物类群交替呈现优势，交替发挥作用，使多种底物得以有效去除。

(3) 工艺设计参数

① 有机底物污泥负荷率 N_s。根据废水特性和处理程度要求确定有机底物污泥负荷率 N_s 值，一般当MLSS为3000mg/L左右时，N_s 为0.05～0.20kgBOD_5/(kgMLSS·d)。

② 水力停留时间。在SBR运行过程中，除碳异养菌、硝化自养菌、反硝化菌间的干扰很小，因此可在较短的水力停留时间下完成良好的除碳、脱氮过程。一般SBR工艺的一个操作周期为6～8h，其中进水为1～3h，沉淀0.7～1h，排水0.5～1.5h。

2.3.6.2　CAST工艺

(1) 工艺原理　CAST工艺是一种循环式活性污泥法过程。CAST工艺在缺氧生物选择器和主反应池间增设了厌氧池以强化生物除磷效能，并增设了主反应区向生物反应器的污泥回流系统。CAST系统的反应池构造如图2-13所示。

CAST工艺一般设两组池子，每次循环由充水/曝气、充水/沉淀、撇水、闲置组成，每一阶

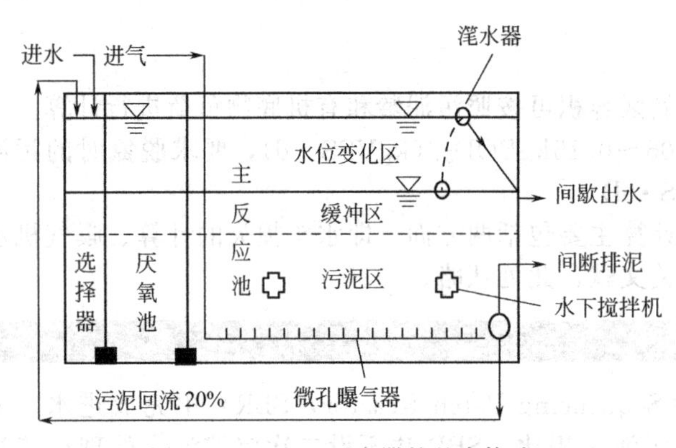

图 2-13 CAST 反应器的基本构造

段中均有污泥回流，污泥回流比约为进水流量的20%。在生物选择器中，通过回流污泥与进水混合，可利用污泥的吸附作用而加速对非溶解性底物的去除，并对难降解有机物起到水解作用，还利于改善污泥沉降性能，防止污泥膨胀。厌氧区辅助生物选择器能缓冲进水水质、水量，而且还具有促进磷的释放和反硝化脱氮作用。通过调节主反应区的曝气强度使主反应池溶液处于好氧状态，而活性污泥内部处于缺氧状态，造成DO向污泥絮体的传递受限而硝态氮由污泥内向主体溶液的传递不受限，在主反应区中可发生有机底物的降解、好氧吸磷和同步硝化/反硝化过程。

(2) 工艺设计参数 CAST 反应器的主要设计参数是：最大设计水深可达 5～6m，MLSS 为 3500～4000mg/L，充水比为30%左右，最大上清液滗除速率为 30mm/min，CAST 中生物选择器、缺氧区和主反应区容积比一般为1：5：30。

2.3.6.3 MSBR 工艺

MSBR 工艺可以看做 A^2/O 工艺和 SBR 工艺的组合。MSBR 工艺由厌氧池、缺氧池、曝气池和两个 SBR 反应器组成，一般设计成矩形。MSBR 的工艺流程如图 2-14 所示。

在 MSBR 工艺中，废水由厌氧池和缺氧池连续流入系统，混合液不断地由厌氧池流向好氧池。两个 SBR 池交替作为排水、反应和接纳混合液回流的沉淀池，在作为反应池时要同时进行混合液回流、序批式反应和静止沉淀三个步骤的操作。首先是混合液回流阶段，打开 SBR 池 1 中的回流泵、搅拌器和曝气设备，将池中的活性污泥回流到厌氧池，在反应池内混合液向厌氧池流入的同时，好氧池中的混合液以同样的速率向 SBR 池 1 回流，在此阶段，SBR 池 1 中的曝气设备可时开时停，以提供最有利于脱氮的环境。回流阶段结束时，关闭 SBR 池 1 中的回流泵，停止混合液进出，使该池保持相对独立，进行序批式反应。在反应阶段结束时，关闭 SBR 池 1 中的曝气及搅拌设备，使该池的混合液静止沉淀，完成泥、水分离。然后转换 SBR 池 1、SBR 池 2 的功能，池 1 进行排水，池 2 开始上述一系列的操作。

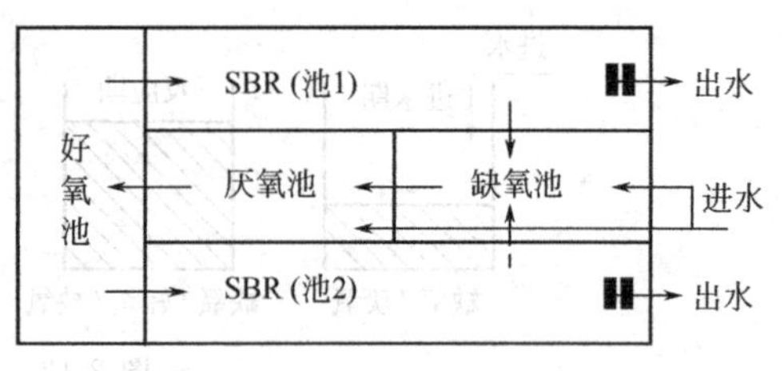

图 2-14 MSBR 的工艺流程

MSBR 工艺连续进水、连续出水，较传统 SBR 工艺过程简单，而且水位恒定，解决了传统 SBR 工艺水头损失大的缺陷。MSBR 工艺中，提供了固定的缺氧、厌氧、好氧空间，有混合液回流，具有连续流、恒水位活性污泥过程脱氮除磷的优势，提高了氮、磷等营养盐去除效能。

2.4 生物膜法

废水的生物膜处理过程是采用人为措施，优化微生物菌群、原生及后生动物等微型动物在载体上附着生长的条件，形成生物膜，通过同废水中的底物不断接触，借吸附、传质、生物代谢等活动对废水进行净化。生物膜法主要用于去除废水中溶解性有机污染物，对水质、水量变化的适应性较强，运行管理方便，是工业废水处理中被广泛采用的生物处理方法之一。

生物膜法处理过程具有如下特征。

(1) 对环境条件适应能力强 生物膜中的微生态结构完善，微生物生存环境稳定，故生物膜反应器对废水的水质、水量的冲击负荷耐受能力较强。生物膜对环境的强适应能力还表现为对低水温和低浓度废水的适应性，适于在寒冷地区应用和废水的深度处理。

(2) 污泥沉降性好　由生物膜上脱落下来的衰老生物膜所含的生物成分较多，密度较大，而且污泥颗粒个体较大，沉降性能良好，易于固液分离。

(3) 处理效能稳定　生物膜中微生态结构丰富，微生物量大、活性较强，能提供多种污染物质转化和降解途径，处理效能稳定。

(4) 易于维护和管理　由于生物膜反应器不需要污泥回流，微生物附着生长，即使丝状菌大量生长，也不会导致污泥膨胀，易于维护和管理。

2.4.1 生物接触氧化法

2.4.1.1 生物接触氧化池的构造

生物接触氧化法较为广泛地应用在中小型工业废水处理中，已形成较为定型的生物接触氧化池的构造如图2-15所示。

典型的生物接触氧化池由填料层、进出水装置、布气装置和排泥装置组成。生物填料是生物接触氧化池的关键组成部分。要求填料的比表面积大、空隙率大、水力阻力小、强度大、化学和生物稳定性好、能经久耐用、价格低廉。至今生物接触氧化填料已从最初采用塑料硬性填料、软性纤维填料发展为组合填料、弹性立体填料和悬浮填料等。

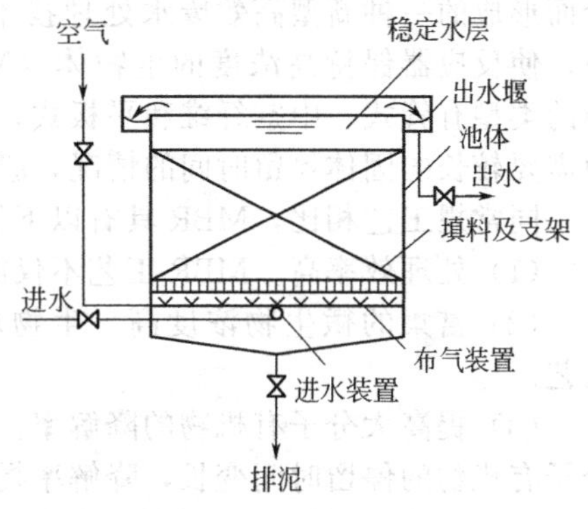

图2-15　生物接触氧化池的构造

2.4.1.2 工艺设计参数

生物接触氧化池工艺设计主要内容是确定池子的有效容积和尺寸、填料体积、供气量和空气管道系统计算等。目前一般是根据容积有机负荷率计算池子容积。对于工业废水，最好通过试验确定有机负荷率，也可审慎地采用经验数据。

生物接触氧化池的填料有效高度一般为3m左右，由此可按池子容积确定池体表面积及尺寸。

关于接触氧化法在工业废水中的具体应用，读者可参见本书4.6.4。

2.4.2 曝气生物滤池

新一代的曝气生物滤池是近10余年来开发的一种废水生物处理技术。它是集生物降解、固液分离于一体的污水处理设施。曝气生物滤池的构造如图2-16所示。

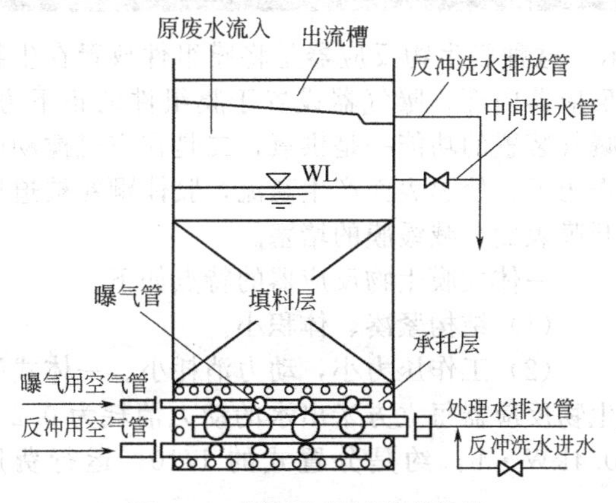

图2-16　曝气生物滤池的构造

曝气生物滤池底部设承托层，其上部则是滤池的填料层。在承托层设置曝气用的空气管及空气扩散装置，处理水集水管兼作反冲洗水管也设置在承托层内。废水从池上部进入池体，并通过由填料组成的滤层，在填料表面由微生物栖息形成生物膜。在废水流过滤层的同时，由池下部通过空气管向滤层进行曝气，空气从填料的间隙上升，与下向流的废水相向接触，空气中的氧转移到废水中，向生物膜上的微生物提供充足的溶解氧和丰富的有机物。在微生物的新陈代谢作用下，有机污染物被降解，废水得到处理。废水中的悬浮物及由于生物膜脱落形成的生物污泥，被填料所截留。当滤层内的截污量达到某种程度时，对滤层进行反冲洗，反冲水通过反冲水排放管排出。

曝气生物滤池的工艺设计内容是确定滤床总体积、面积和高度。通常，负荷率是影响处理效率的主要因素。可以按负荷率进行设计计算，或经过试验后用经验公式计算。生物滤池的负荷率包括有机负荷 [$kgBOD_5/(m^3 \cdot d)$]、水力负荷 [$m^3/(m^3 \cdot d)$] 和表面水力负荷 [$m^3/(m^2 \cdot d)$] 等。

工业废水处理中经常采用有机负荷计算滤床总体积。在计算时，应注意采用的有机负荷应与设计处理效率相应。如没有同类型工业废水处理可以借鉴，则应经过试验确定其设计负荷率。试验性生物滤池的滤料和滤床高度应与实际工程相一致。影响曝气生物滤池处理效率的因素很多，除负荷率之外，还有废水浓度、温度、滤料特性和滤床高度。对于有回流的滤池，则还有回流比。

2.5 膜生物反应器（MBR）

膜生物反应器（Membrane Biological Reactor，MBR）是将膜分离技术与生物处理技术相结合而形成的一种新型高效废水处理技术。膜的作用是替代二沉池，将生物体截留在生物反应器中，使反应器保持高浓度的生物体（MLSS＞10000mg/L）。使用的膜通常为微滤膜或超滤膜，膜的类型有管式、中空纤维和平板式，其孔隙尺寸为 0.1～0.3μm。对于为从废水中去除污染物而需要较长的固体停留时间的情况，膜生物反应器（MBR）是可取的生物处理工艺。

同常规工艺相比，MBR 具有以下特点。

(1) 处理效率高。MBR 工艺不仅能高效地进行固液分离，而且能有效地去除病原微生物。

(2) 富集的微生物浓度高。生物反应器内可以富集高微生物浓度，MLSS 高于常规处理工艺。

(3) 提高大分子有机物的降解率。高浓度活性污泥的吸附与长时间的接触，使分解缓慢的大分子有机物的停留时间变长，降解率提高，出水水质稳定。

(4) 即使污泥膨胀亦不影响出水水质。由于过滤分离机理，即使出现污泥膨胀，依靠膜的过滤截留作用，也不影响出水水质。

(5) 剩余污泥量少。MBR 工艺实现了 SRT 和 HRT 的分离，SRT 很长，污泥浓度高，生物反应器起到了污泥好氧消化池的作用，剩余污泥量少。

(6) 实现自动控制。MBR 工艺结构紧凑，易于实现一体化自动控制。

(7) 操作灵活。MBR 膜组件化设计，能够使工艺操作具有较大的灵活性和适应性。

MBR 存在的主要缺点是：膜的一次投资高；运行中存在膜污染，需要对膜进行定期清洗；膜污染造成的堵塞会影响膜的使用寿命。

2.5.1 一体式膜生物反应器

一体式膜生物反应器的工艺流程如图 2-17 所示。这种膜生物反应器是将膜组件放置在生物反应器内部，曝气器设置于膜组件的正下方。曝气装置的功能一是供氧，二是在空气搅动的作用下，使膜表面产生紊流，胶体颗粒被迫离开膜表面，减缓膜的堵塞。

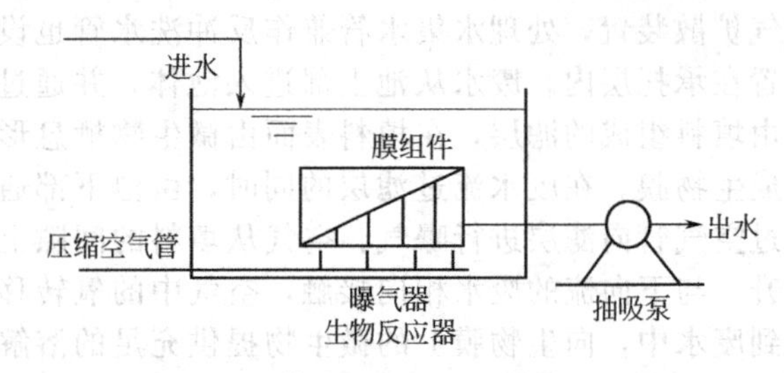

图 2-17 一体式膜生物反应器的工艺流程

一体式膜生物反应器的特点如下。

(1) 结构紧凑、体积小。

(2) 工作压力小，动力消耗小。一体式膜生物反应器每立方米出水的动力消耗为 0.2～0.4kW·h，约是分置式的 1/10，运行费用较低。

(3) 过膜压力小，且水流沿着纤维长度方向基本分布均匀，堵塞率相对较低。

(4) 出水不连续，膜表面流速小，易污染，且清洗较麻烦。

(5) 反应器的膜通量低于分置式。

防止一体式膜反应器的膜污染措施有多种，例如在膜组件下方进行高强度的曝气，借空气和水流的搅动延缓膜污染。在反应器内设置中空轴，通过其旋转随之带动轴上的膜转动，在膜表面形成交叉流，减少膜污染。

2.5.2 分置式膜生物反应器

分置式膜生物反应器的工艺流程如图 2-18 所示。分置式膜生物反应器是指膜组件与生物反应器分开设置，在反应器中设有循环管路，采用加压泵从生物反应器抽水，压入膜组件中，膜的滤过水排出系统，浓缩液回流至生物反应器。

分置式膜生物反应器的特点如下。

(1) 组装灵活，各种不同种类的生物反应器与膜组件可以相互组合，形成多种形式的分置式膜生物反应器。

(2) 便于膜组件的安装、清洗、维护、更换及增设等。

(3) 易于大型化，可以建成大规模的工业化系统，不受生物反应器的限制。

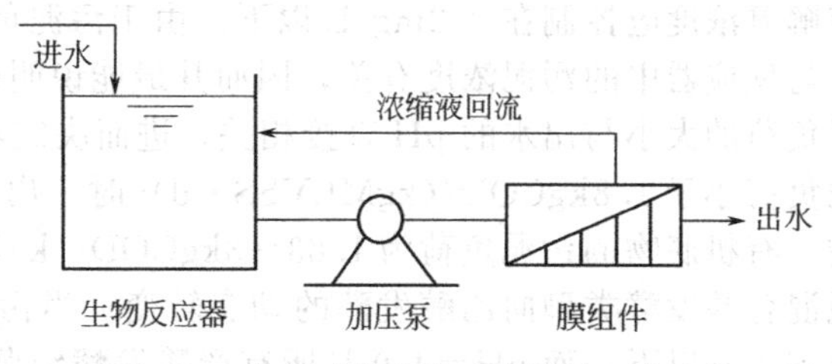

图 2-18 分置式膜生物反应器的工艺流程

(4) 膜组件在有压条件下工作，膜通量较大，而且泵的工作压力可在膜组件的承受压力范围内灵活调节，从而可最大限度地增大透水率。

(5) 易于对现有的生物处理工艺进行改造。

分置式膜生物反应器是在较高的交叉流速率、过膜压力和水通量的条件下操作的，并且需回流污泥，因此动力消耗大，系统运行费用高。一般每立方米出水的能耗为 2～10kW·h。

2.6 厌氧生物处理法

20 世纪 70 年代初期，由荷兰学者 Lettinga 等研究成功的上流式厌氧污泥床（Upflow Anaerobic Sludge Blanket，UASB)，使厌氧生物处理技术的发展步伐加快。至今厌氧生物处理技术在高浓度工业废水处理中已得到较广泛的应用。

同好氧生物处理技术比较，厌氧生物处理技术有如下优点。

(1) 应用范围较广。适用于处理污泥及有机废水；适用于处理中高浓度的有机废水；对好氧法难降解的有机物（如蒽醌、偶氮染料等），以及部分含有毒有害物质的有机废水有一定的降解能力。

(2) 运行费用与能耗较低。厌氧生物处理的污泥产率低，厌氧污泥生产量仅为好氧处理污泥生产量的 20%～30%；污泥处置费用低；厌氧法所需营养成分较少，BOD_5 : N : P＝200 : 5 : 1；厌氧法不需要供氧设备，因而能耗较少，一般厌氧法的能耗为好氧法的 10%～20%。

(3) 有机负荷高。高速厌氧法的容积有机负荷为 10～20kgCOD/(m^3·d)，远高于好氧法的容积有机负荷值。

(4) 沼气可作能源。厌氧法处理的最终产物为 CH_4、CO_2 等（统称沼气），属于生物能，可作能源利用。厌氧法处理的沼气产率（标况）为 0.2～0.54m^3/kgCOD，其中 CH_4 占 53%～56% [CH_4 的燃烧热值（标况）为 35000～40000J/m^3]。

厌氧法的主要缺点有：处理程度往往达不到排放标准，常需好氧法或其他处理法作补充才能达到排放要求；厌氧生物处理过程反应速度较慢，合成新细胞的速度也慢，启动与处理时间较长；厌氧生物处理技术不能除磷，因为在厌氧条件下，微生物释放 PO_4^{3-}，只有在好氧条件下，微生物才吸收 PO_4^{3-} 而达到除磷要求。

2.6.1 厌氧水解酸化处理过程

根据微生物的分段厌氧发酵过程理论，厌氧处理分为厌氧水解酸化处理过程和厌氧发酵产甲烷处理过程。厌氧水解酸化处理过程是将厌氧发酵过程控制在水解酸化阶段，一般用作有机污染物的预处理工艺。通过厌氧水解酸化可使难降解的大分子有机物转化为易于生物降解的小分子物质如低分子有机酸、醇等，从而提高废水的可生物降解性，以利于后续的好氧生物处理。其中生物水解是指复杂的非溶解性有机底物被微生物转化为溶解性单体或二聚体的过程，虽然在好氧、厌氧和缺氧条件下，均可发生有机底物的生物水解反应，但作为废水的预处理措施，通常指厌氧条件下的水解。生物酸化是指溶解性有机底物被厌氧、兼性菌转化为低分子有机酸的生化反应。

2.6.1.1　水解酸化的过程控制

影响水解酸化过程的因子中，最重要的是溶解氧浓度和有机底物的污泥负荷。反应器混合液溶解氧浓度应控制在0.2mg/L以下。由于污泥负荷受进水底物浓度和水力停留时间的双重调节，并与反应器中的污泥浓度有关，因而其最能说明微生物的底物承受程度。在水解酸化的初期，污泥负荷的大小与出水的pH直接相关，进而决定不同的发酵酸化类型。研究表明，有机底物的污泥负荷小于1.8kgCOD/(kgMLVSS・d）时，出水pH＞5.0，这时发酵过程末端产物主要为丁酸。有机底物的污泥负荷为1.83～3kgCOD/(kgMLVSS・d）时，出水pH为4.0～4.8，这时出现混合酸发酵类型向乙醇发酵的动态转变。当污泥负荷大于3kgCOD/(kgMLVSS・d）时，pH降到4.0以下，而pH＝4.0是所有产酸发酵细菌所能忍受的下限值。因此在实际工程中，应控制初期运行中有机底物的污泥负荷不超过3kgCOD/(kgMLVSS・d)，以保证发酵酸化过程的顺利形成。

2.6.1.2　水解酸化池的设计

(1) 池形选择　水解酸化池的池形可根据废水处理工程场地的具体条件而定，可为矩形或圆形。比较而言，矩形池较圆形池更利于平面布置和节约用地。为了便于检修，池子个数一般为两个以上，采用矩形池时，一般池子的长宽比宜为2∶1左右，单池宽度宜小于10m，以利于均匀布水和维护管理。

(2) 池的容积　水解酸化池的容积V常用水力停留时间HRT或上升流速进行计算，而又以水力停留时间HRT进行计算为多，该值可通过试验取得，或参考同类废水的经验值确定。利用水力停留时间HRT作为池容的设计依据时，应考虑废水浓度和特性，污泥负荷应在相应的范围内。

(3) 布水与混合　为了促进废水与池内厌氧活性污泥均匀充分地接触、混合，采取的布水与混合措施有以下两种。

① 采用池底均匀布水。如图2-19所示为一管多孔布水和分支式布水方式。布水管管中心距池底200～250mm，布水干管管径宜＞100mm，布水支管管径应≥50mm。布水管均采用穿孔布水方式，斜向下45°开孔，孔口直径为6～8mm，孔口流速一般为1.5～2.0m/s。布水管的出流孔数和间距应按水力计算后确定。

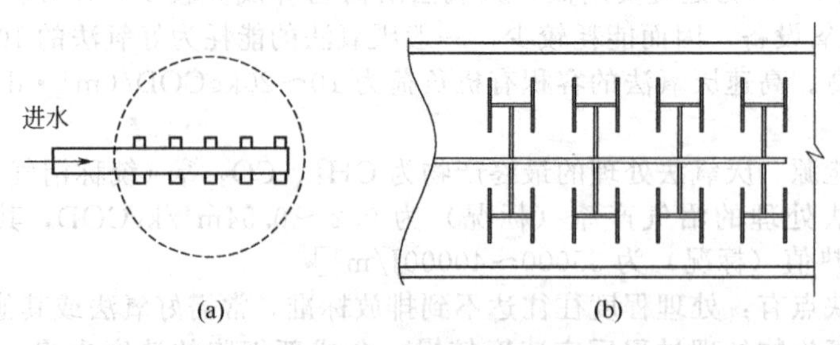

图2-19　水解酸化池的池底布水方式

(a) 一管多孔布水；(b) 分支式布水

② 采用机械搅拌装置。可在圆形水解酸化池中部布置或沿矩形水解酸化池的池长布置，如图2-20所示。

水解酸化池设计时均应考虑布水和混合装置（设施）的稳定运行与方便维护。

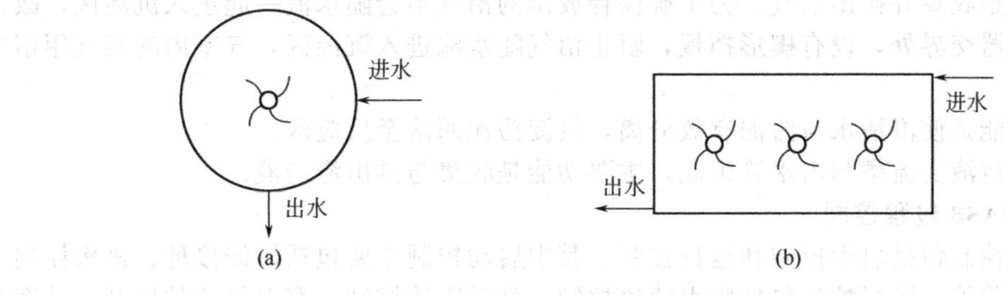

图 2-20　水解酸化池机械搅拌装置

(a) 圆形池；(b) 矩形池

(4) 出水　水解酸化池出水方式与生物接触氧化池出水方式相似，一般采用从池顶溢流堰出水。溢流堰的布置形式应按处理水量、池形，按均匀出水的要求确定。

2.6.2 上流式厌氧污泥床反应器（UASB）

上流式厌氧污泥床反应器（UASB）是第二代厌氧污泥反应器中发展最为迅速、应用最为广泛的反应器。其构造特点是集生物反应、沉淀、气体分离和收集于一体，结构紧凑、处理能力大、无机械搅拌装置等。上流式厌氧污泥床反应器不仅用于处理高、中浓度的有机废水，近几年来开始用于处理一般浓度污水。

2.6.2.1 UASB 的基本结构

UASB 的池形有圆柱形和矩形两种，废水从底部流入，自下而上升流。基本功能分区为进配水区、反应区（由生物颗粒污泥床及絮状污泥层组成）、三相分离器（由沉淀区、气室、污泥沉泥斗组成）以及出水区组成。基本结构如图 2-21 所示。

进水配水系统位于反应器底部，由布水管和布水管嘴组成，其主要功能是均匀布水和水力搅拌，避免产生涌流及死水区，并在升流过程中起混合作用。

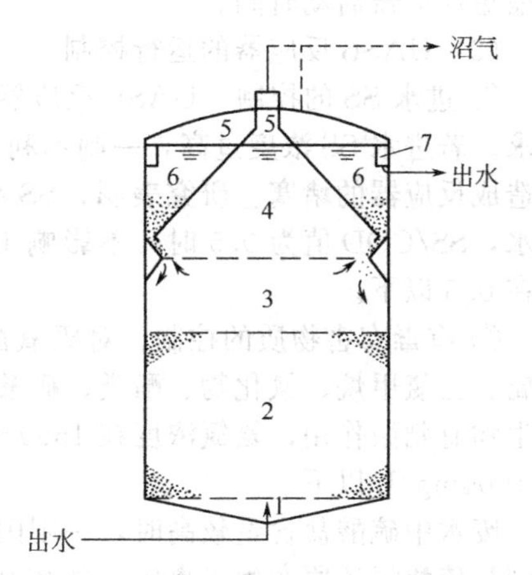

图 2-21　UASB 的基本结构

1—进配水区；2、3—反应区；4—三相分离器；5—气室；6—沉淀区；7—上清液溢流槽与出水管

反应区由生物颗粒污泥床及絮状污泥层组成，是截留、吸附、降解有机物的关键部位。在 UASB 投入运行的开始阶段生物污泥呈絮绒状，随着培养期的逐渐完成，絮绒状污泥发育成生物颗粒污泥状。处理效果良好的 UASB 反应器内通常可形成大量的颗粒污泥。颗粒污泥内活性生物量占 70%～80%，外观为球形或椭球形，呈灰黑或褐黑色，表面包裹肉眼可见的灰白色生物膜。颗粒污泥的相关指标为：相对密度 1.01～1.05，粒径 0.5～3mm（最大可达 5mm），沉降速度 5～10mm/s，污泥指数 SVI 值 10～20mL/gMLSS。VSS/SS 值 70%～80%，碳、氢、氮含量分别为 40%～50%、7%和 10%左右。生物量很高，污泥浓度达到 40～80gMLVSS/L。颗粒污泥床内产生大量的沼气，微小的沼气气泡经过合并而形成大气泡，并通过其上升的作用使整个污泥床层得到良好的混合。但是，若废水浓度较低（如 COD<3000mg/L），也可能仅形成絮状污泥层。悬浮絮状污泥层的污泥浓度远低于生物颗粒污泥床，但在悬浮污泥层亦可继续进行厌氧生物处理。

三相分离器由气体收集器和折流挡板组成。三相分离器的主要功能为：阻止气液固混合液中的气体进入沉淀区，即流体进入沉淀区之前，气体被有效分离去除；保持沉淀区液流稳定，水流流态接近塞流状，使固液分离效果良好；被沉淀分离的污泥能迅速返回到反应器内，以维持反应器内有很高的污泥浓度和较长的污泥龄。

气室的功能是收集并排出沼气。为了确保释放出的沼气不会随水流一起进入沉淀区，故在反应区与三相分离器交界处，设有楔形挡板，阻止沼气随水流进入沉淀区，气室内的沼气用沼气管引出。

沉淀区的功能是使澄清水与污泥有效分离，沉淀污泥回落至反应区。

出水区由上清液溢流槽与出水管组成，主要功能是收集与排出澄清液。

2.6.2.2 UASB过程控制

UASB过程控制包括启动控制和运行控制。其中启动控制主要包括污泥接种、进水控制、颗粒污泥的驯化培养等，运行控制包括废水营养控制、悬浮固体控制、有毒物质的控制、碱度及挥发酸的控制等。

(1) UASB反应器的启动控制

① 污泥接种。UASB反应器在启动前必须投加接种污泥。有条件时，接种污泥首先是选择同类工业废水UASB反应器排出的新鲜剩余污泥，当接种颗粒污泥量在污泥床区达到2.0m左右高度后，再经过15～20d左右驯化，一般可基本达到设计负荷。当选择城市污水处理厂消化池污泥为接种污泥时，接种量按整个反应器容积计，则以6～8kgVSS/m^3 为宜。选择好氧活性污泥过程二沉池剩余污泥为接种污泥时，接种量以8～10kgVSS/m^3 为宜。

② 进水控制。UASB启动初期的进水方式可采用间歇进水或连续小流量进水，前者可采用出水回流与原水混合，然后间歇脉冲进水，一天进水5～8次。后者采用低于设计流量的连续进水，根据污泥驯化情况逐步增加进水流量。

UASB启动时，进水COD浓度宜控制在4000～5000mg/L，进水底物一般控制C∶N∶P比例为（200～300）∶5∶1。进水应根据出水pH进行控制，通常控制在7.5～8.0比较适宜。

若有条件时，通过对回流水进行加热，将进水温度维持在高于反应器工作温度8～15℃，则可缩短反应器启动时间。

(2) UASB反应器的运行控制

① 进水SS的控制。UASB反应器与其他厌氧工艺相比，明显不同是对进水SS有较严格的要求。若进水SS浓度过高，一则不利于污泥与进水中有机底物的充分接触而影响产气，二则容易造成反应器的堵塞。研究表明，SS小于2000mg/L时，可成功地培养颗粒污泥。对于低浓度废水，SS/COD值为0.5时，不影响UASB的处理效果。对于高浓度有机废水，SS/COD需控制在0.5以下。

② 有毒有害物质的控制。对厌氧微生物有毒有害的物质包括氨氮、硫酸盐、重金属、碱土金属、三氯甲烷、氰化物、酚类、硝酸盐和氯气等。其中氨氮浓度在50～1500mg/L时，对厌氧微生物有刺激作用；氨氮浓度在1500～3000mg/L时，将产生明显的抑制作用，一般宜将其控制在1000mg/L以下。

废水中硫酸盐含量较高时，一则因硫酸盐还原菌与产甲烷菌竞争氢原子而抑制产甲烷过程，二则是硫酸根还原产生未离解态的硫化氢对微生物毒性很大。研究表明，COD/SO_4^{2-} 比值小于10时，硫化物浓度超过100mg/L便可产生抑制作用。一般UASB反应器中硫酸盐离子浓度不宜大于5000mg/L，运行中COD/SO_4^{2-} 应大于10。

③ 碱度和挥发酸浓度的控制。UASB反应器碱度的正常范围一般为1000～5000mg/L。碱度不够，则会因缓冲能力不够而使消化液pH降低；碱度过高，又会导致pH过高。

在UASB反应器中，由于缓冲物质的存在，仅根据pH难以判断挥发酸的累积情况，而挥发酸的过量积累将直接影响产甲烷菌的活性和产气量，一般挥发性脂肪酸（Volatile Fatty Acid，VFA）的浓度需小于200mg/L。

2.6.2.3 UASB反应器的设计

设计UASB反应器时，首先要根据废水水质、水量选定适宜的池形和确定有效容积及其主要部位的尺寸。其次是设计进水配水系统、出水系统和三相分离器。此外还要考虑排泥系统等。

（1）UASB 反应器有效容积 V 的计算　UASB 反应器的有效容积 V 为反应区和三相分离器区容积之和，可根据有机底物的容积负荷 N_v 和水力停留时间 t 来计算。

① 根据有机底物的容积负荷 N_v 计算有效容积 V。当处理中等浓度和高浓度有机废水时，反应器有效容积主要取决于有机底物的容积负荷 N_v 和进水浓度。反应器有效容积计算如下：

$$V=\frac{QC_0}{S_V} \tag{2-11}$$

式中，V 为 UASB 反应区的容积，m^3；Q 为废水设计流量，m^3/d；C_0 为原废水 COD 浓度，mg/L，即包括溶解性 COD 与悬浮性 COD；S_V 为可溶性有机物的容积负荷，kgCOD/（m^3·d），与消化反应温度、废水性质、布水均匀程度、颗粒污泥浓度有关，宜通过试验确定或参考表 2-12。

表 2-12　废水性质与 UASB 容积负荷（反应温度为 30℃）

废水 COD 浓度/(mg/L)	悬浮 COD/原水 COD/%	容积负荷 S_V/[kgCOD/(m^3·d)]		废水 COD 浓度/(mg/L)	悬浮 COD/原水 COD/%	容积负荷 S_V/[kgCOD/(m^3·d)]	
		絮状污泥	颗粒污泥			絮状污泥	颗粒污泥
2000	10～30 30～60	2～4 2～4	8～12 8～14	6000～9000	10～30 30～60	4～6 5～7	15～20 15～24
2000～6000	10～30 30～60	3～5 4～8	12～18 12～24	9000～18000	10～30	5～8	15～24

② 根据水力停留时间 t 计算有效容积 V。当处理低浓度（COD<1000mg/L）废水时，反应器有效容积主要取决于水力停留时间。根据水力停留时间 t 计算有效容积 V，如式(2-12) 所示。

$$V=Qt=AH \tag{2-12}$$

式中，t 为水力停留时间，h 或 d；Q 为进水流量，m^3/h 或 m^3/d；A 为反应器横截面积，m^2；H 为反应器有效高度，m。

式（2-12）中水力停留时间 t 的大小与反应器内污泥类型（絮状污泥或颗粒污泥）和三相分离器的效果有关，并在很大程度上取决于反应器内的温度。

（2）反应器表面积及有效高度的计算　根据国内的工程经验，UASB 反应器的有效高度 H 以 5～6m 为宜，处理浓度较低的废水时一般取下限，处理浓度较高的废水时取上限。对于不同颗粒或絮体污泥类型 UASB 反应器，其水流上升流速推荐设计值如表 2-13 所示。

表 2-13　UASB 反应器上升流速推荐设计值

参　数	反应器类型	设计值/(m/h)	参　数	反应器类型	设计值/(m/h)
沉降区内液体上升流速 v_L	颗粒污泥床	1.0～2.0	回流缝中混合液流速 v_{max}	颗粒污泥床	<2.0
	絮体污泥床	0.4～0.8		絮体污泥床	<1.0
反应区内液体上升流速 v_r	颗粒污泥床	≤10	气体在气液界面的上升流速 v_G	颗粒污泥床	最小值为 1
	絮体污泥床	≤1.5		絮体污泥床	最小值为 1

（3）UASB 反应器进水配水系统的设计　UASB 反应器进水配水系统主要有树枝管式配水系统、穿孔管式配水系统、多管多点式配水系统等。

① 树枝管式配水系统设计。树枝管式配水系统结构如图 2-22 所示。一般采用对称布置，各支管出水口向下距池底约 200mm。管口对准池底所设的反射锥体，使射流向四周散开，均匀布于池底，一般每个出水口服务面积为 2～4m^2，出水口直径采用 15～20mm。这种配水系统的特点是比较简单，配水可基本达到均匀分布的要求。

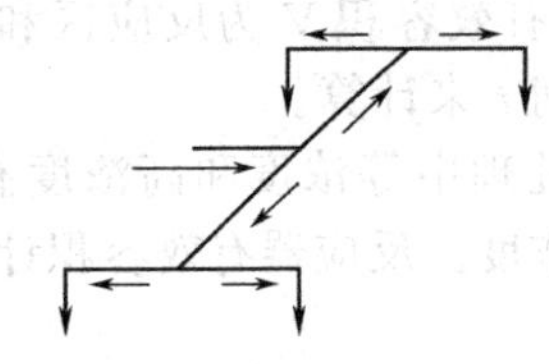

图 2-22 树枝管式配水系统

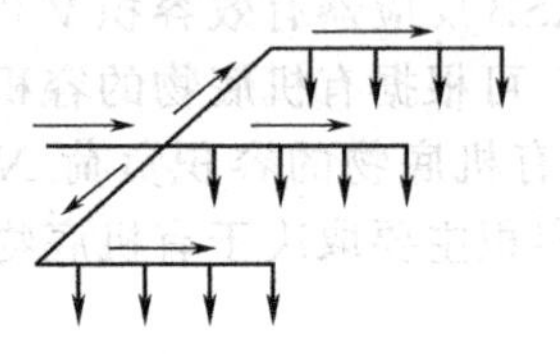

图 2-23 穿孔管式配水系统

② 穿孔管式配水系统设计。穿孔管式配水系统结构如图 2-23 所示。配水管中心距可采用 1～2m，出水孔间距也可采用 1～2m，孔径为 10～20mm，常采用 15mm，孔向下或斜向下 45°方向，每个出水孔服务面积为 2～4m²，配水管中心距池底为 200～250mm。配水管的直径最好不小于 100mm。为了使穿孔管各孔口出水均匀，并使出水孔口阻力损失大于穿孔管沿程阻力损失，要求出口流速不小于 2m/s，也可采用脉冲间歇进水方式增大出水孔口流速。

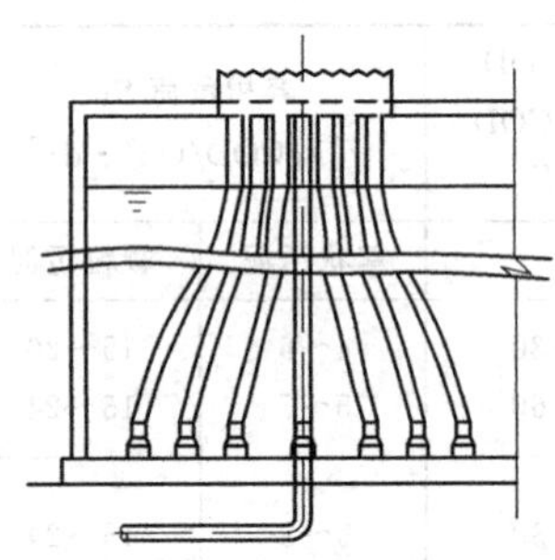

图 2-24 多管多点式配水系统

③ 多管多点式配水系统设计。多管多点式配水系统结构如图 2-24 所示。其特点是一根配水管只服务一个配水点，配水管根数与配水点数相同。只要保证每根配水管流量相等，即可达到每个配水点流量相等的要求。一般多采用配水渠道通过三角堰使废水均匀流入配水管的方式。也可在反应器不同高度设置配水管和配水点。

(4) 排泥系统的设置 UASB 反应器必须设置排污泥系统，排泥位置应根据实际要求确定。专设排泥管径不应小于 200mm，以防堵塞。经验认为，可按每去除 1kgCOD 产生 0.05～0.1kgVSS 计算剩余污泥量。

(5) 出水回流 当处理高浓度有机工业废水或含有毒性物质废水时，应采用循环设备进行出水回流。出水回流可稀释进水浓度，提高泥、水间的良好接触，减少有毒物质影响，优化厌氧污泥生长，并可防止酸化。

2.6.3 厌氧折流板反应器（ABR）

厌氧折流板反应器（Anaerobic Baffle Reactor，ABR）是在第二代厌氧污泥反应器的基础上开发的工艺，可有效处理高、中、低浓度的有机废水。ABR 不会发生堵塞和因污泥床膨胀而引起的污泥流失，可省去气、固、液三相分离器，能保持高生物量和承受高有机负荷。

2.6.3.1 ABR 的构造及工艺特点

(1) ABR 的构造 ABR 内由若干组垂直折流板把整个长条形反应器分隔成若干个串联反应室，如图 2-25 所示。废水在反应器内沿折流板做上下迂回流动，借助于水流和反应器内产生的沼气使厌氧污泥在各个隔室内做上下膨胀和沉降运动。废水在流动过程与大量的活性生物量发生多次接触，大大提高了反应器的容积利用率。就单个反应室而言，因沼气的搅拌作用，水流流态基本上是完全混合的，但串联的各个反应室之间又具有紊流流态。整个 ABR 是由若干个完全混合反应器串联在一起的反应器，所以理论上比单一的完全混合状态的反应器处理效能高。

ABR 中的每个反应室都有一个厌氧污泥层，其功能与 UASB 反应器相似，所不同的是上部没有专设的三相分离器。沼气上升至液面进入反应器上部的集气室，并一起由导管排出反应器外。ABR 的升流条件使厌氧污泥可形成颗粒污泥。由于有机物厌氧生化反应过程存在产酸和产甲烷两个阶段，所以在 ABR 的第一室往往是厌氧过程的产酸阶段，pH 易于下降。采用出水回流，可缓解 pH 的下降程度，向一个完全混合系统过渡。

(2) ABR 的工艺特点

① 良好的水力条件。在 ABR 内由于挡板阻挡了各隔室内的返混作用，强化了各隔室内的混合作用，故整个反应器内的水流形式属于推流式，而每个隔室内的水流则由于上升水流及产气的搅拌作用而表现为完全混合式。这种水力条件使 ABR 提高了对有机底物的降解速率和处理

效果。

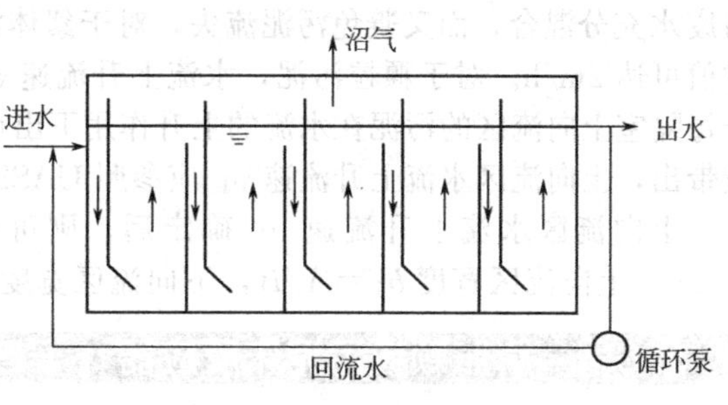

图 2-25　厌氧折流板反应器

ABR相当于把一个反应器内的污泥分配到了多个隔室的反应小区内，每个反应小区的污泥浓度虽然与整个反应器的污泥浓度基本一致，但每个隔室内的污泥量则被分散了。假若反应器内的分隔数为 n，则每个隔室内的污泥量为反应器内污泥总量的 $1/n$，这样一方面提高了污泥与废（污）水的接触和混合程度，提高了反应器的容积利用率；另一方面则使反应器内的污泥在生物相上也由隔室所处的位置不同而呈现出不同的微生物组成，从而使反应器具有抗冲击负荷的能力。

② 稳定的污泥截留能力。ABR对污泥的有效截留能力首先取决于其构造特点：其一是水流绕挡流板流动而使水流在反应器内流经的总长度增加；其二是下向流室较上向流室窄，使上向流室中水流的上升速度较小；其三是上向流室的进水一侧挡流板下部倾角约为45°，利于截留污泥、缓冲水流和均匀布水。

其次，反应器内污泥与废（污）水的良好混合接触提高了其容积利用率，因而利于污泥絮体和颗粒污泥的形成和生长，使反应器内厌氧微生物在形成良好的种群配合的同时，可在较短的时间内形成具有良好沉降性能的絮凝体污泥和颗粒污泥。

由于ABR对污泥的稳定截留性能和良好的水力条件，即使进水SS浓度高达10g/L以上，一般也不会造成反应器的堵塞问题。有研究表明，ABR中的污泥停留时间可达65d以上。

③ 能形成良好的颗粒污泥和微生物种群分布。虽然颗粒污泥的形成并不是ABR处理效能的决定性因素，但是在ABR反应器中存在颗粒污泥的形成过程，而且生长速度较快。一般在初期运行的30～45d，容积负荷为3.0～5.0kgCOD/(m^3·d) 时，即可出现粒径为0.2～0.5mm的颗粒污泥，此后颗粒污泥粒径逐步增大到2～3mm。

由于ABR各隔室内底物浓度和组成不同，逐步形成了各隔室内不同的微生物组成。在反应器前端的隔室内，主要以水解及产酸菌为主，而在较后面的反应器隔室内，则以产甲烷菌为主。就产甲烷菌而言，随隔室的推移，其种群由八叠球菌属为主逐步向产甲烷丝状菌属、异养产甲烷菌和脱硫弧菌属等转变。这种微生物组成的空间变化，使优势菌群得以良好地生长繁殖，废水中的不同底物分别在不同的隔室被降解，因而处理效能良好且稳定。

2.6.3.2　ABR的工艺设计

ABR设计的第一步是选定池形。若主要用于对有机物的水解酸化处理或因沼气产量较小，可不收集沼气，则选择敞开式反应池；若主要用于产甲烷发酵处理，且沼气产量较大，需选择封闭式反应池以收集沼气。

沼气收集区为池壁在水面上继续加高、加盖形成，沼气产生后最终蓄积于上部收集区，并由管道输出，并应设置浮渣排放口。沼气收集区的高度与UASB集气室高度的设定相似，应保证出气管在反应器的运行过程中不被淹没，能畅通地将沼气排出反应器，并防止浮渣堵塞。从实践来看，集气室水面浮渣层的厚度与进水水质有关，在处理难降解的短纤维较多的废水时，浮渣层较厚。当工艺运行良好且产气量较多时，由于气体的搅拌作用可使浮渣层破碎、沉淀并返回到反应区。总之，在确定集气区高度时应考虑留有适当的余地，并应考虑设置浮渣排放口。

反应器容积可按有机底物容积负荷率或水力停留时间予以确定。一般ABR的有机底物容积负荷为10～30kgCOD/(m^3·d)，COD去除率为70%～80%。

一般ABR反应器的有效水深 H 为4～6m，隔室宽度和长度比值 $B:(L/n)=1\sim1.5$，反应器长宽比为 $L:B\geqslant5$，据此通过试算法可确定反应器的长度 L、宽度 B 和分隔数 n。

在确定各隔室上向流区和下向流区的宽度分配时，需要先确定上向流区的宽度 b_1。由于各隔室的上向流区相当于UASB的悬浮污泥层和颗粒污泥层，由UASB的设计可知，为保证污泥与废水充分混合，而又避免污泥流失，对于絮体污泥，一般水流上升流速 v_L 为 0.6～0.9m/h，瞬时值可达 2m/h。对于颗粒污泥，水流上升流速 v_L 一般为 3m/h 左右。在 ABR 反应器运行中，由于每隔室上向流区的污泥在水流的上升作用下出现膨胀，为保证各隔室上向流区的污泥不被水流大量带出，上向流区水流上升流速 v_L 应参照 UASB 悬浮污泥床中水流上升流速的范围确定。

上向流区水流上升流速 v_L 确定后，则可根据流量 Q，计算上向流区的横断面面积 $A=Q/v_L$，上向流区宽度 $b_1=A/B$，下向流区宽度为 b_2。

2.6.4 膨胀颗粒污泥床反应器（EGSB）

膨胀颗粒污泥床反应器（Expanded Granular Sludge Bed，EGSB）是 UASB 反应器的变形，是厌氧流化床与 UASB 反应器两种技术的结合。EGSB 反应器的典型特征是：高径比大；通过采用出水循环回流获得较高的表面液体升流速度；通过颗粒污泥床的膨胀可以改善废水与微生物之间的接触，强化传质效果，提高反应器的生化反应速度和处理效能。

2.6.4.1 EGSB 反应器的构造特点

EGSB 反应器的基本构造与流化床类似，如图 2-26 所示。其构造特点是具有较大的高径比，一般可达 3～5，生产性装置反应器的高度可达 15～20m。

EGSB 反应器的顶部可以是敞开的，也可以是封闭的。封闭的优点是防止臭味外溢，如在压力下工作，甚至可替代气柜作用。EGSB 反应器一般做成圆形，废水由底部配水管系统进入反应器，向上升流，流过膨胀的颗粒污泥床区，使废水中的有机物与颗粒污泥均匀接触反应被转化成甲烷和二氧化碳等。混合液升流至反应器上部，通过三相分离器进行气、固、液分离。分离出来的沼气从反应器顶部或集气室的导管排出，沉淀污泥自动返回膨胀床区，上清液通过出水槽排出反应器外。

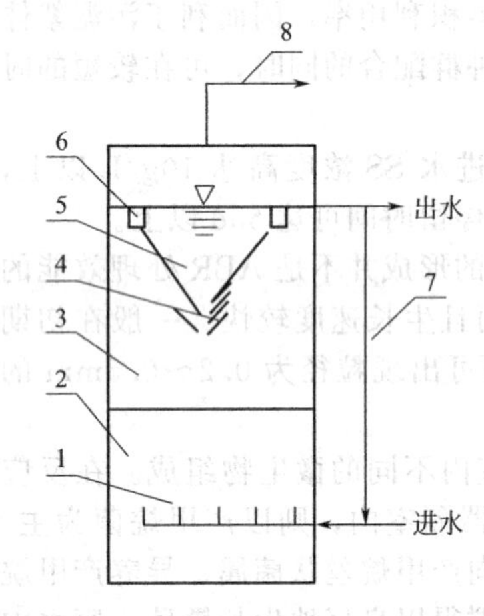

图 2-26 EGSB 反应器的基本构造

1—布水器系统；2—污泥床；3—反应区；4—三相分离器；5—沉淀区；6—出水系统；7—循环系统；8—沼气收集系统

2.6.4.2 EGSB 反应器的运行性能

EGSB 反应器不仅适于处理低浓度废水，而且可处理高浓度有机废水。但在处理高浓度废水时，为了维持足够的液体升流速度，使污泥床有足够大的膨胀率，必须加大出水的回流量，其回流比与进水浓度有关。一般进水 COD 浓度越高，所需回流比越大。

EGSB 反应器通过出水回流，可以增强抗冲击负荷的能力，亦可将进水中的毒物浓度被稀释至对微生物不再具有毒害作用。所以 EGSB 反应器可处理含有有毒物质的高浓度有机废水。出水回流还可利用有机氮和硫酸盐等物质厌氧降解时产生的碱度，使之提高进水的碱度和 pH，保持反应器内 pH 的稳定，减少为了调整 pH 的投碱量，从而有助于降低运行费用。

EGSB 反应器启动的接种污泥通常采用现有 UASB 反应器的颗粒污泥，接种污泥量以 30gVSS（颗粒污泥）/L 左右为宜。为减少启动初期反应器细小污泥的流失，可对污泥在接种前进行必要的淘洗，先去除絮状的和细小污泥，提高污泥的沉降性能，改善出水水质。

2.6.5 内循环厌氧反应器（IC）

内循环厌氧反应器（Internal Circulation）简称 IC 反应器。IC 反应器处理中低浓度工业废水时，进水容积负荷率可提高至 20kgCOD/(m^3·d) 左右，处理高浓度工业废水时，容积负荷一般可达 30kgCOD/(m^3·d) 以上。IC 反应器是对现代高效反应器的一种突破。

IC 反应器的基本构造与工作原理如图 2-27 所示。IC 反应器的构造特点是具有很大的高径比，一般可达 4～8，反应器的高度可达 16～25m。所以在外形上看，IC 反应器实际上是一座厌氧生化反应塔。

由图 2-27 可知，进水用泵由反应器底部进入第一反应室，与该室内的厌氧颗粒污泥均匀混合。废水中所含的大部分有机物在这里被转化成沼气，所产生的沼气被第一厌氧反应室集气罩收集，沼气将沿着提升管上升。沼气上升的同时，把第一反应室的混合液提升至位于反应器顶部上的气液分离器，被分离出的沼气由沼气排出管排走。分离出的泥水混合液将沿着回流管回到第一反应室的底部，并与底部的颗粒污泥和进水充分混合，实现了第一反应室混合液的内部循环。内循环的结果，使第一厌氧反应室不仅有很高的生物量，很长的污泥龄，并具有很大的升流速度，使该室内的颗粒污泥完全达到流化状态，有很高的传质速率，大大提高了第一反应室的去除有机物能力。

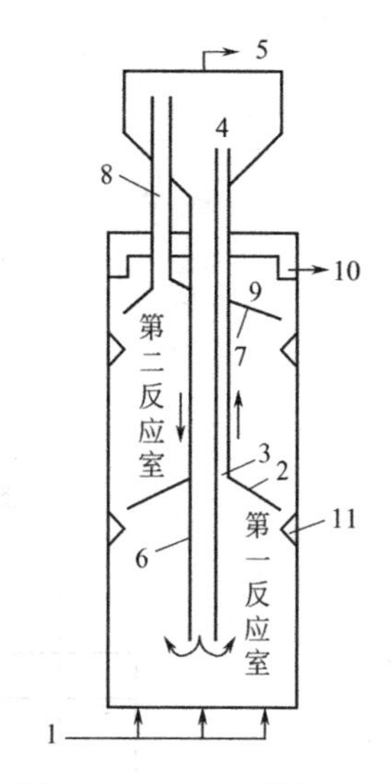

图 2-27　IC 反应器的基本构造与工作原理

1—进水；2—第一反应室集气罩；3—沼气提升管；4—气液分离器；5—沼气排出管；6—回流管；7—第二反应室集气罩；8—集气管；9—沉淀区；10—出水管；11—气封

经过第一反应室处理过的废水，进入第二反应室继续进行处理。废水中的剩余有机物被第二反应室内的厌氧颗粒污泥进一步降解，使废水得到更好的净化，提高了出水水质。产生的沼气由第二厌氧反应室集气罩收集，通过集气管进入气液分离器。第二反应室的泥水混合液进入沉淀区进行固液分离，上清液由出水管排走，沉淀污泥自动返回第二反应室。这样，废水就完成了在 IC 反应器内处理的全过程。

综上可以看出，IC 反应器实际上是由两个上下重叠的 UASB 反应器串联所组成的。由下面第一个 UASB 反应器产生的沼气作为提升的内动力，使升流管与回流管的混合液产生一个密度差，实现了下部混合液的内循环，废水获得强化预处理。上面的第二个 UASB 反应器对废水继续进行后处理（或称精处理)，使出水达到预期的处理要求。

2.6.6　两相厌氧处理过程

在单相反应器中，尤其在有机底物负荷较高时，水解产酸菌代谢速率远远高于产甲烷菌，产酸菌产生的有机酸等产物很难及时被产甲烷菌利用并转化为甲烷和二氧化碳等，这样就会造成有机酸积累，导致反应器内 pH 下降，抑制产甲烷菌活性（产甲烷菌最适 pH 为 6.8～7.2)，继而形成更为恶化的“酸化现象”。

两相厌氧消化工艺是为了克服单相厌氧反应器的上述缺陷而提出的，即建立两个独立控制运行的厌氧反应器——产酸相反应器和产甲烷相反应器，使两者分别满足产酸菌和产甲烷菌的最适生长条件，以解决产酸菌和产甲烷菌生长环境条件之间的矛盾，发挥各自最大的代谢能力，使两个反应器都能达到最好的处理效果。

2.6.6.1　两相厌氧处理过程及工艺流程

两相厌氧过程的处理流程取决于污染底物的理化性质及其生物降解性能，通常有两种工艺流程。

当处理悬浮物含量低且易生物降解废水时，产酸相反应器一般为完全混合式厌氧污泥反应池、厌氧滤池或 UASB 等，产甲烷相反应器主要为 UASB、ABR、IC、UBF（污泥床滤池）等，流程中不必设置沉淀池，处理工艺流程如图 2-28 所示。

当处理高悬浮物生物难降解废水时，产酸相和产甲烷相反应器均以完全混合式厌氧污泥反应池为主，流程中产酸相反应器和产甲烷相反应器后均设置泥水分离构筑物，如沉淀池。处理工艺流程如图 2-29 所示。

2.6.6.2　两相厌氧处理过程工艺特点

除上述以外，两相厌氧过程还具有如下工艺特点：当进水负荷有大幅度变动时，酸化反应器具有一定的缓冲作用，能够缓解对后续产甲烷反应器的影响，因此两相厌氧过程具有一定的耐冲

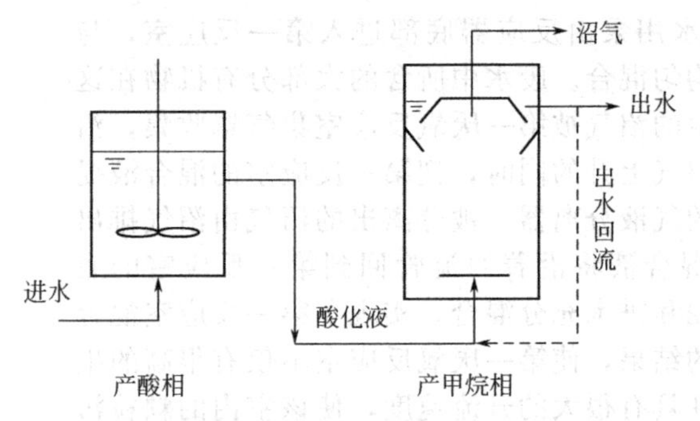

图 2-28 低悬浮物易生物降解废水两相厌氧工艺流程

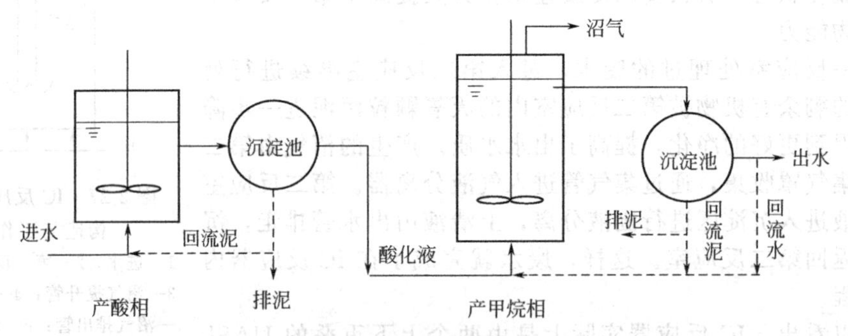

图 2-29 高悬浮物难生物降解废水两相厌氧工艺流程

击负荷能力；酸化反应器对 COD 浓度去除率达 20%～25%，能够减轻产甲烷反应器的负荷；酸化反应器负荷率高、反应进程快、水力停留时间短、容积小，相应的基建费用也较低。

2.7 污泥处理与处置

污泥处理和处置是工业废水处理系统的重要组成部分。污泥处理处置的目标是实现污泥的减量化、稳定化、无害化和资源化，在安全、环保和经济的前提下实现污泥的处置和综合利用，以达到节能减排和发展循环经济的目的。

污泥处理处置应遵循源头削减和全过程控制的原则，加强对有毒有害物质的污染源头控制，根据污泥最终安全处置要求和污泥特性，选择适宜的污泥处理处置工艺。一般污泥处理包括污泥浓缩、调理和脱水、污泥稳定、污泥热干化等。污泥处置包括土地利用、卫生填埋、建筑材料、综合利用等。关于污泥焚烧，从污泥稳定化、减量化和无害化的过程来看，属于污泥处理方式。从热量利用，有机物完全矿化来看，又属于污泥处置方式。工业废水处理产生的污泥，若属于危险废物，则需按照相关规定进行处理与处置。

2.7.1 污泥的性质指标及污泥量

工业废水处理过程生产的污泥，按来源可分为化学污泥和剩余活性污泥。一般用化学沉淀过程产生的污泥为化学污泥，如混凝沉淀过程产生的污泥，投加硫化物等去除废水中的重金属离子产生的污泥以及酸碱中和等产生的污泥。化学污泥中有机成分含量较低，气味较小，且较易浓缩或脱水，一般化学污泥的含水率为 99%左右。生物处理过程二次沉淀池产生的剩余污泥为生物污泥，其含水率较高，一般为 99.2%～99.4%。由于工业废水种类繁多，废水处理方法各异，污泥性质差异也较大。

2.7.1.1 污泥的性质指标

(1) 污泥含水率 P 污泥中所含水分大致分为三类：颗粒间的空隙水，约占总水分的 70%；毛细水，即颗粒间毛细管内的水，约占 20%；污泥颗粒吸附水和颗粒内部水，约占 10%。污泥水分分布如图 2-30 所示。

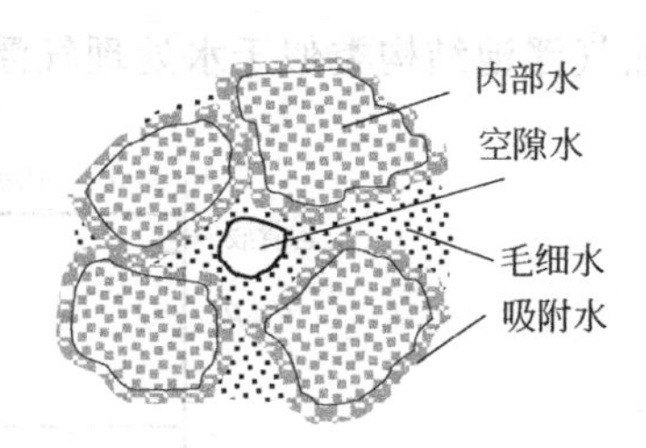

图 2-30　污泥水分分布

污泥含水率是指污泥中所含的水分质量与污泥总质量之比的百分数。污泥的体积、质量及所含固体物质浓度之间的关系，如式(2-13) 所示。

$$\frac{V_1}{V_2}=\frac{W_1}{W_2}=\frac{100-P_2}{100-P_1}=\frac{C_2}{C_1} \tag{2-13}$$

式中，P_1、V_1、W_1、C_1 为污泥含水率为 P_1 时的污泥体积 (m^3)、质量 (kg) 及固体浓度 (mg/L)；P_2、V_2、W_2、C_2 为污泥含水率为 P_2 时的污泥体积 (m^3)、质量 (kg) 及固体浓度 (mg/L)。

(2) 挥发性固体与灰分　挥发性固体近似地等于有机物含量。污泥中的有机物是消化处理的对象。有些有机物可被消化降解，另一些有机物如脂肪和纤维素等不易被消化降解。灰分表示无机物含量。

(3) 污泥重金属离子含量　污泥中的重金属离子含量取决于工业废水的性质。例如，金属表面处理废水的污泥中，重金属离子含量一般都较高。

2.7.1.2　污泥量

废水处理过程中产生的污泥量取决于原废水的水量、水质和处理工艺。

(1) 化学污泥量　混凝沉淀产生的化学污泥量可根据废水中的悬浮物浓度及去除率，结合混凝剂投加量、废水流量及污泥含水率进行计算确定。

(2) 剩余污泥量　活性污泥法处理产生的剩余污泥排放量计算参见 2.3.1.3 式 (2-2)。

2.7.2　污泥浓缩

污泥浓缩的主要目的是缩减污泥体积，提高污泥固体物浓度或固液分离率。一般剩余污泥含水率高达 99%以上，若将含水率降为 98%，则污泥体积减少一半。污泥浓缩方法包括重力浓缩、气浮浓缩和机械浓缩。

2.7.2.1　重力浓缩

重力浓缩本质上属于压缩沉淀工艺。重力浓缩可分为连续式重力浓缩和间歇式重力浓缩。连续式重力浓缩池主要用于大中型工业废水处理工程，间歇式重力浓缩池用于小型工业废水处理工程较多。连续式重力浓缩池的构造与沉淀池相同，竖流式浓缩池的工作原理如图 2-31 所示。待浓缩污泥由中心筒进入浓缩池，浓缩污泥由池底（底流）排出，澄清水由溢流堰溢出。浓缩池纵向分为三个区域：顶部为澄清区，中部为进泥区，底部为压缩区。进泥区的污泥固体浓度与待浓缩污泥的固体浓度 ρ_0 大致相同。压缩区的固体浓度则愈往下愈浓，到排泥口达到所要求的固体浓度 ρ_u。澄清区与进泥区之间有一个污泥面（即浑液面），其高度由排泥量 q_{vu} 控制，通过调节底流流量，可改变浑液面高度和污泥压缩程度。图 2-32 为设有栅条（浓缩刮泥机）的重力浓缩池。

重力浓缩池具有贮泥量大、动力消耗小、运行费用低、操作简便等优点。缺点是占地面积较大，浓缩污泥含水率较高，易产生臭气。

2.7.2.2　气浮浓缩

一般来说，初次沉淀池污泥的相对密度平均为 1.02～1.03，污泥颗粒的相对密度为 1.3～1.5，初沉池污泥较易重力浓缩。活性污泥的相对密度为 1.0～1.01，当活性污泥处于膨胀状态时，其相对密度更小，因而活性污泥絮体的重力浓缩效果不如初沉污泥。对于相对密度接近 1 的轻质污泥（如活性污泥）或含有气泡的轻质污泥（如消化污泥），可采用气浮浓缩法。图 2-33 为较广泛应用于剩余活性污泥的压力溶气气浮浓缩工艺流程。澄清水从池底引出，一部分排走，另一部分用水泵回流。通过水射器或空压机将空气引入，然后在溶气罐内溶入水中。溶气水经减压阀进入混合池，与流入该池的新污泥混合。减压析出的空气泡附着于污泥固体上，形成相对密度小于 1 的混合体，一起浮于水面形成浮渣，由刮渣机刮出从而实现泥水分离和污泥浓缩。污泥浓缩气浮池结构类似于水处理气浮池。

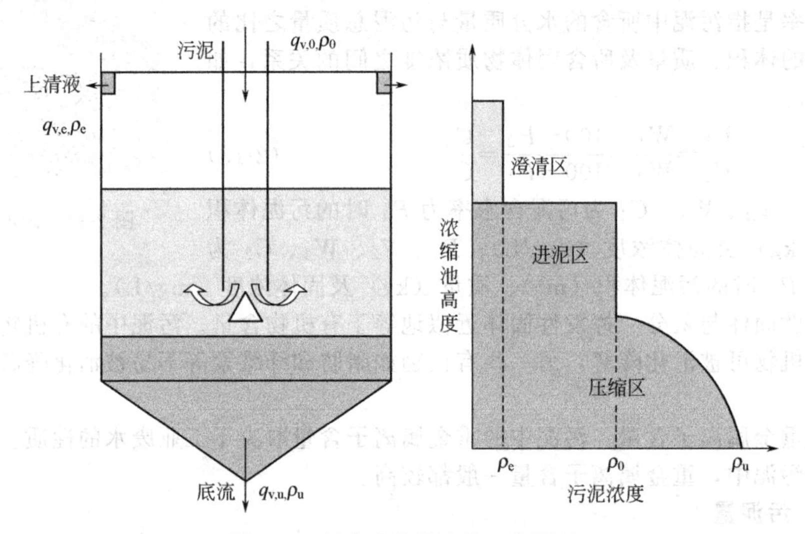

图 2-31 竖流式浓缩池的工作原理

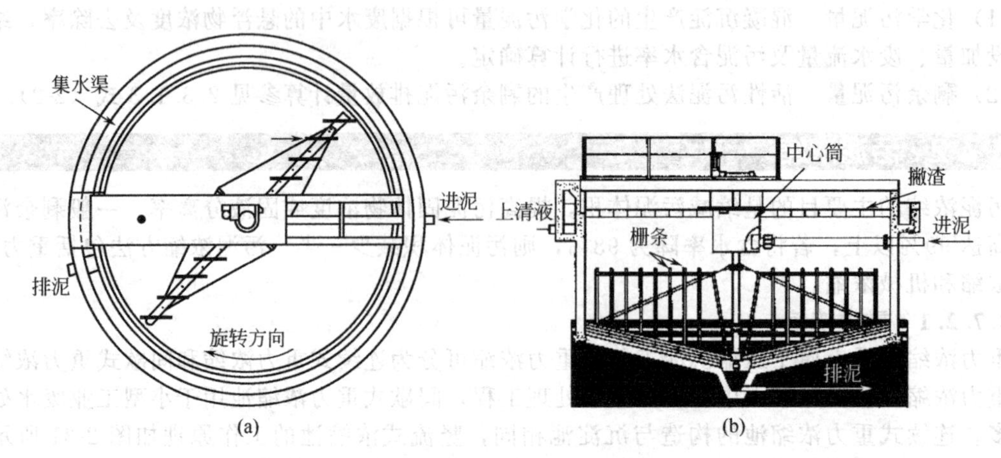

图 2-32 设有栅条（浓缩刮泥机）的重力浓缩池

(a) 平面；(b) 剖面

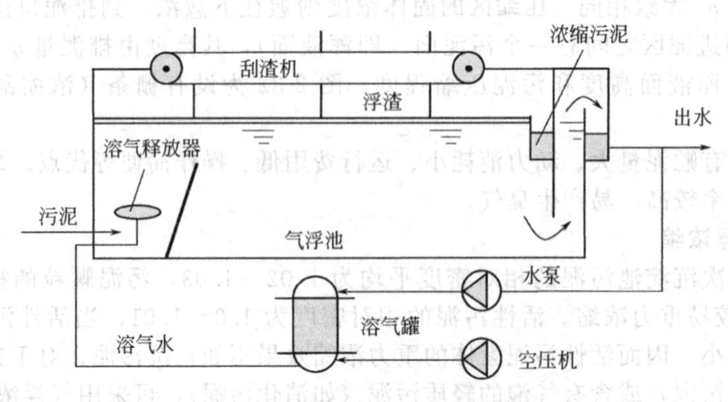

图 2-33 气浮池及压力溶气系统

气浮浓缩效果随气固比的增加而提高，一般气固比以 0.03～0.1 为宜。若不投加凝聚剂，可获得的固体含量平均为 4.6%，固体回收率为 90%。若投加聚合电解质，可获得的固体含量提高到 5%～6%，固体回收率提高到 98%。

此外，瑞典 Simoma Cizinska 开发了生物气浮浓缩工艺。利用污泥的自身反硝化能力，加入硝酸盐后污泥进行反硝化作用产生气体使污泥上浮而进行浓缩。生物气浮法浓缩工艺的硝酸盐浓度、温度、碳源、初始污泥浓度、泥龄、运行时间对污泥的浓缩效果有较大影响。生物气浮浓缩的污泥（浓缩污泥）浓度是重力浓缩的 1.3～3.0 倍，对膨胀污泥也有较好的浓缩效果，有利于污泥后续处理。生物气浮浓缩工艺的日常运转费用低，能耗小，设备简单，操作管理方便，但水力停留时间比压力溶气气浮浓缩工艺长，且需投加硝酸盐。

2.7.2.3　机械浓缩

离心浓缩是利用离心力的机械浓缩法，对污泥固体密度和浓度无特殊要求，浓缩程度主要与离心机内筒直径及转速有关。当离心力为活性重力的 500～3000 倍时，离心机能将含固率为 0.5%的活性污泥浓缩到 5%～6%。离心浓缩占地面积小，不会产生恶臭，对于富磷污泥可以避免磷的二次释放，但运行费用和机械维护费较高。

其他机械浓缩法还有螺旋压榨机浓缩、带式浓缩机浓缩、转鼓机械浓缩等。这些浓缩机械一般为污泥浓缩脱水一体化设备，在浓缩段实施污泥浓缩。

2.7.3　污泥调理

污泥中含有亲水性带负电荷的胶体，比阻值一般为 0.031×10^9～$28.8\times10^9\ s^2/g$，为了给污泥机械脱水创造良好的条件，在污泥脱水之前，需要采用化学的、物理的或者热工的方法对污泥进行预处理，即污泥调理。通过污泥调理减小污泥水与污泥固体颗粒的结合力，改善污泥脱水性能，加速污泥脱水过程。化学调理和物理调理是污泥调理的主要方法。污泥调理方法的选择应综合技术经济条件，同污泥浓缩、污泥脱水和污泥处置通盘考虑。表 2-14 和表 2-15 为采用不同的污泥调理方法和不同的脱水机械时所能达到的脱水效果。

表 2-14　污泥调理与脱水效果

污泥类型	可浓缩性（无污泥调理时）		脱水效果					
			带式压滤机①和离心脱水机②（采用有机高分子药剂污泥调理）		板框压滤机（采用金属盐或高分子药剂污泥调理）			
					不投加石灰		投加石灰	
	含固率/%	含水率/%	含固率/%	含水率/%	含固率/%	含水率/%	含固率/%	含水率/%
具有良好的可浓缩/脱水性	>7	<93	>30	<70	>38	<62	>45	<55
具有一般的可浓缩/脱水性	4～7	96～93	18～30	82～70	28～38	72～62	35～45	65～55
具有较差的可浓缩/脱水性	<4	>96	<22	>78	<28	>72	30～35③	70～65③

① 进泥含固率>3%和<9%。

② 采用高效离心脱水机。

③ 通过提高石灰投加量后的效果。

表 2-15　各种污泥调理方法与机械脱水可达到的效果

调理方法	带式压滤机或离心脱水机		板框压滤机	
	含固率/%	能否满足垃圾填埋场的承载能力要求	含固率/%	能否满足垃圾填埋场的承载能力要求
采用有机高分子药剂	22～30	一般不能	35～45	一般可以
采用无机金属盐药剂	一般不采用		30～40	经常可以
采用无机金属盐药剂和石灰	一般不采用		35～45	经常可以
高温热工调理	40～50	一般不能	>50	一般不能

2.7.4 污泥脱水

污泥脱水是实现污泥减量化的一个重要环节。通过污泥脱水使污泥固体富集，减少污泥体积，为污泥处置创造条件。污泥机械脱水是通常采用的污泥脱水方法。污泥机械脱水的原理是以过滤介质两面的压力差为推动力，使污泥水分被强制排出形成滤液，固体颗粒形成滤饼（泥饼）。常用的污泥机械脱水方法有压滤法、离心法和真空法等，常用的污泥脱水机械有板框压滤脱水机、带式压滤脱水机、离心脱水机、螺旋压榨脱水机、滚压式脱水机等。

2.7.4.1 板框压滤脱水

板框压滤脱水属于压力脱水类型，污泥在泥室内受压实现泥水分离，适用于亲水性强的各类污泥脱水，泥饼含水率一般为75%左右。板框压滤脱水一般为间歇操作，大型板框压滤脱水亦有连续运行操作的，但是设备费用相对较高。板框压滤脱水在工业废水污泥处理中应用较多，特别在以铁盐为混凝剂的工业废水污泥处理中脱水效果好，泥饼含水率可达到60%左右。图2-34为厢式板框压滤脱水机。

2.7.4.2 带式压滤脱水

带式压滤脱水属于压力脱水类型。带式压滤脱水机由滚压轴和滤布组成，如图2-35所示。污泥通过重力过滤浓缩段失去流动性，再进入压榨段。在压榨段将压力施加在滤布上，用滤布的压力和张力使污泥脱水，泥饼含水率约为80%。带式压滤脱水可连续运行，管理方便，操作工况一般，在工业废水污泥处理中得到较为广泛的应用。图2-36为带式压滤脱水工艺流程。

图2-34 厢式板框压滤脱水机

图2-35 带式压滤脱水机

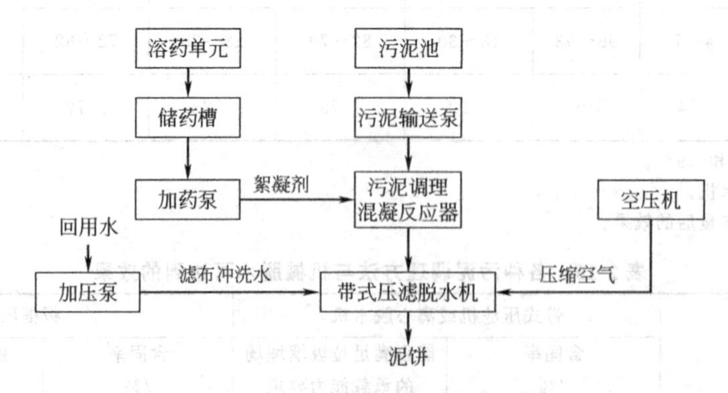

图2-36 带式压滤脱水工艺流程

2.7.4.3 离心脱水

离心脱水是利用泥水密度不同，以离心力为动力实现泥水分离。离心力的大小可调节，在工业废水污泥处理中一般采用卧式圆锥形倾析低速离心机。这种离心机主要由转鼓和螺旋组成，如图2-37所示。在离心机转鼓前方设计有一个锥段，根据污泥（物料）性质不同，按照设定的速

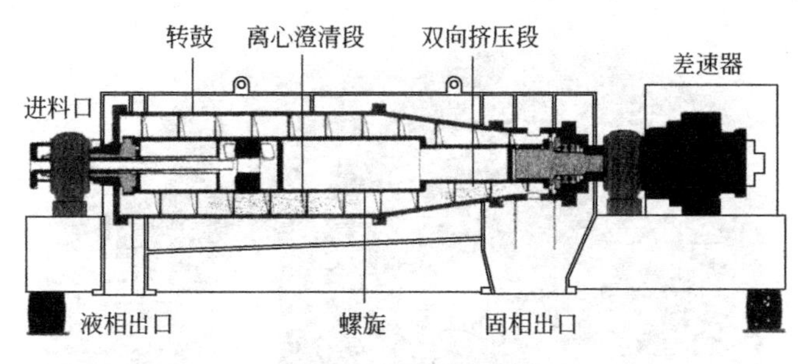

图 2-37　离心脱水机

度高速旋转。当污泥在转鼓内壁旋转时，沿着转鼓壳体形成同心液压。在离心力作用下污泥沉积到转鼓上，再通过螺旋的运转将泥饼推出转鼓。离心脱水效果好，效率高，自动化程度高，泥饼含水率一般为 75%以下。图 2-38 为离心脱水工艺流程。

2.7.4.4　螺旋压榨脱水

螺旋压榨脱水是一种机械性、低转速、全封闭、可连续运行的污泥浓缩-脱水一体化脱水技术，由螺杆形成多个连续的容积递减泥室，依靠压力与重力完成泥水分离。图 2-39 为螺旋压榨脱水机。含水率<99.3%的稀污泥经污泥调理后形成絮体进入旋转滤框，絮体同澄清液分离，实现污泥浓缩。被浓缩的污泥在转框作用下进入压榨区，在变距变径螺旋作用下，进一步挤压脱水，达到压榨脱水的目的。螺旋压榨脱水效果好，工况卫生，一般泥饼含水率为 65%左右。在制浆造纸废水处理中，亦有采用螺旋压榨脱水进行纸浆纤维回收和利用。

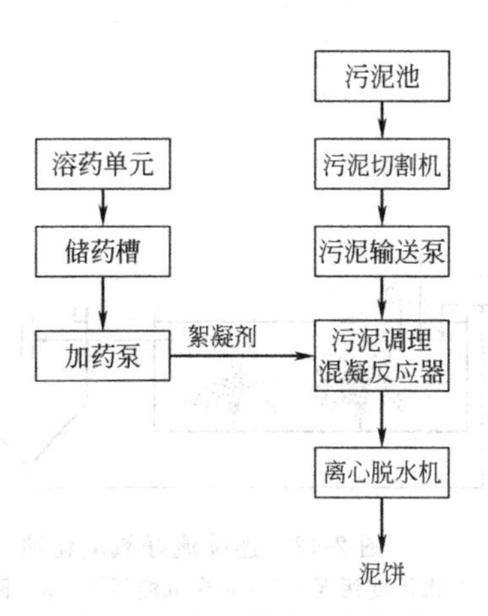

图 2-38　离心脱水工艺流程

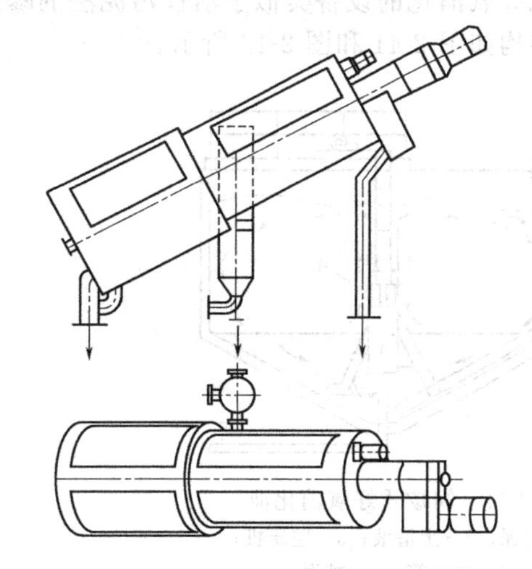

图 2-39　螺旋压榨脱水机

2.7.4.5　滚压式脱水

滚压式脱水是利用连续容积加压完成污泥分离。图 2-40 为滚压式脱水机。含水率为99.5%～95%的湿污泥进入污泥通道，通道两旁各有一片圆形的钻有小孔的不锈钢栅格将污泥带入脱水机内。滚压机圆形脱水道的前一半 0°～180°是浓缩区，污泥水从两旁格栅的出水孔挤出，并从脱水机下方污水槽排出。污泥水脱水后流动缓慢，承受的压力越来越大，进出口压差可达 30～100倍，达到优良的脱水效果，泥饼含水率一般为 65%以下。滚压式脱水设备效率高，外形小，占地面积小，电耗低，工况好，是目前国内新颖的脱水技术与设备。

2.7.5　污泥稳定

各种有机废水处理过程中产生的污泥含有大量有机物，若将这种污泥排放到自然界，其中的有机物会腐化，对环境造成危害，因此需采取措施降低有机物含量或抑制有机物分解，这一过程称为污泥稳定。污泥稳定的方法有生物法和化学法。生物稳定是在人工条件下加速微生物对污泥

图 2-40 滚压式脱水机

有机物的分解，使之变成稳定的无机物或不易被生物降解的有机物的过程。化学稳定是向污泥中投加化学药剂杀死微生物，或改变污泥环境使微生物难以生存，从而使污泥有机物在短期内不致腐败的过程。

2.7.5.1 生物稳定

(1) 污泥好氧消化 污泥好氧消化是对污泥进行持续曝气，利用好氧微生物分解污泥中的固体物质，将有机物分解为 CO_2、NH_4^+-N 及 NO_3^--N。初沉污泥、剩余活性污泥、腐殖污泥或混合污泥均可进行好氧消化。在延时曝气或氧化沟排出的剩余污泥中，有机物质较少，不必再做好氧消化。

污泥好氧消化的设备类似于活性污泥法的曝气池，可采用表面曝气或鼓风曝气，池子不必加盖，其结构如图 2-41 和图 2-42 所示。

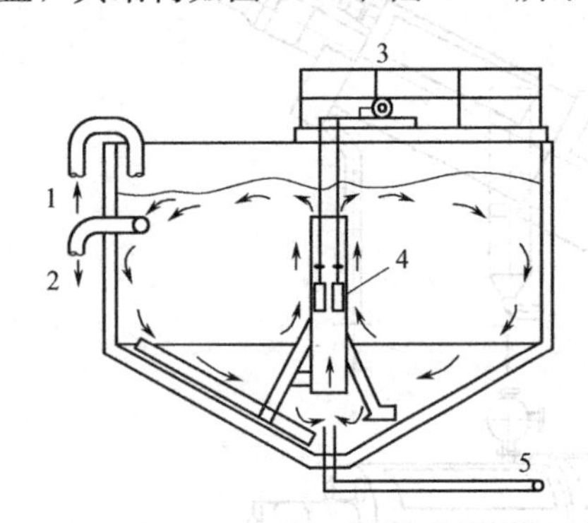

图 2-41 间歇式好氧消化池

1—进泥；2—上清液；3—空压机；4—导流筒；5—排泥

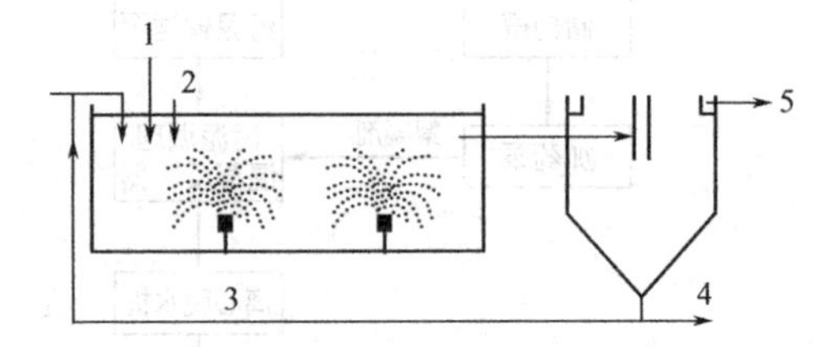

图 2-42 连续流好氧消化池

1—二次沉淀污泥；2—初次沉淀污泥；3—回流污泥；4—排泥；5—上清液回流至处理厂

好氧消化的主要影响因素有微生物浓度、可生物降解固体含量、水力停留时间、污泥负荷和环境条件等。剩余污泥的消化时间宜大于 5d，20℃时曝气 10d，10℃时曝气 15d。

(2) 污泥厌氧消化 污泥厌氧消化过程包括水解发酵、产氢产乙酸、产甲烷等过程。其中，固态有机物水解、液化是污泥厌氧消化的限制步骤。经过厌氧消化后，一部分污泥有机物转化成甲烷，一部分污泥有机物形成腐殖质，污泥体积减小 60%～70%，质量减轻 40%左右，病原菌被杀灭。消化污泥可进一步做干化处理或用作肥料，实现稳定化、无害化、资源化。

为了使消化池中的厌氧菌与污泥充分接触并使所产沼气及时逸出，消化池内需设置搅拌。常用的搅拌方式有机械搅拌、液流搅拌和沼气搅拌。温度对污泥厌氧消化的影响很大，污泥厌氧消化可分为常温消化、中温消化和高温消化。污泥中温消化和高温消化需要加热增温。

2.7.5.2 化学稳定

(1) 石灰稳定法 石灰稳定法是向污泥中投加石灰，使污泥的 pH 提高到 11.0～11.5，在 15℃下接触 4h，能杀死全部大肠杆菌及沙门伤寒杆菌，但对钩虫、阿米巴孢囊的杀伤力较差。

经石灰稳定后，污泥脱水性能得到改善，污泥比阻减小，泥饼含水率降低，使污泥在短时间内达到稳定化、减量化和无害化。图 2-43 为污泥石灰稳定法工艺流程。但钙可与二氧化碳和磷酸盐反应，形成碳酸钙和磷酸钙沉淀，产生大量污泥。石灰投加量与污泥性质和固体含量有关，如表 2-16 所示。国内某污泥石灰稳定化生产性试验数据如表 2-17 所示。

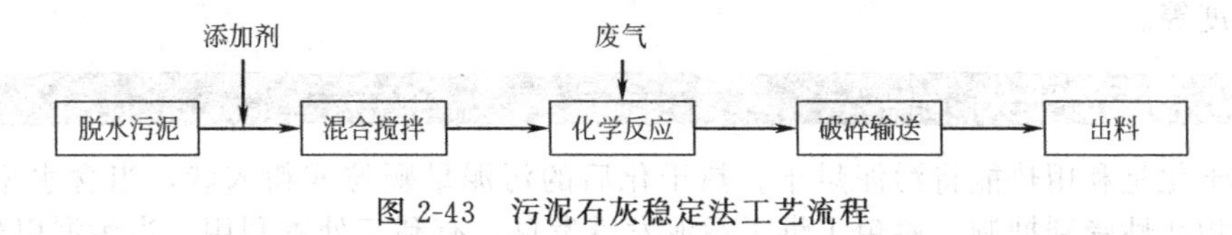

图 2-43　污泥石灰稳定法工艺流程

表 2-16　石灰稳定法中的石灰投加量

污泥类型	污泥固体含量/%		投加量/[$gCa(OH)_2/gSS$]	
	变化范围	平均值	变化范围	平均值
初沉污泥	3.0～6.0	4.3	60～170	120
活性污泥	1.0～1.5	1.3	210～430	300
消化污泥	5.0～7.0	5.5	140～250	190
腐化污泥	1.0～4.5	2.7	90～510	200

表 2-17　国内某污泥石灰稳定化生产性试验数据

组分	CaO 平均投加量/%	干污泥性能指标(平均值)				
		有机分/%	含水率/%	细菌总数/(个/g)	大肠菌数/(个/g)	蛔虫卵/(个/g)
脱水污泥	—	69.4	77.8	2.14×10^6	1.39×10^5	42
1 组	50	5.6	37.9	452	113	未检出
2 组	30	8.37	35.3	460	101	未检出
	30	15.5	50.9	484	123	未检出
	平均 30	11.94	43.1	511	132	未检出
3 组	17	29	54.4	389	93	未检出
4 组	10	40.1	60.9	458	113	未检出

经石灰稳定化后污泥产品有较好的利用价值，可用于道路路基土，垃圾填埋覆盖土，制作水泥的填料，制砖（地砖、隔离带石砖），掺入到燃煤中作为电厂等热源材料以及与生活垃圾混合填埋等。

（2）氯稳定法　氯气能杀死各种致病菌，但氯化过程产生多种氯代有机物（如氯胺等），造成二次污染。此外，氯化处理后，污泥 pH 降低，过滤性较差。氯稳定法多用于含有致病菌污水污泥处理。

（3）臭氧稳定法　臭氧稳定法是近年来国外研究较多的污泥稳定法，臭氧能杀灭细菌和病毒，不存在氯稳定法的二次污染问题。臭氧处理后，污泥处于好氧状态，无异味。该法的缺点是臭氧发生器效率较低，建设及运营费用均较高。

2.7.5.3　物理稳定

超声波破解是污泥物理稳定化和减量化新技术。从声学角度来看，超声波破解污泥主要是利用超声波的能量，即利用极短时间内的超声空化作用形成的局部高温、高压条件，伴随强烈的冲击波和微射流，轰击微生物细胞，达到污泥中微生物细胞壁破裂的目的。据报道，目前德国在污泥超声波破解技术和工程应用上处于世界前列。近几年来，国内对超声波破解技术进行了系统研究，并取得了重要成果和进展。某大学的研究表明，污泥超声破解预处理技术能提高厌氧消化的有机污染物去除率和沼气产率，减少污泥量，缩短消化时间，破解污泥在8d停留时间条件下，厌氧消化效率优于原污泥20d的厌氧效率；将剩余污泥破解回流能达到污泥减量化目的，而对出水水质没有明显影响。影响污泥超声破解效率的主要因素有污泥混合液pH、污泥浓度、超声声强及超声密度等。

2.7.6 污泥热干化

污泥热干化是利用热能将污泥烘干。热干化后的污泥呈颗粒或粉末状，当含水率在10%以下时，微生物活性受到抑制，避免了烘干污泥发霉发臭，有利于处置利用。当污泥以建筑材料综合利用等为处置方式时，经机械脱水后污泥的热干化是污泥处理关键性工艺。国家鼓励利用污泥厌氧消化过程中产生的沼气热能、垃圾和污泥焚烧余热、发电厂余热或其他余热作为污泥干化处理的热源。不宜采用优质一次能源作为主要干化热源。

按热介质同污泥接触的方式，污泥热干化可分为直接加热式、间接加热式、“直接-间接”联合加热式等；按热干化设备类型可分为转鼓式、转盘式、桨叶式、流化床式、多层台阶式、带式和筒式等。

2.7.6.1 直接加热干化

图2-44为国外某公司直接加热转鼓式热干化系统工艺流程。经机械脱水后的污泥（湿污泥）进入造粒机同部分干燥污泥混合，使混合污泥含固率达50%～60%，然后进入转鼓热干化机，同热气流接触混合集中加热。经加热烘干后的干燥污泥再经重力沉降，在沉降器中将干燥污泥同水汽进行分离。干燥污泥的颗粒直径可被控制，通过振动筛后，干燥污泥颗粒直径控制在1～4mm，干度达92%以上，可被处置利用。细小的干燥污泥被送入造粒机同湿污泥混合再送入转鼓热干化机。从沉降器中分离出来的水汽几乎携带了污泥干燥后的全部余热，再通过冷凝器回收这部分热量。转鼓热干化机的加热炉可使用沼气、天然气或热油等为燃料。

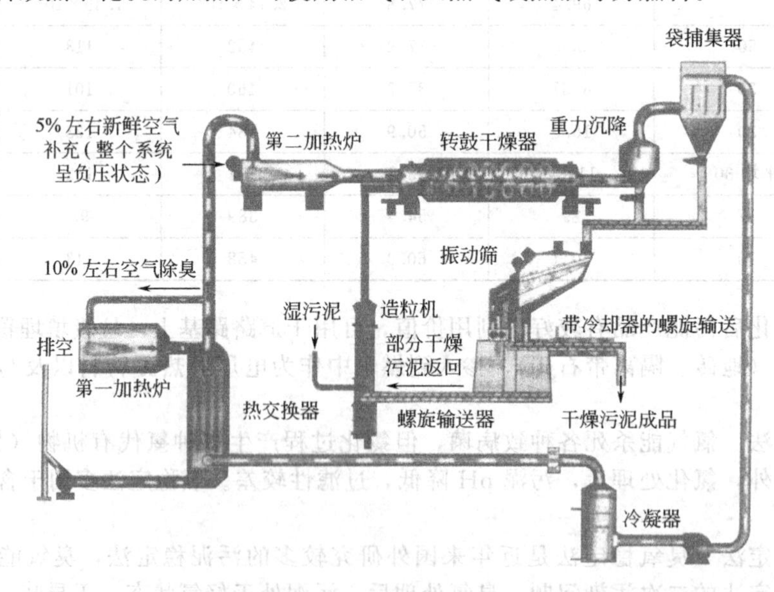

图2-44 直接加热转鼓式热干化系统工艺流程

直接加热转鼓干化系统的特点是：在无氧环境中操作，不产生灰尘；干燥污泥呈颗粒状，粒径可控；水汽循环回用，减少尾气处理成本。

2.7.6.2 间接加热干化

图2-45为间接加热桨式干燥机干化系统工艺流程。脱水后污泥（湿污泥）由螺旋输送机输送到污泥贮槽，再由进料泵从上部进料口将污泥输入桨式干燥机。经加热干化后的干燥污泥从干

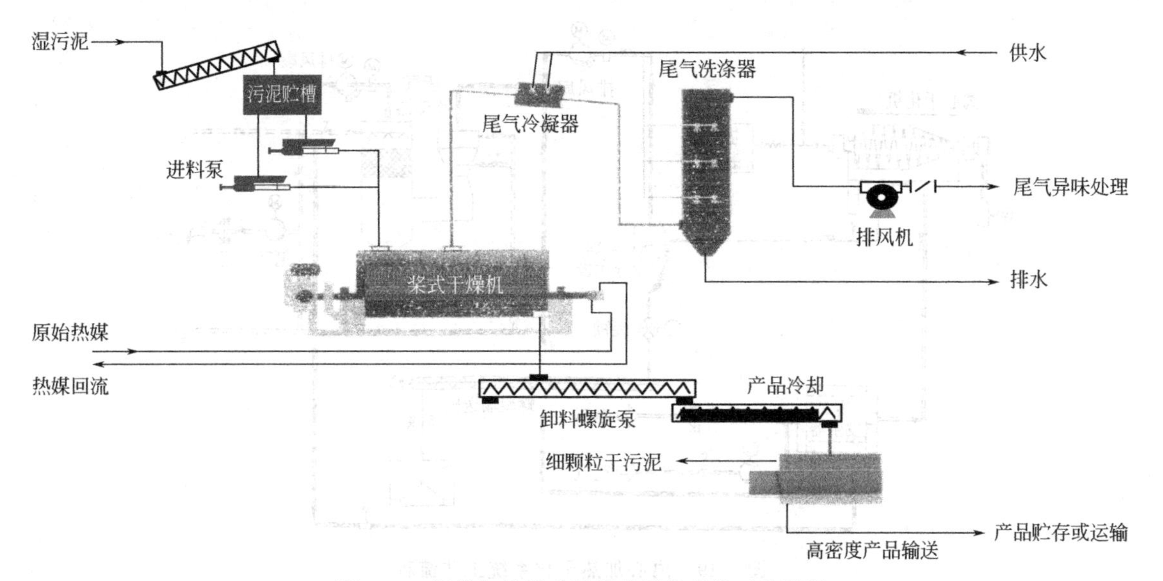

图 2-45　间接加热桨式干燥机干化系统工艺流程

燥机底部卸料口排出，经卸料螺旋泵将干燥污泥输送至处置利用。冷凝气从干燥机上部排出，经冷凝和洗涤，冷凝气中夹带的干燥污泥细小颗粒从洗涤器底部排出。用于间接加热的热源为蒸汽或热油，可循环回用。当采用蒸汽加热时，蒸汽通过一个旋转头进入空心轴，并平均分配到所有桨叶中。蒸汽进入桨叶内不用考虑其方向，随着每次旋转，冷凝物从桨叶上被除去，如图 2-46 (a) 所示。当采用热油或热液体作为热源时，热媒从一个旋转接头进入或离开空心轴，热源泵的压力使加热液体穿过空心桨，而可以不用考虑其方向，如图 2-46 (b) 所示。

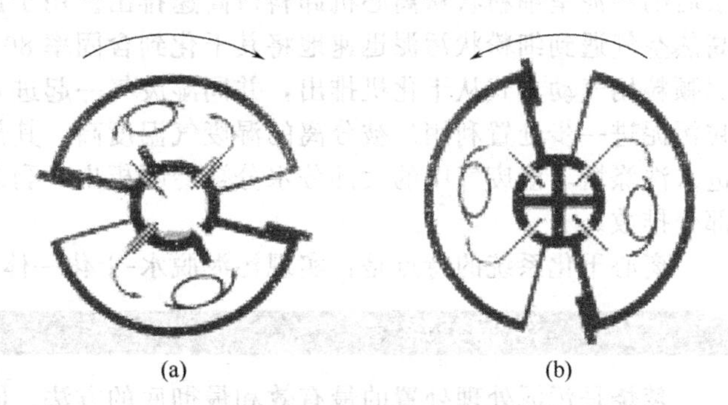

图 2-46　桨式干燥机间接加热方式
(a) 蒸汽加热；(b) 热油加热

间接加热干化系统的特点是：完全的密封系统；干燥污泥不需要再循环；废气排放量少；采用低氧量空气和较低的运行温度，减少火灾和爆炸风险。

图 2-47 为间接加热桨式干燥机。

图 2-48 为间接加热桨式干燥机干化系统使用现场。

2.7.6.3　离心加热干化

离心加热干化是采用脱水干化一体化设备的干化技术。图 2-49 为离心加热干化系统工艺流

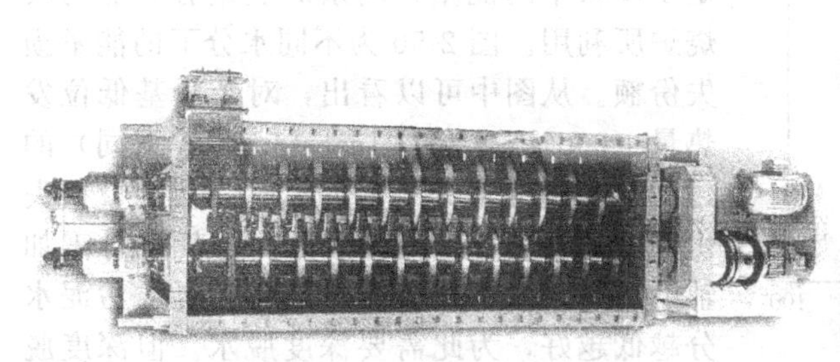

图 2-47　间接加热桨式干燥机

图 2-48　间接加热桨式干燥机干化系统使用现场

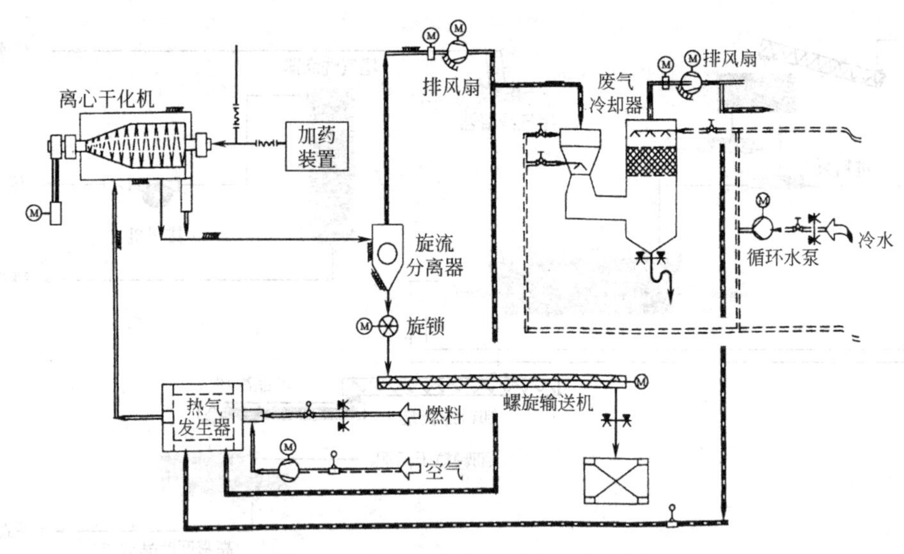

图 2-49 离心加热干化系统工艺流程

程。稀污泥经污泥调理后进入离心干化机，干化机内的离心机对污泥进行脱水。经离心机机械脱水后的污泥呈细粉状从离心机卸料口高速排出。用于加热的高热空气引入到离心干化机的内部，高热空气遇到细粉状污泥迅速地将其干化到含固率80%左右的干燥污泥。温度为70℃的干燥污泥颗粒用气动方式从干化机排出，并同湿废气一起进入旋流分离器进行分离，经分离后的干燥颗粒污泥进一步处置利用。被分离的湿废气温度高，其部分回流到热气发生器回收利用。另一部分进入洗涤塔，湿废气中的大部分水分被冷凝析出，剩余的湿废气再回流到热气发生器回收利用或部分排放。

离心干化系统的特点是：实现污泥脱水-干化一体化；机械设备少，系统简单。

2.7.7 污泥焚烧

焚烧是污泥处理处置的最有效和最彻底的方法。同其他方法相比较，污泥焚烧可以大大减少污泥体积和质量，最终需要处理的剩余物质很少，焚烧灰可作建筑材料综合利用或其他用途；污泥处理速度快，不需要长期贮存；污泥中有毒污染物被氧化，灰烬中重金属活性大大减低，且没有病原菌灭活处理的担忧；污泥可就地焚烧，不需要长距离运输；可以回收能源用于发电、供热等。

2.7.7.1 污泥焚烧的主要影响因素

污泥焚烧的影响因素有污泥水分、温度、时间、氧气量、挥发物含量及污泥混合比等。其中以污泥水分、温度、氧气量对污泥焚烧的影响最为显著。

目前焚烧炉的排烟温度一般在100℃以上，污泥带入焚烧炉内的水分最后都是以蒸汽的形态被排出炉外。排出的蒸汽以汽化潜热形式带走了燃料中的能量，剩余的热量有可能为焚烧炉所利用。图 2-50 为不同水分下的能量损失份额。从图中可以看出，对于干基低位发热量<2000kcal/kg（1cal=4.18J，下同）的污泥，当所含水分>76.9%时，其能量损失份额就达100%。污泥水分高，焚烧时需加辅助燃料。为了减少能量损失，要求污泥水分越低越好，为此需要深度脱水。但深度脱水又涉及污泥脱水技术和经济性问题，应综

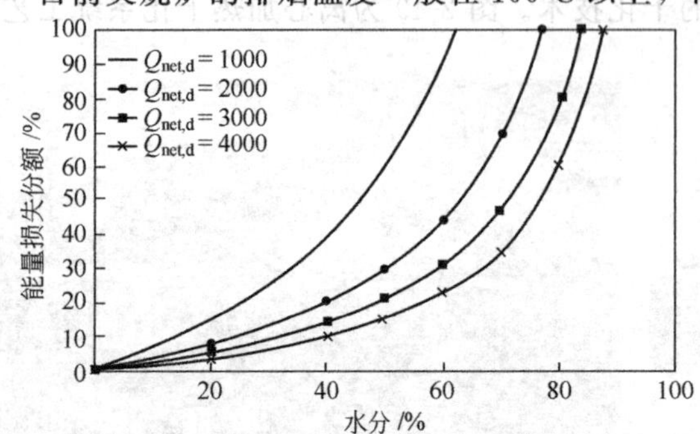

图 2-50 不同水分下的能量损失份额

合技术经济条件确定污泥深度脱水的程度。

一般流化床焚烧炉的正常温度为 800～1000℃。只有温度超过 800℃时，有机物才能燃烧；只有温度达到 1000℃时，才能消除气味。焚烧需要氧气，空气供应不足，有机物燃烧不充分；空气供应过度，则会带走大量热能，一般以 50%～100%的过量空气为宜。

2.7.7.2　污泥焚烧炉类型

（1）回转干化焚烧炉　回转干化焚烧炉即利用水泥回转窑直接焚烧脱水污泥的一种污泥处理处置方法。这种方法是将脱水污泥投入倾斜的圆筒形回转窑体内部，污泥在逐渐移送的过程中同高温气体接触，进行干化、燃烧和烧结。

回转干化焚烧炉的特点是：炉内无活动部件，故障少，可将底灰作为熔渣烧结。但是，脱水后污泥含水率一般为 80%左右，在焚烧过程中为吸热反应，掺烧量不宜过大。为此，宜采用经过半干化或全干化处理后的污泥进行焚烧。

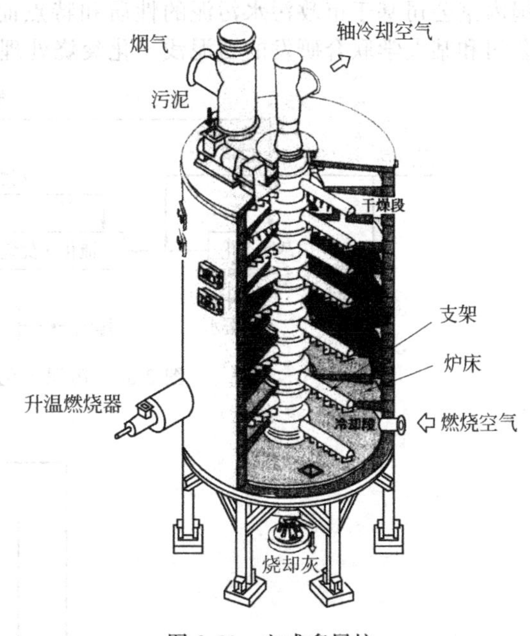

图 2-51　立式多层炉

（2）立式多层炉　图 2-51 为立式多层炉。脱水污泥从上部投入多层炉，通过各层的炉床旋转轴进行搅拌，一边在炉床上移动，一边从下落口依次落入下层。在运转时通过下层传来的热风对污泥进行干化，再同新鲜空气对流接触进行冷却。经热干化后污泥（燃烧灰）从炉子的最底层排出。

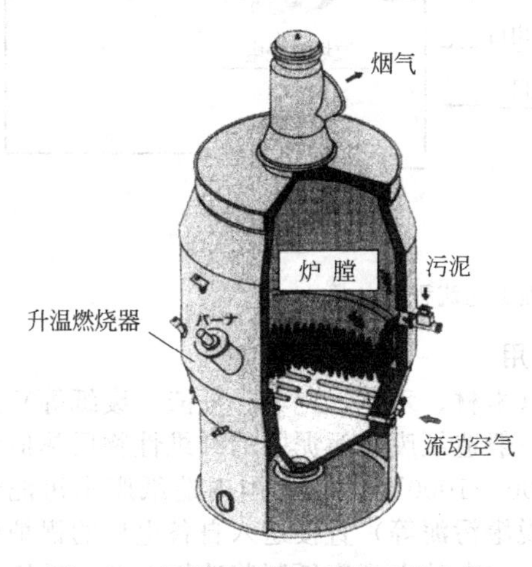

图 2-52　国外某公司的流化床焚烧炉

立式多层炉的特点是：热效率高，燃料使用量少；烟气中的粉尘浓度低。但烟气的臭气浓度高，需进行除臭处理。为保护炉内耐火砖，炉子需连续运行。

（3）流化床焚烧炉　21 世纪以来，流化床污泥焚烧炉在国内外得到较为广泛的应用，图 2-52 为国外某公司的流化床焚烧炉。流化床焚烧炉是通过从砂填层下方均一地提供空气，使砂呈流化状态，形成流化床。再用辅助燃料加热，使流化床升温至 600～800℃对进入的污泥加以焚烧。

流化床焚烧炉的特点是：污泥通过同呈流化状态的高温砂接触，燃烧效率高，过剩空气少；结构简单，炉内无活动部件；维护管理方便；流化床蓄热，间歇运行时易于重新启动；出口烟气的臭气成分彻底分解，可不设除臭装置。

（4）阶梯式移动床焚烧炉　阶梯式移动床焚烧炉（Stoker Incinerator，又称炉排焚烧炉）是垃圾焚烧炉的主要形式。日本在 20 世纪 70 年代开始采用这种焚烧炉进行污水污泥焚烧，并且有一定的使用实绩。

阶梯式移动床焚烧炉的特点是：残渣呈熔融状态，不易飞散，残渣处理设备简单；当污水污泥的含水率很低，接近于干污泥状态时，焚烧效果显著。

2.7.7.3　污泥焚烧处理系统工艺流程

污泥焚烧处理系统工艺流程同污泥性质、污泥水分、燃烧灰烬的处置利用、热源、燃烧余热利用、废气处理处置、地理环境条件和社会经济发展水平等因素有关，不能一概而论。图 2-53 为国内某公司基于市政污水污泥的性质和特点而提出的污泥干化焚烧处理基本流程。图 2-54 是某公司和某大学联合研发的污泥浅干化焚烧处理工艺流程。

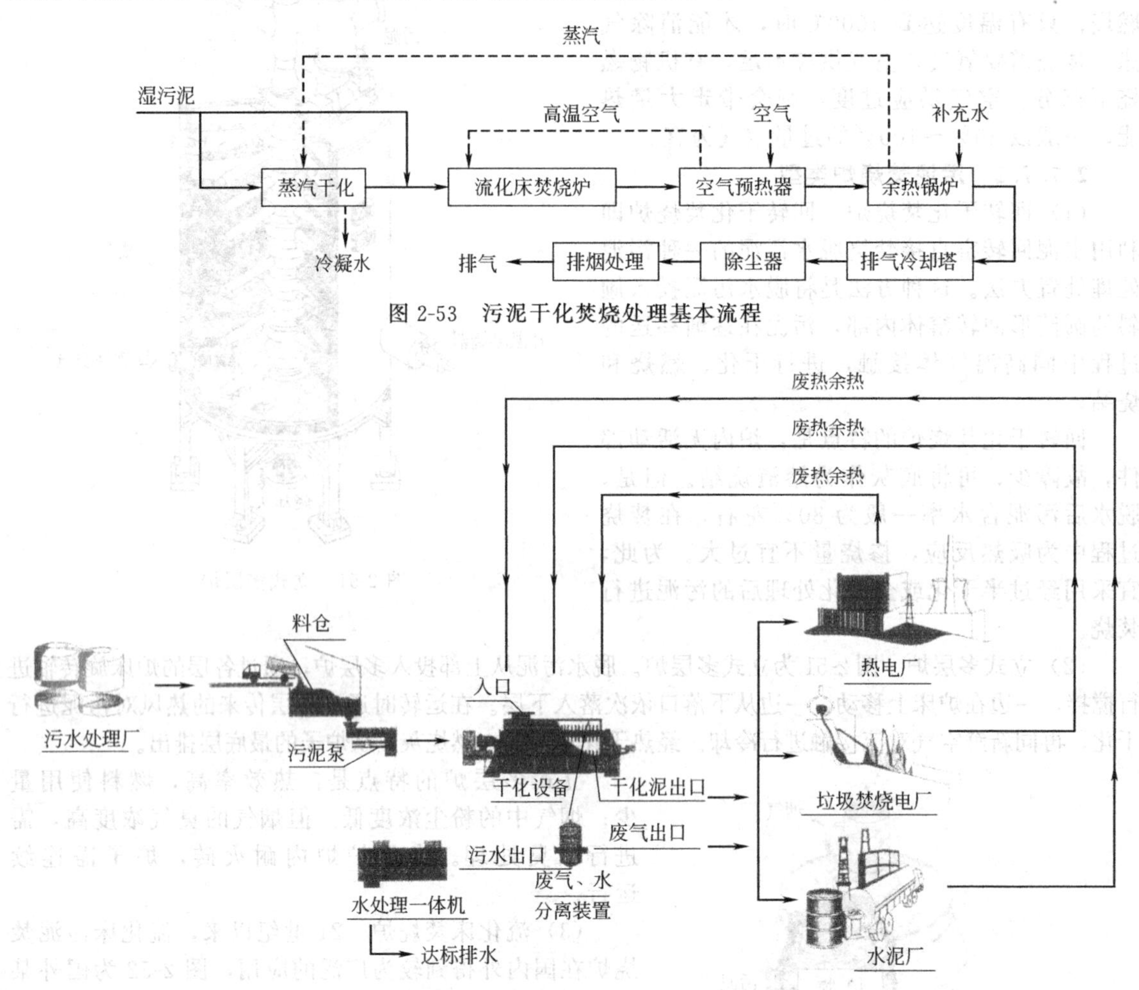

图 2-53 污泥干化焚烧处理基本流程

图 2-54 污泥浅干化焚烧处理工艺流程

2.7.7.4 污泥焚烧在工业废水污泥处理处置中的应用

(1) 造纸废水污泥 造纸废水污泥中含有造纸原料（木材、禾草、芦苇、蔗渣、废纸等）残留的大量纤维物质和有机污染物质，热值较高。例如，一般造纸废水污泥中的纤维性物质热值为 2000～3000kcal/kg，废纸制浆的脱墨废水污泥热值为 600～1000kcal/kg，国内造纸废水污泥焚烧已有应用实例。某造纸企业将废水污泥（造纸废渣、脱墨污泥等）直接送入自备电厂的锅炉中燃烧，以达到造纸废水污泥无害化、资源化的处置目的。亦有的大型废纸制浆造纸企业，采用流化床焚烧炉对造纸废渣和污泥进行焚烧处理处置，焚烧炉的余热供自备热电厂使用，达到热能回收利用。由于制浆造纸的原料和产品不同，产生的废水污泥特性亦不尽相同，当需要进行污泥焚烧处理时，应因地制宜地选择焚烧方式。

(2) 印染废水污泥 位于我国东南沿海地区的某大型印染企业，将经板框压滤后含水率为 60%左右的印染废水污泥送入发电厂焚烧。由于印染废水污泥中含有纤维和有机污染物质，经脱水后的污泥热值较高，可用作电厂锅炉的部分燃料。同时，印染废水污泥得到了减量化、无害化处理，燃烧后的锅炉炉渣可用作建材原料。

(3) 化纤废水污泥 化纤废水污泥中含有化纤生产过程中的副产物，含有大量有机物质。据报道，某化纤污泥干泥热值可达 4500kcal/kg，含水率为 75%～80%的压滤脱水污泥热值为

1500kcal/kg左右，具有良好的焚烧价值。某化纤联合企业将黏胶和浆粕废水污泥经脱水干化后，利用企业自备热电厂的循环流化床锅炉进行焚烧处理，解决了企业在废水污泥处理上的困扰。

2.7.8　污泥处置

污泥处置是指处理后污泥的消纳过程，处置方式有土地利用、填埋、建筑材料综合利用等。污泥处置应综合考虑泥质特征、地理位置、环境条件和经济社会发展水平等因素，因地制宜地确定污泥处置方式。

2.7.8.1　土地利用

有机污泥含有丰富的植物营养物质。城镇污水污泥含氮2%～7%，磷1%～5%，钾0.1%～0.8%；消化污泥的氮力、磷含量同厩肥差不多；活性污泥的氮、磷含量为厩肥的4～5倍。土壤施用有机污泥，既能提供养分，又能改善土壤团粒结构，具有土壤改良剂的作用。土地利用包括经处理后的污泥用于园林绿化、造林、育苗等的基质或肥料；用于土地改良，改善盐碱地、沙化地的性能，对废弃矿场、建筑废渣场的土地恢复等。

(1) 园林绿化　污泥用于园林绿化投资少、能耗低、运行费用低，不易造成食物链的污染，是有发展前景的污泥处置方式之一。影响污泥用于园林绿化的主要因素有污泥的理化性状、营养成分、重金属污染物、难降解有机物、病原体和种子发芽指数等。具体要求是：污泥应疏松，无明显臭味，含水率<45%；控制pH为6.5～8.5（用于pH<6.5的酸性土壤时）和pH为5.5～7.5（用于pH≥6.5的中碱性土壤时）；氮、磷、钾营养总成分应≥4%，有机质含量≥20%；粪大肠菌群值>0.01，蠕虫卵死亡率>95%；种子发芽指数应>70%；对重金属污染物和难降解有机物的浓度限值如表2-18所示。

表 2-18　园林绿化用污泥污染物浓度限值

控制项目	限值	
	酸性土壤(pH<6.5)	中碱性土壤(pH≥6.5)
总镉/(mg/kg 干污泥)	<5	<20
总汞/(mg/kg 干污泥)	<5	<15
总铅/(mg/kg 干污泥)	<300	<1000
总铬/(mg/kg 干污泥)	<600	<1000
总砷/(mg/kg 干污泥)	<75	<75
总镍/(mg/kg 干污泥)	<100	<200
总锌/(mg/kg 干污泥)	<2000	<4000
总铜/(mg/kg 干污泥)	<800	<1500
硼/(mg/kg 干污泥)	<150	<150
矿物油/(mg/kg 干污泥)	<3000	<3000
苯并[α]芘/(mg/kg 干污泥)	<3	<3
多氯代二苯并二噁英/多氯代二苯并呋喃(PCDD/PCDF 单位:ng;毒性限值单位:mg/kg 干污泥)	<100	<100
可吸附有机卤化物(AOX)(以 Cl 计)/(mg/kg 干污泥)	<500	<500
多氯联苯(PCB)/(mg/kg 干污泥)	<0.2	<0.2

(2) 土地改良　污泥用作土地改良时，污泥在土壤微生物的吸附降解、挥发扩散、氧化还原、过滤、渗透等生化和物化共同作用下，降解部分有机污染物，固着去除部分重金属等。

用于土地改良的污泥应先经稳定化处理（厌氧消化、堆肥或石灰稳定等）。污泥外观应呈泥饼状，能达到土力学稳定性的要求且便于输送。要求污泥的 pH 为 6.5～10，含水率＜65%，无明显臭味。氮、磷、钾营养总成分≥1.0%，有机质≥10%。卫生学方面，蛔虫死亡率＞95%，大肠菌菌群＞0.01，细菌总数＜10^8 MPN/kg。重金属污染物和难降解有机物浓度限值可参照园林绿化用污泥污染物浓度限值。另外。还应重视挥发酸和总氰化物对土地改良的影响。在饮用水水源保护地和地下水位较高处不宜将污泥用于土地改良。

2.7.8.2 填埋

污泥填埋始于 20 世纪 60 年代的欧洲，特别是希腊、德国和法国等曾经有过较为广泛的应用。21 世纪以来，国内为了适应污泥处置的需要，污泥填埋逐渐增多。对于尚不能实现资源化的污泥，填埋方式目前亦是一种处置途径。

污泥填埋包括在城市生活垃圾填埋场进行混合填埋，在专门的污泥填埋场进行单独填埋，以及填井（油井和矿井）和填海、造地的特殊填埋。污泥进入生活垃圾填埋场混合填埋处置时，含水率应≤60%，pH 为 5～10，混合比例≤8%，污染物浓度限值如表 2-19 所示。用作垃圾填埋场覆盖土时，污泥含水率应＜45%，无明显臭味，施用后苍蝇密度＜5 只/(笼·日)，横向剪切强度＞25kN/m²，卫生学指标粪大肠菌群菌值＞0.01，蠕虫卵死亡率＞95%。污泥填井时，要考虑污泥对地下水的污染。投海时，要充分考虑海水的稀释净化能力及其对海洋生态环境的影响，需要进行专项环境影响评价。

表 2-19 污泥混合填埋时污染物浓度限值 单位：mg/kg 干污泥

控制项目	限值	控制项目	限值
总镉	＜20	总锌	＜4000
总汞	＜25	总铜	＜1500
总铅	＜1000	矿物油	＜3000
总铬	＜1000	挥发酚	＜40
总砷	＜75	总氰化物	＜10
总镍	＜200		

2.7.8.3 建筑材料综合利用

污泥建筑材料利用的处置方式包括用作制水泥的部分原料或添加剂、制砖、制轻质骨料（如陶粒等）的部分原料，制生化纤维板的部分原料等。

污泥作为建筑材料综合利用时，按污泥预处理方式不同可分为两类：①对主要由无机物组成的污泥，经脱水、干化后直接用于制造建材，如铺路、制砖、制纤维板等；②对有机组分多的污泥，进行以化学组成转化为特征的处理后，再用于制造建材。典型的处理方式是焚烧，经焚烧后的灰烬同炉渣结合在一起可作为建筑材料综合利用。

此外，工业废水处理所排出的泥渣中有的含有工业原料，可以回收利用，亦是一种污泥处置方式。例如，电镀废水沉渣中含有多种贵重金属，可通过电解还原或其他方法加以回收利用；有机污泥沉渣干馏可制取可燃气体、氨及焦油等。

2.7.8.4 焚烧

污泥焚烧既是污泥处理，又是污泥处置。污泥焚烧属于污泥处理，这是因为污泥焚烧是污泥稳定化、减量化和无害化处理的过程，符合污泥处理的内容。污泥焚烧属于污泥处置，这是因为污泥在焚烧过程中，特别是在火电厂中与煤混烧，利用了污泥本身的热量，经过焚烧后有机物完全矿化，自身性质完全改变，符合污泥处置的要求。从污泥处置角度来看，污泥焚烧包括单独焚烧（在专门污泥焚烧炉中焚烧）、与垃圾混合焚烧（同生活垃圾一起焚烧）、利用火力发电厂焚烧以及利用工业锅炉焚烧。污泥焚烧产生的炉渣需要最后做卫生填埋处置。

第3章 制浆造纸废水处理及再生利用

3.1 概述

造纸工业是同我国经济社会发展密切相关的重要基础原材料产业，纸和纸板的消费水平是衡量国家现代化水平和文明程度的标志之一。造纸工业以木材、禾草、竹、芦苇、蔗渣等原生植物纤维和废纸为原料，其产品可部分替代塑料、钢铁等不可再生资源，是我国国民经济中具有可持续发展特点的重要产业。

据中国造纸协会提供的《中国造纸工业2010年度报告》，2010年全国纸及纸板生产企业有3700余家，全国纸及纸板生产量9270万吨，比2009年增长7.29%，消费量9173万吨，比2009年增长7.05%，人均年消费量为68kg（13.40亿人），比2009年增长4kg。2010年比2000年生产量增长203.93%，消费量增长156.59%。2000～2010年，纸及纸板生产量年均增长11.76%，消费量年均增长9.88%，均高于同期我国国民经济GDP年均增长率。造纸工业的市场关联度大，造纸工业发展同时促进了农林业、印刷包装、机电制造等产业的发展，是我国国民经济发展的新增长点。

我国造纸工业主要分布在沿海和河流、湖泊流域。2010年纸及纸板产量超过100万吨的省份有山东、广东、浙江、江苏、河南、福建、河北、湖南、四川、安徽、广西、湖北和江西13个省和重庆市，其中大部分造纸工业均分布在环境敏感区域。例如，分别位于南四湖、珠江流域和太湖流域的山东、广东、浙江、江苏四省的纸及纸板年产量为1510万吨、1435万吨、1362万吨和1101万吨，四省合计占全国纸及纸板产量的58.4%。

造纸工业是我国工业废水污染物排放大户。据统计，在“十五”计划末期，2005年全国造纸工业废水排放量为36.7亿吨，约占全国工业废水总排放量的15.1%，废水化学需氧量（COD）排放量为159.7万吨，约占全国工业COD总排放量的28.8%。进入“十一五”后，造纸工业水污染物排放量继续呈上升趋势。据环境保护部统计，2009年全国造纸工业废水排放量为39.26亿吨，约占全国工业废水总排放量的18.78%，COD排放量为109.7万吨，约占全国工业COD总排放量的28.93%。为此，在加快调整我国造纸工业结构调整和增长方式的同时，实施清洁生产，强化造纸废水处理，贯彻节能减排，走循环经济发展道路，是我国造纸工业持续发展亟待解决的问题。

3.2 制浆造纸生产分类和生产工艺

3.2.1 生产原料

造纸工业历来以木材、禾草（主要是麦草、稻草）、竹、芦苇等为原料。我国造纸工业历史悠久，由于历史和能用于造纸的木材资源极为短缺等原因，长期以来以非木纤维（如禾草类）为造纸工业的主要原料。改革开放以前，造纸工业原料以非木纤维（如禾草类）为主，木材为辅。禾草类原料可以就地取材，但禾草浆的纤维较短，杂细胞含量高，成纸强度低，脆性大，难以生产出中高档文化用纸和包装用纸等。禾草类原料滤水性能差，含硅量高。麦草碱法制浆的黑液提取率约为88%，低于木浆黑液提取率（95%），黑液碱回收成本大大地高于木浆。由于禾草类浆的黑液提取率低，制浆废水污染更为严重，处理难度也更大。改革开放以后，我国逐渐调整造纸工业原料结构，减少禾草类原料比例，提高木浆和废纸浆用量。据统计，1990年，国内造纸原料中，非木纤维所占比重为57.2%，“十五”期间下降到约25%。2010年，我国纸浆消耗量为7980万吨，其中木浆为1859万吨，占纸浆消耗总量的22%；废纸浆为5305万吨，占63%；非木浆为1297万吨，占15%。而非木浆中的麦草、稻草浆比例下降，竹浆、蔗浆比例上升。根据我国2007年发布的《造纸产业发展政策》，在纤维原料方面要“充分利用国内外两种资源，提高木浆比重，扩大废纸回收利用，合理利用非木浆，逐步形成以木纤维、废纸为主，非木浆纤维为辅的造纸原料结构”。“坚持因地制宜，合理利用非木浆资源。充分利用竹类、甘蔗渣和芦苇等资源制浆造纸。严格控制禾草浆生产总量，原则上不再新建禾草化学浆生产项目”。在2009年国家公布的《轻工业调整和振兴规划》中，明确淘汰落后产能。重点淘汰年产3.4万吨以下以草浆生产装置和年产1.7万吨以下化学制浆生产线，关闭排放不达标、年产1万吨以下废纸为原料的造纸厂。总体上，我国造纸工业的纤维原料将继续沿着增加木浆、废纸浆比重的方向发展，进一步降低非木浆纤维特别是禾草类纤维所占比例是必然趋势。

3.2.2 生产品种

造纸工业产品分为纸和纸板两大类。

纸产品有文化用纸（新闻纸、印刷书写纸、铜版纸）、工业用纸（油毛毡原纸、瓦楞芯纸）、包装用纸（牛皮纸、玻璃纸、袋用包装纸）、生活用纸（卫生纸、餐巾纸、面纸、纸巾）、特种纸（电容器纸、描图纸、卷烟纸、棉纸）等。

纸板有板纸（涂布白纸板、非涂布白纸板、灰纸板）、卡纸、牛皮纸板、箱板纸等。

3.2.3 生产工艺

造纸生产一般包括制浆和抄纸两个工艺生产过程。制浆就是将造纸原料中的纤维同木质素等溶解性物质分离，再将其精炼、漂白、干燥制成纸浆。抄纸是将纸浆加入适当的填料，再经抄纸、修饰和干燥等生产工序制成产品（纸张或纸板）。

3.2.3.1 制浆

根据纤维原料不同，我国造纸生产的制浆方法主要有 化学制浆（碱法、硫酸盐法、亚硫酸盐法）、高得率制浆（化学机械浆CMP、化学热磨机械浆CTMP、碱性过氧化氢机械浆APMP、磨石磨木浆GP、热磨机械浆TMP）、废纸制浆（脱墨浆、非脱墨浆）等。目前，我国以木材或禾草、竹等为原料的造纸生产主要采用化学制浆，而化学制浆又以碱法和硫酸盐法制浆为多。根据我国造纸工业和造纸废水污染治理实际，本部分重点介绍化学浆和废纸浆制浆生产工艺，关于化学机械浆及机械浆制浆生产工艺，读者可参考其他相关文献资料。

(1) 化学制浆 化学制浆工艺如图3-1所示。原料（木材、禾草、竹等）经制备后采用化学蒸煮制浆，经蒸煮产生粗浆，再经粗浆洗选、黑液提取得到细浆，之后细浆经漂白等进入抄纸生产工序。经粗浆洗涤后产生的稀黑液需经碱回收，减轻剩余黑液直接排放产生的严重污染。

(2) 废纸制浆 以废纸为原料的废纸制浆工艺如图3-2所示。从图中可以看出，以商品浆和废纸为原料的制浆工艺比较简单，主要有水力碎浆和除砂、精磨、浓缩等工序。同化学制浆相比，废纸浆制浆废水污染程度相对较轻。

3.2.3.2 抄纸

抄纸生产工艺流程如图3-3所示。从图中可以看出，抄纸一般包括叩浆、精浆、压榨、轧光

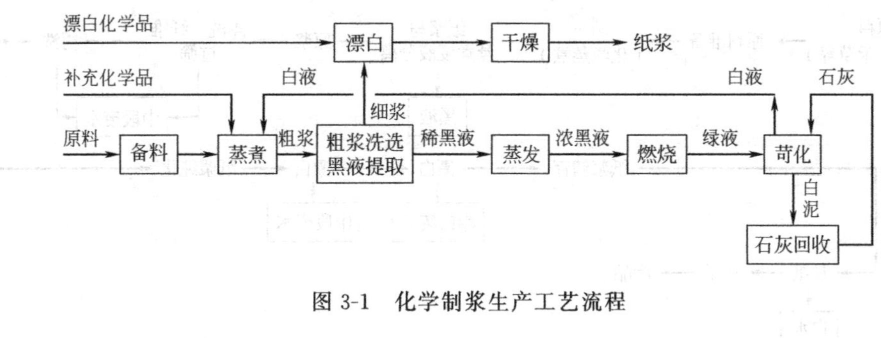

图 3-1　化学制浆生产工艺流程

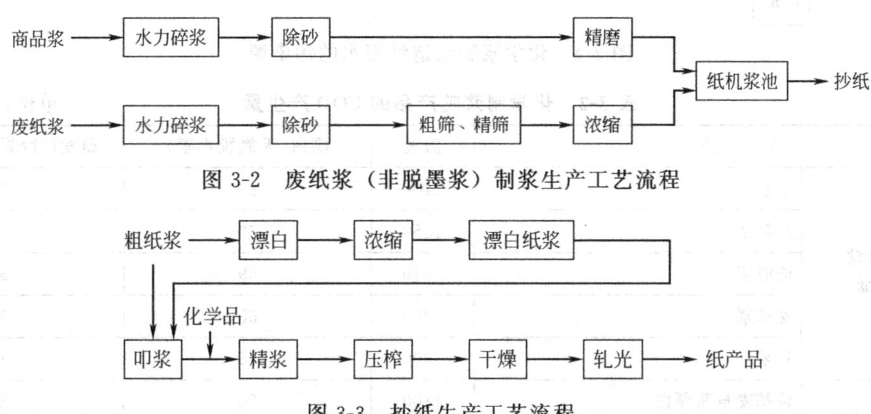

图 3-2　废纸浆（非脱墨浆）制浆生产工艺流程

图 3-3　抄纸生产工艺流程

等工序。在抄纸调整工序需要添加胶料（上胶）、填充料、涂料、硫酸铝或聚丙烯酰胺（PAM）等化学药品，这些化学药品的残余物是抄纸废水的主要污染源之一。

3.3　制浆造纸生产废水量和水质

3.3.1　废水污染源

化学制浆造纸废水的污染源主要来自制浆、洗浆、筛选、漂白和抄纸等工序，如图 3-4 所示。制浆过程中产生的蒸煮废液（黑液）污染最为严重。黑液中含有碱木素、半纤维素和纤维素的降解产物（如挥发酚、醇等）、各种钠盐（如氢氧化钠、硫酸钠等）。亚硫酸盐法蒸煮废液（红液）中除含有木素和纤维素外，还含有糖类（如总糖、己糖、糖衍生物等）。洗浆、筛选、漂白等废水为中段废水，污染次之。中段废水中含有悬浮纤维及纤维原料中的溶解性有机物，剩余漂白药剂及有机氯化物（AOX）。抄纸过程所产生的废水污染较轻，俗称白水。白水中含有纤维屑、小纤维、填料、涂料、施胶剂、增强剂、防腐剂等。表 3-1 为一般制浆造纸废水的污染物状况。表 3-2 为化学制浆吨产品的 COD 产生量，从表 3-1 中可以看出，蒸煮过程所产生的 COD 量最大，约占制浆废水 COD 总量的 90%以上。表 3-3 为不同浆种的 BOD_5 产生量。蒸煮废水还含有对鱼类有毒害的物质，表 3-4 为不同蒸煮废水中的毒性物质及其毒性强度。

表 3-1　一般制浆造纸废水的污染物状况

污染源	污染物	排水量/[m^3/(t·浆)]	pH	BOD_5/(mg/L)	COD_{Cr}/(mg/L)	SS/(mg/L)
蒸煮废液	木素、半纤维素等降解产物，色素、戊糖、残碱等其他溶出物	10	11～13	34500～42500	106000～157000	23500～27800
中段废水	木素、纤维素降解产物，有机酸等有机物	50～200	7～9	400～1000	1200～3000	500～1500
白水	细小纤维和填料，胶料和化学品	100～150	6～8	—	150～500	300～700

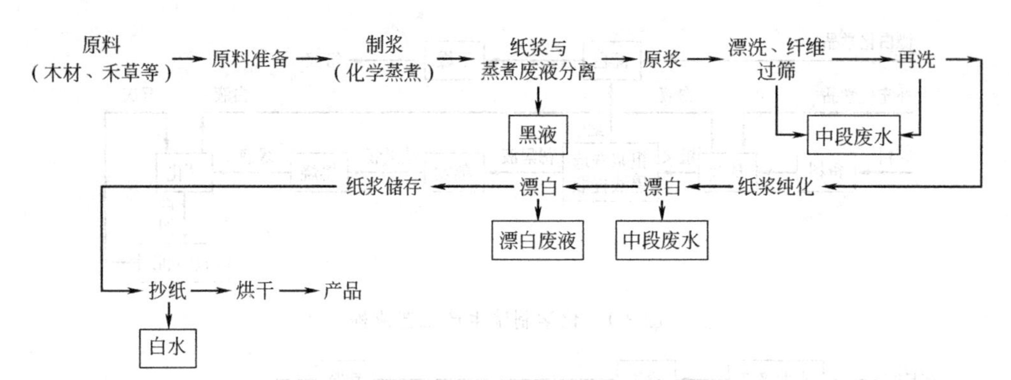

图 3-4 化学浆制浆造纸废水的污染源

表 3-2 化学制浆吨产品的 COD 产生量 单位：kg/t 浆

浆种		黑液	漂白(无氧脱木素)	蒸发污冷凝水(无汽提)
漂白硫酸盐法或碱法制浆	木浆	1400	80	34
	芦苇浆	1350	60	30
	蔗渣浆	1340	69	30
	麦草浆	1300	60	30
	竹浆	1300	75	30
亚硫酸盐法制浆	铵基麦草浆漂白	1100	80	20
	钙镁木浆或钠芦苇浆盐基(红液)	1500	70	40

表 3-3 不同浆种的 BOD_5 产生量 单位：kg/t 风干浆

工艺方法		软木	硬木
亚硫酸盐法	低得率(50%)	260～300	不常使用
	中得率(60%)	190～260	不常使用
	高得率(70%)	140～230	不常使用
中性亚硫酸盐法	半化学浆	150～170	不常使用
亚硫酸盐法浆漂白	(常规浆)	20～40	
硫酸盐法浆		250～350	320～400
	碱回收后	30～46	35～45
硫酸盐法浆漂白		15～20	10～15
磨石磨木浆		15～40	18～22
木片磨木浆		20～25	22～27
热机磨木浆		25～30	27～35
化学热机磨木浆		35～40	38～45
磨木浆漂白		5～10	—
进口废纸浆		8～12	—

(资料来源：张珂，周思毅．造纸工业蒸煮废液的综合利用与污染防治技术．北京：中国轻工业出版社，1992)

表 3-4 不同蒸煮废水中所含对鱼类有毒物质及其毒性强度

化合物	蒸煮废水及毒性大小		
	大	中	小
树脂酸类：松香酸、脱氢松香酸、异海松酸、左旋海松酸、长叶松酸、海松酸、柏脂海松酸、新海松酸	硫酸盐浆、剥皮、机械浆、亚硫酸盐浆		

续表

化合物	蒸煮废水及毒性大小		
	大	中	小
氯化树脂类：一氯及二氯脱氢松香酸		硫酸盐浆碱法浆	
不饱和脂肪酸类：油酸、亚油酸、亚麻酸、棕榈油酸		硫酸盐浆	机械浆剥皮
氯酸：三氯及四氯愈疮木酚		硫酸盐浆碱法浆	
双萜醇类：海松醇、异海松醇、脱脂松香醇、松香醇		机械浆	剥皮
保幼生物素类：保幼生物素、保幼生物酚、脱氢保幼生物素			机械浆
其他酚类：环氧硬脂酚、三氯硬脂酚、树脂分散剂		碱法浆硫酸盐浆	
其他中性物质：松香醇、12E-松香醇、13-表泪杉醇			剥皮
木素降解产物：丁子香酸、异丁子香酸、4,4′-羟基芪		亚硫酸浆	

废纸类制浆造纸废水是以废纸、商品浆（大部分为漂白木浆）为主要原料，生产文化用纸、新闻纸、白纸板、白卡纸、箱板纸、瓦楞纸等产品。排放的废水主要来自废纸的水力碎浆、筛选及抄纸过程产生的废水。主要的污染物成分是细小悬浮性纤维、造纸填料、废纸杂质和少量果胶、蜡、糖类，以及造纸生产过程中添加的各类有机及无机化合物。如根据生产产品需要有脱墨工序的话，脱墨废水中还含有油墨、重金属离子、印刷油墨中溶出的交替性有毒物质。废纸类制浆造纸废水的特点是：COD_{Cr}和SS的浓度较高；在COD_{Cr}的组成中非溶解性COD_{Cr}较高，约占60%以上；溶解性COD_{Cr}为较难生物降解的有机污染物。据测算，废纸浆（脱墨）制浆部分COD_{Cr}产生量为140（浮选脱墨）～170（洗涤脱墨）kgCOD/t浆，TSS发生量为100（浮选脱墨）～170（洗涤脱墨）kg/t浆；OCC（无脱墨）制浆部分COD_{Cr}产生量为30～40kg/t浆，TSS发生量为10～12kg/t浆。

3.3.2 废水量和水质

3.3.2.1 废水量

制浆造纸废水排放量与原料、生产品种、设备、工艺操作和管理水平等因素有关，差异很大。发达国家对造纸工业节水非常重视，采取清洁生产、循环使用、废水处理回用等措施，以尽量减少吨纸产品的耗水量和排水量。化学木浆的吨浆废水排放量为30～40m^3，废纸制浆吨纸废水排放量为8～10m^3。“十一五”以来，随着清洁生产审核和贯彻节能减排，国内制浆造纸企业的耗水量和排水量明显降低。一般化学木浆吨浆废水排放量为50～70m^3，碱法草浆吨浆废水排放量为150m^3左右。大型废纸制浆造纸企业吨浆废水排放量为15m^3以下，但中小型废纸制浆造纸企业吨浆废水排放量仍然偏高，通常为40～60m^3。

按《制浆造纸工业水污染物排放标准》（GB 3544—2008）中规定的水污染物排放限值，单位产品基准排水量限值m^3/t浆，如表3-5所示。

表3-5 制浆造纸企业单位产品基准排水量 单位：m^3/t浆

	制浆企业	制浆和造纸联合生产企业		造纸企业	备注
		废纸制浆和造纸企业	其他制浆和造纸企业		
现有企业（2009.5.1—2011.6.30）	80	20	60	20	漂白非木浆产量占企业纸浆总用量大于60%的，基准排水量为80m^3/t浆
现有企业（2011.7.1起）	50	40		20	自产废纸浆量占企业纸浆总用量大于80%的，基准水量为20m^3/t浆；漂白非木浆产量占企业纸浆总量大于60%的，基准排水量为60m^3/t浆
新建企业（2008.8.1起）					
执行水污染物特别排放限值的企业	30	25		10	自产废纸浆量占企业纸浆总用量大于80%的，基准排水量为15m^3/t浆

3.3.2.2 废水水质

造纸废水的污染物指标有 pH、色度、SS、BOD_5、COD_{Cr}、氨氮、总氮、总磷、可吸附有机卤素（AOX）等。其中，AOX 是废水中的含有的氯取代有机化合物，主要来源于木质素和漂白剂元素氯，是一种强毒性物质。造纸废水的污染物主要是由制浆造纸生产过程中残留的木素及其衍生物、碳水化合物、半纤维素，以及生产过程中投加的化学品和无机盐类等组成，一般这些污染物为还原性物质。目前国内外在衡量造纸废水中的有害物质时，通常用化学需氧量（COD）表征。尽管将 COD 作为废水污染物总量的参数有局限性，但造纸废水的 COD 负荷在很大程度上可表明其污染程度，目前仍然是衡量造纸废水污染物的较好依据。造纸废水水质因原料、生产品种、设备、工艺操作和管理水平而异。发达国家先进的化学木浆生产企业产污系数为 35～55kgCOD/t 风干浆。国内化学浆制浆造纸企业的产污系数一般为 70～100kgCOD/t 风干浆，碱法草浆制浆造纸企业产污系数为 250kgCOD/t 风干浆左右，大型废纸制浆造纸企业的产污系数一般为 35～45kgCOD/t 浆，中小型废纸制浆造纸企业的产污系数为 60～70kgCOD/t 浆。表 3-6 为目前国内不同类型的制浆造纸企业废水末端处理前排水水质。随着《制浆造纸工业水污染物排放标准》（GB 3544—2008）的严格执行，制浆造纸企业单位产品基准排水量进一步减小，废水末端处理前污染物排放浓度将会进一步提高。

表 3-6 目前国内不同类型的制浆造纸企业废水末端处理前排水水质

浆种	废水水质			
	pH	SS/(mg/L)	BOD_5/(mg/L)	COD/(mg/L)
化学木浆	7.3～7.8	300～600	400～550	1200～1500
芦苇浆	6～10	500～1000	1000～2000	4000～5000
蔗渣浆	7.3～8.0	550～1200	200～300	1000～1500
麦草浆	6～9	600～800	300～500	1000～1600
竹浆	8～10.5	600～900	450～540	1500～1800
商品浆＋废纸浆(非脱墨)	7～8	1000～2500	200～450	1000～2500
商品浆＋废纸浆(脱墨)	7.3～8.3	1800～3500	300～500	2000～3500
商品浆	7.2～8.2	500～800	180～400	500～1100

3.4 制浆造纸废水处理主要技术

制浆造纸工业是资源（原料、用水、能源等）利用大户，亦是污染物排放大户。对制浆造纸废水的处理要改变着眼于末端治理的传统观念，而是应按提高资源能源利用效率，从源头防止和减少污染物产生，减少末端治理负荷，促进循环经济，实施制浆造纸企业的废水污染综合治理。为此，本部分介绍制浆造纸废水处理技术包括源头防止和减少污染的清洁生产技术和末端废水处理技术两部分。而末端废水处理技术又重点介绍近 10 年来常用的造纸废水处理技术，其中包括预处理、气浮、混凝沉淀、A/O 生物处理技术、厌氧生物处理技术、SBR 生物处理工艺、Fenton 高级氧化等。

3.4.1 清洁生产技术

3.4.1.1 选择低含硅量高纤维含量原料，改进备料方法

制浆造纸原料有针叶木、禾草类、竹子等，不同的原料含硅量不同，如表 3-7 所示。原料的含硅量对黑液提取、碱回收工艺和污染物排放有很大影响。在选择原料时应尽量选用含硅量较低、纤维含量较高的原料。

表 3-7 各种造纸原料的 SiO_2 含量

原料	针叶木	芦苇	蔗渣	竹	小麦秸	黑麦秸	稻草
SiO_2/w%	0.002～0.007	2～4	1～2	1～3.5	2～4	0.5～1.5	8～14

采用干湿法或干-干法备料可以降低原料的碳分和含硅量，提高原料品质，保证制浆质量。表 3-8 为麦草浆制浆造纸厂采用不同备料方法的原料质量。某蔗渣浆制浆造纸厂改进了备料方法，在备料生产线增加蔗渣洗涤机和蔗渣压榨机，如图 3-5 所示。这种备料方法克服了干法或单一湿法备料存在的缺陷，使蔗渣经洗涤并压榨到适合蒸煮工艺所要求的水分含量，提高了蔗渣质量，降低了蒸煮和漂白化学品用量，减少了制浆废液污染。在洗涤搅拌过程中使蔗渣原料中的酸性物质溶于水，减小了设备腐蚀。表 3-9 为干法、单一湿法和改进后湿法备料应用于制浆生产后的效果。

表 3-8 麦草浆制浆造纸厂不同备料方法的原料质量

企业名称	某纸业 1		某纸业 2		某纸业 3
备料方式	干法	干—湿法	干法	干—湿法	干—干法
碳分/%	11.00	9.00	9.97	7.41	8.35
SiO_2/%	8.02	5.62	7.65	5.75	5.48

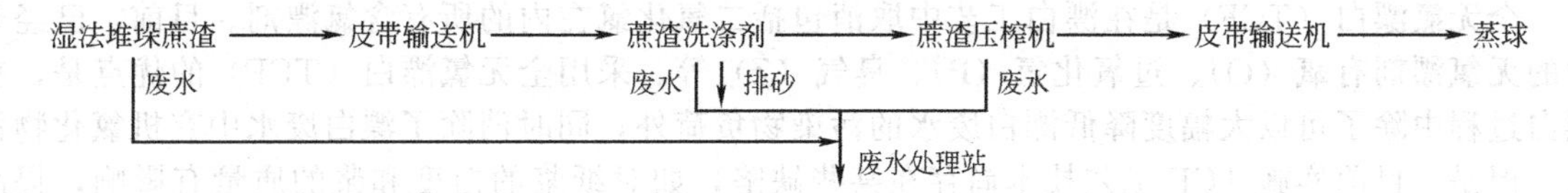

图 3-5 某蔗渣制浆造纸厂改进后的备料方法

表 3-9 蔗渣不同备料方法对生产的影响

备料方法	蔗渣入蒸球酸碱度/pH	蔗渣白度/%	蔗渣水分/%	蒸煮用碱/(m^3/球)	漂白用氯/%
干法备料	3.2	10～15	20	13	9～9.8
单一湿法备料	4.0	20～25	50～80	7.5	8～9
改进后湿法备料	7.3	20～25	65	5.5	6.5～7.5

3.4.1.2 采用低能耗蒸煮工艺

(1) 硫酸盐化学木浆采用低卡伯值蒸煮工艺可以提高粗浆木素的脱除，制浆脱木素过程产生的绝大部分有机物进入碱回收系统，增加热能回收，减少污染物排放。同时，也可以减少漂白过程中的木素溶出，减少毒性物质排放，降低进入末端处理的污染物排放量。不同蒸煮工艺生产的粗浆卡伯值如表 3-10 所示。

表 3-10 不同蒸煮工艺生产的粗浆卡伯值

蒸煮工艺	原料		蒸煮工艺	原料	
	针叶木	阔叶木		针叶木	阔叶木
常规蒸煮工艺	28～32	18～22	低卡伯值蒸煮工艺	14～18	10～14

(2) 硫酸盐化学木浆采用低能耗连续或间歇蒸煮的方法，例如快速置换蒸煮 (RDH)、超级间歇蒸煮 (Super-Batch)、低能耗蒸煮 (Ener-Batch)、改良连续蒸煮 (MCC)、延伸改良连续蒸煮 (EMCC)、等温蒸煮 (ITC)、低固形物蒸煮 (Lo-Solids) 等方法。采用这些蒸煮方法时，在

获得低卡伯值纸浆的同时，可以不降低蒸煮得率和纸浆强度，不增加制浆化学品消耗。

(3) 漂白化学烧碱法麦草浆蒸煮工艺采用横管连续蒸煮、间歇蒸煮冷喷放等方法，漂白碱法蔗渣浆蒸煮采用连续或间歇蒸煮方法，均可降低能耗和减少污染物产生。

3.4.1.3 采用多段逆流洗涤和压力筛洗

硫酸盐化学木浆、漂白化学烧碱法麦草浆、漂白碱法蔗渣浆均应采用多段逆流洗涤，以节水和减少污染物排放量。压力筛选使洗浆废水不外排，完全进入碱回收系统。高浓压力筛(0.1mm 筛缝）可较为广泛地应用于草浆和漂白碱法蔗渣浆等制浆筛选工艺。

3.4.1.4 采用氧脱木素、无元素氯（ECF）或全无氯（TCT）漂白、低元素氯漂白工艺

(1) 氧脱木素 氧脱木素是用氧气和碱对经蒸煮后的浆料进行温和的脱木素处理。通过脱木素及脱木素后的洗涤，可大大地降低后续漂白浆料工序的 COD 排放量。目前，国内的硫酸盐化学木浆生产企业和部分芦苇浆、竹浆生产企业采用了此项脱木素技术。

(2) 无元素氯（ECF）或全无元素氯（TCF）漂白 采用传统的 CEH 三段漂白（C-氯化、E-碱抽提、H-次氯酸盐）工艺过程中会产生 40 余种具有毒性的有机氯化物，如二噁英等。为此，应采用无元素氯（ECF）或全无元素氯（TCF）漂白的清洁生产技术。

无元素氯漂白（ECF）通常采用二氧化氯（ClO_2）替代 Cl_2 进行漂白，而在第三段以氧漂或过氧化氢替代次氯酸盐进行漂白。这种漂白技术减少了漂白废水中 AOX（有机卤化物）和有毒物质的含量。虽然 ECF 也会产生有机氯化物，但是这些氯化物的氯化度较低（90%为一氯代苯酚），毒性较低，易分解，不具有生物毒性。同时，大幅度地降低了漂白废水污染物负荷。

全无氯漂白（TCF）是在漂白工艺中取消包括二氧化氯在内的所有含氯漂剂。目前，已经开发的无氯漂剂有氧（O）、过氧化氢（P）、臭气（Z）等。采用全无氯漂白（TCF）的优点是，在漂白过程中除了可以大幅度降低漂白废水的污染物负荷外，同时消除了漂白废水中有机氯化物污染。但是，目前实施 TCF 工艺技术尚存在某些缺陷，如对纸浆的白度和浆的质量有影响，提高了制浆成本，部分设备需要进口等。

3.4.1.5 碱回收

碱回收系统是碱法制浆和硫酸盐法制浆清洁生产技术重要组成部分。碱法/硫酸盐法制浆黑液碱回收技术，用于碱法/硫酸盐法蒸煮工艺，对所产生的黑液进行碱及热能回收，并大幅度降低污染。碱回收系统主要包括黑液提取、蒸发、燃烧、苛化等工段，工艺流程如图 3-6～图 3-9 所示。在提取工段，要求提取率高，浓度高。蒸发工段，要求经蒸发浓缩后黑液固形物含量达到 55%～60%及其以上。浓黑液送燃烧炉利用其热值燃烧。燃烧后有机物转化为热能回收，无机物以熔融状态流出燃烧炉进入水中形成绿液。澄清后的绿液进入苛化器与石灰反应，转化为 NaOH 及 Na_2S。产生的白泥经沉降过滤分离后综合利用，澄清白液作为蒸煮液回用。在碱回收系统中，采用降膜蒸发器或升、降膜组合蒸发器，预挂式过滤机和热电联产。木浆碱回收技术在国内已普遍推广应用，技术成熟，是制浆工艺不可缺少的组成工序。麦草浆碱回收装置正常运行规模可达 50t/d 以上。蔗渣浆、芦苇浆、芒秆浆的黑液碱回收亦已趋于成熟。所以，制浆黑液碱回收技术应是相应制浆造纸企业首先采用的在工艺生产源头减少废水污染物排放的清洁生产技术。

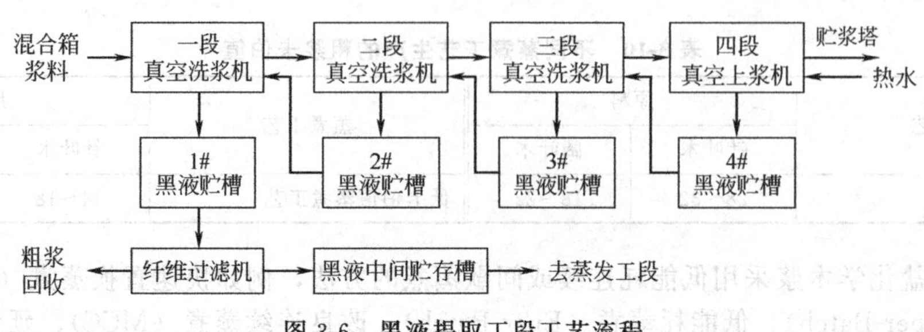

图 3-6 黑液提取工段工艺流程

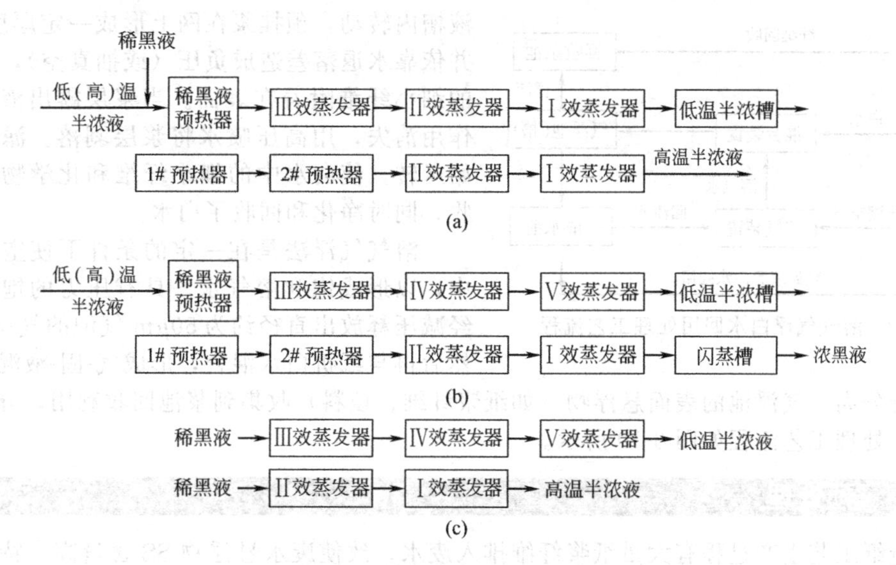

图 3-7　黑液蒸发工段工艺流程

(a) 大循环时；(b) 小循环时；(c) 清洗时

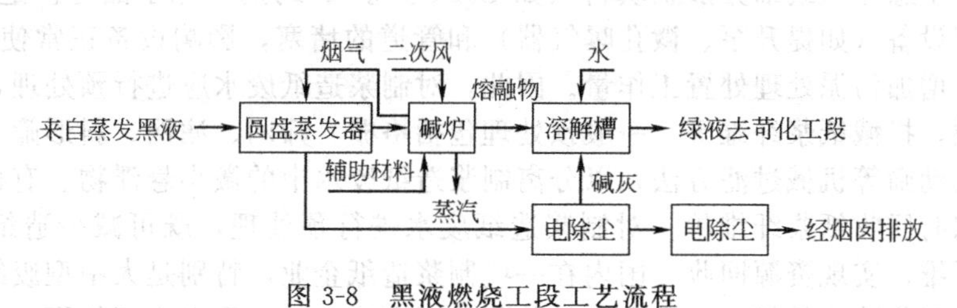

图 3-8　黑液燃烧工段工艺流程

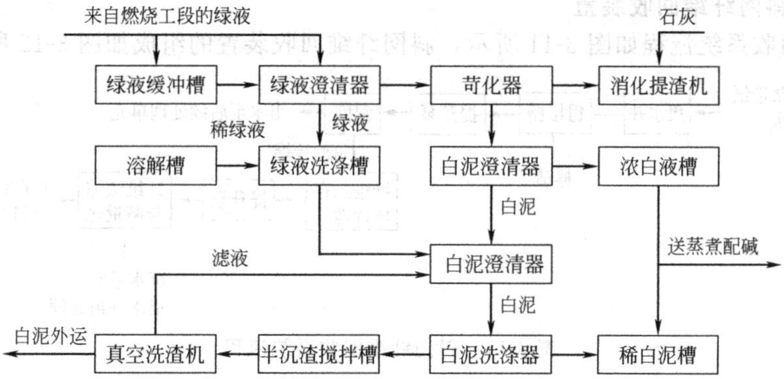

图 3-9　黑液苛化工段工艺流程

3.4.1.6　造纸白水回用

造（抄）纸生产过程中产生的废水是纸机白水，主要含有细小悬浮性纤维，少量果胶、糖类、造纸填料和某些添加剂。白水中的悬浮纤维可以回收回用。同制浆造纸其他生产工序产生的废水相比较，白水的污染程度相对较轻，COD 为 150～500mg/L，经白水处理后可以回用作为纸机冲网或制浆的洗浆、调浆用水等。

白水回用的清洁生产技术主要有多盘式真空过滤、传统的溶气气浮和高效浅层气浮。

多盘式真空过滤机处理纸机白水技术适用于大中型制浆造纸厂，主要用于回收纤维、填料及水的回用。多盘式真空过滤机由槽体、滤盘、分配阀、剥浆、洗网及传动部分等组成。滤盘表面覆盖着滤网，为了回收白水中的细小纤维，预先在白水中加入一定量的长纤维作预挂浆。滤盘在

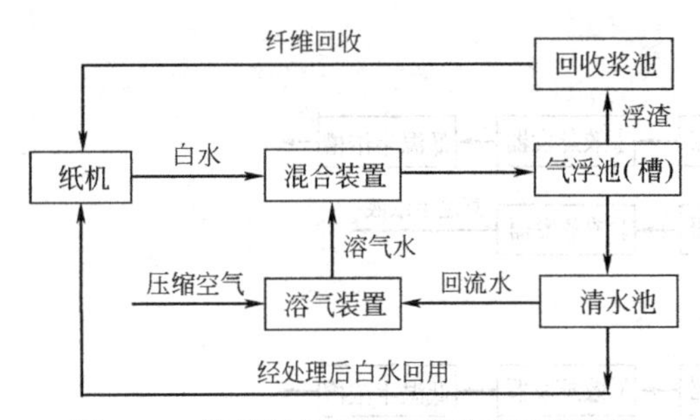

图 3-10 溶气气浮白水回用处理工艺流程

液槽内转动，预挂浆在网上形成一定厚度的浆层，并依靠水退落差造成负压（或抽真空），使白水中的细小纤维附着在表面。当浆层露出液面，负压作用消失，用高压喷水将浆层剥落。滤盘周而复始运转，使白水中的细小纤维和化学物质得以回收，同时净化和回收了白水。

溶气气浮法是在一定的条件下使空气溶入水中，以形成饱和溶气水。具有压力的饱和溶气水经减压释放出直径约为50μm气泡的气-水混合液，然后再与纸机白水混合，形成气-固-液混合物进入气浮池进行分离。气浮池的表面悬浮物（如纸浆纤维、填料）收集到浆池回收利用，分离后的水生产回用。处理工艺流程如图 3-10 所示。

3.4.2 预处理

制浆造纸工艺生产过程有大量纸浆纤维排入废水，致使废水悬浮物 SS 含量高，特别是废纸制浆造纸废水 SS 含量高达 4000～5000mg/L。造纸废水中的 SS 主要是纸浆纤维，其次是造纸生产过程中添加的呈悬浮状或细分散状填料（如 $CaCO_3$ 等）、助剂、化学品等。造纸废水中的 SS 易引起废水处理设备（如提升泵、微孔曝气器）和管道的堵塞，影响设备正常使用和处理效果，产生污泥量大，增加污泥处理处置工作量。因此，对制浆造纸废水应进行预处理，以去除大颗粒的悬浮物和杂质，拦截纸浆纤维等。一般预处理包括格栅、筛网、滤网、斜形筛等设备，此外亦有采用微滤、振动筛等机械过滤方法，以分离制浆造纸废水中的微小悬浮物、有机物残渣及其他悬浮物固体，同时回收纸浆纤维等。对制浆造纸废水进行预处理，既可减少造纸废水 SS 含量，又能回收纸浆纤维，实现资源回收。国内在一些制浆造纸企业，特别是大中型废纸制浆造纸企业采用的斜网纤维回收装置是较为普遍和有效的预处理方法之一，重点介绍如下。

3.4.2.1 斜网纤维回收装置

斜网纤维回收系统流程如图 3-11 所示，斜网纤维回收装置的组成如图 3-12 所示。

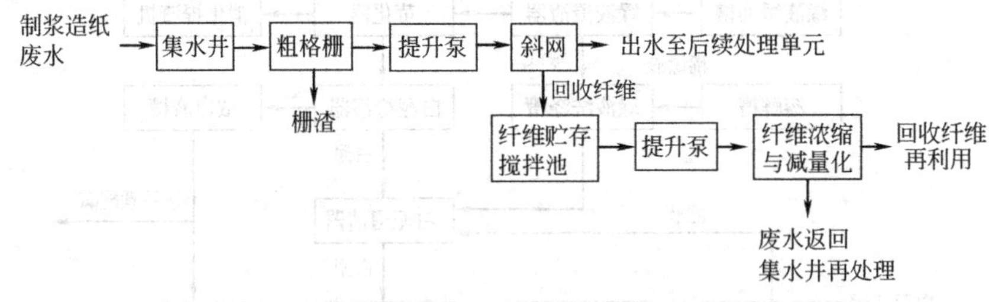

图 3-11 斜网纤维回收系统流程

斜网纤维回收装置由格栅与提升、纤维分离与贮存、回收纤维浓缩脱水与外运三个部分组成。

格栅与提升部分包括集水井、粗格栅、栅渣分离处置和提升泵。粗格栅栅距一般为 10mm，采用自动除渣。格栅框架和耙齿材质均应采用防腐材质，如不锈钢或 ABC 工程塑料等。螺旋输送机的功能是分离栅渣，将塑料碎片和铁丝等作为垃圾另行处置。提升泵宜采用宽通道、防堵塞、耐腐蚀、易检修的污水泵。

纤维分离与贮存是纤维回收装置的关键部分，包括布水槽、筛网、斜网支撑、纤维收集和集水槽。布水槽的作用是将废水均匀地分布在斜网上，使配置的斜网面积能充分利用，避免不均匀负荷。布水槽的布水方式一般可采用堰流（三角堰、淹没孔口堰、矩形堰等），布水槽的宽度和出口堰的类型应考虑能便于清理与疏通槽内或堰口上的沉积杂物。斜网一般采用尼龙网材质。斜网孔径因处理水质和纤维粒径而异，一般斜网的目数为 60～100 目，过流率为 6～8m³/(m² ·

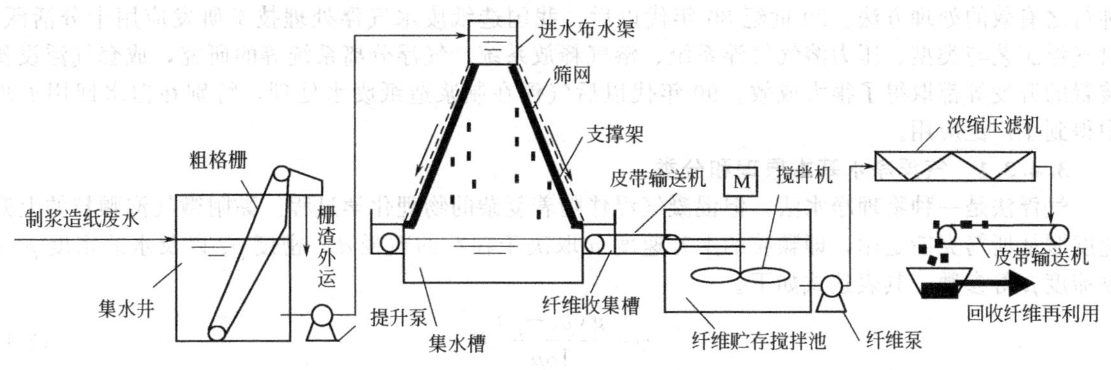

图 3-12 斜网纤维回收装置的组成

h)。如有条件，应将拟处理废水先经过斜网筛分试验后再确定斜网孔径。在斜网的背面设支撑格栅，以增加斜网的使用强度和刚度。支撑格栅应耐腐蚀、耐高温（45～55℃）、强度好、易安装维护。为了利于被截留的纤维下滑到纤维收集槽，筛网安装应有一定的倾角。倾角大，利于被截留纤维下滑，但斜网的投影面积小，斜网的利用率相对较低。反之，斜网倾角小，斜网投影面积大，利用率高，但是不利于被截留纤维下滑。一般在工程中斜网安装倾角为55°～60°。被斜网截留的纤维沿斜网流入纤维收集槽的输送皮带上，借皮带输送机流入纤维贮存池。为了防止纤维在贮存槽中自然沉降，影响纤维流动性，在纤维收集池中设搅拌装置。

纤维浓缩脱水与外运部分是纤维回收的延伸。通过浓缩脱水可以减少回收纤维体积，利于运输和回收利用。用污泥浓缩脱水机处理后的回收纤维含水率一般为80%以下。为了进一步降低回收纤维的含水率，亦有再采用蒸汽热力螺旋压榨干燥方式的。在蒸汽烘干的作用下，经过螺旋压榨可使回收纤维含水率降低到50%以下，回收纤维体积大大减少，为运输和回收提供了良好的条件。回收纤维浓缩脱水方式应视回用用途、回收纤维的规模、运输条件等因地制宜确定。

3.4.2.2 斜网纤维回收技术与装置的特点

工程实践表明，斜网纤维回收技术与装置具有如下特点。

(1) 简单易行 斜网纤维回收装置的纤维分离是在重力作用下借斜网过滤而实现的，无需复杂的机械设备，简单易行，一般制浆造纸企业均可以因地制宜地实施。

(2) 效果好 斜网纤维回收装置的纤维分离效果较好，特别在以商品浆和废纸制浆为原料的造纸废水处理中使用效果更为明显。例如，某废纸制浆造纸企业，在未设斜网纤维回收之前，主要是通过机械粗格栅和初沉池去除废水中的SS。据测定，机械粗格栅SS去除率一般为10%左右，初沉淀池SS去除率为80%左右。去除SS负荷主要是在初沉处理单元。采用斜网纤维回收技术后，斜网SS去除率达到50%～60%，减轻了初沉池负荷，改善了初沉和后续生物处理单元的运行状况，提高了系统处理效率。

(3) 操作简单，管理方便 斜网纤维回收装置运行管理主要内容是，视斜网上回收纤维的下滑状况及时用水冲刷，观察布水槽布水均匀性，及时清理布水槽和出水堰堰口积累的纤维等，这些操作都比较简单方便，易于实施。

(4) 动力少，能耗低 在经过一次提升后，主要靠重力去除纤维，动力设备少，能耗低，经常费用低。

(5) 占地面积较大 同斜形筛、振动筛等预处理设备相比较，斜网回收装置不如其紧凑，占地面积较大。

3.4.3 气浮

气浮是采用人为的方法向水中导入气泡，使其黏附于水中杂质颗粒上，从而大幅度地降低杂质颗粒的整体密度，并借助气体上升速度将其上浮，使单纯的固、液两相分离体系成为复杂的气、固、液三相分离体系，从而实现固、液快速分离。气浮净水技术的出现，为水处理增添了一种行之有效的处理方法。20 世纪 80 年代以后，我国造纸废水气浮处理技术研发应用十分活跃，对气浮工艺与类型、压力溶气气浮系统、溶气释放系统、气浮分离系统等的研究，成套气浮设备装置的开发等都取得了很大成效，90 年代以后气浮在制浆造纸废水处理，特别在白水回用处理中得到了广泛应用。

3.4.3.1 气浮净水基本原理和分类

气浮法是一种物理净水法，但混凝气浮伴随着复杂的物理化学过程。黏附微气泡颗粒的上升速度服从斯笃克斯定律，即颗粒的上升速度 v 取决于颗粒的粒径 d、密度 ρ_s 以及水的密度 ρ 和黏滞度 μ 等参数，其表达式如下。

$$v=\frac{g(\rho_s-\rho)}{18\mu}d^2 \tag{3-1}$$

投加混凝剂而形成的絮凝体，是一个内部充满水的网络状结构体，它的密度与水相近。沉降速度较慢。而黏附了一定数量微气泡的絮凝体整体密度 ρ_s 大大低于周围水的密度 ρ，则出现负值的沉速，亦即使颗粒上浮。界面能及接触角理论认为，气泡与固体间的接触角越大，即憎水性越强，气泡挤开水膜做功的能力越强，越容易黏附物体上浮。所以，絮凝体的亲憎水性是实现气浮的关键因素。此外，气泡的大小也是影响气浮效果的重要因素。大气泡具有较大的上升速度，巨大的惯性力不仅不能使气泡很好地附着于絮粒表面上，相反，会造成水体的严重紊流而撞碎絮凝体，甚至把附着的小气泡又释放出来，影响气浮效果。而黏附在絮粒上的较小气泡，在上升过程中相互碰撞，通过絮体的吸附架桥，成长为更稳定的夹气絮体，有利于提高气浮效果。

根据产生气泡的方式不同，气浮净水方法可以分为微孔布气法、叶轮碎气浮法、电解凝聚气浮法、生物或化学产气法、真空释气气浮法和压力溶气气浮法。在废水处理中经常采用的是压力溶气气浮法。

压力溶气气浮法是将空气与水同时压入密闭贮罐内，使空气溶入水中，待溶气水减压至常态时，过饱和的气体即从水中析出黏附絮体上浮。与其他方法相比，压力溶气气浮法的优点是：①在加压条件下，空气的溶解度大，供气浮用的气泡数量多，能够确保气浮效果；②溶入的气体经骤然减压释放，产生的气泡不仅微细、粒度均匀、密集度大，而且上浮稳定，对液体扰动较小，特别适用于疏松絮体、细小颗粒的固液分离；③工艺过程及设备比较简单，便于管理维护；④采用部分回流式，处理效果显著、稳定，可以降低能耗。

在我国制浆造纸废水处理中广泛采用的高效浅层气浮属于部分回流压力溶气气浮。高效浅层气浮成功地运用了浅池理论和“零速度”原理，将凝聚、浮除、沉淀、浮渣撇除、沉淀物刮除功能汇集于一体，简化了气浮系统，进一步提高了气浮效率。根据高效浅层气浮工作原理而制作的高效浅层气浮设备在制浆造纸废水处理中可用于白水回用、废水预处理、纤维回收、除藻降浊、除油、脱色、回收浆粕、水质净化处理等。近几年来，国内亦有应用深槽结构，将零速度原理同高效溶气相结合，开发了高效深槽气浮装置，在造纸废水处理中得到了应用。

3.4.3.2 高效浅层气浮设备

(1) 构造和特点 高效浅层气浮设备本体由槽体、进水配水布水器、稳流器、撇渣器等组成。此外，还有槽体以外单独设置的空气溶解管、空压机和回流泵。一般高效浅层气浮设备用不锈钢或钢制成。采用不锈钢（SUS304）材料制作时，设备防腐性能好，使用寿命长。当设备尺寸较大时，例如直径 $D>10$m 时，也可因地制宜采用钢筋混凝土浇注的槽体。图 3-13 为高效浅层气浮设备外形和空气溶解管。图 3-14 为高效浅层气浮设备的结构。

高效浅层气浮设备的特点是：①槽体深度比较浅，槽体总高为 850～950mm。单位质量轻，负载约为 950kg/m^2（含水）；②一般为钢制组合式，拆装、运输方便，设备可架空安装，平台下部可安装配套设备，占地面积小；③有效水深为 400mm 左右，水力停留时间短，一般为 2～6min，表面负荷可达 4～10m^3/(m^2·h)；④可根据使用要求调节处理水量、配水布水、进水稳流、驱动速度及撇渣刮泥速度，运行灵活，此外还可以方便地调节溶气压力和气量，以提高溶气效果和浮除效果；⑤净化效率高，在造纸白水回用处理中，对纤维类悬浮物去除率可达 90%

(a)

(b)

图 3-13　高效浅层气浮设备

(a) 外形；(b) 空气溶解管

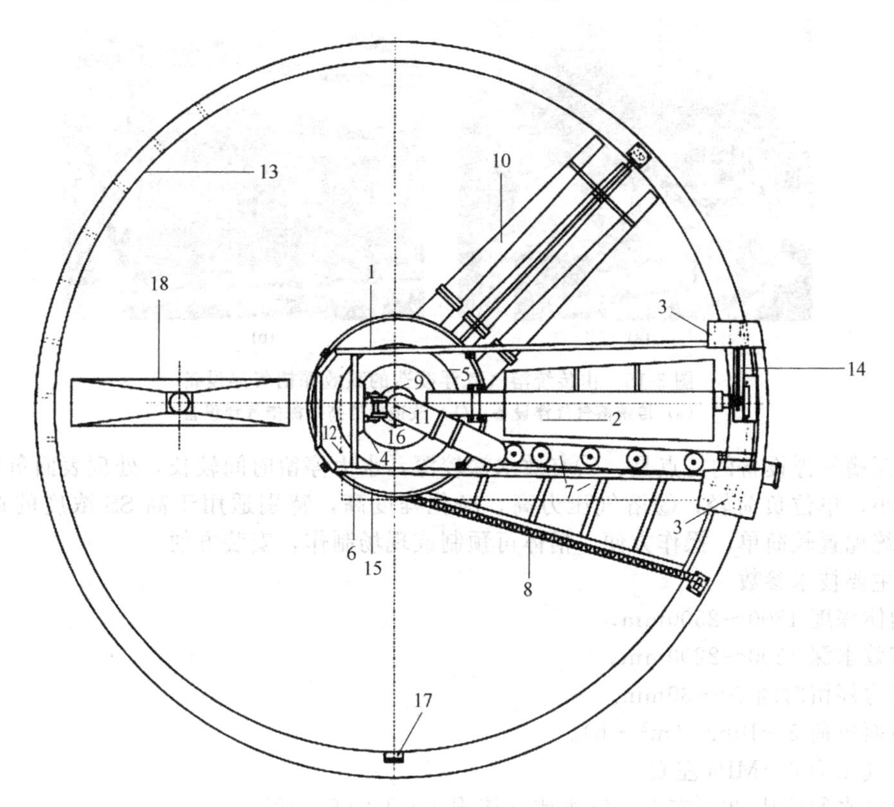

图 3-14　高效浅层气浮设备的结构

1—主框架；2—浮渣刮除器；3—驱动设备；4—中心浮渣桶；5—液位调整桶；6—挡渣桶；7—进流分配水槽；8—篱笆；9—中心旋转器；10—出水管槽；11—进流弯头；12—液位调整器；13—外槽；14—链盖；15—挡渣桶夹套；16—旋转集电器；17—视窗；18—沉渣斗

以上。

(2) 技术参数

① 处理废水量的不均匀系数一般按 1.3 计，如进水 SS>1000mg/L 时应适当加大系数，具体根据水质而定。

② 水力停留时间一般为 4～6min。

③ 表面负荷一般为 5～8$m^3/(m^2 \cdot h)$。

④ 溶气压力一般为 0.45～0.55MPa。

⑤ 溶气水回流比一般为 30%左右，溶气水泵的流量应大于溶气回流水量。水泵扬程为 60m

左右。

⑥ 空压机的供气量一般按40%回流水量的大小选取，供气压力为1MPa左右。

⑦ 混凝剂和助凝剂投加量应按处理水质而定。一般当以PAC为混凝剂，浓度为5%～10%时投加量为50～100mg/L。浓度为1‰的助凝剂PAM的投加量为1～3mg/L。当进水SS浓度高时，应适当加大投药量。在工程应用中，应通过试验确定药剂投加量。

3.4.3.3 高效深槽气浮设备

(1) 构造和特点 高效深槽气浮设备本体由槽体、进水配水装置、稳流装置、出水槽和刮渣机等组成。空气溶解管、空压机、贮气罐等配套设备，单独设置在槽体外，设备本体采用不锈钢（SUS304）或钢制，亦可以因地制宜采用钢筋混凝土结构。空气溶解管采用不锈钢（SUS304）制作。图3-15为由传统溶气气浮改造的高效深槽气浮设备。

(a) (b)

图3-15 由传统溶气气浮改造的高效深槽气浮设备
(a) 传统溶气气浮设备；(b) 改造后的高效深槽气浮设备

高效深槽气浮设备的特点是：①有效水深较深，水力停留时间较长，处理表面负荷较大；②占地面积小，单位负荷轻；③溶气压力高，净化程度高，特别适用于高SS浓度的造纸废水处理；④系统配置较简单，操作方便，槽体可预制或现场制作，安装方便。

(2) 主要技术参数

① 槽体深度1800～2500mm。

② 有效水深1500～2200mm。

③ 水力停留时间20～30min。

④ 表面负荷5～10$m^3/(m^2 \cdot h)$。

⑤ 溶气压力0.5MPa左右。

⑥ 溶气水回流比30%左右，气水比（体积比）1∶(6～12)。

⑦ 在造纸废水一级物化处理单元应用时SS去除率92%～98%，浮渣含量1%～5%。

(3) 高效气浮技术设备处理流程

应用高效气浮技术设备处理制浆造纸废水的工艺流程如图3-16和图3-17所示。

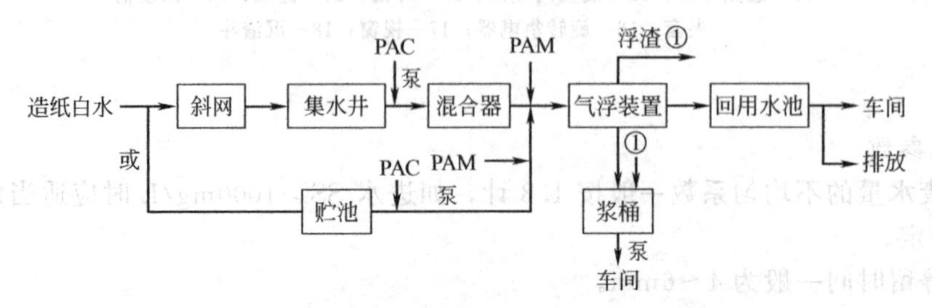

图3-16 造纸白水高效气浮处理回用工艺流程

某些工程实践表明，造纸废水中如含有粒度细小、密度较大的碳酸钙、涂料等杂质时，易在

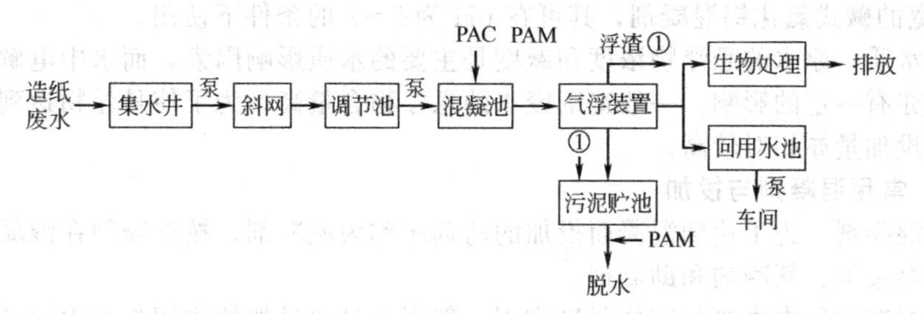

图 3-17　造纸废水高效气浮处理工艺流程

气浮池中出现沉淀现象等，对此类废水宜选用混凝沉淀处理技术。

3.4.4　混凝沉淀

混凝沉淀是造纸废水处理中常用的处理技术之一。通过混凝沉淀可以去除造纸废水中的大部分悬浮杂质、纸浆纤维，呈悬浮状或胶体状的有机和无机污染物。由于混凝沉淀处理技术成熟，具有良好的处理效果，处理构筑物比较单一，操作方便，因此，混凝沉淀往往是造纸废水处理工艺流程中必不可少的重要处理单元之一。混凝沉淀既可以作为一级处理单元，亦可以是生物处理之后的深度处理单元。造纸废水处理工程实践表明，采用混凝沉淀处理技术时，混凝药剂的选择，药剂投加量和投加方式，混凝反应条件，用以絮凝体沉降分离的沉淀池类型与设计、排泥方式、管道防腐等，均会影响混凝沉淀功能、运行费用和建设费用等，为此本节重点介绍混凝沉淀在造纸废水处理中的技术要点、工艺参数和设计参数等，以供参考。

3.4.4.1　混凝沉淀基本原理

在造纸废水处理中，混凝沉淀包括混凝和沉淀两个处理技术单元。

混凝包括凝聚和絮凝两个阶段。凝聚阶段是向造纸废水中投加混凝剂，通过混凝剂水解产物压缩胶体颗粒的扩散层，以破坏水中胶体颗粒的稳定性（脱稳），使颗粒易于相互接触和凝结，或者通过混凝剂的水解和缩聚反应形成高聚物的吸附架桥作用，使颗粒被吸附凝结。絮凝阶段是在一定的水力条件下，通过胶粒间以及胶粒同其他微粒之间的相互碰撞和聚集，以形成易于从水中分离的较大的絮状物质。

沉淀是将通过混凝而形成的造纸废水中的较大絮状的污染物质，在重力作用下从废水中分离的过程，从而去除造纸废水中的大部分呈悬浮状的污染物或胶体状的部分无机和有机污染物。

3.4.4.2　影响混凝的主要因素

影响造纸废水混凝的主要因素有水温、pH 和原水水质。

(1) 水温　水温对混凝效果的影响主要是低水温的影响。无机盐混凝剂水解是吸热反应，低温时混凝剂水解有困难。水温低，水的黏度大，杂质颗粒的布朗运动强度减弱，不利于胶粒脱稳凝聚，同时水流剪力增大，影响絮体成长。同时，胶体颗粒水化作用增强，有碍于胶体凝聚，影响颗粒之间的黏附强度。

一般造纸废水的水温较高。春秋季节水温为 25～35℃，夏季为 35～45℃，冬季 20℃左右。将混凝沉淀作为一级处理单元时，水温不是影响混凝的主要因素。如将混凝沉淀作为生物处理之后的深度处理单元时，要考虑冬季水温低时对混凝沉淀效果的影响。根据工程实践表明，一般在冬季时需要适当增加混凝剂的投加量，尤其是高分子助凝剂的投加量。

(2) pH　不同的混凝剂受水的 pH 影响程度不尽相同。铝盐和铁盐混凝剂的水解产物直接受到处理废水的 pH 影响。但是，对于聚合形态的混凝剂，如聚合氯化铝，其混凝效果受处理废水的 pH 影响相对较小。

不同类型的造纸废水 pH 不尽相同。一般造纸废水呈偏碱性，pH 为 7.3～8.3。芦苇浆、麦草浆废水 pH 变化范围较宽，pH 为 6～10。竹浆废水常呈碱性，pH 较高，为 8～10.5。对原水 pH 较高的造纸废水，有可能加入混凝剂后 pH 仍可≥7.5。因此，在造纸废水处理中经常采用

pH 适应范围宽的碱式氯化铝混凝剂，其可在 pH 为 5～9 的条件下使用。

(3) 原水水质 原水的悬浮物浓度和碱度是主要的水质影响因素，而水中电解质和有机污染物浓度对混凝亦有一定的影响。一般造纸废水的悬浮物含量高，为了使悬浮物达到吸附电荷中和脱稳，混凝剂投加量亦相对较高。

3.4.4.3 常用混凝剂与投加

(1) 常用混凝剂 为了达到混凝而投加的药剂统称为混凝剂。按混凝剂在混凝过程中所起的作用可以分为凝聚剂、絮凝剂和助凝剂。

凝聚剂在混凝过程中主要起胶体脱稳作用。絮凝剂是通过架桥作用将水中的胶体颗粒连接结成絮体。助凝剂是为了改善混凝效果所投加的药剂。按所起作用不同，助凝剂可分为三类：一是用于调整水的 pH 和碱度的酸碱类助凝剂；二是为了破坏水中的有机物，改善混凝效果的氧化剂；三是为了改善某些特殊水质（如高色度和低水温等）的絮凝性能而投加的助凝剂。在造纸废水混凝处理中一般不采用助凝剂，只是有需要调整废水 pH 时采用 H_2SO_4 和 NaOH 等。

近几年来，在造纸废水处理中常用的凝聚剂是碱式氯化铝［$Al_n(OH)_mCl_{3n-m}$］，简称为 PAC。碱式氯化铝是无机高分子化合物，其特点是温度适应性强；pH 适用范围宽（pH 为 5～9)，净化效率高，投药量少；价格较便宜，处理成本相对较低；设备少，操作方便，腐蚀性小，劳动条件较好。碱式氯化铝中的 Al_2O_3 含量是一个重要指标。Al_2O_3 含量高，投药量少，可降低废水处理药剂费用。一般市售的液体产品碱式氯化铝中 Al_2O_3 含量为≤10%，固体产品的 Al_2O_3 含量为≤30%。

常用的絮凝剂是聚丙烯酰胺［$-CH_2-CH(CONH_2)$］$_n$，简写为 PAM。PAM 是合成有机高分子絮凝剂，为非离子型。通过水解构成阴离子型，也可以通过引入基团制成阳离子型。PAM 固体产品不易溶解，在使用时宜在有机械搅拌的溶解槽内配制成溶液，配制浓度一般为 2%，投加浓度为 0.5%～1%。在造纸废水处理中将 PAM 作为助凝剂使用时，一般是在投加凝剂后再投加 PAM。

(2) 混凝剂投加量 混凝剂投加量是影响造纸废水处理效果和运行费用的重要因素，应按进水水质和出水水质要求确定混凝剂投加量。其中，进水水质包括 SS、水温、pH、COD、碱度等。一般确定混凝剂投加量的简易方法是进行烧杯搅拌试验，亦有采用高电位法、胶体滴定法等确定混凝剂投加量的。如果没有试验条件，在设计时可先参考同类型造纸废水处理工程的运行经验，而后在本工程运行后再予校核与修正，以确定最佳投加量。一般混凝沉淀作为造纸废水处理一级处理单元时，PAC 的投加量为 130～160mg/L，PAM 投加量为 1～1.5mg/L。混凝沉淀作为生物处理后深度处理单元时，PAC 的投加量为 80～120mg/L，PAM 投加量为 1.0mg/L 左右。

(3) 混凝剂配制与投加 混凝剂采用湿式投加，其配制与投加系统包括药剂溶解与配制、计量、投加与混合等，如图 3-18 所示。当采用液体混凝剂时可不设溶解池，将药剂直接在贮液池中贮存，而后进入溶液池。一般混凝剂采用计量泵压力投加。先将凝聚剂投加在混合池中，再将絮凝剂投加在反应池。

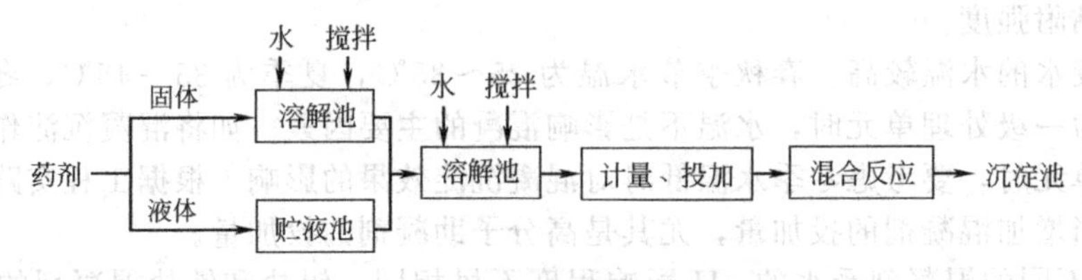

图 3-18 混凝剂配制与投加系统

3.4.4.4 混凝剂混合反应

(1) 混合 混合是将药剂充分地、均匀地扩散到被处理水中的工艺过程，是取得良好的混凝效果的前提条件。混合方式是影响混合效果的主要影响因素。一般在造纸废水处理中采用机械搅拌混合为多。机械搅拌可以在混合时间内达到需要的搅拌强度，均匀充分地混合。采用机械搅拌时水头损失小，可适应水量、水温和水质等变化。

混合池设计停留时间一般为5min，G 值为 $500\sim1000s^{-1}$，池形可采用方形或圆形，以方形为多。

（2）絮凝反应　絮凝反应是在被处理水中投加絮凝剂后，借外力作用使具有絮凝性能的絮粒相互碰撞，从而形成更大的絮粒，以适应沉降分离水中SS和污染物的要求。絮凝过程是造纸废水混凝沉淀处理单元中的一个重要环节。

絮凝反应过程中的水力条件十分重要，既要能形成具有充分絮凝能力的颗粒，又要使颗粒获得适当的碰撞而不会破碎。絮凝反应需要满足的主要条件是水流的能量消耗、絮凝时间，颗粒浓度和有效碰撞率。按照输入的能量不同、絮凝反应主要可分为机械絮凝反应和水力絮凝反应两种方式。机械絮凝反应是通过机械带动搅拌叶片进行搅动，使水流产生一定的速度梯度而形成絮凝反应。水力絮凝反应是利用水流自身能量，通过水流流动过程中的阻力给水体输入能量进行絮凝反应。水力絮凝反应过程中会产生一定的水头损失。在大中型造纸废水处理中一般采用垂直轴式机械絮凝反应。在小型工程中亦有采用水力絮凝反应的。为了适应絮凝反应过程中 G 值变化要求和提高絮凝效率，机械搅拌絮凝反应池一般采用多级串联，对于中小规模处理工程也有采用一根传动轴带动不同回转半径桨板式的形式。

凝絮反应池的设计停留时间一般为15～20min。由于机械搅拌絮凝反应池为完全混合式，若采用单级搅拌方式，效率较低，一般按多级串联布置，使 G 值逐渐递减。造纸废水处理中以采用2～3级为多。G 值为：第一级 $50\sim60s^{-1}$，第二级 $25\sim30s^{-1}$，第三级 $12\sim15s^{-1}$。GT 值为 $(2.5\times4.0)\times10^4$（或 $10^4\sim10^5$）。

3.4.4.5　沉淀

造纸废水处理中的沉淀工艺是指在重力作用下悬浮物固体从废水中分离的过程。按其在废水处理工艺流程中所处的位置，有在生物处理之前作为一级处理的混凝沉淀池和在生物处理之后作为深度处理的混凝沉淀池。

（1）沉淀池选用和主要设计参数

① 沉淀池选用。影响沉淀池选用的主要因素有处理水量、进水水质、出水水质、运行费用、占地面积和运行经验等。工程实践表明，当采用斜板（管）沉淀池作为造纸废水混凝沉淀处理构筑物时，在斜板（管）上易于沉积污泥，从而影响处理效果，一般不推荐采用。在造纸废水处理中，以采用辐流式沉淀池为主。

② 主要设计参数

a. 上升流速。根据制浆造纸废水沉降颗粒的特征，一般一级处理的辐流式沉淀池上升流速≤1.0m/h[$1.0m^3/(m^2\cdot h)$]，生物处理之后的深度处理混凝沉淀池上升流速≤0.8m/h[$0.8m^3/(m^2\cdot h)$]。

b. 沉降时间。一般根据水质、水温，参照同类型工程运行经验确定沉降时间，宜为2.0～2.5h。

c. 沉淀区高度。按照理想沉淀池概念，假设在沉降过程中沉速不变，沉淀池的沉淀效率取决于平面面积，亦即同表面负荷率有关，而与池深无关。但是，从絮凝角度来说，絮凝颗粒在其沉降过程中因沉速差异可引起继续絮凝，因此有适当的沉淀区高度对颗粒沉淀是有利的。在确定沉淀区深度（直壁部分高度）时，应计及底部进水稳流区、沉降区、上部稳定水层区所需的高度，以此计算沉淀区高度一般为2.5m左右。

（2）沉淀池进出水方式　造纸废水处理中的辐流式沉淀池通常采用中心进水周边出水的布置方式。近几年来，在大型造纸废水处理中亦有采用周边进水周边出水的布置方式。周边进水周边出水的辐流式沉淀池如图3-19所示。

从图3-19中可以看出，周边进水周边出水的水流流态同传统的中心进水周边出水不同。当中心进水时，水流集中于沉淀池表面，即沉淀池的有效流动截面（有效沉淀区域）主要为上部的一个区域。而周边进水时，水的流动截面增加，流速变小，废水在沉淀池中有效停留时间增加，

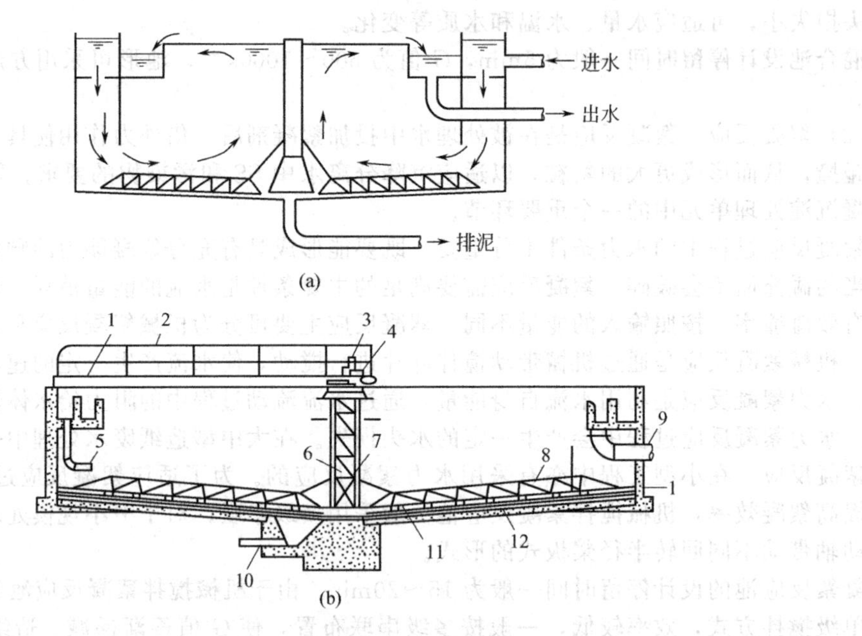

图 3-19　周边进水周边出水的辐流式沉淀池

(a) 型式Ⅰ；(b) 型式Ⅱ

1—过桥；2—栏杆；3—传动装置；4—转盘；5—进水下降管；6—中心支架；7—传动器罩；8—底部刮泥机；9—出水管；10—排泥管；11—刮泥板；12—可调节的橡皮刮板

有利于悬浮颗粒（SS）沉降。同传统的中心进水周边出水相比较，周边进水周边出水辐流式沉淀池可提高表面负荷，减小池容，节省用地。所以，在现有造纸废水处理工程提标排放改造或建设用地紧张等情况下，采用周边进水周边出水的辐流式沉淀池亦是可供选择的方案之一。周边进水周边出水的辐流式沉淀池的关键是，要求配水槽沿槽配水均匀，出水槽集水均匀，且防止经混凝反应的混合液在槽内产生沉淀。

(3) 沉淀池排泥设施　辐流式沉淀池采用机械刮泥装置将池底的污泥先刮至中心集泥坑，再通过排泥泵排至池外。刮泥机可采用中心传动方式或周边驱动方式。中心传动刮泥机运行平衡，刮泥效果良好，宜用于污泥量多的一级混凝沉淀池中，但设备费用同周边传动刮泥机相比，相对较高。当在一级混凝沉淀中采用周边驱动刮泥机时，应有防止因池底污泥层过厚，致使刮泥机在运行时发生倾覆的措施。如适当加大刮泥机臂长，可以保持刮泥机运转稳定性。

(4) 沉淀池管道防腐　一些造纸废水处理工程实践表明，由于受投加混凝剂的影响，混凝沉淀池特别是一级混凝沉淀池的底部出水管和排泥管易被腐蚀而影响正常使用，因此建议出水管和排泥管选用防腐蚀管材（如 SUS304 钢管等）制作。

3.4.5　A/O 生物处理技术

A/O 生物处理技术是我国造纸废水生物处理的主要技术之一，它是 20 世纪 90 年代初经由台湾水美工程公司引进的美国 Air Products and Chemicals Inc A/O 微生物筛选废水处理先进技术。之后，浙江水美环保公司对引进的 A/O 技术消化吸收，在应用领域、工艺优化与设计、设备配置、运行管理等方面，结合我国国情不断改善与发展，使之在造纸废水处理和其他工业废水处理应用中更加具有工程性、规范性和可操作性。

3.4.5.1　Air Products and Chemicals 的 A/O 处理技术特点

(1) 在活性污泥法前段设置厌氧池（Anaerobic，简称 A 池），让原废水、回流污泥同时流入厌氧池内，经停留一段时间后再流入好氧池（Oxic，简称 O 池），进行好氧处理。基本配置如图 3-20 所示。微生物经由厌氧和好氧两相交替操作可以达到筛选微生物（Selector Technology）

的目的。

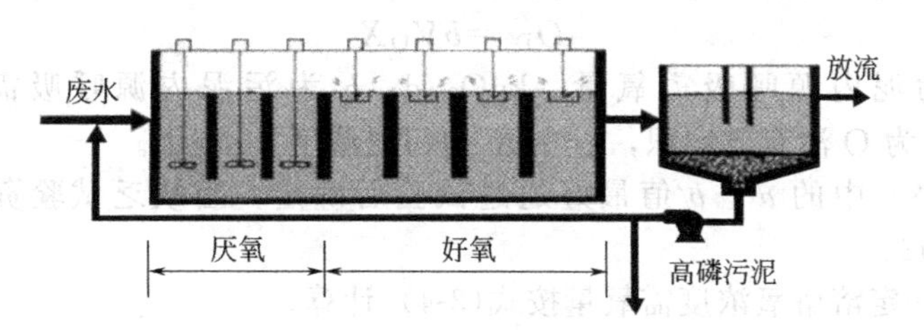

图 3-20 A/O 处理的基本配置

(2) 大部分 BOD 在厌氧池内为微生物所吸附，而剩余的有机物及吸收至微生物体内的有机物在好氧池内被氧化分解，如图 3-21 所示。

(3) 由于厌氧池内回流污泥的好氧微生物处于抑制状态，大部分有机物被聚磷菌所吸收，使好氧池内基质浓度较低，丝状菌生长繁殖受到抑制，因此可形成沉淀性能良好的污泥，避免产生丝状菌污泥膨胀。

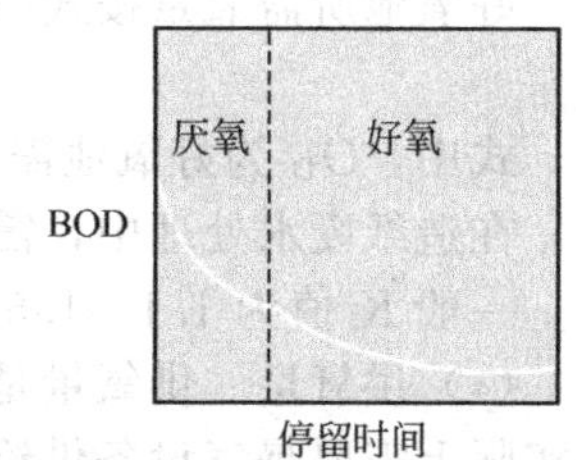

图 3-21 BOD 的去除

(4) 由于 A/O 系统可以形成沉淀性良好的污泥，能在好氧池内维持较高浓度的 MLSS 值，污泥龄长，有利于繁殖速度较慢的硝化菌生长繁殖，所以，在去除 BOD 的同时，也进行硝化反应。

(5) A/O 系统可以通过反硝化菌的同化和异化作用达到脱氮，反硝化所需的有机碳源可由进水中的 BOD 供给，一般不需要外加碳源。

本 A/O 处理技术有别于国内工业废水处理中通常采用的 A/O 法。20 世纪 90 年代以后国内工业废水处理中通常采用的 A/O（兼氧-好氧）生物处理法，主要是针对高浓度、高氨氮或难生物降解废水处理，通过兼氧段的兼氧微生物作用，使废水中复杂的、大分子有机物水解酸化为易于被好氧微生物摄取的简单的、小分子有机物。为了在兼氧段达到水解酸化目的，A 段水力停留时间一般为 4～6h。本 A/O 处理技术 A 段的主要作用是对菌种进行筛选与优化，微生物的功能只是吸附有机物，水力停留时间短，一般为 1.0h 以下。

3.4.5.2 A/O 处理技术的主要工艺参数

A/O 处理技术的主要工艺参数有 A 池水力停留时间、BOD 污泥负荷、需氧量、供氧量以及污泥量。

(1) A 池水力停留时间（t_a） A 池的主要功能是筛选与优化菌种，确保聚磷菌能从废水中摄取足量的有机物。为此，可按聚磷菌的释磷速度来确定 A 池水力停留时间 t_a，一般为 45min～1.0h。

(2) BOD 污泥负荷（N_s） 一般造纸废水的 BOD/COD 比值低，属于可生化性差或者难生物降解废水，为了使处理水达标排放，往往需要降低 BOD 污泥负荷和延长好氧处理水力停留时间。工程实践表明，造纸废水 A/O 处理的 O 池污泥负荷 N_s 一般为 0.1～0.2kgBOD/(kgMLSS·d)。当 BOD/COD≤0.3 时，可取较低的 N_s 值。当 BOD/COD≥0.3 时，可取较高的 N_s 值。在造纸废水处理中，对 COD 的去除往往要难于对 BOD 的去除。为此，设计时，除按 BOD 污泥负荷计算外，还应按 COD 污泥负荷［kgCOD/(kgMLSS·d)］校核，一般 COD 负荷宜控制在 0.2～0.5kg/(kgMLSS·d) 以下。

(3) 需氧量 需氧量包括氧化有机物需氧量、活性污泥内源呼吸需氧量和维持 O 池出水溶解氧浓度的需氧量。计算方法如下。

氧化有机物需氧量按式(3-2) 计算。

$$O_{D1}=a'Q(L_a-L_b) \tag{3-2}$$

式中，O_{D1}为有机物氧化需氧量，kgO_2/d；a'为有机物氧化需氧系数，$kgO_2/kgBOD$；Q 为处理水量，m^3/d；L_a 为 O 池进水 BOD 浓度，mg/L；L_b为 O 池出水 BOD 浓度，mg/L。

活性污泥内源呼吸需氧量按式(3-3) 计算。

$$O_{D2}=b'V_{O}X \tag{3-3}$$

式中，O_{D2} 为污泥内源呼吸需氧量，kgO_2/d；b' 为污泥内源呼吸需氧量系数，$kgO_2/(kgMLSS \cdot d)$；V_O 为 O 池有效容积，m^3；X 为污泥浓度，mg/L。

式(3-2)、式(3-3) 中的 a'、b'值最好通过试验后确定，当缺乏试验资料时，取 a'值约为 0.38，b'值约为 0.092。

维持 O 池出水一定溶解氧浓度需氧量按式(3-4) 计算。

$$O_{D3}=C_{DO}Q(1+R)\times10^{-3} \tag{3-4}$$

式中，O_{D3} 为维持 O 池出水一定溶解氧浓度需氧量，kgO_2/d；C_{DO} 为好氧池出水溶解氧浓度，一般取 1.5～2.0mg/L；R 为污泥回流比。

好氧池所需氧量按式(3-5) 计算。

$$O_D=O_{D1}+O_{D2}+O_{D3} \tag{3-5}$$

式中，O_D 为好氧池需氧量，kgO_2/d。

在造纸废水处理中，需氧量因废水水质水量而异，在设计时还要考虑需氧量不均匀系数 K 值。一般 K 值为 1.1～1.5。

(4) 供氧量　供氧量是为满足好氧池氧化处理所需氧量，即在计及氧转移速率及其影响因素后实际上需要曝气设备供给的氧量。

根据双膜理论，氧从空气中向水中转移的速率如下。

$$\frac{dc}{dt}=K_{L_a}(C_s-C) \tag{3-6}$$

式中，$\frac{dc}{dt}$为单位体积内氧的转移速率，mg/(L·h)；K_{L_a}为氧的总转移系数，1/h；C_s 为液体内饱和溶解氧浓度，mg/L；C 为液体内实际溶解氧浓度，mg/L。

从式(3-6) 可以看出，在正常运转情况下，氧的转移速率同氧的总转移系数 K_{L_a}和饱和差（亏氧量）成正比。而 K_{L_a}和亏氧量又同水质、水温密切相关。为此，在造纸废水处理中确定供氧量时应计及水质、饱和溶解氧和水温修正系数。水温修正系数 α 值和饱和溶解氧修正系数 β 值应经过试验测定。工程实践表明，一般造纸废水的 α 值为 0.35～0.70，β 值为 0.78～0.95。

(5) 污泥量

二沉池剩余污泥量一般按式(3-7) 计算。

$$Q_w=[Q(aL_a+bX_O-cXt_O)]/X_w \tag{3-7}$$

式中，Q_w 为剩余活性污泥量，m^3/d；X_O 为 O 池进水悬浮物 SS 浓度，mg/L；t_O为 O 池水力停留时间，h；a 为溶解性 BOD 的污泥转化率，$a=0.5$～0.6；b 为悬浮物 SS 的污泥转化率，$b=0.9$～1.0；c 为污泥内源呼吸分解系数，1/d，$c=0.025$～0.035；X_w为剩余活性污泥浓度 mg/L，$X_w=4000$～9000mg/L。

3.4.5.3　A/O 处理技术的关键设备

(1) A 池搅拌装置　A 池搅拌装置的主要功能是使废水同回流污泥充分混合，促进生物反应。在搅拌装置的作用下，A 池呈厌氧（兼氧）状态，混合液溶解氧在 0.5mg/L 以下。

搅拌装置一般采用机械搅拌方式，主要有两种类型。

① 竖轴式搅拌机。如图 3-22 所示。该搅拌机由电动机、减速机、传动轴（竖轴）和叶片组成。其中，电动机和减速机装在液面以上，传动轴和叶片为液下式。这种搅拌机的搅拌比较均匀，效果较好，传动部分检修方便。但是，搅拌混合范围有限，一般宜在中小型工程中采用。

② 潜水式搅拌机。如图 3-23 所示。该搅拌机由螺旋桨、潜水电机和减速装置组成。潜水搅拌机借导轨、升降机、连接器及各种固定件使之位于液面以下起搅拌或推流作用。导轨垂直于池底，潜水搅拌机沿导轨上下移动，可任意固定在所需深度。搅拌器可左右转动，也可按一定的仰角或倾角安装，以适应不同方向搅拌和推流的需要。这种搅拌机的混合效果好，适用范围大。但

是，搅拌机必须完全潜入水中运行，且不能在易燃易爆的环境中使用，一般潜水曝气机多用于大中型废水处理工程。

(2) O 池曝气装置　曝气装置是关系到 A/O 技术处理效果、节能和操作运行的重要设备。衡量曝气设备的主要技术性能指标有动力效率（E_p）、氧利用率（E_A）和充氧能力（R_O）。在工程实践中 O 池曝气装置主要有以下三种类型。

① 表面机械曝气。20 世纪 90 年代初，国内某造纸废水处理工程引进 A/O 技术时采用的是表面机械曝气装置。这种曝气装置搅拌混合效果较好，设备简单，管理和维护方便，但是动力效率欠缺，运行时有一定的噪声。

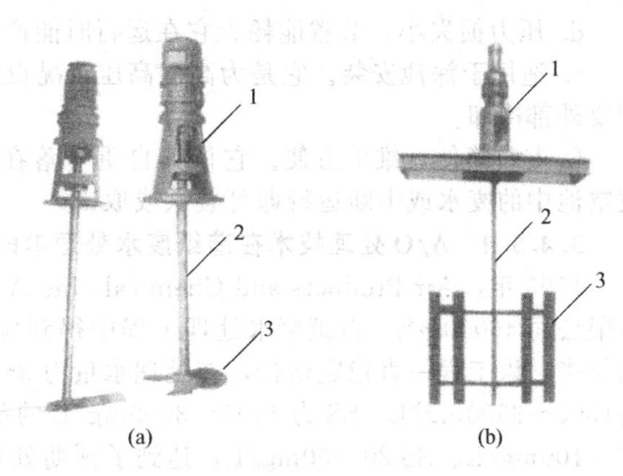

图 3-22　竖轴式搅拌机

(a) 桨叶式；(b) 桨板式

1—电动机和减速机；2—传动轴；3—桨叶或桨板

② 微孔曝气器。20 世纪 90 年代中期以来，随着国内外高效曝气装置的研发，O 池曝气装置以采用橡胶膜片微孔曝气器为多。这种曝气器的气体扩散胶板材质是具有弹性的合成橡胶。橡胶膜片扩散出来的气泡直径小，气液界面面积大，具有较高的传质速率和充氧效率，电耗较低。尽管橡胶膜片上的自闭孔眼能随着充氧情况而自动张开和闭合，不会产生孔眼堵塞、玷污等弊病，但在造纸废水处理中，仍会出现微孔曝气器局部堵塞和膜片弹性复原不完全等现象。

③ 潜水曝气搅拌机。OKI 潜水曝气搅拌机是 20 世纪 90 年代后期由芬兰 NOPON 开发的新一代先进高效曝气搅拌设备，如图 3-24 所示。2000 年以后，国内在大型造纸废水处理工程中采用 OKI 潜水曝气搅拌机的实例逐渐增多。同其他曝气设备比较，OKI 有如下特点。

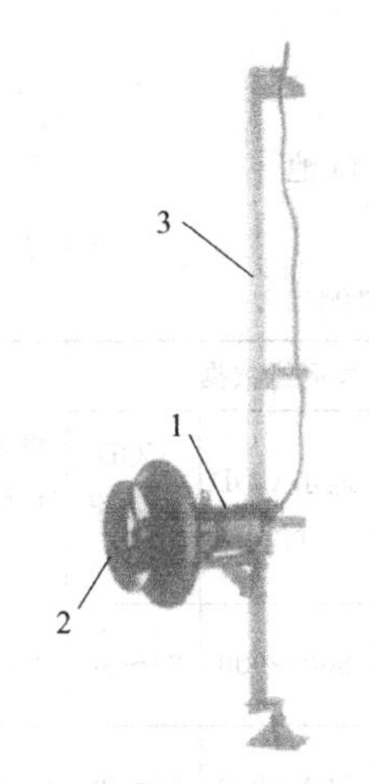

图 3-23　潜水式搅拌机

1—潜水电机和减速装置；

2—螺旋桨；3—导轨

图 3-24　潜水曝气搅拌机

a. 传氧效率高。它将曝气和搅拌合二为一，使曝气产生的气泡被剪切成微气泡，延长了气泡和水的接触时间，增强了气泡与水边界层的交换效应，提高了实际传氧效率。

b. 高效柔和的搅拌混合特性。由于底部的定子可产生 3～5m/s 的水平排射速率，能在池内形成分布均匀的混合流态。又由于其转子转速较低，产生的搅拌作用平和，对活性污泥不会产生剪切作用，也不会对生物处理工艺产生不利的冲击影响。

c. 稳定持续的曝气效率。曝气效率不受运行时间长短的影响，运行期间不会产生堵塞。

d. 压力损失小，节省能耗。它在运行时能产生自吸作用，可降低供气鼓风机压力。

e. 适用于深池安装。它是为高温高压工况设计的，可以安装在12～15m水深，并且空气不需要外部冷却。

f. 安装简便，维护方便。它依其自重坐落在池底，不需要任何水下固定件。维护时不需要放空池中的废水或中断运行即可装入或取出。

3.4.5.4 A/O处理技术在造纸废水处理中的应用

1996年，Air Products and Chemicals Inc A/O微生物筛选废水处理技术首先在国内某纸业有限公司46000m³/d造纸废水处理工程中得到应用。该工程的A/O处理池如图3-25所示。十几年来，该工程一直稳定运行，在处理水量为35000～40000m³/d，进水pH为7.1～8.9、COD为1500～3500mg/L、SS为1400～3000mg/L的条件下，处理水水质通常为pH7.5～7.9、COD 60～100mg/L、SS 20～30mg/L，达到了预期处理效果。A/O生物处理技术为本工程生物处理单元高效稳定运行提供了技术支持。污泥负荷<0.3kgCOD/(kgMLSS·d)，COD去除率为85%～90%。A/O系统采用的高品质表面机械曝气设备亦为本工程的稳定运行提供了保障。1997年以后，A/O处理技术在国内造纸废水处理特别是大中型造纸废水处理工程中得到了广泛应用，是造纸废水好氧生物处理主要技术之一，部分应用实例如表3-11所示。

图3-25 某46000m³/d造纸废水处理工程A/O池

表3-11 A/O技术处理造纸废水部分应用实例

序号	工厂名称	产品品种	使用原料	废水量/(m³/d)	废水水质COD/(mg/L)	A/O处理单元设计和运行数据				投入运行时间	备注
						设计负荷/(kgCOD/kg·d)	运行负荷/(kgCOD/kg·d)	进水COD/(mg/L)	COD去除率/%		
1	某纸业公司	涂布白板纸白卡纸板	商品浆、废纸脱墨浆	46000	1500～3500	0.25	0.26～0.30	800～900	85～90	1996.10	处理出水部分回用
2	某纸业公司	高中档纸、纸板及其制品	商品浆、进口废纸浆	50000	1000～2500	0.35	0.35～0.38	700～800	85～90	1999.01	处理出水部分回用
3	某纸业公司	白板纸、牛皮箱板纸	商品浆、废纸脱墨浆	26000	1000～2300	0.28	0.28～0.35	500～700	83～88	1999.06	处理出水部分回用
4	某纸业公司	白板纸、牛皮箱板纸	商品浆、废纸浆	40000	1500～2000	0.30	0.26～0.37	500～600	80～85	2001.12	处理出水部分回用
5	某纸业公司	白板纸、涂布白板纸	商品浆、废纸浆	30000	≤2500	0.30	0.26～0.34	900～1000	88～80	2003.11	处理出水部分回用
6	某纸业公司	瓦楞纸、箱板纸	商品浆、废纸浆	30000	≤3500	一段0.38 二段0.07	0.25～0.32 0.07～0.10	1200～1300 300～400	70～75 75～80	2003.11	处理出水部分回用

续表

序号	工厂名称	产品品种	使用原料	废水量/(m^3/d)	废水水质COD/(mg/L)	A/O处理单元设计和运行数据				投入运行时间	备注
						设计负荷/(kgCOD/kg·d)	运行负荷/(kgCOD/kg·d)	进水COD/(mg/L)	COD去除率/%		
7	某纸业公司	牛卡纸、瓦楞纸	商品浆、废纸脱墨浆	40000	≤4000	一段0.32 二段0.08	0.20～0.30 0.07～0.10	1400～1800 300～550	73～77 78～80	2003.12	处理出水部分回用
8	某纸业公司	白板纸、卡纸	商品浆、废纸脱墨浆	40000	3500～4300	0.32～0.35	0.35～0.38	1100～1200	87～90	2004.12	处理出水部分回用
9	某纸业公司	木浆	木材	73000	3000～3500	0.5	0.38～0.45	1500～1800	80～85	2004.10	处理出水部分回用
10	某纸业公司	木浆、竹木浆	木材、竹	30000	1500～2500	0.32	0.32～0.38	1500～1800	86～90	2008.06	—
11	某纸业公司	草浆	麦草、芒杆	16000	1800～2200	0.39	0.60～0.69	700～1000	74～78	2000.12	处理出水部分回用

A/O处理技术在造纸废水处理中应用时，一般按一段A/O生物处理工艺设计，但是当处理高浓度造纸废水时，为了使处理水COD和BOD达标排放，亦有采用两段A/O生物处理工艺的。当采用两段A/O生物处理工艺时，第一段A/O池按通常的污泥负荷去除废水中的大部分COD和BOD_5，第二段A/O池则按低负荷设计，污泥负荷为0.1kgBOD_5/(kgMLSS·d)以下，以进一步处理COD和BOD_5。由于一段A/O同二段A/O的污泥负荷不同，使每段生物处理单元能进行不同菌种的微生物专性驯养，以达到分段高效生物处理效果。一般经两段A/O串联后COD总去除率可到95%左右。两段A/O生物处理工艺亦可用于造纸废水处理工程提标改造中。在建设场地许可的情况下，原有的一段A/O生物处理单元出水，再经新建的二段A/O生物处理单元后，可使改造工程的出水COD达到提标排放。在一定的条件下，两段A/O生物处理工艺是造纸废水处理工程提标改造可采用的技术之一。

3.4.6 厌氧生物处理技术

同好氧处理相比较，厌氧处理具有一系列优点。厌氧处理不需要曝气，节省动力消耗，同时还可以回收能源，一般厌氧处理1kgCOD约可产生0.40m^3沼气，可以回收有机污染物中贮存的能量。厌氧处理产生污泥量少，厌氧处理污泥量约为好氧处理污泥量的10%～20%，可降低污泥处理处置费用。厌氧反应器产生的颗粒污泥具有商品价值，可作为同类型厌氧反应器的接种污泥出售。厌氧反应所需营养剂（N、P）投加量少，约为好氧处理的20%。此外厌氧处理还可以转化许多好氧生物处理不能转化的有毒物质，如氯仿、三氯乙烯和三氯乙烷等。针对制浆造纸废水中含有高浓度的有机污染物的特点，国外自20世纪80年代初就开始采用厌氧技术处理高浓度制浆造纸废水，至今约有30年历史。国内近10年来随着清洁生产技术的推行，节水和循环用水措施的实施，制浆造纸行业吨纸用水量和排水量持续降低，大大地提高了造纸废水污染物浓度。2008年，国家出台了《制浆造纸行业水污染物排放新标准》（GB 3544—2008），进一步提高了对造纸废水污染物（COD、BOD、SS、色度等）的排放要求，造纸行业在结构调整、扩大规模、升级改造等建设中都面临着废水提标排放的严峻问题。由于厌氧处理技术是低能耗、低碳的高浓度废水处理有效技术之一，所以在造纸废水处理领域愈来愈引起人们的关注。

3.4.6.1 影响厌氧微生物生长的因素

影响厌氧微生物生长的最重要因素是营养物质、温度、pH、需氧量以及有毒物质。

(1) 营养物质　厌氧微生物的主要营养物质是C和N。营养物质对厌氧微生物的作用是：提供合成细胞时所需要的物质；为细胞增长的生物合成反应提供能源；充当产能反应所释放电子的受氢体。当C/N为1～20时，厌氧消化反应的效率最佳。

(2) 温度　厌氧微生物的适宜反应温度视厌氧微生物种类而异。高温性（嗜热菌）为50～60℃，中温性为30～40℃，低温性为5～10℃。一般造纸废水厌氧处理采用的是中温性厌氧微生物反应。

(3) pH　pH是影响厌氧微生物生长的重要因素之一。厌氧微生物生长的适宜pH为6.7～7.4。

(4) 需氧量　厌氧微生物对氧气很敏感。当有氧存在时，会形成H_2O_2积累，对微生物细胞产生毒害作用，使微生物无法生长。

(5) 有毒物质　有毒物质可使细菌细胞的正常结构遭到破坏以及使菌体内的酶变质，并失去活性。有毒物质可分为重金属离子（铅、铜、铬、砷、铁、锌等）、有机物质（酚、甲醛、甲醇、苯、氯苯等）、无机物类（硫化物、氰化物、氯化钠、硫酸根、硝酸根等）。废水生物处理有毒物质允许浓度如表3-12所示。

表3-12　废水生物处理有毒物质允许浓度

毒物名称	允许浓度/(mg/L)	毒物名称	允许浓度/(mg/L)	毒物名称	允许浓度/(mg/L)
亚砷酸盐	5	铁	100	酚	100
砷酸盐	20	硫化物(以S计)	10～20	氯苯	100
铅	1	氯化钠	10000	甲醛	100～130
镉	1～5	氰化物	5～20	甲醇	200
三价铬	10	氰化钾	8～9	吡啶	400
六价铬	2～5	硫酸根	5000	溴酚	30～50
铜	5～10	硝酸根	5000		
锌	5～20	苯	100		

3.4.6.2　影响制浆造纸废水厌氧生物处理的因素和有毒物质

制浆造纸废水中含有木素、半纤维素和纤维素。木素是带有芳香结构的主体网状聚合物，是难生物降解有机物，含高浓度木素的废水采用厌氧处理不能获得良好的处理效果。半纤维素是多种单糖形式的聚合物，造纸废水中的半纤维素以单糖或低聚糖形式进入废水中。纤维素亦会以葡萄糖等形式进入废水中。半纤维素、纤维素的降解产物会形成有机酸，在厌氧处理中易于被去除。

制浆造纸的某些生产工序废水对厌氧生物处理有重要影响。例如，漂白过程中的氯代酚或氯化木素是毒性很强的化合物；湿法剥皮废水中含有有毒的单宁；碱性条件下木材树脂化合物也会溶于水中，它们同样是有毒的。制浆造纸生产过程中使用的含硫化学药品形成的含硫有机物会抑制厌氧菌生长。制浆造纸废水中含有的硫酸盐、亚硫酸盐或连二亚硫酸盐等含硫化合物，在厌氧过程中形成毒性H_2S而抑制甲烷菌活性。制浆造纸废水无机化合物中的硝化物也往往可达到抑制厌氧菌的程度。

制浆造纸废水的硫化物主要来自中性亚硫酸盐半化学浆（NSSC）、化学机械浆（CMP）、化学热磨机械浆（CTMP）等造纸厂。这些制浆废水会对厌氧微生物产生抑制和毒害。一般机械浆（GWP和TMP）和二次纤维制浆废水相对含有较少的木素和有毒物，在厌氧处理中受毒性的困扰较少，且有较高的COD去除率。

因此在进行制浆造纸废水厌氧处理时必须了解毒性物质种类和它们对厌氧微生物的抑制程

度，从而确定对高浓度废水采取必要的稀释或脱毒措施。

3.4.6.3　制浆造纸废水处理常用的厌氧反应器工艺

（1）上流式厌氧污泥床工艺（UASB）　20世纪70年代，由荷兰Lettinga教授等研制开发的上流式厌氧污泥床反应器（UASB）如图3-26所示。在反应器底部有一个高浓度（可达60～80g/L）、高活性的污泥层，大部分有机物在底部被转化为CH_4和CO_2。由于气态产物（沼气）搅动和气泡黏附污泥，在污泥层之上形成一个悬浮污泥层。反应器上部设有三相分离器，完成气、液、固三相分离。沼气从上部导出，净化水从澄清区流出，污泥则自动滑落到悬浮污泥层。由于反应器内保留大量厌氧污泥，反应器负荷能力很大。中温运行的容积负荷率可达10～20kgCOD/(m^3·d)。

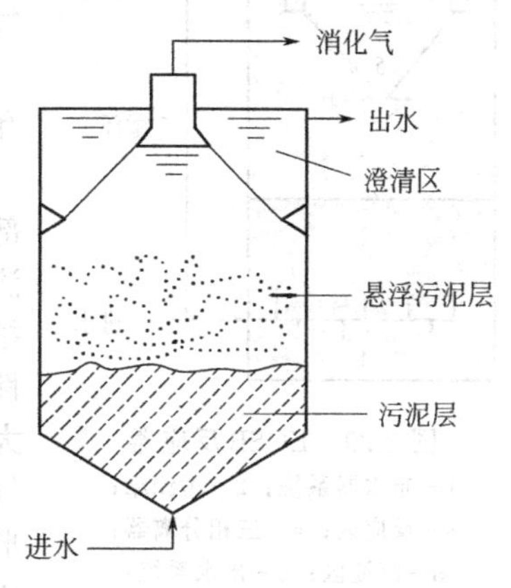

图3-26　上流式厌氧污泥床反应器

UASB是迄今应用最为广泛的厌氧生物处理工艺，在制浆造纸废水处理中亦有大量工程应用实绩。国外第一座UASB工艺造纸废水处理工厂如图3-27所示。具有代表性的UASB工艺造纸废水处理工厂如图3-28所示。

（2）膨胀颗粒污泥床工艺（EGSB）　由于UASB反应器内混合强度不够，底部容易超负荷，所以微生物容易受到污染物抑制或毒害作用。另外，UASB反应器内容易产生短流，影响处理效能。1976年，荷兰Lettinga教授通过合理设计反应器高径比，同时采用出水回流，有效地改善了污泥与污水的混合，减少了反应器死区和短流区，发明了膨胀颗粒污泥床（EGSB）工艺，如图3-29所示。

图3-27　国外第一座UASB工艺造纸废水处理工厂
（资料来源：Paques公司）

图3-28　具有代表性的UASB工艺造纸废水处理工厂
（资料来源：Paques公司）

EGSB工艺是对UASB工艺的革新。在UASB反应器中，液体上升流速一般小于1m/h，污泥床类似于静止床。而在EGSB反应器中，上升流速高达5～15m/h，污泥床接近于膨胀床。

EGSB工艺的主要特点如下：①采用出水回流，对于高浓度或含有毒物的有机废水，可以稀释进入反应器的基质浓度，降低其对微生物的抑制和毒害；②采用塔式反应器，能有效减小占地面积；③颗粒污泥粒径较大，抗负荷冲击能力强；④高水力负荷提高了表面上升流速和搅拌程度，强化了传质，缓解了短流、死区问题。

（3）内循环厌氧反应器工艺（IC）　内循环（Internal Circulation）厌氧反应器（简称IC反应器）由荷兰Paques公司于20世纪80年代中期研发。国内于2001年在废纸脱墨浆和化学机械浆制浆造纸废水预处理中开始应用。

① IC反应器的构造和工作原理。IC反应器是以UASB为基础而发展起来的一种新型厌氧反

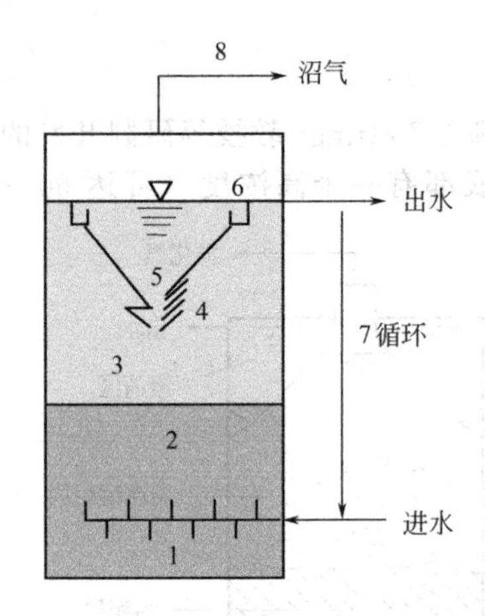

图 3-29 EGSB反应器

1—布水器系统；2—污泥床；3—反应区；4—三相分离器；5—沉淀区；6—出水系统；7—循环系统；8—沼气收集系统

应器，它由两个UASB反应器相互重叠而成。IC反应器的构造如图3-30所示。IC反应器由4个不同的工艺单元组成，即由底部混合区、第一反应室（包括一级厌氧三相分离器）、第二反应室（包括二级厌氧三相分离器）、回流系统（包括沼气提升管、气液分离器和污泥回流管）组成。

待处理的废水从底部进入反应器，在反应器底部同颗粒污泥和气液分离器的回流液混合，使进水浓度得到有效稀释和调节。

第一反应室位于进水混合区上方。在底部进水上升流速、上部气-液分离器部分出水回流液和一级厌氧反应器产生的沼气导流的联合作用下，使废水在第一反应室内同颗粒污泥有效地均匀接触，形成相对完全混合型流态，促进颗粒污泥保持良好的活性，具有高有机负荷和对废水中有机污染物的转化与去除，降解大部分有机污染物，同时产生沼气。第一反应室的COD高，产气量大以及液相上升流速较快，气、液、固三相不能完全分离，形成了混合流体。IC反应器上部气-液分离器内的压力小于一级厌氧三相分离器压力，于是第一反应室的泥水混合流体在沼气的夹带下进入上部气-液分离器中。之后，大部分沼气在气-液分离中逸出外排，而混合流体的密度大，在重力作用下通过回流管进入底部混合区，从而实现IC反应器的内部循环。内循环可使第一反应室的液体上升流速达到10～20m/h。

第二反应室位于第一反应室上方。在此区域内由于经一级厌氧处理后的废水COD浓度相对较低，形成了较低的污泥负荷率、相对较长的水力停留时间和推流型流态，对COD的去除率较高，是有效的后处理。这个区域的液相上升流速小于一级厌氧反应器，一般为2～10m/h。上升流速的降低使该区域成为第一反应室与出水沉淀区之间的缓冲区，对缓解厌氧活性污泥流失和保证沉淀后出水水质有着重要的作用。

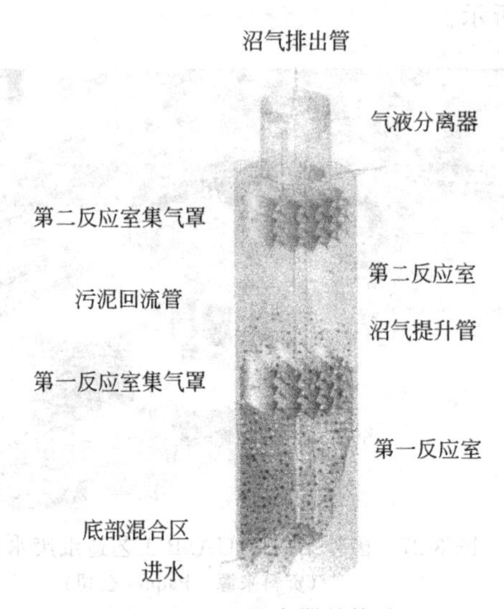

图 3-30 IC反应器的构造

（资料来源：Paques公司）

回流系统包括沼气提升管、气液分离器和污泥回流管。由于沼气提升管与一级厌氧三相分离器的气室间存在着压力差，利用气提作用实现IC反应器内部回流。回流比取决于反应器的产气量。当进水COD浓度高时，产气量大，沼气提升管与下层气室间的压差大，则回流量大。反之亦然。IC反应器的回流比可依进水COD浓度自动调节。IC反应器除了借这种压力差实现自动内回流外，也可以设置附加的回流系统，将厌氧反应产生的沼气用压缩机在反应器的底部注入系统内，形成强制回流，这样可以在第一反应室底部产生附加扰动，增加内部泥、水循环，尤其在反应器启动时能加快启动过程，缩短反应器启动时间。

② IC反应器的特点。IC反应器与UASB反应器相比较具有以下特点。

a. 反应器的总高度高。IC反应器由两个UASB反应器的单元重叠而成。位于IC反应器底部的第一反应室是高负荷区，上部的第二反应室是低负荷区。IC反应器的总高度较大，一般在20m以上。而UASB反应器的总高度一般为10m以下。

b. 有机负荷高。由于内循环提高了第一反应室的液相上升流速，强化了废水中有机污染物同颗粒污泥间的传质效应，生物量大活性好，使IC反应器的有机负荷远远高于普通UASB反应器。处理造纸废水时，IC反应器的有机负荷可达到20～40kgCOD/(m^3·d)，而UASB反应器实际运行有机负荷为8～12kgCOD/(m^3·d)。

c. 抗冲击负荷能力强。处理造纸废水时，IC反应器底部第一反应室的循环流量可达到实际进水量的数倍。高倍率的循环水量大大地稀释和均化了进水水质，使IC反应器具有很强的抗冲击负荷和调节异常水质的能力，提高了IC反应器运行的稳定性。

d. 体积小，占地面积小。IC反应器的容积有机负荷率是一般UASB反应器的3倍左右，在同等条件下，IC反应器的体积为UASB反应器体积的1/3左右。此外，IC反应器具有很大的径高比，一般高度在20m以上，占地面积小，适宜在用地紧缺和现有造纸废水处理工程改造扩建和废水排放提标等情况下使用。

e. 能耗相对较低。IC反应器依靠第一反应室所产生的沼气作为动力实现混合液内循环，不需要外加动力。而一般厌氧流化床载体的流化通过出水回流水泵的加压提升实现，需要耗费一部分动力。相比之下，IC反应器能耗较低。

f. 出水水质稳定性好。IC反应器位于底部的第一反应室相当于进行“粗”处理，而位于第一反应室上部的第二反应室，上升流速低，COD有机负荷低，水力停留时间长，相当于“精”处理，能更有效和稳定地去除COD。同时，由于第二反应室的缓冲作用，改善了处理出水的沉降性能，出水SS低。一般处理造纸废水时，IC反应器的COD去除率可达到75%～80%，出水水质稳定性较好。

g. 产业化条件好，施工工期短。IC反应器的筒体、三相分离器等可实现工厂预制，现场组装，安装施工比较方便，工期短。

③ IC反应器的主要工艺参数。

IC反应器的主要工艺参数有容积负荷、反应器高度、径高比、COD去除率、沼气产率等。

a. 容积负荷。容积负荷即为IC反应器单位容积的COD负荷率，以kgCOD/(m^3·d)表示。根据不同的工业废水性质，IC反应器的容积负荷率不尽相同，差别较大。据国外资料报道，造纸废水容积负荷为9～20kg/(m^3·d)，其他工业废水，如高浓度土豆加工废水为30～40kgCOD/(m^3·d)，低浓度啤酒废水约为26kgCOD/(m^3·d)，柠檬酸废水为13～16kgCOD/(m^3·d)。

b. 预酸化。厌氧降解过程一般分为四个阶段，即水解、酸化、产氢及产甲烷。前两个阶段合并亦称为水解酸化阶段或预酸化阶段。在IC厌氧反应器工艺中，预酸化和产氢产甲烷阶段是分别在预酸化处理池和IC反应器中完成的。预酸化处理使废水中的高分子有机物被细菌胞外酶分解为小分子。例如，造纸废水的纤维素被纤维素酶水解为纤维二糖和葡萄糖，淀粉被淀粉酶分解为多芽糖和葡萄糖，蛋白质被蛋白酶水解为短肽与氨基酸等。高分子有机物经水解后的小分子水解产物，能够溶于水并透过细胞壁为细菌所利用。这些水解产物被酸化菌（发酵菌）的细菌转化为更为简单的化合物如挥发性脂肪酸（VFA）、醇类、乳酸、二氧化碳、氢气、氨、硫化氢等，并分泌到细胞外。同时，酸化菌也能利用其中部分物质合成新的细菌物质。所以，经预酸化后的废水再经IC反应器厌氧处理时可以减少剩余污泥量。一般根据不同的水质，预酸化时间为1～3h。

c. 水力停留时间。IC反应器的容积取决于容积负荷。由于IC反应器的内循环作用，大大地提高了容积有机负荷率，减少了反应器容积。IC反应器的水力停留时间短，一般为2.5～3.0h。

d. 进水悬浮物SS。一般经沉淀和预酸化后，IC反应器要求进水SS≤200mg/L。

e. 颗粒污泥发生量。在IC反应器内经COD转化的厌氧颗粒污泥量，若按去除的COD计，则为2%的COD去除量。这部分污泥可用于新建厌氧反应器的启动接种污泥。

f. 沼气产率。一般IC反应器的沼气产率为0.40m^3/kgCOD左右。

g. 上升流速。IC反应器内的平均上升流速为8m/h左右，其中，第一反应室为10～20m/h，第二反应室为2～10m/h。

图 3-31 国内某造纸有限公司制浆造纸废水预处理 IC 反应器

h. 高度和高径比。IC 反应器的高度和高径比，应按 IC 厌氧反应器构造特点、使用场地的自然环境、用地条件和施工安装等因素确定。一般反应器的高度为 20m 以上，高径比（H/D）为 2～4。

（4）IC 反应器在造纸废水处理中的应用 1996 年 IC 反应器首次在国外制浆造纸废水处理中得到应用，之后国内外应用 IC 反应器处理制浆造纸废水的进展较快。目前，国内已将 IC 反应器应用在废纸浆（含废纸脱墨浆）、化学机械浆、碱法化学浆、半化学浆、蔗渣制浆等制浆造纸废水处理中，特别在高浓度废纸制浆造纸废水预处理，以及现有造纸废水处理工程升级改造中均有良好的处理效果。IC 厌氧反应器工艺是制浆造纸废水提标排放可供选择的低碳技术之一。表 3-13 为国外应用 IC 反应器处理制浆造纸废水实例。表 3-14 为欧洲某造纸厂中温条件下 IC 反应器运行参数。表 3-15 为国内应用 IC 反应器处理制浆造纸废水部分实例。国内某造纸有限公司制浆造纸废水预处理 IC 反应器如图 3-31 所示。

表 3-13 国外应用 IC 反应器处理制浆造纸废水实例

工厂名称	产品品种	生产规模/(万吨/年)	使用原料	废水量/(m^3/d)	废水水质 COD/(mg/L)	IC 反应器尺寸					IC 反应器运行数据			
						容积/m^3	数量	直径/m	高度/m	设计能力/(kgCOD/d)	设计负荷/[kgCOD/(m^3·d)]	运行负荷[kgCOD/(m^3·d)]	进水 COD/(mg/L)	COD 去除率/%
Scial，法国	瓦楞原纸、箱板纸	5.0	废纸浆	1000	2000	100	1	2.85	16	2000	30	5～26	650～2650	60～75
Wepa，法国	卫生纸	7.0	商品浆＋废纸脱墨浆	4000	2310	385	1	5	20	9520	24	9～20	1510～2920	58～74
Europa Carton，德国	瓦楞原纸、箱板纸	30.0	二次纤维			465	1	5	24	12500	27	9～24	1250～3515	61～86

（资料来源：（荷）Piet Lens 等编著．工业水循环与资源回收：分析·技术·实践．成徐州等译．北京：中国建筑工业出版社，2007）

表 3-14 欧洲某造纸厂中温条件下 IC 反应器运行参数

项目	处理水量/(m^3/d)	反应器体积①/(m^3/m^3)	COD 负荷/[kg/(m^3·d)]	COD 去除率/%	沼气甲烷含量/%	反应器出水 pH	水力停留时间/h	温度/℃
运行参数	10000～11000	500～1500/1200～1500	20.0	70～80	65～70	7.0～7.1	3.5～4.0	30～38

① 预酸化体积/甲醇反应器体积。

（资料来源：（荷）Piet Lens，等编著．工业水循环与资源回收：分析·技术·实践．成徐州等译．北京：中国建筑工业出版社，2007）

表 3-15 国内应用 IC 反应器处理制浆造纸废水部分实例

工厂名称	产品品种	生产规模/(万吨/年)	纸浆种类	处理水量/(m^3/d)	进水 COD/(mg/L)	COD 去除率/%
某纸业股份有限公司	新闻纸、文化用纸	35.0	化学机械浆＋废纸脱墨浆	30000	1850	87

续表

工厂名称	产品品种	生产规模/(万吨/年)	纸浆种类	处理水量/(m^3/d)	进水 COD/(mg/L)	COD去除率/%
某纸业有限公司	白板纸	45.0	商品浆+废纸脱墨浆	13000	2600	65
某造纸有限公司	箱板纸、瓦楞原纸	100	废纸浆	36000	3500	65

（资料来源：Paques公司）

3.4.7 SBR生物处理工艺

SBR（Sequencing Batch Reactors）生物处理工艺是序批式活性污泥法，又名间歇曝气。SBR生物处理工艺是将进水、曝气、沉淀、排水等活性污泥法生物处理和泥水分离过程组合在一个反应池中周期性完成，可以不设二次沉淀池，无污泥回流，工艺较简单，占地少。20世纪80年代后期，随着适用于间歇曝气的曝气器、滗水器和废水处理自控设备（电动阀、气动阀、PLC程序控制器等）的研发，使SBR工艺在国外得到较为广泛的应用。20世纪90年代后期，国内逐渐将SBR工艺用于城市污水和工业废水处理中。2000年以后，SBR工艺处理造纸废水试验研究取得了成果，在造纸废水处理中逐渐得到应用。

3.4.7.1 SBR处理工艺过程和主要参数

SBR处理工艺过程如图2-12所示。

(1) 进水 让经过预处理的造纸废水进入SBR反应池。进水时间视反应池的大小和造纸废水水质而异，一般为1～4h。为防止进水中有机污染物对生物反应的冲击，进水污染物浓度越高，进水时间越长。

进水量同SBR反应池中剩余混合液体积之比会影响处理效果。进水量小，曝气槽起始COD_{Cr}浓度低，则COD_{Cr}去除速度快。反之亦然。表3-16为某造纸厂废水采用SBR二级生物处理时，不同进水量对出水水质影响的试验结果。从表中可以看出，在同等试验条件下，当进水量同剩余混合液体积比为1∶2时出水水质最好，体积比为1∶1时出水水质次之，而体积比为2∶1时出水水质相对较差。

表3-16 SBR处理造纸废水时不同进水量与出水水质

进水量同剩余混合液体积比	COD_{Cr}/(mg/L)		BOD_5/(mg/L)		SS/(mg/L)	
	进水	出水	进水	出水	进水	出水
1∶2	509	87	167	11	364	43
1∶1	509	103	167	28	364	56
2∶1	509	142	167	27	364	105

注：SBR反应池每天运行3个周期，每个周期8h，其中进水1h，曝气3h，沉淀2h，出水1h，闲置1h。

(2) 曝气 SBR反应池的曝气方式有三种，即限制性曝气、非限制性曝气和半限制性曝气。采用限制性曝气时，进水阶段的厌氧状态有利于难生物降解的有机污染物分解，较适宜于处理BOD/COD比值低、可生化性差的制浆造纸废水。而可生化性相对较好的制浆造纸废水可采用非限制性曝气，此时能避免废水中有机污染物在曝气反应池中积累，处理效果较好。

SBR处理工艺使活性污泥微生物周期性地处于高浓度及低浓度基质的环境中，曝气反应池内相应地形成厌氧—缺氧—好氧的交替过程，反应池中微生物种类繁多，生物相复杂。厌氧、缺氧、好氧微生物的交互作用，不仅强化了SBR工艺处理有机污染物效能，而且具有脱氮除磷效果。

SBR工艺的曝气时间同处理废水水质相关，一般为2～8h。制浆造纸废水有机污染物浓度较高，毒性较大，一般需要较长的曝气时间。据研究报道，采用SBR工艺处理制浆造纸废水时，在原水 pH6.0～8.0，COD_{Cr} 1000～2000mg/L，BOD/COD 比值 0.2～0.35，曝气时间 6.0h 的条件下，COD_{Cr}去除率约为 70%。若再延长曝气时间则对提高 COD_{Cr}去除效率不甚明显。在工程实践中宜针对废水水质和处理要求，通过试验确定曝气时间。

(3) 沉淀　经曝气反应后废水需再经沉降处理。由于 SBR 工艺的废水是周期性地一次进入曝气反应池中，因而在反应初期有机污染物浓度较高，反应后期有机污染物浓度较低，在曝气反应池内存在着随时间推移而产生的浓度梯度。这一浓度梯度有利于抑制丝状菌污泥膨胀，有利于污泥沉降分离。沉淀期所需的沉降时间按造纸废水水质和处理水水质要求确定，一般为 2～4h。

(4) 排水　SBR 反应池中的混合液经沉淀后，将上清液排出反应池，再将曝气反应过程中生成的剩余污泥从反应池中排出，以保持反应池中一定数量的活性污泥。

(5) 闲置　闲置期的功能是在静置无进水的条件下，使反应池中的微生物通过内源呼吸作用恢复活性，为下一个运行周期创造良好的初始条件。闲置时间一般控制在 1～2h。

3.4.7.2 SBR 处理工艺特点和主要设备

(1) 工艺特点

① 与通常的活性污泥法相比较，运行管理自动化程度较高，处理构筑物少。SBR 工艺是将进水、曝气、沉降、排水、闲置组合在一个 SBR 反应池中周期性地进行，整个工艺过程可以通过自动控制完成。进水过程是在反应池排水、闲置之后，反应池的部分容积可以作为进水调节容量，所以视实际情况，采用 SBR 工艺时可以不设调节池或缩小调节池容量。SBR 工艺不需要单独设置二次沉淀池，无需设置专门的污泥回流装置。

② 按照运行周期，SBR 工艺需要设置数个 SBR 反应池，以满足不间断处理废水的要求，但 SBR 反应池可以分格共壁设置。与常规活性污泥法相比较，SBR 处理工艺的处理构筑物占地面积小，结构紧凑，连接管道少，可节省建设费用。

③ 一般情况下，SBR 工艺属于间歇曝气，除了进水需要提升外，其他处理过程是在同一反应池内周期性地完成，不需要提升。同时，亦不设专门的污泥回流装置，耗能少，运行费用低。

④ SBR 反应池的反应过程基质浓度随处理时间而推移，浓度梯度大，反应推动力大，反应池内生物种类多，活性好，处理效率较高。采用静止重力沉淀方式，沉淀干扰少，出水水质良好。

⑤ 由于厌氧、缺氧、好氧过程交替周期性进行，有利于脱氮除磷。同时，能抑制好氧丝状菌的过量繁殖，避免在传统活性污泥法中出现的丝状菌污泥膨胀。

(2) 主要设备

① 曝气设备。SBR 反应池一般采用鼓风曝气为多。鼓风机类型有罗茨鼓风机、离心鼓风机、空气悬浮鼓风机、磁悬浮鼓风机等。

曝气器一般采用可变微孔曝气器或可变微孔曝气管。由于间歇曝气易堵塞曝气管，一般不宜采用穿孔曝气管和曝气软管。为了防止曝气装置受堵，亦有采用潜水曝气机的。

图 3-32　旋转式滗水器

② 自控设备。SBR 反应池一般为多池并联共壁合建，交错运行。进水、曝气、沉淀、排水和闲置的过程都是按预先设定的程序，通过自控阀、自动液位计、时间继电器等用 PLC 程序控制。而控制程序又可按进水水量和水质的变化加以调整。

③ 排水设备。排水设备是保证 SBR 反应池的出水水质和正常运行的重要设备。目前国内外普遍使用旋转式滗水器。旋转式机构采用液压前后伸缩式和伞齿轮与导轨上下滑动式两种类型。图 3-32 为其中一种类型的旋转式滗水器。

滗水器一般位于池内最高水位的上部，滗水时由电控柜发出指令，启动电机（减速机）带动推杆下降，滗水堰随着推杆缓慢下降（与下降液位同步）开始滗水。被滗水器滗出的清水通过挡渣浮筒、集水支管、主集水管排出池外。滗水至最低液位后，滗水器快速返回至最高位置，待下一个周期再行滗水。

3.4.7.3　SBR 处理工艺在造纸废水处理中的应用

SBR 工艺在国内造纸废水处理工程中已逐渐得到应用，例如某造纸股份有限公司 60000m³/d 制浆造纸废水处理工程，采用 SBR 处理工艺，于 2004 年建成投入运行。该公司是国内新闻纸制纸浆造纸大型企业，制浆造纸废水由制浆废水和造纸废水两部分组成。其中制浆废水包括酸性亚硫酸盐制浆废水、化学预处理热磨机械浆（CTMP）废水以及废纸脱墨浆（DIP）废水。先将制浆废水同造纸废水分质预处理，再采用 SBR 工艺进行二级生物处理，如图 3-33 所示。SBR 处理工艺设计水质如表 3-17 所示，设计条件如表 3-18 所示。SBR 处理工艺的运行工况为限制性曝气进水方式，污泥浓度 3000mg/L 左右，污泥负荷 0.30kgCOD_{Cr}/(kg · d)，COD_{Cr}去除率为 70%左右，BOD_5 去除率为 97%左右，SBR 进出水水质如表 3-19 所示。

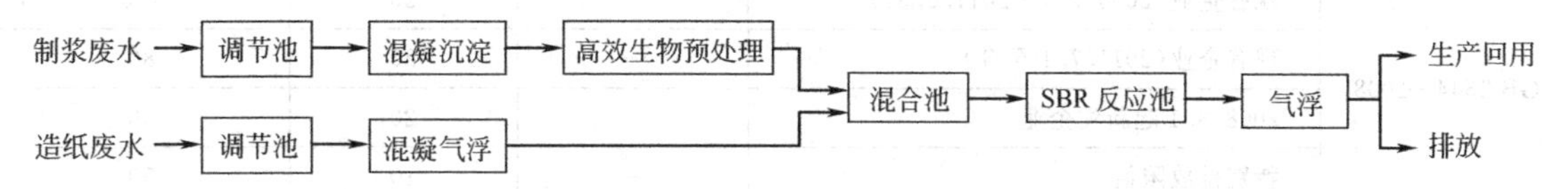

图 3-33　某造纸股份有限公司废水处理工艺流程

表 3-17　SBR 处理工艺设计水质

项目	pH	COD_{Cr}/(mg/L)	BOD_5/(mg/L)	SS/(mg/L)
进水	5～9	650～1000	300～500	100～200
出水	6～9	≤200	≤30	≤60

表 3-18　SBR 工艺设计条件

SBR 反应池有效容积	数量	污泥负荷	运行周期	曝气方式	滗水方式
14000m³	5	0.28kgCOD_{Cr}/(kg · d)	360min，其中进水 72min（60min 后开始曝气进水），反应 168min，混合 5min，沉降 55min，滗水 60min	射流曝气	机械滗水

表 3-19　SBR 进出水水质

时间	pH		COD_{Cr}/(mg/L)		去除率/%	BOD_5/(mg/L)		去除率/%	SS/(mg/L)		去除率/%
	进水	出水	进水	出水		进水	出水		进水	出水	
2005.1	6.95	7.10	662.7	190.2	71.3	471.4	16.5	96.5	130.0	28	78.5
2005.2	6.83	6.87	589.5	185.7	68.5	349.4	8.1	97.7	165.0	19.5	88.2
2005.3	7.00	7.13	798.8	193.3	75.8	490.1	21.9	95.5	181.5	29.0	84.0
2005.4	7.15	7.43	683.5	176.6	74.2	306.7	10.7	96.5	144.5	10.0	93.1
2005.5	6.91	6.96	701.4	180.5	74.3	387.3	12.7	96.7	168.0	15.5	90.1

运行表明，采取增加剩余污泥排放量、降低 MLSS 浓度、提高污泥负荷、缩减滗水时间、延长沉降时间、限制性曝气进水等工艺运行条件和方式，可以使 SBR 系统稳定运行，抑制丝状菌生长，保持对 COD_{Cr}、BOD_5 较高的去除率。

3.4.8　Fenton 高级氧化

为了保护环境，防治污染，促进我国制浆造纸生产工艺和污染治理技术的进步，国家制定了新的《制浆造纸工业水污染物排放标准》（GB 3544—2008）。与原标准 GB 3544—2001 相比较，新标准对吨浆产品排水量和 COD_{Cr} 排放限值要求更加严格，如表 3-20 所示。因此我国制浆造纸企业面临水污染物提标排放问题。造纸废水经二级生物处理后，BOD/COD 比值已经很低，可生化性差，继续采用现行的深度生物处理方法难以奏效。一些研究和工程实践表明，高级氧化法对造纸废水二级生物处理出水中所含有的难生物降解有机物有较好的去除能力。

表 3-20 造纸企业水污染物 COD_{Cr} 排放限值比较

标准号	执行时段	排放标准分级	排水量/(m^3/t 浆)	COD_{Cr} 排放限值/(mg/L)
GB 3544—2001	1992 年 7 月 1 日起立项及建成投产的造纸企业	一级排放标准	60	100
		二级排放标准		150
		三级排放标准		500
GB 3544—2008	现有企业(2009.5.1—2011.6.30)	—	20	100
	现有企业(2011.7.1 至今)	—	20	80
	2008.8.1 起新建企业	—	20	80
	特别排放限值	—	10	50

高级氧化法一般是在常温常压下，基于产生羟基自由基（·OH）而使有机物氧化分解的水处理工艺。羟基自由基为非选择性化学强氧化剂，相对氧化能力大于常用的臭氧或过氧化氢，如表 3-21 所示。

表 3-21 一些氧化剂的相对氧化能力

氧化剂	羟基自由基	氧原子	臭氧	氧化剂	过氧化氢	高锰酸	氯气
氧化能力	2.05	1.78	1.52	氧化能力	1.31	1.24	1.00

Fenton 氧化法能在常温常压条件下产生氧化电位极强的 2.8V·OH，非选择性将有机物降解矿化，与其他高级氧化法相比较，更简单有效，能满足造纸废水深度降低 COD_{Cr} 的处理目标要求。

3.4.8.1 Fenton 反应的技术原理

Fenton 反应于 19 世纪末期就被发现，而于 20 世纪七八十年代国外才开始用于废水处理（Schwarzer 1979，Gilbert 1984）。Fenton 反应中的氧化剂是羟基自由基，其反应式如下。

$$H_2O_2 + Fe^{2+} \longrightarrow \cdot OH + OH^- + Fe^{3+} \longrightarrow Fe(OH)_3 \downarrow \quad (3\text{-}8)$$

从式(3-8) 可以看出，Fenton 氧化法需要添加铁盐，随之会产生大量铁污泥。污泥中可能含有废水降解副产品（如有机物和其他有毒有害物质），需要对这些污泥进行处理处置。但是，Fenton 反应不仅可以使用 Fe^{2+}，也可以使用 Fe^{3+} 催化，所以，循环使用 Fe^{3+} 可解决这一问题。这一方法除了能减少污泥外，还可以节省铁盐化学品的消耗。而重复使用铁盐对催化活性、COD_{Cr} 降解、AOX 降解和脱色的效率没有影响（Renner et al.，2000）。不足之处是使用循环 Fe^{3+} 所需处理时间是使用 Fe^{2+} 的 2 倍，延长了处理时间。

利用电场或结晶技术可以提高 Fenton 氧化法的处理效果和减少化学污泥量，使 Fenton 高级氧化法技术由传统的 Fenton 法逐渐演进到目前的电解还原-Fenton 法和流化床-Fenton 法。

3.4.8.2 电解还原-Fenton 法 (Fered-Fenton)

电解还原-Fenton 法是利用电解还原的方法使 Fe^{3+} 在阴极再还原为 Fe^{2+} 催化剂，反应 pH 为 1.5 左右。反应过程中，H_2O_2 直接连续添加到电解还原槽并与电解质产生的 Fe^{2+} 反应，用以氧化废水中的有机物，而反应产生的 Fe^{3+} 又可直接在阴极还原成 Fe^{2+} 继续参与反应，提高 H_2O_2 氧化效率，减少了 H_2O_2 用量并降低了运行费用。此外，在阳极发生的电极氧化作用亦可以去除部分有机物。反应后的 Fe^{2+} 与 Fe^{3+} 的混合溶液又可作为铁盐混凝剂使用。电解-Fenton

法反应如式(3-9)和式(3-10)所示。

$$Fe^{3+} + e^- \longrightarrow Fe^{2+} \tag{3-9}$$

$$H_2O_2 + Fe^{2+} \longrightarrow \cdot OH + OH^- + Fe^{3+} \longrightarrow Fe(OH)_3 \downarrow \tag{3-10}$$

电解还原-Fenton法适用于高浓度生物难降解废水的处理，可以作为造纸废水生物处理前的预处理，提高废水可生化性，改善后续生物处理能力。国内研究者进行了电生成Fenton法处理化机浆造纸废水试验，以寻求对废水色度和COD_{Cr}的去除效果。在试验中，氧在阴极上吸附放电生成过氧化氢，H_2O_2在Fe^{2+}作用下产生·OH，进而同废水中的有机污染物分子发生自由基链式反应，使高分子有机物降解为低分子，甚至进一步无机化成为CO_2和H_2O。经试验表明，在室温、反应时间60min、pH=5、电流密度80A/m²和曝气量2.1L/min条件下，COD_{Cr}去除率为60%，色度去除率为90%以上，化机浆废水中的有机物被显著地去除。

电解还原-Fenton法可以减少污泥量。同传统Fenton法相比较，电解还原-Fenton法的污泥量可减少80%，污泥量减少显著。

3.4.8.3 流化床-Fenton法（FBR-Fenton）

流化床-Fenton法是利用流体化床的方式，使Fenton法所产生的Fe^{3+}大部分结晶或沉淀覆盖在流化床的载体表面上，它同时结合了同相化学氧化（Fenton法）、异相化学氧化（H_2O_2/FeOOH）、流体化床结晶及FeOOH的还原溶解等功能的新技术，图3-34为负载式FeOOH颗粒触媒（载体）。流化床-Fenton法是对传统的Fenton法工业化应用技术的进一步改良，它既可以大幅度地减少化学污泥产量（同传统Fenton法相比较可减少70%的污泥量），又可以提高对COD_{Cr}的去除率。沉淀覆盖在载体表面的铁氧化物具有催化作用，流化床的方式促进了化学氧化和传质效率，一般流化床-Fenton法对废水中COD_{Cr}的去除率可达70%～90%。流化床-Fenton法适用于低浓度生物难降解废水处理，可以作为造纸废水二级生物处理之后的深度处理技术单元，近几年来在国内造纸废水处理工程中得到了较多的应用。

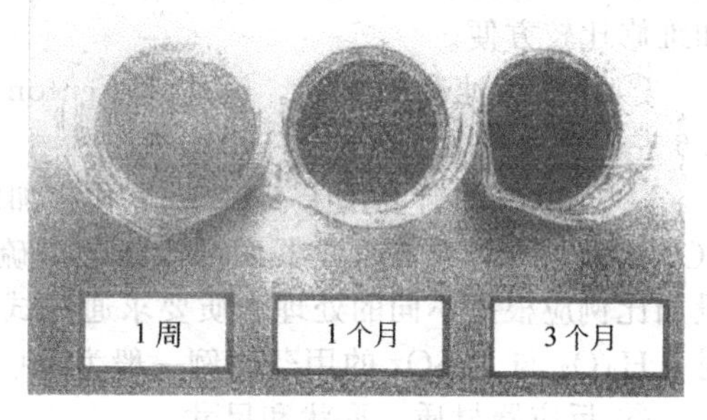

图3-34 负载式FeOOH颗粒触媒（载体）

(1) 流化床-Fenton反应器工艺设计 流化床-Fenton反应器是流化床-Fenton法的核心设备，是关系到处理效果、正常运行和处理成本的关键。图3-35为流化床-Fenton反应器。反应器工艺设计重点包括载体材料、底部布水器、上升流速和回流比、药剂投加、反应器筒体等。

① 载体材料。流化床-Fenton反应器中的载体材料的主要功能是将Fenton氧化法所产生的Fe^{3+}在其表面形成FeOOH结晶，而FeOOH也是H_2O_2的一种催化剂，由于FeOOH的存在，可以大大地减少Fe^{2+}催化剂的用量，从而降低运行费用和污泥产量。

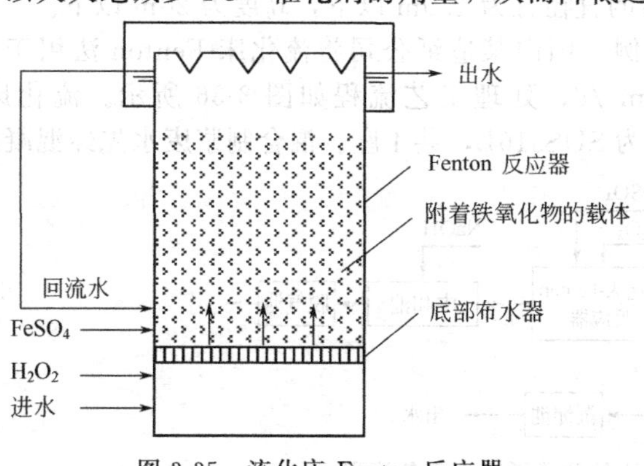

图3-35 流化床-Fenton反应器

对载体材料的具体要求如下。

a. 耐腐性。Fenton化学氧化反应条件是pH=2.5～3.5，流化床-Fenton反应器中的载体材料是在pH=3.0～4.0的酸性介质环境中使用，要求载体材料具有良好的耐腐蚀性能。

b. 机械强度。在流化床-Fenton反应器内载体材料要经受约100m/h的上升水流流速的冲击和相互碰撞，机械强度差的载体易在水流冲击和相互碰撞摩擦等机械作用下破碎。破碎的载体材料使载体层水头损失增大，并有可能随水流进入处理水中，影响处理水水质所以，机械强度是影响载体材料使用寿命的重要因素。

c. 粒径大小。载体的颗粒粒径和均匀度对载体附着铁氧化物数量、Fenton 反应速度、载体层流化状态和水头损失等均有影响，粒径范围一般为 0.5～1.2mm，在载体层采用均质载体填料。

d. 密度。包括湿真密度和湿视密度。湿真密度是指载体在水中充分溶胀后的重量与载体所占体积（不包括载体之间的体积）的比值（g/cm^3）。载体的湿真密度影响到载体的流化状态和水流上升速度，是选择载体时应考虑的重要因素。载体的湿真密度应大于 1.0，一般宜为 1.10～1.20。湿视密度是指载体在水中充分溶胀后的堆集密度（g/cm^3），这是确定载体装载量的计算依据。

目前，国内流化床-Fenton 反应器的载体以采用石英砂为多，亦有采用其他材料的。

② 底部布水器。底部布水器设计要求布水均匀，水头损失小，材质强度高，耐腐蚀，安装和维护方便等。一般采用小阻力配水系统，开孔比为 1.0%～1.5%。主要类型有塑料滤头和滤板相结合、直滤式滤板等。其中，ABS 塑料注塑成型的直滤式滤板是集滤头和滤板为一体的面式布水，滤缝宽度可根据设计需要调整。直滤式滤板可采用机械加工成型，质量稳定，施工安装和维修比较方便。

③ 上升流速和回流比。流化床-Fenton 反应器的上升流速一般为 100m/h 左右，回流比为 1.6 左右。

④ 药剂投加。流化床-Fenton 氧化投加的药剂有 H_2O_2、$FeSO_4$ 和浓 H_2SO_4。H_2O_2 和 $FeSO_4$ 溶液用计量泵在反应器底部注入，浓硫酸用计量泵在反应器上部注入。H_2O_2 与 $FeSO_4$ 的投加比例应根据不同的处理水质要求通过试验确定。当流化床-Fenton 法用于造纸废水深度处理时，H_2O_2 与 $FeSO_4$ 的用药比例一般为 1∶(3～3.5)。

⑤ 反应器材质、形状和尺寸。

流化床-Fenton 反应器内部的介质是 pH＝3.0～4.0 的酸性流体，为了保证正常运行和使用寿命，反应器宜采用 SUS316L 不锈钢材质。反应器形状宜为圆形，以避免内部上升水流发生短路。反应器的大小与 Fenton 氧化处理水质和接触时间有关。一般当原水 COD_{Cr} 浓度愈高，而处理水 COD_{Cr} 浓度愈低时，则要求 Fenton 氧化的接触时间愈长。反应器容积愈大。反之亦然。据国内对废纸制浆造纸废水在 Fenton 反应中的降解研究表明，在原进水 COD_{Cr} 1286mg/L、TOC 323.3mg/L、pH 2.8、温度 30℃、$[H_2O_2]/[Fe^{2+}]=10:1$ 的条件下，延长反应时间可以提高处理效果，当反应时间从 15min 延长到 90min 时，TOC 去除率可从 58%提高到 65%，但是再延长时间对提高反应效果甚微。在工程实践中，若反应时间过长，则会增大反应器体积，提高工程造价。反之，若反应时间不足，则会影响处理效果。在应用流化床-Fenton 法处理造纸废水时，一般应根据处理水质要求，在最佳的投药比例前提下，通过试验确定反应时间和反应器大小。此外，目前流化床-Fenton 反应器采用 SUS316L 不锈钢材质制作，单台反应器的尺寸又要考虑到加工制造、运输和安装等因素。一般单台反应器的直径宜为 4.0m 以下，高度为 20m 以下。

（2）流化床-Fenton 法处理造纸废水应用实例　国内某造纸公司将流化床-Fenton 法用于木浆、竹浆制浆废水的深度处理，规模为 $30000m^3/d$，处理工艺流程如图 3-36 所示。流化床-Fenton 反应器尺寸为 ϕ3.35m，H12.9m，材质为 SUS316L，共 4 座。混合制浆废水先经混凝沉

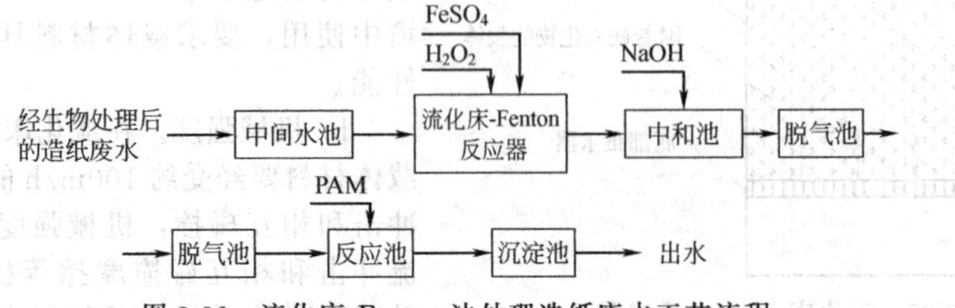

图 3-36　流化床-Fenton 法处理造纸废水工艺流程

淀-A/O生物处理，经生物处理后出水COD_{Cr}为180～230mg/L，色度220～260倍，再经流化床-Fenton反应器处理后出水一般COD_{Cr} 80～100mg/L，色度20～30倍。按2009年物价水平处理费用为2.20～2.50元/m^3水。

3.5 制浆造纸废水处理工艺流程

我国的制浆造纸企业是指以植物（木材、其他植物）或废纸为原料生产纸浆，及（或）以纸浆为原料生产纸张、纸板等产品的企业。在《制浆造纸工业水污染物排放标准》（GB 3544—2008）中，根据不同的情况，将制浆造纸企业分为四种类型，即制浆企业、造纸企业、制浆和造纸联合生产企业、废纸制浆和造纸企业。

制浆企业，指单纯进行制浆生产的企业，以及纸浆产量大于纸张产量，且销售纸浆量占总制浆量80%及以上的制浆造纸企业。

造纸企业，指单纯进行造纸生产企业，以及自产纸浆量总用量20%及以下的制浆造纸企业。

制浆和造纸联合生产企业，指除制浆企业和造纸企业以外，同时进行制浆和造纸生产的制浆造纸企业。

废纸制浆和造纸企业，指自产废纸浆量占纸浆总用量80%及以上的制浆造纸企业。

制浆造纸企业由于所用原料（木材、竹、禾草、废纸等）、纸浆来源（自制浆、商品浆）、制浆工艺（化学浆、半化学浆、化机浆、机械浆、废纸浆）、漂白工艺（ClO_2、Cl_2、O_2）和纸品种（新闻纸、文化用纸、纸板、箱板纸、瓦楞纸等）的不同，所产生的制浆造纸废水性质差别很大，为了达标排放或提标排放所采用的废水处理工艺流程亦不尽相同。本节根据作者长期从事制浆造纸废水处理的工程实践，介绍通常的制浆造纸废水处理工艺流程，以供读者参考。

3.5.1 漂白硫酸盐木浆制浆废水处理工艺流程

木浆制浆纤维原料有针叶木（马尾松、杉木等）、阔叶木（桉木、杨木等）。漂白硫酸盐木浆制浆生产工艺由原木剥皮与削片、蒸煮、浆料洗涤、筛选渗化、漂白（漂白木浆）、精选、干燥等工序组成，产品为商品浆或自用浆。

漂白硫酸盐木浆采用碱法制浆，蒸煮加入的药剂为NaOH和Na_2S。根据我国造纸产业政策，漂白硫酸盐木浆制浆企业，均为大中型制浆企业，且以大型制浆企业为主，制浆黑液均采用碱回收工艺，使制浆废水的有机污染负荷大大降低。废水主要来源于原料制备、碱回收蒸发冷凝液、浆料洗涤、漂白和精选工序。漂白硫酸盐木浆制浆废水的水质一般为pH≈7.5，COD 1200～1400mg/L，BOD_5 450～500mg/L，SS 350～450mg/L，色度300～350倍，水温≤70℃。漂白硫酸盐木浆制浆废水中含有难生物降解的木素和木材湿法剥皮废水中含有的单宁化合物。漂白废水是具有毒性的制浆造纸废水，根据所采用的漂白工艺不同，可能含有漂白氯化物。此外，漂白的碱抽提工序中也会溶出树脂化合物。所以，硫酸盐漂白木浆制浆废水属于难生物降解有机废水。一般漂白硫酸盐木浆制浆废水宜采用物化-生物联合处理方法。废水先经混凝沉淀，以去除大部分SS和部分有机污染物，而后再进行生物处理。当采用好氧生物处理时，应采用低有机负荷率，或者采用两段好氧生物处理。当采用两段好氧生物处理时，由于一段同二段的污泥负荷不同，使每段生物处理单元能进行不同菌种的微生物专性培养驯化，以达到分段高效生物处理效果。根据《制浆造纸工业水污染物排放标准》（GB 3544—2008）的要求，为了使处理过的出水稳定达标排放，在好氧生物处理之后，一般还设有深度处理单元。图3-37为一般情况下漂白硫酸盐木浆制浆废水处理工艺流程。

硫酸盐木浆制浆碱回收工段的第一道工序是以多效蒸发器蒸发浓缩黑液，而蒸发产生的冷凝水仍是较高浓度的有机废水。这部分废水中除含有有机污染物（甲醇等），还含有硫化物（H_2S、甲硫醇CH_3SH、二甲硫醚CH_3SCH_3和二甲基二硫CH_3SSCH_3等），此外还含有萜烯。一般不含矿物质，N、P等营养物质少。废水水温高，为40～80℃。国外某公司对硫酸盐木浆制浆的碱

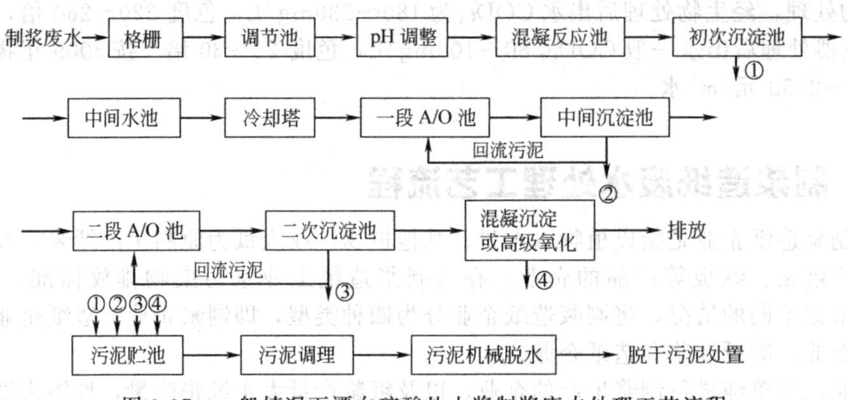

图 3-37 一般情况下漂白硫酸盐木浆制浆废水处理工艺流程

回收蒸发冷凝水采用先进行厌氧生物处理，而后再与其他制浆废水混合进行好氧处理的方法。图3-38为碱回收蒸发冷凝水的厌氧处理工艺流程。从图中可以看出，蒸发冷凝水厌氧处理工艺的特点是：①通过油水分离和微滤预处理，以去除油状成分萜烯和硫化物等，具有除毒性作用；②通过汽提（利用厌氧反应器产生的沼气），以去除硫化物；③厌氧反应器出水再经超滤可截留厌氧微生物，再回流到厌氧反应器可维持反应器的污泥浓度；④超滤出水进入后续处理系统，同其余制浆废水一并进行好氧处理。采用厌氧-好氧处理工艺同单独采用好氧处理相比较，可节省电耗，减少污泥量。

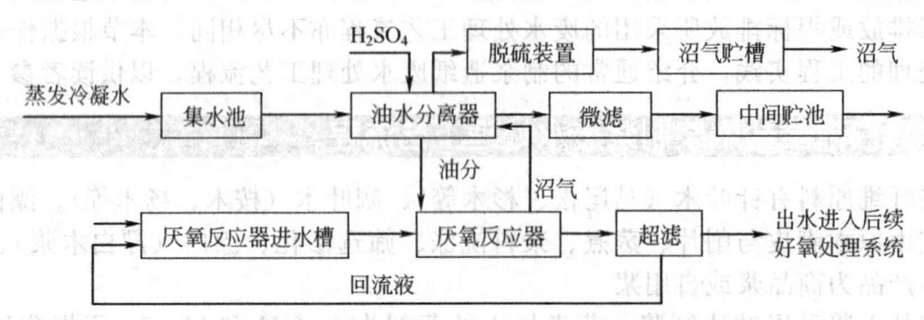

图 3-38 硫酸盐木浆制浆碱回收冷凝水厌氧处理工艺流程

3.5.2 中性亚硫酸盐半化学浆（NSSC）制浆废水处理工艺流程

中性亚硫酸盐半化学浆（NSSC）采用的原料有杨木、桦木等，制浆蒸煮液使用钠盐（如NaOH或Na_2CO_3）、液体SO_2、粉状Na_2SO_4或硫黄。NSSC制浆废液除部分回用外，其余均进入废水处理系统。NSSC制浆废水的pH 5.0～7.0，COD 15000～19000mg/L，BOD 6000～8000mg/L，SS 250～400mg/L，水温50～55℃，一般采用厌氧-好氧生物处理工艺流程。国外有一些企业使用自产的中性硫酸盐半化学浆（NSSC）生产瓦楞原纸。图3-39为一般情况下中性硫酸盐半化学浆（NSSC）制浆造纸废水处理工艺流程。

图3-39中的预酸化池既用于废水的预酸化，又有均衡厌氧反应器进水流量的功能。厌氧反应器出水部分回流到预酸化池的作用是，稀释厌氧反应器进水毒物浓度，降低反应器有机负荷，以使厌氧反应器能稳定正常运行。

3.5.3 竹木浆化学制浆废水处理工艺流程

竹木浆制浆纤维原料有竹子、松木、桉木，采用硫酸盐法化学制浆。生产工艺包括原料准备（竹子削皮、原木剥皮、竹木片筛选）、蒸煮、浆料洗涤筛选、精浆漂白（ClO_2+O_2），浆板加工成型等工序，产品为商品浆或者本企业造纸产品的自制浆。

竹木制浆采用碱法制浆，蒸煮加入的药剂有NaOH、Na_2SO_4、SO_2等。制浆黑液采用碱回

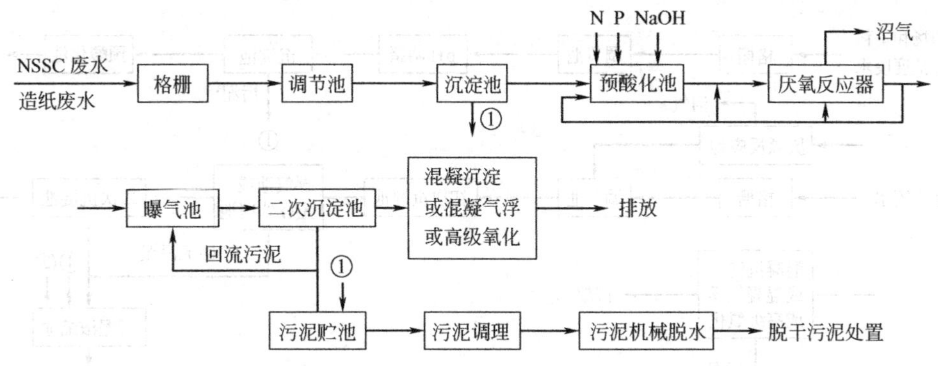

图3-39　一般情况下中性硫酸盐半化学浆（NSSC）制浆造纸废水处理工艺流程

收工艺，制浆废水主要来自原料洗涤、碱回收蒸发冷凝液、浆料筛选和漂白等工序。一般竹木浆化学制浆废水的水质为pH 6～8，COD1200～1700mg/L，BOD_5 400～550mg/L，SS 350～450mg/L，色度250～350倍，水温≤65℃。竹木浆制浆废水性质与漂白硫酸盐木浆制浆废水相类似，一般采用物化-生化处理方法。废水先经混凝沉淀，以去除大部分SS和部分有机污染物，而后再进行生物处理。为了使生物处理过的出水能稳定达标排放，需再经深度处理。目前，相对较为成熟的废水深度处理技术有混凝沉淀、混凝气浮、Fenton高级氧化等。宜根据废水的排放条件和要求，经技术经济比较后确定深度处理单元技术。图3-40为一般情况下竹木浆化学制浆废水处理工艺流程。

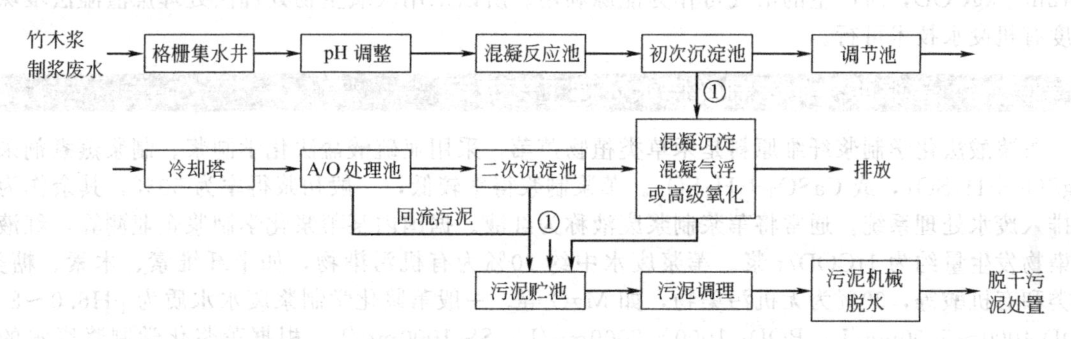

图3-40　一般情况下竹木浆化学制浆废水处理工艺流程

3.5.4　蔗渣化学制浆造纸废水处理工艺流程

蔗渣适用于高得率制浆、化学制浆等。当采用高得率制浆时，蔗渣可采用机械法（MP）、化学机械法（CMP）和化学热磨机械法（CTMP）等制浆方法。当采用化学法制浆时，一般采用碱法制浆。

蔗渣化学制浆造纸生产工艺由蔗渣原料贮存与准备、蔗渣蒸煮、粗浆洗涤、筛选净化、细浆漂白、打浆配浆、抄纸成型、压榨干燥、成纸等工序组成。废水污染源包括两部分。一是制浆部分，即来自原料场和备料、制浆和碱回收生产工序。二是造纸部分，即来自打浆、配浆、纸浆净化筛选。纸机白水一般经单独处理后生产回用。原料场和备料洗涤废水中含乳酸、酒精和发酵菌等有机污染物，一般水质为pH 4.7～5.7，COD5000～8000mg/L，BOD_5 4500～6000mg/L，SS 150～250mg/L，色度300～350倍，水温为常温。原料场废水（含备料废水）为高浓度有机废水。造纸废水（中段废水）的污染相对较轻，一般水质为pH7.5～8.5，COD 1100～1300mg/L，BOD_5 400～500mg/L，SS 250～300mg/L，色度250～300倍，水温较高，为40～45℃。根据蔗渣化学制浆造纸废水的特性，一般宜采用将制浆废水先进行厌氧生物处理，而后再与造纸废水混合进行好氧生物处理的方法。图3-41为一般情况下蔗渣化学制浆造纸废水处理工艺流程。

一般蔗渣湿法堆垛高浓度有机废水的pH为4～5，呈酸性，COD5000～8000mg/L，BOD_5/

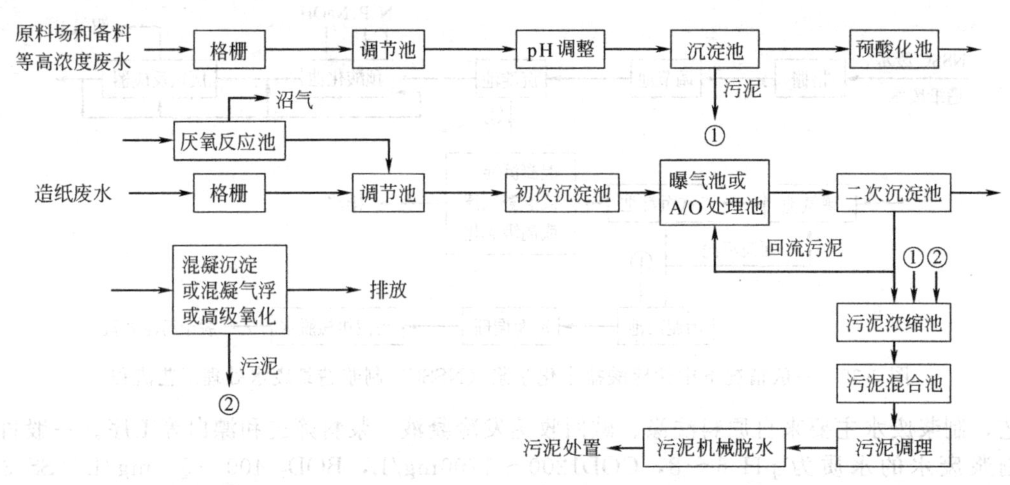

图 3-41 一般情况下蔗渣化学制浆造纸废水处理工艺流程

COD 比值为 0.6 左右，可生化性好。水质随季节而变化，榨季废水浓度高，非榨季废水浓度较低。经厌氧处理法试验表明，厌氧处理对蔗渣湿法堆垛高浓度废水的有机污染物去除效果较为明显。在原水 pH 7.5，COD 5000～8000mg/L，BOD_5 3000～5000mg/L 的条件下，经厌氧处理后 BOD_5 去除率为 85%～90%，COD 去除率为 70%～80%。同时，经厌氧处理后沼气产率约为 $0.42m^3$/kgCOD，所产生的沼气可作为能源利用。所以采用厌氧生物处理法处理蔗渣湿法堆垛高浓度有机废水技术可行。

3.5.5 苇浆酸法化学制浆废水处理工艺流程

苇浆酸法化学制浆纤维原料是禾草类植物芦苇，采用亚硫酸盐法化学制浆。制浆蒸煮剂采用 $MgSO_3+H_2SO_4$，或 $CaSO_3+H_2SO_3$。苇浆制浆得率较低，一般初浆得率为 50%，其余作为废液排入废水处理系统。通常将苇浆制浆废液称为红液。据国内某苇浆化学制浆企业测算，红液的污染物发生量约为 1tCOD/t 浆。苇浆废水中约 70%为有机污染物，如半纤维素、木素、糖类、醇类和有机酸等，30%为无机污染物，如 MgO 等。一般苇浆化学制浆废水水质为 pH6.0～8.0，COD 4000～5000mg/L，BOD_5 1000～2000mg/L，SS 1000mg/L。根据苇浆化学制浆废水的特点，一般采用混凝沉淀-厌氧生物处理-好氧生物处理联合处理的方法。图 3-42 为一般情况下苇浆化学制浆废水处理工艺流程。

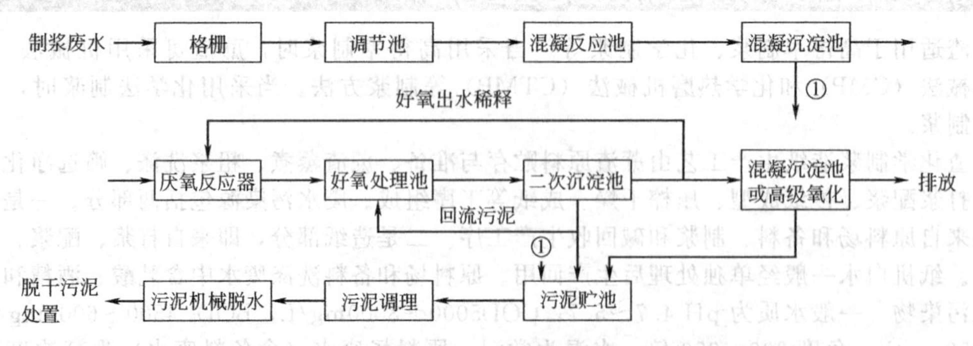

图 3-42 一般情况下苇浆化学制浆废水处理工艺流程

苇浆酸法化学制浆废水可生化性较低，废水中含有的木素可生化性差，仅有小分子部分可以厌氧降解。另外，苇浆化学制浆废水中还含有对厌氧生物处理具有毒性的物质，包括脂类、树脂类（有机抽出物）等，采用物化方法（如采用混凝沉淀）可以去除部分木素，稀释厌氧反应器进水浓度也可以降低废水毒性物质浓度。因此，在图 3-42 中将后段好氧处理出水回流到前段厌氧反应器，以稀释厌氧反应器进水浓度，降低有机负荷和废水毒性，从而提高厌氧反应器的效率和处理效果。

3.5.6 废纸制浆造纸废水处理工艺流程

废纸制浆造纸一般以废纸浆和部分商品浆为原料生产纸和纸板。废纸来源有进口废纸和国内废纸，一般进口废纸所含杂物和杂质较少，由进口废纸生产的废纸浆（OCC浆）作为生产高档纸和纸板的原料。废纸制浆造纸的生产工艺由制浆和造纸两部分组成。制浆生产工序包括原料准备、浸泡、除砂除杂、打浆和洗浆等。商品浆可在打浆工序同废纸浆直接混合。根据生产不同的纸和纸板品种的需要（如新闻纸、文化用纸、高强瓦楞纸、牛皮箱板纸、白板纸），有的还有废纸浆脱墨工序。废纸制浆废水中主要含有纤维素、半纤维素、木素、糖类、醇类等有机污染物，以及废纸中的杂质、砂等无机污染物，造纸废水中含有造纸生产中加入的残留化学品、填料和纸浆纤维等。废纸制浆造纸废水的特点是含有的悬浮物高，有机污染物含量高，BOD/COD比值一般为0.25～0.35，具有一定的可生化性，水温高。具体水质同生产品种、生产规模、清洁生产水平、生产设备配置和操作管理有关，而这些综合性指标又与吨纸排水量有关。一般中小型废纸制浆造纸企业，吨纸排水量为20～40m³，废水水质为pH 7～8，COD 1500～2000mg/L，SS 1000～1500mg/L。大中型废纸制浆造纸企业，吨纸排水量为20m³以下，废水水质为pH7.3～8.3，COD 2000～2500mg/L，SS 1500～2000mg/L。大型废纸制浆造纸废水的污染物浓度更高，水温高，一般为40～60℃。根据废纸制浆造纸废水的特点，一般均采用物化预处理-生物处理-深度处理。物化预处理是关系到废水稳定达标排放的关键，生物处理是废水处理核心，深度处理是达标排放的保证。图3-43为一般中小型废纸制浆造纸废水处理工艺流程。图3-44和图3-45均为一般大型废纸制浆造纸废水处理工艺流程。

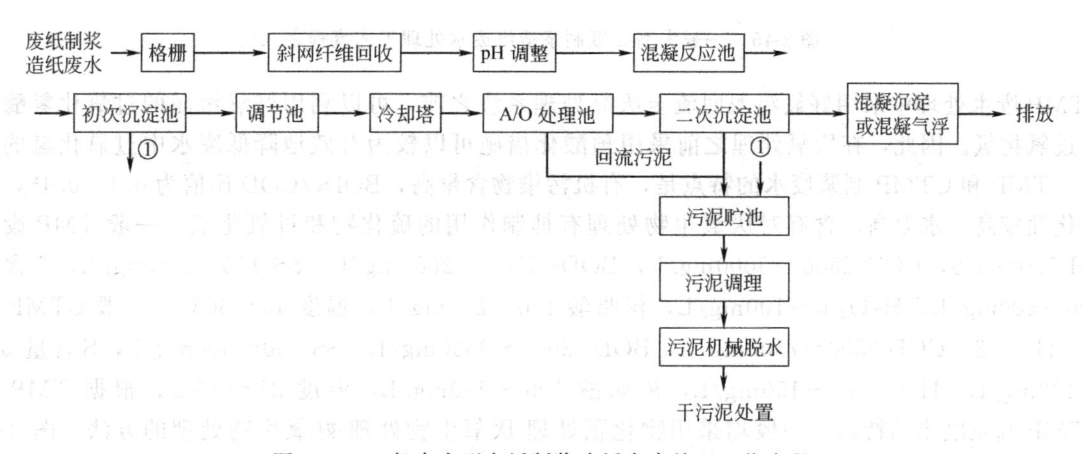

图3-43 一般中小型废纸制浆造纸废水处理工艺流程

3.5.7 热磨机械浆和化学热磨机械浆制浆废水处理工艺流程

热磨机械浆（TMP）和化学热磨机械浆（CTMP）制浆均是以木片或原木段为原料。TMP制浆是在不同温度下直接以机械法磨浆。CTMP制浆是经化学处理后在加热条件下以机械法磨浆。国外自20世纪80年代以来TMP和CTMP的生产呈快速增长趋势，国内90年代以后开始有TMP和CTMP浆的生产。

TMP制浆废水相对地含有较少的木素和有毒物，在废水生物处理中COD去除率相对较高。相比之下，CTMP制浆废水含有较高的木素或毒性物质（如树脂酸、松香酸、挥发性萜烯等），对废水生物处理会产生严重的抑制作用。对废水中含有的毒性化合物进行预处理（沉淀或气浮）和经厌氧出水再循环以稀释进水浓度等方法，可使制浆废水中树脂化合物含量大幅度降低。在

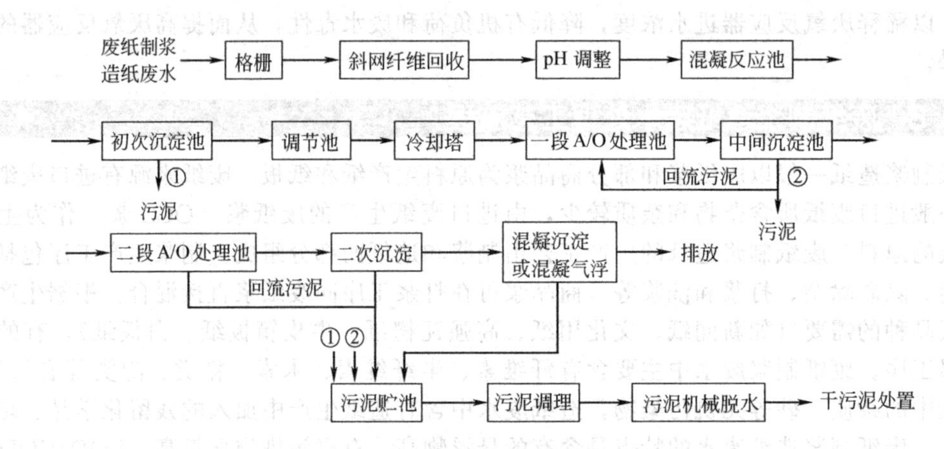

图 3-44　一般大型废纸制浆造纸废水处理工艺流程之一

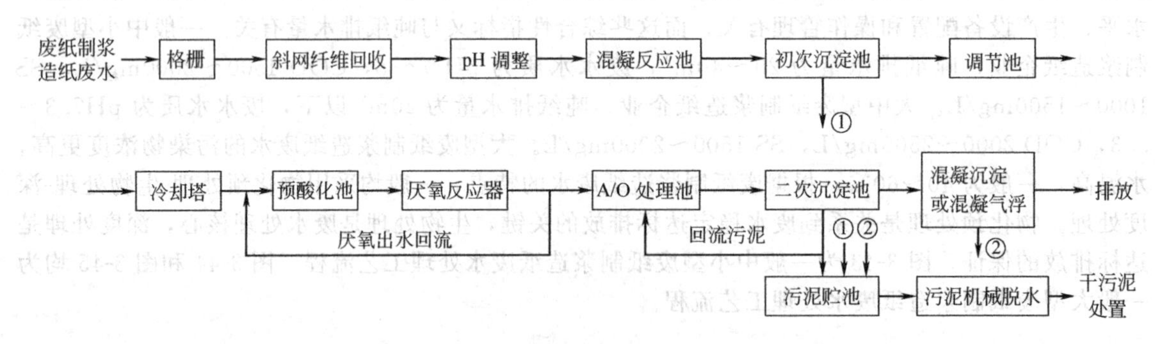

图 3-45　一般大型废纸制浆造纸废水处理工艺流程之二

CTMP 废水处理中采用好氧污泥回流至厌氧处理系统之前，可以利用好氧污泥的过氧化氢酶分解过氧化氢。因此，在厌氧处理之前采用预酸化措施可以较为有效地降低废水中过氧化氢的浓度。TMP 和 CTMP 制浆废水的特点是，有机污染物含量高，BOD_5/COD 比值为 0.4～0.45，可生化性较高，水温高，含有对厌氧生物处理有抑制作用的硫化物和过氧化氢。一般 TMP 废水 pH 5.0～5.5，COD 2500～5000mg/L，BOD_5 1500～2500mg/L，SS 150～300mg/L，S 含量 200～500mg/L，H_2O_2 0～100mg/L，树脂酸 100～200mg/L，温度 40～60℃。一般 CTMP 废水 pH 7～8，COD 6500～7500mg/L，BOD_5 3000～3500mg/L，SS 300～500mg/L，S 含量 300～400mg/L，H_2O_2 50～150mg/L，树脂酸 100～500mg/L，温度 35～45℃。根据 TMP 和 CTMP 制浆废水的特点，一般均采用物化预处理-厌氧生物处理-好氧生物处理的方法。图 3-46 为一般 TMP、CTMP 制浆废水处理工艺流程。在处理流程中将好氧处理出水部分回流到初次沉淀池之前，厌氧反应器部分出水回流到预酸化池，可用来稀释厌氧处理的进水浓度，减轻 TMP、CTMP制浆废水对厌氧处理的毒性。

某纸业股份有限公司是一家大型制浆造纸企业，有 4 种制浆生产，即 BKP、GP、DIP 和 TMP 浆。其中 BKP 和 GP 浆制浆废水 COD 浓度为 1000mg/L 左右，而 DIP、TMP 制浆废水 COD 浓度为 3000mg/L 以上。为此，该公司按废水 COD 浓度将制浆废水清浊分流。高浓度的 DIP 和 TMP 制浆废水采用厌氧-好氧生物处理，即废水先经 IC 厌氧反应器，进行厌氧处理，而后再进行好氧处理。相对低浓度的 BKP 和 GP 制浆废水直接进行好氧生物处理。该废水处理工程于 2002 年后逐渐投入正常运行，是国内首次采用厌氧-好氧生物处理工艺的 TMP 制浆废水处理工程。经运行表明，该废水处理工程 COD 去除率达到 85%以上，BOD 和 SS 去除率达到 95%以上，处理效果良好。

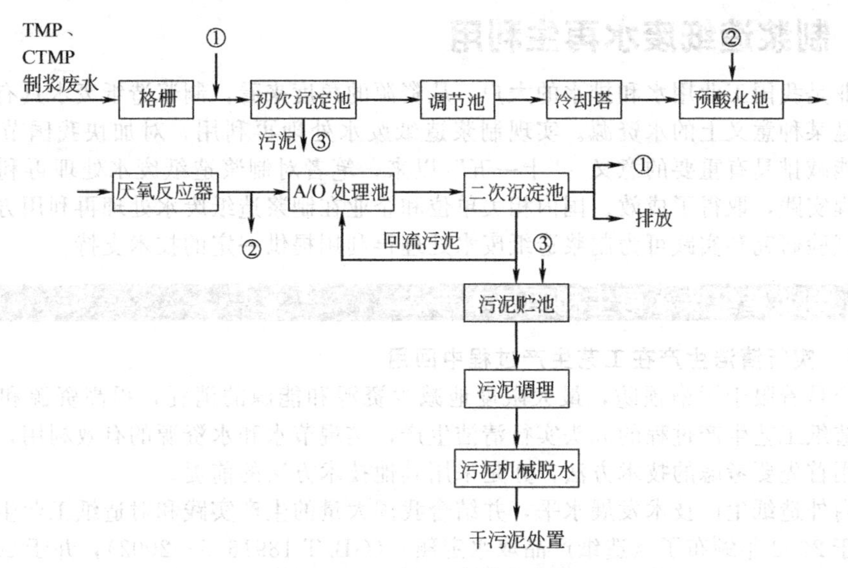

图 3-46 一般 TMP、CTMP 制浆废水处理工艺流程

3.5.8 商品浆制浆造纸废水处理工艺流程

商品浆制浆造纸企业以商品浆为原料生产特种纸、高档文化用纸和生活用纸等。这类生产企业的制浆生产工艺只是以商品浆为原料，进行碎浆和打浆等，而后根据生产纸的品种需要在造纸生产工艺中添加化学品，以改善纸产品使用性能或增强其强度等。以商品浆为原料的造纸企业的废水特点是，有机污染物浓度较低，废水中主要含有短小纤维、溶解木素、浆料溶出物（蜡质、果胶质、脂类、糖类）等有机污染物，以及在造纸过程中添加的化学品残留物，BOD/COD 比值一般为 0.30～0.40，具有可生化性。一般商品浆制浆造纸废水 pH 6.5～8.0，COD 800～1200mg/L，BOD 200～400mg/L，SS 400～600mg/L，温度 40～50℃。根据商品浆制浆造纸废水的特点，一般先采用物化预处理，以去除部分 SS 和 COD，而后再进行好氧生物处理，经处理后出水达标排放。由于商品浆造纸废水的污染程度相对较轻，为此，国内亦有某些商品浆造纸企业将达标排放的废水再经深度处理进行生产回用，以实现节能减排和水资源的有效利用。图 3-47 为一般商品浆制浆造纸废水处理工艺流程。

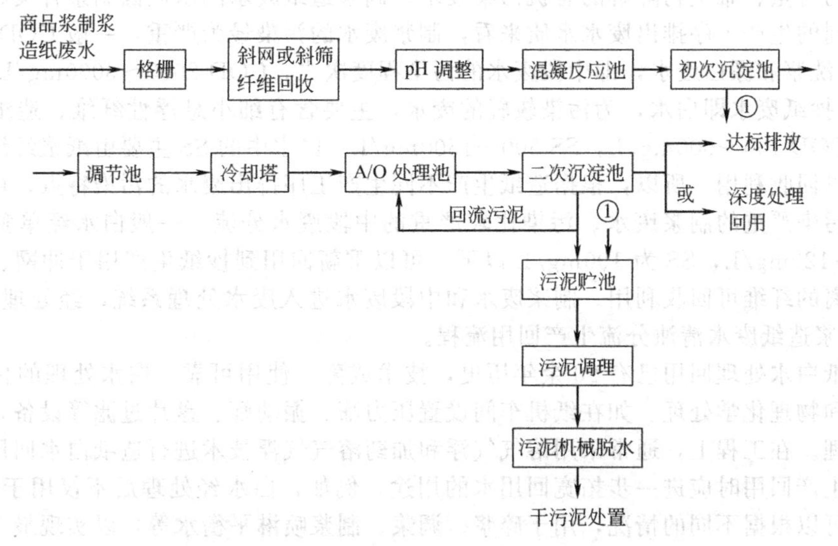

图 3-47 一般商品浆制浆造纸废水处理工艺流程

3.6 制浆造纸废水再生利用

造纸工业是我国工业用水和排水的大户，从资源的角度来看，制浆造纸废水具有两重性，既是废水，又是某种意义上的水资源。实现制浆造纸废水处理再利用，对加快我国节水型社会建设，落实节能减排具有重要的意义。“十一五”以来，笔者对制浆造纸废水处理再利用进行了试验研究和工程实践，取得了成效。国内相关单位和企业在制浆造纸废水处理再利用方面亦有相当进展。这些试验研究和实践可为制浆造纸废水处理再利用提供一定的技术支持。

3.6.1 制浆造纸废水再生利用基本方法

3.6.1.1 实行清洁生产在工艺生产过程中回用

清洁生产是着眼于污染预防，最大限度地减少资源和能源的消耗，提高资源和能源的利用率。在制浆造纸工艺生产过程的源头实行清洁生产，实现节水和水资源的有效利用，是制浆造纸废水再生利用首先要考虑的技术方法，亦是采用其他技术方法的前提。

根据国内外造纸生产技术发展水平，并结合我国大量的生产实践和对造纸工业生产节水目标要求，国家于2002年颁布了《造纸产品取水定额》(GB/T 18916.5—2002)，并于2005年1月1日起正式实施。随后，还发表了《实施指南》，对我国造纸工业生产的节水和减污技术措施做了详细的阐述。造纸工业实行清洁生产，在工艺生产过程中实现节水和回用时，首先应考虑和采取的技术措施包括湿法备料洗涤水循环使用；蒸煮深度脱木素技术（低卡伯值蒸煮）；粗浆洗涤和筛选封闭系统；氧脱木素工艺；先进的漂白工艺，如采用无元素漂白（ECF）、全无氯漂白（TCF）；漂白洗浆滤液逆流使用；随着浆厂（包括二次纤维浆、机械浆）规模的扩大和采用中浓氧脱木素、中浓漂白等技术，采用中浓（8%～15%）设备，如中浓浆泵、中浓混合器等；碱回收蒸发站冷凝水的回用；造纸车间用水循环使用，包括设备和真空泵等冷却水循环使用，纸机网部脱出的浓白水供备浆、冲浆、浆料稀释等回用。

这些节水回用技术措施在《实施指南》和节能减排的相关文献中已有较多论述，在此不再详细说明。

3.6.1.2 清浊分流生产回用

将生产过程中产生的轻度污染废水与其他废水分流，对轻度污染废水进行处理，达到生产回用，这是制浆造纸废水处理再生利用应优先考虑的技术方法。

制浆造纸生产由制浆、洗浆、漂白、抄纸等工序组成。一般制浆造纸废水属于高有机物浓度、高悬浮物含量、难生物降解的有机污染废水。制浆造纸废水的水质因制浆种类、造纸品种而异。若按不同的生产工序排出废水水质来看，制浆废水的污染最为严重，一般COD可达4000～6000mg/L。洗浆和漂白废水，即中段废水的污染程度次之，COD 2000～3000mg/L，SS 1500～2500mg/L。抄纸废水即白水，为污染较轻的废水，主要含有细小悬浮性纤维、造纸填料和某些添加剂等，COD 150～600mg/L，SS 500～1500mg/L。白水中的SS主要由纸浆纤维组成，可以作为资源加以回收利用。所以，根据造纸生产不同生产工序排出废水的污染特点，可以将污染较轻的白水同污染严重的制浆废水、污染比较严重的中段废水分流。一般白水经单独处理后出水COD为80～120mg/L，SS为100mg/L以下，可以重新回用到抄纸生产用于冲网、冲毯等，经白水处理分离的纤维可回收利用。制浆废水和中段废水进入废水处理系统，经处理后达标排放。图3-48为制浆造纸废水清浊分流生产回用流程。

国内造纸白水处理回用已有20余年历史，技术成熟、使用可靠。白水处理的技术措施主要是机械分离和物理化学处理。如在纸机车间设置压力筛、振动筛、盘片过滤等设备，兼具纤维回收和白水处理。在工程上，通常采用溶气气浮和加药溶气气浮技术进行造纸白水回用处理。在采用清浊分流生产回用时应进一步拓宽回用水的用途。例如，白水经处理后不仅用于纸机的冲网、冲毯等，还可以根据不同的情况，用于碎浆、调浆、制浆喷淋平衡水等，以实现最大限度地利用水资源。

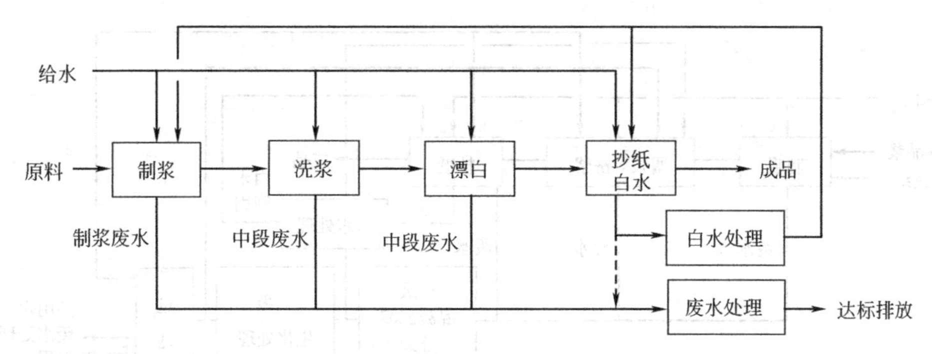

图 3-48　制浆造纸废水清浊分流生产回用流程

3.6.1.3　废水处理分质回用

将经过废水处理后达标排放的部分废水，回用到对水质要求不高的生产工序或其他用水，这是实现制浆造纸废水处理再生利用，降低造纸生产水耗的有效技术方法。

2008 年 8 月 1 日开始执行的《制浆造纸工业水污染物排放标准》(GB 3544—2008)，对制浆造纸废水的污染物排放要求进一步提高，一级标准的排放浓度为：COD≤80mg/L，BOD≤20mg/L，SS≤50mg/L，这为制浆造纸废水处理分质回用创造了条件。对于已经达标排放的制浆造纸废水可以按照造纸生产不尽相同的用水要求分质回用。如下所述。

(1) 用作碎浆、调浆生产用水。碎浆、调浆用水对水质要求不高，尤其是废纸制浆造纸的碎浆、调浆用水，一般 COD≤400～800mg/L，SS≤100～150mg/L 即可满足要求，所以经一级混凝沉淀处理后的出水应可回用。

(2) 洗浆、冲网用水。洗浆、冲网用水对水质要求较高，一般要求 COD≤100mg/L，BOD≤30mg/L，SS≤30mg/L。制浆造纸废水二级生物处理出水再经过过滤和消毒等处理，进一步去除 SS 和改善卫生学指标后可满足回用要求。

(3) 废水处理的药品制备、脱水机冲网、场地冲洗以及消防用水等，可以采用经过滤后的制浆造纸废水二级生物处理出水。

(4) 用作工业杂用水。例如，冲洗地面、冲厕、水力除渣、绿化、建筑施工、景观用水等，一般这类用水的水质要求不高，制浆造纸废水经过二级强化处理后可满足此类再生回用水的水质要求。

从技术上考虑，只要对制浆造纸生产用水根据不同的用途加以细分，设置相应的回用水管道系统，制浆造纸废水处理分质回用的技术方法是可行的。废水再生回用率因制浆种类和造纸品种而异，据测算，一般实行制浆造纸废水处理分质回用后，废水再生回用率可达到 30%左右。以某废纸浆和部分商品浆为原料的纸业公司为例，每日排放废水量为 3 万多立方米，经处理后，其中 $10000m^3$ 实现回用，主要用于灰底板纸生产以及冲洗、绿化、消防等用水，其余 2 万多立方米达到国家排放标准后排入受纳水体。图 3-49 为制浆造纸废水处理分质回用流程。

制浆造纸废水处理分质回用既可节约水资源，实现水资源的有效利用，又可减少清水用量，降低生产成本。因此，实现制浆造纸废水处理再生利用时，有条件的情况下应充分考虑废水处理分质回用。

3.6.1.4　废水深度处理生产回用

随着我国经济发展和提高纸产品质量与确保生产设备可靠使用的需求，制浆造纸废水深度处理生产回用将成为具有前景的再生利用技术方法。

制浆造纸废水深度处理生产回用的技术方法因回用水水质要求和技术经济条件而异。国内有些企业在废水二级生物处理之后，进而进行化学混凝、过滤、活性炭吸附、加氯消毒等深度处理，使处理后出水浊度、色度、COD 等指标达到生产回用水水质要求予以回用。例如，某特种纸业公司 2001 年以来在造纸废水生物处理基础上再进行深度处理，使处理水水质符合

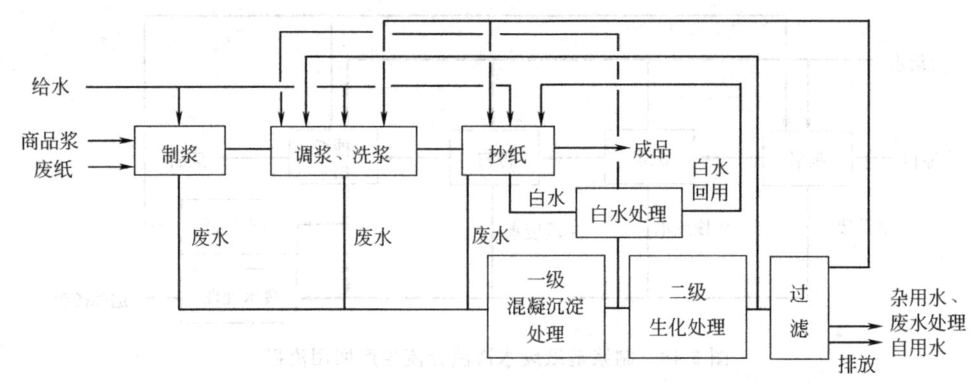

图 3-49 制浆造纸废水处理分质回用流程

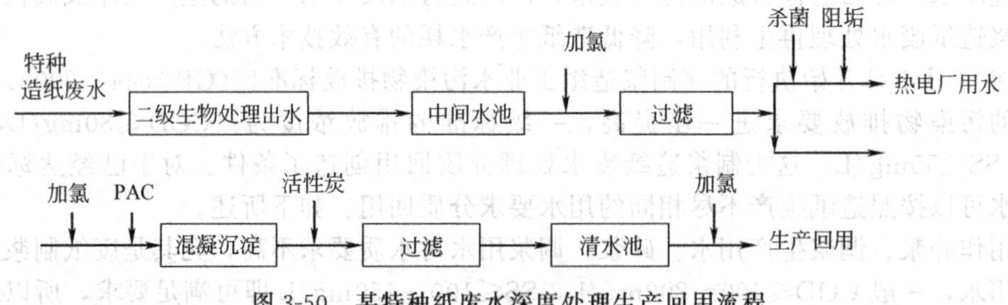

图 3-50 某特种纸废水深度处理生产回用流程

回用水水质要求，进行生产回用。图 3-50 为某特种纸废水深度处理生产回用流程，其运行水质见表 3-22。

表 3-22 某特种纸废水深度处理生产回用运行水质

参数	二级生物处理出水水质	回用水水质	回用水水质要求	参数	二级生物处理出水水质	回用水水质	回用水水质要求
pH	7.0～7.5	7.0～7.5	6.5～8.5	BOD/(mg/L)	4	<4	<5
浊度/NTU	4	1	<3	氨氮/(mg/L)	1	1	<1
色度/PCU	15	10	<15	余氯/(mg/L)	—	—	不大于 0.2，管网末端不小于 0.05
COD/(mg/L)	32	23.5	<50				
SS/(mg/L)	20	<10	<10				

3.6.2 制浆造纸废水生产回用水质要求

造纸生产用水水质因制浆造纸种类、产品质量要求、企业长期以来用水习惯与经验，以及当地供水条件而异。造纸生产回用水水质的主要要求是浊度、色度、pH、有机污染物和无机盐类等。

生产回用水中的浊度和色度过高，则会使纸产品的白度和清晰度下降，影响纸产品质量。但是，对商品浆和废纸浆为原料的瓦楞纸、箱板纸等产品影响相对较小。在造纸生产过程中需要添加化学品，如酸、碱、填料（如 $CaCO_3$）、增强剂（干强剂、湿强剂）等，造纸生产回用水中的 pH 变化，有可能致使增加造纸生产过程中化学品的用量，提高生产成本。造纸生产回用水中的有机污染物含量过高，则长期使用后，在适宜的水温和溶解氧等条件下，有可能使管道和纸机系统内微生物增多，产生微生物腐蚀，以及使烂浆增多，纸页断头和页面斑点等，影响产品质量。若造纸生产回用水中的无机盐类含量过高，则会使溶解性固体（TDS）、电导率等增加，长期使用后致使设备和管道结垢与腐蚀。一般造纸生产回用水水质要求为 pH 6.5～8.0，色度 10～

15PCU，浊度 1～2NTU，SS<10mg/L，COD 20～40mg/L，电导率 200～500μS/cm。某些造纸生产用水水质要求如表 3-23 所示。

表 3-23　某些造纸生产用水水质要求

参数	白板纸	特种纸	文化用纸	生活用纸	箱板纸
pH	6.5～7.5	6.5～7.5	7.0～8.0	7～7.5	6.5～7.5
色度/PCU	<10	<15	<10	<10	<20
浊度/NTU	<1	<3	<2	<2	<3
硬度(以 $CaCO_3$ 计)/(mg/L)		150～200			
COD/(mg/L)	<20	<50	<20	<20	<50
SS/(mg/L)	<10	<10	<10	<10	<15
电导率/(μS/cm)	<200		<600	<700	<1000
氨氮/(mg/L)		<1			
余氯/(mg/L)		不大于 0.2,管网末端不小于 0.05			

3.6.3　制浆造纸废水深度处理生产回用技术新进展

通常的制浆造纸废水经二级生物处理之后，再经化学混凝、过滤等深度处理，不能完全去除出水中残留的有机微生物，同时亦不能去除造纸废水中含有的大量无机盐类。处理水的溶解性固体、电导率和色度偏高，对造纸产品质量和纸机设备与管道等会产生负面影响，不能符合造纸生产长期稳定的使用要求。为了进一步改善再生回用水水质，确保造纸产品的质量和纸机设备、管道系统的使用寿命，近 10 年来，国内外对制浆造纸废水深度处理生产回用技术，例如膜分离技术、电析除盐技术等有了进一步研究和生产性试验应用。

3.6.3.1　膜分离技术

膜处理技术是 21 世纪以来水处理领域的关键技术之一。2005 年以后在我国制浆造纸废水深度处理再生利用领域中，膜分离技术的试验研究和示范应用工程已有新进展。

膜分离是利用膜的选择透过性而使不同的物质得到分离。膜分离具有无相变、分离效率高、可常温、无化学变化、卫生、自动化程度较高等优点。在制浆造纸废水深度处理生产回用中，常用的膜分离技术包括微滤（MF）、超滤（UF）、纳滤（NF）和反渗透（RO）等。

2007 年，国内某公司对造纸废水进行了再生回用膜处理技术试验研究。试验废水为以商品浆和废纸为原料，生产白板纸、卡纸等工业用纸的制浆造纸废水。生产废水中主要含细小悬浮性纤维，造纸填料，废纸杂质和生产过程中添加的各类有机及无机化合物，具有 COD 和 SS 浓度高、可生化性差等特点。试验规模为 24m^3/d，试验水质如表 3-24 所示，图 3-51 为试验工艺流程，图 3-52 为试验装置 MBR 槽，图 3-53 为试验装置 RO 系统。

表 3-24　某造纸企业废水再生回用膜处理试验水质

名称	色度/PCU	浊度/NTU	SS/(mg/L)	电导率/(μS/cm)	COD_{Cr}/(mg/L)	pH	细菌数/(个/mL)	污染指数(SDI)
进水	—	—	<200	<2800	<1100	6～10	—	—
产水	<10	<1	<10	<200	<20	6.5～7.5	<100	进 RO≤5
浓水	—	—	<70	—	<150	6～9	—	—

已有废水处理初沉池出水先进入气浮槽，采用加药混凝气浮处理，以去除初沉池出水中含有的呈悬浮和胶体状有机污染物，改善后续生物处理运行条件，提高生物处理效率。经气浮处理的出水再经 A/O 生物处理单元，以去除大部分有机污染物。A/O 生物处理出水进入 MBR 处理单

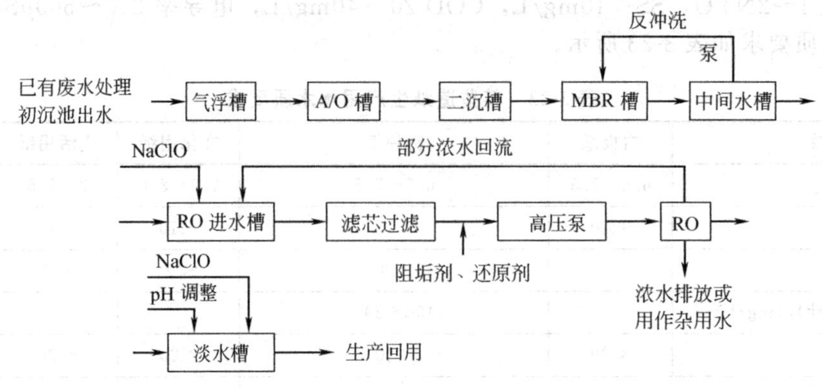

图 3-51 某造纸废水再生回用膜处理技术试验工艺流程

图 3-52 MBR 槽

图 3-53 RO 系统

元，进一步去除废水中的有机污染物和 SS，降低色度和浊度。MBR 出水经滤芯过滤-反渗透（RO）进行除盐处理，以最大限度地去除水中的 TDS，降低电导率，深度去除色度、浊度、COD_{Cr}，使回用水质达到生产工艺用水要求。RO 浓水作为杂用水回用或再处理达标排放。采用 NaClO 进行消毒处理，使出水水质卫生学指标达标。视 RO 出水水质必要时进行 pH 调整。

膜处理的试验条件为 RO 进水量 0.8～1.0m^3/h，产水量 0.5～0.6m^3/h，回收率 60%，进膜压力 0.6～0.7MPa，出膜压力 0.58～0.65MPa。试验期自 2007 年 1～11 月，历时 11 个月。图 3-54～图 3-57 分别为 MBR 处理单元对 COD、浊度、色度和 SS 的处理效果。图 3-58～图 3-62 分别为 RO 处理单元对电导率、COD、浊度、色度和 SS 的处理效果。从试验结果可以看出以下几方面。

（1）试验条件下 MBR 作为造纸废水三级生物处理单元时，在二沉槽出水 pH 7.4～7.8、COD_{Cr} 68～119mg/L、SS 26～46mg/L、色度 38～175PCU、浊度 2～15NTU 的情况下，MBR

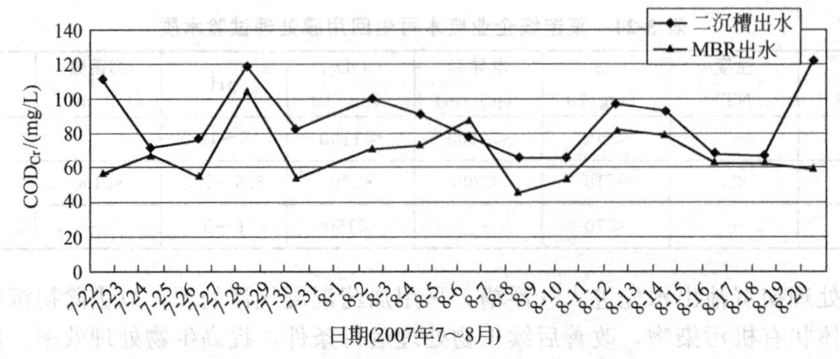

图 3-54 MBR 处理单元对 COD 的去除效果

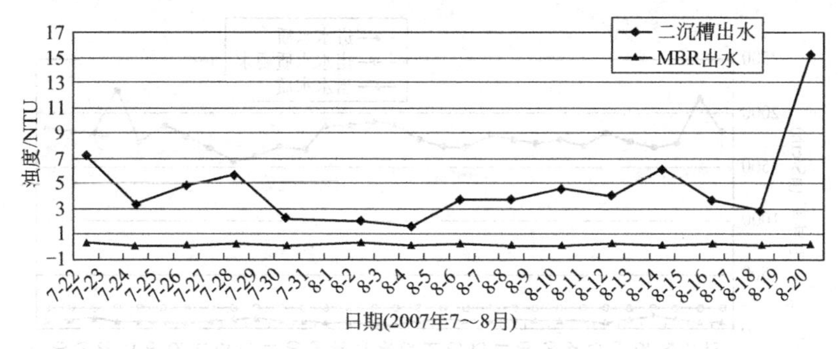

图 3-55　MBR 处理单元对浊度的去除效果

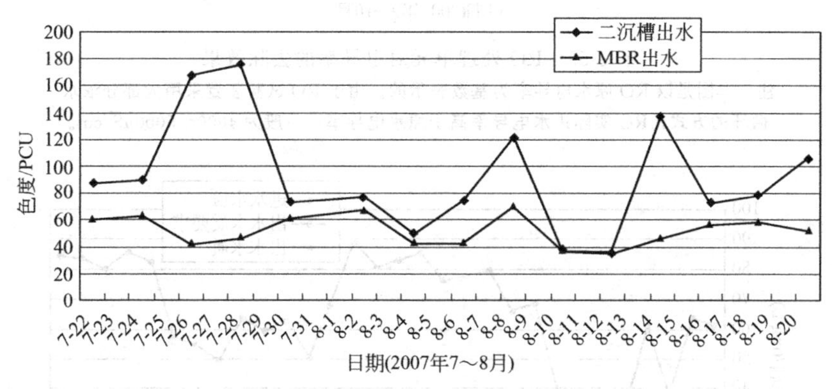

图 3-56　MBR 处理单元对色度的去除效果

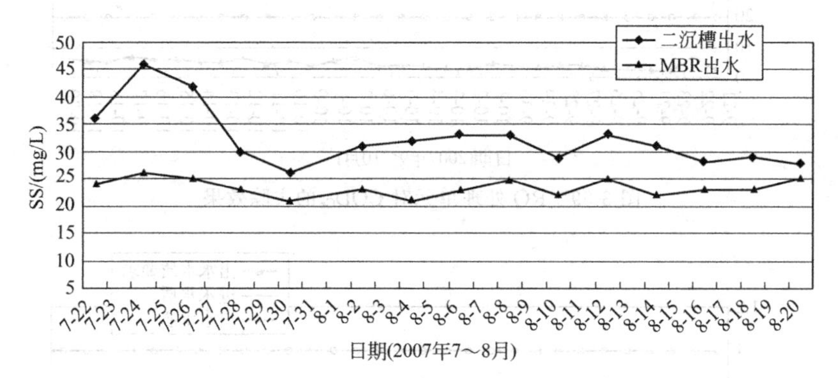

图 3-57　MBR 处理单元对 SS 的去除效果

出水 pH 7.2～7.6、COD_{Cr} 58～89mg/L、SS 22～15mg/L、色度 40～68PCU、浊度<1.0NTU、SDI≤5，满足了 RO 进水水质要求。

(2) 试验条件下，在 RO 进水 pH 7.3～7.6、COD_{Cr} 40～85mg/L、色度 35～65PCU、浊度 0.2～0.7NTU、电导率 1650～2000μS/cm、SS 20～25mg/L 的情况下，RO 出水（淡水）pH 6.3～7.8、COD_{Cr} 2.5～7.6mg/L、色度 2～8PCU、浊度 0.1～0.35NTU，电导率 45～100μS/cm、SS 2～6mg/L，达到了预期的出水水质。

(3) 应用膜处理技术进行造纸废水处理再生回用时，膜的污染及其防止是关系到膜处理技术能否推广应用的关键。在试验中对 MBR 膜的污染规律做了探索，提出了日常清洗、在线清洗和化学浸泡清洗的膜污染防止措施，同时对控制 RO 膜进水 pH、控制清洗条件、清洗周期、膜污堵的防止措施进行了试验。结果表明，这些措施是有效的。

(4) 采用 RO 膜分离技术进行造纸废水深度处理生产回用，处理水水质固然完全能符合生产用水水质要求，但是一般膜分离的再生水回收率为 60%～70%，浓水排放为 30%～40%。在本

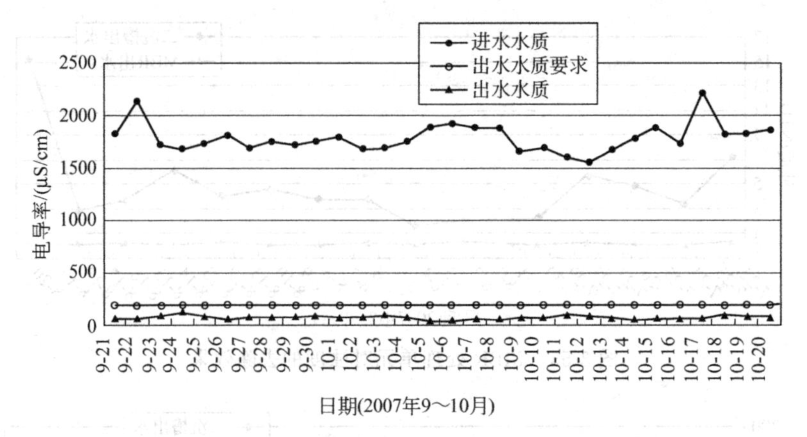

图 3-58 RO 处理单元对电导率的去除效果

注：本图是以 RO 原水电导率为基数表示的。由于 RO 试验装置采用大部分浓水循环的方式，RO 实际进水电导率高于原水电导率，一般为 4000～5000μS/cm。

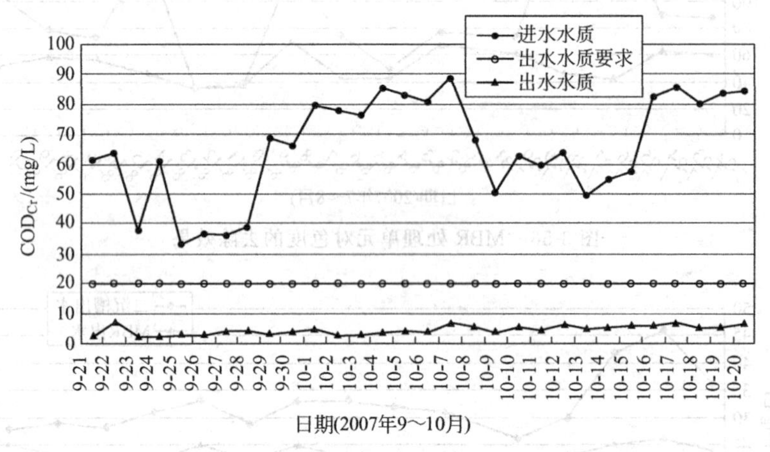

图 3-59 RO 处理单元对 COD_{Cr} 的去除效果

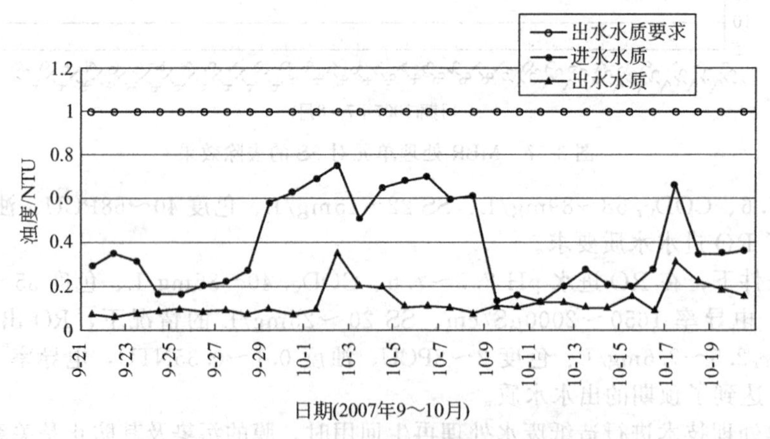

图 3-60 RO 处理单元对浊度的去除效果

次试验条件下，浓水 COD 为 120～150mg/L，不能直接排放。对浓水的进一步处理或利用应因地制宜解决。例如，可经过试验和比较，采用高级氧化法或电化学法等进一步去除浓水中的 COD 等污染物使浓水达标排放或回收利用。同常规的物化深度处理技术相比较，膜分离技术经常性费用（如电费、药剂费、膜组件更换费）较高，这在一定程度上可能会限制膜分离技术在造

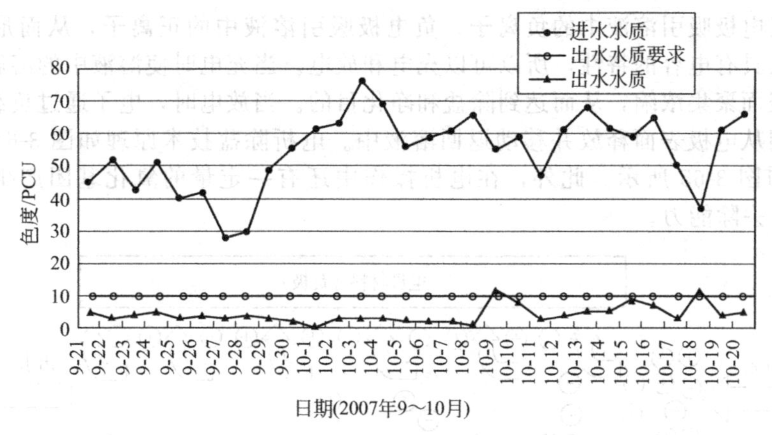

图 3-61　RO处理单元对色度的去除效果

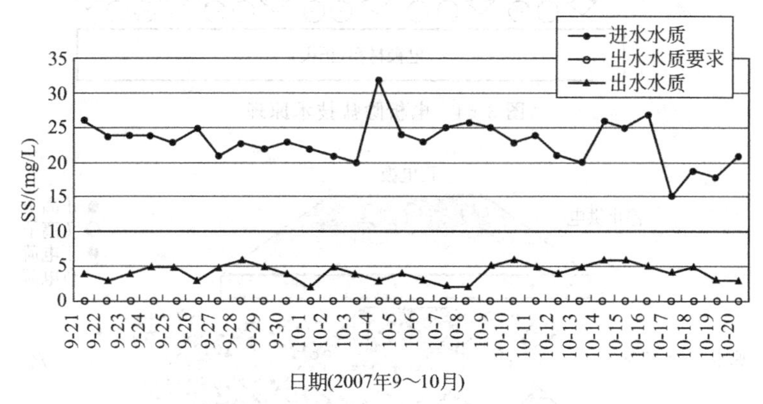

图 3-62　RO处理单元对SS的去除效果

纸废水深度处理生产回用中的推广应用进程。

2008年，某特大型纸业公司建成了国内第一座10000m³/d造纸废水膜分离技术深度处理工程并投入使用，图3-63为该公司造纸废水膜处理生产回用试验性工程。

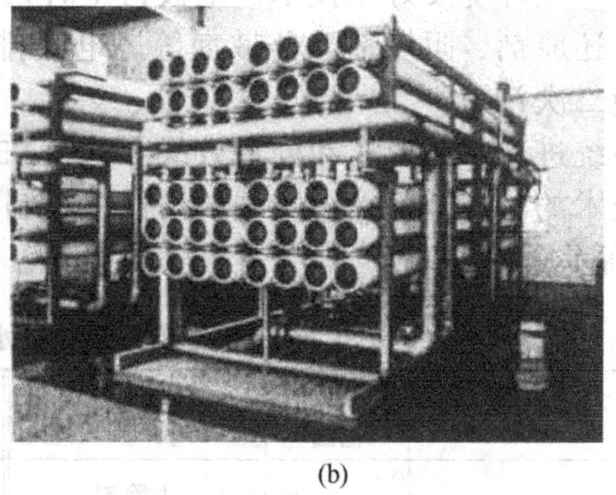

(a)　　(b)

图 3-63　某大型纸业公司10000m³/d造纸废水膜处理生产回用试验性工程

(a) 超滤；(b) 反渗透

(资料来源：开创科技)

3.6.3.2　电析除盐技术

电析除盐技术（Electro-dialysis Technology，EDT）是20世纪90年代后期出现的一项新型水处理除盐技术。电析的基本原理是基于电化学理论。电析除盐装置是将固体电极浸在水溶液中，当在电极上施加低于溶液的分解电压时，在固体电极与溶液的两相间，电荷会在极短距离内分布与排列。正电极吸引溶液中的负离子，负电极吸引溶液中的正离子，从而形成紧密的双电层。由于双电层具有电容的特性，所以可以充电和放电。当充电时使溶液中的溶解盐类及其他带电物质在电极表面聚集浓缩，从而达到除盐和净化目的。当放电时，电子通过负载从负极移至正极，正负离子则从电极表面释放并移动返回溶液中。电析除盐技术原理如图 3-64 所示。电析除盐的再生过程如图 3-65 所示。此外，在电析操作中还有一定量的氧化基团产生，电析过程对 COD_{Cr} 有一定的去除能力。

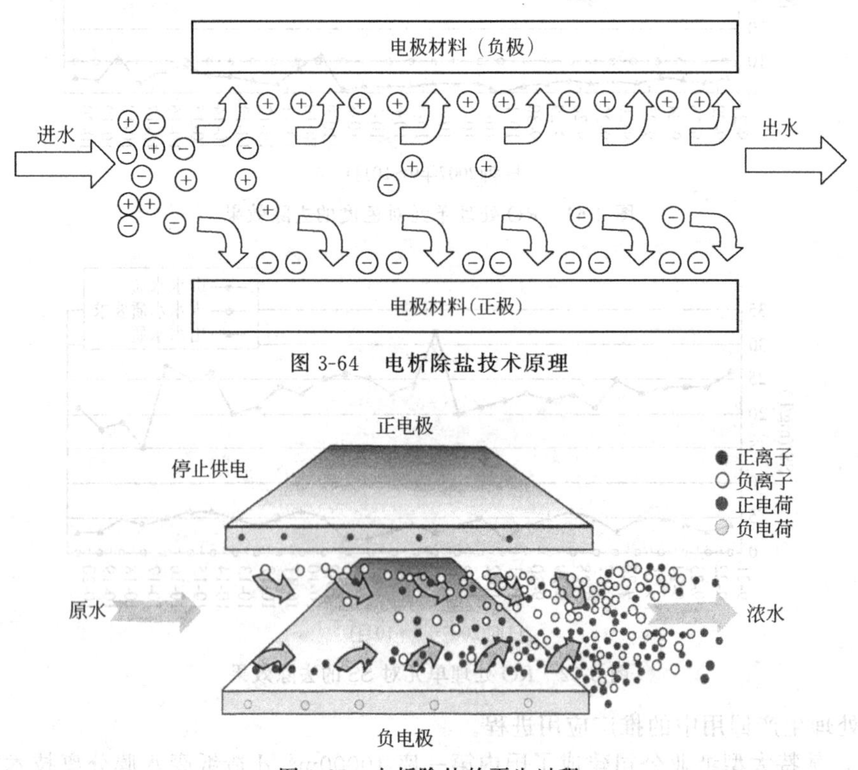

图 3-64　电析除盐技术原理

图 3-65　电析除盐的再生过程

电析是一项环境友好型技术。电极再生时只需将贮存的电能释放掉，不需要任何化学药剂，如酸、碱、还原剂、阻垢剂、分散剂等。电极排出的浓水来自原水，系统本身不产生新的污染物，可避免二次污染。

电析系统进水水质要求和处理效果如表 3-25 所示电析除盐处理的一般流程如图 3-66 所示。电析除盐技术的核心部件是由特殊的惰性材料制成的电极，以及电析模块。电析处理生产性装置如图 3-67 所示。

表 3-25　电析系统进水水质要求和处理效果

项　目	进水水质范围	处理效果	项　目	进水水质范围	处理效果
电导率/(μS/cm)	<5000	去除率 60%~90%	浊度/NTU	≤5	≤2
			SS/(mg/L)	≤5	≤2
COD_{Cr}/(mg/L)	≤100	去除率 30%~60%	油/(mg/L)	≤3	≤2
			碱度(以 $CaCO_3$ 计)/(mg/L)	≤150	≤20

电析除盐技术在造纸废水深度处理中的试验结果如表 3-26 和表 3-27 所示。其中，表 3-26 为电析处理商品浆和废纸浆造纸废水的试验结果，表 3-27 为电析处理芦苇浆和麦草浆造纸废水的试验结果。从表 3-26 可以看出，当电析处理技术应用在商品浆和废纸浆造纸废水深度处理时，

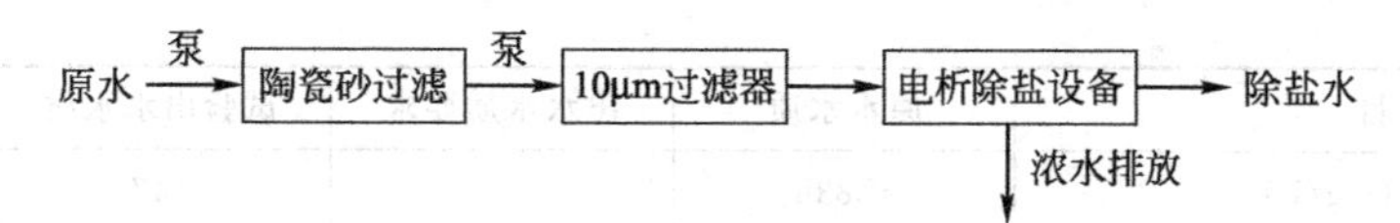

图 3-66 电析除盐处理的一般流程

图 3-67 电析处理生产性装置

原水平均电导率为3533μS/cm，产水电导率为776μS/cm，去除率为78%；原水平均COD为114mg/L，产水COD为17mg/L，去除率85.1%；产水率为76.2%，电耗为1.78kW·h/(m³·水)。从表3-27可以看出，电析处理技术应用在芦苇浆和麦草浆造纸废水深度处理时，原水平均电导率为≤4000μS/cm，产水电导率为1360μS/cm，去除率66%；产水率为76.2%；电耗1.81kW·h/(m³·水)。电析除盐技术是具有广阔前景的造纸废水深度处理技术之一。

表 3-26 电析处理商品浆和废纸浆造纸废水的试验结果

项 目	原水水质	出水水质要求	试验出水水质	去除率/%
电导率/(μS/cm)	3533	≤800	776	78.0
COD/(mg/L)	114	≤30	17	85.1
色度/PCU	272	≤50	47	82.7
SS/(mg/L)	38.8		10.2	73.7
浊度/NTU	55.3	≤2.5	1.65	97.0
氯化物/(mg/L)	420.9		79	81.2
总硬度(以 $CaCO_3$ 计)/(mg/L)	430.7		61.4	85.8
总碱度(以 $CaCO_3$ 计)/(mg/L)	453.5		77.6	82.9
产水率/%	76.2			
电耗/[kW·h/(m³·水)]	1.78			

表 3-27 电析处理芦苇浆和麦草浆造纸废水的试验结果

项 目	原水水质	出水水质要求	试验出水水质	去除率/%
电导率/(μS/cm)	≤4000	≤1500	1360	66.0
COD/(mg/L)	≤180		40～60	33.3
色度/PCU	≤325	≤50	47	85.5
浊度/NTU	≤10	≤2	1.7	83.0
氯化物/(mg/L)	≤750	≤250	210	72.0
总硬度(以 $CaCO_3$ 计)/(mg/L)	≤430		149	65.0

续表

项　目	原水水质	出水水质要求	试验出水水质	去除率/%
总碱度(以 $CaCO_3$ 计)/(mg/L)	≤836		147	82.4
产水率/%		76.2		
电耗/[kW·h/(m³·水)]		1.81		

3.6.3.3　废水零排放技术

(1) 国外造纸废水零排放技术　如前所述，造纸废水深度处理生产回用的负面效应是，导致废水污染物浓度、黏度、气味和色度升高，与此同时出现工艺生产机械故障、黏浆、页面破损等。为此，在实现造纸生产闭路水循环广义上的废水零排放时，需要高度优化整合造纸废水处理的各项高级处理技术，在生产过程中新鲜水用量最小的前提下，尽可能减少影响纸机正常使用和纸产品质量的有害物质。

欧洲是造纸行业发达地区，据有关文献介绍，造纸行业纸和纸板平均年产量约为 8500 万吨，吨纸用水量平均为 20m³，年总用水量为 17 亿立方米。20 世纪末期，造纸业水的循环利用率达到 90%，某些造纸厂采用肾技术概念，实现闭路循环（NN-Paper，1999；NN-Annual Statistics，1998；NN-Inquiry，1996)。“肾技术”设计概念是在加热条件下的造纸废水整体处理概念，包括厌氧处理、吹脱/分离和适当的膜分离的综合处理技术。与常规的处理过程相比，该处理过程能更有效地减少或者去除废水中的非溶解物质或胶体物质，可靠地控制工艺生产用水中的有害物质水平。

“肾技术”是在中高温（45～60℃）条件下的造纸废水一体化处理过程，如图 3-68 所示。造纸废水先经沉淀处理以去除部分 COD 和 SS，并回收纸浆纤维。大部分沉淀出水进入厌氧-好氧-膜处理深度和高级处理单元（肾技术），RO 出水全部生产回用。剩余的沉淀出水进入传统的废水处理单元，经处理后大部分回用到制浆生产工艺（洗浆、打浆等），少量废水排入受纳水体或纳污管网。经“肾技术”处理后可实现广义上的废水零排放。一般造纸工艺过程中要求生产用水水温为 60℃左右，采用“肾技术”的回用水水温高，在造纸生产过程中能提高产量 5%，降低能耗 5%以上。“肾技术”同常规处理工艺相比，生物处理的 COD 负荷可增加 50%以上。由于采用了高生物浓度、高温和膜分离技术，减少了处理设施的体积和占地；可减少生物处理剩余污泥量 40%～90%；可高效地去除 SS、胶体 COD 和微生物，降低含盐量，提高了工艺用水水质。经过欧洲 DTS 和 Paques 等公司小试，以及比利时 VPK-Oudegem 造纸厂工业化规模试验后，提出的造纸厂废水零排放“肾技术”工艺流程如图 3-69 所示。

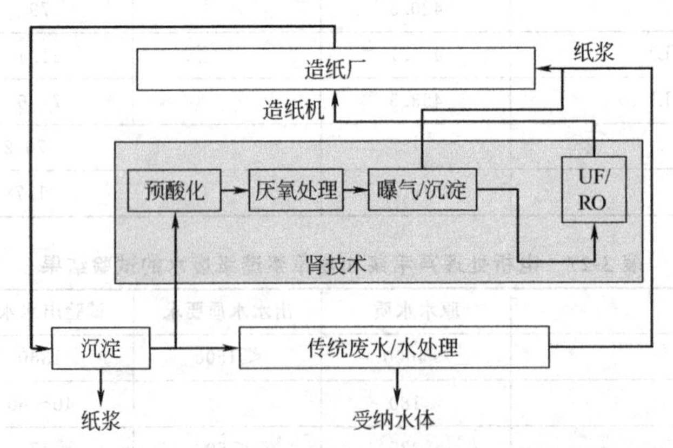

图 3-68　造纸厂中高温（45℃）条件下的一体化水处理过程

（资料来源：[荷] Piet Lens. 工业水循环与资源回收：分析·技术·实践. 成徐州等译. 北京：中国建筑工业出版社，2007）

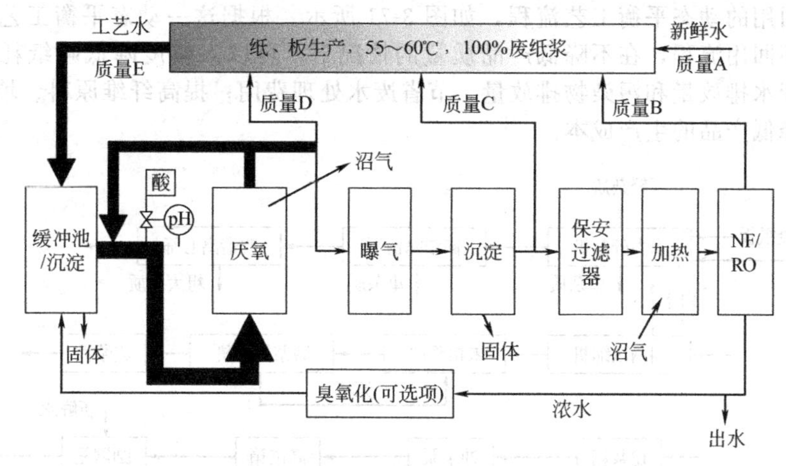

图 3-69 造纸厂废水零排放“肾技术”工艺流程

（资料来源：［荷］Piet Lens. 工业水循环与资源回收：分析·技术·实践. 成徐州等译. 北京：中国建筑工业出版社，2007）

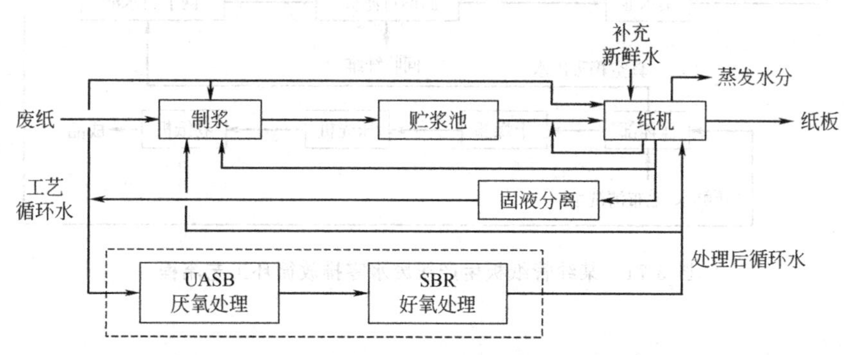

图 3-70 某造纸企业废水零排放处理与循环过程

(2) 国内造纸废水零排放技术 2000 年以来，国内对造纸废水零排放进行了试验研究和工程实践。在中小型废纸浆制浆造纸企业中，采用废水处理生产循环使用实现造纸废水零排放。

某天然薄膜有限公司以进口和国产废纸为原料生产高强度瓦楞原纸，于 2002 年底实现了造纸废水零排放，吨纸生产用水降到 2.8～3.0m^3，水的重复利用率达到98%以上。图 3-70 为某造纸企业废水零排放处理与循环过程。

经运行测试表明，在废水处理过程中，造纸生产工艺产生的二次胶黏物、阴离子垃圾、挥发性脂肪酸和 COD、BOD 等有机污染物大部分在 UASB 厌氧处理中被去除，剩余的有机污染物则在 SBR 好氧处理中进一步去除。在废水回用循环过程中，循环水 COD 浓度和 SBR 好氧处理出水 COD 浓度会达到一个平衡范围，循环水（厌氧进水）COD 为 4000～5000mg/L，好氧处理出水 COD 为 1500～2200mg/L。好氧处理出水中的 COD 大部分来自木素，基本上是惰性组分，对造纸工艺生产影响不大。厌氧处理过程产生大量 CO_2，使水中 CO_2 处于饱和状态，从而与水中的 Ca^{2+} 作用生成 $CaCO_3$。在好氧处理中由于曝气作用导致 pH 上升生成了 $CaCO_3$ 沉淀，对 $CaCO_3$ 的去除率约为 25%，所以厌氧-好氧-沉淀的联合作用可使循环水生物软化，控制循环水的 $CaCO_3$ 浓度为 500mg/L 左右。

某制浆造纸企业以废纸板为原料生产瓦楞纸、箱板纸、纱管纸等产品，该企业与某大学合作，经过多年研发，将造纸工艺生产过程中的各段废水串联和循环使用，与生产工艺和设备系统的调整改造结合起来，以适应废水串联循环回用，使生产过程的各种影响因素达到动态平衡。整个生产过程只在纸机圆网笼和压榨部补充新鲜水，其余均串联回用不排放废水。2004 年提出了造纸废水串联回用的动态平衡工艺流程，如图 3-71 所示。根据这一动态平衡工艺而设计的废水零排放串联循环回用流程，在不降低产品质量的情况下，可以大幅度降低吨纸耗水量，节省水费；大大减少废水排放量和污染物排放量，节省废水处理费用；提高纤维原料、填料及造纸助剂的利用率以及降低产品的生产成本。

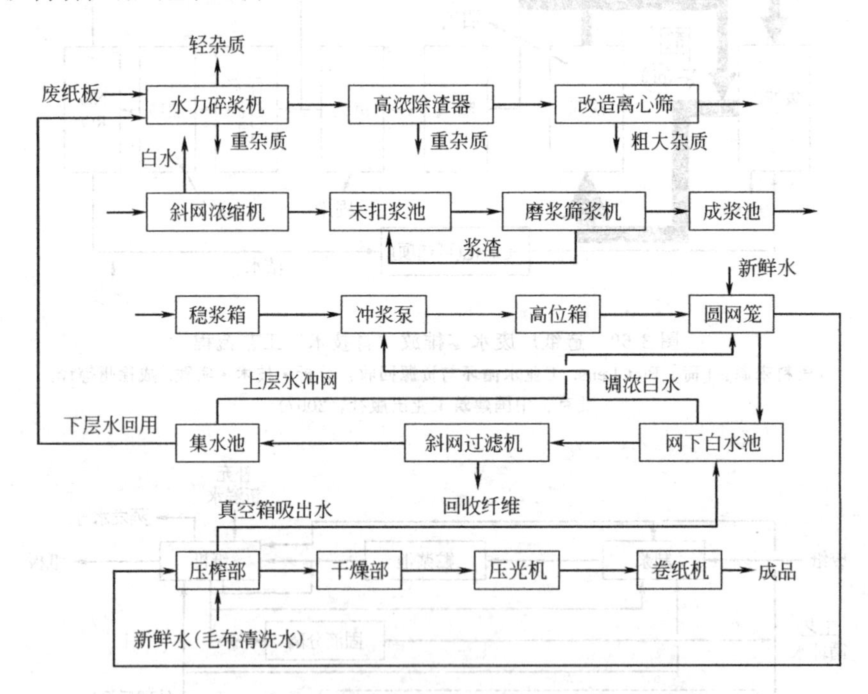

图 3-71　某纱管纸板生产线废水零排放循环工艺流程

3.7 工程实例

3.7.1 实例 1 某造纸有限公司制浆造纸废水提标排放工程

某造纸有限公司是大型制浆造纸企业，位于我国西南经济开发地区。制浆部分，以桉木、松木和竹子为原料，生产竹木浆，年产量约为 15 万吨。造纸部分，以自产竹木浆和废纸制浆为原料，生产牛皮箱板纸，年产量约为 32 万吨。生产废水主要由制浆废水和造纸废水组成。制浆废水中含有难生物降解的木素、残留的纤维素和半纤维素、单宁化合物、树脂化合物和氯化物等。造纸废水中含有细小纤维、废纸杂质及少量果胶、蜡质、糖类等有机污染物。

废水处理工程规模为，制浆部分 $30000m^3/d$，造纸部分 $20000m^3/d$，是国内大型制浆造纸废水处理工程之一。该工程于 2008 年 6 月建成投入运行，执行《制浆造纸工业水污染物排放标准》(GB 3544—2008)，是目前国内比较具有代表性的制浆造纸废水提标排放工程之一。

3.7.1.1 设计处理水量和水质

制浆废水设计处理水量 $30000m^3/d$，造纸废水设计处理水量 $20000m^3/d$。某造纸有限公司制浆造纸废水处理设计水质如表 3-28 所示。

3.7.1.2 处理工艺流程及特点

(1) 处理工艺流程　本工程根据制浆废水与造纸废水的水质特点、处理水水质要求，对制浆废水与造纸废水分流进行分别处理，而后混合排放。制浆废水采用混凝沉淀-A/O 生物处理-Fenton 高级氧化的处理方法，处理工艺流程如图 3-72 所示。造纸废水采用混凝沉淀-厌氧-两段 A/O 生物处理的处理方法，处理工艺流程如图 3-73 所示。

表 3-28 某造纸有限公司制浆造纸废水处理设计水质

参数	制浆废水		造纸废水	
	原水	处理水	原水	处理水
pH	6～8	6～9	6～9	6～9
COD/(mg/L)	≤1500	≤90	≤5000	≤100
BOD_5/(mg/L)	≤500	≤20		≤30
SS/(mg/L)	≤400	≤30	≤3500	≤70
色度/倍	300	≤50		≤50
水温/℃	65		50	

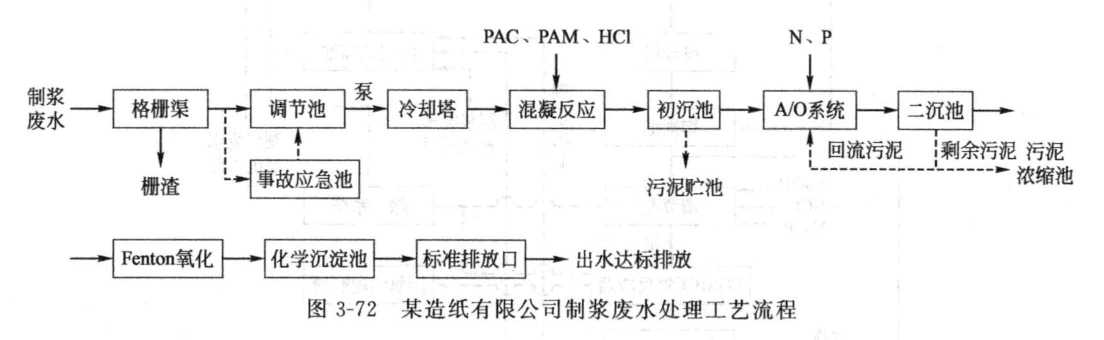

图 3-72 某造纸有限公司制浆废水处理工艺流程

(2) 特点说明

① 制浆废水处理

a. 本工程的制浆废水水量水质变化较大，设置了调节池和事故应急池，以应对水量水质变化和冲击负荷的影响。

b. 本工程所采用的好氧生物处理系统对进水水温比较敏感，而制浆废水水温高，一般为≤65℃，为此在生物处理前设置了冷却塔，以保证后续处理系统的稳定运行。

c. 制浆废水中含有纤维状悬浮物，采用化学混凝沉淀方法可以去除大部分 SS 和降解部分 COD 等污染物，改善后续生物处理进水水质。

d. 采用 A/O 生物处理系统，通过 A 池进行微生物筛选，O 池进行有机污染物降解。

e. 采用 Fenton 高级氧化提标排放深度处理技术，以使本工程排放水水质达到《制浆造纸工业水污染物排放标准》(GB 3544—2008) 的要求。

② 造纸废水处理

a. 本工程的造纸废水含有较多的纸浆纤维特别是废纸浆纤维和其他杂质，进水 SS 高，为此先进行斜网纤维回收，而后再采用化学混凝沉淀去除大部分呈分散和胶体状的污染物，改善后续生物处理进水水质。

b. 经物化处理后出水有机污染物浓度仍较高，且大部分以溶解状态存在，为此先采用 EGSB 厌氧处理，以去除部分有机污染物，减轻后续好氧处理负荷。好氧处理采用两段 A/O 系统，以使不同的菌群适应不同的有机物浓度，达到分段驯化、分段处理的效果，确保处理水水质稳定达标排放。

c. 针对本工程厌氧处理系统的调节池、EGSB 厌氧反应器和污泥贮池产生的臭气（主要是 H_2S），设置了除臭系统。

3.7.1.3 主要构（建）筑物和设备

制浆废水处理主要构（建）筑物如表 3-29 所示。制浆废水处理主要工艺设备如表 3-30 所示。造纸废水处理主要构（建）筑物如表 3-31 所示。造纸废水处理主要工艺设备如表 3-32 所示。

某造纸有限公司制浆造纸废水处理工程总貌如图 3-74 所示。EGSB 厌氧反应器如图 3-75 所示。初沉池及 A/O 处理池如图 3-76 所示。

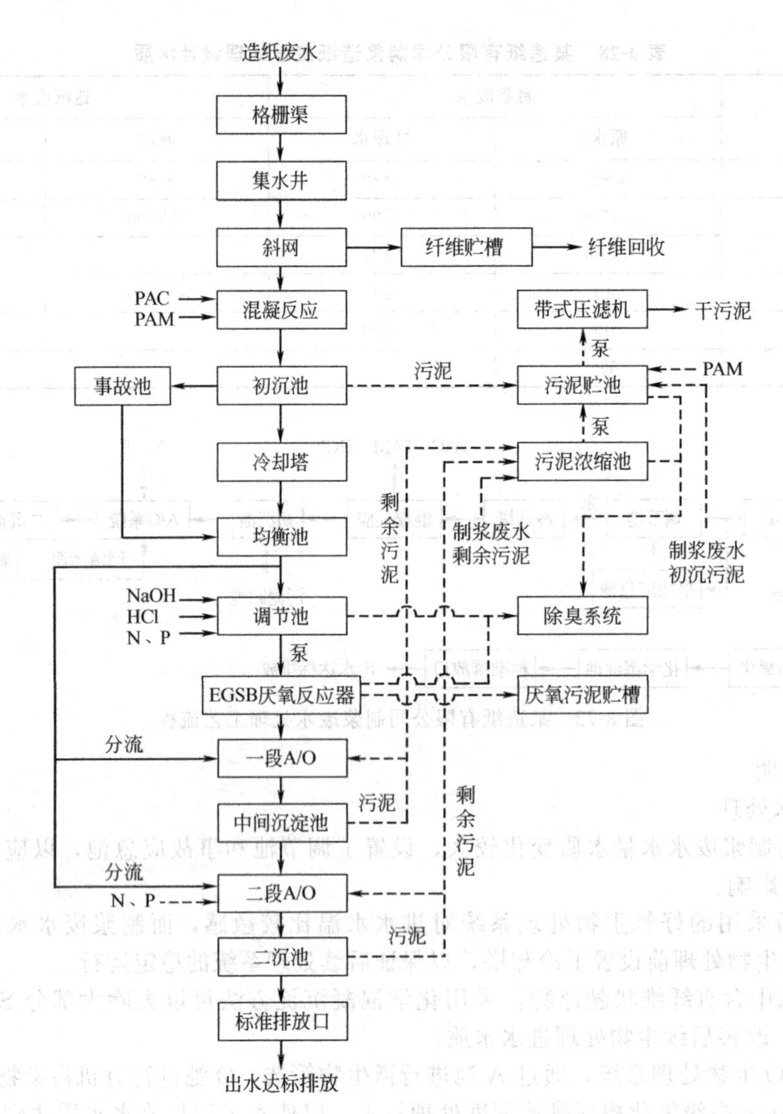

图 3-73 某造纸有限公司造纸废水处理工艺流程

表 3-29 制浆废水处理主要构（建）筑物

名 称	尺寸/m	单位	数量	备注
进水格栅渠	$5.0\times2.6\times2.5(H)$	座	1	
调节池	$50.0\times25.0\times2.5(H)$	座	1	
调节池提升泵房	$12.0\times9.0(H)$	座	1	
事故应急池	$50.0\times25.0\times5.5(H)$	座	1	
冷却塔集水池	$10.0\times10.0\times2.0(H)$	座	1	
快混池	$6.5\times6.5\times5.8(H)$	座	1	
慢混池	$13.0\times6.5\times5.8(H)$	座	1	分2格
初沉池	$\phi46.0\times4.1(H)$	座	1	
A池	$11.0\times11.0\times7.0(H)$	座	2	
O池	$100.0\times50.0\times7.0(H)$	座	1	分2格
二沉池	$\phi50.0\times4.1(H)$	座	1	
排放池	$12.0\times8.0\times3.2(H)$	座	1	

注：H 为有效水深。

表 3-30　制浆废水处理主要工艺设备

名　称	规　格	单位	数量
机械细格栅	B=1000mm,b=3mm,机架、齿耙:SUS304,1.1kW	台	2
调节池搅拌机	潜水式,ϕ760mm,22.0kW	台	3
调节池提升泵	自吸 Gorman 泵,650m³/h×22.0m×75kW	台	3
事故应急池提升泵	卧式离心 200m³/h×7.0m×7.5kW	台	2
冷却塔	30000m³/d,t_1 65℃,t_2 35℃	座	1
快混搅拌机	直轴桨叶,ϕ2200mm,5.5kW,50r/min,轴、桨叶 SUS304	台	1
慢混搅拌机	直轴栅条,ϕ6000mm,1.5kW,3r/min,轴、桨叶 SUS304	台	2
初沉池刮泥机	周边传动,半桥,ϕ46.0m,2.2kW,水下 SUS304	台	1
初沉池污泥泵	卧式离心 200m³/h×15.0m×15.0kW	台	2
A 池搅拌机	ϕ480mm,480r/min,5.0kW	台	2
O 池鼓风机	罗茨,108.6m³/min,68.6kPa,185kW	台	
曝气器	ϕ229,ABS+EPDM	台	14000
二沉池刮泥机	周边传动,半桥,ϕ50.0m,2.2kW,水下 SUS304	台	1
二沉池污泥回流泵	650m³/h×7.0m×30.0kW	台	
流化床-Fenton 反应器	ϕ3.35m,H 12.9m,SUS316	台	4

表 3-31　造纸废水处理主要构（建）筑物

名　称	尺寸/m	单位	数量	备注
进水格栅渠	5.0×2.0×2.5(H)	座	1	
集水井	12.0×6.0×6.0(H)	座	1	
斜网流槽及平台	20.0×5.6×3.0(H)	座	1	
斜网工作房	28.0×12.0×2F	座	1	
纤维贮槽	12.0×6.0×5.0(H)	座	1	
快混池	5.5×5.5×6.5(H)	座	1	
慢混池	11.0×5.5×6.5(H)	座	1	分 2 格
初沉池	ϕ38.0×4.1(H)	座	1	
均衡池	25.0×25.0×9.0(H)	座	1	
事故池	25.0×12.0×9.0(H)	座	1	
调节池	3.5×3.5×14.0(H)	座	1	
EGSB 反应器	19.0×11.7×14.0(H)	台	1	
厌氧污泥贮池	11.7×7.0×14.0(H)	座	1	
一段 A 池	8.5×8.5×7.0(H)	座	2	
一段 O 池	49.0×40.0×7.0(H)	座	1	分 2 格
中间沉淀池	ϕ40.0×4.1(H)	座	1	
二段 A 池	8.5×8.5×7.0(H)	座	2	
二段 O 池	35.0×40.0×7.0(H)	座	1	分 2 格
二沉池	ϕ40.0×4.1(H)	座	1	
排放渠	12.0×8.0×3.0(H)	座	1	

续表

名　称	尺寸/m	单位	数量	备注
污泥浓缩池	ϕ24.0×5.0(H)	座	1	
污泥贮槽	16.0×8.0×6.5(H)	座	1	
压滤机冲洗水池	8.0×2.0×6.5(H)	座	1	
污泥脱水机房	25.0×18.0×2F	座	1	
污泥堆场		座	1	
鼓风机房及变电房	40.0×8.0	座	2	
加药间		座	1	
PAC溶药池	3.0×3.0×3.0(H)	座	1	
PAM阴离子溶药池	2.5×2.5×1.6(H)	座	2	
PAM阴离子贮药池	4.7×2.5×2.0(H)	座	2	
N、P溶药池	2.0×2.0×3.0(H)	座	1	
综合房	24.0×8.5×2F	座	1	

表3-32　造纸废水处理主要工艺设备

名　称	规　格	单位	数量
格栅		台	
集水井提升泵	650m³/h,22.0m,55kW,铸铁	台	4
斜网及支架	尼龙网100目,20m×2.8m,铝合金	副	2
纤维脱水压滤机	带宽2.5m,400kgDS/(h·m),5.5kW	台	2
皮带输送机	8m×0.65m,带启闭机,5.5kW	台	1
纤维贮槽搅拌机	竖轴式,ϕ2200mm,7.5kW,轴、桨叶SUS304	台	1
纤维输送泵	120m³/h,16.0m,11kW	台	3
快混搅拌机	ϕ1500m,5.5kW,轴、桨叶:SUS304	台	1
慢混搅拌机	ϕ4500m,1.5kW,轴、桨叶:SUS304	台	2
初沉池刮泥机	周边传动,半桥ϕ38m,2.2kW,水下SUS304	台	1
初沉池污泥泵	150m³/h×12.0m×11.0kW	台	2
冷却塔提升泵	1000m³/h,H=15m	台	2
冷却塔	20000m³/d,$t_1$50℃,$t_2$35℃,55kW	台	1
均衡池搅拌机	V=25×25×7.5kW	台	4
EGSB反应器三相分离器和布水器	19m×11.7m×14m	台	1
厌氧污泥泵	20m³/h×25m×7.5kW	台	1
火炬	750m³/h	台	1
一段A池搅拌机	潜水式,ϕ580mm,4.0kW,叶轮:SUS304	台	2
一段O池鼓风机	罗茨,108.6m³/min,68.6kPa,185kW	台	4
一段O池曝气器	ϕ229mm,ABS+EPDM	台	8000
中沉池刮泥机	周边传动,半桥,ϕ40.0m,1.5kW,水下SUS304,走桥:CS+EPOXY,堰板:FRP	台	1
中沉池污泥泵	850m³/h×8.0m×37.0kW,铸铁	台	2
二段A池搅拌机	潜水式,ϕ580mm,4.0kW,叶轮:SUS304	台	2

续表

名　称	规　格	单位	数量
二段O池鼓风机	罗茨，108.6m^3/min，68.6kPa，185kW	台	2
二段O池曝气器	ϕ229mm，ABS+EPDM	只	4000
二沉池刮泥机	周边传动，半桥，ϕ40.0m，1.5kW，水下SUS304	台	1
二沉池污泥泵	850m^3/h×8.0m×37.0kW	台	2
浓缩池刮泥机	ϕ24m，2.2kW，水下：SUS304	台	1
浓缩池污泥提升泵	150m^3/h×16.0m×11.0kW，铸铁	台	2
污泥贮槽搅拌机	竖轴式，ϕ1000mm，7.5kW，轴、桨叶：SUS304	台	1
污泥输送泵	180m^3/h×16.0m×15.0kW	台	4
滤布冲洗水泵	60m^3/h×60.0m×22.0kW	台	4
污泥脱水机	带式2.5m，400kgDS/(h·m)，5.5kW+1.5kW	台	5
皮带输送机	15m×0.8m×5.5kW	台	2
臭气处理系统		套	1
NaOH加药系统		套	1
PAC加药系统		套	1
PAM加药系统		套	2
N、P加药系统		套	1
HCl加药系统		套	1

图3-74　某造纸有限公司制浆造纸水处理工程总貌

3.7.1.4　运行工况和处理效果

制浆废水处理于2008年6月投入运行，2008年11月通过环保监测验收，运行稳定。环保验收监测表明，单位产品排水量为74.4～75.8m^3/t浆，处理水量为20000～22000m^3/d，在进水pH 8.52～8.63、COD 1120～1280mg/L、BOD_5 640～750mg/L、SS 110～130mg/L的条件下，经处理排放水质为pH 7.22～7.52、COD 42mg/L、BOD_5 61mg/L、SS<5mg/L，单位产品排水量和排放水质均符合《制浆造纸工业水污染物排放标准》（GB 3544—2008）限值要求。2011年6月对COD、SS的处理效果如图3-77和图3-78所示。

造纸废水处理于2008年6月投入运行，2008年11月通过环保监测验收，多年来运行正常。在处理水量为15000～22000m^3/d，进水pH 6.5～7.5、COD 2500～3500mg/L、SS 2600～

图 3-75 EGSB厌氧反应器

图 3-76 初沉池及 A/O 处理池

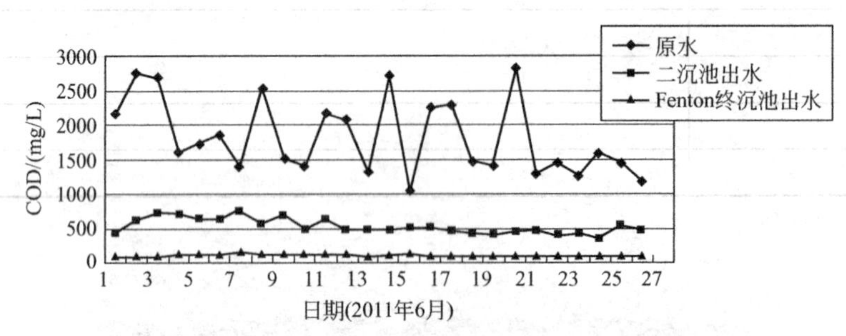

图 3-77 制浆废水处理的 COD 处理效果

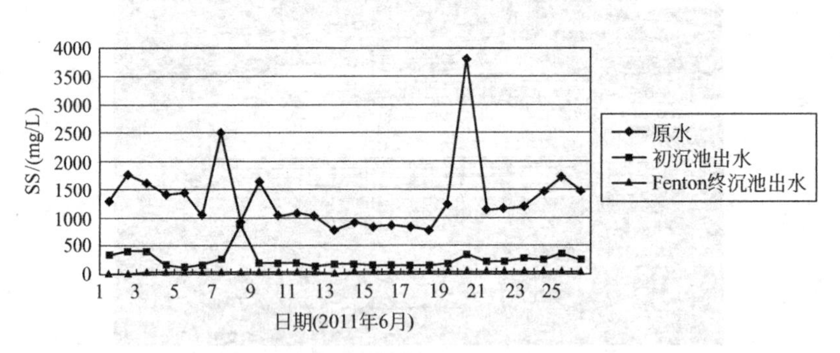

图 3-78 制浆废水处理的 SS 处理效果

3800mg/L 的条件下，单位产品排水量约为 $20m^3/t$ 浆，经处理排放水质为 pH7.4～7.8、COD 85～90mg/L、SS 10～15mg/L，均符合《制浆造纸工业水污染物排放标准》（GB 3544—2008）限值要求。2011 年 6 月对 COD、SS 的处理效果分别如图 3-79 和图 3-80 所示。

3.7.1.5 讨论

（1）本工程根据制浆废水与造纸废水的各自特点和处理要求，采用制浆废水与造纸废水分别收集、分质处理的方法合理可行。为了满足《制浆造纸工业水污染物排放标准》（GB 3544—2008）排放限值的要求，在制浆废水处理中采用了 Fenton 高级氧化深度处理技术，在造纸废水处理中采用了厌氧-好氧生物处理技术。运行效果表明，采用这些处理技术应对制浆造纸废水提标排放有效可行，为国内同类型制浆造纸废水处理提供了经验与借鉴。

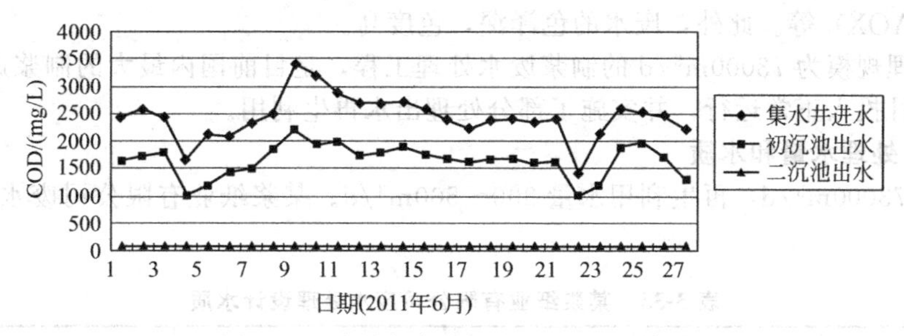

图 3-79 造纸废水处理的COD处理效果

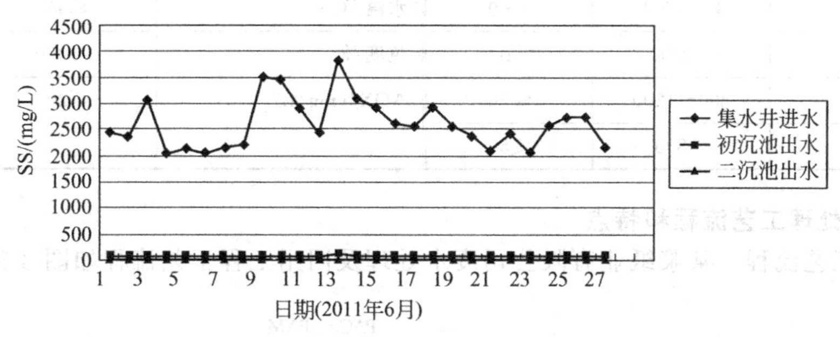

图 3-80 造纸废水处理的SS处理效果

(2) 高级氧化法一般是在常温常压下，基于产生羟基自由基而使有机物分解的水处理工艺技术。羟基自由基为非选择性强氧化剂，相对氧化能力大于臭氧或过氧化氢。Fenton氧化法能在一般常温常压下产生电位很强的2.8V·OH，非选择地将有机物降解矿化，与其他高级氧化法相比较更简单有效，能满足制浆造纸废水提标排放的处理要求。从图3-77和图3-78可以看出，经Fenton氧化深度处理后，处理水COD 80～90mg/L，SS 10～15mg/L，达到了提标排放要求。

(3) 一般以商品浆和废纸浆为原料，生产牛皮箱板纸、瓦楞纸、白板纸等产品的造纸企业，吨纸污染物发生量为50～70kgCOD/t纸，吨纸排水量为20～30m^3。造纸废水COD 3000～4000mg/L，SS 3000～3500mg/L，属于高浓度废有机废水。根据《制浆造纸工业水污染物排放标准》(GB 3544—2008)的要求，这类企业吨纸排水量还将逐步降低，而污染物排放浓度进一步提高，均面临着废水处理提标排放的需求，而厌氧-好氧处理技术是提标排放技术的选项之一。

本工程采用了EGSB厌氧反应器技术处理高浓度造纸废水。EGSB属于膨胀颗粒污泥床工艺，是对上流式厌氧污泥床工艺（UASB）的革新。EGSB的设计容积负荷约为18kgCOD/(m^3·d)，有效容积2900m^3，设计水力停留时间3.5h。一般进水经EGSB处理后，COD去除率为75%～78%。由于EGSB对COD有良好的去除效果，改善了好氧处理系统进水条件，减轻了后续好氧处理系统负荷。经A/O好氧处理后出水COD为80mg/L以下，达到了《制浆造纸工业水污染物排放标准》(GB 3544—2008)的限值要求。本工程采用的厌氧-好氧处理技术，在一定程度上可为同类型造纸废水处理提供借鉴。

(4) 本工程制浆废水采用Fenton氧化法深度处理技术需要投加化学药剂（如酸、碱、H_2O_2等），通常费用较高。此外，Fenton氧化系统的设备和管道均需采用SUS316不锈钢防腐材质，增加了工程费用。所以，在制浆造纸废水达标排放深度处理中应经过技术经济比较，因工程而异采用Fenton高级氧化技术。

3.7.2 实例2 某浆纸业有限公司废水处理及回用工程

某浆纸业有限公司是大型制浆企业，位于我国沿海经济开发区。该企业以桉木为原料，主要产品为漂白硫酸盐木浆，年生产能力为100万吨。生产废水主要来自制浆、漂白生产工序。制浆漂白废水中含有悬浮纤维及纤维原料中的溶解性有机物（如挥发酚、醇类）、剩余的漂白药剂及有机氯化物（AOX）等。此外，废水的色泽深，色度高。

该企业处理规模为73000m³/d的制浆废水处理工程，是目前国内最大的制浆废水处理工程，于2004年10月投入正常运行，并实施了部分处理出水再生利用。

3.7.2.1 处理水量和水质

处理水量73000m³/d，再生利用水量300～500m³/d。某浆纸业有限公司废水处理设计水质如表3-33所示。

表3-33 某浆纸业有限公司废水处理设计水质

参数	原水水质	处理水水质	参数	原水水质	处理水水质
pH	4.0～9.0	6～9	水温/℃	≤65	≤38
COD_{Cr}/(mg/L)	≤2500	≤100	色度/倍	≤1000	≤50
BOD_5/(mg/L)	800～1200	≤20	AOX/(mg/L)	≤20	≤8
SS/(mg/L)	≤850	≤50			

3.7.2.2 处理工艺流程和特点

(1) 处理工艺流程 某浆纸业有限公司废水处理及回用工程工艺流程如图3-81所示。

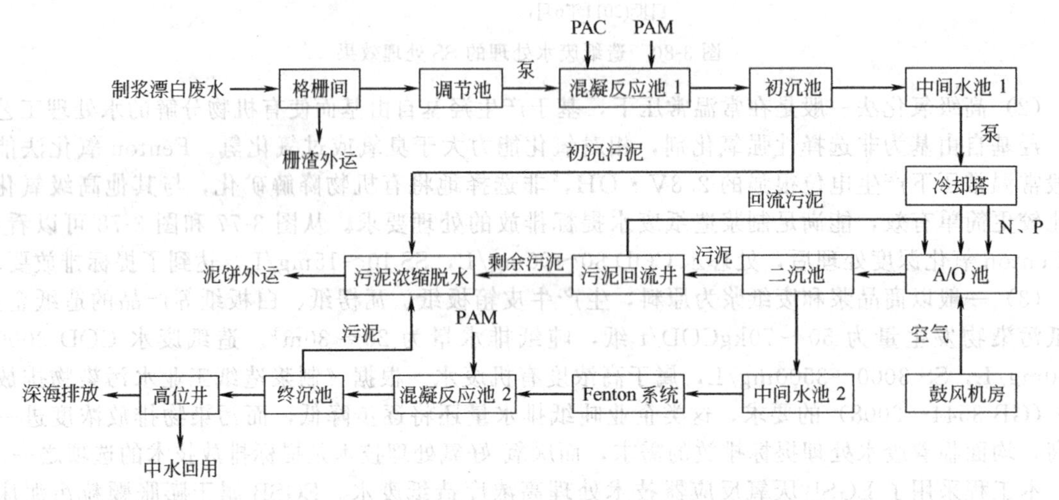

图3-81 某浆纸业有限公司废水处理及回用工程工艺流程

(2) 特点说明

① 本工程为漂白硫酸盐木浆制浆废水，污染物浓度高，成分复杂，含有难生物降解的木素和单宁化合物，以及漂白氯化物等。此外还具有较高的色度。根据本工程废水水质特点，采用物化-生化-强氧化相结合的处理工艺。废水先经混凝沉淀以去除大部分SS和部分污染物，且提高废水可生化性。而后再经生物处理，以去除大部分剩余有机污染物，最后采用强氧化进行废水深度处理相结合的处理工艺流程。

② 由于本工程废水水温较高，在进行生物处理之前先经冷却塔对废水进行冷却降温处理，以保证后续生物处理的正常进行。

③ 本工程针对制浆废水有机污染物浓度较高的特点，采用A/O生物处理技术，以便具有较高的处理效率，耐冲击负荷，且可避免丝状菌污泥膨胀。

④ 为了确保处理出水稳定达标排放，生物处理出水再经Fenton强氧化对废水进行深度处理。

⑤ 经深度处理后的出水COD、SS和色度等指标基本上达到了企业杂用水用水水质要求，部分出水可用作中水回用。

3.7.2.3　主要构（建）筑物和设备

主要构（建）筑物如表3-34所示。主要工艺设备如表3-35所示。

表3-34　主要构（建）筑物

名　称	尺寸/m	单位	数　量
调节池	42.0×20.0×3.5(H)	座	1
混凝反应池1	20.0×10.0×3.5(H)	座	1
初沉池	ϕ48.0×3.0(H)	座	3
A/O池	90.0m×9.5×6.5(H)	座	3
二沉池	ϕ48.0×2.5(H)	座	3
Fenton反应槽	ϕ3.6m×12.5(H)	座	12
混凝反应池2	—	座	2
终沉池	ϕ34.0×3.0(H)	座	2
	ϕ48.0×3.0(H)	座	1
污泥浓缩脱水间	—	座	1

表3-35　主要工艺设备

名　称	技术性能和规格	单位	数量
回转式格栅机	N=1.5kW	台	2
1#泵房提水泵	N=30kW	台	5
初沉刮泥机	周边驱动，ϕ48m	台	3
初沉排泥泵	N=5.5kW	台	3
2#泵房提水泵	N=75kW	台	5
回流污泥泵	N=75kW	台	3
剩余污泥泵	N=7.5kW	台	2
污水提升放空泵	N=75kW	台	2
冷却塔	进塔水温：T_1=65℃ 出塔水温：T_2=33℃ 电机功率：N=122.5kW	台	3
A池潜水搅拌器	N=10.5kW	台	12
微孔曝气器		台	10
二沉池刮泥机	ϕ48m	台	3
离心鼓风机	N=525kW	台	4
终沉刮泥机	ϕ34m	台	2
	ϕ48m	台	1
终沉排泥泵	电机功率：N=5.5kW	台	3
Fenton高级氧化反应槽	—	台	12
离心脱水机	Q=55m^3/h，N=90kW	台	9

某浆纸业有限公司废水处理工程全貌如图3-82所示。A/O池、Fenton高级氧化反应槽和离心脱水机分别如图3-83、图3-84和图3-85所示。

3.7.2.4　运行工况和处理效果

本工程自2004年10月投入运行以来，正常运行至今。经长期运行表明，在处理水量为

图 3-82 某浆纸业有限公司废水处理工程全貌

图 3-83 某浆纸业有限公司废水处理 A/O 处理池

图 3-84 某浆纸业有限公司
废水处理 Fenton 高级氧化反应槽

图 3-85 某浆纸业有限公司
废水处理离心脱水机

55000～60000m^3/d，进水 pH 6.1～9.8、COD 2000～2700mg/L、SS 350～1000mg/L 的条件下，经处理后，一般终沉池出水 pH 6～9。COD 70～90mg/L、SS 30～50。正常运行期间 2011 年 4 月连续一个月的 COD、SS 去除效果如图 3-86 和图 3-87 所示。

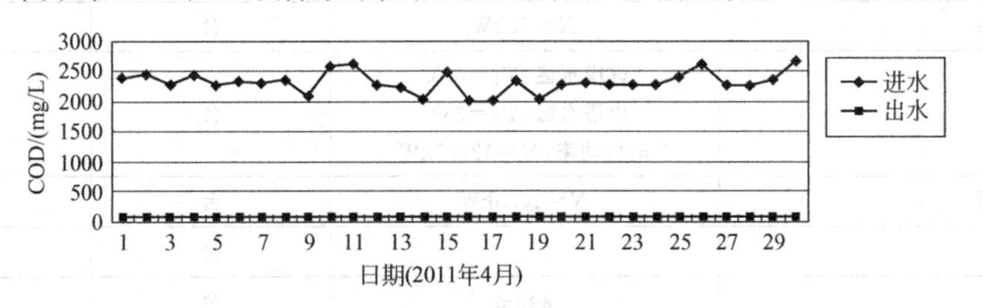

图 3-86 废水处理 COD 的去除效果

3.7.2.5 讨论

(1) 本工程根据漂白硫酸盐木浆制浆漂白废水的特点，采用物化-生化-强氧化相结合的处理工艺流程，经运行表明，一般处理水水质为 COD 70～90mg/L，SS 30～50mg/L，出水清澈，达标排放。处理工艺流程合理可行。

(2) 本工程排放水水质要求较高，为了达标排放，废水处理成本总体偏高。为了降低处理成本，该企业在制浆漂白生产工艺中，大力推行清洁生产技术，节水减废，有效地降低了制浆漂白废水污染物排放浓度及总量，从而降低了废水处理化学药品用量和能耗，节省了废水处理成本。

(3) A/O 生物处理系统是本工程处理系统中相对运行成本最低、处理效率最高的处理系统。因此，有效地提高 A/O 系统处理效率，对降低废水处理成本至关重要。该企业通过长期与某生物公司合作研发，开发了适合制浆废水处理系统的一系列菌种，使 A/O 系统处理效率稳定在

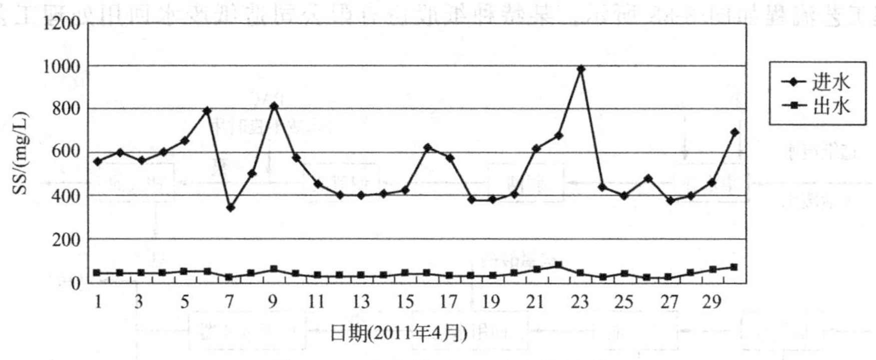

图 3-87 废水处理 SS 的去除效果

75%以上，且大大提高了 A/O 系统耐冲击负荷能力。

(4) 本工程进水温度较高，需通过冷却塔对进水进行降温，以适应 A/O 系统处理。而冷却塔是本工程鼓风机、脱水机之后的第三耗电处理单元，为降低成本，应加强对冷却塔运行管理。例如，根据季节和气温不同，及时调整冷却塔的开停，同时对出水温度进行及时监测，及时调整冷却塔工况，这样可有效地降低用电成本。

(5) 本工程出水水质符合企业中水回用水质要求，设置了排放水回用设施，利用排放水进行厂区绿化、冲洗地面等，实行废水处理再生利用，可节约大量新鲜用水。

3.7.3 实例 3 某特种纸股份有限公司造纸废水处理回用工程

某特种纸股份有限公司位于太湖流域，是以商品木浆为原料生产特种纸的大型造纸企业，产品有卷烟纸、描图纸和电容纸，年产 11 万吨左右。水污染负荷主要来自中段废水和纸机抄纸白水。纸机抄纸白水采用白水回用装置处理，中段废水采用活性污泥法处理。10 余年来，该公司历经产品调整、设备更新、技术改造和强化管理，生产不断发展，废水处理规模不断扩大，2001 年以来逐渐形成了处理规模为 30000m³/d 的造纸废水处理回用工程。该工程是国内较为典型的造纸废水处理回用工程之一。

3.7.3.1 处理水量和水质

处理水量 20000～25000m³/d，回用水量 20000～23000m³/d。某特种纸股份有限公司造纸废水处理回用水质如表 3-36 所示。

表 3-36 某特种纸股份有限公司造纸废水处理回用水质

参　数	原水①	废水处理出水	回用水出水
pH	7.2～8.2	7.2～7.6	7.0～7.3
COD_{Cr}/(mg/L)	500～1100	≤100	≤70
BOD_5/(mg/L)	180～400	≤20	≤10
浊度/NTU	1000～1500	≤20	≤1
色度/PCU	150～250	≤20	≤5
硬度(以 $CaCO_3$ 计)/(mg/L)	250～400	250～350	200～270
氯根/(mg/L)	150～260	200～230	140～190

① 为斜网出水水质。

3.7.3.2 处理工艺流程和特点

(1) 处理工艺流程　处理工艺流程包括造纸废水处理和回用两部分。造纸废水先经物化、生化和深度处理，而后再将处理出水进一步回用处理，以实现生产回用。某特种纸股份有限公司造纸废水处理工艺流程如图 3-88 所示。某特种纸股份有限公司造纸废水回用处理工艺流程如图 3-89所示。

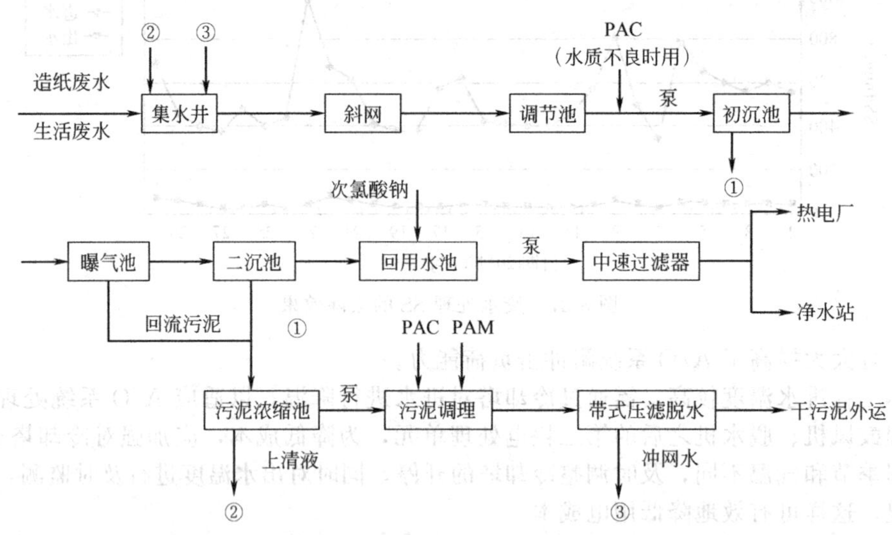

图 3-88 某特种纸股份有限公司造纸废水处理工艺流程

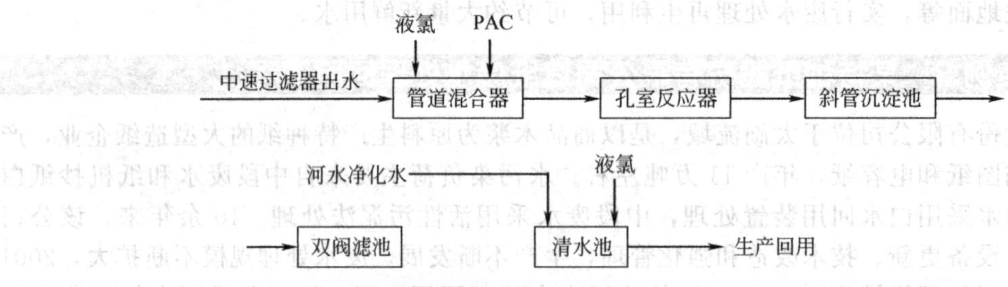

图 3-89 某特种纸股份有限公司造纸废水回用处理工艺流程

（2）特点说明

① 本工程以高品质商品木浆为原料生产特种纸，造纸废水经斜网纤维回收后 COD_{Cr} 为500～1100mg/L，SS 为 1000～2000mg/L，属于一般浓度的全木浆造纸废水，可生化性较好，为此，采用物化-生化处理方法。废水先经初次沉淀，而后采用活性污泥法进行生物处理。一般初次沉淀池不投加混凝剂，只是当进水水质不良时才投加 PAC 进行混凝沉淀。

② 本工程废水处理出水的一部分用作热电厂冷却水水源，另一部分用作给水净水站原水，经净化处理后达到生产回用。为此，二沉池出水需经次氯酸钠消毒处理，以抑制出水中微生物的生长，再经过滤，进一步降低色度和浊度。

③ 采用混凝沉淀、过滤和消毒处理技术进行回用水处理，经处理后出水在清水池中同河水净化水混合，而后供生产回用。

3.7.3.3 主要构筑物和设备

主要构筑物如表 3-37 和表 3-38 所示，主要工艺设备如表 3-39 和表 3-40 所示。

表 3-37 废水处理主要构筑物

名称	尺寸/m	单位	数量	备注
调节池	$580m^3$	座	1	
初沉池	34.0×7.8×4.5(*H*)	座	2	
曝气池	13.5×13.5×3.4(*H*)	座	12	
二沉池	ϕ28.0×4.0(*H*)	座	1	
二沉池	ϕ30.0×4.5(*H*)	座	1	
回用水蓄水池	12.8×4.0×2.0(*H*)	座	1	

表 3-38　回用水处理主要构筑物

名称	尺寸/m	单位	数量	备注
孔室反应室	22.7×6.7×2.1(H)	座	1	
折流反应室	2.27×6.7×2.1(H)	座	2	
斜管沉淀池	22.7×6.85×4.0(H)	座	12	
双阀滤池	6.2×4.5×3.7(H)	座	1	
清水池	22.7×22.7×3.9(H)	座	1	

表 3-39　废水处理主要工艺设备

名称	型号或规格	单位	数量	备注
斜网	60目	组	4	
进水提升泵	立式离心泵,6PWL型,Q=300m^3/h,N=30kW	台	4	
初沉池出水提升泵	LW150-160-15,Q=180m^3/h,H=16m,N=15kW	台	1	
	卧式污水泵,4PW,Q=100m^3/h,H=11m,N=7.5kW	台	3	
散流曝气器		台		
罗茨鼓风机	3L63WD型,Q=81.1m^3/min,H=49kPa,N=110kW	台	1	
	3L42WD型,Q=41.2m^3/min,H=68.8kPa,N=30kW	台	1	
	3L62WD型,Q=62.9m^3/min,H=49kPa,N=75kW	台	1	
二沉池刮泥机	ϕ28.0m,周边传动刮泥机	台	1	
二沉池刮泥机	ϕ30.0m,周边传动刮泥机	台	1	
回用水提升泵	IS150-125-315,Q=200m^3/h,H=32m,N=30kW	台	3	
中速过滤器	ϕ3.6m,工作压力0.45MPa,Q=164m^3/h	台	8	
反冲洗泵	200S-42A型,Q=270m^3/h,H=36m,N=37kW	台	2	

表 3-40　废水回用处理主要工艺设备

名　称	型号或规格	单位	数量	备注
自动加氯消毒装置(包括水射器、氯气切换系统、加氯机、泄氯吸收装置)	加氯量10kg/h	套	1	
管道混合器	ϕ750mm,L5000mm	只	1	
斜管填料	D=50mm,PE	m^2	150	
提升泵	单级双吸离心泵,300S-58A,Q=735m^3/h,H=50m,N=160kW	台	4	

废水处理设施如图3-90所示，回用水处理装置如图3-91所示。

3.7.3.4　运行工况和处理效果

曝气池运行时主要控制DO（2～3mg/L）、营养盐（BOD_5∶N∶P=100∶4∶1）和污泥浓度。污泥浓度为3000～4000mg/L时，污泥结构相对松散，活性较差。当将污泥浓度提高到4000～6000mg/L时，污泥结构较紧密，生物相活跃，SVI和V_{30}均有所下降，对COD_{Cr}和BOD_5有较高的去除效率。

运行表明，在废水处理量为22000～25000m^3/d，初沉池进水pH 7.0～8.0、COD_{Cr}为500～1100mg/L、SS为1000～1500mg/L的条件下，二沉池出水水质通常为pH 7.1～7.5、$COD_{Cr}<$100mg/L、$BOD_5<$20mg/L、SS<50mg/L，图3-92为2008年5月的COD_{Cr}处理效果测试值。在回用水处理量为20000～23000m^3/d的条件下，废水处理出水再经回用处理后，出水水质通常

图 3-90 某特种纸股份有限公司废水处理设施

图 3-91 某特种纸股份有限公司回用水处理装置

为 pH7.0～7.3、浊度＜1NTU、色度＜5PCU、COD_{Cr}＜70mg/L、BOD_5＜10mg/L、硬度（以 $CaCO_3$ 计）200～270mg/L、氯根 140～190mg/L。2008 年 5 月的色度和浊度处理效果测试值如图 3-93 和图 3-94 所示。

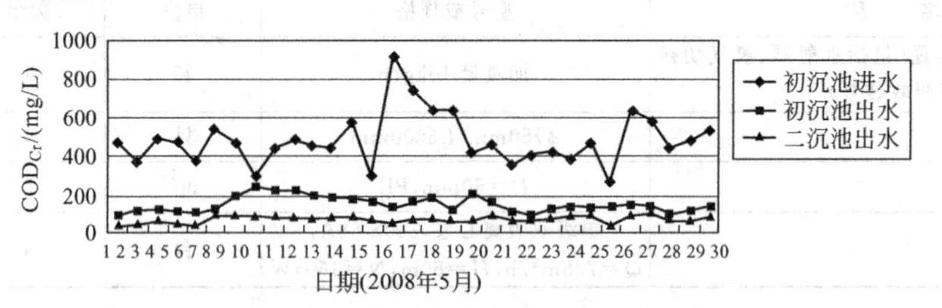

图 3-92 废水处理的 COD_{Cr} 处理效果

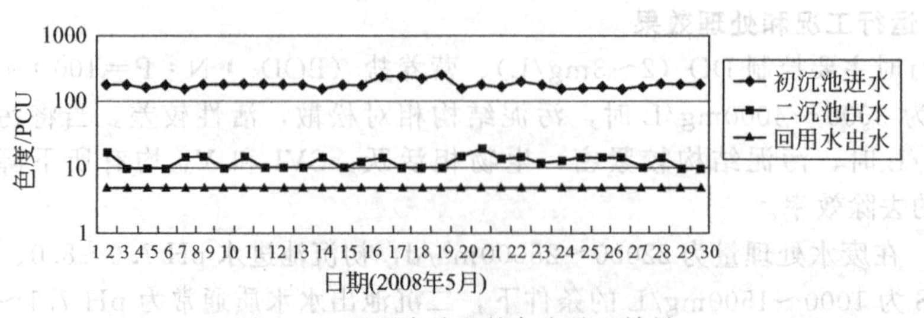

图 3-93 回用水处理的色度处理效果

运行还表明，强化调节池的水质水量调节作用，充分发挥斜网、初沉池的预处理功能，有助

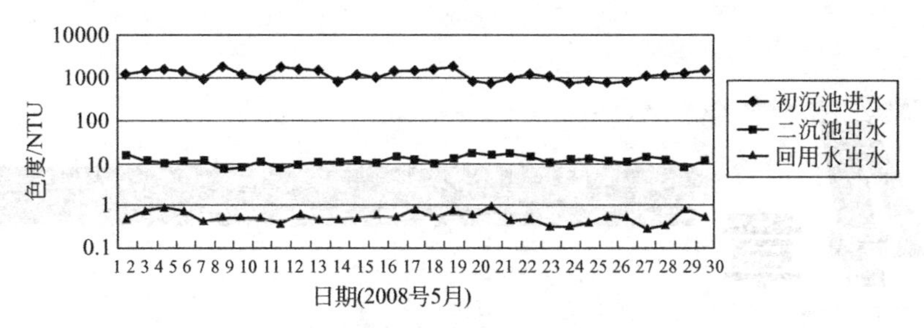

图 3-94 回用水处理的浊度处理效果

于提高后续生物处理单元的处理效果。

3.7.3.5 讨论

(1) 本工程是国内早期造纸废水处理工程之一，积累了很多运行管理经验，在此基础上，根据企业发展与水污染防治要求，自2001年以来，逐渐从以造纸废水污染物达标排放为目标发展到与生产回用相结合，达标排放水作为水资源得到了有效利用。运行表明，废水处理水量为22000～25000m^3/d，回用水量为20000～23000m^3/d，回用率达到90%以上。本工程实践可为同类型造纸废水处理回用提供经验和借鉴。

(2) 产品结构调整、设备更新、技术改造和强化管理是使本工程能成功运行的不可或缺的条件与前提。该公司从1997年开始逐渐淘汰了高消耗、高污染、低产出的箱板纸、包装纸、低档书写纸产品生产，强化了以商品木浆为原料的卷烟纸、描图纸、彩色喷墨打印纸等高档产品生产。与此同时，淘汰一批装备陈旧的纸机，更新为具有国际先进水平的纸机生产线，降低水资源和能源消耗，减少水污染物排放。在碎浆、打浆、调浆、上网、烘干、卷取、化学品调制等造纸生产过程中，确定最佳工艺参数，强化管理，减少用水量和废水排放量，降低水污染物排放浓度。所有这些，都为本工程有效、持久、稳定运行创造了条件，奠定了基础。

(3) 本工程采取了废水处理分项回用的技术路线，即将废水处理出水一部分直接用作电厂冷却水补充水，另一部分再经回用处理后与河水净化水混合用作一般工艺生产用水，而工艺生产中的脱盐水原水仍采用河水净化水，使脱盐水生产系统正常运行。运行表明，根据企业用水需求，按水质要求细化、低质低用、优质高用的分项回用和供水方式是可行的。

(4) 近几年来，本工程针对废水处理量增加和废水回用出现的一些状况，进一步调整和改善了处理工艺，并强化水质化验分析和监控，以确保处理水水质。例如，根据废水处理量增加状况，调整曝气池DO、营养盐投加量、MLSS浓度和剩余污泥排放量；在二沉池出水和过滤器中投加次氯酸钠进行杀菌和抑制微生物生长；污泥脱水时投加PAC和PAM，取代原来只投加PAM的调理方式，提高污泥脱水处理效果，减轻因脱水机冲网水回流对废水处理造成的压力；在回用水处理的双阀石英砂滤池中投加部分活性炭，改善回用水水质，等等。运行实践表明，采用的调整和净化措施是有效的。

(5) 本工程回用水硬度为200～270mg/L，高于该企业生产用水硬度（150～200mg/L），长期使用后，在纸机浆管、流浆箱等设备表面易于出现结垢，在纸产品中亦会出现小白点、尘埃等质量问题。经试验后表明，投加一定量的CaO、Na_2CO_3、PAC药剂，采用化学沉淀法可以将回用水硬度降低到150～200mg/L，符合生产用水要求。

(6) 该企业针对回用水中出现的胶黏物及泡沫现象，进行了相应的成因和应对措施的试验研究。通过试验表明，回用水中的胶状物及泡沫是由回用水中的可溶性PVA化学品所致。为此，在工艺生产过程中选用不溶于水的PVA，同时对废水处理工艺进行相应调整，如减少曝气池污泥停留时间（SRT）等，可以消除回用水中的胶黏物，并使泡沫得到有效控制。

第4章 纺织印染废水处理及再生利用

4.1 概述

我国纺织工业包括化学纤维、棉纺织、毛纺织、丝绸、麻纺织、印染、针织、服装、家用纺织品、产业用纺织品、纺织机械11个行业。我国是纺织工业大国，21世纪初我国提出了到2020年建成纺织强国的宏伟目标。

纺织工业是我国国民经济传统的支柱产业之一，是国民经济的重要组成部分。纺织工业具有投资少、积累多、创汇高的特点，在增加就业、拉动内需、促进消费、稳定物价、繁荣市场等方面有着重要作用。同时，纺织工业亦是我国出口创汇的支柱产业，纺织品服装净创汇一直居全国各行业的首列。

纺织工业是我国工业部门中用水量大户之一。纺织工业的生产用水主要有印染工艺的漂练、染色、印花、整理，羊毛洗涤，蚕茧的缫丝工艺，麻纺类的脱胶浸渍，黏胶纤维和合成纤维的工艺用水，以及纺织生产的空调用水等。纺织工业亦是我国工业废水排放大户之一，在全国各工业部门中，纺织工业废水排污列于造纸、化工、食品加工之后居第四位。印染、化纤企业的废水排放是纺织工业的主要污染源，其中又以印染废水排放量为最多，约占80%。因此，纺织印染废水处理及再生利用对减轻纳污水体污染，改善环境质量，保障用水安全，促进社会经济的协调科学发展具有重要意义。

4.2 纺织印染生产分类和生产工艺

4.2.1 生产原料

纺织是以各类天然纤维（棉、麻、毛、丝等）、化学纤维（黏胶纤维、合成纤维）或两种按一定比例混合的纤维为原料，加工成为各类纱线和坯布。其生产过程为物理加工过程，如棉纺织、毛纺织、绢丝纺织、麻纺织、针织。

印染是以各类纤维加工织造的坯布为原料，通过染色和印花生产出具有单一色彩或者有色图案的织物。印染加工属于物理化学加工过程。根据加工的织物不同，可以分为纯棉织物、棉化纤混纺织物、纯化纤织物、丝织物、绢织物、麻织物、毛织物等的印染，而棉织物和棉化纤混纺织物印染是最大的印染加工。

4.2.2 生产品种

从印染废水处理的角度考虑，根据纺织印染产品使用的原料，结合加工方式，纺织印染产品一般分为棉、化纤及其混纺印染产品，毛纺织染整产品，丝绸（含合纤）印染产品，麻纺印染产品和针织印染产品。

根据我国现有的纺织印染生产布局和印染产品生产加工情况，棉、棉化纤织物的印染产品、丝绸印染产品和针织印染产品一般均在单独的印染厂加工完成，所以这类产品加工过程中产生的废水即为印染废水。毛纺织染整产品、麻纺印染产品一般包括纤维制备、纺纱、织造、染色和整理全部生产工艺过程。因此，毛纺织产品染整废水、麻纺印染产品废水往往还包括洗毛废水或苎麻脱胶废水。

4.2.3　生产工艺

4.2.3.1　棉、化纤及其混纺印染产品生产工艺

棉、化纤及其混纺印染产品的加工一般分为四个工序，即前处理、染色、印花、整理。前处理工序是对印染坯布进行烧毛、退浆、煮练、漂白和丝光等处理加工，以去除织物上的绒毛、浆料、油脂、蜡质、果胶及色素等杂质，提高织物的吸水能力，以利于后续的染整加工。印染坯布经前处理后，按织物的加工要求进行染色或印花。为了进一步提高织物各种服用的物理性能，满足成品要求，最后要经过整理工序。根据棉、化纤及其混纺纤维印染产品的不同，生产工艺过程会有所差异。不同产品的生产工艺流程如下。

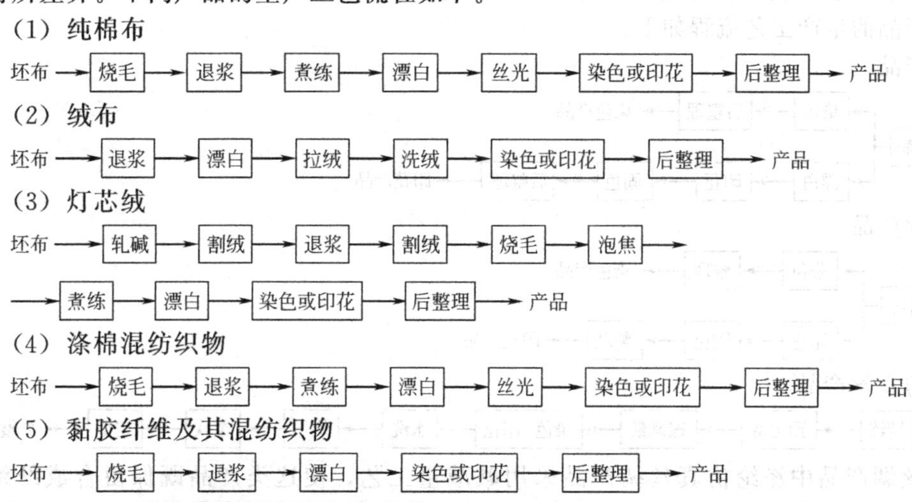

4.2.3.2　毛纺织染整产品生产工艺

毛纺织染整产品是由羊毛（或其他动物毛），或大部分为羊毛（或其他动物毛）其余为化学纤维（涤纶、腈纶、黏胶等），通过纺纱、织造、染色、整理等加工而成的。毛纺织染整产品分为粗毛产品和毛精纺产品。按产品结构，绒线列入毛精纺产品。

原毛加工后的初级产品为毛条，是毛纺织产品的原料。

毛纺织染整产品的生产工艺流程如下。

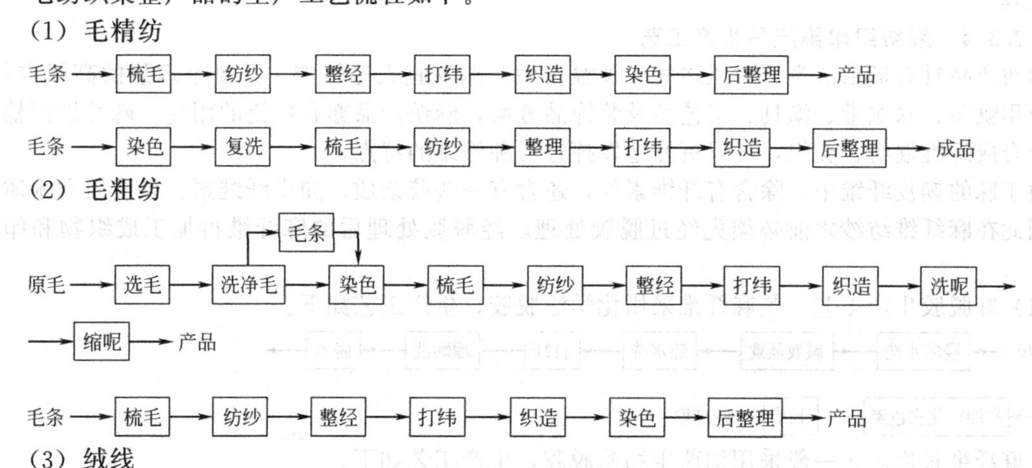

(3) 绒线

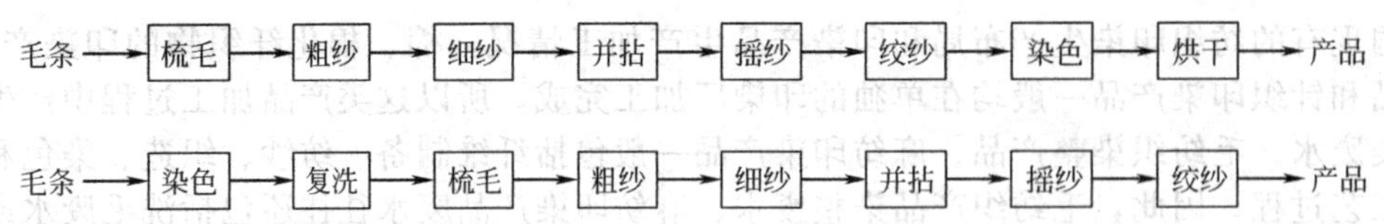

4.2.3.3 丝绸印染产品生产工艺

丝绸产品的原料有天然丝（亦称真丝）、人造丝、合成纤维。其中，真丝主要是桑蚕丝，其次为柞蚕丝。人造丝是指人造纤维细丝，包括黏胶纤维、铜氨纤维等。在丝绸产品中使用的合成纤维主要是涤纶和锦纶，以涤纶纤维用量最多。尽管纤维原料不一，丝绸品种繁多，但丝绸印染产品的加工大致经过坯绸检验、练漂、染色、印花、整理、成品检验和装潢等工艺过程。而每个过程又由若干不同的工序所组成。

丝绸练漂是利用化学药剂，配合机械作用，以去除织物上附着的天然杂质、助剂和污渍等。染色和印花使染料与纤维发生物理的或化学的结合，或用化学方法在纤维上生成颜料，使织物具有一定的色泽，或在织物上形成花纹图案，并具有洗涤、耐磨等染色坚牢度和色泽鲜艳度。整理是通过物理或化学方法，使绸面平整，尺寸稳定，手感柔软挺括，并具有防水防静电等特殊性能。丝绸印染产品的生产工艺流程如下。

（1）真丝产品

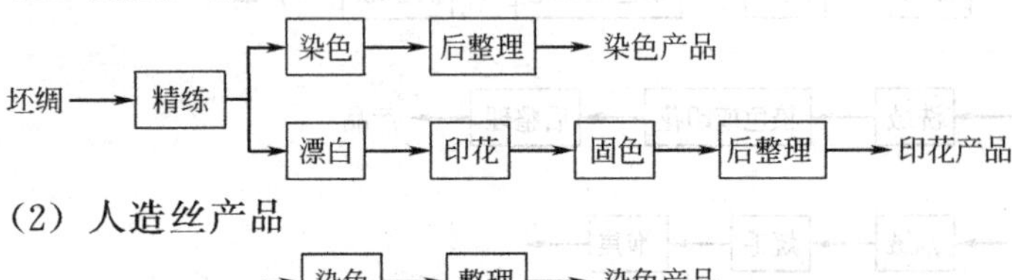

（2）人造丝产品

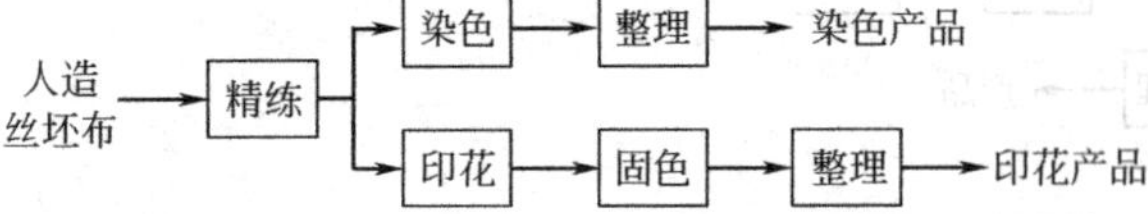

（3）涤纶仿真丝产品

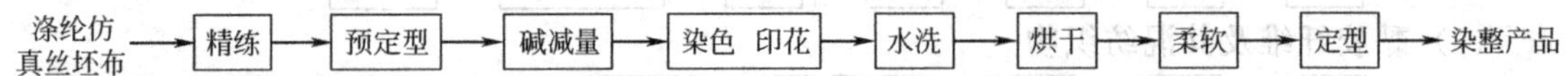

合成纤维丝绸产品中涤纶仿真丝绸产品采用碱减量工艺，使这类产品既保留合成纤维耐久和挺括的优点，又具备天然丝纤维透气的特点。涤纶仿真丝绸产品的碱减量工艺，是将涤纶织物在一定温度下（一般为100℃左右），用20～30g/L浓度的烧碱处理，在促进剂作用下进行减量，减量率一般为8%～20%。通过减量使涤纶纤维纱线表面产生水解，表面涤纶剥落，形成不规则的凹纹和龟裂，从而消除织物极光，并使纤维的纤度不同程度地变细，外表更接近天然丝，增加孔隙率，提高透气性。织物光泽柔和，手感柔软滑爽，富有弹性，近似于天然丝。

4.2.3.4 麻纺织印染产品生产工艺

麻纺产品具有挺括滑爽、通风透气、吸湿排污、凉爽宜人等性能，是夏季理想的高级衣料。在工业用帆布、水龙带、渔具、工艺品及装饰品方面，麻纺产品亦有广泛的用途。麻纤维同棉和聚酯等合成纤维混纺、交织，可以更好地发挥这两种纤维的特点。

由于麻的韧皮纤维中，除含有纤维素外，还含有一些胶杂质，如半纤维素、果胶质和木质素等。因此在麻纤维纺纱之前必须先经过脱胶处理。经脱胶处理后的麻纤维再加工成织物和印染产品。

（1）麻脱胶生产工艺　苎麻纤维采用化学法脱胶，生产工艺如下。

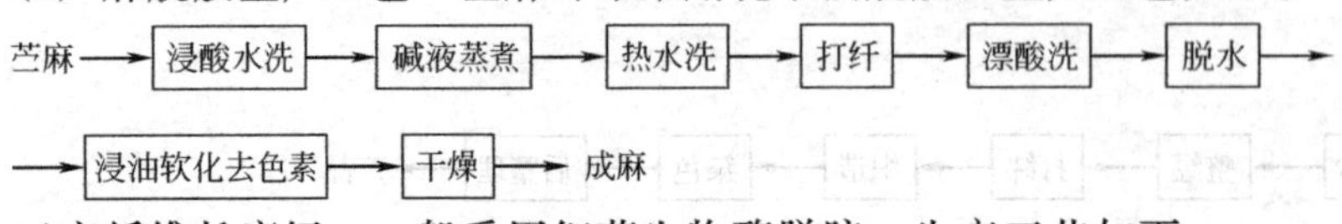

亚麻纤维长度短，一般采用细菌生物酶脱胶，生产工艺如下。

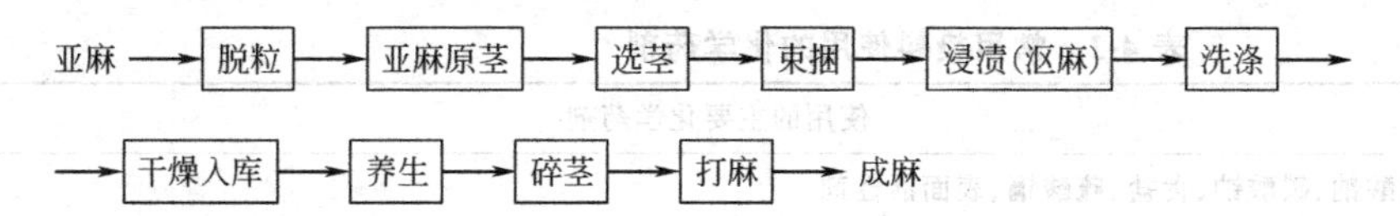

（2）麻纺织印染产品生产工艺　因为麻与棉同样为纤维素纤维，因此麻或麻混纺织物印染加工工序与棉或棉混纺织物印染加工工序基本相同。即麻纺织品经前处理、染色、印花等工序，加工成麻纺织印染产品。

4.2.3.5　针织印染产品生产工艺

针织物分为经编织物和纬编织物。针织产品的种类很多，除了内衣、外衣、袜子、手套、帽子、床罩、窗帘、蚊帐、花边等生活和装饰用品外，在工业、农业和医药卫生领域也有广泛的用途。

针织产品所用的原料因用途和要求不同而异。例如，针织外衣的主要原料是涤纶、锦纶和腈纶，或棉与化纤混纺、棉与化纤交织等。汗衫、棉毛衫等针织内衣一般以棉为主，或棉与化纤混纺、棉与化纤交织。羊毛衫类大多用毛、腈纶，或毛与腈纶、黏胶等混纺。袜子类则大多采用锦纶丝、丙纶等为原料。针织印染产品的生产工艺如下。

（1）棉、棉化纤混纺针织产品染整

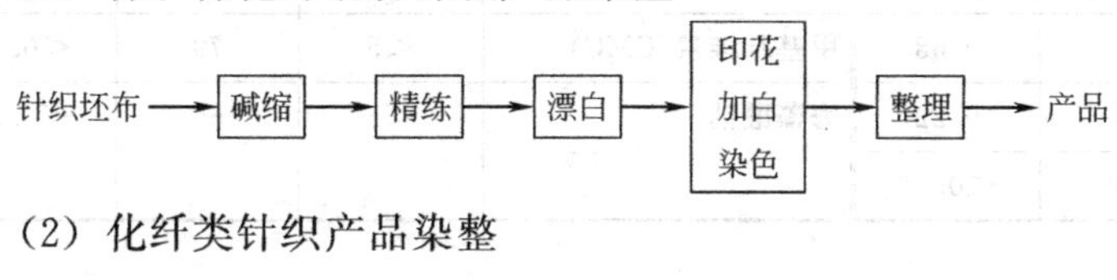

（2）化纤类针织产品染整

（3）筒子纱染整

络筒纱→筒子纱染色→脱水烘干→圆机→检验→产品

4.2.4　常用染料及化学药剂

按不同纤维原料品种，纺织印染生产工艺常用的染料及相应的化学药剂如表4-1和表4-2所示，常用浆料的可生化性如表4-3所示。

表4-1　主要纤维品种的常用染料

纤维品种	常用染料
纤维素纤维(棉纤维、黏胶纤维、麻纤维及其混纺产品)	直接染料、活性染料、暂溶性还原染料、还原染料、硫化染料、不溶性偶氮染料
毛	酸性染料、酸性媒染、酸性含媒染料
丝	直接染料、酸性染料、酸性含媒染料和活性染料
涤纶	分散染料、不溶性偶氮染料
涤棉混纺	分散/还原染料、分散/不溶性偶氮染料
腈纶	阳离子染料(即碱性染料)、分散染料
腈纶-羊毛混纺	阳离子染料与酸性染料先后分浴染色
维纶	还原染料、硫化染料、直接染料、酸性含媒染料
锦纶	酸性染料、分散染料、酸性含媒染料、活性染料

表 4-2 常用染料使用的化学药剂

染料品种	使用的主要化学药剂
直接染料	硫酸钠、碳酸钠、食盐、硫酸铜、表面活性剂
硫化染料	硫化碱、食盐、硫酸钠、重铬酸钾、双氧水
分散染料	保险粉、载体、水杨酸酯、苯甲酸、邻苯基苯酚、一氯化苯、表面活性剂
酸性染料	硫酸钠、乙酸钠、丹宁酸、吐酒石、苯酚、间二苯酚、表面活性剂、乙酸
不溶性偶氮染料	烧碱、太古油、纯碱、亚硝酸钠、盐酸、乙酸钠
阳离子染料	乙酸、乙酸钠、尿素、表面活性剂
还原染料	烧碱、保险粉、重铬酸钾、双氧水、乙酸
活性染料	尿素、纯碱、碳酸氢钠、硫酸铵、表面活性剂
酸性媒染	乙酸、元明粉、重铬酸钾、表面活性剂

表 4-3 常用浆料① 的可生化性

浆料名称	BOD_5 /(mg/L)	COD_{Cr} /(mg/L)	BOD_5 /COD_{Cr}	浆料名称	BOD_5 /(mg/L)	COD_{Cr} /(mg/L)	BOD_5 /COD_{Cr}
可溶性淀粉	55	81	0.68	甲基纤维素(CMC)	<5	79	<0.06
合成龙胶	14	61	0.22	海藻酸钠	<5	55	<0.03
聚乙烯醇(PVA)	<5	149	<0.09				

①浆料浓度为 100mg/L。

4.3 纺织印染生产废水量和水质

4.3.1 废水污染源

4.3.1.1 棉、化纤及其混纺印染产品废水污染源

退浆废水污染严重，是印染废水有机污染物的主要来源之一。退浆工序是采用化学药剂去除织物上所带的浆料，如采用高效淀粉酶代替烧碱（NaOH）去除织物上的淀粉浆料等，可提高退浆效率，减少退浆废水对环境的污染。煮练工序是采用热碱液和表面活性剂去除纤维所含的油脂、蜡质、果胶等杂质。煮练废水呈碱性和褐色，含有较高的有机污染物。

漂白是用次氯酸钠、亚氯酸钠或双氧水等氧化剂去除纤维中的色度。漂白废水量大但污染较轻。采用棉布冷轧堆一步法工艺，将传统的印染前处理的退浆、煮练、漂白三个工序合并成浸轧堆置水洗一道工序，可以减少废水排放量。

丝光是为了提高纤维光泽和对染料的吸附。从丝光工序排出的浓碱液，用多效蒸发等方法回收，可以节省助剂，降低印染废水碱度，但仍有相当部分废碱液作为废水排放。丝光废水呈强碱性，pH 为 12～13。

染色废水含有染色工序中残留的染料、助剂、表面活性剂等，废水呈碱性，色泽深，污染物浓度高。印花工序排出的废水中含有染料、助剂等污染物，有机污染物浓度较高。采用印染自动调浆技术，将计算机技术、自动控制技术、色彩技术、精密称量技术同染整工艺相结合，可明显提高产品质量和生产效率，节水、节能，降低染化料消耗，改善生产环境，减少印染废水排放量和污染物排放浓度。采用高效活性染料代替普通活性染料，可以提高染料上染率，减少染料用量和废水中染料残留量。整理废水含纤维屑、树脂、甲醛、油剂和浆料等，水量小，污染物浓度相对较低。

4.3.1.2 毛纺织染整产品废水污染源

羊毛产品的染色采用酸性染料和媒介染料。毛、化纤混纺产品的染色除采用酸性染料和媒介染料外，视所采用的化纤品种不同，还采用分散、直接、阳离子等染料。在染色过程中采用的助

剂有乙酸、硫酸、红矾（重铬酸钾）、元明粉、柔软剂、匀染剂、平平加等。毛纺染整产品废水的主要污染物质是残留的助剂和染料。由于毛纺织染整产品加工大都在酸性或偏酸性条件下进行，因此，一般废水 pH 为 6.0～7.0。此外，毛纺染整废水含有一定的悬浮物，特别是毛粗纺产品、绒线产品和散毛染色时废水含有较高的悬浮物。

4.3.1.3　丝绸印染产品废水污染源

丝绸印染产品练漂过程所用的助剂有乙酸、纯碱、烧碱、泡花碱、磷酸三钠、保险粉、双氧水、次氯酸钠、合成洗涤剂、净洗剂、柔软剂、淀粉酶等。练漂工序是丝绸染整废水有机污染物的重要来源。

染色和印花所用的染料因丝绸印染产品的不同而异。真丝绸以及真丝同人造丝交织绸染色用得最多的是酸性染料。真丝同锦纶织物染色主要用弱酸性染料，也有用中性染料的。人造丝织物染色大多采用直接染料，其次采用活性染料和纳夫妥染料。涤纶长纤维采用分散染料。锦纶染色用弱酸性染料、中性染料和分散染料。在印花工序中常用的浆料有淀粉浆、海藻酸钠浆、羧甲基纤维素等。常用的助剂有尿素、冰乙酸、增白剂、渗透剂等。同棉印染废水相比较，丝绸印染废水的有机污染物浓度较低。pH 较低，为 6.0～8.0。除染丝废水外，废水的 BOD_5/COD_{Cr} 为 0.3 以上，有利于生物处理，废水的色泽较浅。

涤纶仿真丝绸产品碱减量工艺产生高浓度难生物降解碱减量废水，其主要污染物为涤纶水解产物对苯二甲酸等，是处理难度大的印染废水。采用碱减量废碱液回收回用后可以使碱液大部分保留在净化液中，经过补碱重新回用于生产。但是即使通过碱回收后，碱减量废水的 pH 仍为 10～13，COD_{Cr} 约 10g/L 以上。碱减量废水应先进行预处理，再同其他印染废水混合进一步处理。

4.3.1.4　麻纺织印染产品废水污染源

苎麻浸酸的化学品是硫酸。在浸酸水解时，先将苎麻中的多糖类分子水解为单糖，而后在酸的作用下分解为有机酸，如乙酸、丁酸等。

蒸煮的主要化学品是烧碱。在烧碱的作用下，高聚碳水化合物的果胶质分解成为可溶解性的果胶钠盐。脂蜡物同烧碱产生皂化作用，变成可溶性肥皂而被除去。木质素在蒸煮过程中可变疏松，增加溶解度。

漂酸洗的化学品是次氯酸钠和硫酸，次氯酸钠漂白主要是破坏织物上的色素，提高白度，同时还可与纤维上的其他杂质发生氧化、氯化之类的反应。

苎麻脱胶的煮练废水 pH 高，为 13～14，有机污染物浓度高，属于高浓度有机废水。浸酸水、煮练洗麻水等为中段水，水量大，约占苎麻脱酸废水的 50%，属中等污染废水。漂酸洗废水偏酸性，pH 为 5～6，有机物浓度低，属低浓度废水。

亚麻脱胶的浸渍过程废水为偏酸性废水，pH 为 4.6～5.4，有机物浓度高，属高浓度有机废水。洗涤废水和压榨废水为中段水，废水呈偏酸性，pH 为 6.0～6.5，属中等污染废水。处理后浸解废水 pH 为 7.0～7.2，有机物浓度低，属低浓度废水。

麻纺织物印染所用染料因织物纤维不同而异。聚酯同麻混纺织物染色时可采用分散染料同活性染料组合，亦可采用分散染料同直接染料组合，或分散染料同还原染料组合。麻纺织印染废水中含有残留的染料、浆料和助剂等有机污染物，以及纤维屑等悬浮物。

4.3.1.5　针织印染产品废水污染源

针织印染产品的加工由碱缩、煮练、漂白、染色、整理等工序组成。棉及棉化纤混纺汗布，除深浓色以外，其余均需通过烧碱液碱缩处理，以提高强度、弹性、光泽，增加织物紧密度和同染料的亲和力。煮练、漂白、染色等工序所用的染料、助剂基本上同棉、化纤及其混纺印染产品的加工，废水污染源亦基本相同。但是，采用气流染色技术可以减少棉织物的浴比，降低水耗，减少废水排放量。由于低浴比能节省染料、助剂及辅料，可降低染色废水污染物浓度。在棉针织、巾被等织物中采用涂料染色或涂料印花新工艺，将涂料着色剂、高强黏合剂制成轧染液或印浆，通过浸轧或印花、烘干、烘固，即可完成染色或印花，比传统染料染色或印花减少了工序，节水节能，可减少废水排放量和污染物排放量。

4.3.2 废水量和水质

4.3.2.1 棉、化纤及其混纺印染废水量和水质

（1）废水量　棉、化纤及其混纺印染产品废水量因加工品种、工厂类型和设备、清洁生产和管理水平等而异。一般印染厂排水量为 1.5～3.0m^3/100m；漂染厂排水量为 2.0～2.5m^3/100m。

（2）废水水质　棉、化纤及其混纺印染废水由退浆、煮练、漂白、丝光、染色和印花以及整理等生产工序排放的废水组成。

退浆废水中含有浆料、浆料分解物、纤维屑和酶类等污染物。其废水量较少，但污染严重，COD_{Cr}、BOD_5 高达每升数千毫克。退浆废水的可生化性同织物的上浆浆料有关，以淀粉上浆的织物，可生化性好，BOD_5/COD_{Cr}比值一般 0.5～0.6，而以聚乙烯醇（PVA）上浆的织物，可生化性差，BOD_5/COD_{Cr}一般 0.1～0.2。

一般棉纤维采用烧碱和表面活性剂高温煮练，废水呈强碱性，色泽深，呈褐色，COD_{Cr}、BOD_5 也高达每升数千毫克。而化学纤维所含油剂等杂质少，易于用碱和合成洗涤剂去除，因此化学纤维精练废水污染程度相对较低。

漂白工序常采用次氯酸钠、双氧水或亚氯酸钠等氧化剂，一般废水有机污染物浓度低，漂白废水可重复使用，或单独排放。而丝光废水碱性强，pH 高达 12～13，还含有纤维屑等悬浮物。

染色和印花废水中含有残留的染料和助剂等，废水水质因加工产品的不同而变化。一般 pH 为 10 以上，BOD_5 低，COD_{Cr}值高。BOD_5/COD_{Cr}比值为 0.3 以下。

整理废水含有纤维屑、多种树脂、甲醛、油剂和浆料等，但废水水量小，污染程度低。

棉、化纤及其混纺印染废水水质复杂，废水呈碱性，有机污染物浓度高，色泽深。特别是随着织物 PVA 上浆浆料的比重不断上升，废水的 BOD_5/COD_{Cr}比值随之降低，一般为 0.25～0.3。具体水质如表 4-4 所示。

表 4-4　棉、化纤及其混纺织物印染废水水质

名称	pH	COD_{Cr}/(mg/L)	BOD_5/(mg/L)	色度/倍
印染厂	10～12	1000～2000	300～500	300～500
漂染厂	9.5～10.5	800～1000	200～300	300～400

4.3.2.2 毛纺织染整废水量和水质

（1）废水量　毛纺织染整产品的废水量因产品品种和生产规模而异。一般洗毛排水量为，无闭路循环时 10～35m^3/t 洗净毛，有闭路循环时 10m^3/t 洗净毛；炭化 10m^3/t 洗净毛；粗纺厂（混纺）3.5m^3/100m；精纺厂 2.3m^3/100m。

（2）废水水质　毛纺织染整废水主要来自染色工序，包括残留的染料、助剂和冲漂洗水。毛纺织染整产品加工所用染料因所用纤维和产品品种而异，但是，一般以酸性染料和媒介染料为主。毛纺织物染色后，大部分助剂进入染后的残液中随染整废水排出。毛纺织染整废水水质如表 4-5 所示。

4.3.2.3 丝绸印染废水量和水质

（1）废水量　丝绸印染产品的废水量同纤维原料、加工织物的品种、工艺过程与设备、清洁生产和管理水平等因素有关。一般桑蚕丝为 280～300m^3/t 丝；人造丝 100～120m^3/t 丝；真丝绸 300～350m^3/100m；合成绸 350～400m^3/100m；丝绒 550～600m^3/100m。

（2）废水水质　丝绸印染产品的废水主要由练漂、染色和印花工序排出的废水组成，整理工序只有少量废水产生。练漂废水的有机物含量高，色度低，偏碱性。染色和印花废水主要含有残留的染料和助剂，废水有机污染物含量低，但色泽较深又多变。丝绸印染产品废水水质如表 4-6 所示。

表 4-5 毛纺织染整废水水质

名称	pH	COD_{Cr}/(mg/L)	BOD_5/(mg/L)	色度/倍	SS/(mg/L)
洗毛(无闭路循环)	8.5～9	15000～20000	6000～8000		800～1200
(有闭路循环)	8.5～9	20000～30000	8000～12000		8000～12000
炭化	H_2SO_4 1.5～2g/L	200～300			
粗纺厂(混纺)	6～7	600～900	180～300	100～300	300～500
精纺厂	6～9	450～700	180～250	50～100	80～100
绒线(混纺)	6～7	500～800	80～150	80～150	100～150

表 4-6 丝绸印染产品废水水质

废水名称	pH	COD_{Cr}/(mg/L)	BOD_5/(mg/L)	色度/倍	SS/(mg/L)	水温/℃	氨氮/(mg/L)
煮茧废水	9	1500～2000	700～1000		150～310	80	
缫丝废水	7～8.5	150～200	70～80		80～110	40	
练绸废水	7.5～8	500～800	200～300		100～180		6～27
丝绸印染废水	6～7.5	250～450	80～150		100～200		3～12
绢纺精练脱胶浓废水	9～10.5	9000～10000	2000～5000		800～2800	90～98	30～70
冲洗水	7～8	250～550	150～300		200～400		15～17
丝绸练染废水	7.5～8	500～800	200～300	100～200			6～27
丝绸印花废水	5.5～7.5	400～650	150～250	50～250			8～24
丝绸印染联合废水	6～7.5	250～450	80～150	250～500			3～12
染丝废水	7.5～8.5	550～650	90～140	300～400			

4.3.2.4 麻纺织印染废水量和水质

(1) 废水量　麻纺织印染产品的废水包括两部分。一是麻脱胶废水；二是麻纺织物印染废水。麻脱胶废水视麻纤维不同，又有苎麻化学脱胶废水和亚麻脱胶废水之分。苎麻化学脱胶废水主要由浸酸、煮练、拷麻、漂酸洗等工序排出的废水组成。亚麻浸渍（细麻）脱胶废水由浸渍、洗涤和压榨等工序排出的废水组成。苎麻化学脱胶排水量为：煮练 11～12m^3/t 麻，一煮洗麻 11～12m^3/t 麻，二煮洗麻 11～12m^3/t 麻，浸酸 10m^3/t 麻，拷麻 250m^3/t 麻，漂酸洗 10m^3/t 麻。亚麻浸渍排水量为 20～60m^3/t 麻。麻或麻混纺织物印染加工工序同棉或棉混纺织物印染加工工序基本相同，麻纺织品印染废水排水量可参考棉及其混纺织物印染加工排水量。

(2) 废水水质　苎麻脱胶废水碱性高，有机污染物含量高，色泽深，呈褐色。亚麻浸渍废水偏酸性，有机污染物浓度高。麻脱胶废水水质如表 4-7 所示。

表 4-7 麻脱胶废水水质

废水名称		pH	COD_{Cr}/(mg/L)	BOD_5/(mg/L)
苎麻化学脱胶废水	煮练废水	13～14	14000～20000	5000～8000
	一煮洗麻废水	12～13	1600～2000	700～800
	二煮洗麻废水	11～13	750～900	280～300
	浸酸废水	2～3	1300～1500	500～800
	拷麻废水	7～8	260～320	100～140
	漂酸废水	5～6	900～1000	300～400

续表

废水名称		pH	COD_{Cr}/(mg/L)	BOD_5/(mg/L)
亚麻脱胶废水	浸渍废水	4.6～5.4		1300～2400
	洗涤废水	6.2～6.4		330～860
	压榨废水	6.3～6.8		590～1100
	均化池废水	5.8～6.8		380～1300

4.3.2.5 针织印染废水量和水质

(1) 废水量 同棉、化纤及其混纺印染产品一样，针织印染产品的废水量与纤维原料、加工织物的品种、采用的设备、浴比等因素有关。一般针织厂的排水量为1.5～2.0m^3/100m。按织物的单位重量计的排水量为0.25～0.30m^3/kg。

(2) 废水水质 针织印染废水由碱缩、煮练、漂白、染色、印花、整理等生产工序排放的废水组成。除深浓色的汗布以外，其余的棉及棉化纤混纺汗布，均需要通过烧碱液碱缩处理。碱缩液的浓度根据不同织物不同要求而异，一般为120～280g/L。纯棉用碱量高，棉混纺用碱量低。碱缩液循环使用和回用，后道冷水冲洗水排水进入印染废水系统。碱缩废水的碱性强，pH为13～14，含有较高浓度的有机污染物，但是色度低，一般为20～40倍。煮练废水呈强碱性，色泽深，呈深褐色，有机污染物含量高。由于织物原料不同，所用染料助剂不同，针织染色或印花废水的水质多变。总地来说，针织物印染废水有机污染物浓度低于机织物。针织物印染废水水质如表4-8所示。

表4-8 针织物印染废水水质

名称	pH	COD_{Cr}/(mg/L)	BOD_5/(mg/L)	色度/倍
针织物	8～9	400～800	150～200	200～400

4.4 纺织印染废水的特点和处理要求

4.4.1 纺织印染废水的特点

4.4.1.1 水质水量变化大

纺织印染废水水质水量同所采用的纤维原料、产品品种、染料助剂、生产工艺配方、设备配置和清洁生产水平等密切相关。一般印染产品加工都有煮练工序，煮练时要用碱液在90℃左右高温下处理织物，所以废水呈碱性，尤其是棉印染废水呈强碱性，pH为10～12。但是，丝绸印染、毛纺织染整通常采用酸性染料为主，废水呈偏酸性，一般pH为5～6。织物上浆浆料不同会影响废水水质。以聚乙烯醇（PVA）为上浆浆料的织物退浆废水有机物浓度高于淀粉浆料的退浆废水，而BOD_5/COD_{Cr}比值又低于淀粉浆料。就纤维原料而言，一般纯棉机织物印染废水浓度高于其他纤维印染废水浓度。大多印染企业属于产品加工企业，受加工生产品种、加工订单数量、生产计划安排等因素的影响，废水水量和水质在不同的季节、不同的月份，甚至在同一生产日的不同班次、同一班次的不同时段都有变化。虽然不同纺织印染加工产品的废水水量水质变化状况不尽相同，但是总地来说，水量水质变化大是所有纺织印染废水的共同特点。因此，在纺织印染废水处理时均应有水量水质调节和预防冲击负荷影响的措施。

4.4.1.2 污染物浓度高

影响印染废水污染程度的因素很多，例如纤维种类、产品品种、生产工艺条件与设备、清洁生产程度以及管理水平等。其中，印染加工纤维种类是影响印染废水污染物浓度的主要因素。一般棉印染废水的污染物浓度COD_{Cr}为1500～2000mg/L。间隙式工艺的碱减量废水COD_{Cr}为20000～60000mg/L，典型的具有碱减量工艺的印染企业，碱减量废水量约占印染废水量的5%，

而 COD_{Cr}负荷占 60%以上。毛纺织染整产品的洗毛废水 COD_{Cr}为 15000～30000mg/L，麻纺织印染产品的苎麻脱胶煮练废水 COD_{Cr}为 14000～20000mg/L，均属于高浓度有机废水。即使污染程度相对较轻的针织印染、毛纺染整和丝绸印染废水，COD_{Cr}为 400～800mg/L，亦属于较高浓度的有机污染废水。

4.4.1.3　综合废水的 BOD_5/COD_{Cr}低

随着印染产品加工过程中织物上浆的 PVA 浆料增加，淀粉浆料使用比例下降，以及印染中为了提高染料着色率，改善印染产品使用性能，所用染料中蒽醌类染料比例提高，而蒽醌类染料属于多环或者含羟基、羧基和难生物降解高分子有机化合物，从而降低了印染废水的可生化性。在废水生物处理中，通常将 BOD_5/COD_{Cr}小于 0.3 的废水视为可生化性差或难生物降解废水，将 BOD_5/COD_{Cr}大于 0.3 的废水视为具有可生化性或易生物降解废水。一般棉、化纤及其棉混纺印染废水和针织印染废水的 BOD_5/COD_{Cr}为 0.25 左右，毛纺织染整的 BOD_5/COD_{Cr}为 0.3 左右，丝绸印染废水的 BOD_5/COD_{Cr}为 0.35 左右。

4.4.1.4　废水色泽深

印染工艺的染料上染率平均为 90%左右，印染废水中染料残留率平均为 10%。印染废水中的色度主要是由残留染料所引起的。一般厚织物印染加工的染料用量多，废水中残留的染料绝对量多，废水色泽深，色度高。而薄织物的印染废水色度相对较低。另外，织物的深色染色或印花残留的染料亦会使废水的色泽变深。一般棉、化纤及其混纺织物印染废水色度为 300～500 倍，针织印染废水色度为 200～400 倍。毛纺织染整和丝绸印染废水的色度较低，为 100～300 倍。

4.4.1.5　含有一定量的悬浮物

印染产品加工过程中会使织物原料中的杂质、纤维屑、果胶和蜡质、未溶解染料等进入废水，致使印染废水含有一定量的悬浮物。例如，毛纺织染整的洗毛废水中含有大量羊毛纤维、杂质、细纱和杂草等，洗毛废水 SS 可达到 10000mg/L 以上，而毛纺织染整废水 SS 为 300～500mg/L。其他纺织印染产品废水 SS 一般为 150～300mg/L。

4.4.1.6　某些印染废水含有硫化物

印染废水中的硫化物主要来源于硫化染料。某些棉深色印染产品加工，如灯芯绒、绒布等印染加工，采用硫化染料。这类产品的废水因含有残留的硫化染料，硫化物含量较高，一般硫化物浓度可达到每升数十毫克。

4.4.1.7　含有一定量的氮和磷

印染废水中的总氮（TN）和氨氮（NH_3-N）主要来源于染料和纤维原料，例如偶氮染料、羊毛纤维、天然丝纤维的丝胶等。此外，在印花工艺中，亦有以尿素为助剂的。一般印染产品的 TN 和 NH_3-N 含量为 10～15mg/L，而丝绸印染产品的 NH_3-N 含量为 10～30mg/L。如果采用蜡染工艺，需要用尿素，蜡染产品的总氮可高达 300mg/L 左右。

印染废水中的磷来源主要是含磷洗涤剂。有的企业采用磷酸三钠，提高了废水总磷（TP）含量，含磷浓度可达到每升数十毫克。随着国家大力推广无磷洗涤剂，对含磷洗涤剂限制使用的力度加大，印染废水中磷含量会随之减少。

4.4.1.8　可能含有六价铬和苯胺类

印染废水中的六价铬主要来源有：一是印花滚筒刻花使用六价铬，但目前已基本不采用此工艺；二是在印染工艺中可能采用重铬酸钾助剂。苯胺类主要来源于部分具有苯环和氨基的染料，在印染废水处理中苯环类基本能予以降解。

4.4.1.9　漂白工序含有二氧化氯

在印染产品加工过程中，漂白是一道重要工序。氯漂是在碱性条件下，以次氯酸钠作为漂白剂，价格低廉，但白度较差，且织物易变硬变脆。氧漂是在中性条件下，以过氧化氢为漂白剂，白度好，手感软。亚漂是在酸性条件下，以亚氯酸钠产生二氧化氯为漂白剂，白度最好，手感柔软，高档印染产品特别是内衣类往往采用亚漂工艺。二氧化氯是强氧化剂，具有很强的腐蚀性和毒性，一般亚漂废水中二氧化氯含量为每升数十毫克至 200mg。

4.4.2 处理要求

为了保护我国生态环境和人体健康，促进社会经济可持续发展，根据落实国家环境保护规划管理以及产业结构调整的需要，对纺织印染废水必须处理，以达标排放或再生利用。“十一五”以来，我国纺织印染加工产品以提高产品质量、强化环境保护为原则，以自动化电子技术、生物科学技术等为手段，加快发展了无水或少水印染工艺，生产高穿着性能和功能性新产品，大力推行节能减排和清洁生产工艺技术，使纺织印染加工产品的排水量和污染物排放量都发生了较大变化。为了适应我国纺织印染工业发展的需要，2008 年，国家发布了新的《纺织染整工业水污染物排放标准》（征求意见稿），拟代替《纺织染整工业水污染物排放标准》（GB 4287—92），以实施纺织印染废水提标排放。在征求意见稿中调整了控制排放的污染物项目，提高了污染物排放控制要求。污染物控制项目为 pH、COD_{Cr}、BOD_5、SS、色度、氨氮、总氮、总磷、硫化物、六价铬、苯胺类、二氧化氯，共 12 项。为了促进地区经济与环境协调发展，推动经济结构和经济增长方式的转变，引导纺织染整生产工艺和污染治理技术的发展方向，还规定了水污染物特别排放限值。表 4-9 和表 4-10 为拟在不同纺织印染企业执行的水污染物排放限值。表 4-11 为位于环境承载能力开始减弱、环境容量较小、生态环境脆弱、容易发生严重环境污染问题而需要采取特别保护措施地区的企业拟执行的水污染物排放限值的规定。

表 4-9　现有企业水污染物排放限值　单位：mg/L（pH、色度除外）

污染物项目	排放限值	污染物排放监控位置
pH	6～9	企业废水处理设施总排放口
化学需氧量(COD_{Cr})	100	企业废水处理设施总排放口
五日生化需氧量	25	企业废水处理设施总排放口
悬浮物	70	企业废水处理设施总排放口
色度/倍	80	企业废水处理设施总排放口
氨氮	15	企业废水处理设施总排放口
总氮	20	企业废水处理设施总排放口
总磷	1.0	企业废水处理设施总排放口
二氧化氯	0.5	企业废水处理设施总排放口
硫化物	1.0	生产设施或车间排放口
六价铬	0.5	生产设施或车间排放口
苯胺类	1.0	生产设施或车间排放口
单位产品基准排水量/(m^3/t 产品)	250①	排水量计量位置与污染物排放监控位置相同

① 织物的重量与织物的长度、幅宽、厚度有关，可按照 FZ/T 01002—91 中附录 B 的规定进行折算。

表 4-10　新建企业水污染物排放限值　单位：mg/L（pH、色度除外）

污染物项目	排放限值	污染物排放监控位置
pH	6～9	企业废水处理设施总排放口
化学需氧量(COD_{Cr})	80	企业废水处理设施总排放口
五日生化需氧量	20	企业废水处理设施总排放口
悬浮物	60	企业废水处理设施总排放口
色度/倍	60	企业废水处理设施总排放口
氨氮	12	企业废水处理设施总排放口
总氮	15	企业废水处理设施总排放口

续表

污染物项目	排放限值	污染物排放监控位置
总磷	0.5	企业废水处理设施总排放口
二氧化氯	0.5	企业废水处理设施总排放口
硫化物	不得检出	生产设施或车间排放口
六价铬	不得检出	生产设施或车间排放口
苯胺类	不得检出	生产设施或车间排放口
单位产品基准排水量/(m^3/t产品)	210①	排水量计量位置与污染物排放监控位置相同

① 织物的重量与织物的长度、幅宽、厚度有关，可按照FZ/T 01002—91中附录B的规定进行折算。

表4-11 现有和新建企业水污染物特别排放限值 单位：mg/L（pH、色度除外）

污染物项目	排放限值	污染物排放监控位置
pH	6～9	企业废水处理设施总排放口
化学需氧量(COD_{Cr})	60	企业废水处理设施总排放口
五日生化需氧量	15	企业废水处理设施总排放口
悬浮物	20	企业废水处理设施总排放口
色度/倍	40	企业废水处理设施总排放口
氨氮	10	企业废水处理设施总排放口
总氮	12	企业废水处理设施总排放口
总磷	0.5	企业废水处理设施总排放口
二氧化氯	0.5	企业废水处理设施总排放口
硫化物	不得检出	生产设施或车间排放口
六价铬	不得检出	生产设施或车间排放口
苯胺类	不得检出	生产设施或车间排放口
单位产品基准排水量/(m^3/t产品)	210①	排水量计量位置与污染物排放监控位置相同

① 织物的重量与织物的长度、幅宽、厚度有关，可按照FZ/T 01002—91中附录B的规定进行折算。

4.5 纺织印染废水处理基本方法

4.5.1 我国纺织印染废水处理发展历程

20世纪60年代，我国在某印染厂进行了活性污泥法处理印染废水试验研究，采用延时曝气法和表面机械曝气装置，建成了国内第一座规模化的印染废水处理工程。

20世纪70年代，华北、华东、中南、西南等地区先后有数十座应用活性污泥法处理印染废水装置投入运行。当时采用合建式完全混合加速曝气法为多。曝气池同沉淀池合建，占地面积小，构筑物少，投资较省。在脱色方面，主要有硅藻土吸附、氯氧化、紫外线光氧化、化学混凝、臭氧氧化脱色等技术和方法。70年代后期，为了克服合建式曝气池运行的“动静”矛盾，开始采用曝气池同沉淀池各自独立的分建式曝气池。除了活性污泥法外，又出现了生物接触氧化、生物转盘、生物塔滤等印染废水处理技术与方法。在生物接触氧化法中，除采用纸质蜂窝填料以外，开始对软性填料（纤维填料）进行研究开发。在脱色方面，进行了生物活性炭脱色的试验研究。

20世纪80年代，印染废水物化处理的研究和应用有较大进展，除化学混凝沉淀法以外，出现了压力溶气气浮法，在毛纺染整废水、丝绸印染废水处理中采用了电解或电凝聚法。新型混凝剂和高效高分子聚凝剂的研究与应用有较大进展。生物接触氧化填料的研究活跃，继软性填料之后，出现了半软性填料、组合填料等。80 年代后期，我国纺织印染高浓度废水处理技术有了突破与发展，如高浓度苎麻脱胶废水厌氧-好氧处理技术开发与应用，高浓度洗毛废水处理技术与设备的研发和应用等。

20 世纪 90 年代，随着我国改革开放和经济高速发展，印染废水处理技术得到了快速发展。在消化吸收国外引进技术的基础上，对微孔曝气设备和离心鼓风机、低噪声罗茨鼓风机等进行了研发和推广应用，进一步推动了印染废水生物处理特别是活性污泥法处理技术的应用和发展。在处理工艺上，除了常规活性污泥法以外，对 SBR（序批式活性污泥法）等技术进行了试验和使用。引进了国外 A/O 生物筛选技术，逐渐得以推广应用。进行了厌氧（兼氧）水解酸化技术处理印染废水试验研究，并在预处理中逐渐得到应用。弹性立体填料的研发和工程使用进一步促进了生物接触氧化法在印染废水处理中的应用。

21 世纪以来，我国印染废水处理工艺技术趋于成熟和全面。进行了高浓度棉印染废水、丝绸印染（涤纶仿真丝绸印染）碱减量废水的处理工艺技术研发与应用。对印染废水深度处理技术，如生物活性炭技术、生物曝气滤池技术、高效脱色剂技术、高级氧化脱色技术等进一步深入研发和逐渐推广应用。2001 年，原国家环保局颁布《印染行业废水污染防治技术政策》，总结了我国近 30 年印染废水处理经验和教训，对纺织印染行业水污染防治作了引导和规范。在技术政策中，明确提出"印染废水治理宜采用生物处理技术和物理化学技术相结合的综合治理路线"，进一步推动了我国印染废水处理技术的发展。2005 年以后，为了贯彻节能减排，应对纺织印染工业产业产品结构调整和水污染物排放标准的提高，加快了纺织印染废水深度处理和再生利用技术研究和应用进展，对印染废水膜处理技术（如 UF、RO、NF 等）进行了试验研究，并在试验性工程中得到应用。可以预期，随着我国社会经济的持续快速发展，国家对环境保护力度的加大，对节能减排和低碳技术需求的提高，我国印染废水处理会得到更好、更快、更高的发展。

4.5.2 纺织印染废水处理基本方法

纺织印染废水处理宜采用生物处理技术和物理化学处理技术相结合的综合治理路线。不宜采用单一的物理化学处理单元作为稳定达标排放治理路线。

纺织印染废水生物处理技术以活性污泥法较为普遍。各种类型的常规活性污泥法技术成熟，耐冲击负荷能力强，适宜于水质多变的印染废水处理。常规活性污泥法可根据需要设定污泥负荷，适应的水质范围广，进水水质 COD_{Cr} 可为每升数百毫克至 1000mg/L 以上，处理效果高效稳定。在大型印染废水处理工程中，由于活性污泥法无需设置生物填料，在同等处理效率的前提下，一般采用活性污泥法的一次性投资较生物接触氧化法低。活性污泥法能去除大量有机污染物，但脱色效果较差。因为活性污泥法对有机污染物的主要去除机制是活性污泥吸附，大部分染料很少被生物降解。对于应用活性污泥法处理印染废水时出现的曝气池污泥膨胀，一般通过细化和优化操作运行条件、强化曝气池溶解氧控制和微生物生物相观察、根据处理水质适时调整工艺运行等措施，可有利于预防和抑制污泥膨胀。

生物处理技术中的生物接触氧化法是我国处理印染废水常用的方法之一，特别在进水有机物浓度较低的中小型印染废水处理工程中采用为多。生物接触氧化法为浸没式生物膜法，兼具生物膜法和活性污泥法的特点。生物接触氧化法的曝气和供氧方式同活性污泥法相似，而借填料上栖息的微生物作用降解废水中有机污染物的机理又与生物膜法相似。生物接触氧化法的优点是无需污泥回流，不会产生污泥膨胀，管理简单。但在印染废水处理中，一般生物接触氧化法对有机污染物的去除率不如活性污泥法。

曝气生物滤池法是近几年来在印染废水深度处理中采用的生物处理法。曝气生物滤池的滤料可以是石英砂、陶粒等，印染废水处理中常用的是以活性炭作为滤料的生物活性炭滤池。由于活性炭具有很大的比表面积，增大了生物附着量。在供氧条件下，附着在活性炭上的微生物生长繁殖，对废水中的有机污染物进行吸附吸收，从而去除 COD_{Cr} 等有机污染物。从机理上说，生物活性炭滤池可以实现活性炭滤料的微生物再生，在使用中可以不需要更换失效活性炭。但是，工程实践表明，生物活性炭吸附池仍需要定期添加新的活性炭，以补充运行中流失的活性炭和部分失效的活性炭。一般每年需补充20%左右的新炭。

在印染废水处理中，物理化学处理法既可作为生物处理前的预处理单元，亦可作为生物处理之后的深度处理单元，以进一步去除COD和脱色。在物理化学处理技术中用得最为普遍的是混凝沉淀法，其次是混凝气浮法。一般毛纺染整废水和丝绸印染废水偏酸性，电聚凝方法较适宜于这两种印染废水处理。为了提高脱色效果，亦可在生物处理单元之后的混凝沉淀池或者混凝气浮池中同时投加脱色剂。物理化学处理技术构筑物少、占地小、操作管理相对方便。但是，产生的物化污泥量较大，需投加混凝剂和助凝剂等，药剂费用较高，同时在处理水中还会残留化学药剂，对处理水水质产生负面作用，如增加氯离子含量、提高出水含盐量等。

4.6　纺织印染废水处理主要技术

根据纺织印染废水特点和处理目标要求，在笔者长期以来从事纺织印染废水处理技术研发和工程实践基础上，对纺织印染废水的预处理、厌氧（兼氧）水解酸化、A/O好氧生物处理、生物接触氧化、混凝沉淀、混凝气浮、化学氧化脱色、膜处理以及污泥处理处置技术予以介绍如下。

4.6.1　预处理

4.6.1.1　格栅

一般纺织印染废水中含有织物原料的杂质、纤维屑等悬浮物。有的印染废水中还可能含有因生产操作不慎而进入生产废水系统的细纱、布头或布条。毛纺织染整的洗毛废水中则会有大量散毛纤维、杂质和杂草等。在废水处理前必须先经格栅除去废水中含有的这些杂质或大颗粒悬浮物。

废水进水宜设粗、细格栅各一道。一般粗格栅栅距选用20mm，细格栅选用5mm。除了小水量以外，一般宜设机械自动清理格栅。如有必要时应在印染产品加工车间废水排放口设置格栅或格网。格栅格网应采用防腐材质和便于维修维护的措施。

4.6.1.2　调节

纺织印染产品加工过程中排出的废水水质水量变化大，废水处理设施中必须设置调节池。

调节池容积应按生产废水排放规律、水质水量变化情况、生产季节、生产状况、处理工艺和节假日安排等因素综合考虑确定。一般调节池设计停留时间为8～12h。在水质水量变化很大或者处理高浓度废水时，还可以再增加调节池设计停留时间。调节池内应设机械搅拌或预曝气装置，以利于调匀水质水量，防止大量污泥沉淀，以及氧化部分还原性物质。如设置预曝气，则曝气量可按1～1.5$m^3/(min \cdot 100m^3)$池容考虑。对水量较小的高浓度废水宜单独设置集水池，然后采用均匀、少量方式进入调节池。

4.6.1.3　pH调整

一般印染废水处理要求进水pH为6～9，当进水pH小于6或大于9时，应采取pH调整措施。pH调整池停留时间可按20～30min计。在pH调整池内应采用机械搅拌或空气搅拌等充分混合设施。

4.6.1.4　降温

废水好氧生物处理的适宜水温一般为25～28℃，厌氧生物处理采用中温厌氧发酵时，适宜水温为32～34℃，废水水温过高或过低都会影响微生物的生长繁殖和处理效能，降低处理效率。纺织印染产品加工过程中，退浆废水、煮练废水的热水洗废水和印染工序排放废水水温都较高。印染废水特别是棉机织印染和棉针织印染废水夏季水温可达45～50℃或更高。对一些未设废水冷却装置的印染废水处理工程考察表明，由于进水水温过高，好氧生物处理难以正常运行，在夏季经常产生活性污泥膨胀，处理效率不高。当采用好氧生物处理或中温厌氧生物处理时，若废水进水温度高于38℃，应设有冷却措施（如设置冷却塔），以保证废水水温适宜生物处理单元正常运行。

4.6.2 厌氧（兼氧）水解酸化

厌氧（兼氧）水解酸化主要是处理印染废水中复杂的大分子有机物。例如，印染废水中含有的PVA浆料是高分子有机化合物，活性染料、直接染料、还原染料等属于蒽醌类、苯胺类的芳香族化合物，是具有多环和杂环的大分子长链化合物，可生化性差。对印染废水中的这部分有机物可先经过厌氧（兼氧）水解酸化前处理。在水解酸化池中，使废水中复杂的大分子有机物受到厌氧（兼氧）菌分泌的胞外酶作用，水解成较简单的小分子短链有机物，从而提高废水可生化性，为后续的好氧处理创造有利条件。印染废水在缺氧条件下，同污泥接触，有利于打开废水中残余染料的发色基团，所以水解酸化还可以降低废水色度。

水解酸化的停留时间因水质而异。有关文献报道，经对近20种染料、助剂（含荧光增白剂）测定，开始水解酸化时间大多在16h以上，而完成水解酸化时间为24～36h。对相对分子质量为70000的PVA1790或PVA1799的完全水解酸化需7～8d。在工程实践中，一般印染废水水解酸化停留时间为6h左右。而当废水可生化性较差，BOD_5/COD_{Cr}在0.20～0.25时，停留时间需10～12h。高浓度棉印染废水和碱减量废水水解酸化所需时间更长。水解酸化除了能提高废水的BOD_5/COD_{Cr}，改善后续好氧生物处理条件外，对有机污染物亦有一定的去除效率，一般经水解酸化后，COD_{Cr}去除率可达20%～25%。

水解酸化池呈厌（缺）氧状态，生长着兼氧异养性微生物。印染废水水解酸化池中宜设置生物载体填料，一是有利于世代时间较长的微生物固着栖息生长在填料上，增加生物附着量。二是有利于切割水流，使废水同微生物均匀地、充分地混合接触，提高处理效率和后续处理系统运行稳定性。一般设置生物填料的水解酸化池容积负荷为1.0～2.0kg COD_{Cr}/(m^3填料·d)。

4.6.3 A/O法

A/O法即厌（缺）氧-好氧法，是在常规活性污泥法基础上发展起来的一种同时去除有机物和氮等污染物的生物处理工艺。国外于20世纪90年代将具有反硝化脱氮功能的缺氧-好氧活性污泥法广泛用于纺织印染废水处理。国内于1995年开始将A/O处理工艺应用在印染废水处理中，之后得到广泛应用，获得了较为理想的处理效果。

在活性污泥法中，如何有效地防止和抑制丝状菌污泥膨胀始终是人们关心与研究的课题。有研究表明，在厌氧和缺氧环境中丝状菌生长可被抑制。在A/O法中，厌（缺）氧池（A池）的主要作用是对菌种进行筛选与优化，停留时间短，约1.0h，在A池厌（缺）氧条件下，部分有机物被微生物（脱磷菌）所吸附，而剩余的有机物及吸附在微生物体表面的有机物在O池内为微生物所吸收。一般O池污泥负荷为0.1～0.25kg BOD_5/(kgMLSS·d)，当印染废水可生化性较好时取高值。反之，当印染废水可生化性较差时取低值。由于大部分有机物在A池内为脱磷菌所吸附，O池内丝状菌生长会受到抑制，由此可形成沉淀性能良好的污泥，避免污泥膨胀。国内众多的印染废水处理工程实践表明，采用A/O法可以避免污泥膨胀。例如，某大型印染废水集中污水处理厂，处理规模为$30\times10^4m^3/d$，处理印染废水和生活污水的混合废水，其中印染废水占70%以上。该污水处理厂为了抑制丝状菌产生的污泥膨胀，将原有曝气池改为A/O法，曝气池前端1/4左右的容积按缺氧状态运行，保持溶解氧在0.5mg/L以下，经过数周时间调试运行，曝气池丝状菌污泥膨胀得以抑制。

关于A/O法在工业废水处理应用中的基本流程、工艺设计参数和设备参见本书2.3.2和3.4.5。

4.6.4 生物接触氧化法

生物接触氧化法是生物膜法的一种形式，早在19世纪末就有人试验研究接触氧化法处理废水，并在1912年获得了德国的专利登记。20世纪70年代初，日本在受污染的给水水源处理研究中，采用所谓的“管式接触氧化”净化方法，在填料和供氧方式上有了较大突破。1975 年，北京市环境保护科学研究所首先试验研究了生物接触氧化法处理城市污水，取得良好的效果。之后，逐渐在纺织印染、黏胶纤维、造纸、石油化工、食品加工与酿造等工业废水的处理中推广应用，其中又以在纺织印染废水处理中应用最为广泛，是目前纺织印染废水生物处理的主要技术之一。生物接触氧化法的微生物栖息填料全部浸没在氧化池内，所以亦有人称之为淹没式滤池。氧化池内采用与曝气池相同的曝气方法，所以又称为接触曝气池。实践证明，生物接触氧化法具有 BOD 负荷高、处理时间短、占地面积小、不需要污泥回流、不产生污泥膨胀、运转比较灵活、维护管理方便等优点。

生物接触氧化法的处理工艺流程分为一段法（一次生物接触氧化法）、二段法（两次生物接触氧化法）、多段法（多次生物接触氧化法）和多格法（多格生物接触氧化法）等。

一段法流程如图 4-1 所示。在这种处理流程中，氧化池的流态具有完全混合型的特点。当处理印染废水时，氧化池中剩余营养物质（食料 F）与活性微生物质量（M）之比 F/M 一般为 1.2～3.6，微生物（主要是细菌）处于对数生长期和生长率下降期的前期，生物膜增长较快，活性较大，降解有机物的速率较高。一段法流程简单易行，操作方便，投资较省。

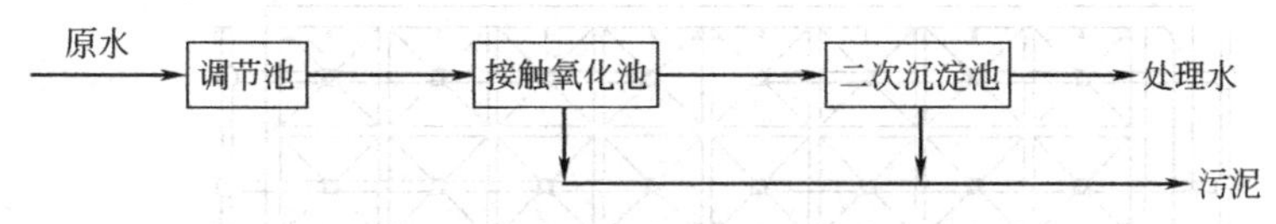

图 4-1　生物接触氧化一段法处理流程

二段法流程如图 4-2 所示。二段法更能适应原水水质的变化，使处理水水质趋于稳定。二段法中的每座氧化池的流态基本上属于完全混合型，可以提高生化效率，缩短生物氧化时间。二段法流程中，一般需控制第一段氧化池的 $F/M>2.1$，使微生物处于生长率上升阶段。第二段氧化池的 F/M 为 0.5 左右，微生物处于生长率下降阶段后期或者内源呼吸阶段。二段法流程增加了处理装置和维护管理内容，投资比一段法稍高。

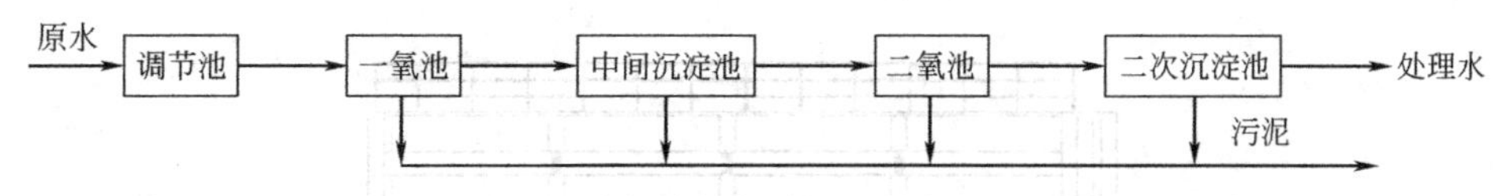

图 4-2　生物接触氧化二段法处理流程

多段法是由三级或多于三级的生物接触氧化池组成的系统，流程如图 4-3 所示。由于设置了多级氧化池，可将生化过程中的高、中、低负荷明显分开，能够提高总的生化处理效果。但是，由于设置了多段接触氧化池，增加了建设费用和管理内容。

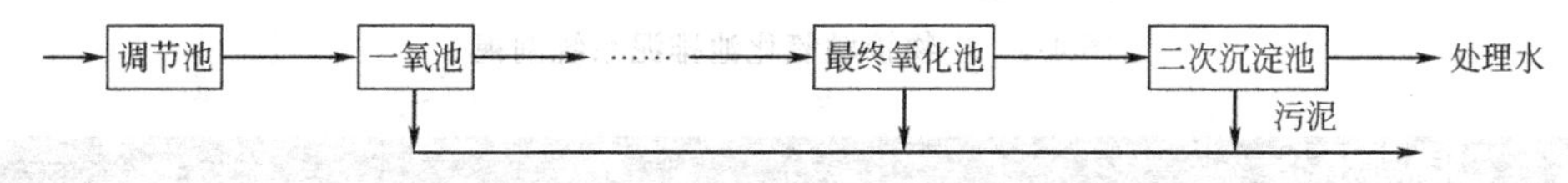

图 4-3　生物接触氧化多段法处理流程

多格法是将一座生物接触氧化池内部分格，全池按推流方式运行的一种方式。氧化池分格后，可使每格微生物与负荷条件相适应，利于微生物专性培养驯化，提高处理效率。

一般生物接触氧化的容积负荷为 0.4～0.8kgBOD_5/(m^3 填料·d)。当采用二段或多段生物接触氧化处理时，第一段或前段宜取较高的容积负荷，第二段或后段宜取较低的容积负荷。

生物载体（填料）是微生物赖于栖息的场所，是生物接触氧化法的重要组成部分。对载体填料的要求是：强度好、比表面积大、易挂（脱）膜、防堵塞、价廉、安装与更换方便、重量轻、便于运输等。目前，在印染废水处理中使用较为普遍的是弹性立体填料和组合填料（纤维填料同半软性填料的组合），其中又以弹性立体填料使用最多。弹性立体填料由中心绳和大量塑料细丝条编织而成，丝条经特殊工艺加工后具有一定的柔性与刚性，回弹性能好，能在水中均匀伸展。

使用时，填料在反应器中呈辐射立体状态，避免了堵塞现象。

围绕着提高氧的转移率，节省动力，防止堵塞短路和降低造价等方面。2000 年以来，在借鉴国外经验的基础上，国内研制了几种类型的微孔曝气器，如固定孔微孔曝气器、可变孔（微孔）曝气软管、可变孔（微孔）曝气器等。据测定，在通常情况下，微孔曝气器氧的利用率可达 15%～20%，节能效果较好。这些曝气充氧设备在纺织印染废水处理中都有应用。但是，曝气器一般置于生物填料下方，工程实践中应考虑为曝气器的维护和更换等提供方便。

目前，生物接触氧化池通常采用底部集泥坑排泥，即在池底的侧边设 1～2 个集泥坑。集泥坑具有一定的坡度，沉淀污泥借自重沿坡面集中在集泥坑中，然后采用重力或压力排泥方式排出污泥。这种排泥方式往往难以将池底部积泥全部排出，排泥不稳定，影响生物处理效果。工程实践表明，生物接触氧化池池底设置由若干排泥斗、排泥支管、排泥总管组成的底部排泥系统，可以避免池底沉泥积聚，稳定生物处理效果。一般每个排泥斗的服务面积为 $10.0m^2$ 左右，可根据生物接触氧化池的大小设置合适数量的排泥斗。排泥系统结构如图 4-4 所示，排泥系统剖视如图 4-5 所示。

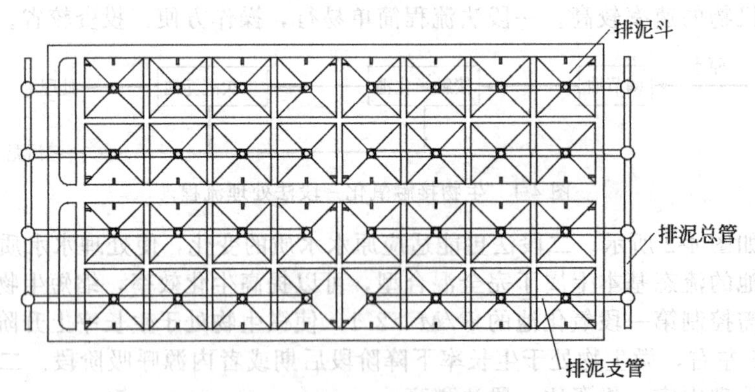

图 4-4　生物接触氧化池底部排泥系统结构

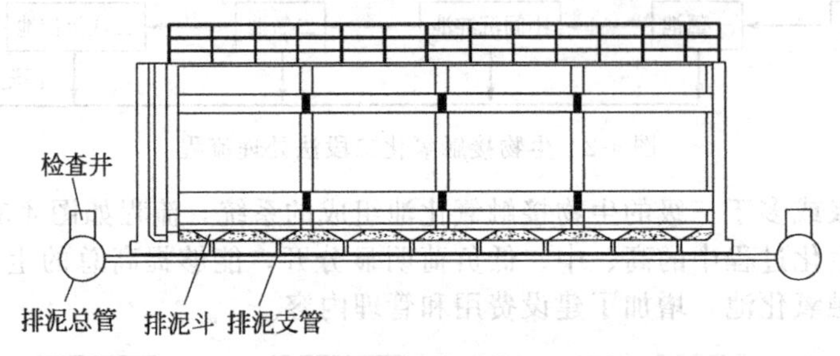

图 4-5　生物接触氧化池排泥系统剖视

4.6.5 混凝沉淀

投加铁盐或铝盐进行混凝，并且使用聚电解质增加絮体的稳定性促进沉降分离是印染废水处理的常用方法。混凝沉淀既可以作为生物处理前的一级处理，又可以作为生物处理后的深度处理。混凝沉淀处理具有投资较省、构筑物简单、操作方便等优点，但产生污泥量大，药剂费用相对较高。所以，在国内印染废水处理实践中，往往将混凝沉淀处理置于生物处理之后，作为生物处理的补充，以使处理水达标排放。

在混凝沉淀法中，只要混凝剂选用合适，可以收到较好的处理效果。而混凝处理效果又与印染废水中所含的染料有关。分散染料、还原染料分子结构中不含或较少地含有—SO_3H、—COOH、—OH 等亲水基团，在水中以疏水性悬浮微粒形式存在，易被混凝沉淀除去，且混凝效果受 pH 影响小，在较宽的 pH 范围内都具有良好的处理效果。直接染料、活性染料中含有较多—SO_3H、—COOH、—OH 等亲水基团，混凝处理效果则取决于染料分子在水中的缔合程度。

其中，大部分直接染料和小部分活性染料缔合程度较高，以胶体形式存在而被混凝除去。而分子较小的活性染料缔合程度较低，以接近真溶液形式存在，混凝处理效果较差。中性染料和部分活性染料水溶性基团含量高，溶解度好且不易缔合，混凝处理效果较差。

国外研究表明，在印染废水生物处理之后应用氨基阳离子聚合物进行混凝沉淀，效果优于铁盐聚合物，对活性染料进行混凝沉淀也有良好的效果。国内的试验和运用表明，铁盐混凝剂特别是 $FeSO_4$ 对以活性染料为主的印染废水处理效果要优于铝盐混凝剂。主要是 $FeSO_4$ 除了一般电中和压缩双电层作用外，还同时具有络合沉淀作用。$FeSO_4$ 在废水 pH 较高的情况下有较好的脱色效果，针对生物处理出水 pH 为 7～7.5 的情况，采用 $FeSO_4$ 混凝剂时，需要同时投加 NaOH 或石灰［$Ca(OH)_2$］，将废水 pH 调整至 9.0 左右。当投加石灰时还具有絮凝和提高处理效果的作用。采用 $FeSO_4$ 混凝剂时产生的污泥量较大，但投加石灰后所产生的污泥性状有所改善，有利于脱水。因此，采用铁盐进行混凝沉淀是一种较为有效易行的处理技术。

混凝沉淀池的类型与它在处理流程中的功能有关。生物处理前的初次沉淀池可采用竖流式或辐流式，亦可采用斜板（管）沉淀池。而生物处理后的混凝沉淀池可采用竖流式或辐流式。为避免生物污泥在斜板（管）上的沉积或上浮，影响污泥沉降效果，不宜采用斜板（管）沉淀池。混凝沉淀池的表面水力负荷，生物处理前宜为 $<1.0m^3/(m^2 \cdot h)$，生物处理后宜为 $<0.8m^3/(m^2 \cdot h)$。

4.6.6 混凝气浮

20世纪70年代，同济大学等对应用气浮技术处理印染废水进行了试验研究。80年代后，国内对压力溶气气浮的溶气方式、溶气释放器、气浮池类型、刮渣装置、气浮技术的设计计算、气浮设备成套化、系列化等进行了大量研究，取得了很多应用成果，使压力溶气混凝气浮技术成为我国印染废水处理的主要物化处理技术之一。2000年以后，随着引进国外先进技术和设备，高效浅层气浮、高效深槽气浮、涡凹气浮在印染废水处理中亦有较多应用。

同混凝沉淀一样，混凝气浮大多应用在印染废水生物处理的前处理单元，以去除废水中呈悬浮状态的部分污染物质，减轻后续生物处理的负荷，同时可去除废水中的部分色度。混凝气浮亦有应用在生物处理特别是生物接触氧化之后，作为泥水分离和进一步脱色处理单元。根据气浮净化废水原理，在印染废水处理中，气浮技术一般应用在含有较多悬浮物，或者含有分散染料、阳离子染料、酸性染料等印染废水。与混凝沉淀相比较，混凝气浮的表面负荷较大，一般为 $2\sim4m^3/(m^2 \cdot h)$；停留时间短，一般为 0.2～0.3h；容积小，占地面积小。所以，在现有印染废水处理达标或提标排放的改造工程中经技术经济比较后，如以混凝气浮代替混凝沉淀池，在一定程度上可缓解原有印染废水处理工程场地紧张的状况。例如，某针织有限公司是一家生产棉针织物企业，为了适应市场需要，扩大生产规模，增加产品品种，贯彻节能减排，需对原有的废水处理系统进行扩建提标改造。针对该针织印染废水中含有轻质细毛纤维等杂质，SS和不溶性有机污染物含量相对较高的特点，结合原有工程场地狭小的实际情况，将生物处理前的混凝沉淀池改为采用高效深槽混凝气浮处理，并采用了气浮槽架空设置方式，以解决改造工程场地狭小的困扰。同时经混凝气浮处理后可去除废水中 COD 30%～35%，比原有的混凝沉淀处理效果提高了10%左右。

混凝气浮处理产生的污泥小于混凝沉淀处理的污泥量。一般生物处理前的混凝沉淀处理排泥量为4%～6%。污泥含水率为99.4%～99.5%，而混凝气浮处理排泥量为废水处理量的1%～2%，含水率为99.5%～99%。

4.6.7 脱色处理

4.6.7.1 氯氧化脱色

氯氧化脱色是20世纪八九十年代常用的印染废水脱色方法之一，目前在中小型印染废水处理中仍有采用。

氯氧化脱色是以氯或氯化合物为氧化剂，对印染废水中的显色有机物进行氧化并破坏其结构，从而达到脱色的一种方法。

氯氧化脱色常用的氯氧化剂有液氯、次氯酸钠和二氧化氯等。

采用液氯氧化剂时，氯溶于水中后迅速水解生成次氯酸，如式(4-1) 所示。

$$Cl_2+H_2O \rightleftharpoons H^+ + Cl^- + HOCl \tag{4-1}$$

液氯的水解产物次氯酸 HOCl 中的 Cl 具有强烈的氧化能力，能氧化和破坏印染废水中的染料和其他显色物质的结构，使废水脱色。

此外，次氯酸是弱酸，在水中电离后生成 OCl^-，如式(4-2) 所示。

$$HOCl \rightleftharpoons H^+ + OCl^- \tag{4-2}$$

OCl^- 是含有 Cl 的氧化剂，具有较强的氧化能力，但不如分子态的 HOCl 氧化能力强。氯在水中形成［HOCl］和［OCl^-］的比例与 pH 有关，即 $pH<6$ 时，次氯酸几乎完全呈分子状态；$pH=6\sim9$ 时，两种形态所占比例变化较大；$pH>9$ 时，次氯酸几乎全部电离为 OCl^-。所以，在 pH 较低的环境下，氯氧化脱色效果较好。

采用次氯酸钠或二氧化氯氧化剂时，它们离解成次氯酸钠离子，如式(4-3)、式(4-4) 所示。

$$NaOCl \longrightarrow Na^+ + OCl^- \tag{4-3}$$

$$ClO_2 \longrightarrow [O]^+ + OCl^- \tag{4-4}$$

接着 OCl^- 水解生成 HOCl，如式(4-5) 所示，同时 $[O]^+$ 亦具有氧化能力。

$$OCl^- + H_2O \longrightarrow HOCl + OH^- \tag{4-5}$$

各种氧化剂的氧化能力一般用有效氯表示，并以 Cl_2 作为 100%进行比较，如表 4-12 所示。

表 4-12 各种氯氧化剂的有效氯

化合物	相对分子质量	含氯量/%	有效氯/%	氯当量
Cl_2	71	100	100	1
HOCl	52.5	67.7	135.4	1
NaOCl	74.5	47.7	95.4	1
CaCl(OCl)	127	56	56	1
$Ca(OCl)_2$	143	49.6	99.2	2
$NaClO_2$	90.5	39.2	156.8(酸性)	2
ClO_2	67.5	52.6	263(酸性) 52.6(中性)	2.5 0.5

氯氧化剂对染料的脱色作用有选择性。对易于氧化的水溶性染料如阳离子染料、偶氮染料和易氧化的水不溶性染料如硫化染料的脱色效果较好，对不易氧化的水溶性染料如还原染料、分散染料和涂料等脱色效果较差。当印染废水中含有较多悬浮物和浆料时，氯氧化法不仅不能除去此类污染物质，而且要消耗大量氯氧化剂。所以，氯氧化脱色应在印染废水生物处理之后的深度脱色处理单元中采用。在氯氧化过程中大部分染料并没有被破坏，而是以氧化状态存在于出水中，经过一段时间或放置，处理水还可能返色（恢复原色）。氯氧化法如同混凝法联用，可得到较好的脱色效果，一般平均脱色率可提高 10%左右。

在印染废水处理中应因地制宜地选用氯氧化剂。液氯投加装置由氯瓶和加氯机组成，使用时应考虑安全防爆措施。次氯酸钠投加设备简单，但价格较高。二氧化氯有市售的二氧化氯发生和投加装置，投加费用一般。

4.6.7.2 吸附脱色

吸附是一种界面现象，是在两相体系中物质浓度在相界面上发生自动变化现象。在两相界面发生吸附时，被吸附的物质称为吸附质，而吸附吸附质的物质称为吸附剂。吸附剂一般多是多孔性固体物质。吸附脱色是通过吸附作用将印染废水中剩余的染料从水中去除，从而达到脱色。吸附过程仍然保留了染料结构。目前，印染废水吸附脱色的吸附剂有活性炭、硅藻精土等，而又以活性炭应用最为普遍。

活性炭是以含碳为主的物质，以煤、木炭、椰子壳等作原料，经高温炭化和活化制得的疏水非极性吸附剂。活性炭是一种多孔结构的固体，具有极强的吸附能力和稳定的化学性质，耐酸耐碱，在高温、高压和水浸的条件下不易被破坏。一般活性炭的填充密度为350～550g/L，表观密度为700～1000g/L，真密度1900～2200g/L。活性炭具有很大的表面积，一般可高达500～1300m^2/g，所以具有较强的吸附能力。活性炭的孔隙大小可分为大孔、过渡孔和微孔，其中大孔的有效半径通常在0.01～1mm，比容积为0.2～0.5mL/g，比表面积为0.5～2m^2/g；过渡孔的有效半径在0.2～10μm，比容积为0.02～0.10mL/g，比表面积占总比表面积的5%以下；微孔的有效半径在20nm以下，比表面积为0.15～0.9mL/g，比表面积占总比表面积的95%以上。纺织印染废水所含的有机污染物多属大分子胶体微粒，其直径大于活性炭微孔孔径，因此宜选用过渡孔发达的活性炭作为吸附剂。

活性炭按形状可分为粉状炭和粒状炭两种。粉状炭一般用木炭、木炭梢或锯末加氯化锌溶液混合成膏料，经活化破碎而成。粉状炭虽具有良好的脱色效能，但因其阻力较大，分离与再生较复杂，所以在印染废水脱水处理中较少应用。粒状炭分为破碎炭和压制炭两种。其中，压制炭是将原料配制成塑性膏料，经模子挤压成条，然后切成均匀的长度再经活化而成。压制炭具有足够的硬度和结合力，在高温、高压和水浸条件下不易破碎，形状均匀、水力阻力小，较易分离和再生，在印染废水处理中得到了广泛应用，如市售的以无烟煤为原料，经破碎后直接炭化和活化制成的不定型颗粒净水炭等。

活性炭对染料脱色具有选择性，其脱色性能依次为碱性染料、直接染料、酸性染料和硫化染料。由于活性炭价格较贵，失效活性炭再生困难，所以一般应用在印染废水生物处理后的深度处理中。为了防止废水中细小悬浮物对活性炭层的填空，宜在活性炭设备之前设置过滤处理单元。在印染废水脱色中经常采用的连续式固定床活性炭处理设备如图4-6所示。

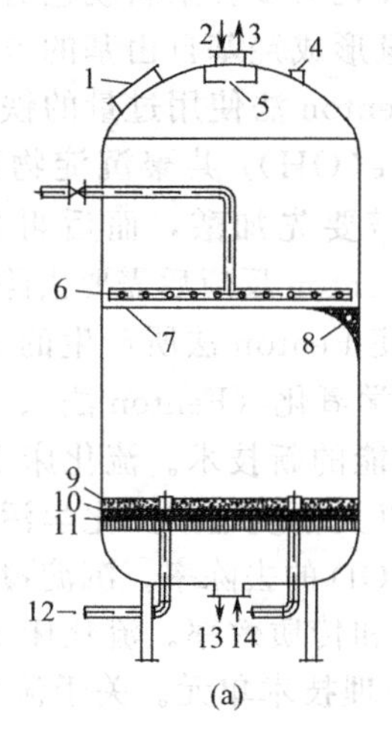

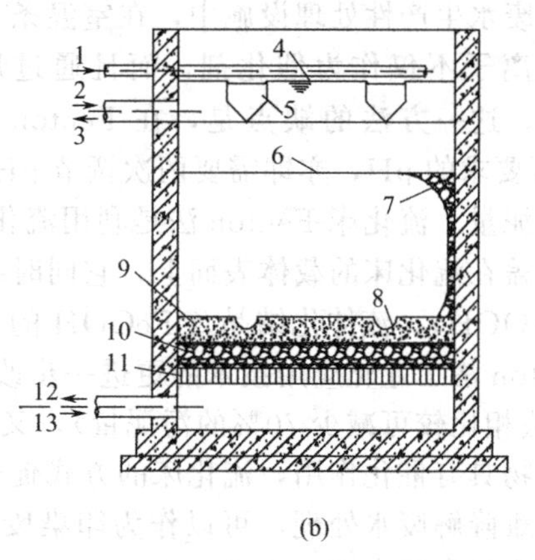

1—检查口；2—进水；3—反冲出水；4—接空气阀；5—渗滤板；6—表面冲洗；7—活性炭表面；8—活性炭；9—砂；10—砾石；11—过滤板；12—炭进出口；13—出水；14—反冲进水

1—进水；2—表面冲洗；3—反冲洗出水；4—反冲洗水面；5—集水槽；6—炭表面；7—活性炭；8—排炭槽；9—砂；10—砾石；11—滤板；12—出水；13—反冲洗进水

图4-6 连续式固定床活性炭吸附装置

(a) 压力式；(b) 重力式

(资料来源：杨书铭等. 纺织印染工业废水治理技术. 北京：化学工业出版社，2002)

硅藻土是一种生物成因的硅质沉积岩，主要是由硅藻（单细胞的水生藻类）遗骸和软泥固结而成的沉积矿。经过选矿，除去与硅藻土共生的黏土、石英砂、碎屑矿物等杂质和提纯后，将硅藻富集到92%以上，则为精土。硅藻精土为白色，紧堆密度0.3～0.4g/mL，比表面积50～60m^2/g，孔数量2亿～2.5亿个/g，孔体积0.6～0.8cm^3/g，孔半径为2000～4000Å，吸水量为自身质量的3～4倍。硅藻精土具有孔隙度高、比表面积大、吸附性强、质轻、坚固、耐酸耐磨和化学性质稳定等特点。

改性配制的硅藻精土水处理剂在印染废水脱色中的主要机理包括以下几方面。

一是由于硅藻精土比表面积大，孔隙度高，具有较强的吸附力，将废水中细微和超细微污染物质吸附到硅藻表面，因此具有吸附脱色的性能。

二是在高速搅拌的条件下，使硅藻精土水处理剂瞬间分散于水体中，使其表面不平衡电位能中和废水中悬浮离子的带电性，达到胶体颗粒脱稳，促使废水中的污染物快速絮凝沉淀，因此具有混凝脱色性能。

三是由非晶体活性二氧化硅组成的硅藻，具有在水中相聚和自由沉降为硅藻饼的作用，瞬间下沉与水体分离，提高了在沉淀过程中的泥水分离效果，可以进一步提高硅藻精土的混凝和吸附功能。

据有关文献介绍，硅藻精土脱色在国内印染废水处理中得到了应用。某印染有限公司主要生产棉、棉混纺印染产品，所用染料为分散染料和活性染料，将硅藻精土脱色处理作为印染废水生物处理之后的深度处理单元。经运行表明，硅藻土处理单元的COD去除率为30%～40%，SS去除率为50%左右，色度去除率为50%左右。硅藻精土水处理剂用量约为处理水量的万分之一，硅藻精土水处理剂市售价格为2500元/t（2005年物价水平），硅藻精土水处理剂的处理费用为0.25元/m^3水。

4.6.7.3 高级氧化脱色

借助于氧化还原作用破坏染料的共轭体系或发色基团，是印染废水脱色处理的有效方法。除上述常规的氯氧化脱色以外，还有Fenton氧化、光催化氧化、臭氧氧化等。

过氧化氢（H_2O_2）易于形成氧化能力最强的羟基自由基并且对多种染料脱色有效，是目前国外使用最多的氧化剂。而Fenton法是最常见的激活过氧化氢形成羟基自由基的方法。南非和意大利在印染废水生产性处理设施中，在室温条件下，采用Fenton法使用过量的铁和过氧化氢进行反应，铁离子不仅作为催化剂，而且通过形成大量的$Fe(OH)_3$共聚沉淀物而去除废水COD_{Cr}和脱色。这一方法的缺点是，在Fenton反应过程中需要先加酸，而后再加碱以达到Fenton反应所要求的pH，亦即需要两次调节pH。另外，经Fenton反应后需要去除剩余的铁离子和较高的污泥量。流化床-Fenton法是利用流化床的方式，使Fenton法所产生的Fe^{3+}大部分结晶或沉淀覆盖在流化床的载体表面上，它同时结合了同相化学氧化（Fenton法）、异相化学氧化（H_2O_2/FeOOH）、流体化结晶及FeOOH的还原溶解等功能的新技术。流化床-Fenton法是对传统的Fenton法工业化应用技术的更进一步改良，它既可以大幅度地减少化学污泥产量（与传统Fenton法相比较可减少70%的污泥量），又可以提高对COD的去除率。沉淀覆盖在载体表面的铁氧化合物具有催化作用，流化床的方式促进了化学氧化和传质效率。流化床-Fenton法适于低浓度生物难降解废水处理，可以作为印染废水深度脱色处理技术单元。关于流化床-Fenton反应器的详细介绍参见本书3.4.8。

光催化氧化方法是基于紫外线激发的方法，是代替过氧化氢氧化产生羟基自由基的一种方法。与Fenton法相比较，这一方法不消耗铁离子，不产生污泥。国外进行的结合过氧化氢和二氧化钛的紫外光降解染料试验表明，这种处理方法几乎可以完全去除色度和毒性。试验还表明，“光+Fenton处理”（$Fe^{2+}+H_2O_2+UV$）可以有效地去除印染废水有机物，并且可以避免传统工艺的缺陷。

臭氧氧化是非常有效和快速脱色的氧化方法。臭氧作为强氧化剂能破坏绝大多数染料中的双键，破坏剩余表面活性剂的发泡性能，并去除相当部分的COD_{Cr}和实现印染废水脱色。关于臭氧处理的详细介绍参见本书4.8.3。

4.6.8 污泥脱水

纺织印染废水处理产生的污泥量，主要是由去除的悬浮固体（SS）、处理过程中产生的生物污泥和化学污泥、废水处理投加的化学药剂等组成。其中，SS的去除量和化学药剂投加量可通过计算确定。当缺乏资料时，生物污泥量和化学污泥量可按估算粗略确定，即：

活性污泥法产泥量为0.4～0.6kgDS/kgBOD_5；

生物接触氧化法产泥量为0.2～0.4kgDS/kgBOD_5；

生物处理排泥量为废水处理量的1.5%～2.0%，污泥含水率为99.3%～99.4%；

生物处理前的混凝沉淀处理排泥量为废水处理量的4%～6%，生物处理后的混凝沉淀处理排泥量为废水处理量的3%～5%，污泥含水率为99.4%～99.5%；

混凝气浮处理排泥量为废水处理量的1%～2%，含水率为99%～99.5%。

印染废水经物化-生化处理后一般污泥平均浓度为5～7g/L，污泥含水率为99.5%～99.3%。印染废水处理设施可根据需要分别设化学污泥池和生物污泥池，亦可以合建。一般污泥池容积按0.5～1.0d污泥量设置。

印染废水处理产生的污泥必须先经污泥浓缩和脱水减量化处理，而后方可根据脱干污泥出路供进一步稳定化、资源化处置。

一般污泥浓缩采用连续重力浓缩方式，污泥固体负荷为30～60kg/(m^2·d)，停留时间为16～24h，污泥浓缩池采用机械刮泥方式。一般经浓缩后污泥含水率为98%以下。

浓缩污泥需经污泥调理后方可进行污泥脱水。污泥调理常用化学调理方法，投加的药剂有PAC、PAM、三氯化铁、消石灰等，具体按浓缩污泥性质和污泥脱水工艺确定。污泥调理采用机械搅拌混合方式，反应时间按10～30min计。

印染废水污泥常用机械脱水方式。根据浓缩污泥性质、污泥量和脱干污泥进一步处理处置的要求，经技术经济比较后确定污泥脱水设备。一般采用板框压滤机、带式压滤机、离心脱水机、卧式螺旋压榨机等机械脱水设备。脱水后污泥含水率与所采用的机械脱水设备有关，但含水率均应在85%以下。当采用板框压滤机时，一般脱干污泥含水率可达到80%左右或更低。

经脱水后的印染废水污泥须根据污泥出路和当地条件，再进一步进行污泥稳定（生物稳定、化学稳定、物理稳定、机械稳定等）、污泥处置（热干化、污泥焚烧）和资源化处置。关于污泥稳定和处置参见本书2.7。

4.7 纺织印染废水处理工艺流程

确定纺织印染废水处理工艺流程的原则如下。

对拟建纺织印染废水处理企业进行调查研究，在进行工艺生产分析的基础上，详细了解污染源源强，即污染物种类、组成、性质、成分，废水排放量和排放规律，排放浓度等，有必要或者有条件时，对废水排放量和水质进行取样分析测定。与不具备分析测定条件时，亦应进行类比调查，为确定处理工艺流程提供原始依据。

对高浓度难降解、要求处理程度高的印染废水，应通过中试或参考同类型废水处理工程的实际运行经验和数据，取得相关资料后为确定处理工艺流程提供科学依据。

对不同类型的纺织印染废水应根据织物原料和产品种类、水质特点、受纳水体（或管网）的环境条件和排放标准、废水再生利用，以及建设期限和近远期相结合的原则等要求，经过技术经济比较，选择和采用不同的印染废水处理工艺。

在稳妥可靠、易操作、处理费用低、投资省、占地小、易维护管理等前提下，慎用处理新工艺和新技术。

4.7.1 棉机织物印染废水处理工艺流程

棉机织物包括纯棉和棉混纺机织物。2000年以来，国内纺织印染企业普遍推行清洁生产工艺，加强印染工艺生产在线监控技术，减少了废水排放量，提高了排放浓度。随着PVA上浆浆料使用比例和进口活性染料用量的增加，进一步降低了印染废水可生化性。高温高压染色工艺和热能回收利用，提高了废水水温。棉、棉混纺印染废水同传统的印染废水相比较，污染更严重，特点更显著。由各生产工序排放的混合废水碱度大，通常pH为10～12。有机污染物浓度高，COD为1000～2000mg/L，最高可达2500mg/L以上。废水可生化性低，BOD_5/COD为0.25～0.3。所用的活性染料为水溶性，废水色度高。废水水温高，一般为40～55℃。

根据棉机织物印染废水的特点，宜采用厌氧生物处理或厌氧水解酸化、好氧生物处理（活性污泥法或接触氧化法）和物化法（混凝沉淀、混凝气浮、化学氧化）相结合的处理方法，具体处理流程如图4-7～图4-9所示。其中，图4-7适用于高浓度棉机织物印染废水处理，图4-8适用于通常浓度的棉机织物印染废水处理，图4-9适用于较低浓度棉机织物印染废水处理。

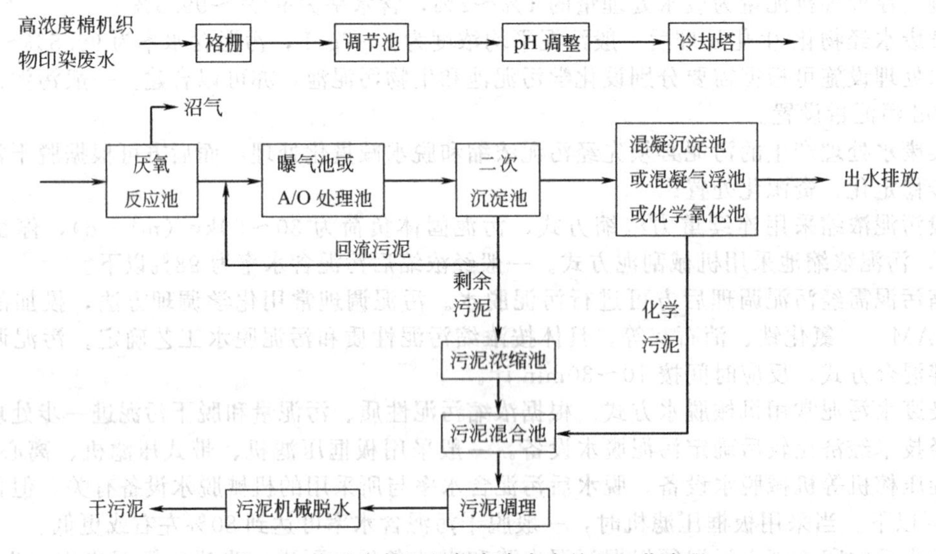

图4-7　高浓度棉机织物印染废水处理工艺流程

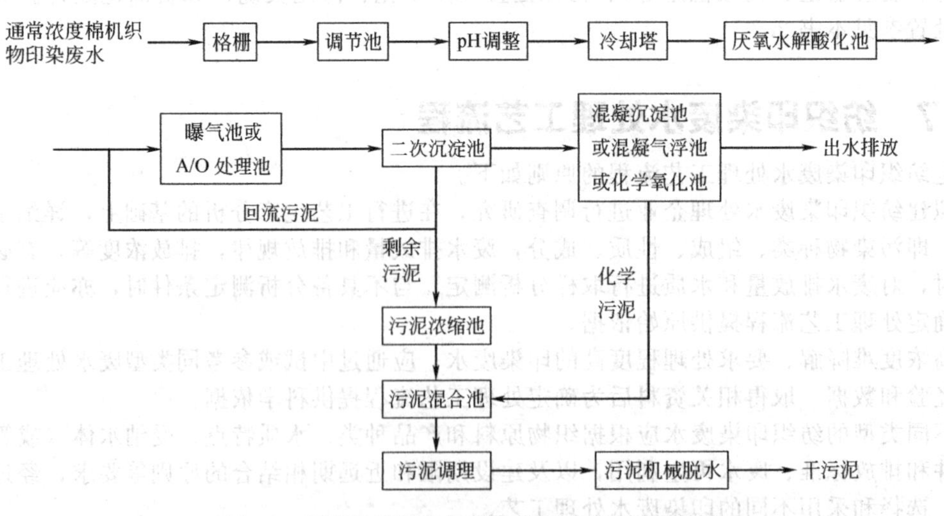

图4-8　通常浓度棉机织物印染废水处理工艺流程

图4-7所示处理工艺流程，一般情况下适用于原水COD_{Cr}≥2000mg/L的棉机织物印染废水处理。该类印染废水属于高浓度废水，应先经厌氧生物处理以去除部分COD_{Cr}，而后再经好氧生物处理和物理化学处理，方可使出水水质达到排放标准。位于环境敏感区域的纺织印染企业，为了使棉机织物印染废水处理水水质达到国家排放标准中水污染物排放特别限值的要求，宜采用

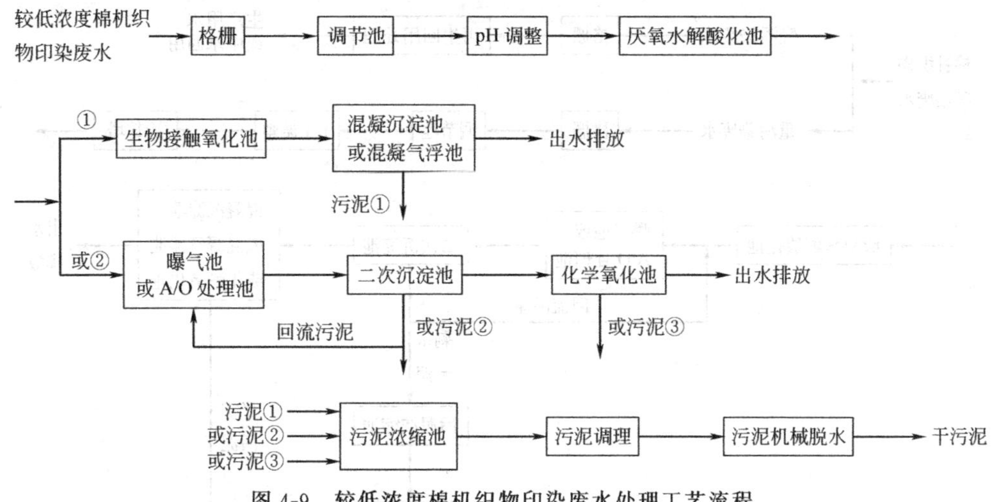

图 4-9　较低浓度棉机织物印染废水处理工艺流程

该处理工艺流程。

棉机织物印染废水的厌氧生物处理反应器类型主要有上流式厌氧污泥床（UASB）、上流式厌氧生物滤池（UBF）和IC反应器。但是，至今国内外印染废水厌氧生物处理的实绩尚不多见。欧洲曾有应用IC反应器处理小型印染废水的实例，国内有应用UASB反应器处理棉机织物印染废水的少数实例。使用表明，由于高浓度棉印染退浆和煮练废水中含有PVA浆料和纤维屑、油脂、果胶等杂质，废水COD_{Cr}高，BOD_5/COD_{Cr}比值低，可生化性一般，厌氧处理对高浓度棉印染废水COD_{Cr}的去除率一般为50%左右。当高浓度棉印染废水拟采用厌氧生物预处理，又无同类型废水处理成熟经验可借鉴时，应先进行试验。通过试验验证废水厌氧生物处理的可行性，确定厌氧反应器类型、工艺设计参数和操作运行条件等，为厌氧处理单元设计提供依据。

图4-8所示的处理工艺流程，一般情况下适用于通常浓度的棉机织物印染废水处理。图4-9所示的处理工艺流程，一般情况下适用于原水COD_{Cr} 1000mg/L以下、处理规模1000m^3/d以下的小型棉机织物印染废水处理。如采用生物接触氧化处理，则可不另设二次沉淀池，处理流程比较简单，没有污泥回流，操作方便。如采用曝气池或A/O处理池，则在其后应另设二次沉淀池。

4.7.2　棉针织物印染废水处理工艺流程

棉针织物包括纯棉和棉混纺针织物。同棉机织物一样，2000年以来，由于推行印染加工的清洁生产工艺和节能降耗，棉针织物印染废水的COD_{Cr}、色度和水温均有提高。一般COD_{Cr}为400～800mg/L，废水色泽较深，色度150～250倍，水温40～50℃。但同棉机织物印染废水相比，属于低浓度印染废水。

据测定，棉针织物染色后的清洗工序最后两道清洗水污染程度较轻，pH 6.5～8.0，COD_{Cr} 100～200mg/L，BOD_5 30～50mg/L，色度50～150倍，总溶解固体和电导率基本上能满足针织印染生产用水水质要求，该部分废水为轻污染印染废水。一般轻污染废水量为棉针织物印染废水总量的20%～30%。在确定棉针织物印染废水处理工艺流程时，宜采用浓淡分流的排水方式，将轻度污染的印染废水分流后单独处理生产回用，可以减少废水排放量和节省水资源。

大中型棉针织物印染废水处理工艺流程如图4-10所示。一般中小型棉针织物印染废水处理工艺流程如图4-11和图4-12所示。其中，图4-11适用于排放要求较高的情况，图4-12适用于通常排放要求的情况。关于轻污染印染废水的生产回用再生处理方法和实例在本章4.9中专门介绍。

4.7.3　毛纺织染整废水处理工艺流程

毛纺织染整废水处理包括洗毛废水处理和毛纺织染整废水处理。

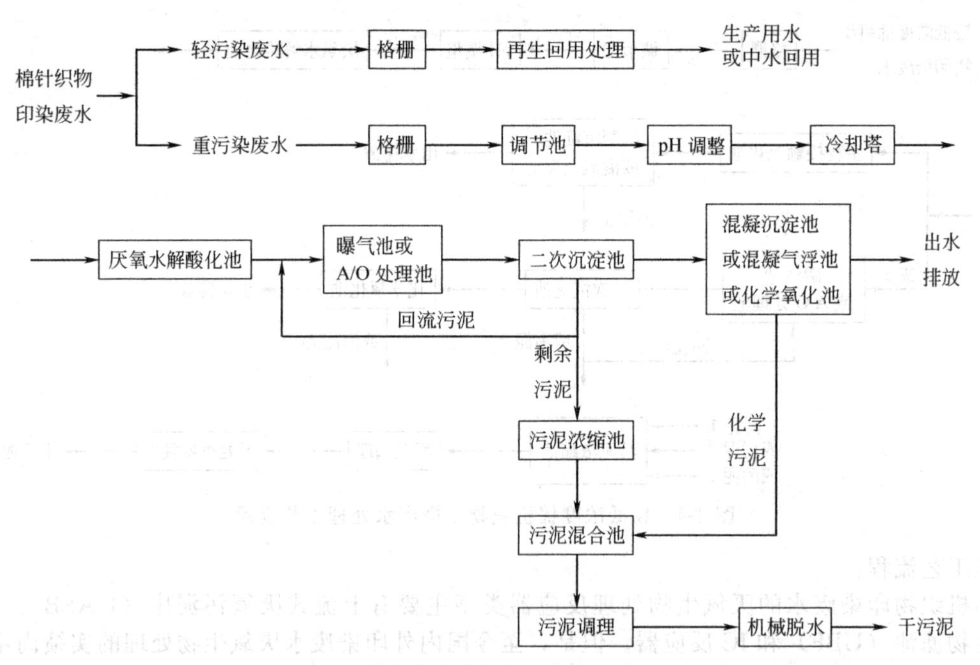

图 4-10 大中型棉针织物印染废水处理工艺流程

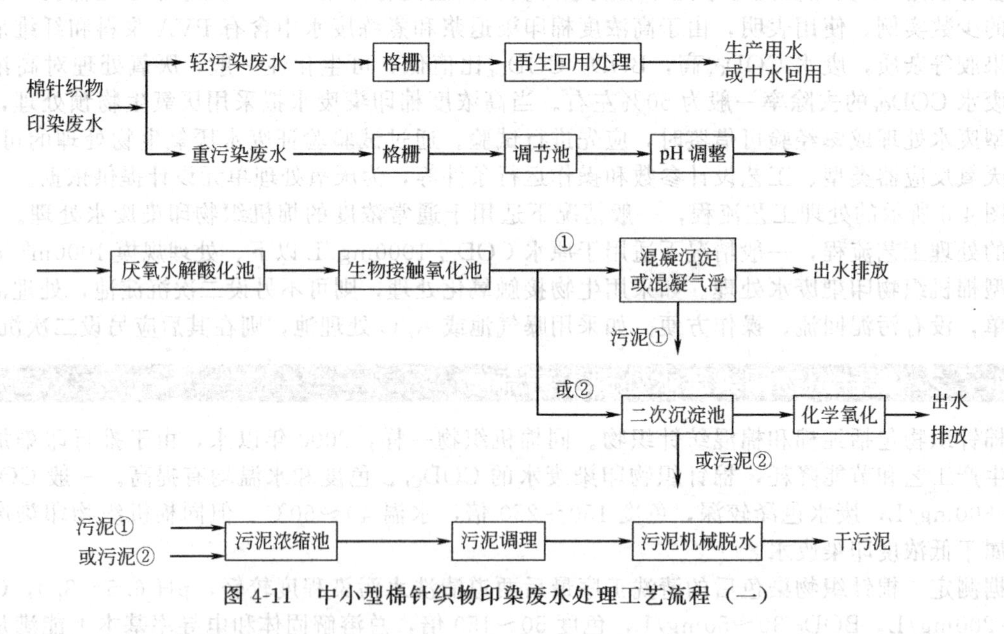

图 4-11 中小型棉针织物印染废水处理工艺流程（一）

4.7.3.1 洗毛废水处理

洗毛废水为高浓度有机废水，应先在生产过程中提取羊毛脂。如以澳大利亚进口羊毛（澳毛）为原料，第 1、2、3 槽的洗毛水需实行闭路循环。如以国产羊毛为原料，第 2、3 槽洗毛水需实行闭路循环。经提取羊毛脂并同漂洗水混合后的洗毛废水仍含有残存的羊毛脂等有机污染物，以及固体杂物，如散毛、砂、土、草等。洗毛废水为“三高”废水，即油脂含量高，含羊毛脂 2500～3500mg/L；有机污染物浓度高，COD 15000～30000mg/L，BOD_5 6000～12000mg/L；悬浮物高，SS 4000～10000mg/L。此外，洗毛废水处理后所产生的污泥含油脂，呈油腻黏性，污泥脱水性能差。洗毛废水处理工艺流程如图 4-13 所示。

4.7.3.2 毛纺织染整废水处理

毛纺织产品可分为毛粗纺（毛呢、毛毯等厚织物）、毛精纺（毛料等薄织物）和绒线。

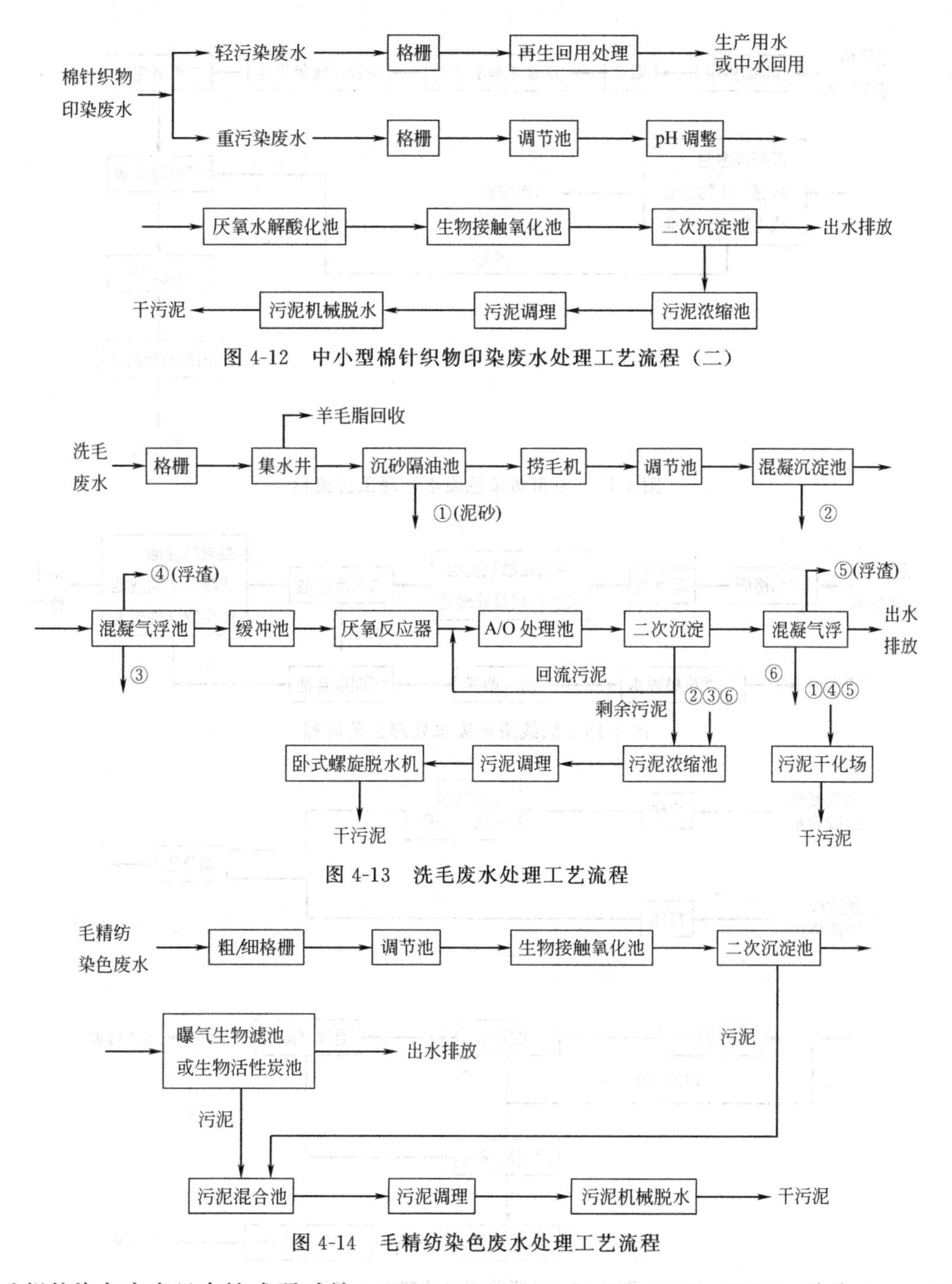

图 4-12 中小型棉针织物印染废水处理工艺流程（二）

图 4-13 洗毛废水处理工艺流程

图 4-14 毛精纺染色废水处理工艺流程

毛粗纺染色废水呈中性或弱碱性，COD_{Cr} 600～900mg/L，BOD_5/COD_{Cr}约为 0.3。毛精纺染色废水呈中性，COD_{Cr} 450～700mg/L，BOD_5/COD_{Cr}约为 0.35。毛纺织产品染色所用染料为酸性染料、媒介染料、阳离子染料等水溶性染料，由于羊毛为蛋白质纤维，上染率高，废水中染料残留率较低，与棉印染废水相比，毛纺织染色废水较易脱色。毛精纺染色、毛粗纺染色及绒线染色废水处理工艺流程分别如图 4-14～图 4-16 所示。

4.7.4 丝绸印染废水处理工艺流程

丝绸印染产品有真丝绸印染和仿真丝绸印染两种，而仿真丝绸印染产品中主要是涤纶仿真丝绸印染。两种丝绸印染产品的加工工艺和采用的染料、助剂不同，排放的废水水质亦不同，其中

毛粗纺
染色废水
粗/细格栅
调节
厌氧水解酸化池
生物接触氧化池
二次沉淀池
混凝沉淀池
或曝气生物滤池
或生物活性炭池
出水排放
污泥混合池
污泥
污泥调理
污泥机械脱水
干污泥

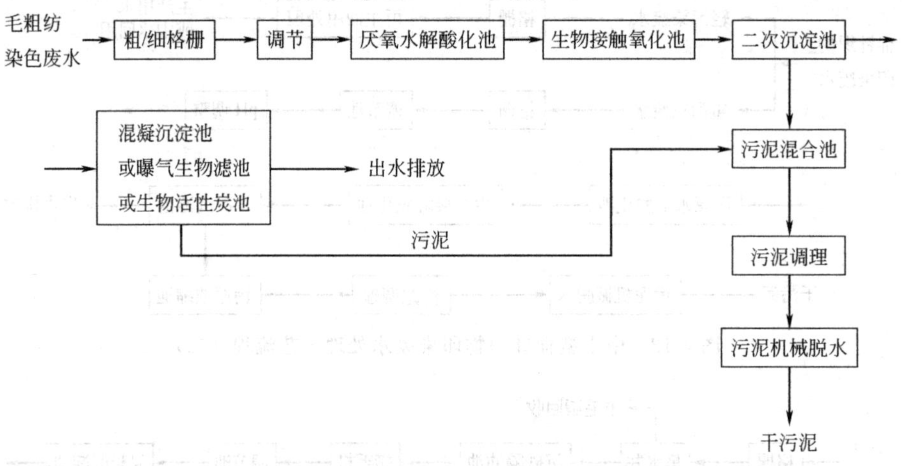

图 4-15 毛粗纺染色废水处理工艺流程

绒线
染色废水
粗/细格栅
调节池
生物接触氧化池
或生物转盘处理池
二次沉淀池
混凝沉淀池
或曝气生物滤池
或生物活性炭池
出水
排放
污泥
污泥
干污泥
污泥机械脱水
污泥调理
污泥混合池

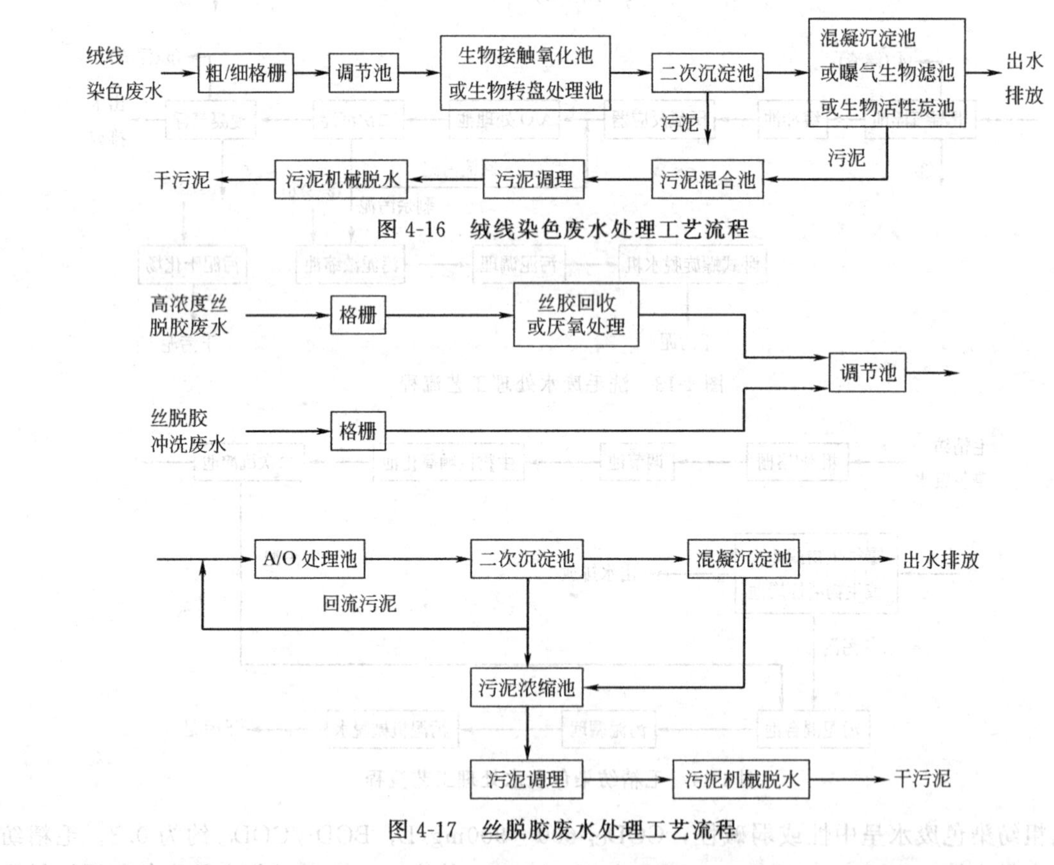

图 4-16 绒线染色废水处理工艺流程

高浓度丝
脱胶废水
格栅
丝胶回收
或厌氧处理
调节池
丝脱胶
冲洗废水
格栅
A/O 处理池
二次沉淀池
混凝沉淀池
出水排放
回流污泥
污泥浓缩池
污泥调理
污泥机械脱水
干污泥

图 4-17 丝脱胶废水处理工艺流程

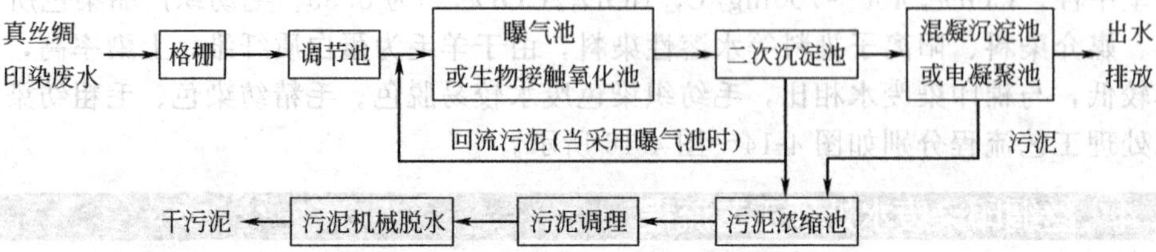

真丝绸
印染废水
格栅
调节池
曝气池
或生物接触氧化池
二次沉淀池
混凝沉淀池
或电凝聚池
出水
排放
回流污泥(当采用曝气池时)
污泥
干污泥
污泥机械脱水
污泥调理
污泥浓缩池

图 4-18 真丝绸印染废水处理工艺流程

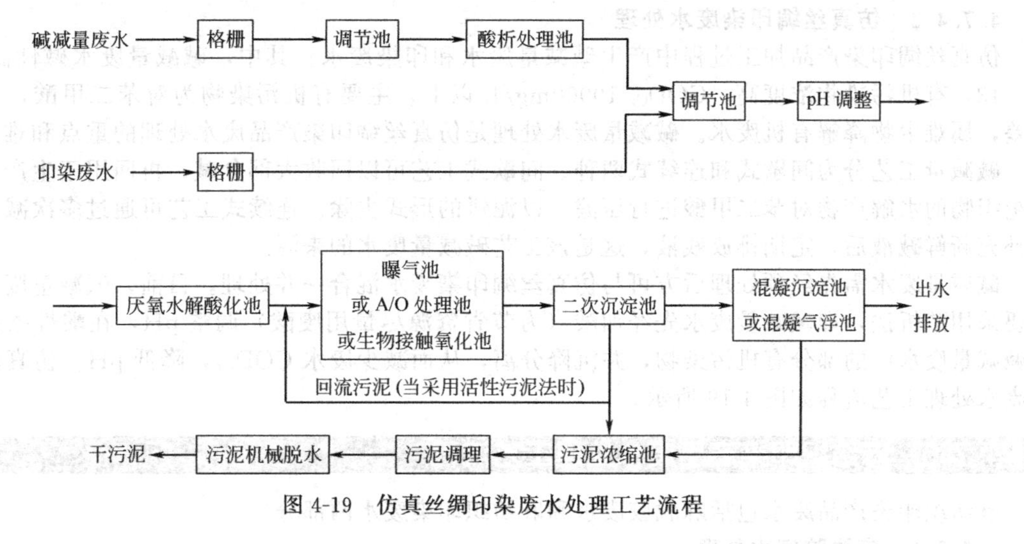

图 4-19　仿真丝绸印染废水处理工艺流程

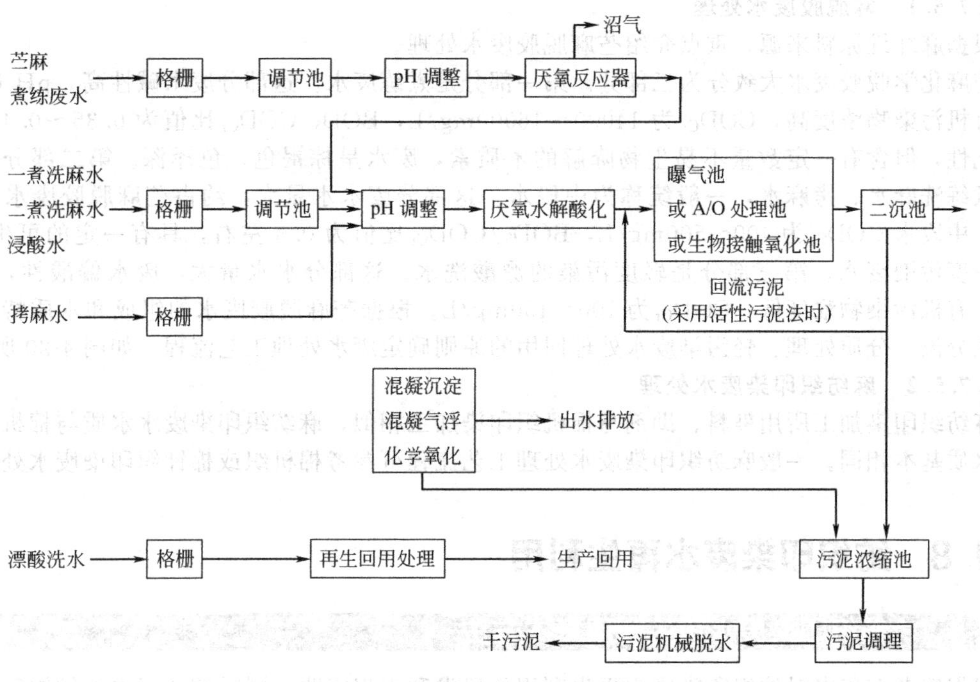

图 4-20　苎麻脱胶废水处理工艺流程

涤纶仿真丝绸印染废水还含有高浓度的碱减量废水，需要进行预处理。

4.7.4.1　真丝绸印染废水处理

真丝绸印染产品废水包括丝脱胶废水和印染废水两部分。

丝脱胶废水为较高浓度的有机污染废水。丝脱胶废水的有机污染主要来自煮茧废水。一般练桶中的高浓度丝脱胶废水 COD_{Cr} 为 9000～10000mg/L。煮茧废水水质为 COD_{Cr} 1500～2000mg/L，BOD_5 700～1200mg/L，pH 9 左右，水温高（80℃左右）。丝脱胶废水 BOD_5/COD_{Cr} 比值为 0.55～0.60，可生化性好。丝脱胶废水中含有质地良好的蛋白质，丝胶蛋白是日用化工（化妆品）原料。在进行丝脱胶废水处理时可先进行丝胶回收，再进行废水处理。亦可以先对高浓度丝脱胶废水进行厌氧预处理，再与较低浓度的丝脱胶冲洗水混合进行处理，如图 4-17 所示。

真丝绸印染废水为较低浓度的有机废水，COD_{Cr} 250～450mg/L，BOD_5 90～160mg/L，pH 6～7.5，BOD_5/COD_{Cr} 比值大于 0.3，可生化性较好。真丝绸印染废水处理工艺流程如图 4-18 所示。

4.7.4.2 仿真丝绸印染废水处理

仿真丝绸印染产品加工过程中产生碱减量废水和印染废水。其中，碱减量废水碱性高，pH 10～13，有机污染物浓度高，COD_{Cr} 10000mg/L 以上，主要有机污染物为对苯二甲酸，可生化性差，属难生物降解有机废水。碱减量废水处理是仿真丝绸印染产品废水处理的重点和难点。

碱减量工艺分为间歇式和连续式两种。间歇式工艺可以回收大部分碱，再回用于生产，并将涤纶织物的水解产物对苯二甲酸进行压滤，以泥饼的形式去除。连续式工艺可通过多次减量并适当补充新鲜碱液后，定期排放残液，这是该工艺碱减量废水的来源。

碱减量废水需先经预处理后方可与仿真丝绸印染废水混合一并处理。目前，碱减量废水处理主要采用酸析法，即碱减量废水先经加酸（为节省资源尽量用废酸）调整 pH，在酸性条件下析出碱减量废水中的部分有机污染物，并沉降分离，从而减少废水 COD_{Cr}，降低 pH。仿真丝绸印染废水处理工艺流程如图 4-19 所示。

4.7.5 麻纺织印染产品废水处理工艺流程

麻纺织印染产品废水包括麻脱胶废水和麻纺织印染废水两部分。

4.7.5.1 麻脱胶废水处理

根据麻纤维原料来源，重点介绍苎麻脱胶废水处理。

苎麻化学脱胶废水大致分为三部分。第一部分是煮练废水。这部分废水碱性高，pH 达 12～14，有机污染物浓度高，COD_{Cr}为 14000～16000mg/L，BOD_5/COD_{Cr}比值为 0.35～0.4，具有可生化性，但含有一定数量不易生物降解的木质素，废水呈棕褐色，色泽深。第二部分是浸酸水、煮练洗麻水、拷麻水，一般统称为中段水。这部分废水水量大，约占苎麻脱胶废水水量的 50%。中段水 COD_{Cr}为 400～500mg/L，BOD_5/COD_{Cr}比值为 0.3 左右，具有一定的可生化性，属于中度污染废水。第三部分是轻度污染的漂酸洗水。这部分水水量大，废水偏酸性，pH 为 5～6，有机污染物浓度低，COD_{Cr}为 100～150mg/L。根据苎麻脱胶废水的组成和水质特点，宜按清浊分流、分质处理、轻污染废水处理回用的原则确定废水处理工艺流程，如图 4-20 所示。

4.7.5.2 麻纺织印染废水处理

麻纺织印染加工所用染料、助剂与棉机织印染加工相似，麻纺织印染废水水质与棉机织印染废水水质基本相同。一般麻纺织印染废水处理工艺流程可参考棉机织或棉针织印染废水处理。

4.8 纺织印染废水再生利用

4.8.1 纺织印染废水再生利用基本方法

根据笔者多年来对纺织印染废水再生利用的研发和工程实践，同时综合国内外纺织印染废水再生利用成果，将纺织印染废水再生利用基本方法归纳为在工艺生产过程中实现节水和回用、清浊分流生产回用和废水深度处理生产回用。

4.8.1.1 在工艺生产过程中实现节水和回用

印染产品加工工艺包括前处理、染色和印花、后整理等工序。前处理工序废水量约占印染废水总量的 45%，而染色和印花工序废水量约占总量的 55%。在印染生产过程的各个工序如采用新工艺新技术都有可能实现节水，提高水的利用率。推广应用高效短流程前处理技术可节水 30%以上。退浆工序中推广高效节水助剂，采用生物酶技术，以高效淀粉酶代替 NaOH 去除织物上的淀粉浆料等，可以提高退浆效率，减少退浆用水量 20%以上。采用棉布冷轧堆一步法工艺，将传统的前处理退浆、煮练、漂白三个工序合并，可以节省用水量 15%左右。采用气流染色工艺技术，可以减少棉织物浴比，降低水耗。采用涂料印花或涂料染色新工艺，通过浸轧或印花、烘干、烘固工序完成染色或印花，可比传统的染色或印花节水、节能。采用高温高压染色工艺，可以提高染色效率，减少废水排放量。采用印染自动调浆技术（计算机技术、自动控制技术与色彩技术等的结合)，可以提高产品质量，节水、节能。采用低水位逆流漂洗可以提高洗涤水的重复利用率，节省漂洗用水。所以，在纺织印染生产过程源头实现节水和生产用水的有效利用是纺织印染废水再生利用首先要考虑的基本方法，亦是采用其他方法的前提。

4.8.1.2 清浊分流生产回用

将纺织印染生产过程中产生的轻度污染废水与其他废水分流，对轻度污染废水进行处理，达到生产回用，这是纺织印染废水再生利用应优先考虑的方法。

印染生产过程中的煮练、漂白、染色和印花、水洗和后整理的各个工序排放的废水中，以水洗（包括少量后整理排水）排出的废水污染程度较轻，属于次污染废水，一般 pH 6.8～7.5，COD_{Cr} 80～180mg/L，色度 50～120 倍，SS 100～200mg/L，该部分废水可与其他工序排出的废水分流，经单独收集和处理后用作印染工艺生产用水，或者设置专门供水系统供水洗工序用水。纺织印染废水清浊分流生产回用一般流程如图 4-21 所示。

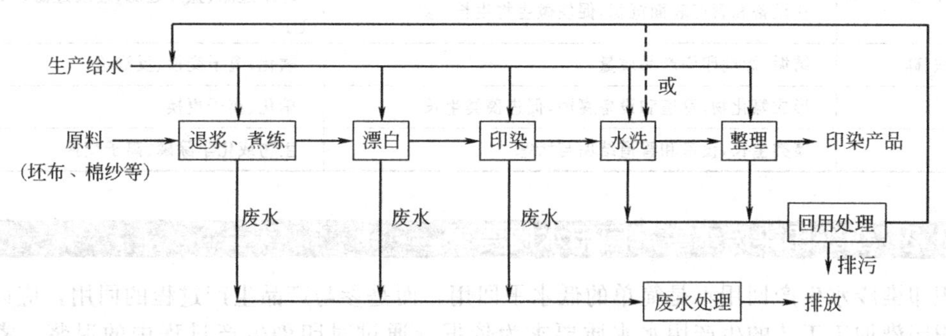

图 4-21 纺织印染废水清浊分流生产回用一般流程

4.8.1.3 废水深度处理生产回用

为了进一步降低纺织印染生产用水量，减少单位产品排水量，以及适应纺织染整工业水污染物排放标准提标排放的要求，对纺织印染废水进行深度处理，使经处理后出水水质达到印染产品加工生产用水水质要求，实现广义上的废水深度处理生产回用，是纺织印染废水更高层次的再生利用。纺织印染废水深度处理生产回用一般流程如图 4-22 所示。

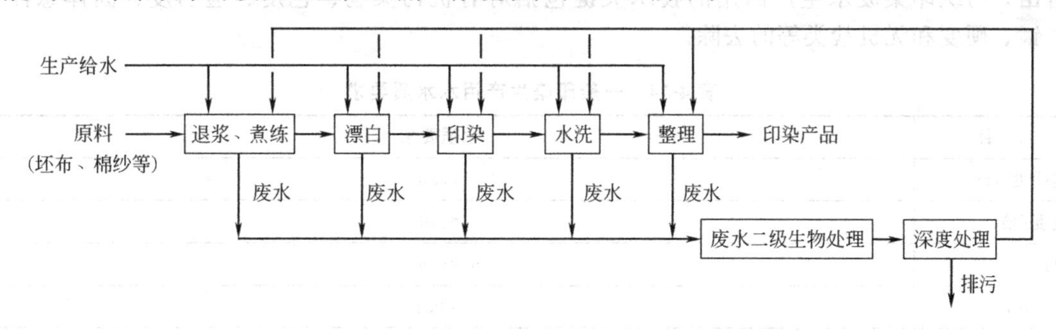

图 4-22 纺织印染废水深度处理生产回用一般流程

纺织印染废水经二级生物处理之后，再经化学混凝、过滤等一般物化法深度处理实现生产回用，固然是一般生产回用技术方法。但是，采取这些技术措施还不能完全去除纺织印染废水中残留的有机污染物，亦不能去除纺织印染废水中含有的大量无机盐类。一般纺织印染废水中除含有大量有机污染物外，还会有残留的助剂、酸、碱等无机化合物，因此纺织印染废水中的溶解性总固体（TDS)、电导率等偏高。一般印染废水的电导率为 1200～1600μS/cm，TDS 为 1000～1300mg/L。此外，一般回用水中的色度、氮、磷营养物质和病原菌等指标亦不能满足印染加工生产的长期安全用水要求，对产品质量、生产设备和管道等都会产生累积的负面效应，必须采取相应的预防对策，如表 4-13 所示。为了使回用水水质完全达到生产用水水质要求，“十一五”以来，国内愈来愈关注利用膜处理技术对纺织印染废水进行深度处理，使出水水质完全达到生产用水水质要求。纺织印染废水生产回用膜处理技术试验研究和工程示范已有较快进展，逐渐被纺织印染企业认同。因此，纺织印染废水深度处理生产回用是具有前景的再生利用方法。

表 4-13　纺织印染废水再生利用负面影响及预防对策

项　目	负面影响	预防对策
剩余有机物、微生物	设备和管道表面生长细菌，产生微生物污垢，形成泡沫	活性炭吸附、化学氧化和消毒处理
色度	影响产品质量，印染产品出现色差，降低产品合格率	混凝沉淀、活性炭吸附、过滤、化学氧化
pH	超出生产工艺正常用水 pH 范围后致使化工助剂用量增加	加强管理，控制 pH 7～8
TDS	设备和管道结垢、腐蚀，缩短使用寿命	反渗透(RO)
总悬浮固体物(TSS)	在设备和管道表面沉积，促使微生物生长	纤维过滤、盘片过滤、连续过滤(CMF)、超滤(UF)
钙、镁、铁、硅	结垢，影响印染产品质量	软化、离子交换、反渗透
氨	形成氨化物，管道和设备腐蚀，促进藻类生长	硝化、离子更换
磷	藻类生长，设备和管道结垢与堵塞	生物或化学除磷、离子交换

4.8.2 纺织印染废水生产回用水质要求

纺织印染废水生产回用不是简单的低水平回用，而是参与产品生产过程的回用，应以把握通常的纺织印染加工工艺的生产用水水质要求为依据。通过对印染生产过程中的退浆、煮练、漂白、染色、印花、漂洗、整理等工序的生产用水水质调研与测试表明，实现印染废水生产回用不仅要使经处理后的废水 COD 和 SS 满足生产用水水质要求，而且废水中的铁、锰、氯化物、硬度、色度等对产品质量有影响的敏感性指标亦应符合印染生产要求。各纺织印染企业因产品品种、质量控制、生产用水习惯和生产管理的不同，用水水质亦不尽相同。作为参考，一般印染生产用水水质要求如表 4-14 所示，一般漂洗用水水质要求如表 4-15 所示。从表 4-14 和表 4-15 可以看出，纺织印染废水生产回用的技术关键包括对有机污染物、色度、透明度、固体悬浮物、铁、锰、硬度和无机盐类等的去除。

表 4-14　一般印染生产用水水质要求

项　目	水质要求
透明度/cm	≥30
色度/倍	≤10
pH	6.8～8.5
铁/(mg/L)	≤0.1
锰/(mg/L)	≤0.1
SS/(mg/L)	≤10
硬度(以 $CaCO_3$ 计)/(mg/L)	①原水硬度小于 150mg/L，可全部用于生产； ②原水硬度大于 150mg/L，大部分可用于生产，但溶解性染料应使用小于或等于 17.5mg/L 的软水，皂液和碱液用水硬度最高为 150mg/L； ③喷射冷凝冷却水，宜采用总硬度小于或等于 17.5mg/L 的软水

一般达标排放的纺织印染废水 COD_{Cr} 为 80～100mg/L，BOD_5 为 15～25mg/L，而印染生产用水水质要求为 COD_{Cr} 50mg/L 以下，BOD_5 10mg/L 以下，所以达标排放废水需再经深度处理以去除 COD_{Cr}、BOD_5。采用生物处理，如生物接触氧化、曝气生物滤池技术、生物活性炭处理技术可以达到对 COD_{Cr}、BOD_5 深度处理的目的。

表 4-15 一般漂洗用水水质要求

项 目	水质要求	项 目	水质要求
色度/倍	25	透明度/cm	≥30
总硬度(以 $CaCO_3$ 计)/(mg/L)	450	SS/(mg/L)	≤30
pH	6.5～8.5	COD_{Cr}/(mg/L)	≤50
铁/(mg/L)	0.2～0.3	电导率/(μS/cm)	≤1000
锰/(mg/L)	≤0.2		

一般达标排放的纺织印染废水色度、浊度、SS 等感官性状指标仍不能满足生产用水水质要求，需进行深度处理。生物处理可去除部分色度和浊度，但是，主要还是用物化方法，如采用混凝沉淀、过滤等予以去除，以达到生产用水水质要求。

印染废水中含有残留的染料，如分散染料、活性染料、还原染料等，以及残留的助剂，如纯碱、烧碱、元明粉、表面活性剂等。印染废水含有的各种无机盐类致使废水的 TDS 和电导率均偏高。一般印染废水的 TDS 为 1200～1500mg/L，电导率为 1600～2000μS/cm，而生产用水的 TDS 最高允许浓度为 1000mg/L，如果高于该值范围，则在管道和设备中易形成无机盐类的沉积，产生结垢和金属腐蚀。印染生产用水中过高的硬度和 TDS 还会增加染化料用量和影响产品质量。所以，印染废水生产回用时，应根据废水水质和生产回用用途不同，有必要进行除硬或除盐处理。除硬或除盐的方法有离子交换、电析（ED）和反渗透（RO）等。

印染生产用水对铁、锰含量均有要求。如印染废水生产回用时铁、锰含量高于用水水质要求，则对产品质量有影响，易产生斑点或影响产品色泽，甚至成为次品。为此印染废水生产回用时要考虑铁和锰指标满足用水要求。一般采用混凝沉淀、化学氧化和生物接触氧化法可以达到除铁和除锰的效果。

出于安全用水和卫生学考虑，印染废水生产回用必须进行消毒处理。宜采用二氧化氯、紫外线或臭氧等消毒技术。

4.8.3 纺织印染废水深度处理生产回用技术新进展

4.8.3.1 臭氧氧化

臭氧具有杀菌、脱色、除臭等复合效能，对水生生物几乎没有负面影响。臭氧在印染废水处理中的功能是，作为强氧化剂破坏大多数染料的双键，有选择性地对有机物分子中具有不饱和键的部分进行氧化，能够有效地去除 COD_{Cr}。臭氧处理利用极强的氧化性，促进生物性难分解的物质转变成易分解的物质，促进有机物分子从高分子转变为低分子，提高废水可生化性，同随后的生物处理相结合，还能进一步有效地减少 COD_{Cr}。臭氧处理能够利用氧化性，破坏印染废水中的染料发色功能进行脱色，特别是对亲水性染料（如活性染料等）脱色效果好。根据国外文献报道，不同的臭氧添加量对一般废水 COD_{Cr}、色度和 NO_2^--N 的去除效果如图 4-23 所示。当采用臭氧进行印染废水脱色处理时，根据废水中不同的染料成分，所需臭氧投加一般为 20～60mg/L。一般臭氧处理的进水需要先经澄清和过滤，以去除悬浮物。同时，臭氧接触塔应能使臭氧与处理废水充分接触，以减少臭氧的用量，提高处理效率。与其他化学氧化方法相比较，臭氧处理不会增加污泥处理量。近几年来，国内在印染废水深度处理生产回用中，已经应用臭氧氧化深度去除废水中的 COD 和脱色，使回用水水质能满足生产用水水质要求。

臭氧处理装置是由臭氧发生设备、臭氧反应设备、去除剩余臭氧设备等组成。

臭氧发生设备是臭氧处理装置的核心设备，由空气源装置（包括加压装置、空气冷却装置）、除湿装置、臭氧发生器、冷却水设备、电源装置组成，如图 4-24 所示。当采用空气源时，臭氧发生浓度一般为 20～25g/m³。当采用氧气源时，臭氧发生浓度一般为 40～210g/m³。臭氧的制造方法有放电法和电解法。放电法是利用放电，让空气或者氧气产生电解，生成臭氧，这种方法

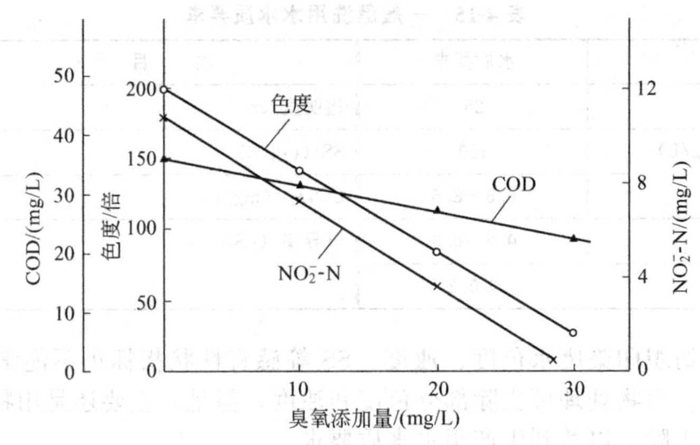

图 4-23 不同臭氧加量的处理效果

（资料来源：富士电机株式会社，2004）

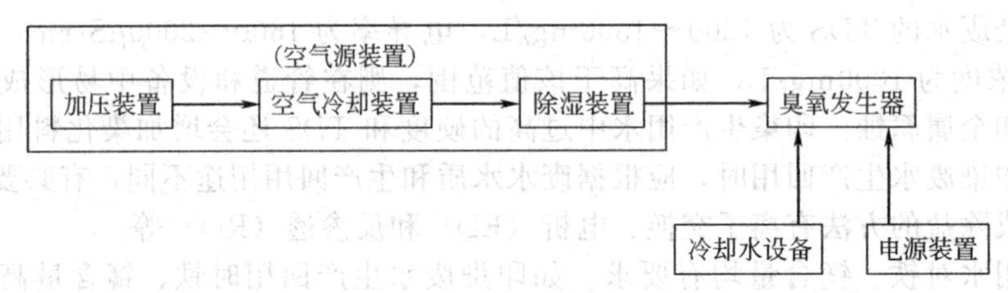

图 4-24 臭氧发生设备

能够高效地获取大量的臭氧。电解法是在阳离子交换膜的两侧设置多孔性电极，进行水的电解生成臭氧，这种方法虽能获得高浓度的臭氧，但效率低于放电法。

臭氧反应设备主要是指反应塔中的臭氧释放（通风）设备。一般采用扩散器或喷射器方式。扩散器方式如图 4-25(a) 所示，喷射器方式如图 4-25(b) 所示。扩散器方式吸收效率高，不需要搅拌动力，易维护管理，适合臭氧注入率低的情况。喷射器方式需要加压泵，设备小型化，运转费用较高，适合臭氧注入率高的情况。在工程应用中，一般臭氧反应设备采用扩散器释放方式(通风筒的通风方式)，只有小规模臭氧反应设备采用喷射器方式。

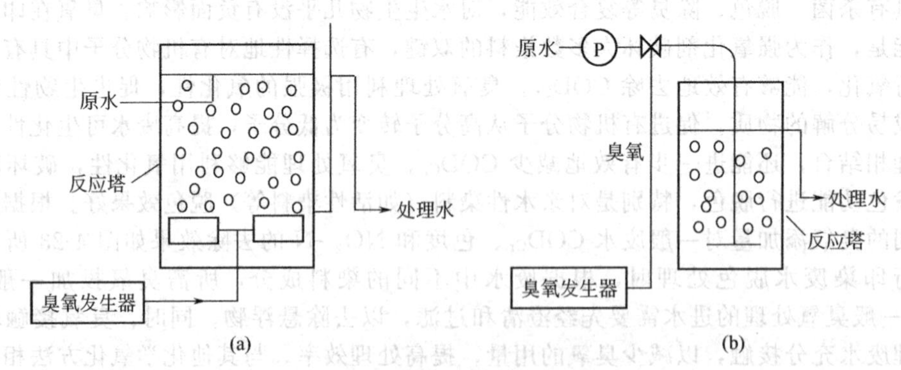

图 4-25 臭氧处理反应设备臭氧释放方式

(a) 扩散器方式；(b) 喷射器方式

去除剩余臭氧的方法有触媒法、活性炭法、热分解法、药剂清洗法。一般采用触媒法和活性炭法。触媒法维护管理简单，能有效地去除臭氧，主要用于分解高浓度臭氧，需要防雾装置和加热器。活性炭法维护管理简单，在初期能完全去除臭氧，需定期更换活性炭。臭氧是强氧化剂，所以去除剩余臭氧的臭氧处理设备和管道均应考虑防腐蚀，如采用 SUS304 或 SUS316 不锈钢、硬聚氯乙烯、FRP 等材质。

近几年来，国内在印染废水深度处理生产回用中，已经采用臭氧氧化处理技术，以进一步去除废水中的COD和色度，使回用水水质能满足生产用水水质要求。但是，关于臭氧氧化系统的设置，臭氧投加量的合理确定，臭氧反应器的类型和扩散方式，剩余臭氧分解还原处理，以及臭氧氧化设备与管道防腐蚀等均有待于进一步优化和细化。此外，鉴于高浓度的臭氧具有毒性，会对生物造成影响，臭氧会对人体的生理作用产生影响，如对鼻子、喉咙的刺激，臭氧的中间产物有毒或者致癌，臭氧的半衰期很短（在空气中16h，水中15～30min）等因素，亦会影响它的使用效能和应用范围。

4.8.3.2 磁分离技术

20世纪90年代初，美国麻省理工学院将高梯度磁分离概念应用在废水处理中。2000年以后，磁分离技术有美国的高效磁分离CoMag™、BioMag™技术和国内的超磁分离ReCoMag™技术等。CoMag™、BioMag™和ReCoMag™磁分离技术工艺流程分别如图4-26～图4-28所示。

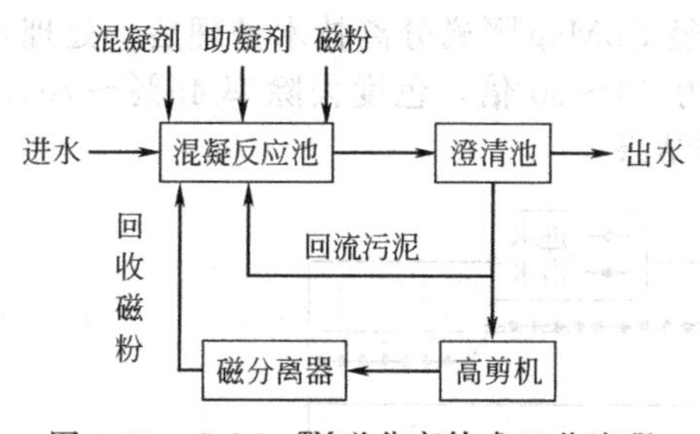

图4-26 CoMag™磁分离技术工艺流程

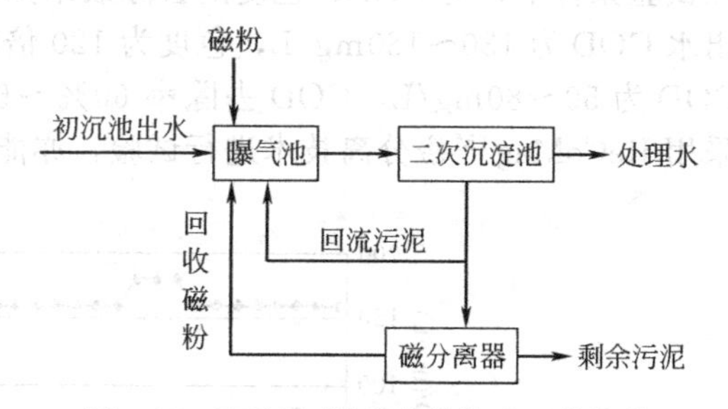

图4-27 BioMag™磁生化技术工艺流程

从图4-26可以看出，同传统的混凝沉淀工艺相比较，在CoMag™工艺中投加了磁粉，并使磁粉同混凝反应产生的絮体结合，从而形成微磁絮团。由于磁粉的相对密度约为5.2，大大地增加了微磁絮团的密度，在磁分离设备（澄清池）中实现微磁絮团与水的快速分离。磁分离设备产生的污泥回流到磁回收装置。经磁回收后，磁性物质回用到混凝反应池，非磁性物质进入污泥处理。据有关文献介绍，CoMag™磁分离技术的沉降速度快，可达20～40m/h；沉降效率高，可减少沉淀池面积和容积；处理效果好，出水SS一般为5～10mg/L，浊度<1NTU；除磷效果好。磁分离技术的磁粉损耗低，CoMag™磁回收率为99%以上，用于补充磁粉的费用约为0.01元/(m^3水)（2009年物价水平）。

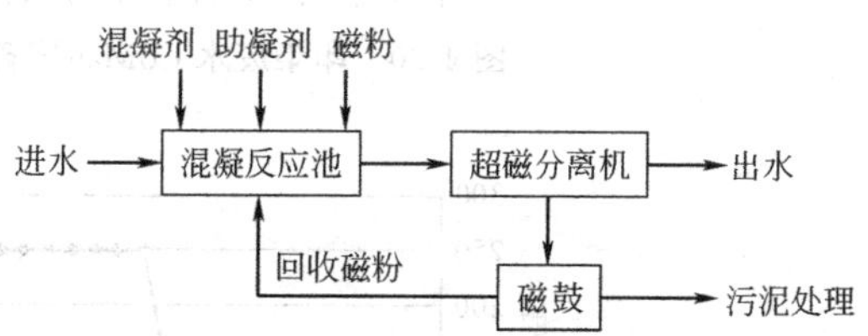

图4-28 ReCoMag™超磁分离技术工艺流程

从图4-27可以看出，BioMag™工艺是在曝气池中投加了磁粉，与活性污泥絮体结合，形成活性污泥微磁絮团，但又不会在曝气池中产生沉淀，而在二次沉淀池中能加快沉降速度，提高泥水分离效果，改善出水水质。由于二次沉淀池底泥增加，回流污泥浓度可大幅度提高。与常规的活性污泥法相比较，BioMag™磁生化工艺可使曝气池污泥浓度由3～4g/L提高到10g/L左右，从而降低了污泥负荷，提高了对有机污染物的去除率和处理效果。所以，一般BioMag™工艺的出水水质（COD、BOD、SS等）优于通常的活性污泥法生物处理出水水质，可达到深度处理的要求。

从图4-28可以看出，ReCoMag™工艺是使含有一定浓度的特选磁性物质，先在混凝反应器中借混凝剂和助凝剂的作用，完成磁种与非磁性絮体的结合，形成微磁絮团，再在超磁分离设备的高磁场强度作用下，实现微磁絮团与水体的分离。被分离的微磁絮团再经磁回收系统实现磁种和非磁性污泥的分离，磁种回用，污泥再处理。据有关文献报道，磁盘机的流速可高达300～1000m/h。ReCoMag™工艺磁种投加量与废水水质和处理要求有关，一般为30～300mg/L，磁种回收率可达99%。

某针织有限公司采用CoMag™磁分离技术对印染废水深度处理进行了试验，如图4-29所

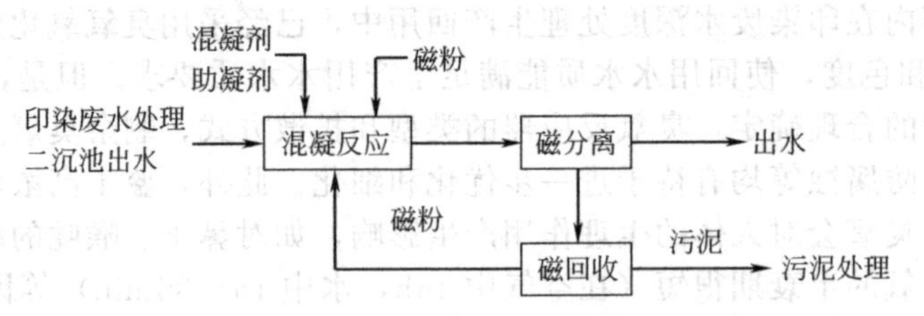

图 4-29 印染废水 CoMag™磁分离技术处理试验流程

示。经生物处理的印染废水先与混凝剂、助凝剂和磁粉混合，经混凝反应后再进行静置重力磁分离，上清液为处理出水，沉淀的污泥经磁回收后，磁粉回用，污泥另行处理。试验条件为投加 $FeSO_4$ 200～350mg/L（市售），石灰乳 200～250mg/L，PAM 1mg/L（1‰浓度），磁粉 5g/L。在试验条件下，对 COD、色度的去除效果如图 4-30 和图 4-31 所示。从图中可以看出，在二沉池出水 COD 为 130～180mg/L，色度为 120 倍的情况下，经 CoMag™磁分离技术处理后，处理水 COD 为 50～80mg/L，COD 去除率 60%～65%；色度为 30～80 倍，色度去除率 45%～70%。采用 ReCoMag™磁分离技术进行试验，亦能得到相似的结果。

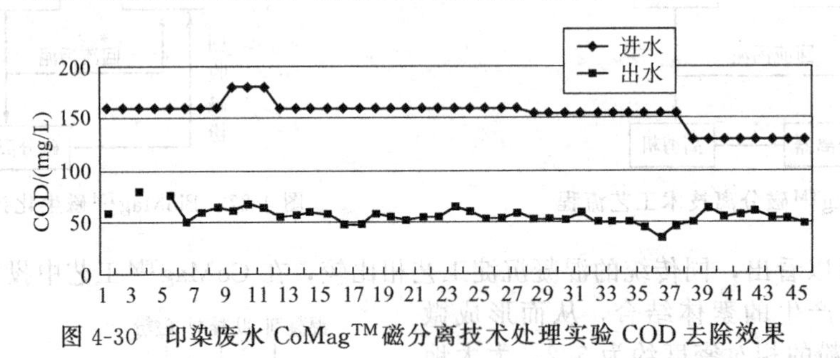

图 4-30 印染废水 CoMag™磁分离技术处理实验 COD 去除效果

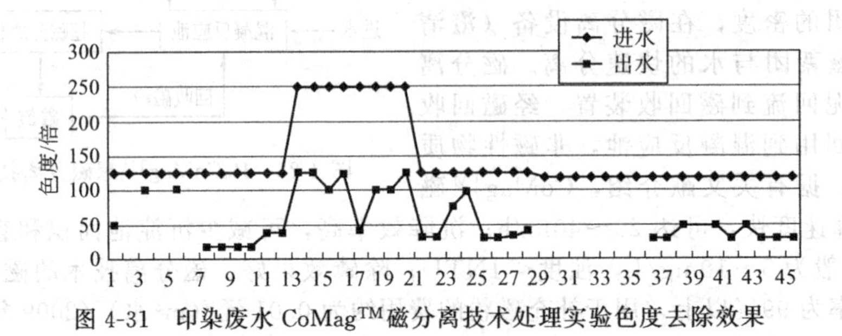

图 4-31 印染废水 CoMag™磁分离技术处理实验色度去除效果

4.8.3.3 MBR 膜生物处理技术

膜生物处理技术（Membrane Bio-Reactor，MBR）是 20 世纪 80 年代中期发展起来的废水处理新技术，这是将膜分离技术与废水生物处理技术相结合的处理方法，是对常规活性污泥法的改进，通过膜分离单元完成对微生物和水的分离，取消了二次沉淀池。MBR 生物反应器内微生物浓度高，一般可达到 6000～10000mg/L。MBR 可使 HRT 和 SRT 完全分开，运行稳定、灵活，也有利于世代时间长的硝化细菌增殖，从而提高硝化效率。MBR 应用在废水深度处理时，出水 COD、BOD_5、SS 和氮、磷都很低，有利于印染废水生产回用。在工程实施上，MBR 装置可模块化设计和组装，结构紧凑。常用的 MBR 膜有 PP（聚乙烯）、PVDF（聚偏氟乙烯）中空纤维膜和 PVDF 平板膜。相比之下，中空纤维膜特别是 PP 中空纤维膜价格较低，但易污染，强度较低。平板膜耐污染，出水水质好，膜通量高，渗透压力小，节能，但价格较高，弹性小。商业化的 MBR 膜孔径为 0.01～0.2μm，为了防止膜的堵塞，膜组件需定期酸洗和清洗。

国外，Zenon Zee Weed 污水处理厂将 MBR 作为 RO 之前的预处理单元进行了试验。试验表明，MBR 反应器的 TSS 为 5000～12000 mg/L，处理出水水质满足后续的 RO 进水水质要求。

该技术已在意大利科威纺织工业区印染废水回用中得以应用。国内，近几年来 MBR 在印染废水深度处理中已得到广泛重视。例如，河海大学等采用 MBR 技术对印染废水深度处理和 MBR 膜污染成因进行了试验，规模为 $24m^3/d$。试验装置如图 4-32 所示。采用中聚砜平板膜 MBR 反应器装置，共有三组膜件，单组膜尺寸为 519mm×285mm×835mm，膜面积 $10m^2$/组。稳定运行连续 35 天对 COD、色度的去除效果如图 4-33 和图 4-34 所示。从试验结果可以看出，在试验条件下，MBR 作为印染废水深度处理单元时，在二沉池出水 COD71～153mg/L，色度 30～45 倍的情况下，MBR 出水 COD39～68mg/L，色度 20～30 倍。MBR 出水的 COD 和色度两项水质指标达到了印染生产用水水质要求。通过对 MBR 膜污染成因解析表明，有机污染物是形成 MBR 膜污染的主要因素，而蛋白质和多糖又占膜表面有机物的 81%，是膜表面有机物的主要成分。无机盐在 MBR 膜污染中有着重要作用。无机元素种类多且成分复杂，经测定主要有 12 种元素的化合物，其中 Si、Al、Ca、Fe 为前四位，其他还有 P、Na、Mg、K 等。所以在印染废水深度处理中，为了减缓膜污染，还必须有效地控制进入 MBR 反应器的无机盐离子浓度。

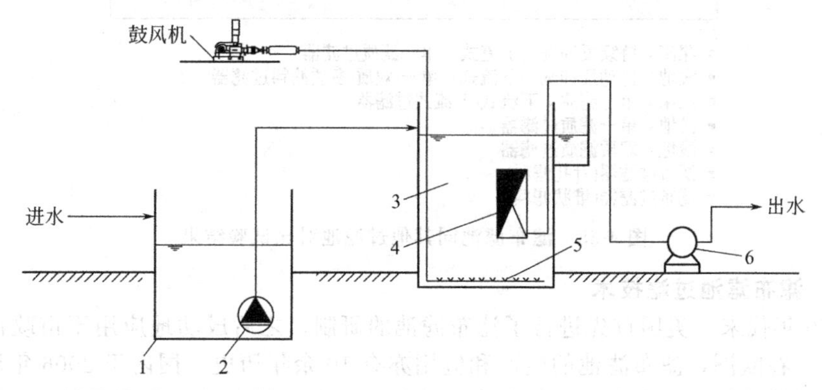

图 4-32　MBR 试验装置

1—进水槽；2—潜污泵；3—MBR 槽；
4—MBR 膜组；5—曝气装置；6—抽吸泵

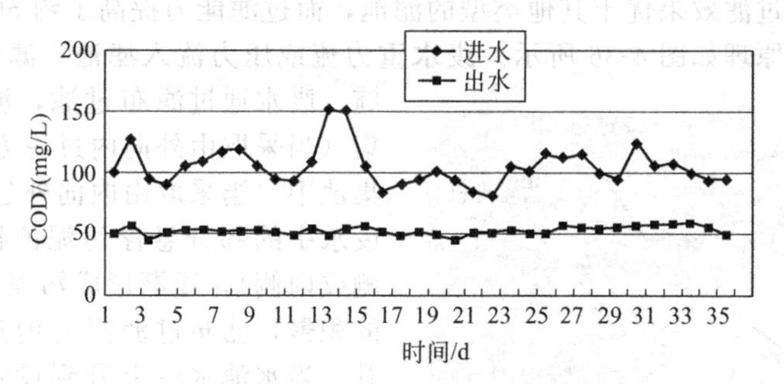

图 4-33　MBR 对 COD 的去除效果

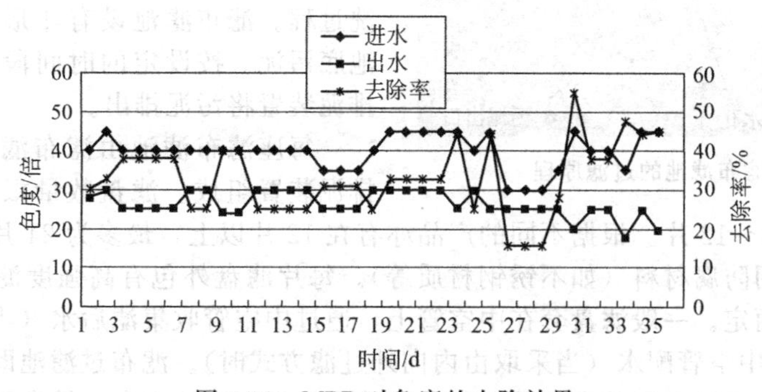

图 4-34　MBR 对色度的去除效果

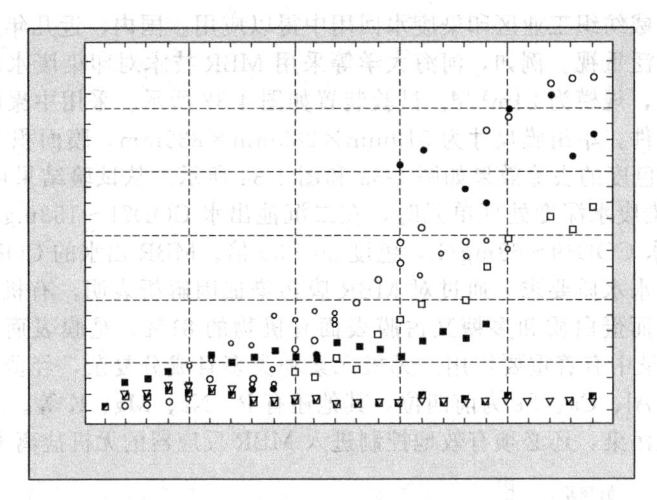

图 4-35　滤布滤池同其他过滤池对比试验结果

4.8.3.4　滤布滤池过滤技术

20 世纪 70 年代末，美国首先进行了滤布滤池的研制，之后成功地应用于市政污水处理和工业废水处理中。在欧洲，滤布滤池的生产和应用亦有 10 余年历史。国内于 2006 年后，在城市污水处理厂提标排放升级和工业废水（如印染、造纸废水等）深度处理中逐渐得到应用。

美国 California-Davis 大学对滤布滤池和其他滤池过滤效果进行了对比研究，试验结果如图 4-35 所示。其中，滤布滤池的过滤速度为 14.7m/h，其他滤池的过滤速度为 9.8m/h。从图中可以看出，滤布滤池的过滤效果优于其他类型的滤池，而过滤能力提高了约 50%。

滤布滤池的过滤原理如图 4-36 所示。废水重力流或压力流入滤池，滤池中设有挡板消能设施。废水通过滤布过滤，滤后水通过中空管收集（当采取由外向内过滤方式时），或者排入收集池中（当采取由内向外过滤方式时）。过滤时废水中的部分悬浮污泥被拦截在滤布表面（外侧或内侧），逐渐形成污泥层。随着滤布上污泥的积聚，滤布过滤阻力增加，滤池水位逐渐上升。当水池水位上升到设定值时，反冲洗装置自动启动，按设定的程序完成滤布滤池的反冲洗过程。滤布滤池设有斗形池底，有利于收集池底污泥。按设定的时间段和排泥程序，通过排泥装置将污泥排出。

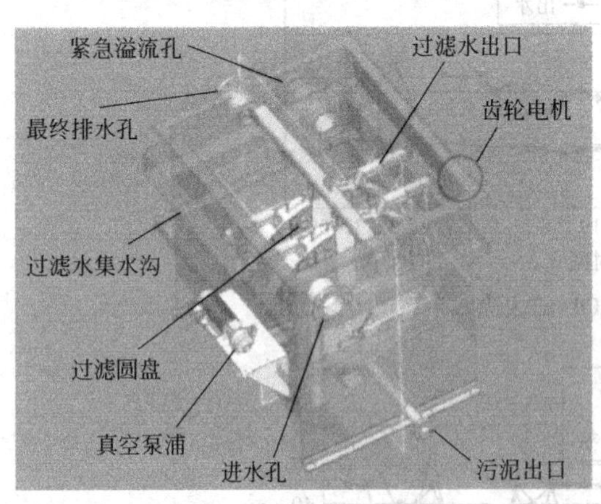

图 4-36　滤布滤池的过滤原理

每座滤布滤池由滤布滤盘、反冲洗装置和排泥装置组成。滤盘数量根据设计流量和面积大小而定，一般为 2～12 片。根据不同的产品亦有在 12 片以上，最多为 24 片。每片滤盘由若干滤匣组成。滤盘采用防腐材料（如不锈钢材质等）。每片滤盘外包有高强度滤布。滤布的密度及厚度根据废水性质而定。一般滤盘套在中空管上，通过中空管收集滤后水（当采取由外向内过滤方式时），或者通过中空管配水（当采取由内向外过滤方式时）。滤布过滤池既可以是带有不锈钢滤槽的单体过滤器，亦可以安装在钢筋混凝土滤池中。根据过滤方向、转盘设置、反洗方式和出水方式等的不同，滤布滤池有多种类型。不同类型的滤布滤池如图4-37所示。不同类型的滤布滤池比较如表4-16所示。

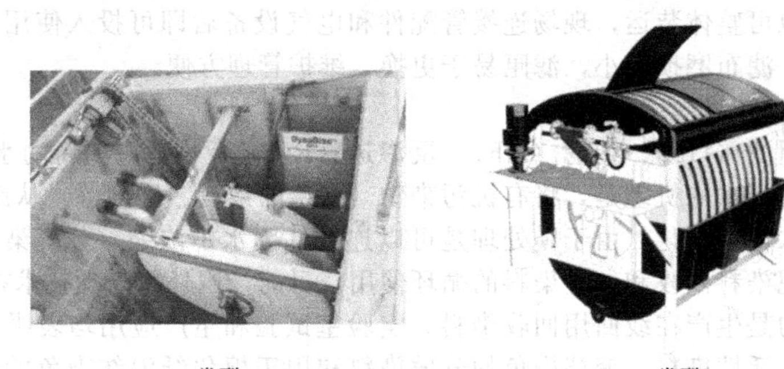

类型1　　类型2

溢流堰　驱动马达　出水堰　进水阀　反冲洗装置　入水堰　滤盘　反冲洗阀　悬浮物收集管　反冲洗泵

类型3

图4-37　不同类型的滤布滤池

表4-16　三种类型的滤布滤池及比较

项　目	类型1	类型2	类型3
过滤方向	进流水由滤池进入圆盘过滤（由外而内）	进流水由滤池进入圆盘过滤（由外而内）	进流水进入圆盘，经过滤排入池内（由内而外）
每个圆盘的滤匣数	2个 密封少，泄漏概率低	6个 密封多，泄漏几率较高	6个 密封多，泄漏几率较高
过滤面积	圆盘100%浸在水中	圆盘100%浸在水中	约60%的圆盘浸在水中
圆盘是否旋转	过滤及反洗时圆盘都不旋转，能耗低	反洗时，圆盘以1r/min的速度旋转	过滤及反洗时圆盘均旋转
反洗方式	真空吸头，非接触式且无反洗水溅出，无需加盖	吸头+刮板，接触式且无反洗水溅出，无需加盖	高压喷嘴，非接触式需加盖，以防反洗水溅出
反洗装置位置	未反洗时，真空头位于圆盘的支撑轴处，不影响过滤面积	圆盘有部分过滤面积受到阻挡	圆盘有部分过滤面积受到阻挡
出水方式	每个滤匣独立出水	过滤圆盘中的水集中至中心管轴后排出	过滤水集中于滤池后排出
维护	可在过滤期间更换滤匣	需排水进行检修	需排水进行检修

在印染废水深度处理中滤布滤网的精度根据进出水SS浓度而定，一般为10～20μm，可去除10μm及其以上的悬浮物。滤网材料要求耐腐蚀，强度高，有韧性和弹性，易清洗等，一般为不锈钢或PE聚酯材料。滤布滤池常应用在印染废水深度处理混凝沉淀之后，一般要求进水悬浮物浓度SS≤25mg/L，最大不超过30mg/L。经过滤后出水SS为5～10mg/L，同时还有一定的去除COD和脱色效果，一般COD去除量为SS去除量的50%～70%。

滤布滤池的水头损失小。一般水头损失为0.30～0.46m，能耗低。若采用真空吸头清洗时，不耗水。即使采用清水反冲洗时，因滤布厚度仅2～3mm，易清洗。反冲洗历时短，冲洗水量少，节水节能。整个过滤过程由计算机控制，可按需要调整过滤、反冲洗、排泥等程序，可实现自动控制。滤布滤池可整体装运，现场连接管配件和电气设备后即可投入使用。机械设备较少，泵及电机间隙运行，滤布磨损较小，滤匣易于更换，维护管理方便。

4.8.3.5 膜处理技术

膜处理技术［超滤（UF）、纳滤（NF）、反渗透（RO）等］是一项新的水处理技术。应用膜处理技术处理印染废水的机理是，将有机污染物（剩余的染料、助剂等）从废水中分离，形成浓缩液，从而使废水得以净化。由于膜处理是可以连续从废水中浓缩、分离染料的方法，因此，通过膜处理可以实现染料回收和一些染料的循环使用。目前，国外膜处理技术在印染废水综合治理中用得最为广泛的是生产在线回用回收染料。实验室试验和生产应用均表明，NF和RO可以有效地处理棉染色的活性染料、聚酯染色的分散染料和用于棉化纤混纺染色的活性/分散混合染料。南非已有UF、NF和RO染料废水处理的生产性应用。国内在20世纪90年代就有UF法回收回用染料的研究和工程实绩。目前，UF回收染料、聚乙烯醇和其他化合物是印染加工清洁生产工艺技术之一。在处理丝胶工艺废水中，使用UF可以回收97%的丝胶，而再用RO处理超滤溶液可以回收70%的废水。

当需要去除印染废水中的盐类，以实现废水再生回用时，可采用RO或NF。2000年以来，国内应用膜处理技术逐渐对印染废水进行了深度处理试验研究和工程化应用。某羊绒集团公司同某大学合作，采用CMF-RO膜处理技术对羊绒染整废水深度处理生产回用取得了成效。工程规模为2500m³/d，膜处理系统如图4-38所示。经生物处理后的二沉池出水先经连续过滤（CMF）和NaOCl消毒，再经RO深度处理使出水水质达到生产回用。该工程于2004年10月投入运行，处理效果如表4-17所示。经使用表明，该工程的RO出水水质达到了染整生产用水水质要求，可用于染色和后整理。而且由于回用水中杂质离子的副反应减少，提高了织物的染料吸尽率，降低了染料用量，可避免染色和后整理瑕疵点，有利于改善产品质量。“十一五”以来，为了贯彻节能减排，在我国湖泊流域等环境敏感区已有日处理规模万吨/天级以上的印染废水生产回用膜处理生产性试验工程。实践表明，应用膜处理技术处理印染废水时，有关设备的潜在污染、膜表面变形与污堵、膜的清洗、浓水（浓缩液）的处理等技术问题有待进一步深入研究和解决。

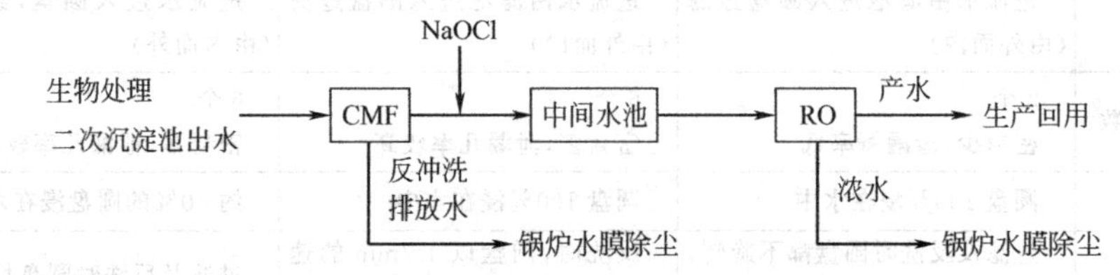

图4-38 某羊绒集团染整废水膜处理系统

表4-17 某羊绒集团染整废水膜处理出水水质

项 目	原水水质	RO出水水质	染整生产用水水质
pH	6.8～8.0	6.0	7.6
浊度/NTU		<1	0.35
COD_{Cr}/(mg/L)	400～1100		
COD_{Mn}/(mg/L)		0.5	1.07
总碱度(以$CaCO_3$计)/(mg/L)		15.14	200.13
总硬度(以$CaCO_3$计)/(mg/L)	330～480	1.57	16.01
SiO_2/(mg/L)	3500～5500	0.21	11.8
电导率/(μS/cm)		64	1275
钙/(mg/L)		0.162	4.58
镁/(mg/L)		0.082	2.09
铁/(mg/L)		0.015	0.02
锰/(mg/L)		0.00	0.01
SS/(mg/L)	170～340		

4.9 工程实例

4.9.1 实例1　某针织有限公司印染废水处理和生产回用工程

某针织有限公司位于沿海地区，建于20世纪90年代初，有织造、印染和成衣综合生产线，生产能力为针织织物150t/d，染色与后整理200t/d，是国内大型针织联合企业之一。主要产品是棉针织物，全部销往国外。

棉针织印染废水主要来自精练、染色等生产工艺。该类废水的特点是：水质变化大，视加工的织物品种和采用的染料助剂不同而变化；有机污染物浓度较高，色泽深，感官性状差。根据对废水组成的测试分析表明，后处理的水洗水特别是第3道及以后的水洗水同其他的生产工序排水水质相比较，污染程度较轻，排水量占全部印染废水水量的25%左右。因此，进行清污分流，将次污染印染废水处理后作为生产回用。

该企业印染废水处理工程和次污染印染废水生产回用工程，分别于2005年4月和2005年12月建成，正常运行至今。

4.9.1.1　印染废水处理工程

(1) 设计处理水量和水质　设计处理水量60000m^3/d，设计水质如表4-18所示。

表4-18　某针织有限公司印染废水处理工程设计水质

项　目	原水	处理水	项　目	原水	处理水
pH	9～11	6～9	SS/(mg/L)	400	60
COD/(mg/L)	800	70	色度/倍	800	40
BOD_5/(mg/L)	250	20	水温/℃	50	

(2) 处理工艺流程及特点

① 处理工艺流程。根据本工程废水水质和所要求达到的处理目标，废水处理采用生物处理和物化处理相结合的方法，处理工艺流程如图4-39所示。

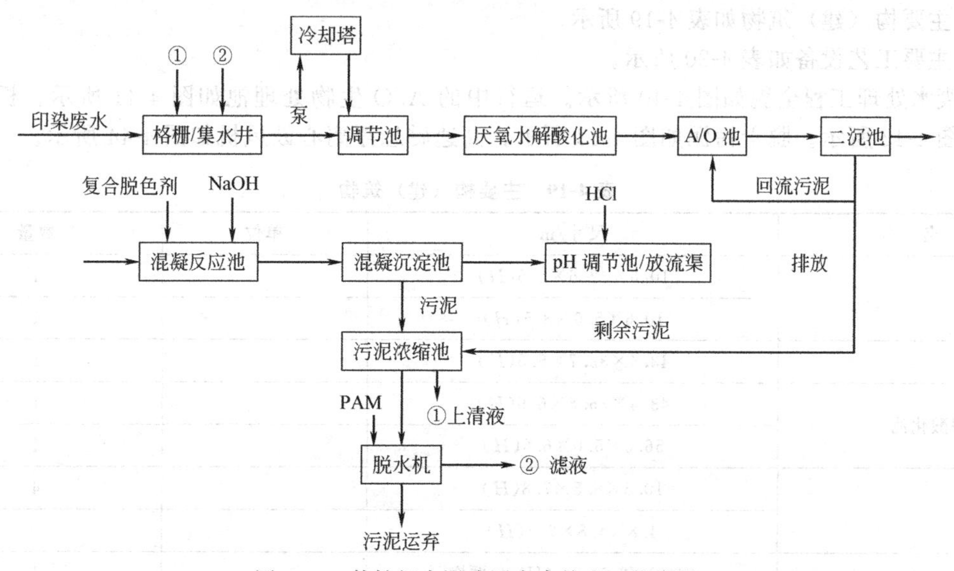

图4-39　某针织有限公司废水处理工艺流程

② 特点说明

a. 该废水以棉针织印染废水为主，含有少量棉化纤印染废水。主要含活性染料，其次为阳离子染料，分散染料，以及烧碱、氧化剂、匀染剂、渗透剂等助剂。由于本工程实行清污分流，轻度污染废水另外进行再生回用处理，所以进水水质污染物浓度高于通常的针织印染废水水质，即：COD_{Cr}为800mg/L左右，色度800倍左右。而出水水质要求较高，即COD_{Cr}为80mg/L以下，色度40倍。为此，本工程处理工艺采用厌氧水解酸化-好氧生物处理-物化处理的方法，以使出水水质达到排放要求。

b. 考虑到原水水温较高，夏季水温为50℃左右，为保证生物处理单元正常运行，原水需先经冷却塔冷却后方可进入调节池和后续处理单元。

c. 在好氧生物处理之前设置厌氧水解酸化池。水解酸化池中设置弹性填料，使世代时间长的微生物能大量附着栖生在填料上，在这些微生物作用下，使废水中难以生物降解的、结构复杂的有机物转化为结构较为简单的有机物，易于为微生物利用和吸收，提高废水可生化性，有助于后续好氧生物降解，并改变部分染料的发色基团，去除部分色度。

d. 采用A/O生物处理工艺。本工程的A池是在传统活性污泥好氧池前设置的缺氧池，其主要作用是对微生物菌种进行筛选和优化。在A池，废水停留时间很短，微生物在此段只是对废水中的有机物进行吸收和吸附，大部分有机污染物在A池被脱磷微生物吸入体内，接着在O池内被氧化及分解，抑制O池中丝状菌的繁殖和生长，从而避免污泥膨胀现象的发生。O池BOD_5负荷较低，HRT较长，可确保出水有机污染物达标排放。

e. 脱色是本工程的难点之一。在原水色度为800倍的情况下，处理出水色度低于40倍，脱色率要求达到95%。本工程印染废水主要含难于脱色的活性染料，应正确选择脱色处理方法，方可达到脱色处理效果。废水经生物处理后再采用化学混凝沉淀物化处理是有效的脱色方法之一，经试验和使用，含铁盐的复合脱色剂是较理想的脱色剂，其效果好，用量少，成本低，为此，本工程在二次沉淀池之后，选用含铁盐的复合脱色剂进行混凝沉淀脱色处理。

f. 本工程废水处理量大，采用混凝沉淀为深度处理单元，产生的物化污泥量大。根据当地条件，污泥处理出路是将脱干污泥送往焚烧处置，要求经脱水后干污泥含水率为60%左右。为此，经技术经济比较后采用大型自动板框压滤机脱水。

(3) 主要构（建）筑物和设备

① 主要构（建）筑物如表4-19所示。

② 主要工艺设备如表4-20所示。

该废水处理工程全貌如图4-40所示。运行中的A/O生物处理池如图4-41所示。板框压滤机房如图4-42所示。脱干污泥如图4-43所示。高速磁悬浮离心鼓风机如图4-44所示。

表4-19 主要构（建）筑物

名称	尺寸/m	单位	数量
集水井	10.6×12.6×8.5(*H*)		1
	10.6×5.6×8.5(*H*)		1
调节池	43.4×32.7×5.5(*H*)		1
厌氧水解酸化池	43.4×36.8×6.6(*H*)		1
	56.0×5.0×6.6(*H*)		1
A池	10.5×6.5×7.8(*H*)		4
	4.8×4.8×7.5(*H*)		2
O池	84.0×42.0×7.8(*H*),分两格		1
	33.0×24.2×7.5(*H*),分两格		1
二次沉淀池	ϕ40.7×4.1(*H*)		2
	18.2×24.2×7.8(*H*)		1

续表

名　称	尺寸/m	单位	数量
混凝反应池	5.25×5.25×4.5(H)		4
	4.8×4.8×4.5(H)		2
混凝沉淀池	ϕ36.7×4.1(H)		2
污泥浓缩池	ϕ20.6×4.5(H)		1
pH调节池	14.5×10.5×3.5(H)		1
排放口	10.0×2.0×1.5(H)		1
鼓风机房	16.0×10.5×1F		1
	12.0×6.0×1F		1
脱水机房加药间	28.0×12.5×1F		1
配电及化验室	55.0×15.0×2层		1
污泥堆场	12.0×15.0		1

表4-20　主要工艺设备

名　称	类　型	单位	数量
机械格栅	旋转式细格栅，自动除渣，N=1.5kW	台	3
集水井提升泵	无堵塞自吸卧式离心泵，N=75kW	台	4
	无堵塞卧式离心泵，N=45kW	台	3
调节池提升泵	卧式离心泵，N=30kW	台	3
	卧式离心泵，N=22kW	台	3
调节池搅拌机	推流式潜水搅拌，N=18.5kW	台	2
弹性立体填料	YDT型，紧绷支架	m^3	7150
A池搅拌机	推流式潜水搅拌，N=5.5kW	台	4
	推流式潜水搅拌，N=2.2kW	台	2
O池鼓风机	高速磁悬浮离心式，N=130kW	台	3
	罗茨鼓风机，N=220kW	台	3
O池曝气机	OKI潜水曝气机，N=22kW	台	8
	微孔曝气器，ϕ215mm	个	3000
二沉池刮泥机	ϕ40.0m，周边传动，N=1.5kW	台	2
	11.9m×18m，桁车式吸刮泥机，N=2.2kW	台	2
回流污泥泵	卧式污水离心泵，N=30kW	台	4
	卧式污水离心泵，N=5.5kW	台	4
混合池搅拌机	竖轴桨叶式，N=3.0kW	台	2
	竖轴桨叶式，N=5.5kW	台	1
反应池搅拌机	竖轴桨板式，N=4.0kW	台	2
	竖轴桨板式，N=1.5kW	台	1
混凝沉淀池刮泥机	ϕ36.0m，周边传动，N=1.5kW	台	2
混凝沉淀池污泥泵	卧式离心泵，N=5.5kW	台	4
污泥浓缩池刮泥机	ϕ20.0m，中心传动，N=2.2kW	台	1

续表

名 称	类 型	单位	数量
脱水机进泥泵	卧式离心泵，$N=4.0$kW	台	3
污泥脱水机	200m^2 板框压滤机	台	4
滤布冲洗泵	卧式离心泵，$N=7.5$kW	台	4
空压机		台	2
皮带输送机		台	1
NaOH 加药系统		套	1
HCl 加药系统		套	1
脱色剂加药系统		套	1
PAM 加药系统		套	1
冷却塔	高温型，逆流中空，t_1 50℃，t_2 36℃	台	3

图 4-40 某针织印染废水处理工程全貌

图 4-41 运行中的 A/O 生物处理池

图 4-42 板框压滤机房

图 4-43 脱干污泥

（4）运行工况和处理效果 本工程于 2005 年 6 月投入正常运行至今。处理水量为 55000～60000m^3/d，一般进水 pH 为 9.2～10.0，COD_{Cr} 650～800mg/L，BOD_5 200～250mg/L，色度 250～500 倍，SS 300～400mg/L。在运行中控制 A 池溶解氧 0.5mg/L 以下，O 池溶解氧 2～2.5mg/L，污泥浓度 3000～4000mg/L，进水水温（冷却塔后）38℃以下。混凝沉淀处理单元的综合脱色剂投加量为 50mg/L（按固体计），助凝剂为 1～2mg/L（以干重计）。2011 年 6 月 1 日～30 日实测 COD_{Cr}、色度逐日处理效果如图 4-45 和图 4-46 所示。SS 逐日出水水质如图 4-47 所示。

（5）讨论

① 本工程处理浓度较高的棉针织印染废水，进水 COD_{Cr} 为 650～800mg/L，BOD_5 200～250mg/L，色度 250～500 倍，SS 300～400mg/L。依据当地排放条件，要求处理水水质为 COD_{Cr} 70mg/L，色度 40 倍，SS 60mg/L，均严于纺织染整工业水污染物排放标准要求。通过多年运行表明，采用厌氧水解酸化-A/O 好氧处理-化学混凝沉淀的处理工艺，一般出水 COD<70mg/L，色度<40 倍，SS<50mg/L，达到排放要求。该处理工艺技术先进、可靠，处理流程较为简单，可操作性强，适用于大中型印染废水处理工程。据测算，按 2011 年 7 月物价水平，本工程废水处理运行费用（包括电费、药剂费、人工费和维修费）为 1.90 元/m^3 水左右，污泥处置费（包括运输费、焚烧处置费）为 0.57 元/m^3水左右。

图 4-44　高速磁悬浮离心鼓风机

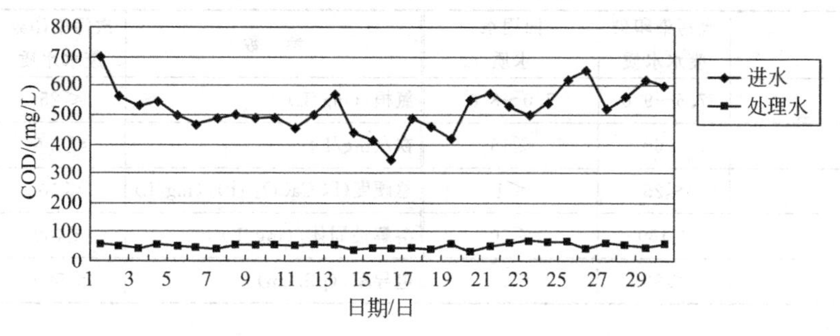

图 4-45　2011 年 6 月逐日 COD 处理效果

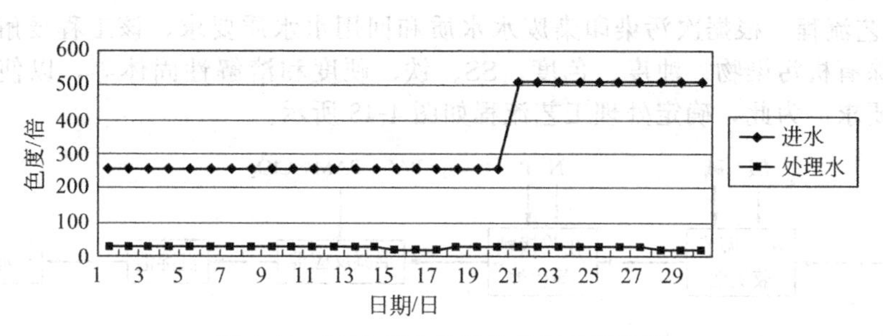

图 4-46　2011 年 6 月逐日色度处理效果

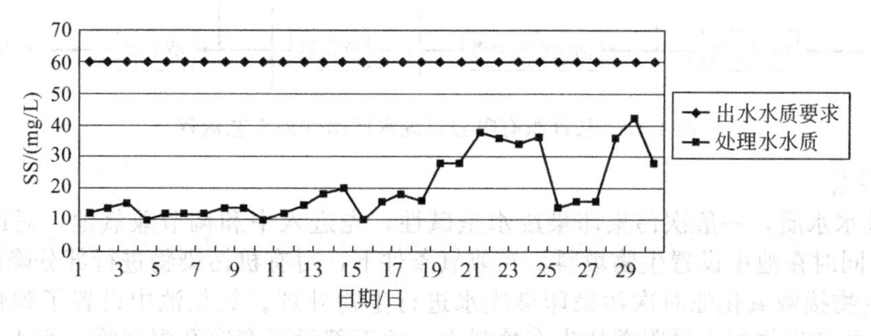

图 4-47　2011 年 6 月逐日 SS 出水水质

② 本工程夏季进水水温为 50℃左右，在工程设计中采用了冷却塔降温，使进入生物处理单元的水温控制在 38℃以下，以利于生物处理单元正常运行。在印染废水处理中，特别是位于我国南方地区的印染废水处理工程应考虑水温因素，必要时应设置降温设施。

③ 本工程采用的复合脱色剂以硫酸亚铁混凝剂为主，而硫酸亚铁的最佳反应条件应是pH9.0左右。在实际运行中如控制不当，就可能致使处理出水 pH>9.0，造成出水 pH 超标。所以，一般在排放口前需设置 pH 监控和 pH 自动调节装置，以确保处理水排放 pH 不超标。

④ 厌氧水解酸化处理单元易产生臭气，在工程实践中应设置相应的除臭措施。例如在池顶加盖（或罩），经管道收集臭气后再经臭气处理装置进行除臭处理，以保护周边的大气环境。

⑤ 本工程采用磁悬浮鼓风机和潜水曝气机，与通常的罗茨鼓风机和微孔曝气器相比较，动力效率和曝气效率较高，可节省用电约20%，按设计规模计，每年可节省用电约160万千瓦·时。

⑥ 本工程采用板框压滤机脱水，脱干污水量为100～120t/d（含水率60%左右），全部送往发电厂焚烧处置，既消除了污泥二次污染，又利用了污泥热值，效益明显。

4.9.1.2 印染废水生产回用工程

（1）设计处理水量和水质 设计水量处理15000m³/d。在对现有生产用水水质进行分析的基础上，参照企业对印染生产用水水质的要求，以及《城市污水再生利用 工业用水水质标准》（GB/T 19923—2005）的相关规定，经技术经济综合分析后确定废水及回用水水质如表4-21所示。

表 4-21 某针织有限公司印染废水及回用水水质

参数	次污染印染废水水质	回用水水质	参数	次污染印染废水水质	回用水水质
pH	7.5～9.0	7.0～8.0	氯根/(mg/L)	≤25	≤30
色度/倍	≤60	≤15	铁/(mg/L)	≤0.5	≤0.2
浊度/NTU	≤25	≤1	总硬度(以 $CaCO_3$ 计)/(mg/L)	≤50	≤50
COD/(mg/L)	≤180	≤50	溶解性固体/(mg/L)	≤400	≤400
SS/(mg/L)	≤80	≤10	电导率/(μS/cm)	≤500	≤500

（2）处理工艺流程

① 处理工艺流程。根据次污染印染废水水质和回用水水质要求，该工程要解决的技术关键是：进一步去除有机污染物、浊度、色度、SS、铁、硬度和溶解性固体等，以使处理水水质符合回用水水质要求。为此，确定处理工艺流程如图4-48所示。

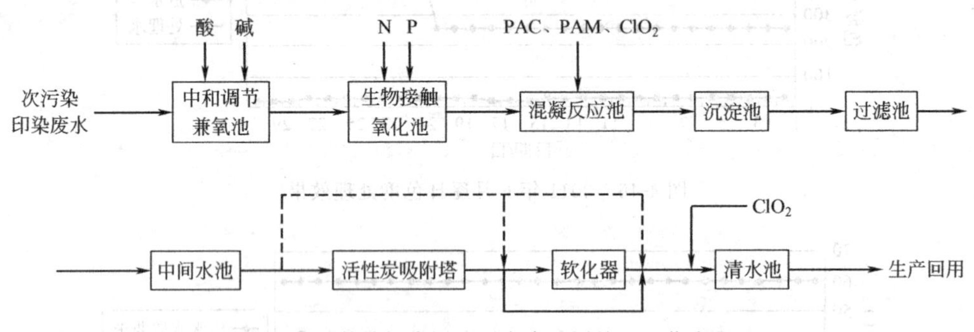

图 4-48 某针织有限公司废水回用处理工艺流程

② 工艺特点

a. 根据进水水质，一般次污染印染废水呈碱性，先进入中和调节兼氧池，对废水水质和水量进行调节，同时在池中设置生物填料，在兼氧条件下，对有机污染物进行部分降解。

b. 采用生物接触氧化池对次污染印染废水进行生物处理。氧化池中设置了弹性填料，使世代生长时间长的微生物能大量附着栖生在填料上，池下部设下弯穿孔曝气管。废水进入生物接触氧化池后，流经弹性填料层，在底部曝气装置的供氧条件下，通过填料表面微生物的生化作用，能经济有效、无毒副作用地生物降解溶解性有机物，去除水中的COD、色度、臭味、浊度、铁、锰等，污泥无需回流，没有污泥膨胀现象，易于控制。运行实践表明，生物接触氧化池作为物化处理前的处理单元，还可降低后续的物化处理混凝剂和消毒剂用量。

c. 对接触氧化池出水投加铝盐混凝剂和PAM絮凝剂进行混凝沉淀处理。经混凝沉淀处理的出水再进一步经过滤处理。采用新型的盘片过滤（滤布滤池）设备，运行稳妥可靠，效果好，操作简单，管理方便。

d. 为了抑制微生物和细菌在物化处理单元的生长，保证处理水的卫生学指标合格，分别在过滤之前和过滤之后采用两次加氯消毒。滤前加氯还可在一定程度上去除铁、锰以及色度。

e. 活性炭对残存的有机污染物、致突变物质及氯化致突变物前驱物具有良好的吸附能力，可进一步降低出水的致突变活性。为了确保处理水水质能符合生产用水质要求，在过滤之后设置了活性炭吸附装置，可以视过滤出水水质情况而灵活使用。

f. 考虑到染色生产工艺对水的硬度要求比较高，在活性炭塔后设置钠离子交换器，当有需要时对出水进行软化处理，使回用水质达到生产工艺的要求。

③ 主要构筑物和设备。本工程处理构筑物和设备由调节兼氧池、生物接触氧化池、混凝沉淀池、滤布滤池、中间水池、清水池、活性炭吸附塔和钠离子交换器等组成。工程总貌如图4-49所示。主要处理构筑物（或设备）如图4-50～图4-53所示。

图4-49　某针织印染废水再生回用工程总貌

图4-50　调节兼氧池和生物接触氧化池

图4-51　混凝沉淀池

图4-52　滤布滤池

（3）运行工况和处理效果

① 该工程自投入使用6年来，一直连续运行，总体情况正常。处理水量视季节、生产用水水量、进水水质的不同而变化。一般每年6～8月为供水高峰期，运行处理水量为设计水量的80%～90%。1～3月为低谷期，运行水量为设计水量的50%～60%。其余月份运行水量为设计水量的70%左右。2006年6月、7月，2008年1月、3月，2010年4月的运行情况分别如表4-22～表4-24所示。可以看出，无论在水量高峰期还是低谷期，本工艺运行稳定，出水水质达到回用水水质要求。2011年6月连续一个月各处理单元的COD、浊度、色度和SS去除效果，分别如图4-54～图4-57所示。从图中可以看出，本处理工艺技术能够很好地去除COD、浊度、色度和SS，取得了预期效果。

图 4-53 活性炭吸附塔和钠离子交换器

表 4-22 2006 年 6 月、7 月运行情况

项目	pH	色度/倍	COD/(mg/L)	浊度/NTU	铁/(mg/L)	总硬度/(mg/L)	电导率/(μS/cm)
进水	7～9.5	≤40	≤80	—	≤0.3	≤150	350～550
出水	6.8～8.5	≤5	≤25	≤1	≤0.1	≤50	360～560

表 4-23 2008 年 1 月、3 月运行情况

项目	pH	色度/倍	COD/(mg/L)	浊度/NTU	铁/(mg/L)	总硬度/(mg/L)	电导率/(μS/cm)
进水	7.6～8.9	30～50	80～150	20～60	0.2～0.35	≤150	360～520
出水	6.8～8.5	10～15	≤25	0～1	≤0.1	≤50	300～510

表 4-24 2010 年 4 月运行情况

项目	pH	色度/倍	COD/(mg/L)	浊度/NTU	铁/(mg/L)	总硬度/(mg/L)	电导率/(μS/cm)
进水	7.2～8.2	50～110	110～170	—	0.5～0.7	≤50	550～1000
出水	6.6～7.4	10～15	25～40	≤1	≤0.2	≤50	500～800

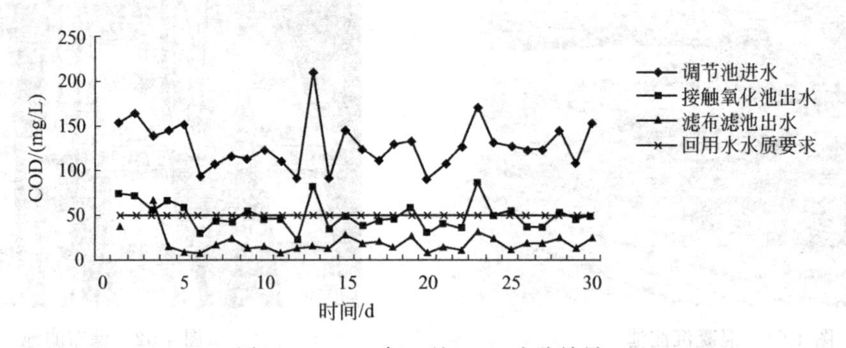

图 4-54 2011 年 6 月 COD 去除效果

② 回用水水质对产品质量影响的跟踪。该工程处理出水自 2006 年 5 月开始供给染色车间使用。处理水经泵提升后进入车间给水箱，同新鲜水混合后直接供染色生产使用。该公司的产品全部出口外销，对产品有严格的质控程序和制度，同样对印染废水生产回用有一套严密的管理制度和管网系统，至今未发生影响产品质量的状况。

③ 处理费用。由于处理水量的变化，处理费用存在一定的差异。按 2011 年 7 月物价水平测算，处理费用（含电费、药剂费、人工费）为 0.92 元/m^3 水左右，低于当地印染行业的自来水水价（4.5 元/m^3 水）。

(4) 讨论

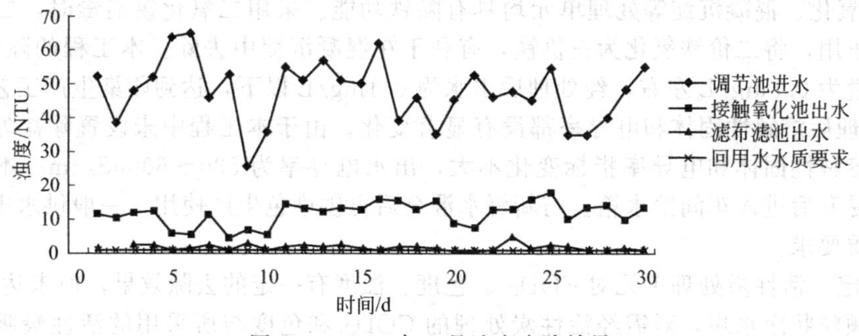

图 4-55　2011 年 6 月浊度去除效果

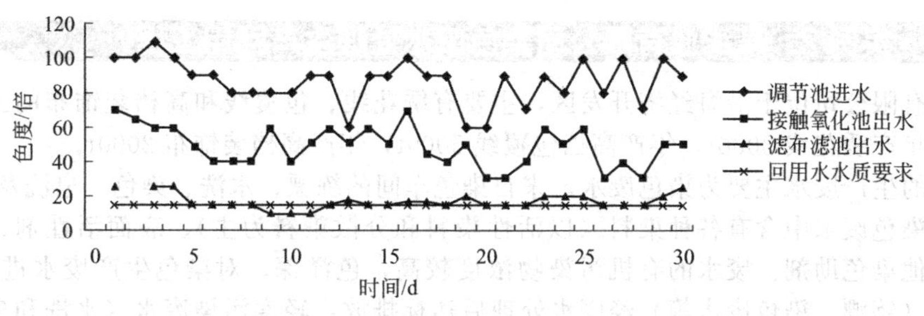

图 4-56　2011 年 6 月色度去除效果

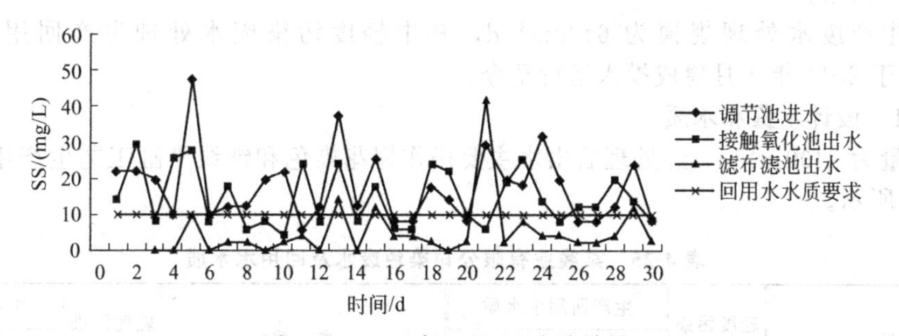

图 4-57　2011 年 6 月 SS 去除效果

① 该印染废水再生回用工程自 2005 年 12 月投入运行以来，在处理规模为 15000m^3/d，运行处理水量为 6000～13000m^3/d 的条件下，回用水处理设施运行稳定，处理效果好。处理水水质指标（除氯根以外）达到预期的回用水水质要求，实现了印染废水生产回用的目标。

② 生物接触氧化作为次污染印染废水生物处理单元，效果显著。在进水 COD_{Cr} 80～170mg/L，色度 30～100PCU 的情况下，出水 COD_{Cr} 稳定在 40～60mg/L，色度 30～50PCU，浊度＜10NTU。

③ 混凝沉淀对浊度和色度的去除效果显著。经混凝沉淀后，原水中的细分散颗粒和胶体状物质被去除，出水浊度＜3NTU，出水水质稳定。同时，混凝沉淀对 COD_{Cr} 去除率为 15%～20%。经过滤后出水进一步澄清，出水 SS＜10mg/L，浊度＜1NTU。

④ 钠离子交换是成熟的离子交换软化技术，对硬度的去除作用明显。在实际运行中因原水硬度不高，钠离子软化器的进水硬度已经达到或基本达到回用水水质要求，所以在实际运行时视需要间隙启用软化处理单元。

⑤ 经对各处理单元处理效果的考察，发现经混凝沉淀后水中氯化物含量升高。一般进水氯化物为 12～22mg/L，混凝沉淀出水氯化物为 45～50mg/L，经分析，主要是由于采用了碱式氯化铝（PAC）为混凝剂和采用二氧化氯（ClO_2）消毒剂后，增加了水中残留氯化物。2009 年 3 月经试验表明，若采用硫酸铝为混凝剂，则一般不会增加水中残留氯化物，随后即改为采用硫酸铝为混凝剂。

⑥ 接触氧化、混凝沉淀等处理单元均具有除铁功能。采用二氧化氯消毒时，二氧化氯对铁具有强氧化作用，将二价铁氧化为三价铁，有利于在混凝沉淀中去除。本工程的除铁效果良好，进水铁的含量为0.5mg/L左右，经处理后出水为0.1mg/L以下，达到印染生产工艺用水要求。

⑦ 经处理后溶解性固体和电导率都没有显著变化。由于本工程中未设置除盐处理单元，所以进出水的溶解性固体和电导率指标变化不大，出水电导率为530～600μS/cm。本工程的再生回用水经泵提升后进入车间给水箱，与新鲜水混合后再供染色生产使用，一般供水电导率能符合生产用水水质要求。

⑧ 经测定，活性炭处理单元对COD_{Cr}、色度、浊度有一定的去除效果，但未达到设计预期。本工程采用颗粒状净水炭，对需经活性炭处理的COD_{Cr}和色度与所采用的活性炭吸附性能的相关性等，尚应做进一步试验研究。

4.9.2 实例2 某线业有限公司染色废水处理生产回用工程

某线业有限公司位于沿海经济开发区，主要有绣花线、包覆线和高档装饰布的工艺生产线。生产能力为年产绣花线3000t，年产高档包覆线5000t，年产高档装饰布2000t。

该企业的生产废水主要为染色废水，来自染色车间的练漂、水洗、染色、皂洗及固色柔软等生产工序。染色废水中含有各种染料（以活性染料和分散染料为主）、表面活性剂、无机酸碱、柔软剂和其他染色助剂。废水的有机污染物浓度较高，色泽深。对染色生产废水进行清污分流后，浓废水（练漂、染色废水等）经废水处理后达标排放，轻度污染废水（水洗和皂洗废水等）经处理后生产回用。

该企业生产废水处理规模为$6400m^3/d$，其中轻度污染废水处理生产回用工程规模为$2400m^3/d$，于2011年4月建成投入运行至今。

4.9.2.1 设计水量和水质

设计水量为$2400m^3/d$，经处理后出水主要用作棉花染色和纱线染缸工艺生产用水，设计水质如表4-25所示。

表4-25 某线业有限公司染色废水及回用水水质

参数	轻度污染废水水质	生产回用水水质		参数	轻度污染废水水质	生产回用水水质	
		棉花染色	纱线染缸染色			棉花染色	纱线染缸染色
pH	6～9	6.5～7.5	6.5～7.5	浊度/NTU			≤0.1
COD/(mg/L)	200～250	≤35	≤15	铁/(mg/L)		≤0.1	≤0.05
BOD/(mg/L)	70			锰/(mg/L)		≤0.1	≤0.05
SS/(mg/L)	200			总硬度(以$CaCO_3$计)/(mg/L)			≤10
色度/倍	150	≤15	≤5	电导率/(μS/cm)			≤50

4.9.2.2 处理工艺流程和特点

(1) 处理工艺流程　该企业的生产回用水用途有两种。一是用作棉花染色生产用水，对pH、COD、色度、铁和锰等指标有较高的要求。二是纱线染缸染色生产用水，除常规的水质指标外，还对总硬度、电导率有较高要求。为此，该回用水处理工程的主要技术关键是，进一步去除有机污染物，改善浊度、色度等感官性状指标，去除铁、锰、总硬度等，降低电导率，以使处理水质能全面地满足生产用水水质要求。某线业有限公司染色废水回用处理工艺流程如图4-58所示。

(2) 工艺特点

① 经清污分流后的轻污染染色废水先进入调节水解池进行水质水量调节，有必要时加酸进行pH调节。

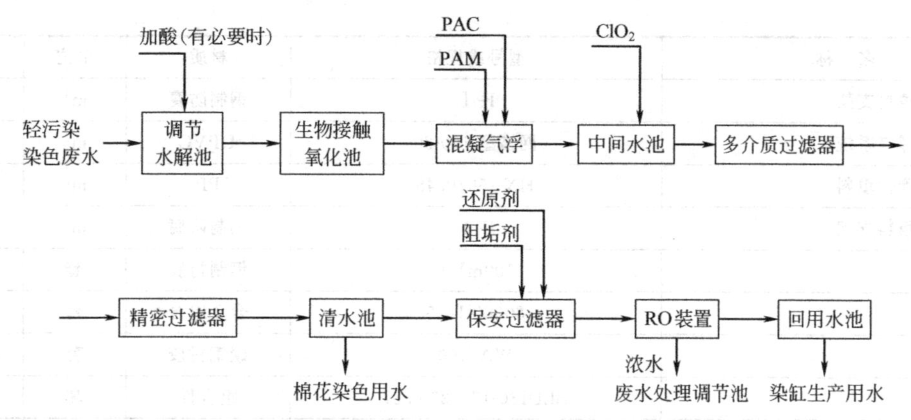

图 4-58　某线业有限公司染色废水回用处理工艺流程

② 采用生物接触氧化为主要的生物处理单元。生物接触氧化具有容积处理负荷较高、不易产生污泥膨胀、无需污泥回流、操作管理方便等优点，能较为有效地降解废水中的有机污染物。

③ 采用混凝气浮为生物处理之后的物化处理单元，能进一步有效地去除生物处理出水中的COD、SS、色度和浊度。过滤前加氯可对废水进行消毒，能抑制废水中的微生物和细菌在后续RO处理单元的生长，并在一定程度上去除铁和锰。

④ 采用多介质过滤-精密过滤-保安过滤为RO处理单元的前处理，以进一步去除废水中的有机污染物、SS、色度、浊度、铁和锰等，并使待处理水的SDI（污泥密度指数）达到RO的进水水质要求。

鉴于经过滤处理后的出水已满足棉花染色生产用水水质要求，因此清水池的部分出水即可回用于棉花染色工艺生产。

⑤ 采用RO处理系统深度去除水中的钙、镁、铁和锰等金属离子，降低总硬度和电导率，同时进一步降低COD、色度和浊度，使处理出水水质能全面地满足纱线染缸染色要求，以实现工艺生产回用。

RO处理的浓水进入该企业的废水处理调节池，同重污染染色废水混合一并进行处理，达标排放。

4.9.2.3　主要构（建）筑物和设备

主要构（建）筑物如表4-26所示。

主要工艺设备如表4-27所示。

RO处理装置如图4-59所示。RO清洗药剂制备装置如图4-60所示。

表 4-26　主要构（建）筑物

名　称	尺寸/m	单位	数量	名　称	尺寸/m	单位	数量
格栅井	3.0×0.8×1.5(*H*)	座	1	生物接触氧化池	24.5×12.0×6.0(*H*)	座	1
集水井	10.0×3.0×4.2(*H*)	座	1	中间水池	8.0×6.5×5.0(*H*)	座	1
调节水解池	12.5×12.0×7.0(*H*)	座	1	清水池	8.0×6.5×5.0(*H*)	座	1

表 4-27　主要工艺设备

名　称	型号或规格	材质	单位	数量
集水井提升泵	LS100-10-4	铸钢	台	2
调节池提升泵	LS80-10-5.5	铸钢	台	2
电磁流量计	FMCLDE-100	防腐型	套	2
调节水解池弹性填料	HX-150/0.45	PP	m^3	700

续表

名　称	型号或规格	材质	单位	数量
调节水解池填料支架	F-Ⅰ	钢制防腐	m^3	700
接触氧化池曝气系统	网格型 150-80	UPVC	m^2	291
接触氧化池弹性填料	HX-150/0.45	PP	m^3	1400
接触氧化池填料支架	F-Ⅰ	钢制防腐	m^3	1400
气浮装置	$100m^3/h$	钢制衬胶	套	1
气水混合泵	80QZ/18.5	合金组合	套	1
加药装置	WA/100	碳钢衬胶	套	3
刮渣机	BLD130-17×23-0.37	组合件	套	1
释放器	TV-Ⅱ，ϕ200mm	SUS304	个	6
中间水泵	KQL80/32-15/2	铸钢	台	2
清水增压泵	KQL80/32-15/2	铸钢	台	2
二氧化氯发生器	HB-1200	组合件	套	1
多介过滤	JXG-2200	钢制衬胶	台	2
石英砂	20/0.5mm		吨	17
无烟煤	ϕ2～4mm		吨	8
精密过滤	GJD-1800		套	1
蜂房滤芯	ϕ75mm×1000mm		支	200
还原剂、阻垢剂加药装置	V=200L	组合件	套	2
保安过滤器	ϕ1000mm	SUS304	套	1
高压泵	CR(E)-45-160-45		台	1
RO 装置	Q=62.5m^3/h，膜组件 GE-8040	组合件	套	1
清洗装置	CR32-9-2	组合件	套	1

(a)

(b)

图 4-59　RO 处理装置

4.9.2.4　运行工况和处理效果

本工程于 2011 年 4 月投入正常运行。一般进水量为 2000～2400m^3/d，进水水质为 pH 6.5～7.5、COD_{Cr} 120～150mg/L、SS 100～150mg/L、色度 50～100 倍。2011 年 7 月正常运行期间出水水质均能满足生产回用水水质要求，具有代表性的回用水水质检测结果如表 4-28 所示。

图 4-60　RO 清洗药剂制备装置

表 4-28　回用水水质检测结果

名　称	原水	中间水池	RO 出水	名　称	原水	中间水池	RO 出水
浊度/NTU	135	2.18	0.20	锰/(mg/L)	0.12	0.05	<0.05
色度/倍	125	<5	<5	氯化物/(mg/L)	130	80	4.5
pH	8.9	7.0	6.25	COD_{Mn}/(mg/L)		5.02	0.89
总碱度(以 $CaCO_3$ 计)/(mg/L)	25	8.0	8.0	氨氮/(mg/L)	11	0.45	0.15
总硬度(以 $CaCO_3$ 计)/(mg/L)	175	170	2	电导率/(μS/cm)	760	830	28
铁/(mg/L)	0.35	0.20	<0.05				

4.9.2.5　讨论

(1) 本工程根据染色废水的组成特点与性质，将生产过程中产生的高浓度有机污染废水与轻度污染的有机污染废水分流，浓废水经处理后达标排放，轻度污染废水经处理后生产回用，思路正确，技术可行。

(2) 对生产回用水按不同的水质需求进行细分，棉花染色生产用水水质要求相对较低，经一般的生化-物化处理后可满足用水要求，而染缸生产用水水质要求高，需经反渗透深度处理后，方可满足要求。根据不同的生产工艺用水水质要求，对生产回用水按需分质供水，是技术经济合理的废水处理生产回用方法。

(3) 经运行表明，轻度污染废水经生化-物化处理后，出水水质为 pH 7.0、COD_{Mn} 5mg/L、色度<5 倍、铁 0.2mg/L、锰 0.05mg/L，满足棉花染色生产回用水水质要求。进而再经 RO 处理后，出水水质为 pH 6.25、COD_{Mn} 0.89mg/L、色度<5 倍、浊度 0.20NTU、铁<0.05mg/L、锰<0.05mg/L、总硬度 8mg/L、电导率 28μS/cm，满足纱线染缸染色生产回用水水质要求。因此，本工程对轻度污染废水采用生化-物化-RO 深度处理的工艺技术路线基本可行。

(4) 关于本工程 RO 系统的膜污染、清洗周期与清洗药剂选择、膜的使用寿命，回用水水质对生产产品质量影响的跟踪，回用水对生产设备与管道系统正常使用影响和负面效应的防止，以及回用水处理费用与运行费用等，尚需在运行实践中进一步考察和完善。

第5章 钢铁工业废水处理及再生利用

5.1 概述

钢铁工业包括连续作业炼钢厂（联合法）和电弧炉炼钢厂（EAF法）两大类，连续作业炼钢厂是以铁矿砂、煤炭及石灰石等为主要原料，经高炉及转炉冶炼铸造成为钢坯，供给中游产业进行轧延及加工，生产各类钢产品供下游产业使用。电弧炉炼钢厂则是以回收的废铁、废钢或者进口的废钢料为原料经电弧炉冶铸成钢坯，其中部分供给中游产业，部分加工后提供给下游产业使用。

钢铁工业废水如按生产流程可分为矿山废水、烧结废水、焦化废水、炼铁废水、炼钢废水及轧钢废水等；如按污染物成分可分为含酚废水、含油废水、含铬废水、含氟废水、酸性及碱性废水等；如按污染物性质可分为有机废水、无机废水及冷却水等。

5.2 钢铁工业生产分类和生产工艺

5.2.1 生产原料

炼制钢铁所需的原料可分为四大类：第一类是含有铁质元素的矿石原料；第二类是煤和焦炭；第三类是为冶炼过程中以产生炉渣方式分离杂质的助熔剂；第四类是各种配合原料，如废钢、氧气、合金铁、造渣剂及生产回收料等。连续作业炼钢厂的原料均由卸料码头（区）送至原料贮存区堆置，需料时再由料堆输送至炼焦工厂及烧结工厂。主要的料堆包括铁矿砂、煤炭、助熔剂（石灰石、蛇纹石或白云石），各种原料一般露天堆置，经常采用洒水方式抑制和防止料堆的空气污染物逸散。电弧炉炼钢厂的原料则由桁车将切细的废钢、废铁自贮存区送入电弧炉熔融。

5.2.2 生产品种

钢铁工业生产品种有焦炭、钢坯、钢材和钢板等。

煤经焦化过程后，产品为焦炭。焦炭是炼钢的燃料，同时也是铸造业不可缺少的燃料。

炼钢产品为钢坯，钢坯是热轧、冷轧的主要原料。

钢板、型钢、线材、钢管系热轧机轧制的成品或半成品。

冷轧板、冷轧卷材系冷轧机轧制的成品或半成品。

5.2.3 生产工艺

5.2.3.1 连续作业炼钢厂

连续作业炼钢厂的钢铁生产流程一般包括原料输送、炼焦、烧结、炼钢、连续铸造、轧钢等连续化生产过程。即先将铁矿砂烧结制成烧结矿，煤炭经炼焦制成焦炭，再饲入高炉炼制铁水。铁水经脱硫后再送转炉制成钢液。钢液经连续铸造设备制成大小钢坯、扁钢坯，分别送至棒材工厂、线材工厂、钢板工厂、热轧工厂、型钢工厂精制成各种钢产品。连续作业炼钢厂生产流程如图5-1所示。

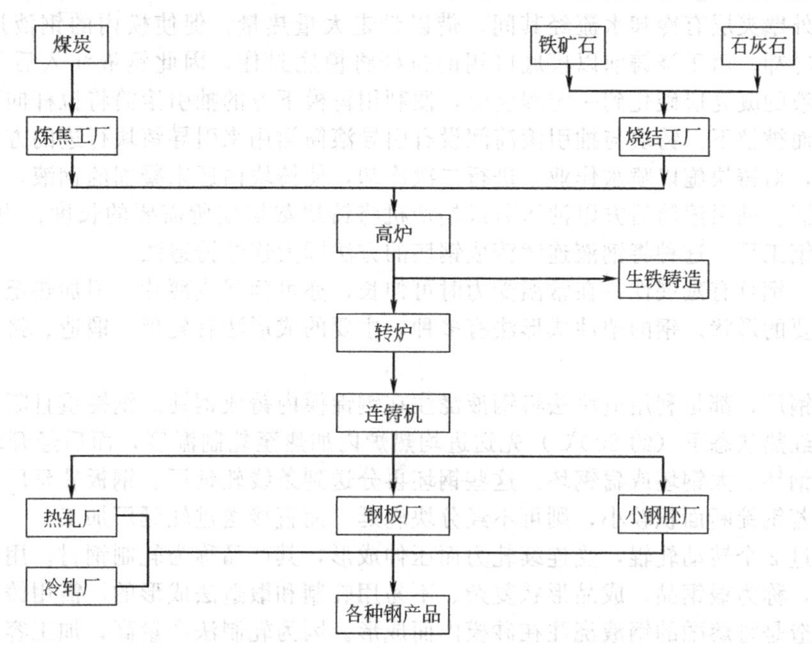

图5-1　连续作业炼钢厂生产流程

（1）炼焦　炼焦的目的是生产炼铁时所需的还原剂及热源，也就是焦炭。焦炭因具有无烟、火力强、价廉等特性，所以成为炼铁时使用广泛的热源。焦炭除了具有还原作用能使铁的氧化物还原为金属铁外，还能供给热能使还原铁熔化成铁水而与炉渣（杂质）分离。

（2）烧结　烧结是将铁矿砂、细焦炭、助熔剂（石灰石、蛇纹石或白云石）及其他生产过程所产生的含铁固杂料在高温下进行烧结反应，借由高温将铁矿砂与助熔剂结合，形成坚硬的块状烧结矿，以避免这些物料在高炉喂料时被强烈鼓风气流吹至集气设备，而细焦炭除可供给烧结过程所需要的热量外，也可起到初步还原作用，以利后续的炼铁程序。

（3）炼铁　炼铁（生铁）设备的主体是高炉，又称为鼓风炉。高炉外部以钢板包覆，内部则以耐火砖堆砌而成，炉的下部装有热空气吹入口，以使热空气由下往上吹入炉内反应熔解区。进入高炉的原料有块铁矿、烧结矿、焦炭、石灰石及白云石等，其中石灰石及白云石作为助熔剂将杂质以渣的形态分开，而氧化铁则被焦炭还原成铁水。

当炉床的炉渣及铁水积存至相当数量后，最后质轻的炉渣会浮于铁水之上导至出渣口排出，而质重的熔融的铁水由流道流出后，可直接送至炼钢厂的转炉作为原料或运往浇铸厂的生铁铸造机，铸成块状生铁。

（4）炼钢　生铁中含有2%以上的碳以及熔融过程被还原的其他元素，如锰、硅、磷、硫等杂质，这部分金属铁缺乏韧性与可锻造性，具有低熔点和良好的流动性，不适合加工，仅适于铸造物的制造，因此称为铸造用铣铁。为了适应各种加工用途的普遍需要，必须将生铁中所含杂质去除到某一限度以下，使它具有压延性与锻造性，这一精炼步骤称为炼钢，所得产品称为钢铁。

生铁在适当脱硫后，进入转炉中进行炼钢程序。转炉的构造是在铁皮的内面衬上耐火砖，做成西洋梨的形状。为使炉体回转，设有回转轴，吹炼气体由炉顶进入。转炉炼钢程序是把氧气吹入熔融的铁水中，由于熔融于铁水中的各种杂质元素同氧气的氧化反应产生了氧化热，吹炼过程不用再添加燃料，就可将铁水中的杂质氧化成融渣予以去除而制成钢液。

（5）连续铸造　钢锭铸造法的过程是将钢液先浇铸成钢锭，送入加热炉加热，然后再轧制成最后产品。而连续铸造法则省去浇铸钢锭的步骤，直接将钢液连续铸造成钢坯，经加热炉加热后，再轧制成产品。因此，连续铸造法有高效率、低损耗及高品质的优点，但其缺点是设备费用高。生铁水在去除碳、硅、锰、磷及脱硫后成为钢液，即可流入连铸机进行铸造大小钢坯、扁钢坯等。连续铸造的程序是将钢液连续铸入钢液分配器内，钢液经底部流出口流入上下开口的钢制铸模内，铸模外壁夹层有冷却水流经其间，借以带走大量热量，促使模内的钢液形成凝固的壳层，即为一次冷却。由于浇铸前以模底口用的拉杆将模底封住，因此钢液注入后并不会自行流出。当模内钢液的凝壳层硬化到一定程度时，便利用铸模下方的抽引滚筒将拉杆向下拉出，铸块也因此随拉杆而被拉下。铸块与抽引滚筒间设有引导滚筒裙用来引导铸块行进的方向。滚筒间设有数个喷水口，对铸块施以喷水作业，进行二次冷却，使铸块内还未凝固的钢液，受到喷水冷却后铸块完全凝固。抽引滚筒后方以油压剪或焰切机将铸块裁切成所需要的长度；再经由输送床、冷却床送至轧钢工厂，这种将钢液连续铸成钢坯的方法即为连续铸造法。

（6）轧钢　钢具有延展性，在常温受力时可伸长，亦可延展成薄片，但加热至赤热状态下更易加工成所需要的形状。钢的塑性成形法有多种，主要的成形法有轧延、锻造、挤出、抽伸和深冲 5 种方法。

传统的炼钢厂，都是利用造块法将钢液浇注在钢锭模内铸成钢锭。钢锭重且断面大，在炼钢厂脱模后，于红热状态下（约 800℃）先送进均热炉内加热至轧制温度，而后经开坯机制成各种不同尺寸的小钢坯、大钢坯或扁钢坯。这些钢坯再分送到条线轧延厂、钢板轧延厂或钢管轧延厂轧制为成品。若钢锭断面积较小，则可不经分块轧延，而直接送进轧延厂加工。

将钢坯通过 2 个转动轧辊，受连续轧力而压伸成形，其产品称为轧制钢材。用锻造或锻轧机等加工成形的，称为锻钢品。成品形状复杂、不易用轧制和锻造法成形的，需用铸造法，称为铸钢品。钢的铸造是将熔融的钢液浇注在砂模内而成形。因为轧制法产量高，加工容易，平均成本低，所以一般轧制钢材占全部钢成品的 95%以上。

钢的轧制分热轧和冷轧两种。所谓热轧是指钢坯送进轧延机轧制之前将其加热至高温。而冷轧是指被轧延的材料在常温下即送进轧延机轧制。由于钢料被加热至 800℃以上，则其塑性大，对变形的抵抗小，加工容易，所以一般都将钢坯加热到变态点以上。冷轧的优点是成品表面优良，尺寸精确且钢材因加工硬化的效应而具有较大的强度。但冷轧的原料是热轧成品。在冷轧时，并非将钢坯在常温下直接送达轧延机轧制，而是将钢坯先经热轧至一定尺寸后再经冷轧。

轧延机是用来轧钢的设备。每组轧延机由轧辊、轴承、楔、辊架和动力输送系统组合而成。轧辊通常水平架设，亦有垂直架设。每组轧延机所用的轧辊数目视轧制成品的种类而有不同，并且轧辊的转动方向有固定转向和可逆转向两种。钢的轧制系将钢坯通过 2 个转向相反、圆周速度相等的轧辊之间，因轧辊的压挤作用所产生的压力和轧辊与钢坯接触面间的摩擦作用所形成的表面剪应力，而使钢坯厚度裁减及宽度与长度增加，而宽度的增加量较厚度的裁减量为小。轧制钢板时，至一定厚度后，几乎无宽度的增加，而厚度的裁减全变成长度的延伸。钢坯由于轧制致使断面缩减，长度伸长，经多道轧延后可达所需的断面形状和大小。

轧辊直径减小，轧辊与钢坯的接触面积减少，则其间摩擦阻力变小，所以在同样的加工量下，小轧辊较大轧辊所需动力小，四重轧延机工作辊直径较小的原因即在于此。小轧辊另一优点是在同样的加工量下，其宽度增加量小，所以成品尺寸精度高。

5.2.3.2 电弧炉炼钢厂

电弧炼钢以成品材质分类，一般可分为碳钢及合金钢（主要为不锈钢）两大类。电弧炉的炉壳系圆筒形或角形，电极有 3 个，由炉顶插入，电极与炉内材料间发生电弧，同时电流通过炉内材料，因电阻而转变成热能，借电弧热及电阻热而使炉内材料加热。这种方法容易操作电弧升降，钢液温度调整方便，热效率高，耐火材料寿命长。

电弧炉炼钢厂的钢铁生产，系利用在高电压情况下，电流通过人造石墨电极与废钢时，产生高温电弧而熔融废钢，以达到冶炼钢铁的目的。为符合产品规格要求，在电弧炉冶炼过程中可加入少量硅铁、锰铁、焦炭、生石灰及脱硫剂等副原料，并通过纯氧助燃。电弧炉炼钢均为批次式作业，通常每一批次时间约在 1h 以内，冶炼过程可依其化学反应分成 3 个阶段，即分别为熔解期、氧化期、还原期。出钢时由盛钢桶转运至连续铸造机。通常，碳钢厂精炼步骤也在电炉中完成，或者在盛钢桶中进行精炼。而不锈钢厂还会再经过转炉精炼，进一步调整及精炼至符合产品规格成分，或者再进一步由真空精炼炉进行脱碳，再进入连续铸造机。典型的碳钢电弧炉炼钢生产流程如图 5-2 所示。不锈钢电弧炉炼钢生产流程如图 5-3 所示。

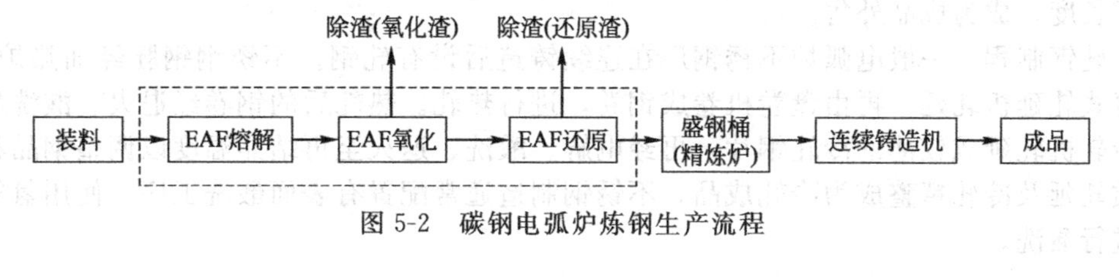

图 5-2　碳钢电弧炉炼钢生产流程

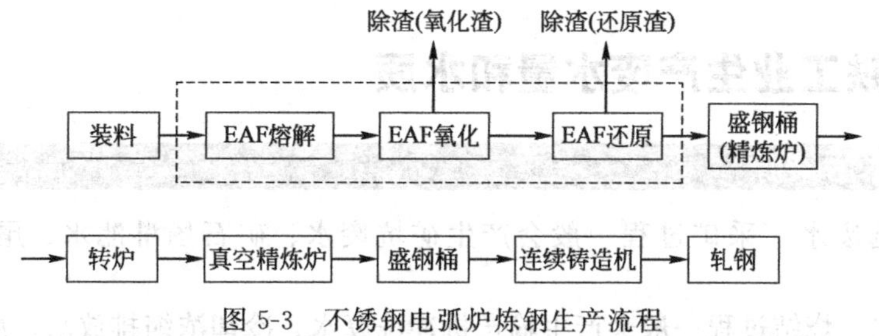

图 5-3　不锈钢电弧炉炼钢生产流程

（1）装料　原料经初步分类、称重后，以桁车操作由炉顶加料，将废钢装入炉内。为缩短炼钢时间，废钢原料应预先加以切细，使炉内废钢密度加大，减少装料次数。装料时含碳较高的废钢应先装入，因其熔点低，可提早熔解成钢液池以保护炉床。

（2）熔融期　当废钢装入炉内后，即可开始通电，此时由于电极与废钢间发生电弧极接近炉盖，为避免炉盖灼伤过剧，故起始电压不应过大，应采用中等电压。当电极钻入废钢中的深度与电极直径相等时，即可改换成最高电压，输入最大电力，加速废钢熔融，直到完全熔融。此时温度可达 1550℃以上。

（3）氧化期　当废钢熔融后，即加入氧化剂，以使熔钢内的杂质氧化并与加入的熔剂（如石灰）结合成复杂的盐类炉渣而与熔钢分离。氧化精炼期中，如熔钢含磷高，应在较低温度下进行脱磷作用，所生成高磷炉渣应分离，以避免复磷。氧化精炼兼有调整钢液含碳量作用，通常系将碳氧化脱除至略低于目标成分。脱碳作业温度愈高愈快速。氧化精炼尚有一定的脱硫作用，但是脱硫反应必须在高温下才能进行。

（4）除渣　当氧化精炼完成后，所生成的炉渣视渣量多寡而决定是否分进扒除，不扒除渣的属单渣法，扒渣的属双渣法（扒除本阶段的氧化渣及还原期后的还原渣）。本阶段所扒的炉渣为电炉的氧化渣，而还原期的出渣，则是电炉的还原渣。如后续接盛钢桶精炼的，则还会有盛钢桶的精炼炉渣产生。后续接有精炼炉的，则会另有精炼炉渣产生。

（5）还原期　还原期是投入石灰、焦炭粉、萤石及少量锰铁于炉内进行还原精炼，以去除熔钢含氧及非金属物质，同时也具有脱硫作用。此时视熔钢成分及钢种进行造渣。如含硫量高，且计划生产的是中碳以上钢种时，就应造碳化钙炉渣，其要领为加较多量的焦炭与石灰混合，投入炉内，在高温下加以搅拌快速形成碳化钙炉渣。当炉内脱氧作用达到某一程度而温度也适于出钢时，即投入硅铁或铝条搅拌而出钢。

（6）精炼炉　精炼通常属于合金钢厂（特别是不锈钢炼钢厂）的生产程序之一。不锈钢厂的精炼通常利用转炉进行，如需进一步精炼，也可以再利用真空精炼炉冶炼。精炼的目的主要是为调整钢液品质，在精炼时可加入特定规范的合金钢，使钢液品质符合计划生产成品的规范要求。

（7）连续铸造　电弧炉出钢时由盛钢桶转接送入连铸机进行铸造。连续铸造的程序是将钢液连续铸入钢液分配器内，而钢液分配器具有稳定流速及分配钢液铸道的功能。钢液经底部流出口流入钢制铸模内，铸模外壁夹层有冷却水流经其间，进行一次冷却，借以带走大量热量，促使模内的钢液形成凝固的壳层。浇铸前以模底口的拉杆将模底封住，使钢液注入后不会自行流出。当模内钢液的凝壳层硬化到一定程度时，利用铸模下方的抽引滚筒将拉杆向下拉出，铸块随拉杆而拉下。铸块与抽引滚筒间，设有引导滚筒裙用来引导铸块行进的方向。滚筒间设有数个喷水口，对铸块施以喷水作业，进行二次冷却，使铸块完全凝固。抽引滚筒后以油压剪或焰切机将铸块裁切成所需长度，成为成品外售。

(8) 轧钢制程　一般电弧炉不锈钢厂在连续铸造后设有轧钢。不锈钢钢胚经加热炉加热后，先经往复式轧延机轧延，再由盘卷机卷成钢卷，进行热轧。热轧后的钢卷经退火、酸洗后，在常温下以冷轧机轧延成较薄的冷轧钢片，再经电解、酸洗、退火至再结晶温度以调整钢品材质，最后经调质轧延及冷轧精整成为冷轧成品。不锈钢制造通常配置有表面酸洗工序，使用氢氟酸及硝酸溶液进行酸洗。

5.3 钢铁工业生产废水量和水质

5.3.1 废水污染源

(1) 矿山采选废水　采矿过程一般会产生矿坑废水、矿石场淋滤水、尾矿池废水及选矿废水。

(2) 烧结废水　烧结过程一般会产生输送机冲洗废水、冷却浓缩排放水、湿式除尘废水、煤气水封阀排水及地面冲洗水。

(3) 焦化废水　炼焦过程一般会产生洗煤废水、剩余氨水及煤气净化与焦油加工产生的废水。

(4) 炼铁废水　炼铁过程一般会产生高炉与热风炉的间接冷却废水、设备与产品的直接冷却废水、高炉煤气洗涤废水及冲洗水渣废水。

(5) 炼钢废水　炼钢过程一般会产生转炉、电弧炉、连铸机的直接冷却废水与间接冷却废水，转炉烟气与火焰清理机的除尘废水。

(6) 轧钢废水　热轧过程主要产生直接冷却废水、酸碱性废水、含油及乳化废水。

5.3.2 废水量与水质

5.3.2.1 矿山采选废水

(1) 矿石场淋滤水及尾矿池废水水量因各企业的生产规模、开采技术、管理水平和环境条件等而异。据统计，我国铁矿采选的产污水平为：坑矿废水量0.3～1.0m^3/t产品，SS 0.3～3.0kg/t产品；露矿废水量0～0.4m^3/t产品，SS 0.12～1.2kg/t产品。此外，废水中还含有溶解盐类、重金属、油脂等，废水pH低，常呈酸性。

(2) 选矿废水量同选矿工艺有关。采用浮选法时，一般废水量为4～8m^3/t产品，铁精矿浮选废水量为12～30m^3/t产品。采用磁选法时，一般废水量为6～10m^3/t产品，铁精矿重磁选废水量为15～30m^3/t产品。水质与矿山采选废水水质略同，但pH较高，呈碱性。此外，因含有溶解性的选矿药剂而含有毒性或有机物。

5.3.2.2 烧结废水

(1) 输送机冲洗废水量每吨烧结矿约为0.06m^3，废水中主要污染物为悬浮固体物，一般SS为500mg/L左右。

(2) 冷却浓缩废水量每吨烧结矿约为0.05m^3，废水中含有悬浮固体物及水质稳定剂。

(3) 湿式除尘废水量每吨烧结矿为0.6～0.7m^3，废水中矿物质含量较高。

5.3.2.3 焦化废水

焦化废水的排放量与生产规模有关。废水水质成分复杂，且因煤质、产品及加工工艺而异。焦化废水的有机污染物质多（如酚、苯等），无机污染物质浓度高（如氰化物、硫化物、氨氮等)，一般焦化废水的BOD/COD约为0.3。

5.3.2.4 炼铁废水

炼铁废水排放量与生产工艺有关，一般高炉炼铁废水量为12～14m^3/t产品。炼铁废水包括间接冷却水、直接冷却水、煤气洗涤水、冲渣水等。其中，在配备安全供水设施的条件下，高炉、热风炉的间接冷却废水，仅进行降温处理即可实现循环利用。而与设备和产品直接接触的冷却废水（特别是铸铁机的冷却水）污染严重，含有大量的悬浮物和各种残渣。生产工艺过程中的高炉煤气洗涤和冲洗水渣废水，由于水与物料直接接触，往往含有多种有害物质。炼铁系统的废水水质如表5-1所示。

表5-1 炼铁系统的废水水质

废水类别		pH	悬浮物/(mg/L)	总硬度/(以$CaCO_3$计,mg/L)	总含盐量/(mg/L)	Cl^-/(mg/L)	SO_4^{2-}/(mg/L)	总Fe/(mg/L)	氰化物/(mg/L)	酚/(mg/L)	硫化物/(mg/L)
煤气洗涤水	大型高炉	7.5～9.0	500～3000	225～1000	200～3000	40～200	30～250	0.05～1.25	0.1～3.0	0.05～0.40	0.1～0.5
	小型高炉	8.0～11.5	500～5000	600～1600	200～9000	50～250	30～250	0.1～0.8	2.0～10.0	0.07～3.85	0.1～0.5
	炼锰铁高炉	8.0～11.5	800～5000	250～1000	600～3000	50～250	10～250	0.001～0.01	30.0～40.0	0.02～0.20	
冲渣水		8.0～9.0	400～1500		230～800	100～300	30～250		0.02～0.70	0.01～0.08	0.08～2.40
铸铁机废水		7.0～8.0	300～3500	550～600	300～2000	30～300	30～250				

（资料来源：王绍文，等. 冶金工业废水处理技术及工程实例. 北京：冶金工业出版社，2008）

5.3.2.5 炼钢废水

(1) 设备间接冷却水 这是指对热负荷很高的转炉、电炉和少数的平炉等冶炼设备进行冷却所产生的废水，如转炉吹氧管（氧枪）、烟罩等设备的冷却废水、电炉炉门和平炉等设备的冷却废水。这些设备冷却废水水温较高，水质未受污染，属于净循环冷却废水，一般均采用冷却降温措施后可循环利用，不外排废水。但必须控制好水质稳定，否则对设备会产生结垢和腐蚀现象。

(2) 设备与产品的直接冷却废水 这是指对钢锭模喷淋冷却、连铸坯二次冷却、钢坯火焰清理的设备冷却等所产生的废水。这些废水与设备及产品直接接触，废水中含有大量氧化铁皮和少量的润滑设备的油脂。这种废水需经处理才能循环使用或外排。

(3) 生产工艺过程废水 这是指对炼钢烟气和火焰清理烟气净化所产生的废水。这种废水含有大量氧化铁和其他杂质，必须经处理后方可重复使用或外排，否则将对水环境带来严重污染，这种废水是炼钢厂的主要水污染源。

炼钢厂生产的特点之一是间断生产，其废水的成分和性质都随着冶炼周期的变化而变化。如氧气顶吹转炉除尘废水在一个冶炼周期内，其除尘废水的悬浮物浓度的变化在3000～10000mg/L，最高时可达15000mg/L。这种废水含有大量氧化铁悬浮物，如排入水体会使水体变成棕色和灰黑色，污染严重，必须进行净化处理。

炼钢废水量与炼钢系统的用水量有关。炼钢系统的水量，因其车间组成、炼钢工艺、给水条件不同而异。目前我国转炉除尘有干法与湿法，但多数仍以湿法为主，电炉和少数平炉炼钢企业基本为干法除尘，所以用水构成也不相同。其用水指标大体上分为：每吨转炉钢为69～71m^3，其中炉体冷却水为20～25m^3，烟气净化水为5～6m^3，连铸用水为6～7m^3，其他约为35m^3；每吨电炉钢用水约为84m^3，其他炉体冷却水约为49m^3，其中用水约为35m^3；每吨平炉钢用水约为90m^3，其中设备冷却约为60m^3，其他用水约为30m^3。

5.3.2.6 轧钢废水

(1) 热轧废水 热轧废水来自轧机、轧辊及辊道的冷却及冲洗水，冲铁皮、方坯及板坯的冷却水，以及火焰清理机除尘废水。废水量大小取决于轧机及产品的规格。大型轧钢厂的热轧循环每吨钢锭废水量约为36m^3。其中用于轧机、轧辊、辊道的直接冷却循环吨钢锭废水量约为3.84m^3；用于板坯及方坯的直接冷却循环吨钢锭废水量约为26.4m^3；用于冲铁皮的直接冷却循环吨钢锭废水量为3.01m^3；用于火焰清理机、高压冲洗溶液的循环吨钢锭废水量约为2.61m^3；用于火焰清理机除尘器循环吨钢锭废水量约为0.188m^3。我国热轧产品种类和生产工艺较为复杂，生产水平相差较为悬殊，废水量和废水水质差别也较大。一般热轧废水量及废水水质如表5-2所示。

表5-2 热轧废水量与废水水质

产品种类		废水量/(m^3/t产品)	废水水质				备注
			pH	悬浮物/(mg/L)	油/(mg/L)	温度/℃	
热轧钢坯		5～10	7～8	1500～4000 30～270	5～20		铁皮坑出水
热轧带钢	粗轧	25～45	6.8～8.0	1000～1500	25	40～50	
	精轧		7.0	200～500	15	40～50	
	冷却		7.0	＜50	10	40～50	

(资料来源：王绍文等. 冶金工业废水处理及工程实例. 北京：冶金工业出版社，2008)

表5-3 冷轧厂废水量与废水成分

废水来源	废水量	废水成分	排放制度
酸洗机组	22m^3/h 25m^3/2个月 15m^3/h 15m^3/h	HCl 14g/L,Fe 4g/L HCl 70g/L,Fe 110g/L HCl 14g/L,Fe 6g/L	连续 事故排放 间断 间断
磨辊间	45m^3/月	乳化液、甘油、矿物油、棕榈油	间断
双机架平整	60m^3/3个月	乳化液	
棕榈油再生系统	2m^3/h	棕榈油	
轧辊冷却系统过滤器反洗	2m^3/h	棕榈油	
轧辊冷却系统过滤器反洗	10～12m^3/h	乳化液	
轧辊冷却系统	500m^3/月	乳化液、棕榈油	
脱脂机组	40m^3/h	P_3 1%～2.5%,pH为7～9	
连续退火机组	20m^3/周	碱3%～5%	

(资料来源：王绍文等. 冶金工业废水处理及工程实例. 北京：冶金工业出版社，2008)

(2) 冷轧废水　冷轧钢材必须清除原料表面氧化铁皮。采用酸洗清除氧化铁皮时，随之产生废酸液和酸洗漂洗水。漂洗后的钢材如采用钝化或中和处理时，将产生钝化液或碱洗液。冷却轧辊时需用乳化液或棕榈油冷却和润滑，随之产生含油乳化液废水。此外，冷轧带钢还需金属镀层或非金属涂层，这将产生各种重金属或磷酸盐类废水。冷轧废水成分复杂，种类繁多，用水及废水量差别也大。废水中主要含有悬浮物200～600mg/L，矿物油约1000mg/L，乳化液20000～100000mg/L，COD 20000～50000mg/L等。作为参考，表5-3为年产100万吨（包括15万吨镀锌板和10万吨镀锡板）1700mm冷轧带钢厂的废水量与废水成分。

5.4 钢铁工业废水处理技术和工艺流程

5.4.1 废水处理主要技术

5.4.1.1 预处理

钢铁工业外排废水因各种不同生产程序，其废水成分复杂。通常需先经预处理，以避免妨碍后续处理单元的功能。钢铁工业废水预处理一般包括拦污栅、调节池和pH调整（酸碱中和）。

（1）拦污栅 一般可采用机械式自动清除或人工式清除的拦污栅，以去除大型固形物。

（2）调节池 设置调节池的主要目的是调节生产废水量和水质的变化，使其较为均匀稳定，以利后续处理。

（3）酸碱中和 钢铁工业各生产过程排出的废水pH不尽相同。矿山废水pH较低，常呈酸性。冷轧的酸性废水中含有盐酸，pH很低。而炼铁系统的煤气洗涤水、冲渣水等pH为8～10。碱性强。将酸、碱废水随意排放不仅会对环境造成污染和破坏，而且也是一种资源的浪费。因此，对酸、碱废水首先应考虑回收和综合利用。当酸、碱废水的浓度较高时（如达3%～5%以上），往往具有回收综合利用的可能性。例如根据不同的酸、碱废水情况可将其作为生产硫酸亚铁、硫酸铁、石膏、化肥等的原料之一，也可以考虑供其他工厂使用等。当浓度不高（如小于2%），回收或综合利用经济价值不大时，才考虑中和处理。

用化学法去除废水中过量的酸和碱，使其pH达到中性的过程称为中和。处理酸性废水时通常以碱或碱性氧化物为中和剂，而处理碱性废水时则以酸或酸性氧化物作中和剂。酸性废水中和处理经常采用的中和剂有石灰、石灰石、白云石、氢氧化钠、碳酸钠等。碱性废水中和处理则通常采用盐酸或硫酸为中和剂。

对于中和处理，首先应考虑“以废治废”的原则，例如将酸性废水与碱性废水互相中和，或者利用碱性废渣（电石渣、碳酸钙渣等）中和酸性废水。在没有这些条件时，才采用药剂（中和剂）中和处理。烟道气中含有CO_2和SO_2，溶于水中形成H_2CO_3和H_2SO_3，能够用来使碱性废水得到中和。用烟道气中和的方法有两种，一是将碱性废水作为湿式除尘器的喷淋水，另一种是将烟道气注入碱性废水。烟道气中和方法效果良好，其缺点是会增加处理后废水的悬浮物含量，硫化物和色度也都有所增加，需要进行进一步处理。

5.4.1.2 混凝沉淀处理

（1）混凝 混凝是废水处理经常采用的方法，主要用于去除废水中难以用自然沉淀法去除的细小悬浮物及胶体微粒，同时还可以用来降低废水的浊度和色度，去除多种高分子有机物、某些重金属和放射性物质等。此外，混凝法还能改善污泥的脱水性能。因此，混凝法既可以作为独立的处理方法，也可以和其他处理方法配合使用，作为预处理、中间处理或最终处理。

混凝法与其他处理法相比较其优点是设备简单，易操作，处理效果好，间歇或连续运行均可以。缺点是化学药剂运行费用较高，且污泥量大，造成脱水困扰。近几年来，随着高效、低毒、经济实用的有机、无机高分子絮凝剂和生物絮凝剂的不断开发，使混凝法可以投加较少的药剂就能达到较好的处理效果，因而混凝技术更被广泛应用于工业废水处理。常用的絮凝剂及其作用如表5-4所示。

表5-4 常用的絮凝剂及其作用

分类		絮凝剂	作用
无机物	无机盐	硫酸铝、含铁硫酸铝、硫酸铝铵、聚合氯化铝、聚合氯化硫酸铝、硫酸亚铁、氯化铁、聚合硫酸铁等	铝盐和铁盐在水处理过程中发生水解和聚合反应，水中的胶粒能强烈吸附水解和聚合反应过程中出现的各种产物，如各种Al^{3+}、Fe^{3+}的化合物和多种多羟基络合离子。絮凝剂最终形成聚合度很大的$Al(OH)_3$、$Fe(OH)_3$使絮凝过程加速，絮凝体由小变大
高分子聚合物	低聚合度	藻元酸钠、水溶性苯胺树脂盐酸盐、水溶性尿素树脂、明胶等	具有吸附活性，架桥连接吸附，使粒子间引力变大，生成稳定絮状物
	高聚合度	聚乙烯吡啶盐酸盐、乙烯吡啶共聚物、聚丙烯酰胺等	架桥连接吸附作用，使粒子间引力变大，生成稳定絮状物。但吸附桥联作用随聚合度的增加而增大

（资料来源：王绍文等. 冶金工业废水处理及工程实例. 北京：冶金工业出版社，2008）

① 混凝剂种类。混凝剂的选择主要取决于胶体和细微悬浮物的性质及浓度等。如水中污染

物主要呈胶体状态，且电位较高，则应先投加无机混凝剂使其脱稳凝聚。如絮体细小，还需投加高分子混凝剂或配合使用活性硅酸等助凝剂。很多情况下，将无机混凝剂与高分子混凝剂并用，可明显提高混凝效果，扩大应用范围。对于高分子混凝剂，链状分子上所带电荷量越大，电荷密度越高，链状分子越能充分延伸，吸附架桥的空间范围也就越大，絮凝作用就越好。

② 混凝剂投加量。混凝剂投加量除与水中微粒种类、性质、浓度有关外，还与混凝剂品种、投加方式及介质条件有关。对任何废水的混凝处理，都存在最佳混凝剂和最佳投药量的问题，应通过试验确定。一般的投加量范围是：普通铁盐、铝盐混凝剂为10～30mg/L；聚合盐为普通盐的1/2～1/3；有机高分子混凝剂通常只需1～5mg/L。

③ 混凝剂投加顺序。当使用多种混凝剂时，其最佳投加顺序可通过杯瓶试验来确定。一般当无机混凝剂与有机混凝剂并用时，先投加无机混凝剂，再投加有机混凝剂。但当处理的胶粒在50μm以上时，常先投加有机混凝剂吸附架桥，再加无机混凝剂，压缩扩散层而使胶体脱稳。

④ 工艺条件对混凝效果的影响。混凝时应控制的工艺条件是搅拌强度和搅拌时间。搅拌强度常用速度梯度G来表示。在混合阶段，要求混凝剂与废水迅速均匀地混合，为此要求G在500～1000s^{-1}，搅拌时间t应在10～30s。而到了反应阶段，要创造足够的碰撞机会和良好的吸附条件，既要使絮体有足够的成长机会，又要防止生成的小絮体被打碎。因此搅拌强度要逐渐减小，而反应时间要长，相应G和t值分别应在20～70s^{-1}和15～30min。一般情况下，可以用杯瓶进行混凝模拟试验，以确定最佳的工艺条件。

(2) 沉淀　沉淀是利用废水中悬浮颗粒与水的密度差进行分离的基本方法。当悬浮物的密度大于水时，在重力作用下，悬浮物下沉形成沉淀物与水分离。沉淀法是废水处理的基本方法，通常钢铁工业废水处理第一步是沉淀工艺。按沉淀池构造可分为普通沉淀池和斜板（斜管）沉淀池，而普通沉淀池应用较为广泛。按沉淀池形状又可分为矩形沉淀池和圆形沉淀池两种。矩形沉淀池系由一端均匀进水，另一端以溢流堰、溢流渠均匀出水。圆形沉淀池一般则有中心进水周边出水、周边进水中心出水及周边进水周边出水三类。

5.4.1.3 气浮处理

钢铁工业废水中往往含有油脂或油分，常采用气浮处理。在含油废水气浮过程中，为了提高处理效果，有时需向废水中投加破乳剂或混凝剂，使难于气浮的乳化油聚集成气浮可去除的油粒。破乳剂常为硫酸铝、聚合氧化铝、三氧化铁等。一般气浮处理根据布气方式的不同可分为电解气浮法、散气气浮法和溶气气浮法。

(1) 电解气浮法　电解气浮法是在直流电的电解作用下，正负电极分别产生氢气和氧气微气泡，借这些微气泡作用进行气浮处理。该法具有去除COD、氧化和脱色等作用，对污染物的去除范围广，污泥量少，占地少，但电耗大。

(2) 散气气浮法　散气气浮法有扩散板曝气气浮法和叶轮气浮法两种方法。扩散板曝气气浮法是让压缩空气通过扩散装置以微小气泡形式进入水中。该法简单易行，但容易堵塞，气浮效率不高。叶轮气浮法是通过叶轮装置让空气以微小气泡形式进入水中。该法装置简单，亦不易堵塞，一般适用于处理水量不大、污染物浓度高的废水。

(3) 溶气气浮法　根据气泡析出时所持的压力不同，溶气气浮法分为溶气真空气浮和加压溶气气浮，在钢铁工业废水处理中经常采用的是加压溶气气浮。

加压溶气气浮是利用压力先向水中溶入大量空气，然后减压释放空气，产出大量气泡上浮进行气浮处理。该方法的特点是水中空气的溶解度大，能提供足够的微气泡，气泡粒径小（20～100μm）、均匀，设备流程简单。

加压溶气气浮处理有三种类型，即全溶气法、部分溶气法和回流加压溶气法。全溶气法是指所有的待处理水都通过溶气罐溶气，该法电耗高，但气浮池容积小。部分溶气法是让部分待处理水进入溶气罐溶气，其余的待处理水直接进入气浮池，该法省电，溶气罐小，但若要求增加溶解空气量，则需加大溶气罐压力。回流加压溶气法是让气浮池的部分出水回流进入溶气罐加压溶气，该法适用于SS高的原水，但气浮池容积大。

5.4.1.4 重金属离子处理

钢铁工业废水重金属离子处理，除了采用通常的投加氢氧化钙或其他混凝剂，形成金属氧化物沉淀的方法以外，在廉价可得硫化物的场合下，亦可投加硫化剂，使废水中的金属离子形成硫化物沉淀而被去除。通常使用的硫化剂有硫化钠、硫化铵和硫化氢等。此法的pH适应范围大，产生的金属硫化物比金属氢氧化物溶解度更小，去除率高，有利于回收品位较高的金属硫化物。但硫化物沉淀剂来源有限，价格比较昂贵，产生的硫化氢有恶臭，对人体有危害，使用不当容易造成空气污染。

5.4.1.5 生物处理

(1) 生物铁法　生物铁法处理矿山酸性废水是指利用废水处理中的自养细菌从氧化无机化合物中取得能源，从空气中的 CO_2 中获得碳源，从而进行废水处理的一种方法。美国新红带(New Red Belt)矿山就是利用这种原理处理矿山废水中的重金属。

目前人们研究最多的自养细菌是铁氧菌和硫酸盐还原菌，而进入实际应用最多的是铁氧菌。铁氧菌是生长在酸性水体中的好氧性化学自养型细菌的一种，它可以氧化硫化型矿物，其能源是二价铁和还原态硫。这种细菌的最大特点是，在酸性废水处理中，它可以利用将 Fe^{2+} 氧化为 Fe^{3+} 而得到的能量，将空气中的 CO_2 气体固定从而生长繁殖。同常规化学氧化工艺比较，生物铁法可以在较低的pH条件下进行中和处理，可以减少中和剂用量，减少沉淀物产生量，并可选用廉价的 $CaCO_3$ 作为中和剂，节省处理费用。铁养菌是一种好酸性细菌，但氯离子会阻碍其生长。因此，废水的水质必须是酸性的。此外，废水的pH、水温、所含的重金属类的浓度以及水力负荷变动等因素对铁氧菌的氧化活性也具有较大的影响。

(2) 活性污泥法　国内外对焦化废水中酚、氰等有毒物质的处理实际证明，活性污泥法是普遍有效的生物处理方法。

活性污泥法处理的关键是保证微生物正常生长繁殖的条件。一是要供给微生物各种必要的营养源，如碳、氮、磷等，一般应保持 BOD_5 : N : P＝100 : 5 : 1，焦化废水中往往含磷量不足，一般仅0.6～1.6mg/L，故需向水中投加适量的磷。二是要有足够的氧气。三是要控制某些条件，如pH 6.5～9.0、水温15～30℃为宜。另外，应将重金属离子和其他对生物处理过程有害的物质浓度严格控制在规定的范围之内，以保证微生物生长的有利环境。

(3) 厌氧-好氧(A-O)法　用常规活性污泥法处理焦化废水，对去除酚、氰以及易于生物降解的污染物是有效的，但对于可生化性差的某些污染物以及氨氮与氟化物难以去除。

A-O法内循环生物脱氮工艺，即缺氧-好氧工艺，其主要工艺路线是缺氧池(A池)在前，好氧池(O池)在后，缺氧池进行反硝化反应，好氧池进行硝化反应，采用硝化混合液回流。A-O法是目前焦化废水处理采用较多的一种脱氮工艺。

焦化废水的氨氮生物氧化分解是在酚、氰、硫、氰化物等被降解之后进行，需要足够的曝气时间。此外，氨氮的氧化需要一定的碱度，如废水的碱度不够，还需补充一定量的碱度。

(4) 厌氧-缺氧-好氧(A-A-O)法　A-A-O工艺无论是对焦化废水中有机物(COD)的整体去除，还是对难降解有机物的去除效果均更为理想。采用A-A-O工艺处理焦化废水，出水COD和 NH_3-N均能够满足焦化工业废水行业排放标准。因此，A-A-O工艺处理焦化废水是对现有焦化废水活性污泥法处理的一种有效的改进措施。

(5) 厌氧-好氧-好氧(A-O-O)法　A-O-O工艺是A-O工艺的延伸，同属于以缺氧-好氧为基本流程的生物脱氮处理工艺。A-O-O工艺是基于短程硝化的概念。因为从氮的微生物转化过程来看，氨被氧化成硝酸盐是由两类独立的细菌催化完成的不同反应，应该可以分开。对于反硝化菌，生物脱氮过程也可以经 $NH_4^+ \rightarrow HNO_2 \rightarrow HNO_3$ 途径完成。短程硝化就是将硝化过程控制在 HNO_2 阶段而终止，随后进行反硝化。HNO_2 具有一定的耗氧性，影响出水COD和受纳水体的DO，同时 HNO_2 属于“三致”(致癌、致畸、致突变)物质，因此在A/O工艺后增加 O_2 段，将 O_1 段出水中的 NO_2^- 进一步氧化为 NO_3^- 外排，同时还可以进一步降低COD。

关于A-O法、A-A-O法、A-O-O法生物处理工艺详见本书2.3。

5.4.2 废水处理工艺流程

5.4.2.1 矿山采选废水

(1) **酸性废水** 酸性废水一般以石灰乳中和，再添加混凝剂或絮凝剂进行混凝沉淀。处理工艺流程如图5-4所示。

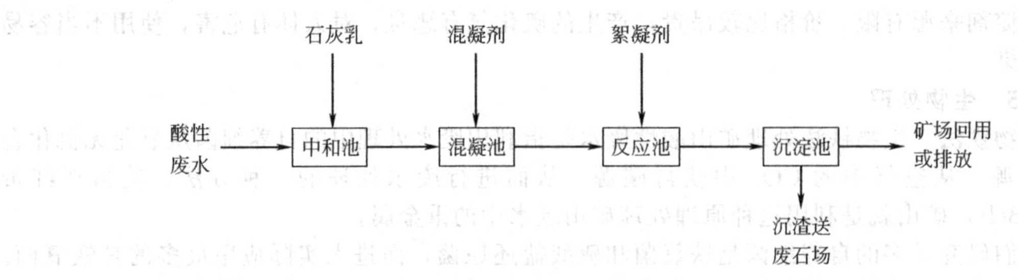

图5-4 矿山酸性废水处理工艺流程

(2) **重金属废水** 含有重金属的废水可添加硫化剂，使之形成金属硫化物，或添加铁粉置换剂，以置换其他重金属。处理工艺流程如图5-5所示。

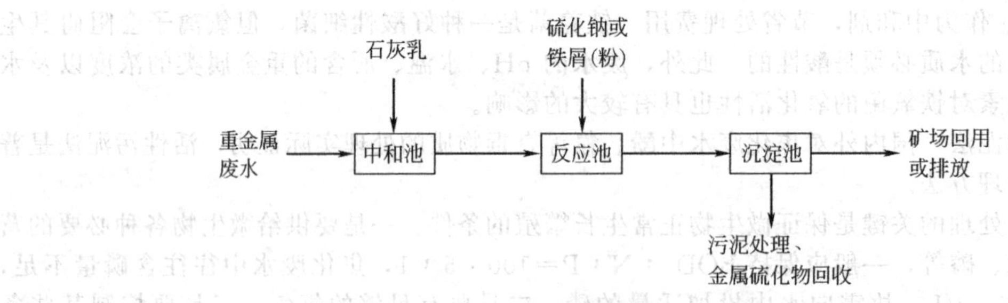

图5-5 矿山重金属废水处理工艺流程

(3) **重金属酸性废水** 含重金属的酸性矿山废水可利用铁氧菌进行生物处理。处理工艺流程如图5-6所示。

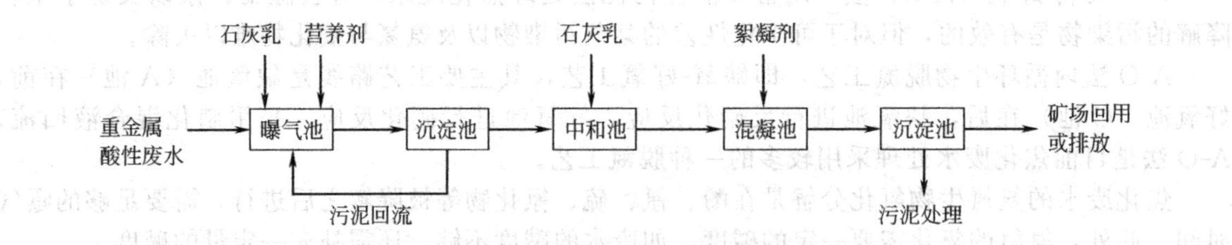

图5-6 矿山重金属酸性废水生物处理工艺流程

5.4.2.2 烧结废水

烧结废水中悬浮固体浓度高，一般采用混凝沉淀处理，沉淀污泥经浓缩、脱水，污泥饼可回收烧结用。废水中的悬浮固体含有较高的铁磁值，如先经磁聚凝器加以磁化后，可加速后续沉淀效果，降低沉淀污泥含水率。处理工艺流程如图5-7所示。

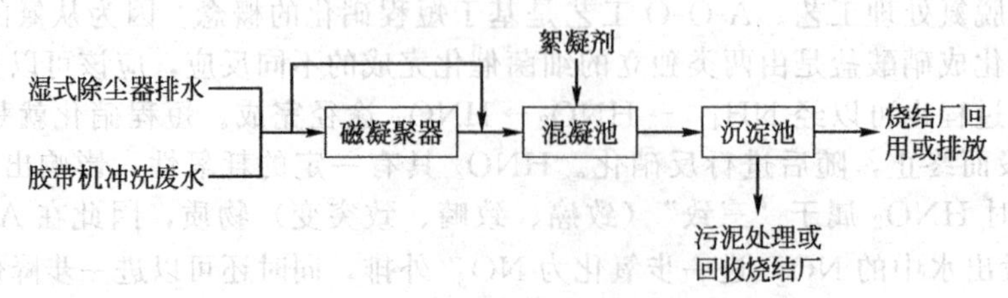

图5-7 烧结废水处理工艺流程

另外还有一种间接冷却循环水也属于烧结废水。间接冷却循环水因不与物料或产品接触，未受到污染，仅水温升高，一般经冷却水塔冷却后即可供给生产回用。处理工艺流程如图 5-8 所示。

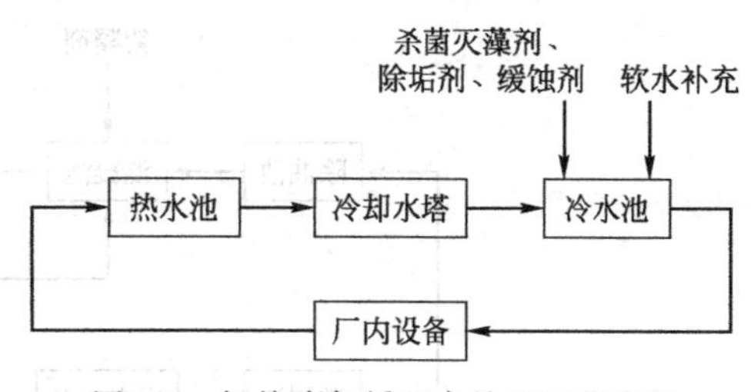

图 5-8　间接冷却循环水处理工艺流程

5.4.2.3　焦化废水

焦化废水含有较高浓度的有机污染物，经预处理后，采用活性污泥生物处理。为了提高处理效果，常采用在曝气池内添加铁盐的方法，这样既可刺激生物的黏液分泌，又可增加生物絮凝作用。处理工艺流程如图 5-9 所示。

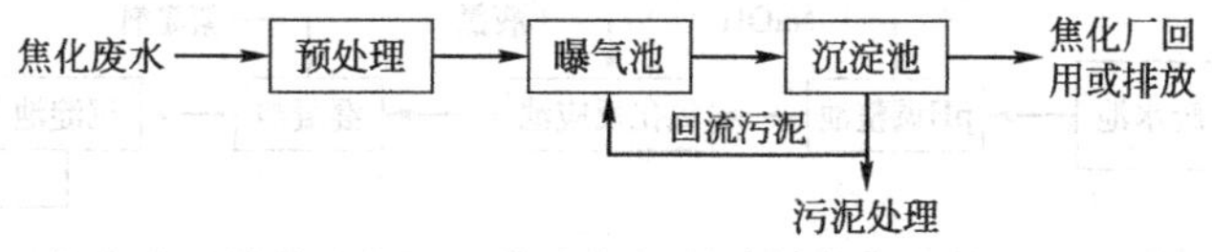

图 5-9　焦化废水活性污泥法处理工艺流程

焦化废水中如难降解有机物和氨氮等含量高，则需经厌氧、缺氧进行反硝化反应，再以好氧进行硝化反应。即采用 A-O 或 A-A-O 系统进行处理。处理工艺流程如图 5-10 和图 5-11 所示。

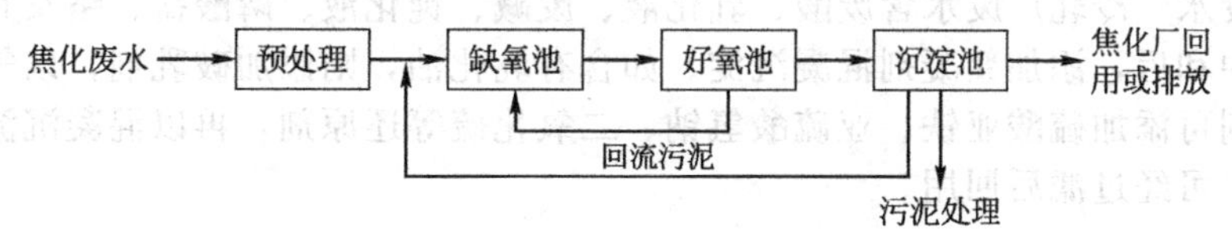

图 5-10　焦化废水 A-O 处理工艺流程

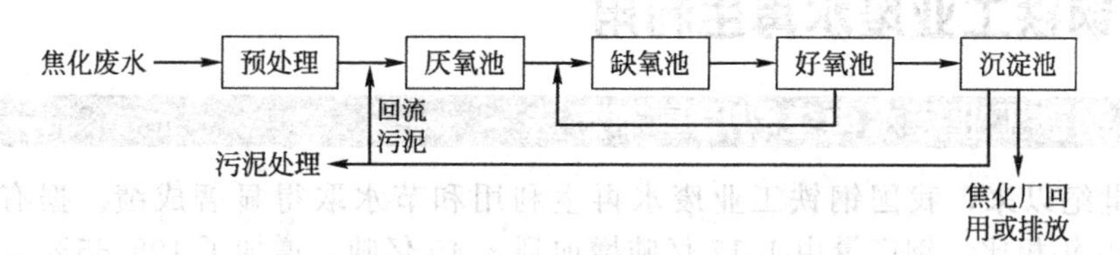

图 5-11　焦化废水 A-A-O 处理工艺流程

5.4.2.4　炼铁废水

(1) 间接冷却水　间接冷却水的排放水经冷却塔或热交换器冷却后即可回用，而冷却浓缩排放水和冷却蒸发损耗水量则以软水补充即可。处理工艺流程如图 5-12 所示。

(2) 直接冷却水　直接冷却水因与产品或设备直接接触，废水应先经除油、混凝沉淀，甚至过滤，以除去水中悬浮固体物，最后经冷却塔冷却后方可回用。处理工艺流程如图 5-13 所示。

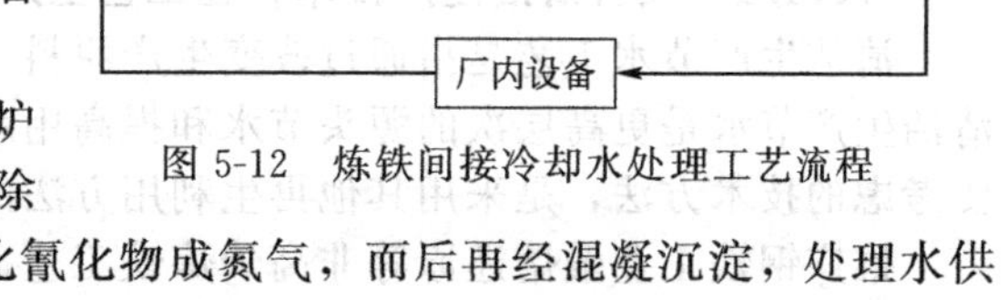

图 5-12　炼铁间接冷却水处理工艺流程

(3) 高炉煤气洗涤废水及冲洗水渣废水　高炉煤气洗涤废水及冲洗水渣废水处理时，除了需去除悬浮固体物外，还应在碱性条件下，以氧化剂氧化氰化物成氮气，而后再经混凝沉淀，处理水供厂内回用或排放。处理工艺流程如图 5-14 所示。

5.4.2.5　炼钢废水

炼钢生产过程无论采用转炉-连铸机或电弧炉-钢包炉-连铸机，所产生的废水基本上与炼铁废水相似，处理工艺流程亦相同。

5.4.2.6　轧钢废水

(1) 热轧废水　热轧厂间接冷却水的处理工艺流程与炼铁间接冷却水相同。而直接冷却废水

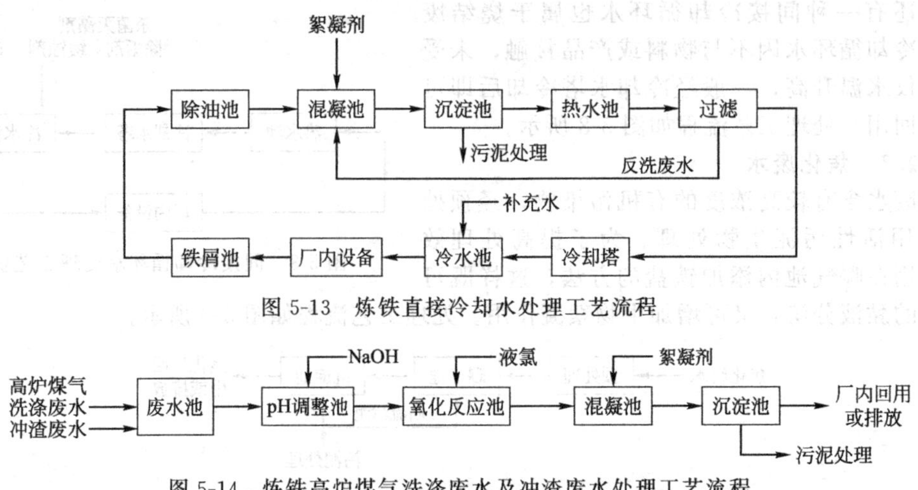

图 5-13 炼铁直接冷却水处理工艺流程

图 5-14 炼铁高炉煤气洗涤废水及冲渣废水处理工艺流程

所含有的废铁屑（皮）、乳化油浓度特别高，因此，常需添加破乳助凝剂、絮凝剂经混凝沉淀和除油后，再经过滤和冷却方可回用。

(2) 冷轧废水 冷轧厂废水含废酸、乳化液、废碱、钝化液、磷酸盐、铬及其他重金属。含酸碱废水可经中和后，添加絮凝剂混凝沉淀。如含有乳化油，则添加破乳剂，以气浮法处理。如含有重金属，则可添加硫酸亚铁、亚硫酸氢钠、二氧化硫等还原剂，再以混凝沉淀处理。上述沉淀后的上清液，可经过滤后回用。

5.5 钢铁工业废水再生利用

5.5.1 钢铁工业废水再生利用基本方法

进入 21 世纪以来，我国钢铁工业废水再生利用和节水取得显著成绩。据有关文献报道，2005 年与 2000 年相比，钢产量由 1.17 亿吨增加到 3.49 亿吨，增加了 198.65%，而用水量仅增加 74.3%；单位产品新鲜水用水量平均值由 24.75m^3/t 下降到 8.6m^3/t，下降率为 65%；废水重复利用率提高了 7 个百分点，平均值为 94.04%。但是，各钢铁企业之间水的重复利用率和节水存在着较大差异。一般丰水地区钢铁企业水的重复利用率低于缺水地区的钢铁企业。与国外钢铁工业相比较，国内钢铁企业水的重复利用率亦低于国外企业，特别是国内丰水地区企业水的重复利用率比国外低 8%～33%。因此，我国钢铁工业废水再生利用和节水仍有较大的潜力。综合国内外钢铁工业废水再生利用成果，一般钢铁工业废水再生利用方法包括：实行清洁生产技术，在工艺生产过程中实现节水和水的回用；分质处理生产回用；废水深度处理生产回用。

5.5.1.1 实行清洁生产技术，在工艺生产过程中实现节水和水的回用

清洁生产节水工艺是指通过改变生产原料、工艺和设备或用水方式，实现少用水或不用水。清洁生产节水是更高层次的源头节水和提高用水重复利用率技术，是钢铁工业废水再生利用首先要考虑的技术方法，是采用其他再生利用方法的前提。

推广钢铁工业融熔还原等非高炉炼铁工艺，开发薄片连铸工艺，采用炼焦生产过程中的干熄焦或低水分熄焦工艺可以降低对新鲜水的消耗。大力发展和推广高炉煤气、转炉煤气干式除尘，大力发展和推广干式除灰与干灰输灰（渣）、高浓度灰渣输送、冲灰水回收利用等节水技术和设备，可以降低钢铁工业生产用水的消耗。大力发展循环用水系统、串级供水系统和回用水系统，可大幅度提高钢铁工业用水重复利用率。

采用高效换热技术设备、环保节水型冷却构筑物和高效循环冷却水处理技术，是钢铁工业节水的重点。此外，降低钢铁工业企业输水管网、用水管网、用水设备的漏损率，完善和加强工业

用水计量、控制和管理，是节水的重要途径。

5.5.1.2　分质处理生产回用

钢铁工业生产用水种类很多，水质要求各异。其中设备间接冷却循环水不与物料或产品直接接触，未受到污染，只是水温升高，经冷却处理后即可供生产回用。一般直接冷却废水虽与产品或设备直接接触，但经相应处理，去除水中悬浮物和经冷却后亦可供生产回用。所以，对钢铁工业冷却水可进行分质处理生产回用。钢铁工业循环冷却水分质处理生产回用一般流程如图 5-15 和图 5-16 所示。

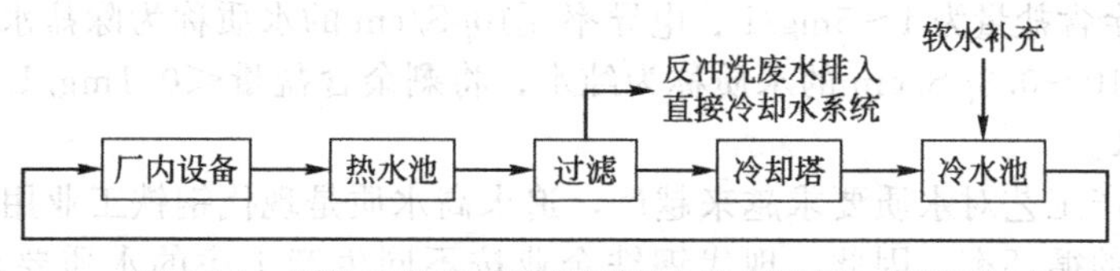

图 5-15　钢铁工业直接冷却循环水生产回用一般流程

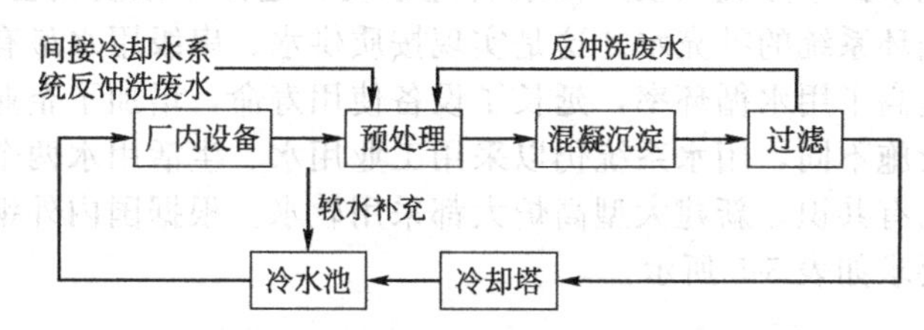

图 5-16　钢铁工业间接冷却循环水生产回用一般流程

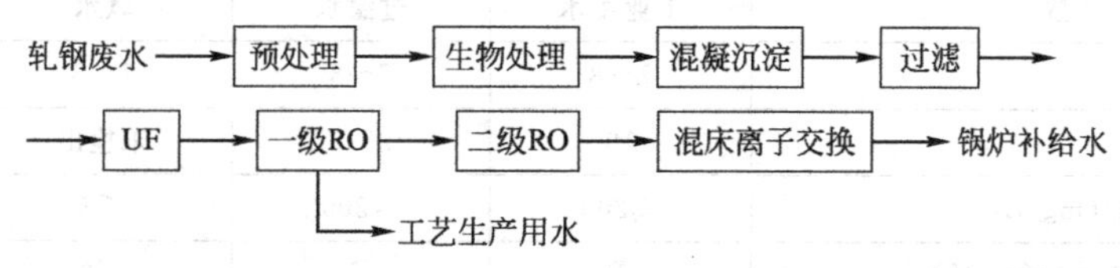

图 5-17　某轧钢废水深度处理生产回用流程

5.5.1.3　废水深度处理生产回用

钢铁工业废水深度处理生产回用是更高层次的再生利用。经深度处理后的出水水质一般可满足钢铁生产净循环冷却系统补充水、锅炉补给水以及高质量钢材表面处理用水水质要求。某轧钢废水深度处理生产回用流程如图 5-17 所示。

从图 5-17 可以看出，为了使轧钢废水经深度处理后能满足生产用水水质要求，不仅应对生产废水进行生化-物化处理，使处理后出水 SS、COD、铁等污染物指标能满足生产回用水水质要求，而且还要对废水进一步深度处理。采用膜处理技术（UF、RO）可以去除废水中的 Ca^{2+}、Mg^{2+}、Cl^{-}、SO_4^{2-} 等，降低回用水硬度、碱度和电导率，使回用水水质能全面满足生产用水水质要求。废水深度处理生产回用是促进我国钢铁工业企业贯彻节能减排，实现可持续发展具有前景的再生利用方法。

5.5.2　钢铁工业废水生产回用水质要求

5.5.2.1　间接冷却循环水系统

间接冷却循环水系统即净循环系统。现代钢铁企业净循环系统用水的种类很多，通常分为原水、工业用水、过滤水、软水和纯水等。

原水是指从自然水体或城市给水管网获得的新鲜水，通常用于企业的生活饮用水。

工业用水是经过混凝、澄清处理（包括药剂软化或粗脱盐处理）达到规定的用水水质的水，主要用于敞开式循环冷却系统的补充水。

过滤水是在工业用水的基础上经过过滤处理后，达到规定水质指标的水，主要作为软水、纯水等处理设施的原料水；主体工艺设备各种仪表的冷却水（一般为直流系统）；水处理药剂、酸碱的稀释水；对悬浮物含量限制较严，一般工业用水不能满足要求的用水。

软水是在通过离子交换法、电渗析、反渗透处理后，其硬度达到规定指标的水，主要用于水硬度要求较严的净循环冷却系统，如大型高炉炉体循环冷却系统，连铸结晶器循环水冷却系统以及小型低压锅炉给水等。

纯水是采用物理、化学法除去水中盐类，剩余含盐量很低的水。主要用于特大型高炉、大型连铸机闭路循环冷却水系统的补充水；大中型中低压锅炉给水，以及高质量钢材表面处理用水等。通常将水中剩余含盐量为1～5mg/L、电导率≤10μS/cm的水质称为除盐水；将剩余含盐量<1mg/L、电导率为10～0.3μS/cm的水质称为纯水；将剩余含盐量<0.1mg/L、电导率≤0.3μS/cm的水称为高纯水。

现代化钢铁生产工艺对水质要求越来越严，追求高水质是现代钢铁工业用水发展的趋势，只有高水质才能有高的循环率。因此，现代钢铁企业按不同生产工序的水质要求，设置了工业用水、过滤水、软水与纯水四个分类（级）供水管理系统，这四个系统的主要用途可依次作为软水、过滤水、工业水循环系统的补充水。这是实现按质供水、串级用水最有效的办法，其结果是减少了产品用水量，提高了用水循环率，延长了设备使用寿命，增加了企业经济效益。目前国内大多数企业由于基础设施不同，用水系统仍以采用工业用水、生活用水两个系统居多。但高炉间接冷却系统采用软水已有共识，新建大型高炉大都采用软水。根据国内外钢铁生产用水经验，上述四种供水系统水质要求如表5-5所示。

表5-5 钢铁生产净循环系统四种供水系统水质要求

参数	工业用水	过滤水	软水	纯水
pH	7～8	7～8	7～8	6～7
SS/(mg/L)	10	2～5	未检出	未检出
总硬度/(以 $CaCO_3$ 计)/(mg/L)	≤200	≤200	≤2	微量
碳酸盐硬度/(以 $CaCO_3$ 计)/(mg/L)	①	①	≤2	微量
钙硬度/(以 $CaCO_3$ 计)/(mg/L)	100～150	100～150	≤2	微量
M碱度/(以 $CaCO_3$ 计)/(mg/L)	≤200	≤200	≤1	
P碱度/(以 $CaCO_3$ 计)/(mg/L)	①	①	≤1	
氯离子/(以 Cl^- 计)/(mg/L)	60 最大220	60 最大220	60 最大220	≤1
硫酸根离子/(以 SO_4^{2-} 计)/(mg/L)	≤200	≤200	≤200	≤1
可溶性 SiO_2/(以 SiO_2 计)/(mg/L)	≤30	≤30	≤30	≤0.1
全铁/(以Fe计)/(mg/L)	≤2	≤1	≤1	微量
总溶解固体/(mg/L)	≤500	≤500	≤500	未检出
电导率/(μS/cm)	≤450	≤450	≤450	≤10

① 未规定限制性指标，但实际工程中需有指标数据。

注：工业用水的悬浮物含量可根据钢铁厂实际情况放宽到20～30mg/L。

（资料来源：王绍文等. 钢铁工业废水资源回用技术与应用. 北京：冶金工业出版社，2008）

表5-6 钢铁工业生产浊循环用水系统的水质要求

工序名称	用途或名称	悬浮物/(mg/L)	全硬度/(mg/L)	氯离子/(mg/L)	油类/(mg/L)	供水温度/℃
通用	直接冷却水	≤30	≤200	≤200	≤10	≤33
原料场	皮带运输机洗涤水	≤600	—	—	—	—
	场地洒水	≤100	—	—	—	—

续表

工序名称	用途或名称	悬浮物/(mg/L)	全硬度/(mg/L)	氯离子/(mg/L)	油类/(mg/L)	供水温度/℃
烧结	原料一次混合	无要求	—	—	—	—
	原料二次混合	≤30	—	—	—	—
	除尘器用水	≤200	—	—	—	—
	冲洗地坪	≤200	—	—	—	—
	清扫地坪	≤200	—	—	—	—
高炉	炉底洒水	≤30	≤200	≤200		≤36
	煤气洗涤水	100～200	—	—	—	≤60
炼钢	煤气洗涤水	100～200	—	—	—	
	RH装置抽气冷凝水	≤100	≤200	≤200	—	—
连铸	板胚冷却用水	≤100	≤400	≤400	≤10	≤45
	火焰清理机用水	≤100	≤400	≤400	—	≤60
	火焰清理机除尘	≤50	≤400	≤400	—	—
轧钢	火焰清理机用水	≤100	≤400	≤400	—	—
	火焰清理机除尘	≤50	≤400	≤400	—	—
	冲氧化铁皮用水	≤100	≤220			
	轧机冷却水	≤50			≤10	

（资料来源：王绍文等. 钢铁工业废水资源回用技术与应用. 北京：冶金工业出版社，2008）

5.5.2.2　直接冷却循环水系统

直接冷却循环水系统即浊循环用水系统。钢铁工业生产工序比较复杂，一个大型钢铁联合企业有数以百计的循环用水系统，分布于生产各工序中，且各工序浊循环冷却用水系统的水质要求各异。我国钢铁工业的发展，具有自身特色，各钢铁企业发展历程也不尽相同，大都历经由小变大，逐步改建、扩建、填平补齐以及用水系统逐步配套完善的过程。且因各地区水资源、矿产、能源、生产设备及技术水平等因素的差异，我国钢铁企业各工序浊循环用水系统水质差异较大。但是随着水资源短缺制约钢铁企业发展，为了节约用水，提高用水循环率，必须不断完善循环用水系统与废水处理循环回用。关于各工序浊循环冷却用水系统的用水水质要求，目前国内尚无统一规定，作为参考，根据国内外钢铁企业用水经验，钢铁工业生产浊循环用水系统的水质要求如表5-6所示。

5.5.3　钢铁工业废水深度处理生产回用技术新进展

5.5.3.1　磁处理技术

磁处理技术是利用磁场对磁性介质的作用，将磁性不同的物质进行分离的一种物理分离方法。磁分离技术在废水处理中的应用是20世纪60年代以后出现的一门新兴技术。20世纪70年代，美国应用磁絮凝法和高梯度分离技术处理钢铁、化工等工业废水，随后瑞典用磁盘技术处理轧钢废水。我国于20世纪60年代开始研究应用磁分离法处理钢铁工业的炼钢、轧钢等废水。

磁处理分离方法按装置原理、磁场产生方式、运行和颗粒去除方法有不同的分类，如图5-18所示。在国内钢铁废水处理中一般采用高梯度磁分离法、稀土磁盘分离法和磁凝聚分离法。

(1) 高梯度磁分离法　高梯度磁分离法是通过填加填料介质实现磁场的高梯度和高磁场力，从而提高磁分离效果的一种方法。高梯度磁分离器是由一个内部充填导磁材料（经常使用不锈钢毛）的容器，外加一个磁场而构成，如图5-19所示。不锈钢毛填料如图5-20所示。

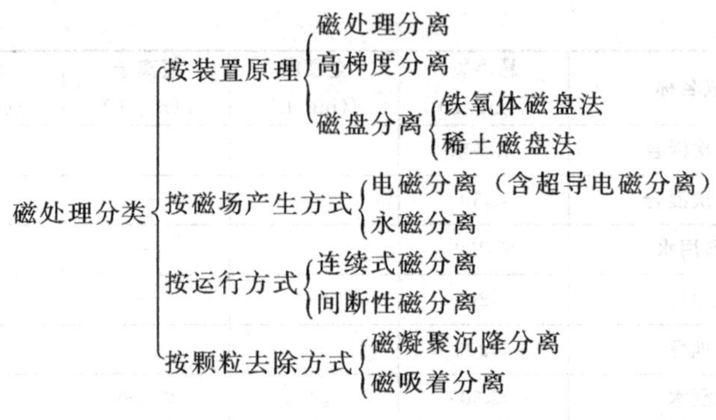

图 5-18 磁处理分离方法分类

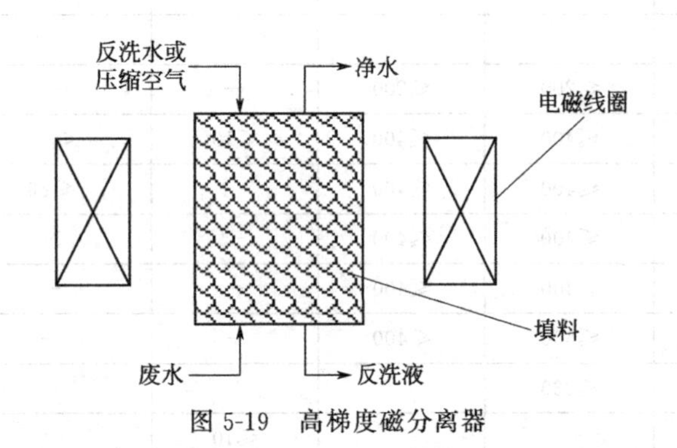

图 5-19 高梯度磁分离器

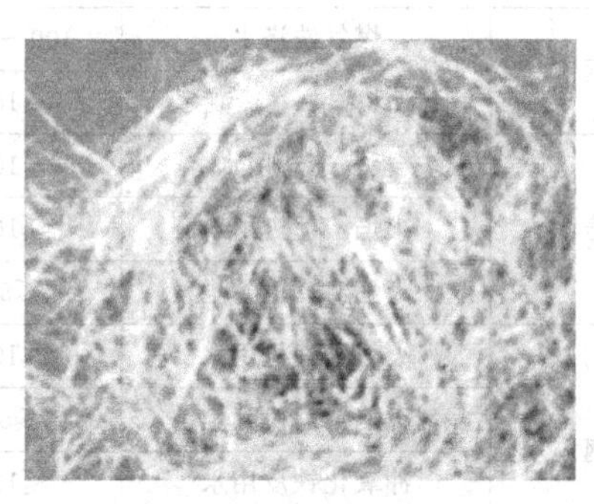

图 5-20 不锈钢毛填料

高梯度磁分离器的主要技术要点是：①磁场强度应根据废水中的悬浮物磁性而定，当处理钢铁废水时，一般选 0.1～0.3T；②填料介质应符合梯度大、吸附面积大、捕集点多、阻力小、耐腐蚀、剩磁低等要求，通常选用不锈钢钢毛为多；③一般过流速度为 100～500m/h，强磁性颗粒采用高流速，顺磁性颗粒可选低流速；④采用整流直流电源，电源功率由所需磁场强度确定。

高梯度磁分离器的特点是：①过流速度大，处理量较大，磁分离效果好；②处理效果不受水温及气候变化影响，适用范围广；③使用化学药品少，减少二次污染；④设备成熟，易操作。但是，高梯度磁分离器耗电较高，更换钢毛较烦琐，处理含油废水时，填料介质会因板结而失效。

钢铁工业轧钢废水含有氧化铁（铁磁性物质）、油分及杂质等，利用高梯度磁分离法可使悬浮物去除率达到 80%以上，过滤速度可比传统过滤工艺提高 20～30 倍。

(2) 稀土磁盘分离法 圆盘式磁分离器结构简单，处理水量大，可以连续运行。早期的磁性材料表面最高场强一般不会超过 1400GS，而选用稀土磁钢与聚磁技术可使磁盘表面场强达到 4000GS，甚至更高。当流体流经磁盘之间的流道时，流体中所含磁性悬浮絮团除受流体阻力、絮团重力等机械力的作用之外，还受到磁场的作用。当磁场力大于机械合力的反方向分量时，流体中的悬浮固体絮团将逐渐被分离出来，吸附在磁盘上。磁盘以 1r/min 左右的速度旋转，可脱去含悬浮物流体中的大部分水分。运转到刮泥板时，形成隔磁卸渣带，通过螺旋输送机将渣输入渣池。经刮渣后的磁盘重新进入流体继续旋转，从而形成周而复始的稀土磁盘处理废水的全过程。

近 10 余年来，稀土磁盘法在国内钢铁工业轧钢废水、连铸废水、转炉除尘废水等处理领域中得到了应用。2007 年，ReMagdisc™稀土磁盘设备被列入国家发改委推荐产品目录。据报道，当采用稀土磁盘法处理轧钢废水时，在处理水量为 500～9300m^3/h、进水 SS 10～350mg/L、不投加任何絮凝剂的条件下，经处理后出水 SS＜50mg/L，当同时投加凝聚剂时，处理出水 SS 可低于 20mg/L。

(3) 磁凝聚分离法 磁凝聚是将拟处理的废水通过磁场，使水中的磁性颗粒物被磁化。磁凝聚器的磁场是较均匀的磁场，其磁场梯度为零或接近于零。废水中的颗粒由于受到大小相等，但方向相反的力作用，合力为零，颗粒不会被磁体捕集。而当磁性颗粒离开磁场时，由于剩磁作用，颗粒之间相互吸引，形成大颗粒加速重力沉降。

磁凝聚法可节省大量絮凝化学药剂和相应的贮存、制备和投加装置；永磁式磁絮凝器只需一次性投入，维护管理方便，费用省，即使采用电磁方式，能耗亦较低；生成污泥量少，易脱水。

磁凝聚法在钢铁工业炼钢转炉废水中得到了较好的应用。转炉除尘废水中磁性物质多，悬浮物浓度通常为1000mg//L以上，但颗粒细，难以沉降。若在沉淀前设置磁絮凝器，一般可提高沉降效率40%～80%。

利用磁处理技术处理废水，其前提是废水中的悬浮物颗粒需具有一定的磁性。对于非磁性或弱磁性物质，以及油污等污染物，通常可采用磁加载分离技术，即先在废水中投加磁种，然后利用聚凝技术使非磁性物质与磁种结合，再利用磁分离技术或絮凝沉降联合高梯度磁分离技术净化废水。在钢铁工业轧钢废水中80%～90%为氧化铁皮，它是磁性物质，可以直接通过协力作用予以去除。对于轧钢废水中的非磁性物质和油污等，采用絮凝技术和预磁技术（磁加载技术），使其与磁性物质（磁种）结合，予以沉淀分离。

5.5.3.2　电解处理技术

电解是利用直流电进行溶液氧化还原反应的过程，废水中的污染物在阳极被氧化，在阴极被还原，或者与电极反应的产物作用，转化为无害成分而被分离去除。目前对电解处理还没有统一的分类方法，一般按污染物的净化机理可分为电解氧化法、电解还原法、电解凝聚法和电解浮上法，按阳极材料溶解特性可分为不溶性阳极电解法和可溶性阳极电解法，等等。

电解可以去除各种离子状态的污染物，如CN^-、AsO_2^-、Cr^{6+}、Cd^{2+}、Pb^{2+}、Hg^{2+}等，亦可处理各种无机的和有机的耗氧物质，如硫化物、氨、酚、油和有色物质等，以及去除致病微生物。此外，电解法能够一次去除多种污染物，例如，氰化镀铜废水经过电解处理，CN^-在阳极氧化的同时Cu^{2+}在阴极被还原沉积。电解法处理装置紧凑，占地面积小，节省投资，易于实现自动化。药剂用量少，废液量少。通过调节槽电压和电流，可以适应较大幅度的水量与水质变化冲击。但电耗和可溶性阳极材料消耗较大，副反应多，电极易钝化。

(1) 电解氧化还原法　电解氧化是指废水中的污染物在电解槽的阳极失去电子，发生氧化分解，或者发生二次反应，即电极反应产物与溶液中的某些污染物相互作用，而转变为无害成分。前者是直接氧化，后者则为间接氧化。利用电解氧化可处理阴离子污染物如CN^-、$[Fe(CN)_6]^{3-}$、$[Cd(CN)_4]^{2-}$和有机污染物如酚、微生物等。电解还原主要用于处理阳离子污染物，如Cr^{3+}、Hg^{2+}等。目前在生产应用中都是以铁板为电极，由于铁板溶解，金属离子在阴极还原沉积而回收除去。

(2) 电解凝聚和电解浮上法　采用铁、铝阳极电解时，在外电流和溶液的作用下，阳极溶出Fe^{3+}、Fe^{2+}或Al^{3+}。它们分别与溶液中的OH^-结合成不溶于水的$Fe(OH)_3$、$Fe(OH)_2$或$Al(OH)_3$，这些微粒对水中胶体微粒的凝聚和吸附性很强。利用这种凝聚作用处理废水中有机或无机胶体粒子的过程叫电解凝聚。当电解质的电压超过水的分解电压时，在阳极和阴极分别产生O_2和H_2，这种微气泡表面积很大，在其上升的过程中黏附携带废水中的胶体微粒、浮油等共同浮上。这种过程称为电解浮上。在采用可溶性阳极的电解槽中，凝聚和浮上作用是同时存在的。

5.5.3.3　膜处理技术

膜处理技术是在某种推动力的作用下，利用某种区隔膜特定的透过性能，使溶质或溶剂分离，实现产物的提取、浓缩或纯化等的方法。不同的分离目的和过程所采用的膜及施加的推动力不同。在钢铁工业废水深度处理再生利用中所采用的微滤（MF）、超滤（UF）、纳滤（NF）与反渗透（RO）都是以压力差为推动力的膜分离过程。当在膜两侧具有一定的压力差时，可使部分废水和小于膜孔径的组分透过膜，而微粒、大分子污染物和盐类等被截留，从而达到废水深度处理的目的。这四种膜分离物质大小和所采用膜的结构与性能不同。

(1) 微滤　微滤的孔径为0.05～10μm，以压力为推动力，压力差为0.015～0.20MPa。微滤是以滤膜截留作为基础的高精密过滤，在钢铁工业废水深度处理中可作为膜分离技术的预处理，以去除悬浮物、胶体和细菌等。

(2) 超滤 超滤的孔径为0.001～0.02μm，以低压力为推动力，压力差为0.1～0.5MPa。超滤膜为非对称多孔膜，在压差推动力的作用下，小于膜孔径的物质透过膜，大于膜孔径的物质被截留，可用于进一步去除废水中的悬浮物、胶体等。利用超滤技术处理轧钢冷轧含油乳化液废水时，破乳时间短，运行费用低，占地少，同时还能回收大量油分和减少污泥量，处理效果好，一般经超滤后的废水含油量＜10mg/L。由于超滤不可能去除不同相对分子质量的各类溶质，在钢铁工业废水深度处理中，一般多是将超滤作为反渗透进水的预处理技术，与反渗透联合使用。

(3) 纳滤 纳滤是处于超滤和反渗透之间的一种膜分离，其孔径为纳米级，一般用于分离溶液（废水）中相对分子质量为150～2000的物质。纳滤的操作压力和脱盐率比反渗透低，而水的回收率高于反渗透。纳滤对一价离子，如氯离子的去除效果差。

(4) 反渗透 反渗透是以压力为推动力，用于截留溶液（废水）中的盐类或其他小分子物质，压差与溶液中（废水）的溶质浓度有关，通常为2MPa左右，有时也高达10MPa。反渗透是利用半渗透膜进行分子过滤处理废水的一种方法。在较高的压力下，反渗透膜可以使水分子通过，而不能使水中的溶质通过，所以这种膜称为半渗透膜。理论上，采用反渗透分离可以去除水中大于水分子的溶解固体、溶解性有机物和胶状物质。反渗透膜主要有乙酸纤维素膜（CA）和芳香酰胺膜两类，在废水处理中常采用芳香聚酰胺抗污染膜。一般反渗透的性能指标是用脱盐率(%)和透水率［$L/(m^2 \cdot d)$］表示。若以C_o表示进反渗透膜的原始盐浓度，C表示反渗透脱盐后的盐浓度，则脱盐率$=(C_o-C)/C_o \times 100\%$。不同的反渗透膜透水率不尽相同，应按产品性能而定。

近10年来，膜分离技术在国内钢铁工业废水深度处理中逐渐得到了应用。某钢铁企业冶炼和轧钢废水深度处理的预处理原采用多介质过滤-两级保安过滤器，出水水质随季节而变化，一般冬季出水SDI为4，而夏季出水SDI则往往大于4，在一定程度上影响后续RO处理单元稳定运行。之后改为采用UF作为RO进水预处理单元，经运行后取得了成效。在进水含油量5～10mg/L、铁3～6mg/L、COD 30～40mg/L的条件下，采用PVDF超滤膜元件，过滤精度为0.03μm，经超滤预处理后，有效地去除了油、胶体、污染物等，出水水质良好且稳定，一般SDI＜3，满足了后续的反渗透进水要求。某钢铁企业位于我国华北缺水地区，为缓解钢铁生产过程中用水紧缺状况，以市政污水处理厂达到一级A排放标准的排放水为水源，采用UF-RO双膜法深度处理，使处理出水水质达到了钢铁工业用水水质要求。一部分出水作为各净循环系统补充水，另一部分出水经过混床离子交换处理后用于中压锅炉的补给水。

5.5.3.4 电析（ED）处理技术

电析（Electro-Dialysis Technology）技术是利用电极表面吸附离子及带电粒子的原理，使水中溶解盐类及其他带电物质在电极表面聚集浓缩，从而达到水净化和脱盐目的。电析处理技术的运行过程如图5-21所示。电析处理技术设备的核心材料电极如图5-22所示。电析处理技术一般处理流程如图5-23所示。

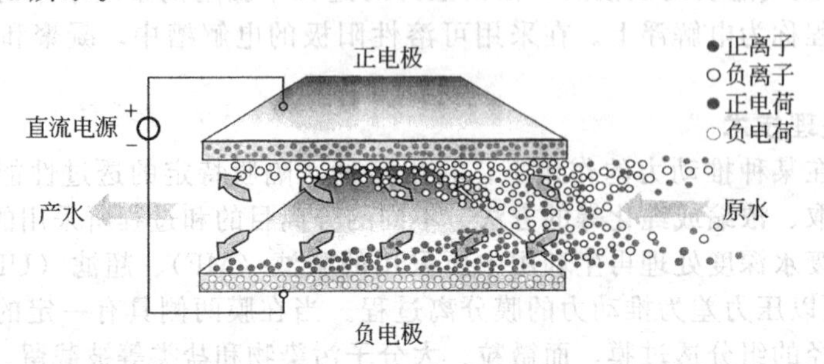

图5-21 电析处理技术的运行过程

电析处理技术的特点如下。

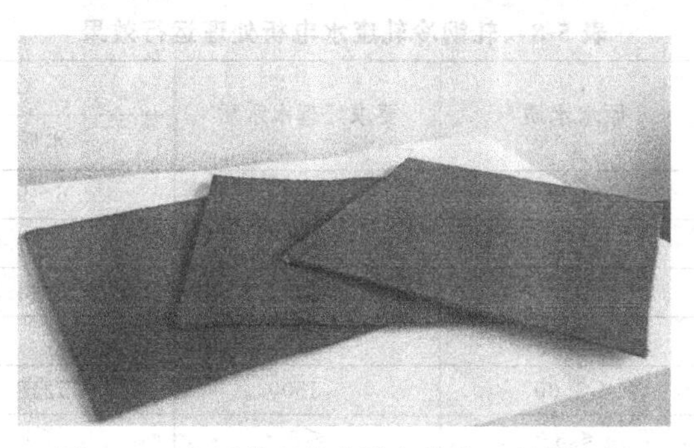

图 5-22 电析处理技术设备的核心材料电极

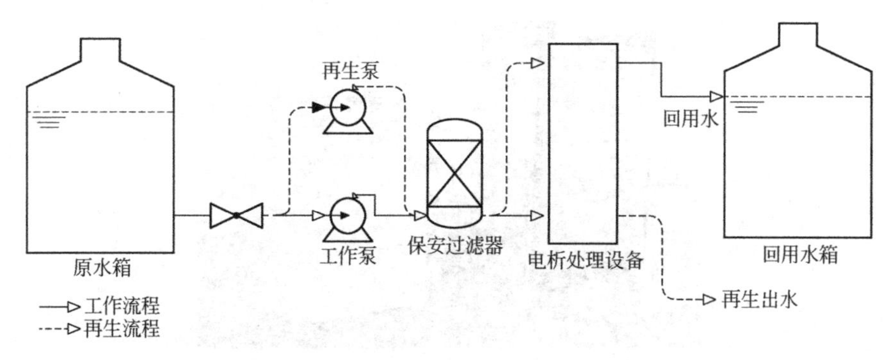

图 5-23 电析处理技术一般处理流程

(1) 对原水水质要求低，前处理较简单。进水水质要求一般为COD≤100mg/L、浊度≤5NTU、SS≤5mg/L、油脂≤3mg/L、碱度（以$CaCO_3$计）≤150mg/L、电导率<5000μS/cm。

(2) 处理效果好。一般在符合进水水质要求的前提下，经处理后出水COD去除率30%~60%、浊度≤2NTU、SS≤2mg/L、油脂≤2mg/L、碱度（以$CaCO_3$计）≤20mg/L，电导率去除效果60%~90%。

(3) 电极寿命长。采用特殊的惰性材料为电极，不易产生化学反应造成结垢，一般电极使用寿命超过5年。

(4) 运行费用较低。运行中的能源主要消耗是使水中离子产生在不同电极间的迁移，不需要加入其他化学药剂。

(5) 无二次污染。除了不产生化学污染外，亦没有COD浓缩（如RO技术）的问题。

表 5-7 电析处理钢铁废水试验结果

参　数	进水	处理水	去除率/%
电导率/(μS/cm)	1411	253	82.0
总硬度/(以$CaCO_3$计)/(mg/L)	184.6	21.7	87.2
氯化物/(mg/L)	218.9	23.7	89.0
氟化物/(mg/L)	6.17	1.79	71.7

2007年，国内某钢铁集团公司，应用电析处理技术对钢铁工业废水进行深度处理试验。试验装置如图5-24所示，试验规模为$50m^3/d$，试验结果如表5-7所示。根据试验结果，该公司采用电析技术对轧钢冷轧废水进行深度处理生产回用。工程规模为$4000m^3/d$，要求处理水电导率≤15μS/cm，水的回收率≥75%。运行效果如表5-8所示，能耗为1.80kW·h/(m^3·水)。

表 5-8 轧钢冷轧废水电析处理运行效果

参 数	原水水质	要求处理水水质	实际处理效果	
			水质	去除率/%
pH	6～9	6～9	6～9	—
浊度/NTU	≤5	≤5	0.4～1.0	80
SS/(mg/L)	≤5	≤5	0.8～1.3	74
COD/(mg/L)	≤70	≤70	—	—
电导率/(μS/cm)	≤3500	≤1500	1218	66.7
油脂/(mg/L)	≤3	≤3	≤1	66.7

图 5-24 钢铁工业废水电析处理试验装置

5.6 工程实例

5.6.1 实例 1 某炼钢厂冷却循环水处理和生产回用工程

某大型不锈钢有限公司位于我国珠江三角洲地区，设有电弧炉、转炉、真空精炼炉及扁钢铸机等，年产各种类不锈钢 80 万吨，产品包括扁钢胚、钢板、热轧黑皮钢卷、热轧白皮钢卷和冷轧不锈钢钢卷。炼钢二厂的冷却循环水处理和生产回用工程，于 2008 年 4 月动工建设，至 2009 年年底完成热试车，验收启用。该工程总貌如图 5-25 所示。

图 5-25 某炼钢厂冷却循环水处理和生产回用工程

本工程设有三个处理系统，即间接冷却水、直接冷却水及密闭冷却水系统。

间接冷却水系统是指冷却水经生产线使用后，温度升高，经冷却塔冷却，即可提供生产线回用。冷却时因蒸发飞溅而有水的损耗，同时为了防止冷却水管产生管垢，除了以软水补充外，还添加除垢、防蚀抑制剂及除藻剂。

直接冷却水系统是指冷却水直接与钢品接触而污染，必须经混凝、沉淀、过滤及冷却塔冷却后，始可提供生产线回用。冷却时因蒸发飞溅而有水的损耗，以自来水补充，同时亦需添加除垢、防垢抑制剂及除藻剂。

密闭冷却水系统是指冷却水处于密闭状态不与外界接触，以热交换器降温后，即可直接供给生产线回用。冷却水水质要求高，如有少许蒸发，则以软水补充。此系统的冷却水虽重复循环使用，但水中离子浓度浓缩现象不如上述两个系统冷却水显著，可以不添加防蚀、防垢抑制剂。

5.6.1.1 设计处理水量和水质

间接冷却水系统设计处理水量和要求如表5-9所示。

直接冷却水系统设计处理水量和要求如表5-10所示。

密闭冷却水系统设计处理水量和要求如表5-11所示。

处理后排放水质要求如表5-12所示。

表5-9 间接冷却水系统设计处理水量和要求

参数	设计水量和要求	参数	设计水量和要求
水量/(m^3/h)	940	温差/℃	15
供水温度/℃	<34	供水压/MPa	0.8
进水温度/℃	<49	出水压/MPa	0.2

表5-10 直接冷却水系统设计处理水量和要求

参数	设计水量和要求	水质		参数	设计水量和要求	水质	
		进水	处理水			进水	处理水
水量/(m^3/h)	600			出水压/MPa	0.04		
供水温度/℃	<34			SS/(mg/L)		150	<20
进水温度/℃	<54			油/(mg/L)		10	<5
温差/℃	20			Fe/(mg/L)		10	<5
供水压/MPa	1.35						

表5-11 密封冷却水系统设计处理水量和要求

参数	设计水量和要求		参数	设计水量和要求	
	1#密闭设备	2#密闭设备		1#密闭设备	2#密闭设备
水量/(m^3/h)	6610	700	供水压/MPa	1.15	0.95
供水温度/℃	<40	<35	出水压/MPa	0.25	0.20
进水温度/℃	<70	<50	紧急供水量/(m^3/h)	800	
温差/℃	30	15			

表5-12 处理后排放水质要求

参数	水质要求	参数	水质要求
pH	6~9	Mn/(mg/L)	1
温度/℃	35	NO_3^--N/(mg/L)	50
总Cr/(mg/L)	1.2	Ni/(mg/L)	0.85
Cr^{6+}/(mg/L)	0.25	COD/(mg/L)	50
F^-/(mg/L)	9	SS/(mg/L)	30
Fe/(mg/L)	5	透视度/cm	20

5.6.1.2 处理工艺流程

本工程的三个处理系统的水量、水温、水压及水质要求不同，必须经分别处理达到相应要求后供生产回用。

(1) 间接冷却水系统　间接冷却水系统处理工艺流程如图5-26所示。

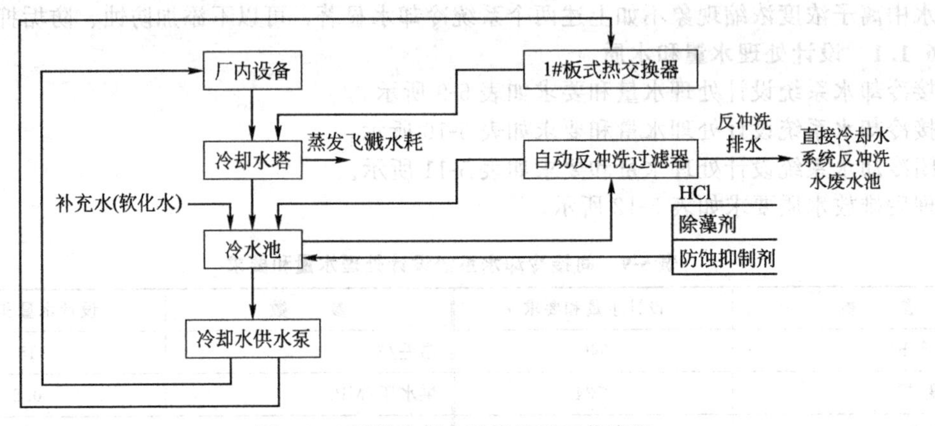

图 5-26 间接冷却水系统处理工艺流程

(2) 直接冷却水系统 直接冷却水系统处理工艺流程如图 5-27 所示。

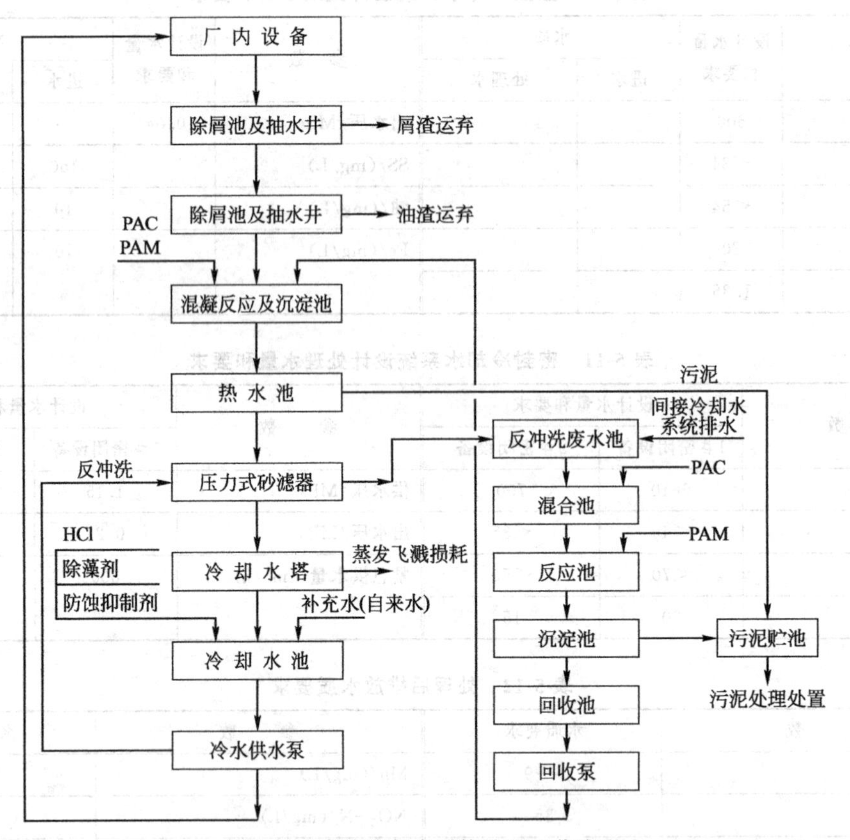

图 5-27 直接冷却水系统处理工艺流程

(3) 密闭冷却水系统 密闭冷却水系统处理工艺流程如图 5-28 所示。

5.6.1.3 主要构筑物和设备

(1) 间接冷却水系统 间接冷却水系统主要构筑物如表 5-13 所示，主要工艺设备如表 5-14 所示。

(2) 直接冷却水系统 直接冷却水系统主要构筑物如表 5-15 所示，主要工艺设备如表 5-16 所示。

(3) 密闭冷却水系统 密闭冷却水系统主要构筑物如表 5-17 所示，主要工艺设备如表 5-18 所示。

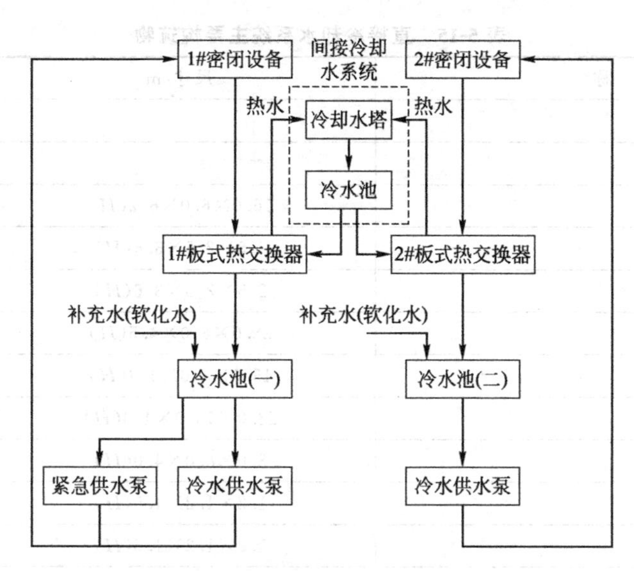

图 5-28　密闭冷却水系统处理工艺流程

表 5-13　间接冷却水系统主要构筑物

名　　称	主要参数	数量
间接冷水池	停留时间＞30min	1 池
设备基座、操作平台、栏杆、排水渠道、地坪等		若干

表 5-14　间接冷却水系统主要工艺设备

名　　称	规　　格	数量
冷却水塔	直交流式(Cross Flow)，$Q=7850m^3/h$，风扇 6 组，进口温度 60℃，出口温度 33℃，湿球温度 29℃	1 座
旁滤泵	离心式 $Q=450m^3/h$，$H=40m$	3 台
自动反洗过滤器	$Q=300m^3/h$，滤网 200micron	3 台
SYS 7 冷却热交换器冷水泵	离心式 $Q=400m^3/h$，$H=80m$	4 台
SYS 1 板式热交换器冷水泵	离心式 $Q=1650m^3/h$，$H=35m$	5 台
SYS 2 板式热交换器冷水泵	离心式 $Q=450m^3/h$，$H=35m$	4 台
SYS 4 板式热交换器冷水泵	离心式 $Q=290m^3/h$，$H=35m$	4 台
SYS 6 板式热交换器冷水泵	离心式 $Q=320m^3/h$，$H=35m$	4 台
HCl 贮槽	$6m^3$，FRP 贮槽＋Scrubber	1 座
HCl 加药机	隔膜式，2L/min×30m	2 台
除藻剂贮槽	$6m^3$，FRP 贮槽	1 座
除藻剂加药机	隔膜式，1L/min×30m	2 台
防蚀抑制剂贮槽	$2m^3$，FRP 贮槽	1 座
防蚀抑制剂加药机	隔膜式，0.3L/min×30m	2 台

表 5-15 直接冷却水系统主要构筑物

名　　称	尺寸/m	数量
除屑池		
抽水井		
除油池	16.0×6.0×6.2(*H*)	1 座
混合池	2.5×2.5×3.6(*H*)	2 座
反应池	2.5×2.5×3.6(*H*)	4 座
直接水沉淀池	28.0×8.0×4.5(*H*)	2 座
直接热水池	15.0×8.0×4.3(*H*)	1 座
直接冷水池	23.0×13.0×4.0(*H*)	1 座
反冲洗废水贮池	8.0×8.0×4.0(*H*)	1 座
反冲洗废水混合池	1.2×1.2×1.5(*H*)	1 座
反冲洗废水反应池	1.2×1.2×1.5(*H*)	2 座
反冲洗废水沉淀池	5.0×5.0×4.0(*H*)	1 座
反冲洗废水回收池	5.0×3.0×3.6(*H*)	1 座
污泥贮池	6.0×4.0×4.0(*H*)	1 座
中控室	17.0×21.0×2*F*	1 座
设备基座、操作平台、栏杆、排水渠道、地坪等		1 式

表 5-16 直接冷却水系统主要工艺设备

名　　称	设备规格	数量
抽水井泵(炼钢厂内)		
拦污机	$Q=600m^3/h$,$b=10mm$	1 座
混合池搅拌机	转速 180r/min	2 台
反应池搅拌机	转速 60r/min	4 台
直接水沉淀池刮泥机	中央驱动式,$\phi 8.0m$,包括驱动设备、传动轴、刮泥机架、浮渣挡板及刮除设备、溢流堰等	4 台
沉淀池斜管	$D=50mm$	约 $300m^3$
沉淀池污泥泵	离心式 $Q=10m^3/h$,$H=30m$	4 台
刮油机	毛毯式油水分离机,带宽 0.5m	4 台
直接热水池泵	离心式,$Q=325m^3/h$,$H=35m$	4 台
直接水压式砂滤器	压力式,空气反冲洗,$Q=325m^3/h$,$\phi 4.6m\times 3.2m(H)$,滤速 20m/h	3 台
直接水砂滤器鼓风机	罗茨式,$Q=10m^3/min$,$H=6.5m$	2 台
直接水砂滤器反洗泵	离心式,$Q=500m^3/h$,$H=35m$	2 台
直接水冷却水塔	直交流式(Cross Flow),$Q=690m^3/h$,风扇 3 组,进口温度 60℃,出口温度 40℃,湿球温度 29℃	1 座
SYS 5 直接冷水供水泵	离心式,$Q=300m^3/h$,$H=135m$	4 台
贮池鼓风机	罗茨式,$Q=8m^3/min$,$H=7.5m$	2 台
反冲洗废水贮池泵	离心式,$Q=30m^3/min$,$H=15m$	3 台
反冲洗废水混合池搅拌机	转速 180r/min	1 台
反冲洗废水反应池搅拌机	转速 60r/min	1 台

续表

名　　称	设备规格	数量
反冲洗废水沉淀池刮泥机	中央驱动式，ϕ5.0m，包括驱动设备、传动轴、刮泥机架、浮渣挡板及刮除设备、溢流堰等	1台
反冲洗废水沉淀池污泥泵	离心式，$Q=6m^3/h$，$H=20m$	2台
反冲洗废水回收泵	离心式，$Q=30m^3/h$，$H=15m$	2台
PAC溶药设备	双槽连续式自动溶解装置，2000L/h，2台	1式
PAC加药机	齿轮式，25L/min×30m	3台
PAM溶药设备	双槽连续式自动溶解装置，2000L/h，2台	1式
PAM加药机	齿轮式，25L/min×20m	2台
PAM加药机	隔膜式，2L/min×30m	2台
HCl贮槽	$V=6m^3$，FRP贮槽＋Scrubber	1座
HCl加药机	隔膜式，1L/min×30m	2台
除藻剂贮槽	$V=6m^3$，FRP贮槽	1座
除藻剂加药机	隔膜式，1L/min×30m	2台
防蚀抑制剂贮槽	$V=2m^3$，FRP贮槽	1座
防蚀抑制剂机	隔膜式，0.3L/min×30m	2台
油水分离槽排水泵	潜水式，0.12m³/min×10m	2台
油水分离槽抽油泵	无轴封式，0.12m³/min×10m	2台
废水收集槽泵	潜水式，0.12m³/min×10m	2台
污泥贮池传送泵	离心式，12m³/min×20m	3台

表5-17　密闭冷却水系统主要构筑物

设备名称	尺寸/m	数量
密闭冷水池(一)	20.0×19.0×4.5(H) 27.0×9.0×4.5(H)	1座
密闭冷水池(二)	20.0×5.0×4.5(H)	1座
设备基座、操作平台、栏杆、排水渠道、地坪等		1式

表5-18　密闭冷却水系统主要工艺设备

设备名称	设备规格	数量
SYS 1板式热交换器	每座880m³/h，操作量共5260m³/h 热端进温度70℃，热端出口温度≤40℃ 冷端进口温度33℃，冷端出口温度≤65℃ 热端压降1.146bar，冷端压降0.961bar 热端进口工作压力2.5bar，冷端进口工作压力3.5bar 设计承受压力10bar	7座
SYS 4板式热交换器	每座325m³/h，操作量共650m³/h 热端进口温度55℃，热端出口温度≤40℃ 冷端进口温度33℃，冷端出口温度≤50℃ 热端压降0.966bar，冷端压降0.687bar 热端进口工作压力3bar，冷端进口工作压力3.5bar 设计承受压力10bar	3座

续表

设备名称	设备规格	数量
SYS 6 板式热交换器	每座 350m³/h,操作量共 700m³/h 热端进口温度 60℃,热端出口温度≤40℃ 冷端进口温度 33℃,冷端出口温度≤55℃ 热端压降 0.554bar,冷端压降 0.426bar 热端进口工作压力 3bar,冷端进口工作压力 3.5bar 设计承受压力 10ba	3 座
SYS 2 板式热交换器	每座 350m³/h,操作量共 700m³/h 热端进口温度 50℃,热端出口温度≤35℃ 冷端进口温度 33℃,冷端出口温度≤45℃ 热端压降 0.392bar,冷端压降 0.505bar 热端进口工作压力 2bar,冷端进口工作压力 3.5bar 设计承受压力 10bar	3 座
SYS1 密闭冷水供水泵	离心式,Q=880m³/h,H=115m	8 台
SYS 4 密闭冷水供水泵	离心式,Q=325m³/h,H=90m	4 台
SYS 6 密闭冷水供水泵	离心式,Q=350m³/h,H=105m	4 台
SYS 2 密闭冷水供水泵	离心式,Q=350m³/h,H=80m	4 台
SYS 1 紧急供水泵	柴油发动机式,Q=800m³/h,H=80m	1 台

注：1bar=10^5Pa。

5.6.1.4 运行工况和处理效果

本工程自 2009 年 12 月运行至今，情况正常，各系统处理出水水质符合循环回用生产用水水质要求。2010 年 3 月份连续一个月各系统循环处理出水水质测试见表 5-19～表 5-22。

表 5-19 间接冷却水系统处理水水质

日期	pH	电导率/(μS/cm)	M-碱度/(mg/L)	氯离子/(mg/L)	总铁/(mg/L)	有机磷酸盐/(mg/L)	Ca 硬度/(mg/L)	SS/(mg/L)
3-2	8.74	1770	276.98	228.06	0.708	5.75	434.65	21.2
3-4	8.66	1661	275.65	192.35	1.069	7.45	485.79	36
3-9	8.76	1486	246.67	175.76	0.784	5.385	430.7	17.7
3-11	8.8	1681	286.89	202.02	2.337	4.926	487.59	26
3-16	8.73	1523	180.68	206.06	0.393	5.61	309.46	15.6
3-18	8.67	1409	253.16	168.69	0.272	5.206	402.26	10.8
3-23	8.43	1634	280.0	201.96	0.644	7.422	477.74	23
3-25	8.59	1509	250.64	176.47	0.562	7.246	432.83	18
3-30	8.5	1019	211.51	147.52	0.287	5.048	336.87	14.3
回用水水质要求	8.0～9.0	<3000	<250	<400	<2	3～6	<400	<20

表 5-20 直接冷却水系统处理水水质

日期	pH	电导率/(μS/cm)	M-碱度/(mg/L)	氯离子/(mg/L)	总铁/(mg/L)	有机磷酸盐/(mg/L)	Ca 硬度/(mg/L)	SS/(mg/L)
3-2	8.34	1755	144.51	125.0	1.398	8.165	58.63	5.8
3-4	8.65	1858	171.28	130.31	1.746	6.725	38.41	8.2
3-9	8.79	2000	160.87	139.39	2.52	8.095	58.92	3.2
3-11	8.98	1965	171.6	146.46	0.673	5.808	50.79	2.6

续表

日期	pH	电导率/(μS/cm)	M-碱度/(mg/L)	氯离子/(mg/L)	总铁/(mg/L)	有机磷酸盐/(mg/L)	Ca硬度/(mg/L)	SS/(mg/L)
3-16	8.75	2122	151.35	159.6	1.839	4.216	42.47	1.8
3-18	8.75	2190	209.13	161.62	2.567	4.694	42.66	4.8
3-23	8.58	2301	173.33	170.59	0.982	3.08	14.29	3.3
3-25	8.57	2193	158.57	164.71	0.978	1.9	14.29	1.5
3-30	8.07	2068	141.01	175.75	0.844	4.178	28.58	0.8
回用水水质要求	8.0～9.0	＜2500	＜250	＜400	＜2	＞0.5	＜400	＜20

表 5-21 1#密闭冷却水系统处理水水质

日期	pH	电导率/(μS/cm)	M-碱度/(mg/L)	氯离子/(mg/L)	总铁/(mg/L)	有机磷酸盐/(mg/L)	Ca硬度/(mg/L)	SS/(mg/L)
3-5	8.19	496	163.25	25.0	2.136	36.75	10.11	1.5
3-10	8.6	509	174.28	20.2	1.168	42.52	4.06	1
3-12	8.36	515	193.04	23.23	0.542	39.75	6.09	2
3-17	8.55	578	206.38	25.25	0.504	31.7	2.03	1.5
3-19	8.57	578	211.88	23.23	0.519	30.625	4.06	5
3-24	7.9	476	162.67	18.63	0.589	21.725	4.08	0.5
3-26	8.13	496	173.33	20.59	0.345	22.7	6.12	0.3
3-31	8.01	417	170.84	19.8	0.174	23.0	6.12	0.3
回用水水质要求	8.0～9.0	＜3000	＜250	＜50	＜2	＞17	＜400	＜10

表 5-22 2#密闭冷却水系统处理水水质

日期	pH	电导率/(μS/cm)	M-碱度/(mg/L)	氯离子/(mg/L)	总铁/(mg/L)	有机磷酸盐/(mg/L)	Ca硬度/(mg/L)	SS/(mg/L)
3-5	8.41	505	235.5	21.94	0.981	47.7	4.04	4
3-10	8.74	555	233.26	16.16	2.221	45.53	6.09	1.7
3-12	8.93	548	246.67	3.03	2.783	48.225	26.41	5
3-17	8.56	288	170.61	14.14	1.774	27.53	2.03	6
3-19	8.15	536	217.39	26.26	1.985	52.475	2.03	4.8
3-24	8.07	369	154.67	0.98	3.804	26.325	6.12	1.8
3-26	8.74	236	98.67	2.94	3.21	14.95	10.21	4.8
3-31	7.16	346	172.55	4.95	2.885	36.7	12.25	2.3
回用水水质要求	8.0～9.0	＜3000	＜250	＜400	＜2	＞17	＜20	＜10

5.6.1.5 讨论

(1) 有关各冷却系统水的损耗，一般按经验计算，直接冷却水系统为3%～5%，间接冷却水系统为1%～3%，密闭冷却水系统约1%。但从本工程运行结果来看，此损耗数据，应因各地气温而异。

(2) 为了应对因断电跳闸，冷却水系统运行不正常而造成车间生产线设备损坏，在冷却水循环系统中必须考虑备用的紧急发电或柴油发动机供水泵，或高架水塔供水等措施，以提供紧急的必要冷却水。

(3) 一般压力过滤器设计均有2台以上，对于进水泵应以一对一的独立系统设计为原则，否则进水将集中至水头损失较低的压力过滤器，致使无法依设计程序进行过滤、反洗和间隔反洗。当然，如每台压力过滤器均装有定量出水控制器则可例外。

5.6.2 实例2 某不锈钢厂废水处理和生产回用工程

台湾某大型钢铁股份有限公司设有电弧炉、转炉、真空精炼炉等，年产100万吨不锈钢粗钢、93万吨热轧黑皮钢卷、25万吨热轧2.0～10mm钢卷、30万吨0.3～3.0mm冷轧钢卷等。该公司冷轧三厂的冷却循环水及废水处理工程，于2007年4月动工建设，至2008年12月完成热试车，验收启用。工程总貌如图5-29所示。

图5-29 台湾某不锈钢厂废水处理和生产回用工程

本工程设有三个水处理系统，即直接冷却水、间接冷却水及生产废水处理三个系统。

直接冷却水系统是指冷却水直接与钢品接触而污染，必须经混凝、沉淀、过滤及冷却塔冷却后，方可提供生产线回用。冷却时因蒸发飞溅而有水耗，以自来水补充，直接冷却水需添加除垢、防蚀抑制剂及除藻剂。

间接冷却水系统是指冷却水经生产线使用后，温度升高，经冷却水塔冷却后，即可提供生产线回用。冷却时因蒸发飞溅而有水耗，同时为了防止冷却水管产生管垢，除了以软水补充外，还需添加除垢、防蚀抑制剂及除藻剂。

生产废水处理系统是指对不锈钢生产过程中排放的酸性废水、电解液废水、碱性废水及含油废水等进行处理，而后达标排放。

5.6.2.1 设计处理水量和水质

直接冷却水系统设计处理水量和要求如表5-23所示。

表5-23 直接冷却水系统设计处理水量和要求

项目	水量和要求	回用水质	项目	水量和要求	回用水质
水量/(m^3/h)	120		SS/(mg/L)		<15
供水温度/℃	<34		Fe/(mg/L)		≤2
进水温度/℃	<44		电导率/(μS/cm)		<2500
温差/℃	10		硬度/(以$CaCO_3$计)/(mg/L)		<500
供水压力/bar	4～6		碱度/(以$CaCO_3$计)/(mg/L)		<250
pH		7.5～8.5			

间接冷却水系统设计要求如表5-24所示。

表5-24 间接冷却水系统设计要求

项目	设计要求
水量/(m^3/h)	1700
供水压力/bar	3.5～6
紧急供水量/(m^3/h)	40(至少维持8h)

注：1bar=10^5Pa。

生产废水处理系统设计处理水量和水质见表5-25。处理后排放水水质要求见表5-26。

表 5-25 生产废水系统设计水量和水质

项目	酸性废水		电解液废水		碱性废水		油脂废水	
	水量	水质	水量	水质	水量	水质	水量	水质
水量/(m^3/h)	25(连续)		7		5		7	
pH		约2		4～6		11～13		6～8
NO_3^--N/(mg/L)		2500						
F^-/(mg/L)		5000～10000						
Cr^{6+}/(mg/L)		10～20		5000～10000				
Na_2SO_4/(kg/h)		0.5						
金属/(kg/h)		40①						
SS/(mg/L)						50～100		500～1000
COD/(mg/L)						800～1200		1000～2000
Fe/(mg/L)						50～100		50～100
油/(mg/L)						50～200		50～200

注：Fe∶Ni∶Cr=7∶1∶2。

表 5-26 生产废水处理后排放水质要求

项目	水质要求	项目	水质要求	项目	水质要求
pH	6～9	油/(mg/L)	≤10	Ni/(mg/L)	≤1.0
温度/℃	≤35	S^{2-}/(mg/L)	≤1.0	Ag/(mg/L)	≤0.5
透视度/cm	≤20	总 Cr/(mg/L)	≤2.0	Zn/(mg/L)	≤5.0
SS/(mg/L)	≤30	Cr^{6+}/(mg/L)	≤0.5	Se/(mg/L)	≤0.5
BOD_5/(mg/L)	≤30	CN^-/(mg/L)	≤1.0	As/(mg/L)	≤0.5
COD/(mg/L)	≤100	Cd/(mg/L)	≤0.03	F^-/(mg/L)	≤15
NH_3-N/(mg/L)	≤10	Cu/(mg/L)	≤3.0	Fe/(mg/L)	≤10
NO_3^--N/(mg/L)	≤50	Pb/(mg/L)	≤1.0	Mn/(mg/L)	≤10
PO_4^{3-}/(mg/L)	≤4.0	Hg/(mg/L)	≤0.005	C_6H_5OH/(mg/L)	≤1.0

5.6.2.2 处理工艺流程

本工程的三个处理系统的水量、水温、水压及水质要求均不相同，必须经分别处理达到相应的要求后供生产回用或排放。

(1) 直接冷却水系统　直接冷却水系统处理工艺流程如图 5-30 所示。

(2) 间接冷却水系统　间接冷却水系统处理工艺流程如图 5-31 所示。

(3) 生产废水处理系统　根据生产废水的组成、污染物特性和处理后排放水质的要求，采用物化-生化联合处理的方法。即先对高浓度的电解液废水、酸性废水、碱性废水和含油废水采用物化方法进行分质处理，而后经混合后再经生物处理，使处理水达标排放。

电解液废水六价铬浓度高，Cr^{6+} 为 5000～10000mg/L，为此先将 Cr^{6+} 还原为 Cr^{3+}。酸性

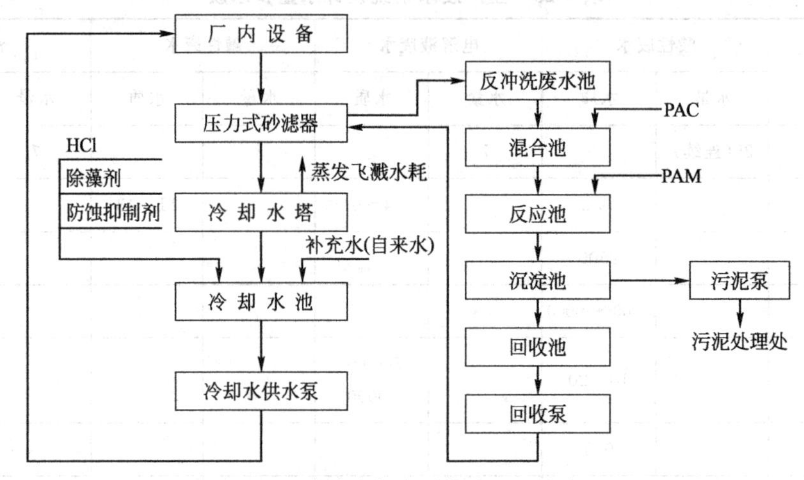

图 5-30 直接冷却水系统处理工艺流程

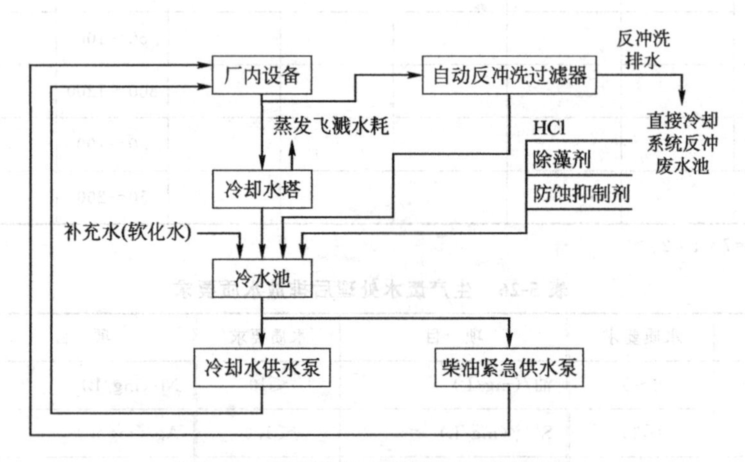

图 5-31 间接冷却水系统处理工艺流程

废水的氟含量高，F^- 为 5000～10000mg/L，采用以 $Ca(OH)_2$（石灰乳）同氟离子反应，沉淀去除氟离子。同时将碱性废水同酸性废水中和，再经混凝沉淀处理，以去除大部分无机污染物。含油废水经混凝气浮处理，以去除大部分油脂。

物化处理后的各类生产废水经混合和 pH 调整后，再以好氧活性污泥法进行生物处理，以进一步降低有机污染物浓度。由于本工程的酸性废水含有高浓度的硝酸态氮，NO_3^--N 为 2500mg/L，难以采用一般反硝化脱氮工艺使处理出水 NO_3^--N 浓度达到排放水水质要求（NO_3^--N≤50mg/L），目前该公司已引进国外专利技术，经驯养特殊脱硝酸态氮菌，添加适当比例的碳源（甲醇）、营养剂（磷酸盐）后，可使处理水达标排放。

生产废水处理系统工艺流程如图 5-32 所示。

5.6.2.3 主要构筑物和工艺设备

（1）直接冷却水系统 直接冷却水系统主要构筑物见表 5-27，主要工艺设备见表 5-28。

表 5-27 直接冷却水系统主要构筑物

名 称	尺寸	数量	名 称	尺寸	数量
冷却水池	$V=180m^3$	1 座	反应池	$V=3m^3$	2 座
反冲洗废水池	$V=64m^3$	1 座	沉淀池	$SA=20m^2$	1 座
混合池	$V=3m^3$	1 座	设备基座及地坪		若干

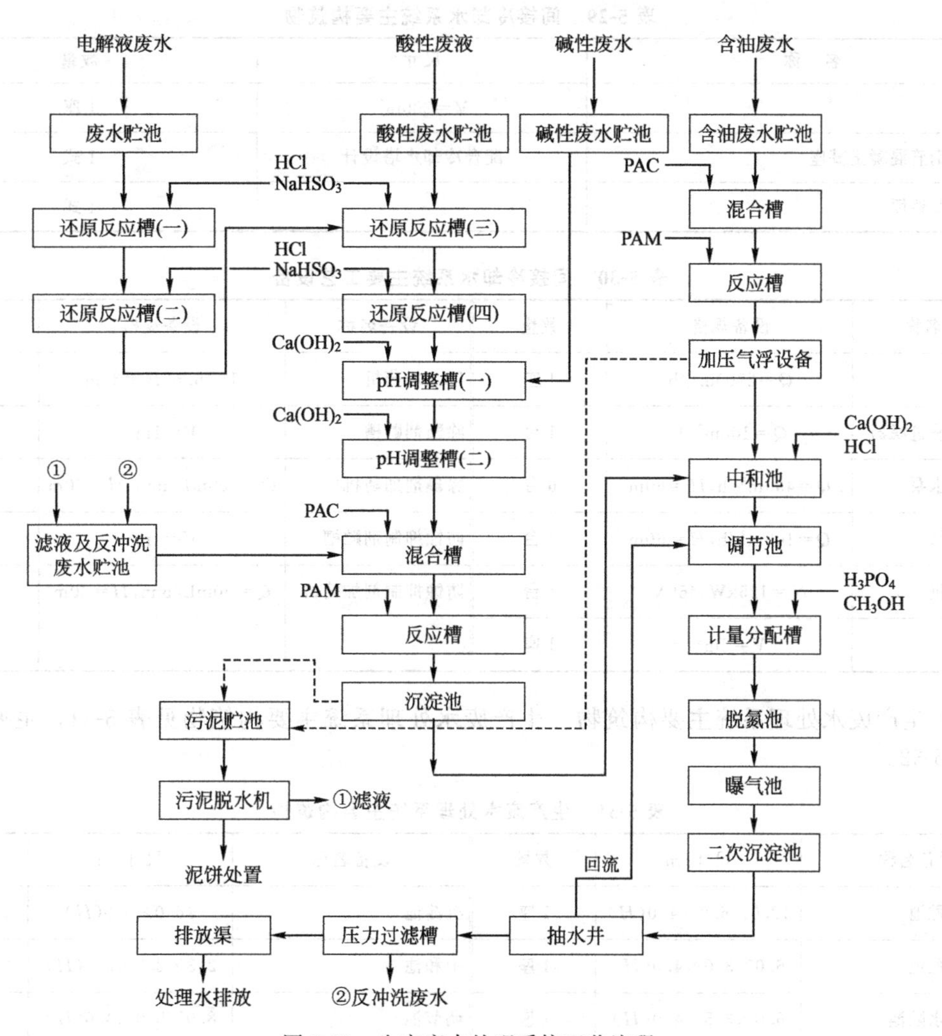

图 5-32 生产废水处理系统工艺流程

表 5-28 直接冷却水系统主要工艺设备

设备名称	设备规格	数量	设备名称	设备规格	数量
直接水压力式砂滤器	ϕ2800mm×2100mm(H)	3 座	PAC 贮槽	$V=1m^3$	1 座
砂滤器鼓风机	$Q=10m^3/min, H=8.0m$	2 台	PAC 加药机	$Q=100mL/min, H=30m$	2 台
砂滤器反冲洗泵	$Q=160m^3/min, H=30.0m$	2 台	PAM 自动溶解系统	双槽式，每槽 500	1 套
冷却水塔	直交流式，$Q=200m^3/h$	1 座	PAM 加药机	$Q=2L/min, H=30m$	2 台
冷却水供水泵	$Q=120m^3/min, H=60.0m$	3 台	HCl 贮槽	$V=2m^3$	1 座
反冲洗废水贮池泵	$Q=20m^3/min, H=12.0m$	2 台	HCl 加药机	$Q=1L/min, H=30m$	2 台
混合池搅拌机	转速 180r/min	1 台	除藻剂贮槽	$V=1m^3$	1 座
反应池搅拌机	转速 60r/min	2 台	除藻剂加药机	$Q=100mL/min, H=30m$	2 台
沉淀池刮泥机	ϕ5.0m	1 台	防蚀抑制剂贮槽	$V=1m^3$	1 座
沉淀池污泥泵	$Q=4m^3/min, H=15.0m$	2 台	防蚀抑制剂加药机	$Q=50mL/min, H=30m$	2 台
反冲洗废水回收泵	$Q=20m^3/min, H=15.0m$	2 台			

(2) 间接冷却水系统 间接冷却水系统主要构筑物见表 5-29，主要工艺设备见表 5-30。

表 5-29 间接冷却水系统主要构筑物

名 称	尺寸	数量
冷却水池	$V=800m^3$	1 座
冷却水塔钢筋混凝土基座	配合冷却水塔设计	1 式
设备基座及地坪		1 式

表 5-30 间接冷却水系统主要工艺设备

设备名称	设备规格	数量	设备名称	设备规格	数量
冷却水塔	$Q=2700m^3/h$	1 座	HCl 加药机	1L/min, $H=30m$	2 台
自动反冲洗过滤器	$Q=100m^3/h$	1 台	除藻剂贮槽	$V=1m^3$	1 座
冷却水供水泵	$Q=450m^3/h, H=60m$	6 台	除藻剂加药机	$Q=100mL/min, H=30m$	2 台
紧急供水泵	$Q=100m^3/h, H=60m$	1 台	防蚀抑制剂贮槽	$V=1m^3$	1 座
柴油发电机	$N=125kW, 460V$	1 台	防蚀抑制剂加药机	$Q=50mL/min, H=30m$	2 台
HCl 贮槽	$V=2m^3$	1 座			

(3) 生产废水处理系统主要构筑物 生产废水处理系统主要构筑物见表 5-31，主要工艺设备见表 5-32。

表 5-31 生产废水处理系统主要构筑物

设备名称	尺寸/m	数量	设备名称	尺寸/m	数量
酸性废水贮池	12.0×6.0×4.0(H)	1 座	沉淀池	ϕ6.0×5.0(H)	2 座
碱性废水贮池	6.0×3.0×4.0(H)	1 座	中和池	2.3×2.3×3.0(H)	1 座
电解液废水贮池	6.0×3.5×4.0(H)	1 座	调节池	8.0×5.0×4.0(H)	1 座
含油废水贮池	6.0×2.5×4.0(H)	1 座	脱氮池	6.0×6.0×5.2(H)	8 座
废油槽	2.5×1.0×4.0(H)	1 座	曝气池	14.0×10.0×6.5(H)	1 座
滤液及反冲洗废水贮池	8.0×5.0×4.0(H)	1 座	二次沉淀池	ϕ12.0×3.5(H)	1 座
还原反应槽	2.0×2.0×2.9(H)	2 座	抽水井	5.0×4.0×2.8(H)	1 座
还原反应槽	2.0×2.0×2.85(H)	2 座	放流水井	5.0×4.0×2.5(H)	1 座
pH 调整槽(一)	2.5×2.5×2.8(H)	2 座	污泥贮池	8.0×8.0×3.5(H)	1 座
pH 调整槽(二)	2.5×2.5×2.75(H)	2 座	石灰溶解搅拌槽	2.5×2.5×2.4(H)	2 座
混合槽	2.5×2.5×2.7(H)	2 座	脱水机房	22.0×10.0×2F	1 栋
反应槽	2.0×2.0×2.65(H)	2 座			

5.6.2.4 运行工况和处理效果

本工程自 2008 年 12 月启用运行至今，情况正常。直接冷却水系统、间接冷却水系统处理出水水质符合循环回用水质要求。经处理后，生产废水中含有的污染物排放浓度达到了排放水质要求。2010 年 6 月 22 日～7 月 9 日连续 15 天处理水水质测试见表 5-33。

表 5-32 生产废水处理系统主要工艺设备

设备名称	设备规格	数量	设备名称	设备规格	数量
酸性废水泵	$Q=35m^3/h, H=10m$	2台	板框压滤污泥脱水机	$B=1500mm$,滤室数目36室,滤布PP	2台
酸性废水缓冲泵	$Q=30m^3/h, H=25m$	1台			
滤液及反冲洗水贮池泵	$Q=30m^3/h, H=12m$	2台	$Ca(OH)_2$ 搅拌机	转速180r/min	2台
电解液废水泵	$Q=10m^3/h, H=12m$	2台	$Ca(OH)_2$ 加药泵	$Q=12m^3/h, H=25m$	2台
还原反应槽搅拌机	转速180r/min	6台	HCl贮槽	$V=10m^3$	1座
pH调整槽搅拌机	转速180r/min	4台	HCl加药机	$Q=3L/min, H=30m$	5台
混合槽搅拌机	转速180r/min	2台	$NaHSO_3$ 贮槽	$V=10m^3$	1座
反应槽搅拌机	转速60r/min	2台	$NaHSO_3$ 加药机	$Q=3L/min, H=30m$	5台
沉淀池刮泥机	$\phi 6.0m \times 5.0m(H)$	2台	PAM自动溶解系统	双槽式,每槽500L	1套
沉淀池污泥泵	$Q=12m^3/h, H=15m$	4台	PAM加药机	$Q=3L/min, H=30m$	4台
碱性废水泵	$Q=10m^3/h, H=10m$	2台	PAC贮槽	$V=10m^3$	1座
碱性废水除油机		1台	PAC加药机	$Q=2L/min, H=30m$	4台
含油废水泵	$Q=10m^3/h, H=10m$	2台	CH_3OH 贮槽	$V=30m^3$	1座
含油废水除油机		1台	CH_3OH 加药机	$Q=6L/min, H=30m$	2台
混合槽	$V=2m^3$	1座	H_3PO_4 贮槽	$V=2m^3$	1座
混合槽搅拌机	转速180r/min	1台	H_3PO_4 加药机	$Q=50L/min, H=30m$	2台
反应槽	$V=1m^3$	1座	NaOCl贮槽	$V=5m^3$	1座
反应搅拌机	转速60r/min	1台	NaOCl加药机	$Q=1L/min, H=30m$	2台
加压气浮槽设备	$\phi 2.5m \times 3.0m(H)$	1台	防蚀抑制剂贮槽	$V=1m^3$	1座
中和槽搅拌机	转速180r/min	1台	防蚀抑制剂加药机	$Q=50mL/min, H=30m$	2台
调节池提升泵	$Q=60m^3/h, H=12m$	2台	废水贮池鼓风机	$Q=10m^3/min, H=6.0m$	2台
脱氮池搅拌机	转速40r/min	8台	污泥贮池鼓风机	$Q=10m^3/min, H=8.0m$	2台
曝气池鼓风机	$Q=20m^3/min, H=8.0m$	3台	砂滤器反冲洗鼓风机	$Q=2m^3/min, H=5.0m$	1台
二次沉淀池刮泥机	$\phi 12.0m \times 4.0m(H)$	1台	酸气洗涤塔	$\phi 0.8m \times 3.6m(H)$	1座
二次沉淀池回流泵	$Q=90m^3/h, H=12m$	2台	废油槽泵	$Q=0.12m^3/min, H=8.0m$	1台
二次沉淀池剩余污泥泵	$Q=4.0m^3/h, H=12m$	2台			
抽水井泵	$Q=60m^3/h, H=20m$	2台	脱水机滤液槽泵	$Q=0.8m^3/min, H=12.0m$	2台
压力式砂滤器	$\phi 2.4m \times 2.1m(H)$	2台	处理水排放泵	$Q=60m^3/h, H=20m$	2台
反冲洗水泵	$Q=120m^3/h, H=15m$	2台			

表 5-33 生产废水处理系统处理水水质

日期	pH	SS /(mg/L)	Cr^{6+} /(mg/L)	总铁 /(mg/L)	F^- /(mg/L)	COD /(mg/L)	NO_3^--N /(mg/L)
6.22	8.2	0.2	0.01	0.05	1.8	54	1
6.23	8.0	1.2	0.01	0.03	3.2	57	2
6.24	8.1	26	0.05	0.09	5.2	14	2
6.26	8.1	5	0.01	0.09	9.0	75	6
6.27	8.1	13.4	0.03	0.02	9.3	37	1
6.28	8.0	2.6	0.02	0.16	6.2	66	5

续表

日期	pH	SS /(mg/L)	Cr^{6+} /(mg/L)	总铁 /(mg/L)	F^- /(mg/L)	COD /(mg/L)	NO_3^--N /(mg/L)
6.29	7.9	2.2	0.02	0.71	5.5	63	7
6.30	8.0	1.2	0.02	0.00	13.4	83	4
7.1	7.2	2.2	0.01	0.00	6.0		16
7.2	8.0	0.4	0.03	0.08	2.6		3
7.4	8.1	0	0.02	0.06	5.6	79	4
7.5	7.8	0.2	0.00	0.00	7.0	32	4
7.6	7.7	1	0.00	0.00	4.0	23	2
7.7	8.1	1.6	0.00	0.00	4.9	12	8
7.8	7.0	9.0	0.00	0.03	4.5	26	18
7.9	8.1	0.2	0.01	0.04	3.1	57	21
处理水排放要求	6～9	＜30	＜0.5	＜10	＜15	＜100	＜50

5.6.2.5 讨论

（1）本工程生产废水包括酸性废水、碱性废水、电解液废水和油脂废水，各类生产废水特性各异。其中，酸性废水呈强酸性（pH 2），含有高浓度 NO_3^--N 和 F^-，NO_3^--N 为 2500mg/L，F^- 为 5000～10000mg/L。电解液废水 Cr^{6+} 含量高，Cr^{6+} 浓度为 5000～10000mg/L。碱性废水呈强碱性，pH 11～13。油脂废水含油 50～200mg/L。针对各类生产废水的自身特点，先进行分质预处理，采用物化方法（氧化还原、中和、混凝沉淀、混凝气浮、过滤等）分别去除大部分无机污染物，而后再采用活性污泥法进行生物处理，使处理水达到排放要求。从 2010 年 6～7 月运行测试结果可以看出，生产废水中含有的主要污染物项目 Cr^{6+}、F^-、总铁的出水水质分别为 0.01～0.05mg/L、3.1～9.3mg/L、0.03～0.08mg/L，均达到处理水排放要求。因此，本工程先采用分质预处理，而后再采用物化-生化联合处理工艺流程是可行的。

（2）本工程酸性废水含 NO_3^--N 2500mg/L，为高含氮废水。为了达到排放要求（NO_3^--N＜50mg/L），本工程采用了 A/O 生物脱氮处理。但是，由于原水 NO_3^--N 含量过高，一般 A/O 脱氮处理工艺的处理水 NO_3^--N 浓度仍难以达到 50mg/L 以下，为此需要寻求更加高效的废水脱氮技术。该公司在生产实践中，经试验后引进国外专利技术，采用经驯化后的特殊高效脱硝酸态氮菌，在适宜的 C/N 比和营养条件下，可以大大地提高脱氮效率，经生物处理后，处理水 NO_3^--N 浓度一般为 10mg/L 以下，大大地低于排放要求 NO_3^--N≤50mg/L 的规定。本工程的脱氮技术实践可供同类型废水参考。

（3）鉴于本工程的特点，生产废水处理系统的处理构筑物、设备和相应的管道布置较多，因此工程费用和运行费用相对偏高。为此，根据运行经验状况，总结经验，还有进一步优化的可能。

第6章 化工废水处理及再生利用

6.1 概述

化学工业是我国国民经济的重要支柱产业之一，目前已形成数十个行业，4万多个产品品种。化工行业是环境污染严重的行业，从原料到产品，从生产到使用，都有造成环境污染的因素。化工生产过程中排放的废水具有强烈耗氧的性质，毒性较强，且多数是人工合成的有机化合物，污染性很强，不易分解。我国化工行业具有企业数量多、中小型规模多、分布广、产品杂、污染重、治理难度大等特点。

化工废水中的污染物主要有化学反应不完全所产生的物料、副反应所产生的物料以及进入废水的产品等物质。其污染特点有以下几个方面。

(1) 有毒性和刺激性　化工废水中含有许多污染物，其中有些是有毒或剧毒物质，如酚、银、砷、汞、锡和铅等，这些物质在一定的浓度下，大多对生物和微生物有毒性或剧毒性。有些污染物不易分解，在生物体内长期积累会造成中毒，如有机氯化合物。有些是致癌物质，如多环芳烃化合物、芳香族胺以及含氮杂环化合物等。此外，还有一些具有刺激性、腐蚀性的物质，如无机酸、碱类等。

(2) 生化需氧量（BOD）和化学需氧量（COD）都较高　大部分化工废水含有各种有机酸、醇、醛、酮、醚和环氧化物等，其特点是BOD和COD都较高。这种废水一经排入水体，就会在水中的进一步氧化分解，从而大量消耗水中的溶解氧，直接威胁水生生物的生存。

(3) pH不稳定　化工生产排放的废水，pH很不稳定，变化大，对水生生物、构筑物和农作物都有极大的危害。

(4) 营养物质较多　化工废水特别是农药化工废水中磷和氮的含量高，排放至水体后，可能造成水域富营养化，藻类和微生物大量繁殖，造成鱼类窒息而大批死亡。

(5) 处理难度大　化工行业生产门类繁多，废水水质变化较大，且常常含有不易生物降解甚至具有生物毒性的物质。因此，化工废水处理难度大，需针对各种化工废水采用适宜的处理方法和工艺流程。

6.2 化工生产分类和生产工艺

6.2.1 化工生产分类

化工生产是指将原料物质经化学反应转变为产品的方法和过程，其中包括实现这种转变的全部化学的和物理的措施。

化学工业的分类比较复杂，按学科一般可分为无机化工、有机化工、高分子化工、精细化工及生物化工等；按照产品的应用，可分为化肥、染料、农药、合成纤维、塑料、合成橡胶、医药、感光材料、合成洗涤剂、炸药等工业；按照原料，可分为煤化工、天然气化工、石油化工、无机盐化工、生物化工等。我国对化学工业的统计分类，有基本化学材料、化学肥料、化学农药、有机化工、日用化工、合成材料、医药工业、化学纤维、橡胶制品、塑料、化学试剂等。

化工生产分类中的精细化工是生产精细化工产品的化工行业。精细化工产品范围广泛，包括医药、农药、合成染料、有机颜料、涂料、香料与香精、化妆品、肥皂与合成洗涤剂、表面活性剂、印刷油墨及其助剂、黏结剂、感光材料、磁性材料、催化剂、试剂、水处理剂与高分子絮凝剂、造纸助剂、皮革助剂、合成材料助剂、纺织染整助剂、食品添加剂、饲料添加剂、动物用药、油田化工产品、石油添加剂及炼制助剂、水泥添加剂、矿物浮选剂、铸造用化工产品、金属表面处理剂、合成润滑油与润滑油添加剂、汽车用化工产品、芳香除臭剂、工业防菌防霉剂、电子化工产品及材料、功能性高分子材料、生化制品、酶、增塑剂、稳定剂、保健食品、有机电子材料等多个行业和门类。随着国民经济的发展，精细化工产品的开发和应用领域将不断拓展，新的门类将不断增加。

由于化工行业量大、面广，限于篇幅，本章主要介绍精细化工（日用化工、染料化工和农药化工）废水处理及再生利用。至于制药化工废水处理及再生利用则在第7章介绍。

6.2.2 化工生产工艺过程和技术特点

化工生产过程一般可概括为三个主要步骤。

一是原料处理。为了使原料符合进行化学反应所要求的状态和规格，根据具体情况，不同的原料需要经过净化、提浓、混合、乳化或粉碎（对固体原料）等多种不同的预处理。

二是化学反应。这是生产的关键步骤。经过预处理的原料，在一定的温度、压力等条件下进行反应，以达到所要求的反应转化率和收率。反应类型是多样的，可以是氧化、还原、复分解、磺化、异构化、聚合、焙烧等。通过化学反应，获得目的产物或其混合物。

三是产品精制。这是对化学反应得到的混合物进行分离，除去副产物或杂质，以获得符合组成规格的产品。以上每一步骤都需在特定的设备中，在一定的操作条件下完成所要求的化学的和物理的转变。

化工生产工艺技术有它自己的特点，主要表现在以下几个方面。

6.2.2.1 生产技术具有多样性、复杂性和综合性

化工产品品种繁多，每一种产品的生产不仅需要一种至几种特定的技术，而且原料来源多种多样，工艺流程也各不相同。即使生产同一种化工产品，也有多种原料来源和多种工艺流程。由于化工生产技术的多样性和复杂性，任何一个大型化工企业的生产过程要能正常进行，就需要有多种技术的综合运用。

6.2.2.2 化工生产具有综合利用原料的特性

化学工业的生产是化学反应，在大量生产一种产品的同时，往往会生产出许多联产品和副产品，而这些联产品和副产品大部分又是化学工业的重要原料，可以再加工和深加工，有效地实现资源的综合利用。

6.2.2.3 生产过程要求有严格的比例性和连续性

一般化工产品的生产，对各种物料都有一定的比例要求，在生产过程中，上下工序之间，各车间、各工段之间，往往需要有严格的比例，否则，不仅会影响产量，造成浪费，甚至可能中断生产。化工生产主要是装置性生产，从原材料到产品加工的各环节，都是通过管道输送，采取自动控制进行调节，形成一个首尾连贯、各环节紧密衔接的生产系统。这样的生产装置，客观上要求生产长周期运转，连续进行。任何一个环节发生故障，都有可能使生产过程中断。

6.2.2.4 化工生产还具有耗能高的特性

化工生产所需的煤炭、石油、天然气既是化工生产的燃料动力，又是重要的原料。有些化工产品的生产，需要在高温或低温条件下进行，无论高温还是低温都需要消耗大量能源。

这一系列特点说明，在化工生产中必须重视提高管理水平和技术水平，实施清洁生产，做好

源头削减，在废物产生之前最大限度地减少或降低废物的产生量和毒性。在生产工艺过程中对能源、物料和水资源等进行循环回收和重复利用，开发利用副产品等。

6.3 化工生产废水的特征

化工废水是指化工产品生产过程中所产生的废水。化学工业产品多种多样，成分复杂，排出的废水也多种多样。随着经济的高速发展，化工产品生产过程对环境的污染加剧，对人体健康的危害也日益普遍和加重，其中，日用化工、精细化工、染料化工、农药化工等产品的生产过程中排出的有机物质，大多是结构复杂、有毒有害和生物难以降解的物质，是典型的难降解废水。

化工生产废水的特点集中表现为有机物浓度高、含盐量高、色度高、难降解化合物含量高、排放量大、毒性大、治理难度大。其主要特征如下。

(1) 水质成分复杂，副产物多，环状结构的化合物增加了废水处理的难度。

(2) 废水中污染物含量高，这是由于原料反应不完全和原料或大量溶剂介质进入了废水体系所致。

(3) 有毒有害物质多，废水中有许多有机污染物（如卤素化合物、硝基化合物等）对微生物具有毒害作用。

(4) 生物难降解物质多，BOD_5/COD低，可生化性差。

(5) 有些废水酸性强、色度高、富营养。

6.4 化工废水处理技术

6.4.1 化工废水处理技术要点

从整体来说，目前国内的化工废水处理技术相对于蓬勃发展的生产而言，还处于比较滞后的状态，普遍简单沿用传统的生物处理法。这就导致了目前国内很多化工企业实际上未能做到废水处理达标排放，有些高浓度的废水甚至还没有从根本上解决污染的有效办法。

毫无疑问，活性污泥法处理技术、生物脱氮技术等生化处理技术和方法，在处理城市污水和一般工业废水上是非常成功的。但是，将这一方法简单套用于化工领域的各类高浓度有机废水处理，则会遇到困扰。因为化工废水中常常含有许多对微生物有害有毒的物质，加之由于生产工艺或所采用的生产原料等原因，使废水的酸碱度（pH）、温度等指标均可能不利于微生物生长。因此，化学工业废水常常难以彻底处理，不仅因为其有机污染（COD）负荷高、毒性大、色度大、生化可降解性差等共同特点，而且更在于每个企业所产生的废水都具有独有的特征，即便是生产同样产品的工厂其废水特征也会因所采用的生产原料、生产工艺和设备等不同而差别很大。

因此，在寻求化工废水的处理技术时，必须依据企业采用的原料、生产工艺路线、工艺控制参数、废水水质和特征等因素，综合分析确定应采用的处理技术。

化工废水处理技术要点主要包括以下几方面。

(1) 从源头控制废水和污染物的产生量

① 企业进园，废水集中治理。进入工业园区的化工企业废水经过预处理达到接管要求后，排放到园区的污水集中处理设施进行处理。

② 采取清洁生产措施，实现节水减污。如使用无毒、低毒的原料替代高毒的原料；使用反应周期时间短、得率高的先进生产工艺；使用一些先进的生产设备和过程控制技术，提高生产效率，提高原料的利用率；原辅料的回收、重复利用或综合利用，有利于减少废水中的污染物浓度；强化员工的管理和环保意识的培训等。

(2) 实行清污分流和有针对性的预处理　针对不同废水的特点，对有毒有害废水进行分类收集，采取不同的处理措施，有利于降低废水毒性，改善废水的可生化性，提高废水处理效果，降低运行费用。

（3）完善的组合处理工艺　根据废水污染物成分和浓度，采用如混凝沉淀、厌氧处理技术、厌氧水解酸化技术、活性污泥法处理技术、生物膜法处理技术等工艺的联合运用处理。

（4）必要的辅助处理　根据处理水出水水质要求和各单元处理效率，适时地在处理工艺流程中增加如化学氧化等必要的辅助技术，以进一步强化处理效果，确保稳定达标排放或再生利用。

6.4.2 化工废水处理主要技术

化工废水中的污染物成分复杂，往往不能用单一的处理技术去除废水中的各种污染物质。化工废水属于有机废水，一般仅用物化处理技术将化工废水处理到排放标准难度很大，而且运行成本较高，因此，采用生物处理仍然是主要方法。但是化工废水含有较多的难降解有机物，可生化性差，而且化工废水的水量水质变化大，所以直接用生物方法处理化工废水效果不是很理想，往往是采用物理处理法、化学法、生物法、物理化学处理法的有机组合来完成对废水的有效处理。

废水物理处理法是指通过物理作用分离和去除废水中呈悬浮状态的污染物（包括油膜、油珠）的方法。处理过程中，污染物的化学性质不发生变化。化工废水常用的物理处理法包括过滤法、重力沉淀法和气浮法等。这三种物理方法工艺简单，管理方便，但不能去除废水中的可溶性污染物质，具有很大的局限性。

废水化学处理法是指通过化学反应和传质作用，分离和去除废水中呈溶解、胶体状态的污染物，或将其转化为无害物质的废水处理法。以投加药剂产生化学反应为基础的处理单元有混凝、中和、氧化还原等。化学处理法有化学沉淀处理法、混凝处理法、废水氧化处理法、废水中和处理法等。化学处理法能较迅速地去除有机污染物，有效地去除废水中的多种剧毒和高毒污染物，可作为生物处理的预处理和后处理措施。

废水物理化学处理法系运用物理和化学的综合作用使废水得到净化的方法，包括物理过程和化学过程的单项处理方法，如浮选、吹脱、结晶、吸附、萃取、电解、电渗析、离子交换、反渗透等。物理化学处理法的优点是：占地面积小；出水水质好，且比较稳定；对废水水量、水温和浓度变化适应性强；可去除有害的重金属离子；除磷、脱氮、脱色效果好；管理操作方便等。但是，处理系统费用和日常运行费较高。

难生物降解的有机物一般是人工合成物，具有毒性，对于这类物质的排放，必须严加控制。由于自然界存在的一般微生物对其降解的能力很差，采用传统的生物处理法，难于奏效。而采用其他的物理化学方法，处理费用往往十分昂贵。经济有效地去除难生物降解有机物和浓度较高的氨氮一直是困扰化工废水处理的难题。废水中的氨氮排入水体，会影响生活饮用水水源水质和渔业生产，严重时会产生水体富营养化。采用传统生物处理法中的硝化-反硝化工艺，可经济有效地去除废水中低浓度的氨氮。但某些化工废水中的氨氮浓度很高，当其浓度超过200mg/L时，一般的微生物将会受到抑制，使生物硝化脱氮过程失效，而采用物理化学方法，同样存在技术和经济上的问题。

在固定化酶技术上发展起来的固定化细胞技术（IMC），亦称为固定化微生物技术，是指通过化学或物理手段，将筛选分离出的适宜于降解特定废水的高效菌株，或通过基因工程技术克隆的特异性菌株进行固定化，使其保持活性并反复利用。IMC的优点是：生物处理构筑物中微生物浓度高，反应速度快；固定对某种特定污染物有较强降解能力的酶或微生物，使有毒难降解物质的降解成为可能；固定化技术为生理特性不同的硝化菌、反硝化菌的生长繁殖提供了良好的微环境，使硝化、反硝化过程可以同时进行，从而提高了生物脱氮的速度和效率；固定化微生物特别是混合菌相当于一个多酶反应器，对成分复杂的有机废水适应能力强，因而成为近年来废水生物处理领域的研究热点。而为降解废水中不同类型的难降解有机污染物所选育的优势高效菌，以及利用基因工程技术所构建的基因工程菌，为固定化细胞技术处理废水提供了极大的潜力，将使废水生物处理技术产生一次重大的技术革新。

化工废水处理关系到我国化工行业的持续、快速和健康地发展，也关系到人民基本生活环境的改变。有毒有机物污染调查表明：化工废水排放的有机有毒物已经开始影响到饮用水安全问题，使中国的化工产业面临着紧迫的环保危机。从环保工程技术成熟性来看，由于化工产品和生产过程的复杂多样，技术难点多，生产中排放的污染物种类多、数量大、毒性高，很多污染问题至今尚未很好地解决，需要长期攻关，进一步开发经济有效的处理技术。

6.4.3 确定处理方案的前提条件

在化工废水处理设计过程中，处理方案的选择和确定占有相当重要的地位。通常，处理方案的确定意味着整个工程基本框架的确定，包括处理技术、工程内容、建设投资、日常运转费用的确定等。

选择与确定处理方案的前提条件如下。

(1) 废水水质水量分析　对废水水质水量的分析是选择与确定处理方案的首要条件。准确的水质水量分析可以为处理方案的正确选择和确定提供可靠的依据。确定废水水质水量的原则与主要方法：①生产工艺过程中的物料、水量平衡；②有条件时，对拟建项目的废水水质和水量进行实测；③参考同类型工程进行类比调研和分析。

(2) 废水处理程度　废水处理程度是选择和确定废水处理方案的主要依据之一，而废水的处理程度又主要取决于处理水的纳污条件或利用要求，一般有以下几种情况。

一是废水在厂内处理后回用或达标排放进入水体。

二是对有毒有害污染物先在车间内初步处理（预处理）再排入处理站中处理，然后回用或排入水体。

三是由若干工厂联合进行联片处理后回用或排入水体。

四是废水在厂内进行预处理，达到接入市政污水管网水质标准后纳入市政污水管网，进入市政污水处理厂集中处理。

上述各方式处理后的水回用或排入水体时，都应符合相应的水质标准。在选择处理方案时，应根据处理与利用相结合的原则，结合具体条件，因地制宜选择分散处理或集中处理。

(3) 当地自然条件和社会经济条件　当地的地形、气候等自然条件对废水治理方案的确定具有一定的影响。例如，当地拥有农业开发利用价值不大的旧河道、洼地、沼泽地等自然条件时，就可以考虑采用稳定塘、土地处理等废水自然生物处理系统。在寒冷地区应当采取在低温季节也能够正常运行的处理工艺和技术措施，以保证处理水水质达标，等等。

此外，当地的原材料与电力供应等条件，工程施工的难易程度和运行管理等也是确定处理方案需要考虑的因素。

6.5 化工废水处理工艺流程

6.5.1 日用化工废水处理工艺流程

6.5.1.1 日用化工废水的来源

日用化工产品是人们在日常生活中所使用的化工产品。例如洗涤剂、化妆品、牙膏、油墨以及黏合剂、皮革皮毛保护剂、杀虫剂等诸多与人们日常生活息息相关的化工产品。随着社会发展和科学技术的进步，日用化学工业在整个化学工业中所占比例逐年上升，日用化工产品的范畴也在不断发生变化。但迄今为止，各种各样的洗涤用品和化妆品依然是日化工业的主体产品。我国洗涤用品和化妆品的人均占有量虽然远低于世界平均水平，但总产量大，并且多年来持续保持较高的发展速度。

日用化工废水的来源主要有以下几方面。

(1) 工艺废水　生产过程中形成的废水，如蒸馏残液、结晶母液、过滤母液等。这类废水往往含有较多的污染物、毒性大、不易生物降解，因而对水体污染影响很大。

(2) 洗涤废水　产品或中间产物在精制过程中产生的洗涤水。这类废水虽然所含污染物浓度不大，但排放量大。

(3) 跑冒滴漏及意外事故造成的污染水　生产操作失误或设备泄漏会使原料、中间产物或产品外溢而造成污染。这就要求在废水治理的统筹考虑中应有事故应急措施。

(4) 设备和容器清洗水　其中主要成分是原料、产品及中间产物和副产物等，污染较大。在某些日化厂中，如牙膏、化妆品生产，香精配制，液体洗涤剂配制等企业，这类废水几乎是工厂废水的主要来源。

(5) 地面冲洗水　生产区地面撒落的原料、中间产物、成品等在地面清洗过程中进入废水系统。地面冲洗水水量往往较大，水质较差，特别是在管理不善的时候，污染物总量可能在整个废水系统中占有较大的比重。

6.5.1.2　日用化工废水的污染物及特征

日用化工废水中含有的污染物主要有以下几种。

(1) 固体污染物　它的存在不但使水质浑浊而且会引起管道和设备阻塞、磨损，干扰废水处理和回收。因大多数废水中都有一些固体悬浮污染物存在，所以去除悬浮物是日用化工废水处理的一项基本要求。

(2) 需氧污染物　需氧污染物是指废水中能够通过化学或生物化学作用而消耗水中溶解氧的物质。这类物质大多是有机物，而无机物中的耗氧物质主要有Fe、Fe^{2+}、S^{2-}、CN^-等。一般在废水处理中需氧污染物即指有机物。

(3) 营养性污染物　营养性污染物是指废水中所含的N和P等植物和微生物的主要营养物质。这类物质排入水体后，致使水体中N和P的浓度分别超过0.2mg/L和0.02mg/L时，就可能引起水体富营养化，刺激各种水生生物异常增殖而造成一系列危害，形成营养性污染。

(4) 酸碱污染物　酸碱污染物主要是指废水中的酸性或碱性物质，它们使水体pH发生变化，破坏自然缓冲作用，抑制微生物生长，妨碍水体自净，使水质恶化、土壤酸化或盐碱化。各种生物都有自己的pH适应范围，超过该范围就会影响其生存。对渔业水体而言，pH不能低于6或高于9.2，当pH为5.5时，一些鱼类就不能生存或生殖率下降。农业灌溉用水pH应为5.5～8.5。此外，酸性废水还会对金属和混凝土材料造成腐蚀。

(5) 有毒污染物　有毒污染物是指能引起生物毒性反应的化学物质。有毒物质主要分为无机化学毒物、有机化学毒物和放射性物质等。

(6) 油类污染物　油类污染物主要包括石油类和动植物油类污染物两种。油类污染物能在水面上形成油膜，使大气与水面隔绝，破坏水体复氧条件，它还能附着于土壤颗粒表面和动植物体表，影响养分吸收和废物排出。当水中含油0.01～0.1mg/L时，对鱼类和水生生物就会产生影响。当水中含油0.3～0.5mg/L时，就会产生石油气味，不适合饮用。

(7) 生物污染物　生物污染物主要是指废水中的致病微生物。如各种致病细菌、病虫卵和病毒等。

(8) 感官性污染物　感官性污染物是指废水中能引起异色、浑浊、泡沫、恶臭等现象的物质，虽然不一定有很大危害，但是能够引起人们感官上的极度不适。

6.5.1.3　日用化工废水的处理工艺流程

日用化工废水COD较高、可生化性较差，在一般情况下，对这类废水多采用物理化学处理结合生物处理的处理工艺。处理达标排放的通用处理方法和处理工艺流程如图6-1所示，具体采用时应结合实际情况相应调整。

日用化工废水 → 预处理 → 物化处理 → 生物处理 → 排放

图6-1　日用化工废水的处理工艺流程

(1) 预处理　预处理的目的是去除废水中的大颗粒杂物，调节水质水量，保证后续处理工序可连续稳定地运行。预处理主要采用格栅、调节池等处理设备和构筑物。

(2) 物化处理　一般日用化工废水有机污染物浓度较高，毒性较大，不易生物降解，不宜直接采用生物处理法，应先通过物理化学方法去除废水中的部分污染物，如悬浮物、难生物降解有机物、有毒有害物质等，减轻后续生物处理系统负荷，保证废水处理系统稳定运行。针对日用化工废水的特点，物化处理方法可采用混凝沉淀、混凝气浮等工艺。

(3) 生物处理　废水经物理化学处理后，各污染物浓度已大幅降低，但一般情况下，还不能达标排放，因此需要进一步采用生物处理法进行处理。鉴于日用化工废水中含有一些难生物降解的有机物，为了提高生物处理系统的处理效果，宜先采用水解酸化，利用水解菌将不溶性的有机物水解为溶解性物质，同时在产酸菌的协同作用下将大分子和难生物降解的物质转化为易于降解的小分子物质，去除部分COD，提高BOD_5/COD。

经水解酸化处理后的废水可采用常规生物处理方法，如A/O法、生物接触氧化法等。生物接触氧化法具有可持留难降解有机物降解菌的特点，对难降解有机物的处理效果较好。

6.5.1.4　日用化工废水的设计参数

(1) 调节池　考虑到日用化工生产过程中废水排放的周期性、瞬时性和不稳定性，以及部分冷却水、生活污水及冲洗水的排放，适宜将调节池与集水池一体化设计，利用调节池将生产废水与冷却水、生活污水和冲洗水充分混合，调节水量，均合水质，以保证后续处理工序可连续稳定地运行，水力停留时间应根据生产情况及排水情况选定，一般宜为8～24h。

调节池宜设置水质混合装置，可采用空气搅拌或机械搅拌。空气搅拌可采用在池底设置穿孔管的形式，空气量宜采用5～6$m^3/(m^2 \cdot h)$。机械搅拌强度4～8W/m^3。鉴于空气搅拌效果较好，且具有预曝气的作用，可优先考虑，但在工程中需要采取穿孔管的防腐和防止孔眼堵塞的措施。

(2) 混凝反应　混合池停留时间宜为1～2min，混合池内设置搅拌装置，如采用机械搅拌，搅拌器直径为混合池直径的1/3～2/3。当混合池有效高度与混合池直径之比（H/D）<1.3时，搅拌器设单层。当H/D>1.3时，搅拌器宜设2层或多层，设计速度梯度G=500～1000s^{-1}。

反应池停留时间宜为5～20min，数量一般不小于2个，设计GT值为10^4～10^5。

混凝反应池的药剂种类和投药量需要通过试验确定。

(3) 沉淀和气浮　小型工程宜采用竖流沉淀池，沉淀时间为2.0～4.0h。

沉淀池设计表面负荷应为0.8～1.2$m^3/(m^2 \cdot h)$。

一般采用溶气气浮，气浮池溶气压力通常采用0.2～0.4MPa，回流比20%～30%。

(4) 水解酸化池　水解酸化是在缺氧条件下，利用水解菌群的生化作用，进行水解、酸化反应，将不溶性的有机物水解为溶解性物质，并将难降解的大分子物质转化为易降解的小分子物质。水解池内部挂有接触填料，水力停留时间一般为4～8h，对BOD_5/COD低、可生化性差的难生物降解废水可适当延长水力停留时间。

(5) 好氧池　以采用生物接触氧化池为多，池内设置填料，底部穿孔曝气。由于填料比表面积大，池内充氧条件良好，单位容积填料的生物固体量较高，因此，生物接触氧化池具有较高的容积负荷，对水质水量的骤变有较强的适应能力。填料容积负荷为1kgCOD/$(m^3 \cdot d)$左右，有效接触时间为12～24h，具体应根据实际水质和处理程度确定。

(6) 二次沉淀池　二次沉淀池的类型按水量大小采用辐流式、竖流式等，不宜采用斜管（板）沉淀池。表面负荷宜为0.6$m^3/(m^2 \cdot h)$左右。一般采用机械刮泥和刮除浮渣方式。

6.5.2　染料化工废水处理工艺流程

6.5.2.1　染料化工废水的来源

染料工业包括染料、纺织染整助剂和中间体生产。主要染料种类有分散染料、还原染料、直接染料、活性染料以及阳离子染料等14类，有500多个品种。目前，我国染料工业正处于从生产低档染料向生产高档染料转变的产品结构调整期。以浙江省为例，全省生产染料及染料中间体、助剂生产企业有100余家，全省染料工业的总产值在全国同行业中占有很大的比重。

染料一般是通过氯化、耦合、乙基化、硝化、缩合、氧化还原、重氮化等化学反应合成，再经分离精制而得到产品。染料生产废水主要来源有以下几方面。

(1) 废母液　染料生产废水主要来自染料生产合成过程中产生的废母液。往往含有较多的污染物、毒性大、不易生物降解，因而对水体污染影响很大。

(2) 洗涤废水　主要是产品分离、精制过程中产生的洗涤废水。这类废水虽然所含污染物浓度不大，但排放量大。

(3) 跑冒滴漏及意外事故造成的污染水 生产操作失误或设备泄漏会使原料、中间产物或产品外溢而造成污染。这就要求在废水治理的统筹考虑中应有事故应急措施。

(4) 清洗废水 主要是生产设备及车间地面的冲洗废水。这部分废水中含有原料、产品及中间产物和副产物等。生产区地面撒落的原料、中间产物、成品等在地面清洗过程中亦会进入废水。地面冲洗水水量往往较大，污染程度相对较轻。

6.5.2.2 染料化工废水的特点

染料生产基本原料为苯系、萘系、蒽醌系及苯胺、硝基苯、酚类等有毒物，品种多、批量小、工艺复杂、产品收率低、废水排放量大。据估算，在染料生产中约有60%的无机原料和10%～30%的有机原料转移到废水中。染料废水中含有大量的卤代物、硝基物、氨基物、苯胺及酚类等有毒物质，有些物质又是难于生物降解的；废水颜色深，色度达到数千倍甚至数万倍；还含有氯化物、硫化物、硫酸钠等无机盐类。因此，染料化工废水一直是废水处理中的难题。

染料化工废水的主要特点如下。

(1) 染料生产品种繁多，工艺复杂，多为间歇操作，废水酸碱性强，水质水量变化范围大。

(2) 废水排放量大，一般每吨产品排出废水5～15t。

(3) 废水组成复杂，有机污染物浓度高，COD一般在3000～10000mg/L，颜色深，有些物质难于生物降解。

(4) 含盐量高，有生物抑制性。

6.5.2.3 染料化工废水的处理工艺流程

染料化工废水COD较高、可生化性较差，在一般情况下，对这类废水多采用物理化学处理结合生物处理的处理工艺。处理达标排放的通用处理方法和处理工艺流程如图6-2所示，具体采用时应结合实际情况相应调整。

染料化工废水 → 预处理 → 物化处理 → 生物处理 → 排放

图6-2 染料化工废水的处理工艺流程

(1) 预处理 预处理的目的是去除废水中的大颗粒杂物，调节水质水量，保证后续处理工序可连续稳定地运行。预处理主要采用格栅、调节池等处理设备和构筑物。

(2) 物化处理 一般染料化工废水有机污染物浓度较高、毒性较大、不易生物降解，不宜直接采用生物处理法，应先通过物理化学方法去除废水中的部分污染物，如悬浮物、难生物降解有机物、有毒有害物质等，以减轻后续生物处理系统负荷，保证废水处理系统稳定运行。针对染料化工废水的特点，物化处理方法可采用混凝沉淀、混凝气浮等工艺。

(3) 生物处理 废水经物理化学处理后，各污染物浓度已大幅降低，但一般情况下，还不能达标排放，因此需要进一步采用生物处理法进行处理。鉴于染料化工废水中含有一些难生物降解的有机物，为了提高生物处理系统的处理效果，宜先采用水解酸化，利用水解菌将不溶性的有机物水解为溶解性物质，同时在产酸菌的协同作用下将大分子和难生物降解的物质转化为易于降解的小分子物质，去除部分COD，提高BOD_5/COD。

经水解酸化处理后的废水可采用常规生物处理方法，如A/O法、生物接触氧化法等。生物接触氧化法具有可持留难降解有机物降解菌的特点，对难降解有机物的处理效果较好。

6.5.2.4 染料化工废水的设计参数

(1) 调节池 考虑到染料化工生产过程中废水间歇排放的不稳定性，适宜将调节池与集水池一体化设计，利用调节池将生产废水与生活污水和冲洗水充分混合，调节水量，均合水质，以保证后续处理工序可连续稳定地运行，水力停留时间应根据生产情况及排水情况选定，一般宜为8～24h。

调节池宜设置水质混合装置，可采用空气搅拌或机械搅拌。空气搅拌可采用在池底设置穿孔管的形式，空气量宜采用5～6$m^3/(m^2 \cdot h)$。机械搅拌强度4～8W/m^3。鉴于空气搅拌效果较好，且具有预曝气的作用，可优先考虑，但在工程中需要采取穿孔管的防腐和防止孔眼堵塞的措施。

(2) 混凝反应　混合池停留时间宜为1～2min，混合池内设置搅拌装置，如采用机械搅拌，搅拌器直径为混合池直径的1/3～2/3。当混合池有效高度与混合池直径之比（H/D）<1.3时，搅拌器设单层。当H/D>1.3时，搅拌器宜设2层或多层，设计速度梯度$G=500\sim1000s^{-1}$。

反应池停留时间宜为5～20min，数量一般不小于2个，设计GT值为$10^4\sim10^5$。

混凝反应池的药剂种类和投药量需要通过试验确定。

(3) 沉淀和气浮　采用辐流沉淀池较多，沉淀池设计表面负荷应为0.8～1.2$m^3/(m^2\cdot h)$。

气浮池采用溶气气浮的类型，溶气压力通常采用0.2～0.4MPa，回流比20%～30%。

(4) 水解酸化池　水解酸化是在缺氧条件下，利用水解菌群的生化作用，进行水解、酸化反应，将不溶性的有机物水解为溶解性物质，并将难降解的大分子物质转化为易降解的小分子物质。水解池内部挂有接触填料，水力停留时间一般为4～8h，对BOD_5/COD低、可生化性差的难生物降解废水可适当延长水力停留时间。

(5) 好氧池　染料化工废水好氧生物处理一般采用生物接触氧化法或活性污泥法，而鉴于染料化工废水的特征，以采用生物接触氧化法为多。在接触氧化池内设置填料，底部设穿孔曝气。由于填料比表面积大，池内充氧条件良好，单位容积填料的生物固体量较高，因此，生物接触氧化池具有较高的容积负荷，对水质水量的骤变有较强的适应能力。填料容积负荷为1kg COD/($m^3\cdot d$)左右，有效接触时间为12～24h，具体应根据实际水质和处理程度确定。

(6) 二次沉淀池　二次沉淀池的类型按水量大小采用辐流式、竖流式等，不宜采用斜管（板）沉淀池。表面负荷宜为0.6$m^3/(m^2\cdot h)$左右。一般采用机械刮泥方式。

6.5.3 农药化工废水处理工艺流程

6.5.3.1 农药化工废水的来源

我国是农药生产大国，农药生产企业近2000家，农药年产量居世界前列。我国农药结构中高毒品种比例较多，其中杀虫剂占70%，而杀虫剂中有机磷酸酯占70%，有机磷酸酯中高毒品种占70%，正是这种不合理的结构增加了废水污染治理的难度。

有机磷农药生产工艺一般是将人工原料经一步或两步合成反应，再经分离精制，水洗去除反应副产物而制成成品。农药生产废水主要包括农药合成生产排放废水、产品精制洗涤水、车间和设备洗涤水、冷却水等。农药产品的废水排放量一般为每吨产品产生废水3～24t，COD为5000～80000mg/L，组成复杂，毒性大。

6.5.3.2 农药化工废水的特点

农药化工废水的主要特点有以下几方面。

(1) 有机物浓度高　综合农药废水在处理前COD通常在每升几千毫克到每升几万毫克，而农药生产过程中合成废水的COD高达每升几万毫克，有时甚至高达每升几十万毫克以上。

(2) 污染物成分十分复杂　农药生产涉及很多有机化学反应，废水中不仅含有原料成分，而且含有很多副产物、中间产物等。

(3) 毒性大，生物降解难　农药废水大多含有农药和中间体，此外还含有苯环类、酚、砷、汞等有毒物质，抑制微生物生长。例如在毒死蜱生产废水中含有三氯吡啶醇、二乙胺基嘧啶醇等，均为难生物降解化合物。

(4) 有恶臭及刺激性气味　农药废水对人的呼吸道和黏膜有刺激性，严重时可产生中毒症状，危害身体健康。

(5) pH变化大，无机盐含量高　由于农药生产过程中需要添加各种酸、碱和无机盐，因此废水中含盐量高，且pH变化大。

(6) 水质水量不稳定　由于生产工艺不稳定、操作管理不到位等问题，造成排放的废水水质、水量不稳定，给废水处理带来一定的难度。

6.5.3.3 农药化工废水的处理工艺流程

农药化工废水有机物浓度较高、毒性大，难生物降解、pH变化大、无机盐含量高、有恶臭及刺激性气味。对这类废水多采用分质分段处理方法，对高浓度有毒有害生产废水先进行预处理，再与其他低浓度废水（厂区生活污水、冷却水等）混合进行生物处理后达标排放，处理工艺流程如图 6-3 所示。

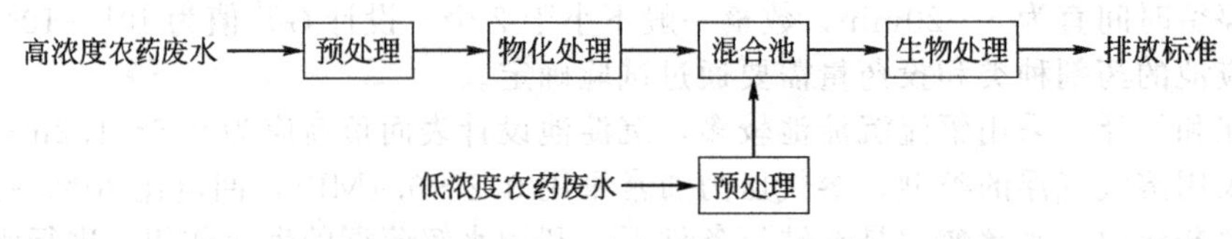

图 6-3 农药化工废水的处理工艺流程

(1) 预处理 农药废水水质水量变化很大，为了保证后续处理工序可连续稳定地运行，需要采用必要的预处理手段，采用格栅、调节池等去除废水中的大颗粒杂物，调节水质水量。

(2) 高浓度生产废水物化处理 农药生产废水有机物浓度较高、毒性大，难生物降解，为了降低 COD，去除有毒物质活性基团，提高废水可生化性，需进行物化处理。针对农药废水，物化处理方法主要有混凝沉淀、气浮、铁碳微电解、高效 Fenton 等，有必要时，可选择几种预处理方法联用，以达到更好的处理效果。

① 混凝沉淀或气浮。农药废水中含有大量油脂、有机溶剂及胶体物质，混凝沉淀可去除大部分胶体物质。混凝气浮可有效去除废水中的油脂、有机溶剂，既降低 COD，又可回收有机溶剂。

② 铁碳微电解。铁碳微电解是絮凝、吸附、架桥、共沉、电沉积、电化学还原等多种作用综合效应的结果，能有效地去除污染物，提高废水可生化性。铁碳微电解是基于电化学中的电池反应，当将铁和炭浸入电解质溶液中时，由于 Fe 和 C 之间存在 1.2V 的电极电位差，因而会形成无数的微电解系统。电极反应如式(6-1)～式(6-3)所示。

阴极：

$$2H^+ + 2e^- \longrightarrow 2[H] \longrightarrow H_2 \tag{6-1}$$

$$O_2 + 2H_2O + 4e^- \longrightarrow 4OH^- \tag{6-2}$$

阳极：

$$Fe - 2e^- \longrightarrow Fe^{2+} \tag{6-3}$$

在其作用空间构成一个电场，新产生的铁表面及反应中产生的大量初生态的 Fe^{2+} 和原子 H 具有高化学活性，能改变废水中许多有机物的结构和特性，使有机物发生断链、开环。微电池电极周围的电场效应也能使溶液中的带电离子和胶体富集并沉积在电极上而除去。另外，反应中的 Fe^{2+}、Fe^{3+} 及其水合物具有强烈的吸附絮凝活性，能进一步提高处理效果。

③ 高效 Fenton。高效 Fenton 氧化法，主要原理是外加的 H_2O_2 氧化剂与 Fe^{2+} 催化剂，即 Fenton 试剂，在适当的 pH 下（2.5～3.5）反应产生羟基自由基（·OH）等，反应如式(6-4)～式(6-8)所示。

$$Fe^{2+} + H_2O_2 \longrightarrow Fe^{3+} + \cdot OH + OH^- \tag{6-4}$$

$$Fe^{3+} + H_2O_2 \longrightarrow Fe^{2+} + HO_2 \cdot + H^+ \tag{6-5}$$

$$\cdot OH + H_2O_2 \longrightarrow H_2O + HO_2 \cdot \tag{6-6}$$

$$HO_2 \cdot \longrightarrow \cdot O_2 + H^+ \tag{6-7}$$

$$\cdot O_2 + H_2O_2 \longrightarrow O_2 + \cdot OH + OH^- \tag{6-8}$$

经过上述反应生成了一系列的自由基，如 ·OH、HO_2·、·O_2 等，其中生成的羟基自由基 ·OH 有较高的氧化电位：

$$\cdot OH + H^+ \longrightarrow H_2O \quad E^\ominus = 2.80V \tag{6-9}$$

其氧化电位仅次于氟，因而可与废水中的有机物发生反应，使其分解：

$$\cdot OH + RH \longrightarrow R \cdot + H_2O \tag{6-10}$$

$$R \cdot + O_2 \longrightarrow ROO \cdot \longrightarrow ROOH \cdot \longrightarrow \text{分解产物} + \cdot OH \tag{6-11}$$

流体化床 Fenton 氧化法是新一代 Fenton 氧化技术，Fenton 氧化产生的三价铁（Fe^{3+}）在流体化反应槽中的单体表面产生 FeOOH 结晶，而 FeOOH 也是 H_2O_2 的一种催化剂，有

FeOOH 的存在可以大幅降低 Fe^{2+} 催化剂的加药量，进而降低操作成本与减少污泥产生量。

在流体化 Fenton 化学氧化槽中 Fe^{2+} 与 H_2O_2 反应会形成 Fe^{3+}，反应槽出水需在 pH 调整池中将 pH 调整至碱性以形成 $Fe(OH)_3$，并于絮凝池中借助助凝剂（PAM）聚集成大颗粒，在化学沉淀池中去除。由于 Fe^{3+} 本身就是很好的混凝剂，所以在这个过程中除了将 $Fe(OH)_3$ 分离去除外，同时对色度、SS 及胶体也具有很有效的去除效果。

高效 Fenton 和上述铁碳微电解都属于高级氧化法，具有强氧化性，能破坏有机物的结构和活性，对改善后续生物处理条件，确保生物处理效果起到关键性的作用。

(3) 生物处理　高浓度生产废水经物化处理后，COD 大幅降低，可生化性提高，适宜进行生物处理。生物处理方法宜采用先水解酸化，后常规生物处理的方法。常规生物处理方法根据不同的废水性质和处理要求选用 A/O、A_2/O、生物接触氧化、SBR 等。关于生物处理方法读者可参阅本书第 2 章。

(4) 除臭系统　由于农药废水有刺激性气味且毒性较大，工程上应考虑设置臭气收集及处理装置。臭气处理可采用化学吸收、生物处理、焚烧等方法。

6.5.3.4 农药化工废水设计参数

(1) 调节池　宜分别设置高浓度废水调节池和低浓度废水调节池。高浓度废水调节池水力停留时间应根据生产情况及排水情况选定，如无数据，宜为 12～24h。低浓度废水调节池水力停留时间宜为 8～24h。

(2) 铁碳微电解反应池　铁碳微电解反应池能有效地去除污染物，提高废水的可生化性，反应时间宜为 2～4h。反应池内需定时投加铁炭粉或铁碳填料，铁碳比（体积比）宜为 1∶1，投加量应根据处理废水水质而定。

(3) 高效 Fenton　高效 Fenton 具有强氧化性，能破坏有机物的结构和活性，提高废水的可生化性，反应时间宜为 30min，pH 宜控制在 3.0～4.0。反应池内需投加 Fe^{2+} 和 H_2O_2，投加量应根据废水水质及处理程度而定，一般可按 COD ∶ H_2O_2 ∶ Fe^{2+} ＝1 ∶（1.5～2.0）∶（0.5～1.0）（质量比）估算。

(4) 水解酸化池　在缺氧条件下，利用水解菌群的生化作用，进行水解、酸化反应，将不溶性的有机物水解为溶解性物质，并将难降解的大分子物质转化为易降解的小分子物质。水解池内部挂有接触填料，水力停留时间宜为 10～24h。

(5) 好氧池　宜采用活性污泥曝气池、生物接触氧化池或 SBR 等。由于农药化工废水属于难生物降解有机废水，所以采用好氧生物处理时一般应采用较长水力停留时间和较低的污泥负荷（N_S）。采用活性污泥曝气池时，一般 N_S 为 0.2～0.3kgCOD/(kgMLSS·d)。采用生物接触氧化池时，填料容积负荷为 0.5kgCOD/(m^3·d) 左右，有效接触时间为 24～48h，具体应根据实际水质而定。

6.6 化工废水再生利用

6.6.1 化工废水再生利用基本方法

随着经济的高速发展，化工产品生产过程对环境的污染加剧，化工废水对人类健康的危害也日益普遍和严重。同时化工企业作为用水大户，新鲜水用量大，水的重复利用率低，不仅造成环境污染，也浪费大量水资源。我国是一个水资源缺乏的国家，而且水资源分布极不均衡，在干旱和半干旱地区，水资源短缺已经成为制约经济和社会发展的主要因素之一，当然水资源的短缺也对这些工业用水大户的生产造成威胁。因此对化工废水进行深度处理，从而回用于生产或者其他场合，实现化工废水的再生利用，不仅可以保持企业的可持续发展及减少水资源的浪费，降低生产成本，还可以提高企业经济效益、社会效益和环境效益，甚至对地方经济和社会的发展也起到促进作用。

化工废水经过深度处理后作为生产回用水时，不同的化工企业、不同的回用用途和目标，对回用水的要求也不同。废水再生回用技术主要是指废水深度处理技术，即针对不同的使用要求，从经达标处理的废水中进一步去除少量或微量的污染物，以改善水质。因此，废水再生回用一般在低负荷条件下运行，且对出水水质的稳定性有着严格的要求。

要实现化工废水的再生利用，选择科学、合理、高效、经济的回用工艺，是成功实施废水回用的关键和前提。化工废水处理回用工艺的选择，一般需要考虑以下几个因素。

(1) 回用的用途和目标　化工企业废水的回用用途不同，对水质的要求也不同，因而处理工艺也就不同。因此回用的用途和目标是确定回用工艺时需要考虑的首要因素。化工废水再生利用用途，一般包括用作杂用水（车间地面及道路冲洗、设备外表冲洗、车辆清洗及施工用水等）、绿化浇灌及景观用水、循环冷却用水、工艺和产品用水以及锅炉补给水等。

(2) 污染物的种类和水质指标　不同的化工企业排放的污染物种类不同，再生水的用途也不同，污染物种类和限值水平也各不相同，采用的回用处理工艺必须具有针对性。

(3) 技术的成熟性与稳定性　化工废水进行深度处理回用时，对回用水水质的稳定性有较高要求，因此从工艺的可靠性角度考虑，应当选择成熟和运行稳定的处理工艺。当现有的成熟处理技术不足以达到要求的去除效果，或者因其他客观条件的限制需要采用新技术、新工艺时，应当在设计之前进行必要的试验以对技术可行性进行验证，确定相应的设计参数，保证处理效果。

(4) 现有的处理工艺　回用水深度处理工艺一般都是设置在达标处理工艺之后，因此对达标处理工艺及其处理效果进行评估和分析，可以了解深度处理中需要进一步去除的残余污染物的性质和特点，使深度处理工艺的选择更具有针对性。一般在既有达标处理中已采用过的单元处理工艺，不宜在深度处理中重复采用。比较典型的就是生物处理工艺，前处理中已经使用了生物处理工艺，且停留时间较长或有机负荷较低，那么说明残余的有机物主要是难以生物降解的，此时在深度处理中如再采用生物法，则收效有限。

(5) 经济合理性　经济合理性是决定化工废水回用的重要因素，因此需要在达到回用要求的前提下对投资和运行费用进行比较。一般在不考虑资源效益的前提下，单一地将包含处理设施设备折旧费在内的处理费用与新鲜水的价格进行对比，在一定程度上可以大致分析回用工程在经济上的可行性。一般情况下，废水的处理费用与污染物的去除率之间存在一定的关系，去除率越高处理费用越高，但并不是简单的线性关系。当废水中污染物含量已经处于低水平时，去除率的小幅提高就会带来处理费用的大幅度增长，一般化工废水的深度处理回用就是处于这种状况。在工程实践中可以根据处理费用与处理程度的关系找到一个平衡点，用来评价回用工程在经济上是否可行。当然在实际操作中，还需要考虑其他因素，如水资源效益、节水政策、新鲜水价格的变化、排污总量控制要求等，进行综合分析与评价。

此外，化工废水的再生回用有时还需要考虑其他因素，例如回用水量水质的可操作性、膜分离的浓缩液处理、污泥的消纳等。

6.6.2 化工废水生产回用水质要求

化工废水回用水根据不同的回用用途，水质要求也各不相同。由于化工废水成分复杂，目前我国尚未制定专门的化工废水再生利用水水质标准。如回用水用作生产工艺及生产设备用水，应参考相应的生产用水水质标准。如回用水用作生产用水水源，一般可参考《城市污水再生利用工业用水水质标准》(GB/T 19923—2005)。回用水的化学毒理学指标应符合《城镇污水处理厂污染物排放标准》(GB 18918—2002) 中“一类污染物”和“选择控制项目”各项指标限值的规定。

6.6.2.1 杂用水

杂用水对水质的要求相对较低，需要控制的主要污染物包括BOD、SS、色度、病原微生物等。对于执行较高排放标准的化工废水，达标排放水一般经过过滤、消毒等处理可满足杂用水的水质要求。

6.6.2.2 绿化浇灌及景观用水

绿化浇灌用水的水质要求主要是考虑对植物的影响，而不同植物对水中污染物的耐受程度不同，需要控制的主要污染物通常是含盐量、COD和氨氮等。而景观用水的水质除了考虑再生水的表观性状以外，为了防止景观水体的富营养化，无机营养元素总氮和总磷是需要控制的主要指标。

6.6.2.3 循环冷却水

循环冷却水是化工再生水使用的主要用途之一，对水质的要求应重点考虑防止设备、管道的腐蚀和结垢，微生物的滋生，需要控制的水质指标主要有硬度、碱度、电导率、硫酸根离子、氯离子、pH、COD等。不同的冷却水系统对水质的要求详见《工业循环冷却水处理设计规范》(GB 50050—2007)。

6.6.2.4 工艺和产品用水

化工生产对用水水质一般都有很高的要求，化工废水回用于工艺和产品用水时，可能会对产品的质量产生影响。而且不同的化工行业，工艺性质不同，对水质的要求有很大差异。日用、染料、农药等化工行业对工艺再生水的水质要求相对较高，是否具备废水再生回用的可行性，应当在技术经济比较的基础上，结合其他客观条件进行具体的研究分析。根据不同工艺及不同产品的具体情况，通过再生利用试验，以验证回用水水质是否达到相关工艺与产品的用水水质要求。目前国内化工废水回用于工艺生产尚属少见，回用的重点还是以循环冷却水为主。

此外，化工废水处理再生利用时，应做好再生回用水的安全用水管理工作，如杀菌灭藻、水质稳定、水质水量与用水设备检测控制等。再生水管道要按照规定涂有与新鲜水管道相区别的颜色，并标注“再生水”字样，用水点要有“禁止饮用”标志，防止误饮误用，等等。

6.6.3 化工废水深度处理生产回用技术新进展

化工工艺对用水水质要求高，回用水各项指标都必须控制在用水指标要求之内，否则将会影响产品质量和生产设备与管道的使用寿命。采用单一的处理工艺技术一般很难使化工废水达到再生利用的要求。而采用物理、化学、生物的处理工艺技术有机组合，充分发挥各种不同的处理工艺技术的长处，可以使化工废水深度处理达到较为理想的效果。目前，化工废水深度处理生产回用技术有高级氧化技术、强化絮凝技术、膜分离技术、吸附技术和电化学技术等。

6.6.3.1 高级氧化技术

高级氧化技术的基础是运用电、光辐射、催化剂，产生活性极强的羟基自由基，进入有机分子并与之反应，从而破坏有机物分子结构达到氧化去除有机物的目的。当前高级氧化技术研究应用主要集中在光催化氧化。光催化氧化是将特定光源与催化剂联合作用对废水进行降解处理的过程，常见的有O_3/UV组合技术、H_2O_2/UV组合技术、O_3/H_2O_2与UV组合技术等。采用光敏化半导体为催化剂处理废水是近年来研究较多的一个分支，以TiO_2催化剂为代表，包括纳米型、膜型和负载型。光催化氧化法催化剂成本较高，但设备简单，运行简便，无二次污染，在化工废水深度处理领域前景广阔。目前，正尝试在TiO_2/UV系统中加入O_3组成新的高级氧化过程，以加速羟基自由基的产生速率。由于该过程的降解理论尚处于探索阶段，对其各种影响因素还需要进一步研究。

6.6.3.2 强化絮凝技术

强化絮凝技术包括为提高常规絮凝效果所采用的一系列强化措施，它是去除胶体物质实行固液分离的主要手段之一。絮凝剂的选择是强化絮凝成功与否的关键因素。强化絮凝技术在化工废水深度处理中应用较多，一般与其他处理技术联用，特别是染料化工废水处理中，可以大幅度提高对COD、色度、SS的去除率。影响染料化工废水强化絮凝处理效果的关键之一是染料本身的结构，因此根据不同的产品选择合适的强化絮凝技术也十分重要。相关强化絮凝的研究很多，与双膜法联用深度处理染料化工废水具有较好的应用前景。

6.6.3.3 膜分离技术

膜分离技术利用特殊制造的多孔膜材料的拦截能力，以浓度梯度、电势梯度及压力梯度作为推动力，通过膜对混合物中各组分选择渗透作用的差异对其进行分离，它可有效地脱除化工废水的色度、臭味、各种离子、大分子有机物。膜分离技术主要包括反渗透（RO）、纳滤（NF）、超滤（UF）及微滤（MF）、膜生物反应器（MBR）。目前在化工废水回用上应用较多的是双膜法，且技术较为成熟，目前已有示范工程。但是在实际应用中仍然存在膜污染、膜清洗和更换等问题，一般只适用于小型工程，大规模地推广应用还有一定的难度。

6.6.3.4 吸附技术

吸附法是将活性炭、黏土等多孔物质的粉末或颗粒与处理水混合，让处理水通过这些颗粒状物组成的滤床，使处理水中的污染物被吸附在多孔介质表面上或被过滤去除。目前采用最多的还是活性炭吸附，能够有效地去除有机污染物、色度、重金属和余氯等。近年来，人们较多地注重对活性炭吸附性能和延长活性炭再生周期的试验研究。

6.6.3.5 电化学技术

电化学处理技术具有设备紧凑、占地面积小、操作简便灵活、无需添加氧化剂或絮凝剂等优点。电化学法作为化工废水深度处理技术的主要目的是进一步降低COD和重金属离子。电化学处理的机理包括电解氧化、电解还原和电絮凝等，去除废水处理水中残余的有机物主要是利用电解氧化和还原作用。一般化工废水处理中残余的COD主要是难生化降解的溶解性有机物，这些有机物在电化学过程中的直接或间接氧化作用下，可分解为CO_2和H_2O。因此，电化学作用可以有效地降低化工废水二级处理出水中残余的难降解COD。但电化学法需要消耗电能，选择合适的电极材料和操作条件是电化学处理技术中研究的重点。

此外，近几年来发展起来的高效纤维束过滤法、混凝-砂滤法、消毒法等都是较为有效的深度处理方法。

由于化工废水的复杂性，采用单一处理技术往往难以达到回用的要求。目前越来越强调采用综合处理的思路和技术路线对化工废水进行深度处理生产回用。对原水进行分析，辨识有毒有害物的关键控制过程与影响因素。从清洁生产与分质回用角度考虑，探索处理出水水质好、工艺运行持续稳定和安全可靠、运行成本低的集成工艺技术体系实现废水深度处理生产回用。

6.7 工程实例

6.7.1 实例1 某洗涤用品有限公司日用化工废水处理工程

6.7.1.1 工程概况

某洗涤用品有限公司是一家生产洗衣粉的合资企业，生产过程中产生的洗涤剂废水主要污染物是阴离子表面活性剂LAS和COD等。

该公司采用混凝沉淀-水解酸化-接触氧化工艺处理含阴离子表面活性剂的洗涤剂废水，以去除废水中的LAS和COD，使处理出水水质稳定达标排放。本工程于1998年9月建成投入正常运行，且通过环保监测达标验收。

6.7.1.2 废水水量水质

（1）设计水量　设计水量除考虑远期规划排水量外，还考虑对厂区初期雨水的处理。设计处理规模为$1000m^3/d$。

（2）废水水质　在进行工程设计之前，该公司进行了大量的日常监测，并连续72h（每小时取样监测一次）对总排放口的主要污染物取样监测。在对监测数据进行分析后，确定废水设计进出水水质如表6-1所示。

表 6-1 某公司日化废水设计进出水水质

项目	水质指标				
	LAS /(mg/L)	COD /(mg/L)	BOD /(mg/L)	SS /(mg/L)	pH
进水	180	750	190	330	10.9
出水	≤10	≤200	≤95	≤150	6～9

6.7.1.3 处理工艺流程

洗涤剂废水的主要污染物是阴离子表面活性剂 LAS，废水中高浓度的 LAS 对微生物细胞的活性和增殖具有一定的阻碍作用，因此使此类废水的生物降解难度加大。废水呈碱性，pH 通常在 9～12。另外，废水中缺少微生物合成细胞质必不可少的氮元素。根据此类废水的特点采用物化处理和生物处理相结合的处理工艺。物化处理采用混凝沉淀，生物处理采用水解酸化和接触氧化。处理工艺流程如图 6-4 所示。

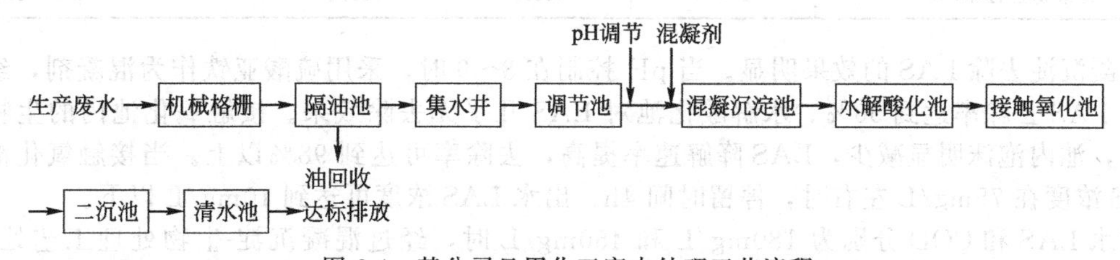

图 6-4 某公司日用化工废水处理工艺流程

6.7.1.4 主要构筑物、设备及工艺参数

(1) 机械格栅　污水经机械格栅去除较大的悬浮物，格栅栅条间距为 10mm。

(2) 隔油池　尺寸为 4m×3m×4m。

(3) 集水井　尺寸为 4m×2.5m×4.5m。

(4) 调节池　尺寸为 14m×8.5m×6m。用于废水的贮存和均质，调节时间为 14h。

(5) 事故池　尺寸为 14.5m×12m×5m。用于贮存浓度较高的废水和降雨初期雨水。

(6) 混凝沉淀池　混凝沉淀池由混合反应池和沉淀池组成，反应池内设有搅拌器。由于硫酸亚铁对 LAS 去除效果好，且价格便宜，因此选用硫酸亚铁作为混凝剂。反应时间为 20min。沉淀池设计表面负荷 $q=1.5m^3/(m^2 \cdot h)$。

(7) 水解酸化池　水解酸化池为上流式污泥层形式，水力停留时间为 4h。为了防止污泥流失，提高池内污泥浓度，在池内安装组合填料。

(8) 接触氧化池　尺寸为 16m×5.4m×4.5m。分 2 个独立单元，单池有效容积 $166m^3$，水力停留时间为 8h。池内安装组合填料和散流式曝气头。供气采用 3 台三叶罗茨风机，2 用 1 备。在接触氧化池结构上除设置 2 组独立的水池外，还在 2 组水池间设置连接管道，使其既能并联运行又能串联运行，增强了构筑物运行的灵活性。

(9) 二沉池　二沉池设计表面负荷 $q=1.5m^3/(m^2 \cdot h)$。

6.7.1.5 运行效果

1998 年 9 月经市环保监测中心监测，废水处理效果如表 6-2 所示。

表 6-2 某公司日化废水处理效果

项目		水质指标				
		pH	COD /(mg/L)	LAS /(mg/L)	石油类 /(mg/L)	SS /(mg/L)
调节池出水	最大值	7.95	553.0	196.0	80.8	67.0
	最小值	7.28	380.0	166.0	37.6	24.0
	平均值	—	432.0	180.0	63.3	45.0

续表

项目		水质指标				
		pH	COD /(mg/L)	LAS /(mg/L)	石油类 /(mg/L)	SS /(mg/L)
混凝沉淀池出水	最大值	8.67	236.0	96.6	15.8	24.0
	最小值	7.74	136.0	53.8	6.2	16.0
	平均值	—	177.0	71.6	10.1	20.0
二沉池出水	最大值	7.85	53.0	1.01	4.8	24.0
	最小值	7.53	45.0	0.65	2.6	<5.0
	平均值	—	48.0	0.81	3.4	11.0
处理出水水质要求		6～9	≤200	≤10		≤150
污染物达标率/%		100.0	100.0	100.0		100.0

混凝沉淀去除 LAS 的效果明显。当 pH 控制在 8～9 时，采用硫酸亚铁作为混凝剂，经混凝沉淀后 LAS 去除率达到 50%。水解酸化池对 LAS 几乎无去除效果。接触氧化池内的生物膜经驯化后，池内泡沫明显减少，LAS 降解速率提高，去除率可达到 98%以上。当接触氧化池的进水 LAS 浓度在 75mg/L 左右时，停留时间 4h，出水 LAS 浓度可达到 10mg/L 以下。

废水 LAS 和 COD 分别为 180mg/L 和 450mg/L 时，经过混凝沉淀-生物处理工艺处理后，出水可达到排放标准。LAS 和 COD 的总去除率分别可达到 99.6%和 89%。

6.7.1.6 讨论

(1) 该废水属于难降解废水。采用混凝沉淀-水解酸化-接触氧化工艺，可有效地去除废水中的 LAS 和 COD，出水水质稳定，达标排放。

(2) 运行结果表明厌氧水解处理单元效果不明显，建议类似废水可取消厌氧水解处理单元，简化处理工艺流程。

(3) 二沉池设计表面负荷偏高，应予降低。

(4) 由于物化处理单元选用硫酸亚铁作为混凝剂，沉淀污泥中含有大量的铁离子和 LAS，应妥善处理，避免造成二次污染。

6.7.2 实例 2 某化工集团染料化工废水处理工程

6.7.2.1 工程概况

某化工集团主要生产分散染料及助剂，其中蒽醌型分散染料属于水溶性染料。在染料和助剂生产过程中产生废水，该工程于 2000 年通过验收并投入运行。

6.7.2.2 废水水量水质

染料废水主要来自产品分离、精制、洗涤以及设备和车间地面冲洗时产生的废水，废水中含有大量挥发酚、苯酚、硝基苯、苯胺、蒽醌，色度大，处理难度大。

废水处理设计规模为 5000m³/d。处理出水纳入市政污水处理厂的排水管道，执行《污水综合排放标准》(GB 8978—1996) 的三级排放标准。废水水质如表 6-3 所示。

表 6-3 某化工集团染料化工废水设计水质

项 目	pH	COD_{Cr} /(mg/L)	硝基苯 /(mg/L)	色度 /倍
原水水质	1～2	3000	10	3000
排放水水质	6～9	≤500	≤5	≤100

6.7.2.3 处理工艺流程

废水处理工艺流程如图 6-5 所示。

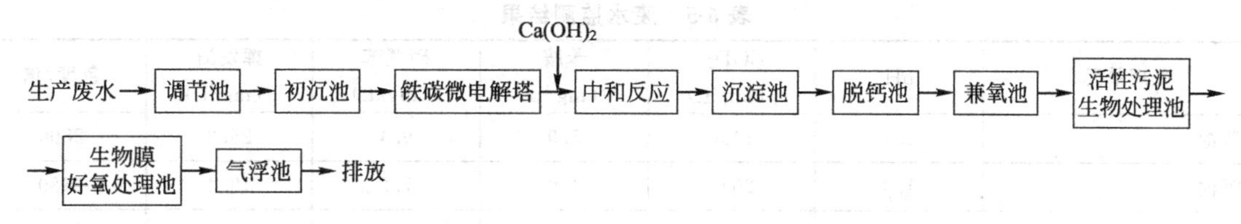

图 6-5 某公司染料化工废水处理工艺流程

本工程废水处理工艺流程的特点如下。

(1) 强化废水预处理。采用初沉池沉淀，除去废水中大部分悬浮固体后，通过“铁碳微电解-中和沉淀”预处理，以提高废水 BOD_5/COD，在去除部分有机污染物的同时，有效地提高废水的可生化性。

(2) 为了确保生物处理效率，采用曝气脱钙方法降低废水中的钙离子浓度。以兼氧池作为生物处理的前端，将不溶性的有机物水解为溶解性物质，并将难降解的大分子物质转化为易降解的小分子物质。以活性污泥 SBR 池-生物膜 SBR 池为主要生物处理单元，设计选用 pH 在线监控仪和工艺运转自动控制设备，确保连续可靠运转。处理系统活性污泥浓度高，总停留时间长，耐冲击负荷能力强，保证废水处理效果。

(3) 采用气浮处理作为生物处理后泥水分离处理单元，以确保处理水水质稳定达标排放。

6.7.2.4 主要设计参数和处理构筑物

主要设计参数和处理构筑物见表 6-4，主要处理构筑物布置如图 6-6 所示。

表 6-4 主要设计参数和处理构筑物

名 称	主要设计参数	尺寸/m	数量	备注
调节池	HRT=8h	23.0×23.0×4.1	1座	
斜管初沉池	$2.3m^3/(m^2 \cdot h)$	13.0×7.0×4.5	1座	
铁碳微电解塔	HRT=0.5h	ϕ4.0×4.5	3座	2用1备
中和沉淀池	$1.24m^3/(m^2 \cdot h)$	13.0×13.0×5.5	1座	
脱钙池	HRT=12h	15.9×16.0×5.5	2座	
兼氧池	HRT=24h	15.9×16.0×5.5	4座	
活性污泥好氧生物处理池	HRT=24h	15.9×16.0×5.5	4座	
生物膜好氧生物处理池	HRT=12h	15.9×16.0×5.5	2座	
气浮池	HRT=1h	12×8×2.5	1座	

图 6-6 某公司染料化工废水处理站

6.7.2.5 运行效果

该工程 1999 年开始废水处理调试和试运行。2000 年通过环保监测验收，正常运行至今。废水处理效果较稳定，监测结果见表 6-5。

表 6-5 废水监测结果

处理单元	pH	COD_{Cr} /(mg/L)	苯胺 /(mg/L)	硝基苯 /(mg/L)	挥发酚 /(mg/L)	色度/倍
调节池	1.1	2450	3.0	9.4	25.2	2800
初沉池	1.3	2045	4.0	7.2	19.4	2680
中和沉淀池	10.1	1646	6.0	3.8	25.9	690
SBR 池	7.8	484	3.2	2.0	5.0	140
气浮池	7.5	356	2.0	1.3	2.1	100

6.7.2.6 讨论

(1) 本工程处理设施已稳定运行多年，废水处理工艺可行且效果良好，其排放水达到《污水综合排放标准》(GB 8978—1996) 三级（纳管）排放标准。

(2) 铁碳微电解塔是本废水处理工艺的预处理关键设备，废水处理工艺运行测试表明，经铁碳微电解处理后可将原废水的 BOD_5/COD 从（0.05～0.1）提高到 0.25 以上，铁碳塔是提高废水 B/C 的有效方法。

(3) 由于原处理工艺设计中，中和沉淀池进水的加药反应是通过渠道混合方式，使石灰乳混凝剂不能完全反应，废水中的大量钙离子悬浮物直接黏附在 pH 电极上，在半个小时内，电极结垢达 3～5mm，严重影响 pH 的正确测定，pH 在线监控仪不能满足使用要求。同时，中和反应池偏小，反应时间不够，影响沉淀池有效运行。通过对中和反应池的调整，中和沉淀效果得到改善。

(4) 废水处理站调试时接种了某农药厂废水处理活性污泥。接种污泥中磷含量高，且活性污泥不能适应高硝基化合物的生长繁殖环境，大批活性污泥进入生化处理池后活性即下降，活性污泥驯化速度慢。后改用含有大比例工业废水的城市污水处理厂活性污泥脱水泥饼作为接种污泥，很快适应该工程的废水处理环境，并能提高活性污泥浓度。

活性污泥 SBR 池中使用曝气机充氧效率高，但是微气泡会引起活性污泥上浮和流失，后增加毛竹球填料，使活性污泥附着在毛竹球上，可减少活性污泥流失。

6.7.3 实例 3 某化工有限公司农药化工废水处理工程

6.7.3.1 工程概况

某化工有限公司位于我国东南沿海地区，是生产三唑磷有机磷农药为主的化工企业。日产三唑磷农药 3t，年生产能力为 1000t 左右。按照环境保护的相关要求，需建设生产废水处理设施，使生产废水经处理后达到相应的排放标准。该工程于 2003 年 6 月投入运行。

6.7.3.2 废水水量水质

该公司废水来源于生产废水、洗涤废水和冷却水等。其中三唑磷生产废水主要包括苯唑醇合成、三唑磷合成废水等。废水中的污染物主要有苯唑醇、盐酸苯肼、乙基氯化物、三唑磷等。该废水有机物浓度高、成分复杂、污染物浓度高、处理难度大。废水水质及水量见表 6-6。

表 6-6 农药生产废水水质及水量

项目	水质指标					水量 /(t/t 三唑磷)
	COD /(mg/L)	BOD_5 /(mg/L)	pH	NH_3-N /(mg/L)	总磷 /(mg/L)	
苯唑醇合成洗涤水	85000	28000	2.5	56000		2～3
三唑磷合成洗涤水	41000	16000	8.5	19.6	1070	0.5～1.5
综合废水	52000	18000		27000	280	7.2～8.7

三唑磷合成与苯唑醇合成所产生的高浓度废水排放量为21～26m^3/d，高浓度废水先经预处理后，再与冷却水混合，生物处理规模为500m^3/d。

出水达到《污水综合排放标准》(GB 8978—1996) 一级标准。

6.7.3.3　工艺流程

根据废水水质特征，对该综合废水中的高浓度废水采用“铁碳微电解-碱性水解-氨吹脱”等工艺预处理后，与冷却水混合，再采用以“厌氧水解-LINPOR工艺”处理为主，“混凝沉磷-BAF曝气生物滤池-氧化塘”处理为辅的工艺，实现废水处理达标排放。工艺流程如图6-7所示。

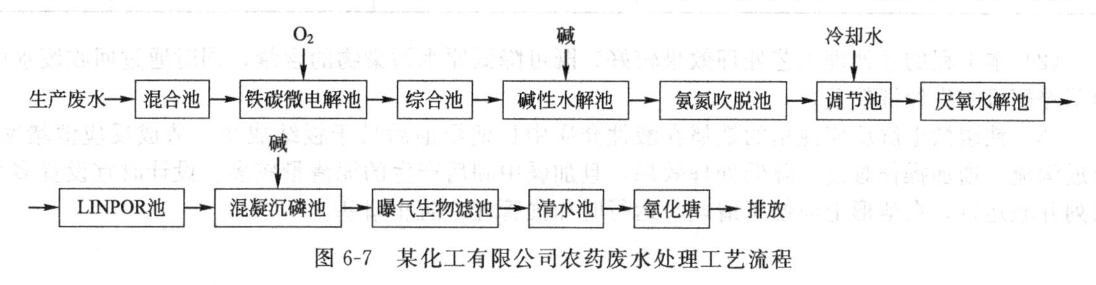

图6-7　某化工有限公司农药废水处理工艺流程

本工程废水处理工艺流程的特点如下。

(1) 预处理采用“铁碳-碱性水解-氨氮吹脱”工艺。苯唑醇合成、三唑磷合成废水在预处理混合池中和后，析出大量苯唑醇，苯唑醇通过抽滤进行回收，一方面大大降低原水污染物含量，另一方面通过回收苯唑醇可产生经济效益。碱性水解处理三唑磷废水效果明显，同时在碱性条件下通过空气吹脱，废水中的大部分氨氮被吹脱出来，吹脱的氨氮通过水射器吸收。

(2) 生物处理采用“水解-LINPOR生物处理”工艺。LINPOR反应器设置3个区：生物选择区、主反应区和沉淀区。

生物选择区是按活性污泥种群组成动力学的规律设计，创造合适的微生物生长条件并选择絮凝性细菌。在生物选择区内污水和从沉淀区内回流的污泥相互接触混合，不仅充分利用活性污泥的快速吸附作用而加速对溶解性的底物去除，并对难降解有机物起到良好的水解作用，同时可使污泥中的磷在厌氧条件下得到有效的释放。回流污泥中含少量的硝酸盐氮可得到反硝化。

主反应区是传统活性污泥工艺和生物膜工艺相结合而组成的双生长型生物反应器。在主反应区内通过投加特殊的生物载体并使之处于流化态。主反应区内设置微孔曝气器进行曝气供氧，在主反应区内废水中的有机污染物通过微生物的作用得以去除。

在沉淀区内，使主反应区的活性污泥得以沉淀分离，并通过回流泵将污泥回流于生物选择区和水解池内，保证LINPOR反应器微生物种群的独立性。

(3) 后处理采用“BAF曝气生物滤池-氧化塘”工艺。BAF曝气生物滤池是将生物接触氧化工艺与过滤工艺相结合的一种好氧膜法废水处理工艺，具有较高的生物膜量、生物活性高、传质条件好、充氧效率高等特点。

氧化塘是利用原有的废水塘改建而成，原有的废水塘生长大量的水生植物和微生物及低等生物，对该废水已具有一定的适应性，处理效果较为明显。

6.7.3.4　运行效果

该工程从2003年2月安装结束，废水处理系统进入调试阶段，通过污泥的接种、驯化，并进行了不同的曝气时间对污泥生长及处理效果的影响试验。调试3个多月后废水处理系统进入正常运行。废水监测结果如表6-7所示。从表中可以看出处理出水水质可达到《污水综合排放标准》(GB 8978—1996) 一级标准，各处理单元基本达到设计要求。

6.7.3.5　讨论

(1) 本工程处理工艺可行且效果好，目前已稳定运行多年，其排放水可达到《污水综合排放标准》(GB 8978—1996) 一级标准。

表 6-7 废水监测结果

项　目	混合池	综合池	氨氮吹脱池	调节池	LINPOR 池	BAF 曝气生物滤池	氧化塘出口
pH	2	5.52	13	11.53	8.29	8.26	7.58
COD/(mg/L)	48000	32928	15025	838.5	214	130.3	88.4
BOD_5/(mg/L)	25000	12938	7500	439	48.8	24.4	14.5
处理效率/%	—	31.4	54.3	—	74.5	39.1	32.1

(2) 本工程的预处理工艺处理效果较好，既可降低原水污染物的含量，同时通过回收废水中的苯唑醇可产生经济效益。

(3) 铁碳微电解反应池里的铁屑在酸性介质中长期浸泡后易于板结成块，造成反应池堵塞，形成沟流，增加操作难度，降低处理效果，且加碱中和后产生的泥渣量较多。设计时宜设置多个系列并联运行，在池形上应便于清理，运行时加强管理，防止堵塞。

第7章 制药工业废水处理及再生利用

7.1 概述

当今世界人口持续增长，人类越来越注重生活质量，注重健康，寿命越来越长，因而对药品的需求也将随之增加。近十几年来，无论世界医药还是中国医药，其增长速度均领先于其他行业。我国制药行业近几年来保持高速增长，制药废水排放量不断增加，制药工业已成为国家环保规划重点治理的工业污染行业之一。制药工业属于精细化工，其特点是原料药生产品种多，生产工序多，使用原料种类多、数量大，原材料利用率低。一般一种原料药往往有几道甚至十余道反应工序，使用原材料数种或十余种，甚至高达数十种，原料总耗量通常达 10kg/kg 产品以上，高的超过 200kg/kg 产品。因而产生的“三废”量大，污染危害严重。制药工业废水具有组成复杂、有机污染物种类多、COD 和 BOD_5 值高、NH_3-N 浓度高、色度深、毒性大、SS 高等特征。

我国制药企业数量众多，规模普遍偏小，化学制药工业占医药行业比重最大，达到 65%左右。化学药品的生产过程由原料药生产和药物制剂生产两部分组成。原料药品种众多，其生产方法和技术各不相同，包括全合成法、发酵法兼用提炼技术、合成法兼用生物技术、发酵产品再进行化学加工、主要采用分离提纯方法等。预计在今后的一段时期内，我国制药行业还将继续保持高速增长态势。制药工业的发展，在带来经济快速增长的同时，也给环境保护带来了极大的挑战。

目前，我国已颁布实施的《制药工业水污染物排放标准》，是首次专门针对制药工业废水排放发布的系列标准。此系列标准共分为《发酵类制药工业水污染物排放标准》（GB 21903—2008)、《化学合成类制药工业水污染物排放标准》(GB 21904—2008)、《提取类制药工业水污染物排放标准》(GB 21905—2008)、《中药类制药工业水污染物排放标准》(GB 21906—2008)、《生物工程类制药工业水污染物排放标准》(GB 21907—2008)、《混装制剂类制药工业水污染物排放标准》(GB 21908—2008）六大类。以前国内大部分原料药厂执行的都是《污水综合排放标准》(GB 8978—1996)，2008 年专门针对制药工业制定废水排放标准后，要求已建企业在 3 年过渡期内完成整改，新建制药企业必须执行新标准。这说明国家进一步加强了对制药行业造成的环境污染的控制，提高了现行水污染物的排放标准。目前，很多制药企业进入工业园区，借助园区污水处理厂集中处理制药废水已成为一种趋势。污水处理厂的接纳标准比直接排放标准要宽松一些，且各种污水之间具有一定的互补性，经混合处理可使技术难度下降，也在一定程度上减轻了企业的压力，从社会整体资源利用的经济性来说是比较合理的。

由于我国制药行业量大、面广，限于篇幅，本章主要介绍化学合成制药、生物制药、发酵类制药工业废水处理及再生利用技术。

7.2 制药废水的来源与特征

7.2.1 制药废水的来源

目前，我国生产的常用药物有2000多种，不同种类的药物所采用的原料、配比以及生产工艺也不相同，因而制药所产生的废水组分十分复杂。制药工艺单元一般有化学合成、微生物发酵、过滤、萃取结晶、化学提取、精制等，其生产过程所产生的废水主要有以下几种。

(1) 工艺废水　工艺废水是合成反应或经提取有用物质后的发酵残液，含大量未被利用的有机物组分与分解产物，以及生产过程中采用的化工原料等，如酸、碱和有机溶剂。

(2) 冲洗废水　冲洗废水主要来自反应设备清洗、分离机清洗及其他清洗工段和地面冲洗等。由于冲洗水的稀释，冲洗废水的污染物浓度一般较低，但排放量较大。

(3) 其他废水　其他废水主要是冷却水、生活废水以及部分酸、碱废水等。此类废水浓度接近城市污水。

7.2.2 制药废水的特征

制药工业品种多，生产规模差别大，单位产品排放废水量大，废水成分复杂，有机物浓度高，pH波动大，大多数制药废水含有难降解物质和有抑菌性或毒性作用的抗生素等。因此，制药工业废水通常具有成分复杂，有机污染物种类多、浓度高、含盐量高和NH_3-N浓度高、色泽深且具有一定的生物抑制性等特征，相对于其他有机废水来说，处理难度更大。制药废水特征具体表现在以下几方面。

(1) 有机物浓度高　主要含有发酵残余基质及营养物、溶媒提取过程中的萃余液、经溶媒回收后排出的蒸馏釜残液、离子交换过程排出的吸附废液、水中不溶性抗生素的发酵滤液以及染菌倒灌废液等，有机物浓度高，一般为每升几千到几万毫克，甚至高达每升数十万毫克。

(2) SS浓度高　主要为发酵的残余基质和发酵的微生物菌体。

(3) 存在毒性物质　主要是废水中残留的抗生素、硫酸盐及化工原料等，对微生物活性有抑制作用。

(4) 废水成分复杂　主要含有中间代谢产物，表面活性溶剂和提取分离中残留的高浓度酸、碱，有机溶剂等化工原料。此类成分易引起pH波动大、色度高和气味重等，影响生物反应器中细菌的生长。

7.3 制药废水处理技术

制药废水处理就是采用各种技术与方法，将废水中所含的污染物质分离去除、回收利用，或将其转化为无害物质，使水质得到净化的过程。制药废水处理主要技术为物化处理和生物处理等。

7.3.1 物化处理

在制药工业废水处理中采用的物化处理技术很多，因“水”而异，比较常用的处理技术有混凝沉淀或气浮、吹脱、化学氧化还原、电解以及多效蒸发等。物化处理主要作为生物处理的预处理或后续处理单元。

7.3.1.1 混凝沉淀或混凝气浮

混凝沉淀或混凝气浮技术，无论在制药废水预处理还是后处理中应用都很普遍。一般在控制成本和投加药剂量的情况下，COD的去除率不是很高，但处理效果往往比较稳定。对悬浮物、乳状油或胶体形态存在的有机物，处理效果比较显著。当采用混凝沉淀或气浮预处理时，可以减轻对后续生物处理的负荷，提高处理系统的稳定性。

7.3.1.2 吹脱

吹脱在制药废水处理中应用越来越多，一般作为含高氨氮废水的预处理。主要是采用吹脱以去除废水中的氨氮及一些挥发性有机物。从废水中脱除的氨和挥发性有机物再经过吸收、吸附等方法进行回收。

7.3.1.3 化学氧化还原

化学氧化还原技术是以投加还原剂和氧化剂的方式与废水中的污染物形成氧化还原反应，从而实现去除效果。前者有微电解法，后者根据投加氧化剂的不同有多种形式，如臭氧氧化、芬顿（Fenton）试剂氧化等。其中，芬顿试剂氧化利用 Fe^{2+} 催化 H_2O_2 产生高氧化还原电位的羟基自由基（·OH），强氧化废水中的有机物，效果相对稳定。芬顿试剂氧化最初只在一些规模较小的合成制药厂作为预处理工序，近年来随着制药废水处理的要求不断提高，逐步在一些大型制药企业有了相当规模的应用，并呈上升趋势。不仅用于预处理，而且还大规模用于深度处理中。如某抗生素制药有限公司 $500m^3/d$ 废水的芬顿氧化设施已运行多年，某制药集团有限公司采用芬顿氧化对合成母液进行预处理，并对生化处理出水进行后处理，其废水处理工程规模达到了 $7000m^3/d$。

7.3.1.4 电解

电解技术是利用在板极间发生的氧化还原反应产生电解断键、电解凝聚气浮及沉降三种作用，实现去除废水中的污染物。根据板极形式、材料、控制条件等不同，可分为电催化氧化、电气浮、电絮凝、同轴电解等。近年来，电解在制药废水的预处理中应用越来越多，并在后处理和深度处理中亦有逐步应用。某药业股份有限公司采用此项技术对合成制药废水进行预处理，效果良好，COD 去除率大于 40%，电解后废水可生化性也明显提高。但是，由于废水中含盐量过高，导致电解电流过大，电耗很高，同时电路元器件容易损坏，还需进一步完善。加拿大瑞威（RICHWAY）公司的同轴电解技术正在国内某制药总厂进行生产性试验，其处理效果较好，但设备的可靠性、运行的稳定性以及处理成本尚待进一步考察。

7.3.1.5 多效蒸发

多效蒸发实际上是最简单的物化处理方式，因其能耗高、费用大，以前基本上未得到推广应用，近年来随着多效蒸发技术的不断改进提高，降低了蒸汽消耗，以及区域能源优势的凸显，陆续有多个企业在制药废水处理工程上应用。该处理技术可高强度地降低废水有机负荷，生成的高浓度残液或残渣按危险废物焚烧处置。但是，总地来说，多效蒸发的处理成本仍很高。目前，国内已有应用多效蒸发处理制药工业废水的工程实例。

7.3.2 生物处理

长期工程实践表明，采用生物处理技术能经济有效地消除有机污染物。针对制药废水中主要污染物为有机物的特点，各类生物处理技术和工艺成为制药工业废水处理的研发、推广应用重点。

7.3.2.1 好氧处理技术

好氧处理技术是我国制药废水处理工程中的主导技术，主要有活性污泥法和生物膜法。20世纪 90 年代初，生物接触氧化工艺成为主流形式，而后，A/O 法、序批式活性污泥法（SBR）及其变形工艺间歇式循环延时曝气活性污泥法（ICEAS）、循环活性污泥系统（CASS）等在制药废水治理中得到推广。进入 21 世纪后，针对 SBR、CASS 等工艺池容利用率偏低等问题，对采用类似三槽式氧化沟、UNITANK 以及改良式序批间歇反应器（MSBR）等工艺技术处理制药废水方面又进行了探索和试验。近年来，制药废水好氧处理工艺又出现技术复合趋势，即采用两级不同的好氧反应器形式串联运行。第一级采用混合稀释和抗冲击负荷能力强、能够承受较高进水浓度和运行负荷的完全混合形式，利用其高负荷、高产泥，高效率地去除有机物，且通过多排泥有效地去除磷和部分难降解有机物。第二级采用污泥龄长、微生物种类多、适宜较低浓度和负荷但出水水质好的生物膜工艺。目前，活性污泥法和生物膜法组合处理技术已在我国多个制药企业的废水处理工程中得到应用。

7.3.2.2 厌氧处理技术

作为目前最为成熟的厌氧技术——上流式厌氧污泥床反应器（UASB）被广泛应用在高浓度制药废水的处理中，成为高浓度制药废水厌氧处理的主流技术。近年来在UASB的基础上又研发了厌氧颗粒污泥膨胀床（EGSB）、厌氧流化床（AFB）、IC反应器以及折流板反应器（ABR）等新型厌氧反应器。上流式厌氧复合床反应器（UASB＋AF，或者UBF）是近年来发展起来的一种新型复合式厌氧反应器，它结合了UASB和厌氧滤池（AF）的优点，改善了反应器的性能，已用来处理青霉素、维生素C、双黄连粉针剂等制药废水。

但是，由于缺乏对各类制药废水成分的全面分析以及所含化合物对厌氧生物毒性的系统研究，因此，尽管厌氧生物工艺处理制药废水的试验研究较多，而实际工程应用较少。目前工程应用较成功的仅有青霉素、链霉素、庆大霉素、维生素C、维生素B_{12}等制药废水。今后随着能源的日益紧张，厌氧生物处理技术方兴未艾，将会越来越广泛地应用于制药废水处理。

另外，厌氧水解酸化在实际工程中被广泛用于高浓度制药废水处理，主要作为好氧处理的预处理，对于提高废水可生化性，具有一定的效果。近年来出现将其设置在两级好氧工艺之间，进一步提高后续好氧处理效果，形成类似多级A/O的工艺形式，尤其在反硝化脱氮方面具有一定的效果。

7.3.2.3 膜生物反应器（MBR）技术

膜生物反应器（MBR）将高效膜分离技术与废水生化处理工艺相结合，不仅以高效膜分离代替传统生物处理中的二沉池，更重要的是对微生物和大分子有机物的截留作用，为提高难降解有机物处理效果奠定了基础。但膜污染是MBR工艺工程化面临的主要问题。膜污染、膜使用寿命制约着MBR技术在此领域的工业化应用。由于高浓度有机废水，特别是制药废水中，各种大分子有机物浓度很高，而处理工业废水的MBR反应器所要实现的负荷水平、保持的污泥浓度相对也很高，导致处理高浓度有机废水的MBR反应器膜污染的速度、程度远远高于一般城市污水处理中的膜组件。虽然通过膜材料选取、膜清理技术改进以及工艺控制条件调整可在一定程度上缓解膜污染对工艺运行的影响，但尚不足以推动MBR工艺在制药废水处理领域的大规模工业化应用。膜污染控制技术的研究是MBR技术应用于制药废水处理领域的重点突破方向。已取得的研究试验成果表明，好氧MBR中，数量占绝对多数的生物絮体对膜污染起主导作用，而厌氧MBR则归结于有机质在膜面的吸附、难溶有机物在膜表面的沉积以及微生物细胞在膜面的黏附。因此，低成本膜材料的开发、膜材料的改性、膜使用寿命的延长等问题是MBR工艺广泛应用的基础条件。与高效菌种的筛选及培育相结合，将是MBR工艺在制药废水处理中取得重大进展的方向。

7.3.2.4 微生物强化技术

当前，现代生物技术在制药废水处理领域中的应用正在不断发展，主要形式是微生物强化技术。微生物强化是指向生化处理系统接种能快速生长繁殖、高生物活性的工程菌（亦称为特异菌），通过增加活性污泥中微生物的种类和提高微生物的质量来改变污泥的生物相，从而改变污泥活性，以提高系统处理效果以及运行稳定性。工程菌与同样条件下通过自然驯化培养的细菌相比较，活性更高，摄取营养物质的能力和对废水的适应性更强，同时还能有针对性地去除废水中某些难降解的有机物，从而提高处理效果。广义上的工程菌包括从特殊环境专门培养出的具有某种特定功能的菌种与菌群，或者从一般环境中筛选并扩大培养的某菌种或菌群，以及通过基因工程构建的菌种（即狭义上的工程菌）。目前，国内外有多家研究机构和企业致力于现代生物技术处理制药废水的生产性试验研究。工程菌种技术与MBR结合，相互强化各自优势，协同提高工艺处理效果，将在提升制药废水处理方面发挥作用。

7.4 制药废水处理工艺流程

在制药废水治理实施过程中，处理工艺流程的选择和确定占有相当重要的地位。通常，处理工艺流程的确定意味着整个工程基本框架的确定。选择与确定处理工艺流程的依据如下。

(1) 废水水质水量分析 对废水水质水量的分析是选择与确定处理方案的首要条件。准确的水质水量分析可以为处理方案的正确选择和确定提供可靠的依据。确定废水水质水量的原则与主要方法是：①生产工艺过程中的物料、水量平衡；②有条件时，对拟建项目的废水水量和水质进行实测；③参考同类型工程进行类比调研和分析等。

(2) 废水处理程度 废水处理程度是选择和确定废水处理工艺流程的主要依据之一，而废水的处理程度又主要取决于处理水的排放条件或利用要求。诸如，废水在厂内预处理达到纳管要求，进入市政污水处理厂集中处理。处理后出水达到排放标准后排入自然水体或达到回用要求再生回用等，都应符合相应的水质标准。在选择处理工艺流程时，必须考虑处理程度的具体要求。

(3) 当地自然条件和社会经济条件 当地的气象、气候等自然条件对废水处理工艺流程的确定具有一定的影响。例如，在寒冷地区应当采取在低温季节也能够正常运行的处理工艺技术，以保证处理水水质达标。在夏季气温高的地区，对水温高的废水在处理工艺流程中应有降温冷却的处理单元等。

本部分将介绍在一般情况下制药废水处理达标排放处理工艺流程，具体采用时应结合实际情况相应调整。

7.4.1 化学合成制药废水处理工艺流程

7.4.1.1 化学合成制药废水的来源与特点

化学合成类药物是指采用生物的、化学的方法制造的具有预防、治疗和调节机体功能及诊断作用的化学物质。其主要品种有合成抗菌药、解热镇痛药、心血管系统药物、抗过敏药、抗病毒药和抗真菌药、抗肿瘤药物等16个种类近千个品种。按药物结构分为合成类抗生素、半合成类抗生素、维生素和氨基酸。

化学合成药物生产工艺是根据配方，实现各种反应条件，通过完成所需的化学反应生产产品。化学合成药物生产的特点有：品种多、更新快、生产工艺复杂，而产量一般不太大；需要的原辅材料繁多，其原辅材料和中间体不少是易燃、易爆、有毒性的物品；基本采用间歇生产方式。生产过程主要以化学原料为起始反应物，通过化学合成首先生成药物中间体，再对其药物结构进行改造，得到目的产物，然后经脱保护基、提取、精制和干燥等工序得到最终产品。规模较大的化学合成制药厂在不同的时期可能会生产不同的产品。一批合成药生产完成后，清洗设备，选用不同的原料，根据不同的配方，就可以生产不同的另一批产品，但也会产生不同的污染物。

化学合成制药废水的主要来源是：①工艺废水，例如失去效能的溶剂、过滤液和浓缩液；②设备和车间地面的冲洗废水；③管道的密封水；④洗刷用具的废水；⑤溢出水。

化学合成类制药生产废水中包括未反应的原材料、溶剂，并伴随大量的化合物。制药废水成分复杂，有机物浓度高，溶解性和胶体性固体浓度大，pH经常变化，带有颜色和气味，悬浮物含量高，易产生泡沫，部分制药废水含有难降解物质、抗生素、有毒物质等。化学合成制药废水的主要特点是：水量大，有机污染严重，污染成分复杂，含有残留溶剂，废水可生化性较差，BOD_5、COD和TSS浓度高，pH波动范围大。

根据化学合成类制药工业行业的特点，废水中除常规污染因子外，还要根据化学合成类制药品种生产的特点，关注特征污染因子。这些特征污染因子可能是化学合成类制药工业生产的中间体，也可能是最终产品，如总汞、总镉、烷基汞、六价铬、总砷、总铅、总镍、总铜、总锌、氰化物、挥发酚、硫化物、硝基苯类、苯胺类、二氯甲烷等。这些特征污染因子的毒性与危害性往往很大，如不加以控制，则将对生态环境和人体健康造成严重威胁。因此，有时化学合成废水与生物处理系统是不兼容的。

7.4.1.2 化学合成制药废水的处理工艺流程

化学合成制药废水处理，大多采用厌氧-好氧处理工艺。在厌氧生化处理装置形式上，多采用厌氧污泥床反应器（UASB）、厌氧复合床反应器（UASB＋AF）、厌氧颗粒污泥膨胀床反应器

(EGSB) 等形式。而好氧生化处理装置的形式，在20世纪八九十年代以活性污泥法、深井曝气法、生物接触氧化法为主，近年来则采用水解-好氧生物接触氧化法以及不同类型的序批式活性污泥法等。但是，随着企业技术进步和节水率的提高，单位产品用水量大幅度地减少，综合废水污染物浓度进一步提高，致使原有的废水处理装置出水水质（如COD等）不能稳定达标排放。为此，对这类废水需要采用高、低浓度废水分质收集，在生物处理之前，对高浓度废水或特征污染物废水进行预处理，然后与其他废水混合，再进行物化-好氧生化（或水解-好氧）-物化法处理。

一般对于不同的制药废水可采用分质处理和混合处理两种方式。

① 分质处理。将高浓度废水先行处理，再与其他低浓度废水混合处理，处理工艺流程如图7-1所示。

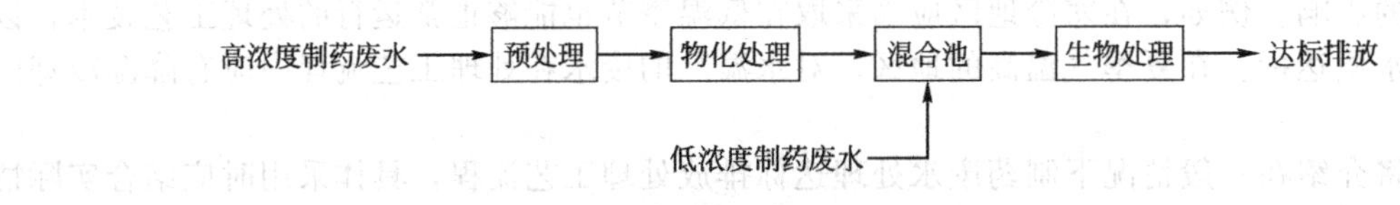

图 7-1 化学合成制药废水分质处理工艺流程

② 混合处理。将全部废水混合后处理，处理工艺流程如图7-2所示。

对于含有难降解物质、抗生素、有毒物质的制药废水宜采用分质处理方式。对于浓度相对较低，较易生物处理的制药废水，为了简化流程，可采用混合处理方式。

混合废水 → 预处理 → 物化处理 → 生物处理 → 达标排放

图 7-2 化学合成制药废水混合处理工艺流程

(1) 预处理 化学合成制药废水具有水质水量波动大的特点，应进行预处理，以去除废水中的大颗粒杂物，调节水质水量，保证后续处理工序可连续稳定地运行。预处理主要采用格栅、调节池等处理设备和构筑物。

(2) 物化处理 化学合成制药废水COD浓度高、SS高、含有毒性物质、pH波动大、色度高、气味重，不利于微生物生长，不宜直接采用生物处理法。为此，可先通过物理化学方法去除废水中的部分污染物，如悬浮物、难生物降解有机物、有毒有害物质等。针对制药废水的特点，物化处理方法可采用混凝沉淀、混凝气浮、高级氧化等工艺。

(3) 生物处理 废水经物理化学处理后，各种污染物浓度虽大幅降低，但对于好氧生物处理来说，有机物浓度仍然较高，建议采用厌氧-好氧生物处理方法。厌氧处理方法可采用UASB、EGSB等工艺，好氧处理方法可采用A/O法、生物接触氧化、SBR等工艺。

(4) 除臭系统 由于化学合成制药废水有刺激性气味，工程上应考虑设置臭气收集及处理装置。臭气处理可采用化学吸收、生物处理、焚烧等方法。

7.4.1.3 化学合成制药废水处理的主要设计参数

(1) 格栅 在废水进入调节池前设置格栅。机械除污粗格栅间隙宜为16～25mm，人工除污粗格栅间隙宜为25～40mm，细格栅宜采用1.5～10mm。污水过栅流速宜采用0.6～1.0m/s。除转鼓式格栅外，机械除污格栅倾角宜采用60°～90°，人工除污宜采用30°～60°。对于水量较小的工程，可采用人工格栅。而水量较大的工程，为了降低劳动强度，宜采用机械格栅。栅渣通过机械破碎输送、压榨脱水后外运。栅渣输送宜采用螺旋输送机，输送距离大于8.0m宜采用带式输送机。

(2) 调节池 对于采用混合处理方式的化学合成制药废水，考虑到排放水量水质的瞬时性和不稳定性，以及部分生活污水与冲洗水的排放，适宜将调节池与集水池一体化设计。利用调节池将生产废水与生活污水和冲洗水充分混合，调节水量，均合水质，以保证后续处理工序可连续稳定地运行。水力停留时间应根据生产情况及排水情况选定，一般宜为12～24h。

对于采用分质处理方式的化学合成制药废水，应分别设置高浓度废水调节池和低浓度废水调节池。高浓度废水调节池水力停留时间应根据生产及排水情况选定，一般宜为12～24h。低浓度废水调节池水力停留时间宜为8～24h。

调节池宜设置水质混合装置，可采用空气搅拌或机械搅拌。空气搅拌可采用在池底设置穿孔管的形式，空气量宜采用5～6$m^3/(m^2 \cdot h)$。机械搅拌强度宜采用4～8W/m^3。鉴于空气搅拌效果较好，且具有预曝气的作用，可优先考虑，但在工程中需要采取穿孔管的防腐和防止孔眼堵塞的措施。

(3) 混凝反应 混合池停留时间宜采用1～2min。混合池内设置搅拌装置，如采用机械搅拌，搅拌器直径为混合池直径的1/3～2/3，当H（混合池有效水深）/D（混合池直径）＜1.3时，搅拌器设单层。当H/D＞1.3时，搅拌器宜设2层或多层，设计速度梯度G＝500～1000s^{-1}。

反应池停留时间宜采用5～20min，数量一般不小于2个，设计GT值为10^4～10^5。

混凝反应池的药剂和投药量需要通过试验确定。

(4) 沉淀和气浮 平流沉淀池的沉淀时间为2.0～4.0h，水平流速为4.0～12.0mm/s。

斜管沉淀池的上升流速为0.4～0.6mm/s。

气浮池溶气压力通常采用0.2～0.4MPa，回流比20%～30%。

(5) 水解酸化池 在缺氧条件下，利用水解菌群的生化作用，进行水解、酸化反应，将不溶性的有机物水解为溶解性物质，并将难降解的大分子物质转化为易降解的小分子物质。水解池内部挂有接触填料，水力停留时间宜为8～24h。

(6) 厌氧反应器 厌氧反应器可选用UASB、EGSB等反应器类型。具体方法在本书第2章中已详细介绍。设计参数应根据实际水质选取。

(7) 好氧处理 宜采用活性污泥曝气池或生物接触氧化池。由于化学合成制药废水属于难生物降解的有机废水，所以采用好氧生物处理时应采用较长水力停留时间和较低的污泥负荷(N_S)。采用活性污泥曝气池时，一般N_S为0.2～0.3kg COD/(kgMLSS·d)。采用生物接触氧化池时，填料容积负荷为0.5kg COD/(m^3·d)左右，有效接触时间为24～48h，具体应根据实际水质而定。

(8) 二次沉淀池 二次沉淀池的类型按水量大小采用辐流式、竖流式等，不宜采用斜管(板)沉淀池。表面负荷宜为0.6$m^3/(m^2 \cdot h)$左右。一般采用机械刮泥和污泥泵排泥方式。

7.4.2 生物制药废水处理工艺流程

7.4.2.1 生物制药废水的来源与特点

生物制药是利用生物体或生物过程生产药物。作为制药工业的独立门类，生物制药主要包括通过菌种发酵的方法生成抗生素和抗菌素。抗生素是微生物、植物、动物在其生命活动过程中产生的化合物，是具有能在低浓度下选择性地抑制或杀灭其他微生物的化学物质，是人类控制感染性疾病、保障身体健康及防治动植物病毒的重要药物。抗生素的生产以微生物发酵法进行生物合成为主（少数为化学合成）。另外，还可将生物合成后进行分子结构改造制成各种衍生物，称为半合成抗生素。生物医药作为新兴的产业，目前我国总体上绝大多数生物类制药企业都存在产量小、原料利用率低、提炼程度低、废水中残留抗生素含量高等诸多问题。亦有部分生物类制药企业与传统的制药（化学合成制药、发酵类制药等）混合生产。

抗生素的生产原料主要为粮食产品，生产过程中，原料消耗大，只有少部分转化为产品和供微生物生命活动，大部分仍剩留在废水中。抗生素生产过程主要包括种子制备、发酵生产、提取、精制等。生物制药生产废水的主要来源可以分为以下三大类。

一是生产工艺废水，主要有提取废水和洗涤废水。包括微生物发酵的废液、提取纯化工序所产生的废液或残余液，发酵罐排放的洗涤废水，发酵排气的冷凝水，可能含有设备泄漏物的冷却水、瓶塞/瓶子洗涤水、冷冻干燥的冷冻排放水等。

二是实验室废水，包括一般微生物实验室废弃的含有致病菌的培养物、料液和洗涤水，生物医学实验室的各种传染性材料的废水、血液样品以及其他诊断检测样品，重组DNA实验室废弃的含有生物危害的废水，实验室废弃的诸如疫苗等的生物制品，其他废弃的病理样品、食品残渣以及洗涤废水。

三是实验动物废水，包括动物的尿、粪以及笼具、垫料等的洗涤废水及消毒水等。

此外，在基因工程制药中，由于盐析、沉淀、酸化等是通常必需的工艺生产步骤，所以酸洗废水是其一股重要的废水。

生物制药废水中污染物的主要成分是发酵残余的营养物，如糖类、蛋白质、脂肪和无机盐等，其中包括酸、碱、有机溶剂和化工原料等。废水的水质特征如下。

(1) 有机物浓度高，COD 5000～80000mg/L。主要为发酵的残余培养基质及营养物、溶媒提取过程的萃余液，经溶媒回收后排出的蒸馏釜残液，离子交换过程排出的吸附废液，不溶性抗生素的发酵滤液，以及染菌倒灌废液等。

(2) 废水中悬浮物浓度高，SS 500～2500mg/L。主要为发酵的残余培养基质和发酵出水的剩余菌丝体。

(3) 成分复杂，存在难生物降解物质和有抑菌作用的抗生素等毒性物质。发酵中抗生素得率较低，一般仅为 0.1%～3%，且提取率仅为 60%～70%，因此废水中残留的代谢产物、表面活性剂、有机溶剂等化工原料含量和抗生素含量均较高，抗生素浓度达到 100～1000mg/L。而当抗生素浓度达到 100mg/L 时，就会对好氧生物处理产生抑制作用。

(4) 硫酸盐浓度高，达到 2000～5000mg/L。

(5) 废水量较小，但间歇排放，冲击负荷大。

7.4.2.2 生物制药废水处理工艺流程

一般发酵工序的废液浓度高，但由于其产生量很少，所以制药企业通常将发酵废液作为危险废物交由有资质的单位处置，一般不在厂内处理。对其余工艺废水处理，目前常用物化法、生物法、物化法-生物法联用等工艺，基本上以二级生化为主，均能满足达标排放要求。目前的生物制药企业对于动物房的废水几乎不单独收集处理。随着《生物工程类制药工业水污染物排放标准》(GB 21907—2008) 的实施，要求将这部分废水单独收集、单独处理。由于生物制药废水含致病菌，目前重点需要考虑的是废水处理的消毒工艺。

废水消毒工艺有两大类。一是物理法消毒，二是化学法消毒。

(1) 物理法消毒　物理法消毒是利用热、光波、电子流等实现消毒作用的方法。常用的有加热、紫外线、辐射、活性炭吸附消毒。

① 加热消毒。加热消毒法是通过加热实现消毒的一种方法。大部分病毒在 55～65℃条件下，接触 1h 后即可失活。对于致病菌培养及后处理的生产废水，则必须加压消毒，其处理方式根据试验或生产的具体情况而定。例如，发酵罐中的残液或洗罐水可直接以蒸汽将其加热到 134℃、消毒 1h 后，再排放到处理工序。

② 紫外线消毒。紫外线消毒是利用紫外线照射废水进行杀菌消毒的方法。当紫外线波长为 200～295nm 时，有明显的杀菌作用。当波长为 260～265nm 时，紫外线杀菌力最强。利用紫外线消毒，要求悬浮物的浓度低、色度低、水层浅，否则会影响光的透过力，从而影响消毒效果。

③ 辐射消毒。辐射消毒是利用电子射线等高能射线照射污水或目标物，从而杀死病原微生物达到消毒的目的。这些射线具有较强的穿透能力，可瞬间杀灭病原微生物，一般不受压力、温度和 pH 等因素的影响。

④ 活性炭吸附消毒。活性炭吸附可采用颗粒活性炭吸附柱去除废水中的细菌、病毒，有 18%～40%的病毒可停留在吸附柱上。但是吸附法具有可逆性，在长时间运行后，可能有部分已吸附的病毒被置换出来。

(2) 化学法消毒　化学法消毒是通过向水中投加各种化学药剂进行消毒。化学消毒法可分为氯化消毒法、二氧化氯消毒法、臭氧消毒法、甲醛消毒法及碱消毒法等。

① 氯化消毒法。氯化消毒法是利用氯系消毒品（漂白粉、液氯、次氯酸钠、氯片等）杀死水中的微生物。

② 二氧化氯消毒法。二氧化氯消毒法是目前较为先进的废水消毒方法，可避免用氯处理后导致余氯偏高的缺点，刺激性较小，稳定性较好。该合成剂为无色、无味、无臭的透明液体，腐蚀性较小，不易燃，不挥发，在－5～95℃下较稳定，不易分解。

③ 臭氧消毒法。臭氧在水中的溶解度是氧的10倍，浓度为1%～4%的臭氧在水中可溶解5～20mg/L。臭氧容易分解，所以使用时通常在现场用臭氧发生器制备。臭氧消毒的效率高，速度快，几乎可杀死所有的病菌、病毒及芽孢，同时能有效地降解水中残留的有机物，去除色度和异味等。

④ 甲醛消毒法。对小型至中等规模的病原体废水可用甲醛处理，具有费用低、无强烈腐蚀和有杀孢子作用的特点，最低浓度为80g/L，在40℃以上时消毒效果更好。主要缺点是对操作人员有强烈的刺激和对环境的污染，并有致癌作用。其处理设备必须是密闭的容器，不适用于大规模的废水处理。

⑤ 碱消毒法。几乎所有的病原体废水都可用氢氧化钠等强碱调节pH使之灭活或抑制其生长，一般可使细胞悬浮液的存活计数降低相当数量级。该方法可用于病原体废水在室温下的预处理。

以上5种消毒方法各有优缺点。应用最为广泛的是蒸汽加热消毒，该消毒方法在生物制药生产过程的安全控制以及废水处理中都有应用，效果也良好。其次是氯系消毒和甲醛消毒，氯系消毒在基因工程废液的消毒方面有较广泛的应用，具有代表性的是我国某大型生物制药厂采用NaClO消毒法。甲醛消毒在疫苗生产中具有较大的应用。除此之外，对于大规模的制药用品的消毒，辐射消毒法越来越得到广泛的应用，但通常不在厂内进行，而是由专门的集中工厂负责处理。

7.4.3 发酵类制药废水处理工艺流程

7.4.3.1 发酵类制药废水的来源与特点

我国制药行业发酵类药物中，维生素类产品产量最大，约占发酵类药物全部产量的72%。其次为抗生素，约占26%。这两类产品合起来所占发酵类全部药物的比例在98%以上。氨基酸类和其他类产量很小，所占比例不足2%。

发酵类药物的生产，一般都有菌种筛选、种子制备、微生物发酵、发酵液预处理、固液分离、提炼纯化、精制、干燥、包装等步骤。生产工艺过程产生的废水污染源主要来自菌渣的分离、药物的提取、精制、溶剂的回收等工序产生的各种废水，以及设备和地面冲洗水等。其生产过程所产生的废水主要有以下三类。

一是生产工艺废水，主要是经提取有用物质后的发酵残液，含大量未被利用的有机物组分及其分解产物，发酵过程中采用的化工原料等，如酸、碱和有机溶剂等。

二是冲洗废水，主要来自发酵罐清洗、分离机清洗及其他清洗工段和地面冲洗等。由于冲洗水的稀释，冲洗废水的污染物浓度一般较低，但排放量较大。

三是其他废水，主要是冷却水、生活废水以及部分酸、碱废水等。此类废水浓度接近城市污水。

发酵类制药废水中的污染物主要是发酵残余物，包括发酵代谢产物、残余的消沫剂、凝聚剂、破乳剂和残留的药品及其降解物，以及在提取过程中的各种有机溶剂和一些无机盐类等。废水控制指标为pH、BOD_5、COD、SS、NH_3-N、色度等。部分发酵类制药企业生产过程中，使用了氰、锌化合物，其废水中可能含有相应的污染物，使废水成分更加复杂。

发酵类废水的水质成分复杂，有机物浓度高，溶解性和胶体性固体浓度高，pH波动性大，温度较高，带有颜色和气味，悬浮物含量高。其中，不同的产品废水还有不同的特性。

(1) 维生素类生产废水　维生素类生产废水主要来自洗罐水、母液及反应釜残液。废水污染物浓度高，主要含有有机污染物，另外还含有氮、磷及硫酸盐等。但高浓度有机废水多为间歇排放，造成排水水质不均匀。与抗生素废水相比，这类废水可生化性相对较好，宜采用厌氧-好氧生化处理工艺。

(2) 发酵类抗生素废水　发酵类抗生素生产过程产生的废水污染物浓度高、水量大，废水中所含成分主要为发酵残余物、破乳剂和残留抗生素及其降解物，还有抗生素提取过程中残留的各种有机溶剂和一些无机盐类等。这类废水成分复杂，并且有毒性，难生化降解。碳氮营养比例失调，氮源过剩，含有大量硫酸盐。悬浮物含量高，带有较重的颜色和气味，且易产生泡沫。

(3) 氨基酸废水　氨基酸生产排放的废水主要为发酵罐气体洗涤水、蒸发气洗涤水和树脂洗涤水，水中含有蛋白、糖类等。某些具有副产品生产能力的氨基酸生产企业，其氨基酸生产废水中还包括来自副产品车间蒸发结晶工序及制肥车间排水，废水中主要含有氨氮等。

7.4.3.2　废水处理工艺流程

发酵类制药废水处理工艺流程如图7-3所示。主要采用物化预处理-厌氧（水解酸化或厌氧消化）-好氧生化-后续物化处理。

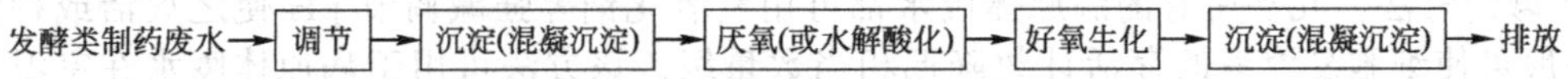

发酵类制药废水→调节→沉淀(混凝沉淀)→厌氧(或水解酸化)→好氧生化→沉淀(混凝沉淀)→排放

图7-3　发酵类制药废水处理工艺流程

(1) 物化处理　发酵类制药废水的物化预处理和生化后续的物化处理，主要采用气浮、混凝沉淀、氧化-絮凝处理等技术。

① 气浮。在发酵类废水处理中，常把气浮法作为预处理工序或后处理工序，主要处理含有高沸点溶剂或悬浮物的废水，如庆大霉素、土霉素、麦迪霉素等废水的处理。采用气浮法作为发酵类废水的预处理设施，对去除废水中的悬浮物，改善废水的可生化性有较好的效果，但对COD等有机物去除效果一般仅在10%～20%。

② 混凝沉淀。混凝沉淀是发酵类废水预处理常用的方法，主要用于去除发酵类制药废水中难生化降解的固体培养基成分、胶体物以及蛋白质等，改善废水的生物降解性，降低污染物的浓度。目前对青霉素、林可霉素以及庆大霉素、麦迪霉素等废水的预处理常采用这一方法。在制药废水混凝沉淀预处理中常用的凝聚剂有聚合硫酸铁、氯化铁、硫酸亚铁、聚合氯化硫酸铝、聚合氯化铝、聚合氯化硫酸铝铁、聚丙烯酰胺（PAM）等。采用混凝沉淀预处理可较好地去除发酵类废水中的悬浮物、胶体物及蛋白质等物质，可明显改善废水的生物降解性，对COD等有机物的去除率一般在15%左右。

③ 氧化-絮凝处理。氧化-絮凝是一项处理高浓度工业有机废水的新技术，通过电解催化氧化或H_2O_2与铁盐等催化氧化反应机制，产生具有极强氧化性的羟基自由基（·OH），借助羟基自由基具有"攻击"有机物分子内高电子云密度部位的特点，使大部分微生物难降解的有机物迅速变为易分解的小分子有机物，甚至往往会被·OH彻底矿化为CO_2和H_2O。进一步通过投加絮凝剂，将形成的絮状有机物分离去除。该方法适用于高浓度难生物降解的发酵类制药废水预处理，或经生化处理后出水水质仍达不到排放标准的深度处理。这一方法对改善废水的可生化性效果显著，对COD等有机物的去除率一般可达20%～40%。

(2) 厌氧生物处理

① 水解酸化。水解酸化过程是在兼氧或非严格厌氧的环境下，通过微生物的水解及产酸发酵等作用，将复杂的大分子有机物转化为简单的有机物等产物的过程。水解酸化属于非甲烷化的厌氧生化过程，通过这一过程使废水中一些难生化降解的物质转化为易降解物，以利于后续的生化处理。目前在发酵类制药工业废水治理工艺中，较多地采用水解酸化过程作为好氧生化的前处理。发酵类制药废水的水解酸化装置采用的主要形式为充填料生物膜式和无填料完全混合式水解池，水解酸化过程废水COD的去除率一般在20%～30%。

② 厌氧消化。厌氧消化法是一个严格控制厌氧环境的生化过程，在厌氧消化过程中，废水中的有机污染物最终降解为CH_4、H_2/CO_2等物质。目前主要有青霉素、链霉素、卡那霉素、维生素C、维生素B_{12}以及谷氨酸等高浓度的发酵类制药废水采用厌氧消化法进行生化前处理，其消化过程中的废水去除率（COD）一般在50%～70%。

上流式厌氧污泥床反应器（UASB）是目前应用最为广泛的一种高效厌氧生物处理装置，在处理庆大霉素、金霉素、卡那霉素、维生素、谷氨酸等发酵类制药废水中有一些应用的实例。这种反应器具有结构简单、处理负荷高、运行稳定等优点，通常要求废水中的SS含量不能过高，以保证COD较高的去除率，对运行控制要求较水解酸化处理和好氧处理严格。

厌氧复合床反应器（UBF）是UASB和厌氧滤池（AF）两种工艺的结合，在结构上综合了UASB和厌氧滤池（AF）的优点，改善了反应器的性能，但对运行控制要求没有UASB那样严格。目前在青霉素、红霉素、卡那霉素、麦迪霉素以及维生素类等一些新建的发酵类制药废水处理系统中，较多地采用这种厌氧消化反应器形式。

厌氧膨胀颗粒污泥床反应器（EGSB）是在UASB基础上的改进，其运行时，具有较大的上升流速，使颗粒污泥处于悬浮状态，从而保持了进水与污泥颗粒的充分接触，适合处理含硫酸盐、含氮浓度较高以及对厌氧消化毒物较敏感的废水。对低温和低浓度废水，在沼气产率低、混合强度较低的情况下，可得到比UASB反应器更好的运行结果。但这种反应器同UBF相比，运行控制要求较严格，目前主要用于处理青霉素、链霉素等硫酸盐、氮含量较高的发酵类制药废水处理系统。

(3) 好氧生物处理　20世纪八九十年代，制药废水好氧生物处理装置以活性污泥法、深井曝气法、生物接触氧化法为主，而近年来则以水解酸化-好氧生物接触氧化法，以及不同类型的序批式活性污泥法居多。

① 传统活性污泥法。20世纪六七十年代，许多发达国家的制药企业普遍采用传统活性污泥法处理发酵类制药生产废水。这种处理方法的缺点是当进水浓度高时废水需要稀释，运行中泡沫多，易发生污泥膨胀，剩余污泥量大等。目前，国内有些制药生产废水处理系统仍在沿用这种传统的处理方法。不过在长期的应用实践中，对其曝气系统和提高污泥浓度等方面已有了许多改进和提高。

② 生物接触氧化法。生物接触氧化法兼有活性污泥法和生物膜法的特点。与活性污泥法相比较，生物接触氧化法的单位体积生物量大、容积负荷高，处理过程不需要污泥回流，不会产生污泥膨胀，运行管理简单，耐冲击负荷，出水水质稳定。在发酵类制药废水处理中，生物接触氧化法通常作为水解酸化的后续处理或直接处理经混合调节后的生产废水，一般COD的去除率可达80%左右。目前生物接触氧化工艺主要用于土霉素、麦迪霉素、红霉素、洁霉素、四环素等制药废水的处理。

③ 序批式间歇活性污泥法（SBR）。SBR法是在传统的活性污泥法基础上发展起来的高效废水处理工艺，这种处理工艺过程在时间上批次交替运行，在一个废水处理生物反应器上可完成传统活性污泥法工艺的全过程。由于系统的非稳态运行，反应器中生物相十分复杂，微生物的种类繁多，各种微生物交互作用，强化了工艺的处理效能，采用该法处理COD浓度可达几百到几千毫克每升，其去除率均比传统活性污泥法高，而且可去除一些理论上难以生物降解的有机物质。同时，SBR池具有结构简单、操作灵活、占地少、投资省、运行稳定等优点，比较适合处理间歇排放、水量水质波动大的废水。目前，SBR法已成功应用于发酵类制药企业的废水处理，如青霉素、四环素、庆大霉素等制药废水处理。

④ 循环式活性污泥工艺（CASS）。循环式活性污泥工艺（CASS）是SBR的变形。CASS工艺共分为三个反应区：生物选择区、兼氧区和好氧区。生物选择区通常在兼氧条件下运行，进入CASS池的污水和从主反应区内回流的活性污泥在此混合接触，创造合适的微生物生长条件并选择出絮凝性细菌，有效地抑制丝状菌的大量繁殖，改善沉降性能，防止污泥膨胀。兼氧区能辅助生物选择区实施对进水水质水量变化的缓冲，还能促进磷的进一步释放和强化反硝化作用。好氧区是去除有机污染物的主要场所，废水中的大部分有机污染物在此得到降解。CASS工艺对发酵类制药废水中的COD的去除率可达80%左右，对BOD的去除大约为95%，同时具有较好的脱氮除磷效果。近几年来，CASS工艺在发酵类制药废水处理中有较多的应用。

⑤ 生物活性炭法。生物活性炭法主要应用于处理水质要求高，或水质处理难度大，作为废

水厌氧（水解酸化或厌氧消化）-好氧生化处理后续的提标排放深度处理工艺。生物活性炭技术既能发挥活性炭的物理吸附作用，又能充分利用附着微生物对污染物的降解作用，可进一步提高废水 COD 的去除率，对氨氮、色度的去除率也较常规方法要高。另外，粉末活性炭对降解微生物有毒的抑制物的吸附也缓和了对微生物的抑制影响。这种处理方法用于后续处理工艺，其 COD 的去除率一般在 40%～50%。由于这种处理方法存在着吸附饱和活性炭生物再生的操作与控制、失效活性炭的必要补充以及处理费用相对较高等问题，目前在发酵类制药废水处理中的成功应用实例尚属不多。

⑥ 曝气生物滤池。曝气生物滤池是处理低浓度有机废水的另一种后续深度处理工艺，同生物活性炭法相比，这种处理方法的处理费用相对较低，成本不高。曝气生物滤池的特点是，集生物接触氧化和截留悬浮固体于一体，不需要后续的泥水分离单元；处理过程停留时间短，处理负荷相对较高，出水水质较好。用于后续的生物处理时，一般 COD 的去除率为 30%～40%。

⑦ 膜生物反应器（MBR）。膜生物反应器（MBR）是一种将废水的生物处理技术和膜过滤技术结合在一起的新型技术。其优点是反应器中污泥浓度高，有机污染物去除负荷和去除率高，出水悬浮物低；有较好的脱氮脱磷效果；管理方便，易于实现自动化控制。这一处理技术在制药工业废水处理中将会有较好的应用前景。

综上所述，在确定废水处理设施单元，组合构建发酵类制药废水处理工艺流程时，对于一般抑制毒性较小、有机污染物相对较易生物降解的发酵类制药生产废水（如维生素 C 废水等），直接采用调节预处理-厌氧消化（或水解酸化）-好氧生化处理工艺流程，废水的 COD 去除率一般可达到 90%～95%。而对于抑制毒性较强、有机污染物相对较难生物降解的发酵类制药废水（如青霉素、土霉素废水等），采用混凝沉淀（或气浮）预处理，改善废水可生化性后，废水再进行水解酸化（或厌氧消化）-好氧生化-后续物化工艺流程处理，COD 去除率一般也可达到 90%以上。对于难生物降解的发酵类制药废水，采用氧化-絮凝预处理-水解酸化-好氧生化-后续物化工艺流程处理，废水的 COD 去除率可达 90%～95%，但氧化-絮凝处理过程所需处理费用较一般预处理过程要高，在具体的废水处理工艺选择中，需要根据废水处理的效率及成本进行综合权衡。

7.5 制药工业废水再生利用

7.5.1 制药工业废水再生利用基本方法

制药废水是国内外较难处理的高浓度有机废水之一，也是我国重要的工业废水污染源之一。制药废水的特点是成分复杂、有机物含量高、毒性大、色度深和含盐量高，有机污染物种类多，BOD/COD_{Cr}低且波动大，SS 浓度高，同时水量波动大。而对制药废水进行深度处理再生回用，不仅可以削减污染物排放量，而且能够节约水资源，贯彻节能减排，提高制药企业的经济效益和社会效益，促进企业的可持续发展。

要实现制药废水的再生利用，主要应考虑以下几个因素。

（1）回用的用途和目标　制药企业废水回用的用途和目标决定了回用水水质，也就确定了应采用的处理工艺流程。由于制药企业产品的特殊性，回用水的用途一般用作杂用水、绿化浇灌及景观用水、循环冷却用水及锅炉补给水等。

（2）污染物的种类和水质指标　不同的制药企业排放的污染物种类不同，化学合成制药、生物制药、发酵类制药等产生的污染物质及浓度都不相同，即使同样是化学合成制药，其废水组成和水质也由相关产品及生产工艺所决定。因此必须有针对性地确定再生利用处理工艺和技术。

（3）回用处理技术的成熟性与稳定性　由于废水深度处理回用时，对回用水水质稳定性有较高的要求，因此从回用的可靠性和安全性角度考虑应当选择成熟和运行稳定的回用处理工艺。

（4）已有的废水处理工艺　回用水深度处理工艺一般都是设置在达标排放废水处理工艺之后，因此应对制药企业已有的废水处理工艺及其处理效果进行评估和分析，了解深度处理中需要去除的残余污染物的性质和特点，使深度处理工艺的选择更具有针对性。

(5) 其他因素　制药废水的再生回用有时还需要考虑一些其他因素，例如经济合理性、水量的稳定性、运行管理的可操作性、是否会有二次污染的风险、工程的占地面积以及制药生产工艺或产品的变化趋势等。

7.5.2 制药工业废水生产回用水质要求

制药废水回用水的用途不同，水质要求也各不相同。目前我国还没有专门的制药废水再生利用水质标准，但可以根据上述的制药废水回用的用途，参考类似的污水再生利用水质标准，如《城市污水再生利用　工业用水水质标准》(GB/T 19923—2005)、《城市污水再生利用　城市杂用水水质标准》(GB/T 19920—2002)、《工业锅炉水质标准》(GB 1576—2008) 等。同时，回用水的化学毒理学指标，应符合《城镇污水处理厂污染物排放标准》(GB 18918—2002) 的限值规定。表 7-1 为以城市污水再生水为水源，作为工业用水的水质标准，仅供参考。

表 7-1　城市污水再生水用作工业用水水源的水质标准

控制项目	冷却用水		洗涤用水	锅炉补给水	工艺与产品用水
	直流冷却水	敞开式循环冷却水系统补给水			
pH	6.5～9.0	6.5～8.5	6.5～9.0	6.5～8.5	6.5～8.5
悬浮物(SS)/(mg/L)	≤30	—	≤30	—	—
浊度/NTU	—	≤5	—	≤5	≤5
色度/度	≤30	≤30	≤30	≤30	≤30
生化需氧量(BOD_5)/(mg/L)	≤30	≤10	≤30	≤10	≤10
化学需氧量(COD_{Cr})/(mg/L)	—	≤60	—	≤60	≤60
铁/(mg/L)	—	≤0.3	≤0.3	≤0.3	≤0.3
锰/(mg/L)	—	≤0.1	≤0.1	≤0.1	≤0.1
氯离子/(mg/L)	≤250	≤250	≤250	≤250	≤250
二氧化硅/(mg/L)	≤50	≤50	—	≤30	≤30
总硬度(以 $CaCO_3$ 计)/(mg/L)	≤450	≤450	≤450	≤450	≤450
总碱度(以 $CaCO_3$ 计)/(mg/L)	≤350	≤350	≤350	≤350	≤350
硫酸盐/(mg/L)	≤600	≤250	≤250	≤250	≤250
氨氮/(以 N 计)/(mg/L)	—	≤10①	—	≤10	≤10
总磷/(以 P 计)/(mg/L)	—	≤1	—	≤1	≤1
溶解性总固体/(mg/L)	≤1000	≤1000	≤1000	≤1000	≤1000
石油类/(mg/L)	—	≤1	—	≤1	≤1
阴离子表面活性剂/(mg/L)	—	≤0.5	—	≤0.5	≤0.5
余氯②/(mg/L)	≥0.05	≥0.05	≥0.05	≥0.05	≥0.05
粪大肠菌群/(个/L)	≤2000	≤2000	≤2000	≤2000	≤2000

① 当敞开式循环冷却水系统换热器为铜质时，循环冷却系统中循环水的氨氮指标应小于 1mg/L。

② 加氯消毒时管末梢值。

在参考表 7-1 所列的水质标准时，还应同时采用下面的再生水利用方式和措施。

(1) 再生水用作冷却水（包括直流冷却水和敞开式循环冷却水系统补充水）、洗涤水时，一般达到上表中所列的控制指标后可直接使用。必要时也可对再生水进行补充处理或与新鲜水混合使用。

(2) 再生水用作锅炉补给水水源时，达到表 7-1 中所列的控制指标后尚不能直接补给锅炉，应根据工况，对水源水再进行软化、除盐等处理，直至满足相应工况的锅炉水质标准。对于低压锅炉，水质应达到 GB 1576—2001 的要求。对于中压锅炉，水质应达到 GB 12145—2008 的要求。对于热力网和热采锅炉，水质应达到相关行业标准。

(3) 再生水用作工艺与产品用水水源时，达到表 7-1 中所列的控制指标后，尚应根据不同的生产工艺或不同产品的具体情况，通过再生利用试验或者相似经验证明确定达到相关工艺与产品的供水水质指标要求方可使用。但是，由于制药行业产品的特殊性，目前再生水不适用于制药企业的产品用水。

(4) 当再生水用作工业冷却时，循环冷却水系统监测管理参照《工业循环冷却水处理设计规范》(GB 50050—2007)。

(5) 企业进行废水再生利用时，应做好再生回用水的用水管理工作，包括杀菌灭藻、水质稳定、水质水量与用水设备检测控制等工作。

(6) 再生水管道要按照规定涂有与新鲜水管道相区别的颜色，并标注“再生水”字样。

(7) 用水点要有“禁止饮用”标志，防止误饮误用。

7.5.3 制药工业废水深度处理生产回用技术新进展

传统的物化-生化组合方法能够去除制药废水中的大部分有机物，以使处理水水质达到相应的排放标准。如用于再生回用，则必须深度处理。多年来，国内对制药废水深度处理再生回用技术进行了广泛的研发，取得了较大进展。主要处理技术有吸附技术、氧化技术、生物技术、膜分离技术。

7.5.3.1 吸附技术

在制药废水深度处理方面研究和应用最广的是活性炭吸附，但该法存在活性炭吸附易于饱和及再生困难，再生后吸附能力亦有不同程度下降等问题，因此在工程实践中，活性炭吸附成本很高。臭氧氧化后活性炭吸附是一种很好的改良方法，研究发现，臭氧氧化能够延长活性炭的再生周期，减少再生费用。由于活性炭不仅是一种吸附质，同时也是臭氧氧化的催化剂。臭氧氧化后活性炭吸附可以弥补各自固有的不足，具有很好的协同作用。

7.5.3.2 氧化技术

目前氧化技术在废水再生利用中的应用研究较多，尤其是高级氧化技术、电化学氧化技术和光催化氧化技术。以 Fenton 为代表的高级氧化技术在制药废水深度处理中，脱色效果较好，COD 去除率高。电化学氧化可以有效地去除废水中的色度、浊度及 COD，有试验研究表明，电化学氧化深度处理制药废水可以取得良好的效果。光催化氧化虽然处理效果很好，但设备投资和电耗还有待进一步降低，目前还处于小规模应用。

7.5.3.3 膜分离技术

研究表明，将不同的膜分离技术如微滤（MF）、超滤（UF）、纳滤（NF）、反渗透（RO）等相结合，或膜分离技术与其他技术相结合（如膜生物反应器），是制药废水深度处理的一个重要研究方向。如采用混凝-砂滤-微滤-反渗透集成技术深度处理抗生素制药废水的现场试验表明，混凝-砂滤-微滤能有效地去除废水中的悬浮物和浊度，去除部分氨氮和 COD_{Cr}，降低废水的 SDI 值，为后续反渗透提供合格的进水。反渗透能去除进水中的绝大部分无机盐、色度和 COD_{Cr}，处理水水质优于《城市污水再生利用　工业用水水质》(GB/T 19923—2005) 中规定的各项控制指标要求。但是，膜分离技术存在着投资和运行费用偏高，在运行中易产生膜的污堵，需要高水平的预处理和定期的化学清洗，以及浓缩物的处理等问题，需要在今后的研发和工程实践中予以解决。

7.6 工程实例

7.6.1 实例1 某制药股份有限公司制药废水处理工程

7.6.1.1 工程概况

某药业股份有限公司位于我国长三角经济发达地区，是国内最大的抗生素、抗肿瘤药物生产基地之一，主要生产抗肿瘤、心血管系统、抗感染、抗寄生虫、内分泌调节、免疫抑制、抗抑郁药物等。

该企业生产工艺先进，单位产品耗水量较低，生产废水浓度较高，成分复杂，且随着产品的不断转换，废水成分极不稳定，有时COD_{Cr}可达到30000～40000mg/L（正常情况下为15000～30000mg/L），SS达到4500～5000mg/L。

企业建立了处理能力为3000m^3/d的废水处理工程，投入运行以来，处理出水水质达到《污水综合排放标准》(GB 8978—1996) 二级排放标准。图7-4为该工程处理构筑物。

图7-4　某制药废水处理工程处理构筑物

7.6.1.2 处理工艺流程

根据该废水成分复杂的特点，选用分质处理工艺，对化学合成制药废水和发酵类制药废水各自进行预处理。合成废水预处理采用废水氧化调节-絮凝-沉淀工艺。发酵废水预处理采用格栅-预曝气调节-沉淀工艺。预处理后的两股废水进入综合调节池，再经生物处理和气浮使出水达标排放。处理流程如图7-5所示。

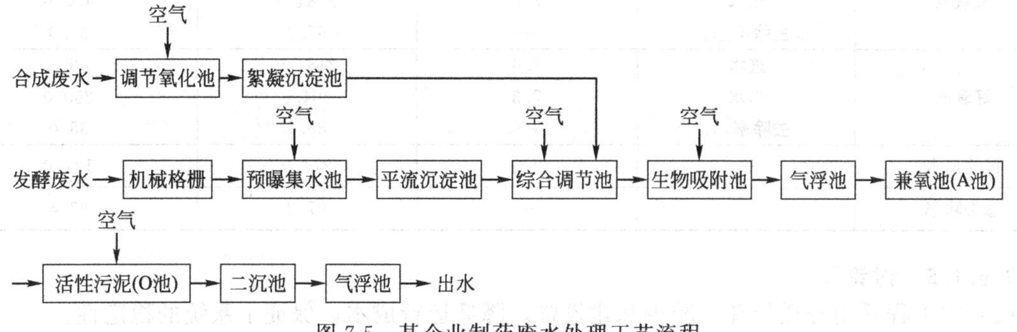

图7-5　某企业制药废水处理工艺流程

本处理工艺流程的重点是合成废水预处理和A/O处理单元。

(1) 合成废水预处理　针对合成废水种类繁多、成分复杂、污染物浓度高、色度和毒性大的特点，对合成废水进行Fenton氧化处理，使部分大分子开环断链，破坏毒性基团，提高废水可生化性。该废水经Fenton氧化后，COD_{Cr}去除率可达到30%～38%，色度从2300倍降到800倍，BOD/COD从0.15提高到0.35。

(2) A/O处理单元　制药废水在经过各种处理工序后，进入生物处理，水质波动还是比较大，选择抗冲击能力强的处理工艺至关重要。本工程选用了A/O工艺，利用A段兼氧菌和产酸微生物将废水中不易生物降解的大分子有机物转化为易生物降解的小分子有机物，使废水在后续好氧单元在较短的停留时间和较低的能耗下得到处理。从实际运行情况看，采用该工艺，COD_{Cr}去除率可达到70%。

7.6.1.3 主要构筑物、设备及工艺参数

(1) Fenton氧化槽　Fenton试剂（$FeSO_4/H_2O_2$）投加比例为0.5∶1，采用连续投加曝气

混合方式。

(2) 综合调节池　综合调节池水力停留时间为44h，有效容积$5500m^3$，池中进行曝气均质，用2台鼓风机供气。

(3) A/O系统　A/O池分2个系列。A池水力停留时间为72h，有效容积$9000m^3$，共分12个单元格，第1至11格池子底部设有曝气系统，中下部挂有生物填料，溶解氧（DO）控制在0.5mg/L以下。O池分为前后2部分，单池有效容积$2500m^3$，采用活性污泥法工艺，池内设置微孔曝气器，DO控制在3～4mg/L，SV_{30}一般为40%～45%。O池污泥可排至A池，以增加A池生物量。

二次沉淀池由三个竖流式沉淀池组成，沉淀污泥回流由PLC控制。

(4) 污泥处理系统　预处理系统污泥和剩余处理经泵输送至污泥浓缩池，浓缩污泥用泵输送到污泥脱水机进行脱水，脱水后污泥外运处理处置。

7.6.1.4　运行效果

针对该制药废水的特点而设计的处理工艺流程，其处理效果如表7-2所示。

表7-2　某企业制药废水处理效果

处理单元	项目	水质指标		
		pH	COD /(mg/L)	SS /(mg/L)
调节池	进水	5.0	9850.0	5000.0
	出水	5.0	7131.0	1800.0
	去除率/%	—	27.6	64.0
预气浮	进水	5.0	7131.0	1800.0
	出水	8.0	6275.0	800.0
	去除率/%	—	12.0	55.0
兼氧池	进水	8.0	6275.0	800.0
	出水	7.0	2184.0	400.0
	去除率/%	—	65.0	50.0
好氧池	进水	7.0	2184.0	400.0
	出水	7.3	304.0	260.0
	去除率/%	—	86.1	35.0
排放出水	—	7.3	271.0	131.0
总去除率	—	—	97.2	97.4

7.6.1.5　讨论

(1) 本工程采用分质处理，减少基建投资，降低运行成本，保证了系统的稳定性。

(2) 本工程综合调节池水力停留时间为44h，为后续生物处理的稳定运行提供了保障，可为同类型废水处理工程提供借鉴。

(3) 合成废水中含有大量的有机溶剂，建议在进入Fenton氧化处理单元之前先进行溶剂回收处理（多效蒸发、气浮、萃取等），这样既可以回收有用资源，又可以降低Fenton处理单元的投药量，降低运行成本。

(4) 本工程废水中SS含量高，采用平流式沉淀池泥斗排泥操作繁琐，宜选用机械刮泥辐流式沉淀池等形式，以改善排泥操作和提高沉淀效率。

7.6.2　实例2　某生物制药有限公司废水处理工程

7.6.2.1　工程概况

某生物制药有限公司，主要从事硫酸黏杆菌素、吉他霉素、洛伐他汀、黄霉素等产品的生产，废水处理规模$1000m^3/d$。废水经处理后达到相应的排放标准。该工程于2003年6月投入运行。

7.6.2.2　废水水量水质

该公司废水主要来源于产品生产过程中的发酵废水、提取废水、洗涤废水和其他废水等。

吉他霉素废水主要来源于溶媒（乙酸丁酯）萃取和溶媒中提取产品时结晶、洗涤产生的废水。溶媒萃取采用泡罩塔回收乙酸丁酯，其废水主要成分为乙酸丁酯、磷酸二氢酯和NaCl。一般COD值在13000mg/L左右。

硫酸粘杆菌素废水主要来源于树脂吸附、解析产生的吸附废液、树脂脱盐中和的树脂再生废液和纳滤浓缩废液。平均COD_{Cr}浓度为11000mg/L。菌液分离采用40%H_2SO_4去Ca^{2+}，所以废液中含有较高的SO_4^{2-}。废水中钠盐、钙盐、SO_4^{2-}和COD均较高。

洛伐他汀废水主要来源于发酵液压滤分离菌丝体产生的废水和薄膜浓缩后的水洗分离废水。水量较小，浓度较高，主要成分为淀粉类、糖类有机物、Ca^{2+}及乙酸丁酯，COD浓度在28000mg/L左右。

黄霉素废水主要来源于发酵液澄清产生的废水，结晶过程采用离心喷雾干燥法，不产生废水。澄清废水中的主要成分为淀粉类有机物、NH_3-N、SO_4^{2-}。批量生产周期10d，废水量较小，但COD浓度较高，COD值一般在30000mg/L左右。

生产废水水量及水质如表7-3所示。

表7-3　废水水量及水质

产品名称	废水量/(m^3/d)	COD/(mg/L)	pH	SS/(mg/L)	NH_3-N/(mg/L)
吉他霉素废水	200	13000	7	600	59
多黏菌素废水	300	11000	5	1500	89
洛伐他汀废水	4	28000			
黄霉素废水	4	30000			
其他低浓度废水	300	1000			
小计	808	8300			

该废水具有如下特征。

(1) 各股废水皆为间断性排放，有的废水为2～10d排放一批，水量在时间分布上变化很大。

(2) 各股废水的污染物种类、浓度差异很大，就工艺废水COD_{Cr}而言，从8000mg/L到30000mg/L，相差4倍。如遇到发酵液染菌倒灌排入污水处理系统的特殊情况，则有机物浓度更高。

(3) 废水中含有各种溶剂、微生物代谢中间产物、残留抗菌素、生物难降解物质等，对废水生化处理的微生物构成抑制，影响去除效率。

(4) 硫粘树脂再生液中SO_4^{2-}含量较高。

(5) 废水pH变化较大，且易发生酸化。

(6) 非正常情况时，废水中S^{2-}浓度达100mg/L以上，需加铁盐或铝盐预处理去除。

本工程处理水量1000m^3/d。处理出水纳入市政污水管道，执行《污水综合排放标准》(GB 8978—1996) 三级标准。设计水质如表7-4所示。

表7-4　设计水质

名称	pH	COD/(mg/L)	NH_3-N/(mg/L)	SS/(mg/L)
设计水质	5.5～6.5	10000	87	800
出水标准	6～9	≤500	≤35	≤400

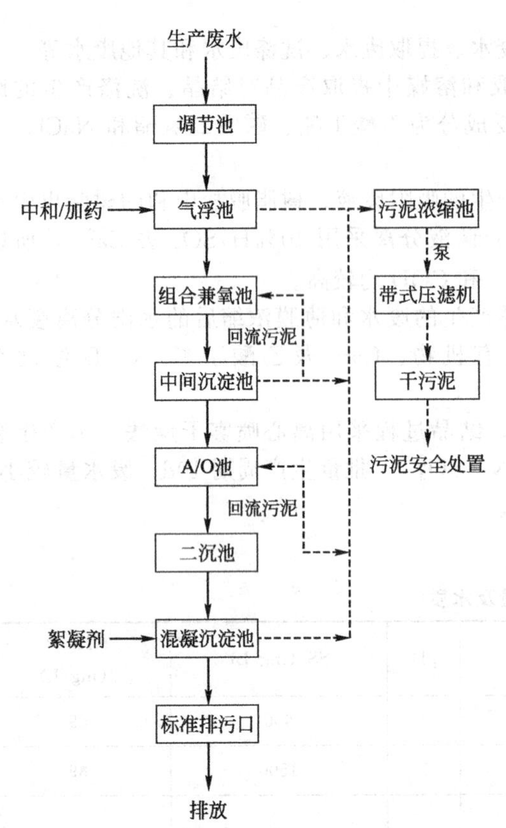

图 7-6 某生物制药有限公司废水处理工艺流程

7.6.2.3 工艺流程

由于本工程废水中的残余抗菌素、盐类以及一些有机溶剂、触媒可对厌氧微生物的正常代谢产生抑制，如在生化之前采用各种预处理去除抑制物质，则使工艺流程复杂，且使建设投资和运行费用增高。考虑到生产车间排水管道已经建成，浓废水和稀废水无法分开，设计采用废水混合收集处理。对混合废水采用“气浮-兼氧-A/O好氧-混凝沉淀”工艺处理，实现废水处理达标排放。工艺流程如图7-6所示。

处理工艺特点如下。

(1) 以“兼氧（水解）-好氧A/O法”为主处理工艺单元，前后分别设置混凝气浮和混凝沉淀，处理技术成熟可靠。

(2) 兼氧工艺设置填料，采用生物膜法，由于生物量大，容积负荷高，运行稳定性较好，对进水COD_{Cr}负荷变化具有较大的适应能力。

(3) 根据废水脱氮要求，采用A/O工艺，在好氧硝化池前设置反硝化脱氮池，增强了系统生物脱氮的效能。

(4) 根据生物反应动力学原理，好氧池采用多池串联运行，使废水在反应池内呈现出整体推流，而在不同的区域内为完全混合的流态，处理效果好且稳定。

7.6.2.4 处理构筑物及工艺参数

本工程主要处理构筑物及工艺参数如表7-5所示。

表 7-5 处理构筑物及设计工艺参数

构筑物名称	尺寸/m	数量	参数	单位	参数值
调节池	$900m^3$	1	水力停留时间	h	12
气浮池	$50m^3/h$	1	水力停留时间	h	1
组合兼氧池	28×11×5.5	2	水力停留时间	h	72
中间沉淀池	22×5×5	1	沉淀时间	h	3
A池	7×11×5.5	1	水力停留时间	h	8
O池	20×11×5	3	水力停留时间	h	72
			混合液回流比	%	170
二沉池	ϕ13×4.0	1	表面负荷	$m^3/(m^2 \cdot h)$	0.7
混凝沉淀池	ϕ13×4.0	1	表面负荷	$m^3/(m^2 \cdot h)$	0.7

7.6.2.5 运行效果

该工程于2003年6月完成调试阶段，废水处理系统进入正常运行。废水处理监测数据平均结果如表7-6所示。从表中可以看出处理出水水质可达到《污水综合排放标准》（GB 8978—1996）三级标准，各处理单元基本达到设计要求。

表7-6　某生物制药有限公司废水处理监测结果

项目	pH	COD/(mg/L)	NH_3-N/(mg/L)	SS/(mg/L)
调节池	5.7	7847	86	683
排放口	7.1	438	24	63

7.6.2.6　讨论

（1）本工程处理排放出水执行《污水综合排放标准》（GB 8978—1996）三级标准，对全厂混合废水采用常规工艺进行处理，运行效果好，可稳定达标。

（2）应强化清洁生产技术，尽可能提高废水中各种溶剂的回收率，减轻处理设施的负荷。

（3）倒灌废液需要在车间进行预处理后分批均匀进入调节池，防止对处理系统的冲击。

（4）从废水种类和特点分析，对高浓度特征废水宜实行分质收集预处理。

第8章 重金属废水处理及再生利用

8.1 概述

重金属废水主要来源于电镀工业、电子工业、蓄电池生产、矿山开采、有色金属冶炼等生产过程排放的废水。这些工业门类在生产过程中产生的大量含铬、铜、镍、铅、镉、汞等重金属废水，给环境带来严重的污染。重金属进入水体后，在食物链上具有放大作用，可在人体的某些器官积蓄起来造成慢性中毒，危害人体健康。通常表现为对神经系统的长期损害，以及对消化系统和泌尿系统的细胞、脏器及骨骼的破坏。目前，水体重金属污染已经成为国内外最严重的环境问题之一。我国《重金属污染综合防治"十二五"规划》列出了全国14个重金属污染综合防治重点省区和138个重点防治区域。"十二五"期间，国家计划投入数百亿元，开展重金属污染综合防治。涉及采矿、冶炼、铅蓄电池、皮革及其制品、化学原料及其制品五大重点行业，综合防治砷、铅、汞、铬、镉等重金属污染。

本章着重介绍电镀工业、电子工业、蓄电池废水处理及再生利用技术。矿山开采、有色金属冶炼等生产废水处理及再生利用技术详见本书10.1。

8.2 重金属生产废水分类和生产工艺

8.2.1 电镀废水

8.2.1.1 电镀工艺

电镀是利用电解在制件表面形成均匀、致密、结合良好的金属或合金沉积层的表面处理过程。电镀的基体材料除铁基的铸铁、钢和不锈钢外，还有非铁金属，如ABS塑料、聚丙烯、聚砜和酚醛塑料，但塑料电镀前，必须经过特殊的活化和敏化处理。在电镀过程中，除油、酸洗和电镀等工序操作之后都需用水清洗。电镀废水主要来源于电镀生产过程中的镀件清洗、废镀液、渗漏及地面冲洗等，其中镀件清洗水占80%以上。电镀废水的成分非常复杂，除酸碱废水外，重金属废水是电镀业潜在危害性极大的废水类别。

常用的电镀镀种有镀镍、镀铜、镀铬、镀锌等。

电镀可分为前处理和电镀两个阶段。电镀前处理是为了使制件材质暴露出真实表面，除去油污、氧化物，消除内应力。对经过前处理的镀件进行电镀，是在制件表面形成均匀、致密、结合良好的金属或合金沉积层。电镀工艺生产过程中的主要添加剂有酸、碱、光亮剂、缓冲剂、表面活性剂、乳化剂、络合剂等。

一般电镀生产工艺是：镀件预处理机械抛光→除油→除锈→电镀→烘干→合格产品入库（不合格产品退镀）。

（1）镀件预处理机械抛光（磨光或滚光） 主要借助磨光轮（带）去掉被镀件上的毛刺、划痕、焊瘤、砂眼等，以提高镀件的平整度和镀件质量。此段工序一般无废水排放。

（2）除油 金属制品的镀件由于经过各种加工和处理，不可避免地会黏附一层油污，为了保证镀层与基体的牢固结合，必须清除镀件表面上的油污。除油工艺有化学除油、有机溶剂除油和电解除油等多种。其工艺如下。

抛光后镀件→清水洗→有机溶剂除油槽→清水槽→后道工序

该段工序中一般采用碱性除油，废水主要来源于清水冲洗过程，废水 pH 为 8.5～10。

（3）除锈 除油后的镀件，表面上往往有很多锈斑和比较厚的氧化膜，为了获得光亮的镀层，使镀层与基体更好地结合，就必须将零件上的锈斑和氧化膜去掉，一般采用浸酸除锈。经过酸浸泡后还可以活化零件表面。其工艺如下。

除油后镀件→酸水槽→回收槽→清水槽→后道工序

该工段废水主要来源于清水冲洗过程。废水中含有大量的铁离子，pH 为 2.0～5.0。

（4）电镀 其一般生产工艺如下。

浸蚀处理后镀件→电镀槽→回收槽→清水槽→后道工序

该工段废水主要来源于清水清洗过程，根据不同的电镀工艺，废水中含有相应的金属离子或氰化物。例如，氰化镀铜冲洗水中含有氰化物和铜离子，镀铬冲洗水中含有六价铬，镀镍冲洗水中含有镍离子等。

（5）烘干入库 该工序主要是借助于机械、自然能和热能等将经电镀和冲洗后的镀件表面水分烘干，以免生锈。一般无废水排放。

（6）退镀 退镀工艺就是退除不合格镀件表面的镀层，主要有机械磨除、化学或者电化学溶解三种方法。机械磨除一般不产生退镀废水，化学或者电化学溶解则有废水产生，但废水水量较少。

电镀可分为挂镀、滚镀、连续镀和刷镀等不同方式，主要与待镀件的尺寸和批量有关。挂镀适用于一般尺寸的制品，如汽车的保险杠、自行车的车把等。滚镀适用于小件，如紧固件、垫圈、销子等。连续镀适用于成批生产的线材和带材。刷镀适用于局部镀或修复。

8.2.1.2 电镀废水的分类

电镀工艺种类繁多、工艺复杂，不同企业的电镀废水水质相差较大，但共同特征是均含重金属、酸、碱等污染物。常见的重金属污染物包括铬、铜、镍、锌、金、银以及铅等，常见的酸、碱类污染物包括硫酸、盐酸、硝酸、磷酸、氢氧化钠、碳酸钠等。此外，废水中还含有一定量的有机物、氨氮等。

根据电镀生产情况，可将电镀车间排出的废水分为前处理废水、含氰废水、含六价铬废水、焦铜废水、化学镀镍废水、化学镀铜废水、综合废水及电镀废液等。

（1）前处理废水 前处理废水来源于镀前准备过程中的脱脂、除油等工序产生的清洗废水，主要污染物为有机物、悬浮物、石油类、磷酸盐以及表面活性剂等。

（2）含氰废水 含氰废水来源于氰化镀铜、碱性氰化物镀金、中性和酸性镀金、氰化物镀银、氰化镀铜锡合金、仿金电镀等含氰电镀工序，废水中的主要污染物为氰化物、重金属离子（以络合态存在）等。

（3）含六价铬废水 含六价铬废水主要来源于镀铬、镀黑铬以及钝化等工序，废水中的主要污染物为六价铬、总铬等。

（4）焦铜废水 焦铜废水主要来源于焦磷酸盐镀铜、焦磷酸盐镀铜锡合金等电镀工序，废水中的主要污染物为铜离子（以络合态存在）、磷酸盐、氨氮及有机物等。

（5）化学镀镍废水 典型的化学镀镍工艺以次磷酸盐为还原剂，废水中的主要污染物为镍离子（以络合态存在）、磷酸盐（包括次磷酸盐、亚磷酸盐）及有机物。

（6）化学镀铜废水 典型的化学镀铜工艺以甲醛为还原剂，废水中的主要污染物为铜离子（以络合态存在）及有机物。

（7）综合废水 除上述六种废水外，其他各类电镀废水以及地面冲洗废水等统称为综合废水。综合废水中的主要污染物为酸、碱、重金属、有机物等。

（8）镀槽废液 电镀槽废液中含有高浓度的酸、碱、重金属等，电镀槽废液应委托有资质的危险废物处理单位进行处理处置或综合利用。

8.2.1.3 电镀废水的特征

电镀废水水质复杂，电镀废水的污染物主要来源为重金属电镀漂洗水以及镀件除油废水等。废水中含有铬、锌、铜、镍、镉等重金属以及氰化物等具有很大毒性的污染物，COD浓度一般为300～1500mg/L，BOD浓度为100～400mg/L，水质呈酸性。电镀废水具有以下特点。

(1) 电镀废水主要特征是含有大量的重金属，废水毒性大，是潜在危害性极大的废水类别。

(2) 废水分类多，对含第一类重金属的电镀废水，需要执行车间排放口达标排放。

(3) 废水中污染物成分非常复杂，一般情况废水的酸性强，含有表面活性剂、光亮剂等有机污染物。

(4) 水质变化幅度大。

8.2.2 电子工业废水

电子工业是生产电子设备及各种电子元件、器件、仪器、仪表的行业，门类众多。电子工业生产废水的产生过程相对集中在印刷线路板的生产，本节重点介绍印刷线路板废水处理技术。

8.2.2.1 印刷线路板生产工艺

随着电子工业的迅速发展，对印刷线路板（Printed Circuit Board，PCB）的需求日益增加。印制线路板根据布线层次的不同，分为单面板、双面板和多面板。生产过程较为复杂，主要生产工艺流程如图8-1所示。

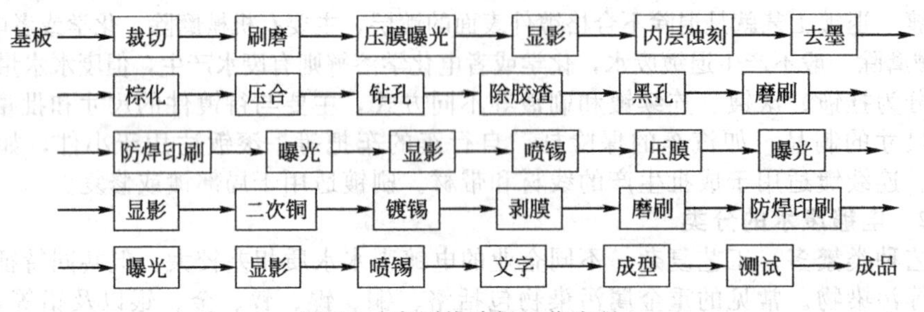

图8-1 印刷线路板工艺流程

印刷线路板生产废水主要来源于线路板制作中的刷磨、显影、蚀刻、剥膜、成型等工序。废水中既有重金属化合物、络合物，又含有机高分子化合物和各种有机添加剂。废水中一部分重金属以离子形式存在，另一部分以络合离子的形式存在，废水的成分受产品品种、生产线使用的各种配方药剂的影响，成分复杂多变。对其有效的治理已成为PCB生产企业面临的最大环保问题。

8.2.2.2 印刷线路板废水分类

印刷线路板生产工艺复杂，在不同的生产工序产生的废水，其污染物组成和水质差异极大。根据布线层次的不同印刷电路板生产废水可分为单面板、双面板以及多面板生产废水。按生产工艺过程排放的废水，印刷电路板生产废水包括工艺漂洗废水、废酸液、废碱液、化学镀铜废水、显影废水等。根据印刷电路板生产废水中污染物的种类及其形态可分为含重金属废水（含Cu^{2+}、Pb^{2+}、Ni^{2+}等，不含EDTA、NH_4^+等络合剂）、含氰废水、含络合物废水（含重金属离子、重金属-EDTA络合物、NH_4^+等络合物和重金属-氨络合物）、有机废水及酸碱废水（含溶解的有机物、无机酸碱、CN^-等）。另外，印刷电路板生产中还会产生大量的废液，主要为各种槽液与电镀液等，如去膜废液、化学铜废液等。

(1) 酸碱废水　废酸液主要来自工序产生的含有硫酸、盐酸的废水。pH低，含有一定浓度的有机物和Cu^{2+}。废碱液主要来自化学镀铜等工序的生产过程，废水量不大，pH在12左右，含有络合铜金属离子。

(2) 含铜废水　含铜废水主要来自镀铜工序和蚀刻工序，可分为含铜废水和废液。

(3) 漂洗废水　漂洗废水来自各工段对电路板的清洗过程。其水量较大，污染物浓度相对较低。Cu^{2+}质量浓度一般在10～20mg/L，COD_{Cr}100～150mg/L，pH5～8。

（4）有机废水 有机废水主要来自去膜、显影过程排出的清洗线路板的废水，水量较大，含有一定量的有机污染物。还有去膜、显影过程排出的废液有机含量很高，COD_{Cr}在15000～18000mg/L，呈碱性。

8.2.2.3 印刷线路板废水的特征

如上所述，印刷线路板在不同的生产阶段产生不同的废水，废水水质复杂多变。

总地来说，印刷线路板废水具有以下特征。

（1）含有Cu^{2+}等大量的重金属离子，是潜在危害性极大的废水类别。

（2）废水含重金属络合物（含重金属离子、络合剂，包括重金属-EDTA-氨络合物）。

（3）废水中污染物成分非常复杂，酸、碱性强，有的含有高浓度有机污染物。

（4）集成芯片生产废水含氟浓度高，无机氮含量高，脱氮难度大。

8.2.3 蓄电池生产废水

8.2.3.1 蓄电池生产工艺

近年来我国的蓄电池生产增长非常迅速，特别是铅蓄电池的年产量持续攀升，铅蓄电池的大量生产引发频繁的铅污染事件，铅蓄电池行业成为铅污染的高危行业。2011年，全国2000余家铅蓄电池企业80%被勒令关停，使高能镍镉电池、镍金属氢化物电池、镍锌电池、锂电池、锂聚合物电池等新型二次电池备受青睐，并促使铅蓄电池行业向轻量化、大容量、长寿命、节能减排的方向转型。

铅蓄电池主要由电池槽、电池盖、正负极板、稀硫酸电解液、隔板及附件构成。制造过程包括铅粉制备、板栅铸造、极板化成、组装等。铅酸蓄电池生产工艺流程如图8-2所示。铅蓄电池生产过程除产生废水污染外，还有废气与铅尘污染。

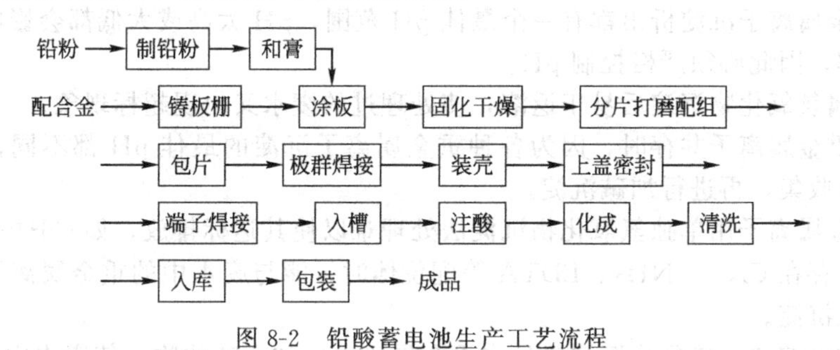

图8-2 铅酸蓄电池生产工艺流程

8.2.3.2 铅酸蓄电池生产废水

铅酸蓄电池生产排放的废水主要来源于涂板工序和涂板的漂洗水，化成工序和蓄电池组装后的清洗废水，调配浆料洒漏的药剂废水，含铅烟、含尘废气处理废水以及车间地面冲洗废水等。废水中含有大量的Pb^{2+}、Zn^{2+}、Mn^{2+}、Hg^{2+}等重金属离子，如不加治理直接排放，将对环境造成严重的重金属废水污染。

8.2.3.3 铅蓄电池废水的特征

铅蓄电池生产废水的水质特点相对比较简单，废水中主要含有Pb^{2+}、Zn^{2+}、Mn^{2+}、Hg^{2+}等重金属离子及酸、碱等。

8.3 重金属废水处理技术

8.3.1 重金属废水物理化学处理方法

目前国内常用的重金属废水物理化学处理方法包括化学沉淀法、还原法、混凝法、吸附法、离子交换法、膜分离法、电化学法等。

8.3.1.1 化学沉淀法

化学沉淀法是使废水中呈溶解状态的重金属转变为不溶于水的重金属化合物，使其从废水中沉淀分离的方法，包括氢氧化物沉淀法、硫化物沉淀法、钡盐沉淀法等。化学沉淀法具有投资较少、处理成本较低、操作较简单等优点，适用于各类重金属废水的处理。但采用化学沉淀处理时需要不断地消耗化学药剂，并产生较多的化学污泥，处理出水难以回用。2008 年执行《电镀污染物排放标准》（GB 21900—2008）后，对重金属离子的排放要求越来越严格，往往采用单一的常规化学沉淀法已不能满足达标排放要求。但是，化学沉淀法仍然是重金属废水处理的基本方法之一。

（1）氢氧化物沉淀法　氢氧化物沉淀法是一种比较常用的处理方法，它是在含有重金属的废水中加入碱进行中和，使金属离子生成不溶于水的氢氧化物并以沉淀形式分离。金属离子与 OH^- 能否生成难溶的氢氧化物沉淀物，取决于废水中金属离子浓度和 OH^- 浓度，对金属离子浓度一定的废水来说，废水的 pH 是形成金属氢氧化物沉淀物最主要的条件。在实际水处理中，共存离子体系复杂，影响氢氧化物沉淀的因素很多，其中，最主要的是沉淀反应的 pH。某些金属氢氧化物沉淀析出的最佳 pH 范围如表 8-1 所示。

表 8-1　金属氢氧化物沉淀析出的最佳 pH

金属离子	Fe^{3+}	Al^{3+}	Cr^{3+}	Cu^{2+}	Zn^{2+}	Sn^{2+}	Ni^{2+}	Pb^{2+}	Cd^{2+}	Mn^{2+}
化学沉淀最佳 pH	6～12	5.5～8	8～9	＞8	9～10	5～8	＞9.5	9～9.5	＞10.5	10～14
加碱后重新溶解 pH	—	＞8.5	＞9	—	＞10.5	—	—	＞9.5		

氢氧化物沉淀法是最常规的处理方法，但在实际应用中存在一些不足。

① 各种重金属离子沉淀析出都有一个最佳 pH 范围，pH 太高或太低都会影响处理效果，或者使其重新溶解，因此必须严格控制 pH。

② 有的金属氢氧化物沉淀后易于返溶，使处理过的废水又出现超标现象。

③ 当多种重金属离子共存时，因为各种重金属离子沉淀的最佳 pH 都不同，所以要先对各股废水实行分流收集，再进行加碱沉淀。

④ 有些重金属离子用单独氢氧化物沉淀法处理难以使其达标排放，如 Cd^{2+} 等。

⑤当废水中存在 CN^-、NH_3、EDTA 等配位体时，能与废水中的重金属离子形成可溶性络合物，很难生成沉淀。

（2）硫化物沉淀法　硫化物沉淀法是在重金属废水中加入硫化物，使废水中的重金属离子生成硫化物沉淀而除去的方法。与中和沉淀法相比较，硫化物沉淀法的优点是：重金属硫化物比其氢氧化物溶解度更低，反应 pH 为7～9，处理后的废水一般不用中和，处理效果更好。但硫化物沉淀法的缺点是：硫化物沉淀颗粒小，易形成胶体，硫化物残留在沉淀水中，遇酸生成气体，可能造成二次污染。

（3）螯合沉淀法　螯合沉淀法常用重金属离子捕捉剂，它是一种具有螯合官能团的能从含金属离子的溶液中选择捕集、分离、沉淀特定金属离子的有机物。如上所述，化学沉淀法处理含重金属离子废水时存在着一些问题。例如，不同的重金属离子生成氢氧化物沉淀的最佳 pH 不同，某些重金属离子可能与溶液中的其他离子形成络合物而增加了它在水中的溶解度，以及重金属离子在碱性介质中生成的氢氧化物沉淀，部分会在排放中随着 pH 的下降而重新溶解于水中影响处理效果等。采用重金属捕捉剂可以解决这些问题。

目前应用较多的重金属捕捉剂主要有两类：黄原酸酯类和二硫代胺基甲酸盐类衍生物(DTC 类)，其中 DTC 类衍生物应用最为广泛。它的机理是：DTC 类重金属捕捉剂为长链高分子物质，相对分子质量为 1 万～15 万，含有大量的极性基（极性基中的硫原子半径较大，带负电，且易极化变形产生负电场），在常温下能与废水中的 Hg^{2+}、Cd^{2+}、Cu^{2+}、Pb^{2+}、Mn^{2+}、

Ni^{2+}、Zn^{2+}、Cr^{3+}等多种重金属离子迅速反应。在生成不溶于水的螯合盐后再加入少量有机或无机絮凝剂以形成絮状沉淀，从而达到捕集去除重金属离子的目的。

重金属离子捕捉剂具有如下特点。

① 处理方法简单，只要添加药剂即可除去重金属离子，不增加设备费用。

② 重金属离子捕捉剂能与重金属离子强力螯合，去除效果好。

③ 重金属离子捕捉剂与重金属离子能生成良好的絮凝体，絮凝效果佳。

④ 生成污泥量少且易脱水，而采用传统的化学沉淀法和低分子捕集沉淀剂处理时，往往需要投加大量的助沉剂而致使污泥量增多，且污泥不易脱水，甚至黏附在滤布或滤带上造成流道堵塞。

⑤ pH适用范围广，在pH3～11范围内均有效。

螯合沉淀法的缺点是：加药成本较高，适合小水量重金属废水处理。为了减少加药成本，在实际工程应用中可以先将pH调到一定的范围，使一部分重金属离子以氢氧化物的形式沉淀，其余不能形成氢氧化物沉淀的重金属，再采用重金属捕捉剂进行处理，这样可减少重金属捕捉剂的使用量，降低处理成本。

8.3.1.2　还原法

还原法是向废水中投加还原剂，将高价剧毒重金属离子还原成微毒的低价重金属离子，再使其碱化沉淀去除的方法。

工程上使用的还原剂包括硫酸亚铁、亚硫酸氢钠、焦亚硫酸钠、亚硫酸钠、二氧化硫、铁屑等。其中亚硫酸钠法处理量大，综合利用方便，应用广泛。

还原法原理简单，操作易于掌握，对某些类型的重金属废水处理是行之有效的，但出水水质差，不能回用，当采用还原法处理混合废水时，易造成二次污染。目前还原法一般作为预处理方法使用。

8.3.1.3　铁氧体法

铁氧体法是根据生产铁氧体的原理发展起来的处理方法。铁氧体法处理，是向重金属废水中投加铁盐，通过控制pH、氧化、加热等条件，使废水中的重金属离子与铁盐生成稳定的铁氧体共沉淀物而除去。该法处理重金属废水能一次脱除多种金属离子，形成的沉淀颗粒大，不返溶，不产生二次污染，尤其适用于混合重金属电镀废水的一次性处理。具有设备简单、投资少、操作方便等特点，形成的污泥有较高的化学稳定性，容易进行分离和脱水处理。此法在国内电镀行业中应用较广，但在形成铁氧体过程中需要加热（约70℃），能耗较高，处理后盐度高，不能处理含Hg和络合物的废水。

8.3.1.4　吸附法

吸附法是利用吸附剂的独特结构去除重金属离子的一种方法。可分为物理化学吸附法和生物吸附法。

（1）物理化学吸附法　物理化学吸附法是通过吸附材料的高比表面积的蓬松结构，或者特殊官能团对水中的重金属离子进行物理吸附或化学吸附。传统吸附剂有活性炭、膨润土、沸石、粉煤灰等。实践证明，物理化学吸附法存在投资较大、运行费用高、污泥产生量大、处理后的水难以稳定达标排放等问题。

（2）生物吸附法　生物吸附法是利用生物体的化学结构或成分特性对水中的重金属离子进行吸附。生物吸附剂主要包括菌体、藻类等。新型的吸附剂有聚糖树脂、双壳类软体动物贝壳等。同其他方法相比较，生物吸附法的优点是，处理效率高，运行费用低，pH和温度适应范围宽，易解析，可回收重金属。

8.3.1.5　蒸发浓缩法

蒸发浓缩法是对重金属废水进行蒸发，使重金属废水得以浓缩，并加以回收利用的处理方法。一般适用于处理含铬、铜、银、镍等重金属废水。

蒸发浓缩法处理电镀重金属废水，工艺成熟简单，不需要化学试剂，无二次污染，可回用水或有价值的重金属，有良好的环境效益，但因存在能耗大、操作费用高、杂质干扰等问题，使应用受到限制。目前，一般将其作为其他方法的辅助处理方法。

8.3.1.6 膜分离法

《电镀污染物排放标准》(GB 21900—2008) 施行以后，为了适应节能减排、电镀污染物特别排放限值和废水再生利用的要求，近几年来，国内应用膜技术处理电镀废水十分活跃，取得了成效。膜分离法是利用膜对液体中的特定成分进行选择性透过分离处理方法的统称。利用膜分离技术一方面可以回收利用电镀原料，大大降低成本，另一方面可以实现电镀废水零排放或微排放，具有很好的经济效益和环境效益。与其他废水处理技术相比，膜分离技术具有如下优势：①分离效率高，效果稳定，占地面积小，分离后净化水可重复利用；②膜分离过程不发生相变，能量转化效率高；③装置简单，操作容易，容易维修和控制；④适用范围广。

经过膜分离技术处理的电镀废水可直接回用于生产，废水回收率可达 60%～70%。膜分离法存在的主要问题在于如何提高产水率、控制膜污染和延长膜的使用寿命等，而且对浓缩液的处理仍有待进一步研究。

8.3.1.7 离子交换法

离子交换法是利用离子交换树脂分离废水中重金属离子的方法。树脂中含有一种具有离子交换能力的活性基团，它不溶于水、酸、碱溶液及其他有机溶剂，对重金属离子进行选择性交换或吸附，然后将被交换的重金属离子用其他试剂从树脂上置换出来，达到除去或回收重金属的目的。常用的离子交换树脂为磺酸型离子交换树脂（即阳离子交换树脂）和强碱性离子交换树脂（即阴离子交换树脂）。

磺酸型离子交换树脂表示为

$$R—SO_3^- H^+$$

R 为合成树脂母体，$SO_3^- H^+$ 为活性基团，其交换作用为

$$R—SO_3^- H^+ + Na^+ OH^- \rightleftharpoons R—SO_3^- Na^+ + H_2O \tag{8-1}$$

强碱性离子交换树脂表示为

$$R—N^+ OH^-$$

其交换作用为

$$R—N^+ OH^- + H^+ Cl^- \rightleftharpoons R—N^+ Cl^- + H_2O \tag{8-2}$$

利用离子交换树脂选择性交换作用，可以除去废水中的有害物质，如铬、铜、镍等重金属离子。离子交换法的优点在于能耗低，处理程度较高，且处理过程中不产生废渣，没有二次污染，对低浓度废水处理仍然具有一定的优势。

如果重金属废水中的金属离子种类单一且浓度很高，则易于实现物质的回收和再循环利用。如电镀镍漂洗水，能通过离子交换将镍离子回收和再循环利用，减少废水的处理量和排放量，使电镀有价值的资源得到充分的利用，减少生产成本和环境的污染。

8.3.1.8 电解絮凝法

电解絮凝法是利用金属的电化学性质，在直流电作用下除去废水中金属离子的方法。电解絮凝法同时具有电解氧化还原、电解絮凝和电解气浮三种协同效应，是处理含有高浓度电沉积金属废水的有效方法，处理效率高，便于回收利用。

8.3.1.9 重金属络合物的破络处理

由于某些重金属废水中含有络合剂与铜、镍结合生成的强稳定态络合物，如直接采用常规的中和沉淀、混凝、吸附等方法难以达到去除的目的。因此，针对该类废水的处理方法是：首先破坏络合离子的稳定结构，使金属离子呈游离态，再采用常规的中和沉淀、混凝或吸附等工艺。

常用通过投加硫化钠，破除络合配位键，再投加混凝剂、助凝剂，经反应后进入沉淀池中进行固液分离的方法。目前采用的铁粉还原-Fenton 试剂氧化破络法，是一种高级氧化法。Fenton 试剂由亚铁盐和双氧水（H_2O_2）组成，在亚铁离子的催化作用下，双氧水会分解产生羟基自由基（$\cdot OH$），它能与废水中难化学沉淀的络合物发生反应，进行破除络合化合物，使金属离子

游离，结合其他处理方法去除。

8.3.2 重金属废水生物处理方法

生物处理技术是指通过微生物或其代谢产物与重金属离子的相互作用达到净化废水的目的，具有成本低、环境效益好等优点。由于传统处理方法有成本高、对大流量低浓度重金属废水难于处理等缺点，随着耐重金属毒性微生物的研究进展，生物处理技术日益受到人们的重视。根据生物去除重金属离子的机理不同可分为生物絮凝法、生物吸附法以及植物处理法等。

8.3.2.1 生物絮凝法

生物絮凝法是利用微生物或微生物产生的代谢物进行絮凝沉淀的方法。微生物絮凝剂是一类由微生物产生并分泌到细胞外，具有絮凝活性的代谢物，一般由多糖、蛋白质、DNA、纤维素、糖蛋白、聚氨基酸等高分子物质构成，分子中含有多种官能团，能使水中的胶体悬浮物相互凝聚沉淀。目前，对重金属有絮凝作用的生物絮凝剂有十几种，其与Cu^{2+}、Hg^{2+}、Ag^{+}、Au^{2+}等重金属离子形成稳定的螯合物而沉淀下来。应用微生物絮凝法处理废水具有安全、方便、无毒、不产生二次污染、絮凝效果好，且生长快、易于实现工业化等特点。

8.3.2.2 生物吸附法

生物吸附法是指利用生物体本身的化学结构及成分特性，吸附溶于水中的金属离子的方法。利用胞外聚合物分离金属离子时，有些细菌在生长过程中释放的蛋白质能使溶液中可溶性的重金属离子转化为沉淀物而去除。生物吸附剂具有来源广、价格低、吸附能力强、易于分离回收重金属等特点，已经被广泛应用。腐植酸类物质是比较廉价的生物吸附剂，腐植酸树脂用以处理含铬、含镍废水已有成功经验。相关研究表明，壳聚糖及其衍生物是重金属离子的良好吸附剂，壳聚糖树脂交联后，可重复使用10次，吸附容量没有明显降低。国内某化工大学利用壳聚糖制备生物吸附剂处理含重金属离子的废水取得了很好的效果，并得到了实际应用。

8.3.2.3 植物处理法

植物处理法是利用高等植物通过吸收、沉淀、富集等作用降低电镀废水中的重金属含量，以达到治理污染、修复环境的目的。植物处理法是利用生态工程治理环境的一种有效方法。利用植物处理重金属，主要有三种途径：①利用金属积累植物或超积累植物从废水中吸取、沉淀或富集有毒金属；②利用金属积累植物或超积累植物降低有毒金属活性；③利用金属积累植物或超积累植物将土壤中或水中的重金属萃取富集，并输送到植物根部可收割部分和植物地上枝条部分。通过收获或移去已积累和富集了重金属植物的根部与枝条，降低废水中的重金属浓度。

在植物处理技术中常利用的植物有藻类、草本植物、木本植物等。

8.3.3 重金属废水处理技术的发展趋势

随着工业的快速发展和环保要求的日益提高，重金属废水的治理在国内外普遍受到重视，废水处理技术相对比较成熟，重金属废水治理已进入清洁生产、总量控制和循环经济整合阶段，资源回收和循环利用是发展的主流方向。未来重金属废水处理将突出以下几个方面。

首先是推行清洁生产，压缩水量，普遍推广逆流漂洗和喷淋技术，从源头上削减重金属污染物的产生量。

其次，研制适用于处理重金属废水的各种优质树脂和膜材料，提高资源的转化率和循环利用率，实行槽边回收，进一步研究和完善闭路循环系统，以实现资源的循环利用。同时采用全过程控制，结合废水综合治理，最终实现废水广义上的零排放。

最后，进一步优化集成技术，对废水处理过程产生的污泥和废液进行综合处理，回收贵重金属和其余重金属，对残渣和残液按危险废弃物处理的要求进行处理处置。

各种重金属废水因其行业和生产工艺的差异，仅使用一种废水处理方法往往有其局限性，只有将多种处理技术根据各自的特点集成优化于一体，才能达到理想的处理效果。

8.4 重金属废水处理工艺流程

对重金属废水处理的基本思路是“废水分质收集，分类处理”。如电镀废水处理中，将六价铬废水分开收集预处理。将六价铬先还原成三价铬，然后进行沉淀处理。废水分质收集的程度对重金属废水处理达标显得非常关键。从技术的角度，在电镀槽边设置离子交换装置，通过离子交换，回收漂洗水中的重金属离子，实现废水再循环利用是最有效和最清洁的处理工艺。但该工艺处理成本较高，目前较多地应用在镀镍漂洗水处理，通过离子交换将镍离子回收和再循环利用。本节将对各类重金属废水处理工艺流程进行简要介绍。

8.4.1 含铬废水处理工艺流程

铬（Cr）是地球上大量存在的元素，具有与多种物质反应形成化合物的性质。在废水中含有的铬主要是三价和六价的铬化合物（Cr^{3+} 和 CrO^{2-}）和（$Cr_2O_7^{2-}$ 和 CrO_4^{2-}）。六价铬不像其他重金属那样，能够形成不溶性的氢氧化物沉淀。但是碱金属以外的铬酸盐难溶于水，如铬酸钡（$BaCrO_4$）等，能够从废水中沉淀分离，但这种金属本身有较强的毒性，因而很少采用这种处理工艺。

产生并排放含铬废水的工业门类主要有电镀、电子、化工、制革等。不同的行业，在生产中使用的铬化合物形态不同，排出废水中所含的铬化合物以及与其共存的物质形态亦不相同，因此，在考虑含铬废水的处理工艺流程时，还必须综合考虑与铬共存物质的去除问题。对含有六价铬的废水，则应单独进行处理，不宜与其他类型的废水混合处理。

电镀行业排放的含铬废水，pH 一般在4～5，呈酸性，废水中以 $Cr_2O_7^{2-}$ 形式存在的六价铬所占比例较大。$Cr_2O_7^{2-}$ 在酸性溶液中具有强氧化性能，较易于还原为 Cr^{3+}，再通过中和沉淀处理。

含铬废水还原中和沉淀处理法的工艺流程如图 8-3 所示。

含铬废水→调节→还原反应→预中和→中和反应→沉淀→出水

图 8-3 含铬废水还原中和沉淀处理法的工艺流程

该处理工艺的控制要求是，使进入还原反应池废水的 $pH<3$，投加还原剂，产生还原反应氧化还原电位（ORP）值应保持在 250mV 以下，将六价铬还原为三价铬，其还原产物为 $Cr_2(SO_4)_3$。在还原反应池出水中投加石灰，进行预中和反应，投加的中和沉淀剂为 NaOH，将 pH 调至 7.5～8.5，并形成氢氧化铬沉淀物。废水进入沉淀池后，使氢氧化铬沉淀去除，处理水排出。

常用的还原剂有亚硫酸钠（Na_2SO_3）、亚硫酸氢钠（$NaHSO_3$）、硫酸亚铁（$FeSO_4$）等。处理工程实践上由于受废水中所含的铬浓度、水量变化等因素的影响，不能按理论用量投加还原剂，必须根据处理废水的浓度、处理出水要求、反应速度和操作条件、运行费用等因素加以综合考虑，合理确定使用药剂种类及其投加量。一般还原剂的使用量可参考下列比值：

$Cr^{6+}:Na_2SO_3=1:4$，$Cr^{6+}:NaHSO_3=1:4$，$Cr^{6+}:FeSO_4=1:(25\sim30)$。

还原剂投加量不宜过大，若过大会形成 $[Cr_2(OH)_2SO_3]^{2-}$，难于沉淀。还原反应时间应 >30min。处理过程中逐渐将 pH 调到 8.0～8.5，宜分两阶段进行。首先用石灰预中和，将 pH 调到 5.0～6.0，然后再用碱调到 8.0～8.5。如果 pH 超过 9，将形成氢氧化铬的络合物。

由于氢氧化铬的沉淀速度较慢，一般为 0.8～1.2m/h，废水的沉淀时间应在 3h 以上。如投加混凝剂，可提高沉淀效果。

8.4.2 含铜废水处理工艺流程

在重金属中，铜属于低毒性的物质。在水溶液中的铜，多以 $[Cu(H_2O)_6]^{2+}$ 的形态存在，易与氨、氰产生络合反应，生成络合离子。当废水中铜的浓度超过 1.0mg/L 时，对硝化反应产生抑制作用。当水体中铜的含量超过0.01mg/L时，就会对水体自净产生抑制作用。

排放含铜及其化合物废水的行业主要有电镀、铜矿、化工等。对含铜废水广泛而有效的处理技术仍然是化学沉淀法。

8.4.2.1 含硫酸铜、硝酸铜废水处理

对含硫酸铜、硝酸铜废水的处理可采用氢氧化物沉淀法。将pH提高到10以上，就能够得到比较充分的处理，处理出水铜的含量可降至0.1mg/L以下。

8.4.2.2 含氯化铜废水处理

当用王水（硝基盐酸）对铜件进行酸洗时，形成含Cl^-的氯化铜废水。其中过剩的Cl^-与氯化铜结合形成络合体。在这种情况下，应提高pH，使OH^-的浓度增高，使废水中的铜形成氢氧化铜而得到较充分的沉淀分离。

8.4.2.3 有氨存在的含铜废水处理

用过硫酸铵中和铜件的腐蚀溶液时，废水中的氨与铜形成络盐$[Cu(NH_3)_4]^{2+}$，影响除铜效果。某种程度上，对有氨存在的含铜废水能否采用中和沉淀处理方法，不取决于铜离子浓度，而取决于氨的浓度。

当pH为9～10时，将使可溶性铜氨络盐量增加，提高pH，使pH>11，则铜氨络盐溶解并将Cu析出，与OH^-反应形成$Cu(OH)_2$，通过沉淀除去。

8.4.2.4 含焦磷酸铜废水处理

含焦磷酸铜废水呈弱碱性，能形成稳定的铜焦磷酸络合盐。向废水中投加Ca^{2+}，首先使过剩的$P_2O_7^{4-}$以焦磷酸钙的形态沉淀分离。进而，与铜配位的$P_2O_7^{4-}$全部去除，释放出处于离子状态的Cu在碱性条件下与OH^-反应形成Cu$(OH)_2$，沉淀去除。可以用$CaCl_2$或Ca$(OH)_2$作为Ca^{2+}源。

8.4.2.5 氰化铜电镀废水处理

由于铜与CN^-能够形成稳定的络盐，对氰化铜电镀废水的处理，需要采用分两步进行反应的处理技术。首先用次氯酸将废水中的CN^-氧化分解，去除CN^-。第二步则是铜形成氢氧化铜与废水分离。

8.4.3 含氰废水处理工艺流程

含氰废水采用两步氧化法，处理工艺流程如图8-4所示。

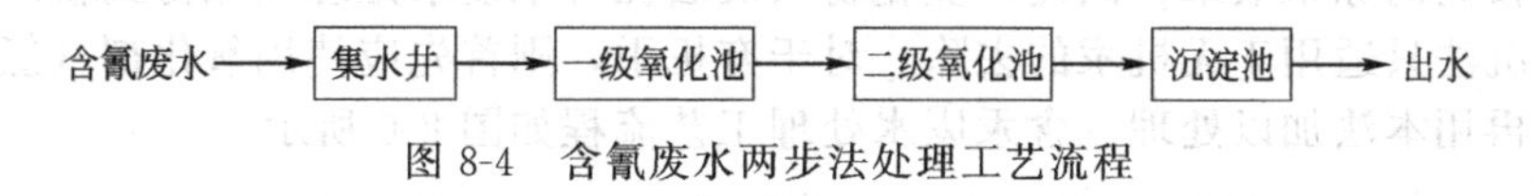

图8-4 含氰废水两步法处理工艺流程

一级氧化池：投加碱和氧化剂，碱宜选用NaOH，氧化剂宜选用NaClO。控制条件为：pH10.5～11，ORP值300～400mV。反应时间1～2h。

二级氧化池：投加碱和氧化剂，碱宜选用NaOH，氧化剂宜选用NaClO。控制条件为：pH7～8，ORP值600～650mV。反应时间1～2h。

8.4.4 含镉废水处理工艺流程

镉在工业上的主要用途是作为金属的保护层，塑料稳定剂和染料及蓄电池的生产。产生含镉及其化合物废水的行业主要有：含镉矿石的采选和冶炼，以镉作为原料的工业（如镉作为防锈剂的电镀工艺）。由于对镉的利用形态不同，废水中所含有的镉和镉化合物的类型也有所不同。一般情况下，宜将各生产工序排出的含镉废水加以汇集一并进行处理。

但是，当废水中有多种金属离子共存时，会影响氢氧化镉沉淀物的形成。例如，在废水中存在CN^-、NH_3、Cl^-及S^-等配位体时，由于这些氰离子、卤素离子或氨离子等能够与Cd^{2+}结合形成可溶性络合物，并具有水溶性，不利于Cd^{2+}的去除，所以需要对废水中存在的上述离子或物质进行前处理。电镀含镉废水中，一般除镉外，还含有氰络盐，这种废水首先必须将氰络盐等去除，然后才可能除镉。含镉废水处理工艺流程如图 8-5 所示。

含镉废水
集水池
预处理池
反应池
沉淀池
出水

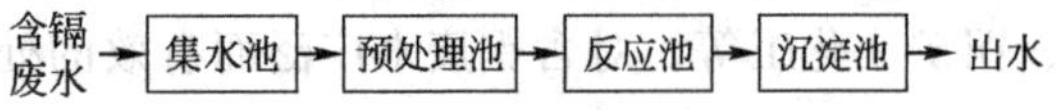

图 8-5　含镉废水两步法处理工艺流程

化学沉淀法仍然是一种应用最为广泛的含镉废水处理技术。一般采用硫化物沉淀法能够取得良好的除镉效果。泥渣中镉的品位高，便于回收利用。但是 S^{2-} 能够使处理水的 COD 值增高，并可能产生硫化氢气体，此外，沉淀剂价格较高，因此，在应用上受到制约。当用氢氧化物沉淀法处理含镉废水时，多以石灰作为沉淀剂，也兼作碱剂，使 pH 介于 10.5 和 12.5 之间时处理效果良好。

采用氢氧化物沉淀处理工艺，应注意以下几点。

(1) 以石灰作碱剂，虽然污泥产量较高，但其凝聚性、沉淀性以及脱水性都较好，应用广泛。为了使处理水中的 Cd^{2+} 含量在排放标准范围内，必须保证 OH^- 浓度，为此，pH 应保持在 10.5～12.5 为宜。

(2) 当废水中含有微细粒子难于沉淀时，则宜投加高分子助凝剂以提高沉淀分离效果。

(3) 当废水中有氰化物与其共存，并形成氰络盐时，在进行沉淀处理前，可采用氯碱法使氰化物氧化分解。

(4) 当废水中有铁及锌共存时，可控制 pH 在 10.5 以下，这时铁的氢氧化物能够对镉进行吸附，产生共沉效果。降低处理水中镉的含量。

采用氢氧化镉及硫化镉共沉处理法，效果良好，应用广泛，但所产生的沉淀物细小，需要较长的沉淀时间。在这种情况下，可考虑采用气浮分离法。

8.4.5 含汞废水处理工艺流程

汞在环境中可能以三种价态存在，即 0、+1、+2。在水环境中多以正二价和零价存在。能够以零价，即元素汞的形式存在于水环境中，这是汞不同于其他金属的特征。在汞化合物中也包括有机汞，这是著名的“水俣病”的致病物质。这种化合物是汞与碳直接结合而成，分为甲基汞、乙基汞和苯基汞，无论哪一种化合物均对生物有较强的毒性作用。

与含有其他类型重金属的废水相同，对含汞及其化合物的废水，最常采用的处理技术也是化学沉淀处理法，也就是向废水中投加沉淀剂，使汞转变为难溶性的化合物，然后通过固液分离，将化合物与水分离，使废水得到处理。由于硫化物的溶度积很低，采用硫化物共沉法处理含汞废水，能够取得较高的除汞效果，因此，硫化物共沉法在含汞废水处理领域得到较广泛的应用。但是，硫化物共沉法只适用于无机汞的去除，对于有机汞，则首先应使用氧化剂（氯）将其氧化为无机汞，然后再用本法加以处理。含汞废水处理工艺流程如图 8-6 所示。

无机汞废水
集水池
反应池
沉淀池
过滤-吸附池
出水
(a)
有机汞废水
集水池
预处理池
反应池
沉淀池
过滤-吸附池
出水
(b)

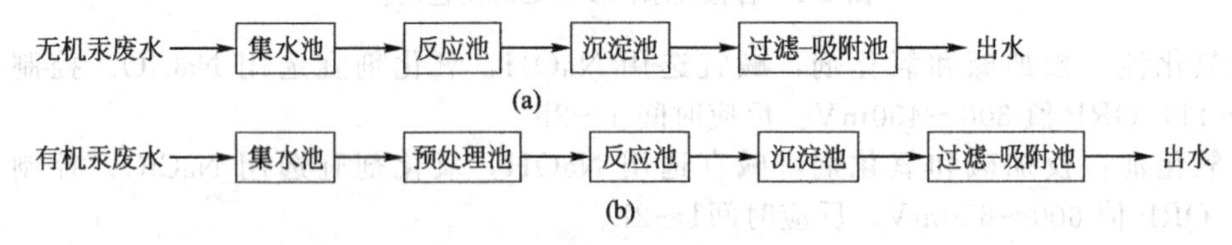

图 8-6　含汞废水处理工艺流程

(a) 无机汞废水；(b) 有机汞废水

8.4.5.1 硫化物沉淀法

硫化物沉淀法处理含汞废水常用的沉淀剂有 H_2S、Na_2S、NaHS、CaS_x、$(NH_4)_2S$、MnS、FeS 等。应用硫化物（以 Na_2S 为例）共沉法处理含汞废水时，应注意以下几点。

(1) 关于 Na_2S 的适当投加量　投加的 Na_2S 量如低于废水中汞含量的当量，将得不到充分的处理效果。此外，由于工厂排放的废水中汞的浓度是不稳定的，这样，投加的 Na_2S 药剂量有时是过量，有时又可能是不足。投加过量的 Na_2S，可能产生两种不良后果：其一是硫化钠本身造成的二次染；其二是与硫化汞沉淀物生成可溶性的络合阴离子 $[HgS_2]^{2-}$，使汞重新溶入废水中，降低了汞的去除效果。在这种情况下，应当采取下列两项措施：一是在处理系统前设水质、水量调节池，使进入反应槽的含汞废水水量水质保持稳定；二是补充投加混凝剂 $FeSO_4$，以使处理效果保持稳定。

(2) 关于补充投加混凝剂 $FeSO_4$　向硫化物共沉法处理的含汞废水中补充投加混凝剂 ($FeSO_4$)，能够产生两种效果，一是去除过量的硫离子；二是当原废水中汞含量低时，生成的硫化汞颗粒很小，呈悬浮状难于沉淀，投加混凝剂（$FeSO_4$）后，对硫化汞悬浮颗粒起到凝聚共沉作用，提高了沉淀效果。

(3) 关于 pH 的调整　为了取得良好的处理效果，应使反应过程的 pH 保持在 8～10。当 pH 超过 10 时，硫化汞沉淀物即开始不稳定，并析出难于与水分离的微细胶体颗粒，使处理水恶化。

8.4.5.2　活性炭吸附法

虽然沉淀法可将废水的含汞浓度降至 1～2mg/L，但是排放标准中对汞的指标规定得非常严格，往往仅采用硫化物沉淀法单一处理技术难于达到要求，为了保证处理水水质，还需考虑进一步的处理。在这种情况下，在经过硫化物沉淀法处理后的废水可再经过滤-活性炭吸附处理，使处理水中的汞含量降至 0.01～0.05mg/L，达到允许排放浓度 0.05mg/L 的要求。

采用活性炭吸附处理含汞废水时应当考虑到的问题如下。

一是进入活性炭吸附处理的废水中汞的含量必须适宜，如废水中汞含量过高，就会使活性炭再生操作频繁，增加维护管理费用，加速活性炭吸附饱和进程。

二是应当慎重考虑并满足活性炭吸附处理条件的各项参数，如 pH、水温、其他盐类、接触时间等。这些条件如有大幅度的变化，可能会影响活性炭吸附处理的效果。活性炭吸附处理技术中最为重要的一个环节是活性炭吸附饱和后的再生问题，对此应认真对待。

8.4.5.3　离子交换法

离子交换法也是对含汞废水继硫化物共沉法处理后，再进行深度处理时可供选择的一项处理技术。

在采用离子交换法处理含汞废水时，选定适宜的离子交换树脂和相应的再生剂至关重要。如废水中仅含有汞一种物质，选择交换树脂比较容易。如废水中含有多种盐类，则应根据所含有的盐类种类与形态，审慎地进行选择。

大孔硫基离子交换剂对含汞废水有良好的处理效果。当汞在废水中以 Hg^{2+} 或 $HgCl^{+}$、CH_3Hg^{+} 等阳离子形态存在时，含硫氢基（RSH）的交换树脂，如聚硫化苯乙烯阳离子交换树脂对其具有良好的处理效果。处理后的树脂则用浓盐酸洗脱再生。当废水中的汞是带负电荷的氯化汞络合离子 $HgCl_x^{(x-2)-}$ ($x \geqslant 3$) 时，则应采用阴离子交换树脂处理。使用 201×7 强碱阴离子交换树脂，能够将废水中的汞完全去除，处理后的树脂使用 HCl 溶液洗脱再生，并回收氯化汞。

8.4.6　含砷废水处理工艺流程

在废水中，砷多以 3 价、5 价或砷化氢（AsH_3）的形态存在，由 pH 决定它们存在的形态。由于不同的工业门类所使用的砷的形态不同，废水中砷所处的形态也有所不同，在考虑某种含砷工业废水处理时，必须充分掌握在该废水中砷所处的形态。在不同的酸、碱度条件下，砷所处的形态如下。

在强酸条件下，砷多以 As^{3+}、As^{5+} 的形态存在。

在弱酸条件下，砷存在的形态为 H_3AsO_3、H_3AsO_4 及 $H_2AsO_3^{1-}$。

在从弱酸到中性条件下，砷存在的主体形态为 AsO_3^{3-}、AsO_4^{3-}。

在碱性条件下，砷仅以 AsO_3^{3-}、AsO_4^{3-} 的形态存在。

对含砷及其化合物废水，目前广泛应用的仍是化学沉淀处理法，其中效果显著的是氢氧化铁

含砷废水→集水池→反应池→沉淀池→出水

图 8-7 含砷废水处理工艺流程

沉淀处理法和不溶性盐类共沉处理法。含砷废水处理工艺流程如图 8-7 所示。

8.4.6.1 氢氧化铁沉淀处理法

对含砷废水处理的大量实验和运行实践结果表明，氢氧化铁沉淀处理法的效果最为显著，而其他金属氢氧化物的效果则较差。与其他类型金属氢氧化物相比较，氢氧化铁有更高的吸附性能，利用它的这一性质能够取得较高的沉淀效果，这也是常使用氢氧化铁处理含砷废水的主要原因之一。

铁盐的投加量，应根据原废水中砷的含量而定。原水中砷的浓度与投加的铁盐浓度之比称为“砷铁比”。处理水中砷的残留浓度与砷铁比值有关。氢氧化铁处理含砷废水过程最适宜的 pH 介于较大的范围，当砷铁比值较小时，最适 pH 为弱酸性，而当砷铁比值较大时，则为碱性。

砷铁比和 pH 是决定含砷废水处理效果的两大因素。如欲使处理水中残留 As 量处于较低的程度，必须采用较高的砷铁比值。在考虑含砷废水中含有其他金属，存在着某些干扰因素的条件下，采用 5 以上的砷铁比，使 pH 介于 9 和 9.5 之间，处理水中砷的残留量可满足排放标准 0.5mg/L 的要求。在处理含砷废水时，如使用铁以外的氢氧化物，处理过程的边界条件应另行确定。

氢氧化铁共沉法处理含砷废水的效果较好，但也存在着不足。当原废水中砷含量高达 400mg/L 时，金属盐的投加量可能高达 4000mg/L，即为砷含量的 10 倍以上，而且处理水中的砷含量还不能达到排放标准。

8.4.6.2 不溶性盐类共沉处理法

针对氢氧化铁沉淀处理法存在上述弊端，解决的对策如下。

一是考虑到亚砷酸盐的溶解度一般都高于砷酸盐，因此，在进行氢氧化铁沉淀处理前，先将溶解度高的亚砷酸盐氧化成为砷酸盐，并以此作为氢氧化铁沉淀处理法的前处理。

二是砷能够与多数金属离子形成难溶化合物，除铁盐外，作为沉淀剂的还有钙盐、铝盐、镁盐以及硫化物等。因此，使用两种沉淀剂处理，如氢氧化钙-硫化钙、氢氧化钙-硫化钠、氢氧化钙-铝盐、氢氧化钙-氯化铁等，其中处理效果最好的是氢氧化钙-氯化铁处理方案，在 pH 为10～12 的条件下，除砷效果可达 99%。

8.4.6.3 生物处理法

生物处理法是最近几年开始出现的对含砷废水进行处理的探索技术，并已取得了某些进展。使用的生物处理技术是活性污泥法。

曾对 As（V）原始含量 20mg/L 及 100mg/L 的两种废水进行活性污泥法处理试验，结果表明，在废水与活性污泥接触反应 0.5h 以后，对 As（V）的去除就产生了效果，低浓度废水的砷去除率达 50%，高浓度废水的去除率则为 40%。说明活性污泥处理技术对 As（V）具有去除效果，而对低浓度的去除效率高于较高浓度。随着反应时间的延长，两种废水的砷去除率都有所提高，但比较缓慢，经 12h 后，低浓度废水的砷去除率达 55.8%，而高浓度废水的去除率仅 46.3%。当系统中有机物浓度高，微生物以高速增殖，从而使活性污泥浓度增高，废水中的砷得到较大幅度的下降。根据砷去除的这种工况，可以认定，活性污泥对砷的去除机制主要是吸附。但对于废弃的生物污泥含有砷，则应注意污泥的后续处理，以避免造成二次污染。

8.4.7 含铅废水处理工艺流程

环境中的铅化合物主要通过呼吸系统进入人体（20%～40%），而通过消化系统进入人体的铅为 3%～10%。由呼吸系统进入的铅直接进入血液，而从消化系统进入的铅则必须通过肝脏才能进入血液循环。因此，由呼吸系统进入的铅对人体的危害性更强。

当人血液中铅的含量超过正常时，会出现各种中毒症状。铅中毒对人体全身各系统和器官都会造成危害。这是因为铅离子能够与人体内的多种酶络合，从而扰乱了机体多方面的生化与生理活动，并发生一系列器质性的不可逆的病变。

在生产过程中使用铅化合物并排放含铅及其化合物的工业门类很多，其中主要有铅蓄电池制造厂、有色金属冶炼厂、无机化工厂、金属制品加工厂以及玻璃与玻璃制品厂等。

废水中的铅化合物一般以硫酸铅（$PbSO_4$）、二氧化铅（PbO_2）的形态存在。采用的处理技术，必须适应去除对象废水中铅所处的形态。例如，对铅处于离子形态的含铅废水，普遍采用而且有效的处理技术仍然是化学沉淀法中的氢氧化物沉淀法和离子交换法。但是，首先需要核查废水中是否存在其他类型的重金属与铅共存，如确认存在，则在确定废水处理工艺流程时，应考虑相应的技术措施。如共存的其他重金属浓度很低，有可能对含铅废水的处理产生某些促进作用，可不用去除。如浓度较高，就有可能产生不利于处理过程的影响，对此，则应考虑提前加以去除。含铅废水处理工艺流程如图8-8所示。

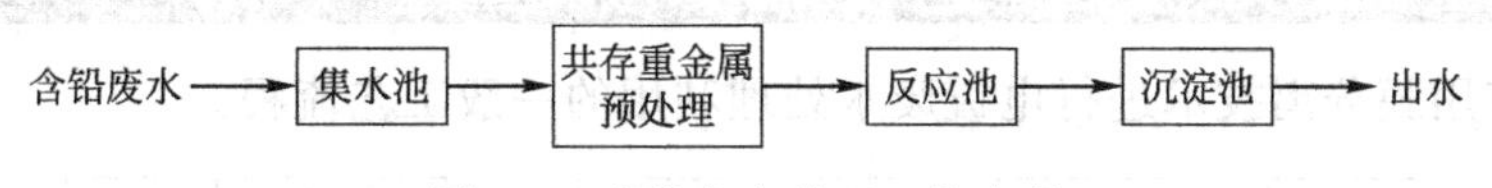

图8-8　含铅废水处理工艺流程

氢氧化物沉淀法是含重金属废水普遍采用的处理工艺，效果良好。这一处理技术也有效地用于含铅废水处理。前述的氢氧化物沉淀法基本内容也适用于含铅废水处理。

在实际的含铅废水中，由于其他类型金属氢氧化物的共沉作用，水溶性铅浓度要低得多。特别是存在铅离子的场合，多与水中存在的阴离子反应形成难溶性的铅盐。正是这一原因，在含铅废水处理的实践中，单纯以铅为去除对象而考虑的场合较为少见。

8.4.8　含氟废水处理工艺流程

电子工业废水以含氟废水最为典型。氟及其化合物是对人类毒害作用较大的物质，能够抑制酶的催化功能，还能抑制凝血机制。废水中的氟多以氟化物以及氟化氢的形态存在。传统的化学沉淀法仍然是含氟废水处理的主流技术。含氟废水处理工艺流程如图8-9所示。

含氟废水→集水池→反应池→沉淀池→出水

图8-9　含氟废水处理工艺流程

氟化钙的溶解度很低，其溶度积为4.9×10^{-11}，易于形成CaF_2沉淀物与废水分离。含氟废水处理时可以用$CaCl_2$或$Ca(OH)_2$作为Ca^{2+}源。投加$Ca(OH)_2$时，pH的影响明显，将废水pH调整到8左右，能够将废水中的氟降到10mg/L以下。

8.5　重金属废水再生利用

8.5.1　重金属废水再生利用基本方法

目前，我国重金属废水再生利用最具有代表性的是电镀废水再生利用。2007年2月1日，国家环保部颁布了《清洁生产标准·电镀行业》（HJ/T 314—2006），电镀废水回用明确列入电镀清洁生产标准之一，电镀废水资源回收利用和闭路循环成为主流发展方向。随着生产工艺的改变，电镀废水处理方法也从原有的单项治理技术向合理分类分流、分别治理的趋势发展，废水治理的专业化、设备化与系列化，膜技术和其他技术的合理集成，越来越成为人们的共识和努力的方向。

重金属回收、电镀废水再生利用的基本思路是将电镀废水分流收集，分质处理，以免回用水中重金属离子交叉污染。电镀废水中的银离子、镍离子等贵重金属可采用离子交换法或膜分离技术进行电镀槽边处理回收。

电镀废水再生利用的处理目标是重金属、有机物、无机物、颗粒状物、病原微生物等。处理技术主要有过滤、离子交换、活性炭吸附、膜分离技术等。

8.5.2　重金属废水生产回用水质要求

以电镀废水为例，电镀废水生产回用如作为前处理的漂洗用水，则回用水水质只要是达到自来水的水质即可。如果要作为镀液之间的漂洗用水，总的原则是要分析废水中的杂质种类含量，是否会和前道工序带进的废水产生不良反应以及对下道工序是否会造成污染。如果处理的废水可以严格分类，比较简单和安全的方法是按生产工序分项收集、分质处理、分质回用。当然，安全可靠的废水处理再生利用技术是，将化学方法处理后的废水再经过膜处理，使回用水质完全达到生产回用水质要求。

使用膜处理的好处是可以实现废水的再生利用，达到节能减排、实施清洁生产的目的。目前，较为通行的电镀废水生产回用深度处理技术有UF-RO技术、离子交换技术等。

8.5.3 重金属废水深度处理生产回用技术新进展

图8-10为应用膜分离技术进行电镀废水处理利用的一般工艺流程。

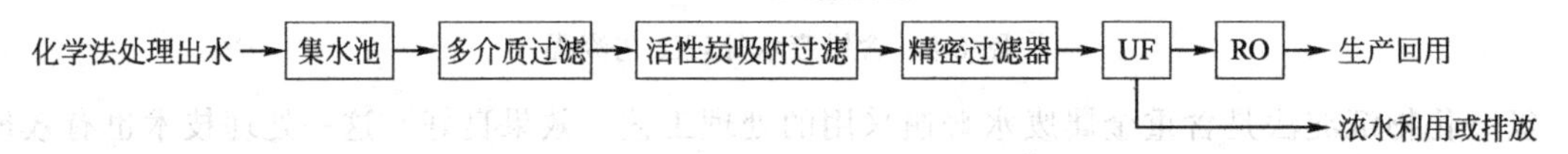

图8-10 电镀废水膜分离技术处理回用一般工艺流程

化学法处理出水先经砂滤或多介质过滤、活性炭吸附过滤预处理，再经精密过滤器（保安过滤器），而后采用UF-RO双膜技术处理，RO处理出水生产回用，浓水作为冲洗地面等中水利用或处理排放。一般当对电镀废水化学法处理出水再经UF-RO膜处理后，RO出水水质能达到《电镀污染物排放标准》（GB 21900—2008）水污染物特别排放限值的要求。在进水电导率$<3000\mu S/cm$的条件下，RO出水电导率$<150\mu S/cm$，回用水率可达到60%以上。

电镀废水采用RO处理进行回收利用时，RO出水可直接回用到漂洗水槽，浓水进入综合废水集水池进行化学处理。如有必要，化学处理出水可再经RO处理回用，浓水排放。该处理工艺实现了重金属回收和电镀废水回用，提高了电镀企业的清洁生产水平，减少了电镀污染物排放。

对单一镀种的废液采用膜分离处理时，可以实现电镀废水按镀槽液成分进行“原样”浓缩，实现废水处理及回用的闭路循环。膜分离处理废水不产生相变过程，不需向系统内添加任何化学物质，因此不产生污染和残渣，不会导致二次污染。膜分离处理设备占地面积小，设备紧凑，易自控，可以连续操作和使用。

目前，膜分离处理的局限性是：由于电镀废水的盐分太高，对膜性能和质量的要求高；能耗较大；在运行中存在膜的污堵，需要视运行情况对膜进行化学清洗。此外，还有浓水排放与处理等。

近几年来，膜分离法是电镀废水深度处理回用的主流工艺，但采取该技术时应注意以下几方面。

（1）选择合适的回用水水源。

（2）确定合理的回收率。一般在保证膜系统稳定运行的情况下，应尽可能提高回收率。工程运行实践表明，RO系统回收率一般宜为50%～65%，若回收率高于65%，则系统易于结垢。

（3）理性的设计通量。设计通量取值直接影响到膜处理系统的投资和运行稳定状态，因此如有条件应通过试验确定设计通量。

（4）根据不同的进水特点采用有针对性的预处理工艺，预防结垢、胶体和颗粒污堵、膜生物污染、铁和锰的污堵等。

（5）RO前设置保安过滤器。保安过滤器滤芯孔径宜$\leqslant 5\mu m$，当浓水中的硅浓度超过理论溶解度时，滤芯孔径应选择$1\mu m$。

8.6 工程实例

8.6.1 实例1 某实业公司电镀废水处理工程

8.6.1.1 工程概况

某实业公司位于太湖流域。产生的电镀废水主要来源于酸洗、镀锌、镀镍生产线，废水量为

650m³/d。在镀锌生产过程中产生一定的含铬废水，水量为50m³/d，Cr(Ⅵ)含量较高，为200～250mg/L。其他含锌废水为200m³/d，Zn^{2+}浓度为15～20mg/L。镀镍生产线在初镀铜过程中产生一定的含氰废水，水量约为40m³/d，氰化物浓度约为10mg/L，含铜镍废水为140m³/d。其他酸洗废水为220m³/d，pH为1.5～3.5。

8.6.1.2 工艺流程

该电镀废水组分复杂，不宜直接混合处理，对含铬废水、含氰废水、其他含锌和酸洗废水，分别进行预处理后再将其混合并连同含铜镍废水一起处理。电镀废水处理工艺流程如图8-11所示。

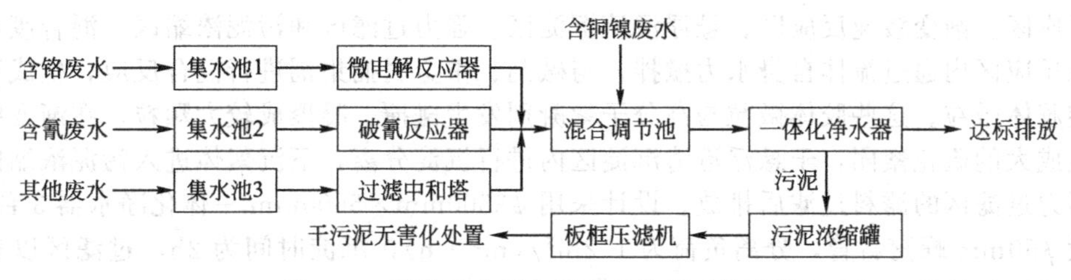

图8-11 某实业公司电镀废水处理工艺流程

(1) 含铬废水单独进入集水池1，用泵提升至两级微电解反应器，经微电解反应后，将高毒性的Cr(Ⅵ)还原为低毒的Cr(Ⅲ)，再自流至混合调节池。

(2) 含氰废水单独进入集水池2，用泵提升至两级破氰反应器完成破氰反应后，自流至混合调节池。

(3) 其他含锌、酸洗废水收集至集水池3，用泵提升至过滤中和塔，调节废水pH后进入混合调节池。

(4) 含铜镍废水直接进入混合调节池。

(5) 混合调节池对预处理后的各类电镀废水进行水质水量调节，出水用泵提升进入一体化净水器，并于泵前投加碱、絮凝剂、重金属离子捕集剂，在净水器中发生中和混凝反应，并在分离室发生固液分离，经分离后废水再经由滤料过滤排至清水池，处理水水质达到排放标准，可达标排放，亦可回用作清洗用水。

沉淀污泥排入污泥浓缩罐，经板框压滤机脱水干化后进行无害化处置，以防止二次污染。

8.6.1.3 主要构筑物及工艺参数

(1) 集水池　设置集水池3座，分别用来收集各股废水。含铬废水停留时间为16h，集水池1有效容积为32m³，处理时间为10h/d。含氰废水停留时间为16h，集水池2有效容积为26m³，处理时间为10h/d。其他废水停留时间为6h，集水池3有效容积为105m³，24h连续运行。集水池采用地下式钢筋混凝土结构，并做防腐处理。

(2) 微电解反应器　微电解法主要是以经活化处理的工业废铁屑与惰性材料混合作为原料，利用微电解原理所引起的电化学和化学反应及物理作用，将Cr(Ⅵ)还原为Cr(Ⅲ)。由于废水中Cr(Ⅵ)浓度较高，经一级反应难以彻底还原，故采用两级反应。一般控制进入两级微电解反应器废水的pH为2～3。如pH过高，则反应不完全，pH过低，则填料消耗量及后续碱液投加量偏大，增加处理成本。为了节省成本，利用生产过程中的酸洗废液调节pH，每级微电解出水一般控制pH为6左右。设计采用ϕ1500mm×4500mm微电解反应器2台串联使用，钢结构，内衬玻璃钢防腐，充填铁碳填料，体积比为1.3∶1，穿孔PVC板支撑，下进水，上出水。为了防止填料板结，采取气、水联合反冲洗方式，并辅以适当的清洗方法，以去除表面钝化膜。

(3) 过滤中和塔　采用升流式变速过滤中和塔作为中和预处理单元，塔内装有碱性白云石滤料，定期补充，出水pH控制在5～6，采用ϕ800mm×3200mm中和塔1台，PVC材质。

(4) 破氰反应器　破氰过程为两级碱性氯化法，采用破氰剂NaClO，在碱性条件下，控制

ORP为300mV左右，pH为11左右，完成局部氧化破氰过程。然后继续投加破氰剂NaClO及H_2SO_4，控制ORP为650mV左右，pH为8左右，实现完全氧化破氰过程，将氰化物完全分解为CO_2和N_2。破氰反应器采用竖流式结构，钢制作，一级破氰反应器尺寸为ϕ1100mm×3500mm，反应时间控制在40min左右。二级破氰反应器为ϕ1000mm×3200mm，反应时间控制为30min左右。

(5) 混合调节池　经预处理后的各股废水和铜镍废水在混合池中混合，起到调节水量、均合水质的作用，设计停留时间为8h，有效容积为220m^3，钢筋混凝土结构，并做防腐处理。

(6) 一体化净水器　净水器主要基于中和-氧化-高效凝聚的原理。净水器内共分5个区：高速涡流反应区、渐变缓速反应区、悬浮澄清沉淀区、强力过滤区和污泥浓缩区。混合废水首先在高速涡流反应区内通过流体自身水力搅拌，与碱剂、重金属捕集剂进行混合反应，生成重金属离子的沉淀胶体微粒。这些胶体微粒与高分子絮凝剂发生碰撞，凝聚成较大颗粒，在渐变缓速反应区逐渐生成大的矾花絮团，于悬浮澄清沉淀区内进行沉淀分离，下沉絮体进入污泥浓缩区，上升水流经强力过滤区的滤料过滤后排放。设计采用ϕ3300mm×5600mm一体化净水器3台，钢制，澄清区设ϕ50mm蜂窝斜管，分离负荷为1.2$m^3/(m^2 \cdot h)$，沉淀时间为2h，过滤区以聚苯乙烯发泡塑料滤珠为滤料，滤层厚度为400～500mm。

(7) 污泥处理系统　一体化净水器的污泥自流进入污泥浓缩罐（ϕ2400mm×4500mm），进一步降低污泥含水率，再用泵压入40m^2的板框压滤机进行压滤脱水，压滤后产生的干泥饼外运，无害化处置，滤液返回混合调节池重新处理。

8.6.1.4　运行效果

该项目已通过有关部门验收，处理系统运行稳定，出水水质良好。运行结果表明，废水的主要污染物均得到高效去除，出水中Cr(Ⅵ)一般都低于检出限，pH、SS、总铬、总镍、总铜、总锌等指标均能稳定达到《污水综合排放标准》(GB 8978—2002)一级排放标准。

8.6.1.5　讨论

(1) 采用先分质预处理后混合处理的方法处理本工程电镀废水时，出水效果稳定，操作简单，处理构筑物和设备少，占地面积小，污泥产生量少，投资较省，是处理同类型电镀废水的适用经济技术之一。

(2) 对Cr(Ⅵ)进行还原时，利用了工业废铁屑和酸洗废液，达到以废治废的目的，可节省运行成本。

(3) 利用了螯合沉淀机理去除重金属离子，解决了传统化学法由于各种重金属中和沉淀条件不一而造成处理水的部分重金属指标超标问题。

(4) 主要处理单元采用了成套设备装置，有利于实现处理过程的系列化、标准化、成套化，便于推广使用。

8.6.2　实例2　某印制电路板生产废水处理和回用工程

8.6.2.1　工程概况

某印制电路板有限公司主要生产高精密硬性多层电路板，年产2.0×10^4 m^2。采用分质预处理-混凝沉淀-机械过滤工艺处理各工段废水，并采用反渗透对部分处理水进行深度处理。工程于2005年3月调试后投入运行，出水水质达到《污水综合排放标准》(GB 8978—1996)一级标准。

8.6.2.2　处理水量水质

生产废水主要是去膜（去油墨）、显影等工序中产生的去膜显影废液，含有大量的有机污染物；去膜、显影等清洗工序排放的显影废水；化学镀铜废水、含铜废液、废酸液、废碱液；工艺生产漂洗废水等。

工程设计处理水量为1000m^3/d，回用水量为500m^3/d。设计废水水质及水量如表8-2所示。

表 8-2 某印制电路板生产废水处理工程设计水质水量

项目	水质				水量/(m^3/d)
	pH	COD/(mg/L)	Cu^{2+}/(mg/L)	SS/(mg/L)	
显影废液	12～14	15000～18000			9
显影废水	10	700～1200	12	400	85
废酸液	1～3	700～1000	300～490		3
废碱液	12		70～110		3
化学镀铜废液	2～3		700～1650	120	3
含铜废水	4～7		120	350	200
工艺生产漂洗废水	5～8	80～130	10～20	100～180	600
设计水量					1000

处理出水水质执行《污水综合排放标准》(GB 8978—1996) 一级标准。

回用水量为 $500m^3/d$，回用水水质要求为：pH 6～9，$COD_{Cr}\leqslant 30mg/L$，总铜$\leqslant 0.3mg/L$，总镍$\leqslant 0.3mg/L$，电导率$\leqslant 150\mu S/cm$。

8.6.2.3 处理工艺流程

根据该企业水量水质特点、处理水排放标准和回用水水质要求，按照分类收集预处理后混合处理的设计思路，对各类废水采用分质分流排水系统。废酸液、废碱液、化学镀铜废液、含铜废水、去膜显影废液和去膜显影废水等分流排出，分别预处理，之后再与工艺生产漂洗废水及生活污水等混合，采用混凝沉淀-机械过滤-RO 工艺处理，实现废水处理达标排放和部分生产回用。印制电路板废水处理工艺流程如图 8-12 所示。

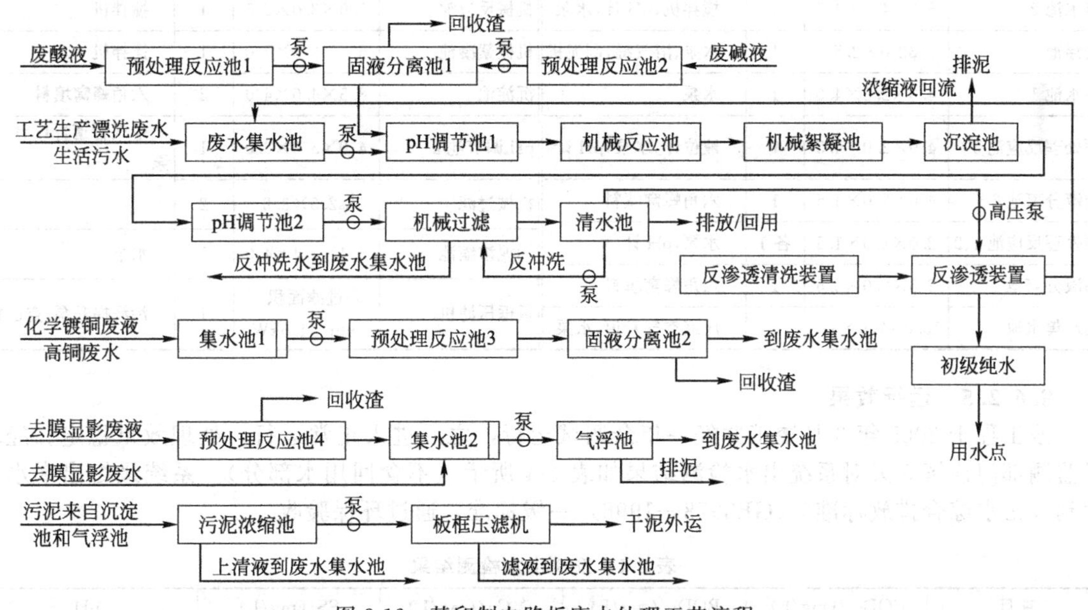

图 8-12 某印制电路板废水处理工艺流程

去膜显影废液采用间歇处理的方式。先把显影废液送入预处理反应池 4，加 H_2SO_4 调 pH 1～3，用压缩空气曝气搅拌 3～4h，使油墨在酸性条件下呈凝固态物形成浮渣。浮渣由人工打捞装袋回收。出水流入集水池 2 和去膜显影废水混合，采用机械搅拌使其混合均匀，并加 H_2SO_4 调 pH 到中性，用泵提升到气浮池，加凝聚剂 (PAC 和 PAM) 反应后，进行气浮处理。废水经气浮处理后，汇入废水集水池继续处理。

废酸液加碱反应，在碱性条件下，Cu^{2+}与OH^-反应生成难溶于水的氢氧化铜沉淀，再经固液分离，去除废水中的Cu^{2+}。然后排入pH调节池1中与其他废水混合后再进行物化沉淀处理。

废碱液采用重金属捕集剂硫化物进行处理。在碱性条件下，较稳定的重金属络合离子可与Na_2S反应，生成更难溶于水的金属硫化物沉淀（以CuS为主），再经固液分离，去除废水中的重金属离子。然后与酸性废水一起排入pH调节池1中与其他废水混合后再进行物化处理。

含铜废水和化学铜废液在预处理反应池3的进口处添加Na_2S先进行破络合，然后在反应池内加入NaOH并将pH调至10～11后，再加入PAC（投加质量浓度为100～125mg/L）和PAM（按废水的0.4%～0.5%投加），采用曝气搅拌形成共聚沉淀，产生大量的金属铜化物沉淀，从而降低废液中的Cu^{2+}浓度。

工艺生产漂洗废水由车间排出后首先进入废水集水池，通过曝气搅拌使其与其他经预处理后的废水混合均匀，再提升到pH调节池1，然后由水泵送入机械搅拌反应池，投加PAC，继续进入机械絮凝池，再加入PAM进行絮凝沉降。沉淀池的出水经pH调整后用泵送入滤池，经机械过滤以除去废水中剩余的和更为细小的固体颗粒后达标排放。

根据水质要求，采用反渗透系统作为回用水处理工艺，以进一步去除废水中残留的微粒、胶体及可溶性盐。采用国外某公司生产的FS-J-PA-30型反渗透装置，反渗透膜为LFC1型，聚酰胺材质，处理能力30m³/h，透过水量65%～75%，工作压力1.5～1.9MPa。

8.6.2.4 主要构筑物及工艺设备

主要构筑物及工艺设备如表8-3所示。

表8-3 主要构筑物及工艺设备

构筑物名称	尺寸/m	数量	工艺设备	构筑物名称	尺寸/m	数量	工艺设备
预处理反应池4	4.0×2.2×2.5	1	pH计,压缩空气管道	pH调节池1	5.0×3.0×2.0	1	压缩空气管道,pH计
集水池2	5.0×4.5×4.5	1	搅拌机,pH计,水泵	机械反应池	5.0×3.0×2.5	1	搅拌机
气浮池	φ2.0×2.5	1	水泵,溶气罐,刮泥机	机械絮凝池	5.0×3.0×2.0	1	搅拌机
集水池1	4.0×2.0×4.0	1	水泵	沉淀池	8.5×4.0×4.0	2	六角蜂窝填料
预处理反应池3	4.0×2.0×4.5	1	液位计,水泵,pH计	pH调节池2	4.0×3.0×2.0	1	空气管道,pH计,水泵
固液分离池2	4.0×2.0×4.5	1	六角蜂窝填料	机械过滤	φ2.5×3.8	2	
预处理反应池1、2	2.0×2.0×1.5	各1	水泵,pH计	污泥浓缩池	5.4×4.4×4.0	1	水泵
固液分离池1	2.5×2.0×2.5	1	六角蜂窝填料	板框压滤机	过滤面积50m²,1.5kW	1	污泥提升泵,空压机
废水集水池	15.0×7.0×4.0	1	压缩空气管道,水泵				

8.6.2.5 运行效果

该工程于2005年3月竣工并经一年余调试运行，之后进入正常运行，处理效果稳定。经环保监测部门连续5天对系统出水检测结果如表8-4所示（不含回用水部分）。系统最终出水水质达到《污水综合排放标准》（GB8978—1996）一级标准，通过环保验收。

表8-4 系统出水检测结果

项目	COD_{Cr}/(mg/L)	BOD_5/(mg/L)	总Cu/(mg/L)	SS/(mg/L)	pH
第1天	85.2	15.1	0.35	32.5	7.8
第2天	88.6	16.7	0.36	36.5	7.22
第3天	75.9	14.2	0.30	30.4	7.6
第4天	78.4	13.2	0.29	41.5	8.2
第5天	80.1	16.8	0.31	42.5	7.1
排放标准	≤100	≤20	≤0.5	≤70	6～9

8.6.2.6 讨论

(1) 对于成分复杂且含有多种重金属的印制电路板废水，采用分流分质预处理—混凝沉淀—机械过滤处理工艺，处理效果好，出水稳定，运行成本低，可以实现达标排放。

(2) 对上述系统处理后的出水再经反渗透装置处理，可以达到初级回用水水质的要求。该处理系统既解决了该公司废水治理问题，又为企业带来了良好的社会效益和经济效益，对于同类型企业的废水处理具有借鉴意义。

第9章 食品工业废水处理及再生利用

9.1 概述

食品工业是以农、牧、渔、林业产品为主要原料进行加工的工业，是与人们的生活息息相关的产业。我国食品工业具有就近取材、相对低投入、高效益、劳动密集型的特点。长期以来，食品工业在国民经济增长过程中，引人注目地不断发展，对满足和提高人民生活水平，充分利用资源，促进经济增长均具有十分重要的作用。

食品工业有不同的分类方法。我国国民经济与食品有关的制造业有农副食品加工业、食品制造业和饮料制造业。食品加工业生产过程中伴随产生大量副产物和废弃物。这些副产物和废弃物中有的可用作农田肥料，有的则是富含营养物质的饲料，可以加以利用，促进农副业发展。不能利用的副产物和废弃物，则成为环境污染源之一。食品工业用水量很大，是我国工业用水大户之一，名列钢铁、火电、化工、印染之后。与此同时，食品工业废水排放量大，其中大多数为高浓度有机废水。

食品工业是我国主要工业污染源之一。据《第一次全国污染源普查公报》（2010年2月6日）表明，2007年度饮料制造业、食品制造业的化学需氧量排放量名列我国工业污染源前7位之列，其中，饮料制造业化学需氧量排放量为51.65万吨，食品制造业为22.54万吨，分别约占全国工业废水化学需氧量排放量的7.22%和3.15%；饮料制造业、食品制造业的氨氮排放量名列我国工业污染源前8位之列，其中，饮料制造业氨氮排放量为1.24万吨，食品制造业为1.12万吨，分别约占全国工业废水氨氮排放量的4.0%和3.7%。因此，食品工业废水处理及再生利用愈来愈引起人们的高度关心和重视。

9.2 食品工业生产分类和生产工艺

食品工业包括许多与人们日常饮食有关的行业，有不同的分类方法。一般按所用原料分类，食品工业可细分为肉与肉制品加工行业、水产品加工行业、禽蛋加工行业、水果蔬菜加工行业、乳品加工行业、制糖行业、粮食加工行业、淀粉行业、食用油脂行业、发酵行业、调味品及食品添加剂加工行业等。由于食品工业种类很多，不同类型的食品加工行业废水污染程度不一，根据废水污染程度和我国国情，本章重点介绍肉类加工行业、水产品加工行业、水果蔬菜加工行业和啤酒生产行业废水处理及再生利用。

9.2.1 生产原料

（1）肉类加工行业　肉类加工行业是指猪、牛、羊等畜类和鸡、鸭等禽类的屠宰加工，以及以屠宰场的鲜肉为原料，添加调料，再加工成不同的肉制品。

（2）水产品加工行业　水产品加工行业是指以鱼类、甲壳类（虾蟹等）、软体动物（贝类、头足类等)、腔肠动物（海蜇等)、棘皮动物（海胆等)、水产和藻类等为原料，添加调料生产各类水产制品。

(3) 水果蔬菜农产品加工行业　水果蔬菜农产品加工行业是指以各种蔬菜和水果等为原料生产蔬菜、水果制品。

(4) 啤酒生产行业　啤酒生产行业是以大麦（制成麦芽）和水为主要原料，以大米或谷物、酒花和碳酸为辅料，生产啤酒产品。

9.2.2 生产品种

(1) 屠宰与肉类加工行业　屠宰与肉类加工行业的主要产品是畜禽肉，红肠、火腿、腌肉，各种肉罐头等。

(2) 水产品加工行业　水产品加工行业的主要产品是鱼贝罐头、鱼贝类加工制品（干鲜品、腌制品和冷冻品等)、鱼粉、饲料、海产品肥料、骨粉肥料等。

(3) 水果蔬菜农产品加工行业　水果蔬菜农产品加工行业的主要产品是水果蔬菜罐头、腌(泡）菜、果酱、果冻、奶油花生、冷冻野菜等。

(4) 啤酒生产行业　啤酒生产行业的主要产品是啤酒。啤酒是一种含有二氧化碳、低酒精浓度和多种营养成分的饮料酒。

9.2.3 生产工艺

9.2.3.1 肉类加工行业

肉类加工生产工艺一般为，待宰的兽(禽）进入屠宰区后，先用机械、电力或化学方法将牲畜致晕，然后悬挂、割脚、断脉、宰杀、放血。宰杀后烫毛去毛（牛需先用机械剥皮后再去毛)，而后剖肚取内脏，将可食用部分和非食用部分分开。再冲洗胴体，分割、冷藏、加工成不同的肉食产品（如新鲜肉或腊、腌、熏、罐头肉等花色制品)。典型的肉类加工生产工艺如图 9-1 所示。

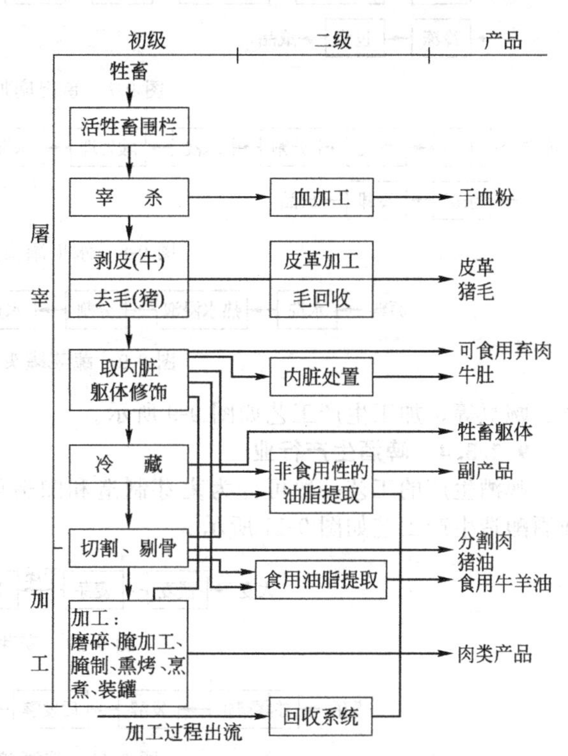

图 9-1　典型的肉类加工生产工艺

(资料来源：唐受印，戴友芝，刘忠义等．食品工业废水处理．北京：化学工业出版社，2001)

9.2.3.2 水产品加工行业

水产品加工工艺一般分为水产罐头加工、冷冻加工、腌制加工、干制加工、鱼肉糜加工、炼制品加工、琼脂加工等。

水产罐头加工生产工艺如图 9-2 所示。

水产冷冻加工即冻制品加工，是将鲜鱼或经过处理的原料（如鱼片、鱼段)，在－5℃以下予以冻结，然后置于－18℃以下冷藏，以保持鱼体原有的生鲜状态。

冻生虾仁加工生产工艺如图 9-3 所示，冻鱼片加工生产工艺如图 9-4 所示。

腌制加工生产工艺如图 9-5 所示。干制加工生产工艺如图 9-6 所示。鱼肉糜加工生产工艺如图 9-7 所示。

9.2.3.3 水果蔬菜农产品加工行业

水果蔬菜农产品加工主要是水果蔬菜罐头加工。水果罐头有糖汁类和果酱类两种，其中又以糖汁类罐头为多。水果罐头加工生产工艺如图 9-8 所示。蔬菜罐头有蘑菇、竹笋、番茄、龙须

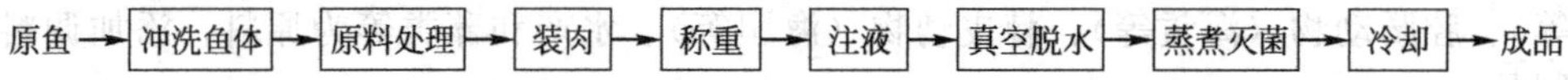

原鱼→冲洗鱼体→原料处理→装肉→称重→注液→真空脱水→蒸煮灭菌→冷却→成品

图 9-2　水产罐头加工生产工艺

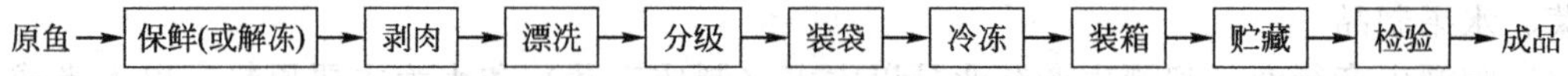

原鱼→保鲜(或解冻)→剥肉→漂洗→分级→装袋→冷冻→装箱→贮藏→检验→成品

图 9-3　冻生虾仁加工生产工艺

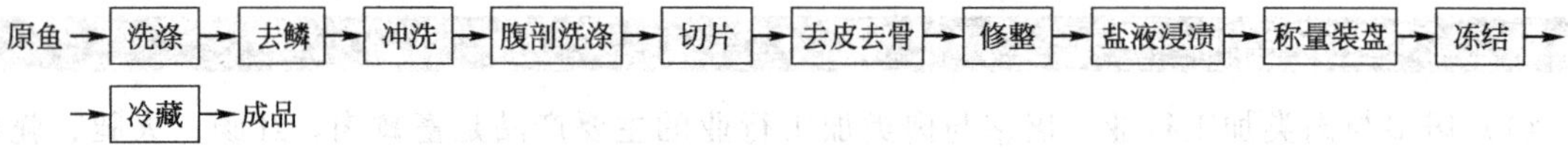

原鱼→洗涤→去鳞→冲洗→腹剖洗涤→切片→去皮去骨→修整→盐液浸渍→称量装盘→冻结→冷藏→成品

图 9-4　冻鱼片加工生产工艺

原鱼→清洗→剖割→洗涤→腌制→包装→成品

图 9-5　腌制加工生产工艺

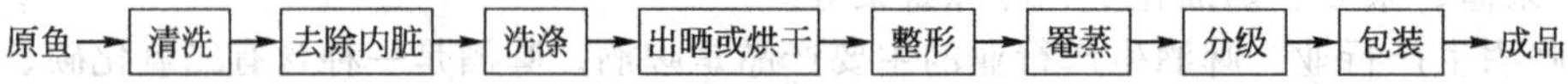

原鱼→清洗→去除内脏→洗涤→出晒或烘干→整形→罨蒸→分级→包装→成品

图 9-6　干制加工生产工艺

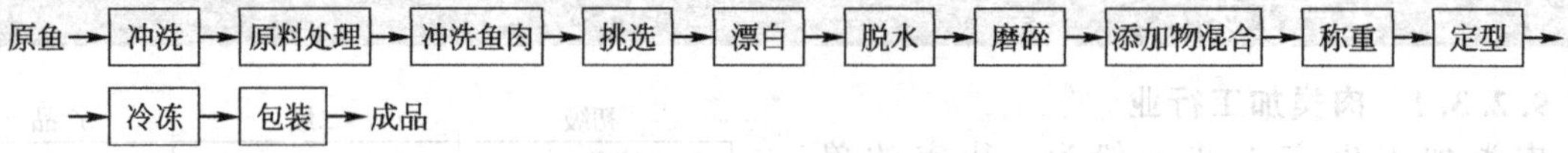

原鱼→冲洗→原料处理→冲洗鱼肉→挑选→漂白→脱水→磨碎→添加物混合→称重→定型→冷冻→包装→成品

图 9-7　鱼肉糜加工生产工艺

原料→加热→剥皮→分割→水浸→酸处理→水洗→碱处理→晾晒→装罐→加入糖汁→密封→杀菌→冷却→成品

图 9-8　水果罐头加工生产工艺

原料→水洗→热水浸泡→分割→水煮→晾晒→调味→装罐→成品

图 9-9　蔬菜罐头加工生产工艺

菜、豌豆等，加工生产工艺如图 9-9 所示。

9.2.3.4　啤酒生产行业

啤酒生产的工艺一般可分为麦芽制造和酿造两个主要部分。麦芽生产工艺如图 9-10 所示。啤酒酿造生产工艺如图 9-11 所示。

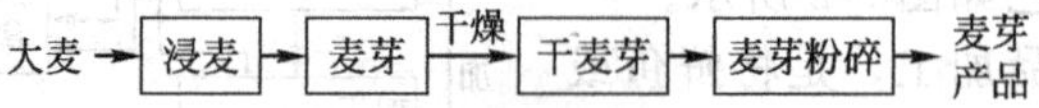

大麦→浸麦→麦芽→(干燥)→干麦芽→麦芽粉碎→麦芽产品

图 9-10　麦芽生产工艺

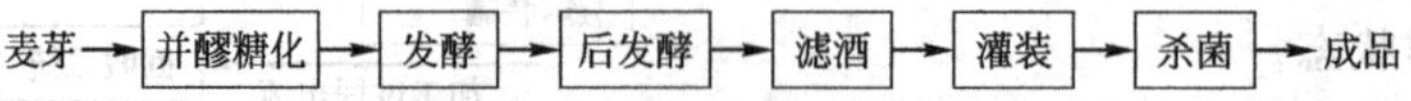

麦芽→并醪糖化→发酵→后发酵→滤酒→灌装→杀菌→成品

图 9-11　啤酒酿造生产工艺

9.3　食品工业生产废水量和水质

9.3.1　废水污染源

9.3.1.1　肉类加工行业

肉类加工废水泛指屠宰场、肉类加工厂和肉类联合加工厂排放的废水。

屠宰废水污染源主要是生产工艺过程各个工序排出的废水，包括宰前畜圈每天排出的畜粪冲洗水、屠宰工序排出的含血污和粪便污水以及地面与设备冲洗水、烫毛时排出的含有大量猪毛高温水、剖解工序排出的含肠胃内容物的废水。如屠宰场同时从事油脂提取，则炼油废水亦是屠宰废水的组成之一。

肉类加工厂是以屠宰场的鲜肉为原料，再加工成不同的肉制产品。废水污染源主要来自原料处理设备、水煮设备排出的废水，各生产工序排出的地面冲洗水，主要含有油脂、碎肉、畜毛等污染物质。此外，还有各生产工序的冷却水排水等。

9.3.1.2 水产品加工行业

水产品加工行业的污染源主要来自原料处理设备、水煮设备排出的废水，其他器具清洗排水，地面冲洗水和除臭设备排水等。其中，水产罐头加工冲洗鱼体常用盐水，废水中含有血污等污染物；冷冻加工废水中含有鱼鳞、鱼类内脏物、鱼骨等杂质和污染物；腌制加工废水中含有鱼体的黏液、血污等污染物；干制加工废水含有鱼体冲洗杂质和内脏等残余污染物；鱼肉糜加工废水含有鱼体冲洗杂质和漂白废水，含有纤维状蛋白质和水溶性蛋白质等。

9.3.1.3 水果蔬菜农产品加工行业

水果蔬菜农产品加工行业的污染源主要来自原料处理设备、杀菌生产工序排出的废水，地面冲洗水和冷却水排水等。水果罐头废水含有有机污染物，pH 异常（酸性或碱性）。蔬菜罐头废水含有砂土等无机杂质和有机污染物等。

9.3.1.4 啤酒生产行业

啤酒生产的主要污染源来自糖化、主酵、后酵、灌冲装等生产工序的排水，其中包括灌装工序碎瓶后排出的啤酒废液、设备清洗水、地面冲洗水和冷却水排水等。啤酒废水富含有机物和一定浓度的悬浮固体（SS），此外还含有 N、P 营养物质。啤酒废水本身无毒，但如不加处理直接排放，将会导致水体富营养化。

9.3.2 废水量和水质

9.3.2.1 肉类加工行业

肉类加工行业排放废水的主要特点是耗水量较大，废水污染物浓度高，杂质多，可生化性较好。污染物排放因子主要包括 BOD_5、COD、SS、TN、动植物油及色度，此外还包括恶臭气体如 NH_3、H_2S、粪臭素（3-甲基吲哚）等。

肉类加工废水量因兽禽种类、品种、生长期、饲料、气候条件、生产方式和管理水平而异。此外，废水量还同生产季节（淡、旺季），生产班次等有关。肉类加工废水还具有明显的集中排放的特征，特别是畜类屠宰废水，一般废水排放主要集中在凌晨 3：00 至上午 8：00 时段内。肉类加工废水排放量一般为 6.5m^3/t（活屠量）以下，有分割肉、化制等工序的企业，每加工 1t 原料肉，排水量为 8.5m^3 以下。屠宰与肉类加工废水成分复杂，含有大量血污、油脂、碎肉、畜毛、未消化的食物及粪便、尿液、消化液等污染物，还有少量生活污水。屠宰与肉类加工废水水质特点如下。

（1）废水中的固体杂质较多。屠宰与肉类加工行业所产生的废水含有大量动物残体、畜毛等固体杂质。废水悬浮物含量高，一般 SS 为 500～1000mg/L。

（2）有机污染物浓度高。通常 COD 浓度为 1300～2000mg/L，其浓度与所采用的屠宰和肉类加工方法有关。当屠宰场及肉类加工厂同时进行禽畜养殖时，其废水 COD 浓度甚至可高达 3300～3800mg/L。废水可生化性高，一般 BOD/COD 为 0.5～0.6。

（3）动物蛋白丰富，NH_3-N 含量很高。据有关调查表明，NH_3-N 浓度为 100～150mg/L。

（4）油脂丰富。屠宰与肉类加工废水中的动植物油浓度可达每升数十到数百毫克，肉类加工废水中的动植物油脂浓度往往会更高。

（5）废水中还可能含有与人体健康有关的细菌（如粪便大肠杆菌、粪便链球菌、葡萄球菌、布鲁杆菌、细螺旋体菌、志贺菌和沙门菌等）。水产品加工行业可分为两大类，即渔获物处理和二次加工处理。渔获物处理是将新捕获的鱼类、贝类、藻类等新鲜品经清洗、挑选、剔选等生产工序处理后，加工制成干鲜品、冷冻品或水产罐头。二次加工是指将加工制成品根据需要进行精制，如制成鱼肉松、烤鱼片、调味品等。

9.3.2.2 水产品加工行业

水产加工行业的原料处理设备废水量最大，约占全部加工废水量的50%。中间产品加工废水量次之，约占全部加工废水量的30%。成型产品加工用水量最少，约占全部加工废水量的20%。

水产加工生产过程中，水直接与原料接触，有相当的数量有机物和无机物以可溶的、胶体的或悬浮的状态从废水中排出。废水中的主要污染物有漂浮在废水中的固体物质，如鱼鳞、鱼的内脏物，悬浮在废水中的油脂、蛋白质、胶体物等，溶解在废水中的酸、碱、糖、盐类、调料残余物，来自原料夹带的泥沙、鱼贝类尸块等。

水产加工废水的一般特征是有机物质和悬浮物含量高，易腐败，氮和磷含量高。以鱼类水产品加工废水为例，COD值可高达5000～50000mg/L，BOD_5/COD比值较高，可生化性好；含有高浓度的盐类，其中Cl^-可达8～19g/L，Na^+ 5～12g/L，SO_4^{2-} 0.6～2.7g/L；pH 6.6～8.5，SS 300～1000mg/L，NH_3-N 20～80mg/L，TN 150～600mg/L，废水中可能存在致病菌等。

水产加工废水的水质水量视原料新鲜程度、季节、运输距离、贮藏时间和方式、渔期等因素而变化。一般这些因素可能导致废水水质变化幅度达2～5倍。加工原料和加工工艺对水产加工废水水质亦有显著影响。表9-1为几种水产加工工艺废水水质。表9-2为不同的水产加工厂废水水质。

表9-1 几种水产加工工艺废水水质

工艺废水种类		BOD_5/(mg/L)	SS/(mg/L)	TN/(mg/L)
碱处理废水		>30000	96	720
冲洗含碱鱼体废水		24000	325	920
罐头厂	煮螃蟹水	3170	367	800
	煮螃蟹冷却水	130	514	40
	总排水	690	274	140
冷冻鱼体冲洗水		34700	1989	100

（资料来源：唐受印，戴友芝，刘忠义等．食品工业废水处理．北京：化学工业出版社，2001）

表9-2 不同的水产加工厂废水水质

水质指标名称		鱼肉糜加工厂	鱼渣加工厂	鱼羹加工厂
BOD_5/(mg/L)	最大值	14300	21800	11850
	最小值	1850	15000	485
	平均值	8204	18400	6778
SS/(mg/L)	最大值	1343	2162	1018
	最小值	370	1204	82
	平均值	757	5032	578
油类/(mg/L)	最大值	2053	3267	420
	最小值	15	220	12
	平均值	541	1743	149
NH_3-N/(mg/L)	最大值	39	148	11
	最小值	2	24	2
	平均值	15	36	5
TN/(mg/L)	最大值	660	1000	340
	最小值	130	824	69
	平均值	306	912	199

鱼贝类水产罐头生产废水量和水质因加工原料和加工方法而异。一般鱼贝类水产罐头生产废水含有血污，有鱼腥异味，呈黄褐色，还含有油脂等污染物质。废水中BOD、COD、SS、有机氮的含量高。

9.3.2.3 水果蔬菜农产品加工行业

水果蔬菜农产品加工行业排放废水水量和水质因原料、产品以及生产工艺不同而异。

水果蔬菜罐头生产具有较强的季节性，不同季节废水量变化幅度较大。收获季节是生产旺季，废水排放量大。反之，淡季排水量小。水果蔬菜罐头生产平均排放废水量为3～8m^3/t原料，其中清洗设备废水量占30%～35%，铁罐冷却废水量占35%～40%。一般冷却水排水可回收再利用。

水果蔬菜罐头生产废水中，有机物、SS、糖和淀粉含量较高，一般不含有毒有害物质。为了保鲜原料，有时会加入防腐剂，或投加色素和含铜盐类。蔬菜罐头生产废水（如蚕豆和豌豆）含有丰富的氮，但含磷量少。水果罐头生产废水则含磷量较高，而含氮不足。表9-3和表9-4为水果蔬菜罐头生产废水水质。

表9-3 水果蔬菜罐头生产废水水质（一）

罐头种类	SS/(mg/L)	BOD_5/(mg/L)	罐头种类	SS/(mg/L)	BOD_5/(mg/L)
杏	200～400	200～1020	酸菜	630	6300
笋	30	100	菠菜	90～580	280～730
青豆	65～85	160～600	番茄(整)	190～200	570～4000
甜菜	740～2190	1500～5480	苹果	300～600	1680～5530
樱桃	200～600	700～2100	草莓	100～250	500～2250
菌类	50～240	80～390	桃	450～750	1200～2800
豌豆	270～400	380～4700			

（资料来源：唐受印，戴友芝，刘忠义等．食品工业废水处理．北京：化学工业出版社，2001）

表9-4 水果蔬菜罐头生产废水水质（二）

罐头种类	pH	SS/(mg/L)	BOD_5/(mg/L)
糖汁醋栗	5.4	1219	1614
糖汁草莓	6.9	532	841
糖汁樱桃	7.1	57	1263
糖汁李子	6.9～7.4	22～169	922～1428
果酱	6.0～7.1	0～13	100～183
番茄酱	7.2	43	142
罐头什锦中的胡萝卜	7.2	5502	4350
罐头菜花	7.1	51	326

9.3.2.4 啤酒生产行业

啤酒生产行业排放废水量与生产规模、技术装备、管理水平等因素有关。一般吨产品废水排放量为10～20m^3。生产规模大，装备技术先进，管理水平高的大型啤酒企业，吨产品废水排放量低。而生产规模小，装备技术一般，管理欠缺的小型啤酒企业，吨产品废水排放量高，有的甚至超过20m^3。

啤酒生产废水一般由高浓度有机废水、低浓度有机废水和清洁废水三部分组成。其中，高浓度有机废水来自洗槽废水、糖化锅和糊化锅冲洗水、贮酒罐前期冲洗水、滤酒冲洗水以及酵母压缩机冲洗水等，这部分废水水量约占总废水量的10%，但是有机污染物浓度高，COD为每升数千毫克。低浓度有机废水来自酿造车间和灌装车间地面冲洗水、洗瓶机和灭菌机废水以及偶尔的罐装碎瓶排出的啤酒废液等，这部分废水水量较大，约占总废水量的70%，有机污染物浓度相对较低，一般COD为200～800mg/L。清洁废水来自锅炉蒸汽冷凝水、制冷循环冷却水排水和生产给水处理设施的反冲洗排水，这部分废水约占总废水量的20%。经清浊分流后，这部分废水处理后可再生利用。

啤酒生产废水属于较高浓度的有机废水。据测算，啤酒生产的吨产品COD排放量为28～32kg，BOD排放量为17～19kg。一般啤酒生产混合废水水质为pH5～10，COD 1000～3000mg/L，BOD_5 600～1800mg/L，BOD_5/COD比值0.5～0.65，SS 300～800mg/L。

9.4 食品工业废水处理主要技术

食品工业废水处理技术主要包括预处理（筛滤、除油、沉砂、调节）、一级物化处理（沉淀和混凝沉淀、气浮和混凝气浮）、二级生物处理（厌氧、厌氧水解酸化、活性污泥法、生物接触氧化法、脱氮除磷）和深度处理（离心分离、过滤、微滤等）。

9.4.1 预处理

9.4.1.1 筛滤

筛滤是食品工业废水处理中广泛使用的一种预处理技术。筛选的作用是从废水中分离出较粗大的呈分散状的悬浮固体。所用的设备有格栅和格筛。

格栅的功能是拦截较粗的悬浮固体，以保护提升水泵等后续设备能正常运转。工程实践中，一般格栅设两道。第一道为粗格栅，栅条间距一般为20mm左右，第二道为细格栅，栅条间距一般为5mm。格栅材质应具有防腐蚀性能，一般宜采用不锈钢材质。细格栅宜采用机械自动清理。耙齿可采用不锈钢或ABS等防腐材质制作。

格筛设在格栅之后，其功能是拦截较细的悬浮固体，常用的格筛类型有固定筛、回转筛和振动筛等，根据废水水质，格筛常用的孔径为10～40目。一般格筛面积根据处理水量水质和格筛前后水头损失而定，过水率为5～10m^3/(m^2·h)。

9.4.1.2 除油

除油是某些含有油脂的食品工业废水处理中经常使用的一种预处理技术。除油的作用是去除废水中呈游离漂浮状和乳化状的油脂，以使水泵、管道和后续处理设备不因油脂而堵塞，同时消除油脂对废水生物处理造成的困扰。此外，油脂去除和回收是资源的再利用，具有一定的经济效益和社会效益。

通常采用隔油池的方式可去除废水中的漂浮状油脂。一般隔油池对漂浮状油脂去除率为90%左右。隔油池可单独设置，亦可与调节池或初次沉淀池合用同一构筑物。小型废水处理系统可采用油水分离器设备撇油。对废水中含有的呈乳化状油脂，应先进行破乳处理，而后再采用油水分离设备除油。

9.4.1.3 沉砂

对食品工业废水（如屠宰废水、水果蔬菜、罐头加工废水）的泥沙等无机固体污染物应进行沉砂预处理。一般沉砂池设在格栅和格筛之后。为了避免废水中有机固体污染物在沉砂池中产生沉淀，常采用曝气沉砂池。一般采用平流式、竖流式和旋流式曝气沉砂池。曝气沉砂池停留时间为1～3min，水平流速0.1m/s，供气量为0.1～0.2m^3/m^3水。

9.4.1.4 调节

食品工业废水水量水质变化幅度大，以每日一班制生产为多，排放时段集中，因此，必须设置调节池对废水水量水质进行调节。一般调节时间为8～24h，多为10～16h。对间歇生产的中小型食品工业废水处理工程，宜取较长的调节时间。如有条件，调节池容量宜为日处理废水量的50%～80%。

9.4.2 沉淀

沉淀技术在食品工业废水处理中得到十分广泛的应用。用初次沉淀池可去除原废水中的无机和有机固体污染物，以减轻后续处理单元的污染负荷。用二沉池可对生物处理出水进行固液（泥水）分离，以使处理出水水质达到预期要求。

除自然沉淀外，为了提高沉淀处理效果，特别是去除废水中呈细分散状和胶体状的污染物(如多糖类物质、蛋白质等)，可以采用混凝沉淀处理。在废水中先投加混凝剂（凝集剂），进行混合，而后投加絮凝剂进行絮凝反应，形成絮粒，通过吸附、架桥作用，提高沉淀处理效果。在食品工业废水处理中，常用的混凝剂有石灰、硫酸亚铁、氯化铁和硫酸铝等，一般石灰不单独使用，而与其他药剂配合使用。食品工业废水种类多，废水水质不一，采用混凝沉淀时，宜根据废水水质通过试验后确定最佳投药量和pH。一般絮凝剂（助凝剂）为聚丙烯酰胺（PAM），投加量为2mg/L左右。据有关文献介绍，水果蔬菜罐头废水采用混凝沉淀后，一般BOD_5去除率为30%～50%。表9-5为蔬菜罐头废水混凝沉淀处理效果。鱼类加工废水采用混凝沉淀后，一般COD去除率为30%～40%。肉类加工屠宰废水采用聚合氯化硫酸铁铝（PAFCS）、聚合氯化硫酸铝（PACS）进行混凝沉淀处理后，一般COD去除率均为85%～90%。

表9-5 蔬菜罐头废水混凝沉淀处理效果

废水类型	石灰投加量/(kg/m³)	药剂投加量		BOD_5去除率/%
		名　称	投加量/(kg/m³)	
豌豆	0.84	硫酸亚铁	0.36	47
	0.84	硫酸铝	0.36	45
	0.84	硫酸铁	0.12～0.36	33
	0.84	氯化铁	0.12～0.36	39
甜菜	0.96	硫酸铝	0.48	36
	1.20	硫酸亚铁	0.48	45
	1.20	氯化铁	0.24	38
玉米	1.07	硫酸亚铁	0.96	70
	0.96	氯化铁	0.36	57
番茄	0.48	硫酸铝	0.12	54

(资料来源：唐受印，戴友芝，刘忠义等．食品工业废水处理．北京：化学工业出版社，2001)

沉淀池的主要类型有竖流式和辐流式等，小型工程以采用竖流式沉淀池为多，大中型工程通常采用辐流式沉淀池。

混凝沉淀的主要设计参数有混合反应时间和搅拌方式、水力负荷、沉降（上升）流速等。一般混合时间为5min，反应时间为10～15min。水力负荷和上升流速与混凝沉淀在废水处理工程中的功能有关。当混凝沉淀池用作初沉淀池时，水力负荷为1.2～1.5$m^3/(m^2 \cdot h)$，当用作生物处理之后的深度处理时，水力负荷为0.8～1.0$m^3/(m^2 \cdot h)$。

一般竖流式沉淀池采用底部泥斗排泥方式，泥斗倾斜角度为50°～60°。辐流式沉淀池采用机械刮泥排泥方式，沉淀池总深比竖流式沉淀池小。

9.4.3 气浮

气浮主要用于去除食品工业废水中的乳化油、表面活性物质和悬浮固体。为了提高气浮处理效率，往往采用混凝气浮方法。混凝气浮是在废水进入气浮设备（池）之前，先投加混凝剂或助凝剂，以提高对废水中乳化油脂、呈细分散状或胶体状悬浮物的去除率。气浮的方式有真空式气浮、加压溶气气浮和散气管（板）式气浮。应用最为普遍的是加压溶气气浮。一般溶气罐工作压

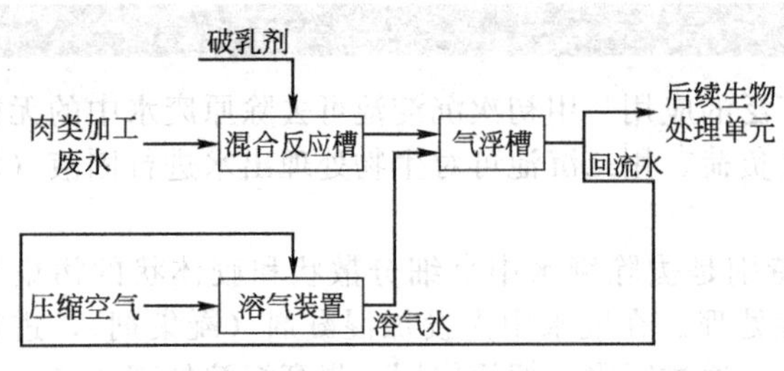

图 9-12 某肉类加工废水溶气加压气浮试验流程

力为0.3～0.5MPa，回流比为25%～50%，气浮池（槽）过流率为2～8m³/(m²·h)，水力停留时间为30min左右。采用铝盐或铁盐作为破乳剂或混凝剂。

混凝气浮在肉类加工废水处理中应用较多。某肉类加工废水，采用溶气加压气浮为生物处理的前处理进行了试验。原废水含有油脂和肉屑，有机污染物含量高，水质变化大。废水水质见表9-6，试验流程如图9-12所示，试验结果见表9-7。试验表明，破乳剂采用$FeCl_3$为宜，不但破乳率高，而且铁盐有利于后续生物处理，排入水体后，亦无明显的副作用。一般铁盐投药量为40mg/L以下，当原水浓度较低时，可不加破乳剂。经气浮后，废水中的油脂和大部分肉屑均被去除，当原水COD在1000～3700mg/L时，只要投加适量破乳剂，经气浮后出水COD可降到500～800mg/L，去除率为40%～70%。经测算，经溶气气浮后TN去除率为40%左右，TP去除率为50%～60%，可减轻后续生物处理的有机负荷和N、P负荷，改善生物处理条件，提高生物处理对COD和N、P的去除效果。

表9-6 某肉类加工废水水质

项目	单位	平均值	范围	项目	单位	平均值	范围
pH		7.0	6.9～7.1	TN	mg/L	33.9	4.3～63.8
COD_{Cr}	mg/L	2000	826～3700	TP	mg/L	5.3	2.7～8.0
BOD_5	mg/L	885	384～1520				

表9-7 某肉类加工废水溶气加压气浮试验结果 单位：mg/L

参数	试验1			试验2			试验3			试验4		
	原水	出水	去除率/%	原水	出水	去除率/%	原水	出水	去除率/%	原水	出水	去除率/%
COD_{Cr}	942	541	42.6	3123	806	74.2	3700	701	81.1	1502	688	54.2
BOD_5	514	280	45.5	1520	360	76.3	1220	690	43.4	834	395	52.6
TN	26.6	16.0	39.8	63.8	61.7	3.3	50.0	31.0	38.0	26.6	16.0	39.8
TP	8.0	3.0	62.5	9.3	3.5	62.4	6.5	3.1	52.3	2.74	0.9	67.1

9.4.4 厌氧处理技术

厌氧生物处理的有机容积负荷高，一般5～10kgCOD/(m³·d)，高的可达30kgCOD/(m³·d)。食品工业废水中往往含有高浓度或较高浓度易生物降解的有机污染物，且无毒性，所以厌氧处理技术在食品工业的肉类加工、水产品加工、蔬菜水果加工和酿酒等废水处理中得到较为广泛的应用。此外，厌氧生物处理动力消耗低，且产生的沼气可作为能源利用。厌氧生物处理生成的剩余污泥量少，一般仅为好氧生物处理的1/10～1/4。污泥沉降性能好，根据不同的厌氧处理方法，污泥体积指数（SVI）为15～50mL/g。污泥处理处置装置小，且厌氧污泥既可长期贮存，又可作为其他厌氧处理装置启动接种污泥的"资源"加以利用。因此，厌氧生物处理的环境效益、经济效益和社会效益较为明显。但是，厌氧处理装置启动时间长（一般需要2～3个月）；视不同进水水质，有时需加热、加碱和调节pH；处理水水质往往不能满足排放标准的要求，一般在厌氧处理后需串联好氧生物处理；厌氧生物反应过程中常伴随产生硫化氢等恶臭气体，需要十分重视处理装置的防腐和恶臭气体对环境的影响。

厌氧处理法有上流式厌氧污泥床（UASB）、厌氧膨胀床（EGSB）、内循环厌氧流化床（IC）、厌氧生物滤池（AF）、厌氧接触法、厌氧挡板式反应器等，在食品工业废水处理中常用的几种厌氧生物处理法如表9-8所示。关于厌氧处理法的处理装置构造、主要工艺参数和设计要点参见本书2.6。

表9-8　食品工业废水处理常用的厌氧生物处理法

厌氧法	COD容积负荷/[kgCOD/(m³·d)]	污泥浓度/(kgVSS/m³)	保持高浓度污泥的措施	主要特点
上流式厌氧污泥床（UASB）	10～25	约60(底部)	污泥颗粒化	① 不需要载体； ② 装置较简单，易管理； ③ 如用颗粒污泥启动需1个月左右，用消化污泥启动，一般则需3～6个月
厌氧膨胀床（EGSB）	15～25		载体表面生物膜	① 容积负荷高； ② 占地面积小； ③ 自身能耗较高
内循环厌氧流化床（IC）	20～30		载体表面生物膜	① 容积负荷高； ② 对进水中的毒物(如硫酸盐)稀释作用强； ③ 占地面积小； ④ 自身能耗较高
厌氧生物滤池（AF）	10～15	约20	滤料表面生物膜	① 属于厌氧生物膜法，结构简单； ② 耐冲击负荷，操作简便； ③ 长期使用时滤料有堵塞
厌氧接触法	4～6	约10	沉淀污泥回流	① 工艺简单； ② 适用于处理高SS废水； ③ 回流污泥浓度和出水水质取决于污泥沉降性能

20世纪80年代中期，清华大学环境环保系进行了厌氧污泥床反应器（UASB）处理啤酒废水的试验研究。结果表明，UASB反应器进水有机负荷可高达10～13kgCOD/(m³·d)；在水力停留时间（HRT）为4.5～7.0h的条件下，COD去除率为85%以上，沼气产率为0.41m³/kgCOD，污泥产率为0.02～0.1kgVS/kgCOD。该项研究成果在国内啤酒废水处理中得到了工程应用。20世纪90年代末期，国内某啤酒有限公司从荷兰PAQUES公司引进了IC反应器技术，运行表明，IC反应器进水有机负荷为15～25kgCOD/(m³·d)，COD去除率为80%以上。厌氧接触法是在普通消化池的基础上，对传统消化池的一种改进，其主要特点是在厌氧反应器之后设置了沉淀池，采用污泥回流，增加污泥龄。一般在消化池和沉淀池之间设脱气装置，以除去混合液中剩余的气体。该工艺处理流程如图9-13所示。采用厌氧接触法处理水果罐头加工废水时，在有机负荷3.2～3.5kgCOD/(m³·d)，水温36℃的条件下，COD去除率为85%左右。

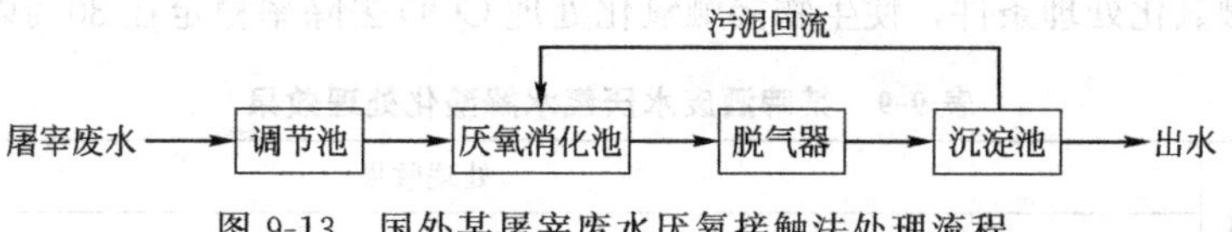

图9-13　国外某屠宰废水厌氧接触法处理流程

罐头加工生产废水适宜采用厌氧处理技术。有中试结果表明，肉类罐头废水采用中温厌氧处理，经24h厌氧消化后，BOD_5去除率可达93%～96%，有机氮去除率达93%左右。如在废水中投加部分消化污泥，则可加快厌氧反应。

9.4.5 厌氧水解酸化技术

有机物在厌氧条件下降解过程可分为三个反应阶段，如图 9-14 所示。

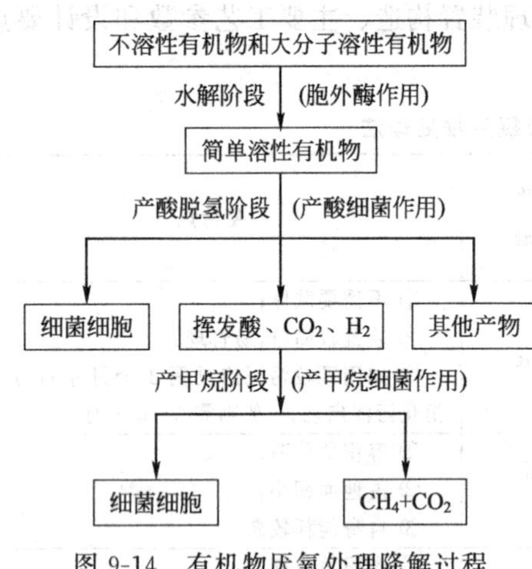

图 9-14 有机物厌氧处理降解过程

第一阶段，即水解阶段。废水中的不溶性有机物和大分子溶性有机物受到细菌细胞胞外酶作用，水解成简单的水分子溶性有机物。在这个阶段主要是促使有机物增溶和缩小体积的反应。不溶性有机物是脂肪、蛋白质和多糖类（如淀粉、纤维素和果胶等）。这些不溶性有机物在细菌胞外酶作用下，分别水解为长链脂肪酸、氨基酸和可溶性糖类。其中，蛋白质和多糖类的水解速率较快，而脂肪的水解速率要慢得多，因此，不溶性有机物的水解反应受脂肪的水解所控制。

第二阶段，即产酸和脱氢阶段。水解阶段形成的溶性小分子有机物被产酸细菌作为碳源和能源，最终生成短链的挥发酸，如乙酸等。有些产酸细菌，如产氢细菌能利用挥发酸生成乙酸、氢和二氧化碳，部分氢（H_2）从废水中逸出，使有机物内能下降，废水的部分 COD 有所下降。这一阶段的反应速率很快，对厌氧反应过程几乎不起限制作用。

第三阶段，即产气产甲烷阶段。专一性厌氧细菌将产酸阶段产生的短链挥发酸氧化为甲烷和二氧化碳。产甲烷的反应速率很慢，所需反应时间很长，因此这个阶段是整个厌氧反应过程的限制阶段。

在废水处理中特别是工业废水处理中将厌氧反应控制在水解产酸（水解酸化）阶段，可利用此阶段产酸细菌的功能，将废水中的不溶性和大分子溶性有机物转化为短链挥发酸，从而可大大地改善废水的可生化性，为后续的好氧生物处理创造条件。同时，在水解酸化阶段，废水中的悬浮物被大幅度除去，COD 等也相应降低。

关于厌氧水解酸化池构造、主要工艺参数和设计要点参见本书 2.6.1。

厌氧水解酸化技术在食品工业的啤酒废水处理中应用较多，另外，在肉类加工废水处理中亦有应用，一般将厌氧水解酸化作为好氧生物处理的预处理。即原废水经格栅、均质调节后，先经厌氧水解酸化，再经好氧生物处理。一般在水解酸化池内设置填料，为水解产酸菌提供呈立体状的栖息场所。水解酸化处理废水的过程，首先是生长在填料上的微生物将进水中的颗粒状物质和胶体物质迅速截留和吸附，这是一个快速的物理化学反应。然后是在水解菌作用下将废水中的不溶性有机物水解为溶解性物质，在产酸菌协同作用下，将废水中的大分子、难生物降解的物质转化为较易生物降解的小分子物质。所以，厌氧水解酸化处理集吸附、沉淀、网捕、生物絮凝和生物降解于一体。

某啤酒废水处理工程采用厌氧水解酸化-生物接触氧化法处理废水。厌氧水解酸化池为上流式，池内安装半软性立体填料，经稳定运行后连续半年测试数据如表 9-9 所示。从表中可以看出，经水解酸化处理后，COD 去除率为 20%～30%。由于经水解酸化处理后，提高了废水的可生化性，改善了后续生物接触氧化处理条件，使生物接触氧化处理 COD 去除率稳定在 80%以上。

表 9-9 某啤酒废水厌氧水解酸化处理效果

月份	处理水量/(m^3/d)	处理效果				
		调节池出口 COD/(mg/L)	水解酸化池出口 COD/(mg/L)	水解酸化 COD 去除率/%	生物接触氧化出口 COD/(mg/L)	生物接触氧化 COD 去除率/%
3	2300	1150	930	19.1	167.4	82.0
4	2500	1240	994	19.8	178.9	82.0

续表

月份	处理水量/(m^3/d)	处理效果				
		调节池出口 COD/(mg/L)	水解酸化池出口 COD/(mg/L)	水解酸化 COD去除率/%	生物接触氧化出口 COD/(mg/L)	生物接触氧化 COD去除率/%
5	2900	1510	1103	27.0	187.5	83.0
6	3050	1440	1037	28.0	183.2	82.3
7	3100	1380	953	30.9	152.4	84.0
8	3070	1430	986	31.0	167.6	83.0

某禽类加工废水处理工程，废水主要由待宰间排放的粪便冲洗水、宰杀禽粪排放的含血污废水和地面冲洗水、褪毛排放的高温水和解剖车间排放的含肠胃内容物废水等组成。废水中含有大量血污、毛皮、碎肉、内脏杂物、粪便以及未消化的饲料等有机污染物。针对废水有机污染物浓度高、生化性好的特点，采用厌氧水解酸化作为SBR好氧生物处理的预（前）处理单元。水解酸化池由反应区和沉淀区组成。在反应区底部设置枝状布水管实现均匀布水，上升流速为0.92m/h。沉淀区采用竖流式，中心进水、周边出水、重力排泥、表面负荷1.63m^3/(m^2·h)，池径水深比2.53。水解酸化池设计水力停留时间（HRT）为8.0h。经运行表明，在进水COD 835mg/L、BOD_5 410mg/L、BOD_5/COD为0.49的条件下，水解酸化池出水COD为585mg/L，COD去除率为29.9%，出水BOD_5为303mg/L，BOD_5去除率为26.1%，BOD_5/COD提高到0.52。由此，改善了后续好氧处理水质条件。

9.4.6 活性污泥法处理技术

一般食品工业废水为易于生物降解的有机废水，因此采用活性污泥法是中、低浓度食品工业废水经济有效的处理方法之一。但是，应用活性污泥法处理食品工业废水时，一般需经格栅、筛网、沉砂和沉淀预处理，以去除原废水中的泥沙、大颗粒的悬浮物等杂质和无机固体物，再进行活性污泥法处理。

9.4.6.1 AB法处理水果蔬菜罐头废水

活性污泥净化废水有两个阶段。第一阶段（A段），也称为絮凝吸附阶段，废水主要通过活性污泥的吸附作用而得以部分净化。第二阶段（B段），也称为氧化阶段，主要是继续分解、氧化A段被吸附和吸收的有机物，再生活性污泥。

AB法的主要特点是，一般不设初沉淀，A段和B段的微生物菌群不同，由污泥回流系统严格分开。A段污泥负荷高，一般为2～6kgBOD_5/(kgMLSS·d)，视废水水质，亦有高达6kgBOD_5/(kgMLSS·d)以上的。HRT为30～50min，SRT为0.3～0.5d，DO为0.2～0.7mg/L。B段污泥负荷低，一般为0.5～1.0kgBOD_5/(kgMLSS·d)，视水质亦有在1.5～2.0kgBOD_5/(kgMLSS·d)以上的。HRT为2～4h，SRT为15～20d，DO为1～2mg/L。AB法适用于悬浮有机物浓度高、水质水量变化较大的废水处理。应用AB法处理水果蔬菜罐头废水实例如表9-10所示。

表9-10 AB法处理水果蔬菜罐头废水实例

实例类型	废水来源	曝气时间/min		进水BOD_5/(mg/L)	BOD_5去除率/%	污泥负荷/[kgBOD_5/(kgMLSS·d)]		MLSS/(mg/L)	
		曝气池	再生池			曝气池	再生池	曝气池	再生池
试验装置	番茄	48	96	412	85	2.82	1.08	2250	3600
	桃、番茄	39	78	740	58	3.82	1.44	3600	5900
	苹果、番茄	60	120	692	89.7	2.42	0.87	2500	4400
	苹果	285	—	630	81.6	2.56	—	2500	

续表

实例类型	废水来源	曝气时间/min		进水 BOD_5 /(mg/L)	BOD_5 去除率/%	污泥负荷/[kgBOD_5/(kgMLSS·d)]		MLSS/(mg/L)	
		曝气池	再生池			曝气池	再生池	曝气池	再生池
半生产装置	番茄	21	100	450	84	12.4	1.29	2500	4500
	桃	30	140	2240	64.3	36	4.0	3000	5000
	苹果	50	240	1040	77	14.6	1.86	2500	3500

（资料来源：唐受印，戴友芝，刘忠义等。食品工业废水处理．北京：化学工业出版社，2001）

9.4.6.2 深井曝气法处理罐头食品废水

深井曝气法是一种高效活性污泥法处理技术。一般深井曝气池处理设施包括前处理、深井曝气和气、液、固分离三部分。前处理设施有格栅、沉砂和沉淀，以防大颗粒状污染物进入深井造成堵塞。深井曝气池（管）是核心处理构筑物，一般直径1～6m，深度50～150m，井内分为下降管和上升管两部分，可采用压缩空气或水泵进行水流循环。脱气池和二次沉淀池是气、液、固三相分离设施。

某食品加工企业，采用深井曝气法处理食品生产废水，处理工艺流程如图9-15所示。处理水量为1000m³/d，曝气时间1.5h，容积负荷6.4kg/(m³·d)，污泥回流比为0.81，气水比14.1。经运行后表明，采用深井曝气法气液混合效果好；COD、BOD去除率高；氧利用率高，约为50%；动力消耗约为0.3kW·h/kgBOD_5；溶解氧高，有利于微生物自身氧化；产生的剩余污泥量较少，是一般生物处理法的30%左右。

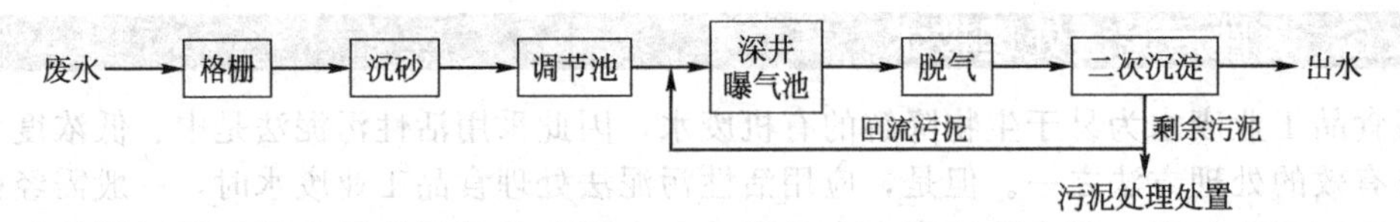

图9-15 某食品生产废水深井曝气法处理工艺流程

9.4.6.3 SBR法处理肉类加工废水

SBR是序批式活性污泥法，其工艺过程是在按程序运行的间歇式反应器中完成的，因此又称为间歇式活性污泥法。SBR多池并联可以达到连续运行的目的。SBR与一般活性污泥法相比较如图9-16所示。

SBR法处理肉类加工屠宰废水的试验和工程运行有以下结论。

(1) SBR处理屠宰废水的处理效率与曝气方式相关性不大，一般各种曝气方式（非限制曝气、限制曝气、半限制曝气）均可使SBR取得稳定的COD去除率。

(2) SBR运行周期应按废水水质和处理水要求确定。一般运行周期为8～12h，可使处理出水COD值稳定在100mg/L以下。

(3) SBR是按设定程序运行的间歇反应过程，在反应池内自曝气反应开始即与高浓度废水接触，随后在反应过程中始终维持一定的有机物浓度梯度。在运行中，好氧与缺氧过程交替发生，抑制了丝状菌生长繁殖，可避免活性污泥丝状菌膨胀。

(4) 无论采用何种曝气方式，SBR的每个运行周期的后期都处于低氧或无氧状态，且有机物浓度降至最低，使反应器的微生物处于内源呼吸状态，污泥自身氧化能力增强，可减少剩余污泥量，延长系统排泥周期，一般SBR的排泥周期为7～15d。

(5) 在每个周期内进水结束后，增加厌氧、缺氧和好氧过程的交替次数，将SBR的限制性曝气方式变换为N-P曝气方式，可获得脱氮除磷的效果。在厌氧过程发酵菌将废水中的可生物降解有机物转化为小分子发酵产物。聚磷菌将体内积贮的磷酸盐水解，所释放的一部分能量用于维持聚磷菌在厌氧条件下生存，另一部分用于聚磷菌吸收小分子有机物。在缺氧过程，反硝化细菌利用好氧过程形成的硝酸氮以及废水中的可生物降解有机物除磷脱氮。在好氧过程，聚磷菌除

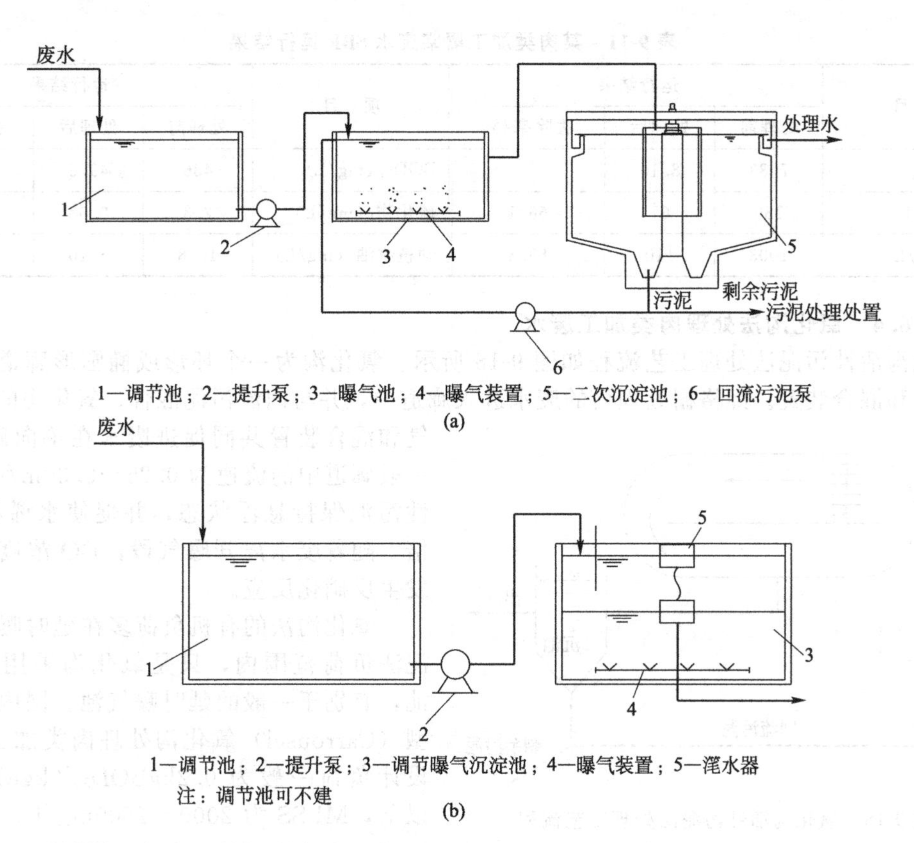

1—调节池；2—提升泵；3—曝气池；4—曝气装置；5—二次沉淀池；6—回流污泥泵

(a)

1—调节池；2—提升泵；3—调节曝气沉淀池；4—曝气装置；5—滗水器

注：调节池可不建

(b)

图 9-16 SBR系统与普通活性污泥系统比较

(a) 一般活性污泥系统；(b) SBR系统

了继续吸收、利用可降解有机物外，还可以释放体内贮存的能量，用于吸收废水中的溶解磷并以聚磷形式贮存于细胞内，通过排放剩余污泥实现除磷。

某屠宰废水，处理水量为 $2000m^3/d$，进水水质为 COD 800～1200mg/L，BOD_5 500～700mg/L，SS 700～900mg/L，动植物油 20mg/L，采用SBR法处理技术，处理工艺流程如图9-17所示。

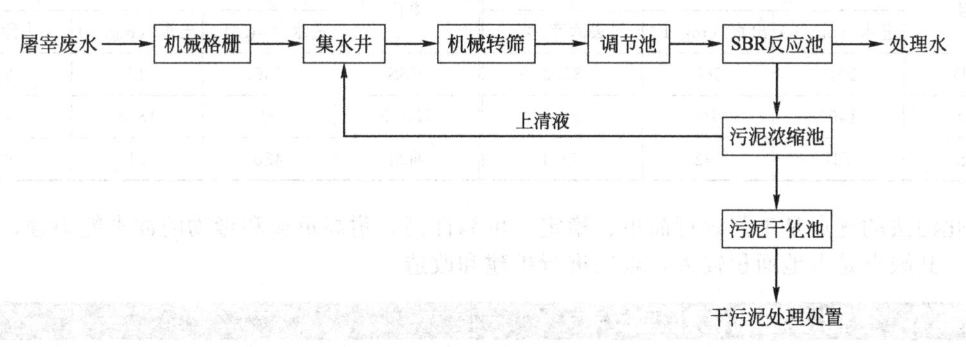

图 9-17 某肉类加工屠宰废水SBR处理工艺流程

SBR反应池工作周期为12h，其中进水1.0h，曝气7.5h，沉淀1.0h，排水1.0h，闲置1.5h。采用限制性曝气方式（进水期间不曝气）和射流曝气装置。运行结果如表9-11所示。运行表明，采用SBR处理屠宰废水对有机污染物的去除效果好，COD和 BOD_5 去除率分别为89.3%和88.7%。SBR对水量水质波动适应性强，耐冲击负荷，运行稳定。SBR法的处理构筑物主要是SBR反应池，不需要二次沉淀池、污泥回流及其设备，工艺流程较简单，占地面积较小。同普通活性污泥法相比较，一般可节省用地约30%，减少运行费用约10%。因此，采用SBR法处理肉类加工屠宰废水是较为经济有效的方法。

表 9-11 某肉类加工屠宰废水 SBR 运行结果

项 目	运行结果			项 目	运行结果		
	处理前	处理后	去除率/%		处理前	处理后	去除率/%
pH	7.83	8.10		BOD_5/(mg/L)	436	49.6	88.7
SS/(mg/L)	180	61	66.1	硫化物/(mg/L)	2.3	0.03	98.6
COD/(mg/L)	1003	110	89.3	动植物油/(mg/L)	10.8	5.10	52.8

9.4.6.4 氧化沟法处理肉类加工废水

氧化沟活性污泥法处理工艺流程如图 9-18 所示。氧化沟为一个环形或椭圆形廊道，并装备机械曝气和混合装置。经格栅处理后的废水进入廊道中，并与回流污泥混合。氧化沟的池型、曝气和混合装置共同促进废水在单向廊道流动。一般廊道中的流速为 0.25～0.30m/s，可使活性污泥保持悬浮状态，并促使水稀释 20～30 倍。随着废水离开曝气段，DO 浓度下降，可发生反硝化反应。

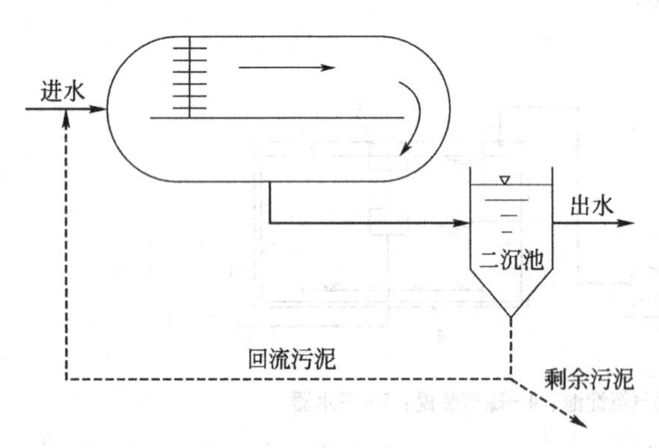

图 9-18 氧化沟活性污泥法处理工艺流程

氧化沟法的有机负荷多在延时曝气活性污泥法负荷范围内，只是氧化沟采用沟形曝气池，有别于一般的延时曝气池。国内卡鲁塞尔型（Carrousel）氧化沟处理肉类加工废水时，设计负荷一般为 0.2kgBOD_5/(kgMLSS·d) 以下，MLSS 为 2000～2500mg/L，容积负荷 0.45～0.50kgBOD_5/m^3，HRT 2.2～2.5d，BOD_5 去除率 95%左右。国外某氧化沟法处理肉类加工废水实例的运行数据为，HRT 3.6d，容积负荷 0.4kgBOD_5/m^3，水温 17℃，MLSS 1425mg/L，DO 0.8mg/L，SVI 382mL/g，处理效果如表 9-12 所示。

表 9-12 国外某氧化沟法处理肉类加工废水实例处理效果

项目	处理效果			项目	处理效果		
	进水/(mg/L)	出水/(mg/L)	去除率/%		进水/(mg/L)	出水/(mg/L)	去除率/%
COD	2040	260	87.3	VSS	636	42	93.4
BOD_5	1400	70	94.8	NH_3-N	21	18.3	12.8
TSS	724	142	80.4	油脂	420	21	93.9

氧化沟法的优点是工艺运行简单、稳定、可靠性高，耐高负荷和毒物的冲击能力强，出水水质较好。其缺点是占地面积较大，难以进行扩建和改造。

9.4.7 生物接触氧化处理技术

生物接触氧化法又称浸没式生物滤池，兼具活性污泥法与生物膜法的特点。生物接触氧化池内设置的填料浸没于废水中，在填料表面附着生长生物膜，填料间隙生成活性污泥，废水与生物膜和活性污泥接触而得到净化。为了提高废水净化效率，需使生物接触氧化池内的废水不间断循环，反复与生物膜和活性污泥接触而得到净化。由于填料、生物膜和活性污泥都浸没在废水中，在生物接触氧化池内必须强制曝气充氧。曝气同时具有供氧、形成废水循环和促使填料上的生物膜脱落的作用。生物接触氧化池法不需要污泥回流，在运行中不会产生污泥膨胀，操作较简便。

生物接触氧化池由池体、填料床、曝气系统、进出水装置等组成。其中，填料床是生物接触氧化池的重要组成部分，它既影响废水处理效果，又关系到接触氧化池的建设费用。填料的选择应从技术和经济两个方面加以考虑，应充分考虑到填料上生物膜的生长繁殖、充氧、不被堵塞，使用强度、便于更换和价格等因素。填料床内应填充比表面积大、高空隙率、经济适用的填料。自 20 世纪 90 年代以来，我国的填料研发和生产十分活跃，各种不同填料有其自身的优点和适用性，目前以采用弹性立体填料和尼龙绳紧绷支架为多。弹性立体填料比表面积大，较易挂膜，对水流和空气的切割性能好，强度高。弹性立体填料与绳状紧绷支架相结合，施工安装方便，防腐性能好，经久耐用。

生物接触氧化池底部设有曝气布气装置。目前，曝气布气装置以采用穿孔管或微孔曝气方式为多。无论采用何种曝气装置均应充分考虑充氧效率高、防腐蚀、经久耐用、施工安装和维护管理方便等因素。

生物接触氧化法较为广泛地用于处理食品罐头废水、肉类加工废水和啤酒废水等。根据不同的废水类型和水质，一般在生物接触氧化处理之前应设置相应的物化或生物前处理单元，食品工业废水生物接触氧化法处理工艺流程如图 9-19 所示。

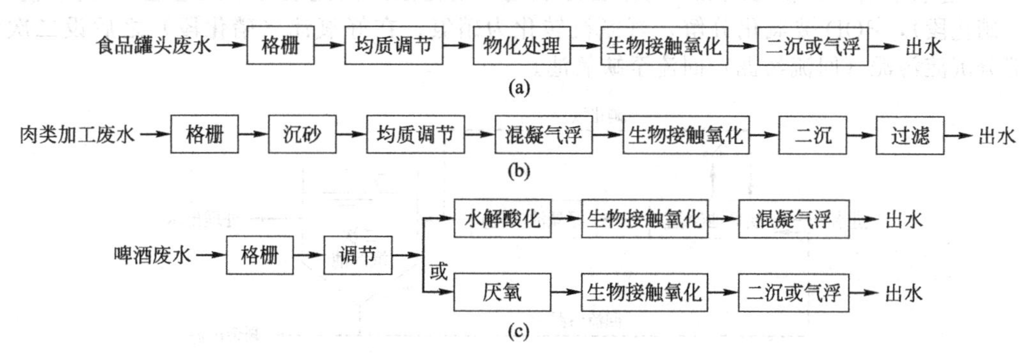

图 9-19　食品工业废水生物接触氧化法处理工艺流程

(a) 食品罐头废水处理；(b) 肉类加工废水处理；(c) 啤酒废水处理

根据不同的废水水质和处理要求，生物接触氧化法可设置一段、二段或多段串联流程，以使每段处理中的微生物得到最佳生长繁殖条件，提高处理效果。生物接触氧化处理池宜按推流式设置。生物接触氧化法处理食品工业废水的有机负荷因废水水质和处理要求而异，一般为 1.5～2.5kgBOD_5/(m^3 填料·d)。

9.4.8 生物脱氮除磷技术

一般食品工业废水的 N、P 含量均较高。随着国家对工业废水排放要求的提高，当食品工业废水的有机污染得到有效遏制后，氮磷污染将成为主要环境问题，需要对食品工业废水进行脱氮除磷处理。脱氮除磷技术可分为物化法和生物法两大类，其中以生物法因经济有效而广泛使用。

9.4.8.1 生物脱氮

(1) 生物脱氮基本原理　生物脱氮过程包括同化作用、氨化反应、硝化反应和反硝化反应。

① 同化作用。废水所含的氮素被微生物同化为细胞成分，并以剩余污泥的形式从废水中去除。细胞的氮素含量为干细胞的 12%，同化作用去除的氮素与细胞产量及污泥排放量有关。

② 氨化反应。在氨化菌的作用下，有机氮转化为氨态氮。氨基酸脱氨反应为：

$$RCHNH_2COOH+O_2 \longrightarrow RCOOH+CO_2+NH_3 \tag{9-1}$$

③ 硝化反应。在硝化细菌作用下，氨态氮先转化为亚硝酸盐 (NO_2^-)，再进而转化为硝酸盐 (NO_3^-)。硝化反应为：

$$NH_4^+ +2O_2 \longrightarrow NO_3^- +H_2O+2H^+ \tag{9-2}$$

影响硝化反应的环境条件主要有溶解氧、温度、pH、泥龄 (SRT) 等。在实际应用中，一般控制硝化池 DO 为 1.5～2.5mg/L，硝化反应的适宜温度为 20～30℃，如在低温下运行，则需延长泥龄 (SRT)，并将硝化池 DO 维持在 4mg/L 以上，方可取得较好的硝化效果。硝化菌适宜的 pH 为 7.2～8.2。硝化反应的污泥龄典型值为 20～50d。

④ 反硝化反应。反硝化反应是反硝化菌将 NO_2^- 和 NO_3^- 还原为氮气的过程。反硝化反应为：

$$5C(有机C)+2H_2O+4NO_3^- \longrightarrow 2N_2+4OH^-+5CO_2 \qquad (9\text{-}3)$$

影响反硝化反应的主要因素有碳源、pH、溶解氧和温度等。在废水生物脱氮工艺中，BOD_5/TKN 宜大于 3～5，否则需要外加碳源。反硝化过程最适宜 pH 为 7.8～8.0。

缺氧段溶解氧一般应控制在 0.5mg/L 以下。反硝化反应适宜温度为 20～35℃，低于 15℃，反应速率就会降低。

(2) 生物脱氮技术　生物脱氮技术可分为活性污泥法和生物膜法两类。

① A/O 脱氮工艺。A/O（Anoxic/Oxic）脱氮工艺，又称为前置反硝化脱氮工艺，是常用的脱氮工艺。其工艺流程如图 9-20 所示。好氧池（硝化段）的部分硝化液回流至缺氧池（反硝化段），以进水中的有机物为碳源，将来自好氧池（硝化段）回流液的硝酸盐还原为氮气。在好氧池（硝化段），BOD 被氧化分解，氨氮被转化为硝氮。在好氧池（硝化段）之后设二次沉淀池，部分沉淀污泥（回流污泥）回流至缺氧池。

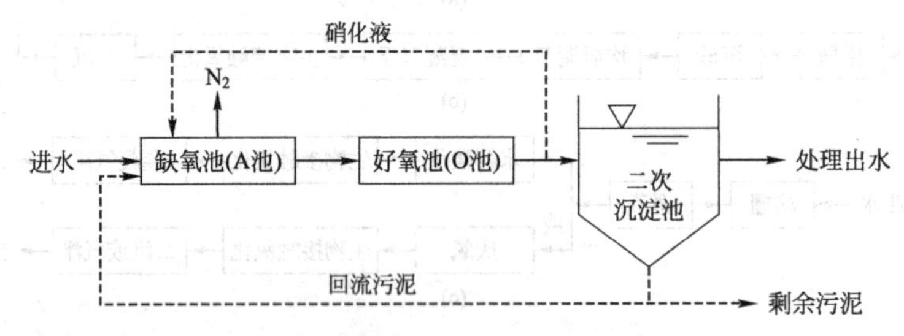

图 9-20　A/O 脱氮工艺流程

硝化段的反应时间一般控制在 6h 以上，反硝化段的反应时间一般控制在 2h 左右，两者的水力停留时间之比一般为 3∶1。好氧段 MLSS 一般为 3000mg/L 左右，SRT 大于 30d，N/MLSS 负荷低于 0.3g/（kgMLSS·d）。脱氮效率一般低于 80%，硝化液回流比视脱氮效率而定。

A/O 脱氮工艺流程较简单，建设费用较低。但是，为了提高脱氮效率，必须加大回流比，造成能耗和运行费用增加。同时，回流液带入大量溶解氧，还会影响反硝化效果。

② 多级脱氮工艺。多级活性污泥脱氮工艺分为相对独立的除碳和脱氮两个部分。除碳部分是在好氧条件下去除有机物，活性污泥经沉淀分离后回流到曝气池。脱氮部分是通过硝化和反硝化作用进行生物脱氮。多级脱氮工艺流程如图 9-21 所示。

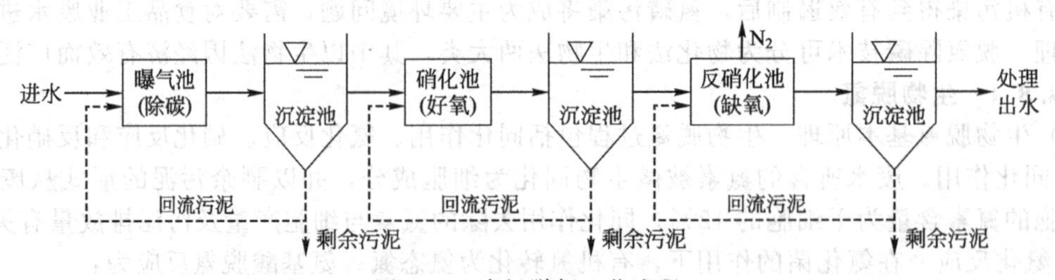

图 9-21　多级脱氮工艺流程

③ 两级脱氮工艺。两级脱氮工艺的有机物氧化、有机氮氨化和硝化合并在一个构筑物（反应器）中进行，反硝化在另一个构筑物（反应器）中进行。该工艺需外加碳源（如甲醇）作为反硝化碳源。两级脱氮工艺如图 9-22 所示。

④ 生物膜脱氮工艺。生物膜脱氮工艺是内碳源生物脱氮，需要回流硝化段混合液，以提供 NO_3^--N，无需污泥回流。有机物氧化、硝化和反硝化构筑物（反应器）采用生物滤池形式。内碳源生物膜脱氮工艺流程如图 9-23 所示。由于无需污泥回流，内碳源生物膜脱氮工艺较为经济。

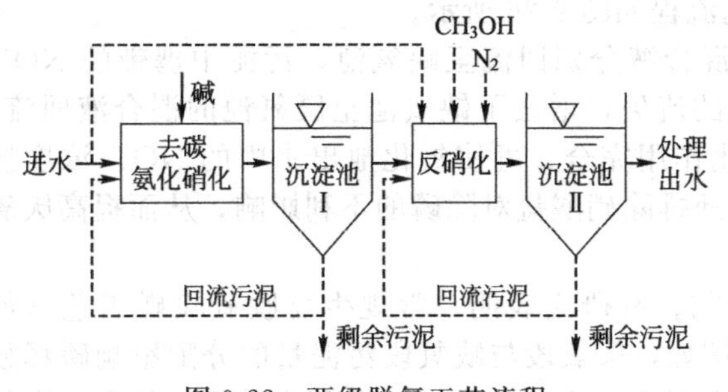

图 9-22 两级脱氮工艺流程

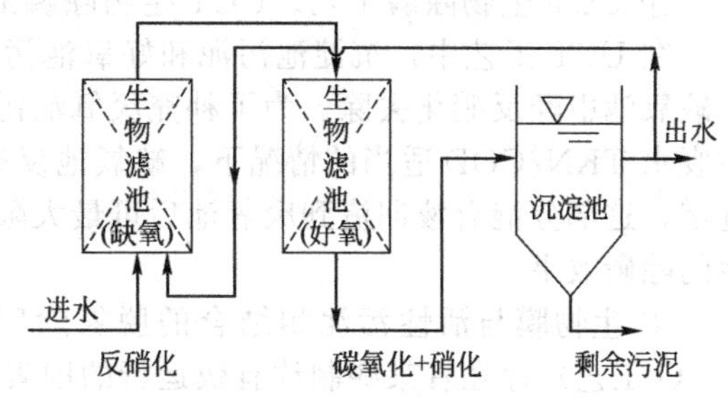

图 9-23 内碳源生物膜脱氮工艺流程

⑤ 新型生物脱氮工艺。短程硝化-反硝化（Sharon）工艺和厌氧氨氧化（Anammox）工艺是20世纪末以来出现的新型生物脱氮工艺。关于这两种生物脱氮工艺的详细介绍读者可详见本书2.3.4。

9.4.8.2 生物除磷

(1) 生物除磷的基本原理　生物除磷是在厌氧-好氧或厌氧-缺氧交替运行系统中，由聚磷菌完成。没有溶解氧和硝酸态氮时，聚磷菌水解聚磷，从中获得能量吸收小分子发酵产物，合成胞内微生物（PHB或PHA）。而在有氧条件下，聚磷菌氧化胞内贮存的PHB产生能量，从废水中摄取磷酸盐并以聚磷形式贮存于细胞内，通过排放剩余污泥实现高效除磷。

(2) 生物除磷技术　在工业废水处理中，常用的生物除磷技术有A/O生物除磷、A^2/O生物除磷和UCT工艺等。

① A/O生物除磷工艺。A/O生物除磷工艺如图9-24所示。A/O系统由活性污泥法和二沉池组成，废水和污泥顺次经厌氧、好氧交替循环流动。进水与回流污泥在厌氧池进水端混合。为了保持厌氧池混合液呈厌氧状态，可在厌氧池上方加盖。在厌氧池内设有搅拌混合装置，以使厌氧池污泥呈悬浮状态。好氧池紧接厌氧池之后，进行硝化作用。混合液在沉淀池中进行泥水分离。

② A^2/O生物除磷工艺。A^2/O生物除磷工艺是在A/O系统基础上再增设一个缺氧池，以实现反硝化脱氮，成为厌氧-缺氧-好氧系统，该工艺流程如图9-25所示。

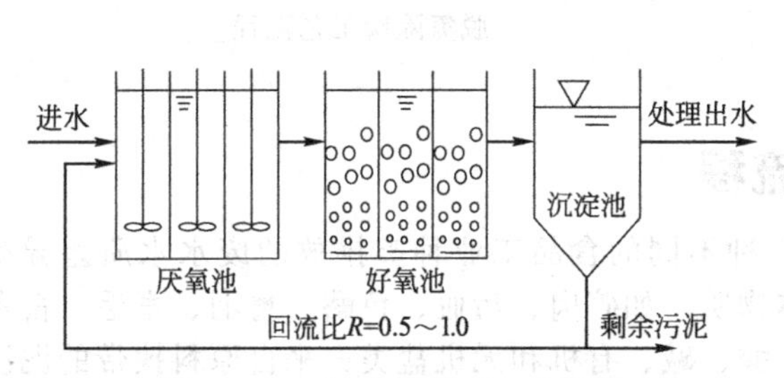

图 9-24 A/O生物除磷工艺流程

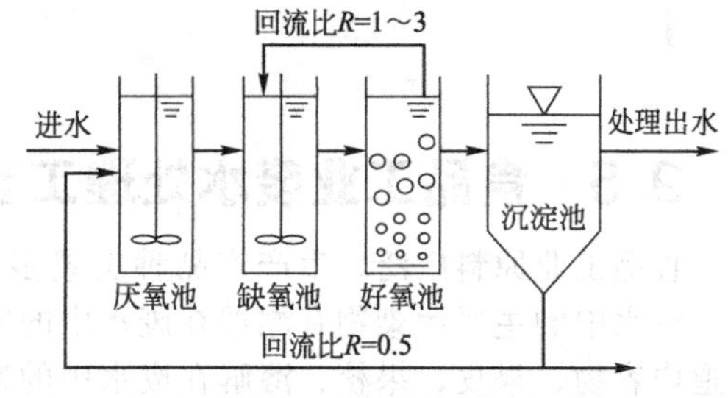

图 9-25 A^2/O生物除磷工艺流程

废水进入厌氧池，发酵菌将废水中的可生物降解有机物转化为小分子发酵产物。聚磷菌将体内积贮的聚磷盐水解，所释放的一部分能量用于维持聚磷菌在受厌氧“压抑”条件下的生存，另一部分能量用于聚磷菌吸收小分子有机物，并以PHB形式贮存在菌体内。接着废水进入缺氧池，反硝化菌利用从好氧池回流带来的硝酸盐以及废水中的可生物降解有机物，进行除碳脱氮。随后废水进入好氧池，聚磷菌除了继续吸收、利用废水中的可生物降解有机物外，主要分解体内积贮的PHB，释放的能量一方面用于本身的生长繁殖，另一方面用于吸收环境中的溶解磷，并以聚磷的形式积贮在体内。经过厌氧池、缺氧池中功能菌的作用，好氧池的有机物浓度降至较低水平，有利于硝化细菌生长繁殖，并将NH_4^+-N氧化为NO_3^-。虽然非聚磷的好氧型异养菌存在于A^2/O工艺系统中，但它们受厌氧区缺氧的压抑以及好氧区养料不足的限制，在竞争中处于劣势。由于含有大量聚磷菌，活性污泥磷含量可达6%（干重）以上，因此磷去除效果优于一般好氧活性污泥系统。

③ UCT生物除磷工艺。UCT生物除磷工艺流程如图9-26所示。

在UCT工艺中，沉淀池污泥和好氧池污泥混合液分别回流至缺氧池，污泥中携带的NO_3^-在缺氧池中经反硝化去除。为了补充厌氧池污泥的流失，增设了缺氧池至厌氧池的混合液回流。在废水TKN/COD适当的情况下，缺氧池反硝化作用完全，可使氧化池出水中的NO_3^-浓度接近零，这部分混合液回流到厌氧池后可最大限度地排除硝酸盐对除磷的不利影响，从而提高厌氧池的除磷效果。

④ 生物膜与活性污泥相结合的脱氮除磷工艺。有研究表明，常规生物脱氮除磷工艺（如A^2/O工艺）存在着某些制约有效运行的因素，例如，厌氧段与缺氧段污泥量的分配影响磷释放或反硝化效果；原废水经厌氧段后进入缺氧段，使磷释放与硝态氮反硝化争夺碳源，等等。生物膜与活性污泥相结合的脱氮除磷工艺能使不同菌类生长在各自的最佳环境条件下，以便同时达到脱氮和除磷的理想效果。

生物膜与活性污泥相结合的脱氮除磷工艺流程如图9-27所示。该工艺的主要特点是：缺氧段设置填料采用生物膜法，反硝化菌栖生在填料上，均匀地分布在池内，同时污泥量可不受限制，利于进行充分的反硝化反应；好氧段采用活性污泥法，便于控制污泥龄，有利于硝化菌和除磷菌的生长繁殖；原水进入缺氧段，为反硝化提供碳源，可提高反硝化效率；二沉池污泥进入厌氧池以释放磷，由于污泥自身吸附的有机物可供磷释放，所以厌氧释放磷可不需要外加碳源。

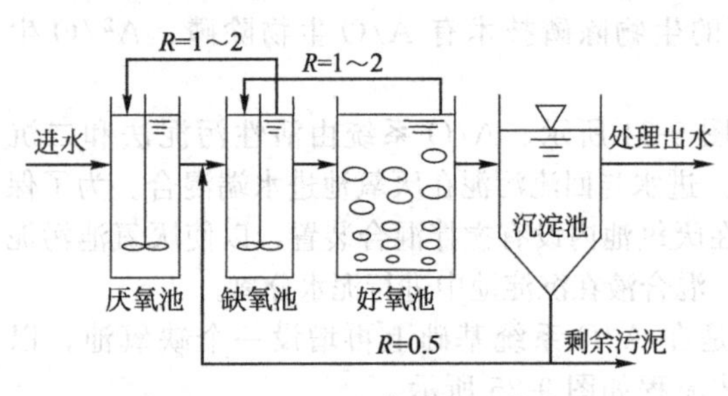

图9-26 UCT生物除磷工艺流程

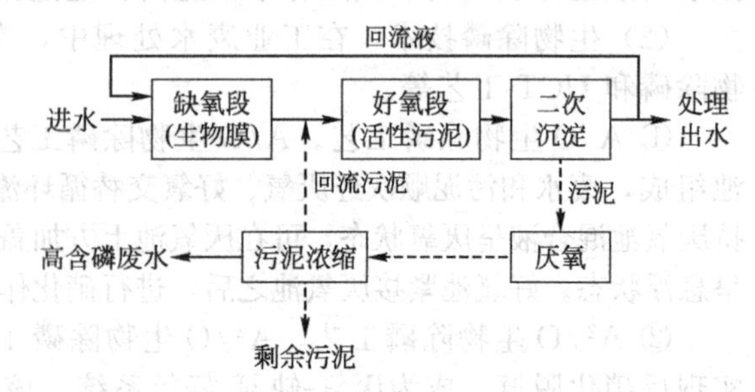

图9-27 生物膜与活性污泥相结合的脱氮除磷工艺流程

9.5 食品工业废水处理工艺流程

食品工业原料广泛，生产产品种类繁多，各种不同的食品工业种类排放的废水水质差异很大。废水中的主要污染物有漂浮在废水中的固体物质，如碎肉、污血、鱼鳞、禽羽、畜毛、畜禽肠道内容物、果皮、果核、溶解在废水中的糖、酸、碱、有机和无机盐类；来自原料挟带的泥沙和动物粪便等。此外，某些食品加工废水可能存在致病菌。

大多数食品工业产品加工生产随季节而变化，或者有旺淡季的差异。例如，水产加工产品往往在鱼汛季节生产，休渔季节停止或少量生产。啤酒生产亦有旺淡季之分，一般夏季为旺季，冬季为淡季或趁隙进行生产设备维修和保养。因此，食品工业废水量和水质随生产季节波动很大。此外，有的食品工业废水水量和水质虽然日变化系数不大，但时变化系数较大。例如，肉类加工屠宰废水排放一般集中在每个生产日的凌晨和上午，废水水量和水质时变化系数很大。

食品工业产品加工过程大部分用水是直接与加工原料和产品接触，亦有一部分用作设备和地面冲洗、设备冷却等用水。与原料和产品接触而排出的废水，污染物浓度高，需经处理后排放或生产回用，而地面冲洗水、设备冷却水等为轻污染排水，经适当处理可以实现生产回用。

确定食品工业废水处理工艺流程时，应调研废水的污染源、污染物组成和成分、废水水质、排水量和排放规律等，有必要时对排放水质进行取样分析测定，为确定处理工艺流程提供水质依据。

确定食品工业废水处理流程时，对某些高有机物含量、高氨氮的食品工业废水处理，宜通过处理方法和流程试验，或参考同类型食品工业废水处理工程的运行实绩与经验，为确定处理工艺流程提供科学依据。

确定食品工业废水处理工艺流程时，还应根据生产产品种类、所用原料、排放条件和排放标准、废水再生利用、节能降耗、操作运行等因素，经过技术经济综合比较，采用不同的处理方法和工艺流程。

9.5.1 屠宰与肉类加工废水处理工艺流程

屠宰与肉类加工废水含有大量血污、油脂、碎肉、畜毛、未消化的胃肠残余物，以及粪便、尿液、消化液等污染物，此外还包括地面与设备清洗废水。通常，屠宰与肉类加工废水中含有固体的无机和有机杂质（如畜禽内脏残体、畜禽毛等），悬浮物浓度较高，一般 SS 为 500～1000mg/L。该类废水为较高浓度有机废水，视不同的屠宰与肉类加工方法，一般 COD 为 1500～3500mg/L，可生化性好，BOD_5/COD 比值为 0.5～0.6。NH_3-N 含量高，一般为 100～150mg/L，且富含油脂。此外，废水中还含有与人体健康有关的细菌（如粪便大肠杆菌等）。

根据屠宰与肉类加工废水的特点，经预处理后宜采用厌氧生物处理或厌氧水解酸化、好氧生物处理（活性污泥法或生物接触氧化法）和物理化学法（混凝沉淀、混凝气浮、化学氧化）相结合的处理工艺流程。不同种类的屠宰与肉类加工废水处理工艺流程分别如图 9-28～图 9-31 所示。其中，图 9-28 适用于一般有机物浓度的中小型屠宰废水处理，图 9-29 适用于较高有机物浓度的屠宰废水处理，图 9-30 适用于肉类加工废水处理，图 9-31 适用于屠宰与肉类加工废水处理。

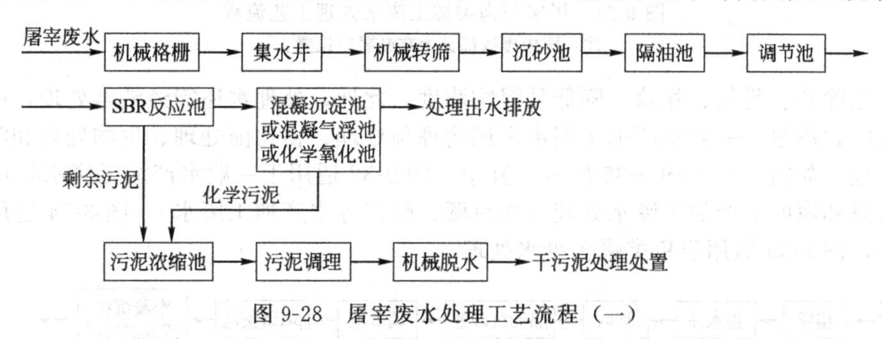

图 9-28 屠宰废水处理工艺流程（一）

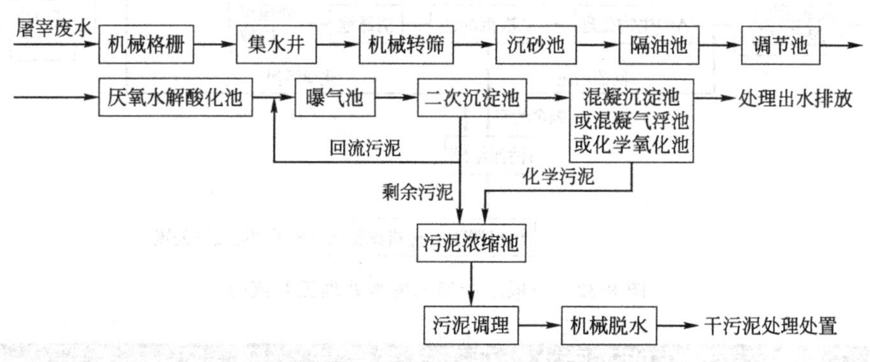

图 9-29 屠宰废水处理工艺流程（二）

9.5.2 水产加工废水处理工艺流程

水产加工废水为较高浓度或高浓度有机污染废水，且悬浮物含量高，其中有鱼体尸块、内脏残留物等，易腐败。一般水产加工废水富含氮和磷（如鱼糜、虾仁加工废水）。腌制水产加工废水还含有盐类，富含 Cl^-、SO_4^{2-}、Na^+ 等。

水产加工废水水量水质视渔期、季节、原料新鲜程度等因素而变化，一般变化幅度可达数倍。根据水产加工废水的水质特点和处理后出水排放或生产回用水水质要求，水产加工废水处理

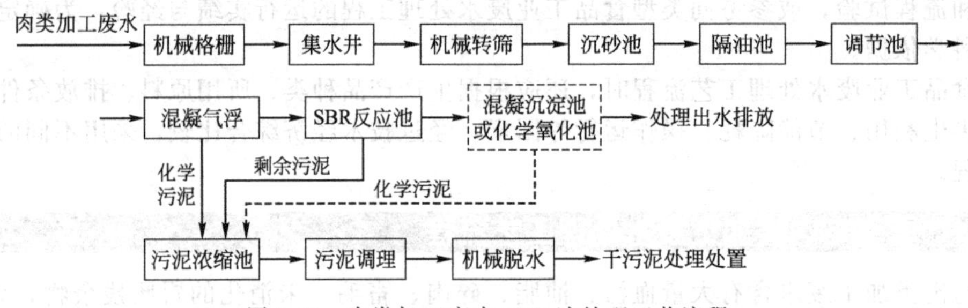

图 9-30 肉类加工废水 SBR 法处理工艺流程

注：图中虚线部分为有必要时设置。

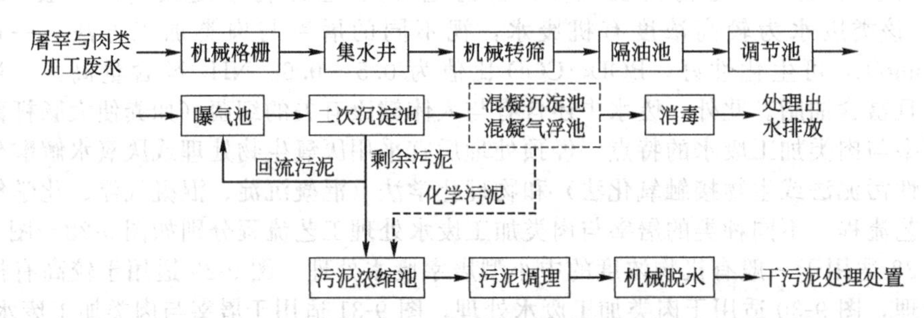

图 9-31 屠宰与肉类加工废水处理工艺流程

注：图中虚线部分为有必要时设置。

的主要目标是除碳、脱氮、除磷，降低悬浮物浓度。此外，处理水还需经消毒处理，以去除废水中可能存在的致病菌。一般水产加工废水采用物理预处理、物化前处理、生物处理和深度处理等处理工艺流程，如图 9-32～图 9-35 所示。其中，图 9-32 适用于一般水产加工废水处理，图 9-33 适用于富含氮和磷的水产加工废水处理（如鱼糜、虾仁等水产加工废水），图 3-34 适用于肉类罐头废水处理，图 9-35 适用于鱼类罐头废水处理。

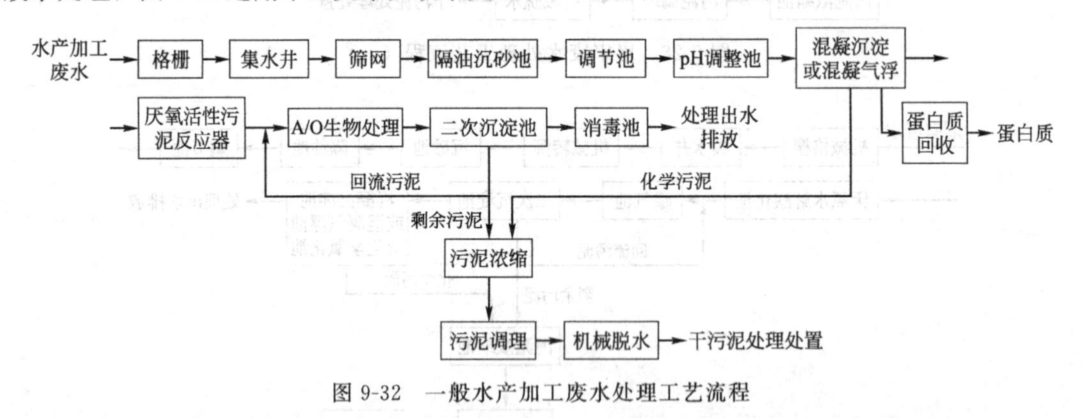

图 9-32 一般水产加工废水处理工艺流程

9.5.3 水果蔬菜罐头加工废水处理工艺流程

水果蔬菜农产品加工主要是水果蔬菜罐头加工。水果蔬菜罐头废水含有有机污染物，悬浮物、淀粉、糖的含量较高，此外还含有生产加工过程中添加的色素等。视加工品种不同，有的废水中富含氮，但磷的含量少（如豆类蔬菜罐头）；有的则含磷量较高，而含氮不足（如水果罐头）。水果蔬菜罐头生产季节性强，在生产季节排水时间亦相对集中。一般水果蔬菜罐头废水经预处理后采用物化和生物处理相结合的处理工艺流程。如有需要废水脱氮除磷处理的，则生物处理单元可采用具有生物脱氮除磷功能的活性污泥法或生物膜法处理技术。此外，在确定水果蔬菜废水处理工艺流程时，还要考虑到能适应水果蔬菜罐头季节性排水的特点，以及在日常运行中能

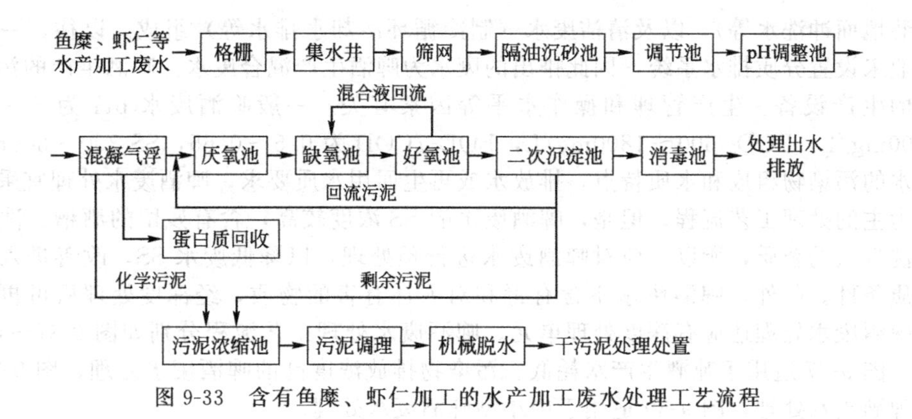

图 9-33 含有鱼糜、虾仁加工的水产加工废水处理工艺流程

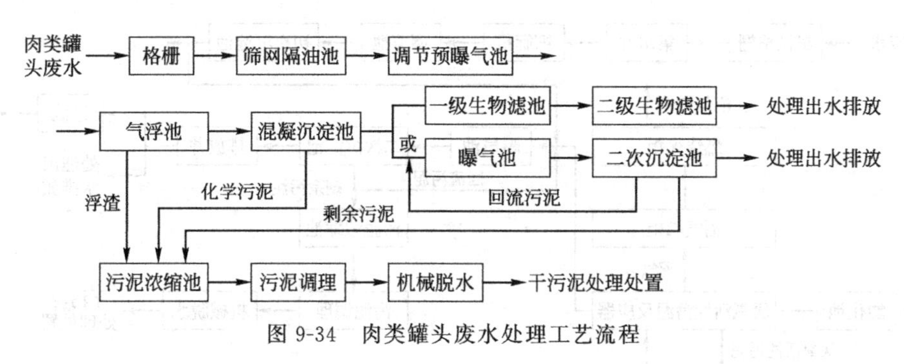

图 9-34 肉类罐头废水处理工艺流程

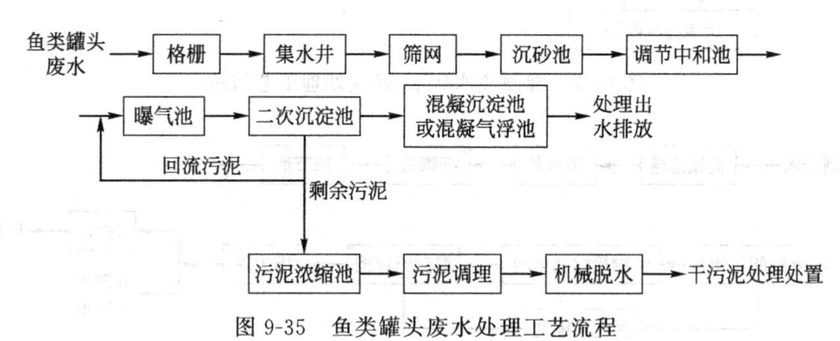

图 9-35 鱼类罐头废水处理工艺流程

耐冲击负荷。图 9-36 为水果蔬菜罐头废水一般处理工艺流程。其中，生物膜法的污泥处理处置与活性污泥法相同，在图中未予列出。

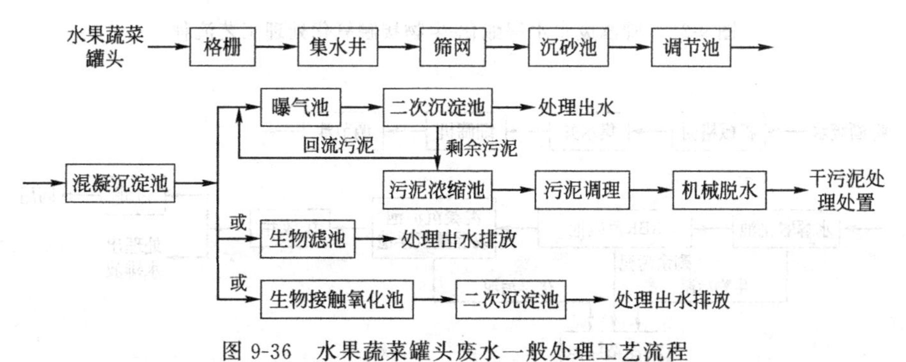

图 9-36 水果蔬菜罐头废水一般处理工艺流程

9.5.4 啤酒废水处理工艺流程

啤酒生产废水由高浓度废水（如洗糟废水、糖化和糊化锅冲洗水等）、低浓度废水（如洗瓶

废水、灌装地面冲洗水等)，以及清洁废水（制冷循环冷却水排水等）组成。以往，一般国内啤酒生产企业未设置分质排水系统，因此排出的废水为啤酒生产混合废水。啤酒生产的污染物排放量与采用的生产设备、生产管理和操作水平等因素有关。一般啤酒废水 pH 为 5～10，COD 1000～3000mg/L，BOD_5 600～1800mg/L，BOD_5/COD 为 0.5～0.65，SS 300～800mg/L。根据啤酒废水的污染物组成和水质特点，排放水或再生回用水质要求，啤酒废水处理宜采用以生物处理技术为主的处理工艺流程。但是，啤酒废水的 SS 浓度较高，含有残留的酒糟、洗瓶和设备与地面冲洗带入的杂质，所以，应对啤酒废水进行预处理，以降低废水 SS，改善进入生物处理单元的水质条件。此外，啤酒废水不含有毒和对人体有害的物质，经深度处理后可再利用。因此，一般啤酒废水处理还应有深度处理单元。啤酒废水处理工艺流程分别如图 9-37～图 9-39 所示。其中，图 9-37 适用于吨酒生产水耗低、污染物排放浓度高的啤酒废水处理，图 9-38 适用于一般浓度啤酒废水处理，图 9-39 适用于中小型啤酒废水处理。

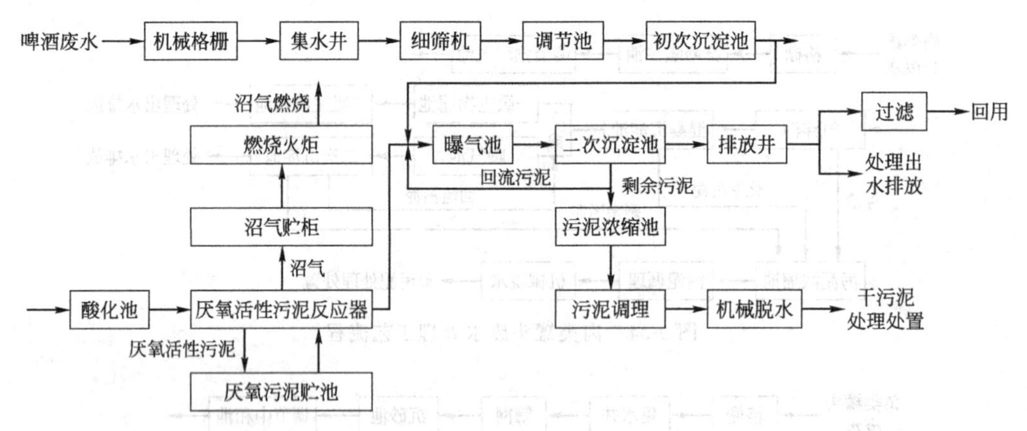

图 9-37 啤酒废水厌氧-好氧处理工艺流程

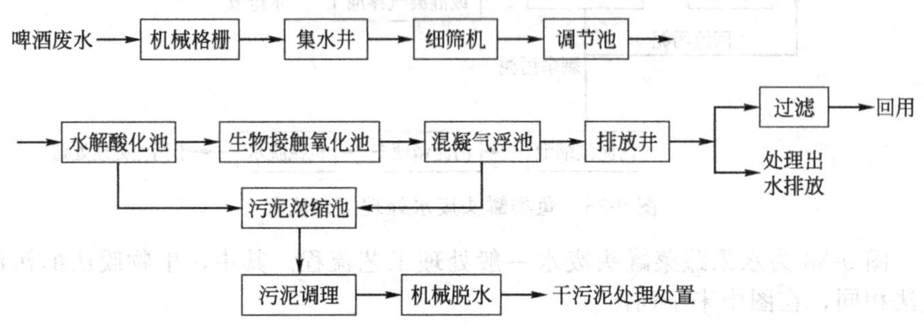

图 9-38 啤酒废水水解酸化-生物接触氧化处理工艺流程

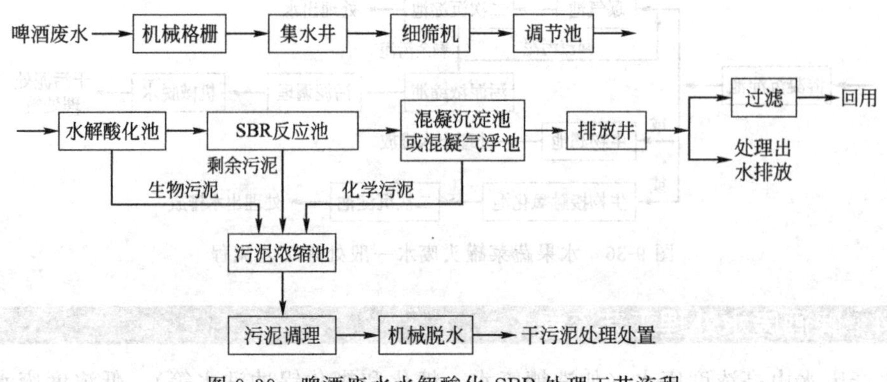

图 9-39 啤酒废水水解酸化-SBR 处理工艺流程

9.6 食品工业废水再生利用

9.6.1 食品工业废水再生利用基本方法

食品工业废水由产品加工排水、原料与设备洗涤水、地面冲洗水、热力冷凝水、冷却系统排水等组成。一般食品工业废水是不含有毒物质的中高浓度有机污染废水。实施食品工业废水再生利用是提高水的利用率、减少食品工业水资源消耗的重要途径。根据食品工业的用水用途和特点，食品工业废水再生利用的基本思路是：实行清浩生产，在生产过程中节水和利用；清浊分流再生利用；废水处理再生利用；深度处理再生利用。

9.6.1.1　实行清洁生产，在生产过程中节水和利用

在食品工业生产中，根据产品和生产工艺，开发干法、半湿法制备产品取水闭路循环工艺（如制备淀粉）；推广沉淀生产发酵产品的取水闭路循环流程工艺（如味精和柠檬酸）；推广高浓糖醪发酵提取工艺（如啤酒、酒精）；采用双效以上蒸发器的浓缩工艺；在啤酒酿造生产工艺中，采用低压煮沸技术，将常压煮沸锅改为低压煮沸锅，缩短煮沸时间，降低蒸发率；在产品洗涤、设备清洗和环境洗涤等用水中，推广逆流漂洗、喷淋洗涤、气水冲洗、高压水洗方式等。在食品工业生产过程中实施清洁生产技术和措施，通过改变生产工艺或用水方式，实现食品工业水的回用和节水，是高层次的源头水回用和节水。

9.6.1.2　清浊分流再生利用

食品生产过程的冷却水排水、蒸汽凝结水、地面冲洗水、装备清洗的后期排水、产品洗涤的后几道排水等，与产品工艺生产排水相比较，污染程度较轻，为轻度污染废水。将轻度污染废水与高浓度或较高浓度的有机污染废水实行清浊分流，对轻度污染废水进行处理，并设置专用回用水管网，将经处理后的出水供冷却水补充水、设备洗涤水、地面冲洗水等辅助生产用水，以及用作环境用水，这样可实现清浊分流再生利用。食品工业废水清浊分流再生利用一般流程如图 9-40所示。

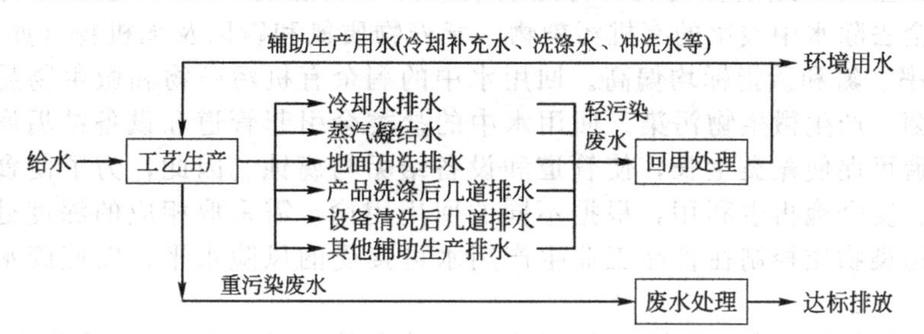

图 9-40　食品工业废水清浊分流再生利用一般流程

一般食品工业轻度污染废水水质为，pH 6.5～8.0，COD 80～150mg/L，SS 100～200mg/L，经回用处理后出水水质为 pH 7～7.5，COD 40～60mg/L，SS 20～30mg/L，可以满足辅助生产用水（冷却水补充水、洗涤水、冲洗水等）和环境用水水质要求。

9.6.1.3　废水处理分质再生利用

将经过废水二级生物处理再经混凝沉淀或混凝气浮、过滤强化处理后的达标排放水，视不同情况再回用到对水质要求不高的辅助生产用水（如锅炉房冲渣水）、其他用水（如杂用水）、景观环境用水，以及废水处理内部用水（污泥脱水机滤网冲洗水、药品制备用水等）。食品工业废水处理分质再生利用一般流程如图 9-41 所示。

根据不同的排放标准要求，食品工业废水经处理达标排放的出水水质一般为 pH 6～9，COD ≤50～100mg/L，BOD_5 20～60mg/L，NH_3-N 8～15mg/L，TP 0.5～1.0mg/L，SS 30～50mg/L，细菌学指标满足环境要求。根据各企业不同情况，废水处理达标排放水再生利用的途径有以下几方面。

（1）锅炉房冲渣水　冲渣用水对水质要求不高，食品工业废水经处理后出水水质能满足使用

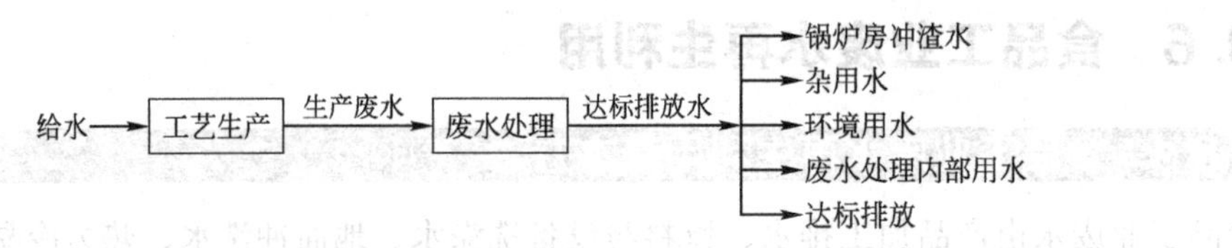

图 9-41 食品工业废水处理分质回用一般流程

要求，国内已有一些企业有成功的实践可以借鉴。

(2) 杂用水 杂用水包括绿化、洗车、道路洒水、厕所冲洗、建筑施工用水等。根据不同的用途，杂用水的用水水质为，BOD_5 10～20mg/L，NH_3-N 10～20mg/L，总大肠菌群数≤3个/L。一般食品工业废水处理达标排放水可满足杂用水水质要求。

(3) 环境用水 环境用水主要是景观环境用水，包括观赏性环境用水和娱乐性环境用水。一般食品工业废水经二级强化处理后出水BOD_5、SS和微生物学指标基本上可满足观赏性河道类景观环境用水水质要求。但是，作为景观环境用水时，应尽可能地降低回用水中的氮、磷含量，并且要保持水体流动，以控制水体富营养化。

(4) 废水处理内部用水 废水处理内部用水主要是指脱水机滤网冲洗水、药品制备用水、场地冲洗水、生物处理消泡水、浮渣冲洗水等。食品工业废水处理达标排放水BOD_5、SS和微生物学指标一般能满足这些用水水质要求。根据不同情况，一般废水处理内部用水占废水处理量的3%～5%。将处理达标排放水用于废水处理站内部用水可节省水资源。

9.6.1.4 废水深度处理再生利用

为了进一步降低食品工业生产用水量，降低吨产品水耗，节省水资源，以及为适应我国日趋严格的废水排放标准提标的要求，在经过试验研究和工程示范后，对食品工业废水进行深度处理再生利用，是更高层次的节水和再生利用。

一般食品工业废水经生物处理，再经混凝沉淀（或混凝气浮）、过滤等物化法深度处理后，还不能完全去除水中残留的有机污染物、营养物质氮和磷以及无机物（如各种盐类），出水TDS、电导率、氮和磷指标均偏高。回用水中的剩余有机污染物和微生物易致使管道和设备表面生长细菌，产生微生物污染。回用水中的盐类会引起管道和设备结垢腐蚀，缩短使用年限。而氮和磷可促使藻类生长，使管道和设备结垢与腐蚀。因此，为了使食品工业废水经处理后能持久、安全地再生利用，根据不同的回用用途，需采取相应的深度处理技术，将回用水中的剩余污染物质控制在食品工业生产用水可接受的风险水平，以使废水再生利用更加合理和科学。

综上所述，在进行食品工业废水再生利用时，应坚持“源头控制、清浊分流、废水处理、再生利用”相结合的基本思路。着眼于实行清洁生产技术，实现污染预防，减少水资源消耗，在工艺生产过程中节水和回用，是首先应采用的方法，同时又是采用其他再生利用方法的前提。清浊分流再生利用方法相对技术成熟，工程易实施，处理费用较低，是优先考虑采用的方法。废水处理分质再生利用是节约水资源、可因地制宜采用的有效方法。废水深度处理再生利用方法能明显改善回用水水质，保证安全可靠供水，是具有前景的更高层次废水处理再生利用方法。在食品工业废水处理再生利用的实践中，应按技术经济条件因地制宜地确定和采用不同的方法。

9.6.2 食品工业废水生产回用水质要求

如上所述，目前食品工业废水处理再生利用用途主要是杂用水（地面冲洗水、锅炉冲渣水、洗车、厕所冲洗水）、冷却补充水、环境景观用水、废水处理站内部自用水（污泥脱水机滤网冲洗水、消泡水、药品制备用水等）。2002年后，国家先后颁布了《城市污水再生利用 城市杂用水水质》标准（GB/T 18920—2002)、《城市污水再生利用 景观用水水质》（GB/T 18921—2002)、《城市污水再生利用 工业用水水质》(GB/T 19923—2005)、《城市污水再生利用 农田灌溉用水水质》（GB/T 20922—2007)、《城市污水再生利用 地下水回灌水质》(GB/T 19772—

2005）等，工业废水处理再生利用是我国污水再生利用的重要组成部分，是污水再生利用的特例。因此，在还没有形成食品工业废水再生利用水质系列标准的前提下，上述城市污水再生利用用水水质标准，可作为食品工业废水再生利用水质的参考。

9.6.3 食品工业废水深度处理生产回用技术新进展

9.6.3.1 膜生物反应器技术（MBR）

（1）MBR 的主要特点和工艺参数　膜生物反应器是先进的废水处理技术。21 世纪以来，我国对 MBR 的研发、工程示范和推广应用进展较快。2005 年以后，在食品工业废水处理再生利用领域（如啤酒废水、罐头食品废水等）亦有新进展。

与传统的生物处理相比较，MBR 同时具有生物处理和截留颗粒活性污泥的功能，可省去二次沉淀池，曝气池结构紧凑，占地面积小；污泥浓度高，污泥负荷低，污泥龄长，处理效率高，处理后出水水质好。MBR 亦适用于已有废水处理设施提标升级改造。一般经 MBR 处理出水浊度小于 1NTU，可直接再生利用（如杂用水、景观用水等）。

膜生物反应器由活性污泥曝气池和进行固液分离的超滤膜组件两部分组成。根据工程的实际情况，膜组件可直接安装在曝气池内，亦可另行安装在过滤池内。

MBR 生物池的活性污泥浓度一般为 6～10g/L，污泥负荷为 0.1kgBOD_5/（kg·d）以下。生物池按硝化和污泥稳定化要求进行设计，一般 SRT 为 20d 左右。

（2）MBR 在鱼、肉类罐头加工废水再生利用中的应用研究　上海理工大学应用 MBR 对鱼、肉类罐头加工废水处理进行了试验。试验进水水质见表 9-13，A/O＋MBR 的试验装置如图 9-42 所示。MBR 膜组件采用聚偏氟乙烯（PVDF）平板超滤膜，膜孔径 0.08μm。试验工况为 HRT 6d，回流比 4，出水量 50L/h，膜通量 17L/(m^2·h)，历时 30d。

表 9-13　试验进水水质

项　目	pH	浊度/NTU	COD/(mg/L)	NH_3-N/(mg/L)
最高值	8.60	120.8	616	56.4
最低值	6.82	21.5	326	10.2
平均值	7.59	62.3	434	23.1

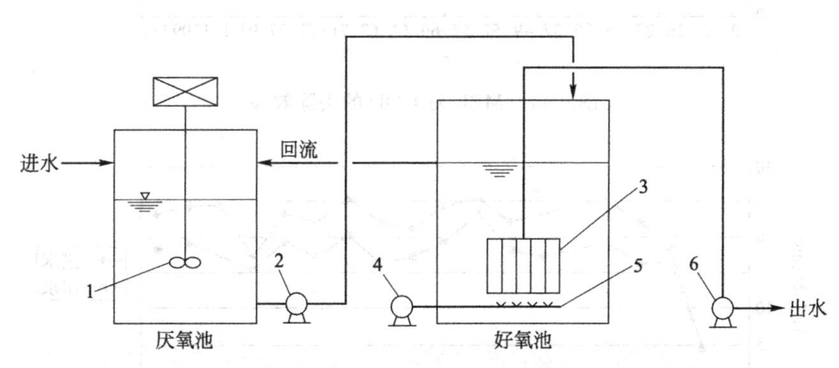

图 9-42　鱼、肉类罐头废水 MBR 处理试验装置

1—搅拌器；2—提升泵；3—膜组件；4—空气泵；5—曝气装置；6—出水泵

经试验实测得出以下结论。

① A/O＋MBR 对鱼、肉罐头加工食品工业废水处理具有良好的处理效果。在试验条件下，对 COD 去除率为 94%，出水 COD 平均为 25mg/L。据测定，其中生物降解作用对 COD 去除率约占总去除率的 70%，而膜与凝胶层的截留作用对 COD 去除率约占总去除率的 30%。

② A/O＋MBR 对 NH_3-N 去除效果明显，总去除率为 83%。在进水 NH_3-N 平均值为 23.1mg/L 的条件下，出水 NH_3-N 为 3.9mg/L。

③ MBR 对浊度去除效果好。在进水浊度平均为 62.3NTU 的条件下，出水浊度基本为零。

由此可见，鱼、肉罐头加工食品工业废水经 A/O＋MBR 处理后，处理水 COD、NH_3-N 和浊度均达到了再生利用水质要求。

（3）MBR 在海产品加工废水再生利用中的应用试验　某海产品加工企业应用 MBR 技术进行了废水再生利用深度处理应用试验。试验原水为海产品废水生物处理系统出水，试验水质为 COD 60～90mg/L，NH_3-N 19～25mg/L。MBR 的试验流量为 0.5～1.2m^3/d。MBR 膜片材料为 PP，单片膜面积 8m^2。采用穿孔曝气方式。试验装置如图 9-43 所示。连续运行 4 个月对 COD 和 NH_3-N 的去除效果分别如图 9-44 和图 9-45 所示。

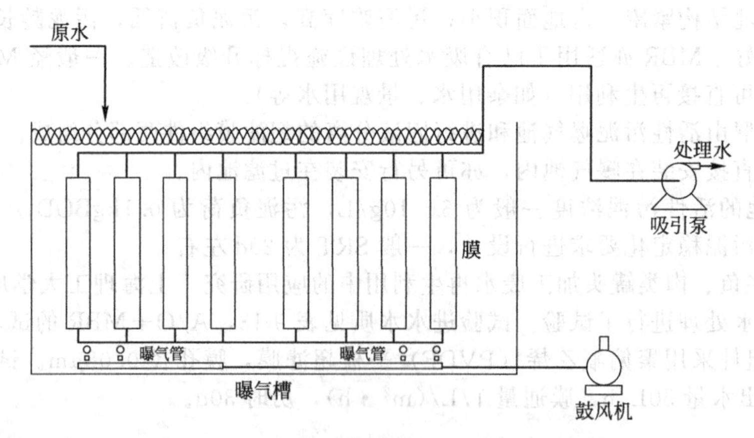

图 9-43　海产品加工废水 MBR 处理试验装置

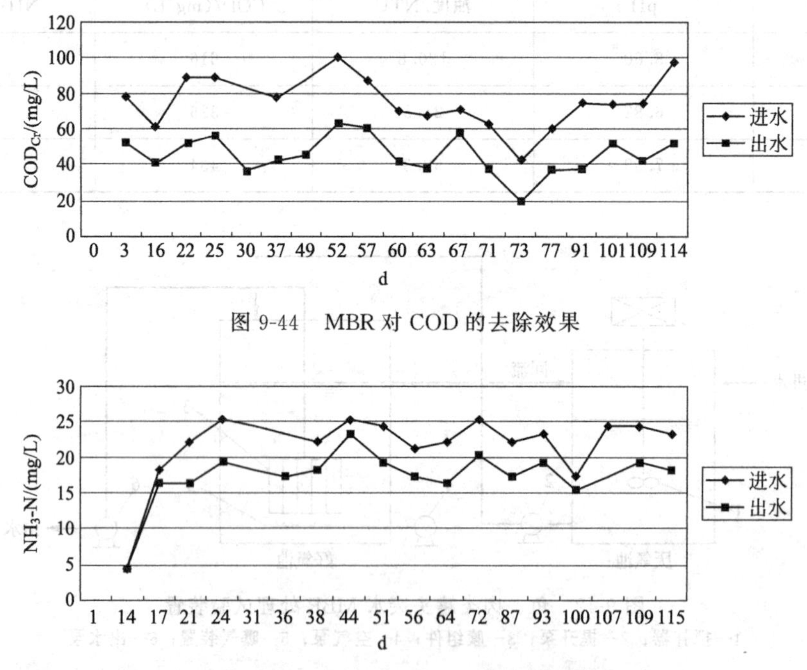

图 9-44　MBR 对 COD 的去除效果

图 9-45　MBR 对 NH_3-N 的去除效果

经试验得出以下结论。

① 在进水水温为 18～37℃范围内，COD 去除效果比较稳定。在进水 COD 为 60～90mg/L 的条件下，经处理后出水 COD 为 20mg/L 以下，COD 平均去除率为 77%以上。

② 在试验原水 COD 60～90mg/L、NH_3-N 19～25mg/L 的情况下，经处理后出水 NH_3-N 为 15mg/L，NH_3-N 平均去除率为 40%以上。在本试验条件下，C/N 约为 3，供 MBR 反应槽硝化细菌的营养碳源不足。因此，在试验期间对 NH_3-N 去除效果尚属一般。

③ 经 MBR 处理后出水 COD、NH_3-N、浊度、色度、SS、细菌总数等水质指标符合再生利用水质要求，可用于海产品加工原料解冻、清洗及冷却用水等。

9.6.3.2 膜分离技术

20 世纪 90 年代，在食品工业中就开始采用膜技术分离食品发酵液中的菌体，浓缩产品，改革生产工艺，在工艺生产过程中节水和提高水的回用率等。之后在废水再生利用中，膜分离技术得到了进一步应用。一般在食品工业废水处理再生利用中有可能采用的是超滤、纳滤和反渗透。

(1) MF-UF 处理酿酒废水和鱼产品加工废水　采用复合中空纤维 MF-UF 膜处理装置处理酿酒废水、鱼产品加工废水的效果如表 9-14 所示。由于复合膜表面涂覆了 PVA，使复合膜具有强亲水性和强抗蛋白质黏附性能，对富含蛋白质的食品工业废水的有机污染物和悬浮物去除效果好。酿酒废水和鱼产品加工废水（水产加工废水）经采用大孔复合膜处理后出水 BOD 和 SS 均达到了再生利用水质要求。

表 9-14　PVA/PS 复合中空纤维膜处理食品工业废水效果

废水类别	原水		膜处理后出水	
	BOD/(mg/L)	SS/(mg/L)	BOD/(mg/L)	SS/(mg/L)
酿酒废水	70000	15000	160	2
鱼产品加工废水	2030	42	10	1

(2) 二级 NF 处理肉类加工废水　肉类加工生产过程中产生的淋洗废水，经预处理（带式过滤、精密过滤、紫外线杀菌）、NF 和二次紫外线消毒杀菌后，可回用于生产。处理工艺流程如图 9-46 所示。经处理出水 TOC 为 100mg/L 以下，电导率 13～196μS/cm，浊度 0.114～0.132NTU，无机盐类和微生物浓度均达到了生活用水水质要求。

肉类淋洗废水 → 带式过滤 → 精密过滤 → 紫外线杀菌 → NF1 → NF2 → 紫外线杀菌 → 生产回用

图 9-46　肉类加工废水二级纳滤膜处理工艺流程

(3) 膜分离大豆低聚糖和大豆蛋白废水回用　生产大豆分离蛋白时产生的乳清废水中含有氮、糖和较高的盐，废水 COD 含量高，且易于腐败，但乳清液中又富含大豆低聚糖。先将大豆乳清废水中 1%低聚糖浓缩至 8%以上，并提取分离，再采用膜分离技术处理大豆分离蛋白废水，这样既可回收蛋白（浓水），又可将经净化后的废水（淡水）作为回用水。膜分离大豆低聚糖和大豆蛋白废水回用工艺流程如图 9-47 所示。

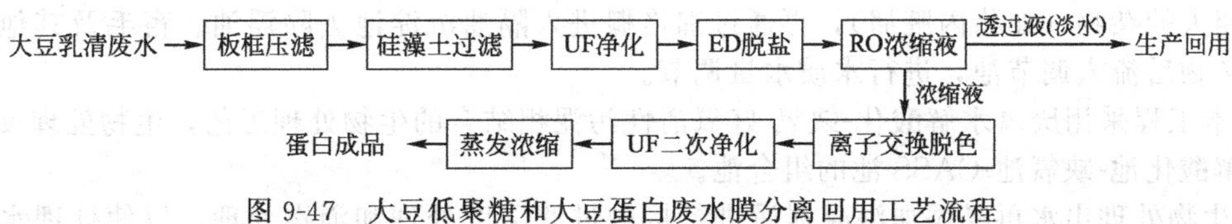

图 9-47　大豆低聚糖和大豆蛋白废水膜分离回用工艺流程

先用板框压滤和硅藻土过滤去除废水中的颗粒杂质和部分胶体有机物，再经超滤分离以提取大豆乳清蛋白，经电渗析除盐，以去除乳清中的盐类，除盐率可达 98%左右，乳清液含低聚糖为 1%～2%。进而经反渗透分离浓缩。透过液（淡水）回收率为 90%以上，可作为工艺生产回用。

膜分离大豆低聚糖和大豆蛋白废水回用的效益是，按乳清液排放量为 1000m³/d（含 1%～

1.2%大豆低聚糖）的大豆蛋白生产企业计，每年可回收大豆低聚糖 3600t，蛋白 10000t，90% 的水可作为蛋白生产工艺用水，经济效益和社会效益显著。

9.7 工程实例

9.7.1 实例1 某屠宰肉类加工废水处理及回用工程

某肉类加工企业位于河流湖泊流域，主营生猪屠宰、肉类加工等。废水主要来自于圈栏冲洗、宰前淋洗和屠宰、放血、脱毛、解体、开腔劈片、油脂提取、剔骨、分割以及副产品加工等工序。废水中含有少量的血污、油脂油块、毛、肉屑、内脏杂物、未消化的食物和粪便等污染物。外观呈暗红色，并带有难闻的腥臭味。废水中含高浓度有机质，还含有大肠杆菌、链球菌及沙门菌等。

该企业 3000m^3/d 屠宰肉类加工废水处理及回用工程于 2004 年建成投入运行。

9.7.1.1 设计水量和水质

设计处理水量 3000m^3/d，设计水质如表 9-15 所示。

表 9-15 某屠宰肉类加工废水处理工程设计水质

项 目	原水	处理水	项 目	原水	处理水
pH	6.5～8.5	6～8.5	SS/(mg/L)	600	≤20
COD/(mg/L)	1750	≤60	NH_3-N/(mg/L)	60	≤15
BOD_5/(mg/L)	800	≤20	动植物油/(mg/L)	130	≤20

9.7.1.2 处理工艺流程及特点

(1) 处理工艺流程　本工程屠宰肉类加工废水的污染物浓度较高，COD 和 BOD_5 分别达到 1750mg/L 和 800mg/L，NH_3-N 为 60mg/L。处理水达标排放或生产回用，出水水质要求高。为此，本工程采用厌氧水解酸化-缺氧-CASS 生物处理和接触过滤物化处理相结合的工艺。处理工艺流程如图 9-48 所示。

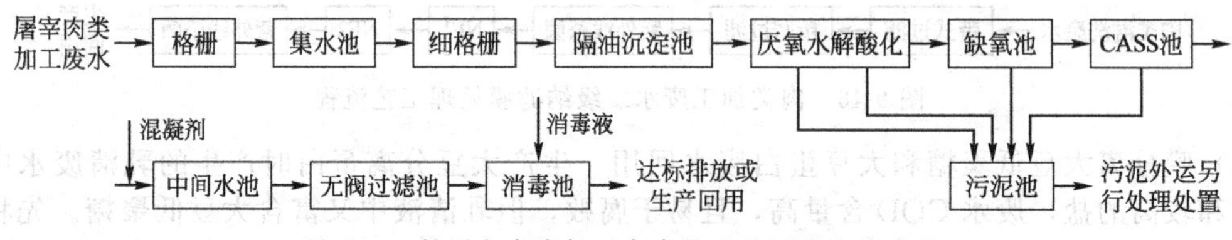

图 9-48 某屠宰肉类加工废水处理及回用工艺流程

(2) 特点说明

① 本工程根据屠宰肉类加工废水中含有油脂油块、畜毛和内脏杂物等特点，废水先经粗格栅去除粗大的杂物（如猪内脏屑），再通过细格栅进入隔油沉淀池去除浮油、畜毛及其他细小固体悬浮杂物后流入调节池，进行水质水量调节。

② 本工程采用厌氧水解酸化-缺氧-好氧活性污泥相结合的生物处理工艺，生物处理反应池是厌氧水解酸化池-缺氧池-CASS 池的组合池。

③ 生物处理出水再经添加混凝剂后进行接触过滤深度处理和消毒处理，以使处理水达标排放或生产回用。

④ 反应池大部分污泥在池内不回流，剩余污泥和隔油沉淀池污泥排入污泥池定期外运，另行处理处置。

9.7.1.3 主要构（建）筑物和工艺设备

主要构（建）筑物见表 9-16，主要工艺设备见表 9-17。

表 9-16 主要构（建）筑物

名称	数量/座	有效容积/m^3	停留时间/h	名称	数量/座	有效容积/m^3	停留时间/h
集水池	1	132	1.1	缺氧池	2	521	8.3
隔油沉淀池	1	200	1.6	CASS池	2	1145	18.3
调节池	1	1955	15.6	中间水池	1	396	3.1
水解酸化池	2	397	6.3	污泥池	1	189	—

表 9-17 主要工艺设备

名称	主要规格	数量/台	名称	主要规格	数量/台
粗格栅	栅条间距 10mm	1	滗水器	$500m^3/h$	2
潜污泵	$Q=250m^3/h, H=11m, N=15kW$	3	过滤器		2
细格栅	栅条间距 5mm	1	回流污泥泵	$Q=50m^3/h, H=10m, N=3kW$	2
潜污泵	$Q=70m^3/h, H=10m, N=4kW$	4	排泥泵	$Q=15m^3/h, H=7m, N=0.75kW$	2
鼓风机	$Q=10m^3/min, H=49kPa, N=15kW$	5			

9.7.1.4 运行效果

本工程自投入使用以后运行正常，于 2004 年 12月经当地环保部门监测，出水水质达到《污水综合排放标准》(GB 8978—1996) 一级标准和预期的出水水质要求。运行效果见表 9-18。

表 9-18 运行效果

项目	SS/(mg/L)	NH_3-N/(mg/L)	COD_{Cr}/(mg/L)	BOD_5/(mg/L)	动植物油/(mg/L)
集水池进口	532.0	52.0	1628.0	586.0	340.0
出水口	11.0	9.9	58.0	16.0	2.8
排放标准	50.0	15.0	60.0	20.0	20.0
预期出水水质	≤20	≤15	≤60	≤20	≤20

9.7.1.5 结论

(1) 屠宰肉类加工废水含有畜毛、内脏杂物、肉屑、油脂、未消化的食物、粪便等杂质和污染物，废水的有机污染物浓度高，NH_3-N 含量高。本工程采用预处理（格栅、隔油沉淀）-生物处理（厌氧水解酸化、好氧活性污泥法）-物化处理（絮凝接触过滤、化学氧化消毒）相结合的处理工艺流程。经运行表明，在进水 COD 1628mg/L、BOD_5 586mg/L、NH_3-N 52mg/L、SS 532mg/L、动植物油 340mg/L 的情况下，经处理后出水 COD 58mg/L、BOD_5 16mg/L、NH_3-N 9.9mg/L、SS 11mg/L、动植物油 2.8mg/L，出水水质达到了预期要求。因此，本工程的处理工艺流程是可行的。

(2) 本工程生物处理部分采用厌氧水解酸化-缺氧-CASS 组合处理工艺，具有占地少、投资省、易操作管理等特点。

(3) 在处理屠宰肉类加工废水时，应充分考虑该废水杂质较多和含油脂油块等特点，在设备选型（如提升泵、排泥泵）和管道设置上应留有适当余地，防止使用时堵塞。

9.7.2 实例 2 某水产加工废水处理及回用工程

某水产品精深加工工业区块位于我国东南沿海地区，主要有鱼糜食品加工、虾仁食品加工和其他水产食品加工等。

水产加工废水的有机污染物和悬浮物含量高，易腐败，氮和磷含量高。一般混合废水 COD 2000～3000mg/L，SS 300～1000mg/L，NH_3-N 60～120mg/L，TP 10～30mg/L。废水可生化性较好，BOD_5/COD 为 0.5 以上。水产加工生产具有季节性，一般鱼汛期（8～11月）为生产旺季，休渔期为生产淡季。

该水产加工废水处理及回用工程于2005年建成并运行，之后根据运行情况和水产加工能力的变化，于2011年又对该工程进行了局部改造，于2011年9月投入正常运行。

9.7.2.1 设计水量和水质

设计处理水量8000m^3/d，改造前后的设计水质见表9-19。

表9-19 某水产加工废水处理工程设计水质

项目	原水		处理水	项目	原水		处理水
	改造前	改造后			改造前	改造后	
pH	7～8	7～8	6～9	NH_3-N/(mg/L)	105	100～120	≤25
COD/(mg/L)	1900	2000～3000	≤150	TP/(mg/L)	10	10～30	≤1.0
BOD_5/(mg/L)	1080	1100～1500	≤30	动植物油/(mg/L)	80	60～80	≤15
SS/(mg/L)	600	600～1000	≤150				

9.7.2.2 处理工艺流程及特点

(1) 处理工艺流程 本工程水产加工废水的有机污染物浓度高，COD 2000～3000mg/L，BOD_5 1100～1500mg/L；悬浮物多，SS 600～1000mg/L，且悬浮物中多为水产加工过程中产生的鱼鳞、鱼的内脏物等；废水中富含N和P，NH_3-N 100～200mg/L，TP 10～30mg/L。根据本工程水产加工废水的特点和处理水水质要求，采用物化处理与具有脱氮除磷功能的生物处理相结合的处理方法，处理工艺流程如图9-49所示。

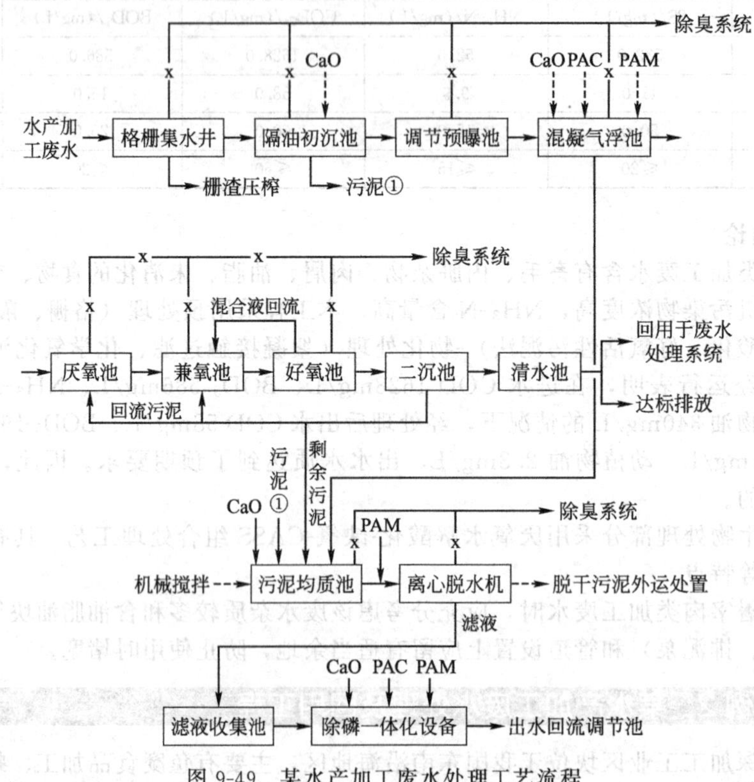

图9-49 某水产加工废水处理工艺流程

(2) 特点说明

① 本工程针对水产加工废水悬浮物和动植物油含量高的特点，采用隔油初沉和调节预曝气预处理。通过预处理可去除部分悬浮杂质和动植物油。在隔油初沉池内投加石灰乳，与废水反应

生成磷酸盐，以沉淀除磷。调节预曝气既可以均化水量水质，又可在有氧条件下避免废水发生酸败，防止产生臭味。

② 采用混凝气浮为前处理单元，可去除相当部分的有机污染物（如脂肪、蛋白质等），同时亦能去除部分无机磷，改善后续生物处理进水水质条件。

③ 生物处理是本工程的核心处理单元。采用 A^2/O（厌氧-缺氧-好氧）活性污泥法生物脱氮除磷处理工艺，以去除废水中大部分有机污染物、氮和磷。A^2/O 处理系统技术成熟，运行稳定可靠，操作方便。

④ 为了防止污泥脱水滤液在厌氧状态下再次释放磷，对滤液经收集后，采用化学除磷方法，借除磷一体化设备进行除磷。

⑤ 针对水产加工废水在多个处理单元中均有异味和臭气产生的状况，本工程还同时设有对产生臭气的处理构筑物或设备加盖加罩收集臭气，并输送至除臭设备，经净化处理后排放，以防止污染周围大气环境。

9.7.2.3 主要构（建）筑物和工艺设备

主要构（建）筑物见表 9-20，主要工艺设备见表 9-21。

表 9-20 主要构（建）筑物

名 称	尺寸/m	数量/座	名 称	尺寸/m	数量/座
格栅井	$5.0\times1.2\times1.5(H)$	1	污泥均质池	$35.25\times6.25\times5.5(H)$	1
集水井	$\phi6.55\times5.2(H)$	1	滤液收集井		1
隔油初沉池	$32.1\times8.6\times3.8(H)$	1	脱水机房		1
调节预曝气池	$32.0\times47.75\times3.8(H)$	1	鼓风机房		1
混凝气浮池	$16.0\times8.0\times2.5(H)$	2	配电控制室		1
A^2/O 生物处理池	$77.25\times35.25\times5.51(H)$	1	化验办公用房		1
二沉池	$\phi27.0\times4.0(H)$	1			

表 9-21 主要工艺设备

名称	规格或型号	功率/kW	数量
机械粗格栅	XGC-1000, $b=6$mm	0.75	1台
机械细格栅	XGC-800, $b=3$mm	0.75	1台
无轴螺旋输送机	XLS-260, $L=2500$mm	1.1	1台
污水提升泵	150WQ145-9-7.5	7.5	2台
初沉池提板式刮泥撇渣机	PT-8	2.2	1台
初沉池排泥泵	切割泵, $Q=85m^3/h$, $H=10$m	4	2台
调节池污水泵	$Q=350m^3/h$, $H=9$m	11	2台
罗茨鼓风机	$Q=48.0m^3/min$, $\Delta P=3.5mH_2O(1mH_2O=9.8kPa)$	45	2台
气浮池反应搅拌机	LFJ-1000	1.1	3台
气浮系统	WAF-100, $Q=100m^3/h$	11	2套
大叶轮潜水推流器	QJB型	1.5	4台
盘式微孔曝气器	$\phi215$mm		6220台
混合液回流泵	$Q=450m^3/h$, $H=10.0$m	18.5	3台
二沉池刮泥机	GN-27型	0.75	1台
污泥泵	200LW400-13-22	22	2台

续表

名称	规格或型号	功率/kW	数量
污泥池搅拌机	QJB型	1.5	3台
污泥泵	螺杆泵，$Q=20m^3/h$，$P=0.6MPa$	5.5	2台
离心脱水机	WL-500×1600A	22～30	2台
自动配药装置	PT-2500	2.2	5套
倾斜安装螺旋输送机	XLS-320	3.0	1台
滤液除磷系统	5000×5000×5000mm，一体化设备，$600m^3/d$		1套
生物过滤除臭装置	SW-18000		1套

9.7.2.4 运行工况和处理效果

本工程于2005年建成投入运行，经多年运行表明，进水水质偏高，与原设计水质差异较大。一般进水COD 2000～3000mg/L，NH_3-N 100～120mg/L，TP 15～20mg/L（最高为50mg/L）。在实际进水水质条件下，经处理后出水COD 80～120mg/L，能满足处理出水水质要求。处理后出水NH_3-N 50mg/L左右，TP 10mg/L左右（最高30mg/L），严重超标。此外，在工程设施中存在着部分设备腐蚀，污泥处理系统不匹配，污泥脱水滤液无化学除磷设施等问题。

本工程于2011年根据实际进水水质和处理水水质要求，进行了局部改造和设备更新，2011年8月投入运行。经试运行表明，处理水质达到了设计要求。

9.7.2.5 讨论

（1）本工程水产加工废水为高浓度有机污染废水，其水质特点是：COD、BOD_5浓度高，COD 2000～3000mg/L，BOD_5 1100～1500mg/L；废水中富含氮和磷，NH_3-N 100～120mg/L，TP 10～30mg/L；悬浮物浓度较高，SS 600～1000mg/L，而悬浮物中含有动植物油以及鱼体尸块、血污等易于腐败的杂质。为了使处理水水质能达到排放水水质要求，必须采用物化处理与生物处理相结合的处理工艺。强化物化预处理和前处理（隔油、初次沉淀和混凝气浮）是本工程的关键，通过物化处理可以去除大部分SS和动植物油，去除部分有机污染物，进一步提高废水可生化性，改善生物处理的进水水质条件。生物处理是本工程核心，采用生物脱氮除磷技术，可大幅度地除碳、脱氮和除磷。后续的化学除磷是必要的，是使处理水TP达标排放的保证措施。运行表明，在本工程的处理系统条件下，处理水水质为pH 7～8，COD≤100mg/L，BOD_5≤25mg/L，SS≤100mg/L，NH_3-N≤20mg/L，TP≤1mg/L，动植物油≤10mg/L，所采用的处理工艺流程是可行的。

（2）本工程于2005年建成投入运行5年后，于2011年进行技改。通过技改可以借鉴的经验之一是，企业必须实施清洁生产技术，减轻源头污染，减少污染物排放量，为末端治理提供良好的进水水质条件，以使废水处理工程正常运行。经验之二是，在处理高浓度有机废水的情况下，生物处理单元的有机负荷［kgCOD/(kg·d)］、充氧量（包括氧化和硝化需氧量）等工艺设计参数必须确切，并且要充分考虑设备、管道系统和操作管理等因素的影响，留有足够余地，这样才能使废水处理设施正常、持久、稳定地运行，充分发挥处理效能。

（3）本工程废水所产生的污泥和废气（臭气）对设备和管道系统有腐蚀，这将不同程度地影响处理设施的处理效果、设备的正常运行和整个处理系统的效能发挥。因此，设备、设施和管道系统的防腐蚀和日常维护保养对废水处理工程的正常运行至关重要。对此，亦可供同类型处理工程借鉴。

（4）必须十分重视污泥处理处置和污泥脱水滤液的二次磷释放问题，做好污泥脱水滤液的化学除磷，否则难以使整个处理系统出水TP指标达标排放。

（5）如前所述，本工程的预处理（格栅、集水井、隔油沉淀池）、前处理（混凝气浮）、生物处理（厌氧池、缺氧池和好氧池）、污泥池和污泥脱水等处理构筑物及设备，均有废气（臭气）

产生。因此，必须重视废水处理系统的除臭处理。

9.7.3 实例3 某啤酒废水处理及回用工程

某啤酒（股份）有限公司位于沿海地区，年产啤酒15万吨，该企业的厌氧-好氧处理啤酒废水工程是国内较早且有影响的啤酒废水处理工程之一。

啤酒废水属于较高浓度的有机污染废水，主要污染来自糖化、主酵、后酵、灌装清洗等生产工序，吨产品COD排放量为28～32kg，BOD_5排放量为17～19kg，混合废水COD浓度为1800～3600mg/L。啤酒生产季节性较强，一般夏季是产销旺季，产量大，废水排放量大，冬季为淡季，废水排放量相对较小。

该企业8000m^3/d啤酒废水处理及回用工程于20世纪后期建成，正常运行至今。

9.7.3.1 设计水量和水质

设计处理水量8000m^3/d，设计水质见表9-22。

表9-22　某啤酒废水处理工程设计水质

项目	原水	处理水	项目	原水	处理水
pH	4～9	6～9	SS/(mg/L)	300～600	≤50
COD/(mg/L)	≤2500	≤100	水温/℃	<35	
BOD_5/(mg/L)	≤1400	≤60			

9.7.3.2 处理工艺流程及特点

(1) 处理工艺流程　本工程啤酒废水的污染物浓度高，COD和BOD_5分别为2500mg/L和1400mg/L，若仅采用好氧生物处理，使处理水水质达到COD≤100mg/L，BOD_5≤60mg/L，一则处理难度较大，二则能耗较大，处理费用较高，污泥量较大。为此，本工程采用厌氧生物处理和好氧生物处理相结合的处理方法，处理工艺流程如图9-50所示。

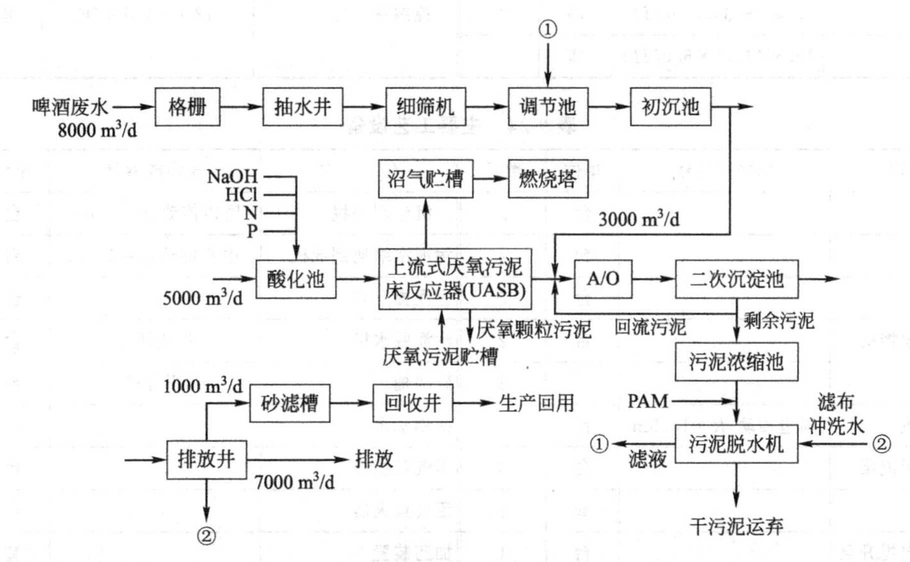

图9-50　某啤酒有限公司废水处理工艺流程

(2) 特点说明

① 本工程根据啤酒废水有机污染物含量高的特点，为了减轻好氧生物处理负荷，使处理出水能达标排放或回用，将大部分废水（约60%）先经厌氧生物处理，而后与剩余的废水（约40%）混合，再经好氧生物处理。好氧生物处理出水水质可达到排放要求，其中部分处理出水经过滤深度处理后，可生产回用，如冲洗地面、锅炉房水力冲渣、道路冲洗等。

② 本工程在生物处理单元之前设置了细筛机、初沉池等预处理单元，去除废水中含有的无机污染物和有碍于生物处理效果的悬浮物等，以保证生物处理单元功能，进一步改善出水水质。

③ 本工程采用荷兰 Lettinga 教授开发，并由 PAQUES BV 成功应用于工业废水处理的 UASB 厌氧反应器技术。UASB 具有省能源、占地少、对有机污染物去除率高、生成污泥量少、处理费用较低、运行稳定等特点，同时产生的沼气可回收利用。

④ 本工程所采用的 A/O 技术，是标准活性污泥中包含厌氧（Anaerobic）和好氧（Oxic）状态下并存的一种活性污泥法，其特点是利用厌氧和好氧两相的交替操作达到筛选微生物（Selector Technology）的目的。这样，一是可以利用微生物更有效地去除有机物，提高处理效果；二是经由筛选的作用抑制了丝状菌的繁殖，能避免通常活性污泥法中易于产生的污泥膨胀现象。

⑤ 经 UASB-A/O 处理后出水水质达到了排放要求，其中，除大部分处理出水直接达标排放外，其余部分可作为废水处理站自用水，如脱水机滤布冲洗水，绿化和道路冲洗用水等。另有约 15％出水再经砂滤深度处理后，以进一步去除 SS，改善水质，而后作为生产回用，如部分生产设备和车间地面冲洗水，厂区绿化及道路冲洗用水等。

9.7.3.3 主要构（建）筑物和工艺设备

主要构（建）筑物见表 9-23，主要工艺设备见表 9-24。

表 9-23 主要构（建）筑物

名　称	尺寸/m	单位	数量	名　称	尺寸/m	单位	数量
抽水井	4.0×4.0×3.85(*H*)	座	1	二次沉淀池	ϕ16.0×4.0(*H*)	座	2
调节池	25.0×18.0×5.0(*H*)	座	1	排放井	3.0×3.0×3.5(*H*)	座	1
初次沉淀池	ϕ21.0×4.0(*H*)	座	1	回收井	3.0×2.0×3.0(*H*)	座	1
酸化池	21.0×10.4×4.86(*H*)	座	1	污泥浓缩池	ϕ7.2×5.0(*H*)	座	1
厌氧污泥床反应槽	13.95×5.3×4.75(*H*)	座	2	厌氧污泥槽	6.0×4.0×4.5(*H*)	座	1
A 池	8.4×5.3×5.0(*H*)	座	2	控制室	12.0×7.5×2F	座	1
O 池	12.5×12.5×5.0(*H*)	座	5				

表 9-24 主要工艺设备

名　称	规格或型号	单位	数量	名　称	规格或型号	单位	数量
机械细格栅		台	2	二沉池刮泥机	周边传动，R=8.0m	台	2
弧形细筛机		台	2	污泥浓缩池刮泥机	中心传动，ϕ=7.2m	台	1
污水提升泵		台	2	污泥提升泵		台	2
调节池液下搅拌机		台	2	污泥脱水机	带式压滤	台	1
调节池提升泵		台	2	砂滤桶	压力式	台	1
初沉池刮泥机	周边传动，R=10.5m	台	1	回用水泵		台	2
酸化池提升回流泵		台	3	沼气贮柜		台	1
UASB 模组		套	1	沼气点火器		台	1
厌氧污泥双向提升泵		台	1	加药装置		套	1
A 池搅拌机	中心传动，液下式	台	2	硫化氢除臭装置		套	1
O 池表曝机		台	5				

图 9-51 为该废水处理工程全貌。

9.7.3.4 运行工况和处理效果

(1) 污泥接种与驯化

图 9-51 某啤酒废水处理工程全貌

① UASB接种与驯化。采用接种培菌动态驯化的方法。以国外进口颗粒厌氧污泥32m^3，国内啤酒废水UASB厌氧污泥10m^3（含水率80%）为接种污泥。启动时，反应器有机负荷按2～3kgCOD/(m^3·d)考虑。据测定，该啤酒废水中含有一定数量的氮和磷，启动时未投加营养盐，只是控制进水pH 6.8～7.5。然后再以少量原废水循序渐进提高负荷，逐渐驯化污泥。启动后5个月，污泥负荷提高到5kgCOD/(m^3·d)，COD去除率为50%以上，产气率0.4m^3/kgCOD左右，厌氧污泥接种驯化阶段基本完成，UASB进入运行阶段。但是，反应器内颗粒污泥的数量和质量尚属欠缺，还需要继续运行一段时间后方可全部形成。

② A/O系统接种与驯化。采用接种培菌动态驯化的方法。以某印染厂活性污泥法二沉池浓缩污泥24m^3（含水率94%）为接种污泥。连续3d按8m^3/d接种污泥投入曝气池（O池）。借控制废水进水量的方式驯化污泥，控制混合液pH 6.5～8，溶解氧2～4mg/L。污泥全回流，使O池MLSS逐渐由500mg/L左右增加到3000mg/L左右。驯化后一个月，进水量为2500～3500m^3/d，COD去除率达70%以上，观察生物相有钟虫、等枝虫等，生物相稳定且较活跃，据此判断A/O系统可进入连续正常运行阶段。

(2) 运行工况

① UASB运行工况。一般UASB进水COD为1400～2000mg/L，出水COD为250～450mg/L，COD去除率为75%～85%。有机负荷为5.0～10.0kgCOD/(m^3·d)，颗粒污泥形成正常。所形成的颗粒污泥除部分回流至UASB反应器作为自身补充之外，尚有部分可供同类型厌氧污泥反应器用作接种培菌污泥。产气率约为0.4m^3/kgCOD，沼气中甲烷含量为60%左右。

② A/O系统运行工况。一般A/O系统处理水量为5000～7000m^3/d，其中3000m^3/d左右未经UASB而直接进入A/O系统。正常运行时，O池MLSS浓度为3000～4000mg/L，DO 2～4mg/L，COD容积负荷为2.1～2.5kg/(m^3·d)，COD污泥负荷为0.55～0.70kg/(kgMLSS·d)，COD去除率为85%左右。

③ 污泥处理与处置。按设计能力，系统产生的干污泥量约为2400kg/d。采用带式压滤机进行污泥脱水处理，一般经脱水后污泥量约为12t/d（含水率约80%）。为了改善污泥脱水性能，在污泥脱水前添加助凝剂PAM进行污泥化学调理，添加量按干污泥量的0.3%计，PAM溶液浓度为0.2%。干污泥主要出路是渗入煤渣中运弃制砖。据测定，该工程的污泥热值较高，经试烧后，亦可掺入锅炉燃料燃烧。

④ 废水深度处理再生利用。废水深度处理装置的规模为1000m^3/d。采用过滤（砂滤）技术进行深度处理。一般在二沉池出水COD为50～70mg/L、SS40～50mg/L的情况下，经过滤后，出水COD为50mg/L以下，SS30mg/L以下。经过滤后出水用于脱水机滤布冲洗水和锅炉房水力冲渣用水等。

投入运行后各处理单元连续一个月的COD、SS的实测结果如图9-52和图9-53所示。

9.7.3.5 讨论

(1) 关于啤酒废水厌氧-好氧处理的适用性与可行性　啤酒废水属于较高浓度的有机污染废水，本工程废水COD为1800～3600mg/L，对于这类废水如直接用好氧处理，则势必会产生处理难度大、能耗高、经常费用较大等问题。而采用厌氧-好氧处理，既可以发挥厌氧处理法的有机负荷高、能耗低、经常费用省等优势，又能利用好氧处理进一步降解有机污染物质使处理水出水达标排放。经过多年试运行表明，本工程所采用的UASB-A/O处理技术，处理后出水COD

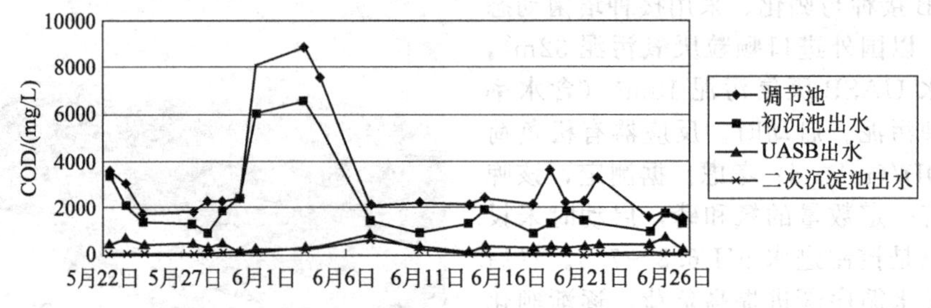

图 9-52 连续一个月各处理单元出水 COD 实测结果

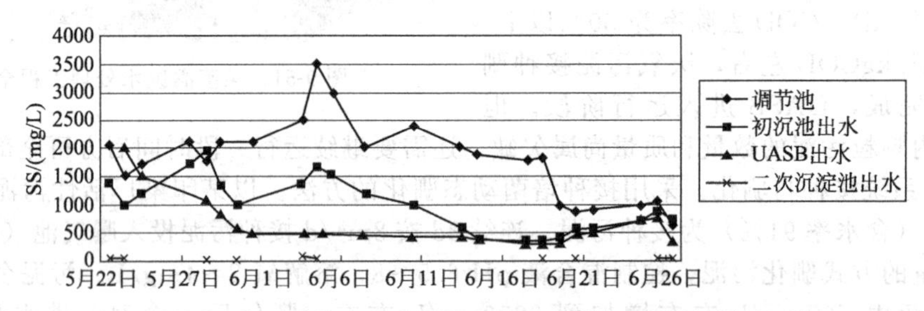

图 9-53 连续一个月各处理单元出水 SS 实测结果

一般为 50～70mg/L，运行稳定，同时操作管理比较简单，达到了预期要求，是可行的。

(2) 关于 UASB 与 A/O 处理技术的特点　国内外对 UASB（上流式厌氧污泥床反应器）的技术开发和工程应用已有较多的成果。本工程采用的 UASB 装置由反应槽和三相分离装置两部分组成。反应槽由钢筋混凝土建造，底部设有布水装置。三相分离器为预制的组合体，由沼气分离、废水沉降、集水槽、沼气收集等部分组成。布水装置材质为高密度聚乙烯（HDPE），三相分离器材质为聚乙烯（PE），上部再覆以玻璃钢活动槽盖。UASB 运行正常后有机负荷可达 $10kgCOD/(m^3 \cdot d)$ 左右，COD 去除率 75%～85%，操作温度 15～40℃，pH 6～8。装置紧凑，施工方便，耐腐蚀性能好，省动力，能耗低，运行时无噪声和异味的困扰。

本工程采用由美国 Air Products and Chemicals Inc 开发的 A/O 处理技术，其特点是利用厌氧和好氧两相的交替操作达到筛选微生物的目的。A 池的停留时间短，约 1.0h，大部分有机物在 A 池内被微生物吸附，剩余 BOD 及吸附在微生物体内的有机物在氧化槽内被氧化分解。运行时，系统所产生的污泥沉降性能良好，SVI 一般为 80～150。同时经由筛选作用抑制丝状菌的繁殖，可避免污泥膨胀现象。

(3) 关于啤酒废水处理的经济收益　采用厌氧-好氧处理技术，可以回收厌氧处理所产生的沼气。据本工程运行经验，沼气产率约为 $0.4m^3/kgCOD$，沼气甲烷含量为 60%左右。每日产生沼气 $800～1200m^3$。沼气热值与液化气大致相当，如用于民用燃料，可供 500 户左右住户用气。如用于发电，则每年约可发电 50 万度，有相当可观的经济收益和社会效益。

此外，本工程实际进水 SS 为 1000～2000mg/L，高于设计值（300～600mg/L），主要原因是废水中酒糟含量高，这给废水处理特别是污泥处理增加了负担。若在工艺生产过程中能进一步做好酒糟的预分离，则既可以减少废水处理的负荷，又能回收酒糟，用作饲料，有一定的经济效益。

(4) 关于处理水再生利用　本工程运行实践表明，二次沉淀池出水再经过滤后，出水 COD 在 50mg/L 以下，SS 20mg/L 以下。经处理后出水可用于脱水机滤布冲洗和锅炉房冲渣用水，亦可以用于冲洗地面和绿化等，可实现啤酒废水处理再生利用。

第10章 其他工业废水处理及再生利用

10.1 有色金属工业废水处理及再生利用

10.1.1 有色金属工业生产分类和废水污染源

10.1.1.1 生产分类

有色金属工业生产一般可分为矿山开采、重有色金属冶炼、轻有色金属冶炼、稀有金属冶炼和黄金冶炼等。

(1) 矿山开采。包括采矿、破碎和选矿三道工序。

(2) 重有色金属冶炼。重有色金属是指铜、铅、锌、镍、钛、锡、锑、汞等，其冶炼方法因矿石性质、伴生有价金属种类、技术经济和环境条件而异，一般分为火法与湿法两种冶炼方法。火法是利用高温冶炼，湿法是利用化学药剂冶炼。但是，火法与湿法不能截然分开，许多重有色金属冶炼往往是采用火法和湿法的综合工艺。

(3) 轻有色金属冶炼。轻有色金属最常见的是铝和镁，此外，钛也属于轻有色金属。我国主要是用铝矾土为原料采用碱法生产氧化铝，以氧化铝为原料采用氯化电解法生产金属铝，以菱镁矿为原料，采用氯化电解法生产金属镁。

(4) 稀有金属冶炼。根据物理、化学性质或矿物原料中的共生状况，稀有金属冶炼可分为稀有轻金属（锂、铷、铯、铍等）、稀土金属（钪、钇、镧及镧系列元素）、稀有高熔点金属（钛、锆、钒、铌、钽、钼、钨、铼等）、稀有分散性金属（镓、铟、铊、锗、硒、碲等）和稀有放射性金属（钍、铀及锕系列元素）等五类。

(5) 黄金冶炼。目前国内外仍较广泛地采用以氰化物为主要溶剂冶炼黄金。氰化法工艺简单、生产费用低，金回收率高。但是，氰化物为有毒物质，如处理不当，会造成严重的环境污染。

10.1.1.2 废水污染源

按有色金属工业生产分类，废水污染源一般可分为矿山废水、重有色金属冶炼废水、轻有色金属冶炼废水、稀有金属冶炼废水和黄金冶炼废水。

(1) 矿山废水　矿山废水包括采矿废水和选矿废水。

采矿废水按其污染程度可分为两类。一是采矿工艺废水，主要是设备冷却水，如矿山开采空压机冷却水等，这部分废水基本上无污染，经冷却后可以回用于生产；二是矿山酸性废水，这部分废水可能含有各种金属离子，如 Al^{3+}、Mn^{2+}、Cd^{2+}、Pb^{2+} 等，此外还含有悬浮物和矿物油等有机物，以及霉菌、肠菌等细菌微生物污染物。

选矿废水包括洗矿废水、破碎系统废水、选矿废水和冲洗废水，这四种废水的污染特征如表 10-1 所示。选矿废水的特点是：水量大，约占矿水废水的 50%以上；废水中的悬浮物主要是泥沙和尾矿粉，SS高达每升数克至数十克，SS呈细分散状态，不易自然沉降；污染物成分复杂、危害大，含有重金属离子、氟、砷等有毒污染物及各种选矿药剂（如氰化物、黑药、黄药、煤油等）。

表 10-1 有色金属工业选矿废水特征

<table>
<tr><th colspan="2">名 称</th><th>废水特征</th></tr>
<tr><td colspan="2">洗矿废水</td><td>含有大量泥沙矿石颗粒，当 pH<7 时，还含有金属离子</td></tr>
<tr><td colspan="2">破碎系统废水</td><td>主要含有矿石颗粒，可回收</td></tr>
<tr><td rowspan="2">选矿废水</td><td>重选和磁选</td><td>主要含有悬浮物，澄清后基本可全部回用</td></tr>
<tr><td>浮选</td><td>主要含有浮选药剂</td></tr>
<tr><td colspan="2">冲洗废水</td><td>包括药剂制备车间和选矿车间的地面、设备冲洗水，含有浮选药剂和少量矿物颗粒</td></tr>
</table>

（资料来源：王绍文等. 冶金工业废水处理技术及工程实例. 北京：化学工业出版社，2009）

（2）重有色金属冶炼废水 重有色金属冶炼废水主要来自炉套、设备冷却、水力冲渣、烟气洗涤净化及湿法、制酸等生产工艺排水。重有色金属冶炼废水污染源因金属品种、矿石成分、冶炼方法而异。铜、铅、锌冶炼废水的来源和特征如表 10-2 所示。镍、铝、汞、锡、锑等重有色金属的冶炼方法与铜、铅、锌的冶炼方法基本相似，废水来源和特征也相类似。

表 10-2 重有色金属冶炼废水来源和特征

<table>
<tr><th>废水类别</th><th>来源</th><th>特 征</th></tr>
<tr><td rowspan="4">铜冶炼废水</td><td>酸性冲洗液、冷凝液和吸收液</td><td>呈酸性，含有锌、铜等重金属污染物和有毒污染物砷，含有大量悬浮物</td></tr>
<tr><td>冲渣水</td><td>水温高，含有铜、铅、锌等重金属污染物和炉渣微粒</td></tr>
<tr><td>烟气净化废水</td><td>含有大量悬浮物和铜、锌等重金属污染物</td></tr>
<tr><td>车间清洗排水</td><td>呈酸性，含有铜、锌、铅、镍等重金属污染物</td></tr>
<tr><td rowspan="3">铅冶炼废水</td><td>冷却水</td><td>热污染</td></tr>
<tr><td>冲渣水</td><td>含有悬浮物和锌、铅、镉等重金属污染物</td></tr>
<tr><td>烟气净化废水</td><td>含有可溶性有机物和悬浮物，以及锌、铅等重金属污染物</td></tr>
<tr><td rowspan="2">锌冶炼废水</td><td>烟气净化废水（火法炼锌）</td><td>含有锌、镉、铅等重金属污染物和砷、氟等污染物</td></tr>
<tr><td>浸出液、净化液、废电解液跑、冒、滴、漏以及清洗水（湿法炼锌）</td><td>呈酸性，含有锌、铅等重金属污染物</td></tr>
</table>

（3）轻有色金属冶炼废水

① 铝金属冶炼废水。根据冶炼方法不同，铝金属冶炼废水可分为铝冶炼废水和铝电解废水。

铝冶炼废水主要来自各类设备的冷却水，各类物料泵与轴承封闭水，石灰炉排气的洗涤水，各类设备、贮槽及地面清洗水，以及生产过程中的跑、冒、滴、漏等。

铝电解废水主要来自硅整流所、铝锭铸造、阳极车间等的设备冷却水和产品冷却洗涤水，以及湿法烟气净化废水。

铝冶炼废水和铝电解废水特征如表 10-3 所示。

表 10-3 铝金属冶炼废水特征

生产方法	废水类别	特 征
碱法生产氧化铝	铝冶炼废水	含有碳酸钠、NaOH、铝酸钠、氢氧化铝及含有氧化铝粉尘、物料等
电解铝生产	铝电解废水	含有氟化物等污染物，以及沥青悬浮物等杂质

② 镁金属冶炼废水。镁金属冶炼废水主要来自各类设备（镁厂整流所、空压站等）的间接冷却水、氯化炉尾气洗涤水、排气烟道与风机洗涤水、氯气导管冲洗废水，以及电解和镁锭生产工序排出的废水等。其中，间接冷却水水温较高，但未受污染；氯化炉尾气洗涤水、排气烟道与风机洗涤水、氯气导管冲洗废水呈酸性（盐酸），含有氯盐；电解阴极气体洗涤水含有大量氯盐；镁锭酸洗镀膜废水含有重铬酸钾、硝酸和氯化铵等。

③ 钛生产废水。目前，我国主要是以砂状钛铁矿、石油焦、镁锭和液氯等为原料，用镁热还原法生产海绵钛。钛生产废水主要来自氯化炉收尘渣冲洗和尾气淋洗废水，粗四氯化钛浓密机沉泥冲洗、铜屑塔酸洗、还原器和蒸馏器酸洗等废水。钛生产废水主要污染物是盐酸氯化物和铀、钍等放射性物质。

（4）稀有金属冶炼废水　稀有金属的种类多，原料复杂，金属及化合物性质不同，冶炼方法较多，废水的来源和特征各异。一般稀有金属冶炼废水主要来自工艺生产，其次为设备冲洗水、尾气淋洗水等。稀有金属冶炼废水水量较少，有害物质含量高。不同种类的稀有金属冶炼废水均具有各自的特性，如稀土金属冶炼废水含有放射性物质，半导体材料冶炼废水含有砷、氟等有害物质，铍冶炼废水含铍、硒、铊、碲，高纯金属生产排水中含有硒、铊、碲稀有金属。此外，由于有色金属矿石原料中有伴生元素存在，废水中有可能含有毒性元素。

（5）黄金冶炼废水　黄金生产的重要途径是冶炼。我国现有黄金生产企业冶炼的主要物料有重砂、海绵金、钢棉电积金和氰化金泥。其中，重砂、海绵金、钢棉电积金的冶炼工艺简单，而氰化金泥冶炼工艺较为多样化。黄金冶炼废水主要来自冶炼生产过程中的排水。黄金冶炼废水的主要污染特征是含有氰化物和重金属离子。

10.1.2　有色金属工业生产废水量和水质

10.1.2.1　有色矿山废水量和水质

（1）采矿废水量和水质　采矿废水的水量大，排放历时长；排水点分散；废水呈酸性且含有多种金属离子。

一般采矿废水量和水质与有色矿山种类、开采规模和条件、开采方法和设备、矿山地质状况等有关。作为参考，我国部分有色金属矿山采矿废水水量和水质如表 10-4 所示。

表 10-4　我国部分有色金属矿山采矿废水水量和水质

矿山序号	水量/(m^3/d)	Cu/(mg/L)	Pb/(mg/L)	Zn/(mg/L)	Fe/(mg/L)	Cd/(mg/L)	As/(mg/L)	F/(mg/L)	Ca/(mg/L)	Cr/(mg/L)	S^-/(mg/L)	SO_4^{2-}/(mg/L)	pH
1	720～6400	3.73～9.07	0.39～5.78	73.6～147		0.7～1.05	0.02～1.5	1.27～9.8	18.9			3000	2.5～3
2		15.8～270	0.8～0.47	2.86～22.1				34～58	73.48			1298～4570	2.3～2.6
3	7964	9～78.4	0.1～0.25	0.28～1.77	6～201.9	0.02～0.49	0.005～1			0.004			2～5.2
4		1～982	0.5～1.2	19～149	20～6360	0.5～7	0.1～38.75	0.6～11.98					2～4.5
5	12000	13.0	0.48	6.15	22.2	0.048	0.14		246.93	0.083		379.44	5
6	615	224			746		505		310				2.55
7			0.5～1	2～90			0.1～5		5～100		2～10		
8	2978	3.83	0.204	146.24	105		0.837	0.535			200		3.3
9		0.1～1.68	0.14～0.36	0.2～6		0.14～0.9		5～100			4～5		
10	5550	0.1～112.18	0.2～2.0	0.7～2220.09		0.015～5	0.01～0.4			0.056～0.29			2.5～6.35

（资料来源：王绍文等．冶金工业废水处理技术及工程实例．北京：化学工业出版社，2009。表 10-5～表 10-18 均同。）

(2) 选矿废水量和水质　有色金属选矿用水量与选矿方法有关。一般耗水量为：浮选法 4～6m³/t 矿；重选法 20～27m³/t 矿；重-浮联选 20～30m³/t 矿。其中，浮选废水回用率较低，排水量约为 50%，而重选回用水率高，排水量较少。选矿废水水质与矿石种类、成分、选矿工艺和设备等有关。作为参考，我国部分有色金属矿山选矿废水水质如表 10-5 所示，某多金属矿采用“重-浮-磁-浮”选矿废水水质如表 10-6 所示。

表 10-5　我国部分有色金属矿山选矿厂废水水质　　单位：mg/L

名称	污染物										
	汞	镉	六价铬	砷	铅	酚	石油类	COD	铜	锌	氟
某铜矿								4.21	0.02		
某铜矿				0.285	0.023				6.23	9.68	
某锌矿	0.001	0.106		0.229	3.62					9.90	
某锌矿			0.209	0.043	0.998			57.18	0.42	48.42	54.76
某钨矿		0.037		0.037	0.037				0.07	0.26	9.80
某钨矿		0.041	0.014	0.027	0.136		25.8	16.08	0.10	2.38	3.31
某锡矿		0.151	1.007	0.106					2.332	0.05	19.16
某锡矿		0.08	0.062	0.243	0.509	0.135	1.5	9.18	0.02	0.54	5.49
某多金属矿		0.015		0.071	0.428				0.09	0.33	5.58
某钼矿		0.010		0.010	0.03		2.1	5.58	0.05	0.01	
某汞矿	0.020										

表 10-6　某多金属矿采用“重-浮-磁-浮”选矿废水水质①

废水名称	pH	悬浮物/(mg/L)	COD/(mg/L)	S^{2-}/(mg/L)	F^-/(mg/L)
硫黄矿溢流水	12.12～12.84	318～760	975～1509	133～488	0.96～3.68
硫精矿溢流水	10.48～11.30	294～1410	175～275	17.2～23.7	0.48～3.40
萤石精矿溢流水	9.56～9.96	256～1444	66.4～95.5	0.51～1.17	0.64～3.72
萤石中矿溢流水	10.70～11.18	3188～4772	77.9～167	0.62～4.30	1.64～9.60
石药选精矿冲洗水	8.52～9.2	146～466	6.2～13.7	0.73～1.78	0.76～5.12
总尾矿水	9.72～10.30	1504～3910	74.7～12.5	0.54～240	1.16～6.4
白钨精溢流水	7.5～8.98	236～614	5.7～7.5	0.18～1.09	0.52～2.2
铜精矿溢流水	7.82～9.58	166～388	5.26～16.2	0.58～1.24	0.42～3.0
铋精矿溢流水	9.32～10.82	106～496	66.4～241	6.6～11.9	0.35～3.0
钨中矿浓密溢流水	10.61～10.96	3774～4862	73.7～167	0.78～4.96	1.84～8.4
钨加温脱药溢流水	11.48～11.64	1900～8121	22.7～27.1	1.35～11.2	1.28～5.8
钨加温精选中矿溢流水	10.16～10.66	260～1812	9.53～11.5	0.54～1.17	1.9～10.84
镍泥尾矿水	7.84～7.94	110～260	27.9～42.9	0.96～3.56	0.52～2.0
选矿总废水	9.78～10.46	1764～3566	74.7～119	1.19～3.85	1.24～5.4

① 略去了测定中的特高值和特低值。

10.1.2.2　重有色金属冶炼废水量和水质

重有色金属冶炼废水量和水质与重有色金属种类（如 Cu、Pb、Zn 等）、矿石（硫化矿和氧化矿）、冶炼方法（火法和湿法）、炉型（白银炉、反射炉、电炉或鼓风炉、闪速炉）等有关。作为参考，列出了我国几种铜、铅、锌冶炼工艺用水状况如表 10-7 所示。据统计，重有色金属冶炼排放废水中需处理的废水量约占 60%，其余为冷却冶炼炉窑等设备而产生的冷却水。几种炉型重有色金属冶炼废水水质如表 10-8 所示。

表 10-7　重有色金属冶炼工艺用水状况

行业	炉型	产量/(t/a)	用水量①/(m^3/t)	行业	炉型	产量/(t/a)	用水量/(m^3/t)
铜冶炼	白银炉	34090	100.0	铅冶炼	烧结鼓风炉	73493	41.50
	鼓风炉	40050	221.0			55904	107.6
		10198	209.8		密闭鼓风炉	26102	20.14
	电炉	70301	13.98			10510	80.81
	反射炉	54003	123.69	锌冶炼	湿法炼锌	110098	41.50
	闪速炉	80090	611.0		竖罐炼锌	11372	128.0
					密闭鼓风炉	55005	20.14
						22493	80.81

① 铜冶炼以 1t 粗铜计，铅、锌冶炼以 1t 产品计。

表 10-8　几种炉型重有色金属冶炼废水水质

冶金方法(炉型)	废水类别	废水主要成分/(mg/L)
反射炉(白银炉，冶炼铜)	熔炼，精炼等废水	Cu 102.4、Pb 5.7、Zn 252.35、Cd 195.7、Hg 0.004、As 490.2、Fe 2233、Na 2833、H_2SO_4 153.8、F1400、Bi640
电炉(某冶炼厂，炼铜)	熔炼铜废水	Cu41.03、Pb 13.6、Zn 78.7、Cd 6.56、As 76.86
鼓风炉(某冶炼厂，炼铜、铅)	铜鼓风炉熔炼	Cu 2～3、As 0.6～0.7
	铅鼓风炉熔炼	Pb 20～130、Zn 110～120
闪速炉(某冶炼厂，炼铜)	烟气制酸废水	H_2SO_4 150、Cu 0.9、As 8.4、Zn 0.6、Fe 1.9、F 1.5g/L
电解精炼(冶炼厂，生产电铜)	含铜酸性废水	pH 2～5、Cu 30～300

10.1.2.3　轻有色金属冶炼废水量和水质

（1）铝冶炼废水量和水质　氧化铝生产废水量为：烧结法 20～24m^3/t，联合法 24～40m^3/t，拜耳法 12m^3/t。氧化铝生产废水水质如表 10-9 所示。

表 10-9　氧化铝生产废水水质

项　目	全厂总排出口废水			循　环　水			石灰炉 CO_2 洗涤排水
	烧结法	联合法	拜耳法①	烧结法	联合法	拜耳法	
pH	7～8	9～10	9～10	7～9	7～11	>10	6.2～8.0
悬浮物/(mg/L)	400～500	400～500	62	800	300		400
总固形物/(mg/L)	1000～1100	1100～1400	354	900～1300	4000		180～1100
灼烧残渣/(mg/L)	300～400	1200	230	—	—		—
总硬度/(mmol/L)	3.21～5.35	1.43～1.79	—	2.14～12.5	0.29	0.8	10～16.1
碱度/(mmol/L)	2～4	7.86～10	3	9.26	50	12.5	3.93～7.86
SO_4^{2-}/(mg/L)	500～300	50～80	54	170～600	180		500～900
Cl^-/(mg/L)	100～200	35～90	35	17～60	44		60
HCO_3^-/(mg/L)	183	122～732		336～488	0		506～610

续表

项目	全厂总排出口废水			循环水			石灰炉 CO_2 洗涤排水
	烧结法	联合法	拜耳法①	烧结法	联合法	拜耳法	
CO_3^{2-}/(mg/L)	84	102～270		360	750	6.8	—
SiO_2/(mg/L)	13～15	1.5	2.2	7～12	10		8.0
Ca^{2+}/(mg/L)	150～240	14～23	3.4	16～180	0		160～300
Mg^{2+}/(mg/L)	40	13	11.5	12～42	0.3		36
Al^{3+}/(mg/L)	40～64	90	5.3	9～37	170	65	—
K^+/(mg/L)		25～45	—		140		
Na^+/(mg/L)	170～190	180～270	—	60～190	460	276	38～160
总 Fe/(mg/L)	0.02～0.1	0	0.07	—	微量		—
耗氧量/(mg/L)	8～16	21	5.6	—	—		—
酚/(mg/L)	—	—		—	—		3.1
游离 CO_2/(mg/L)	—	—		—	—		160

① 为俄罗斯某厂赤泥堆场回水水质。

氧化铝生产过程中产生的赤泥量较多，一般烧结法为 1.8t/t，联合法为 0.65～0.80t/t，拜耳法为 1.0～1.2t/t。赤泥输送水为：烧结法 7.2m^3/t，联合法 2.6～3.2m^3/t，拜耳法 4.0m^3/t。赤泥堆场回水量随赤泥洗涤、输送等条件而异，一般烧结法为 4.3m^3/t，联合法为 1.6～1.9m^3/t，拜耳法为 2.4m^3/t。赤泥堆场回水水质如表 10-10 所示。

表 10-10 赤泥堆场回水水质

项目	烧结法	联合法	拜耳法
pH	14	14	12
悬浮物/(mg/L)	50	38～140	177
总固形物/(mg/L)	2600～7600	12000	8065
灼烧残渣/(mg/L)	1800	—	6430
总硬度/(mmol/L)	0	0	—
碱度/(mmol/L)	110	120	129
SO_4^{2-}/(mg/L)	600	70	136
Cl^-/(mg/L)	20～260	18	55
HCO_3^-/(mg/L)	0	0	—
CO_3^{2-}/(mg/L)	1320	96	—
SiO_2/(mg/L)	17	30	4.5
Ca^{2+}/(mg/L)	0	0	3.6
Mg^{2+}/(mg/L)	0	0	0.9
Al^{3+}/(mg/L)	250～530	700	580
总 Fe/(mg/L)	0.6～2.0	微量	0.1
$K^+ + Na^+$/(mg/L)	1600	1740	—
Ga^{3+}/(mg/L)	0.18～0.67	—	—
耗氧量/(mg/L)	96	—	33

铝电解过程本身不使用水也不产生废水。电解铝厂的废水主要是硅整流所、铝锭铸造、阳极车间等的设备冷却水和产品冷却洗涤水，以及电解槽烟气湿法净化废水。据我国相关铝厂的统计资料，吨金属铝的生产废水量为14～20m³。电解铝厂废水水质如表 10-11 和表 10-12 所示。

表 10-11　电解铝厂铸造及阳极车间废水水质

车间名称	硫化物/(mg/L)	酚/(mg/L)	油/(mg/L)	悬浮物/(mg/L)	备注
铸造	—	无	2.65	—	拉丝铝锭排水
阳极	1.78	0～0.02	7.5	4～110	糊块冷却池排水

表 10-12　电解铝厂燃气湿法净化废水水质

项　目	电解铝厂焙烧炉烟气净化废水		电解铝厂电解车间烟气净化废水	
	处理前	处理后	处理前	处理后
废水量/(m^3/h)	13.0	13.2	6.35	6.35
pH	7.8	7～8	6.5～7.0	7～8
F^-/(mg/L)	463	25	230	26
Na_2SO_4/(mg/L)	3058	—	7000	—
$NaHCO_3$/(mg/L)	—	—	310	—
Al^{3+}/(mg/L)	—	—	10	—
焦油/(mg/L)	340	13.4	—	—
粉尘/(mg/L)	783	15.4	—	—

(2) 镁冶炼废水水质　镁生产的竖式电炉（氯化炉）尾气洗涤废水水质如表 10-13 所示，氯气导管冲洗废水水质如表 10-14 所示，净气室排出废水水质如表 10-15 所示。

表 10-13　竖式电炉（氯化炉）尾气洗涤废水水质

项　目	含量	项　目	含量
pH	0.5～2.0	总铁/(mg/L)	30～200
嗅味	刺激性氯臭	溶解性铁/(mg/L)	50
悬浮物/(mg/L)	150～500	铬/(mg/L)	0.03
总固形物/(mg/L)	—	锰/(mg/L)	2.2
总固形物灼烧减量/(mg/L)	350～810	砷/(mg/L)	0.4
总酸度/(mmol/L)	35～150	硫酸盐/(mg/L)	100～216
总硬度/(mmol/L)	6.43～7.86	氯化物/(mg/L)	1400～2500
K^+/(mg/L)	4.25	游离氯/(mg/L)	34
Na^+/(mg/L)	48.1	酚/(mg/L)	10～20
Ca^{2+}/(mg/L)	16～70.72	油/(mg/L)	70～80
Mg^{2+}/(mg/L)	16～99	吡啶/(mg/L)	13
Al^{3+}/(mg/L)	6.0～45.0		

表 10-14　氯气导管冲洗废水水质

项　目	HCl	Cl_2	Cl^-	$MgCl_2$	$CaCl_2$
含量/(mg/L)	1280	21	3890	5190	2780

表 10-15 净气室排出废水水质

项 目	有效氯	$MnCl_2$	$SiCl_4$	$FeCl_3$	$CaCl_2$	$MgCl_2$	$K_2SO_4+Na_2SO_4$
含量/%	0.04	0.02	0.44	0.35	29.4	0.45	0.085

(3) 稀有金属冶炼废水水质 稀有金属冶炼废水量较少，但含有稀有金属，有毒物质含量较高。据不完全统计，我国某些稀有金属冶炼厂冶炼废水水质如表 10-16 所示。

表 10-16 我国某些稀有金属冶炼厂冶炼废水水质

企业名称	项目名称								
	镉	六价铬	砷	铅	石油类	COD	锌	氟	汞
某有色金属冶炼厂	0.000	0.000	0.000	0.000	0.0	19.10	0.00	5.32	0.000
某有色金属冶炼厂	0.010	0.005	0.116	0.048	5.8	0.00	0.27	4.54	0.001
某有色金属冶炼厂	0.000	0.000	0.000	0.000	0.0	0.00	0.00	0.12	0.000
某有色冶炼厂	0.000	0.000	0.000	0.000	0.0	0.00	0.00	28.41	0.000
某单晶硅厂	0.000	0.017	0.000	0.000	0.0	53.89	0.00	0.00	0.000
某硬质合金厂	0.018	0.103	0.140	0.079	32.5	224.10	0.32	30.70	0.017
某硬质合金厂	0.002	0.006	0.016	0.201	0.0	6.42	0.10	0.00	0.002
某半导体材料厂	0.000	0.000	0.000	0.005	0.0	0.00	0.00	0.82	0.000
某半导体材料厂	0.000	0.036	0.048	0.036	0.0	0.00	0.00	3.36	0.000
某半导体材料厂	0.000	0.006	0.000	0.000	0.0	0.00	0.00	0.72	0.000
某钛厂	0.000	0.050	0.000	0.000	0.0	0.00	0.00	0.00	0.000
某稀土公司	0.000	0.000	0.000	0.000	69.9	329.30	0.00	6.90	0.000

(4) 黄金冶炼废水水质 某黄金冶炼厂以载金炭（吸附金后的活性炭）为原材料，加工生产金锭等产品，黄金冶炼生产废水由解吸-电积工序废水、湿法-电解精炼工序废水、酸洗再生工序废水和银渣金银回收工序废水组成。各生产工序废水的污染物浓度如表 10-17 所示，废水量和污染物发生量如表 10-18 所示。

表 10-17 某黄金冶炼厂废水污染物浓度

生产工序	pH	SS /(mg/L)	Cu /(mg/L)	Pb /(mg/L)	Zn /(mg/L)	Cd /(mg/L)	As /(mg/L)	总氰 /(mg/L)
解吸-电积	13.72	195.9	2.447	0.681	0.158	0.025	3.082	2.583
湿法-电解精炼	1.21	113.7	38.15	0.747	2.066	0.025	0.020	0.014
酸洗再生	0.91	439.8	0.201	1.033	0.752	0.081	1.118	0.064

表 10-18 某黄金冶炼厂废水量和污染物发生量

生产工序	废水量 /(m^3/d)	SS /(g/d)	Cu /(g/d)	Pb /(g/d)	Zn /(g/d)	Cd /(g/d)	As /(g/d)	总氰 /(g/d)
解吸-电积	6.0	1175.4	14.68	4.08	0.95	0.15	22.81	17.12
湿法-电解精炼	2.6	295.6	99.19	1.94	5.37	0.07	0.05	0.04
酸洗再生	117.0	51456.6	23.52	120.90	87.98	9.48	130.8	19.19
金银分离并回收	0.15	—	—	—	—	—	—	—
合 计	125.75	52927.6	137.39	126.93	94.30	9.70	153.66	36.35

10.1.3　有色金属工业废水处理技术和工艺流程

10.1.3.1　有色矿山废水处理主要技术和工艺流程

(1) 采矿废水处理主要技术和工艺流程　我国有色金属采矿废水处理技术有：中和凝聚沉淀法、硫化物沉淀法、铁氧体法、金属置换法（氧化还原法）、离子交换法和膜分离法等。其中，中和凝聚沉淀法处理工艺简单，技术成熟，费用较低，效果较好，因而常被选用。

① 中和凝聚沉淀法。众所周知，凝聚沉淀是去除废水中重金属的有效方法。若向重金属废水中投加石灰乳和铁盐（或铝盐）凝聚剂，则在碱性条件下，铁盐（或铝盐）能生成吸附能力很强的絮状胶团。这些胶团不仅能够吸附废水中的重金属离子，而且还能捕集和裹着悬浮的重金属一起沉淀，使废水中的重金属有效地被去除。一般中和凝聚沉淀法工艺流程如图10-1所示。

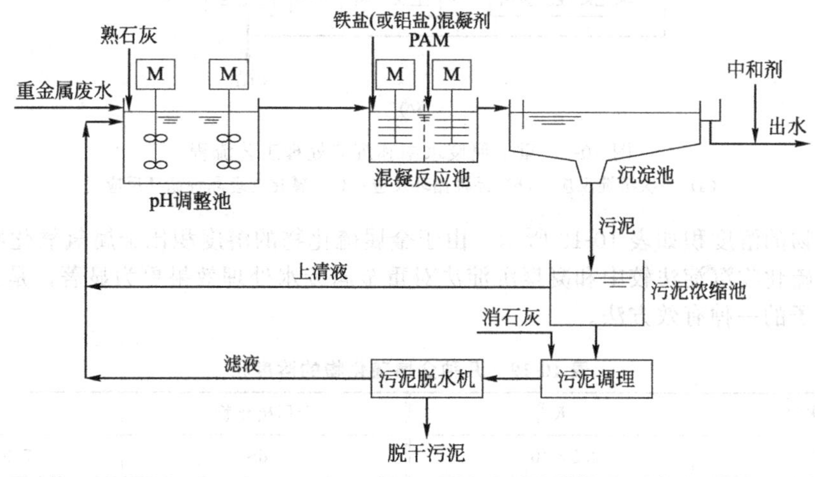

图10-1　中和凝聚沉淀法工艺流程

有色矿山废水处理中往往有多种重金属离子，而不同的重金属离子生成氢氧化物沉淀的pH不尽相同。为此，对于含有多种重金属的矿山废水宜采用分步沉淀处理。例如，当废水中同时含有锌和镉时，Zn^{2+}在pH 9左右条件下形成的$Zn(OH)_2$溶解度最低，而Cd^{2+}在pH 10.5～11时沉淀效果最好。锌是两性化合物，当pH 10.5～11时，锌以亚锌酸的形式再溶解于废水中，因此对此类废水，应先调整pH 9左右，沉淀去除$Zn(OH)_2$，而后再将pH提高到11左右，再沉淀去除氢氧化镉。此外，重金属离子和OH^-不仅可以生成氢氧化物沉淀，而且还能生成各种可溶性羟基络合物。在与金属氢氧化物呈平衡状态的饱和溶液中，不仅有游离的重金属离子，而且有各种羟基络合物，这些都会参与沉淀-溶解平衡。当采用中和凝聚沉淀法时，如废水碱性过高时，某些氢氧化物沉淀又可能形成各种羟基络合物而溶解。因此，要严格控制和保持处理废水最佳pH。

去除废水中重金属的中和反应可采用一次沉淀反应、晶种循环反应和碱化处理晶种循环反应三种处理工艺流程，如图10-2所示。一次沉淀反应是将重金属废水引入反应槽中，加入沉淀生成剂（中和剂和凝聚剂）混合搅拌反应，而后流入沉淀池进行固液分离。这种方法形成的沉淀物常为微晶结核，絮体沉降速度慢，且含水率较高，但处理流程较简单。晶种循环反应是向处理系统中投加良好的沉淀晶种（回流污泥），促使形成良好的结晶沉淀，沉降速度快，含水率较低，但需增加污泥循环系统。碱化处理晶种循环反应是在主反应槽前增设一个沉淀物碱化处理反应槽，定时将碱化剂投加到该反应槽中，生成碱性泥浆。在主反应槽内碱性泥浆与重金属废水混合反应，可以提高后续沉降效果。将沉淀池底部的部分浓缩污泥再返回到碱化处理反应槽，形成了碱化晶种循环，可减少碱化剂用量，但处理流程较复杂。

② 硫化物沉淀法。硫化物沉淀法是在重金属废水中投加硫化物（硫化钠、硫化氢等），使废水中的重金属离子与硫离子反应，生成难溶的金属硫化物，经沉淀去除重金属离子的一种方法。

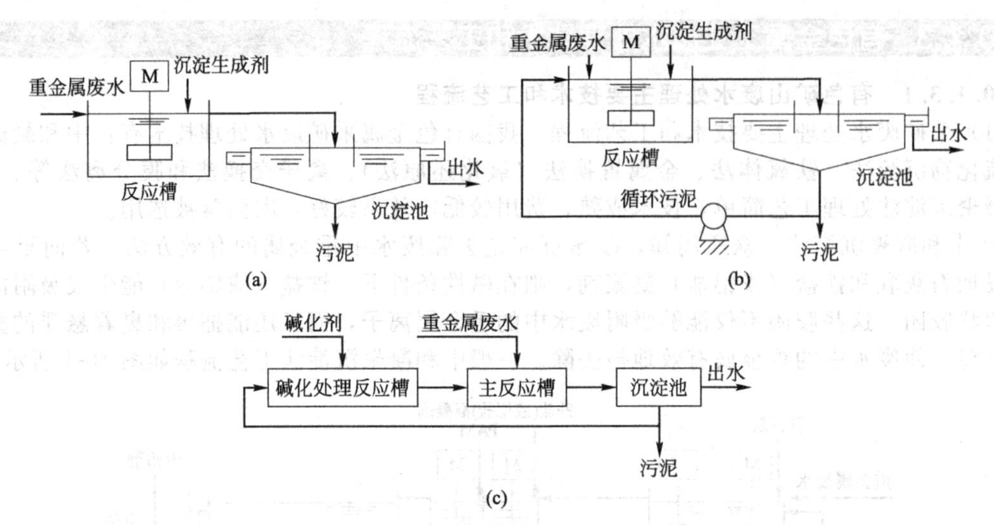

图 10-2 重金属废水中和沉淀处理工艺流程

(a) 一次沉淀反应；(b) 晶种循环反应；(c) 碱化处理晶种循环反应

几种金属硫化物的溶度积如表 10-19 所示。由于金属硫化物的溶度积比金属氢氧化物的溶度积小得多，所以，硫化物沉淀法较中和凝聚沉淀法对重金属废水处理效果更为显著，是去除废水中溶解性重金属离子的一种有效方法。

表 10-19 几种金属硫化物的溶度积

金属硫化物	K_{sp}①	金属硫化物	K_{sp}①
MnS	2.5×10^{-13}	CdS	7.9×10^{-27}
FeS	3.2×10^{-18}	PbS	8.0×10^{-28}
NiS	3.2×10^{-19}	CuS	6.3×10^{-36}
CoS	4.0×10^{-21}	Hg_2S	1.0×10^{-45}
ZnS	1.6×10^{-24}	AgS	6.3×10^{-50}
SnS	1.0×10^{-25}	HgS	4.0×10^{-53}

① K_{sp}为金属硫化物溶度积（无单位）。

在应用硫化物沉淀法去除废水中的重金属离子时，通常为了保证完全去除重金属污染物，需加入过量硫化钠，但在反应过程中常常会伴随生成硫化氢气体，易造成二次污染，这在一定程度上限制了该方法的广泛应用。

（2）选矿废水处理主要技术和工艺流程　选矿废水处理应优先考虑尾矿水回用，减少废水排放量和选矿药剂用量等。我国有色金属选矿废水处理技术有中和沉淀法、混凝沉淀法、自然沉淀法、活性炭吸附、离子交换法、浮上分离法、生物氧化法等。

① 中和沉淀法和混凝沉淀法。视矿石类型和选矿工艺的不同，在铜、铅、锌、银等有色金属矿选矿过程中产生的废水，常呈酸性或碱性，因此采用中和沉淀池是选矿废水经常采用的方法之一。按不同的选矿条件，一般宜以废治废，即将碱性选矿废水与酸性矿山废水混合，调节废水 pH 进行中和沉淀处理，以去除选矿废水中的重金属污染物。

混凝沉淀法广泛地应用于金属浮选选矿废水处理中。常采用硫酸铝、氯化铁等凝聚剂和聚丙烯酰胺（PAM）高分子絮凝剂，在凝聚剂的电中和、压缩双电层，以及絮凝剂的吸附架桥共同作用下，采用混凝沉淀法处理选矿废水可取得显著的沉淀效果。含有铜等污染物的有色矿坑废水中和沉淀法处理工艺流程如图 10-3 所示。

② 自然沉淀法。自然沉淀法是充分利用选矿尾矿坝面积大的自然条件，将选矿废水贮存在

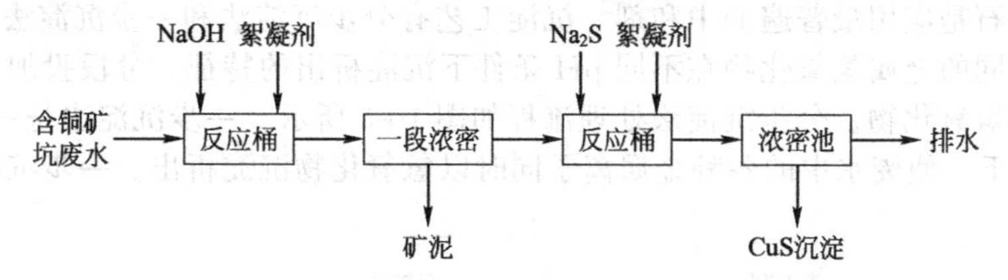

图 10-3 含铜有色金属矿坑废水中和沉淀法处理工艺流程

尾矿池、尾矿场中，进行自然沉淀处理。这种自然沉淀法可综合利用天然降水的稀释作用、选矿药剂等污染物在自然条件下的水解作用、废水中多种颗粒物质互相影响与絮凝以及自然氧化的生化作用进行处理。有色金属矿坑废水自然沉淀-混凝沉淀法处理工艺流程如图 10-4 所示。

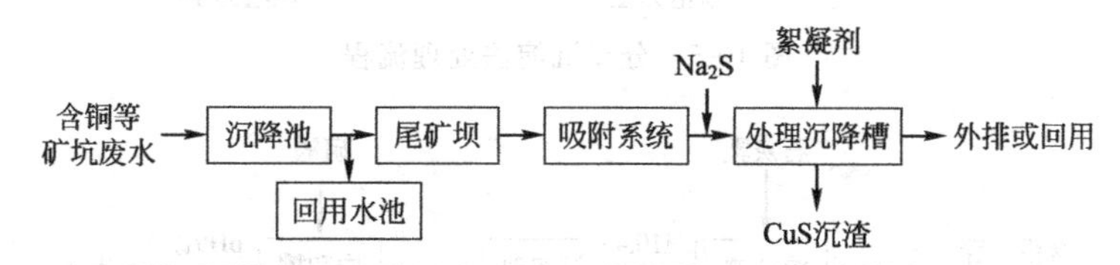

图 10-4 含铜有色金属矿坑废水自然沉淀-混凝沉淀法处理工艺流程

③ 浮上分离法。有色金属矿山选矿废水处理采用的浮上分离法有沉淀浮上法和离子浮上法等。

沉淀浮上法是使用相应抑制剂，使需要去除的选矿废水中的重金属离子暂时沉淀，而后再投加活化剂和捕集剂，使其上浮进行回收的方法。这是近年来国内外较为广泛应用的重金属离子选矿废水处理方法。例如，在处理含镉和锌的废水中投加硫化钠（Na_2S）生成沉淀，再用捕集剂 ODAA（十八烷基乙酸铵）进行上浮分离可得到较为理想的处理效果。采用沉淀浮上法同时去除镉和锌的试验结果如表 10-20 所示。

表 10-20 沉淀浮上法同时去除镉和锌的试验结果

硫化钠浓度/(mg/L)	ODAA 浓度/(mg/L)	pH	镉浓度/(mg/L)			锌浓度/(mg/L)		
			处理前	处理后	去除率/%	处理前	处理后	去除率/%
10	100	8.5	5	0.2	96	10	0.37	96.3
20	50	8.5	5	0.034	99.8	10	0.07	99.3
30	100	8.5	5	0.001	99.98	10	0.035	99.35
40	100	8.5	5	<0.001	>99.98	10	0.1	99

离子浮上法是利用表面活性物质在气-液界面形成吸附的一种方法。在含有金属的废水中，加入具有与它相反电荷的捕集剂，以生成水溶性的络合物或不溶性的沉淀物，使其黏附在气泡上，进而上浮到水面，形成泡沫（浮渣）进行回收。离子浮上法所选用的捕集剂必须是在废水中呈离子状态，并且对拟去除的金属离子具有选择性吸附作用。例如，以黄原酸酯为捕集剂采用离子浮上法处理含镉废水；以明胶与废水中的 Cu^{2+} 反应形成的水溶性起沫络合物，采用离子浮上法处理含 Pb 废水等。采用离子浮上法时应注意和应对因剩余的捕集剂所产生的异味、出水 COD 值增高以及引起泡沫等负面影响问题。

10.1.3.2 重有色金属冶炼废水处理主要技术和工艺流程

重有色金属冶炼废水处理技术有氢氧化物沉淀法、硫化物沉淀法、药剂氧化法、电解法、离子交换法和铁氧体法等。其中，以氢氧化物沉淀法使用最为普遍。当废水中只有单一重金属离子存在并且具有回收价值时，可采用电解还原法或离子交换法。

（1）氢氧化物中和沉淀法 氢氧化物中和沉淀法是指在重有色金属冶炼废水中投加中和剂（石灰、石灰石、碳酸钠等），金属离子与氢氧根反应，生成难溶的金属氢氧化物沉淀而分离去除。石灰和石灰石是应用最普遍的中和剂。沉淀工艺有分步沉淀法和一步沉淀法两种方式。分步沉淀法是利用不同的金属氢氧化物在不同 pH 条件下沉淀析出的特征，分段投加石灰乳，依次沉淀回收各种金属氢氧化物。分步沉淀法处理流程如图 10-5 所示。一步沉淀法是一次投加石灰乳，在较高 pH 条件下，使废水中的各种金属离子同时以氢氧化物沉淀析出。一步沉淀法处理流程如图 10-6 所示。

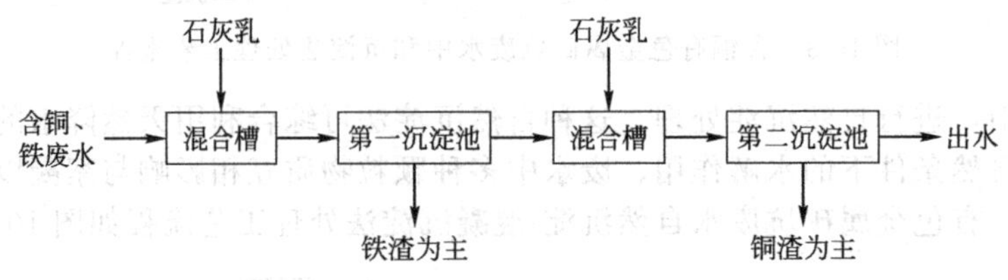

图 10-5　分步沉淀法处理流程

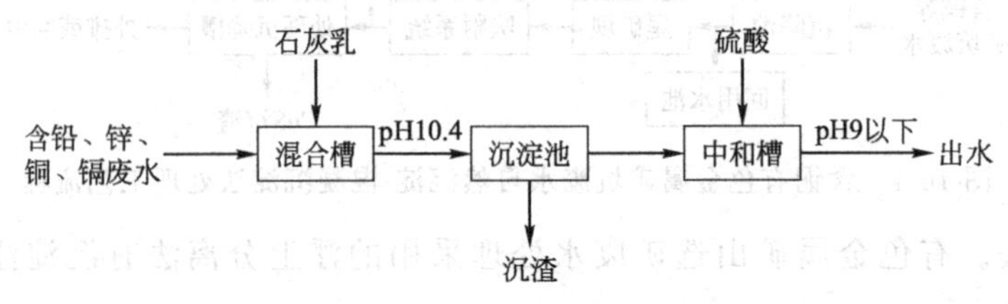

图 10-6　一步沉淀法处理流程

采用氢氧化物沉淀法处理有色重金属冶炼废水具有处理流程简单、处理成本低廉、操作管理方便等特点。但是采用石灰中和剂时，产生的沉渣量大。对沉渣应妥善处理处置，以避免造成二次污染。

(2) 电解法　采用电解法可以回收有价值的重金属。处理含铬废水时，采用铁板作电极，在直流电作用下，铁阳极溶解的 Fe^{2+} 使 Cr^{6+} 还原为 Cr^{3+}，其反应如式 (10-1) ～式 (10-3) 所示。

$$Fe-2e^- \longrightarrow Fe^{2+} \tag{10-1}$$

$$Cr_2O_7^{2-}+6Fe^{2+}+14H^+ \longrightarrow 2Cr^{3+}+6Fe^{3+}+7H_2O \tag{10-2}$$

$$Cr_2O_7^{2-}+3Fe^{2+}+14H^+ \longrightarrow 2Cr^{3+}+3Fe^{3+}+7H_2O \tag{10-3}$$

阴极主要为氢离子放电，析出氢气。由于阴极不断析出氢气，废水逐渐由酸性变成碱性。pH 由 4.0～6.5 提高至 pH 7～8，生成三价铬及三价铁的氢氧化物沉淀。电解法处理含铬废水技术参数如表 10-21 所示。

表 10-21　电解法处理含铬废水技术参数

废水中六价铬的质量浓度/(mg/L)	槽电压/V	电流浓度/(A/L)	电流密度/(A/dm²)	电解时间/min	食盐投加量/(g/L)	pH
25	5～6	0.4～0.6	0.2～0.3	20～10	0.5～1.0	6～5
30	5～6	0.4～0.6	0.2～0.3	25～15	0.5～1.0	6～5
75	5～6	0.4～0.6	0.2～0.3	30～25	0.5～1.0	6～5
100	5～6	0.4～0.6	0.2～0.3	35～30	0.5～1.0	6～5
125	6～8	0.6～0.8	0.3～0.4	35～30	1.0～1.5	5～4
150	6～8	0.6～0.8	0.3～0.4	40～35	1.0～1.5	5～4
175	6～8	0.6～0.8	0.3～0.4	45～40	1.0～1.5	5～4
200	6～8	0.6～0.8	0.3～0.4	50～45	1.0～1.5	5～4

采用电解法时，在电解槽中投加一定量食盐，可提高电解质电导率，防止电极钝化，降低槽电压及电耗。在进水中加酸，可以提高电流效率，改善沉淀效果。通入压缩空气，可防止沉淀物

在槽内沉淀，并能加速电解反应速率。

电解法处理技术成熟、可靠、操作简单，劳动条件较好。但是，需定期更换极板，钢材耗量大。在一定的酸性介质中，氢氧化铬有可能被重新溶解引起二次污染。如投加食盐电解质，出水氯离子含量高，对环境有一定的危害。

除铝以外的其他金属离子（如 Ag^+、Cu^{2+}、Ni^{2+} 等）采用电解法处理时可在阴极放电沉积，予以回收；或用铝（铁）作阳极，用电凝聚法形成浮渣予以去除。

(3) 离子交换法　重有色金属含铬废水采用离子交换法处理回收较为普遍，处理流程如图10-7所示。

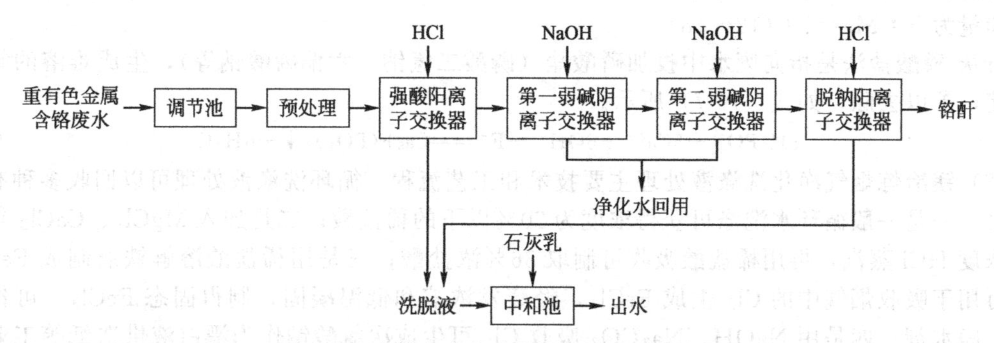

图10-7　含铬废水离子交换法处理回收流程

含铬废水先通过强酸阳离子交换器，去除废水中的Cr（Ⅲ）及其他金属离子。当pH下降至2～3时，水中Cr（Ⅵ）则以 $Cr_2O_7^{2-}$ 形态存在。而后再进入第一和第二弱碱阴离子交换器，吸附交换废水中的 $Cr_2O_7^{2-}$。当离子交换反应达到终点即进行再生。阳离子交换器与阴离子交换器分别用HCl与NaOH溶液再生。

为了回收铬酐，阴离子再生洗液需经脱钠阳离子交换器（氢型阳离子交换器）处理，其反应如式(10-4)所示。强酸性阳离子交换树脂失效后用盐酸再生，其反应如式(10-5)所示。

$$4RH + 2Na_2CrO_4 \rightleftharpoons 4RNa + H_2Cr_2O_7 + H_2O \tag{10-4}$$

$$RNa + HCl \rightleftharpoons RH + NaCl \tag{10-5}$$

重有色金属含铬废水采用离子交换法处理可以回收铬酐，处理后出水水质较好，可重复使用，但是所需处理设备较多，操作管理要求比较严格。

10.1.3.3　轻有色金属冶炼废水处理主要技术和工艺流程

(1) 铝冶炼废水处理主要技术和工艺流程　铝冶炼生产过程需要处理的废水主要是浓度较低、无回收价值的含氟废水。

含氟废水处理方法有混凝沉淀法、吸附法、离子交换法、电渗析法及电凝聚法等。其中，以混凝法（石灰石法、石灰-铝盐法、石灰-镁盐法等）应用较为普遍。一般吸附法用于深度处理。

① 石灰法。石灰法的原理是，向废水中投加石灰乳，使钙离子与氟离子反应，生成氟化钙沉淀而被除去，其反应如式(10-6)所示。

$$Ca^{2+} + 2F^- \rightleftharpoons CaF_2 \downarrow \tag{10-6}$$

当温度为18℃时，氟化钙在水中的溶解度为16mg/L，则含氟量为7.7mg/L，因此，石灰法除氟能达到的理论极限值为8mg/L。一般处理后出水氟含量为10～30mg/L。石灰法处理含氟废水效果如表10-22所示。

表10-22　石灰法处理含氟废水效果

项目	氟含量/(mg/L)			
进水	1000～3000	1000～3000	500～1000	500
出水	20	7～8(沉淀24h)	20～40	8

除石灰以外，如有条件时，亦可用电石渣代替石灰乳除氟，其处理效果与石灰法类似。这是一种以废治废的措施，处理成本较低，且沉渣易沉淀和脱水。在 pH＞8 时，在石灰法处理的同时投加氯化钙，则可取得较好的处理效果，但会增加处理药剂费用。

② 石灰-铝盐法、石灰-镁盐法、石灰-磷酸盐法。石灰-铝盐法是指向废水中投加石灰乳，调整 pH 至 6～7.5，然后投加硫酸铝或聚合氯化铝，生成氢氧化铝絮体，吸附水中的氟化钙结晶及氟离子，而后沉淀去除。这种方法的除氟效果与投加铝盐量成正比。

石灰-镁盐法是指向废水中投加石灰乳，调整 pH 至 10～11，然后投加镁盐（硫酸镁、氯化镁、灼烧白云石等），生成氢氧化镁絮体，吸附水中的氟化镁和氟化钙，而后沉淀去除。一般镁盐投加量为 F∶Mg＝1∶(12～18)。

石灰-磷酸盐法是指向废水中投加磷酸盐（磷酸二氢钠、六偏磷酸钠等），生成难溶的氟磷灰石沉淀，予以去除，如式 (10-7) 所示。

$$3H_2PO_4^- + 5Ca^{2+} + 6OH^- + F^- \rightleftharpoons Ca_5F(PO_4)_3 \downarrow + 6H_2O \tag{10-7}$$

(2) 镁冶炼烟气净化洗涤液处理主要技术和工艺流程　循环洗涤液处理可以回收多种有用的副产品。一是一般循环水洗涤可获得浓度为 20%以下的稀盐酸；二是加入 $MgCl_2$、$CaCl_2$ 等能获得高浓度 HCl 蒸汽，再用稀盐酸吸收可制取 36%浓盐酸；三是用稀盐酸溶解铁屑制成 $FeCl_3$ 溶液，可用于吸收烟气中的 Cl_2 生成 $FeCl_3$，经蒸发浓缩和低温凝固，制得固态 $FeCl_3$，可作为防水剂、净水剂；四是用 NaOH、Na_2CO_3 吸收 Cl_2 可生成次氯酸钠作为漂白液供造纸等工业生产使用。当这些综合利用产品不能实现时，则可对洗涤液采用中和法处理达标排放。

(3) 镁冶炼煤气发生站含酚废水处理主要技术和工艺流程　煤气发生站含酚废水水质和处理方法因煤种、汽化设备、生产工艺和操作条件而异，不能一概而论。某以烟煤为原料的煤气发生站竖管和洗涤塔废水水质如表 10-23 所示。

表 10-23　煤气发生站竖管和洗涤塔废水水质

项　目	竖管废水	洗涤塔废水	项　目	竖管废水	洗涤塔废水
TDS/(mg/L)	38268.0	28557.0	NH_3-N	2826.6	2712.3
SS/(mg/L)	2218.0	2080.0	P	21.0	14.0
溶解盐固体/(mg/L)	36050.0	26477.0	硫化物	51.0	83.4
挥发酚/(mg/L)	2705.4	2408.9	Ca^{2+}	309.5	187.6
油/(mg/L)	1170.0	964.0	SO_4^{2-}	17500.0	13750.0
溴化物/(mg/L)	8204.9	8449.6	Cl^-	542.4	852.0
COD/(mg/L)	21754.5	22105.4	pH	7.5	7.5
CN^-/(mg/L)	11.2	66.7			

煤气发生站废水水量大，应在清浊分流基础上，对含酚废水循环使用。但是，为了确保循环水系统能正常运行，一般应为活水循环，即从循环水系统排出一部分水，用新鲜水予以补充，以改善循环水水质。循环水排水水质复杂，废水中含有大量酚、焦油、SS、NH_3-N、CN^- 等有害有毒物质，需经处理后方可排放。一般煤气发生站的含酚废水 BOD_5/COD 比值为 0.45～0.50，可生化性较好，宜采用生物法进行处理。但是，在废水进入生物处理单元之前需进行预处理，以减轻 SS 和焦油等对生物处理单元发挥正常功能的影响。

竖管和洗涤塔排出的废水预处理方法主要有酸化混凝破乳气浮法、酸化混凝破乳净化法和盐析破乳混凝沉淀法。

酸化混凝破乳净化法主要是采用硫酸废液进行酸化破乳，生成的絮凝体用焦油渣吸附下沉，处理流程如图 10-8 所示。此法对 SS 的去除率为 85%～96%，油的去除率为 27%左右。

酸化混凝破乳气浮法是控制废水 pH 为 3.5～4.5，采用压力溶气气浮法去除 SS 和浮油，一

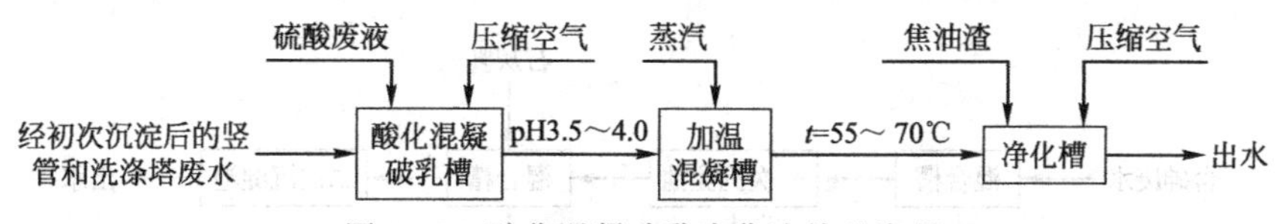

图10-8 酸化混凝破乳净化法处理流程

般SS去除率为80%～95%。

盐析破乳混凝沉淀法是在废水中加入钙盐破乳，同时加入硫酸铝和活化硅酸钠（水玻璃）进行混凝沉淀，试验表明效果较好。一般SS去除率为90%以上，油去除率为80%以上。

经预处理可去除大部分SS和油，但对酚的去除率仍很低，因此，将经预处理后的出水返回到（全厂）循环水系统，以改善其水质；或经稀释再经生物处理。

煤气站含酚废水生物处理方法常采用活性污泥法、生物接触氧化法等，但以采用活性污泥法为多。当经生物处理后出水水质仍达不到排放要求时，应进一步深度处理。采用的深度处理技术宜根据进出水水质要求，经过试验和技术经济比较后予以确定。

10.1.3.4 稀有色金属冶炼废水处理主要技术和工艺流程

稀有色金属冶炼废水大都采用清浊分流。对生产工艺过程中产生的有害物质含量高的母液，一般采用蒸发浓缩法，回收其中的有用物质，如从钨母液中回收氟化钙，从钼母液中回收氯化铵，等等。对必须排放的少量废水，根据废水水质不同，分别投加石灰、NaOH、$FeCl_3$、$FeSO_4$、$Al_2(SO_4)_3$等化学药剂，采用化学法处理。离子交换和活性炭吸附常用于最终处理。而生物处理一般用于含有大量有机污染物而稀有金属浓度较低的废水处理，并且还应严格控制废水中稀有金属含量不能对生物处理产生不利影响。

（1）稀土含砷废水处理主要技术和工艺流程

① 化学沉淀处理法。对含砷及其化合物废水，化学沉淀是应用较广泛的处理方法。其中以氢氧化铁共沉处理法和不溶性盐类共沉处理法效果显著。

含砷废水中所含有的砷多以砷酸或亚砷酸的形态存在，单纯使用中和处理不能取得良好的去除效果。由于氢氧化物具有良好的吸附性能，利用它的这一性质能够取得较高的共沉效果。而氢氧化铁比其他金属氢氧化物具有更高的吸附性能，因此常使用氢氧化铁处理含砷废水。考虑到含砷废水中含有其他金属，存在某些干扰因素，采用砷铁比（原水中砷的浓度与投加的铁盐浓度之比As/Fe）大于5，pH 6.9～9.5，处理水砷的残留浓度一般可为0.5mg/L以下。氢氧化铁共沉法亦存在弊端。一是为了获得较好的去除废水中砷的效果，必须采用较高的砷铁比，铁的投加量大；二是处理过程中产生大量含砷污泥，难以处理处置，易于造成二次污染。

除铁盐以外，砷还能够与多数金属离子（如钙盐、铝盐、镁盐）形成难溶化合物，从而获得去除废水中砷的效果。同时所产生的污泥量较少。

此外，由于亚砷酸盐的溶解度一般均高于砷酸盐，因此，在进行化学沉淀法处理前，应将溶解度高的亚砷酸盐氧化成为砷酸盐，以此作为氢氧化铁共沉处理法的前处理。

② 石灰法。石灰法是在含砷废水中投加石灰乳，使其与亚砷酸根或砷酸根离子反应，生成难溶的亚砷酸钙或砷酸钙沉淀，而达到去除废水中砷的效果，其反应如式（10-8）、式（10-9）所示。含砷废水石灰法处理流程如图10-9所示。石灰法一般用于含砷量较高的酸性废水。该法处理流程简单，成本较低。但对三价砷的处理效果差，沉渣量大，随之带来沉渣处理处置问题，且由于砷酸钙和亚砷酸钙沉淀物在水中的溶解度高，易再次造成二次污染。

$$3Ca^{2+}+2AsO_3^{3-} \longrightarrow Ca_3(AsO_3)_2\downarrow \tag{10-8}$$

$$3Ca^{2+}+2AsO_4^{3-} \longrightarrow Ca_3(AsO_4)_2\downarrow \tag{10-9}$$

③ 石灰-铁盐法。石灰-铁盐法是利用亚砷酸盐与砷酸盐能与铁、铝等金属形成稳定的络合物，并与铁、铝等金属氢氧化物吸附共沉的特点，以去除废水中的砷。石灰-铁盐法反应如式（10-10）～式（10-12）所示。石灰-铁盐法处理流程如图10-10所示。

$$2FeCl_3+3Ca(OH)_2 \longrightarrow 2Fe(OH)_3+3CaCl_2\downarrow \tag{10-10}$$

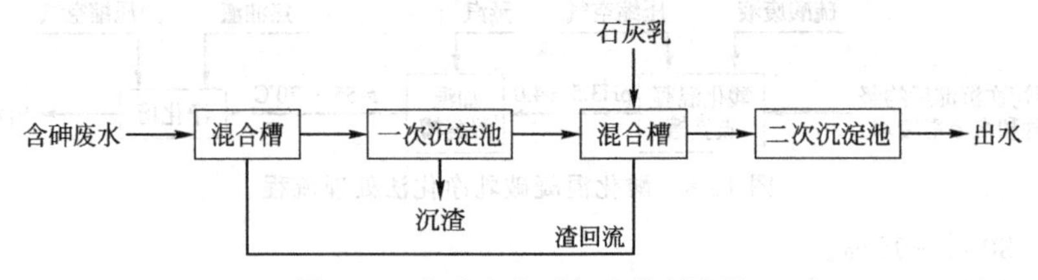

图 10-9　含砷废水石灰法处理流程

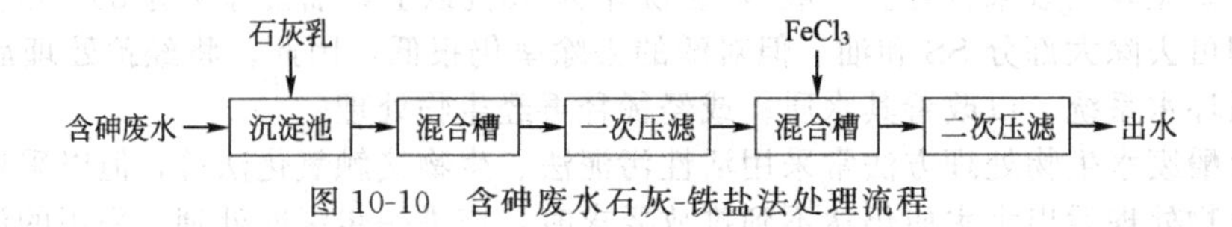

图 10-10　含砷废水石灰-铁盐法处理流程

$$AsO_4^{3-}+Fe(OH)_3 \rightleftharpoons FeAsO_4+3OH^- \qquad (10\text{-}11)$$

$$AsO_3^{3-}+Fe(OH)_3 \rightleftharpoons FeAsO_3+3OH^- \qquad (10\text{-}12)$$

式（10-11）和式（10-12）是可逆反应，当 $pH>10$ 时，砷酸根及亚砷酸根离子与氢氧根置换，使部分砷反溶于水中，因此，石灰-铁盐法的反应终点宜控制 $pH<10$。又由于 $Fe(OH)_3$ 吸附五价砷的 pH 范围较三价砷大，且所需 As/Fe 较小，因此，在凝聚处理之前，先将亚砷酸盐氧化成砷酸盐，可改善除砷效果。

石灰-铁盐法一般用于含砷量较低、接近中性或弱碱性的含砷废水处理。该法除砷效果好，处理流程简单，操作方便，但所产生的砷渣过滤难度较大。

④ 硫化法。硫化法是在酸性条件下砷以阳离子形式存在于废水中，当加入硫化剂和 PAM 凝聚剂后，经混合反应后砷离子与硫化物生成难溶的 As_2S_3，而后在沉淀中沉淀分离，以去除废水中的砷。硫化法处理效果较好。但硫化物沉淀需在酸性条件下进行，否则沉淀物难以过滤。此外，在处理后出水中有剩余硫离子存在，需进一步处理后方可排放。

(2) 稀土放射性镭废水处理主要技术和工艺流程。

稀土放射性镭废水处理技术有二氧化锰吸附法、石灰沉渣回流处理法等。

① 二氧化锰吸附法。二氧化锰吸附法处理放射性镭废水应用最多的是软锰矿吸附法。软锰矿是一种天然材料，来源广而易得，适合处理碱性含镭废水。

以软锰矿吸附废水中镭的过程属于金属氧化物的吸附过程。软锰矿中的二氧化锰与废水接触时，软锰矿表面水化，形成水合二氧化锰，它带有氢氧基。在碱性条件下氢氧基能离解，被离解出来的氢离子成为可交换离子，与碱性废水中的镭进行阳离子交换，从而去除镭离子。

② 石灰沉渣回流法。石灰沉渣回流法的原理是，由于低放射性废水核素质量浓度往往是微量的，所以其氢氧化物、硫酸盐、碳酸盐、磷酸盐等化合物的浓度远小于溶解度，它们不能单独地从废水中析出沉淀，而是要通过与其常量稳定同位素，或化学性质近似的常量稳定元素的同类盐发生同晶、混晶共沉淀从废水中除去，也可以通过凝聚体的物理与化学吸附而从废水中除去。

某有色冶金设计院提出的石灰沉渣回流法处理含镭废水工艺流程如图 10-11 所示。工程运行表明，采用石灰沉渣回流法处理铀矿山含镭废水是可行的，处理出水的有害元素含量均可符合相关的国家排放标准。处理出水水质如表 10-24 所示。

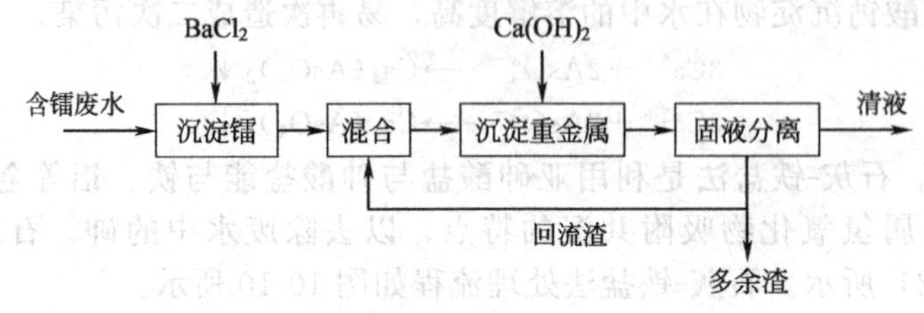

图 10-11　含镭废水石灰沉渣回流法处理流程

表 10-24　某含镭废水石灰沉渣回流法处理结果

运行时间/h	出水中的金属离子浓度/(mg/L)							浊度/NTU
	U	Ra/(Bq/L)	Pb	Zn	Cu	Cd	Mn	
0～24	0.005	1.49×10^{-1}	0.063	0.090	0.016	0.000	0.050	2.3
24～48	0.000	1.25×10^{-1}	0.063	0.150	0.026	0.003	0.000	0
48～72	0.001	1.49×10^{-1}	0.073	0.193	0.013	0.003	0.070	0.7
72～96	0.000	1.74×10^{-1}	0.090	0.200	0.000	0.000	0.170	5.5
96～120	0.000	1.67×10^{-1}	0.000	0.256	0.006	0.000	0.180	5.3
120～144	0.000	1.78×10^{-1}	0.050	0.310	0.010	0.000	0.013	5.8
144～168	0.000	1.7×10^{-1}	0.040	0.220	0.000	0.000	0.000	5.8

此外，放射性镭废水处理技术还有重晶石法等。沸石、树脂、其他天然吸附剂、乳蒙脱土、垤石、泥煤矿或表面活性剂亦可以从废水中吸附分离镭。

(3) 稀土低浓度酸性废水主要处理技术和工艺流程　对低浓度酸性废水应进行中和处理。如有条件首先考虑以废治废，将该部分废水用于其他废水处理的中和剂。当不具备综合利用条件时则采用中和剂处理。常用的碱性中和剂有以下几种。

① 碱性矿物，如石灰石（$CaCO_3$）、大理石（$CaCO_3$）、白云石（$CaCO_3\cdot MgCO_3$）、石灰（CaO）。

② 碱性废渣，如电石渣[含 $Ca(OH)_2$]、石灰软水站废渣（含 $CaCO_3$）、炉灰渣（含 CaO、MgO）、硼泥渣[含 $Ca(OH)_2$]、碱性耐火泥（含 MgO、SiO_2 等）。

③ 其他碱性剂，如 NaOH、Na_2CO_3、NH_4OH。

在诸多碱性中和剂中，石灰来源广、价廉、使用普遍，但劳动卫生条件较差，配制石灰乳所需设备较多，沉渣量大。碱性废渣或含 NaOH 和 Na_2CO_3 等碱性废液价格低廉，以废治废，可综合利用，如有条件应优先选用。而工业用 NaOH、Na_2CO_3 等成分均匀，易于贮存和投加，操作条件较好，但价格较贵，一般在大中型低浓度酸性废水处理中很少采用。

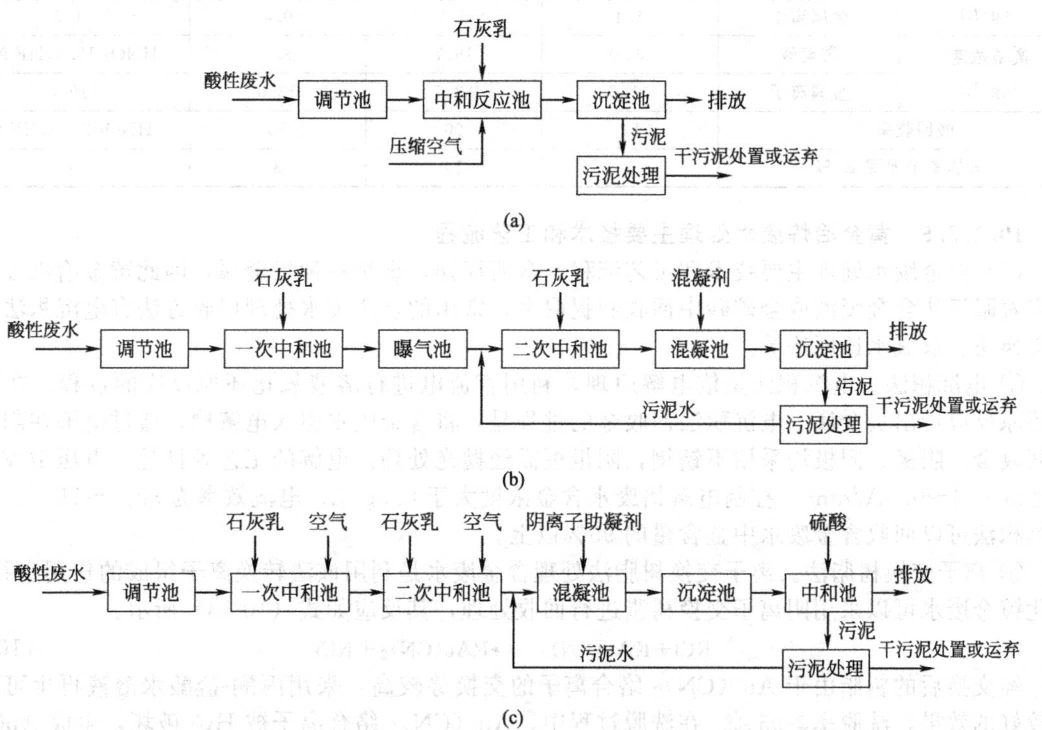

图 10-12　稀土低浓度酸性废水石灰中和法处理流程

(a)一次中和法；(b)二次中和法；(c)三次中和法

稀土低浓度酸性废水石灰中和法的处理流程如图 10-12 所示。一次中和法设备少，操作方便，使用较为广泛，但是药剂投加量难以控制，处理效果较差。二次中和法一般适用于废水 pH 较低、含二价铁盐较多的酸性废水处理。三次中和法一般适用于废水 pH 较低、变化较大且含有多种金属离子的酸性废水处理。

除石灰中和法以外，还有以石灰石或白云石为中和滤料，采用过滤中和法处理含酸量较少（硫酸＜2g/L）的酸性废水，但如果此类酸性废水中含有大量 SS、油、重金属盐类和其他有毒有害物质时，不宜采用。过滤中和法的处理设备有普通中和滤池、等速升流膨胀中和滤池、变速升流膨胀中和滤池和卧式滚动过滤器等。

(4) 稀土高浓度酸碱废水主要处理技术和工艺流程　对高浓度酸碱废水应首先考虑回收废水中的酸碱，以实现资源利用，减少环境污染。通常采用的回收处理方法有浓缩法、置换回收法、制备盐类法等。但是，从回收利用角度考虑，最为有效的方法是膜分离技术。20 世纪末期，用阴离子交换膜扩散渗析法处理各类酸碱废水的工艺技术逐渐得到了生产性应用。在稀土高浓度酸碱废水应用膜渗析分离净化后，不仅可以回收酸碱循环使用，而且可从残液中回收有用金属。扩散渗析法设备较简单，投资较少，能耗低。扩散渗析法回收酸的实例如表 10-25 所示。

表 10-25　扩散渗析法回收酸的实例

酸的种类		H_2SO_4	HCl	HNO_3	HNO_3-HF
共存盐		$FeSO_4$	$FeCl_2$	$Al(NO_3)_3$	Fe
温度/℃		25	40	25	30
处理量/(L/h)	原液	0.6	1.0	1.0	0.9
	水	0.59	1.05	1.00	0.90
原液浓度/(g/L)	游离酸	192.0	162.0	92.0	HNO_3 150.0，HF 24.0
	金属离子	44.0	40.0	13.0	20
回收酸浓度/(g/L)	游离酸	166.0	143.3	87.2	HNO_3 131.0，HF 14.0
	金属离子	1.4	5.1	0.4	1.6
废液浓度/(g/L)	游离酸	39.0	15.7	8.8	HNO_3 15.5，HF 9.9
	金属离子	41.6	33.7	12.0	19.0
酸回收率/%		82	90	90	HNO_3 90.0，HF 60
金属离子泄漏率/%		3	13	3	8

10.1.3.5　黄金冶炼废水处理主要技术和工艺流程

(1) 含金废水处理主要技术和工艺流程　众所周知，金是一种贵金属，因此黄金冶炼废水处理应着眼于从含金废液或金矿砂中回收和提取金，常用的含金废水处理回收方法有电沉积法、离子交换法、双氧水还原法等。

① 电沉积法。电沉积法是依电解原理，利用直流电进行溶液氧化还原反应的过程，在阴极上还原反应析出贵金属。电沉积法回收金的过程是，将含金废水引入电解槽，通过电解在阴极沉积回收金。阴极、阳极均采用不锈钢，阴极板需经抛光处理。电解的工艺条件是，电压 10V，电流密度 0.3～0.5A/dm^2，控制电解槽废水含金浓度大于 0.5g/L，电流效率为 30%～75%。采用电沉积法可以回收含金废水中金含量的 95%以上。

② 离子交换树脂法。离子交换树脂法处理含金废水是利用该法转换离子组成的作用进行的。氰化镀金废水可以采用阴离子交换树脂进行回收处理，其反应如式（10-13）所示。

$$RCl+KAu(CN)_2 \longrightarrow RAu(CN)_2+KCl \tag{10-13}$$

经交换后的树脂由于 Au $(CN)_2$ 络合离子的交换势较高，采用丙酮-盐酸水溶液再生可以得到较好的效果，洗脱率＞95%。在洗脱过程中，Au $(CN)_2$ 络合离子被 HCl 破坏，生成 AuCl 和 HCN，进而 HCN 被丙酮破坏，AuCl 溶于丙酮中，而后采用蒸馏法回收丙醇，AuCl 沉淀析出，再经过灼烧回收黄金。

③ 双氧水还原法。在无氰含金废水中，金有时以亚硫酸金络合阴离子形式存在。而双氧水对金是还原剂，对亚硫酸根则是强氧化剂。因此，当在无氰含金废水中加入双氧水时，亚硫酸络合离子被迅速破坏，同时使金得到还原，其反应如式（10-14）所示。

$$Na_2Au(SO_3)_2+H_2O_2 \longrightarrow Au\downarrow+Na_2SO_4+H_2SO_4 \quad (10\text{-}14)$$

双氧水还原法一般投药比为 Au∶H_2O_2＝1∶(0.2～0.5)，加热 10～15min 使过氧化氢反应完全从而析出金。

（2）含氰废水处理主要技术和工艺流程　氰化物是黄金冶炼废水的主要特征污染物之一，含氰废水处理常用的方法有酸化曝气-碱液吸收法、解吸法、碱性氯化法和生物铁法等。

① 酸化曝气-碱液吸收法。酸化曝气-碱液吸收法是指向含氰废水中加入硫酸，生成氰化氢气体，而后用氢氧化钠溶液吸收，其反应如式（10-15）和式（10-16）所示。

$$2NaCN+H_2SO_4 \rightleftharpoons 2HCN+Na_2SO_4 \quad (10\text{-}15)$$

$$HCN+NaOH \longrightarrow NaCN+H_2O \quad (10\text{-}16)$$

酸化曝气-碱液吸收法处理流程如图 10-13 所示。

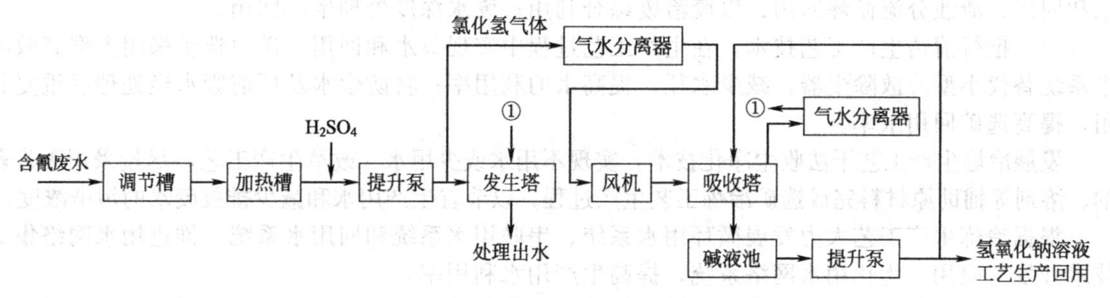

图 10-13　酸化曝气-碱液吸收法处理流程

② 解吸法。解吸法是用蒸汽将废水中的氰化氢蒸出，使其与 Na_2CO_3、铁屑接触、生成黄血盐，其反应如式(10-17)～式(10-19)所示。

$$4HCN+2Na_2CO_3 \longrightarrow 4NaCN+2CO_2+2H_2O \quad (10\text{-}17)$$

$$2HCN+Fe \longrightarrow Fe(CN)_2+H_2 \quad (10\text{-}18)$$

$$4NaCN+Fe(CN)_2 \longrightarrow Na_4Fe(CN)_6 \quad (10\text{-}19)$$

解吸法处理流程如图 10-14 所示。

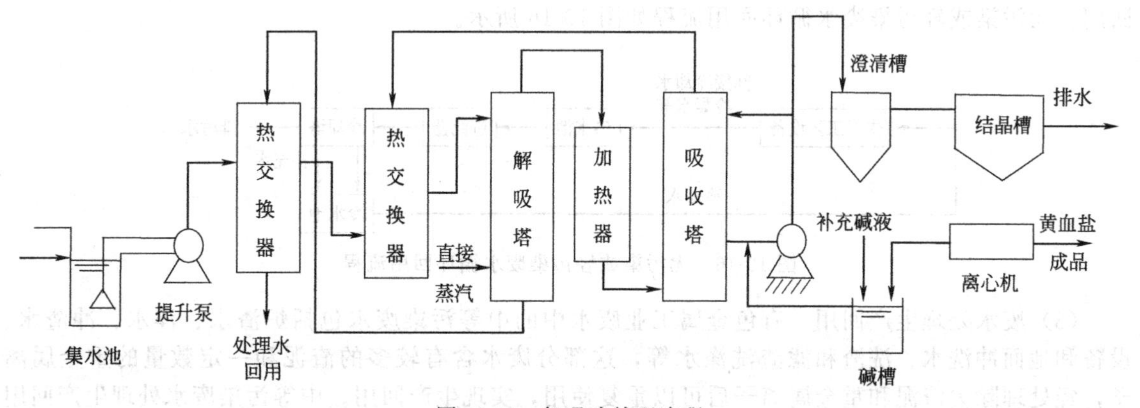

图 10-14　解吸法处理流程

③ 碱性氯化法。碱性氯化法是指向含氰废水中加入氯系氧化剂，使氰化物第一步氧化为氰酸盐（称为不完全氧化）、第二步氧化为二氧化碳和氮（称为完全氧化），其反应如式(10-20)～式(10-22)所示。

$$CN^-+ClO^-+H_2O \longrightarrow CNCl+2OH^- \quad (10\text{-}20)$$

$$CNCl+2OH^- \longrightarrow CNO^- +Cl^- +H_2O \quad (10\text{-}21)$$

$$2CNO^- +4OH^- +3Cl_2 \longrightarrow 2CO_2 +N_2 +6Cl^- +2H_2O \quad (10\text{-}22)$$

碱性氯化法处理流程如图 10-15 所示。在处理过程中，分两个阶段调整 pH。第一阶段加碱，在 pH>10 的条件下加氯氧化，第二阶段加酸，在 pH 降至 7.5～8 时，继续加氯氧化。

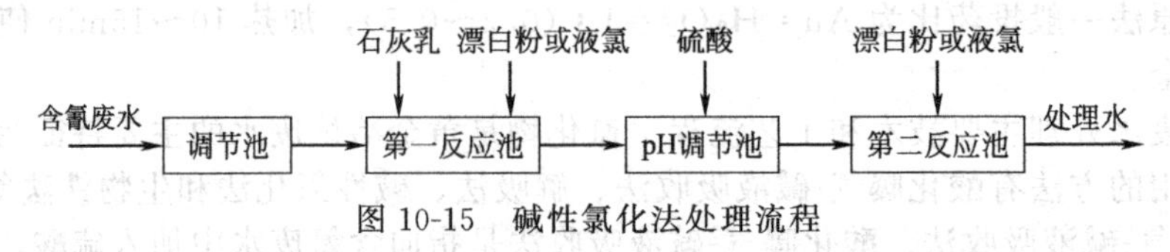

图 10-15 碱性氯化法处理流程

10.1.4 有色金属工业废水再生利用

10.1.4.1 有色金属工业废水再生利用基本方法

有色金属工业废水再生利用的基本方法宜为：推行清洁生产工艺技术，在生产过程中实现节水和回用；清浊分流循环回用；以废治废综合利用；废水深度处理生产回用。

(1) 推行清洁生产工艺技术，在生产工艺过程中实现节水和回用 矿山选矿采用大型高效除尘系统替代小型分散除尘器，减少水耗，提高水的利用率；将防尘水及厂前废水经处理后重复利用，提高选矿回用水率。

发展冶炼生产工艺干法收尘净化技术，实现不用水或少用水。改革生产工艺，尽量采用无毒药剂、溶剂等辅助原材料完成选矿冶炼工艺生产过程，以节省生产用水和减少排放废水的污染浓度。

根据冶炼生产工艺大力发展循环用水系统、串联用水系统和回用水系统，推进用水网络集成技术开发与应用，优化用水网络系统，提高生产用水利用率。

发展高效冷却节水技术，采用高效环保节水型冷却构筑物，淘汰冷却效率低、自用水量大的冷却构筑物，优化循环冷却水系统，减少循环冷却水系统水耗和新鲜补充水量。

重点用水系统和设备应配置计量水表和控制仪表，明确水计量和监控仪表的设计和安装精度要求。重点用水系统和设备应完善计算机和自动监控系统。

(2) 清浊分流循环回用 有色金属工业废水水质视生产门类、产品品种、冶炼方法、生产工艺和管理水平等而异，差别很大。一般按污染程度可将有色金属工业废水分为无污染或轻度污染废水、中等污染废水、重污染废水等三种类型。设备间接冷却水、冷凝水等水质未受污染或轻度污染，属于无污染或轻度污染废水，这部分废水与其他废水分流经简单物理处理后，可实现循环回用。无污染或轻污染废水循环回用流程如图 10-16 所示。

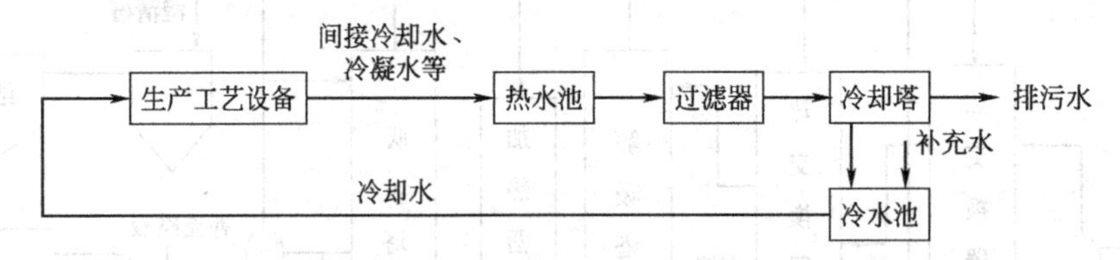

图 10-16 无污染或轻污染废水循环回用流程

(3) 废水处理生产回用 有色金属工业废水中的中等污染废水包括炉渣水、淬水、冲渣水、设备和地面冲洗水、洗渣和滤渣洗涤水等，这部分废水含有较多的渣泥和一定数量的重金属离子，经处理除去渣泥和重金属离子后可以重复使用，实现生产回用。中等污染废水处理生产回用流程如图 10-17 所示。

(4) 废水深度处理生产回用 有色金属工业废水中的重污染废水包括湿法冶炼废液、各种湿法除尘设备洗涤废水、电解精炼过程废水等，这部分废水含有较多的重金属离子和尘泥，具有较强的酸碱性，应经深度处理后方可生产回用。

铝电解及碳素生产工艺废水主要污染物是悬浮物、氟化物、石油类等，废水经格栅除去大颗粒

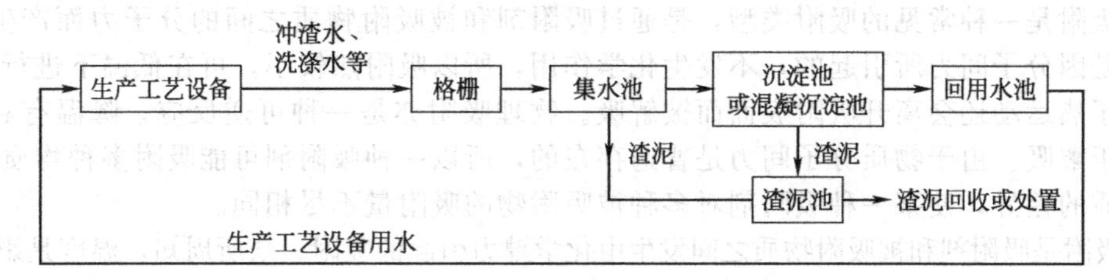

图 10-17　中等污染废水处理生产回用流程

杂物后，进入隔油池除去大部分浮油，之后加入药剂经混凝沉淀，进一步除去废水中的污染物。沉淀池出水再经混凝气浮和高效纤维过滤深度处理，出水水质可达到生产回用水水质要求，供各生产车间循环利用。处理过程中的浮油进入贮油池，另行处理。沉淀池污泥经浓缩和压滤脱水，干污泥外运进一步处理处置。铝电解及碳素生产废水深度处理生产回用工艺流程如图 10-18 所示。

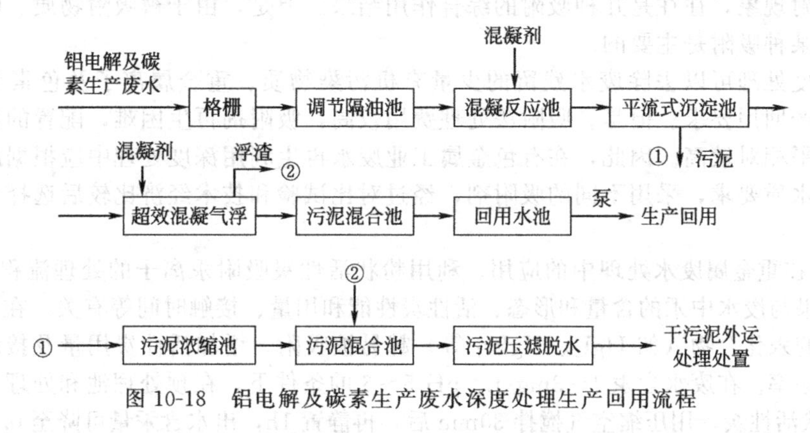

图 10-18　铝电解及碳素生产废水深度处理生产回用流程

氧化铝含碱废水经格栅除去杂物及泥沙后，进入沉淀池进行沉淀处理，以进一步去除杂物和 SS。沉淀池出水先进入中间水池，而后再经泵提升经高效纤维过滤，以深度去除 SS，出水水质达到生产用水水质要求，供各生产工序回用。沉淀池污泥先经脱硅热水槽加热，再送入二沉降赤泥洗涤。该废水深度处理生产回用方法避免了生产原料碱的浪费，节约了水资源，基本上实现了广义上的废水“零排放”，而且废水处理成本相对较低。氧化铝含碱废水深度处理生产回用工艺流程如图 10-19 所示。

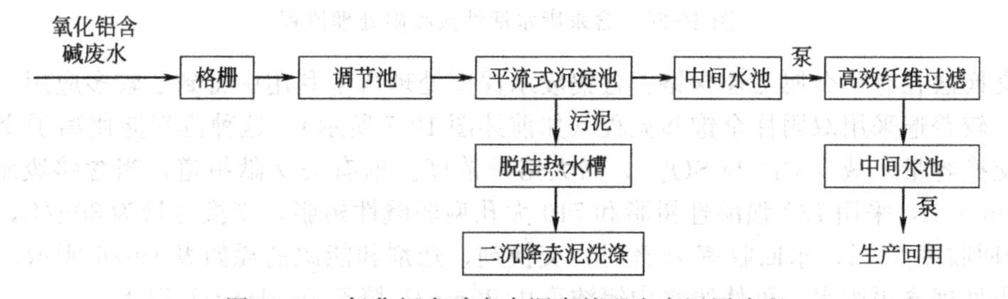

图 10-19　氧化铝含碱废水深度处理生产回用流程

10.1.4.2　有色金属工业废水再生利用技术新进展

(1) 吸附法　吸附法处理废水是利用多孔固体吸附剂的表面活性，吸附废水中的一种或多种污染物，从而使废水净化的一种处理方法。由于吸附法可以去除废水中难以生物降解或化学氧化的剩余污染物，进一步改善处理水水质，以使废水达到生产回用的要求。因此，一般吸附法用于废水再生利用的深度处理。吸附法常用的吸附物质有活性炭、磺化煤、矿渣、高炉渣、硅藻土、高岭土及大孔型吸附树脂等。

① 吸附法类型。根据固体吸附剂的表面吸附力不同，吸附可分为物理吸附、化学吸附和离子交换吸附三种类型。

物理吸附是一种常见的吸附类型，是通过吸附剂和被吸附物质之间的分子力而产生的吸附。由于吸附是因分子间力所引起的，不发生化学作用，所以吸附热较小，可在低温下进行。被吸附的分子由于热运动还会离开吸附表面而被解吸。物理吸附亦是一种可逆反应，降温有利于吸附，升温有利于解吸。由于物质分子间力是普遍存在的，所以一种吸附剂可能吸附多种物质。而被吸附物质性质的差异，使某一种吸附剂对多种被吸附物的吸附量不尽相同。

化学吸附是吸附剂和被吸附物质之间发生由化学键力引起的吸附。众所周知，温度是影响物质化学反应的因素之一，温度高能促进化学反应，反之亦然。所以化学吸附一般是在较高温度下进行的反应。同样，由于一种吸附剂只能对某种或某几种物质发生化学吸附，所以化学吸附亦具有选择性。

离子交换吸附是通过固体离子交换剂与废水中有关离子间相应量的离子交换反应，可有效地除去和回收废水中的重金属离子等。

物理吸附、化学吸附和离子交换的过程并不是完全独立的，而往往是相伴发生的。在废水吸附处理中的吸附现象，往往是几种吸附的综合作用结果。但是，由于被吸附物质、吸附剂及其他因素的影响，某种吸附是主要的。

吸附法深度处理可以去除废水残留的少量有机污染物质、重金属离子及色素等，出水水质好，能满足生产回用要求。但是，吸附法处理费用较高，吸附剂再生困难，配置的设备较多，要求操作管理水平相对较高。因此，在有色金属工业废水再生利用深度处理中应根据废水的污染物性质和回用水水质要求，采用不同的吸附剂，经过对比试验和技术经济比较后选择合适的吸附方法和吸附剂。

② 吸附法在重金属废水处理中的应用。利用粉状活性炭吸附汞离子的处理流程如图 10-20 所示。其处理效果与废水中汞的含量和形态、活性炭性能和用量、接触时间等有关。在水中离解度越小、半径越大的汞化合物（如 HgI_2、$HgBr_2$ 等）越易被吸附。增加活性炭用量及接触时间，可以改善对汞的去除率。在废水含汞 1～3mg/L、pH 5～6 的条件下，在预处理池和处理池中各投加废水量 5%的粉状活性炭，用压缩空气搅拌 30min 后，再静置 1h，出水含汞量可降至 0.05mg/L。

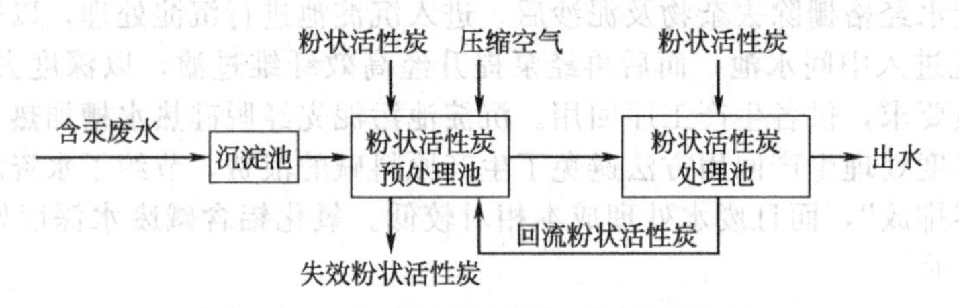

图 10-20 含汞废水活性炭吸附处理流程

离子交换法在有色金属工业含铬、含镉废水深度处理再生利用中得到了较多应用。在处理含铬废水时，较普遍采用双阴柱全饱和流程（如前述图 10-7 所示）。这种流程能使离子交换树脂保持较高的交换容量，减少 Cl^- 与 SO_4^{2-}，增大铬酐浓度。据有关文献报道，当含铬废水 Cr（Ⅵ）含量为 100mg/L，采用 732 强酸性树脂和 710 大孔型弱碱性树脂，交换容量为 80g/L，再生周期 48h，铬酐回收率 90%，水回收率 70%时，交换剂、药剂和能源消耗如表 10-26 所示。采用阳离子交换树脂处理含镉废水，可使废水中镉浓度由 20mg/L 降至 0.01mg/L 以下。

表 10-26 离子交换法处理含铬废水材料、药剂和能源消耗

项目	处理水量/(m^3/h)		项目	处理水量/(m^3/h)	
	1	5		1	5
每 $1m^3$ 废水回收铬酐量/kg	0.173	0.173	工业碱耗量/kg	22.8	114.0
每 $1m^3$ 废水回收水量/m^3	0.7	0.7	工业盐酸耗量/kg	121.4	606.9
732 强酸性阳离子树脂/kg	240	1200	耗电量/(kW·h)	72	96
710 弱碱性阴离子树脂/kg	126	630	蒸汽耗量/t	0.395	1.96

(2) 铁氧体法　铁氧体，即磁铁矿石(Fe_3O_4)。在 Fe_3O_4 中的 3 个铁离子，有两个是 Fe^{3+}，另一个是 Fe^{2+}，即 $FeO \cdot Fe_2O_3$。

有研究表明，在一种水溶液中的二价铁离子（Fe^{2+}）与二价的非铁金属离子（以 M^{2+}表示）共同存在时，在溶液中加入一定量的碱会产生反应，生成深绿色氢氧混合物，其反应式如式(10-23) 所示。

$$xM^{2+}+(3-x)Fe^{2+}+6OH^{-}\longrightarrow M_xFe_{3-x}(OH) \tag{10-23}$$

在特定条件下，生成的深绿色氢氧混合物在水中被氧化时，就会重新分解，形成络合物，最后生成一种黑色尖晶石化合物（铁氧体），如式（10-24）所示。

$$M_xFe_{3-x}(OH)_6+\frac{1}{2}O_2\longrightarrow M_xFe_{3-x}O_4+3H_2O \tag{10-24}$$

铁氧体的形成需要足够的铁离子，而且与 Fe^{2+} 和 Fe^{3+} 的比例有关。Fe^{2+} 物质的量至少是废水中除铁以外所有重金属离子的物质的量总数的 2 倍。另外，在废水中还要加碱，加碱量等于废水中所含酸根的物质的量的 0.9～1.2 倍（如废水是碱性的则不需要加碱）。这样就会形成一种含有 Fe^{2+} 和其他重金属的氢氧化物的悬浮胶体，如反应式（10-25）所示。将氧通入悬浮胶体中，通过搅拌加速氧化，使氢氧化物变成铁磁性氧化物（$FeO \cdot Fe_2O_3$），如反应式（10-26）所示。含有 Fe^{3+} 的结晶体进而包裹或吸附废水中的重金属离子一起沉淀。再分离沉淀的结晶体，就可以去除废水中的重金属离子而得到净化。

$$Fe^{2+}+2OH^{-}\longrightarrow Fe(OH)_2 \tag{10-25}$$

$$3Fe(OH)_2+\frac{1}{2}O_2\longrightarrow FeO \cdot Fe_2O_3+3H_2O \tag{10-26}$$

在这种状态下，废水中的许多重金属离子取代了 Fe_3O_4 晶格中的金属位置，形成各种铁氧体。例如，废水中存在 Pb^{2+} 时，Pb^{2+} 将置换络合物中的 Fe^{2+}，而生成十分稳定的磁铅石铁氧体 $PbO \cdot 6Fe_2O_3$。Pb 进入铁氧晶格后，被填充在最紧密的格子间隙中。结合很牢固，难以溶解，几乎完全可从废水中被分离除去。废水中存在的其他重金属离子亦可按此方式被除去。

铁氧体法处理工艺流程如图 10-21 所示。铁氧体法处理重金属废水效果如表 10-27 所示。

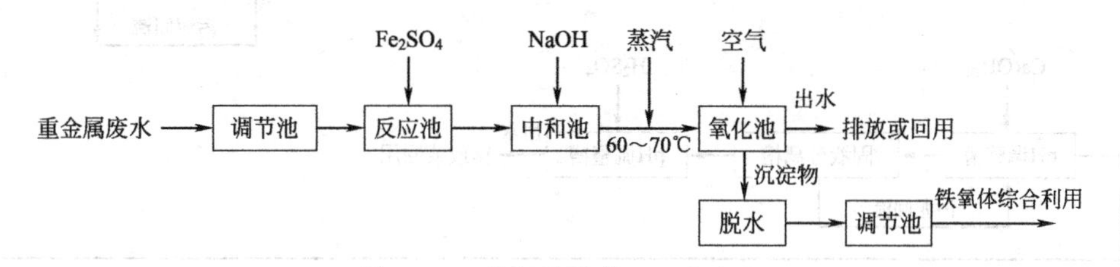

图 10-21　铁氧体法处理工艺流程

表 10-27　铁氧体法处理重金属废水效果

金属离子	处理前废水质量浓度/(mg/L)	处理后废水质量浓度/(mg/L)	金属离子	处理前废水质量浓度/(mg/L)	处理后废水质量浓度/(mg/L)
Cu	9500	＜0.5	Cr(Ⅵ)	2000	＜0.1
Ni	20300	＜0.5	Cd	1800	＜0.1
Sn	4000	＜10	Hg	3000	＜0.02
Pb	6800	＜0.1			

铁氧体法处理的主要缺点是铁氧体沉淀颗粒的成长及反应过程需要通过空气氧化，且反应温度要求 60～70℃或更高，在处理水量大的情况下，升温困难，耗能较高。如有废热或余热要利用时，耗能可适当降低。

(3) 生物铁法　生物铁法是指在曝气池中投加铁盐，提高曝气池活性污泥浓度，充分发挥生物氧化和生物絮凝作用，使之强化生物处理的方法。铁离子是微生物生长的必需微量元素，同时亦对生物的黏液分泌具有刺激作用。铁盐在水中生成的氢氧化物与活性污泥形成絮凝物共同作用，强化了活性污泥的吸附和絮凝功能，从而有利于有机物富集在菌胶团周围，加速生物降解作用。由于生物铁法的活性污泥浓度可比传统活性污泥法提高一倍以上，从而可降低污泥负荷，提高对有机污染物的去除能力。

在有色金属工业含氰废水处理中，以生物铁法处理较高浓度含氰废水更为有效。据有关文献介绍，当废水含氰浓度低于20mg/L时，用常规活性污泥处理，出水含氰为0.2～1.2mg/L，用生物铁法处理，出水含氰稳定在0.1mg/L左右。当废水含氰大于20mg/L，用活性污泥法处理，出水含氰量随之增加，而用生物铁法处理，出水含氰量则较稳定。当废水含氰量为40mg/L左右时，生物铁法仍有良好的处理效果。同常规活性污泥法相比较，生物铁法需要增加一些药剂（铁盐）费用。

某铜矿酸性矿山废水含有铁、铜、锌、铅、镉、锰等金属离子，废水水质如表10-28所示。废水中的Fe^{2+}占总铁的63%，水温、酸度及所含的金属离子等水质条件均适合铁氧菌的生存环境要求。为此，采用以生物铁法为主的活性污泥法，处理流程如图10-22所示。根据铜矿矿山废水的特点，在生物铁处理单元之前增加了硫化物沉淀法铜回收前处理单元。该废水处理工程的正常运行条件是，曝气槽氧化时间为0.5h，空气量$0.8m^3/(m^2 \cdot min)$，中和槽pH为6.0，后处理$Ca(OH)_2$中和槽pH为10.5，硫酸中和槽pH为8.0。经历时1年6个月连续试验运行表明，设施运行稳定，出水水质可达到排放或生产回用；沉淀物含水率低，体积小；供气量少，仅为传统活性污泥法的1/3，电耗低，节省电费。本工程为同类型有色金属矿山废水处理提供了借鉴。

表10-28 某铜矿酸性矿山废水水质

水温/℃	pH	Fe^{2+}/(mg/L)	TFe/(mg/L)	Cu^{2+}/(mg/L)	Zn^{2+}/(mg/L)	Pb^{2+}/(mg/L)	Cd^{2+}/(mg/L)	Mn^{2+}/(mg/L)	As^{2+}/(mg/L)	Al^{3+}/(mg/L)	SS/(mg/L)
21.7	2.8	260	410	45	47	1.0	1.0	7.5	0.40	65	35

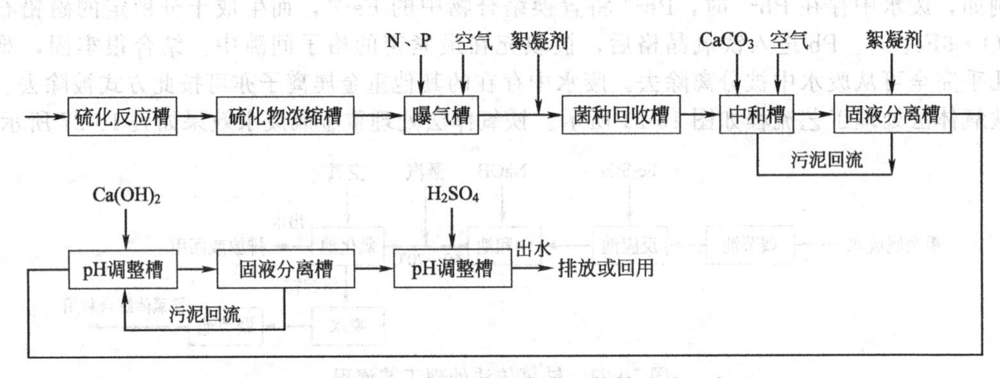

图10-22 某铜矿酸性矿山废水生物铁法处理流程

(4) 膜分离技术 膜分离技术是以具有选择透过性功能的薄膜为分离介质，通过在膜的两侧施加一种或多种推动力，使原液中的某些组分选择性地优先透过膜，从而达到混合物分离，实现产物的纯化、提取、浓缩、回收等目的。膜分离技术包括扩散渗析、电渗析、隔膜电解、超滤和反渗透等。这些方法根据不同的废水类型和水质能有效地从重金属废水中回收重金属，或使生产废液再生回用。近10年来，膜分离技术在有色金属废水处理中越来越受到关注和重视。

① 扩散渗析法。扩散渗析是利用离子交换膜对阴、阳离子的选择透过性，将废水中的阴、阳离子分离出来的一种物理化学过程。它的处理效果取决于膜的化学性质，原液的成分、浓度，操作条件（温度、流速等），隔板形式等。

目前，在有色金属工业废水深度处理再生回用中，主要是应用扩散渗析法进行高浓度酸碱废水处理。采用阴离子交换膜扩散渗析法分离H_2SO_4和$FeSO_4$的原理如图10-23所示。扩散渗析法处理流程单一，设备简单，耗电少，投资低，但不能达到完全分离回收。一般对硫酸的回收率为70%左右。

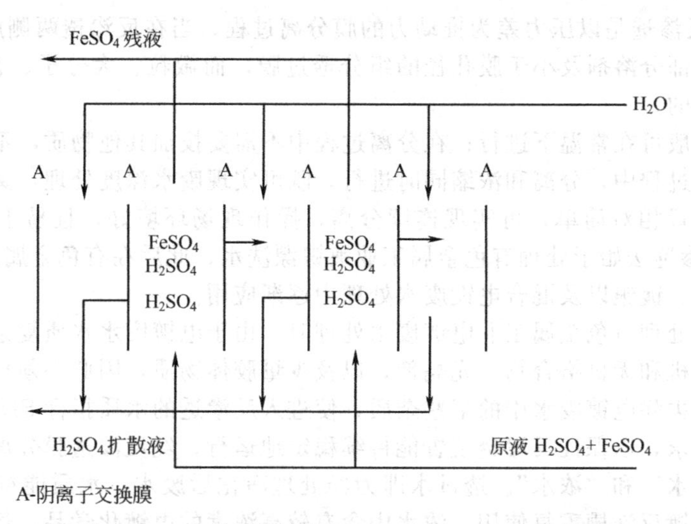

图 10-23　扩散渗析法分离 H_2SO_4 和 $FeSO_4$ 的原理

② 电渗析法。电渗析是以电能为动力的渗析过程，即在直流电场的作用下，金属离子有选择地通过电渗析膜进行定向迁移的过程。多层电渗析法的基本原理如图 10-24 所示。它是由一个阴、阳膜相间组成的许多隔室。当重金属废水流入隔室后，在直流电场作用下，各隔室废水中带不同电荷的离子向电性相反的电极方向迁移，形成了所谓"浓室"和"淡室"，流向淡室的废水即被净化。与此同时，阴、阳离子同时在浓室中浓缩，予以回收。

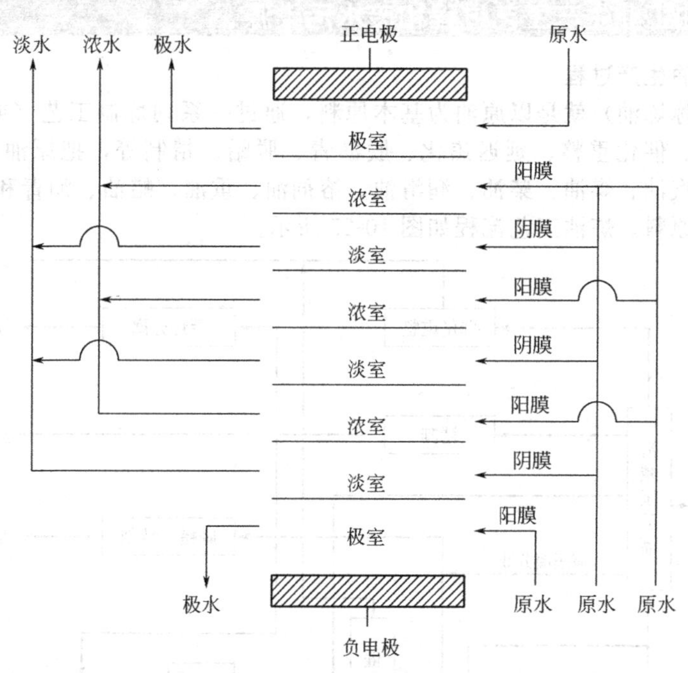

图 10-24　多层电渗析法的基本原理

电渗析法对原水浑浊度、硬度、有机物含量、铁和锰的含量等有一定的要求，如不符合需对原水进行预处理。同时，电渗析器稳定运行的关键是防止和消除水垢。常用的消除水垢方法是控制极限电流、定时倒换电极和加酸调整 pH 等。电渗析在有色金属工业废水深度处理再生回用中有一定的应用。某厂采用电渗析法处理氰化铜废水。原水中主要含有 Cu^{2+}、Na^{+}、Ca^{2+}、Mg^{2+}、Fe^{2+}、CN^{-}、SO_4^{2-} 等阴、阳离子，pH 为 4～6，经三级电渗析串联处理后，浓室出水氰的质量浓度为 120mg/L 以上，可回用于生产。

③ 反渗透。反渗透是以压力差为推动力的膜分离过程。当在反渗透两侧施加一定的压差时，可使混合液中的一部分溶剂及小于膜孔径的组分透过膜，而微粒、大分子、盐类等被截留下来，从而达到分离的目的。

反渗透技术一般可在常温下进行；在分离过程中不需要投加其他物质，不会改变分离物质原有的属性；在分离过程中，分离和浓缩同时进行，既可实现废水深度处理，又可回收具有价值的重金属浓缩物；装置相对简单，可实现连续分离，操作现场环境好，且易于实现自控操作。20世纪70年代，反渗透法始于处理有色金属工业镀镍漂洗水，此后在有色金属工业的镀铬、镀铜、镀锌、镀镉、镀金、镀银以及混合电镀废水处理中逐渐应用。

当采用反渗透处理有色金属工业电镀废水处理时，由于电镀废水水质复杂，既有酸、碱、强氧化物质，又有有机和无机络合物、光亮剂，以及少量胶体物质，因此必须按反渗透进水水质要求进行预处理，以去除电镀废水中的某些杂质，使进入反渗透的水质指标SDI（污染指数）符合反渗透进水水质要求，以保证反渗透装置能持续稳定地运行。经反渗透膜分离后，电镀废水的组分被分离为“透过水”和“浓水”。透过水即为经处理净化后废水，水质能符合电镀生产用水水质要求，可返回电镀反洗槽重复使用。浓水中含有较高浓度的电镀化学品，经进一步蒸发浓缩后可返回电镀槽回收利用。采用反渗透膜分离技术处理电镀废水可实现废水再生回用，回收有价值的电镀化学药剂，环境效益和经济效益显著。

10.2 炼油工业废水处理及再生利用

10.2.1 炼油工业生产工艺过程和废水污染源

10.2.1.1 炼油生产过程

石油炼制（简称炼油）就是以原油为基本原料，通过一系列炼制工艺（或过程），例如常减压蒸馏、催化裂化、催化重整、延迟焦化、脱沥青、脱蜡、精制等，把原油加工成各种石油产品，如各种牌号的汽油、煤油、柴油、润滑油、溶剂油、重油、蜡油、沥青和石油焦，以及生产各种石油化工基本原料。炼油工艺流程如图10-25所示。

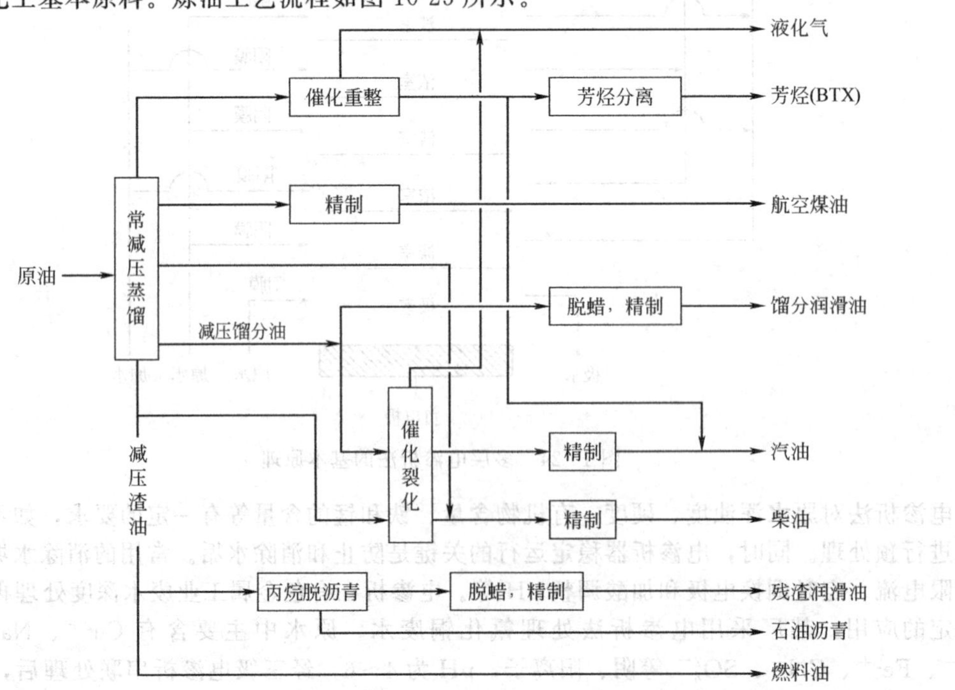

图10-25 炼油工艺流程

(1) 常压蒸馏和减压蒸馏　常压蒸馏和减压蒸馏习惯上合称常减压蒸馏，常减压蒸馏基本属于物理过程。原料油在蒸馏塔里按蒸发能力分成沸点范围不同的油品（称为馏分），这些油有的经调合、加添加剂后以产品形式出厂，相当大的部分是后续加工装置的原料，因此，常减压蒸馏又被称为原油的一次加工。

在常减压蒸馏前需要对原油进行脱盐、脱水预处理。原油往往含盐（主要是氯化物）、带水（溶于油或呈乳化状态），可导致设备的腐蚀，在设备内壁结垢和影响成品油的组成，需在加工前脱除。常用的办法是加破乳剂和水，使油中的水集聚，并从油中分出，而盐分溶于水中，再加以高压电场配合，使形成的较大水滴顺利除去。

(2) 催化裂化　催化裂化是在热裂化工艺上发展起来的，是提高原油加工深度，生产优质汽油、柴油最重要的工艺操作。原料主要是原油蒸馏或其他炼油装置的350～540℃馏分的重质油。催化裂化工艺由三部分组成：原料油催化裂化、催化剂再生、产物分离。催化裂化所得的产物经分馏后可得到气体、汽油、柴油和重质馏分油。有部分油返回反应器继续加工称为回炼油。催化裂化操作条件的改变或原料波动，可使产品组成波动。

(3) 催化重整　催化重整（简称重整）是在催化剂和氢气存在下，将常压蒸馏所得的轻汽油转化成含芳烃较高的重整汽油的过程。如果以80～180℃馏分为原料，产品为高辛烷值汽油；如果以60～165℃馏分为原料油，产品主要是苯、甲苯、二甲苯等芳烃，重整过程副产氢气，可作为炼油厂加氢操作的氢源。重整的反应条件是：反应温度为490～525℃，反应压力为1～2MPa。重整的工艺过程可分为原料预处理和重整两部分。

(4) 加氢裂化　加氢裂化是在高压、氢气存在下进行，需要催化剂，把重质原料转化成汽油、煤油、柴油和润滑油。加氢裂化由于有氢存在，原料转化的焦炭少，可除去有害的含硫、氮、氧的化合物，操作灵活，可按产品需求调整。产品收率较高，而且质量好。

(5) 延迟焦化　延迟焦化是在较长的反应时间下，使原料深度裂化，以生产固体石油焦炭为主要目的，同时获得气体和液体产物。延迟焦化用的原料主要是高沸点的渣油。延迟焦化的主要操作条件是：原料加热后温度约500℃，焦炭塔在稍许正压下操作。改变原料和操作条件可以调整汽油、柴油、裂化原料油、焦炭的比例。

(6) 炼厂气加工　原油一次加工和二次加工的各生产装置都有气体产出，总称为炼厂气，就组成而言，主要有氢、甲烷、由2个碳原子组成的乙烷和乙烯、由3个碳原子组成的丙烷和丙烯、由4个碳原子组成的丁烷和丁烯等。它们的主要用途是作为生产汽油的原料和石油化工原料以及生产氢气和氨。发展炼油厂气加工的前提是要对炼厂气先分离后利用。炼厂气经分离作化工原料的比重增加，如分出较纯的乙烯可作乙苯，分出较纯的丙烯可作聚丙烯等。

10.2.1.2　废水污染源

炼油废水主要来自由原油脱盐脱水、沉降分离、常减压、催化裂化的冷凝、冷却等装置，以及某些馏分的精制等过程中产生的生产废水。一般包括含油废水、含硫废水、含碱废水、含酸废水以及一些特殊化合物废水等。

(1) 含油废水　含油废水是炼油厂排水量最大的一种废水，主要来源于油品和油气的冷凝水和洗涤水等。可分为游离态含油废水和乳化油废水。游离态含油废水静置一段时间后，油将浮于水面，含油量为原油的0.1%～2%。乳化油废水来自润滑油、脂、燃料油等过程的化学处理，蒸馏塔的分离器、冷凝器、油槽的洗涤等，含量为原油的1%～3%。废水温度较高，除含油外，还含有悬浮物和有机质。

(2) 含硫废水　含硫废水量比含油废水量小，主要来自催化裂化分馏塔分离水、催化富气水洗水、铂重整预加氢汽提塔分离水、预加氢反应器分离水、润滑油加氢精制低压分离水、焦化分馏塔顶汽油油水分离器排水等。除含大量硫化物外，还含有大量的挥发酚和氨。具有较强烈的恶臭，对设备和装置的腐蚀性较大。

(3) 含碱废水　含碱废水是为脱除轻油中的硫醇、硫化氢及其他酸性物质，用氢氧化钠溶液洗涤而产生的浓废液。主要来自蒸馏塔碱洗罐、裂化碱洗罐、焦化碱洗罐等。废水中主要污染物有硫醇、硫酚、甲硫酸、甲酚、二氧化硫、酚类、有机及无机酸钠盐等。包括4部分：酸中和的清洗废水和氢氧化钠处理后的洗涤废水；轻油的脱水处理；贮存氢氧化钠的槽底洗涤废水；氢氧化钠处理的汽油槽底排放水等。

(4) 冷却水　冷却水是从间接冷却设备中排出的水。蒸馏过程中所需的大量冷却水，未与油品直接接触，污染程度较低，水量大，水温较高，一般达到35～45℃。如果生产装置管理不善，容易导致废水含油量较高。

(5) 特殊化合物废水　特殊化合物废水是指炼油或石化工业所用的特殊溶液、萃取剂或所产生的特殊的化合物及副产品，有甲酚、异丁酸、硝基苯、丙酮、丁酮、苯、脂肪酸、甲醇等。

10.2.2 炼油工业生产废水量和水质

10.2.2.1 废水量和水质

炼油废水水量水质随原油性质、加工工艺、设备和操作条件的不同，其差异很大。在水质方面，由于原油来源不同，提炼过程含杂质形态皆不相同，而且不同的炼制程序也会产生不同种类的污染物。在水量方面，生产过程使用的蒸汽、生产用水、冷却水也会影响废水的总量。一般来说，炼油废水的污染物种类，除了一般有机物之外，主要的污染物还有油脂、酚类、硫化物、氨氮等。

原油性质的不同对废水水质的影响极大，如加工高硫原油与加工低硫原油出水的废水中，油、硫、酚的含量相差1～10倍以上。一次加工过程排出废水的油、硫、酚的含量较低，而二次加工过程排出废水的油、硫、酚的含量较高。由于影响废水水量水质的因素较多，因此，必须按照具体企业的实际情况，根据上述条件确定废水水量水质，必要时，应通过实测确定。作为对新建炼厂提供水质参考，炼油化工综合废水COD_{Cr}800～1500mg/L、BOD 300～500mg/L、氨氮50～100mg/L，石油类3000～10000mg/L。

炼油厂的高浓度及特殊废水主要来自汽提的酸性废水、汽柴油脱硫醇等产生的混合碱渣废水及延迟焦化产生的高硫废水等，这些废水组成复杂，污染物含量高，如直接排入废水处理装置与其他废水一起处理，将会对生化系统造成严重冲击，应进行必要的分质预处理。

10.2.2.2 废水水质特点

炼油废水处理需要考虑主要污染物为石油类、COD、BOD、悬浮物、硫化物、挥发酚、氰化物以及氨氮等。炼油废水主要特点体现在以下几方面。

(1) 废水量大，废水组分复杂，有机物特别是烃类及其衍生物含量高，难降解物质多，而且受碱渣废水和酸洗水的影响，废水的pH变化较大。

(2) 主要的污染物除一般有机物外，还有油脂、酚类、硫化物和氨氮等，并且含有多种重金属。

(3) 废水中油类污染物粒径介于100～1000nm的微小油珠易被表面活性剂和疏水固体所包围，形成乳化油，稳定地悬浮于水中，这种状态的油不能用重力法从废水中分离出来。只有大于100μm的呈悬浮状态的可浮油，可以依靠油水相对密度差从水中分离出来。

(4) 硫化物遇酸时会放出有恶臭的硫化氢，污染周围大气环境。

10.2.3 炼油工业废水处理主要技术和工艺流程

10.2.3.1 炼油工业废水处理主要技术

(1) 重力分离法　一般石油类物质在水中存在的形式有三种。一为浮油，粒度≥100μm，静置后能较快上浮，以连续相的油膜漂浮在水面上，浮油可通过撇油除去60%～80%。二为乳化油，粒度为0.1～10μm，油水乳化形成O/W型乳液，以水包油的形式稳定地分散在水中，单纯用静置的方法很难实现油水分离。三为溶解油，为油水真溶液，粒度为10～100μm，悬浮、弥散在水相中，在足够时间静置或外力的作用下，可凝聚成较大的油滴上浮到水面，也可能进一步变小，转化成乳化油。剩余在废水中的浮油、油水真溶液和乳化油采用一般的生物工艺很难将它们降解。其中，油水真溶液和乳化油在水中一般能稳定存在，当废水进入二级生物处理系统时，油乳将很快将生物膜或菌胶团包裹、覆盖，使水中的溶解氧不能进入菌胶团，生物的代谢受阻，传质速度减慢，乃至终止，轻则严重影响处理效果，重则使菌类缺氧死亡，这是二级生化处理装置能否有效、稳定、正常运行的关键。

重力分离法是根据油与水存在密度差，在重力作用下，经过一定的时间，使油自动浮于水面与水分离，去除水中浮油和大部分散油。重力分离法是一种最常见、最简单易行的除油方法，对粒径在 100μm 以上的浮油去除特别有效，一般作为油水分离的预处理操作单元。重力分离法的特点是能接受任何浓度的含油废水，可除去大量的浮油。

隔油池是利用重力分离法的原理处理含油废水的一种专用构筑物。目前使用的隔油池有平板式隔油池和斜板式隔油池，隔油效率分别可达到 60%和 70%。波纹板式和倾斜板式隔油池隔油效率更高，近年得到推广。合理的水力设计和废水停留时间是影响除油效率的两个重要因素，停留时间越长，处理效果越好。

粗粒化油水分离法是在粗化剂（也称聚结剂）的作用下，含油废水中的细微油滴变成粗大的油珠（破乳分离）随水流出粗粒化剂床层。由于这种方法不加絮凝剂，所以除油效果比气浮法略差，但可不形成浮选渣。本法可使出水含油量降至 5～10mg/L 以下，并且节省了废渣再处理费用。

(2) 蒸汽汽提法　蒸汽汽提法是把水蒸气吹进水中，当废水的蒸汽压超过外界压力时，废水就开始沸腾，这样就加速了液相转入气相的过程。当水蒸气以气泡形式穿过水层时，水和气泡表面之间形成了自由表面，这时，液体就不断地向气泡内蒸发扩散。气泡上升到液面时就开始破裂而放出其中的挥发性物质。水蒸气汽提扩大了水的蒸发面，强化了过程的进行。炼油废水中的挥发性溶解物质硫化氢、挥发酚、氨等都可以用蒸汽汽提法从废水中分离出来。硫化氢去除率 99%以上，氨去除率 98%以上，酚去除率 40%以上。汽提出的硫化氢可用炼厂废碱液吸收以生产硫氢化钠；气体中的氨可用硫酸吸收生产硫酸铵。蒸汽汽提法适用于加工含硫原油产生的含硫量高的废水。处理含硫、含氨废水一般用双塔（氨气汽提塔和硫化氢汽提塔）工艺。

蒸汽汽提法主要缺点是蒸汽耗量大，蒸汽用量一般在 170～230kg/m^3 废水；不能处理以钠盐形式存在的含硫废水；如果不回收硫化氢气体，会污染大气。

(3) 空气氧化法　硫化物在水中一般都以铵盐和钠盐的形式存在，与空气中的氧接触后即发生氧化反应，有毒的硫化物被氧化成无毒的硫代硫酸盐及硫酸盐。反应的速度和深度取决于反应的温度、气水比的大小和气水的接触时间等。如果向废水中加入少量氨化铜或氧化钴作催化剂则几乎可将全部硫化物氧化成硫酸盐。

反应温度对氧化速度的影响相当显著。在 65～95℃范围内，随着反应温度的增高，氧化速度显著上升。空气的作用主要是为化学反应提供所需的氧，在气水比 15～30 范围内适当增大气水比可以改进气、液的混合，加大气、液的接触面，增加气相中氧的分压，从而加强了氧传递的推动力。气、液接触时间对脱硫效果的影响，随着接触时间的增加，废水中残余硫化物的浓度亦相应地降低。一般反应时间在 60～90min。

空气氧化法适用于处理含硫量低的废水和含硫废碱水。

(4) 絮凝法　絮凝法又称为混凝法，是向废水中投加一定比例的絮凝剂，在废水中残余油类污染物生成絮状物，然后用沉降或气浮的方法将其去除。在工程实践中以采用气浮法为多。

气浮法是在废水中通入空气产生微细气泡，使水中的一些细小悬浮油珠及固体颗粒附着在气泡上，使浮力增大而随气泡一起上浮到水面形成浮渣（含油泡沫层），然后使用适当的除油设备将油除去。主要用来处理含油废水中靠重力分离难以去除的分散油、乳化油和细小的悬浮固体物。气浮法中应用最多的是加压溶气气浮法。为了提高浮选效果，向废水中加入无机或有机高分子絮凝剂，利用化学絮凝剂的电荷吸引和空气气泡的浮托原理达到除油目的，是去除废水中油和悬浮物的有效方法。

常用的絮凝剂分为无机絮凝剂和有机絮凝剂，其中无机絮凝剂主要是铝盐和铁盐，但传统的铝盐和铁盐絮凝剂投加量大、污泥产生量多，逐渐被高分子絮凝剂取代。无机高分子凝聚剂如聚合硫酸铁、聚合氯化铝等，有机高分子凝聚剂如聚丙烯酰胺、丙烯酰胺与丙烯酸钠共聚物等具有用量少、效率高的特点，并且受pH限制小。经验表明，采用无机絮凝剂-有机絮凝剂双剂气浮较无机絮凝剂单剂气浮效果好。由于有机高分子絮凝剂的桥联作用，易使絮凝颗粒变大、变实，并使浮渣体积大幅减少。气浮供气方式对气浮处理效果影响极大。供气量的稳定性是确保气浮平稳操作的关键，采用厂内系统供气易受厂内其他装置用气量的影响，难以保证气浮稳定运行。而压缩空气泵供风则容易调节风量和风压，有利于气浮平稳运行，提高气浮处理效果。

(5) 生化法　活性污泥法在国内外炼油厂废水处理中应用广泛，处理效果好，处理效率高，基建费用较低，但要求有较高的管理技术水平，运行费用较高。主要用于处理要求高而水质稳定的废水。生物膜法与活性污泥法相比，生物膜附着于填料载体表面，使繁殖速度慢的微生物也能存在，从而构成了稳定的生态系统。但是，由于附着在载体表面的微生物量较难控制，因而在运转操作上灵活性差，而且容积负荷有限。

(6) 臭氧氧化法　臭氧具有很强的氧化、脱臭、脱色和杀菌能力，对酚和氧化物等有显著的处理效果。用臭氧作氧化剂对废水进行净化，是使处理后的出水水质达标排放的可选择的方法之一。

(7) 吸附法　吸附法利用固体吸附剂对炼油废水中的溶解油及其他溶解性有机物进行表面吸附。最常用的吸附剂是活性炭，利用活性炭的物理吸附与化学吸附、氧化、催化和还原等性能去除废水中多种污染物，可降低化学耗氧量，改善水的色泽，脱去臭味，把废水处理到可以再生利用的程度。而高吸油树脂作为一种新型环保材料，因其具有吸油倍率大、保油能力强和后处理方便等优点，成为一种极具发展潜力的吸油材料。

活性炭不仅可以吸附废水中的分散油、乳化油和溶解油，同时也可有效地吸附废水中的其他有机物。但吸附容量有限（对油一般为30～80mg/g)，且成本高，再生困难，从而限制了它的应用。近年发展起来的一种新型有机吸附材料吸附树脂，吸附性能良好，易于再生重复使用，有望取代活性炭。此外，煤灰、稻草、陶粒、木屑、改性膨润土、磺化煤、碎焦炭、有机纤维、吸油毡、石英砂等也可用作吸油材料。吸油材料吸油饱和后，根据具体情况，再生重复使用或直接用作燃料。

高吸油树脂多是用长侧链烯烃为单体聚合而成的低交联度共聚物，根据合成单体的不同可把吸油树脂分为两类，一类是丙烯酯类树脂，另一类是烯烃类树脂。因后者烯烃分子不含极性基团，使该类树脂对油品的亲和力更强，现已成为国外研究的新热点，但由于高碳烯来源较少，该研究方向尚处于摸索阶段，所以目前市场上主要还是丙烯酯类产品。

(8) 膜分离法　膜分离法是利用膜的选择透过性进行分离和提纯，它利用微孔膜将油珠和表面活性剂截留，主要用于除去乳化油和某些溶解油。乳化油处于稳定状态，用物理方法或者化学方法很难将其分离，这时用膜分离法可以取得很好的效果。膜分离法具有无需破乳、直接实现油水分离、不产生含油污泥、工艺流程简单、处理效果好等优点，但处理量较小，不太适于大规模废水处理，而且过滤器容易堵塞，运行成本较高。现在的研究更趋向于将各种膜处理方法结合或者与其他方法相结合使用，如将超滤和微滤结合分离炼油污水，膜分离法与电化学方法相结合等也有将臭氧氧化作为超滤的前处理，从而延长超滤膜的使用寿命。

常应用于炼油废水处理的5种膜分离技术为反渗透（RO)、超滤（UF)、微滤（MF)、电渗析（ED）和纳滤（NF)。分离技术关键在于膜的选择，膜材料包括有机膜和无机膜两种，常见的有机膜有乙酸纤维膜、聚砜膜、聚丙烯膜等，常用的无机膜有陶瓷膜氧化铝、氧化钴、氧化钛等。

(9) 含酚废水的处理方法　当水体含酚0.1～0.2mg/L时，鱼肉就有酚味，含酚1mg/L，会影响鱼产卵和洄游；含酚5～10mg/L，鱼类就会大量死亡。饮用水含酚，能影响人体健康。即使含酚浓度只有0.002mg/L，用氯消毒也会产生氯酚恶臭。炼油厂含酚废水的处理方法有汽提法、溶剂萃取法和静电萃取脱酚法。

① 汽提法。用烟道气和蒸汽从塔底逆流汽提，塔底温度为77～82℃，处理精制酚产生的含

酚废水。

② 溶剂萃取法。用各种装置排出的废水作为原油脱盐器的补充水，用原油作溶剂抽提硫化物和酚类。

③ 静电萃取脱酚法。用于处理催化裂化分馏塔塔顶馏出物中含有的大量酚。以装置循环油作萃取剂。进水含酚300mg/L时，出水含酚降到30mg/L。

含酚废水经过一级处理后，汇入综合废水二级生化处理系统，进一步去除废水中的溶解有机物，降低BOD和含酚量，使之达到排放标准。

10.2.3.2 炼油废水处理工艺流程

采用合适的处理工艺流程是确保废水达标排放的关键。在确定炼油废水处理流程时，应慎重地积极采用各种新技术强化预处理，确保生化处理效能和采用适度的深度处理，以使处理水水质达标排放或回用。一般炼油废水处理工艺流程如图10-26所示。

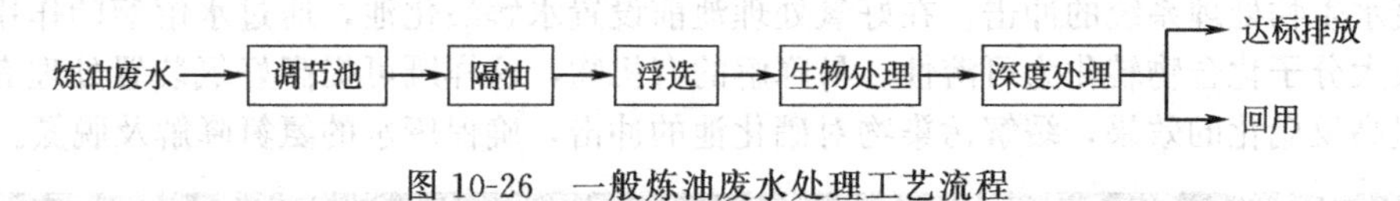

图10-26 一般炼油废水处理工艺流程

炼油废水按处理程度可分为一级处理、二级处理和三级处理。一级处理的目的是除去废水中的悬浮固体、油状物、硫化物及较大形体物质，所用的方法包括重力分离法、气浮法等。二级处理的目的是除去生物可降解的溶解有机物，降低BOD和某些特定的有毒有机物（如酚），方法主要是凝聚法、生化法等。三级处理是深度净化，其目的是除去二级生化处理出水中残存的污染物，不能降解的溶解有机物，溶解的无机盐、氮、磷等营养物质，以及胶体或悬浮固体，使出水达到较高的排放标准和再生利用的净水标准，方法有吸附法、膜分离法等。

目前我国的炼油工业废水一般采用以隔油-浮选-生化为主的处理工艺或在该基础上的改进工艺。隔油单元一般多是两级隔油，多数采用平流-斜板式隔油池或除油罐-平流式隔油池两级隔油设施。浮选单元一般也是两级气浮，多数采用全溶气气浮、部分回流溶气气浮、涡凹气浮等工艺，其中一级采用涡凹气浮，以去除大粒径油滴，二级采用部分回流溶气气浮，去除小粒径油滴。生化一般也是两级生化，虽然现在还有部分企业采用一级生化处理工艺，但是随着原油种类的变化，废水水质的污染加重，多数企业已经被迫将一级生化处理工艺逐步改造为二级生化处理工艺。采用较多的炼油废水生化处理工艺有A/O工艺、氧化沟工艺、CASS工艺和生物接触氧化工艺。除此之外，生物滤塔（池）、氧化塘也有部分工程使用。少数工程为了保证废水的达标率还增加了后浮选、曝气生物滤池、活性炭吸附等后续处理设施。

10.2.3.3 影响炼油废水处理效能的因素

(1) pH　pH对生化前处理（隔油、气浮处理）及生化过程（有机物降解或氨氮降解、脱氮）均有严重影响。pH＞9含油废水易于出现乳化，不利于隔油处理和气浮处理；当pH＜5.5，pH＞9.6时，生化处理将受影响，活性污泥容易死亡或流失，硝化反应将完全停止，因此，必须控制合适的pH环境。

(2) 酚　酚是一种杀菌剂，它会对硝化菌的生长及繁殖产生抑制，应予严格控制。要使硝化菌存在并保持良好的活性，必须把酚含量控制在3mg/L以下，否则影响硝化菌的生长、繁殖。工程运行表明如果活性污泥中硝化菌受到高酚水冲击，硝化菌自身再生、繁殖周期长，造成硝化池的氨氮降解停滞，从而使氨氮长时间无法达标排放。

(3) 石油类　进入生物“硝化-反硝化”处理系统的废水中石油类应控制在20mg/L以下，进行硝化处理的装置则应控制更低的石油类含量，一般要求将进水的石油类含量控制在10mg/L以下，否则将会因石油类在硝化菌表面形成油膜，抑制硝化菌的活性，影响硝化效果。

(4) COD　随着国家对废水排放标准的修订和实施，对工业水污染物氮的排放已从只控制氨氮逐步转向控制总氮，为此目前废水处理工艺大多偏向于采用既能降解COD，又能降解氨氮进而实现反硝化脱氮的新工艺。在生物处理系统中，降解有机物的异氧菌与降解氨氮的硝化菌之间会相互竞争。异氧菌较硝化菌容易培育，而硝化菌则繁殖、生长慢。如果进入生化池的COD很高，异养菌大量繁殖会抑制硝化菌的生长，因此实现硝化反应的前提是应严格控制进入硝化池的COD。

（5）温度　硝化菌保持良好活性的合适温度为25～32℃，低于20℃硝化菌活性显著降低，高于35℃也不利于硝化菌的生长。

（6）DO　要使硝化菌保持良好的活性应保证处理体系的DO>2mg/L，而反硝化则要求DO<0.5mg/L，因此控制好溶解氧的量成为能否实现硝化-反硝化的关键。

（7）可生化性　炼油废水的可生化性差，一般$BOD_5/COD_{Cr}<0.2$，属于难生化处理的废水。通常其处理的停留时间也较长，生化处理的停留时间大多在30h以上。为此，选择恰当的处理工艺或预处理体系以改善炼油废水的可生化性，是提高炼油废水处理效能的有效手段之一。

总之，炼油废水成分的复杂性和难生化性是其处理难度大的主要原因。在炼油废水处理工艺流程中，对含油废水、含硫化物、含酚、含氨等废水的分质预处理，可有效地改善废水的各项指标，可减轻对废水生物处理系统的冲击。在好氧处理池前设置水解酸化池，通过水解酶的作用使废水中的悬浮物及大分子化合物转化为可溶性、易降解的有机物，这样既可提高好氧装置处理有机物的效能，还能提高反硝化的效果，缓解污染物对硝化池的冲击，确保废水的氨氮降解及脱氮。

10.2.4　炼油工业废水再生利用

炼油废水的再生利用常采用物理、化学和生物深度处理方法，其中膜分离、高级氧化技术和生物深度处理是当前应用的主流。膜分离技术主要用于炼油废水的脱油、去除悬浮物或者除盐。高级氧化技术中臭氧氧化在炼油废水回用中的应用较多，而电化学、光化学技术尚处于试验阶段。生物深度处理具有运行可靠、费用低等优点，能够获得良好的再生水。

采用悬浮载体生物氧化、砂滤和臭氧生物活性炭等工艺深度处理炼油废水，去除污染物的种类多、效率高，总出水的水质良好，处理水可作为工业新鲜水、补充水、生活杂用水、景观用水等。其中，臭氧部分氧化结合生物活性炭深度处理技术，臭氧的投加剂量低，活性炭的使用寿命长，对微量有机物和色度的去除效率高，副产物少，后处理简单，无需大量的后处理费用。

目前炼化企业不同程度地开展了废水再生利用，其中经深度处理后用作冷却循环水补水的占绝大多数，少数实施了废水深度脱盐处理回用，用作工业用水或锅炉给水等。典型的深度处理流程包括：曝气生物滤池处理-多介质过滤-消毒；生物活性炭处理-过滤-消毒；膜生物反应器-消毒；过滤-消毒-先进的循环水药剂处理；以及在上述工艺基础上再进行超滤（或连续微滤）-反渗透脱盐处理。但是，一些企业废水处理出水不够稳定，尚未建立完善的废水分流管网，是目前进一步提高炼油废水回用率和扩大回用规模的制约因素。

10.3　煤炭工业废水处理及再生利用

煤炭工业是我国重要的基础产业。长期以来，煤炭在我国一次能源生产和消费中占很大比重。据有关文献介绍，在未来相当长的时期内，我国的能源供应格局仍将是以煤炭为主。据统计，我国煤矿平均吨煤排放废水量为2.0～2.5m^3，长期以来，煤炭工业一直是我国工业废水排放大户。煤炭废水中含有部分重金属元素和有机污染物，废水常呈酸性，悬浮物含量高，此外还含有石油类污染成分。煤炭工业废水是我国重点工业污染控制行业之一，为此，应十分重视煤炭工业废水处理及再生利用。

10.3.1　煤炭工业生产分类和废水污染源

10.3.1.1　生产分类

煤炭工业生产包括矿山建设与开采（井田开拓、井下采煤、露天采煤等），选矿与加工过程（选煤、煤炭加工利用、煤的转化、洁净煤等）。本部分从煤炭工业废水处理与利用角度，重点介绍采煤和选煤生产。

(1) 采煤　按开采方法的不同，采煤可分为井下采煤和露天采煤。

① 井下采煤。井下采煤包括采煤系统、掘进系统、通风系统、排水系统、供电系统、辅助运输和安全系统。其中，采煤系统是工作面的落煤、装煤，直到将煤由工作面运至地面；掘进系统是在当前生产的同时，开掘出新的工作面和采区；排水系统是与采掘相配套的井下水沟、水仓、水泵及排水管路等。

② 露天采煤。露天采煤是移走煤层上覆的岩石及覆盖物，使煤敞露地面进行开采。露天开采的主要优点是，开采空间不受限制，可采用大型机械设备，矿山规模大，效率高，成本低，劳动条件好，生产安全。但是占用土地多，且会造成一定的环境污染等。

(2) 选煤　选煤包括筛分和选煤。原煤先进行筛分，按粒度大小进行分级，并排除大块矸石和杂物。然后利用煤炭与其他矿物的密度、沉降速度和表面张力等性质的不同加工筛选煤，分选出低灰分精煤及其他各种规格的产品。

根据分选介质的不同，可将选煤分为湿法选煤和干法选煤，而以湿法选煤为主。选煤的工艺环节有破碎、筛分、跳汰选、重介选、浮选、特殊选、煤泥水处理、脱水、除尘、干燥等，这些工艺环节的相互配合，构成不同的选煤工艺流程。

10.3.1.2　废水污染源

(1) 煤炭开采　矿井水是采煤生产的废水污染源。矿井水由矿井开采过程中的大气降水、地面水、地下水及生产用水组成。

按水质可将矿井水分为 5 类，即洁净水、含悬浮物水、高矿化度水、酸性水及特种污染废水。除洁净水外，其余几类废水均需加以处理。我国约有 70% 为缺水矿区，因此矿井水处理利用更为重要。

(2) 煤炭洗选　在洗煤生产过程中要用大量清水进行洗选分级，再经脱水后成为产品煤，脱水后的废水即为洗煤废水。

10.3.2　煤炭工业生产废水量和水质

10.3.2.1　矿井水废水量和水质

我国吨煤涌水量因地域而异，差别很大。北方矿井平均涌水量约为 $3.8m^3/t$ 煤；西北矿井大部分涌水量为 $1.6m^3/t$ 煤以下；南方矿井因受气候条件和地理环境影响，矿井涌水量大，平均为 $10m^3/t$ 煤左右。

矿井水流经采煤工作面时，将带入大量煤粉、岩粉等悬浮物。开采高硫煤时受煤层及其周围硫铁矿的氧化作用，使矿井水呈现酸性和高铁性。根据我国煤矿矿层状况，几乎不存在碱性矿井水排放的地区。因此，我国的矿井水为酸性矿井水和非酸性矿井水（主要指含悬浮物矿井水）。

酸性矿井水呈酸性，$pH<6$，悬浮物含量为每升数十至几百毫克，含有 Ca^{2+}、Mg^{2+}、Mn^{2+} 等阳离子和 SO_4^{2-}、Cl^- 等阴离子。根据酸性矿井水是否含有铁离子，又可细分为含铁酸性矿井水和不含铁酸性矿井水。含铁酸性矿井水含有 Fe^{2+} 或 Fe^{3+}。此外，酸性矿井水还含有一定量的油类（废机油、乳化油等）。

非酸性（含悬浮物）矿井水主要含有悬浮物，SS 含量视矿区和不同排水时期而异，差别较大，一般为每升几十至数百毫克。

10.3.2.2　煤炭洗选废水量和水质

据统计，煤炭洗选高浓度废水量为 $0.2\sim0.3m^3/t$ 煤。

洗选废水含有大量煤泥和泥沙，又称为泥煤水，悬浮物浓度为 5000mg/L 以上。

洗选废水的主要污染物为煤粉、泥化后的矸石和高岭土等微细颗粒，油类物质（煤油、柴油等浮选剂），以及在泥煤水闭路循环处理过程中投加的有机药剂（起泡剂、捕集剂、抑制剂、助滤剂、絮凝剂等）。一般洗煤废水水质为 pH 7.5～8.5，SS 为 5000mg/L 至数万毫克每升，COD 为 3000mg/L 至数万毫克每升。

10.3.3 煤炭工业废水处理主要技术和工艺流程

10.3.3.1 矿井水处理主要技术和工艺流程

（1）酸性矿井水处理主要技术和工艺流程　根据酸性矿井水的污染特点和水质，一般采用中和、沉淀和过滤技术进行处理。当酸性矿井水中的铁离子含量高时，采用二级综合处理，即先用中和沉淀技术进行一级处理，而后再用曝气、沉淀、过滤技术进行二级深度处理，以使处理水达标排放或回用。矿井水处理产生的污泥均应经浓缩、脱水，脱干污泥应因地制宜地妥善处置。矿井水处理一般采用石灰乳为中和剂。酸性矿井水石灰中和法处理工艺流程如图 10-27 所示。含铁酸性矿井水二级处理工艺流程如图 10-28 所示。

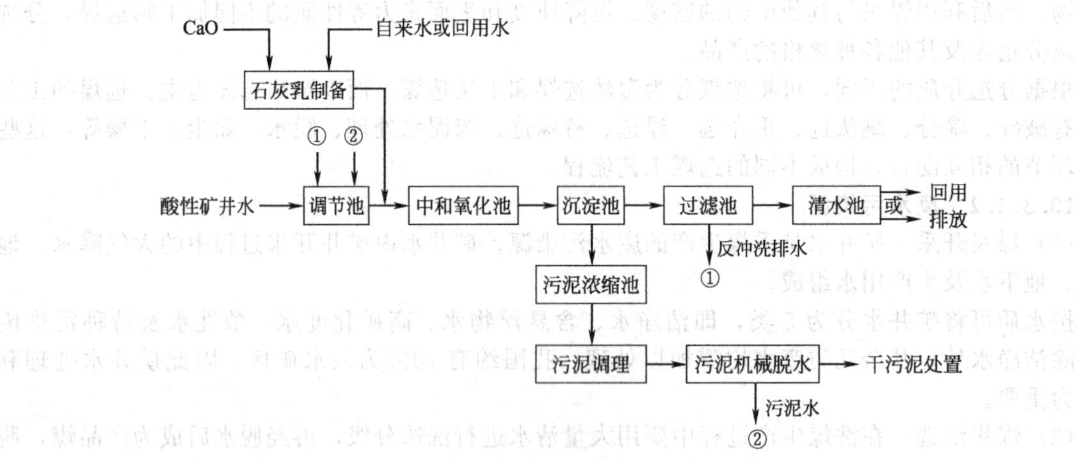

图 10-27　酸性矿井水石灰中和法处理工艺流程

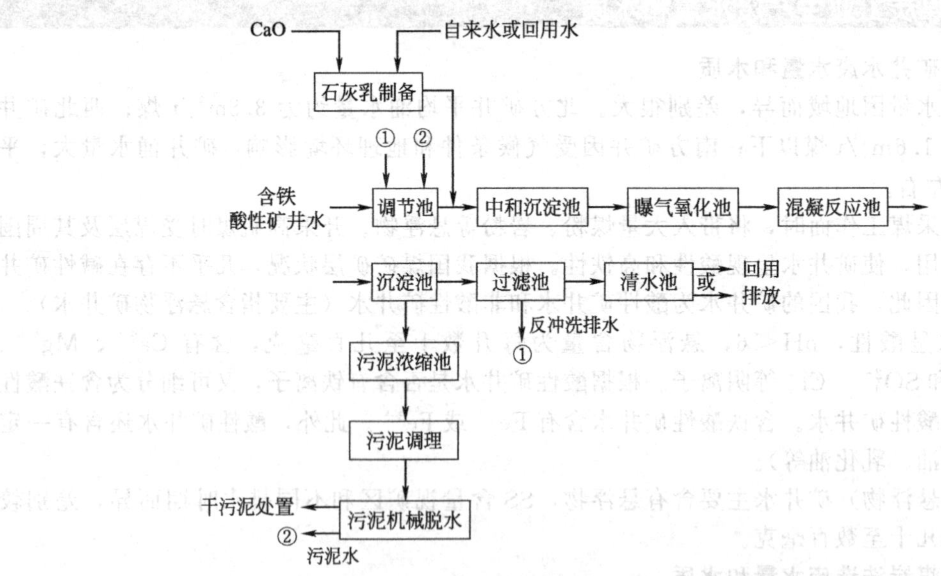

图 10-28　含铁酸性矿井水二级处理工艺流程

图 10-27 的石灰中和法处理酸性矿井水工艺流程简单，操作方便，一般经处理后出水 pH 6～9，除铁效率高，经处理后出水回用或排放。

图 10-28 的石灰中和-曝气沉淀处理工艺流程适用于含铁量较高的酸性矿井水处理。首先在一级处理的中和反应沉淀内完成矿井水的中和、絮凝、反应和沉淀过程。而后经一级处理的出水经曝气氧化，将残留的 Fe^{2+} 全部转化为 Fe^{3+}，在碱性条件下形成 $Fe(OH)_3$，具有絮凝作用，

经混凝反应沉淀和过滤后使处理水水质达标排放或回用。在该处理工艺流程中由于充分利用同离子效应、共沉淀和絮凝沉淀，有效地去除铁离子及其他重金属，提高了矿井水 pH，处理水水质良好，可作为回用水或排放。

(2) 非酸性（含悬浮物）矿井水处理主要技术和工艺流程 根据非酸性（含悬浮物）矿井水的污染特点和水质，一般采用混凝沉淀或混凝沉淀与过滤相结合的技术进行处理。经废水处理后产生的污泥均应经浓缩、脱水，脱干污泥应因地制宜地妥善处置。依据所采用的沉淀池或过滤池类型，非酸性（含悬浮物）矿井水处理工艺流程如图 10-29 和图 10-30 所示。

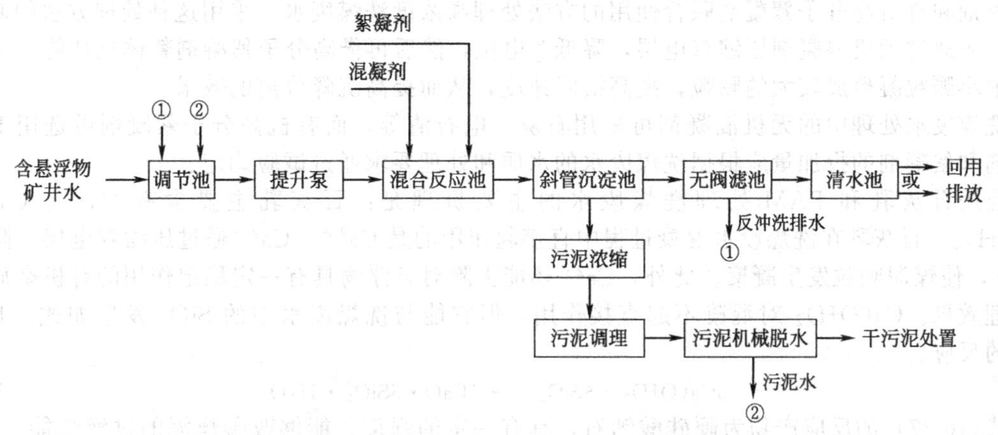

图 10-29 非酸性（含悬浮物）矿井水沉淀-过滤处理工艺流程

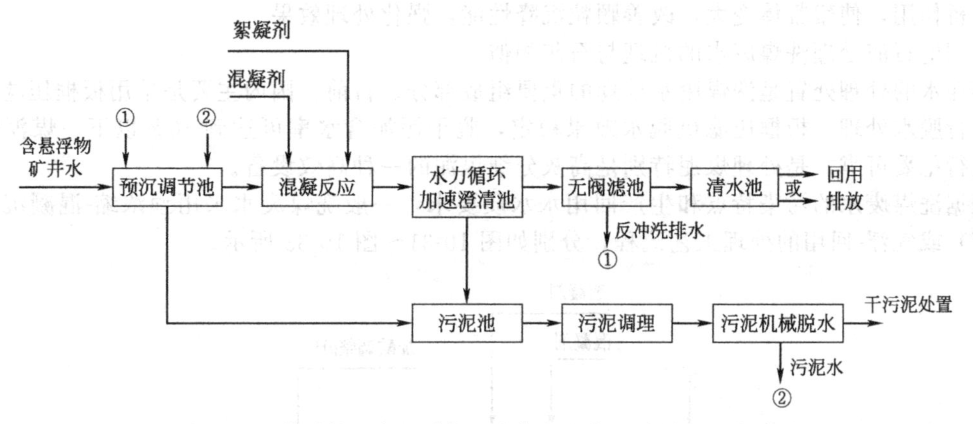

图 10-30 非酸性（含悬浮物）矿井水澄清-过滤处理工艺流程

图 10-29 的沉淀-过滤法处理非酸性（含悬浮物）矿井水工艺流程较简单，操作方便。该处理工艺流程在国内煤炭工业废水处理实践已有成熟的工程实践。一般处理非酸性（含悬浮物）矿井水时，可有效地去除矿井水中的悬浮物，经处理后出水 SS＜100mg/L，浊度 5～10NTU。出水水质良好，可实现回用或排放。

图 10-30 的澄清-过滤法处理非酸性（含悬浮物）矿井水工艺流程成熟，在国内煤炭工业废水处理实践中有着较为广泛的应用。该处理工艺技术能有效地去除非酸性（含悬浮物）矿井水中的悬浮物和胶体物质，并能有效地去除矿井水中的油类物质，出水水质良好，可实现回用或排放。

10.3.3.2 煤炭洗煤废水处理主要技术和工艺流程

洗煤废水具有悬浮物浓度高、细小颗粒含量多、颗粒表面带有较强的负电荷、黏度小、过滤性能差的特点。废水 COD 含量高，且废水 COD 同 SS 具有线性关系。所以，洗煤废水的处理一般都以去除 SS 为目标。在降低 SS 的同时 COD 随之降低。

洗煤废水一般采用物化处理就能达到排放要求或回用。根据洗煤生产工艺，洗煤废水排放呈周期性和水质不均匀性。为了保证后续处理单元的正常运行和处理效果，应在进行物化处理之前设置调节池。

对于较低浓度的洗煤废水，目前国内外一般采用投加絮凝剂 PAM 的方法进行处理，但对于高浓度洗煤废水，采用这种方法处理效果不甚明显，即使加大 PAM 的投加量，效果仍不理想。其原因是高浓度洗煤废水的 ζ 电位高，静电压力大，颗粒之间很难产生凝聚。试验结果表明，对于高浓度洗煤废水，单独采用一种无机或有机混凝剂，处理效果不理想。因此，目前国内采用无机混凝剂和有机高分子絮凝剂联合使用的方法处理高浓度洗煤废水。采用这种处理方法的基本原理是，先通过无机混凝剂压缩双电层，降低 ζ 电位，然后再借高分子絮凝剂絮体化功能，将废水中的细小颗粒凝聚成较大的颗粒，提高沉降速度，从而提高沉降分离的效果。

洗煤废水处理中的无机混凝剂可采用石灰、电石渣等，而有机高分子絮凝剂可选用 PAM。混凝剂和絮凝剂的投加量应根据洗煤废水的水质和处理要求通过试验确定。

应用石灰乳和 PAM 处理洗煤废水的主要机理是：石灰乳主要含有 Ca^{2+}、OH^- 和 $Ca(OH)_2$。石灰乳在洗煤废水混凝过程中直接起作用的是 Ca^{2+}。Ca^{2+} 通过压缩双电层，降低了 ζ 电位，使煤泥颗粒发生凝聚。此外，Ca^{2+} 还能去除对悬浮物具有一定稳定作用的有机杂质，提高处理效果。$Ca(OH)_2$ 对混凝不起直接作用，但它能与洗煤废水中的 SiO_2 发生如式（10-27）所示的反应。

$$5Ca(OH)_2 + 5SiO_2 \longrightarrow 5CaO \cdot 5SiO_2 \cdot H_2O \tag{10-27}$$

式(10-27) 的反应产物为硬硅酸钙石，具有一定的强度，能够改善煤泥的过滤性能。但是，若单独投加石灰，则形成的絮体小，沉降速度缓慢，沉降时间长。PAM 的作用是通过高分子的吸附架桥作用，使絮凝体变大，改善颗粒沉降性能，强化处理效果。

应用电石渣处理洗煤废水的机理与石灰相似。

煤泥水的处理处置是洗煤废水处理的重要组成部分。目前，国内主要是采用板框压滤机对煤泥水进行脱水处理。板框压滤机脱水效果稳定，脱干污泥含水率可达到 80%以下，煤泥回收率高，运行稳妥可靠，是处理煤泥特别是高灰分细煤泥的一种高效设备。

根据洗煤废水的污染特点和生产回用水水质要求，一般洗煤废水采用预浓缩-混凝沉淀（加速澄清）或气浮-回用的处理工艺流程，分别如图 10-31～图 10-33 所示。

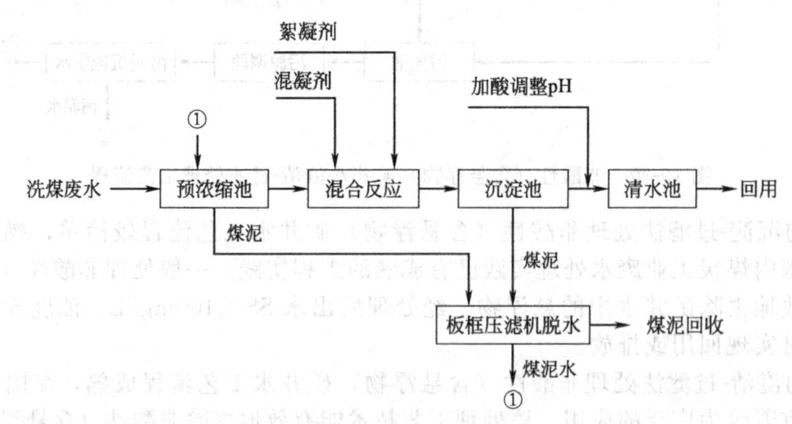

图 10-31 洗煤废水预浓缩-混凝沉淀处理工艺流程

在图 10-31 的处理流程中，洗煤废水先经预浓缩以去除部分粗颗粒煤泥，减轻后续混凝沉淀处理单元的污泥负荷，而后投加混凝剂和絮凝剂进行混凝反应，在胶体脱稳、吸附、架桥等作用下，形成大量絮状矾花，在沉淀池中进行重力沉降，实现泥水分离。沉淀出水经加酸调节 pH 后进入清水池进行回用。经预浓缩池和沉淀池分离出来的煤泥采用板框压滤机脱水，脱干煤泥回收，煤泥水返回预浓缩池再处理。该处理流程操作简单、方便，可实现洗煤废水回用和煤泥回

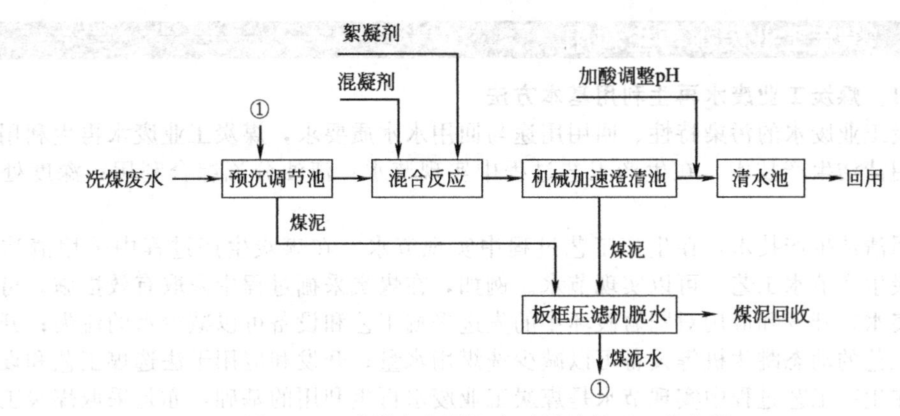

图 10-32 洗煤废水预沉-加速澄清处理工艺流程

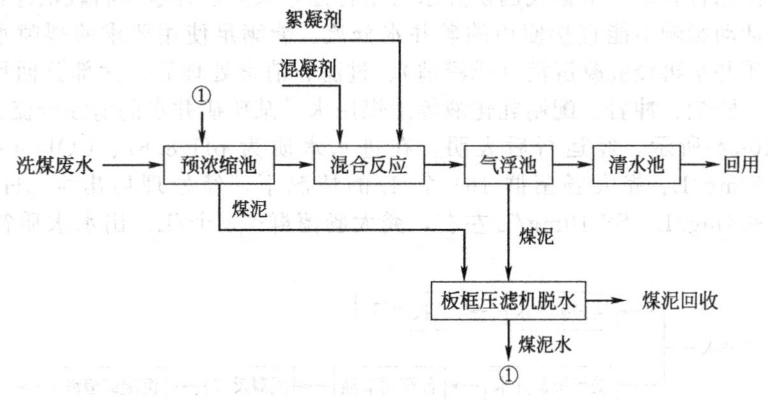

图 10-33 洗煤废水预浓缩-混凝气浮处理工艺流程

收，节约资源和能源。某矿洗煤厂洗煤废水处理工程应用表明，采用该处理流程后，在进水水质为pH 8.2～8.5、SS 60400～107500mg/L、COD 430～38700mg/L 的情况下，经处理后出水 pH 7.8～8.4、SS 40～80mg/L、COD 24～50mg/L。

在图 10-32 的处理流程中，洗煤废水先经预沉调节以去除部分粗颗粒煤泥，再进行混凝反应经压缩双电层，降低ζ电位，在胶体脱稳、吸附、架桥作用下，改善沉降性能，提高泥水分离效果。该处理流程采用机械加速澄清为泥水分离单元，集混凝、反应、澄清等功能于一体，处理效率高，处理构筑物（设备）紧凑，占地面积小。澄清池的上清液经加酸调整 pH 后自流入清水池回用。经预沉和加速澄清池分离出来的煤泥采用板框压滤机脱水，脱水煤泥回收，煤泥水返回预沉调节池再处理。洗煤废水采用预沉-加速澄清处理工艺处理结果表明，一般处理后出水 pH 7.5～8.2，SS<90mg/L，COD<70mg/L。

在图 10-33 的处理流程中，洗煤废水先经预浓缩，以去除部分粗颗粒煤泥，而后再进入混凝气浮系统。在气浮池（设备）内微气泡的上升浮力作用下，将附着其上的矾花（连同矾花上附着的细煤泥颗粒）上浮至气浮池（设备）表面，以实现泥水分离。气浮出水排入清水池回用。预浓缩和气浮污泥经板框压滤机脱水，煤泥回收，煤泥水返回预浓缩池再处理。采用预浓缩-混凝气浮工艺处理洗煤废水，去除效率较高。工程实践表明，在进水 pH 7.1～8.3、SS 3700mg/L 以下、COD 210mg/L 以下的情况下，经处理后出水 pH 7.5～8.5、SS 35～70mg/L、COD 20～55mg/L。

在煤炭工业废水处理中，混凝药剂的混合反应以采用管道混合反应为多，沉淀池的类型以采用斜管（板）沉淀池为多。另外，关于洗煤废水处理的浓缩池（机）、斜管沉淀池等设计参数读者可参阅《煤炭洗选工程设计规范》(GB 50359—2005)。

10.3.4 煤炭工业废水再生利用

10.3.4.1 煤炭工业废水再生利用基本方法

根据煤炭工业废水的污染特性、回用用途与回用水水质要求，煤炭工业废水再生利用的基本方法是：采用清洁生产技术，在生产工艺过程中实现节水；清浊分流综合利用；深度处理回收利用。

(1) 采用清洁生产技术，在生产工艺过程中实现节水　在煤炭生产过程中采用清洁生产技术，发展煤炭生产节水工艺，可以实现节水。例如，在煤炭采掘过程中采取有效措施，可以防止矿坑漏水或突水；开发和应用对围岩破坏小的先进采掘工艺和设备可以减少水的流失；开发和应用选煤生产工艺的动态跳汰机等设备可以减少洗煤用水量；开发和应用干法选煤工艺和设备，可以节水等。在生产工艺过程中实现节水是煤炭工业废水再生利用的基础，亦是采取煤炭工业废水再生利用其他方法的前提，是煤炭工业废水再生利用应首先采用的方法。

(2) 清浊分流综合利用　根据我国矿井水污染特性，某些矿井水可将较洁净的岩缝裂隙水与因受到采掘生产活动影响不能直接使用的矿井水分流。能满足使用要求的裂隙水在井下直接使用，而受污染的矿井水再经混凝沉淀（或澄清）、过滤、消毒处理后，大部分回用于矿井的煤层注水、井下注浆、防尘、冲岩、配制乳化液等采煤用水。某矿矿井水的清浊分流、综合利用处理工艺流程如图 10-34 所示。经运行后表明，在进水水质为 pH 8.67、COD 450mg/L、BOD_5 165mg/L、SS 550mg/L、粪大肠菌群 164 个/L 的情况下，经处理后出水 pH 8.32、COD＜20mg/L、BOD_5＜4mg/L、SS 10mg/L 左右，粪大肠菌群＜3 个/L，出水水质符合矿井生产回用水质要求。

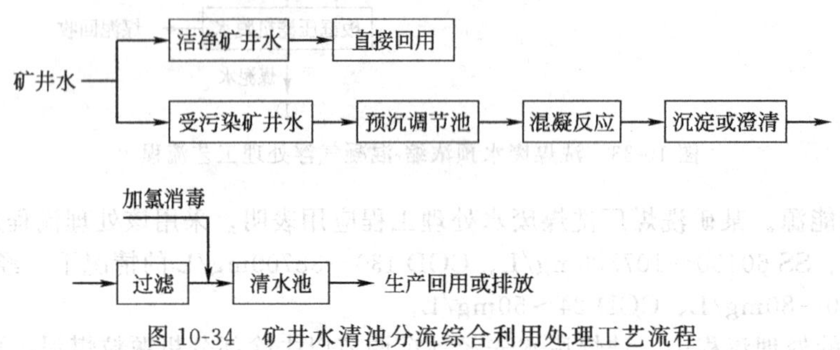

图 10-34　矿井水清浊分流综合利用处理工艺流程

根据矿井生活废水的组成和污染特性，可以将其细分，将污染相对较轻、污染成分单一、排水量大且排放时间集中的浴室排水与其他生活污水分流。浴室排水经处理后出水水质可达到杂用水水质要求，能用于冲洗、绿化、冷却水补充水、浇洒道路等，以节约矿井用水新鲜水水资源。某矿矿井生活废水清浊分流循环利用处理工艺流程如图 10-35 所示。

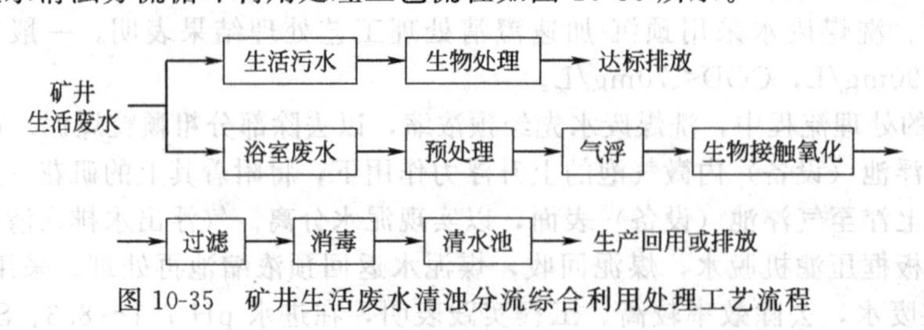

图 10-35　矿井生活废水清浊分流综合利用处理工艺流程

(3) 深度处理回收利用　洗煤废水具有悬浮物含量高、颗粒粒度小、颗粒表面带负电荷等特点，是一种稳定的胶体体系。采用电石渣和聚丙烯酰胺（PAM）混凝沉淀或采用 PAC 和 PAM 混凝气浮技术深度处理可实现洗煤水回收利用。洗煤废水深度处理回收利用如图 10-36 所示。

矿井水经混凝沉淀-过滤处理后，进一步采用反渗透技术（RO）处理，经消毒后回用于矿区生活饮用水，这是矿井废水更高层次的深度处理回收利用。采用 RO 技术的深度处理工艺流程如

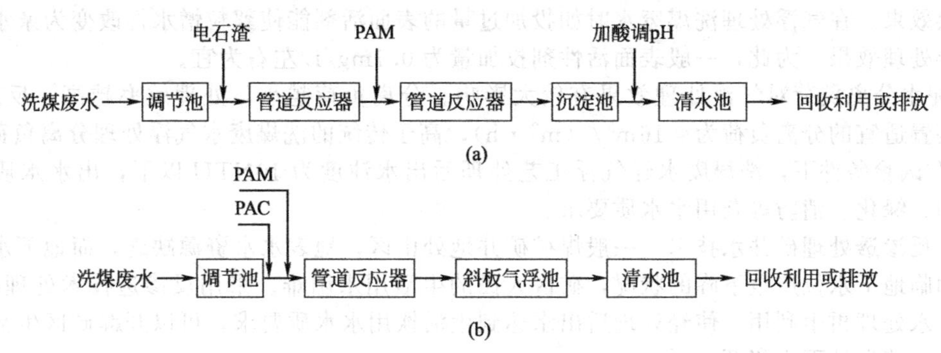

图 10-36　洗煤废水深度处理回收利用工艺流程

（a）混凝沉淀处理；（b）混凝气浮处理

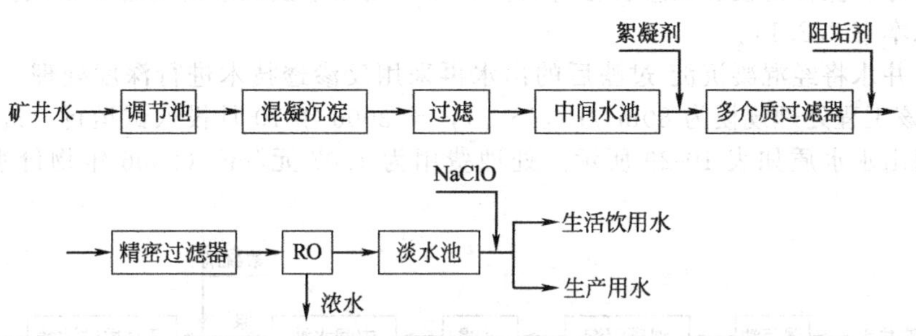

图 10-37　矿井水反渗透深度处理工艺流程

图 10-37 所示。

10.3.4.2　煤炭工业废水再利用技术新进展

2000 年以来，为了应对实施清洁生产标准、废水处理提标排放、节能减排、资源能源的有效利用，以实现我国煤炭工业生产的可持续发展，我国煤炭工业废水再生利用技术有了相当大的新进展。其中，包括新型气浮工艺处理技术，超滤（UF）、反渗透（RO）在煤炭工业废水深度处理中的应用技术，过滤和活性炭吸附技术等。

（1）新型气浮工艺处理洗煤废水技术　气浮处理工艺在煤炭工业废水特别是在洗煤废水处理中应用较多。与沉淀法相比较，气浮处理具有泥水分离效果好、占地少、浮渣含水率低、污泥量少等优点。但是气浮处理的影响因素较多，运行控制要求较严。中国矿业大学等采用新型加压溶气共聚气浮工艺处理洗煤废水，对影响因素进行试验研究和分析。试验原水为某选煤厂选煤废水，原水浊度 312NTU。采用 PAC 和 PAM 为混凝剂，控制回流比为 15%，其中在管道反应器中部进入 5%，出口处进入 10%。试验装置如图 10-38 所示。

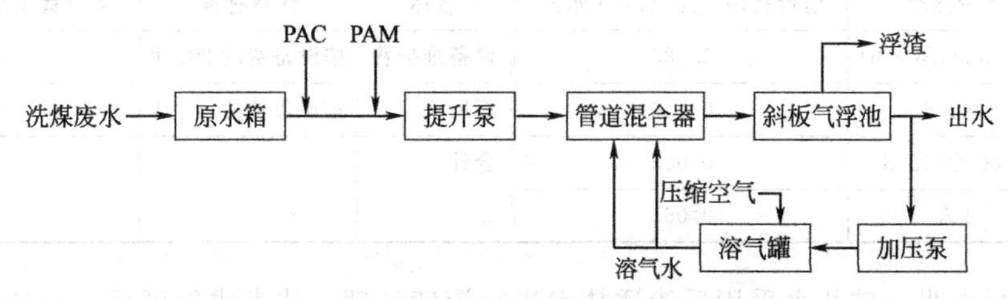

图 10-38　新型气浮工艺处理洗煤废水试验装置

由试验结果得出以下结论。

① 在药剂投加量 PAC 为 30mg/L，PAM 为 3mg/L 时，出水浊度可降到 10NTU 以下，如继续加大投药量出水浊度变化不大。

② 在选煤过程中，一般都以表面活性剂或煤油作为浮选剂，以有利于煤粒与气泡的黏附，

提高洗煤效果。在气浮处理洗煤废水时如投加过量的表面活剂能使絮粒憎水性改变为亲水性，会影响气浮处理效果。为此，一般表面活性剂投加量为 0.1mg/L 左右为宜。

③ 泥水分离负荷对气浮处理效果有较大影响。分离负荷越小，处理效率越高，反之亦然。本试验装置适宜的分离负荷为＜16m³/（m²·h），高于传统的洗煤废水气浮处理分离负荷。

④ 在试验条件下，洗煤废水经气浮工艺处理后出水浊度为 10NTU 以下，出水水质能满足道路清扫、绿化、消防等杂用水水质要求。

（2）反渗透处理矿井水技术　一般煤矿矿井地处山区，地表水水资源缺乏，而地下水的矿化度高且面临地下水位严重下降的状况，矿区人民的生活用水困难。采用反渗透技术处理矿井水，实现矿井水处理再生利用，使经处理后出水达到生活饮用水水质要求，可以开辟矿区生活饮用水新的水源，节省地下水资源。

反渗透（RO）是 20 世纪六七十年代发展起来的膜分离技术。由于它具有无相变、能耗较低、分离效果好、操作简便和适应性强等特点，可广泛用于国民经济的各个领域。关于反渗透膜分离技术详见本书 2.2.14。

例如某矿井水将经混凝沉淀-过滤后的出水再采用反渗透技术进行深度处理。工艺流程如图 10-39 所示。该工程处理规模为 80m³/h（15℃），于 2006 年 10 月投入试运行。进水水质、试运行和运行期间出水水质如表 10-29 所示。处理费用为 1.07 元/m³（2006 年物价水平），详见表 10-30。

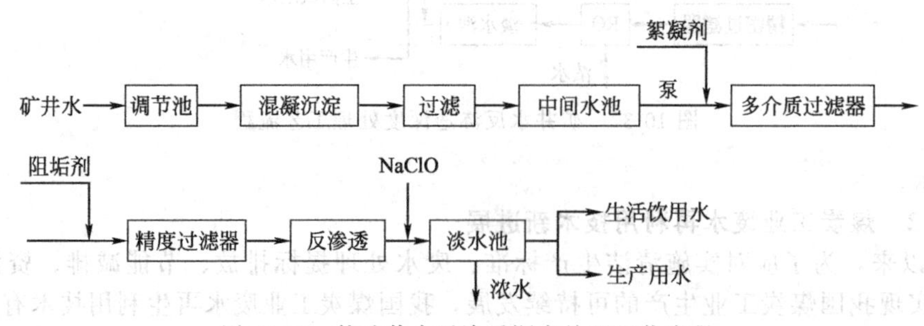

图 10-39　某矿井水反渗透深度处理工艺流程

表 10-29　某矿井水反渗透深度处理水质

项　目	进　水	试运行期出水	运行 3 年出水	项　目	进　水	试运行期出水	运行 3 年出水
SDI	10			SO_4^{2-}/(mg/L)	280	45～55	50～60
TDS/(mg/L)	3700	85～95	100～110	Cl^-/(mg/L)	1047	40～50	45～55

表 10-30　某矿进水反渗透深度处理运行费用

项目	计费标准	运行费用/[元/(m³·水)]	名称	计费标准	运行费用/[元/(m³·水)]
电费	0.50 元/(kW·h)	0.680	设备维护费	按设备费的 2%计	0.038
阻垢剂费	4kg/d	0.130	折旧费	按设备费的 2%计	0.152
清洗剂费	4000 元/180d	0.015	合计		1.070
人工费	2 人	0.055			

该工程运行表明，矿井水采用反渗透技术进行深度处理，技术成熟可行。经处理后出水可以作为生活饮用水和生产用水，减少废水排放，实现水资源可持续有效利用，是煤炭工业废水再生利用技术的新进展。

又如某矿井水采用双膜法（UF-RO）技术，进行深度处理生产回用，工艺流程如图 10-40 所示。该工程处理规模为 2400m³/d，于 2005 年 5 月投入试运行。

该工程矿井水含有较高的铁、硬度和矿化度，先经曝气除铁和石灰乳除硬，而后经沉淀澄清

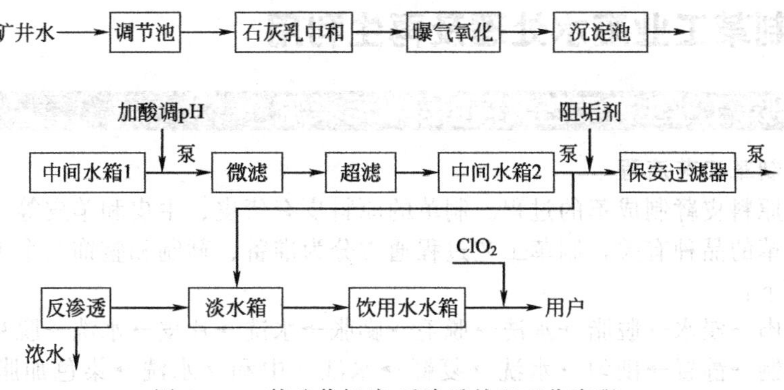

图 10-40 某矿井超滤-反渗透处理工艺流程

后，再经过微滤和超滤进一步去除悬浮物、胶体和大分子有机物。超滤出水一部分进入反渗透系统进行脱盐处理，另一部分直接进入饮用水水箱与反渗透出水混合，经 ClO_2 消毒杀菌后供生活饮用水用户。

进水水质、处理水水质和回用水水质标准如表 10-31 所示。处理费用为 1.04 元/(m^3·水)(2005 年物价水平)，详见表 10-32。该工程运行表明，矿井水采用双膜法（UF-RO）技术进行深度处理，工艺可行、合理。矿井水先通过物化处理，以去除废水中的部分色度、浊度、硬度和有机污染物，再经 UF-RO 进一步去除溶解固体和剩余的有机污染物等，使处理水水质达到并优于回用水水质要求。处理系统管理较方便，可操作性较强。

表 10-31 某矿井水超滤-反渗透深度处理回用水质

指　　标	进水	处理水	回用水水质标准
pH	8	7.5	6.5～8.5
色度/度	20	～0	15
浊度/NTU	5	<0.1	1
Fe^{2+}/(mg/L)	8.0	总 Fe 0	总 Fe 0.3
Mn^{2+}/(mg/L)	0.5	总 Mn 0	总锰 0.1
TDS/(mg/L)	2100	500	1000
总硬度(以 $CaCO_3$ 计)/(mg/L)	1297.1	100	450

表 10-32 某矿井水超滤-反渗透处理运行费用

项目	计费标准	运行费用/[元/(m^3·水)]	项目	计费标准	运行费用/[元/(m^3·水)]
电费	0.60 元/(kW·h)	0.60	反渗透膜组件更换费	从第 3 年起，每年更换 20%	0.15
药剂费		0.08	人工费		0.06
超滤膜组件更换费	按 2 年更换	0.15	合计		1.04

采用反渗透技术处理矿井水时，RO 出水包括脱盐水（淡水）和浓水两部分。在矿井水深度处理再生利用中可利用的是淡水部分，而浓水排除。由于 RO 浓水浓缩了原水中的 95%以上的溶解性固体，所以矿化度高。此外，浓水的有机污染物含量高，一般浓水 COD 含量往往会超过排放标准的限值。因此，反渗透技术处理矿井水时，不能忽略浓水处理和出路问题。目前，一般有条件地将浓水用作道路洒水、地面冲洗和观赏性景观用水等。

10.4 制革工业废水处理及再生利用

10.4.1 制革工业生产工艺流程和废水污染源

10.4.1.1 制革工艺流程

制革是指将原料皮鞣制成革的过程。制革的原料皮有猪皮、牛皮和羊皮等。制革工艺与原料皮的种类和成品革的品种有关，制革工艺过程通常分为准备、鞣制和整饰三个工段。典型的制革生产工艺流程如下：

原料皮→去肉→浸水→脱脂→水洗→脱毛→膨胀→水洗→片皮→水洗→脱灰→水洗→软化→水洗→浸酸→鞣制→静置→削匀→水洗→复鞣→水洗→中和→水洗→染色加脂→静置→整饰→成品

10.4.1.2 废水污染源

制革废水主要来自准备工段和鞣制工段。

准备工段包括浸水、去肉、脱脂、脱毛、膨胀等。在这一过程中清除原料皮中的毛、肉面和非胶原纤维等不需要的物质，并将胶原纤维素适当分散，为鞣制创造条件。

鞣制工段包括脱灰、软化、浸酸、鞣制、中和、加脂、染色等。将生皮按产品要求经一系列化学处理，使真皮层胶原纤维结构适度松散、固定和强化，从而使皮变成了革。

脱毛是除去生皮上的毛和表皮及胶原纤维间的纤维间质，使胶原纤维适度分离的过程。常用的脱毛方法有碱法和酶法两类。

碱法脱毛有灰碱法、盐碱法、碱碱法等。主要是用硫化钠使生皮上的毛和表皮的硬角蛋白在碱液中水解，破坏双硫键，削弱毛和表皮对真皮的依附，达到脱毛的目的。同时纤维间质也被部分除去，使胶原纤维得到分离。碱法脱毛废水中含有害的硫化物。

酶法脱毛是通过生物化学作用脱去生皮上的毛和表皮。利用蛋白酶消解生皮毛囊周围和表皮与真皮联结的基础物质，破坏软角蛋白的结构，削弱毛和表皮对真皮的紧密依附，在机械作用下使毛和表皮脱落，达到脱毛的目的。酶法脱毛过程中也伴随着酶软化作用。酶法脱毛的工艺控制条件比碱法脱毛要求严格，但它的废水中不含硫化物。

鞣制是将经过脱毛等一系列准备加工的裸皮转变成革的加工过程。现在多数品种还需进行复鞣，广义地说，也属于鞣制阶段。

铬鞣是现代轻革的主要鞣制方法。常规的一浴铬鞣法是将脱灰、软化、浸酸后的裸皮，利用原转鼓中的浸酸废液，先后加入碱度为33%和45%的铬鞣液，转鼓连续转动3～4h，待铬鞣液全部透入生皮的内层之后，加入一定量的提碱剂（如碳酸氢钠），提高鞣液的碱度，加强鞣制作用，以增加 Cr^{3+} 与胶原上羧基的结合，直到铬鞣革在不低于95℃的热水中不收缩，鞣制即告完成。随着铬鞣工艺的不断改进，出现了油预处理一浴铬鞣法、烷基磺酰氯预处理一浴铬鞣法、变型二浴铬鞣法、隐匿铬鞣法以及少铬鞣制等鞣制工艺。这些工艺对增加生皮对铬的吸收和结合、降低铬鞣废液中的含铬量、减轻制革废水中铬的污染都有一定的成效。

铬鞣轻革常在削匀后复鞣。它不仅起到填充作用，还能改变革的表面电荷，有利于染料均匀着色和加脂剂的均匀渗透，使染色后的革色泽鲜艳和革身丰满。近年来，生产鞋面革、服装革等，都把复鞣作为改善和提高成革质量的重要手段。

多数的轻革在鞣制后都需要染色，以提高革的使用价值。一般使用水溶性染料，最常用的是直接染料和酸性染料。轻革的染色方法有浸染、刷染及喷染等。

10.4.2 制革工业生产废水量和水质

10.4.2.1 废水量和水质

制革工艺过程耗水量大，一般情况下，每加工生产一张羊皮耗水0.2～0.3t，每加工生产一张猪皮耗水0.3～0.5t，生产加工一张牛盐湿皮耗水1～1.5t，生产加工一张水牛皮耗水1.5～

2t。根据产品品种和生坯类别的不同，每加工 1t 原料皮需用水 60～120t。

制革废水排水量从各制革生产工序看：浸水、去肉、脱毛、水洗工序废水量约为 65%，脱水、浸酸、鞣制、中和染色、水洗的废水量约占 30%，染色上油的水仅占 1%～5%。一般制革废水中含硫、含铬废水占总废水量的 15%～20%。

制革工艺过程中，有大量皮毛、碎肉、皮屑、泥沙等粗大固形物进入废水中。原皮中还有大量动物蛋白和胶质溶入水中，这些污染物都属于大分子有机物，浓度高，虽然 BOD_5/COD 值较高，但生物降解速度很慢。此外，生产过程中还使用大量化工原料，如酸、碱、盐、硫化钠、石灰、蛋白酶、表面活性剂、铬鞣剂、加酯剂、染料及有机助染剂等，除一部分被吸收外，绝大部分进入废水中，其中的硫化物和三价铬离子具有毒性。铬鞣废水铬含量在 2～4g/L，而灰碱脱毛废液中硫化物含量可达 2～6g/L。这两种浓废水是制革废水处理的重点。脱脂废水的油含量高达 1700mg/L 以上，综合废水中油含量也高达 300mg/L 以上。各工段排放的废水 pH 分布较宽，为 2.91～13.1，准备工段排放的废水以碱性为主，pH 为 9.24～13.1，碱性最强的是脱毛浸灰废水，pH 达 13.0 左右。鞣制及鞣后处理工段排放的废水主要为酸性，pH 达 2.91～6.62，酸性最强的是鞣制废水、回软废水，pH＜4.0。

制革废水的综合水质指标一般为：COD_{Cr} 1200～2200mg/L，BOD_5 500～1300mg/L，NH_3-N 20～180mg/L，Cr^{3+} 80mg/L，S^{2-} 200mg/L，SS 1000～2800mg/L，pH 6～12，油脂 50～300mg/L。

国内制革厂综合废水基本水质见表 10-33，国内制革厂加工工序废水主要成分见表 10-34。

表 10-33 国内制革厂综合废水基本水质

指标	牛皮面革	猪皮面革	羊皮面革	底革
BOD_5/(mg/L)	1370	—	650	600
COD_{Cr}/(mg/L)	2160	—	1365	2076
Cr^{3+}/(mg/L)	10.7	20.2	46	—
S^{2-}/(mg/L)	40.3	40.5	49.5	—
Cl^-/(mg/L)	1150	2259	1034	824
单宁/(mg/L)	42	115	78	150
NH_3-N/(mg/L)	31	92	40	—
SS/(mg/L)	2100	1330	1610	722
油脂/(mg/L)	176	240	54	330
酚/(mg/L)	1.5	3.5	0.5	0.7
pH	8.48	8.76	10.36	6.29

表 10-34 国内制革厂加工工序废水主要成分

工序	添加剂	废水成分
浸水	渗透剂、防腐剂	血、水渗性蛋白、盐、渗透剂
脱脂	脱脂剂、表面活性剂	表面活性剂、蛋白质、盐
脱毛	石灰、硫化钠	硫化钠、石灰、硫氢化钠、蛋白质、毛、油脂
水洗	—	硫化钠、石灰、硫氢化钠、蛋白质、毛、油脂
片皮	—	皮块
灰皮水洗	—	皮块
脱灰	铵盐、无机酸	铵盐、钙盐、蛋白质
软化	酶助剂	酶、蛋白质

续表

工序	添加剂	废水成分
浸酸	无机酸、有机酸、食盐	无机酸、有机酸、氯化钠
鞣制	碳酸氢钠、铬粉、助剂	铬盐、碳酸钠、硫酸钠
水洗	—	铬盐、碳酸钠、硫酸钠
中和水洗	乙酸钠、碳酸氢钠	中性盐
染色加脂	染料、加脂剂、有机酸、复鞣剂	染料、油脂、有机酸、复鞣剂
水洗	—	染料、油脂、有机酸、复鞣剂

10.4.2.2 废水水质特点

制革过程各工序以间歇方式排放多种不同性质的废水，造成全天废水的水量和水质极不均匀。废水中COD、BOD_5、SS、NH_4^+-N、Cr^{3+}、S^{2-}等污染物的浓度高，其中的Cr^{3+}和S^{2-}对生物处理工艺中的微生物有抑制和毒害作用，当Cr^{3+}浓度达到17mg/L或S^{2-}达到40mg/L时就会影响生物处理的效果，在废水进入生物处理设施前必须预先除去。因此制革废水是一种较难处理的工业废水。

制革废水总的特点是水质水量波动大、成分复杂、悬浮物多、有机污染物浓度高。

(1) 水质水量波动大　制革行业的生产工艺特点决定着其工艺路线长，工序多，而不同工序排水的水质差异极大。脱毛工序的COD每升高达10万毫克左右，而水洗工序为300mg/L左右。制革生产工序大部分在转鼓内完成，每一道工序通常是间歇式排水，因而制革废水的水质水量波动大，水量总变化系数达到2左右，而水质的变化系数更大，达到10左右。

(2) 高硫、高铬　S^{2-}来自脱毛浸灰中加入的硫化钠和硫氢化钠，脱毛浸灰废液和流水洗出液的S^{2-}达1000mg/L以上，当pH<7.0时，可全部转化为H_2S。铬来自铬鞣和复鞣，废水中的铬浓度在25000mg/L以上，流水洗的铬浓度也高于1500mg/L。

(3) 高盐、高氨氮　猪皮制革生产过程中，由于加入大量食盐、硫酸钠等中性盐，废水中含盐量极高（综合废水中全盐量高于7000mg/L，铬鞣废液的全盐量高达45000mg/L以上）。新鲜猪皮制革废水的脱脂废水、脱毛浸灰废水、脱灰废水和浸酸铬鞣废水氯化物含量高。脱灰废水和浸酸铬鞣废水氯化物含量高达12000mg/L以上，脱脂废水、脱毛浸灰废水中氯化物含量也在4000mg/L以上。若是盐湿皮制革，含盐量和氯化物含量会更高。中性盐污染是制革废水处理中非常棘手的问题，废水中盐浓度高，对生物处理过程中耐盐菌的筛选是一个不小的挑战。氨氮主要来自脱毛浸灰、脱灰、中和及染色加脂工段，除加入的铵盐外，还有猪皮本身由有机氮转化而来的氨氮。脱灰废水、中和废水和染色加脂废水的氨氮浓度分别达到400mg/L、1000mg/L和700mg/L左右，使综合废水的氨氮在100mg/L左右，再计及原水中存在的有机氮后，这些都会严重影响制革废水的脱氮处理过程。

(4) 生物难降解，处理难度大　制革废水中含有大量原皮上的可溶性蛋白脂肪等有机物和甲酸等低分子添加有机物，BOD_5/COD通常在0.40～0.45，综合废水可生化性较好。但是，由于含有较高浓度的Cl^-和高盐度引起的渗透压，增加了对微生物的抑制作用。硫酸盐的存在，增加了废水的处理难度。传统猪皮制革生产中，油含量很高，对废水的预处理要求较高。此外，制革废水加入大量表面活性剂，使LAS含量较高，如脱脂工段LAS高达100mg/L左右，脱毛浸灰废水也在30～60mg/L。目前国内大量使用的表面活性剂主要成分都是烷基磺酸盐，环境毒性较高，难以生物降解。因此，选择生物处理技术必须充分考虑高盐度和高硫酸盐等对生化反应过程的影响。

(5) 高SS，产生污泥量大　制革工业加工每吨原皮得到的成革约为300kg，原皮中约有200kg以上成为皮边、毛蓝边皮和皮屑。此外，大量原皮上的去肉和渣进入废水，废水悬浮固体浓度高达1000～5000mg/L，主要来自脱脂、脱毛浸灰、脱灰和浸酸鞣制工段的综合废水SS含量为 1500mg/L 左右。高浓度的悬浮固体不仅增加了固液分离的难度，而且产生大量的有机污泥。污泥中还夹带有原皮上的泥沙、污血和生产过程中添加的石灰及盐类等，污泥体积占到废水总量的 5%以上。制革污泥的处理及处置是制革废水处理的难点之一。

10.4.3　制革工业废水处理主要技术和工艺流程

10.4.3.1　制革废水处理主要技术

皮革废水中的污染源来自两个方面：一是由于原料皮上除去的皮屑、油脂、肉渣和烂毛造成的有机废物污染；二是由于制革生产过程中使用酸、碱、酶、重金属、染料和高聚物等染化材料带来的化学污染，如硫化碱、工业盐、石灰、红矾、染料及各类有机复鞣剂等有害化工产品。由于制革废水污染物成分复杂，需要联合采用物化法和生化法进行处理。

含铬废水处理一般采用加碱沉淀法（氢氧化钠或石灰）。将含铬废水的 pH 由 4 提高到约 8，使废水中的三价铬形成 $Cr(OH)_3$ 沉淀，从废水中分离出来。产生的铬泥经压滤脱水后，可以进行铬的回收利用。但回收到的铬纯度不高，仅限于鞣制深色革，不适用于鞣制浅色革等。

含硫废水的分隔处理有铁盐沉淀、酸化吸收和催化氧化等方法。铁盐沉淀法是先将 pH 约 13 的含硫废水加酸调 pH 至 8～9，加入硫酸亚铁生成硫化亚铁沉淀，上清液进入综合废水处理系统，FeS 沉淀脱水后进行卫生填埋。该法除硫效果好，但药剂耗量大，污泥量大。酸化吸收法是在密闭的反应器中加酸调 pH 至 4～4.5，硫化物生成 H_2S 气体逸出，经 NaOH 吸收，生成 Na_2S，可回用于制革生产。该法的优点是可回收利用硫化物，同时还能使废水中的蛋白质析出，COD 去除率达 80%。缺点是工艺复杂，为防止 H_2S 有毒气体逸出，需要在真空条件下进行，操作复杂，产生的蛋白质沉淀脱水性能差。催化氧化法是在含硫废水中加入锰盐催化剂，经空气曝气，可使硫化物最终被氧化为无害的 SO_4^{2-}。该法去除硫化物的效果可达到 90%以上。

混凝沉淀与气浮是制革废水预处理的基本方法。对处理制革废水而言，气浮处理与混凝沉淀处理相比较具有以下优点：气浮池占地小，土建投资少；气浮对 SS 的去除率高，一般对 SS 去除率大于 60%，对难沉降物质去除效果亦较好；气浮的浮渣含水率比沉淀池沉降污泥含水率低，可减少相应集泥池容积。但是，气浮处理法的管理维护相对比较麻烦。

制革废水生物处理目前采用较为广泛的是氧化沟法。氧化沟法抗冲击负荷能力强，无结垢阻塞曝气器之虞。SBR 法和接触氧化法等也有采用。随着对工业废水脱氮、除磷要求的日益提高，低有机负荷生化处理的方法逐渐在制革废水处理中得到应用。

10.4.3.2　制革废水处理工艺流程

制革废水的处理时一般应对鞣制工序产生的酸性含铬废水和脱毛、碱膨胀工序产生的含硫污水先进行分流分质处理，以去除或回收其中的铬和硫，然后与其他废水混合，进行综合废水处理。

鉴于制革废水的特点，目前对制革废水处理的主流工艺流程仍是物化-生化处理。同时在处理工艺流程中一定要有沉砂、调节、沉淀、气浮、脱硫等几个物化处理单元，以尽可能减轻生物处理负荷。

(1) 预处理　制革废水含有大量固体物及毛皮屑，应设置格栅拦截，保证后续设备的正常运行。根据水质水量波动大的特点，预处理还需设置调节池。

(2) 物化处理　最常用的物化处理技术是混凝沉淀法和混凝气浮法。制革废水中不仅含有大量的有害成分，如硫化物、铬化物等，还含有大量难降解的有机物，如表面活性剂、染料、单宁和蛋白质等。这些物质有的是难生物降解的，有的则是对生物有毒害作用的，仅用生物处理难以有效去除，而采用化学沉淀法和气浮法比较有效。

(3) 生物处理　制革废水 BOD/COD 值较高，可生化性较好，但制革废水的生化降解速率很慢，约为生活废水的 1/3。研究和工程实践表明，生化时间超过 20h，去除效果较好。因生物处理技术各有优缺点，因此要结合实际情况及排放要求，选用合适的处理工艺技术。

10.4.3.3 制革废水处理主要设计参数

(1) 格栅　在废水进入调节池前设置格栅，机械除污粗格栅间隙宜为16～25mm，人工除污粗格栅间隙宜为25～40mm，细格栅宜采用1.5～10mm。污水过栅流速宜采用0.6～1.0m/s。对于水量较小的工程，可采用人工格栅。而水量较大的工程，为了降低劳动强度，宜采用机械格栅。栅渣通过机械破碎输送、压榨脱水后外运。栅渣输送宜采用螺旋输送机，输送距离大于8.0m宜采用带式输送机。

(2) 调节池　调节池停留时间宜为12～24h，并应设置水质混合装置，以防止皮块等杂质沉积。一般可采用空气搅拌或机械搅拌。空气搅拌可采用在池底设置穿孔管的形式，空气量宜采用$5\sim6m^3/(m^2\cdot h)$。机械搅拌强度$5\sim8W/m^3$。对悬浮物和杂质浓度较高的制革废水一般宜采用机械搅拌。

(3) 混凝反应　混合池停留时间宜采用1～2min，混合池内设置搅拌装置，如采用机械搅拌，搅拌器直径为混合池直径的1/3～2/3。当H(混合池有效深度)/D(混合池直径)<1.3时，搅拌器设单层。当$H/D>1.3$时，搅拌器宜设2层或多层，设计速度梯度$G=500\sim1000s^{-1}$。

反应池停留时间宜采用20～30min，数量一般不少于2个，设计GT值为$10^4\sim10^5$。

混凝反应池的药剂和投药量需要通过试验确定。

(4) 混凝沉淀和气浮　平流沉淀池的沉淀时间为2.0～4.0h，水平流速为4.0～8.0mm/s。竖流式沉淀池的上升流速不宜大于0.2mm/s。气浮池溶气压力通常采用0.2～0.4MPa，回流比不宜小于30%。

(5) 好氧池　宜采用活性污泥曝气池或生物接触氧化池。采用活性污泥曝气池时，一般污泥负荷应<0.4kg COD/(kgMLSS·d)；采用生物接触氧化池时，填料容积负荷为0.5kg COD/(m^3·d)左右，具体应根据实际水质而定，处理工艺应满足脱氮要求。

(6) 二次沉淀池　二次沉淀池的类型按水量大小采用辐流式、竖流式等，不宜采用斜管(板)沉淀池。表面负荷宜为$0.6m^3/(m^2\cdot h)$左右。一般采用机械刮泥方式。

10.4.4 制革工业废水再生利用

制革生产耗水量大，废水再生利用，实现水资源的良性循环，有利于促进制革及毛皮加工企业的可持续发展。制革废水再生利用在本厂回用的情况下，特征污染物影响较小，供水水质容易满足；有利于水量平衡；出现问题后信息反馈和调整迅速，管理方便。

制革废水再生利用的主要方法之一是实现循环利用，即将各工序排放废水经预处理后直接回用于本工序或与本工序生产相关的工序中。常采用的回用方式包括：采用逆流浸水的方式将后段浸水废水回用于前段浸水；脱毛浸灰废水经澄清或酸化吸收后适当进行循环利用；含铬废水经澄清、兑加酸与浓铬液调节铬含量及碱度后回用于鞣制，也可经调整后回用于浸酸等。位于水资源紧缺地区的制革及毛皮加工企业和工业园区，在确保水质安全可靠的前提下，可将综合废水处理站处理后的废水回用于生产。

值得注意的是，当处理后的废水回用于生产时，废水污染物浓度应考虑回用水中污染物的累积效应。累积浓度的计算如下式。

$$C=C_0(1-\eta)/(1-\alpha)$$

式中，C为废水回用后制革废水的污染物排放浓度增加值，mg/L；C_0为废水回用前制革废水的污染物浓度，mg/L；α为废水回用率，即回用废水量与处理废水总量的比值；η为废水经处理后污染物的去除率。

考虑到制革废水回用后污染物的累积效应，如浸水废水的循环利用会导致污染物的富集，易受微生物污染等，因此废水的循环利用次数不应过高，并且再利用前还应进行消毒。采用直接沉降后补加Na_2S和石灰液循环利用工艺时，使用时间一般不超过1个月，夏季不超过15天。含铬废水循环利用无法解决中性盐的污染积累问题，因此应根据生产及产品特点妥善解决好物料平衡和废铬液循环利用对产品质量的影响问题，合理确定循环利用工艺和循环利用率。

10.5　涂装工业废水处理及再生利用

10.5.1　涂装工业生产工艺流程和废水污染源

10.5.1.1　涂装工艺流程

典型的涂装线工艺由高压水洗、预脱脂、脱脂、热水洗、水洗、表调、磷化、水洗、阳极电着、UF 洗、电着烘干、中涂和中涂烘干、涂面漆、盒面漆烘干等工序组成。工艺流程如图 10-41 所示。

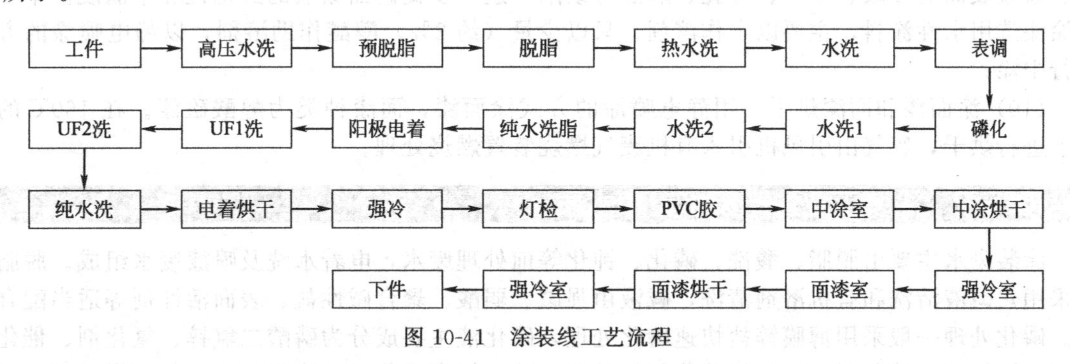

图 10-41　涂装线工艺流程

10.5.1.2　废水污染源

涂装各生产工序的废水污染源概述如下。

(1) 高压水洗　高压水洗的目的是除去工件表面的普通污物和无机盐类，在水洗室中由高压水枪从四周向工件喷射高压水，通过冲击和溶解作用，去除工件上的表面灰尘、泥沙、无机盐等污物。该工序用水水质要求不高，可采用废水处理后的回用水。排放废水的主要污染物为 SS、COD_{Cr}。

(2) 预脱脂、脱脂　工件表面的油污必须在磷化前彻底清除，否则会影响磷化和涂层质量。采用水基型脱脂剂（由氢氧化钠、碳酸钠等无机盐和表面活性剂组成，pH 为 8～9）。预脱脂工序中采用喷淋方式，喷淋冲击的压力有利于油污的去除。脱脂工序中采用浸泡的方式去除油污，浸泡的目的是去除喷淋时喷射不到的工件部位上的油污。预脱脂、脱脂工序中的脱脂液一般可循环利用，随时补加，定时外排。

(3) 热水洗、水洗　热水洗的温度为 60～70℃，两步水洗的目的是去除脱脂过程中在工件表面附着的脱脂液。水洗用水可由废水处理后的回用水提供，运行方式与高压水洗工序相同。排放废水的主要污染物为 SS、COD_{Cr}和石油类。

(4) 表调、磷化　表调即表面调整，主要是使用钛盐等弱碱盐类消除由于脱脂造成的表面状态的不均匀性，增加金属表面单位面积内的晶核数量，从而加快反应速度，缩短磷化时间，使晶粒变得更加微细。表调液定时补充，不外排。磷化的目的是提高漆膜的附着力和耐腐蚀性。磷化液的组成为锌盐系磷化剂，主要由游离磷酸、磷酸二氢锌、促进剂等组成。磷化液循环利用，定时补充相应的磷化试剂，不外排。一定时期（约 15d）后对磷化液进行过滤，过滤时产生磷化渣，主要成分为磷酸铁，收集后送专业公司处理。

(5) 水洗 1、水洗 2 及纯水洗　为了去除工件表面的磷化液，磷化工序之后设有三步水洗，前两步为普通水洗，第三步为去离子水洗。普通水洗采用逆流使用的方式，即二级水洗后废水供一级水洗使用。为了提高水洗效率，水洗槽中设有循环水泵，增加水流循环程度。排放废水中的主要污染物为 SS、COD_{Cr}和磷酸盐。

(6) 阳极电着　将拟加工的工件作为阳极，以阳离子型树脂材料作电着涂料，然后在两极间施加 200V 的直流电压，树脂材料游向阳极，在工件表面沉积，这个过程即为阳极电着。其优点是镀层细密、均匀、牢固。

（7）UF1洗、UF2洗和纯水洗　在烘干之前要将工件上的电着液洗净，两步超滤洗和一步纯水洗即为此而设计。超滤液循环利用，不外排。去离子水洗水排出。排放废水中的主要污染物为SS、COD_{Cr}和铅（来源于电着液促进剂）。

（8）电着烘干　洗后工件在烘干室内进行烘干，烘干温度为180℃，此过程中产生有机废气，由引风机直接引入15m高的排气筒外排。在电着后的工件上涂PVC胶，消除电着缺陷，提高中涂漆及面漆的附着力。

（9）中涂和中涂烘干　中涂层是介于底漆及面漆之间的涂层，主要作用是填平和覆盖工件表面、漆膜表面的砂眼、砂痕、针孔、麻点等缺陷，进一步提高面漆层的鲜艳性和丰满度。本工序中涂漆选用水性涂料，主要以水作溶剂，只以少量（约2%）醇醚作助溶剂，以静电喷涂的方式进行中涂。

（10）涂面漆和面漆烘干　用静电喷涂的方式涂面漆，面漆种类为醇酸磁漆。在160℃的温度下进行烘干，废气由引风机引入有机废气燃烧装置燃烧处理。

10.5.2 涂装工业生产废水量和水质

涂装废水主要由脱脂、酸洗、磷化、钝化等前处理废水，电着水洗及喷漆废水组成。脱脂一般采用热碱液清洗和有机溶剂清洗，碱液由强碱、弱酸、聚合碱性盐、表面活性剂等适当配合而成。磷化处理一般采用薄膜锌盐快速磷化处理，磷化液主要成分为磷酸二氢锌、氧化剂、催化剂和一些添加剂。磷化后一般再经钝化封闭处理，除可提高磷化膜的防锈能力，亦可增强磷化膜的耐蚀性。钝化后工件即可进行电着涂装、喷漆作业。电着涂装后黏附在涂层表面上的涂料，常使涂层表面粗糙，而造成涂层黏着性、防护性较差。因此，在进行烘干前必须用水冲洗，即产生洗涤废液。

涂装废水量因涂装工艺的不同而异，一般水质大致如表10-35所示。

表10-35　涂装废水一般水质

生产工序	废水名称	pH	COD_{Cr}/(mg/L)	TP/(mg/L)	石油类/(mg/L)
前处理工序	预脱脂废液	13	13000～14000	50～100	3000～4000
	脱脂废液	13	12000～16000	50～60	500～1500
	脱脂冲洗水	9.5～10.5	150～250	1～3	
	表调水	10～10.3	160～870	85～95	
	磷化废液	2.4～2.6	200～300	800～1000	
	磷化冲洗水	3.5～5.0	50～100	50～100	
喷漆工序	喷漆废水	9.8～11	1200～4000		

10.5.3 涂装工业废水处理主要技术和工艺流程

10.5.3.1 碱性废水

碱性废水一般分为单一碱性废水和混合碱性废水。单一碱性废水如碱性锌酸盐镀锌废水和离子交换树脂再生废水。混合碱性废水大部分来自生产工序上设有化学或电化学除油、脱脂所产生的废水。

碱性废水处理可借由pH控制，投加硫酸或盐酸以中和，亦可利用酸洗车间排出的废水混合后，再视pH高低而投加药剂中和，以减少用药量。例如，厂内有烟道排气，亦可利用烟道气中含有的CO_2、SO_2及H_2S等气体，以洗涤塔方式中和碱性废水后，再视pH高低而投加药剂中和。这样，既可减少用药量，又可达到消烟除尘的效果。碱性废水处理工艺流程如图10-42所示。

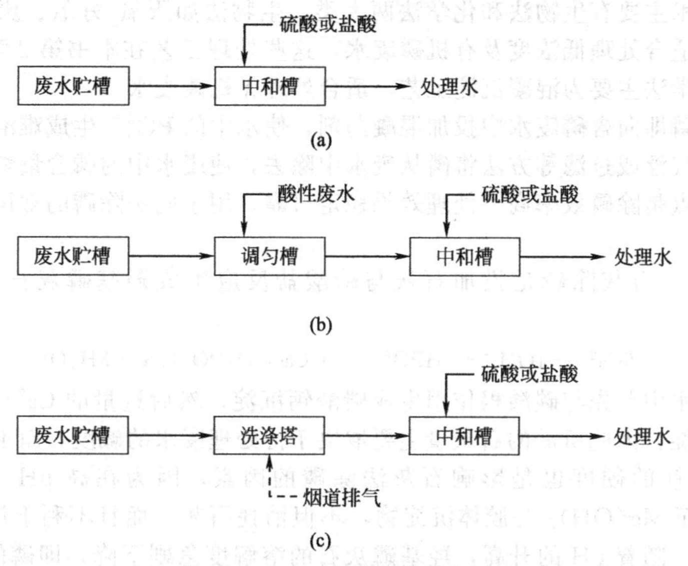

图 10-42　碱性废水处理工艺流程

10.5.3.2　酸性废水

酸性废水主要来自酸洗工序排出的废酸及涂装工件酸洗后的冲洗水。酸性废水处理可借由pH控制，投加苛性钠、碳酸钠或石灰等药剂中和。当然，也可利用车间排出的碱性废水混合后，再视pH高低而投加药剂中和。酸性废水处理工艺流程如图10-43所示。

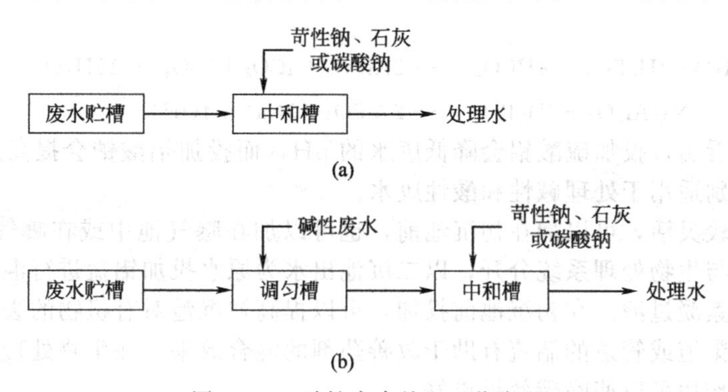

图 10-43　酸性废水处理工艺流程

10.5.3.3　含油废水

油类污染物常以三种状态存在：粒径大于60μm的为可浮油，漂浮在水面，易从水中分离出来，可采用沉淀、气浮等处理工艺；粒径在10～60μm的为分散油和乳化油，不易上浮，难以用物理方法从水中分离出来，可采用化学处理-气浮处理工艺，以破解乳化油和去除分散油；另一类为溶解油，一般为5～15mg/L，依处理后水质要求，必须采用生化处理，甚至使用超滤工艺进行处理。含油废水处理工艺流程如图10-44所示。

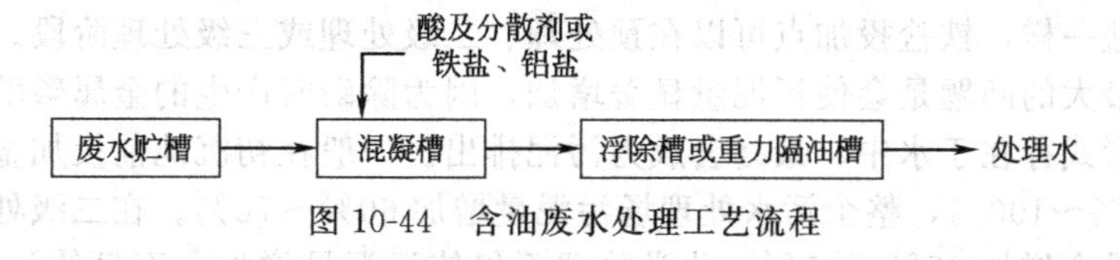

图 10-44　含油废水处理工艺流程

10.5.3.4　磷化废水

含磷废水一般经单独处理后，排入电镀混合废水系统再进行处理，或直接排入电镀混合废水系统处理。除磷技术主要有生物法和化学法两大类。生物法如厌氧/好氧、厌氧/缺氧/好氧脱氮除磷工艺等，主要适合处理低浓度及有机磷废水，这些处理工艺在本书第2章中已有详细论述，在此不再赘述。化学法主要为混凝沉淀工艺，适合处理无机磷废水。

混凝沉淀法除磷即向含磷废水中投加混凝药剂，使水中的PO_4^{3-}生成难溶盐，从水中沉降分离，再利用沉淀、气浮或过滤等方法将磷从废水中除去，使废水中的磷含量≤1mg/L，达到除磷的目的。其主要优点是除磷效率高，处理效果稳定可靠。用于此法除磷的常用药剂有石灰、铝盐和铁盐三大类。

(1) 石灰除磷　石灰除磷是投加石灰与磷酸盐反应生成羟基磷灰石沉淀，反应式如式(10-28)所示。

$$5Ca^{2+}+4OH^{-}+3HPO_4^{2-} \longrightarrow Ca_5OH(PO_4)_3\downarrow+3H_2O \tag{10-28}$$

由于石灰进入水中首先与碳酸根作用生成碳酸钙沉淀，然后过量的Ca^{2+}才能与磷酸盐反应生成羟基磷灰石沉淀，因此所需的石灰量主要取决于待处理废水的碱度，而不是废水的磷酸盐含量。另外，废水的镁的硬度也是影响石灰法除磷的因素，因为在高pH条件下，可以生成$Mg(OH)_2$沉淀。而$Mg(OH)_2$为胶体沉淀物，不但消耗石灰，而且不利于污泥脱水。pH对石灰除磷的影响很大，随着pH的升高，羟基磷灰石的溶解度急剧下降，即磷的去除率迅速增加，pH>9.5后，水中所有磷酸盐都转为不溶性的沉淀。一般控制pH在9.5～10，除磷效果最好。对于不同废水的石灰投加量，应通过试验确定。

石灰除磷的具体投加石灰的方法有三种：一是在废水处理初沉池之前投加石灰；二是在废水生物处理之后的二沉池中投加石灰；三是在生物处理系统之后投加石灰并配有再碳酸化系统。

(2) 铝盐除磷　铝盐除磷常用药剂是硫酸铝和铝酸钠，其除磷反应式分别如式(10-29)和式(10-30)所示。

$$Al_2(SO_4)_3\cdot14H_2O+2H_2PO_4^{-}+4HCO_3^{-} \longrightarrow 2AlPO_4+4CO_2+3SO_4^{2-}+18H_2O \tag{10-29}$$

$$Na_2Al_2O_4+2H_2PO_4^{-} \longrightarrow 2AlPO_4+2Na^{+}+4OH^{-} \tag{10-30}$$

由反应式可以看出，投加硫酸铝会降低废水的pH，而投加铝酸钠会提高废水的pH。因此硫酸铝和铝酸钠分别适用于处理碱性和酸性废水。

铝盐的投加比较灵活，可以加在初沉池前，也可以加在曝气池中或在曝气池和二沉池之间，还可以将化学除磷与生物处理系统分开，以二沉池出水为原水投加铝盐进行混凝过滤，或在滤池前投加铝盐进行微絮凝过滤。在初沉池前投加，可以提高初沉池对有机物的去除率；在曝气池和二沉池之间投加，渠道或管道的湍流有助于改善药剂的混合效果；在生物处理系统后投加，因生物处理对磷的水解作用可以使除磷效果更好。

由于受废水碱度和有机物的影响，除磷的化学反应是一个复杂的过程，因此铝盐的最佳投加量不能按计算确定，必须经试验确定。

(3) 铁盐除磷　三氯化铁、氯化亚铁、硫酸亚铁（绿矾）、硫酸铁等都可以用来除磷，常用的是三氯化铁。三氯化铁与磷酸盐的反应式如式(10-31)所示。

$$FeCl_3\cdot6H_2O+H_2PO_4^{-}+2HCO_3^{-} \longrightarrow FePO_4+2CO_2+3Cl^{-}+8H_2O \tag{10-31}$$

与铝盐相似，大量三氯化铁要满足与碱反应生成$Fe(OH)_3$，以此促进胶体磷酸铁的沉淀分离。磷酸铁沉淀的最佳pH范围为4.5～5.0，实际应用中pH在7左右甚至超过7，仍有较好的除磷效果。和铝盐一样，铁盐投加点可以在预处理、二级处理或三级处理阶段。

化学法除磷最大的问题是会使污泥量显著增加，因为除磷时产生的金属磷酸盐和金属氢氧化物以悬浮固体的形式存在于水中，最终会成为污泥排出。一般在初沉池前投加金属盐，初沉池污泥量可以增加60%～100%，整个污水处理场污泥量增加60%～70%。在二级处理过程中投加金属盐，剩余污泥量会增加35%～45%。化学除磷不仅使污泥量增加，而且使污泥浓度降低20%左右，因此使污泥体积即污泥数量加大，增加了污泥处理与处置的难度。使用化学法除磷时，会使处理出水增加可溶性固体含量。在固体分离不好的情况下，铁盐除磷有时会使出水呈微红色。

10.5.3.5 含铬废水

含铬废水来源于钝化及有色金属铬酸阳极氧化处理工序，其主要成分为重铬酸盐类。在废水中随着不同的pH，重铬酸盐类以CrO_4^{2-}和$Cr_2O_7^{2-}$两种具有毒性的六价铬形式存在，一般可经化学还原法将六价铬还原成无毒性的三价铬。

用化学还原法处理电镀含铬废水常用的方法有亚硫酸盐还原法和二氧化硫还原法。

(1) 亚硫酸盐还原法　亚硫酸盐还原法是国内常用的处理电镀含铬废水的方法之一。它的主要优点是处理后水能达到排放标准，并能回收利用氢氧化铬，设备和操作也较简单。但亚硫酸盐货源缺乏，有些地区不易取得，当铬污泥找不到综合利用的出路而存放不妥时，会引起二次污染，另外，处理成本较高。一般对废水量不大、污泥综合利用有出路的地区较为合适。

用亚硫酸盐处理电镀废水，主要是在酸性条件下，使废水中的六价铬还原成三价铬，然后加碱调整废水pH，使其形成氢氧化铬沉淀除去，废水得到净化。常用的亚硫酸盐有亚硫酸氢钠、亚硫酸钠、焦亚硫酸钠等，其还原反应式分别如式(10-32)～式(10-34) 所示。

$$2H_2Cr_2O_7 \cdot 6NaHSO_3 + 3H_2SO_4 \longrightarrow 2Cr_2(SO_4)_3 + 3Na_2SO_4 + 8H_2O \tag{10-32}$$

$$H_2Cr_2O_7 \cdot 3Na_2SO_3 + 3H_2SO_4 \longrightarrow Cr_2(SO_4)_3 + 3Na_2SO_4 + 4H_2O \tag{10-33}$$

$$2H_2Cr_2O_7 \cdot 3Na_2S_2O_5 + 3H_2SO_4 \longrightarrow 2Cr_2(SO_4)_3 + 3Na_2SO_4 + 5H_2O \tag{10-34}$$

形成氢氧化铬反应如式(10-35) 所示。

$$Cr_2(SO_4)_3 + 6NaOH \longrightarrow 2Cr(OH)_3 + 3Na_2SO_4 \tag{10-35}$$

用亚硫酸盐处理电镀废水的过程是，当调节池废水存满后，用泵将废水抽入反应槽，在反应槽运行过程中，废水仍能连续流入已抽空了的调节池内。也可两个调节池交替使用，调节池兼作反应槽。经反应后，废水流入沉淀槽将沉淀物去除后，处理水排放。污泥定期排入污泥槽，经脱水后，存放或综合利用。当处理的水量很小时，也可以不设沉淀槽，而将调节、反应、沉淀在一个池（或槽）内完成。反应槽先加酸，使废水酸化，后投加亚硫酸盐进行还原，再投加氢氧化钠使还原的三价铬离子生成氢氧化铬，进入沉淀池进行沉淀。反应槽内应设搅拌装置。投加试剂可采用泵前加药的方式进行。

亚硫酸盐还原法的主要控制条件有：还原反应的pH、药剂投加量、氢氧化铬沉淀的pH和沉淀剂的选择。

① 还原反应的pH。亚硫酸盐还原六价铬必须在酸性条件下进行，由上述的反应式可知，当酸度增加时，反应有利于朝生成三价铬方向进行。实测还原的反应速度，当pH为2.0或更低时，反应可在5min左右进行完毕；当pH为2.5～3.0时，反应时间在20～30min；当pH>3时，反应速度就变得很慢。在实际运行中，一般控制废水pH为2.5～3.0，pH过低则耗酸过多。反应时间控制在20～30min为宜。

② 药剂投加量。由于废水中除了六价铬外还存在其他杂质离子或操作过程中的其他原因等，实际运行中的药剂投加量一般高于理论计算量。

在实际运行中，还应将亚硫酸盐成品中所含亚硫酸百分率折算成其实际用量。因为有时往往由于保管和存放不妥，会引起亚硫酸盐成分的降低，此时应增加投量比。总之，投放量应适当控制，过低的投量比会使还原不充分，出水中六价铬不能达标；过高时浪费试剂，增加了处理成本。当投量比超过8时，还容易形成$[Cr_2(OH)_2SO_3]^{2-}$络合离子，加碱也难以使Cr^{3+}生成沉淀。

③ 氢氧化铬沉淀的pH。因氢氧化铬呈两性，pH过高时，生成的氢氧化铬会再度溶解，而pH过低时，又不能生成沉淀。所以往往在实际运用中，废水经酸化、还原反应后，加碱调整废水的pH，使氢氧化铬沉淀，一般控制pH为7～8。其反应时间为15～20min。

④ 沉淀剂的选择。用氢氧化钙、碳酸钠、氢氧化钠等均可使三价铬成为$Cr(OH)_3$沉淀。采用石灰，价格便宜，但反应慢，且生成泥渣多，泥渣难以回收。采用碳酸钠时，投料容易，但反应时会产生二氧化碳。氢氧化钠成本较高，但用量少，泥渣纯度高，容易回收。因此一般采用苛性钠（NaOH）作为沉淀剂，浓度取20%。

(2) 二氧化硫还原法　二氧化硫还原法是利用二氧化硫将六价铬还原成三价铬，然后再加碱提高废水的pH，使三价铬生成$Cr(OH)_3$沉淀，反应如式(10-36)～式(10-38)所示。

$$2H_2CrO_4+3SO_2 \longrightarrow Cr_2(SO_4)_3+2H_2O \quad (10\text{-}36)$$

$$H_2Cr_2O_7+3SO_2 \longrightarrow Cr_2(SO_4)_3+H_2O \quad (10\text{-}37)$$

$$Cr^{3+}+3OH^- \longrightarrow Cr(OH)_3\downarrow \quad (10\text{-}38)$$

二氧化硫来源主要有市售瓶装二氧化硫、燃烧硫黄产生二氧化硫和利用烟道气中的二氧化硫。其中，利用烟道气中的二氧化硫能以废治废，但此法投加量及处理后水质若无自动控制设施，则控制较难。为防止二氧化硫泄漏，设备应密封或辅以必要的通风设施。

二氧化硫还原法的主要控制条件有：还原反应的pH、中和反应的pH、二氧化硫用量和二氧化硫反应装置。

① 还原反应的pH。用二氧化硫还原六价铬时，反应速度与废水的pH有较大关系。实践证明，废水的pH为3.0～4.0时，还原反应速度较快；pH＞4.0时，还原速度较慢。含铬废水的pH一般为3～7，所以在用二氧化硫还原之前，先用废酸或酸洗工序的废液将其pH调至3.0～4.0。但pH太低会使以后中和时的耗碱量增加，因此不宜将废水的pH调得过低。

用二氧化硫还原六价铬时，也可用氧化还原电位来控制处理过程，其数值与所用的试剂和测定电极的种类有关。一般来说，废水中的六价铬完全还原为三价铬时，其电位值为300～400mV。

② 中和反应的pH。用二氧化硫处理后的废水pH一般为3～5，废水中含有低毒的硫酸铬，必须加入碱液，使碱与硫酸铬反应生成氢氧化铬沉淀而除去三价铬，并使pH保持在7～8时才可排放。

③ 二氧化硫用量。为了使含铬废水中的六价铬几乎完全还原成三价铬，除了控制废水适当的pH外，还要通入足够的二氧化硫。若通入的SO_2气体太少，那么有一部分六价铬未被还原而没有达到废水处理的要求。反之，若过多的SO_2通入废水中，反应后剩余的SO_2气体将从反应塔排入大气中。由于SO_2也是一种有害气体，这样虽然处理了废水，但处理过程中产生了废气。二氧化硫用量与废水中的六价铬含量有关，废水中的六价铬含量越高，要求通入的SO_2量越多。当废水的pH＜5，且废水中无NO_3^-存在的情况下，以控制$Cr^{6+}:SO_2=1:(3\sim5)$（质量比）为宜。

④ 二氧化硫反应装置。最好是在密闭的反应塔中使SO_2和废水发生作用。在反应塔中通入适量的SO_2进行反应，将反应后剩余的SO_2再循环回用。这样既保证了六价铬几乎完全还原成三价铬，同时也不会有SO_2废气逸出。由于SO_2气体和废水的反应是气相和液相之间的反应，为了使反应完全，要求气-液两相充分地接触，因此最好将废水从反应塔顶部呈雾状喷淋而下，而SO_2由塔下部通入。由于废水呈雾状时表面积大大增加，能与SO_2气体充分接触，有利于进行反应。或者要求反应塔有一定的高度，塔中安放多层隔板，废水从塔顶喷淋而下，SO_2从塔下部通入，这样，每隔一层隔板将增加气液之间的接触机会，有利于气-液两相之间反应完全。

10.5.3.6 电着涂装废水

电着涂装废水产生于涂件上附着的清洗过程，一般包括去离子水冲洗水和超滤液，含有水溶性树脂、颜料、填料、助溶剂和少量重金属。

电着废水的处理方法有超滤法、混凝法等。

(1) 超滤法　电着涂装过程的超滤器（UF）与电着槽及电着后水洗设备组成一个封闭的电着循环水冲洗系统，尽量少排放或无排放。超滤器是电着涂装在线的关键部件，它的性能和使用维护直接影响到电着涂装质量及生产成本。电着涂装在线过滤器的主要功能是控制电着槽液各成分的平衡，保证电着涂膜质量；提供被涂件的喷淋用水，节约冲洗用纯水；回收电着件上带出的漆液，节省漆液用量，回收率可达98%；获得去离子水和漆的溶剂、助溶剂等，而且有助于维持电着槽的化学平衡，减轻纯水清洗后排放的废水污染负荷。

应根据所处理溶液的水质特点，包括处理溶液的最高温度、pH、分离物质相对分子质量范围等，选择适合的超滤膜材料和型号。要求选择的超滤膜在截留相对分子质量、允许使用的最高温度、pH 范围、膜的透过量及耐污染等性能方面，能够满足设计目标所提出的要求，同时超滤膜也应具有很好的化学稳定性。超滤膜的透过量直接决定了装置的设计总膜面积、装置规模及投资额。影响超滤膜透过量的主要因素有操作压力、料液浓度、膜表面流速、料液温度、膜清洗周期等。上述参数的最佳组合是保证超滤膜的透过通量、超滤装置稳定运行的必要条件。

（2）混凝法　涂装废水中的油、高分子树脂、颜料、钛白粉等在表面活性剂、溶剂及各种助溶剂的作用下，以胶体的形式稳定地分散在水溶液中。金属盐类（如 Fe^{3+}、Al^{3+}、Ca^{2+} 等）或金属盐类的聚合物（如 PAC、PFS 等）投入水中后，可形成带正电荷基团的絮体。它们既可中和乳化油或高分子树脂的电位，完成脱稳过程，又可通过吸附架桥作用吸附水中脱稳的乳化油、高分子树脂、颜料、钛白粉等。

影响混凝法处理涂装废水混凝效果的因素有水质、pH、水温、混凝反应时间和搅拌等。

① 水质。废水中的污染物成分及含量随涂装生产线的不同而变化。通常情况下，同一废水中往往含有多种污染物。由于不同污染物的化学组成、带电性、亲水性、吸附性、离解性等不尽相同，所以同一种絮凝剂对不同涂装废水的混凝效果可能相差很大。

② pH。在不同的 pH 条件下，絮凝剂铝盐和铁盐的水解产物形态不一样，产生的混凝效果也不同。

③ 水温。无机盐凝絮剂的水解反应是吸热反应，而水的温度低时不利于絮凝剂的水解，湿度越高其溶解性越大。

④ 混凝反应时间。当絮凝剂投加到废水中后，在较短的时间使絮凝剂与水充分混合，混合时间一般要求几十秒至 2min。在混合过程中，絮凝剂与废水中的细微悬浮物和胶体粒子反应，会形成许许多多微小的矾花，这就是凝聚阶段。此时矾花的尺寸较小，还不能达到靠重力下沉的程度，因此还要靠絮凝过程使矾花逐渐长大。在絮凝阶段，这些微粒互相聚结，通过吸附、卷带和架桥连成更大颗粒的絮凝体而沉降下来。整个反应过程的时间一般控制在 10～30min。

⑤ 搅拌。在一定的时间内，必须借机械或水力搅拌使废水池的水产生激烈的湍流，絮凝剂与废水中的细微悬浮物和胶体粒子迅速、均匀地反应，完成凝聚和絮凝两个过程。

10.5.3.7　喷漆废水

湿式喷漆室用水洗涤喷漆室作业区空气，空气中的漆雾和有机溶剂被转移到水中形成了喷漆废水。其水质由所用涂料（以硝基漆、氨基漆、醇酸漆和环氧漆为主）、溶剂（如乙醇、丙酮、脂类、苯类等）和助溶剂而定。

喷漆废水的形成有两种方式：其一是一部分循环水被排出成为废水，并补充足量的新鲜水；其二则是经过一定的时间后循环水全部更新。两种方式的污染程度虽有差异，但废水处理都是先除去浮渣，然后以铝盐进行凝聚，靠沉淀或气浮处理除去所含涂料中的颜料和大部分树脂，以及一部分表面活性剂。在处理后的水中残存树脂与溶剂，化学耗氧量与生化需氧量仍较高，应再经进一步处理。经过预处理的出水排入混合废水调节池，可与其他废水一同处理，处理方法有混凝沉淀法、活性污泥处理法、生物处理法等。

一般先采用 Fenton 试剂（$H_2O_2+FeSO_4$）对喷漆废水进行预处理，使其中的有机污染物氧化分解，COD_{Cr}去除效率在 30%左右。再加入聚丙烯酰胺（PAM）和聚合氯化铝（PAC）对其进行混凝沉淀，经过这两步处理后，COD_{Cr}的总去除率可达到 60%～80%，由 3000～20000mg/L 降至 1200～4000mg/L，而后出水排入混合废水调节池。Fenton 试剂具有很强的氧化能力，当 pH 较低时（控制在 3 左右），H_2O_2 被 Fe^{2+} 催化分解生成具有极强的氧化能力的羟基自由基·OH。通过具有极强氧化能力的·OH 与有机物的反应，废水中的难降解有机物发生部分氧化，使废水中的有机物的 C—C 键断裂，最终分解成 H_2O、CO_2 等，并使 COD_{Cr}降低。或者发生耦合或氧化，改变其电子层密度和结构，形成分子量不太大的中间产物，从而改变它们的溶解性和混凝沉淀性。同时，Fe^{2+} 被氧化生成 $Fe(OH)_3$，在一定的酸度下以胶体形态存在，具有凝聚、吸附性能，还可除去水中部分悬浮物和杂质。出水通过后续的混凝沉淀进一步去除污染物，以达到净化的目的。

10.5.4 涂装工业废水再生利用

涂装生产的清洗工序所产生的废水是涂装工业废水的主要来源。至于废水水量与水质，因采用的清洗工艺而异。因此，如何改进清洗方法、减少清洗水量、提高清洗效率，以及如何减少工件带出液等，均为降低废水水量及改善废水水质的先决条件。

目前涂装工业均推行清洁生产工艺技术，除针对废水处理至少可达标排放外，并应进一步思考废水再生利用和资源的回收利用。尤其在水资源缺乏地区，实现用水闭路循环或废水循环利用尤其重要。

10.5.4.1 清洗水的循环利用

涂装零件的清洗技术、溶液的回收与再生技术，对节约资源和减少污染物排放非常有效。减少清洗用水，将清洗水回用于镀槽，尽量回收与再生失效溶液，可减少资源的流失，也就做到了“节流”。

对清洗技术的研究是国际上许多行业长期关注的重要课题，先进清洗技术在涂装生产中的推广应用，对于水资源匮乏的我国更具有特别重要的意义。多级间歇逆流清洗技术是国际上公认的最节水的新技术，经过多年推广应用，已经收到显著成效，而且有了新的发展。化学法处理混合涂装废水又是人们公认的可靠而经济的传统技术，将二者加以结合，再配合活性炭吸附和离子交换等有效的净化技术，就能真正做到涂装生产用水闭路循环，减少排放，为实现清洁生产创造良好的条件。

10.5.4.2 从清洗水中回收金属及带出液

从清洗水中回收金属及化合物的用途有三个：一是回收的带出液重新用于配制生产镀液；二是回收化学原料作为副产品出售或返回给原料供货商；三是回收金属出售或再使用于涂装过程。清洗水量大，水中含金属离子浓度也不高，要实现回收利用，通常可采用蒸发、反渗透、离子交换、电解、电着和电渗析等技术。

10.5.4.3 失效溶液的回收与利用

涂装失效溶液浓度较高，如果不加控制任意排入废水处理系统，其污染物含量会大大超出废水处理系统的设计能力。如果对这些失效溶液未加区别，没有分别加以再生、回收、利用与处理，也是对资源的浪费。

金属酸洗溶液的失效多是由于金属离子浓度过高而降低了效率，在有条件的工厂或地区可以采用不同规格的再生设备使其得到重复利用。有色金属酸洗的失效溶液应采用回收装置首先回收有色金属，再进行必要的净化与调整，使其恢复功能，尽量避免排放。不得不报废的酸液，必须设计有废酸贮存容器，使其作为废水处理的 pH 调节用酸，按需求量加入调节池中。

10.6 工程实例

10.6.1 实例1 某重有色金属工业废水处理及生产回用工程

某重有色金属冶炼公司主要从事铅、锌等冶炼，是国内大型重有色金属冶炼企业。该企业的冶炼废水主要来自铅净化工段、锌净化工段、铅干吸工段、锌干吸工段、烟化炉脱硫工段等生产工序，以及来自硫酸及配套系统的排放水。生产废水呈酸性，含有铅、锌、汞、砷等和氨氮。生产废水处理和再生回用工程包括高氨氮废水处理系统、污酸污水处理回用系统和清洁废水处理回用系统。

10.6.1.1 设计处理水量和水质

(1) 高氨氮废水处理系统 设计处理水量 $150m^3/d$（含烟化炉、鼓风炉、多膛炉及煤气发生站排放废水）。设计水质如表 10-36 所示。

表 10-36　高氨氮废水处理回用系统设计水质

项　目	原　水	处理水	项　目	原　水	处理水
pH	0.91～2.73	约 10	Zn/(mg/L)	15.7～1181	
NH_3-N/(mg/L)	5000	≤40	Cd/(mg/L)	0.286～5.24	
F^-/(mg/L)	338～1422	≤10	As/(mg/L)	4.06～35.4	
Pb/(mg/L)	1.77～23.8				

(2) 污酸污水处理系统　设计处理水量 1654m³/d（含高氨氮废水处理出水 150m³/d，制酸工序排水 4m³/d 和其他酸性废水 1500m³/d）。设计水质如表 10-37 所示。

表 10-37　污酸污水处理系统设计水质

项　目	原　水			处理水
	氨氮处理出水	排水	其他废水	
pH	约 10		2～3	6～9
NH_3-N/(mg/L)	40			≤15
H_2SO_4/(mg/L)		106×10^3		
As/(mg/L)		3.1	110	0.5
Pb/(mg/L)			5～10	1.0
Zn/(mg/L)		3.8	490～900	2.0
Cd/(mg/L)			0.4～0.8	0.1
F^-/(mg/L)	10	0.17		≤10
Cl^-/(mg/L)		0.1		
Na^+/(mg/L)		53.8		
COD_{Cr}/(mg/L)				100
BOD_5/(mg/L)				20
SS/(mg/L)				70

(3) 清洁废水处理回用系统　设计水量 5500～6000m³/d（含循环排污水 3000m³/d，其他生产清洁废水 2500～3000m³/d）。设计水质如表 10-38 所示。

表 10-38　清洁废水处理回用系统设计水质

项　目	原　水	处理水	项　目	原　水	处理水
pH	6.5～9.0	6.5～8.5	硫酸盐/(mg/L)		≤250
COD_{Cr}/(mg/L)	50～100	≤60	Cl^-/(mg/L)		≤250
总 Fe/(mg/L)	≤3	≤0.3	NH_3-N/(mg/L)		≤10
SS/(mg/L)	≤300	≤30	石油类/(mg/L)		≤1
总碱度(以 $CaCO_3$ 计)/(mg/L)	≤1000	≤450	SiO_2/(mg/L)		≤50
总磷(以 P 计)/(mg/L)	4～6	≤1.0	Mn/(mg/L)		0.1
溶解固体/(mg/L)	≤1500	≤1000	阴离子表面活性剂/(mg/L)		≤0.5
浊度/NTU		≤5	总碱度(以 $CaCO_3$ 计)/(mg/L)		≤350
色度/PCU		≤30	粪大肠菌群/(个/L)		≤2000
BOD_5/(mg/L)		≤10			

10.6.1.2 处理工艺流程及特点

(1) 高氨氮废水处理系统

① 处理工艺流程。根据本工程高氨氮废水水质和所要求达到的处理目标，采用物理化学法脱氮技术，处理工艺流程如图10-45所示。

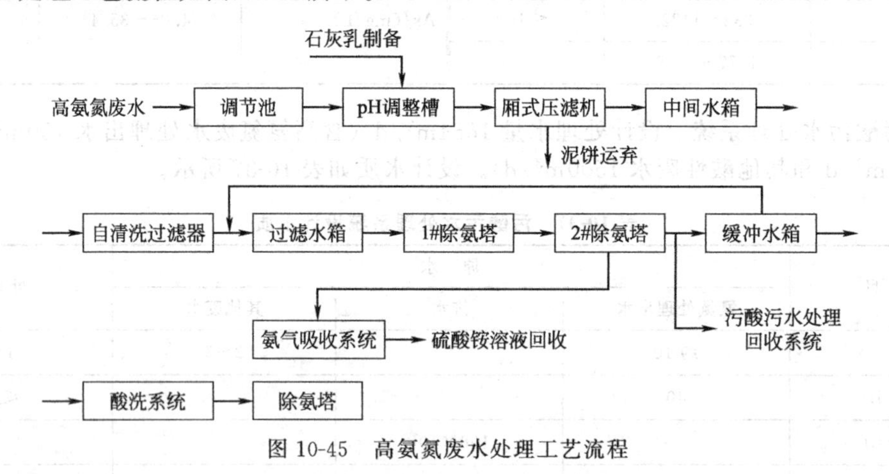

图10-45 高氨氮废水处理工艺流程

② 特点说明

a. 本工程高氨氮废水的NH_3-N浓度为5000mg/L，属高浓度氨氮废水，设计采用物理化学法脱氮技术（Comeon®除氨专利技术），这是一种全新的除氮工艺理念。由于以NH_4形态存在于水中的NH_3-N难以从水中迁移到气相，而以NH_3形态存在的NH_3-N则可以迁移到气相。所以，本工程高氨氮废水处理工艺流程第一步是加碱，将酸性的高氨氮废水的pH调整至12左右，使废水中的NH_4^+与碱反应生成NH_3形态；第二步用分散剂与分散器将含NH_3废水进行高度分散，并采用空气将其移出系统；第三步是用H_2SO_4吸收NH_3制成$(NH_4)_2SO_4$。

b. 与处理氨氮的其他处理技术相比较（如生物处理法、氨汽提法、折点加氯法、离子交换法等），本工程采用的Comeon®除氨技术具有受温度影响小、氨氮去除效果好（一般氨氮去除效果可达90%以上）、运行阻力小（塔的运行阻力约为吹脱法的1/3）、动力消耗低（气水比约为吹脱法的1/3）、可实现氨产品（如氯化铵、硝酸铵或硫酸铵）的回收利用、空塔无填料运行、不会堵塞、装置运行稳定等特点。

③ 主要构（建）筑物和设备。主要构（建）筑物见表10-39，主要工艺设备见表10-40。

表10-39 高氨氮废水处理系统主要构（建）筑物

名 称	尺寸/m	单位	数量	名 称	尺寸/m	单位	数量
调节池	13.0×3.0×5.0(*H*)	座	1	厢式压滤机房	18.0×6.0×15.5(*H*)	间	1
石灰乳贮槽	ϕ2.4×2.4(*H*)	座	1	控制、配电室	18.0×6.0×4.5(*H*)	间	1
酸洗贮池	3.0×3.0×2.8(*H*)	座	1	办公用房	18.0×6.0×4.5(*H*)	间	1

表10-40 高氨氮废水处理系统主要工艺设备

名 称	规格型号	材质	单位	数量
pH调整槽	$V=50m^3$,ϕ3.8m×4.6m	钢防腐	座	2
pH调整槽搅拌机	XJH-1500-Ⅱ,$N=30kW$	不锈钢	台	2
废水提升泵	$Q=40m^3/h$,$H=25m$,$N=5.5kW$	铸铁	台	2
污泥提升泵	$Q=40m^3/h$,$H=25m$,$N=5.5kW$	渣浆泵	台	2
厢式压滤机	XAZ120/1250,$V=1.9m^3$,$N=4kW$		台	1

续表

名　称	规格型号	材质	单位	数量
中间水箱	$V=50m^3$，$\phi3.8m\times4.6m$	玻璃钢	台	1
中间水泵	$Q=20m^3/h$，$H=40m$，$N=7.5kW$	离心泵	台	2
自清洗过滤器	$Q=20m^3/h$，$H=40m$，$N=5.5kW$		台	1
过滤水箱	$V=170m^3$，$\phi5.8m\times6.5m$	玻璃钢	台	1
一段除氨泵	$Q=20m^3/h$，$H=70m$，$N=18.5kW$	铸铁	台	4
二段除氨泵	$Q=20m^3/h$，$H=60m$，$N=18.5kW$	铸铁	台	4
段间水箱	$V=50m^3$，$\phi3.8m\times4.6m$	玻璃钢	台	2
除氨风机	$N=45kW$	碳钢	台	2
缓冲水箱	$V=170m^3$，$\phi5.8m\times6.5m$	玻璃钢	台	1
30%盐酸贮槽	$V=10m^3$，$\phi2.4m\times2.7m$	碳钢	座	1
酸洗泵	$Q=17m^3/h$，$H=50m$，$N=15kW$	工程塑料	台	2
溶液循环槽	$V=10m^3$，$\phi2.4m\times2.7m$，$N=11kW$	玻璃钢	座	2
溶液循环泵	$Q=200m^3/h$，$H=50m$，$N=55kW$	不锈钢	台	2

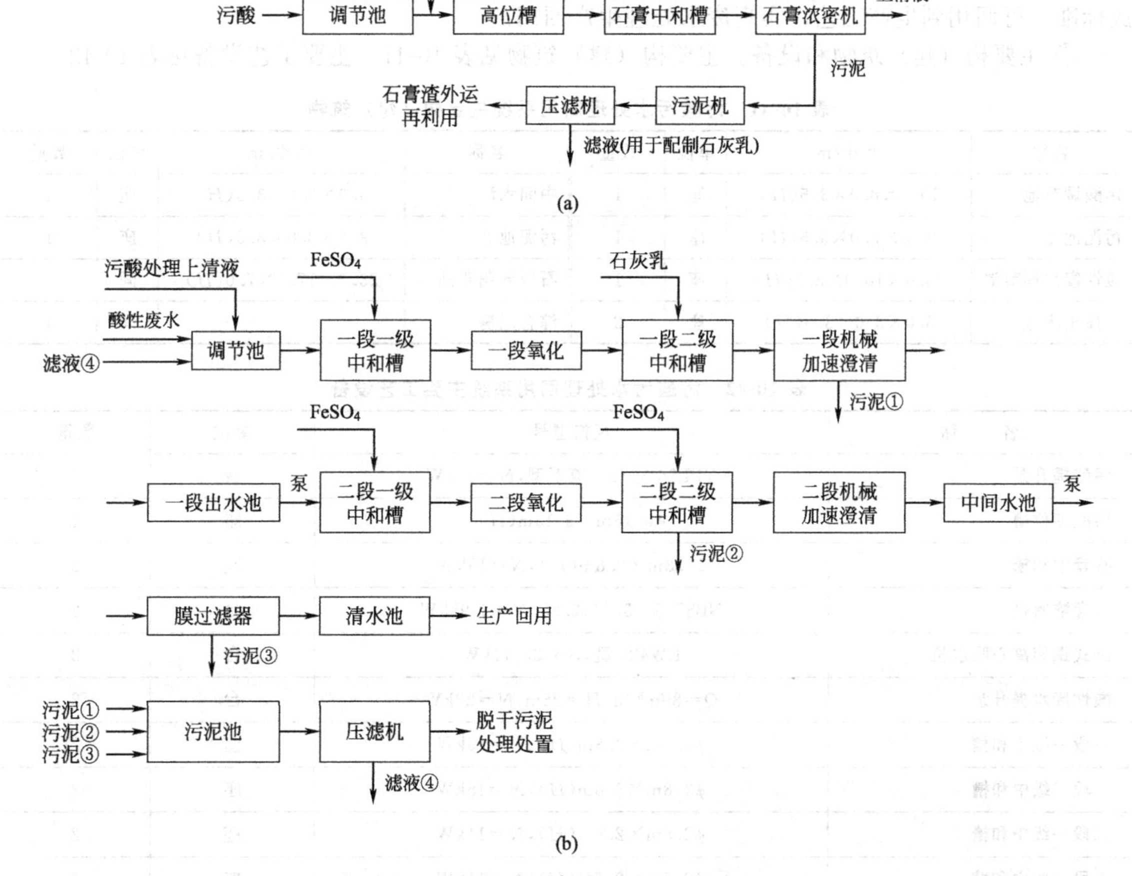

图 10-46　污酸污水处理回用工艺流程

(a) 污酸处理回用工艺流程；(b) 污水处理回用工艺流程

（2）污酸污水处理回用系统

① 处理工艺流程。根据本工程污酸污水水质和所要求达到的处理目标，以及部分处理水生产回用要求，对污酸和污水先进行分质处理，而后再混合进行生产回用处理。处理工艺流程如图10-46所示。

② 特点说明

a. 采用一段石灰中和法处理污酸。铅锌冶炼生产各工序与配套系统排出的污酸和经处理后的高氨氮废水汇集在污酸调节池，经泵提升后进入石膏中和槽。在石膏中和槽中投加石灰乳，调节污酸pH（pH 3左右）。而后再进入石膏浓密机，其底流（含氟化钙的石膏渣）排入污泥池，经泵提升后经压滤机脱水，产出的石膏渣（含水率70%左右）外运再利用。其上清液进入酸性废水调节池，以进一步处理。

b. 采用二段石灰-铁盐法处理酸性污水。湿法生产工序排出的酸性废水、渣场淋漓液、污酸处理系统出水（上清液）一并汇集在酸性废水调节池，经泵提升后进入一段一级中和槽。在一段一级中和槽中投加石灰乳调节pH，使酸性废水中和至pH 6～8，同时投加铁盐、铝盐和回流污泥，调整As/Fe为4～6，以去除废水中的As、Fe和Cu、Zn等重金属离子。一段一级中和槽出水再进入一段氧化槽，并向氧化槽通入压缩空气，将As^{3-}氧化成As^{5-}，Fe^{2+}氧化成Fe^{3+}。氧化槽出水进入一段二级中和槽，在槽中投加石灰乳，形成砷酸铁和砷酸钙，然后在后续的一段机械加速澄清池中进行泥水分离。澄清水进入第二段石灰-铁盐法继续处理，沉降的污泥采用压滤机脱水，产出的含砷渣（含水率70%左右）外运处理处置。在第一段石灰-铁盐法处理过程中，可基本去除酸性污水中的As及各种重金属离子。

c. 污酸污水经上述处理后，出水水质达到《污水综合排放标准》（GB 8978—1996）一级排放标准，可回用到生产工艺，实现废水处理生产回用。

③ 主要构（建）筑物和设备。主要构（建）筑物见表10-41，主要工艺设备见表10-42。

表 10-41 污酸污水处理回用系统主要构（建）筑物

名称	尺寸/m	单位	数量	名称	尺寸/m	单位	数量
污酸调节池	10.0×8.0×3.5(*H*)	座	1	中间水池	5.0×3.0×3.5(*H*)	座	1
污泥池1	10.0×3.0×3.5(*H*)	座	1	污泥池2	3.0×3.0×3.5(*H*)	座	1
酸性废水调节池	20.0×10.0×3.5(*H*)	座	1	石灰乳制备间	23.0×17.0×7.0(*H*)	间	1
一段出水池	5.0×3.0×3.5(*H*)	座	2	综合用房		间	1

表 10-42 污酸污水处理回用系统主要工艺设备

名称	规格型号	单位	数量
污酸提升泵	YPL80-30/20,液下型,N=11kW	台	2
污酸高位槽	ϕ3.15m×3.15m(H)	座	1
石膏中和槽	ϕ3.8m×3.8m(H),N=15kW	座	2
石膏浓密机	NBS5.5×3.5×2.25,N=2.95kW	台	2
卧式螺旋离心脱水机	LW424型,N=30/11kW	台	2
酸性废水提升泵	Q=80m^3/h,H=25m,N=22kW	台	2
一段一级中和槽	ϕ3.8m×3.8m(H),N=15kW	座	2
一段二级中和槽	ϕ3.8m×3.8m(H),N=15kW	座	2
二段一级中和槽	ϕ2.5m×2.5m(H),N=11kW	座	2
二段二级中和槽	ϕ2.5m×2.5m(H),N=11kW	座	2
一段氧化槽	6.0m×4.0m×4.0m(H)	座	1

续表

名 称	规格型号	单位	数量
二段氧化槽	3.0m×30m×4.0m(H)	座	1
一段机械加速澄清池	Q=80m³/h,ϕ5.6m×4.7m(H),N=1.5kW	座	1
二段机械加速澄清池	Q=80m³/h,ϕ5.6m×4.7m(H),N=1.5kW	座	1
一段出水提升泵	YPL100-80/25,液下型,N=22kW	台	2
中间水池提升泵	YPL100-80/25,液下型,N=22kW	台	2
膜液体过滤器	ANF180P 型,55.5m²	台	2
事故回流槽	ϕ2.5m×2.5m(H)	座	1
事故回流泵	Q=80m³/h,H=17m,N=7.5kW	台	2
污泥提升泵 2	Q=5m³/h,H=15m,N=3kW	台	2
污泥回流泵 2	Q=80m³/h,H=17m,N=7.5kW	台	2
卧式螺旋离心脱水机	LW234 型,N=11/4kW	台	2
预碱化槽	ϕ3.15m×3.15m(H),N=11kW	座	1
硫酸气体制备槽	ϕ2.5m×2.5m(H),N=7.5kW	座	2
硫酸气体输送泵	Q=4m³/h,H=20m,N=0.75kW	台	2
硫酸亚铁制备槽	ϕ3.15m×3.15m(H),N=11kW	座	2
硫酸亚铁输送泵	Q=7m³/h,H=20m,N=1.1kW	台	2
PAM 制备槽	ϕ2.0m×2.0m(H),N=4.0kW	座	2
PAM 输送泵	Q=2m³/h,H=14m,N=0.37kW	台	2
回用水泵	Q=80m³/h,H=25m,N=22kW	台	2
石灰乳制备装置		套	1

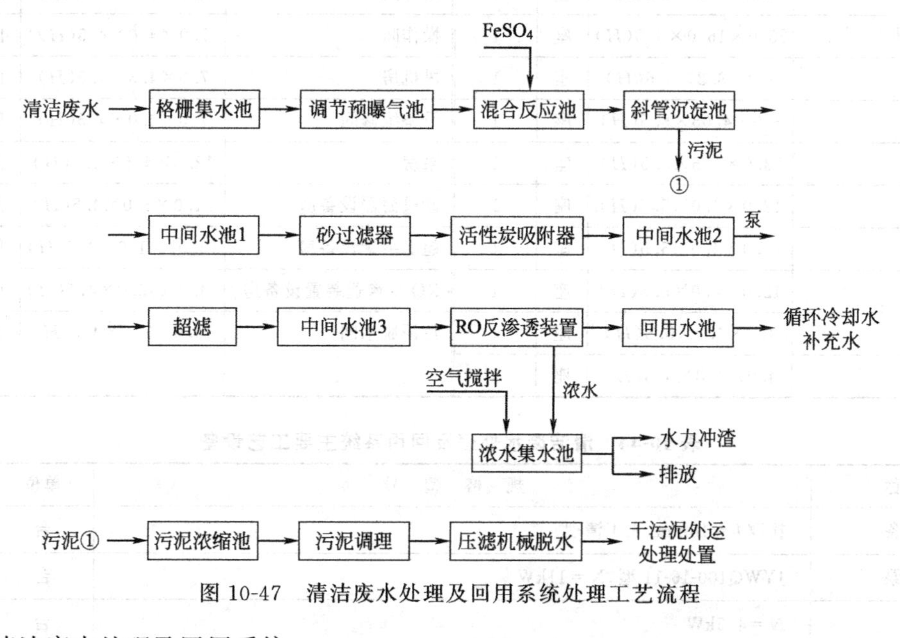

图 10-47 清洁废水处理及回用系统处理工艺流程

（3）清洁废水处理及回用系统

① 处理工艺流程。根据本工程冷却循环系统排污废水、其他生产生活清洁废水水质，对该系统废水经处理后出水作为本系统工业循环冷却水补充水。处理工艺流程如图 10-47 所示。

② 特点说明

a. 本处理系统采用调节预曝气、混凝沉淀、砂滤、活性炭吸附和膜处理技术处理清洁废水，经处理后出水水质达到生产回用的要求，可实现废水处理再生利用，节约水资源。

b. 清洁废水先经调节预曝气，使废水中含有的溶解度大的 Fe^{2+} 氧化为溶解度小的 Fe^{3+}，为后续的混凝沉淀处理单元去除铁离子创造条件。同时，预曝气作用还可以去除废水中的部分有机污染物，降低废水 COD。

c. 在混凝沉淀处理单元，先投加混凝剂 $FeSO_4$，通过混合反应形成较大的絮粒，以吸附废水中的金属氧化物及其他悬浮颗粒，同时吸附部分溶解物质，而后在斜管沉淀池中进行沉降分离。混凝沉淀出水先经砂过滤器过滤，以去除水中的胶体及细小颗粒物，再经活性炭吸附过滤器进一步去除水中的微细颗粒物和杂质，同时可以进一步去除有机物、胶体物质和微生物等。

d. 超滤-RO 反渗透是深度处理单元。通常，超滤膜对截留物质的分子量范围为 1000～300000，因此经超滤处理能对大分子有机物、胶体、悬浮固体进行更有效地分离。一般情况下，超滤作为工业废水深度处理时，其出水 SDI（污泥密度指数）为 5 以下，可达到后续的反渗透进水水质要求。RO 反渗透装置是本系统深度处理脱盐装置，通过反渗透可截留废水中的可溶性金属盐、有机物、细菌、胶体粒子等。反渗透出水水质可达到循环冷却水补充水水质要求，予以生产回用。

e. 反渗透浓缩液（浓水）经收集后，在浓水集水池中进行曝气氧化，以期降低部分 COD，而后用于生产工艺过程中的水力冲渣或排放。

f. 斜管沉淀等产生的污泥经浓缩、加药化学调理后，再经压滤机械脱水，干污泥外运处理处置。砂过滤器、活性炭吸附器、超滤的反冲洗液以及反渗透的化学清洗液均排入调节预曝气池与清洁废水一并处理。

③ 主要构（建）筑物和设备。主要构（建）筑物见表 10-43，主要工艺设备见表 10-44。

表 10-43 清洁废水处理及回用系统主要构（建）筑物

名 称	尺寸/m	单位	数量	名 称	尺寸/m	单位	数量
格栅集水池	2.0×0.8×1.2(H)	座	1	配药间	8.8×7.0×4.5(H)	间	1
调节预曝气池	26.0×16.0×5.5(H)	座	1	操作间	7.0×4.0×4.5(H)	间	1
混合池	3.0×3.2×5.5(H)	座	1	风机房	7.0×4.3×4.5(H)	间	1
反应池	3.0×4.05×5.5(H)	座	1	设备维修间	7.0×4.0×4.5(H)	间	1
斜管沉淀池	13.0×7.5×5.5(H)	座	1	泵房	12.5×4.5×4.0(H)	间	1
中间水池 1	12.0×4.0×5.5(H)	座	1	砂过滤器设备房	11.0×5.0×4.5(H)	间	1
中间水池 2	12.0×4.0×5.5(H)	座	1	超滤装置设备房	14.0×11.0×4.5(H)	间	1
回用水池	12.0×4.0×5.5(H)	座	1	RO 反渗透装置设备房	14.0×13.0×4.5(H)	间	1
浓水集水池	4.0×4.0×5.5(H)	座	1	污泥脱水间	14.0×7.0×4.5(H)	间	
污泥浓缩池	4.0×4.0×5.5(H)	座	1				

表 10-44 清洁废水处理及回用系统主要工艺设备

名 称	规 格 型 号	单位	数量
格栅拦污设备	栅隙 b=10mm，人工清理	台	1
调节池提升泵	JYWQ100-16-11 型，N=11kW	台	3
混合搅拌机	N=4.5kW	台	1
反应池搅拌机	N=4.5kW	台	1
斜管填料	玻璃钢蜂窝填料	m^3	84.5

续表

名 称	规 格 型 号	单位	数量
中间水池提升泵	FLG125-200A型，$N=30$kW	台	3
活性炭过滤器	$\phi3000$mm×4800mm(H)，$Q=130\text{m}^3/\text{h}$	台	2
砂过滤器	AGF-3型自动反冲洗，$Q=120\sim150\text{m}^3/\text{h}$	台	2
超滤装置提升泵	FLG100-200A型，$N=18.5$kW	台	2
回用水泵	FLG125-250A型，$N=45$kW	台	3
浓水回用泵	FL80-200A型，$N=11$kW	台	2
污泥泵	QBY-65气动隔膜污泥泵	台	2
溶药装置	溶药槽$\phi31.0$m×1.5m(H)，搅拌装置$N=0.75$kW	套	3
投药槽	1.5m×1.5m×2.0m	座	3
加药泵	$Q=120$L/h，$H=0.7$MPa，$N=0.25$kW	台	6
轴流风机	DZ-11型，$Q=400\text{m}^3/\text{h}$	台	4
罗茨鼓风机	GRB-125A型，$N=22$kW	台	2
空压机	AB-T100型，$N=7.5$kW	台	1
空气罐	$V=200$L，$P=2$MPa	个	1
超滤装置	由超滤主机、预过滤系统、中空纤维超滤膜柱系统、化学清洗系统、压缩空气系统和PLC仪控系统等组成。产水规模750～840m^3/(d·组)，净水回收率≥90%，出水浊度<0.1NTU，SDI<3	套	4
RO反渗透装置	由预过滤系统、高压泵、RO膜元件、RO压力容器、在线化学清洗系统、还原剂添加系统、阻垢剂添加系统和PLC仪控系统等组成。产水规模525m^3/(d·组)，净水回收率70%，系统脱盐率97%，整套系统出水TDS<1000mg/L，满足工业循环冷却水用水水质要求	套	4
污泥脱水机	$B=1000$mm，带式压滤机	台	2

表10-45 某炼油工业废水处理工程设计水质

名称	pH	COD_{Cr}/(mg/L)	NH_3-N/(mg/L)	石油类/(mg/L)	硫化物/(mg/L)	备 注
进水	6～9	1200	80	500	20	
出水	6～9	120	25	10	1	执行《污水综合排放标准》(GB 8978—1996)二级标准

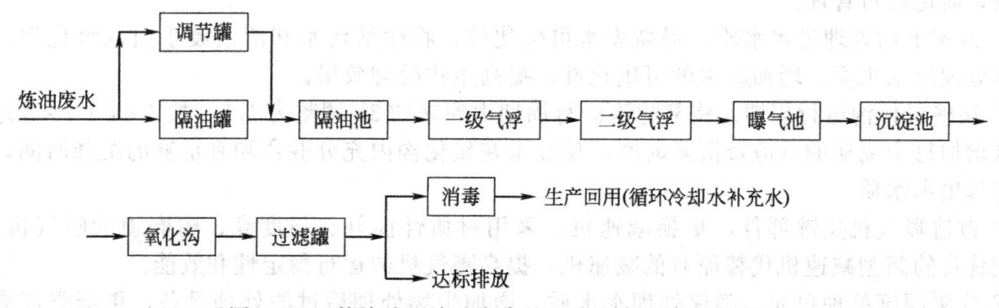

图10-48 某炼油厂炼油废水处理及生产回用工艺流程

10.6.2 实例2 某炼油工业废水处理及生产回用工程

10.6.2.1 工程概况

某炼油厂位于我国华北地区，炼油废水处理工程设计处理能力为500m^3/h。随着该厂炼油产量提高和原油性质的变更，致使废水污染物浓度增加，水质成分更加复杂。废水处理工程处理效率下降，不能满足生产发展和环保要求。2003 年，对原有的废水处理工程进行技术改造，以应对水量水质的变化，使该工程能满足企业生产升级扩建的需要。

10.6.2.2 设计处理水量和水质

设计处理水量为 $500m^3/h$，设计水质如表 10-45 所示。处理出水水质执行《污水综合排放标准》(GB 8978—1996) 二级标准。

10.6.2.3 处理工艺流程

针对炼油废水的特点，本工程采用了预处理-物化-生物处理技术。处理工艺流程如图 10-48 所示。

10.6.2.4 原有工程存在的问题分析及改造工程的主要内容

(1) 原有工程存在的主要问题

① 原油中含有大量泥沙和油污，在隔油罐中产生沉积，不能及时排出，影响隔油效果和废水水质。

② 进水污染物浓度较高，冲击负荷大。例如，2003 年 7～11 月由于碱渣装置的改造，进水 NH_3-N 浓度最高为 300mg/L，平均为 92mg/L，持续高于设计进水值，因此影响生物处理单元的正常运行。

③ 废水可生化性较差，碳氮比失调，影响废水生物处理效率和生物脱氮效果。

④ 氧化沟设计水力停留时间 (HRT) 不尽合理。本工程采用五沟式氧化沟，按自控程序运行。其中 1# 和 5# 沟交替作为进水和沉淀池。8h 为一个运行周期，分为 4 个运行阶段，按 3∶1∶3∶1 进行控制。但是，在实际运行中，有时由于进水量不足，致使废水在氧化沟内实际 HRT 大于设计 HRT，进水沟内废水未能与其他沟内废水充分混合就排出沟外。同时由于废水沉降性能差，1#、5# 沟内活性污泥不能完全沉降，出水带泥，影响氧化沟出水水质。

⑤ 运行表明，溶气气浮方式处理炼油废水存在着一些缺陷。例如，操作流程相对比较复杂，溶气释放器易于堵塞，在一定程度上影响处理装置正常运行和处理效果。

⑥ 氧化沟机械曝气机频出故障，造成氧化沟内溶解氧不足，影响活性污泥正常生长和降解有机污染物效果。

(2) 改造工程主要内容

① 改造隔油罐。采用先进的浮盘环流收油技术改造原有隔油罐，使该设备同时具有调节、均质、收油的功效，同时能及时排出罐内沉积的泥沙，增加隔油罐的缓冲能力，提高隔油效果，减轻后续处理单元的污染负荷。

② 改造溶气气浮。将溶气气浮改为适宜处理含油废水的高效涡凹气浮设备，提高设备的可操作性，简化运行管理。

③ 改善生物处理进水水质，提高废水可生化性。将生活污水和清洁废水引入氧化沟，以改善生物处理进水水质，增加废水的可生化性，提高生物处理效果。

④ 调整氧化沟运行周期。将氧化沟运行周期由原来的 8h 调整为 12h，按 4∶2∶4∶2 进行控制。以增加每个周期的反应及沉降时间，使废水在氧化沟内充分混合和有足够的沉降时间，改善生物处理出水水质。

⑤ 改造曝气机关键部件，更换减速机。采用材质性能好、强度高、耐磨损的曝气机部件，以性能优良的新型减速机代替原有的减速机，提高曝气机的运行稳定性和效能。

⑥ 完善深度处理单元，确保处理水水质。增加生物处理后过滤处理设备，更新强度高、耐磨、化学稳定性好的滤料，增加处理水消毒措施，实现废水达标排放及再生利用。

10.6.2.5 改造后的处理效果

该工程改造后的处理效果如表 10-46 所示。

10.6.2.6 讨论

(1) 炼油工业废水是具有较高有机污染物浓度、较高 NH_3-N 浓度的含油废水。本工程技术

表 10-46　某炼油工业废水处理工程改造后的处理水水质

时间	油 /(mg/L)	硫化物 /(mg/L)	酚 /(mg/L)	氰化物 /(mg/L)	pH	COD_{Cr} /(mg/L)	NH_3-N /(mg/L)
2006 年 10 月	2.21	0.04	0.03	0	6.28	63.23	3.02
2006 年 11 月	3.31	0.05	0.03	0	6.13	64.71	3.56
2006 年 12 月	2.41	0.07	0.04	0	6.01	60.54	3.87
2007 年 1 月	1.72	0.06	0.04	0	6.07	56.53	2.80
2007 年 2 月	1.67	0.04	0.05	0	6.19	58.08	3.35
2007 年 3 月	1.53	0.05	0.04	0	6.21	71.76	3.63

改造实践表明，炼油工业废水采用物化预处理-生物处理-物化深度处理的工艺流程合理可行。处理后出水水质可满足达标排放和生产回用的要求。

(2) 本工程运行表明，强化物化预处理是炼油工业废水处理的关键。在本工程条件下，通过高效稳定的隔油设施和气浮处理，一般对油类去除率为 80%～90%，出水油含量能保持在 20mg/L 以下，同时对 COD、SS、硫化物、酚等污染物有一定的去除率，改善了后续生物处理进水水质条件。

(3) 生物处理是炼油工业废水处理的核心。在本工程条件下，经稳定的氧化沟好氧活性污泥法生物处理后，对有机污染物去除率可达 90%以上，并且通过生物作用，可进一步去除废水中的 NH_3-N、硫化物、挥发酚、氰化物等污染物质，为废水达标排放奠定基础。

(4) 深度处理是炼油工业废水处理达标排放及生产回用的保证。在本工程条件下，采用过滤，可以深度去除处理水中的 COD、NH_3-N、SS 油类等污染物质，使处理水水质达标排放。同时，经过滤处理后出水再经消毒处理，可使出水中的微生物等指标满足循环冷却水补充水的水质要求，实现废水处理生产回用。

10.6.3 实例 3 某洗煤厂洗煤废水处理及生产回用工程

10.6.3.1 工程概况

某矿洗煤厂位于我国煤炭工业区，1996 年建成并投入使用。经过三次扩改后，目前的洗选能力为 1.4×10^6 t/a。煤泥水产生量约 4.0×10^5 m^3/a。该煤矿属于年轻煤矿，洗煤废水呈弱碱性，悬浮物和 COD 浓度很高，且颗粒表面带有较强负电荷，并且是一种稳定的胶体体系，久置不沉，过滤性能差，废水的性质如表 10-47 所示。

表 10-47　某洗煤厂废水水质

指标	SS/(mg/L)	COD_{Cr}/(mg/L)	pH	ζ电位/V	<75μm 颗粒质量分数/%
数值	70000～100000	25000～43000	8.14～8.46	−0.0742～−0.0718	62～65

10.6.3.2 处理工艺流程

针对该废水的特点，采用了电石渣和聚丙烯酰胺（PAM）混凝沉淀处理技术，取得了比较理想的处理效果，处理工艺流程如图 10-49 所示。

10.6.3.3 主要构筑物、设备及工艺参数

该工程主要构筑物、设备及工艺参数如表 10-48 所示。

(1) 调节池　利用原有的洗煤废水贮存池，体积约 150m^3，废水停留时间约 2h。

(2) 管道混合反应器　根据现场的场地情况，投药后的混合反应采用管道混合反应器。投加电石渣后的管道反应器Ⅰ采用 *D*200mm×2000mm。投加 PAM 后的管道反应器Ⅱ采用 *D*250mm×2000mm。采用管道反应器不仅节省占地面积，而且节省投资。

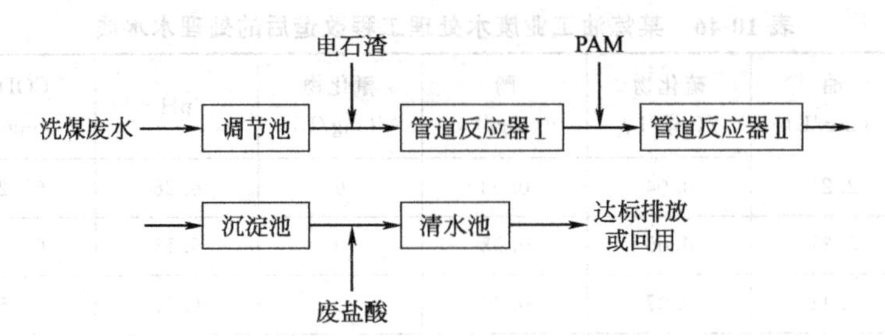

图 10-49　某洗煤厂洗煤废水处理及生产回用工艺流程

表 10-48　主要构筑物、设备及工艺参数

名称	规格	数量	备注	名称	规格	数量	备注
废水池	150m³	1 座	利用原有	电石渣加药罐	ϕ3200mm×4000mm	2 个	防腐
污泥泵			利用原有	耐酸泵	25FS-16，N=1.5kW	1 台	
管道反应器Ⅰ	D200mm×2000mm	1 台		泥浆泵	2PN，N=11.0kW	2 台	
管道反应器Ⅱ	D250mm×2000mm	1 台		搅拌机	n=130r/min，N=3.0kW	2 台	
沉淀池	100m×30m×2m	6 座	利用原有	PAM 加药罐	ϕ2400mm×3000mm	2 个	防腐
清水池		1 座	利用原有	清水泵	IS50-32-125	2 台	
清水泵	IS80-50-315			贮酸罐	5m³		防腐
搅拌机	n=250r/min，N=3.0kW	2 台					

(3) 沉淀池　该矿洗煤厂原来有 6 座大型沉淀池，在进行工程改造设计时，根据企业的要求暂时保留了这 6 座沉淀池，没有新建沉淀池。由于原来 6 座沉淀池底部没有排泥设备，煤泥是靠自然干化，然后人工清挖，所以，本工程的煤泥处理暂时没有采用机械脱水设备，仍然保留自然干化、人工清挖的方法。

(4) 清水池　利用原有贮水池，处理后的废水直接排入洗煤用水的贮水池，回用至洗煤。

10.6.3.4　运行效果

该矿洗煤废水处理系统自 1996 年正式投入生产以来，年处理洗煤废水 $3.9\times10^5\,m^3$，处理效果一直比较稳定，出水的各项指标均达到了排放标准，而且处理水全部回用于洗煤，实现了洗煤废水的闭路循环。处理效果如表 10-49 所示。

表 10-49　某洗煤厂洗煤废水处理效果

进水			出水		
SS/(mg/L)	COD/(mg/L)	pH	SS/(mg/L)	COD/(mg/L)	pH
80578	32009	8.18	57	35	7.62
108122	37549	8.28	79	52	7.97
65337	26587	8.32	49	28	8.04
77569	29564	8.41	60	34	8.10
89014	35967	8.25	64	49	7.88
76912	31332	8.31	55	41	8.19

10.6.3.5　讨论

(1) 以电石渣为混凝剂，PAM 为助凝剂，采用混凝沉淀工艺处理年轻煤种的洗煤废水是可行的，处理后出水达到了回用标准和排放标准，回收的煤泥可以用作燃料，变废为资源。

(2) 该处理工艺具有流程简单、成本低、处理效果好等特点，符合以废治废的原则，同时可获得较好的环境效益和社会效益，具有推广价值。

(3) 沉淀池底部的煤泥采用自然干化，占地面积大，劳动强度高。对于新建的同类型废水处理工程，建议采用机械排泥和机械脱水，以减轻劳动强度，提高脱水效率。

10.6.4　实例 4　某制革工业废水集中处理工程

10.6.4.1　工程概况

某制革工业园区位于我国东南沿海经济发达地区，由 6 家制革企业组成，主要是加工皮革及皮革制品。皮革生产原料有羊皮、牛皮、兔皮和狐狸皮等，总生产规模 900 万张/年。排放废水包括脱脂废水、脱毛浸灰废水和铬鞣废水。针对生产情况和废水水质特点，采用混凝沉淀-两级 A/O-生态塘废水处理工艺。该工程于 2007 年 5 月动工，2008 年 10 月投入运行，处理水各项指标均达到排放标准，并通过当地环保监测验收。

10.6.4.2　设计处理水量和水质

(1) 废水来源　废水主要来自准备和鞣制工段，植鞣牛底革（重革）和铬鞣牛面革（轻革）生产工艺及废水污染源情况如图 10-50 和图 10-51 所示。

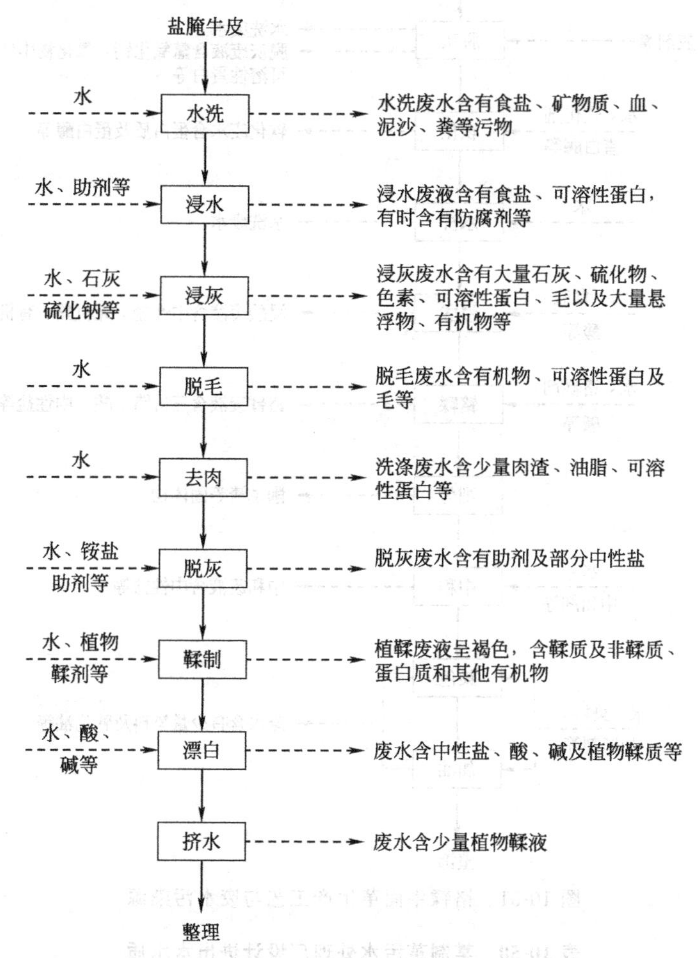

图 10-50　植鞣牛底革生产工艺与废水污染源

(2) 设计水量与水质　工程设计处理水量 5000m^3/d。设计水质如表 10-50 所示。处理出水水质执行《污水综合排放标准》(GB 8978—1996) 一级排放标准。

10.6.4.3　处理工艺流程

废水处理工艺流程如图 10-52 所示。

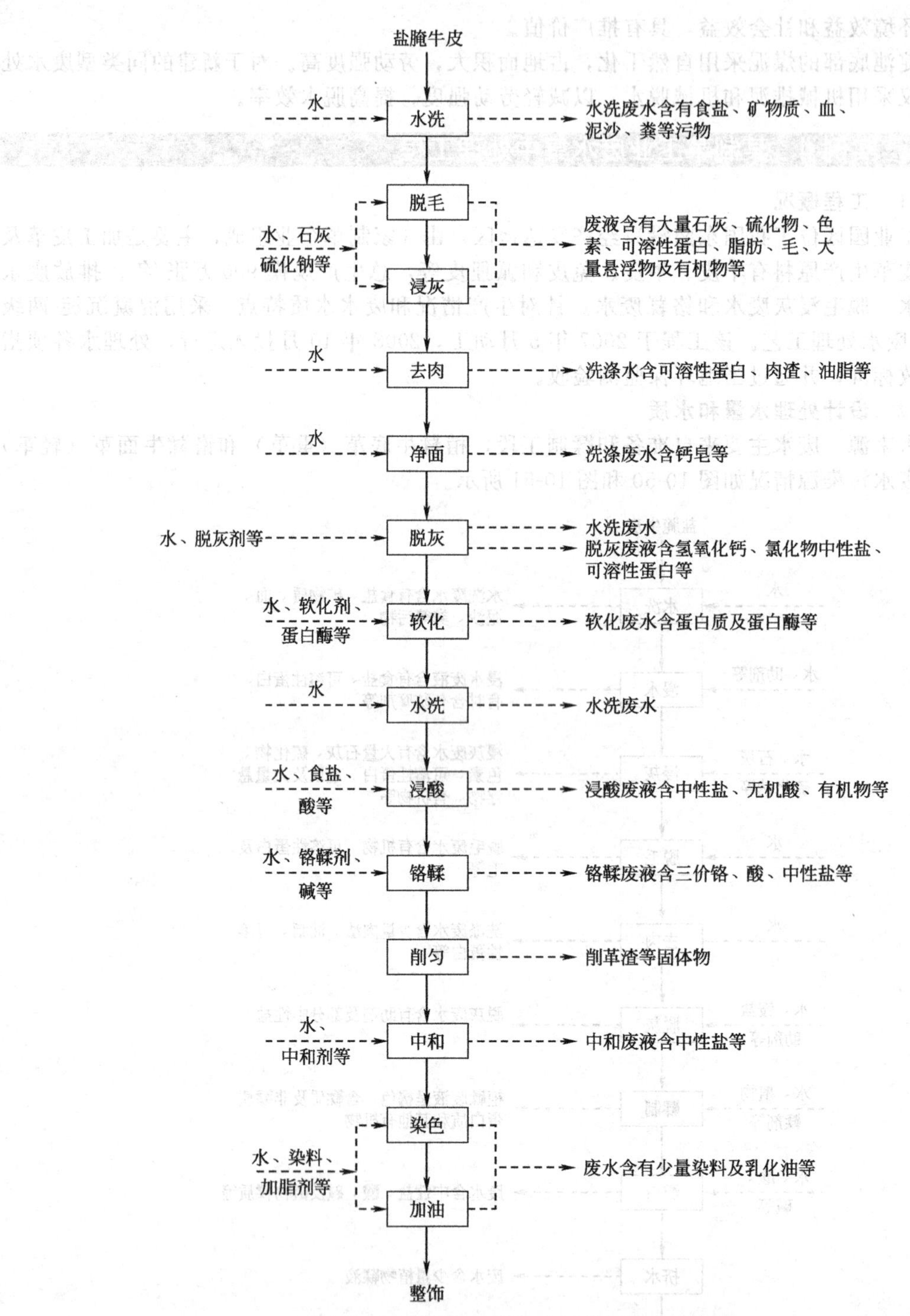

图 10-51 铬鞣牛面革生产工艺与废水污染源

表 10-50 某制革污水处理厂设计进出水水质

名称	pH	COD_{Cr} /(mg/L)	BOD_5 /(mg/L)	SS /(mg/L)	TN /(mg/L)	总铬 /(mg/L)	TP /(mg/L)	硫化物 /(mg/L)
进水	6～9	1000	600	400	350	1.5	1.5	1.0
出水	6～9	100	20	70	35	1.5	0.5	1.0

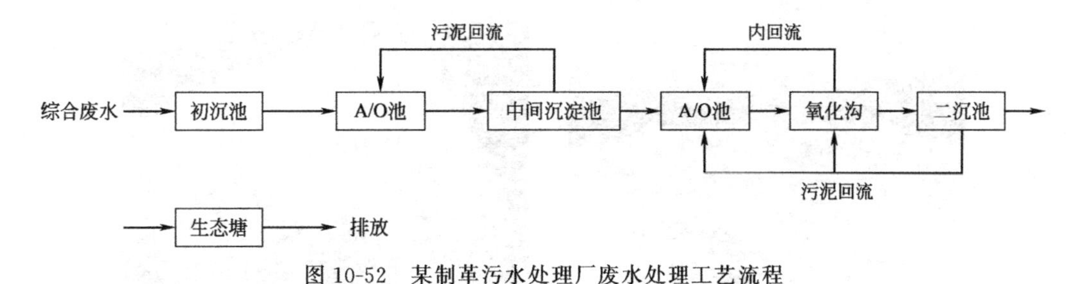

图 10-52　某制革污水处理厂废水处理工艺流程

表 10-51　主要构筑物、工艺参数和设备

构筑物名称	尺寸/m	工艺参数	配备设备
中和反应池	6.0×3.0×4.0(*H*)	HRT 15min	搅拌机
初沉池	ϕ20.0×3.8(*H*)	$q=0.7m^3/(m^2 \cdot h)$	GN20 刮泥机，80WG 污泥泵
一段 A/O 池	27×40×5.0(*H*)	HRT 23h	潜水搅拌机，微孔曝气器，混合液回流泵
中间沉淀池	ϕ20×3.5(*H*)	$q=0.7m^3/(m^2 \cdot h)$	ZBG20 型周边传动刮泥机，WL145 污泥泵
二段 A/O 池	25×50×5.5(*H*)	HRT 30h	潜水搅拌机，微孔曝气器
氧化沟	45×30×4.0(*H*)	HRT 22h	转碟曝气机，混合液回流泵
二沉池	ϕ28.0×3.7(*H*)	$q=0.7m^3/(m^2 \cdot h)$	GN28 刮泥机，污泥回流泵
生态塘	10000m^2		

该处理工艺流程具有以下特点。

(1) 针对进水 SS 较高的特点，废水先经絮凝反应初沉单元，以去除废水中的大部分悬浮颗粒。

(2) 初沉出水进入两段厌氧/好氧（A/O）处理，通过微生物的新陈代谢作用，去除废水中的大部分有机物，并强化氨氮去除效果。

图 10-53　A/O 处理系统

(3) 二沉出水进入生态塘进一步处理。通过构建湿地生态系统，有效地去除废水中残留的氮、磷及有机污染物。生态塘是土壤、植物、微生物三个相互依存要素的组合体，其中土壤层中的微生物（细菌和真菌）对有机物的去除起主要作用。湿地植物的根系将氧气带入周围的土壤，但远离根部的环境处于厌氧，形成了处理环境的变化带，可加强生态塘去除复杂污染物和难处理污染物的能力。生态塘的特点是：建造和运行费用低；易于维护；可进行有效可靠的污水处理。

10.6.4.4　主要构筑物、设备及工艺参数

主要处理构筑物、工艺参数和配套设备如表 10-51 所示。A/O 处理系统如图 10-53 所示，生态塘处理系统如图 10-54 所示。

10.6.4.5　处理效果

污水处理系统处理效果如表 10-52 所示。处理出水 COD、BOD_5、NH_3-N 平均浓度分别为 87mg/L、9mg/L 和 8mg/L，各项水质指标均达到《污水综合排放标准》（GB 8978—1996）中的一级标准要求。处理结果表明，混凝沉淀-两段 A/O-生态塘联合处理工艺对制革废水具有较好的处理效果和抗冲击负荷能力。

10.6.4.6　运行费用

运行费用主要包括电费、药剂费、人工费、污泥处理费等，各项费用如下（2010 年物价水平）。

图 10-54 生态塘处理系统

表 10-52 污水处理系统处理效果

项目	进水	初沉池	二沉池	出水	排放标准
COD/(mg/L)	600～1100	550	172	87	≤100
BOD_5/(mg/L)	250～500	157	16	9	≤20
NH_3-N/(mg/L)	80～160	76	23	8	≤15
SS/(mg/L)	350～450	60	13	9	≤70
TP/(mg/L)	1～2			0.3	≤0.5
硫化物/(mg/L)	1			0.7	≤1.0
pH	7～8			7～8	6～9

(1) 电费　本工程总装机容量为 528.5kW，实际耗电量约 12221×0.85＝10388kW·h，电费以 0.70 元/(kW·h) 计，折合污水处理费 1.45 元/m^3。

(2) 药剂费　本工程 PAC 投加量约 1500mg/L，价格以 400 元/t 计；PAM 投加量约 5mg/L，价格以 30000 元/t 计，折合污水处理药剂费 0.75 元/m^3。

(3) 人工费　按四班三运转操作。每班 2 名操作工，共计 8 名操作工，2 个提升泵站，三班三运转，共计 6 名操作工，管理人员 2 名（含污水收费、污泥外运协调）、化验 1 名、机修、电工各 1 名，按操作工每人 1800 元/月、其他人员每人 3000 元/月计，折合污水处理费 0.27 元/m^3。

(4) 污泥外运费　本项目污泥量 30t/d，每吨污泥外运费 15 元/t，则折合污泥外运费 0.09 元/m^3。

合计污水处理运行费用约为 2.56 元/m^3。

10.6.4.7 结果与讨论

(1) 本工程采用混凝沉淀-两段 A/O-生态塘组合新工艺处理制革废水合理可行，两段 A/O 生物脱氮工艺取得硝化-反硝化脱氮的效果显著。生态塘在低 C/N、N/P 等条件下，根据污水处理厂区域气候和生态环境，筛选了耐盐、高效的不同潜水、浮水、挺水植物，采用表面流、潜流不同组合，可对A/O系统出水进一步处理。本工程的组合工艺形成了制革废水生物脱氮的过程控制优化方案，具有很好的强化脱氮效果，使各项水质指标全面稳定达标。

(2) 制革废水主要污染物为COD_{Cr}、BOD_5、氨氮等。处理重点是有机物的去除，处理难点在于强化脱氮。同时受系统进水水质波动的影响，在工程设计时必须考虑处理系统具有较强的抗冲击负荷能力。

10.6.5　实例5　某汽车厂涂装废水处理工程

10.6.5.1　设计处理水量和水质

设计处理水量和进水水质见表10-53。

表10-53　某汽车厂涂装废水设计处理水量和进水水质

废水名称	水量/(m^3/16h/d)	pH	COD/(mg/L)	SS/(mg/L)	PO_4^{3-}/(mg/L)	Cr^{6+}/(mg/L)
前处理废水	33.5	10.5	350	150	321	—
脱脂废水	11.0	11.0	250	200	—	—
电着废水	44.2	5.5	6100	45	—	—
喷漆废水	0.8	6.9	5300	355	—	—
铬系废水	30.0	6.0	320	150	—	120

设计处理后排放水水质见表10-54。

表10-54　设计处理后排放水水质

指标	单位	排放水水质要求	指标	单位	排放水水质要求
pH	—	6～9	SS	mg/L	≤30
总铬	mg/L	≤2	Zn	mg/L	≤5
Cr^{6+}	mg/L	≤0.5	Pb	mg/L	≤1
COD_{Cr}	mg/L	≤100	透视度	cm	>20
BOD_5	mg/L	≤30			

10.6.5.2　处理工艺流程及特点

本工程处理工艺流程分为两个系统，系统一为处理有机废水（前处理废水、电着涂装废水、喷漆废水、脱脂废水），系统二为处理含铬系废水，处理工艺流程如图10-55所示。

(1) 系统一，含有有机溶剂及其他有机物的废水提升至pH调整及混合槽（1）后添加$Ca(OH)_2$及凝集剂，使pH在7.0左右并增加悬浮物的沉降率，再流入凝集槽（1）加入高分子凝集剂将前述悬浮物胶凝使之易于沉淀，之后以加压气浮法去除其悬浮物质，后段以活性污泥处理其有机物。

(2) 系统二，铬系废水提升至还原槽添加H_2SO_4使pH在2～3左右，再加入$NaHSO_3$将Cr^{6+}还原成Cr^{3+}，流入pH调整及混合槽（2），经添加$Ca(OH)_2$及凝集剂将pH调整至10左右并使废水中的重金属结成氢氧化物等再流入凝集槽，以高分子凝集剂将上述微粒物胶凝使之易于沉淀，再流入沉降槽沉淀，上澄液流入pH调整槽（3）以H_2SO_4调整使处理水呈中性。

(3) 上述系统所产生的污泥于沉降槽中定时排放至污泥贮槽再以带式压滤脱水机脱水处理。脱水污泥饼则暂存于污泥斗，脱水后滤液流回废水抽水井再行处理。

(4) 本处理工艺流程的特点如下。

① 高浓度废水经收集后定量提升至低浓度处理系统处理。

② 采用延时曝气生物法，耐冲击负荷且剩余污泥少，污泥浓度维持在3000mg/L左右，容

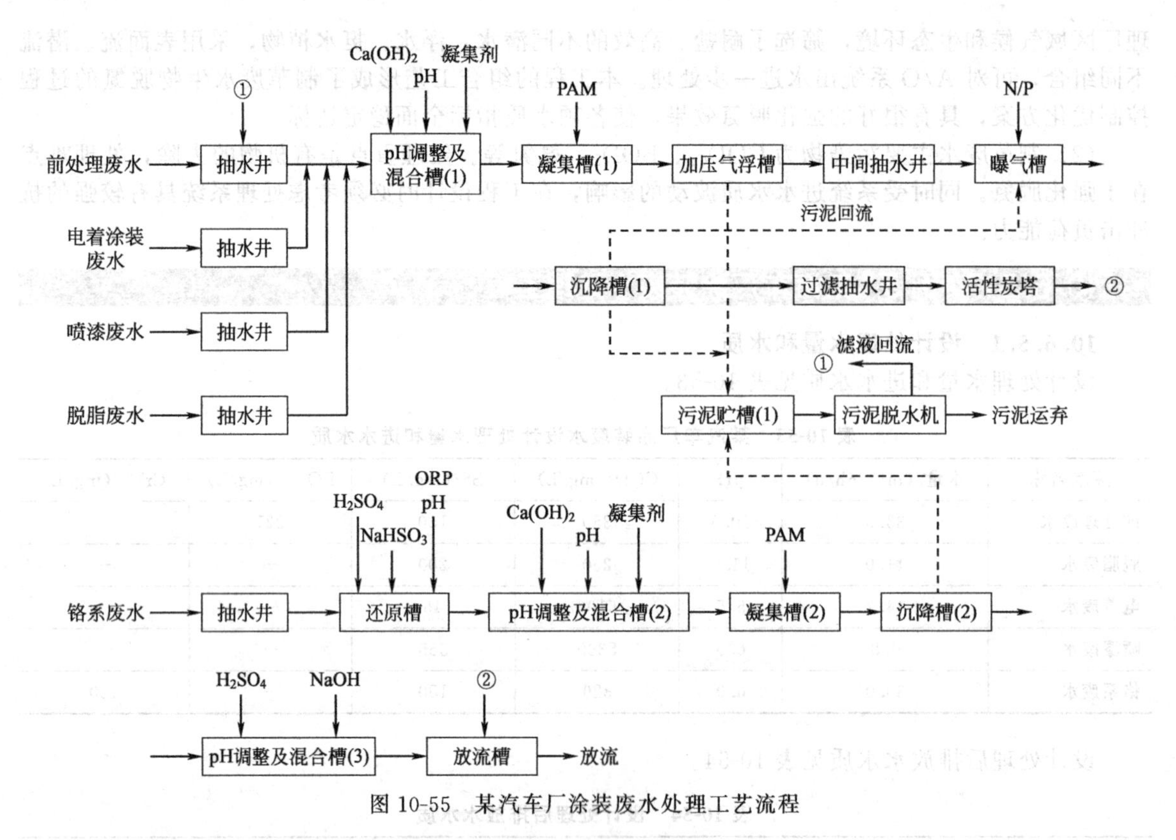

图 10-55 某汽车厂涂装废水处理工艺流程

易驯养，污泥活性大，不易产生污泥膨胀。

③ 采用气浮法去除浮油及悬浮物，节省空间，且去除效率高。

10.6.5.3 主要处理构筑物和设备

主要处理构筑物和设备分别见表 10-55 和表 10-56。处理工程全貌如图 10-56 所示。

表 10-55 主要处理构筑物

名 称	主要参数	数量	名 称	主要参数	数量
前处理废水抽水井	$V=10m^3$	1 座	曝气槽	$V=150m^3$	1 座
电着涂装冲洗废水抽水井	$V=10m^3$	1 座	活性污泥沉降槽(1)	$\phi 4m\times 3m(H)$	1 座
喷漆废水抽水井	$V=250m^3$	1 座	过滤抽水井	$V=8m^3$	1 座
脱脂废水抽水井	$V=55m^3$	1 座	放流槽	$V=6m^3$	1 座
铬系废水抽水井	$V=6m^3$	1 座	污泥贮槽	$V=10m^3$	1 座
中间抽水井	$V=60m^3$	1 座			

表 10-56 主要设备

名 称	规 格	数量
前处理废水抽水泵	$N=1.5kW$，自吸式	2 台
电着涂装冲洗废水抽水泵	$N=0.75kW$，自吸式	2 台
喷漆废水抽水泵	$N=0.5kW$，自吸式	2 台
脱脂废水抽水泵	$N=0.5kW$，自吸式	2 台
pH 调整槽(1)设备	搅拌机	1 台
	pH 调整槽，钢制防腐	1 台
凝集槽(1)设备	搅拌机	1 台

续表

名　　称	规　　格	数量
加压气浮设备	N=0.5kW,刮渣机及散水、整流装置 压力槽 ϕ300mm×3m(H) N=0.75kW,空压机及气液混合装置 N=4kW,循环加压泵 N=0.5kW,污泥泵	1 台 1 台 1 台 1 台 1 台
中间抽水泵	自吸式	2 台
曝气槽设备		2 台
活性污泥沉降槽(1)设备	N=0.5kW	1 台
过滤抽水泵	N=1.5kW,潜水泵	2 台
活性炭过滤塔设备	直立式 ϕ1.20m×1.8m(H)	1 台
铬系废水抽水泵	N=0.5kW,耐酸碱泵	2 台
还原槽设备	N=0.75kW,搅拌机 还原槽,钢制防腐	1 台 1 台
pH 调整槽(2)设备	搅拌机 pH 调整槽,钢制防腐	1 台 1 台
凝集槽(2)设备	搅拌机 凝集槽,钢制防腐	1 台 1 台
沉降槽(2)设备	N=0.5kW,沉降槽,钢制防腐	1 台 1 台
pH 调整槽(3)设备	搅拌机 pH 调整槽,钢制防腐	1 台 1 台
放流槽设备	滤布冲洗泵	1 台
污泥贮槽设备	搅拌机 污泥脱水机污泥泵	1 台 2 台
污泥脱水机设备	带式压滤脱水机 附件:污泥混合槽、搅拌机	1 台
H_2SO_4 加药设备	玻璃钢贮槽 加药机(1 台备用) 搅拌机 传送泵	2 台 3 台 1 台 1 台
PAM 加药设备	玻璃钢贮槽 加药机 搅拌机 传送泵	2 台 3 台 1 台 1 台
营养剂加药设备	玻璃钢贮槽 加药机 N=0.5kW,搅拌机	1 台 1 台 1 台
$NaHSO_3$ 加药设备	玻璃钢贮槽 搅拌机 加药机	1 台 1 台 1 台
$Ca(OH)_2$ 加药设备	混凝土贮槽 石灰加药泵 自动加药阀 搅拌机	1 台 2 台 1 台 1 台
NaOH 加药设备	玻璃钢贮槽 加药机	1 台 1 台
仪表控制设备		1 台

图 10-56 某涂装废水处理工程全貌

10.6.5.4 运行工况与处理效果

本工程自调试完成后运行至今已10余年，处理效果良好，处理水质均符合排放水水质要求。

运行期间因生产工艺使用的原料变更曾发现在废水中有络合离子存在，致使排放水铬含量偏高。经试验后表明，在处理流程的混凝反应中，再添加络合剂可形成金属络合物而去除废水中的铬离子。因此，对含有重金属的废水应特别注意是否有金属络合离子，并采取相应的处理措施，否则将会影响效果，致使处理水不能完全达标排放。

第11章 工业园区废水处理及再生利用

11.1 概述

工业园区起源于20世纪六七十年代西方工业化国家，之后国外特别是发达国家以工业园区作为发展工业和高新技术产业的重要载体。国内自改革开放30余年来，工业园区发展迅猛，尤其在沿海地区和经济发达地区，率先规划建设了一批著名的工业园区和高科技园区，大大提高了我国对外开放的整体水平，增强了产业经济发展与调整能力，工业园区经济已经成为推动地区经济发展的增长极。

但是，某些集聚了污染严重工业门类的园区，在一定程度上成为工业污染的集中区域。根据工业门类和性质不同，有的工业园区在运行过程中会排出含有有害和有毒成分的工业废水，从而造成水环境污染，危害人体健康；会排出各种有毒有害气体，造成大气环境污染，臭氧损耗和气候变暖；会产生大量工业废弃物和废渣，未经妥善处理处置而造成对周围环境的损害，等等。其中工业废水是工业园区的重要污染源，为了发展循环经济，实现工业园区可持续发展，应十分重视工业园区的废水污染防治。

11.2 工业园区的分类和生态工业园区

11.2.1 工业园区的定义

一般认为，工业园区是指在划定的较为独立的地块或地段内，通过科学规划、合理布局建设，实现项目、资金、人才、技术、信息等的聚集效应和规划效应，形成产品、产业、行业关联和具有充分活力的工业企业群体，对地区经济发展和对外开放具有推动力的集中经济区域。

11.2.2 工业园区的分类

我国现有工业园区（或传统工业园区）以同类工业门类或相似企业集聚进行规划和布局为多，一般按产品、产业或行业的关联分类，如纺织工业园区、造纸工业园区、电镀工业园区、精细化工工业园区、食品工业园区、皮革工业园区、建材工业园区，等等。进入同一工业门类的企业可以降低基础设施配套建设成本，有利于改善生产经营条件，有利于信息交流，有利于优势互补、产投流动，提高运营效率和经济效益。

11.2.3 生态工业园区

11.2.3.1 生态工业园区的来由与发展

由于传统工业园区忽视了园区内部各企业、产业之间的有机联系和共生关系，忽视了生产系统与生态系统的传递和循环规律，因而传统工业园区在加快地区经济快速发展的同时，在生产和经济活动过程中所产生的各类污染亦对环境造成了伤害，而按生态思想原理建立的生态工业园区，可以改变传统工业园区的经济增长模式，可以实现经济系统与生态系统的循环及和谐，促进资源永续利用。

生态工业思想的核心是将传统经济“资源→产品→污染排放”的物质单向流动模式转变为“资源→产品→再生资源”的物质反循环流动，使整个经济系统基本上不产生或者只产生很少的废弃物。生态工业从根本上消解了传统经济长期以来造成的环境与发展之间的矛盾，建立了一种“自然资源→产品和用品→再生资源”的新思维，生态工业代表了未来工业系统的发展方向。

生态工业园区是生态工业的主要实践形式。20 世纪 90 年代，生态工业园区的研究与实践在国外迅速展开。1995 年，Cote 和 Hall 将生态工业园区定义为：生态工业园区是一个工业系统，它保存着自然和经济资源，并减少生产、物质、能量、风险和处理的成本，改善运行效率、质量、工人的健康和公共形象，而且还能提供废物利用和销售的机会。1996 年 10 月，美国提出了两个生态工业园区定义：①为了高效地分享资源（信息、物质、水、能源、基础设施和自然居留地）而彼此合作且与地方社区合作的产业共同体，它导致经济和环境质量的改善以及为产业与地方社区所用的人类资源的公平增加；②有计划的物质和能量交换的工业系统，寻求能源和原材料消耗的最小化、废物产生的最小化，并力争建立可持续的经济、生态和社会关系。

我国对生态工业园区的定义：生态工业园区是指依清洁生产要求、循环经济理念和工业生态学原理而设计建立的一种新型工业园区。它通过物质流或能量流传递方式把不同工厂或企业连接起来，形成共享资源和互换副产品的产业共生组合，使一家工厂的废弃物或副产品成为另一家工厂的原料或能源，模拟自然生态系统，在产业系统中建立“生产者—消费者—分解者”的循环途径，寻求物质闭环循环、能量多级利用和废物产生最小化。

2000 年以来，我国将发展循环经济、建设生态工业园区作为实现区域经济和环境可持续发展的重要举措。2001 年 8 月，我国第一个国家级生态工业园区——广西贵港国家生态工业（制糖）示范园区，由原国家环保总局批准建设，标志着我国生态工业园区的建设步入发展阶段。该示范工业园区由蔗田、制糖、酒精、造纸、热电联产和环境综合处理六个系统组成。每个系统都有产品产出，而各系统之间又通过中间产品和废弃物的相互交换互相衔接。整个系统由两条生态链组成。一条是以甘蔗为原料制糖，所产生的废糖蜜制酒精，而酒精废液先制成复合肥，再返回到蔗田作为肥料；另一条是以制糖产生的蔗渣为原料制浆造纸，而制浆黑液碱回收产生的白泥用来生产水泥，其余制浆废水通过废水处理净化后供锅炉消烟除尘等用水，锅炉房排出的废水经处理后达标排放。上述两个生态链如图 11-1 所示。继贵港生态工业园区之后，我国对生态工业园区的试点和建设不断发展。

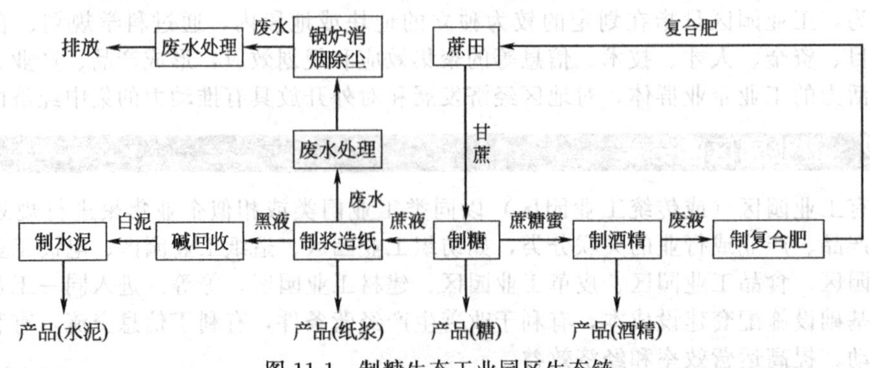

图 11-1 制糖生态工业园区生态链

近几年来，我国一些经济开发区或工业园区逐渐改变传统发展模式，按照可持续发展要求调整产业结构，对传统产业进行技术改造；实施清洁生产，提高资源能源综合利用效率，削减源头污染，减少有毒有害物质的使用和排放，减轻环境压力；按照物质集成、水系统集成、能源集成、技术集成、信息共享、设施共享等方法，使园区内企业之间逐渐形成以产品交换和副产品更换为特征的互利共生关系，以形成一定规模的生态工业园区。由于创建生态工业园区具有促进资源利用一体化，使园区成为循环经济的基地，伴随解决生产过程产生的环境污染、生态破坏和资源浪费等问题，从根本上转变经济增长方式，提高工业园区的市场竞争能力，开拓工业园区新的经济增长点，因此，建设生态工业园区是我国工业园区的发展方向。

11.2.3.2　生态工业园区分类

我国根据园区的产业和行业结构特点，将生态工业园区分为行业类生态工业园区、综合类生态工业园区和静脉产业类生态工业园区三种。

行业类生态工业园区是指以某一类工业企业的一个或几个企业为核心，通过物质和能量的集成，在更多同类企业或相关行业间建立共生关系而形成的生态工业园区。

综合类生态工业园区是指在高新技术产业开发区、经济技术开发区等工业园区基础上改造而成的生态工业园区。

静脉产业类生态工业园区是指从事静脉产业生产的企业为主体建设的工业园区。静脉产业是以保障环境安全为前提，以节约资源、保护环境为目的，运用先进的技术，将生产和消费过程中产生的废物转化为可重新利用的资源和产品，实现各类废物的再利用和资源化的产业，包括废物转化为再生资源及将再生资源加工为产品两个过程。

11.3　工业园区废水组成和废水处理特点

11.3.1　工业园区废水组成

一般工业园区废水主要由生产废水、生活污水和其他废水组成。

11.3.1.1　生产废水

生产废水是指园区工业生产过程中所产生的废水和废液，其中含有随生产废水流失的工业原料、辅料、化工产品、中间产物、副产品以及生产过程中产生的各类有机和无机污染物。工业废水所含的污染物成分因工业园区的门类而异，一般不易降解，难处理。某些工业园区废水（如电镀、化工、制药、造纸、印染、制革等）含有有毒有害物质，对环境和人体健康危害性较大。

11.3.1.2　生活污水

生活污水是指园区的生产厂房、办公设施、员工公寓、食堂、餐饮、公共建筑、文体娱乐设施等日常工作和生活产生的污（废）水，包括厕所粪尿、淋浴、洗澡、洗衣、厨房排水和洗涤水，以及娱乐设施和公共建筑排出的污（废）水等。生活污水含有的无机物质有，无机盐类氯化物、硫酸盐、磷酸盐以及钾、钠、钙、镁等，有机物质有，糖类、脂肪、蛋白质和尿素等，此外，还含有微量金属元素与洗涤剂等。生活污水中有机物约占 50%，BOD_5 为 150～200mg/L。

11.3.1.3　其他废水

其他废水是指生产设备冷却排放水、地面冲洗水、道路冲洒水、洗车水、热力系统冷凝水、锅炉消烟除尘和脱硫排水以及冲灰废水等。生产车间地面冲洗水往往含有残余的原料、辅料等污染物质，一般均排入生产废水系统。道路冲洒水、洗车水主要含有泥、沙，以及洗车残液等，一般以排入园区雨水排水系统为多。热力系统的冷凝水可作为余热利用和废水回用。锅炉消烟除尘和脱硫排水含有烟尘颗粒，日常呈酸性，冲灰废水含有大量灰分，这两部分废水一般经局部处理后纳入园区生产废水系统。

11.3.2　工业园区废水处理特点

我国目前已经建成和运营的工业园区特别是中小型工业园区大部分仍是传统的工业园区经济模式，即某种程度上工业园区是同一工业门类工业企业的相对集中与聚集，所以，一般工业园区废水处理与相应的工业废水处理相似。但是工业园区的企业在生产工艺、技术条件、管理水平、信息聚集，以及基础设施建设等具有自身的优势和活力，在排放条件和要求、水资源有效利用等方面又有别于一般工业企业。因此，工业园区废水处理又有自身的特殊性。

11.3.2.1 废水来源的广泛性和污染物成分的多样性

工业园区废水是由各个工业企业排出的废水组成的，即使同一门类工业园区，由于各企业的工艺生产条件、产品品种、生产设备、管理水平等不同，废水排放状况亦不会相同。在确定工业园区废水排放量和废水水质时，应对园区内所有工业企业的产品、生产规模、工艺生产条件、污染源及源强、管理水平、排水系统设置、排放规律、预处理和废水回用现状等进行充分调查，在此基础上经综合分析论证后才能确定工业园区综合废水排放量和废水水质，作为工业园区废水处理的重要依据。

工业园区废水除了工业废水以外，还包括企业和园区配套设施排出的生活污水。如果工业园区所占的地域大，园区内工业企业布局范围广，那么园区废水中除了工业废水以外，还可能包括相当数量的市政污水。例如，位于沿海地区的某化工工业园区，规划面积约 $35km^2$，该工业园区污水处理厂除了接纳化工企业排出的生产废水外，还接纳生活污水。该工业园区的污水处理厂处理规模为 $30\times10^4m^3/d$，其中接纳城区生活污水约 $5\times10^4m^3/d$，为园区污水量的16%左右。由于生活污水的BOD/COD较高，可生化性好，还含有微生物生长所需的N、P等营养元素，在某种程度上，工业园区污水处理厂接纳了生活污水后有利于提高生物处理效率。此外，当工业园区服务面积大、服务人口多、接纳的废水中生活污水所占比重较大时，亦有将工业园区污水处理列入市政污水处理系列，以通过工业园区污水处理厂建设带动或者完善园区内市政基础设施（如排水管网）的建设，提高园区的环境质量和生活质量。

11.3.2.2 废水水质的复杂性

工业园区是由不同工业企业组成的群体，园区废水由不同企业排出的废水组成，工业园区的废水水质比单一工业企业废水水质复杂。以两个不同类型的工业园区为例，表11-1和表11-2分别为某纺织印染工业园区和精细化工工业园区的企业组成、主要产品和废水水量水质。从表11-1可以看出，该印染工业园区的生产企业由棉、化纤、毛、丝纺织印染企业组成。主要产品有棉纱、棉及棉混纺机织物、丝绸、毛纺织印染产品。其中，家纺面料染色废水的污染物浓度相对较低，COD为470mg/L，色度280～400倍；丝绸炼染废水污染物浓度高，COD为900～1000mg/L，色度500倍；工业园区的混合废水pH 6～10、BOD_5 350mg/L、SS 300mg/L、COD 1000mg/L、色度450倍、NH_3-N 25mg/L、TP<5mg/L，与各个企业的排放水质均有差异。从表11-2可以看出，该精细化工工业园区除精细化工企业外，还有纺织、印染等企业。其中，园区废水中精细化工企业约占39%，纺织印染及其他企业约占61%。而精细化工企业主要由染料化工、医药化工企业组成。精细化工废水排放量占57%，COD产生量占68.83%，纺织印染及其他企业废水排放量占43%，COD产生量占31.17%。该工业园区的染料化工、医药化工、颜料化工的生产流程长，包括硝化、还原、氯化、缩合、耦合等化工生产工序，副反应多，产品回收率低，由这些企业排出废水组成的工业园区废水水质成分复杂，污染物浓度高，COD为1000mg/L以上。以染料化工为主的废水可生化性较差，BOD/COD为0.3左右，同时在废水中还含有苯和苯胺类等有害有毒物质。由此可见，废水水质的复杂性通常是工业园区废水的显著特点之一。

11.3.2.3 废水排放要求的差异性

一般工业废水排放要求是根据工业门类和排放条件确定的，工业园区废水排放要求由排放条件而决定。有的工业园区废水视当地排放条件，可以经预处理后纳入市政污水系统一并处理，在这种情况下，工业园区废水排放要求按《污水综合排放标准》（GB 8978—1996）的三级标准确定。有的工业园区废水成分复杂，浓度多变，且具有难生物降解的毒物，根据当地排放条件，也可能执行工业行业水污染物排放标准或者GB 8978—1996的一级或二级标准。还有的工业园区位于环境敏感区或环境承载能力脆弱地区，对排放废水的COD、SS、NH_3-N、TN、TP等指标均有更加严格的要求，则有可能按当地排放条件执行《城镇污水处理厂污染物排放标准》（GB 18918—2002）的一级A标准，或者执行相关工业行业排放标准规定的水污染物排放特别限值标

表 11-1 某纺织印染工业园区废水水质组成

公司名称	主要产品	废水量		废水类型	pH	BOD_5 /(mg/L)	TSS /(mg/L)	COD /(mg/L)	色度/倍	NH_3-N /(mg/L)	TP /(mg/L)
		平均 /(m^3/d)	最高 /(m^3/d)								
地毯制造有限公司	地毯	360	760	染整废水	5～8	220	500	760	400	20	
丝绸印染有限公司	印染绸、炼染丝、服装	3700	4510	染整废水	6～9	400	300	900～1000	500	40	
纺织染整有限公司	棉纱、化纤染色、家纺面料织造、混纺面料后整理	360	720	染整废水	6～10	280	350	470	280	10	
纺织品有限公司	棉纱、化纤染色、混纺面料后整理	270	460	染整废水	6～10	300	300	840	300	7.3	4.5
纺织染整有限公司	高档家纺面料染色、高档纱线染色、高档面料织造及功能面料后整理	3500	4500	染整废水	6～9	250	300	850	400	10	
纺织有限公司	散毛染色、毛纺织造和后整理	1000	1250	染整废水	6～8	400	170	900	450	10	
混合废水				染整废水	6～10	350	300	1000	450	25	<5

表 11-2 某精细化工工业园区废水水量水质组成

行业名称		企业厂数	废水量 /(m^3/a)	废水量所占比例/%	COD 产生量 /(t/a)	COD 产生量所占比例/%
高污染行业	染料化工	22	8278720	47.22	8657.2	54.62
	医药化工	21	1713918	9.78	2252.7	14.21
	小计	43	9992638	57.0	10909.9	68.83
纺织、印染		28	5739301	32.74	3376.7	21.31
其他企业		39	1800231	10.27	1561.9	9.86
合计		110	17532170	100	15848.5	100

准。不同的排放标准将影响工业园区废水处理程度、处理工艺、建设投资、运行成本和管理等。

11.3.2.4 废水处理技术的全面性

由于一般工业园区废水的有机污染物浓度高，可生化性差，水质复杂，有时还含有毒性污染物，所以，不能简单地按城镇污水处理的思路确定废水处理技术。根据原水水质、排放要求和纳污条件，工业园区废水处理一般包括一级机械处理、二级生物处理和三级深度处理。所要求的处理技术包括生物、物化、化学氧化等。当原水有机物浓度较高，可生化性差，BOD/COD 在 0.3 以下时，经常采用厌氧水解酸化预处理。在好氧生物处理方法中以采用活性污泥法为多，以适应水质的多变性和耐冲击负荷。亦有采用生物接触氧化法（如处理精细化工废水等），或者采用活性污泥法—生物接触氧化法相结合的处理方法（所谓“泥-膜法”）。在物化处理方法中，根据水质特性和处理规模，一般采用化学混凝沉淀法，亦有采用混凝气浮法（如水中含有油类、大量悬浮物和进行纤维回收时）。当废水中含有较高浓度的 NH_3-N 和磷酸盐时，需要采用具有脱氮除磷功能的废水处理方法。纺织印染工业园区废水还应采用脱色处理工艺技术等。此外，为了满足卫生学指标要求，工业园区废水处理出水需进行杀菌消毒，如采用 ClO_2 消毒、UV 消毒、O_3 消毒等处理技术。当工业园区废水排放要求有特别规定时，有可能采用膜生物处理和活性炭吸附等深度处理技术。如某化工工业园区位于环境承载能力脆弱地区，执行地方排放标准的一级标准，处理出水水质要求为 pH 6～9、COD 40mg/L、BOD_5 20mg/L、SS 20mg/L、NH_3-N 10mg/L、P 0.5mg/L，为了达到排放要求，在进行废水二级生物处理之后，再采用膜生物反应器（MBR）-活性炭吸附深度处理。

11.3.2.5 废水处理回用的可能性和必要性

工业园区范围相对集中，在供水管网设置上，根据水的用途有利于实行分质供水，可分别设置给水管网和中水管网。同时，园区内企业在生产产品、工艺生产条件、用水水质要求的差异性，亦为园区废水处理回用提供了可能性。所以，工业园区特别是生态型工业园区为水资源的充分有效利用提供了条件，有必要在工业园区废水处理厂规划、设计和建设时，同时考虑废水再生回用，并通过分质供水管网予以实施。工业园区可以有多个途径实现废水处理回用。一是将回用水用于冲洗道路、绿化、冲厕、建筑施工，或者用于园区景观用水。二是用于冷却水补充水。三是作为对水质要求相对较低的生产用水，如用于锅炉的消烟除尘和水力冲渣用水，造纸工业园区可将园区废水处理出水用作湿法原料制备、洗浆打浆等用水。四是有必要时，对园区废水处理出水再进行深度处理，以使出水水质达到企业生产用水水质要求，进行更高层次的回用。

国内外已有工业园区废水再生回用的实例。意大利北部科摩省中小型纺织工业园区的 Fino Mornasco 污水处理厂，处理规模约为 $5\times10^4m^3/d$，其中 55% 为工业废水，45% 为市政污水，而 97% 的工业废水是由印染企业排放的。该污水处理厂采用通常的初级和二级处理之后，再采用深度处理。深度处理技术为混凝沉淀—O_3 氧化－活性炭吸附。经处理后的出水水质为 pH 7.2，COD 58mg/L，硬度（以 $CaCO_3$ 计）90mg/L（经软化后约 0mg/L），Cl^- 325mg/L，NH_3-N 17.3mg/L，TKN 15.1mg/L，NO_3^--N 4.2mg/L，色度（426mm 吸光度，光程 0.01m）0.008，电导率 1200μS/cm。该工业园区的乙酸酯纤维、聚酯-棉纤维、蚕丝和乙酸脂蚕丝等纺织企业的回用试验表明，使用工业园区污水处理厂的再生水与通常使用的新鲜水效果一致，处理成本亦可接受，因此，该纺织印染工业园区废水再生回用是可行的。国内，某工业园区以污水再生利用为节点，构成了水生态工业发展雏形。工业园区的生产废水和生活污水经园区污水处理厂二级生物处理后，作为工业用水的水源，再经 MF 和膜处理（RO）后成为再生水，供给企业生产用水。由于实现了污水再生回用，促进了该工业园区改变传统的发展模式，开始资源能源有效利用的生态工业园区的建设。某造纸工业园区对生物处理出水再经过气浮－过滤深度处理，出水水质为 pH 6～9，COD$\leqslant$60mg/L，$BOD_5\leqslant$20mg/L，SS$\leqslant$20mg/L，NH_3-N$\leqslant$5mg/L，TP 1.0mg/L，色度$\leqslant$30 倍，经深度处理后出水用于生产用水水源的补充水进行回用，取得了成效。

11.4 工业园区废水污染源控制基本途径

工业园区废水污染与工业园区的行业门类和废水水质有关。以某工业行业为主的工业园区，如造纸、纺织印染、电镀、化工、制药、制革、电子等工业园区，一般废水类型与其所属工业门类大致相同，废水污染源与所属工业门类相似。综合类工业园区或者生态工业园区，因由多个工业门类企业或者资源能源的综合利用上下游产业组成，其废水组成类型多，水质复杂，属于综合工业废水污染。但是，无论是哪种类型的工业园区，废水综合污染源控制基本途径是推行清洁生产技术，控制源头污染，废水分质收集和预处理等。

11.4.1 推行清洁生产技术，控制源头污染

我国《清洁生产促进法》中，清洁生产的定义为：指不断地采取改进设计、使用清洁的能源和原料、采用先进的工艺技术与设备、改善管理、综合利用等措施，从源头削减污染，提高资源利用率，减少或者避免生产、服务和产品使用过程中的污染物产生和排放，以减轻或者消除对人类健康和环境的危害。

推行清洁生产技术是防治工业园区污染的必然选择，可改变传统的以“先污染，后治理”为基本特征的“末端治理”模式。通过清洁生产可以从源头上预防和削减工业园区废水处理的污染

负荷，减轻园区废水处理的压力和难度，减少废水处理上的投入，为工业园区的建设带来环境效益。因此，清洁生产可开创工业园区环境保护“预防污染”的新阶段，是防治工业园区污染的首先和必然选择。工业园区内工业企业的清洁生产技术与所属工业门类相同，在此恕不赘述。

11.4.2　分质收集和预处理

国内工业园区废水处理运行实践表明，预处理是实现园区废水处理设施正常运行的关键。通过预处理去除废水中有碍于后续处理的物质或者消除某些影响因素。预处理包括高浓度废水、重金属和有毒废水分质收集和预处理，拦截泥沙和大颗粒杂质，中和，防止冲击负荷和设置足够的调节容量措施，以及有效的预处理监管和预警系统等。

11.4.2.1　废水分质收集和预处理

工业园区废水中如含有高浓度废水，宜根据废水特点，进行清浊分流，实施废水分质收集。将高浓度废水专门收集，在企业内部或者园区废水处理厂好氧生物处理之前进行预处理。例如，某纺织印染工业园区，随着生产产品的变更，废水水质和污染物成分发生了变化。一是棉织物染色增加，退浆废水中含有大量难生物降解的 PVA 浆料。二是园区内有的企业染料品种变更，用量增加。三是园区内各企业先后进行了清洁生产审核，实行印染废水清浊分流，二次污染废水经处理后本企业生产回用，提高了排放废水浓度，致使园区废水处理厂的进水浓度发生了很大变化。为了适应这种水质变化，该园区对高浓度印染废水进行预处理，之后再进入园区废水处理厂进行生物处理。

11.4.2.2　重金属和有毒有害污染物预处理

工业园区废水中含有的重金属或有毒污染物对废水生物处理有毒害作用，影响微生物的正常生长与繁殖。因此，对含有重金属或有毒污染物的废水在进入园区废水处理厂之前应在相关企业内进行预处理，以降低废水中有毒有害污染物浓度，使该部分废水进入园区处理厂经混合稀释后不影响生物处理。

11.4.2.3　拦截泥沙和大颗粒杂质

工业园区废水进水中往往含有泥沙，有的工业园区废水（如造纸、印染、化工、水产加工、食品等）还含有塑料、铁丝、杂片、原料残余物等大颗粒悬浮物和杂质。工业园区废水中含有的泥沙和大颗粒杂质可致使园区废水处理设施管道淤积，提升设备堵塞和磨损，影响正常运行。为此，工业园区废水应先经格栅（粗格栅、细格栅）、沉砂和沉淀（有必要时设置）预处理，以拦截废水中的泥沙和杂质等。

一般工业园区废水如 SS 浓度大于 400mg/L 而直接进入生物处理系统时，有相当部分的无机物会因吸附等方式包裹在污泥中，使活性污泥的活性降低。因此宜设置初沉池，以有利于提高后续生物处理系统的污泥活性、硝化速率，提高生物处理能力和效率。

11.4.2.4　中和

工业园区内的某些强碱性或强酸性废水，在进入园区废水处理厂之前应先进行 pH 调整中和处理。例如，某些生产全棉印染产品的印染废水，废水 pH 有时会高达 11～13，而化工废水有时呈酸性，pH 3～4，对强碱性或强酸性废水应进行 pH 调整，加酸或加碱进行中和。在 pH 调整时要进行充分混合反应，有必要时要设置 pH 自动投加和调节装置。

11.4.2.5　设置事故池，防止冲击负荷

由于工业园区废水处理厂主要接纳园区内各企业排出的生产废水，为了避免或减轻因企业设备检修、生产操作（事故）等原因而造成的高浓度废水冲击，有必要在企业内部或者园区废水处理厂内设置事故应急池。当有需要时先将企业排出的超常规高浓度废水在事故池中贮存，待高负荷高峰过后再按均匀、少量的方法将事故废水纳入园区废水处理系统。

11.4.2.6　设置足够容量的调节池

工业园区废水水量往往随园区内企业的生产计划安排和产品的变更而变化，水量不均匀系数大，一般不均匀系数为 1.3～1.5，而废水水质又具多样性和复杂性。为了适应水量负荷和污染物负荷的多变性，工业园区废水处理厂应设置足够容量的调节池。

11.4.2.7 设置有效的监管和预警系统

工业园区废水处理厂应对纳污企业废水量和水质有切实可行的监管和预警系统。将园区废水处理厂的管理延伸到排污企业的废水预处理和排放管网，对企业排放废水中的有毒物质和生物处理抑制性进行实时监测和预警，使园区废水处理厂管理与纳污企业管理有机地结合起来，形成整体，互相补充，提高工业园区废水处理效率，降低处理成本，取得效益的最大化。

11.5 工业园区废水处理基本技术

11.5.1 厌氧水解酸化

国内外研究和工程实践表明，厌氧水解酸化能够实现难生物降解有机物的转化。在厌氧水解酸化阶段通过分子结构的改变，如断链、裂解、开环、还原、基团取代等，使结构复杂的难生物降解的高分子有机物转化为结构较简单的较易生物降解的低分子有机物，从而改善废水的可生化性和脱色效果。一般工业园区废水水质复杂，在水解酸化池中设置载体填料可以增加微生物数量和微生物种类，而不同种类的微生物有利于降解废水中不同的有机污染物。因此，设置载体填料可以提高有机污染物的降解效率。目前，国内外纺织印染、化工工业园区废水处理中，针对废水的可生化性差的特点，采用厌氧（兼氧）水解酸化处理技术较为广泛而有效。例如，某精细化工工业园区，主要处理以染料废水为主的精细化工废水，进水有机污染物浓度高，COD 1000mg/L，BOD_5 300～400mg/L；BOD/COD较低，可生化性较差；色度高，为1000倍左右；NH_3-N为80mg/L左右。废水中含有芳香族卤化物、硝基化合物、胺类化合物、联苯等多苯环的取代化合物等，毒性较大。为此，在好氧生物处理之前设置了厌氧水解酸化处理，整个生物处理单元由厌氧水解酸化-好氧生物处理组成。由于设置了厌氧水解酸化预处理，提高了废水可生化性和稳定性，改善了后续好氧生物处理条件，提高了处理效果，整个生物处理单元COD去除率为75%左右，BOD_5 去除率为85%以上，色度去除率50%以上。

11.5.2 好氧生物处理

由于工业园区废水水量大，水质复杂，要求处理程度高。所以，好氧生物处理采用活性污泥法为多。活性污泥法可分为按空间进行分割的连续流活性污泥法和按时间进行分割的间歇式活性污泥法。按空间分割的连续流活性污泥法是指各种处理功能在不同的空间（不同的处理池）内完成，这种活性污泥法包括A/O法、氧化沟法和AB法等。按时间分割的间歇式活性污泥法即序批式活性污泥法（SBR）。近几年来，间歇式活性污泥法除传统的SBR法以外，已发展成多种改良型，如ICEAS法、CAST法、Unitank法和MSBR法等。间歇式活性污泥法的处理构筑物结构紧凑，占地面积小，在操作上可实现自动程序控制等，在工业园区废水处理中有一定的应用。但是，由于间歇式活性污泥法进水处理时间相对较短，若废水中含有较多的有毒有害难生物降解物质，则不能得到充分降解，易于在生物处理池中积累，从而降低生物处理效果。而连续流活性污泥法中的A/O法是把生物筛选和降解有机物两个生化反应过程结合起来。在缺氧段为生物筛选提供反应条件，在随后的好氧段为降解有机物和氨氮提供共同条件。A/O法在缺氧、好氧交替运行的条件下可抑制丝状菌繁殖，克服丝状菌污泥膨胀。好氧段的活性污泥性状好，处理效果较好，操作管理较简单。因此，在工业园区废水处理中又以采用A/O活性污泥法为多。

生物接触氧化法同时具有活性污泥法和生物滤池法的特点，在我国废水处理中已有30余年的应用。生物接触氧化法技术成熟，能经济有效地、无副作用地生物降解有机污染物。同时，由于生物接触氧化法的接触填料上栖息生长着大量兼氧微生物，有利于废水的硝化和反硝化。因此，生物接触氧化法在工业园区废水处理中有一定的应用，例如应用在水质较为复杂、可生化性较差的工业园区废水处理中。

11.5.3 脱氮除磷

某些工业废水，如化工废水、食品废水、屠宰废水、发酵工业废水等，均含有较高浓度的

NH_3-N 或者 P，这类工业废水纳入工业园区废水后致使园区废水的 TN、NH_3-N 和 TP 的含量提高。有些工业园区废水除工业废水外，还纳入一定比例的生活污水，这固然有利于园区废水生物处理，但需按市政污水处理要求，进行脱氮除磷处理。处于环境敏感区和环境承载能力脆弱区的工业园区废水处理排放水的 TN、NH_3-N 和 TP 的浓度还必须符合国家相应排放限值标准。表 11-3 为某些工业废水 TN、NH_3-N 和 TP 的排放限值要求。

表 11-3　某些工业废水 NH_3-N、TN 和 TP 的排放限值

工业行业	国家标准	排放限值/(mg/L)			执行的地域范围和时间
		NH_3-N	总氮	总磷	
印染			10	0.5	由国务院环境保护行政主管部门或者省级人民政府规定
造纸	GB 3544—2008	5	10	0.5	
电镀	GB 21900—2008	8	15	0.5	
合成制药	GB 21904—2008	5	15	0.5	
合成革与人造革	GB 21902—2008	3	15	0.5	

在工业园区废水处理中，为了适应复杂的废水水质处理要求，根据需要亦可以将活性污泥法与生物接触氧化法相结合。在好氧生物处理时，先经活性污泥法处理，再串联生物接触氧化法处理，即泥-膜法相结合。这样可以优化好氧生物处理系统内的微生物种类组成和数量，提高系统对有机污染物的去除效率和硝化反硝化能力，可以取得较好的去除 NH_3-N 和脱氮的效果。

工业园区废水脱氮除磷宜优先采用生物脱氮除磷方法，有必要时辅以化学除磷方法。常用的生物脱氮除磷方法可参见本书 2.3.2～2.3.4。

11.5.4　深度处理和废水回用

2008 年以来，环境保护部陆续颁布了一系列工业水污染物排放标准（新标准），以代替原有的工业水污染物排放标准（原标准）。新标准与原标准相比较，提高了水污染物排放限值，尤其是对 COD 和氨氮指标有了更加严格的要求。新标准对国土开发密度较高、生态环境脆弱、易发生严重水环境污染地区设定了水污染物特别排放限值的规定。

所以，工业园区废水处理都面临着经二级生物处理后再进行深度处理的需求，以达到相应的水污染物特别排放限值标准。工业园区废水深度处理包括进一步去除 NH_3-N、TN、TP、有机污染物（COD、BOD_5）、悬浮物（SS）、微生物（细菌、病毒）等，以及不同的工业门类废水所需去除的其他污染物项目，如重金属离子、色度、可吸附有机卤素等。如果要进行废水再生回用，则还需根据回用水用途去除溶解性无机物与盐类。一般工业园区废水深度处理去除污染物项目和主要的工艺技术如表 11-4 所示。

表 11-4　工业园区废水深度处理去除污染物项目和技术

去除的污染物		有关指标	主要处理技术
有机物	悬浮物	SS、VSS	混凝沉淀、气浮、过滤
	溶解状态	BOD_5、COD、色度	混凝沉淀、气浮、活性炭吸附、臭氧氧化、氯氧化（ClO_2、NaOCl 等）
植物性营养盐类	氮	TN、NH_3-N、NO_2^--N、NO_3^--N	生物脱氮（MBR 等）
	磷	TP、PO_4^{3-}-P	生物除磷（MBR 等）、混凝沉淀
微量成分	溶解性无机物、无机盐类	电导率、Na^+、Ca^{2+}、Cl^- 等离子	反渗透、纳滤、电析等
	微生物	细菌、病毒	臭氧氧化、消毒（ClO_2、NaOCl、紫外线等）

混凝沉淀（气浮）是工业园区废水深度处理中采用较多的工艺技术，而混凝沉淀由于操作方

便，电耗低，运行稳定，又是广泛采用的深度处理技术。生物处理二次沉淀池出水中的悬浮物主要是由活性污泥絮体组成的，含有有机物和磷。据有关的试验研究表明，二沉池出水中的1g SS含有0.7～1.0g COD，二次沉淀池出水中的较高的SS浓度会相应地使出水中的BOD_5、COD、色度增高。所以，采用混凝沉淀方法去除出水中的SS后，同时可去除一定量的BOD_5、COD和色度。此外，二沉池出水经混凝沉淀后还可以大幅度地除磷，一般化学除磷效率可达80%左右，是除磷的有效技术之一。

过滤是深度处理中经常采用的工艺技术。过滤在物化处理中的作用是，能部分地去除废水生物处理过程和混凝沉淀中未能沉降的颗粒和胶状物质，进一步提高物化处理对SS、浊度、BOD_5、COD、重金属、细菌等的去除效果。此外，由于进一步去除了SS和其他干扰物质，可以提高后续消毒效率，减少消毒剂用量。近几年来，国内在废水深度处理中开始采用滤布过滤技术。滤布过滤技术是在20世纪90年代由美国首先研发，之后在美国和欧洲逐渐发展起来的过滤技术，是一种有效地代替传统过滤或其他絮凝过滤的新型废水深度处理技术。滤布滤池是采用过滤转盘外包滤布代替砂滤滤料或者纤维滤料，滤布的主体孔径可以小至微米级，所以可以截留微米级微小颗粒，出水稳定性和出水水质优于传统的颗粒滤料滤池。滤布滤池还可避免传统滤池因冲洗前滤料层穿透问题而致使出水水质变差，以及冲洗后在滤层中残存的清洗水对出水水质的影响等问题。滤布滤池在运转过程中，可以根据处理水流经滤布的水头损失大小随时进行真空冲洗或者水力冲洗，无需停机专门进行高压反冲洗。所以，设备利用率高，装机功率低，节能。滤布滤池已在国内废水深度处理和再生回用处理中逐渐得到了应用。

一般采用物化方法对工业园区废水进行深度处理时，宜将混凝沉淀（气浮）与过滤联合使用，可收到良好的处理效果。例如，某造纸工业园区拟将二沉池出水经深度处理后进行再生回用。二沉池出水水质平均值为，COD≤100mg/L，SS≤30mg/L，要求深度处理再生回用水水质为，COD≤60mg/L，SS≤10mg/L，采用了混凝沉淀-滤布滤池、混凝气浮-砂滤和曝气生物滤池三种不同的工艺处理技术进行试验。对COD的去除效果如表11-5所示。从表中可以看出，在进水条件基本相同的情况下，采用混凝沉淀-滤布滤池技术的COD去除率为40%～42%，混凝气浮一砂滤技术的COD去除率为40%～46%，曝气生物滤池的COD去除率为30%～35%。试验表明，该造纸工业园区废水深度处理采用混凝沉淀（气浮）-过滤的组合技术处理效果优于单一的过滤技术。

表11-5 不同深度处理技术的COD去除效果

深度处理技术	COD/(mg/L)		
	进水	出水	去除率/%
混凝沉淀-滤布滤池	100～125	60～70	40～42
混凝气浮-砂滤	80～150	50～80	40～46
曝气生物滤池	80～145	55～110	30～35

活性炭吸附能去除生物处理中不能去除的某些溶解性有机污染物，以及部分重金属离子。在废水生物处理池（曝气池）中或者在二沉池出水中投加粉末活性炭，是一种比较简单易行的活性炭吸附方法。在生物处理池中投加粉末活性炭后可以改善活性污泥性状，提高污泥浓度，提高污泥负荷和对有机污染物的去除效率。据采用投加粉末活性炭方法降低城市污水处理厂二沉池出水COD的试验表明，在设定COD的降低目标为20mg/L以下，粉末活性炭投加量为6mg/L的前提下，COD去除率为35%以上；在进水COD浓度大于30mg/L的条件下，粉末活性炭的绝对吸附量大于10mg/L。试验表明，采用粉末活性炭吸附方法深度去除COD是有效的。但是，粉末活性炭的投加、反应分离和持续吸附等需要通过专门的装置来实现。

工业园区废水深度处理的膜处理技术（MBR、UF、RO、NF等）、臭氧氧化技术、消毒技术等，与相应的工业废水深度处理相同，可参阅本书相关工业门类的深度处理和生产回用技术。一般工业园区废水深度处理采用膜处理技术应经过试验验证，以确定合理的包括预处理在内的处理流程，取得可靠的设计参数后经技术经济比较后再进行工程化应用。国内某石化工业园区采用双膜法（UF-RO）技术对石化生产废水进行深度处理，经RO处理后出水用作锅炉补给水，取得了成效，实现了化工废水深度处理生产回用。

11.6 工程实例

11.6.1 实例1 某造纸工业园区废水处理及回用工程

11.6.1.1 概况

某造纸工业园区位于我国沿海经济发达地区。该园区包括48家造纸企业和5个行政村。园区内的造纸企业主要是废纸制浆生产高档涂布白纸板、牛皮箱板纸、瓦楞原纸等。园区污水处理工程日处理能力为15万吨，除了造纸企业排出的造纸废水以外，还包括5个行政村的生活污水。该工程自2003年11月开工建设，2006年6月投入正常运行。2009年该园区废水处理工程又进行升级改造，增加深度处理单元，实现了废水回用。

11.6.1.2 处理水量和水质

处理水量$15\times10^4 m^3/d$。其中，以制浆造纸废水为主，少量为园区生活污水。设计水质见表11-6。

表11-6 某造纸工业园区废水处理及回用工程设计水质

指　标	原水水质	排放水水质	回用水水质	指　标	原水水质	排放水水质	回用水水质
pH	6.5～8.5	6～9	6～9	TKN/(mg/L)	0.2	≤8	
COD/(mg/L)	≤1000	≤100	≤50	TP(以P计)/(mg/L)	0.25	≤1.5	
BOD_5/(mg/L)	≤350	≤20	≤10	浊度/NTU	60		≤5
SS/(mg/L)	≤800	≤30	≤10	色度/倍			≤30
NH_3-N(以N计)/(mg/L)		≤15					

11.6.1.3 处理工艺流程

该工业园区废水中含有纸浆纤维和杂质、造纸助剂与填料（如钙粉）、蜡质和糖类等。原水COD高，为1000mg/L左右；悬浮物含量高，为800mg/L左右；BOD/COD比值约为0.35，可生化性一般。N、P含量低，采用生物处理方法时需要外加微生物所需的N和P。根据原水水质特点，采用物化-生物-物化处理方法使处理水水质达到排放或回用要求。处理工艺流程如图11-2所示。

本工程处理工艺流程的特点如下。

（1）针对造纸废水SS高的特征，采用沉淀混凝法进行预处理。通过混凝沉淀后，一般SS的去除率可达80%以上，COD去除率50%以上，同时提高了BOD/COD比值，改善了后续生物处理条件，有利于提高生物处理效果。

（2）在生物处理单元采用好氧生物选择器。由于原水的N、P含量很低，因此选择了动力型的好氧生物选择器。好氧生物选择器的工作机理是，当底物浓度高时，适于好氧生物处理絮状菌的比生长速率大于丝状菌，在好氧生物选择器的生物体系中絮状菌占有竞争优势。在本工艺处理流程中将二沉池污泥回流至好氧生物选择器进水端，提高了进水底物浓度，使好氧生物选择器具有较高的污泥负荷，从而絮状菌获得竞争优势，在后续的好氧生物处理过程中有效地抑制丝状菌生长，防止曝气池中的丝状菌活性污泥膨胀。

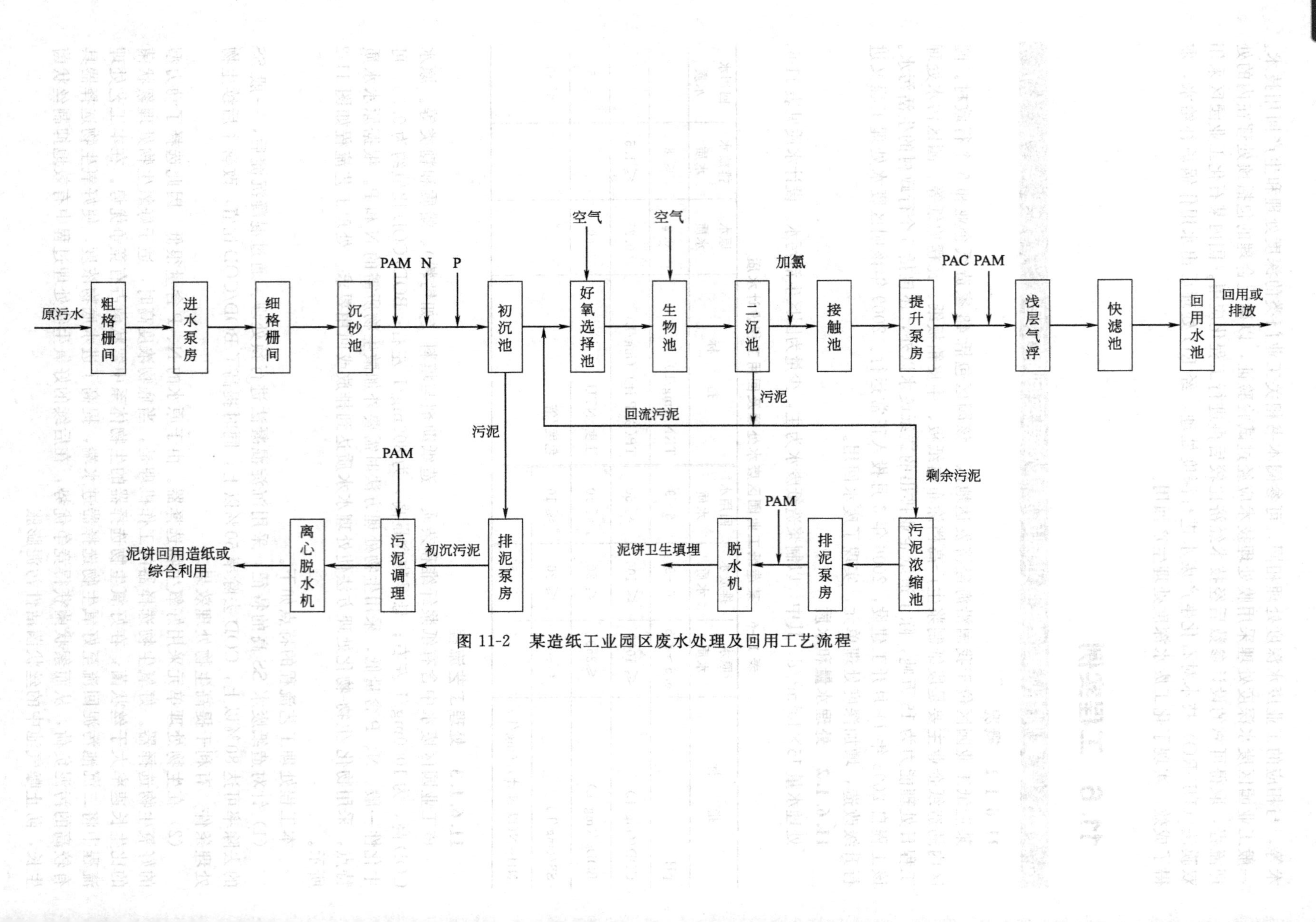

图 11-2 某造纸工业园区废水处理及回用工艺流程

（3）采用了国外进口射流曝气系统。射流曝气器采用两级喷嘴结构，如图 11-3 所示。大流量的循环水与压缩空气通过内部的喷嘴进行混合，然后在循环水的压力驱动下，形成高含氧量的气液混合体并以羽毛状从第二级喷嘴喷射出来，同时将周围的活性污泥混合液卷入，在曝气池内形成充分混合并完成氧的传递过程。这种射流曝气系统具有较高的充氧效率，使用时不会发生曝气器堵塞等状况，便于维护与管理。

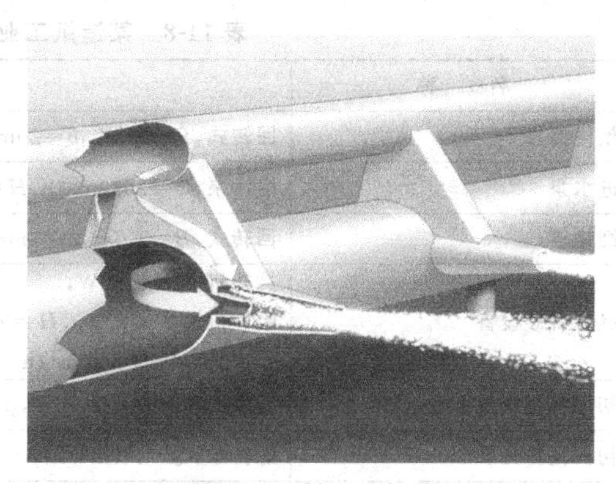

图 11-3　射流曝气器

（4）根据现场中试结果，采用超效浅层离子气浮-砂滤作为该工程升级改造深度处理技术，用于去除废水中的 SS、胶体物质、降低废水 COD 和色度。经过对原有废水处理工程升级改造后，使二级生物处理二沉池出水经处理后达到回用水水质要求。

11.6.1.4　主要构（建）筑物和主要工艺设备

主要构（建）筑物见表 11-7，主要工艺设备见表 11-8。

图 11-4 为污水处理工程全貌。

表 11-7　某造纸工业园区废水处理及回用工程主要构（建）筑物

名　称	主要设计参数	尺寸/m	数量	结构类型
粗格栅间			1	混合
进水泵房			1	混合
细格栅间			1	混合
沉砂池			2	钢筋混凝土
初沉池	$1.45m^3/(m^2 \cdot h)$	$\phi 60.0$	2	钢筋混凝土
选择池	$t=1.0h$	$\phi 35.0 \times 7.0(H)$		
生物池	污泥负荷 $0.13kgBOD_5/(kgMLSS \cdot d)$ $t=8.8h$	$\phi 50.0 \times 7.0(H)$	1	钢筋混凝土
二沉池	$0.75m^3/(m^2 \cdot h)$	$\phi 48.0$	6	钢筋混凝土
消毒槽			1	钢筋混凝土
提升泵房			1	混合
快滤池		$21.2 \times 18.6, V=5000m^3$	3	钢筋混凝土
回用水池			1	钢筋混凝土
回流及剩余污泥泵房			1	混合
污泥浓缩池		$\phi 10.0 \times 4.0(H)$	2	钢筋混凝土
污泥脱水机房及贮泥池			1	钢筋混凝土
鼓风机房			1	混合
加药间			1	混合
变电站			1	混合
综合楼			1	混合
机修间			1	混合

表 11-8 某造纸工业园区废水处理主要工艺设备

名　　称	技术性能和规格	单位	数量
粗格栅	回转式,$B=1.5\text{m}$,$b=20\text{mm}$	台	3
进水泵	潜污泵,$Q=2030\text{m}^3/\text{h}$,$H=12\text{m}$,$N=100\text{kW}$	台	5
细格栅	回转式,$B=1.7\text{m}$,$b=3\text{mm}$	台	3
旋流沉砂设备	搅拌机 $N=1.5\text{kW}$, 吸砂机 $Q=54\text{m}^3/\text{h}$,$H=9\sim10\text{m}$,$N=7.5\text{kW}$; 砂水分离机 $Q=54\text{m}^3/\text{h}$	套	2
初沉池刮泥机	全桥式周边驱动刮泥机,$\phi60.0\text{m}$	台	2
初沉池排泥泵	螺杆泵,$Q=160\text{m}^3/\text{h}$,$p=0.2\text{MPa}$,$N=37.0\text{kW}$	台	3
好氧选择池曝气装置	射流曝气装置,配套循环水泵 $Q=1887\text{m}^3/\text{h}$,$H=5.5\text{m}$,$N=37.6\text{kW}$	套	2
生物池曝气装置	射流曝气装置,配套循环水泵 $Q=1887\text{m}^3/\text{h}$,$H=5.5\text{m}$,$N=37.6\text{kW}$	套	8
鼓风机	单级离心式,$Q=13240\text{m}^3$(标)/h,$H=8.0\text{m}$,$N=380\text{kW}$	台	4
二沉池刮泥机	全桥式刮吸泥机,$\phi48.0\text{m}$	台	6
污泥回流泵	潜水轴流泵,$Q=2130\text{m}^3/\text{h}$,$H=4.0\text{m}$,$N=40.0\text{kW}$	台	5
剩余污泥泵	潜水离心泵,$Q=150\text{m}^3/\text{h}$,$H=10.0\text{m}$,$N=7.5\text{kW}$	台	2
排放泵	轴流潜水泵,$Q=2030\text{m}^3/\text{h}$,$H=8.5\text{m}$,$N=75\text{kW}$	台	5
浅层离子气浮	$\phi16.0\text{m}$	套	8
溶气水泵	G-340-100 型,$N=37\text{kW}$	台	16
空压机	$N=22\text{kW}$	台	2
贮气罐	$V=3.0\text{m}^3$	台	1
PAC 贮存槽	$V=50\text{m}^3$,$N=4\text{kW}$	台	2
PAC 加药泵	$N=2.2\text{kW}$	台	8
PAM 溶药装置	$N=5.0\text{kW}$	套	2
PAM 加药泵	$N=1.5\text{kW}$	台	8
污泥浓缩机	中心驱动式污泥浓缩机,$\phi10.0\text{m}$	台	2
浓缩污泥泵	螺杆泵,$Q=30\sim50\text{m}^3/\text{h}$,$p=0.2\text{MPa}$,$N=7.5\text{kW}$	台	2
剩余污泥脱水机	离心脱水机,$Q=50\text{m}^3/\text{h}$,$N=75\text{kW}+7.5\text{kW}$,1250kgDS/h; 配套螺杆泵 $Q=10\sim50\text{m}^3/\text{h}$,$p=0.2\text{MPa}$,$N=7.5\text{kW}$	台	2
初沉污泥脱水机	离心脱水机,$Q=50\text{m}^3/\text{h}$,$N=35\text{kW}+7.5\text{kW}$,1250kgDS/h; 配套螺杆泵 $Q=10\sim50\text{m}^3/\text{h}$,$p=0.2\text{MPa}$,$N=7.5\text{kW}$	台	3
螺旋输送机		台	4
PAM 加药装置	含溶药装置、加药泵	套	3
尿素和磷酸二胺,钾投加装置	含溶药装置、加药泵	套	2

图 11-4 某造纸工业园区污水处理工程

11.6.1.5　处理效果

该工业园区废水处理工程于 2006 年 6 月投入正常运行，在气温较高的夏秋季出水水质较好，COD 为 60mg/L 左右；在气温较低的冬春季，出水水质一般，COD 为 80mg/L 左右；而气温低于 12℃的冬季，出水水质较差，COD 为 100mg/L 以上。

图 11-5～图 11-8 分别为废水处理工程 2007 年 3 月逐日处理水量、COD、BOD_5 和 SS 的去除效果。图 11-9～图 11-14 分别为废水处理工程 2007 年 10 月逐日处理水量、COD、BOD_5、SS、NH_3-N 和 TP 的去除效果。

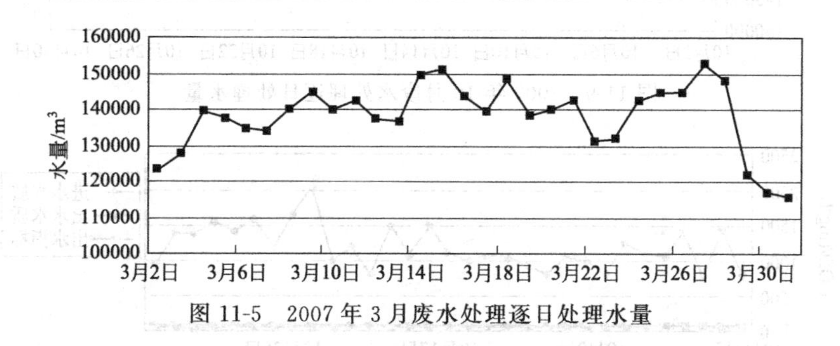

图 11-5　2007 年 3 月废水处理逐日处理水量

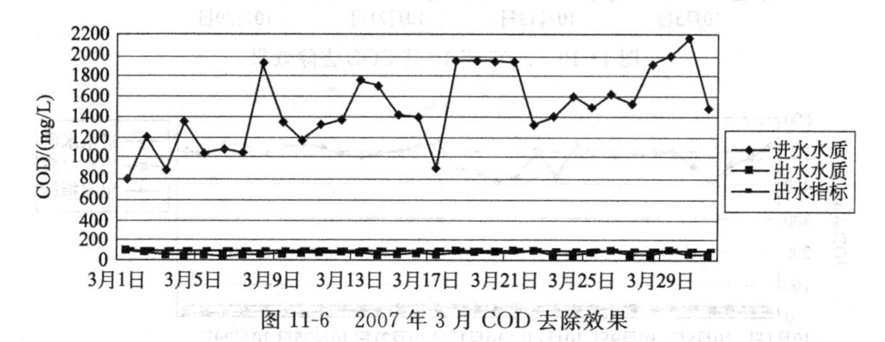

图 11-6　2007 年 3 月 COD 去除效果

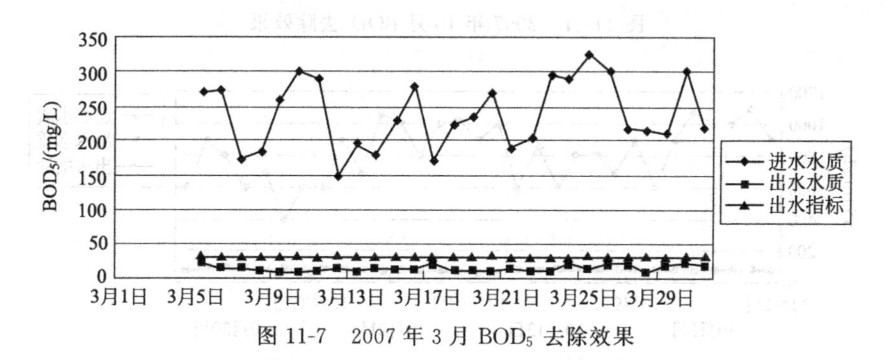

图 11-7　2007 年 3 月 BOD_5 去除效果

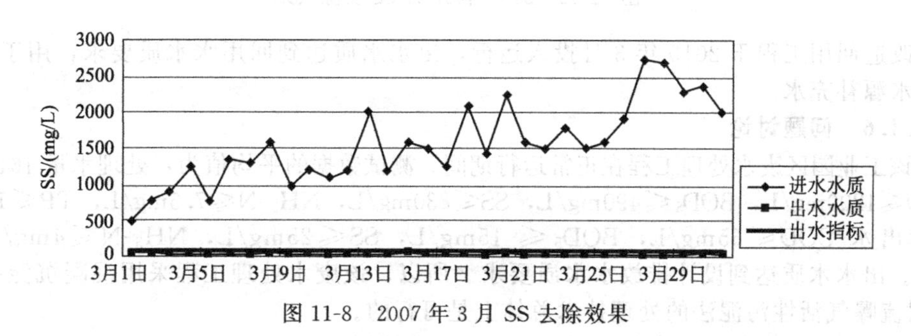

图 11-8　2007 年 3 月 SS 去除效果

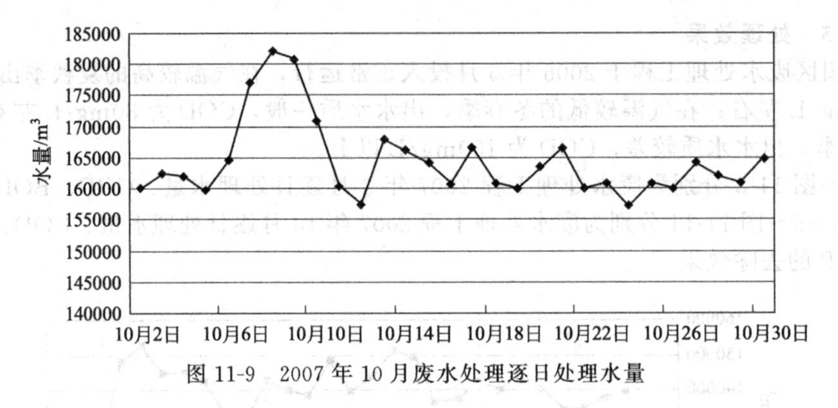

图 11-9 2007 年 10 月废水处理逐日处理水量

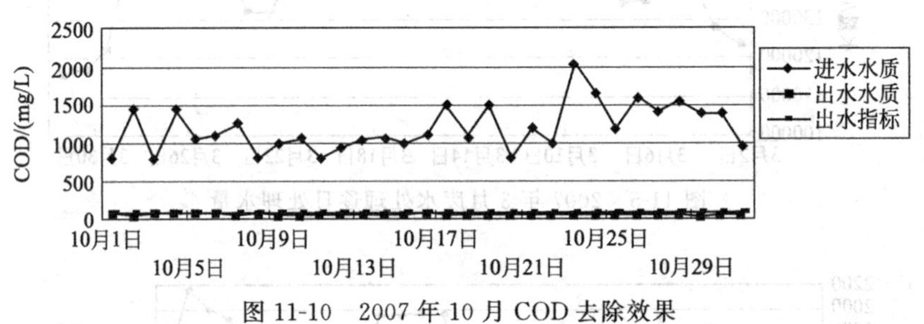

图 11-10 2007 年 10 月 COD 去除效果

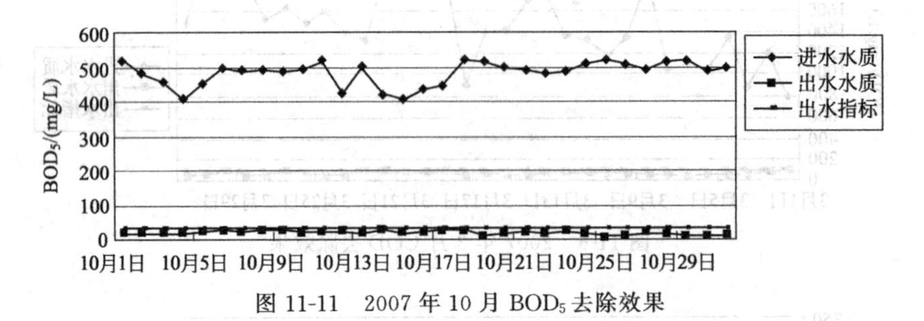

图 11-11 2007 年 10 月 BOD_5 去除效果

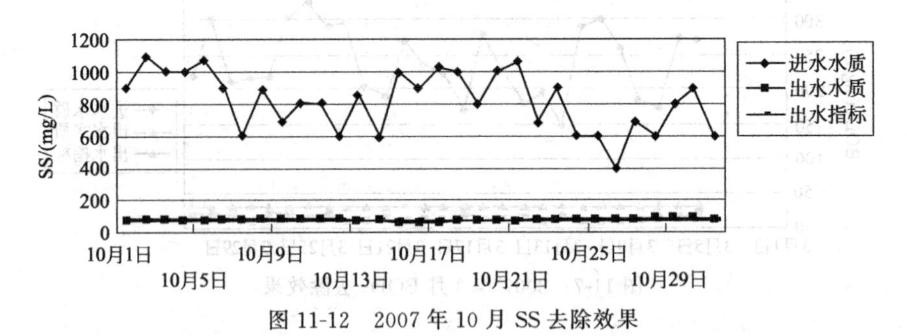

图 11-12 2007 年 10 月 SS 去除效果

升级改造回用工程于 2010 年 3 月投入运行，出水水质达到回用水水质要求，用于工业园区生产给水水源补充水。

11.6.1.6 问题讨论

(1) 该工业园区废水处理工程在正常运行期间，测试数据的平均值为：处理水量 164200m^3/d，进水 COD≤1200mg/L，BOD_5≤490mg/L，SS≤830mg/L，NH_3-N≤7.5mg/L，TP≤1.3mg/L。经处理后出水 COD≤65mg/L，BOD_5≤15mg/L，SS≤25mg/L，NH_3-N≤4mg/L，TP≤0.5mg/L。出水水质达到设计排放水质要求。所以，该废水处理工程采用混凝沉淀-好氧生物选择器-射流曝气活性污泥法的处理技术总体上是可行的。

(2) 本工程射流曝气池水力停留时间为 8.8h，污泥负荷 0.13kgBOD_5/(kgMLSS・d)。运行

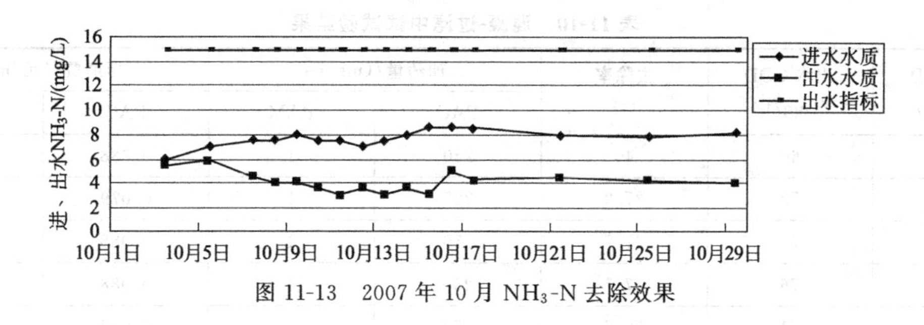

图 11-13 2007 年 10 月 NH_3-N 去除效果

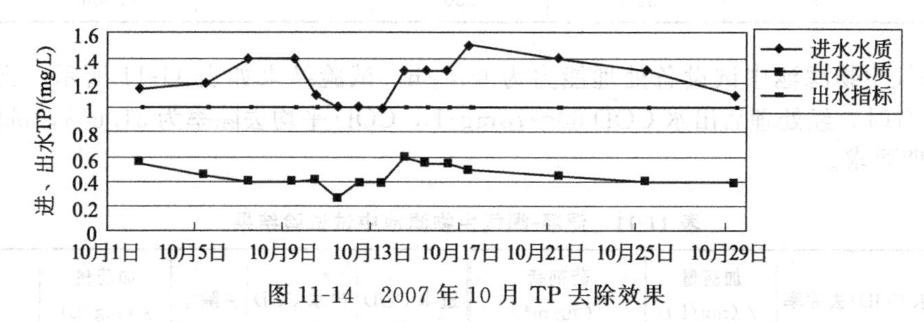

图 11-14 2007 年 10 月 TP 去除效果

表明，采用射流曝气活性污泥法的充氧效率较高，电耗较低，约为 0.40kW·h/m^3 以下。

(3) 运行表明，本工程在冬季低气温时，因受气温影响，曝气池内微生物活性降低，生物处理效率下降，系统处理出水 COD 难以稳定达标排放。其间，为了提高微生物活性，增加 N 和 P 营养源的投加量，对改善生物活性，提高处理效率有一定的作用。但加大了尿素和磷的消耗量，增加了运行费用。针对该园区造纸废水处理工程，若在设计上适当延长曝气池水力停留时间和降低污泥负荷，则可改善生物处理的抗冲击负荷和抵御低气温能力，提高运行稳定性。

(4) 2009 年 3 月，本工程分别采用了高效浅层气浮、混凝-过滤、混凝-曝气生物滤池等三种不同的处理技术对二沉池出水进行深度处理中试，试验水质进水 COD 为 100mg/L 左右，要求经处理后出水 COD 60mg/L 以下，COD 去除率为 40%以上。

高效浅层气浮中试设备处理能力为 70～80m^3/h，试验结果如表 11-9 所示。当进水 COD 100mg/L 左右时，经深度处理后出水 COD 60mg/L 以下，COD 平均去除率为 43.7%，基本上能达到预期处理要求。根据试验结果测算，处理费用约为 0.13 元/m^3（含电费、药剂费和人工费，2009 年物价水平，以下均同)。

表 11-9 高效浅层气浮中试试验结果

进水 COD /(mg/L)	出水 COD /(mg/L)	去除率 /%	加药量/(mg/L)		药剂费/(元/m^3)	
			PAC	PAM	PAC	PAM
150	79	47.3	130	0.23	0.05	0.005
137	74	46.0	137	0.25	0.05	0.005
115	65	43.5	200	0.35	0.07	0.007
112	56	50	200	2.5	0.07	0.05
99	56	43.4	200	1.25	0.07	0.025
82	48	41.5	200	1.0	0.07	0.02
75	49.3	34.3	200	0.7	0.07	0.014

混凝-过滤中试设备处理能力为 20m^3/h，试验结果如表 11-10 所示。当进水 COD 100mg/L 左右时，经处理后出水 COD 60～70mg/L，COD 平均去除率为 39.2%。根据试验结果测算，处理费用约为 0.128 元/m^3。

表 11-10 混凝-过滤中试试验结果

进水 COD /(mg/L)	出水 COD /(mg/L)	去除率 /%	加药量/(mg/L)		药剂费/(元/m^3)	
			PAC	PAM	PAC	PAM
99	60	40	250	1	0.088	0.02
116	72	37.9	225	1	0.079	0.02
120	70	41.7	250	1	0.088	0.02
122	76	37.7	250	1	0.088	0.02
118	71	39.8	250	1	0.088	0.02

混凝-曝气生物滤池中试设备处理能力为 6m^3/h，试验结果如表 11-11 所示。当进水 COD 100mg/L 左右时，经处理后出水 COD 60～78mg/L，COD 平均去除率为 31.6%，试验出水水质难以达到预期要求。

表 11-11 混凝-曝气生物滤池中试试验结果

进水 COD /(mg/L)	出水 COD /(mg/L)	去除率 /%	加药量 /(mg/L)	药剂费 /(元/m^3)	进水 COD /(mg/L)	出水 COD /(mg/L)	去除率 /%	加药量 /(mg/L)	药剂费 /(元/m^3)
			PAC	PAC				PAC	PAC
112	78	30.4	60	0.021	119	78	34.5	60	0.021
108	74	31.5	60	0.021	100	60	40	60	0.021
99	64	35.4	60	0.021	88	62	23.2	60	0.021
102	66	35.3	60	0.021	78	55	29.5	60	0.021
122	80	34.4	60	0.021	75	51.3	31.6	60	0.021
145	113	22.1	60	0.021					

根据中试试验结果，经技术经济比较后，确定采用高效浅层混凝气浮为升级改造深度处理技术。本工程采用超效浅层离子气浮器，核心技术是采用微氧化强溶溶气系统，以高频共轭喷射强溶切割技术，高效旋转产生极强的离心力，集成喷射微米级的溶气气泡，提高凝聚气浮效果，减少絮凝剂投加量，降低处理费用。

(5) 运行表明，该工业园区废水处理工程采用超效浅层离子气浮-砂滤深度处理技术升级改造后，在正常运行期间处理水量为 (13～16)×$10^4$$m^3$/d，进水 COD≤100mg/L，SS≤30mg/L，经深度处理后出水 COD≤50mg/L，SS≤10mg/L，出水水质达到设计回用水水质要求，回用于该工业园区生产给水水源。深度处理技术可行有效。

(6) 2010 年以来，该园区与有关单位合作，开发和选用高效混凝剂作为污泥调理化学助剂，降低污泥脱水静态阻力，以提高污泥脱水效率和污泥干度，为污泥的热能利用或替代石灰石和黏土制备水泥熟料等综合利用创造了条件。

11.6.2 实例 2 某精细化工工业园区废水处理工程

11.6.2.1 概况

某精细化工工业园区位于我国东南沿海区域。该园区包括 110 余家生产企业，其中 70%以上为精细化工企业，其余为纺织印染企业等。主要产品有染料、颜料、树脂、药业、生物制品以及纺织印染产品。该园区废水处理工程日处理能力为 30 万吨，除了接纳园区内工业废水以外，还包括园区范围内市政污水。该工程分期建设，第一期 7.5×$10^4$$m^3$/d 于 2003 年 9 月投入运行，第二期 22.5×$10^4$$m^3$/d 于 2010 年投入运行。

11.6.2.2　处理水量水质

处理水量 $30\times10^4m^3/d$，其中，以精细化工废水为主的园区工业废水约占 85%，市政污水约占 15%。

设计水质如表 11-12 所示。该园区纳污水域为四类海域功能区，排放水水质执行《污水综合排放标准》(GB 8978—1996) Ⅱ级排放标准（染料工业）。

表 11-12　某精细化工工业园区废水处理工程设计水质

指标	原水水质	排放水水质	处理程度/%
pH	6.0～9.0	6.0～9.0	
COD/(mg/L)	≤1000	≤200	≥80
BOD_5/(mg/L)	300～400	≤60	≥80
SS/(mg/L)	≤400	≤150	≥62.5
色度/倍	≤1024	≤80	≥92.0
NH_3-N(以 N 计)/(mg/L)	≤80	≤25	≥68.8

11.6.2.3　处理工艺流程

(1) 试验研究处理工艺流程　本工程主要处理以染料、医药等为主的精细化工废水。据一期工程运行表明：进水水质水量波动大，进水 COD 为 400～2400mg/L，色度 1000～2000 倍；进水由染料、颜料、医药、印染等废水组成，有机污染物成分复杂、色度大、废水 BOD/COD 比值低，难生物降解；废水中含有染料、颜料等中间体生产过程中排出的芳族卤化物、芳族硝基化合物等，具有一定的毒性。染料化工、医药化工废水处理难度大，处理费用高，这是本工程废水处理技术的难点和重点。为此，本工程根据进水水质特点和处理要求，一期工程运行经验和存在的问题，参考国内外精细化工废水处理技术的研究成果，先进行试验研究，为确定本工程的处理工艺和技术参数提供依据。试验研究工艺流程如图 11-15 所示，试验现场如图 11-16 所示。

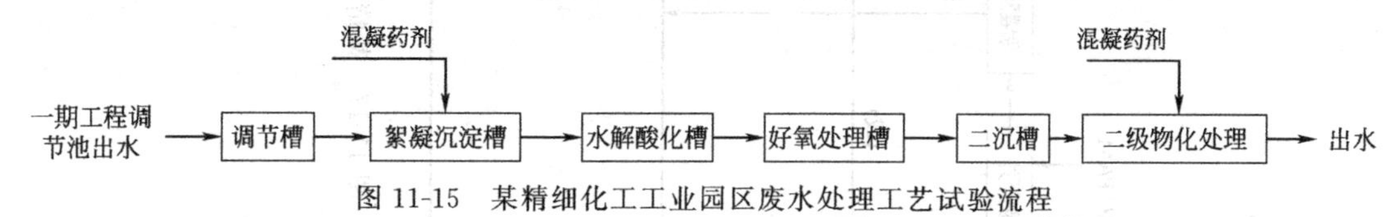

图 11-15　某精细化工工业园区废水处理工艺试验流程

试验研究装置规模为处理水量 $0.16m^3/h$，采用一期工程调节池出水为进水水源。进水水质浓度高且多变。进水 COD 最高为 1650mg/L；进水色度为 1024 倍。通过试验研究取得了如下结果。

① 一级物化处理效果较好，对 COD 去除率为 20%左右，通过物化处理可减轻后续生物处理负荷。

② 在试验条件下，好氧处理出水 COD 为 250～300mg/L，再经二级物化处理后，出水 COD 为 200mg/L 左右。

③ 对色度的去除主要是在物化处理单元，而厌氧水解酸化-好氧生物处理单元对废水中色度的去除不甚明显。

④ 试验期间，系统出水的 NH_3-N 平均去除率为 80%左右。

图 11-16　某精细化工工业园区废水处理工艺试验现场

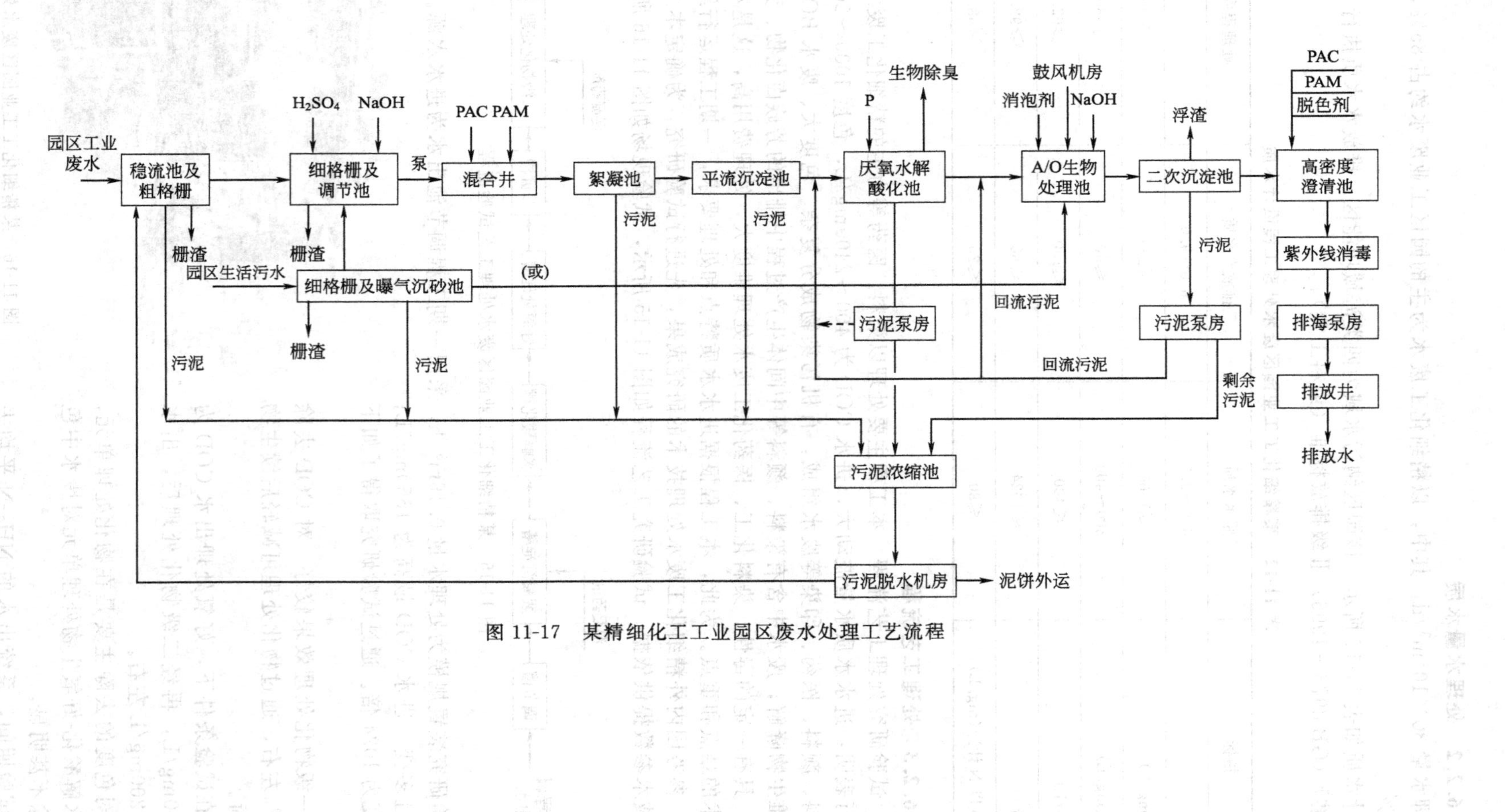

图 11-17 某精细化工工业园区废水处理工艺流程

⑤ 采用完全混合好氧生物处理方式和控制进水负荷有助于对 COD 的去除。同时，在系统进水中引入部分生活污水可以降低废水毒性，有利于系统稳定运行，提高处理效果。

⑥ 在处理工艺流程中，生物处理是良好的缓冲系统，特别是能承受进水 pH 的变化，一般生物处理出水 pH 7.8 左右，为后续二级物化处理提供了良好的进水水质条件。总体上表明，本工程的精细化工废水采用物化预处理-厌氧水解酸化-好氧生物处理-二级物化处理的处理工艺流程是可行的，为工程设计提供了一定的依据。

(2) 设计处理工艺流程　本工程设计处理工艺流程如图 11-17 所示，该处理工艺流程的特点如下。

① 针对精细化工废水污染物成分复杂、有机污染物浓度高、可生化性较差、色泽深且具有一定毒性的特点，采用混凝沉淀强化预处理。通过试验表明，投加铝盐（或铁盐）混凝剂和 PAM 絮凝剂后，经混凝沉淀后，一般 COD 去除率可为 20%～25%，色度去除率为 50%左右，SS 去除率为 60%～70%，同时提高了废水可生化性，降低了废水毒性，改善了后续生物处理条件。

② 采用厌氧水解酸化与好氧生物处理相结合的生物处理方法。厌氧水解酸化可以通过开环、断键、裂解、基团取代、还原等作用，改变分子结构，使废水中结构复杂、难生物降解的有机物转化为结构较简单、可生物降解的有机物，从而提高废水的可生化性和脱色效果。同时厌氧水解酸化还可降解部分有机污染物，一般对 COD 去除率为 15%左右。好氧生物处理采用按空间分割具有连续流完全混合和 A/O 处理特点的氧化沟处理工艺，以进一步降解废水中的有机污染物和色度等。氧化沟工艺有利于减少占地和节能。

③ 经好氧生物处理出水再经后物化处理可以进一步去除 SS、BOD_5、COD、色度等。采用高密度澄清池可以节省用地，同时高密度污泥层可以改善污泥沉降性能，提高混凝沉淀效果。采用脱色剂脱色和紫外线消毒，可使高密度澄清池出水进一步脱色，去除细菌和病毒等，确保处理水达标排放。

11.6.2.4　主要构（建）筑物和主要工艺设备

主要构（建）筑物见表 11-13，主要工艺设备见表 11-14。

表 11-13　某精细化工工业园区废水处理工程主要构（建）筑物

名　称	主要设计参数	尺寸/m	数量	结构类型
稳定流及格栅间	稳流时间 3.43min，过栅流速 0.75m/s	25.1×19.6×3.5(H)	1	钢筋混凝土
细格栅及曝气沉砂池	过栅流速 0.8m/s，栅条间距 6mm。旋流曝气沉砂，旋流速度 0.3m/s，停留时间 8～10min，曝气量 0.2m^3/m^3 水	37.9×7.2×4.8(H)	1	钢筋混凝土
调节池	调节时间 7.78h	119.2×147.0×6.8(H)	1	钢筋混凝土
提升泵房		46.3×9.0×4.3(H)	1	混合
折板絮凝平流沉淀池	絮凝时间 10min，平均速度梯度 $G=55s^{-1}$；反应池 $GT=5.8\times10^4$。 沉淀时间 0.75h，水平流速 18mm/s，有效水深 2.7m	63.4×29.8×3.3(H)	2×2	钢筋混凝土
厌氧水解酸化池	停留时间 9.2h	105.0×86.1×7.0(H)	2×2	钢筋混凝土
厌氧污泥泵房		16.0×4.5×6.40(H)	2	混合
A/O 生物处理池	污泥负荷 0.097kgBOD_5/(kg MLSS·d)，污泥浓度 4000mg/L，总停留时间 197.78h，污泥龄 20d，回流污泥率 100%，总回流率 300%，气水比 15∶1，氧利用率 18%～21.5%	134.0×51.0×8.0(H)	2×2	钢筋混凝土
二沉池	周进周出辐流式沉淀池，表面负荷 0.93m^3/(m^2·d)，沉淀时间 2.1h	ϕ40.0×5.0(H)	8	钢筋混凝土

续表

名称	主要设计参数	尺寸/m	数量	结构类型
二沉池污泥泵房		21.0×12.8×7.1(*H*)	2	混合
高密度澄清池	表面负荷 12.3m³/(m²·h)	36.4×27.9×5.4(*H*)	3×2	钢筋混凝土
紫外线消毒槽	紫外线剂量(20mW·s)/cm²,紫外灯管数量及功率 180 根×230W,7nm 紫外透过率>60%,灯管寿命≥12000h	14.5×6.4×2.2(*H*)	3×2	钢筋混凝土
生物除臭滤池		18.5×19.8×2.0(*H*)	2	钢筋混凝土
污泥浓缩池	固体负荷 80kgSS/(m²·h),需浓缩污泥干重 172tDS/d,浓缩后污泥含水率 96%	ϕ26.0×6.0(*H*)	4	钢筋混凝土
贮泥池	污泥干重 172tDS/d,污泥含水率 96%,停留时间 45min	11.0×5.0×3.5(*H*)	1	钢筋混凝土
鼓风机房	总供气量 144000m³/h,供气压力 0.08MPa	72.8×13.5	1	混合
1#加药间	用于调节池;NaOH 8～10mg/L,工业硫酸 8～10mg/L	465m²	1	混合
2#加药间	用于调节池;NaOH 8～10mg/L,PAC 300mg/L,PAM 1mg/L,过磷酸钙 50mg/L	1500m²	1	混合
3#加药间	用于高密度澄清池;PAC 50mg/L,脱色剂 25mg/L,PAM 0.5mg/L		1	混合
污泥脱水间	污泥干重 172tDS/d;脱水前污泥量含水率 96%,污泥量 4300m³/d;脱水后污泥含水率 80%,污泥量 860m³/d,PAM 投加量 5.0kg/t 干污泥	850m²	1	混合
排放水排海泵房		15.6×18.0×3.4(*H*)	1	混合

表 11-14 某精细化工工业园区废水处理工程主要工艺设备

名称	技术性能和规格	单位	数量	安装位置
旋转型格栅	B=2.0m,b=8mm	台	4	稳流池及格栅间
螺旋输送机	D=325mm,L=16m	台	1	
栅渣压榨机		台	1	
转鼓式细格栅	B=1.6m,b=5mm,N=1.5kW	台	2	细格栅及曝气沉砂池
无轴螺旋输送机	D=260mm,L=5500mm,N=2.2kW	台	1	
砂水分离器	5～12L/s,N=0.37kW	台	1	
罗茨风机	Q=10～15m³/min,H=3.5m,N=15kW	台	2	
机械细格栅	B=1.5m,H=1600mm,b=5mm	台	2	细格栅调节池及提升泵房
立式搅拌器	ϕ2500mm,H=1600mm,N=5.5kW	台	1	
潜水搅拌器	ϕ2500mm,N=5.5kW	台	14	
潜水搅拌器	ϕ2500mm,N=9.2kW	台	28	
潜水排污泵	Q=1600m³/h,H=1600mm,N=5.5kW	台	11	
潜水排污泵	Q=750m³/h,H=5～7m,N=18.5kW	台	4	
潜水排污泵	Q=1800m³/h,H=6～7m,N=45kW	台	4	
电动单梁悬挂起重机	W=3.0t,H=7.5m,L_K=9.0m	台	1	
机械搅拌器	N=5.5kW	台	4	折板絮凝平流沉淀池
底部刮泥机	B_K=3.0m	台	16	
竖向折板箱	2400mm×2400mm×1600mm	个	92	

续表

名称	技术性能和规格	单位	数量	安装位置
潜水涡轮搅拌器	ϕ2500mm,N=4.0kW	台	64	厌氧水解酸化池及污泥泵房
污泥回流泵	Q=585m³/h,H=7m,N=15kW	台	8	
剩余污泥泵	Q=110m³/h,H=10m,N=5.5kW	台	4	
单轨电动葫芦	W=5.0t,H=12m,N=0.8/7.5kW	台	2	
潜水推流器	ϕ2500,N=4.3kW	个	52	A/O 生物处理池
混合液回流泵	Q=2000m³/h,H=0.5m,N=11kW	台	12	
立式搅拌器	D=1.5m,L=5.0m,N=1.5kW	台	2	
微孔曝气盘	D=330mm,Q=5m³/(h·个)	套	30000	
单级高速离心鼓风机	Q=400m³/h,H=0.08MPa,N=630kW	台	8	鼓风机房
电动单梁桥式起重机	W=10t,H=20m,L_K=10.5m	台	2	
轴流通风机	N=0.37kW	台	9	
单管式吸泥机	ϕ40m,N=0.55kW	台	8	二沉池及污泥泵房
潜水泵	Q=1300m³/h,H=5m,N=30kW	台	8	
潜水泵	Q=120m³/h,H=10m,N=5.5kW	台	11	
隔膜计量泵	Q=700L/h,H=20m,N=0.75kW	台	12	1#加药间
溶液池搅拌机	N=5.2r/min,N=0.75kW	台	4	
干粉投加器		台	4	
隔膜计量泵	Q=500L/h,H=20m,N=0.75kW	台	10	2#加药间
隔膜计量泵	Q=1500L/h,H=20m,N=0.75kW	台	8	
隔膜计量泵	Q=1000L/h,H=20m	台	10	
陶瓷计量泵	Q=500L/h,H=20m,N=0.75kW	台	10	
陶瓷计量泵	Q=5000L/h,H=20m,N=0.75kW	台	8	
陶瓷计量泵	Q=10000L/h,H=20m	台	10	
溶液(溶解)池搅拌机		台	14	
干粉投加器		台	2	
搅拌器	N=11.0kW,n=35r/min	台	6	高密度澄清池
刮泥机	N=1.1kW	台	6	
斜管	A=124m²	套	6	
污泥泵	Q=30m³/h,H=20m,N=4.0kW	台	18	
脱色剂投加装置		套	3	
紫外线消毒系统	紫外灯 180 根,单根功率 320W	套	3	紫外线消毒槽
化学清洗槽	不锈钢,2000mm×600mm×1625mm	条	3	
生物填料	有机无机混合填料,H=1.0m	m³	600	生物除臭滤池
塑料填料	PP,ϕ85mm,H=0.85m	m³	38	
离心风机	Q=37953m³/h,H=2637Pa,N=37kW	台	4	
循环水泵	Q=23m³/h,H=40m,N=5.5kW	台	4	
喷淋水泵	Q=17m³/h,H=40m,N=3kW	台	4	
中心传动浓缩机	ϕ26m,N=1.5kW	台	4	污泥浓缩池

续表

名称	技术性能和规格	单位	数量	安装位置
离心脱水机	$Q=20\sim40m^3/h, N=75kW+11kW$	台	6	污泥脱水间
投泥泵	$Q=20\sim40m^3/h, H=20m, N=18.5kW$	台	6	
絮凝剂投配泵	$Q=0.25\sim1.0m^3/h, H=0.2MPa, N=1.1kW$	台	6	
泥饼螺旋输送器		台	4	
潜水排污水泵	$Q=3000\sim3250m^3/h, H=16\sim14m, N=185kW$	台	6	排海泵房

11.6.3 实例3 某轻纺工业功能园区废水处理提标改造工程

11.6.3.1 概况

某轻纺工业功能园区位于环太湖流域，濒临太湖西岸。该园区为特色工业园区，是同类型产业的集聚和整合，目前已形成纺丝、加弹、织造、印染、家纺一条龙生产能力，入区企业有60余家，园区废水处理工程总规模为40000m³/d，收集管网22.84km，泵站2座。废水处理工程分两期建设。第一期于2002年12月动工建设，处理水量为20000m³/d，2004年1月竣工投入使用。第二期于2005年12月动工扩建，处理水量为20000m³/d，2007年4月投入使用。2008年为了适应尾水排放标准提标升级和贯彻节能减排的需要，该园区废水处理工程又实施了源头废水预处理、中水回用和废水处理厂升级改造的系统工程，于2009年初投入运行。

11.6.3.2 处理水量和水质

处理水量40000m³/d。纳入园区废水处理厂的废水包括三部分。一是化纤面料染色和伞面绸、床单布等涂料印花废水，主要含分散染料、少量活性染料和涂料，水量为15000m³/d，占处理水量的35%左右。二是喷水织机织造废水，水量为23000m³/d，占处理水量的60%左右。其余为生活污水，占处理水量的5%左右。

纳入园区废水处理厂的印染废水先在各企业进行预处理，出水水质达到《污水综合排放标准》(GB 8978—1996) 的三级标准后，即COD≤500mg/L，BOD_5≤ 300mg/L，SS≤ 400mg/L再排入园区污水处理厂。喷水织机织造废水COD一般为300mg/L左右，该部分废水连同生活污水直接排入园区污水处理厂。

该园区废水处理厂濒临太湖之滨，处理后尾水纳入太湖水域，原设计尾水排放执行《城镇污水处理厂污染物排放标准》(GB 18918—2002) 的一级B标准。为了治理太湖流域水源污染，进一步加大太湖流域水环境保护力度，2009年7月1日以后尾水排放水质由一级B提升到一级A标准。

某轻纺工业功能园区废水处理厂进水水质和处理水水质要求如表11-15所示。

表11-15 某轻纺工业功能园区废水处理厂进水水质和处理水水质

指标	进水水质	处理水水质	
		2009年6月30日以前	2009年7月1日以后
pH	6～10	6～9	6～9
COD/(mg/L)	450～500	60	50
BOD_5/(mg/L)	150～180	20	10
SS/(mg/L)	250～300	20	10
NH_3-N/(mg/L)	20～25	8(水温≤12℃,15)	5(水温≤12℃,8)
TN/(mg/L)		20	15
TP/(mg/L)	1.5	1	0.5

11.6.3.3　处理工艺流程

升级改造前的废水处理工艺流程如图 11-18 所示，升级改造后的废水处理工艺流程如图 11-19 所示。污泥处理工艺流程如图 11-20 所示。

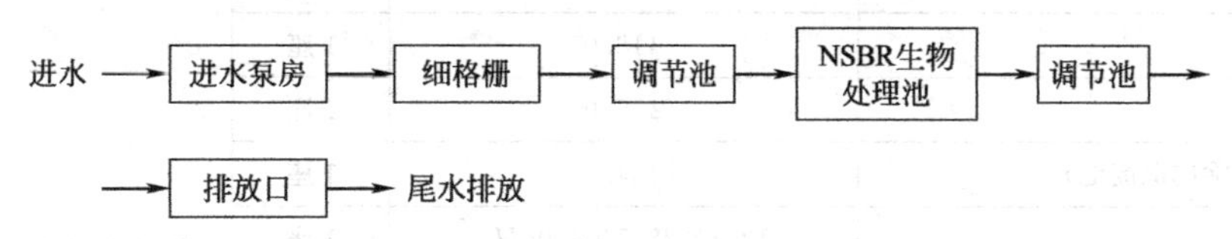

图 11-18　某轻纺工业功能园区废水处理升级改造前的工艺流程

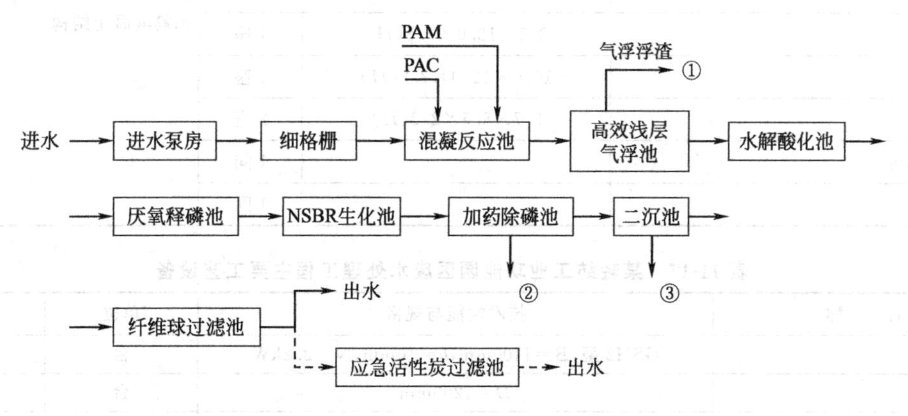

图 11-19　某轻纺工业功能园区废水处理升级改造后的工艺流程

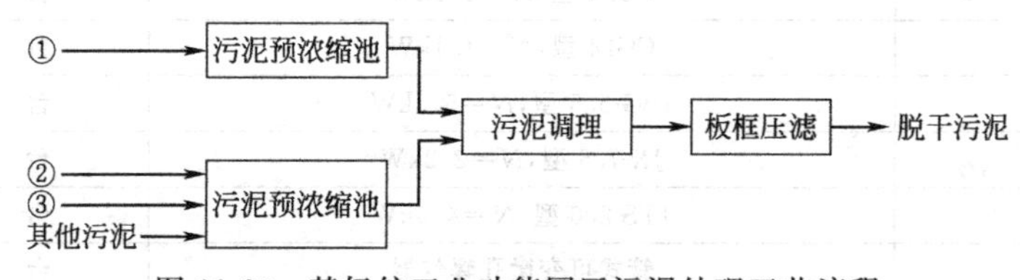

图 11-20　某轻纺工业功能园区污泥处理工艺流程

11.6.3.4　主要构（建）筑物和主要工艺设备

升级改造后主要构（建）筑物如表 11-16 所示，主要工艺设备如表 11-17 所示。

表 11-16　某轻纺工业功能园区废水处理工程主要构（建）筑物

名　称	尺寸/m	数量	结构类型
提升泵房		1 间	除提升泵房、板框压滤机房和办公化验房为混合结构外，其余均为钢筋混凝土结构
混凝反应池	12.0×10.0×5.5(*H*)	1 座	
高效气浮池	ϕ11.0×4.95(*H*)	3 座	
水解酸化池	60.0×50.0×5.0(*H*)	1 座	
厌氧释磷池	ϕ26.6×5.0(*H*)	1 座	
NSBR 池	56.0×54.0×5.0(*H*)	2 座	
NSBR 池	55.0×26.6×5.0(*H*)	1 座	
NSBR 池	27.5×26.6×5.0(*H*)	1 座	
初沉池	ϕ26.0	2 座	
二次沉淀池	ϕ26.0×3.8(*H*)	4 座	

续表

名　称	尺寸/m	数量	结构类型
污泥预浓缩池	10.0×15.5×3.5(H)	1座	除提升泵房、板框压滤机房和办公化验房为混合结构外，其余均为钢筋混凝土结构
污泥浓缩池	ϕ18.0	1座	
污泥浓缩池	ϕ26.0	1座	
斜管沉淀池(加药除磷沉淀池)	ϕ24.0	1座	
纤维球过滤池	12.1×28.7×4.0(H)	1座	
应急炭滤池	21.8×6.2×4.0(H)	1座	
清水池	3.3×12.0×2.5(H)	1座	
反冲洗水池	10.0×12.0×2.8(H)	1座	
药剂化解池	9.7×8.5×2.3(H)	2座	
板框压滤机房		1间	
办公化验房		1间	

表 11-17　某轻纺工业功能园区废水处理工程主要工艺设备

名　　称	技术性能与规格	单位	数量
细格栅	GSH2 型,B=1100mm,b=10mm,N=2.2kW	台	2
螺旋细格栅	D=1200mm	台	2
提升泵	潜污泵,WQ400-10-22 型,N=22kW	台	6
提升泵	立式污水泵,200WL400-10-22 型,N=22kW	台	2
中间沉淀刮泥机	CG24 型,N=1.1kW	台	2
二沉池刮泥机	CG24 型,N=1.1kW	台	4
潜水搅拌机	JBG-5.5 型,N=5.5kW	台	4
潜水搅拌机	JX-7.5 型,N=2.2kW	台	1
鼓风机	JTS-200 型,N=4.5kW	台	10
曝气器	管式可变微孔曝气器	台	5270
曝气器	可提升式微孔曝气器	台	312
污泥回流泵	150WL140-7-5.5 型,N=5.5kW	台	8
污泥回流泵	潜污泵,N=5.5kW	台	4
污泥浓缩机	WG18 型,N=2.2kW	台	1
污泥浓缩机	WG26 型,N=2.2kW	台	1
污泥提升泵	HT80-65-125 型,N=7.5kW	台	4
板框压滤机		台	
高效浅层气浮系统		套	3
生物填料	YDT	m^3	3500
微孔曝气器	薄膜式	台	2000
沉淀池刮泥机	ϕ24.0mm	台	1
玻璃钢斜管	ϕ80mm	m^2	450
纤维球滤料	ϕ30mm	t	15.0
整体滤板(含长柄滤头)	1000mm×2000mm×30mm(128 个)	套	70
砾石	16～32mm	m^3	21.6
反冲洗水泵	Q=300m^3/h,H=10mm,N=22kW	台	2
反冲洗风机	Q=28.0m^3/min,p=0.049MPa,N=37kW	台	2

图 11-21 为污水处理工程全貌，图 11-22 为 NSBR 处理池。

图 11-21 某轻纺工业功能区废水处理工程全貌

图 11-22 NSBR 处理池

11.6.3.5 处理效果

图 11-23 为 2009 年 3 月在平均处理水量为 36327m^3/d 的情况下，连续 1 个月以 COD 为污染特征的处理效果实测值。从图中可以看出，在平均处理水量为 36327m^3/d，进水 COD 为 460～530mg/L 的情况下，经处理后出水 COD 为 45～47mg/L，达到了 GB 18918—2002 一级 A 排放标准规定的 COD≤50mg/L 的要求。

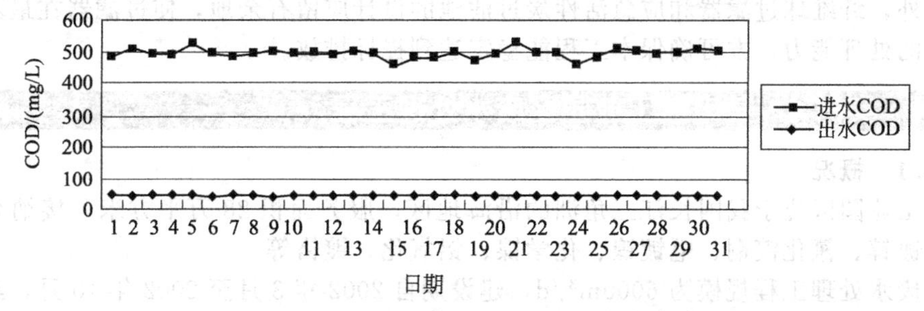

图 11-23 2009 年 3 月 COD 去除效果

11.6.3.6 问题讨论

(1) 该园区位于太湖之滨，地处环境敏感区，属于水污染物排放特别限值的区域，自 2008 年以来，该园区根据节能减排和提标排放要求，总结多年来的运行经验和存在的缺陷，对园区废水处理工程实施了“前伸、中改造、后强化”的改造方案。

前伸就是加强进水预处理。一是对纳入该园区废水处理工程的 11 家印染企业废水进行了预处理。主要是收集喷水织机废水，采用气浮方法进行处理后再回用到喷水织机，新建一座 10000m^3/d 处理能力的中水回用工程，从源头上控制了本工程的废水量和水质，年节省清水资源约 300 万立方米，年削减 COD 约 1000t。减少了园区废水厂的冲击负荷，提高了运行稳定性。二是针对园区内某些企业将预处理设施排泥时的污泥连同废水一起排入园区废水处理厂，使进水水质变差，悬浮物增高，受到高污染负荷的冲击等状况，在改造中增加了进水混凝气浮预处理，以去除进水中较高的悬浮物，降低冲击负荷的影响，改善进水水质，提高后续生物处理效果。

中改造就是对生物处理单元进行合理调整和强化。一是针对原水以印染废水为主，BOD/COD 比值较低，可生化性差的特点，在好氧生物处理之前增加了厌氧水解酸化预处理。将原有调节池改造为水解酸化池。水解酸化是利用异养兼性微生物将废水中难降解的大分子有机物转化为易降解的小分子有机物，将复杂的有机物转化成简单的有机物，将不溶性的有机物转化为溶解性有机物，如形成有机酸、醇类、醛类等，从而可提高废水的可生化性，改善后续的好氧生物处理条件，提高好氧处理效果。同时，通过水解酸化亦可去除部分有机污染物。二是为了确保出水 TP 和 NH_3-N 达标，增加厌氧释磷池，强化厌氧释磷池功能，提高生物脱氮除磷效率。

后强化就是强化生物处理单元之后的深度处理。增设了化学除磷单元和二沉池出水之后的纤维球过滤，使处理水出水 TP 和 SS 达到一级 A 排放标准。此外，为了应对本工程运行中出现的偶然突发状况，设置了应急活性炭过滤池，在必要时启动活性炭过滤可以进一步改善处理水水质。

(2) 本工程的生物处理单元采用了 NSBR 工艺，其实质是在 A/O 系统之后连接 SBR，将 A/O 和 SBR 连接成为一体，使本工程的生物处理单元既具有降解有机污染物、去除 NH_3-N 和部分脱氮功能，又具有流程简捷、控制灵活等特点。

(3) 本工程还研发了污泥循环再生利用技术，将经板框压滤后含水率<80%的脱干污泥，因地制宜地同竹片或者柴片混合制成燃料，供小型链条蒸汽锅炉使用，取得了成效。据初步计算，每年可循环利用污泥 2 万吨，相当于 1 万吨燃煤，同时也解决了污泥的处置出路，防止二次污染。

(4) 本工程为工业园区集中废水处理厂，加强监管是使本工程正常运行和处理水水质提标排放的有力保证。加强监管的措施，一是内部加强管理，责任到位，使各处理单元处理效果都能达到预期效果，以保证本工程总处理效率达到预期效果。二是将本工程的监管延伸到各个排污企业，掌握排污源头状况，如有意外及时防范。三是各排污企业必须设置“阳光排放口”，即每家纳污企业只准设置一个明渠排放口。在“阳光排放口”设置 24h 在线监测装置和现场显示仪表，瞬时显示废水排放量、COD 和 pH 等水质指标，便于监督和查询。

(5) 纤维球过滤池运行表明，时有发生反冲洗后少量纤维球破碎流失现象，为此需要定期补充增加。此外，纤维球过滤器和应急活性炭过滤池的设计应留有余地，使过滤器在最不利的工况下仍有足够的处理能力，方可确保本工程能稳定达到提标排放。

11.6.4 实例 4 某电镀工业园区废水处理工程

11.6.4.1 概况

某电镀工业园区位于我国长江三角洲的沿海地区，服务面积 28 万平方米，接纳企业 55 家，生产产品有镀锌、氰化镀铜、电镀镍、化学镍、铝氧化、镀铬等。

该园区废水处理工程规模为 $6000m^3/d$，建设期自 2002 年 3 月至 2002 年 10 月，经调试后于 2002 年 12 月投入使用，是当地较早期的电镀工业园区废水处理工程。

11.6.4.2 处理水质和水量

某电镀工业园区废水水质和水量如表 11-18 所示，处理水水质执行《污水综合排放标准》(GB 8978—1996) 的一级排放标准，如表 11-19 所示。

表 11-18 某电镀工业园区废水水质水量

类型	指标	水质/(mg/L)	pH	水量/(m^3/d)
含氰废水	氰化物(以 CN^- 计)	30	>9	1500
磷化废水	磷酸盐(以 P 计)	50	6~7	1200
含铬废水	总铬	40	2~3	1200
其他废水	总锌	30	<2	2100
	总铜	6	<2	
	总镍	7	<2	
	油脂	10		

11.6.4.3 处理工艺流程

某电镀工业园区废水处理工艺流程如图 11-24 所示。

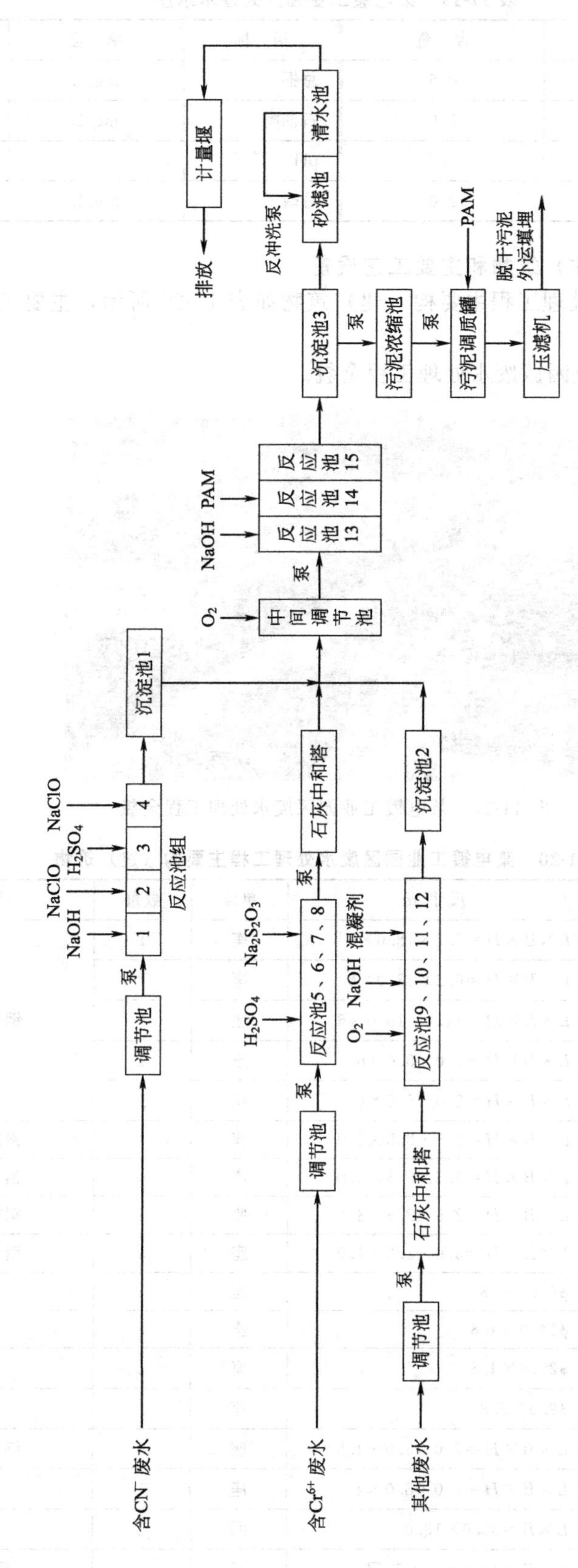

图 11-24 某电镀工业园区废水处理工艺流程

表 11-19 某电镀工业园区处理水水质

指 标	单 位	含 量	指 标	单 位	含 量
总氰	mg/L	0.5	总铜	mg/L	0.5
总镍	mg/L	1.0	石油类	mg/L	10
总铬	mg/L	1.5	pH		6～9
总锌	mg/L	2.0	总磷	mg/L	0.5

11.6.4.4 主要构（建）筑物和主要工艺设备

某电镀工业园区废水处理工程主要构（建）筑物如表 11-20 所示，主要工艺设备如表 11-21 所示。

图 11-25 为某电镀工业园区废水处理工程全貌。

图 11-25 某电镀工业园区废水处理工程全貌

表 11-20 某电镀工业园区废水处理工程主要构（建）筑物

名 称	尺寸/m	单位	数量	结构类型及说明
含氰废水调节池	$L\times B\times H$=7.7×18.0×6	座	1	钢筋混凝土(合建)
含铬废水调节池	$L\times B\times H$=6.2×18.0×6	座	1	
综合废水调节池	$L\times B\times H$=14.4×18.0×6	座	1	
含铬废水调节池	$L\times B\times H$=3.0×5.0×6	座	1	
含氰废水调节池	$L\times B\times H$=3.0×5.0×6	座	1	
反应池(1)～(4)	$L\times B\times H$=2.5×2.5×3.0	座	4	钢筋混凝土(合建)
反应池(5)～(8)	$L\times B\times H$=2.5×2.5×3.0	座	4	钢筋混凝土(合建)
反应池(9)～(12)	$L\times B\times H$=2.5×2.5×3.0	座	4	钢筋混凝土(合建)
反应池(13)～(15)	$L\times B\times H$=3.0×3.0×4.0	座	3	钢筋混凝土(合建)
沉淀池 1	ϕ9.0×4.8	座	1	钢筋混凝土
沉淀池 2	ϕ14.0×4.8	座	1	钢筋混凝土
沉淀池 3	ϕ20.0×4.8	座	1	钢筋混凝土
浓缩池	ϕ9.0×5.8	座	1	钢筋混凝土
砂滤池	$L\times B\times H$=5.0×5.0×4.5	座	2	钢筋混凝土(合建)
清水池	$L\times B\times H$=6.0×8.0×4	座	1	钢筋混凝土
综合用房	$L\times B$=36.0×18.0	间	1	混合结构
办公用房	$L\times B$=18.0×8.0(三层)	间	1	混合结构(合建)

续表

名　　称	尺寸/m	单位	数量	结构类型及说明
风机房	$L\times B=12.0\times6.0$	间	1	混合结构
计量堰		座	1	钢筋混凝土
贮药池	$L\times B\times H=2.8\times1.8\times1.2$	座	7	钢筋混凝土(合建)

表 11-21　某电镀工业园区废水处理工程主要工艺设备

名称	型号	单位	数量	技术性能描述	安装位置
氟塑料合金泵	80FSB-30L	台	4	$Q=65m^3/h, H=20m, N=7.5kW$	含氰废水 一期集水池 二期集水池
	80FSB-20L	台	4	$Q=50m^3/h, H=20m, N=5.5kW$	含铬废水 一期集水池 二期集水池
	100FSB-30L	台	4	$Q=150m^3/h, H=15m, N=18.5kW$	综合废水 一期集水池 二期集水池
	100FSB-25L	台	3	$Q=125m^3/h, H=15m, N=15kW$	中间调节池
	80FSB-30L	台	2	$Q=65m^3/h, H=20m, N=7.5kW$	含氰废水 调节池
	80FSB-20L	台	2	$Q=50m^3/h, H=20m, N=5.5kW$	含铬废水 调节池
	100FSB-20L	台	2	$Q=150m^3/h, H=15m, N=18.5kW$	综合废水 调节池
	80FSB-20	台	2	$Q=50m^3/h, H=20m, N=5.5kW$	含铬废水 反应池
污泥泵	TWF65-50-125	台	4	$Q=25m^3/h, H=20m, N=4.0kW$	沉淀池 1 和 2
	TWF125-80-200	台	2	$Q=100m^3/h, H=20m, N=15kW$	沉淀池 3
反冲洗泵	300S12	台	3	$Q=600m^3/h, H=12.5m, N=37kW$	清水池
搅拌机	JB-2.2	台	10	转速 40～60r/min, $N=2.2kW$	各预处理反应池
	JB-3.0	台	6	转速 40～60r/min, $N=3.0kW$	混合液反应池
刮泥机	BZX-9	台	1	周边传动, $\phi9.0m$, $N=0.55kW$	沉淀池 1
	BZX-14	台	1	周边传动, $\phi14.0m$, $N=0.55kW$	沉淀池 2
	BZX-20	台	1	周边传动, $\phi20.0m$, $N=0.55kW$	沉淀池 3
污泥浓缩机	ZXN-9	台	1	中心传动, $\phi9.0m$, $N=0.55kW$	浓缩池
带式压滤机	DY-1000	台	3	$N=1.5kW$	综合楼
压滤机反冲泵	50TSWA	台	2	$Q=18m^3/h, H=46m, N=5.5kW$	综合楼
空压机	V-0.40/7	台	2	$Q=0.4m^3/min, p=0.7kPa, N=3.0kW$	综合楼
三叶罗茨风机	SSR-125	台	2	$Q=9.9m^3/min, p=53.9kPa, N=15kW$	风机房(中间池)
搅拌机	JB-1.1	台	2	160r/min, $N=1.1kW$	污泥调制罐
溶药搅拌机	JB-0.55	台	7	60～100r/min, $N=0.55kW$	溶药池
耐腐蚀泵	32FP-12	台	12	$N=0.75kW$	综合楼
氟合金泵	25FSB-10L	台	6	$Q=1.5m^3/h, H=10m, N=2.2kW$	PAM 加药 H_2SO_4 加药
皮带输送机		台	1	$N=1.5kW$	

续表

名称	型号	单位	数量	技术性能描述	安装位置
抓斗	2t	台	1	$N=5.5kW$	
中和塔		座	6	$\phi 2.0m\times 7.0m$	
尾气处理	非标	套	1	$N=5kW$	处理站房
在线 pH 计	PRO-P3，AIN/PCRIA	套	8		反应池 清水池
在线 ORP 计	PRO-P3，AIN/PIA5N	套	5		反应池
在线余氯测定计		套	1		清水池
中控室系统		套	1		中控室
模拟显示屏		套	1		中控室
流量计		套	1		计量堰
电磁流量计		套	3		调节池泵出口

表 11-22 某电镀工业园区废水处理效果测试数据

时间	含氰调节池	含铬调节池	其他调节池		总排口							备注
	CN^-/(mg/L)	Cr^{6+}/(mg/L)	PO_4^{3-}/(mg/L)	CN^-/(mg/L)	CN^-/(mg/L)	Cr^{6+}/(mg/L)	Cu^{2+}/(mg/L)	Ni^{2+}/(mg/L)	Zn^{2+}/(mg/L)	PO_4^{3-}/(mg/L)	pH	
6.26	19.68	152.0	62.0									
6.28	99.42	44.3	37.3									
6.30					0.40	0.12	0.85	0.8	0.15	0.20	8.87	
7.1	57.32	90.67	29.6		0.38	0.15	0.36	1.80	0.13	0.11	8.60	
7.2	40.82	103.5	30.96		0.66	0.12	0.44	0.49	0.18	0.20	8.92	
7.3	25.78	98.3	40.53			0.16	0.34	0.60	0.90	0.21	8.83	
7.4	32.40	183.07	59.6		0.34	0.15	0.80	0.60	0.60	0.13	9.02	
7.5	35.70	108.21	47.56		0.64	0.12	0.22	0.53	0.75	0.10	8.95	
7.7	34.20	123.1	48.52		0.43	0.2	0.46	0.5	0.85	0.12	8.90	
7.8	56.2	129.17	35.60	12.68	0.44	1.4	0.33	0.58	0.94	0.52	8.77	
7.9	78.53	153.62	53.40		0.26	0.2	0.48	0.5	0.95	0.75	8.90	
7.10	53.48	148.13	48.2		0.52	0.89	0.29	0.43	0.36	0.23	8.69	
7.11					0.56	0.21	0.42	0.08	0.63	0.35	9.54	
7.12	62.91	157.29	81.4	17.29	0.44	0.09	0.40	0.23	0.79	0.24	8.54	
7.13					0.20	0.13	0.64	0.15	0.68	0.20	8.95	
7.14	58.92	163.53	78.52		0.19	0.10	0.88	0.13	0.59	0.13	8.96	
7.15	59.10	150.32	67.53		0.92	0.1	0.23	0.1	0.70	0.12	8.93	
7.16	63.22	162.3	58.2	27.03	0.53	0.13	0.90	0.12	0.65	0.20	8.90	

续表

时间	含氰调节池	含铬调节池	其他调节池				总排口					备注
	CN^- /(mg/L)	Cr^{6+} /(mg/L)	PO_4^{3-} /(mg/L)	CN^- /(mg/L)	CN^- /(mg/L)	Cr^{6+} /(mg/L)	Cu^{2+} /(mg/L)	Ni^{2+} /(mg/L)	Zn^{2+} /(mg/L)	PO_4^{3-} /(mg/L)	pH	
7.17	46.08	161.86	230.36	20.45	0.45	0.09	0.38	0.12	0.43	0.12	8.86	
7.18	58.43	168.42	89.52	14.80	0.36	0.12	0.43	0.1	0.53	0.15	8.85	
7.19	57.63	180.52	67.4	20.63	0.32	0.12	0.52	0.1	0.65	0.12	8.90	
7.20				19.89	0.30	0.15	0.23	0.09	0.50	0.12	8.92	

10.6.4.5　处理效果

本工程自 2002 年 12 月投入使用正常运行至今，表 11-22 为 2005 年 6 月 26 日至 7 月 20 日连续 22 天处理效果测试数据。

从表 11-22 可以看出，该电镀工业园区废水处理工程在一般情况下经处理后总排放口出水水质为 CN^- 0.20～0.66mg/L，Cr^{6+} 0.1～0.2mg/L，Cu^{2+} 0.220～0.9mg/L，Ni^{2+} 0.1～0.8mg/L，Zn^{2+} 0.13～0.95mg/L，PO_4^{3-} 0.1～0.75mg/L，pH 8.54～9.54，总体上达到了《污水综合排放标准》(GB 8978—1996) 的一级排放标准。

11.6.4.6　问题讨论

(1) 本工程针对生产废水（含氰废水、含铬废水、磷化废水和其他废水等）未能彻底分流的情况，经运行后对原处理工艺流程进行了调整，如图 11-26 所示。经调整后提高了处理效率，为本工程适应电镀废水排放标准提标创造了条件。

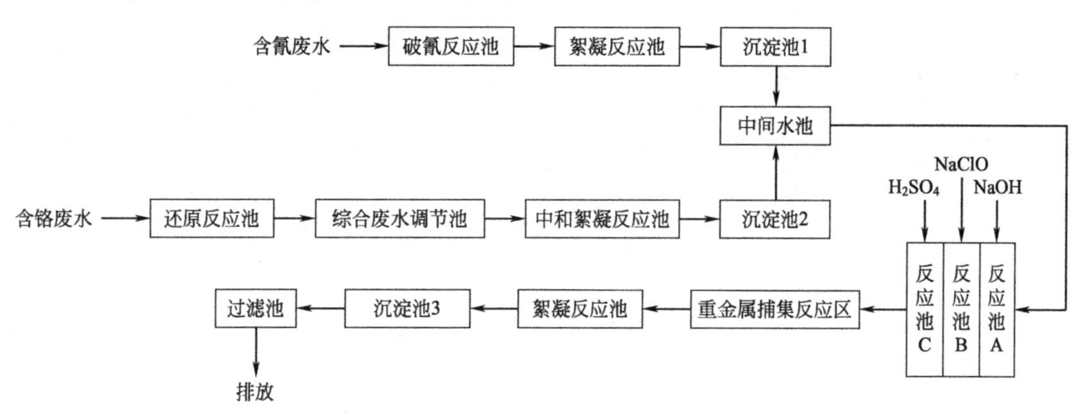

图 11-26　某电镀工业园区调整后的处理工艺流程

对原处理工艺流程调整的主要内容如下。

① 破氰反应池 (4) 增加投加 PAM 措施，改为絮凝反应池，以进一步改善沉淀池沉降效果。为此，增加了 PAM 加药搅拌装置两套（一用一备），包括搅拌机、加药泵以及加药管线等。

② 铬还原后出水进入综合废水调节池，然后和综合废水一起在沉淀池 2 中进行沉淀，以提高含铬废水处理效果。为此，增加相应的搅拌机、加药泵、提升泵及管线。

③ 废水进入终沉池前，采取二级破氰，以提高对 CN^- 的处理效果。在原有三座反应池 (13)、(14)、(15) 的基础上，再增加 A、B、C 三座反应池。其中：

A 池投加 NaOH，调节 pH 至 11.5～12.0；

B 池投加 NaClO，使 ORP 值达到＋300mV；

C 池投加 H_2SO_4，使 pH＝8.5 左右；

反应池（15）投加 NaClO，使 ORP 值达到＋600mV；

反应池（14）投加重金属捕集剂；

反应池（13）投加 PAM。

同时增加相应的搅拌机、加药泵、pH 计、ORP 计等设备和仪表。

（2）本工程为“十五”期间建设的电镀工业园区废水处理工程，根据《电镀污染物排放标准》（GB 21900—2008）新标准的要求，对早期电镀废水处理工程有进一步提标升级改造的需要。建议本工程或同类型电镀废水处理工程升级改造的思路如下。

① 园区工业企业必须实施清洁生产技术，强化源头控制，实现资源能源有效利用，降低水污染物排放浓度。

② 优化现有设施处理功能，进一步改善出水水质。

③ 如有必要，增加深度处理单元。例如，采用膜分离技术，进行重金属回收和电镀废水深度处理，实现电镀废水再生回用，体现园区工业废水处理循环经济的理念。

④ 进一步优化污泥处理处置。一是将电镀废水污泥作为一种资源，从中回收重金属。二是对废弃污泥按危险固体废弃物处理处置。

第12章 工业废水处理及再生利用工程实施和运行管理

12.1 概述

一般工业废水处理及再生回用工程分为硬件建设与软件建设两部分。硬件建设包含构（建）筑物、机械设备及配管工程、电气设备、仪控设备、配管工程等。软件建设则融合物理、化学与微生物学等科学技术，包含处理工艺的确定、处理功能计算、水力计算、硬件设施与仪控系统设计等。

当工程按设计图与规范施工完竣后，必须通过单体试车检核各项设备安装、配电等的正确性；通过清水系统试车检视各个处理单元的运转及各处理系统的联动性；最后再经污泥培菌驯化、工艺调试并进行废水处理功能试运行，使各处理单元达到预期的处理效果，处理水水质达到工艺设计预期的排放要求或再生利用要求。

因此，可以想象一项工业废水处理及再生回用工程，就好比化工工程一样复杂，在某种意义上甚至有过之而无不及。因为一般化工工程从进料开始就实施质量控制，不合格的原物料即被剔除，合格的原物料始能通过并进入生产线。只要生产线各个单元设备及控制系统按工艺条件调试好，则产品的不良率自然降低至容许范围内。然而，工业废水处理及再生回用工程则不同，一般情况下，无论进水水质水量是否有变化，均得全部接纳。而且处理后出水的水质水量必须达标，就此，废水处理工程的难度比一般化工工程高。所以，针对进水水质水量的变化，在废水处理工程工艺设计上必须有弹性，在设备运行上必须考虑超负荷的实用性与经济性，在系统控制上应该具有可操作性。

目前已有一些企业（建设单位）采取规划、设计及施工的统包，即一般俗称的“交钥匙”(Turn-Key) 方式实施废水处理工程项目。甚至有的工程项目还包括3～5年的运行管理，以验证整个项目成功与否。因此，工程实施和管理关系到工程项目的环境效益、经济效益和社会效益的重要环节。笔者愿提供在我国台湾和东南亚地区积累多年的废水处理工程与运行管理经验，与读者分享，并供业主、监理及承包企业参考。

12.2 工程实施

12.2.1 工程设计

工业废水处理及再生回用工程设计一般分为基本设计（规划和初步设计）及细部设计（施工图设计）两个阶段。

12.2.1.1 基本设计

基本设计阶段的主要内容是确定处理工艺流程、质能平衡计算、功能设计、总平面布置及水力剖面设计。

(1) 确定处理工艺流程（Flow Sheet） 设计者首先在指定的用地上，选定最经济有效的处理工艺流程。该流程必须能适应进水水量、水质的变化，确保处理后出水水质达到废水排放或再生回用要求。

(2) 质能平衡计算（Mass Balance） 按处理工艺流程计算各处理单元的流量、有机污染物(BOD和COD)、悬浮固体物（SS）、氨氮和总磷的质能平衡，以供处理设施的容量计算依据。

(3) 功能设计（Function Design） 根据质能平衡所得的计算值，设计各处理构筑物、桶槽、机械设备的容量、尺寸与数量。

(4) 总平面布置（Layout）及水力剖面（Hydraulic Profile） 根据废水进水和处理水排放位置、用地地形及高程等条件，安排最优化的总平面布置，并计算每个处理单元在各种水力负荷情况下的水头损失，以设计最佳的水力剖面。

12.2.1.2 细部设计

细部设计阶段主要内容是完成工艺仪控图（P&ID）、土建施工图、机械管线、电气及仪表控制施工图，详细编制土建、机械管线、阀类、电气、仪控等材料设备清单（规格、型号、材质、数量等）及施工规范。

(1) 工艺仪控图（Process & Instrumentation Diagram，P&ID）。完整的P&ID包含处理单元、设备及数量、管线、阀类及仪表的类型、口径、编号（数量），以及控制系统。

(2) 土建施工图。依据基本设计完成土木建筑结构、道路、景观及排水等施工设计图纸。

(3) 机械管线、电气及仪表控制施工图。依据P&ID配置机械设备、布设管线、设计电气及仪表控制等施工图。

(4) 详细编制工程采购规范及施工规范。依据土建施工图和机械管线、电气及仪表控制施工图编制土建、机械设备、管线、阀类、电气及仪表控制等采购规范、工程数量及施工规范。

12.2.1.3 设计示例

在工业废水处理及再生回用处理工程设计中，质能平衡设计是功能设计的基础。通过质能平衡设计可为功能设计提供处理工艺、污染物平衡和污泥处理等的确切依据。但是在工业废水处理及再生回用工程设计实践中，质能平衡设计往往易被人们所忽视。为此，笔者在此着重提供台湾某工业园区废水处理及再生回用工程的质能平衡设计计算实例，以供读者参考。限于篇幅，关于功能设计及水力计算请读者参考其他有关废水处理工程设计文献资料，在此从略。

某工业园区废水处理及再生回用工程收集园区内食品工业废水和市政污水。规划废水处理量为46500m³/d，再生回用水量为6000m³/d，主要用于废水处理工程自用水。

(1) 设计水量和水质 某工业园区废水处理设计水量和水质如表12-1和表12-2所示。

表12-1 某工业园区废水处理设计水量

项　目	设计水量	不均匀系数	项　目	设计水量	不均匀系数
平均日流量/(m^3/d)	46500	1.00	最大时流量/(m^3/d)	86000	1.85
最大日流量/(m^3/d)	65100	1.40	回用水量/(m^3/d)	6000	—

表12-2 某工业园区废水处理设计水质

指　标	进水	处理水	回用水	指　标	进水	处理水	回用水
pH	6.8～7.5	7.0～7.5	7.0～7.5	COD/(mg/L)	450	—	—
BOD_5/(mg/L)	180	20	20	SS/(mg/L)	180	20	20

(2) 处理工艺流程 根据处理水量水质要求，本工程废水采用物化-生物处理工艺流程。污泥采用厌氧消化处理工艺。废水处理后出水（排放水）部分回用到本工程的沉砂池、浮渣井、曝气池、污泥脱水滤布冲洗水，以及工业园区其他用途回用水。某工业园区废水处理工艺流程如图12-1所示。

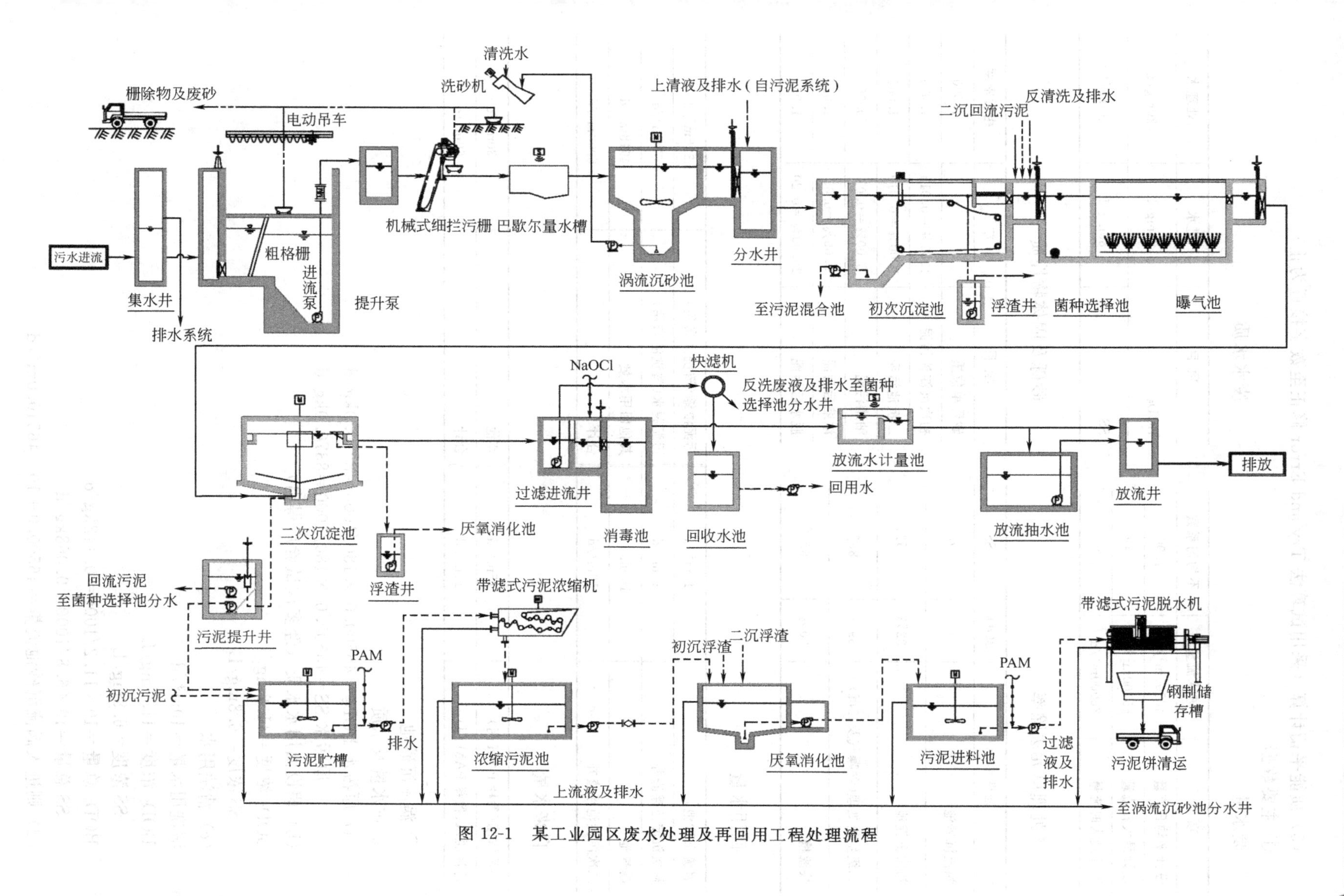

图 12-1　某工业园区废水处理及再回用工程处理流程

(3) 质能平衡计算（采用试算法 Try and Error 修正至数字接近为止）

① 主要数据

废水量

项 目	进水流量	不均匀系数
设计平均日流量	46500m³/d	1.00
设计最大日流量	65100m³/d	1.40
设计最大时流量	86000m³/d	1.85

废水水质

项 目	进水	处理水
BOD_5	180mg/L	20mg/L
SS	180mg/L	20mg/L

各处理单元去除率

处理单元	BOD_5	SS
涡流沉砂池	0	0
初次沉淀池	32%	55%
二级生物处理(含曝气及二沉)	89%	86%
快滤槽	20%	60%

砂砾及固体物性质

项 目	浓度	相对密度
砂砾单位重		1.500
初次沉淀池污泥	1.50%=0.015	1.010
二沉池污泥	1.00%=0.010	1.005
油脂污泥	3.00%=0.03	0.950
浓缩后污泥	5.00%=0.05	1.020
脱水后污泥	20.00%=0.20	1.050

回用水量

涡流沉砂池	10m³/d	污泥浓缩(清洗滤布用)	326m³/d
初次沉淀池浮渣井	10m³/d	污泥脱水(清洗滤布用)	576m³/d
曝气池	150m³/d	其他回用水量	4918m³/d
二次沉淀池浮渣井	10m³/d	合计	6000m³/d

自来水量

污泥浓缩(稀释 PAM 用)	15m³/d	其他	30m³/d
污泥脱水(稀释 PAM 用)	15m³/d	合计	60m³/d

② 涡流沉砂池

a. 进水量及水质

(a) 原污水 BOD_5=46500.0 ×180/1000=8370.0kg/d

原污水 SS=46500.0 ×180/1000=8370.0kg/d

(b) 假设回用水水质（经多次试验后得出）

BOD_5 浓度=11.2mg/L

SS 浓度=6.8mg/L

(c) 清洗用水

清洗用水量=10m³/d

BOD_5 浓度=11.2mg/L

SS 浓度=6.8mg/L

BOD_5 总量=10×11.2/1000=0.112kg/d

SS 总量=10×6.8/1000=0.068kg/d

(d) 则进入涡流沉砂池流量=46500.0+10=46510.0m³/d

BOD_5 浓度＝8370.0＋0.112＝8370.11kg/d

SS 浓度＝8370.0＋0.068＝8370.07kg/d

BOD_5 总量＝8370.11×1000/46510.0＝180.0mg/L

SS 总量＝8370.07×1000/46510.0＝180.0mg/L

b. 计算。设涡流沉砂池去除率为：

BOD_5＝0＝0.00

SS＝0＝0.00

去除的 BOD_5＝8370.0×0.00＝0

去除的 SS＝8370.0×0＝0.00

涡流沉砂池出水流量＝46510.0－0.5＝46509.5m^3/d

涡流沉砂池出水 BOD_5＝8370.0－0.00＝8370.11kg/d

涡流沉砂池出水 SS＝8370.0－0.00＝8370.07kg/d

BOD_5 浓度＝8370.11×1000/46509.5＝180.0mg/L

SS 浓度＝8370.07×1000/46509.5＝180.0mg/L

设废水中的砂砾量＝0.01m^3/1000m^3

砂砾单位重＝1500kg/m^3

砂砾体积＝46500.0×0.01/1000＝0.5m^3

砂砾重量＝0.5×1500＝750kg

③ 初次沉淀池

a. 进水量及水质

进初次沉淀池流量＝46509.5m^3/d

BOD_5＝8370.11kg/d

SS＝8370.07kg/d

b. 计算

(a) 设初次沉淀池去除率为：

BOD_5＝32%＝0.32

SS＝55%＝0.55

去除的 BOD_5＝8370.11×0.32＝2678.44kg/d

去除的 SS＝8370.07×0.55＝4603.54kg/d

(b) 则初沉污泥量＝4603.54kg/d

初沉污泥流量＝4603.54/(0.02×1.01×1000)＝227.9m^3/d

(c) 设油脂含量＝3%＝0.03

油脂相对密度＝0.950

设浮渣油脂量＝8kg/1000m^3＝0.008kg/m^3

则浮渣油脂量＝0.008×46509.5＝372.1kg/d

油脂流量＝372.1/(0.03×0.95×1000)＝13.1m^3/d

浮渣井的回用水量＝10m^3/d

BOD_5 浓度＝11.2mg/L

SS 浓度＝6.8mg/L

BOD_5 总量＝10×11.2/1000＝0.1kg/d

SS 总量＝10×6.8/1000＝0.07kg/d

浮渣流量＝10.0＋13.1＝23.1m^3/d

浮渣油脂＝372.1kg/d

(d) 初次沉淀池的出流水流量＝46509.5－303.9＝46205.6m^3/d

初次沉淀池的出流水 BOD_5＝8370.11－2678.44＝5691.67kg/d

初次沉淀池的出流水 SS=8370.07−4603.54=3766.53kg/d

初次沉淀池的出流水 BOD_5 浓度=5691.67×1000/46205.6=123.2mg/L

初次沉淀池的出流水 SS 浓度=3766.53×1000/46205.6=81.5mg/L

④ 二级生物处理（含曝气及二沉）

a. 进水量及水质

(a) 消泡用水流量=150.0m^3/d

BOD_5 浓度=11.2mg/L

SS 浓度=6.8mg/L

BOD_5 总量=150×11.2/1000=1.68kg/d

SS 总量=150×6.8/1000=1.02kg/d

(b) 回流至二级生物处理的水质水量

名　　称	流量/(m^3/d)	BOD_5/(kg/d)	SS/(kg/d)
快滤槽反冲洗排水	120.0	18.18	61.69
污泥浓缩机排水	1154.4	270.49	1171.13
污泥脱水机排水	791.8	101.88	761.03
合计	2066.2	390.55	1993.85

(c) 进入二级生物处理的流量=46205.6+150+2066.2=48421.8m^3/d

BOD_5=5691.67+1.68+390.55=6083.9kg/d

SS=3766.53+1.02+1993.85=5761.4kg/d

BOD_5 浓度=6083.9×1000/48421.8=125.6mg/L

SS 浓度=5761.4×1000/48421.8=119.0mg/L

b. 计算

(a) 设二级生物处理的去除率为：

BOD_5=89%=0.89

SS=86%=0.86

去除的 BOD_5=6083.9×0.89=5414.67kg/d

去除的 SS=5761.4×0.86=4954.80kg/d

(b) 废弃污泥量估算

MLVSS/MLSS 系数=0.80

BOD_5/BOD_L 系数=0.68

VSS 需氧量系数=1.42

S-BOD/T-BOD=65%

生长系数 Y_h=0.650(g·VSS)/gBOD

内衰减系数 K_d=0.050d^{-1}

基质利用率 K_s=90.000g/m^3

最大比生长率 μ_m=2.000d^{-1}

二沉池污泥浓度=8000.0mg/L

S-BOD/T-BOD=0.650

θ_c=6.000

进水 BOD_5 浓度=125.7mg/L（依质量平衡结果）

进水 S-BOD_5 浓度=81.7mg/L

出流水 S-BOD_5 浓度=$K_s\times(1+K_d\times\theta_c)/[\mu_m\times\theta_c-(1+K_d\times\theta_c)]$=10.9mg/L

出流水 BOD_5 浓度=16.8mg/L

比生长率 $\mu_m=1/\theta_c+K_d$=0.217

净生长系数 $Y_{nh}=Y_h[1/(\theta_c+K_d)]=0.500$

废弃污泥 MLVSS(P_x)$=Y_{nh}\times Q\times(S-S_e)=1712.6$kg/d

废弃污泥 MLSS＝2140.8kg/d

废弃 SS＝4954.8kg/d

废弃污泥＝2140.8＋4954.8＝7095.6kg/d

则污泥流量＝7095.6/(0.01×1.005×1000)＝706m³/d

(c) 设油脂浓度＝3%＝0.03

油脂比重＝0.95

设浮渣油脂量＝2kg/1000m³＝0.002kg/m³

则浮渣油脂量＝0.002×48421.8＝96.84kg/d

油脂流量＝96.84/(0.03×0.95×1000)＝3.4m³/d

二沉浮渣井的回用水量＝10m³/d

BOD_5 浓度＝11.2mg/L

SS 浓度＝6.8mg/L

BOD_5 总量＝10×11.2/1000＝0.11kg/d

SS 总量＝10×6.8/1000＝0.07kg/d

浮渣流量＝10＋3.4＝13.4m³/d

浮渣油脂＝96.8kg/d

(d) 二级生物处理的出水流量＝48421.8－706.0＝47715.8m³/d

二级生物处理的出水 BOD_5＝6083.9－5414.67＝669.23kg/d

二级生物处理的出水 SS＝5761.40－4954.80＝806.6kg/d

二级生物处理的出水 BOD_5 浓度＝669.23×1000/47715.8＝14.0mg/L

二级生物处理的出水 SS 浓度＝806.60×1000/47715.8＝16.9mg/L

⑤ 快滤槽（供回收用水使用）

a. 进水量及水质

(a) 快滤槽进水流量＝6000.0m³/d

快滤槽进水 BOD_5＝6000×14.0/1000＝84kg/d

快滤槽进水 SS＝6000×16.9/1000＝101.4kg/d

(b) 设反冲洗水量＝0.02 ×进流处理量

则反冲洗水量＝6000.00 ×2%＝120.00m³/d

BOD_5 浓度＝11.2mg/L

SS 浓度＝6.8mg/L

反冲洗 BOD_5 总量＝120.00 ×11.2/1000＝1.34kg/d

反冲洗 SS 总量＝120.00 ×6.8/1000＝0.82kg/d

b. 计算。

(a) 设过滤单元的去除率为：

BOD_5＝20%＝0.20

SS＝60%＝0.60

去除的 BOD_5＝84×0.20＝16.8kg/d

去除的 SS＝101.46×0.60＝60.88kg/d

反冲洗废水中的 BOD_5＝16.8＋1.34＝18.14kg/d

反冲洗废水中的 SS＝60.88＋0.82＝61.7kg/d

反冲洗废水量＝120.0m³/d

回收用水流量＝6000.0－0＝6000.0m³/d

回收用水 BOD_5＝84－16.8＝67.2kg/d

回收用水 SS＝101.46－60.88＝40.58kg/d

回收用水 BOD_5 浓度＝67.2×1000/6000.0＝11.2mg/L

回收用水 SS 浓度＝40.58×1000/6000.0＝6.8mg/L

（b）扣除回收用水流量合计＝6000.0m³/d

回收用水 BOD_5 总量＝6000.0 ×11.2/1000＝67.20kg/d

回收用水 SS 浓度＝6000.0 ×6.8/1000＝40.80kg/d

处理厂排放水流量＝47715.8－6000.0－120.0＝41595.8m³/d

处理厂排放水 BOD_5 浓度＝14.0mg/L

处理厂排放水 SS 浓度＝16.9mg/L

处理厂排放水 BOD_5 总量＝41595.8×14.0/1000＝582.34kg/d

处理厂排放水 SS 总量＝41595.8×16.9/1000＝702.97kg/d

⑥ 污泥浓缩单元

a. 进水量及水质

（a）污泥浓缩加药自来水用量＝15m³/d

（b）至污泥混合池流量＝初沉污泥＋二沉污泥＋加药用水＝303.9＋706.0＋15.0
＝1024.9m³/d

至污泥混合池的 SS＝初沉污泥＋二沉污泥＝4603.54＋7095.6＝11699.14kg/d

至污泥混合池的 BOD_5＝初沉污泥＋二沉污泥＝2678.44＋0.00 ＝2678.44kg/d

b. 计算。

（a）设浓缩污泥 SS 回收率＝90％＝0.9

设浓缩污泥 BOD_5 回收率＝90％＝0.9

浓缩污泥 SS＝11699.14 ×0.9＝10529.23kg/d

浓缩污泥流量＝10529.23/(0.05×1.026×1000)＝205.2m³/d

浓缩污泥 BOD_5＝2678.44×0.9＝2410.6kg/d

回流至生物处理池的流量＝1024.9－205.2＝819.7m³/d

回流至生物处理池的 SS＝11699.14－10529.23＝1169.91kg/d

回流至生物处理池的 BOD_5＝2678.44－2410.6＝267.84kg/d

（b） 设稀释 PAM 用水量＝15.0m³/d

滤布清洗回收用水流量合计＝326.0m³/d

回收用水 BOD_5 总量＝326.0 ×11.2/1000＝3.65kg/d

回收用水 SS 总量＝326.0 ×6.8/1000＝2.22kg/d

浓缩污泥单元至生物处理池回流量＝819.7＋10.0＋326.0＝1155.7m³/d

回流至生物处理池的 BOD_5＝267.84＋0.00＋3.65＝271.49kg/d

回流至生物处理池的 SS＝1169.91＋0.00＋2.22＝1172.13kg/d

回流至生物处理池的 BOD_5 浓度＝271.49×1000/1155.7＝234.9mg/L

回流至生物处理池的 SS 浓度＝1172.13×1000/1155.7＝1014.2mg/L

⑦ 厌氧消化池

a. 进水量及水质

至厌氧消化池的流量＝浓缩污泥＋初沉浮渣＋二沉浮渣＝205.2＋13.4＋13.4 ＝232m³/d

至厌氧消化池的 SS＝浓缩污泥＋初沉浮渣＋二沉浮渣＝10529.23＋0.07＋0.07
＝10529.37kg/d

至厌氧消化池的 BOD_5＝浓缩污泥＋初沉浮渣＋二沉浮渣＝2410.6＋0.11＋0.11
＝2410.82kg/d

b. 计算

设 VS/TS＝0.70

污泥 VS＝0.70 ×10529.37＝7370.56kg/d

污泥 TS＝0.30 ×10529.37＝3158.81kg/d

污泥消化池内 VS 减少率 VSDR＝40.00 %＝0.40

则 VS 减少量＝7370.56×0.40＝2948.22kg/d

消化后污泥 VS＝7370.56－2948.22＝4422.34kg/d

消化后污泥 TS＝4422.34＋3158.81＝7581.15kg/d

消化后污泥 VS＝4422.34/7581.15＝58.33%

则消化后污泥流量 Q＝232m³/d

消化后污泥 BOD_5＝2410.82×0.4＝964.3kg/d

⑧ 污泥脱水机

a. 进水量及水质

进流污泥流量＝232m³/d

进流污泥 SS 量＝7581.15kg/d

进流污泥 BOD_5 量＝964.3kg/d

b. 计算。

(a) 设固体回收率＝90%＝0.90

设脱水污泥 BOD_5 回收率＝90%＝0.90

污泥饼重＝7581.15 ×0.90＝6823.04kg/d

脱水后污泥浓度＝20%＝0.20

污泥饼比重＝1.05

污泥饼流量＝6823.04/(0.2×1.05×1000)＝32.5m³/d

脱水过滤液回流量＝232－32.50＝199.5m³/d

脱水污泥 BOD_5＝964.3×0.9＝867.87kg/d

回流至生物处理池的 SS＝7581.15－6823.04＝758.11kg/d

回流至生物处理池的 BOD_5＝964.3－867.87＝96.43kg/d

(b) 设清洗滤布回收用水量＝576.0m³/d

回收用水 BOD_5 总量＝576.0 ×11.2/1000＝6.45kg/d

回收用水 SS 总量＝576.0 ×6.8/1000＝3.92kg/d

设稀释 PAM 用水量＝15.0m³/d

污泥脱水至生物处理池回流量＝199.5＋576.0＋15.0＝790.5m³/d

回流至生物处理池的 BOD_5＝96.43＋6.45＋0.00＝102.88kg/d

回流至生物处理池的 SS＝758.11＋3.92＋0.00＝762.03kg/d

回流至生物处理池的 BOD_5 浓度＝102.88×1000/790.5＝130.1mg/L

回流至生物处理池的 SS 浓度＝762.03×1000/790.5＝963.9mg/L

污泥脱水至生物处理池回流量＝0.0＋95.4＋762.03＝857.4m³/d

回流至生物处理池的 BOD_5＝0.00＋762.03＋0.00＝762.03kg/d

回流至生物处理池的 SS＝1000.00＋128.68＋0.00＝1128.68kg/d

回流至生物处理池的 BOD_5 浓度＝762.03×1000/857.4＝888.8mg/L

回流至生物处理池的 SS 浓度＝1128.68×1000/857.4＝1316.4mg/L

12.2.2 工程施工

废水处理及再生回用工程施工计划要点一般包括合同及图说、施工方案和试车计划等。

12.2.2.1 合同及图说

(1) 工期 首先应注意工期系自决标日或工程合同规定的日期，或建设单位通知开工日起算。另外，工期是以工作日或日历日或合同规定的限定日为完工期限。至于政府规定的节假日或星期休假日是否免计工期亦应特别注意。因为合同条款中有施工逾期罚款的约定，如工程施工单位工程逾期，则需付出相应的代价。当然合同中如有载明可申请延展工期的条件则属例外。

(2) 计价方式与付款办法　有经验的项目经理必须依据合同规定的计价方式与付款办法，配合预定施工进度表，争取建设单位最快的估验与清款，以利项目资金调度和周转，减少积压资金及利息支出。

(3) 设备规范与施工说明书　提供的设备应符合规范，对于同等品的选用，必须审慎。至于安排施工方法、顺序及施工材料的采用，应符合施工说明书的规定。遇有工程变更情形，必须详加评估，否则申请审批常因耗时而耽误正常工程进度。

12.2.2.2　施工方案

(1) 施工组织　一般施工组织包含土木建筑、机械管线、电气仪控、行政总务等组织。对于工程质量控管及安全卫生管理，通常另设独立小组，以利工作的落实。当然，依工程项目规模大小，施工组织中各小组可以再细分或合并，视工作需要而调整。施工组织架构如图 12-2 所示。

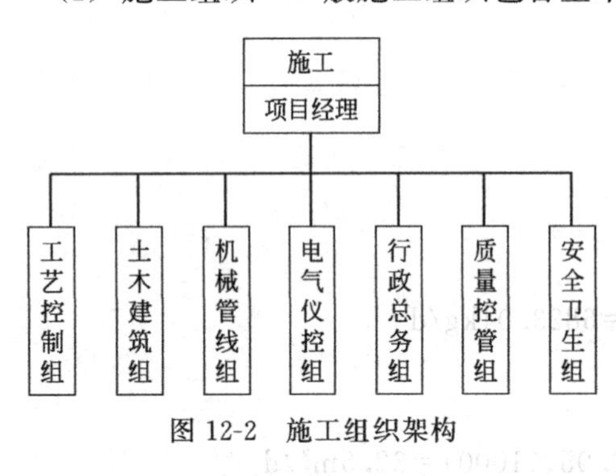

图 12-2　施工组织架构

(2) 临时设施计划　项目经理应事先安排工地公务所，便于业主、监理及施工单位讨论或开会使用。进场材料、设备堆置区及部分现场加工区，亦应妥当安排，避免影响施工作业。公务所办公及施工用的临时给水、电力、电信、网络专线也得一并统筹申请办理。

(3) 施工预定进度　预定进度自决标（或开工）日起做适当日程安排，包括临时设施、假设工项、设备或材料图说送审、采购、制造、运送，土建、机械、管线、电气及仪控各分项施工起始与完成时程，直至调试与功能测试完成验收为止。进度表一般以甘特图（Bar Chart）表示，如表 12-3 所示。通常土建施工要求进一步细化，依建筑物、构筑物（池槽）施工顺序而采取关键路径法（Critical Path Method），以利严格管理和控制主要工程的进度，避免影响其他工程进度。

废水处理工程涉及的分项工程既广且深，为了解决各分项工程复杂的界面问题，使施工进度顺利，项目经理必须每月、每周甚至每日召开施工协调会。遇有进度滞后情形，必要时应提出可行的赶工计划，并予以追踪落实。

(4) 紧急应变处理　施工期间如遇有灾害与紧急事故发生，除了立即动员进行抢救之外，信息传递与通报相关单位也是重要工作。因此，必须拟订一份灾害紧急应变处理作业流程。紧急应变处理作业流程如图 12-3 所示。

12.2.2.3　试车计划

工程施工完竣后，首先对所有的机械设备、电气仪控应实施无负载试车，以检核安装、接线正确与否。接着，以清水操作整厂试运转，以检核设备容量，如水泵的流量与扬程，风机的风量与风压，加药机的加药量与压力，搅拌机的转速与搅拌范围等，并检核各处理单元系统的自动控制是否有误。最后，将拟处理的废水以渐进的方式引入处理厂，如处理工艺采用生物处理系统，则必须先进行微生物培菌驯化至条件满足时，始可按设计流量处理废水。当试车结果达到合约的处理效果时，即可向业主请求办理工程验收。

12.2.3　工程质量管理

为了保证施工执行的各项施工作业均能符合合同与图说要求的质量，一般均设有独立的工程质量管控组。该小组的主要工作系配合业主、监理、质检各单位检核工程质量，及做内部自主检查。

表 12-3　施工预定进度

工程项目 \ 日期	年	月	日
一、细部设计及审查			
二、厂区排水及水土保持			
三、围墙大门工程及景观道路工程			
四、土建工程			
五、机械设备工程			
六、厂区管线工程			
七、电气工程			
八、仪控工程			
九、单体试车及测试			
十、验收			

累计日历：1　15　30　45　60　75　90　105　120　135　150　165　180　195　210　225　240　255　270　285　300　315　330　345　360　375　390　405　420　435　450　465　480　495　510　525　540　555　570　585　600　615

- 签约日　一(0|1) → 厂区整体设计规划及基本设计 (60天) → 一(60)　61
- 一(60) → 土建细部设计、送审及建杂照申请 (120天) → 四(180)【查核点】 → 进流抽水站、沉砂池、初沉池及生物脱氮除磷池土建工程 (180天) → 四(360|361) → 进流抽水站、沉砂池、初沉池及生物脱氮除磷池设备安装及配管工程 (60天) → 四(420|421) → 终沉池、消毒池、回收放流池、脱水机房及管理中心设备安装及配管、电气、仪控施工 (69天) → 九(490|491)【查核点】 → 单体试车及测试 (50天) → 十(540|541) → 验收 (60天) → 十(600|601)
- 二(60|61) → 水保设施整体及排水工程 (90天) → 二(150|151) → 水保滞洪沉砂池工程 (30天) → 二(180) → 挡土墙及厂区排水系统工程(一) → 二(255) → 挡土墙及厂区排水系统工程(二) (150天) → 二(330|331) → 围墙、大门工程及景观道路工程 (195天) → 二(525|526)
- 二(255) → 256 → 四(255) → 终沉池、消毒池、回收放流池、脱水机房及管理中心土建 → 四(430|431)
- 机械细部设计、送审 (120天) → 五(180) → 采购及发包 (60天) → 五(210|201) → 机械设备制造、检验及交货 (150天)(配合土建施工、埋设基础螺栓及预埋件) → 五(360|361)
- 管线细部设计、送审 (120天) → 六(180|181) → 采购及发包 (60天) → 六(210|211) → 管线及阀件制造、检验及交货 (150天)(配合土建施工、埋设过墙管及预埋件) → 六(360|361)
- 电气细部设计、送审 (120天) → 七(180|181) → 采购及发包 (60天) → 七(210|221) → 器材及电盘制造、检验及交货 (150天)(配合土建施工、埋设过电管及预埋件) → 七(360|361)
- 仪控细部设计、送审 (120天) → 八(180|181) → 采购及发包 (60天) → 八(211|221) → 仪表及监控盘设备制造、检验及交货(配合土建施工、埋设过电管及预埋件) (189天) → 八(400|401)

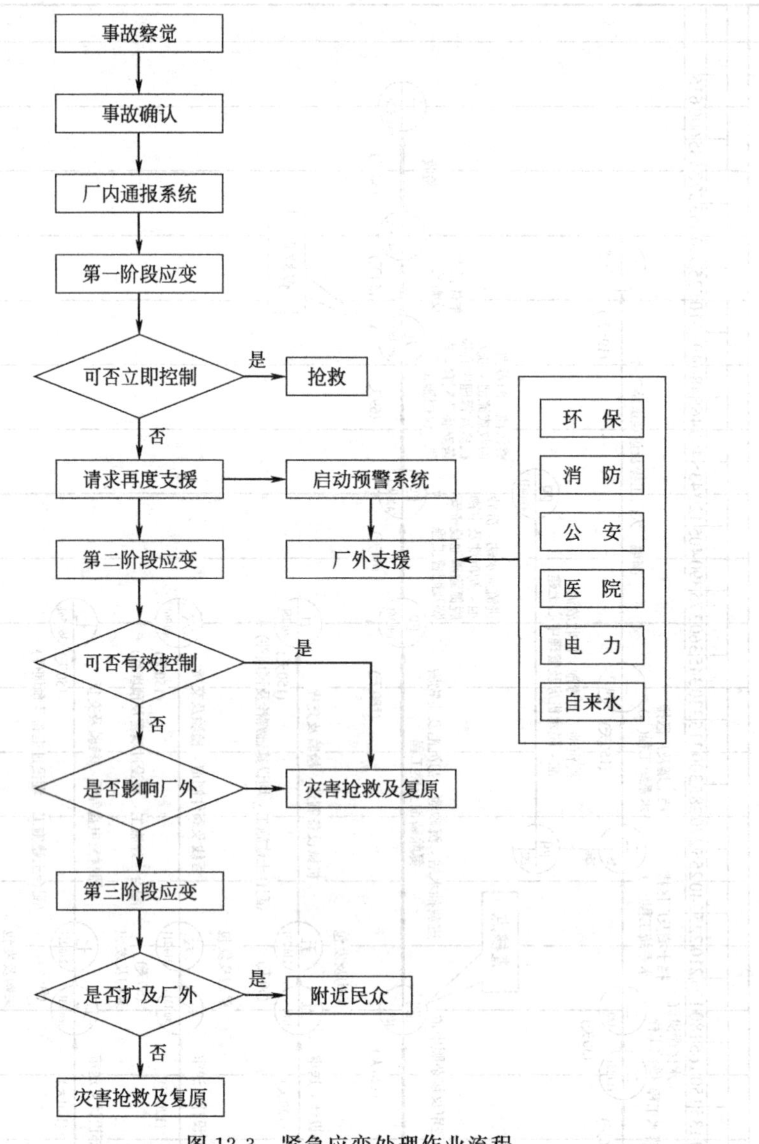

图 12-3 紧急应变处理作业流程

12.2.3.1 材料设备检验

(1) 拟订检验制度 依据合同及其他相关规定拟定材料的检验频率、检验时间，并制订检验流程，检验不合格的处理程序及相关检验记录表等。

(2) 材料设备检验 除合同另有规定外，所有工程使用的材料设备进场时均应提送出厂证明、检验合格文件等资料，经查核认可后始准卸料。

各项材料及设备经检验不符合合同规定者，应运离工地不得使用。

材料设备检验流程如图 12-4 所示。

12.2.3.2 施工质量检验

依据合同及其他相关规定拟定各项施工作业及施工质量的检验管理标准、检验时机，并制定检验流程，检验不合格的处理程序，制订矫正与预防及相关检验记录表等。

经检验结果不符合合同规定者，依合同规定办理。

施工检验流程如图 12-5 所示。

12.2.3.3 文件管理

为了使文件管理作业有完整及充分的客观记录以作为质量控制管理绩效的依据，对于各种检

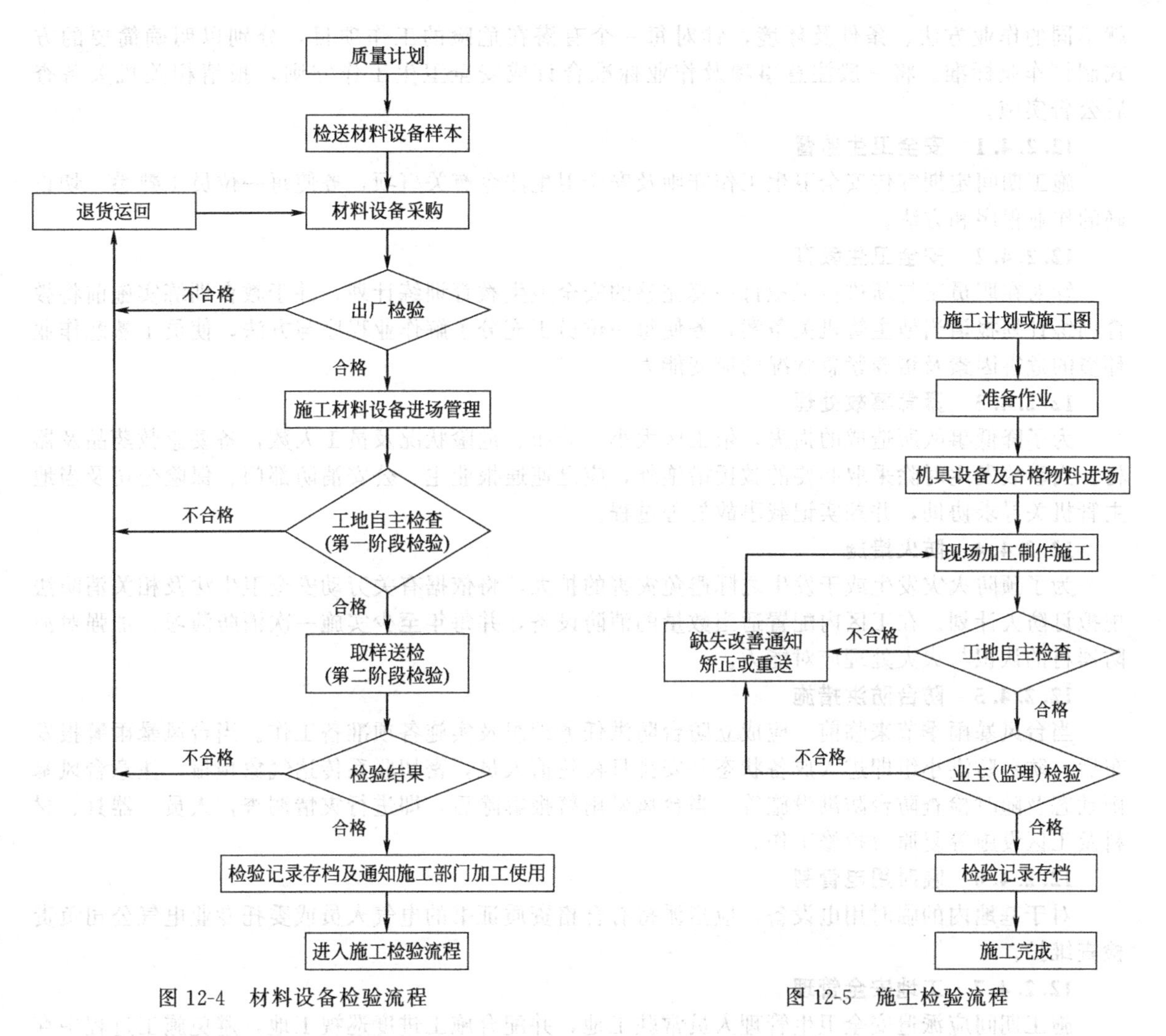

图 12-4　材料设备检验流程　　　　图 12-5　施工检验流程

验、试验、查核记录表等资料及对合同、施工图说、来往文件等建立档案进行管理，以作为工程检讨改进的参照。通过质量管控系统及工作的执行，以建立质量控管检验基准与作业标准，确保工程质量及其稳定性。

一般文件管理的主要内容包括以下几方面。

(1) 工程合同图说及相关的施工、材料、设备规范。

(2) 质量管理计划书。

(3) 各项施工使用材料及设备的出厂证明、检验文件、试验报告等。

(4) 各项施工使用的材料、设备及施工品质检验资料记录等。

(5) 厂商自行施工部分的检验表。

(6) 异常状况登记表，不合格情形的管理、控制、矫正与预防措施等资料。

(7) 统计分析检验试验结果。

(8) 施工照片或施工记录录像。

(9) 内部品质稽查核实成果记录。

(10) 各项会议记录等。

12.2.4　安全卫生管理

依据劳动安全卫生相关法令设有独立的管理小组，制订安全卫生作业一般注意事项。并就不同的作业方法、条件及环境，针对每一个有潜在危险的工作项目，分别以明确简要的方式制订作业标准。将一般注意事项及作业标准合订成安全卫生工作守则，报请相关机关备查后公告实施。

12.2.4.1 安全卫生监督

施工期间定期宣传安全卫生工作守则及安全卫生法令有关事项，务使每一位员工熟悉一切正确的作业程序和方法。

12.2.4.2 安全卫生教育

针对在职员工与新进员工拟订一套完整的安全卫生教育训练计划，并于教育训练实施前将教育训练计划报请当地主管机关备案，务使每一位员工充分了解作业程序与方法，使员工熟悉作业环境的危害因素及培养紧急状况的应变能力。

12.2.4.3 紧急事故处理

为了降低事故所造成的损失，依工区大小、分布、危险状况及员工人数，备妥急救药品及器材。当事故发生时除采取必要的救援措施外，应迅速通报业主、公安消防部门、保险公司及当地主管机关寻求协助，并翔实记载事故处理过程。

12.2.4.4 防火措施

为了预防火灾发生或于发生之际避免灾害的扩大，将依据有关劳动安全卫生法及相关消防法规拟订防火计划。在工区内配置适当数量的消防设备，并每年至少实施一次消防演习，加强对消防器材的认识与火灾处理应对能力。

12.2.4.5 防台防洪措施

当台风暴雨季节来临前，应成立防台防洪任务编组及实施各项准备工作。当台风暴雨警报发布后，防台防洪小组即进入戒备状态并安排日夜轮值人员，密切联系传达气象预报，注意台风暴雨动态及随时检查防台防洪设施等。当台风暴雨警报解除后，即进行灾情调查，人员、器具、材料及工区设施等复原及抢修工作。

12.2.4.6 临时用电管制

对于基地内的临时用电设备，应指派持有合格资质证书的电气人员或委托专业电气公司负责检查维护。

12.2.4.7 工地安全管理

施工期间应派遣安全卫生管理人员常驻工地，并配合施工进度巡视工地，避免施工过程中存在“不安全的状况”及“不安全的行为”，要求施工人员严格遵守安全卫生守则，并定时巡逻工区，避免非施工人员误入工地发生意外。

12.2.5 环境保护对策

在施工期间对周边环境因子可能造成的影响，包括空气质量、噪声、水质及废弃物等，应在施工前详加探讨并研讨相关减轻对策。

12.2.5.1 空气质量

(1) 污染预测　主要污染源为厂址整地开挖及污水干线埋设作业，致使粒状污染物扩散，而增加空气中固体悬浮物的含量，同时施工工具与机械及运输卡车操作行驶所排放的废气亦将影响空气质量。

(2) 减轻对策

① 在各施工道路、裸露地面及临时废土堆置区适时洒水，尤其是晴天与风速较大时，采取洒水措施可降低约50%以上的扬尘。

② 定期清理与维护施工道路，在来往频繁的施工路线应加强铺设或修补为沥青路面。

③ 管线埋设应做好施工管理计划，避免同一地区同时大量开挖埋设，同时完成管线埋设后的裸露地面应尽快进行回填。

④ 载运废土的车辆应加盖防尘罩，且尽量避开上下班时间及穿越人口稠密地区。

⑤ 工区应设置洗车台，以供车辆清洗轮胎的泥土等。

12.2.5.2　噪声振动

(1) 污染预测　施工噪声主要来自运输车辆及施工机具所产生的噪声量。

(2) 减轻对策

① 采用低噪声机具或引入新颖的施工法并淘汰使用年久的机具。

② 根据工程施工噪声控制标准的规定，落实工地管理，将噪声较大的施工作业安排在白天进行，以不打扰居民的休息及睡眠为原则，并配合实施工地噪声监测，以确保施工期间的噪声能达到控制标准。

③ 严禁车辆超载，车辆经过人口密集区应减速慢行，以降低噪声量与减轻振动。

④ 针对高噪声的固定设备机具，应采用包覆方式或加装消音设备方式处理。

⑤ 将发出噪声的临时设备尽量远离敏感区域或在施工作业区附近设置临时隔声墙。

⑥ 限制装土卡车的载土量及行车速度，以降低振动量。

12.2.5.3　水质

(1) 污染预测　施工期间可能影响水质的主要来源包括地表径流、施工人员生活污水、机具废水及其他污染源等。裸露地表经雨水冲刷，短时间内将增加地表径流的固体悬浮物。此外，清洗车辆及机械的洗涤废水常含悬浮固体、油脂及微量金属，但一般排放量不大。

(2) 减轻对策

① 工地办公区及施工住宿区设置一体化生活污水处理装置，以处理员工生活污水，避免污水流入水体而影响水质。

② 配合水质监测结果，有必要时调整施工计划，以避免水质恶化。

③ 设置临时排水设施，对于产生泥水的施工排水需经沉淀池沉淀后方可排放。

12.2.5.4　废弃物

(1) 污染预测　由于工程施工所产生的废弃土一般运往合法的废土场处理，而这些对废土场当地环境具有潜在性影响。

(2) 减轻对策

① 运土车辆设置防尘罩铺盖车顶，以避免土石掉落。

② 施工人员所产生的一般废弃物应协调环卫部门统一清除处理。

12.3　运行管理

一座理想的废水处理厂，优良设计是关键，而工程建造质量亦是重要影响因素。工程竣工后，虽然处理水达标、通过环保验收，如果没有一个素质良好的团队进行有效管理，则处理效果将难以持久。一般废水处理厂运行组织架构如图 12-6 所示。运行管理包括管理目标的制订、操

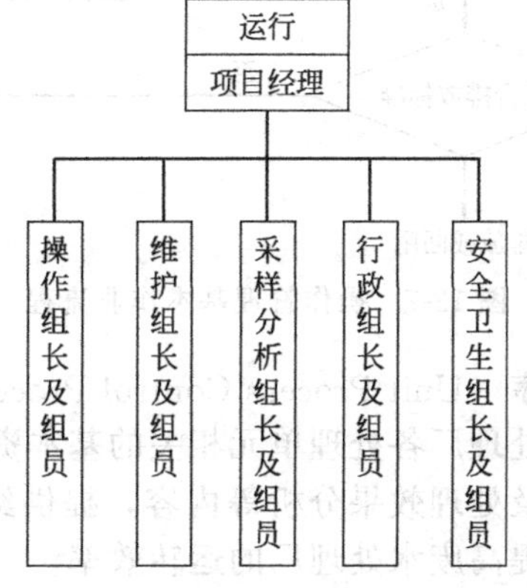

图 12-6　一般废水处理厂运行组织架构

作管理、维护管理、安全卫生与环境保护、人员教育培训等方面。

12.3.1 管理目标

运行管理主要目标是使处理水质达到排放标准或回用水质要求，并维持处理厂经济有效运行，为了达到主要目标，其主要的工作内容如下。

(1) 保证处理设施的处理功能，使处理水水质符合排放标准或回用水质要求。

(2) 避免产生二次污染。

(3) 达到低能耗、低成本及高处理效率的最佳化操作。

(4) 落实正确完整的操作及维护作业模式。

(5) 消化吸收国内外专业操作技术。

(6) 培养及提高人员素质，确保本系统永续操作。

(7) 维持良好的业主满意度和公共关系。

(8) 提升水体保育和环境保护。

12.3.2 操作管理

操作管理是以单元流程控制程序、标准操作程序及最优化操作为工具，根据进流废水水质水量、设备特性及现场实况，不断调整、反复研讨改进，直至实现目标。操作管理基本作业流程如图 12-7 所示。

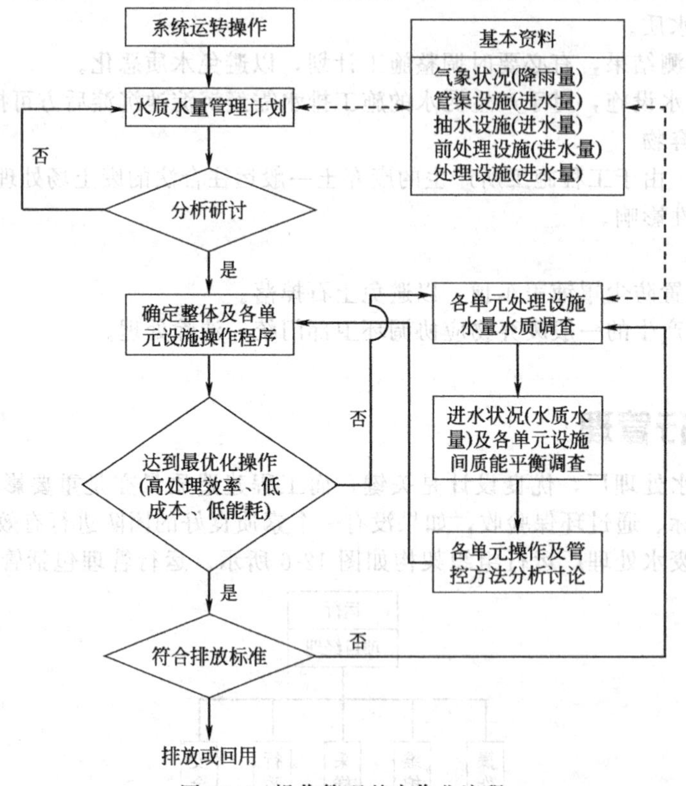

图 12-7 操作管理基本作业流程

12.3.2.1 单元流程控制程序（Unit Process Control Procedures，UPCP）

单元流程控制程序系将废水处理厂各处理单元相关的基本资料、单元功能及相互关系、控制策略及控制参数、日常监控工作及处理效果分析等内容，提供给管理及操作人员，以正确规划、具体量化操作策略及方式，进而提高废水处理厂的运转效率。

(1) 流程简介　说明该处理单元的流程及设备等基本资料，以强化该处理单元操作人员的基本概念。

(2) 单元功能及相互关系 说明该处理单元功能、重要性及对其他处理单元的影响，并说明控制参数的种类及对提高处理效率的功能。

(3) 流程控制策略 针对常见的操作情况，提供给操作人员标准的操作策略，同时也针对异常状况提供应变策略。

(4) 操作及处理效果参数 按照单元操作及处理效果参数，分别明确参数种类、单位、范围值、目标值及监控频率，并对参数的取得方式做详细说明，以利于提高操作水平。

(5) 日常监督及控制 提出各处理单元的操作控制方法，以达到设计参数的目标值。规范操作人员每日应跟踪的监督事项、发生的操作问题排除（Trouble Shooting）方式，使操作人员在值班期间能系统地监控所管理的处理单元，并依既定参数，随时注意设备的运转状况。

(6) 处理效果分析 提供处理厂操作效果最优化方法，使主管人员可随时掌握厂内各处理单元的处理参数及操作方式，同时通过各单元的处理效果趋势图分析研判及调整操作参数，以达到计划目标值。

单元流程控制程序的建立及执行，有赖于全体操作人员的共识，应分层负责，朝共同目标努力。操作主管人员负责控制与管理全厂处理流程的追踪监督与最优化，拟定操作策略、分析操作数据及与现场操作人员沟通，并适时定期或不定期召集操作、维护及试验人员举行处理流程控制会议，讨论所有操作数据、趋势图及处理效果，并研讨当前遇到的困难及解决办法，以达到既设的目标值。现场操作人员则直接负责处理厂设备运转、处理单元控制及执行主管下达的任务。在操作过程中应特别注意处理流程与设备的不正常现象，分析和研判设备故障或操作程序出现的不当问题。

12.3.2.2 标准操作程序（Standard Operation Procedures，SOP）

标准操作程序是为操作人员提供各单元设备基本的操作步骤，可分为一般操作程序、特殊（不正常）操作程序及紧急操作程序三种情况。

(1) 一般操作程序 一般操作程序是指在无特殊状况发生时，例行的正常操作程序，包括正常操作程序（Normal Procedure）、启动操作程序（Start-up Procedure）和关闭操作程序（Shut-down Procedure）。

(2) 特殊操作程序 特殊操作程序是指在处理系统有异常发生，经判断可以调整操作予以补救改正时所采用的不正常情况操作程序或替换操作程序。

(3) 紧急操作程序 紧急操作程序是指在紧急状况下或不可预料的状况下（如台风、火灾、电力中断等）的操作程序。

12.3.2.3 最优化操作（Optimum Operation）

最优化操作的目标是基于全厂运转的情况下，在达到理想处理效率的同时，能够达到省电、省水、省物料等的效果。最优化操作应视客观条件的改变而不断调整改善，使全厂始终维持最优化运转状况。最优化操作包括适时修订管理制度，适时调整组织和人力，适时调整操作参数，适时更新、增设或改善设备，适时修订各项操作记录表、操作成本及经济性分析等。

(1) 适时修订管理制度 适时修订包括行政、物料、操作、维护、安全卫生等方面的各项管理制度，以使全厂的人力、设施和设备等得以发挥最大的功能。

(2) 适时调整组织和人力 按实际运转情形及运转目标，适时弹性调整组织和人力方能发挥组织及人员的最大绩效。

(3) 适时调整操作参数 对于初步设定的操作参数及操作目标值，操作主管及现场人员在实施过程中应根据客观条件变化适时调整，以使各单元及设备相互配合，提升处理效率。

(4) 适时更新、增设或改善设备 各单元设备为维持其功能或因新技术发展及新的法律法规出台必须改善该设备的功能时，应适时建议更新、增设或改善，以充分发挥其处理效能。

(5) 适时修订各项操作记录表 操作记录是各种报表的原始资料和依据，各单元机电仪控操作记录表，需持续修订，以达到清楚、实用、完整的目标。

(6) 操作成本及经济性分析　实现最优化操作运转，除处理效率外，操作成本及耗能亦是重要的考虑因素，在运转过程中应定时加以统计分析，据此进一步改善操作运转。

12.3.2.4　监测分析

处理厂在设计阶段虽然已考虑到进水水量与水质的变化，并且在处理工艺中有针对性地装设自动控制仪表。但是，在实际运行中，仍然有些项目仪表监测受到限制。例如，在生物处理单元的微生物相、混合液挥发性悬浮固体、污泥沉降性、污泥脱水性等。同时，仪表的定期与不定期校正，亦需以实验室的正确采样与分析为基础。因此，实验室监测分析结果对判断及调整工艺操作具有相当重要的作用。

(1) 水样采集　一般废水处理厂以采样点水样的分析结果综合判断各个处理单元的运行状况与处理效果，采样过程、频率、采样点及实验室分析方法都会影响分析结果与综合判断，因此务求水样采集具有代表性。

(2) 监测项目　除一般监测分析项目外，对于影响处理效果的项目如 BOD、COD、SS、重金属，影响微生物生长的项目如微生物相、MLVSS、氮、磷、DO 等，以及影响污泥性状的项目如 SV、SVI、MLSS 等，尤其应仔细监测分析。

12.3.3 维护管理

维护管理的基础是设备基本资料、定期检测及历史记录。维护管理的依据是例行巡检记录、预防保养与校正营运状况、分析研判设备运转状况及其功能分析。维护管理的作业流程如图 12-8 所示。维护管理的工作内容包括预防维护、预测维护及校正维护等，这些维护管理内容均纳入废水处理厂既有的计算机管理系统中，以此对现场各类设备的计划性和非计划性营运作业进行管理和控制，分别如图 12-9 和图 12-10 所示。

计算机维护管理系统操作功能包括营运管理、物料管理、采购管理、预防保养、报表管理等模组，自开出维修（保养）工作单开始，对于维护工作所需的人员工时、技术等级、所需工具、使用物料及经费都能纳入管理，并记录各设备每次的维修档案，作为营运工作分析研判或调整的依据。

12.3.3.1　标准维护程序（Standard Maintenance Procedure，SMP）

为了达到维护计划执行的标准化，各项设备的维护应参考制造商提供的标准维护程序，其主要内容包括以下几方面。

(1) 设备说明。

(2) 主要保养机件。

(3) 预防保养，含工作代码、机件检查、油品种类及检查种类、频率、加油位置点数或检查标准。

(4) 问题及对策，含发生部位、发生现象、故障原因、处理与排除（或解除）方法等。

12.3.3.2　润滑计划

正确润滑可维持机械设备的精确度，延长机械使用年限及防止机械故障，而妥善的润滑油管理、执行设备润滑计划，并与日常检查相结合方能实现目标。

维护人员应广泛收集设备相关润滑资料，并邀请油品厂商讲解润滑种类及方式，增进相关润滑知识，并备妥各项设备的定期润滑计划，以作为执行依据。

12.3.3.3　预测维护

预测维护工作犹如设备健康检查，其方式系以测量仪器对现有设备运转状况与寿命进行分析评估，以便在设备发生故障前排除病因。预测维护工作可以减少设备因正常运转的磨损或不正常维护工作所造成的故障现象。预测维修工作也可以提供资料来评估预防维护工作的成果，以确定预防维护工作是否正确地执行，避免浪费维护费用。

预测维护工作包括振动频谱分析、红外线热影像分析、油品分析、电气检测、机械对心等工作，其内容分别叙述如下。

(1) 振动频谱分析　采用振动频谱分析电荷放大器、磁带记录仪、示波器或手提式振动分析

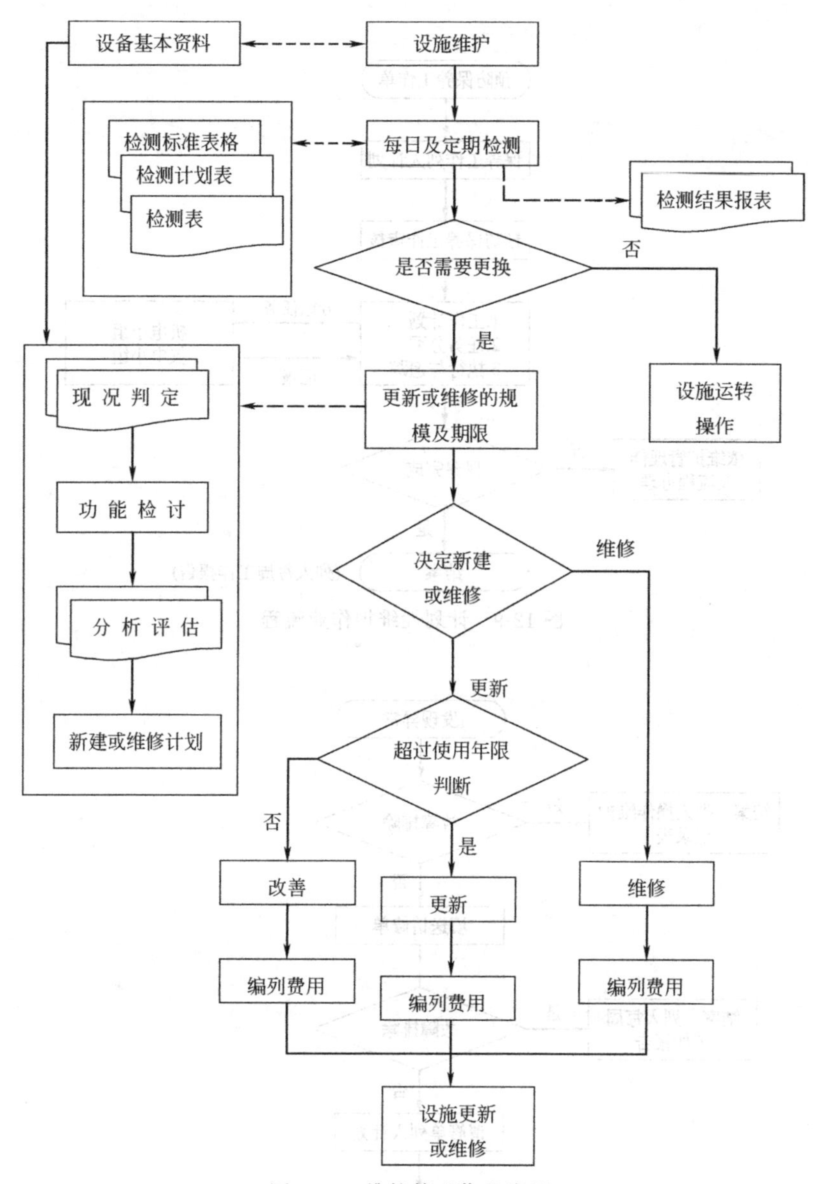

图12-8　维护管理作业流程

仪等仪器，可测量转动设备的振动与振幅，并依测试结果研判振动特性，分析振动原因及预防振动趋势，以进行校正工作，预防设备不预警故障。在进行振动频谱分析时，依照设备功率的大小及振幅的大小制作等级表，以研判及追踪各项设备振动频谱分析结果，如表12-4所示。

表12-4　设备振动频谱分析等级表　　单位：mm/s

设备类别①	振动等级②				机械设备
	第一级	第二级	第三级	第四级	
第一类	8.62	6.35	4.57	<4.57	刮泥机、刮砂机、脱水驱动电动机
第二类	13.21	9.65	5.33	<5.33	鼓风机、水泵
第三类	12.27	12.70	8.89	<8.89	鼓风机、水泵

① 设备类别：第一类，小型机械（功率<15kW）；第二类，中型机械（功率15～110kW）；第三类，大型机械（功率>110kW）。

② 振动等级：第一级，严重振动，需立即进行校正；第二级，高度振动，设备连续监测1个月，需尽快校正；第三级，中度振动，设备有潜在故障，连续监测3个月；第四级，轻度振动，设备运转无问题。

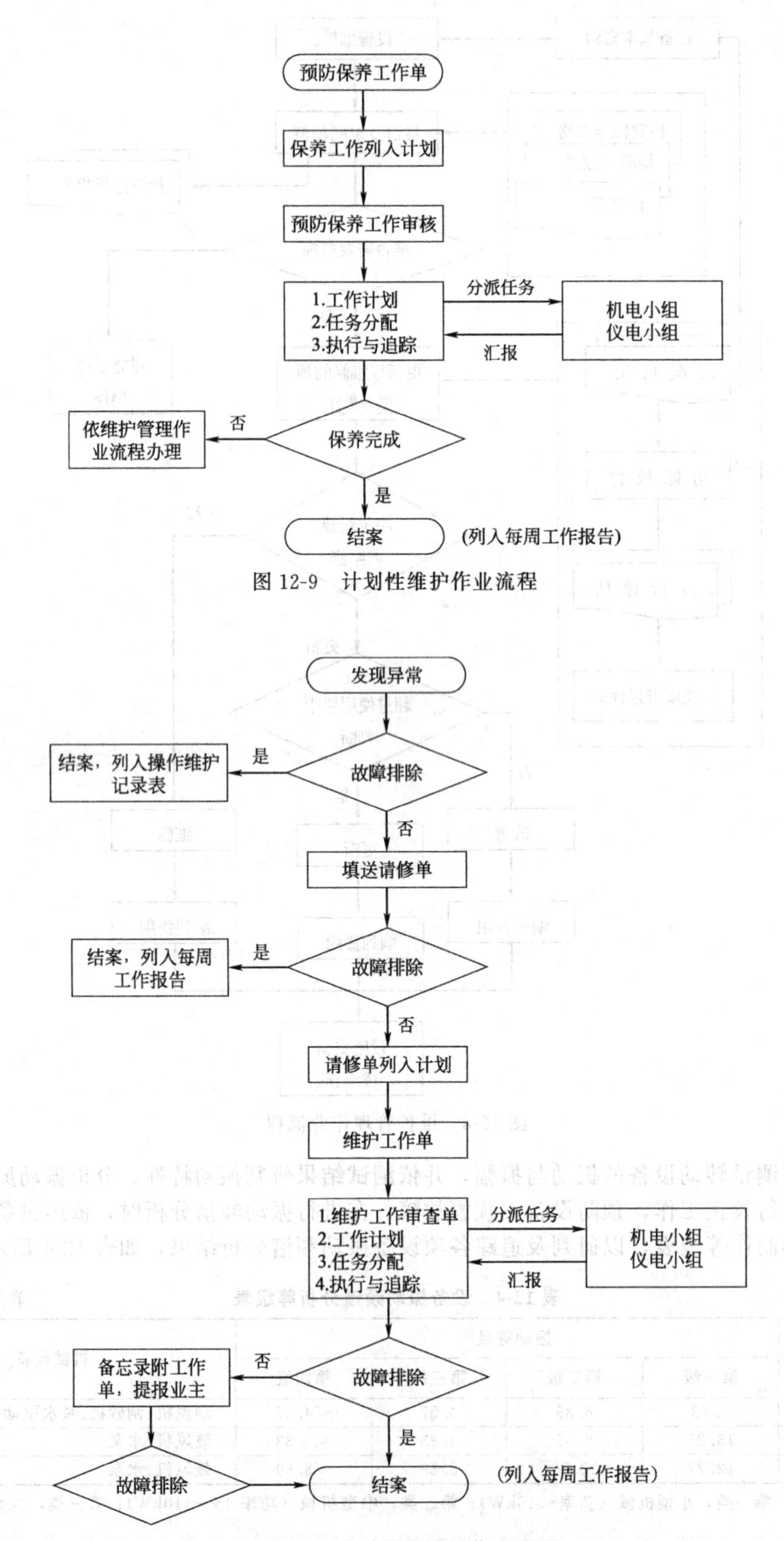

图 12-9　计划性维护作业流程

图 12-10　非计划性维护作业流程

（2）红外热影像分析　红外线热影像分析是利用红外线热影像原理，用以检测设备发热异常温度及位置，并提供检测分析图表，使设备的异常状况及问题一目了然。因采用非接触式检测，人员作业安全无虞。针对厂内电气设备，诸如主变电站、各单元变电站的配电盘进行红外线热影像摄影，以预防电气室过热爆炸、走火或烧毁。

（3）油品分析　油品分析是分析润滑油品种物理或化学成分，如黏度、含水量、固体含量及微量金属元素等，借以研判设备磨耗（磨耗量、磨耗源）、润滑劣化（润滑物理或化学性质）、润滑不当（添加周期及油品选择）及系统污染（系统内的固体、气体或液体污染及原因）等状况，以提供作业人员预先处理。

（4）电气检测　每年依规定执行厂内电气检测。试验项目包含直流加压试验、绝缘电阻值、功率因素测定、绝缘油及酸价测定、接地电阻、接触电阻、动作特性测定及跳脱试验。试验范围包含主变电站及各单元配电盘的空断开关、避雷器、电力保险丝座、比压器、比流器、保护电驿及接地系统等。电气检测计划表如表 12-5 所示。

表 12-5　电气检测计划表

设备名称	检测项目						
	（1）	（2）	（3）	（4）	（5）	（6）	（7）
空断开关	○	○				○	
避雷器	○	○					
电力电缆	○	○					
变压器	○	○	○	○			
瓦斯断路器	○	○	○			○	○
真空断路器	○	○	○			○	○
空气断路器	○	○				○	
负载断路器	○	○				○	
隔离开关	○	○				○	
电力保险丝座	○	○				○	
比压器	○	○	○	○			
比流器	○	○					
保护电驿							○
接地系统					○		

注：检测项目：（1）直流加压试验；（2）绝缘电阻值；（3）功率因素测定；（4）绝缘油及酸价测定；（5）接地电阻测定；（6）接触电阻测定；（7）动作特性测定及跳脱试验。

（5）机械对心　机械设备异常现象有 60%是由于对心不良所引起的。对心不良除了会造成设备振动异常、轴承损坏、轴封磨损及联轴器磨坏外，亦会增加电力消耗。针对厂内重要设备对心问题，应改良以往传统的直尺测量或指示量表测量方式，而采用雷射对心。雷射对心方法是运用雷射光再以电脑自动计算联轴器公差，透过电脑处理，只需按图操作，即可完成精密校正，保障设备转动顺畅，并有效地降低电力消耗。

12.3.4　安全生产与环境保护

12.3.4.1　安全生产

废水处理厂的运行就如同工厂的生产过程一样，难免会发生一些不安全的事件，必须拟定事前预防措施及事后紧急处理方案，以确保正常运转及安全生产。

处理厂施工期间所制订的安全卫生工作守则在完工后的运行期间，进行适当修改仍然适用。

由于运行系永续经营，除了遵守前项工作守则外，还应贯彻和落实政府颁布的劳动保护法律法规、安全生产规程、消防法规、建筑安全技术规程、生产事故和人员伤亡事故报告法规和规程等。在安全生产方面应结合本厂实际建立一系列制度，如责任制、检查制、奖罚制及教育制等。

12.3.4.2 环境保护

废水处理厂在运行期间对周围环境因子可能造成的冲击，包括空气质量、噪声、水质及废弃物等，应详加探讨并研讨相关减轻对策。

（1）空气质量

① 污染源。运行期间空气污染主要是废水处理厂运转所产生的臭气，其可能产生臭气的来源为废水提升泵、拦污栅、沉砂池、曝气池、污泥浓缩机、污泥消化槽及污泥脱水设备等。

② 减轻对策

a. 妥善操作维护处理厂，避免操作不当而产生臭味。

b. 格栅除污机拦截的栅渣、除油槽的浮油、除砂池的泥沙、初沉污泥与二沉废弃污泥及脱水后的污泥饼等，应及时妥当运弃处理处置，避免产生臭味。

c. 厂内相关处理单元（如废水提升泵站、曝气池、厌氧池和脱水机房等）的除臭系统及通风系统，应依规定运转。

（2）噪声振动

① 污染源。运行期间的噪声振动主要为废水处理厂的机具运转所产生。

② 减轻对策

a. 针对高噪声设备减少夜间运转，或加装隔声设施。

b. 随时检查产生不正常噪声的设施，并予以校正维护，如管架固定支撑、设备基座固定螺栓、驱动设备的联轴器对心等。

（3）水质

① 污染源。运行期间对水体水质的负面影响，主要来自排放水对排放口附近水体（纳污水体）水质的影响。

② 减轻对策

a. 对排放水水质每天24h进行连续自动监控，以评估废水处理厂的处理功能及成效，并随时予以改进。

b. 配合水质监测结果，弹性调整操作单元，以避免水质恶化。

c. 加强废水处理厂操作人员训练，使其熟悉各项操作维护作业，并依作业流程正常操作。

（4）废弃物

① 污染源。废水处理厂运行期间固体废弃物除了来自工作人员产生的少量一般生活废弃物外，主要废弃物来源为处理厂所产生的废弃污泥。

② 减轻对策

a. 运土车辆将以防尘罩铺盖车顶，防漏措施铺垫车厢底部，以避免土石和污泥掉落。

b. 工作人员所产生的一般生活废弃物，协调环卫部门统一清除。

12.3.5 人员培训教育

为了提高工作人员的专业能力，确保系统妥善运作，必须进行完善的人员培训教育。人员培训教育日程以季为单位，执行方式可分为外部训练、课堂讲习及现场训练三种方式。一般教育培训内容及计划如表12-6所示。

表12-6 教育培训计划预定日程表

训练项目	第1季	第2季	第3季	第4季
一、新进人员培训教育				
1. 下水道系统及污水处理设施目的	○			

续表

训练项目	第1季	第2季	第3季	第4季
2. 系统处理现状介绍	○			
3. 设施操作与维护	○			
4. 处理厂组织架构	○			
5. 合约导读	○	○		
二、人员在职培训				
1. 行政管理	○			○
2. 熟悉全厂各设备及功能	○		○	
3. 劳动安全卫生及管理规定	○		○	
4. 环保相关法令				
三、晋级技术培训				
1. 污水处理流程、技术	○	○		○
2. 污泥处理流程、技术	○	○		○
3. 资讯系统		○	○	
4. 实验室管理		○	○	
5. 电气设施		○	○	
6. 机械设施	○	○		
7. 其他委托培训				
四、紧急应变培训				
1. 停电、停水			○	
2. 火灾			○	
3. 主要设备故障应变培训				○
4. 台风暴雨造成洪水应变培训	○			○
5. 其他应变事宜培训	○	○	○	○

主要参考文献

[1] 余淦申等编著，郑平审. 湖泊流域工业废水综合治理［M］. 北京：中国建筑工业出版社，2010.
[2] 高廷耀，顾国维. 水污染控制工程（下册）［M］. 第2版. 北京：高等教育出版社，1999.
[3] HenzeM. 污水生物与化学处理技术［M］. 国家城市给排水工程技术研究中心译. 北京：中国建筑工业出版社，1999.
[4] 张忠祥，钱易等. 废水生物处理新技术［M］. 北京：清华大学出版社，2004.
[5] 张希衡等编著. 废水厌氧生物处理工程［M］. 北京：中国环境科学出版社，1996.
[6] 纪轩. 废水处理技术问答［M］. 北京：中国石化出版社，2005.
[7] 金毓荃等. 环境工程设计基础［M］. 北京：化学工业出版社，2002.
[8] 黄仲涛等. 无机膜技术及其应用［M］. 北京：中国石化出版社，1999.
[9] 丁亚兰. 国内外废水处理工程设计实例［M］. 北京：化学工业出版社，2000.
[10] 缪应祺. 水污染控制工程［M］. 南京：东南大学出版社，2002.
[11] ［德］R. Rautenback 著. 膜工艺——组件和装置设计基础［M］. 王乐夫译. 北京：化学工业出版社，2001.
[12] ［英］Tom Stephenson et al 著. 膜生物反应污水处理技术［M］. 李咏梅译. 北京：化学工业出版社，2003.
[13] 王宝贞，王琳. 水污染治理新技术［M］. 北京：科学出版社，2004.
[14] 郑元景等. 生物膜法处理污水［M］. 北京：中国建筑工业出版社，1998.
[15] 胡纪萃. 试论IC反应器：水工业与可持续发展［M］. 北京：清华大学出版社，1998.
[16] 张自杰主编. 废水处理理论与设计［M］. 北京：中国建筑工业出版社，2003.
[17] 张自杰主编，顾夏声主审. 排水工程（下册）［M］. 第4版. 北京：中国建筑工业出版社，2000.
[18] 刘雨，赵庆良，郑兴灿编著. 生物膜法污水处理技术［M］. 北京：中国建筑工业出版社，2000.
[19] 聂梅生总主编，张杰等主编. 水工业工程设计手册　水工业工程设备［M］. 北京：中国建筑工业出版社，2000.
[20] 戚盛豪等主编，水工业工程设计手册　水资源及给水处理［M］. 北京：中国建筑工业出版社，2001.
[21] 罗国源. 水污染控制工程［M］. 北京：高等教育出版社，2006.
[22] ［美］W. 韦斯利·艾肯费尔德（小）. 工业水污染控制［M］. 第3版. 北京：化学工业出版社，2004.
[23] ［美］梅持夫卡和埃迪公司. 废水工程处理及回用［M］. 第4版. 北京：化学工业出版社，2004.
[24] 郑平. 废水生物处理［M］. 北京：高等教育出版社，2006.
[25] 郑平. 新型生物脱氮理论与技术［M］. 北京：科学出版社，2004.
[26] 城镇污水处理厂污泥处置及污染防治技术政策（试行）（建城［2009］23号）. 北京：住房和城乡建设部，环境保护部，科学技术部，2009-02-18.
[27] 徐强，张春敏，赵丽君等. 污泥处理处置技术及装置［M］. 北京：化学工业出版社，2003.
[28] 汪大翚，徐新华，宋爽编. 工业废水中专项污染物处理手册［M］. 北京：化学工业出版社，2000.
[29] 孟祥和，胡国飞编著. 重金属废水处理［M］. 北京：化学工业出版社，2000.
[30] 乌锡康主编. 有机化工废水治理技术［M］. 北京：化学工业出版社，2000.
[31] 左剑恶，王妍春，陈浩. 膨胀颗粒污泥床（EGSB）反应器的研究进展［J］. 中国沼气，2000，18（4）：3-8.
[32] 何连生，朱迎波，席北斗等. 高效厌氧生物反应器研究动态及趋势［J］. 环境工程，2004，22（1）：7-11.
[33] 雷乐成，汪大翚. 湿式氧化法处理高浓度活性染料废水［J］. 中国环境科学，1999，19（1）：42-46.
[34] 任小玲，周迟骏. 废水生物处理技术发展浅谈［J］. 化工时刊，2004，18（2）：32-34.
[35] Henze M，Mladenovski C. Hydrolysis of Particulate Substrate by Activated Sludge under Aerobic，Anoxic and Anaerobic Conditions［J］. Water Research，1991，25：61-64.
[36] Brindle K，Stephenson T. The application of membrane biological reactors for the treatment of wastewater［J］. Bioeng，1996，49：601-610.
[37] Jansen J，Cour，P. Harrenmoës. Removal of Soluble Substrates in Fixed Films［J］. Water Science & Technology，1984，17：1-14.
[38] Rogalla F，Bourbigot M M. New Developments in Complete Nitrogen Removal with Biological Aerated Filters［J］. Water Science & Technology，1990，22，(1/2)：273-280.
[39] Arvin E，Kristensen G H. Effect of Denitrification on pH in Biofilm［J］. Wat. Sci. Techn.，1982，14（8）：833-848.
[40] Hanaki K，Hong Z，Matsuo T. Production of Nitrous Oxide Gas during Denitrification of wastewater［J］. Wat. Sci. Techn.，1992，26（5/6）：1027-2036.
[41] Henze M. Capabilities of Biological Nitrogen Removal Processes from Wastewater［J］. Wat. Sci. Techn.，1991，23，(4/6)：669-679.
[42] Cooper P F，Green M B. Reed bed treatment systems for sewage treatment in the United Kingdom：the first 10 years experience［J］. Wat. Sci. Technol.，1995，32（3）：317-327.
[43] Wang B Z，Wang L L，Yang L Y. Case Studies on Pond Ecosystems for Wastewater Treatment and Utilization in China［J］. Global Water and Wastewater Technology，1999，(8)：64-71.

[44] Sun, Joseph. Photochemical Reactions Involved in the Total Mineralization of 2, 4-D by Fe^{3+}/H_2O_2/UV [J]. Environ. Sci. Technol., 1993, 27, 304-310.
[45] Lei L, Hu X, Yue P L. Improved Wet Oxidation for the Treatment of Dyeing Wastewater Concentrate from Membrane Separation Process [J]. Water Research, 1998, 32, 2753-2759.
[46] Lei et al. Catalytic Wet Air Oxidation of Dyeing and Printing wastewater [J]. Water Science and Technology, 1997, 35, 311-319.
[47] Guohua Chen, Lecheng Lei and Po Lock Yue. Wet oxidation of high concentration reactive dyes [J]. Industrial & Engineering Chemistry Research, 1999, 38 (5): 1837-1843.
[48] Kargi F, Eker S. Wastewater Treatment Performance of Rotating Perforated Tubes Biofilm Reactor with Liquid Phase Aeration [J]. Water, Air and Soil Pollution, 2002, 138 (1-4): 375-386.
[49] Helness H, Degaard H. Biological phosphorus and nitrogen removal in a sequencing batch moving bed biofilm reactor [J]. Water Science and Technology, 2001, 43 (1): 233-240.
[50] Helness H, Sdegaard H. Biological Phosphorus Removal in a Sequencing Batch Moving Bed Biofilm Reactor [J]. Water Science and Technology, 1999, 40 (4-5): 161-168.
[51] Johnson C H, Page M W, Blaha L. Full scale moving bed biofilm reactor results from refinery and slaughter house treatment facilities [J]. Water Science and Technology, 2000, 41 (4-5): 401-407.
[52] Rusten B, Degaard H, Lundar A. Treatment of Dairy Wastewater in a Novel Moving Bed Biofilm Reactor [J]. Wat. Sci. and Tech., 1992, 26 (3-4): 703-711.
[53] Kargi F, Eker S. Performance of rotating perforated tubes biofilm reactor in biological wastewater treatment [J]. Enzyme and Microbial Technology, 2003, 32 (3-4): 464-471.
[54] 张学民,刘壮志,杨乐. 天津市东郊污泥处置厂污泥脱水方案的比选 [C]. 昆明:全国城镇污水处理及污泥处理处置技术高级研讨会,2009-09.
[55] 陈同斌,郭松林,高定等. 城市污泥生物干化研究进展 [C]. 昆明:全国城镇污水处理及污泥处理处置技术高级研讨会,2009-09.
[56] 赵丽君. 天津市污水污泥石灰稳定化的实践 [C]. 昆明:全国城镇污水处理及污泥处理处置技术高级研讨会,2009-09.
[57] 杨顺生. 超声波污泥裂解技术在污水厂应用概述 [C]. 昆明:全国城镇污水处理及污泥处理处置技术高级研讨会,2009-09.
[58] 屈年凯,园田健一,熊诚等. 日本污泥干化焚烧40年的处置经验引发对中国污泥市场的思考 [C]. 昆明:全国城镇污水处理及污泥处理处置技术高级研讨会,2009-09.
[59] 北京中矿环保科技股份有限公司. 浅谈污泥浅干化焚烧技术 [C]. 昆明:全国城镇污水处理及污泥处理处置技术高级研讨会,2009-09.
[60] 王婷婷. 污泥管道输送系统在几种污泥处置中的应用 [C]. 昆明:全国城镇污水处理及污泥处理处置技术高级研讨会,2009-09.
[61] 季民,王芬,杨洁等. 污泥超声波破解技术的研究 [C]. 桂林:全国污水处理节能减排新技术新工艺新设施高级研讨会,2008-11.
[62] 谭见安等. 地球环境与健康 [M]. 北京:化学工业出版社,2004.
[63] 金腊华,邓家泉,吴小明. 环境评价方法与实践 [M]. 北京:化学工业出版社,2004.
[64] 霍雅勤,姚华军,王瑛. 中国水资源危机与节水潜力分析 [J]. 资源·产业,2003,5 (1):10-14.
[65] 姜文来. 中国21世纪水资源安全对策研究 [J]. 水科学进展,2001,12 (1):66-71.
[66] 王顺久等著. 水资源优化配置原理及方法 [M]. 北京:中国发展出版社,2007.
[67] 张林生主编. 水的深度处理与回用技术 [M]. 北京:化学工业出版社,2004.
[68] 徐晶主编. 突发公共水危机事件应急管理 [M]. 北京:中国水利水电出版社,2007.
[69] 1994年3月25日国务院第16次常务会议讨论通过. 中国21世纪议程——中国21世纪人口、环境与发展白皮书. 北京:中国环境科学出版社,1995.
[70] 孟伟,第一兵,郑丙辉. 中国流域水污染现状与控制策略的探讨 [J]. 中国水利水电科学研究院学报,2004,2 (4):242-246.
[71] 胡振鹏等著. 水资源环境工程 [M]. 北京:化学工业出版社,2004.
[72] 何文杰主编. 安全饮用水保障技术 [M]. 北京:中国建筑工业出版社,2006.
[73] 高艳玲. 我国水资源可持续利用的思考 [J]. 中国环境管理干部学院学报,2002,(1):42-44.
[74] 李党生主编. 环境保护概论 [M]. 北京:中国环境科学出版社,2007.
[75] 王绍文,钱雷,邹文龙等. 钢铁工业废水资源回用技术与应用 [M]. 北京:冶金工业出版社,2008.
[76] 王绍文,邹文龙,杨晓丽等. 冶金工业废水处理技术及工程实例 [M]. 北京:化学工业出版社,2007.
[77] 水工业市场杂志. "十一五"水处理关键技术与工程应用 [M]. 北京:中国环境科学出版社,2010.
[78] 贺延龄. 废水的厌氧生物处理 [M]. 北京:中国轻工业出版社,1998.
[79] 杨书铭,黄长盾. 纺织印染工业废水治理技术 [M]. 北京:化学工业出版社,2002.

[80] 唐受印，戴友芝，刘忠义，周作明等编. 食品工业废水处理 [M]. 北京：化学工业出版社，2001.
[81] 周宏春. 工业废水处理设施运行现状与障碍 [J]. 环境界，2010，(5)：4-9.
[82] [荷] Piet Lens 等. 工业水循环与资源回收：分析·技术·实践 [M]. 成徐州等译. 北京：中国建筑工业出版社，2008.
[83] 张玮. 造纸行业减排 COD 的实用综合治理技术 [J]. 水工业市场，2007，(9)：37-43.
[84] 王凯军. 厌氧内循环 (IC) 反应器的应用 [J]. 给水排水，1996，22 (11)：54-56.
[85] 吴静，陆正禹，胡纪萃，顾夏声. 新型高效内循环 (IC) 厌氧反应器 [J]. 中国给水排水，2001，17 (1)：26-29.
[86] 贺延龄. 废水厌氧处理技术的新进展——IC 反应器在造纸工业上的应用 [J]. 纸和造纸，2006，(6)：45-48.
[87] 林荣忱. A/O 除磷工艺设计计算方法和生产运行管理 [C]. 上海：全国污水除磷脱氮技术研讨会，2000. 03.
[88] 田鹏飞，刘温霞. SBR 及其发展工艺在制浆造纸废水处理中应用 [J]. 造纸科学与技术，2008，27 (2)：53-55.
[89] 刘俊超. 用 SBR 工艺处理制浆造纸废水 [J]. 中国造纸 2004，23 (12)：48-51.
[90] 苏振华，林乔元. SBR 法在制浆造纸废水处理中的应用及进展 [J]. 国际造纸，2005，24 (3)：57-61.
[91] 李辉，李友明，华衍金. 用 SBR 生物技术处理造纸废水 [J]. 纸和造纸，2004，(2)：70-73.
[92] 贺延龄，皇甫浩，刘恩湖. 废纸造纸循环水处理实现零排放 [J]. 纸和造纸，2003，(4)：5-8.
[93] 吴解生，何东阳，刘德明. 废纸生产包装纸板生产用水完全串联循环回用法零排放技术的研究和生产实践 [J]. 江苏造纸，2004，35-37.
[94] 张金波. 造纸废水封闭循环对生产的影响 [J]. 造纸科学与技术. 2004，23 (6)：118-121.
[95] 唐国民，赵朝根，何北海. 膜生物反应技术用于造纸过程水处理 [J]. 纸和造纸，2004，(5)：85-87.
[96] 徐美娟，王启山，刘善培等. 废纸制浆废水在 Fenton 反应中的降解研究 [C]. 厦门：全国排水委员会 2006 年年会，2006，10.
[97] 黄耀辉，周珊珊，黄国豪. Fenton 家族废水高级处理技术 [C]. 台湾：产业环保工程实务技术研讨会，2001.
[98] 覃琪珂. 甘蔗渣干湿法备料方式比较 [J]. 纸和造纸，2011，(5).
[99] 黄钟，陈中豪等. 蔗渣喷淋废水处理研究 [J]. 工业用水与废水，2003，(10).
[100] 徐景颖，张致国，刘海臣. 气浮生物活性炭技术用于化工污水深度处理的试验方案设计 [J]. 水工业市场，2008，(4)：34-36.
[101] 陈克玲. 大型化工园区染料废水处理工艺技术研究及设计 [C]. 桂林：全国污水处理节能减排新技术新工艺新设施高级研讨会，2008，11.
[102] 任立人. 解析化学原料药工业废水治理技术的应用与发展 [J]. 水工业市场，2010，(3)：8-13.
[103] 张岩男. 化工行业工业废水治理发展现状及要求前景 [C]. 2009 工业企业水处理高峰论坛，2009.
[104] 张天胜，厉明蓉. 日用化工废水处理技术及工程实例 [M]. 北京：化学工业出版社，2002.
[105] 矫彩山，彭美媛，王中伟，温青. 我国农药废水的处理现状及发展趋势 [J]. 农药，2007，(2)：77-80.
[106] 潘志彦，陈朝霞，王泉源，胡自伟，蒋贤跃. 制药业水污染防治技术研究进展 [J]. 水处理技术，2004，(2)：68-71.
[107] 刘振东，郑桂梅. 制药废水处理工艺案例分析 [J]. 水处理技术，2008，(11)：79-83，91.
[108] 肖维林，董瑞斌. 农药废水处理方法研究进展 [J]. 农业环境科学学报，2007，26：256-260.
[109] 曾睿，王熙. 生物法处理电镀废水技术的研究进展 [J]. 涂料涂装与电镀，2006，4 (3)：38-41.
[110] 张宏梅. 生物絮凝剂在环境废水处理中的应用 [J]. 化工技术与开发，2007，36 (7)：41-43.
[111] 苏焱顺. 气浮-UASB-活性污泥法处理食品加工废水 [J]. 工业用水与废水，2007，38 (2)：72-76.
[112] 谢铭，孙培德. 食品废水生物处理新进展 [J]. 污染防治技术，2002，15 (4)：25-27.
[113] 张兴文，滕仕峰，孟志国，杨凤林. 食品加工废水处理工程 [J]. 水处理技术，2006，32 (3)：39-40.
[114] 范启新. 水解酸化＋缺氧＋CASS 组合工艺在屠宰废水处理中的应用 [J]. 冷藏技术，2007，(3)：39-40.
[115] 于凤，陈洪斌. 屠宰废水处理技术与应用进展 [J]. 环境科学与管理，2005，30 (4)：84-87.
[116] 马承愚，王靖飞，付国林，张惠娟. 屠宰厂废水处理及回用工程设计 [J]. 工业水处理，2004，24 (8)：73-75.
[117] 韦帮森，王勇，文志刚，胡清林. 制革废水的治理 [J]. 工业水处理，2003，23 (12)：66-68.
[118] 刘宏宇，宋猛，刘峰. 水解酸化-CASS 工艺处理制革废水 [J]. 污染防治技术，2004，17 (4)：41-43.
[119] 吕波. 生物接触氧化工艺处理制革废水 [J]. 工业水处理，2005，25 (1)：75-76.
[120] 李亚峰，胡筱敏，陈健，张玲玲. 高浓度洗煤废水处理技术与工程实践 [J]. 工业水处理，2004，24 (12)：68-70.
[121] 黄廷林，李梅，高晓梅. 结团絮凝工艺处理洗煤废水的研究 [J]. 工业用水与废水，2002，33 (4)：23-25.
[122] 苟鹏，叶向德，吕永涛，王志盈. 煤泥水的水质特性及处理技术 [J]. 工业水处理，2009，29 (1)：53-57.
[123] 王阶. 关于洗煤厂洗煤废水治理有关问题的探讨 [J]. 煤矿环境保护，1993，7 (2)：41-44.
[124] 张生，杨静，李福勤，何绪文. 新型气浮工艺处理洗煤废水的影响因素分析 [J]. 煤炭工程，2007，(1)：76-77.
[125] 王晓华. 曹跃煤业公司矿井废水治理与利用 [J]. 中州煤炭，2010，(8)：98-99.
[126] 赵虎祥，王庚平，刘莉. 反渗析水处理技术在煤矿井废水处理回用中的应用 [J]. 甘肃科技，2009，(2)：39-41.
[127] 李玉峰，胡筱敏，陈健，张玲玲. 高浓度洗煤废水处理技术与工程实践 [J]. 工业水处理，2004，(12)：68-70.
[128] 刑洪魁，王宣海. 高庄煤矿废水处理与综合利用 [J]. 能源环境保护，2008，(10)：37-39.
[129] 李文国，齐宝文，温建志，王义玲，杨建莉. 煤矿矿井废水膜法制备生活饮用水. 水处理技术，2008，(4)：90-91.

[130] 《煤炭工业污染物排放标准》编制组. 国家《煤炭工业污染物排放标准》编制说明，2005-02.
[131] 果婷，谢宇舟，杨平. 水解酸化+SBR工艺在禽蛋加工废水中的应用 [J]. 水处理技术，2009，(10)：115-117.
[132] 门彬，陈升. 重金属废水处理方法综述 [J]. 水工业市场，2011，(8)：65-68.
[133] 陈俊辉，张伟锋. 印刷线路板废水处理工业浅析 [J]. 中国环保产业，2009，(2)：48-51.
[134] 郭永福等. 印刷电路板生产废水的综合治理及废水回用 [J]. 工业水处理，2007，(8)：70-73.
[135] 陈长顺. 炼油废水处理工艺的改造实例 [J]. 给水排水，2007，(10)：73-75.
[136] 王荣选. 啤酒工业废水处理的应用研究 [C]. 天津：中国土木工程学会水工业分会排水委员会第四届第一次年会，2001-07.
[137] 任防振，徐国勋. 厌氧/好氧膜生物反应器处理食品废水的试验研究. 厦门：全国排水委员会年会，2006-10.
[138] 陈卫玮. MBR膜生物处理技术及其在废水回用中的应用与进展 [J]. 水工业市场，2007，(8)：52-55.
[139] 张亚军，陈丽丽，楼亚男等. 膜生物反应器在海产品加工废水处理中的应用 [J]. 水工业市场，2008，(11)：15-17.
[140] 蔡邦肖. 膜技术创新与水工业市场的发展 [J]. 水工业市场，2008，(11)：9-12.
[141] 邹耀锋. 双膜法技术在钢铁行业废水回用应用中的机会与挑战 [J]. 水工业市场，2008，(11)：18-19.
[142] 蔡邦肖. 食品工业废水的膜法处理与回用技术 [J/OL]. 2010-03-30. http://www.17huanbao.com/news/gongyefeishui/news_11083.html
[143] 刘俊新，丛丽，王宝贞等. 生物膜与活性污泥结合工艺脱氮除磷的研究 [C]. 上海：全国污水除磷脱氮技术研讨会，2000-03.
[144] 卢然超，竺建棠. SBR在不同运行条件下生物除磷的特性探讨 [C]. 上海：全国污水除磷脱氮技术研讨会，2000-03.
[145] 黄霞. 膜-生物反应器污水处理工艺的最新研究进展 [C]. 天津：膜分离应用技术研讨会，2005-01.
[146] 杜启云. 鄂尔多斯羊绒集团工业废水膜集成技术处理工艺和参数控制 [C]. 天津：膜分离应用技术研讨会，2005-01.
[147] 周勉，倪明亮. 水处理工程中磁分离技术应用现状与发展趋势 [C]. 桂林：全国污水处理节能减排新技术新工艺新设施高级研讨会，2008-11.
[148] 邹丽华，谢春玲，李克岗. PROC10反渗透膜元件在钢铁企业中水回用应用实例 [J]. 水工业市场，2010，(8)：66-34.
[149] 王庆中. 硅藻精土水处理工艺实践 [J/OL]. 2004-11-30. http://www.hwcc.com.cn
[150] 汪苹. 精细化工行业水污染减排与实用综合治理技术 [J]. 水工业市场，2007，(8)：32-37.
[151] 杨祝平，郭淑琴. 利用两级氧化工艺处理生物精细化工污水 [J]. 水工业市场，2009，(1-2)：78-81.
[152] 周彤. 污水回用决策与技术 [M]. 北京：化学工业出版社，2002.
[153] 余惠芳，黄运基，秦景光.《造纸产品取水定额》实施指南 [J]. 浙江造纸，2004，(3)：4-15.
[154] 操家顺. 应用于印染废水深度处理的MBR膜污染成因解析 [J]. 水工业市场，2010，(3)：27-31.
[155] 胡洪营，吴乾元，黄晶晶，黄璜，赵欣. 城市污水再生利用安全保障体系与技术需求分析 [J]. 水工业市场，2010，(8)：8-12.
[156] 方先金，戴前进，邹辉煌. 城镇污水再生利用技术选择 [J]. 水工业市场，2010，(8)：13-16.
[157] 叶正芳，武荣成. 曝气生物滤池及其组合工艺在污水再生处理中的应用 [J]. 水工业市场，2010，(8)：17-19.
[158] 陈业刚，袁冬梅，晏峰，凌旌瑾，何月. EMBA技术在废水资源再生回用领域的应用研究 [J]. 水工业市场，2010，(8)：35-38.
[159] 李嘉. 膜分离技术在特种分离行业上的应用简介（一）[J]. 水工业市场，2010，(8)：59-63.
[160] 李嘉，赵丹青，汪泠. 膜分离技术在特种分离行业的应用简介（二）[J]. 水工业市场，2010，(9)：48-54.
[161] 戴海平. 超/微滤膜技术在污水处理与回用领域的多元化应用 [J]. 水工业市场，2010，(9)：59-61.
[162] 陈龙祥，由涛，张庆文，洪厚胜. 膜生物反应器研究与工程应用进展 [J]. 水处理技术，2009，(10)：16-20.
[163] 王刚，余淦申，陆惠民，武民华. 新型集成膜技术工业废水再生回用处理研究 [J]. 水处理技术，2009，(10)：101-104.
[164] 赵春霞，顾平，张光辉. 反渗透浓水处理现状与研究进展 [J]. 中国给水排水，2009，(9)：1-5.
[165] 葛利云，邓南圣. 生态工业园规划设计与实施 [C]. 台湾新竹：第八届海峡两岸环境保护研讨会，2002，10.
[166] 佚名. 关于工业园区地位作用与管理的几点认识 [OL]. 2006-08-17. [2009-06-21]. http://www.5ykj.com/article/zjbggzth/29775.html
[167] 孙华主编. 涂装三废处理工艺与设备 [M]. 北京：化学工业出版社，2006.
[168] 陈治良主编. 现代涂装手册. 北京：化学工业出版社，2009.
[169] 伊藤武秀. 下水道维持管理指针 [M]. 日本：社团法人日本下水道协会，1966.
[170] 藤井秀夫. 处理场的维持管理（上）[M]. 日本：山海堂株式会社，1982.
[171] 古泽次男. 下水道设施计畫·设计指针与解说 [M]. 日本：社团法人日本下水道协会，1963.
[172] 卜秋平等. 城市污水处理厂的建设与管理 [M]. 北京：化学工业出版社，2002.
[173] 台湾工业局. 钢铁冶炼业土壤及地下水污染预防与整治手册 [M]. 台湾：2006.

缩略符号表

缩略符号	符　号　说　明
A/O、A-O	Anoxic/Oxic 生物处理工艺简称
A^2/O、A-A-O	厌氧-缺氧-好氧生物脱氮除磷工艺
ABR	厌氧折流板反应器
AB 工艺	吸附-生物降解(adsorption-biodegradation)工艺的简称
AOX	可吸附有机卤素
APMP	碱性过氧化氢机械浆
BAF	生物曝气滤池
BCTMP	漂白化学热磨机械浆
BOD/COD、B/C	衡量废水可生化的 BOD 同 COD 的比值
BOD_5、BOD	五日生化需氧量
C/N	碳氮比
CAST/CASS	循环活性污泥法
CMP	化学机械浆
COD_{Cr}、COD	化学需氧量,用重铬酸钾法测定
COD_{Mn}	高锰酸钾指数,用高锰酸钾法测定
CTMP	化学热磨机械浆
DO	溶解氧
DIP	废纸脱墨浆
EAT	电弧炉炼钢厂
ECF	无元素氯(漂白)
ED	电析(electro-dialysis technology)
EGSB	膨胀颗粒污泥床
F/M	食物(food)与微生物(microorganism)之比
GP	磨石磨木浆
HCR	紧凑高效生化反应处理系统
HRT	水力停留时间
IC	内循环厌氧反应器
ICEAS	间歇循环延时曝气法
L_V	容积 BOD_5 负荷[kg/(m³ · d)]
MBR	膜生物处理反应器

续表

缩略符号	符　号　说　明
MF	微滤
MSBR	改进型序批式活性污泥法
NF	纳滤
NH_3-N	氨氮
NTU	用比浊法测定的浊度
N_S	污泥负荷[kg/(kg・d)]
OCC	废纸浆(无脱墨)
PAC	碱式氯化铝
PAM	聚丙烯酰胺
PCU	用铂钴比色法测定的色度
PVA	聚乙烯醇
RO	反渗透
SBR	序批式活性污泥法
SRT	污泥停留时间
TCT	全无氯(漂白)
TDS	总溶解性固体
TMP	热磨机械浆
TN	总氮
TP	总磷
TSS	总悬浮固体
UASB	上流式厌氧污泥床反应器
UF	超滤
UNITANK	交替式生物处理工艺
VSS	挥发性悬浮固体